生命科学实验指南系列·典藏版

# 神经生物学实验原理与技术
## PRINCIPLE AND TECHNOLOGY OF NEUROBIOLOGICAL EXPERIMENTS

吕国蔚　李云庆　主编

李菁锦　武胜昔　李金莲　邵　国　副主编

科学出版社

北京

## 内 容 简 介

神经生物学是生命科学的前沿,是应用神经解剖学、神经生理学、神经化学和分子生物学等多学科现代技术,对神经系统进行多层次综合研究的实验性科学。本书作为《生命科学实验指南系列》的重要分册,遵循理性思维与实际操作相结合的原则,全面而系统地介绍了神经生物学实验研究的方法学(第1篇),并将编著者20余年的有关科研成果转化为可操作的实验指导(第2篇),以及提供可供参考的有关实验研究信息(第3篇)。

本书适合高等医学院校研究生、七年制和五年制医学生及从事神经生物学的研究人员使用,对于普通高等院校生物系研究生与本科生及生物学工作者亦有很好的参考价值。

---

**图书在版编目(CIP)数据**

神经生物学实验原理与技术/吕国蔚,李云庆主编. —北京:科学出版社,2011

("十一五"国家重点图书出版规划项目·生命科学实验指南系列)

ISBN 978-7-03-030032-4

Ⅰ.①神… Ⅱ.①吕… ②李… Ⅲ.①人体生理学:神经生理学-实验-指南 Ⅳ.①R338-62

中国版本图书馆 CIP 数据核字(2011)第 009070 号

责任编辑:罗 静/责任校对:林青梅
责任印制:赵 博/封面设计:耕者设计工作室

---

**科 学 出 版 社** 出版
北京东黄城根北街 16 号
邮政编码:100717
http://www.sciencep.com

**北京凌奇印刷有限责任公司** 印刷
科学出版社发行 各地新华书店经销

\*

2011年2月第 一 版　　开本:787×1092　1/16
2025年1月第八次印刷　　印张:39 3/4
字数:950 000

定价:**128.00元**
(如有印装质量问题,我社负责调换)

# 《神经生物学实验原理与技术》作者名单

**主　编**　吕国蔚　李云庆

**副主编**　李菁锦　武胜昔　李金莲　邵　国

**编著者**　（以姓氏汉语拼音为序）

安仰原　陈　晶　崔秀玉　董苍转

董玉琳　高翠英　韩　松　何国瑞

李　辉　李　凌　李　龙　李金莲

李菁锦　李思颉　李云庆　利　梅

梁荣照　梁元晶　刘　亮　刘晓红

吕国蔚　罗　蕾　罗菊华　孟　卓

任长虹　邵　国　史美棠　王　文

王海薇　王亚云　王永宁　王智明

武胜昔　于　昌　张　肃　张海燕

张晓非　张颜波　张子印　赵兰峰

# CONTRIBUTORS

**LU Guowei    LI Yunqing**
**LI Jingjin    WU Shengxi    LI Jinlian    SHAO Guo**

| | | | |
|---|---|---|---|
| AN Yangyuan | CHEN Jing | CUI Xiuyu | DONG Cangzhuan |
| DONG Yulin | GAO Cuiying | HAN Song | HE Guorui |
| LI Hui | LI Ling | LI Long | LI Jinlian |
| LI Jingjin | LI Sijie | LI Yunqing | LI Mei |
| LIANG Rongzhao | LIANG Yuanjing | LIU Liang | LIU Xiaohong |
| LU Guowei | LUO Lei | LUO Juhua | MENG Zhuo |
| REN Changhong | SHAO Guo | SHI Meitang | WANG Wen |
| WANG Haiwei | WANG Yayun | WANG Yongning | WANG Zhiming |
| WU Shengxi | YU Chang | ZHANG Su | ZHANG Haiyan |
| ZHANG Xiaofei | ZHANG Yanbo | ZHANG Ziyin | ZHAO Lanfeng |

# 序

神经生物学是21世纪的前沿学科之一。从19世纪末Golgi和Cajal创立真正意义的神经解剖学和Sherrington等开创的神经生理学，到近代的神经系统超微结构学、束路学、化学神经解剖学、细胞及分子神经生物学、发育神经生物学，以及认知科学的发展，每一重要进展无不是与各种实验技术方法的发展创新密切相关，每项实验技术的创新都使我们对脑的结构和功能的认识向前迈出了一大步。

吕国蔚和李云庆两位神经生物学家组织编写的这部《神经生物学实验原理与技术》是《生命科学实验指南系列》的重要单册，也是吕国蔚教授主编的《医学神经生物学》的姊妹篇，内容涵盖了神经生物学实验技术与方法中常用的神经电生理学、神经化学、神经解剖学、分子神经生物学、神经行为学观察等部分。该书由方法论、具体实验和神经生物学资料三部分组成，从理论到实践深入浅出地介绍了当代神经生物学实验的主要手段和部分研究成果，尤其可贵的是大多数实验方法中都融合了作者们多年从事实验研究工作的心得体会。

目前在我国，神经生物学实验原理与技术相关的图书尚属少见，也是市场上非常需要的一类著作，该书的出版无疑将会促进我国神经生物学研究的发展。我相信广大的神经生物学工作者，尤其是年轻的同道和学员将会从这部著作中得到全新的感受和很大的裨益。

中国科学院院士

鞠躬

于第四军医大学全军神经科学研究所
2010年8月

# FOREWORD

Neurobiology is one of the frontier disciplines in the 21st century. Elegant progresses have been made since set up of neuroanatomy in its true sense by Golgi and Cajal and the establishment of neurophysiology by Sherrington in the end of the 19th century and up to the development of modern ultra structure and tract tracing in the nervous system, as well as chemical neuroanatomy, cellular and molecular neurobiology, developmental neurobiology and recognition neuroscience. All of these advances are not closely related to the development and creation of various experimental techniques and methods. Great insights into structure and function of the brain have thus been stepped forward by each creation in experimental techniques.

The book "Principle and Technique of Neurobiological Experiments" edited by Drs. Lu Guowei, Li Yunqing and their colleagues is the important composition of the Series of the Laboratory Manuals in Life Sciences that are publishing by Science Press. The content of this book covers techniques and methods in common use in the fields of electroneurophysiology, neurochemistry, neuroanatomy, molecular neurobiology and animal behavior observation. The book includes three parts consisting of methodology, specific experiments and appendices and introducing major means in neurobiological experiments and partial achievements in research in a way of deeply going in and easily coming out. It should be treasurable that the most experimental methods presented in the book are well permeated with experience and appreciation of authors themselves engaged in their researches.

"Principle and Technique of Neurobiological Experiments" is unique in its topic option based on up to date and original ideas. Academically, the writing is powerful and excellent and seems to be the first and a very important work in relevant areas at present in our country. Its publication would undoubtedly promote the development of neurobiology. I am confident that it would be great beneficial to vast internal neurobiologists and young colleagues and students in particular. These readers would be impressed with all refreshment and novelty shown in the book.

Academician of Chinese Academy of Sciences<br>
JU Gong<br>
Institute of Neuroscience, the Forth Military Medical University<br>
August, 2010

# 前 言

神经生物学（亦称神经科学或脑科学）是近年在神经解剖学、神经生理学、神经化学、分子生物学以及认知神经科学等多学科基础上发展起来的一门综合科学。神经生物学的任务是研究脑和神经的解剖构筑、工作原理，以及神经系统生、老、病、死的发生机制及其病损的防治策略，借以揭示脑的奥秘、提高人类的智力活动水平和达到控制人类神经系统病损的目的。

神经生物学是应用神经解剖学、神经生理学、神经化学和分子生物学等多学科现代技术手段对神经系统进行多层次研究的一门实验性科学。同其他生物医学的发展轨迹一样，神经生物学也主要是沿着还原论的方向，逐步逼近神经活动的分子基础和理化本质；与此同时，也必然要沿着合成论的方向，对神经活动进行综合和整合，从整体上把握生命活动的规律与本质。

作为一种尝试，我们编著了这部《神经生物学实验原理与技术》，以期能够体现神经生物学源于实验研究。本书共分3篇。第1篇可视为本书的总论，依次介绍有关科学思维、实验设计、实验分析以及电刺激、电记录、神经化学、化学神经解剖学、神经形态学、分子神经生物学、神经行为学观察和脑成像等技术方面的理论基础。第2篇相当于通常意义上的实验指导，可视为本书的各论，依次介绍神经生理学、神经化学、神经组织免疫细胞化学、神经形态学、分子神经生物学和神经行为学等一个个具体的实验。第3篇为神经生物学资料，介绍一些可供读者参考的有关实验研究的其他信息。

本书的第1篇侧重方法论，通过理性思维，去把握尚未感知到的神经生物学具体实验的本质与规律，在突然、必然、或然三种水平上获得对实验原理的认识。本书第2篇侧重实验运作、转化与再现我们的部分科研成果。每一个实验均有明确的目的和可据以操作的步骤；均附有典型的结果示例，供实验者参照或对比；均附有文献出处，有据可查；均备有思考题，供实验者手脑并用，从而使实验者能全面地完成一个实验过程。此外，我们还致力于内容的共性与个性、全面性与系统性、科学性与可读性以及言简意赅与图文并茂的诸多方面的统一与和谐。

本书是由首都医科大学低氧医学研究所和第四军医大学人体解剖与组织胚胎学教研室的同道们，在首都医科大学讲义《神经生物学实验》和两高校有关著述的基础上，共同编写完成的。由此而产生的这部书的个性与局限，自然是在所难免的。另外，当今神经科学实验研究发展之迅猛，也远非我们的认识和经验所能匹配的。对于本书的尝试与局限，渴望得到读者和同道的评说。

值此本书出版之际，我代表全体编著者，向我国著名的神经科学家、中国科学院院士、第四军医大学全军神经科学研究所所长鞠躬教授致以最真挚的谢忱，感谢他百忙中欣然挥笔为本书作序。对于本书编写过程中曾被我们参阅和引用的国内外专家学者也深表谢意，是他们的有关著述使本书得以充实。最后，我们还要感谢科学出版社的同志们为出版本书所付出的辛劳和所给予的支持。

吕国蔚

于首都医科大学低氧医学研究所

2010 年 8 月

# PREFACE

Neurobiology (Neural Science or Brain Science) is a synthetic discipline recently developed on the basis of multidisciplinal sciences including neuroanatomy, neurophysiology, neurochemistry, molecular neurobiology, and recognition science. Its task is to study anatomical architecture and working principle of the brain and nerves, genesis, development, aging, diseases and death in the nervous system and strategy in prevention and treatment of its disorders and damages. Neurobioogy is aimed at exploring the mystery of the brain, improving human intelligence activity and controlling human diseases in the nervous system.

Neurobiology is an experimental science studying the nervous system at multi-level of the brain using modern multidisciplinal techniques of neuroanatomy, neurophysiology, neurochemistry and molecular neurobiology. Similar to the trajectory of development of other fields in biomedicine, neurobiology is also mainly coming along the reductionism and gradually approaching to molecular basis and physicochemical essence of neural activity. In the meantime it also consequently synthesizes and integrates the neural activity along the way of compositionism and grasps the law and essence of life activity as a whole.

As a try, the book "Principle and Technique of the Neurobiological Experiments" was written by us in terms of showing, by any case, that neurobiology came from experimental research. The book includes three parts. Part I describes experimental principle in general, subsequently introducing theoretical basis related to scientific thinking, experimental design, outcome analysis and methodology of electrostimulation, electrorecording, chemical neuroanatomy, neuromorphology, molecular neurobiology and animal behavior observation. Part II corresponds to a laboratory manual, describing separately every concrete experiment in field of behavior, neuroelectrophysiology, neurochemistry, neuromorphology and molecular neurobiology. Part III is providing relevant data and information in experimental research for reference to readers.

Part I of the book focus on methodology, as mentioned above, trying to grasp the law and essence of concrete experiments in neurobiology not yet be experienced by readers through theoretical thinking and gaining knowledge on experimental principle at levels of real, necessity and probability. In part II, experimental protocols are followed and mainly based on transformation and reproduction of some research achievements done by ourselves. Each experiment has its distinct goals, operational procedures and one or two typical examples of illustrations for reference to experimenters; cited references are given for further reading; questions are provided for simultaneously using both hands and brain of readers; and the experimental procedures would thus be comprehensively completed by experimenters. More over, the authors of this book tried to make a combination and harmony between generality and individuality, comprehensiveness and systematicness, scientific background and readability, and easy language and ample pictures.

The book was written together by colleagues in Institute for Hypoxia Medicine, Capital Medical University and Department of Anatomy, Histology and Embryology, The Forth Military Medical University based on the reading material "Experiments in Neurobiology" used in the Capital Medical University and other publications made by the two universities. The recent development of experimental research in Neurobiology is so fast that our knowledge and experience are far to match. Limitations are thus unavoidable in the writing. Comments and suggestions are thus greatly expected from colleagues and readers.

Upon the publication of the book, we are greatly indebted to Professor Ju Gong, Academician of Chinese Academy of Sciences, Director of Institute for Neuroscience of the PLA, The Forth Military Medical University for his kind writing of the foreword for this book. Gratitude is extended to all authors whose publications are referenced in the book. We also would like to thank editors in Science Press for their efforts in the publication of this book.

LU Guowei<br>
Institute for Hypoxia Medicine, Capital Medical University<br>
August, 2010

# 目 录

序
前言
1 神经生物学实验方法学 ·········································· 1
  1.1 科学思维方法学 ·········································· 1
    1.1.1 科学技术的历史动力 ······························ 1
    1.1.2 辩证地去求索 ········································ 3
    1.1.3 辩证地去思考 ········································ 7
    1.1.4 辩证地去验证 ········································ 17
    1.1.5 辩证地去训练 ········································ 24
  1.2 实验设计方法学 ·········································· 29
    1.2.1 选题 ···················································· 30
    1.2.2 专业设计 ············································· 44
    1.2.3 对照设计 ············································· 54
    1.2.4 统计设计 ············································· 63
  1.3 实验分析方法学 ·········································· 79
    1.3.1 数据整理 ············································· 79
    1.3.2 统计分析 ············································· 88
    1.3.3 专业分析 ············································· 100
    1.3.4 论文书写 ············································· 109
  1.4 电刺激方法学 ············································· 117
    1.4.1 电刺激的基本原理 ································ 117
    1.4.2 电刺激的物理特性 ································ 119
    1.4.3 神经制备的生物特性 ···························· 123
    1.4.4 选择性刺激 ········································· 127
    1.4.5 刺激电流扩散 ······································ 132
  1.5 电记录方法学 ············································· 136
    1.5.1 容积导体内记录 ··································· 136
    1.5.2 诱发电位记录 ······································ 143
    1.5.3 单单位记录 ········································· 150
    1.5.4 计算机辅助的记录 ································ 158
    1.5.5 细胞内记录 ········································· 161

## 1.6 神经化学方法学 ······ 190
  1.5.6 膜片钳记录 ······ 174
  1.5.7 神经纤维速度谱测定 ······ 178
  1.5.8 轴突分叉点位置测定 ······ 182
  1.5.9 压脚痛阈测定法 ······ 187
### 1.6 神经化学方法学 ······ 190
  1.6.1 组织细胞破碎法 ······ 190
  1.6.2 突触体制备 ······ 193
  1.6.3 电泳法 ······ 198
  1.6.4 色谱法 ······ 203
  1.6.5 高效液相色谱法 ······ 213
  1.6.6 微透析技术 ······ 222
### 1.7 化学神经解剖学方法学 ······ 229
  1.7.1 免疫细胞化学技术 ······ 229
  1.7.2 原位杂交组织化学技术 ······ 239
  1.7.3 受体定位技术 ······ 248
  1.7.4 免疫电子显微镜技术 ······ 250
### 1.8 神经形态学方法学 ······ 253
  1.8.1 辣根过氧化物酶示踪技术 ······ 253
  1.8.2 荧光素示踪技术 ······ 260
  1.8.3 放射性核素示踪技术 ······ 262
  1.8.4 顺行示踪技术 ······ 269
  1.8.5 激光扫描共焦显微镜技术 ······ 271
  1.8.6 定量及分析细胞学技术 ······ 278
### 1.9 分子神经生物学方法学 ······ 282
  1.9.1 核酸分子杂交技术 ······ 282
  1.9.2 蛋白质印迹法 ······ 290
  1.9.3 DNA 重组技术 ······ 296
  1.9.4 聚合酶链反应技术 ······ 306
  1.9.5 DNA 序列测定技术 ······ 313
  1.9.6 mRNA 差异显示技术 ······ 323
  1.9.7 基因芯片技术 ······ 329
  1.9.8 转基因动物技术 ······ 334
### 1.10 神经行为学实验方法学 ······ 338
  1.10.1 行为学实验的神经基础及常用动物 ······ 339
  1.10.2 常用的高级脑功能研究方法 ······ 340
  1.10.3 常用痛行为研究方法 ······ 348
### 1.11 脑成像 ······ 352
  1.11.1 计算机辅助体层摄影 ······ 352

|     | 1.11.2 | 磁共振成像 | 356 |
| --- | --- | --- | --- |
|     | 1.11.3 | 放射性核素断层成像 | 362 |
|     | 1.11.4 | 超声成像 | 365 |

## 2 神经生物学实验与示教 368

### 2.1 神经生理学实验 368

- 2.1.1 家兔外周神经干复合动作电位记录 368
- 2.1.2 家兔后肢传入神经纤维速度谱 370
- 2.1.3 扩张肛门对猫骶神经后根放电的影响 372
- 2.1.4 大鼠脊髓节段性及下行性诱发电位记录 374
- 2.1.5 脊髓节段性缺血时脊髓诱发电位的变化 375
- 2.1.6 家兔大脑皮质体感诱发电位记录 377
- 2.1.7 脑缺血对家兔大脑皮质诱发电位的变化 379
- 2.1.8 蟾蜍离体脊神经节神经元静息膜电位与动作电位记录 381
- 2.1.9 大鼠培养脑细胞膜的电学特性 384
- 2.1.10 大鼠在体脊神经节神经元动作电位的细胞内记录 386
- 2.1.11 猫脊髓背索突触后神经元的细胞内与细胞外记录 388
- 2.1.12 猫脊颈束-背索突触后神经元的顺、逆向反应 390
- 2.1.13 大鼠脊髓背角神经元电活动的细胞内记录 392
- 2.1.14 大鼠脊孤束-背索突触后神经元对躯体与内脏传入的反应 394
- 2.1.15 家兔中缝大核对外周传入刺激的反应 397
- 2.1.16 家兔丘脑腹后外侧核电活动的细胞外记录 398
- 2.1.17 躯体内脏传入在脊髓背角的相互作用 400
- 2.1.18 缺氧预适应鼠脑提取液对 ATP 敏感性钾电流的作用 401

### 2.2 神经化学实验 408

- 2.2.1 缺氧耐受小鼠脑匀浆提取液的抗缺氧作用 408
- 2.2.2 急性重复缺氧小鼠脑单胺类含量的变化 411
- 2.2.3 不同强度躯体刺激对家兔脑脊液中 $Ca^{2+}$、$Mg^{2+}$ 含量的影响 414
- 2.2.4 不同强度躯体刺激对家兔脑脊液中单胺类含量的影响 417
- 2.2.5 兔脑内腺苷的微透析法测定 420
- 2.2.6 缺氧对小鼠大脑皮质突触体 LDH 透出率的影响 421
- 2.2.7 低氧预适应小鼠脑匀浆提取液对 PC12 细胞的保护效应 423

### 2.3 神经组织免疫细胞化学实验 425

- 2.3.1 延髓背角和中缝大核内的 P 物质样阳性结构——免疫细胞化学或免疫荧光细胞化学染色法 425
- 2.3.2 大鼠三叉神经节内阿片 μ 受体与降钙素基因相关肽共存的阳性神经元——免疫荧光细胞化学双重标记染色法 428
- 2.3.3 大鼠延髓背角浅层内 P 物质样阳性终末与含钙结合蛋白神经元的联系——免疫荧光细胞化学双标染色及激光扫描共焦显微镜观察 430

2.3.4 面口部注射甲醛溶液后大鼠延髓背角内的 FOS 样阳性神经元观察——免疫细胞化学染色法 ·············· 432

2.3.5 大鼠中缝核簇内 5-羟色胺样阳性神经元表达 FOS 蛋白——免疫细胞化学双标染色法 ·············· 435

2.3.6 大鼠延髓背角内向丘脑投射的 FOS 样阳性神经元——逆行标记与免疫细胞化学双标染色法 ·············· 437

2.3.7 大鼠三叉神经节内钙结合素 mRNA 阳性神经元的分布——放射性核素标记的原位杂交组织化学法 ·············· 440

2.3.8 大鼠中脑导水管周围灰质内的 5-羟色胺样阳性亚微结构——免疫电镜法 ·············· 444

2.3.9 大鼠孤束核内 GABA 能纤维终末与 P 物质受体样阳性神经元的突触联系——包埋前与包埋后免疫电镜双标记法 ·············· 446

2.3.10 大鼠延髓背角内 GABA 能神经元与 P 物质能纤维终末的突触联系——包埋前免疫电镜双标记法 ·············· 449

## 2.4 神经形态学实验 ·············· 452

2.4.1 大鼠脊髓灰质向孤束核的投射 ·············· 452

2.4.2 猫脊髓背角神经元向外侧颈核和背索核的分支投射 ·············· 454

2.4.3 大鼠脊孤束-背索突触后神经元的超（亚）微结构 ·············· 455

2.4.4 大鼠脊孤束-背索突触后神经元对躯体感觉核与内脏感觉核的分支投射 ·············· 457

2.4.5 大鼠脊髓立体定位磁控过半夹断模型 ·············· 459

2.4.6 大鼠臂旁核向杏仁中央核的投射——HRP 逆行追踪方法 ·············· 461

2.4.7 大鼠中脑导水管周围灰质向伏核的 5-羟色胺能投射——HRP 逆行追踪与免疫细胞化学染色相结合的双标法 ·············· 464

2.4.8 大鼠延髓背角内 P 物质受体样阳性神经元向丘脑胶状质核投射——荧光素逆行追踪与免疫荧光染色相结合的双标记方法 ·············· 466

2.4.9 大鼠中缝大核向脊髓背角和延髓背角的分支投射——荧光素双标记法 ·············· 469

2.4.10 中脑导水管周围灰质和中缝背核内 5-羟色胺能神经元的下行分支投射——荧光素双标记与免疫荧光染色相结合的三标记法 ·············· 472

2.4.11 大鼠三叉神经脊束核吻侧亚核向三叉神经运动核的投射——植物凝集素（PHA-L）顺行示踪法 ·············· 474

2.4.12 大鼠延髓背角浅层向臂旁外侧核及丘脑腹后内侧核的投射——BDA 顺行示踪法 ·············· 477

2.4.13 大鼠中脑导水管周围灰质-中缝大核-三叉神经感觉核簇的间接投射——PHA-L 顺行示踪与 HRP 逆行追踪相结合的双标记法的光镜观察 ·············· 480

2.4.14 大鼠中脑导水管周围灰质-中缝大核-三叉神经脊束核尾侧亚核的间接投射——PHA-L 顺行示踪与 HRP 逆行追踪相结合的双标记法的电镜观察 ·············· 483

2.4.15 大鼠延髓背角向丘脑投射神经元与 5-羟色胺阳性终末的突触联系——HRP 逆行追踪与免疫细胞化学染色双标记法 ·············· 486

2.4.16 大鼠孤束核-臂旁核-中央杏仁核的间接投射通路——溃变与 HRP 逆行追踪相结合的双标记法 ·············· 489

2.5 分子神经生物学实验 ································································ 492
　　2.5.1 用差异显示法分离特异表达的基因片段 ···························· 492
　　2.5.2 慢性缺氧培养细胞中缺氧诱导因子-1 的提取与检测 ··········· 497
　　2.5.3 大鼠三叉神经节总 RNA 的提取及 cDNA 的制备 ················ 500
　　2.5.4 5-HT$_3$ 受体亚型 mRNA 在大鼠三叉神经节的表达 ············· 502
　　2.5.5 乙酰胆碱转移酶在大鼠纹状体的表达及其 DNA 片段的回收 ···· 505
　　2.5.6 乙酰胆碱转移酶 DNA 片段的亚克隆 ································ 507
　　2.5.7 ChAT-pGEM 重组质粒 DNA 的制备及限制性酶切分析 ······· 510
　　2.5.8 ChAT-pGEM 重组质粒 DNA 序列的测定 ··························· 513
　　2.5.9 乙酰胆碱转移酶表达蛋白的 SDS 聚丙烯酰胺凝胶电泳分析 ··· 516
　　2.5.10 乙酰胆碱转移酶在大鼠纹状体分布的 Western 印迹检测 ···· 520
　　2.5.11 性激素对周围伤害性刺激诱导脊髓 PPD mRNA 表达上调的影响 ···· 523
　　2.5.12 坐骨神经部分切断后初级感觉神经元（背根节）的差异表达基因克隆 ···· 526

2.6 神经行为学实验 ································································ 530
　　2.6.1 一足致炎大鼠双足痛感受性的变化 ································ 530
　　2.6.2 甲醛溶液致炎大鼠疼痛行为的观察 ································ 532
　　2.6.3 神经反射在一足致炎大鼠非致炎足痛阈变化中的作用 ······· 533
　　2.6.4 体液因素在一足致炎大鼠非致炎足痛阈变化中的作用 ······· 536
　　2.6.5 急性缺氧预适应对小鼠缺氧耐受性的影响 ······················ 537
　　2.6.6 麻醉与兴奋小鼠缺氧耐受性的变化 ································ 539
　　2.6.7 大鼠脊髓横断及半横断模型的复制 ································ 541
　　2.6.8 慢性束缚应激对大鼠空间学习记忆能力的影响 ················ 543
　　2.6.9 创伤后应激障碍模型大鼠的自发活动和焦虑水平检测 ······· 548

# 3 神经生物学资料 ···································································· 552
## 3.1 神经生物学常见概念 ························································ 552
　　3.1.1 生物电学常见概念 ······················································ 552
　　3.1.2 生物化学常见词汇 ······················································ 558
　　3.1.3 细胞培养常见词汇 ······················································ 561
　　3.1.4 分子生物学常见词汇 ··················································· 565
## 3.2 常用的实验方法 ······························································ 570
　　3.2.1 电生理学仪器方法 ······················································ 570
　　3.2.2 动物实验的实施 ························································· 577
## 3.3 实验动物常用数据 ··························································· 589
　　3.3.1 实验动物常用生理数据 ··············································· 589
　　3.3.2 实验动物常用麻醉剂与肌肉松弛剂 ································ 589
## 3.4 常用试剂、缓冲液、贮存液与酶的配制 ······························ 592
　　3.4.1 组织培养常用试剂 ······················································ 592
　　3.4.2 电泳缓冲剂 ································································ 593

  3.4.3 常用贮存液 …… 595
  3.4.4 常用酶的配制 …… 597
3.5 常用限制性酶识别序列 …… 598
3.6 常用细胞系、细胞培养基、抗生素 …… 603
  3.6.1 细胞系 …… 603
  3.6.2 常用培养液成分及配方 …… 605
  3.6.3 抗生素 …… 607
3.7 核酸、蛋白质常用数据及相对分子质量标准参照物 …… 607
  3.7.1 常用核酸的长度与相对分子质量 …… 607
  3.7.2 常用蛋白质分子质量标准参照物 …… 607
3.8 赫尔辛基宣言Ⅱ …… 608

# CONTENTS

**FOREWORD**
**PREFACE**

1 **Experimental Methodology in Neurobiology** ... 1
  1.1 Methodology of Scientific Thinking ... 1
    1.1.1 Historical impetus of science and technology development ... 1
    1.1.2 Dialectically to seek ... 3
    1.1.3 Dialectically to think ... 7
    1.1.4 Dialectically to verify ... 17
    1.1.5 Dialectically to train ... 24
  1.2 Methodology of Experimental Design ... 29
    1.2.1 Project option ... 30
    1.2.2 Professional design ... 44
    1.2.3 Control design ... 54
    1.2.4 Statistical design ... 63
  1.3 Methodology of Experimental Analysis ... 79
    1.3.1 Data manipulation ... 79
    1.3.2 Statistical analysis ... 88
    1.3.3 Professional analysis ... 100
    1.3.4 Paper writing ... 109
  1.4 Methodology of Electrical Stimulation ... 117
    1.4.1 Basic principle of electrical stimulation ... 117
    1.4.2 Physical properties of electrical stimulation ... 119
    1.4.3 Biological properties of neural preparation ... 123
    1.4.4 Selective stimulation ... 127
    1.4.5 Stimulating current spread ... 132
  1.5 Methodology of Electrical Recording ... 136
    1.5.1 Recording in volume conductor ... 136
    1.5.2 Evoked potential recording ... 143
    1.5.3 Single unitary recording ... 150
    1.5.4 Computer associated recording ... 158
    1.5.5 Intracellular recording ... 161
    1.5.6 Patch clamp recording ... 174
    1.5.7 Determination of velocity spectrum of nerve fibers ... 178

1.5.8　Determination of location of axonal burfication　182
1.5.9　Determination of pain threshold by paw pressing　187

## 1.6　Methodology of Neurochemistry　190
1.6.1　Tissue and cell fragmentation　190
1.6.2　Synaptosome preparation　193
1.6.3　Electrophoresis　198
1.6.4　Chromatography　203
1.6.5　HPLC　213
1.6.6　Microdialysis　222

## 1.7　Methodology of Chemical Neuroanatomy　229
1.7.1　Immunocytochemical technique　229
1.7.2　In situ hybridization histochemical technique　239
1.7.3　Receptor localization technique　248
1.7.4　Immunochemical electron microscopic technique　250

## 1.8　Methodology of Neuromorphology　253
1.8.1　HRP tracing technique　253
1.8.2　Fluorescence tracing technique　260
1.8.3　Isotope tracing technique　262
1.8.4　Phaseolus vulgaris leucoagglutinin anterograde tracing technique　269
1.8.5　Laser scanning confocal microscopic technique　271
1.8.6　Flow cytometer technique　278

## 1.9　Methodology of Molecular Neurobiology　282
1.9.1　Nucleic acid hybridization technique　282
1.9.2　Immunoblotting technique　290
1.9.3　Recombinant DNA technique　296
1.9.4　Polymerase chain reaction technique　306
1.9.5　DNA sequencing　313
1.9.6　mRNA differential display technique　323
1.9.7　Gene chip technique　329
1.9.8　Transgenic animal technique　334

## 1.10　Methodology of Neural behavior observation　338
1.10.1　Neural bases and commonlg used animals for the behavioral tests　339
1.10.2　Commonlg used methods to test the higher brain funcions　340
1.10.3　Commonlg used methods to examine nociceptive behavior　348

## 1.11　Brain Imaging　352
1.11.1　Computerized tomography　352
1.11.2　Magnetic resonance imaging　356
1.11.3　Radionuclide tomography　362
1.11.4　Ultrasonography　365

# 2　Experiments in Neurobiology　368
## 2.1　Experiments of Neurophysiology　368

| | | |
|---|---|---|
| 2.1.1 | Compound action potentials of peripheral nerve in the rabbit | 368 |
| 2.1.2 | Velocity spectrum of afferent nerve fibers in hind limb of rabbit | 370 |
| 2.1.3 | Effects of extending anus to discharges of sacral nerve in the cat | 372 |
| 2.1.4 | Recording of segmental and desending spinal field potentials in the rat | 374 |
| 2.1.5 | Effects of segmental ischemia on spinal field potentials in the rat | 375 |
| 2.1.6 | Recording of evoked cortical potentials of the rabbit | 377 |
| 2.1.7 | Changes of cortical evoked potentials during cerebral ischemia in the rabbit | 379 |
| 2.1.8 | Recording of resting and action potentials of rat DRG neurons | 381 |
| 2.1.9 | Electrical properties of cultured cell's membrane in the rat | 384 |
| 2.1.10 | Intracellular recording of action potentials of DRG neurons in the rat | 386 |
| 2.1.11 | Intracellular and extracellular recording of electrical activity of dorsal column postsynaptic neurons in the cat | 388 |
| 2.1.12 | Antidromic and orthodromic responses of SCT-DCPS neurons in the rat | 390 |
| 2.1.13 | Intracellular and extracellular recording of electrical activities of dorsal horn neurons in the rat | 392 |
| 2.1.14 | Intracellular and extracellular recording of electrical activities of SST-DCPS neurons in the rat | 394 |
| 2.1.15 | Responses of NRM to peripheral afferent inputs in the rabbit | 397 |
| 2.1.16 | Extracellular recording of nucleus VPL of thalamus in the rabbit | 398 |
| 2.1.17 | Interaction between somatic and visceral afferent input in rat spinal cord dorsal horn neurons | 400 |
| 2.1.18 | Role of ATP-sensitive potassium channel in cerebral hypoxia and its preconditioning | 401 |

## 2.2 Experiments of Neurochemistry ......... 408

| | | |
|---|---|---|
| 2.2.1 | Effects of brain extracts of hypoxia tolerant mice on hypoxic tolerance in mice | 408 |
| 2.2.2 | Changes of monoamine in brain tissue of mice exposed acutely and repeatedly to hypoxia | 411 |
| 2.2.3 | Effects of different local stimulation on monoamine content in rabbit cerebrospinal fluid | 414 |
| 2.2.4 | Effects of different local stimulation on $Ca^{2+}$, $Mg^{2+}$ contents in rabbit cerebrospinal fluid | 417 |
| 2.2.5 | Measurement of adenosine of rabbit brain using microdialysis | 420 |
| 2.2.6 | Effects of brain extract of hypoxic preconditioned mice on cerebral synaptosome activity | 421 |
| 2.2.7 | Protection of brain tissue extracts of hypoxia preconditioned mice from hypoxic insult of PC12 cells | 423 |

## 2.3 Immunohistochemical Experiments for Neural Tissues ......... 425

| | | |
|---|---|---|
| 2.3.1 | Substance P-like immunoreactive structures in the dorsal horn of medulla oblongata and nucleus raphe magnus in the rat | 425 |
| 2.3.2 | $\mu$-opioid receptor-like and calcitonin gene-related peptide-like immunoreactive posivtive neurons coexisting in the trigeminal ganglion in the rat | 428 |
| 2.3.3 | Connections of substance P-like immunoreactive positive terminals and calcium-binding proteins-like reactive positive neurons in the superficial laminae of the dorsal horn of medulla oblongata in the rat | 430 |
| 2.3.4 | Observation of FOS-like positive neurons in the dorsal horn of the medulla oblongata after orofacial injection of formalin in the rat | 432 |

2.3.5　5-hydroxytraptamine-like positive neurons in the raphe nuclei expressing FOS protein …… 435
2.3.6　Projection from neurons in the dorsal horn of medulla oblongata to the thalamus expressing FOS protein …… 437
2.3.7　Distribution of Calbindin-D28k mRNA positive neurons in the trigeminal ganglion in the rat …… 440
2.3.8　Serotonin-like positive structure in the periaqueducal gray …… 444
2.3.9　Synaptic connection of GABAergic terminals and substance P receptors-like positive neurons in the nucleus of the solitary tract in the rat …… 446
2.3.10　Synaptic connection of GABAergic neurons and substance P-ergic terminals in the dorsal horn of the medulla oblongata in the rat …… 449

2.4　Experiments of Neuromorphology …… 452
2.4.1　Spinal cord dorsal horn neurons projecting to STN in the rat …… 452
2.4.2　Spinal cord dorsal horn neurons projecting to both LCN and DCN in the rat …… 454
2.4.3　Ultra microstructure of rat SST-DCPS neurons …… 455
2.4.4　SST-DCPS neurons projecting to both somatic and visceral sensory nuclei in the rat …… 457
2.4.5　A model of electromagent-controlled pinching semi-transection injury in rat spinal cord …… 459
2.4.6　Projection from the parabrachial nucleus to the central nucleus of amygdaloid in the rat …… 461
2.4.7　Serotoninergic projections from the midbrain periaqueductal gray to the nucleus accumbens in the rat …… 464
2.4.8　Substance P receptor-like immunoreactive neurons in the dorsal horn of medulla oblongata send axons to the gelatinosus thalamic nucleus in the rat …… 466
2.4.9　Collateral projections of nucleus raphe magnus to dorsal horn of medulla oblongata and spinal cord in the rat …… 469
2.4.10　Descending collateral projections of serotoninergic neurons in the periaqueductal gray and dorsal raphe nucleus …… 472
2.4.11　Projection from spinal trigeminal nucleus to trigeminal motor nucleus in the rat …… 474
2.4.12　PHA-L anterograde tracing …… 477
2.4.13　Projection from superficial laminae of dorsal horn of medulla oblongata to parabrachial nucleus and ventroposterior medial thalamic nuclei …… 480
2.4.14　Indirectly projection from the periaqueductal gray to the trigeminal sensory nuclei via the nucleus raphe magnus …… 483
2.4.15　Indirectly projection from the periaqueductal gray to the spinal trigeminal nucleus via the nucleus raphe magnus …… 486
2.4.16　Synaptic connection of neurons in the dorsal horn of medulla oblongata projecting to thalamus and serotonin-like positive terminals …… 489

2.5　Experiments in Molecular Nueurobiology …… 492
2.5.1　Isolation of specifically expressed genes by differential display …… 492
2.5.2　Separation and detection of hypoxia inducible factor 1 from culture cells after chronic hypoxia …… 497
2.5.3　Total RNA extraction and cDNA preparation of the rat trigeminal ganglion …… 500
2.5.4　Expression of 5-HT$_3$ receptor subtype mRNA in the rat trigeminal ganglion …… 502

2.5.5 Expression of choline acetyltransferase in the rat striatum and the recovery of its DNA fragment ............ 505
2.5.6 Subcloning of choline acetyltransferase DNA fragment ............ 507
2.5.7 Preparation of ChAT-pGEM recombinant plasmid DNA and analysis by restriction enzyme digestion ............ 510
2.5.8 Sequencing of ChAT-pGEM recombinant plasmid DNA ............ 513
2.5.9 SDS-polyacrylamide gel electrophoresis analysis of choline acetyltrandferase-expressed protein ............ 516
2.5.10 Western blot analysis of choline acetyltransferase in the rat striatum ............ 520
2.5.11 Effects of sex hormone to the upregulation of PPD mRNA in the spinal cord induced by peripheral noxious stimulation ............ 523
2.5.12 Cloning of differential-expression gene in primary sensory neurons (dorsal root ganglion) after partial transection of sciatic nerve by DD-PCR method ............ 526

2.6 Experiments of Neural Behavior ............ 530
2.6.1 Bilateral changes of nociceptive sensitivity in rats with one paw inflamed ............ 530
2.6.2 Score of nociceptive responses in inflammated rat by formalin injection ............ 532
2.6.3 Role of neural reflex factor in changes of nociceptive sensitivity of non-inflamed side in rats with one paw inflamed ............ 533
2.6.4 Role of humoral factor in changes of nociceptive sensitivity of non-inflamed side in rats with one paw inflamed ............ 536
2.6.5 Effects of acute repeated hypoxia on hypoxic tolerance of mice ............ 537
2.6.6 Changes of hypoxic tolerance in anesthetized and excited mice ............ 539
2.6.7 Reproduction of spinal cord transection and hemitransection model in the rat ............ 541
2.6.8 Effects of the chronic restrain stress on the spatial learn and memory ability in the rat ............ 543
2.6.9 Examinations on the spontaneous activity and anxiety level in the post-trauma stress disorder model of rat ............ 548

# 3 Information in Neurobiology ............ 552

3.1 Common Concepts in Neurobiology ............ 552
3.1.1 Common concept of biological electricity ............ 552
3.1.2 Common vocabulary of biochemistry ............ 558
3.1.3 Common vocabulary of cell culture ............ 561
3.1.4 Common vocabulary of molecular biology ............ 565

3.2 Ordinary Experimental Method ............ 570
3.2.1 Customary instrument and its usage in electrophysiology ............ 570
3.2.2 Animal management in common use ............ 577

3.3 Regular Data of Experimental Animals ............ 589
3.3.1 Natural data of physiology ............ 589
3.3.2 Normal anesthetics and muscle relaxants ............ 589

3.4 Preparation of Regular Reagents, Buffers, Stocks Solution and Enzymes ............ 592
3.4.1 Reagents of tissue culture ............ 592
3.4.2 Electrophoretic buffers ............ 593

3.4.3 Regular stock solution ……………………………………………………… 595
3.4.4 Preparation of regular enzymes ………………………………………… 597
3.5 Recognition Sequences of Ordinary Restriction Enzymes ……………… 598
3.6 Cell Line, Cell Culture Medium and Antibiotics ………………………… 603
  3.6.1 Cell line …………………………………………………………………… 603
  3.6.2 Composition and prescription of regular cell culture medium ……… 605
  3.6.3 Antibiotics ………………………………………………………………… 607
3.7 Data of Nucleic Acid and Protein in Common Use ……………………… 607
  3.7.1 Length and molecular weight of nucleic acid ………………………… 607
  3.7.2 Molecular weight marker of protein …………………………………… 607
3.8 The Declaration of Helsinski Ⅱ …………………………………………… 608

# 1 神经生物学实验方法学

## 1.1 科学思维方法学

### 1.1.1 科学技术的历史动力

马克思主义认为，人类社会的发展取决于生产力与生产关系的矛盾运动；在这一矛盾运动中，生产力是最活跃的因素，总是领先于生产关系不断地向前发展；生产关系也对生产力具有反作用。历史的进程日益表明，科学技术是影响生产力的强大力量。100年前，马克思曾指出，"生产力中包括科学"，"社会劳动生产力首先是科学的力量"。1988年，邓小平同志首次明确地提出"科学技术是生产力，而且是第一生产力"。邓小平的这一论断，精辟地揭示了科学技术对生产力发展的第一位变革作用，具有极其丰富的内涵，对提高我国社会生产力、发展我国的社会主义制度和科学技术研究，均具有重大的深远的意义。

第一，根据马克思主义理论，生产力包括劳动力、劳动工具和劳动对象三要素。科学技术之所以是生产力，而且是第一生产力，首先是由于科学技术全面地具有这三个要素。掌握科学技术的现代劳动者具有认识和改造自然的极大才干和潜力；科学技术本身就是不断发展进步的先进劳动工具，具有提高劳动产品的数量和质量的巨大力量；科学技术将使社会生产直接地作用到无限广泛的宏观和微观世界，人们既可以进入外层空间和南极，也可以深入到生命活动的最微观领域。

第二，科学技术不仅全面具备生产力三要素，而且具有对生产力发展的极其强大的推动力量。历史证明，科学技术的进步一旦出现质的飞跃，产生技术革命，生产力就会发生突飞猛进的发展。18世纪后期开始的以蒸汽机为代表的技术革命，19世纪后叶起始的以电力为代表的技术革命，都极大地推动了生产力的发展。20世纪中期以来出现的新的技术革命，不论在深度和广度上都远远超过了以往的技术革命，不仅极大地提高了原有的生产质量和数量，而且开拓了包括微电子学、光电子学、量子学以及生物遗传工程在内的许多高、新技术领域，社会生产正以全新的面貌，推向新的高峰。分子生物学和遗传工程技术的发展，不仅使人们从分子水平上了解生命和疾病的本质，而且可以从分子水平上对健康和疾病的发展进行有效的干预，甚至可以人为地改变和创造新的物种。生物高技术一定会以空前的高效率，创造新的生产记录，创造出令人眩目的物质和精神文明。

第三，科学技术之所以会对生产力具有如此巨大的推动力量，是由于所有科学技术本身都具有一种内在的自我驱动的动力和机制，是一种"最高意义上的革命力量"。科学的目的是不断地发现新的自然和社会规律；技术的作用在于无限能动地改造和发展社会生产。科学技术只有第一、没有第二。科学技术没有永恒的或终极的目的，总是不断地追求新的目标和高峰。从第一件原始工具起，到现代计算机的问世，科学技术几乎是本能的进取，将越来越广泛地创造奇迹，极大地增强人们驾驭自然的力量。

第四，科学技术不仅极大地提高社会生产力，也必将引起上层建筑的深刻变化。如果说，过去的科学技术多少是针对物质世界——人们赖以生存和发展的大自然；那么，现代的科学技术将在了解和干预自然的同时，扎扎实实地介入到人的心理、道德、智能等意识形态和精神领域。现代科学技术与社会主义制度的结合，必将创造出更为高尚的社会文明，更广阔地开拓人们的视野，更有效地扫除迷信、愚昧和落后。科学技术不仅兴企业、兴农业，还应该兴教育、兴医疗。通过科学振兴的教学和医疗，又会反过来促进科学技术的进步与提高。如果说"没有科学技术，企业就不能生存"，那么"没有科学技术，教学和医疗就不能发展"。一切有远见卓识的教师、医生无不在努力更新自己的知识，无不在努力跟踪科学技术发展的前沿。名副其实的高校教师必须具备良好的科学技术工作者的素质。

第五，科学技术的发展不仅影响上层建筑，而且也影响生产关系。当今世界的大事是科学技术和科技人才的竞争。科学技术越来越成为判断综合国力的最重要标准。没有科学技术，就意味着一个民族、一个国家、一种社会制度的垮台或衰亡。正是基于科学技术作为第一生产力对人类社会生死存亡的强大作用，世界各发达国家，无不加强对科学技术的国家干预，并借以维护他们的社会制度。1989 年，美国第 101 次国会破天荒地通过一项决议，将 20 世纪 90 年代定为"脑的 10 年"。美国总统随即批准了这个决议，世界各国也竞相响应。"脑的 10 年"实际上是以美国为首的发达国家向 21 世纪——生物世纪的进军号。不难设想，脑的工作原理一旦被揭示，将决不限于影响人们对语言、意识、情绪和思维等本身的理解，而且完全可能从根本上改变人类社会的生产面貌。一个用微电子学、光电子学和量子电子学组装的人工智能系统，再装配上按仿生学原理研制出来的最敏锐的视、听、嗅、触等感官以及骨骼和肌肉，这样的机器人甚至可以是以纳米为单位的极微小的机器人，将会使社会生产和医学诊疗变得面目一新。

第六，归根结底，科学技术还是要由人来创造和开拓的。当代科学技术的竞争归根结底是科技人才的竞争。人，历来是第一位的。没有用现代科学武装起来的人，科学技术对生产力以及生产关系的影响，就无从实现。英国科学家赫胥黎在谈到法国科学家巴斯德时说："巴斯德一个人的发现足以抵偿 1870 年（法国）付给德国 50 亿法郎的战争赔款。"美国的一位将军，从军事的角度谈到海森堡时说："得到海森堡这样的科学家足以比得上德国 10 个师的军队。""千军易得，一将难求"，这就是生产力第一要素、劳动力或科技人才的巨大物质力量。爱因斯坦的 $E=mC^2$ 的公式、诺贝尔的炸药的发现，均对现代生产产生无与伦比的威力。沃森和克里克的分子生物学正以雷霆万钧之势，震撼着所有生命科学乃至工程科学领域。一切不甘落伍的生物医学工作者都要面临分子生物学的挑战。

第七，尽管科学技术作为第一生产力，对生产关系、上层建筑，特别是社会生产均具有重大的作用和影响，它还是要受到生产关系或社会制度的制约或反作用。马克思的剩余价值学说和资本论，敲响了资本主义的丧钟。列宁的社会主义可以在一国首先取得胜利的理论，打破了资本主义的一统天下。毛泽东的农村包围城市和新民主主义论，赢得了我国新民主主义革命的胜利，并顺利地实现了向社会主义的转变，使我国的生产力得到空前的解放和提高。邓小平同志提出的科学技术是第一生产力和建设有中国特色的社会主义理论，必将赢得社会主义在中国的成功和胜利，必将从根本上进一步提高我国的社会生产力，为发展我国的社会主义制度提供强大的物质力量。一个欣欣向荣、人才济济、科学昌盛、技术发达的社会主义中国，一定会屹立在世界的东方。

## 1.1.2 辩证地去求索

马克思主义哲学作为科学的世界观和方法论，有助于科学研究工作者运用科学的思维逻辑和工作方式，指导自己的科学研究过程。实际上，正如恩格斯所指出的那样，人们早在知道什么是辩证法以前，就已经辩证地思考过。一切科学研究工作者，当他进入科学研究的实践活动，总会自觉或不自觉地受到哲学的支配，因为任何正确的科学思维均不可能离开唯物辩证法。

科学研究的目标是变未知为已知，变无序为有序，是一项最具风险的探索。在这一探索中，应用各种不同的仪器、工具和技术无疑是十分必要的，但是最为重要的仪器、工具和技术却是人的头脑本身，通常意义上的仪器、工具和技术只是人脑的产物。

人类是以感觉为渠道，思维为媒介来认识和把握自然的。毛泽东说，感觉到了的东西，我们不能立刻理解它；只有理解了的东西，我们才能更深刻地感觉它。科学研究的发展一向决定于观念的更新和技术的进步。当代诺贝尔生理学或医学奖获奖项目的一个共同特点是高抽象加高技术。在一定意义上，高技术本身也是高抽象的产物。恩格斯说："一个民族要想站在科学的最前列，就一刻也不能没有理论思维。"思维或抽象的火花，往往能燃起向未知冲刺的熊熊烈火，从而开拓出具有突破性的科研成果。

### 1.1.2.1 为什么说矛盾是普遍的

恩格斯说，"生就意味着死"，这是对生命活动辩证运动的最高概括。现代科学确已证明，死亡、"丧钟"或"死亡激素"等生命的否定总是以胚胎的形式包含在生命之中。恩格斯又说，"有机物发展中的每一进化同时又是退化，因为它巩固一个方面的发展而排除其他许多方面的发展的可能性"，这是对种系进化和个体发育的精辟总结。马克思说，"疾病使生命活动的自由受到限制"，这是对健康与疾病的辩证关系的高度概括。生物学中的保守与变异，生理学中的兴奋与抑制，生物化学中的同化与异化，免疫学中的抗原与抗体，病理学中的损伤与代偿，药理学中的药物与毒物，分子生物学中的癌基因与抗癌基因等矛盾运动，无不从根本上规定着人们探索生命活动奥秘的轨迹或规律。

#### 1.1.2.2 穴位的实质是什么

这是祖国医学经络学说面临的一个带有根本性质的问题。一方面有人认为既无经又无穴；另一方面则有人认为穴位是某种前所未知的什么实体。从唯物辩证法的观点看来，穴位既非虚无缥缈也不是迄今未知的什么神秘的新实体，而很可能是某种已知成分的特殊组合，是人体进化过程的产物，与身体表面大面积的非穴位既有共同的成分又有不同的组合。穴位与非穴位均受神经支配，这是二者的共同点；神经支配的比例不同则构成它们之间的区别点。我们用现代的神经科学研究手段发现，穴位与非穴位均含有不同种类的传入神经纤维，但其比例却显著有别。与非穴位相比，穴位的传入纤维组成具有"有髓纤维多、粗纤维多、Ⅱ类纤维多"等"三多"特征。穴位接受传入纤维支配，使它构成躯体感觉的一部分；穴位传入的"三多"特征决定它在通常情况下传递针感（酸、麻、重、胀）这一特定的感觉。

#### 1.1.2.3 针刺穴位为什么能镇痛

这是经络学说面临的另一个基本问题。从唯物辩证法来看，手术刺激手术野引起的致痛过程与针刺穴位产生的镇痛过程，很可能是对立统一的，其最终的效果取决于致痛与镇痛信号在中枢神经系统内的力量对比。当致痛信号主要通过Ⅳ类细纤维，在中枢神经系统引起的过程处于矛盾的主要方面时，机体将感受疼痛或痛觉过敏。当镇痛信号主要经由Ⅱ类粗纤维，引起的中枢神经系统的神经生理过程和神经化学过程强于致痛信号引起的中枢过程时，疼痛将转化为无痛或轻痛。由此可见，手术野与穴位、痛刺激与针刺激、致痛信号与镇痛信号、细纤维与粗纤维、中枢致痛过程与中枢镇痛过程之间的相互作用和力量对比，决定着手术痛的有无和强弱。因此，只要医生所采取的措施（如局部同步刺激、局部麻药穴位注射和双止血带交替使用等）能加强粗纤维活动和（或）减弱细纤维活动，均将有助于加强或提高镇痛的效果。

#### 1.1.2.4 脊髓神经元只有单投射吗

神经科学是现代生命科学中发展最快的学科之一。神经科学的发展过程中，不断形成和巩固一些新的概念；这些新的概念又不断地受到更新概念的挑战，从而总是处于螺旋式上升的发展运动之中。人们发现得最早、研究最彻底的传导束——背索，一向被认为是只含有初级传入而不含有二级传入。但是，我们和他人的工作表明，背索除含初级传入外，也含有二级传入。传统的观点认为，脊髓中只存在向一个靶核投射的单投射神经元，但实际上却也存在同时向两个核团投射的双投射神经元。其中，脊颈束-背索突触神经元既不是单纯的脊颈束神经元，也不是单纯的背索突触后神经元，而是这两种神经元的结合，是机体在进化过程中，由多突触通路向非侧支化直接单一通路进化的中间阶段。另一方面，来自躯体的感觉信息与来自内脏的感觉信息一向被认为是各行其道，互不相干。脊孤束-背索突触后系统的发现，提示这种神经元不仅接受躯体信息，而且传递内脏信息；两种信息经过会聚或整合后，既可向躯体感觉核投射，又可向内脏感觉核投射。这种神经元看来也是机体进化与退化运动过程的某一中间阶段的产物。出于同样的进化变化，一向被认为几乎可有可无的脊神经节，却很可能是名符其实的一个神经节，对传入冲动既可传导，也可整合。神经科学研究的这些发现，不仅冲击了已有的经典观念，而且将对有些神经系统疾患的发生机制和防治策略，带来某些新的启迪。

### 1.1.2.5 科学概念的区分是否只是二分法

神经科学的发展变化层出不穷。随着技术的进步，某些看来已十分牢固的概念区分也随之发生动摇或变革。丘系与非丘系、单投射与双投射、躯体觉与内脏觉、投射神经元与中间神经元、两个神经元之间的突触与同一个神经元自身之间的突触的严格界限，不得不由绝对变为相对。一向被认为是传递精细觉的丘系始端——背索，现经证明它也传递痛觉，从而也属于非丘系。在经典观念中被认为只进行长途投射的投射性神经元，由于其轴突侧支的存在，也可执行短距离走行的中间神经元的机能。一向被认为只有单纯传导作用的神经细胞的轴突和脊神经节中的神经元，由于轴突分叉点和突触联系的发现，看来它们也对神经冲动具有会聚、整合或滤过等功能。可见，对于高度发达的神经系统，只有当人们用辩证的发展变化的观点而不是形而上学的静止不变的观点，才能窥见其千姿百态神经活动的某些画面。

### 1.1.2.6 机体机能为什么不是一成不变的

神经科学的一些发现，乍看起来似乎是难以理解的，但是一旦从矛盾运动、量变质变和否定之否定的规律出发来看待问题，这些发现不仅是可以接受的，而且是合乎自然的。科学就是在这样地不断自我否定、自我变革、自我挑战的过程中，逐渐逼近或回归自然的。当前，生物医学科学研究的一个新的重要动向，是探索机体在内、外环境变化过程中发生的代偿、适应或可塑。如果说针对细菌微生物发生的抗原抗体相互作用，早已被公认并付诸临床应用的话，那么非细菌性损害也可引起予之对抗的抗损害性代偿、适应或可塑变化，目前也许鲜为人知，但却是大自然赋予机体的客观存在。

由于进化与退化相互作用的结果，动、植物的抗旱、耐寒以及抗病虫害等机能特性有所减弱，但在一定条件下，科学的力量却可以使这些特性重新活化和发展。高等动物对缺血或缺氧的耐受力远低于低等动物，成年高等动物也低于胚胎或婴幼年动物。但从辩证唯物主义的观点看来，这并不等于高等成年动物已退化的耐缺氧机制不能在一定条件下被重新动员。经过短时间急性重复缺血或缺氧暴露的动物对缺氧耐受的高度发展，提示这种动员是完全可能的。用致炎剂引起一侧肢体发炎或疼痛的同时，能在非致炎的健肢引起镇痛过程的事实，也提示存在这种可能性。可见，大自然对生命活动赋予了多么巧妙的安排。科学家的使命在于用辩证唯物的观点去理解这种安排，并创造条件去实现这一安排，从而像对付细菌感染性疾患那样，也从代偿、适应或可塑的角度对某些非感染性损害或疾患提出新的防治策略和手段。

100年前，Ehrich曾指出，机体的各种免疫系统在抗原接触之前即已存在，抗原的作用只在于诱导抗体大量生成。1987年，诺贝尔生理学或医学奖得主利根川，用分子生物学和基因重组技术，揭示各种各样的抗体类型是通过与恒定 $C$ 基因靠近的 $V$、$J$、$C$ 等变异基因的变化产生的。就整个机体的防御、代偿、适应和可塑来说，千变万化的免疫球蛋白的变异只是一种特例，但它也许可以提示，机体的非免疫性代偿和可塑变化的根本机制也是在基因水平上发生的。有证据表明，$fos/jun$ 族亮氨酸拉链型即时早期基因（immediate early gene，IEG）以及 $zif268/egr1$ 等锌指型 IEG 参与神经系统机能变化和可塑性的调节。一个诱人的前景是通过遗传工程大量复制有关的免疫或参与适应代偿的蛋白质，从而开辟出一个个新的防治途径。

#### 1.1.2.7 科学是否只有逻辑思维

诺贝尔物理学奖获得者杨振宁指出，"只有逻辑的科学只是科学中的一部分"，"科学绝对不是只有逻辑"。直觉、灵感、想象以及洞察力、鉴赏力等非逻辑的思维形式，在科学创造中也具有重要作用。特别是在逻辑推理活动之前以及逻辑推理无能为力的情况下，直觉思维的作用更为重要；因为要从整体上认识所研究的对象，把握从各个方面得到逻辑并形成科学理论，依然要靠非逻辑思维；否则，往往难以在理论上有所突破和在科学上有所建树。然而，经验表明，所有非逻辑的和形式逻辑的思维或推理形式，只有在辩证思维逻辑或唯物辩证法的驾驭下，才能有声有色地得到活化或发展。

毛泽东有一句名言，"坏事可以变好事"。反过来，好事也未尝不可变为坏事。这是因为凡事均有一个"度"来决定其质与量的界限。免疫学的发展即有着这样深刻的哲理。Jenner的牛痘接种预防天花，Pasteur的减毒疫苗免疫疗法，使人们认为免疫对机体是保护，是好事。然而，注射破伤风抗毒素或白喉抗毒马血清可引起血清病或过敏反应。Richet为观察免疫现象，给犬注射少许海葵触角的甘油浸液2、3周后，用比此次用量少约1/20再次注射时，犬立即出现呕吐、便血、昏迷、窒息直至死亡，几经重复均获相同结果，从而意识到免疫不只有保护作用，也可规律性地引发病理反应或"无保护反应"，并因此获得1913年诺贝尔生理学或医学奖。这实际上是在科学事实面前被迫地用"一分为二"唯物辩证法扩展了免疫的实质与内涵。

哲学巨匠毛泽东，站在中国历史的前列，用马列主义哲学统帅他的政治、军事、经济和文化等革命和建设的理论，轰轰烈烈地完成了中国的伟大变革。毛泽东在他的军事著作中，不止一次地强调主观能动性的重大作用。他说："战争的胜负，主要地决定于作战双方的军事、政治、经济、自然诸条件，这是没有问题的。然而不仅仅如此，还决定于作战双方主观指导的能力。军事家不能超越物质条件许可的范围企图战争的胜利。然而军事家可以而且必须在物质条件许可的范围内争取战争的胜利。军事家活动的舞台建筑在客观物质条件的上面，然而军事家凭着这个舞台，却可以导演出许多有声有色威武雄壮的活剧来。"可以预期，一切用唯物辩证法武装起来的中国科技工作者，将在揭示脑的奥秘这场"战争"中，有所作为，有所贡献；一个生机勃勃、万紫千红的神经科学研究"活剧",必将展现在人们的面前。

## 1.1.3 辩证地去思考

科学研究是一项变未知为已知、变无序为有序的探索。科学研究的发展有赖于概念的变革与技术的进步。一个科研项目研究的成功与否,主要取决于思维和实验。实验或技术有其相应的技巧,概念和思维更有其相应的规律或艺术。科学工作者提出和思考问题的方式与过程,往往具有通常意义上的仪器和工具所不可比拟的作用。美国著名生理学家 Grossman 在谈到如何训练年轻科学家时,曾明确指出"思路比仪器更重要"。科学思维贯穿于科学研究的全过程,包括创造性思维在内的各种思维形式;但最基本的无疑是辩证或对立的思维,因为"人们早在知道什么是辩证法以前就已经辩证地思考过"(恩格斯)。生物医学工作者自然不会是例外。

### 1.1.3.1 原型与模型

生物医学研究的最终对象是人,有些实验又只能在人身上进行。但是,由于众所周知的原因,生物医学的大多数实验对象却是以人为原型的动物模型。因此,生物医学的研究设计首先要思考的一个问题是,选什么模型,模型的实验结论能否向原型外推。模型与原型既要像,又不能全像;否则,即不成其为模型,也不能对了解原型有裨益。研究针刺镇痛原理可以有这样或那样的各种模型。1975 年,作为起步较晚的单位,我们采用的是以强电震刺激动物躯体神经,复制实验性神经痛,借以模拟临床神经痛的原型;在证明所记录的反应确属痛反应的基础上,再针刺有关穴位,从而建立起针刺镇痛的动物模型(图 1-1-1)。实践证明,这种选择是适宜的,为我们后续的一系列研究奠定了基础。

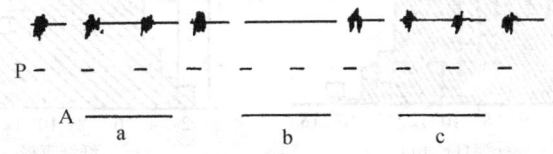

图 1-1-1 针刺"曲池"、"足三里"和"非穴"的镇痛效应

上线,下颌运动记纹曲线。P. 痛刺激。A. 针刺激;a. 针刺"曲池";b. 针刺"足三里";c. 针刺"非穴"(足三里外侧 1 cm 同一深度)(吕国蔚,1981)

除使模型尽可能接近原型外,还需要严谨的对照设计,才能使实验结论及其外推具有较强的说服力。在变化较快的电生理学实验中,我们通常采用:①空白前对照;②痛前对照;③针前对照;④痛+针实验;⑤针后对照;⑥痛后对照;⑦空白后对照的同体对照。各步之间,观察指标均以恢复到空白前对照为准;在观察时程较长的神经化学实验中,我们通常兼用同体与组间比较,即设空白对照、痛对照、针对照、痛+针实验等组;各组又分别在处理前(前对照)、处理中(实验),以及处理或恢复后(后对

照）取样，比较各组处理前、中、后以及各组不同处理的变化。

### 1.1.3.2 穴位与非穴位

研究针刺原理的一个不可回避的基本问题是，什么是穴位？20世纪70年代曾有两种全然对立的议论：一是既无经又无穴；另一个是不但有经有穴，而且穴位是某种前所不知的实体。对于这两种说法，我们均未敢苟同。我们考虑穴位可能是相对于非穴位的一种存在，二者传入神经支配的量与质可能有所不同，因为准确的针刺穴位与非穴位所得感觉是不同的。

鉴于人体与动物解剖差异，我们将与人体穴位相对应的动物部位与针刺该部位的效应结合起来，作为穴位与非穴位的判断标准；按双盲法，在对针刺实施者与指标观测者分别进行实验和观测的结果表明，我们的假定和设计是可行的，所得的结果是规律的。与非穴位相比，传入纤维直径谱和速度谱的发现均提示，穴位具有有髓纤维多、粗纤维多和Ⅱ类纤维多的"三多"特征（图1-1-2），从而为穴位的存在及其实质，提供了一种现代的解剖生理学依据。

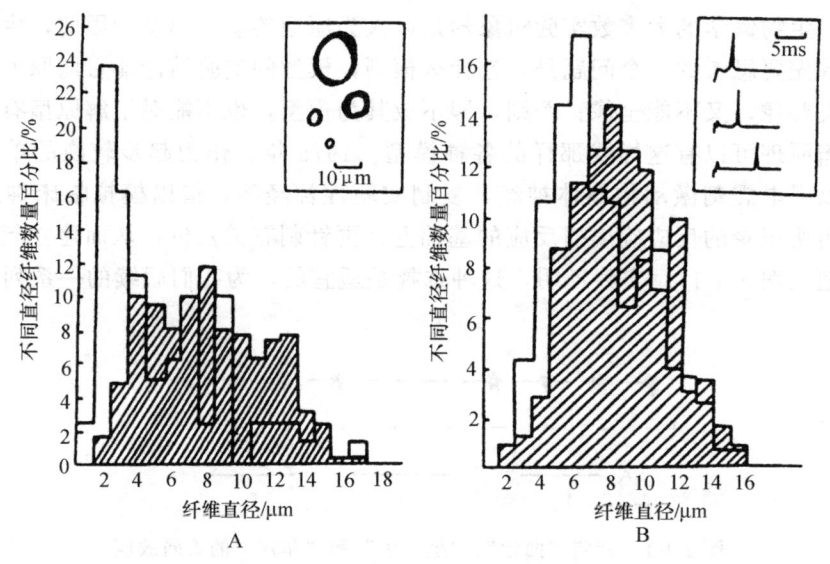

图 1-1-2 穴位与非穴位的传入纤维谱

A. 直径谱：斜纹区，穴位；空心区，非穴位；B. 速度谱：斜纹区，穴位；空心区，非穴位。
图例示典型个例的图像

### 1.1.3.3 外周传入与中枢整合

根据现代痛觉生理知识，疼痛信号主要是由细的Ⅲ类有髓纤维和无髓鞘的Ⅳ类纤维传导的。由此不难推论，针刺穴位很可能通过与痛觉传入不同的较粗的传入纤维传向中枢的，但又不一定是最粗的Ⅰ类纤维，因为Ⅰ类传入不能进入意识领域，难以产生针感。阳极、压迫、局部麻醉药等阻滞实验结果证明，针刺信号包括动物模型的镇痛信号和人体的针感信号均主要经由中等粗细的Ⅱ类和部分Ⅲ类传入纤维传导的。

接着，我们又用电生理学和神经化学方法证明，主要经粗纤维传入的针刺信号，与主要经细纤维传入的疼痛信号，在中枢神经系统分别引起不同的化学变化；针刺或粗纤维刺激引起的变化显著地抑制、降低或反转疼痛Ⅳ类纤维刺激引起的变化（图1-1-3），完全符合张香桐教授提出的两种不同信号相互作用的学说，从而从两类传入纤维相互作用的角度，为针刺镇痛原理，提供了进一步的说明。

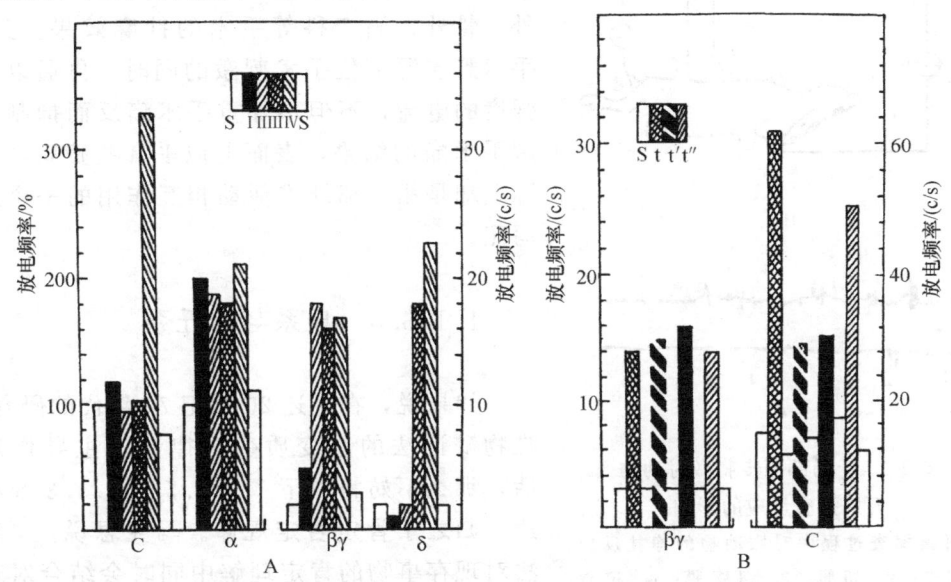

图1-1-3 丘脑腹后外侧核神经元的放电特性及其调制

A. 丘脑腹后外侧核 α、β、γ、δ 和 C 神经元放电频率。S 为自发放电频率；Ⅰ、Ⅱ、Ⅲ、Ⅳ 分别为引起 $Ⅰ_{max}$、$Ⅱ_{max}$、$Ⅲ_{max}$、$Ⅳ_{max}$ 活动的刺激所诱发的放电频率。α 和 C 单位的放电频率以百分数表示，以前对照的自发放电频率为100%；βγ 和 δ 单位的放电频率以 c/s 表示。每次取样时间为10 s，取3或4次的平均值。刺激电流均为经由隔离器输出的1次/s，0.3 ms 的单个方波脉冲；α 单位的 $Ⅰ_{max}$、$Ⅱ_{max}$、$Ⅲ_{max}$、$Ⅳ_{max}$ 分别为 0.5、2.1、8.0、25.0 V；βγ 单位，1.4、10.0、32.0、50.0 V；δ 单位，0.2、1.0、9.0、20.0 V；C 单位，0.6、4.2、10.0、25.0 V（均为空载）。各次处理之间的时间间隔以各次处理后自发对照恢复到接近前对照水平为准；Ⅰ、Ⅱ 后通常不超过 1 min；Ⅲ、Ⅳ 后通常需 2~4 min。B. $Ⅱ_{max}$、$Ⅳ_{max}$ 条件活动对 βγ、C 单位放电频率的影响。S 为自发放电频率，t 为单独检验刺激引起的诱发放电频率；t' 和 t" 分别为引起对侧同名神经 $Ⅱ_{max}$ 和 $Ⅳ_{max}$ 活动的条件刺激后检验刺激引起的诱发放电频率，每次取样时间 10 s，取3或4次的平均值。条件刺激电流为 8 次/s、0.3 ms 的方波脉冲，刺激时程 2 min；检验刺激为 1 次/s、0.3 ms 的方波脉冲，刺激时间 10 s，条件刺激停止后立即给予。βγ 单位的 $Ⅱ_{max}$ 和 $Ⅳ_{max}$ 分别为 10.0、50.0 V；C 单位，10.0、25.0 V（均为空载）（吕国蔚，1980）

#### 1.1.3.4 针刺与非针刺

既然针刺引起的粗纤维活动能抑制或反转疼痛引起的细纤维活动，因此，除针刺外，任何有助于加强粗纤维活动及（或）减弱细纤维活动的非针刺处理，均可能镇痛或加强针刺镇痛。痛与非痛的转化，主要取决于粗、细纤维活动力量的对比。

临床与实验证明，这种设想的实现是可行的。在穴位注射局部麻醉药，控制细纤维

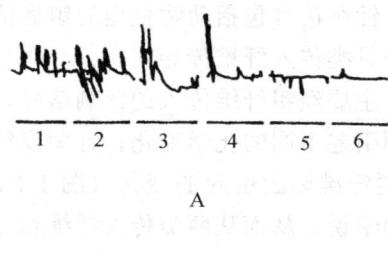

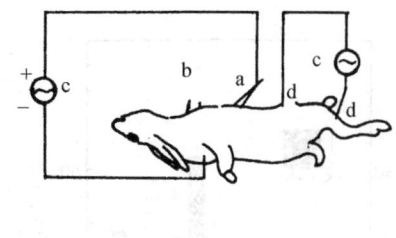

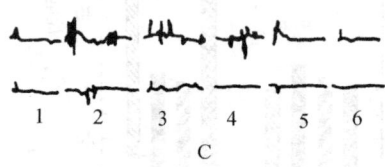

图 1-1-4 局部同步刺激对动物开腹探查反应的影响

A. 开腹探查过程中对照动物的挣扎反应。1. 切皮；2. 切肌；3. 切腹膜；4. 拉胃；5. 缝腹膜腹肌；6. 缝皮。以下各图同此。B. 局部同步刺激（左）与穴位刺激（右）模式图。a. 手术器械；b. 动物；c. 针麻仪；d. 针。C. "一般针麻"对开腹探查挣扎反应的影响。上线：对照侧；下线：实验侧（吕国蔚，1978）

活动的基础上，再加大针刺穴位的强度的所谓针药结合的处理；在传统的单个止血带的附近，加上另一个止血带，并将二者轮流充气，借以使第一个止血带压迫部位粗纤维活动得以恢复的处理；以及通过手术操作过程本身，给手术野通以弱电流，从而增加手术野痛源局部粗纤维活动的措施等（图 1-1-4），均显著提高了普外、骨外、妇产科等手术的针麻效果。其中，手术野痛源部位手术刺激的同时，再通以适宜强度的电流，不但不加重手术痛反而抑制或缓解手术痛的结果，表面上似乎有些费解，但实际上却是粗、细纤维活动相互作用的一个鲜明写照。

### 1.1.3.5 丘系与非丘系

如果说，在上述 20 世纪 70 年代的研究中，唯物辩证法的量变质变规律起了主导作用的话，那么不妨将以下 1.1.3.5 至 1.1.3.8 项所述，归之于肯定否定规律。马克思说，"辩证法对现存事物的肯定理解中同时会结合对现存事物的否定理解……"（《资本论》）。

20 世纪 80 年代初，我们的研究转向了脊髓这一神经科学争相问津的领域。那时，我们知道，在历史上发现最早、研究最彻底的背索，一直被公认为只含初级传入的典型丘系系统。从肯定否定规律出发，这很可能是神经系统高度进化的结果。但是任何否定均不是对原有事物的全盘否定，而是变革与继承的统一：背索中至少会含有二级传入并具有非丘系特征。

在脊髓背角进行细胞内记录与染色的结果表明，背索内不仅有占主导地位的初级传入，而且也有一定比例的二级传入，如背角细胞向背索核发出的轴突，我们称之为背索突触后系统或神经元（图 1-1-5）；发出该轴突的细胞-背索突触后神经元的突触前与突触后纤维的直径比也互不匹配，呈非线性，因而也具有非丘系的特征，可传递精细分辨觉，也可传递粗触觉和痛觉。这一发现，从根本上动摇了关于背索构成及其属性的概念，也对 20 世纪 60 年代由 Poggi 和 Mountcasle 提出的丘系和非丘系的二分法及其绝对对立的观点提出了挑战。

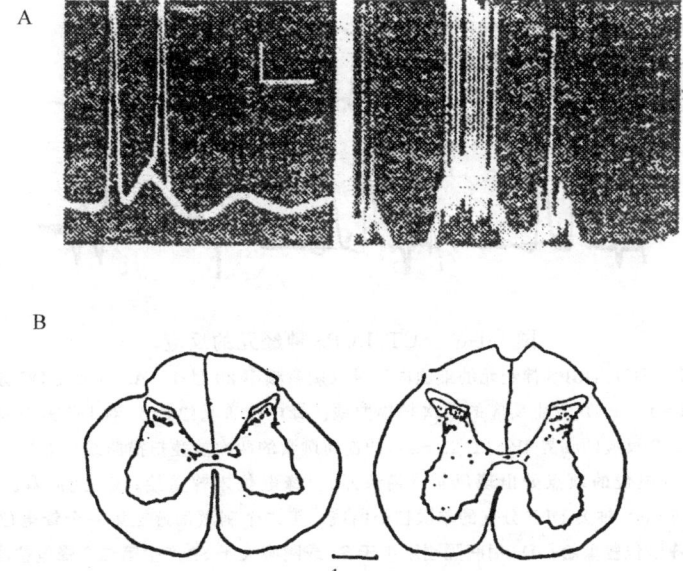

图 1-1-5  DCPS 神经元的反应与标记

A. 逆向刺激引起的 DCPS 神经元的反应。两图中起始的电位系 DCPS 神经元的逆向反应锋电位。左图为一神经元在 330 Hz 逆向刺激下的两次扫描记录，其突触后反应中有一次不能跟随高频刺激，而只出现 EPSP-IPSP 系列。右图为另一神经元在 330 Hz 逆向刺激下的单次扫描记录，其突触后反应的 EPSP 上分别重叠有一或多个突触后电位。箭头示伪迹。校正：左右图分别为 10 ms、10 mV、20 ms、10 mV（Lu, 1983）。B. HRP 逆向标记的 DCPS 神经元在猫（左）和猴（右）脊髓内的分布。两图均由 20 张连续切片构成，每一点表示一个细胞（吕国蔚, 1984）

### 1.1.3.6  单投射系统与双投射系统

从进化上看，神经系统是沿着神经网络有侧支的多通路、无侧支的单通路发展起来的。通过网络和侧支的退化或否定，而肯定或进化成了背索、脊丘束等脊髓单投射系统。但是，由于进化与退化的辩证运动，人们有理由去发掘那些仍然保留着的带侧支的双或多投射系统。

实验表明，用双重逆向激动和逆向双标记等技术，在脊髓背角中我们确已发现既向外颈核又向背索核投射的，以及既向孤束核又向背索核投射的背角双投射性神经元，我们分别命名为脊颈束-背索突触后和脊孤束-背索突触后神经元或系统（图 1-1-6）。这两种新发现的脊髓背角双投射系统，均非单纯的脊颈束、脊孤束或背索突触后系统，而是两个有关单投射系统的交集，兼有二者的属性，在进化上处于有侧支的多突触通路向无侧支的单突触通路进化的中间阶段。

进一步的工作证明，这两种双投射神经元是通过其各自的分叉轴突向两个核团投射的。这就提出了一个轴突分叉点的生理功能问题。传统的观点认为，轴突只有传导功能。但有迹象表明，轴突分叉点，看来不单纯传导，而很可能还会对信号具有过滤或整合的作用。

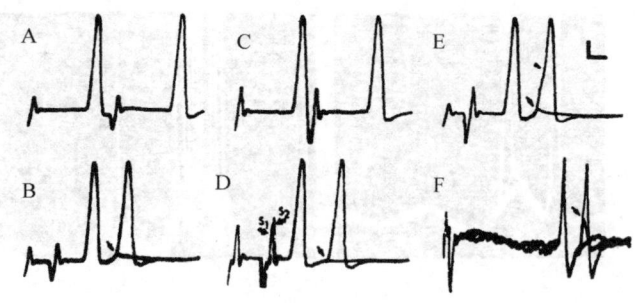

图 1-1-6　SCT/DCPS 神经元的反应

A～E：同一 SCT/DCPS 神经元的细胞内记录（刺激频率 20 Hz）。A. 对轴突 DC 分支逆向刺激（IPI=4.3 ms）发生反应的单次扫描曲线。锋电位曾重绘；B. 对 DC 施予刺激间隔为产生第二个反应的临界 IPI（1.25 ms）的逆向刺激的两次重叠扫描曲线。如第二个锋存在，则在 M 电位的顶点处出现反折（箭头示）。锋电位未曾重绘；C. 逆向双脉冲刺激（IPI=4.05 ms）轴突 DLF 分支的单次扫描曲线。第二个刺激伪迹被第一个锋电位掩盖了一部分。锋电位曾重绘；D. 用间隔刚刚小于 S1 或刚刚大于 S2 产生第二个锋电位的 IPI 逆向刺激刺激 DLF 的两次重叠曲线。如同 B，第二个锋电位出现时也发生反折并在初始反折处的顶点出现断掉。锋电位未重绘；E. 对逆向双脉冲刺激的反应的两次重叠曲线。每对刺激的第一个刺激施予 DC 分支，第二个刺激施予 DLF 分支。IPI（1.1 ms）为产生第二个锋电位的临界刺激间隔。第二个锋电位出现两次反折，并在 M 锋顶点处断掉（箭头示）。锋电位的下降支曾重绘；F. 不同细胞的细胞外记录。逆向刺激为 lHz，先刺激 DLF 分支，IPI（1.0 ms）为产生第二个锋电位的临界值。三次重叠扫描曲线显示第二个锋电位进行性消失的过程。箭头示锋电位在第二次扫描曲线始段反折处断掉。第三条曲线未见锋电位。校正：A～E：10 mV，1.0 ms；F：1.0 mV，2.0 ms。（Lu et al., 1985）

### 1.1.3.7　局部轴突侧支与自家突触

在显微镜技术不发达的时代，人们看到的神经系统是彼此连续（continuity）的一片网络。显微镜的分辨率发展到足够高时，人们才发现神经网络间只是相互接触（contiguity）而不是直接的连续或延伸。Sherrington 进而用突触的概念，说明两个有关神经元或一个神经元与其效应细胞之间的接触。但是，神经系统却是如此的神奇和奥妙，它不时地给我们提出一些神秘的问题。

就在我们发现并系统研究新发现的脊髓单或双投射系统的同时，细胞内染色清楚地显示：至少这几个新系统或新神经元的轴突，不只是可以分叉，而且在从胞体或树突发出的附近，在其自身的树突野范围内，该细胞的轴突即就地发出许多反复分支的局部轴突侧支，侧支上的膨体又与包括其自身带树突棘的树突构成突触，从而同一个（而不是两个）神经元自身的轴突与树突即可形成突触（图 1-1-7）。为了与传统的突触概念相区别，不妨将这种一个神经元本身形成的突触称为自家突触。

自家突触的发现，不仅突破了本来意义上的突触概念，而且也突破了投射神经元与中间神经元之间不可逾越的传统分割。一个投射神经元看来可以一身二任，既可通过长

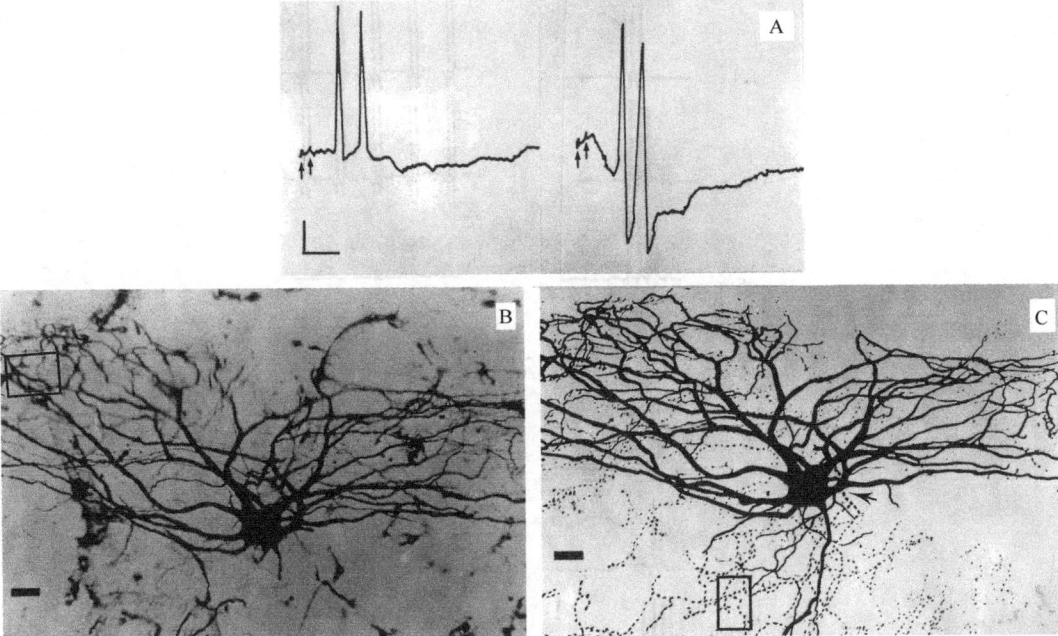

图 1-1-7 同一 SCT-DCPS 神经元的细胞内记录（A）和染色（B、C）
A. 对颈髓 DLF（左）和 DC（右）分别施予双脉冲逆向刺激（间隔 3 ms，频率为 50 Hz），用 X-Y 记录仪记录的神经元反应的单次扫描曲线。DLF 和 DC 刺激引起的反应的潜伏期相差达 1.5 ms，说明神经元的两分支粗细不同。DC 侧的锋电位重叠于场电位上，而 DLF 侧则未见场电位，提示颈髓 DLF 和 DC 互相绝缘很好。箭头示刺激伪迹。校正：10 s, 15 mV。B、C. 分别为显微照片及其投影描绘图。神经元的主干轴突从一级树突 2 点处发出侧支，立即在其树突野范围内向胞体的腹侧广泛分支。B、C 校正：50 μm（Lu et al., 1989）

轴突向另一、两个核团投射，又可通过局部轴突侧支与其自身或其他神经元的树突构成突触，从而成为名符其实的中间神经元。

### 1.1.3.8 躯体痛与内脏痛

躯体痛与内脏痛在发生上本来是混然一体的，只是由于进化的结果，才使二者逐步分离开来，形成各自的几乎是泾渭分明的传导通路。然而，又是肯定否定、进化退化的规律使然，躯体痛与内脏痛之间的严格界线似乎也变得模糊起来。

我们发现，传统的内脏感觉核（孤束核）和特异体感核（背索核），通过脊孤束-背索突触后神经元，均既接受内脏信息也接受躯体信息；同一个脊孤束-背索突触后神经元本身不仅接受来自内脏的信息，而且也接受躯体感受野传来的信息，成为躯体内脏痛的会聚性神经元（图1-1-8），从而在单个细胞水平上，为躯体内脏相关原理和牵涉痛现象，提供了神经基础。

饶有兴趣的是，脊孤束-背索突触后神经元不仅从外周传入直接接受躯体和内脏的上行输入，而且还通过该神经元的靶核［孤束核和（或）背索核］间接地接受来自躯体

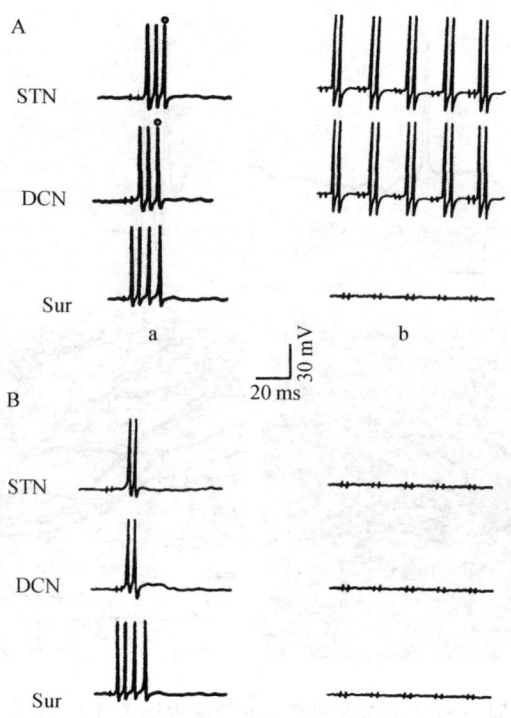

图 1-1-8 左　SST/DCPS 神经元的反应与标记

A. 同一脊髓神经元对 STN（SN）和 DCN（DC）刺激的逆向反应。a. 对 SN、DC 和 Sur 单个双脉冲刺激的反应。b. 对 50 Hz，间隔 3 ms 的双脉冲刺激的反应。注意：对 SN 和 DC 刺激的反应能高频跟随；而对 Sur 则不能。B. 同一脊髓神经元对 STN 和 DCN 刺激的突触反应（a）不能跟随（b）高频刺激（Lu et al., 1991）

与内脏的下行信息（图1-1-8左，彩图 1-1-8 右），从而又在回路水平上，为有关原理和现象提供了进一步的实验依据。

#### 1.1.3.9　致痛物质与抗痛物质

恩格斯说，"生物在每一瞬间既是它本身又同时是别的什么"（自然辩证法）。在和谐与统一中看到了差异和对立或在对立和差异中看到了和谐与统一。运用这种"雅努斯"或"两面神"的思维或对立思维，就有可能从对立面着眼，去开拓一条前人未曾涉猎过的领域，获得创造性的成果。

除研究痛与非痛（或抗痛）的外周传入纤维外，神经生物学也已发现中枢神经系统中既有痛兴奋系统，也存在痛抑制系统。对于引起疼痛的外源性和内源性物质也已有过大量报道。从对立统一规律出发，机体特别是在痛源局部似亦会产生抗痛或耐痛的化学物质。

在用鹿角菜使一足致炎的动物上，我们发现，致炎足痛阈明显下降的同时，对侧健足的痛阈却可显著升高。切断致炎侧的下肢神经对侧健足的这种变化没有影响；但是，一旦阻断致炎侧或非致炎侧下肢的静脉回流，对侧非致炎足的痛阈升高即不复出现（图 1-1-9）。从

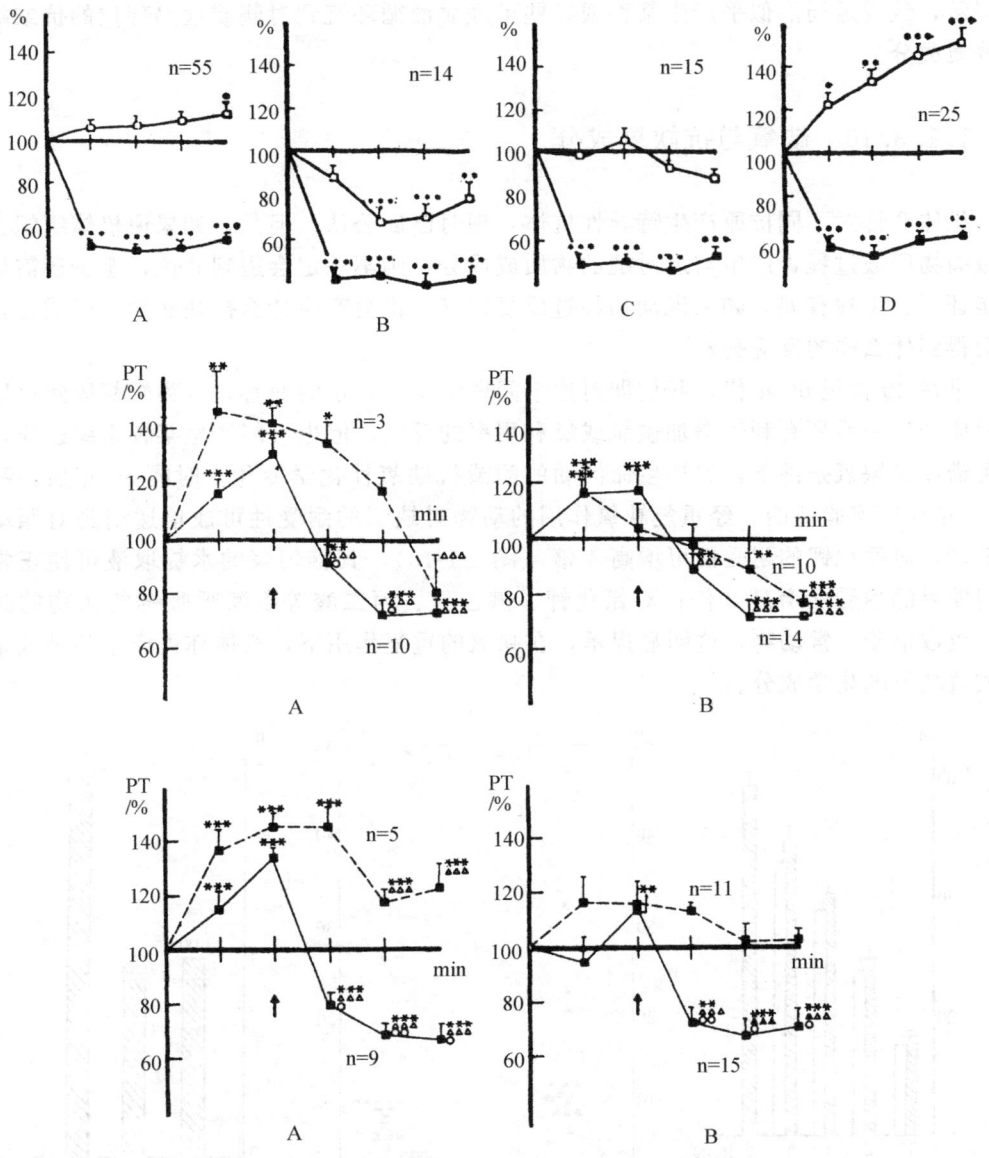

**图 1-1-9　一足致炎鼠双足痛阈的变化及其体液机制分析**

上：实验组致炎与非致炎足痛阈的相对变化。A. 实验组致炎与非致炎足痛阈的混合变化。B、C、D 分别为"下降"、"不变"、"升高"3 组痛阈与对侧非致炎足痛阈比较的相对变化及其致炎足痛阈的相应变化。纵坐标为痛阈变化的百分数，以 0 时基础痛阈为 100%；横坐标分别为 0、30、60、90、120 min 痛阈测定时间。n 代表样本含量。■：致炎足；□：非致炎足。* $P<0.05$；** $P<0.01$；*** $P<0.001$（吕国蔚和罗蕾，1991）

中：致炎剂注射侧同侧血管结扎组及相应假处理组对侧非致炎足痛阈的变化。A. 痛阈呈升高变化组及相应假处理对照组痛阈的变化。B. 全部样本及相应假处理对照组痛阈总的变化。纵坐标：以 0 min 时基础痛阈为 100%，痛阈变化的百分比。横坐标：分别为鹿角菜注射后 30、60、120、150、180 min 时痛阈测定的时间。——为血管结扎组。----为假处理对照组。*，△，○：分别与血管结扎组内 0′、60′以及相应的假处理对照组同一时间点比较。*，△，○；**，△△，○○；***，△△△，○○○：分别表示 $P<0.05$，$P<0.01$，$P<0.001$。下图同此；致炎剂注射侧对侧血管结扎组及相应假处理组对侧非致炎足痛阈的变化（罗蕾和吕国蔚，1992）

而提示，致炎足局部似乎产生某种或某些可经血液循环流到对侧或远隔部位的抗或耐痛的物质成分。

### 1.1.3.10 缺氧与抗缺氧成分

机体会针对不同抗原产生特异性抗体，现时已属公认。但是，如果说机体组织会针对致痛物质或过程，产生与之对抗的物质或成分，则不一定会遭到非议，至少还需要进一步证明。无独有偶，如果说动物经过反复缺氧，也会产生什么抗缺氧物质或成分，那又会得到什么样的反应呢？

早在20世纪60年代，我们即对这个问题给予了肯定的回答，认为缺氧固然可以引起机体产生一系列有利于增加供氧或氧利用率的反应，但也可能产生某种组织适应，机体可借以在缺氧条件下，保持生命活动的耐或抗缺氧性化学变化。时隔30年后，我们在90年代用实验证明，经重复缺氧作用的动物对缺氧的耐受性可成倍递增到对照动物的8倍，对氰化钾的耐受性可增高4倍（图1-1-10），其脑匀浆的水提取液可使正常动物对缺氧的耐受性增高2倍；对氰化钾、碘乙酸、丙二酸等阻断呼吸链的药物的耐受性，也数倍于正常动物。这明显提示，在缺氧的重复作用下，机体亦可产生某种或某些耐或抗缺氧的化学成分。

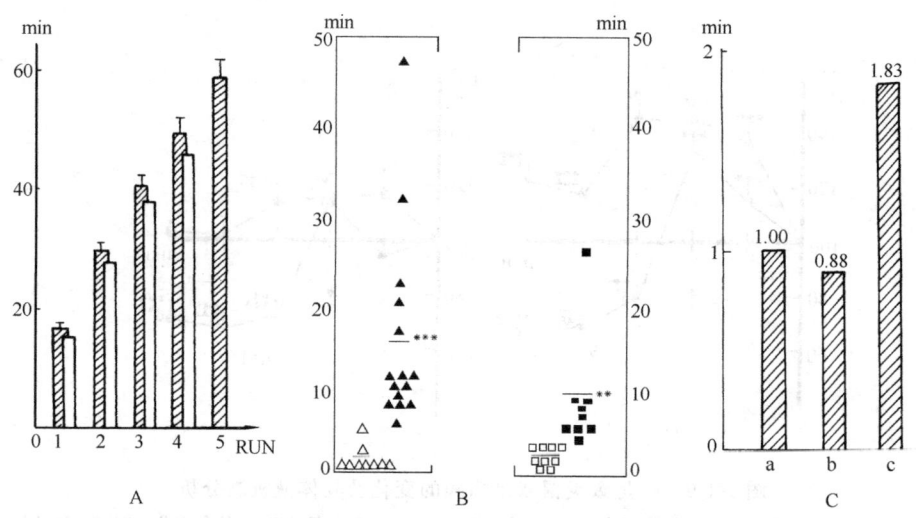

**图1-1-10 重复缺氧对动物缺氧耐受性的影响**
A. 1~5（斜纹柱）与1~4（空白柱）次重复缺氧耐受时间的比较。B. 4次重复缺氧动物在低氧分压中（左）和氰化钾中毒（右）下的存活时间。△、□：未经缺氧的正常动物；▲、■：经4次重复缺氧的动物；—，均数；**，$P<0.05$ ***，$P<0.01$。C. 3组动物在低压条件下的相对存活时间，以a组存活时间为1（吕国蔚等，1992）

辩证法与形而上学是对立的。要想在生物医学研究中辩证地去思考，就必须警惕和克服"是就是，不是就不是"，只能沿着一条思路延伸的形而上学的思维逻辑。马尔萨斯曾认为，在有限空间无限生长的某一物种，将因其种内竞争而灭亡。但是，达尔文却看到物种发展的另一个侧面，认为种内的竞争，既能使生物机体灭亡，也能使生物机体完善起来，结果是适应力差的被淘汰，适应力强的存活下来。哥白尼的日心说，爱因斯坦的相对论，门捷列耶夫的周期律，杨振宁、李政道的宇称不守恒定律，在一定意义上无一不是活生生的对立思维的产物。看来，"辩证地去思考"，应该成为科学研究工作者的一条座右铭。

### 1.1.4 辩证地去验证

任何哲学都是世界观和方法论的统一体。无论什么哲学，总是关于世界的某种理论的阐明，因此都是世界观。然而，当人们用这个理论去观察和处理问题的时候，它又是方法论。哲学巨人毛泽东的《矛盾论》和《实践论》两部力作，不仅成功地指导了中国革命和建设的伟大社会变革，而且也是指导人们去能动地变革自然，从事自然科学研究的世界观和方法论。

自然科学研究的目的不外乎是用科学的方法揭示、发现和证明自然界发展与变化的规律。科学研究的成功与否既取决于科学工作者的科学思路，也取决于科学工作者的科学实验。历史证明，一个科学工作者只有当他自觉或不自觉地运用了正确的世界观和方法论，才能有所作为、有所发现、有所创造。唯物辩证法虽然不是包医万病的现成处方，但是指导科学研究，特别是生物医学研究的根本思路和工具。

在生物医学或生命科学研究中，人们要随时处理与分析本质与现象、内容与形式、原因与结果、必然与偶然、可能与现实等唯物辩证法的诸对范畴。这些对范畴都是客观事物的本质联系在人们头脑中的反映，是人们认识自然和生物医学现象的支撑点和阶梯。各个生物医学学科都有自己特有的范畴，以简约和压缩的形式反映着本门学科的特殊对象的特殊的本质联系。经验表明，临床与基础、形态与功能、激动与拮抗、隔离与扩散、还原与合成等对范畴对于生物医学实验研究，对于基础医学的发现与证明的实践活动，有着特殊的作用。

#### 1.1.4.1 临床观察与基础实验

临床观察是基础医学实验研究的源泉。基础医学研究只有紧密地结合临床观察，才能做到有的放矢，成为有源之水，才能具有无限的生命力，才能可信地说明临床现象，指导临床应用。基础医学研究的一个重要侧面是进行动物实验。动物实验的结果如果能在临床或人体上得到验证或证明，才能更可信、更准确地证明临床或人体的现象或规律。当一根银针正确地刺入穴位时，人们会感到一种特殊的酸、麻、胀、重的感觉（即得气或针感）并因而产生止痛的效果。当银针刺入动物的相应穴位，并用解剖学和生理学的方法证明，可以产生镇痛作用的镇痛信号是通过中等粗的传入神经纤维活动实现的时候，我们可以推论，人的针感信号可能也是经由这类传入纤维活动实现的，但不能肯定，更不等于证明。一旦我们在临床或人体上也观察到这类纤维的传入活动与针感的产生或形成有关时，我们才使自己和他人相信：针刺人和动物的穴位所产生的针刺信号是由中等粗的传入纤维传向中枢的（图1-1-11）。

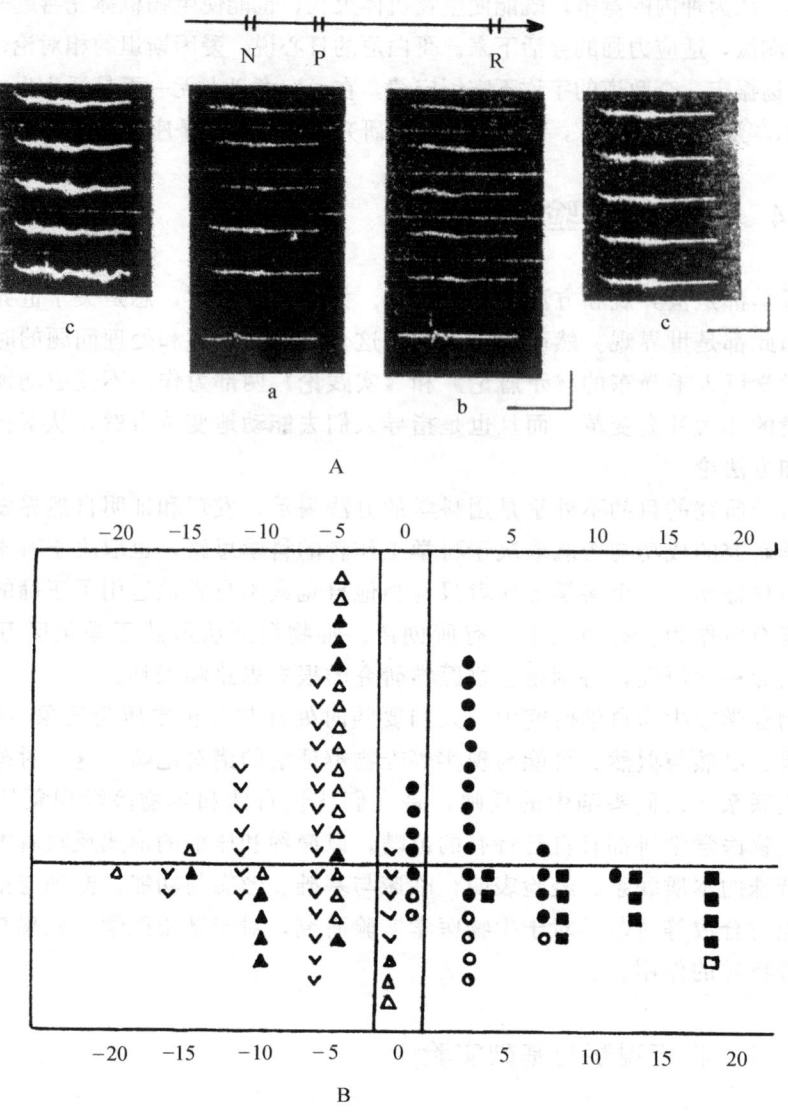

图 1-1-11　针刺镇痛信号的传入纤维分析

A. 重复刺激腓神经 Aαβγ 与 Aαβγδ 的镇痛效应中间曲线为 P 电极单个双脉冲引起的二腹肌前腹肌电示波记录；底线为 N 电极单脉冲引起的腓神经动作电位。a. 4 V、0.3 ms 方波引起的动作电位及其以 4 次/s 重复刺激腓神经 20 min 时的肌电变化；b. 6 V、0.3 ms 方波引起的动作电位及其 4 次/s 20 min 时的肌电变化。c. 前、后对照校正：上，250 ms、500 μV；下，10 ms、100 μV，神经长度（N～R）：50 mm，油糟温度 37℃（吕国蔚等，1978）。B. 硬膜外麻醉过程中针感与其他感觉消失时间的相对关系（以针感的消失时间为零）上半图为电针组（15 例）；下半图为手针组（14 例）。V—P. 浅痛觉；△—Pd. 深痛觉；□—M. 位置觉；○—T. 触觉；●—T. 未消失的触觉；■—M. 未消失的位置觉；横坐标表示消失时间（min）（吕国蔚等，1986）

当我们进一步从外周神经过渡到中枢，并在脑干、丘脑和大脑皮层水平均证明，中等粗的传入活动可以抵消或抑制与疼痛信号传入有关的细纤维活动时，人和动物的疼痛即可得到缓解，从而提出针刺镇痛的基本原理是由于粗、细两类传入纤维相互作用的时候，这一认识只能视为一种有一定科学依据的假说或学说。只有当我们在临床上，根据这一原理设计的局部同步刺激、针药（局麻药）结合以及两个止血带轮流应用等加强粗纤维活动及（或）减弱细纤维活动的措施，确能提高镇痛效果的时候，我们才能说服自己，并向他人证明，粗、细两类传入纤维相互作用是针刺镇痛的一种科学说明，是可以付诸应用并借以提高临床针效的一种基本原理。

### 1.1.4.2 形态与功能

生物医学发现与证明的另一对基本范畴是形态与功能。临床医生可以根据有关的症状、体征和化验结果对疾病做出自己的诊断，但活检或尸检的形态学所见往往具有更大的权威性。在基础医学研究中，当我们用功能的或生理学的方法在脊髓背索中证明一种前人未曾报道的传导束或投射系统-背索突触后系统的时候，我们并不急于去宣布我们的结果。但是一旦我们用 HRP 逆行标记的形态学方法也证明这种新传导束存在时，我们即有充分把握地认为，这种传导束的存在是确有其事。

很久以来，人们一直认为脊髓背角的投射性神经细胞只有一根长长的轴突，只投射到一个靶核。可是，我们在生理学实验中发现，刺激两个神经核团，却可以在同一个脊髓背角细胞上记录到同样的逆向反应，从而提示，单个脊髓背角细胞的长轴突可以分叉成两支并投射到两个靶核。此时，尽管我们相信我们的实验证据可信，但是我们还是要用荧光双标记的形态学方法，将两种不同的染料注射到两个靶核，再在同一个脊髓背角细胞的胞质和胞核上分别看到这两种不同染料的颜色时，我们才更加自豪地向世人宣布，我们发现了迄今没有被发现的新细胞、新系统（图 1-1-12）。20 世纪 80 年代以来，我们就是用形态与功能相结合的方法，在国内外首次发现了一种既向外颈核又向背索核投射的脊颈束-背索突触后脊髓双投射系统。90 年代伊始，我们又用类似的形态与功能相结合的办法，首次发现了另一个更令人感兴趣的，既向孤束核又向背索核投射的脊孤束-背索突触后脊髓双投射系统。

### 1.1.4.3 激动与拮抗

一个值得注意的范畴是激动与拮抗或证真与证伪。这对范畴的重要性可以从著名的历史争论中看得出来。神经生理学家 Eccles 曾坚信两个神经细胞之间的信息是通过电流来传递的；但是，神经药理学家 Dale 却坚持化学传递。争议历经数十年之久。最后 Eccles 采用证伪的方法，证明自己的论点是片面的，并亲自将 Dale 的主张概括成著名的"Dale 原理"，用以证明神经细胞之间的化学传递，从而在历史上传为佳话。

生理学研究中的刺激与损毁、激动与拮抗、加强与阻遏等实际均属证明与证伪的范畴，但是人们常常没有像 Eccles 那样认真地对待这类范畴，只片面注意到刺激、激动或加强等证明侧面，而自觉不自觉地忽略了损毁、拮抗和阻遏等证伪的一面。但是，一个真正的科学发现或证明必须既有阳性证据，又经得起证伪的考验。鉴于历史和现实的启示，我们不但证明中等粗纤维兴奋能镇痛，而且还用阻断或证伪的方法认定，中等粗

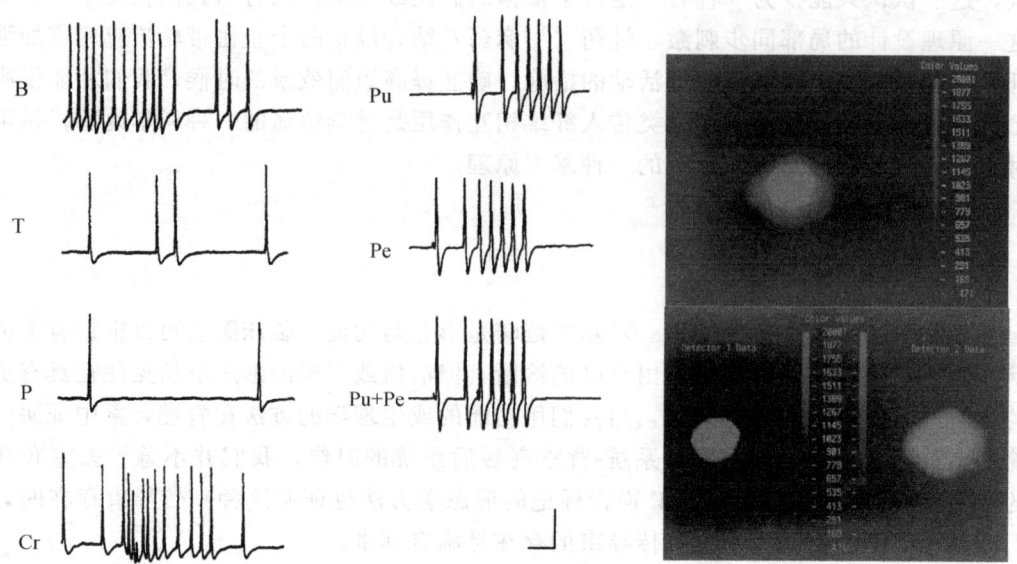

图 1-1-12 DRG 神经元的反应与标记

左：单一 DRG 神经元对单脉冲刺激阴部神经（Pu）和（或）盆神经（Pe）的多发性反应（Lu and Liu, 1996）。右：脊神经节中的荧光标记神经元。右图上：$S_1$ 脊神经节内 FB＋NY 双标记细胞的共焦显微照相。右侧尺度为伪色标值，×350。右图下：FB＋NY 双标记细胞共焦显微镜双通道扫描的显微照相，其中左为 NY 标记的细胞核，右为 FB 标记的细胞质，中间尺度为色标值，×350（吕国蔚等，1996）

纤维如被抑制，镇痛作用即不复存在时（图 1-1-13），我们才能确认我们的结论确是可信和可靠的。

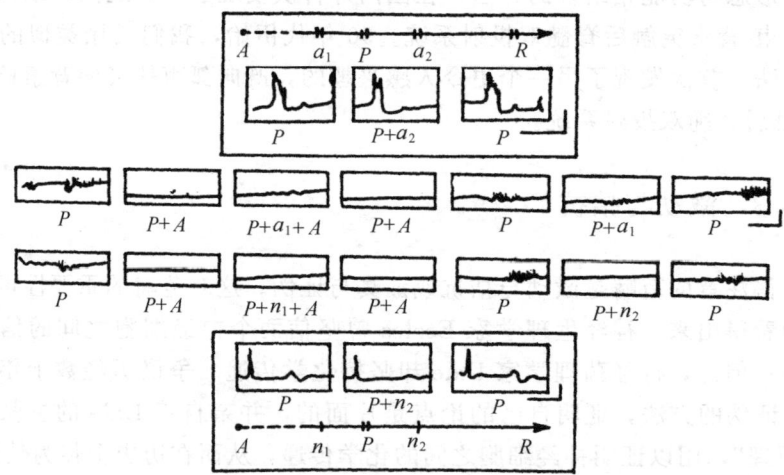

图 1-1-13 阳极阻滞 Aβγ 纤维（Ⅰ）和普鲁卡因阻滞 C 纤维（Ⅱ）时"足三里"针刺镇痛效应的变化

正图曲线为二腹肌前腹肌电示波记录。P：痛刺激标记；A：针刺激标记，$a$, $n$ 分别表示阳极阻滞和普鲁卡因阻滞，$a_1$、$n_1$、$a_2$、$n_2$ 分别表示阻滞位置，上、下插图表示腓神经上电极或阻滞处理的安排以及腓神经阻滞处理时的动作电位变化。校正：自上而下 12.5 ms、50 μV；50 ms、50 μV；50 ms、100 μV。神经长度：73 mm（Ⅰ）、70 mm（Ⅱ）（Lu et al., 1979）

#### 1.1.4.4 扩散与隔离

生理学的刺激方式中最为常用的是电刺激。电流通过在组织系统中的扩散对组织系统进行刺激，但是这种刺激如不加以隔离或不正确地予以隔离，则不能达到或难以达到选择性地单独刺激某一特定区域和特定部位的目的。对于电生理学研究中这种扩散与隔离范畴的认识，甚至颇负盛名的生理学家有时也未注意把握，从而使自己几十年的辛勤工作难以立足。

传统地选择性脊髓索刺激方法，是将刺激电极放在想要刺激的部位，而在不想刺激的邻近部位与刺激部位之间予以横断，认为这样就可以达到隔离。这种横断虽能隔断断端两侧之间的神经传导，但不能隔断电流的扩散，甚至还有利于电流的扩散，从而不想刺激的部位也会同样地受到刺激，以致人们对数以百计的论文报道莫衷一是。

为了刺激，电流必须扩散；但为了选择性地刺激某一特定区域，又必须对这种扩散予以限制。做到这一点实际并不困难，通过同心圆电极刺激中枢神经系统或者将刺激部位用绝缘薄膜予以隔离（图 1-1-14），即可达到选择性刺激特定部位的目的。正是由于

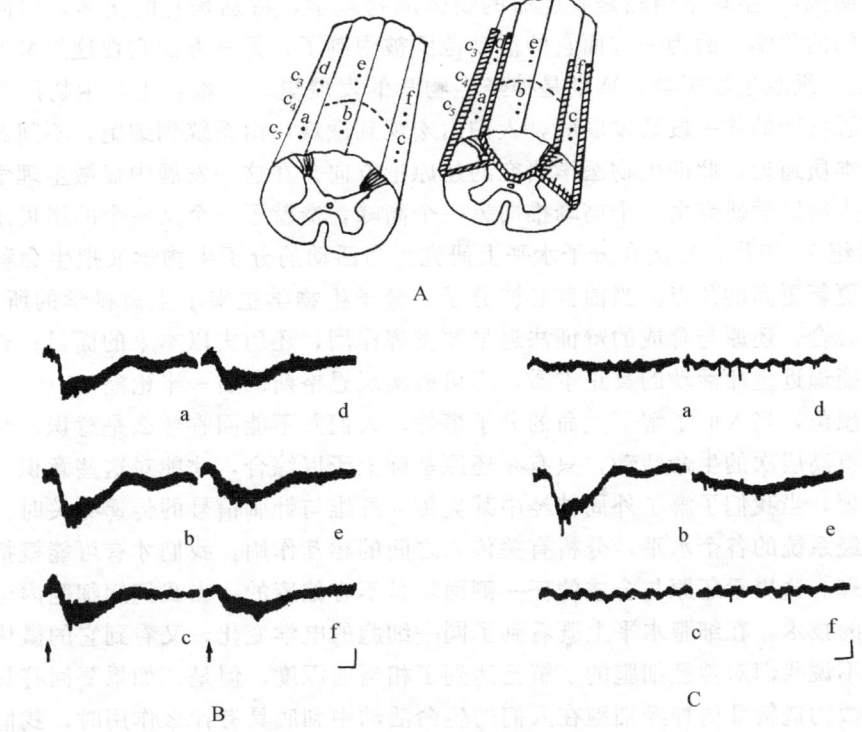

图 1-1-14　脊髓横切与隔离制备的效应

A. 脊髓制备及电极布置。左图为横切制备；右图为隔离制备，阴影条区示薄膜隔离。$C_4$ 水平虚线示背索横切；a~f. 示刺激电极位置。B. 横切制备的刺激效应，负相波动为场电位。a~f. 分别示刺激图 A 左图相应位置所致的场电位，箭头示刺激伪迹。校正：10 ms，10 mV。C. 隔离制备的刺激效应，负相波动为场电位。a~f. 分别示刺激图 A 右图电极位置所致的效应。校正：同图 B（吕国蔚，1985）

采用了这类有效的隔离方法，对脊髓传导束进行了可靠隔离，我们才不仅正确而可靠地证明了背索突触后投射系统的存在，而且还发现了上述脊颈束-背索突触后和脊孤束-背索突触后两个新的脊髓双投射系统。

#### 1.1.4.5 在体与离体

生物医学实验既可在在体制备上进行也可在离体制备上进行。这两种实验制备各有其优缺点。实验中如能将二者结合起来，将会更能令人信服地验证某一假说正确与否。

当我们用重复缺氧动物的脑提取液注射给在体正常动物时，该动物对缺氧的耐受性较对照增高2倍；在把这种提取液加入培养细胞的离体制备的培养液中时，该细胞的缺氧损伤受到显著的保护（图1-1-15）。结果均提示经过重复缺氧作用的动物脑中积累某种已知和（或）产生某种未知的抗缺氧活性物质。

#### 1.1.4.6 宏观与微观

恩格斯说："生理学当然是有生命的物体的物理学，特别是它的化学，但同时它又不再是专门的化学，因为一方面它的活动范围被限制了，另一方面它在这里又升到了更高的阶段。"纵观生物医学，特别是神经生物学的发展史，不难看出，生物医学研究主要是沿着恩格斯的前一段话发展的，人们由宏观到微观，由系统到细胞，不间断地向生命的理化本质逼近，此即生物医学研究的还原论方向。在这一发展中显微生理学和显微形态学将生物医学研究由一个高峰推向另一个高峰，造就了一个又一个的诺贝尔奖获得者。20世纪70年代，直接在分子水平上研究生命活动的分子生物学又把生命科学研究推向一个更新更高的顶点。当前言必谈分子。分子生物学主宰了生命科学的所有领域。但是分久必合，还原与合成的辩证法迟早要发挥作用，还历史以本来的面目；否则，人们是不可能逼近生命活动的真正本质，不可能实现恩格斯的后一半论断。

不难想象，当人们了解了生命的分子事件，人们并不能回答什么是意识、情感和思维，这些更高层次的生命活动，只有在还原基础上予以综合，才能对这些意识现象给予解释。同理，当我们了解了外周神经中某类传入纤维与针刺信号的传递有关时，还必须在中枢神经系统的各个水平，分析有关传入之间的相互作用，我们才有可能概括出针刺的基本原理。这提示还原与合成的任一侧面均是不容偏废的。当我们用细胞内记录和细胞内染色的技术，在细胞水平上既看到了同一细胞的电学变化，又看到它的微构造特征时，不能不说我们对神经细胞的了解已达到了相当的深度。但是，如果要回答具有某种电变化和微构造特征的神经细胞在人们的生命活动中到底具有什么作用时，我们还必须在还原或微分的基础上，结合行为观察予以合成或积分。这时，我们才真正地看到了神经细胞微生理和微构造的现实生命意义。

将唯物辩证法用于考察自然和医学，从而发现它的一般规律在自然和医学中所特有的表现，这就是自然辩证法和医学辩证法。医学辩证法不只要求人们去辩证地思索生物医学现象和生命活动规律，而且要求人们去辩证地验证这些现象和规律，辩证地去验证

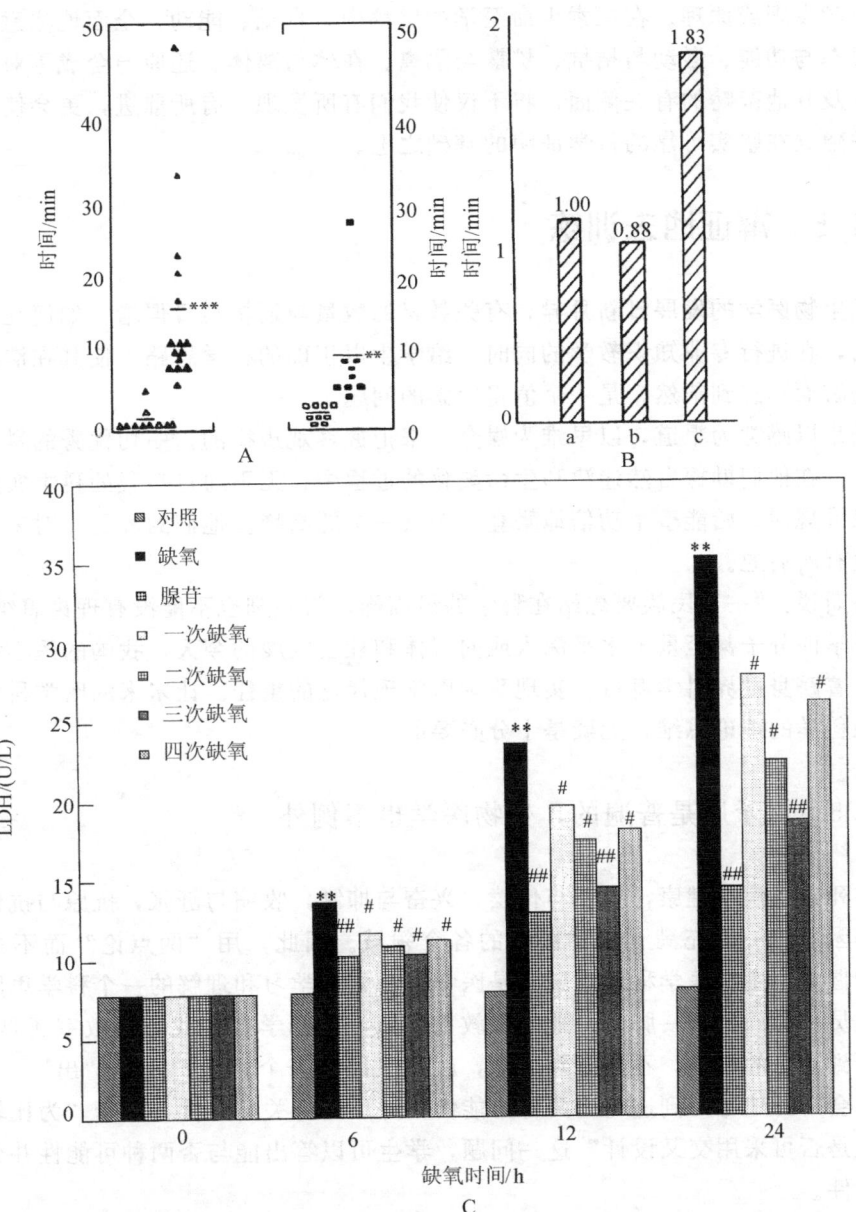

图 1-1-15 重复缺氧动物缺氧耐受性（A）及其匀浆提取液的抗缺氧效应（B）

A. 纵坐标为存活时间在低氢分压（左）和氰化钾中毒（右）条件下的存活时间。△与□：未经缺氧的正常动物；▲与■：经 4 次重复缺氧的动物；——：均数；**：$P<0.05$；***：$P<0.01$。B. 低氧分压条件下的相对存活时间；a、b、c 分别为腹腔注射生理盐水、正常脑匀浆提取液和重复 4 次缺氧动物脑匀浆提取液的动物存活时间（吕国蔚等，1992）。C. 腺苷及预适应小鼠脑匀浆提取液对缺氧的 PC12 细胞 LDH（U/L）活力的影响（$\bar{x}\pm SD$，$n=30$），**：$P<0.01$，与对照比；#：$P<0.05$，##：$P<0.01$，与缺氧组比（马丽江和吕国蔚，未发表资料）

有关的科学发现或原理。在探索生命医学的奥秘中，自觉、能动、全面地注意到临床与基础、形态与功能、激动与拮抗、扩散与隔离、在体与离体、还原与合成等对唯物辩证法范畴以及其他范畴的有关侧面，将不仅使我们有所发现、有所前进，更会使我们的发现和前进建立在坚实可靠的科学证明的基础之上。

## 1.1.5 辩证地去训练

当代生物医学的发展日新月异，有关教材的数量与篇幅与日俱增。如何在有限的教学时数内，在进行专业知识教学的同时，给学生以正确的科学思路，使其在浩瀚的知识海洋中畅游而不感到茫然，是一个值得探索的问题。

人类是以感觉为渠道，以思维为媒介，来把握客观规律的。一切优秀的科学家和医务工作者，在他们勘探自然迷津和生命奥秘的过程中，无不通过自我的科学实践，掌握科学的思维规律，始能事半功倍地攀登一个又一个的高峰。他们的经历当对未来的科学家和医生有所启迪。

恩格斯说："一个民族要想站在科学的最高峰，就一刻也不能没有理论思维。"无论在生物医学向分子甚至量子水平深入或向群体和社会发展的今天，我国的医学科学工作者都肩负着跻身世界科学舞台，实现我国医学现代化的重任。让未来的医学科学工作者早些接触科学的理论思维，无疑是十分必要的。

### 1.1.5.1 矛盾是普遍的，生物医学也不例外

生与死，疾病与健康，损伤与代偿，兴奋与抑制，收缩与舒张，抗原与抗体，药物与毒物等矛盾统一体充满了生物医学的各个领域。因此，用"两点论"而不是"一点论"去掌握各个生物医学科学领域，是医学生首先要学习和理解的一个科学思路。

当教员一脚门里、一脚门外地站在教室门口，并问学生"我是进教室还是出教室"时，未受到训练的学生，不是感到困惑，就是只回答一个"进"或是"出"。受过训练的学生则会辩证地考虑到进与出两种可能性，并反问有关的条件。对于"为比较两种药物的疗效是否可采用交叉设计"这一问题，学生可以答出能与否两种可能性并分别列出相应的条件。

强烈的"两点论"意识有助于提高学生的科学预见性。20世纪70年代的生理学教材中只介绍了60年代所发现的突触前抑制，而只字未提突触前兴奋的概念。但是从"两点论"出发，学生会想到后一可能性。这一点显然在80年代的教材中才有所报道。由于去极化与超极化这一对矛盾的相互依存性，学生会预见到去极区周围会出现超极区，超极区周围会存在去极区。从对立统一规律去揭示编码与解码，拮抗与协同，会聚与辐散，增敏与脱敏，泛化与分化，激活与失活等概念和过程，往往会收到事半功倍的效果。

### 1.1.5.2 诸多矛盾中必定存在着主要的矛盾，矛盾的两个侧面中必定存在着主要的矛盾方面

这是学习和掌握生物医学又一重要的思路。神经生理学领域中存在着刺激与反应、兴奋与抑制、去极化与超极化、负反馈与正反馈、载体与通道、条件反射与非条件反射、同步与去同步等各种各样的矛盾。其中一个主要的或基本的矛盾看来是兴奋与抑制。兴奋与抑制的外在表现是活动的有无或强弱，其内在的机制则决定于带电荷离子进出膜离子通道的运动。离子进出膜通道的方向和强弱的动力是有关离子的膜内外电化学梯度，但这只是可能性。只有有关的离子通道被激活而开放时，离子的进出才能成为现实。由于电化学梯度通常是一定的，因此，兴奋能否产生的关键是离子通道启闭的动态变化。一旦弄懂了作为兴奋与抑制这一对主要矛盾的主要矛盾方面——兴奋的产生过程，则相当于掌握了理解兴奋与抑制以及有关的其他矛盾发生发展的金钥匙，即抓住了重点。

### 1.1.5.3 用发展变化的而不是静止不变的观点去把握生命活动规律和生命科学发展

这是掌握生命科学基本原理，并跟上科学发展的前沿的另一重要思路。机体自由和独立生活的主要条件是机体内环境的稳定。机体所以能在不断变化的外环境影响下保持相对稳定的内环境，主要是通过负反馈机制的动态调整，从而使偏差信息受到抵消和对抗。机体的定向运动，体温、血压和各项理化指标的相对恒定，以及各器官血流量的调节和重新分配，均系通过负反馈的方式，进行动态调整的结果。

两个神经细胞之间存在着一个窄的间隙，而没有直接相连。神经信号如何从一个神经细胞传给另一个，在历史上曾发生过热烈的争论。Eccles主张电信号直接传递；Dale主张通过化学物质中介。最后是二者各得其所，在主要是化学传递的同时，也存在电传递。但是，神经细胞之间的传递问题并未因此而终结。由Eccles概括的一个神经细胞只释放一种神经递质的"Dale原理"，现正受到递（调）质共存与共释的挑战；公认的经典的量子释放理论，也因亚量子甚至非量子释放的发现而受到补充与修正；传统的电或化学传递，也正受到非突触接触传递以及非突触传递的冲击。发展和变化是没有止境的。

### 1.1.5.4 质量互变的规律，对未来将从事救死扶伤的医学生来说，意义显得更加突出

科班出身的医生，自己用药"治"自己于死地的现象，已不是耸人听闻的故事，而是悲惨的事实。造成这种悲剧的原因之一，看来要归咎于不熟悉药和毒的对立统一及其相互转化的辩证法。

质量互变以及部分质变的现象在生物医学中是颇为常见的。为了研究某种药物和措施的疗效，通常需改变剂量或浓度来了解剂量-效应关系。这时人们看到的，除了

效应随剂量变化发生非线性的正或负增长的变化外，往往会看到效应会转化到正变或负变的反面，即由量变转化为质变，药物或措施的疗效转向了原来的常规效应的反面。

外源性移植物在受体脑中是否存活从而产生疗效的问题，学术界存在不同看法，甚至同一个实验室会公开报道两种截然相反的结果。类似的分歧和矛盾报道，在生物医学文献中，常常出现。其原因之一，可能也是由于质量互变的规律在起作用。不同学派所用的剂量或参数不尽相同，从而引起不同甚至相反的结果，应该说是难以避免的。

### 1.1.5.5 医学理论思维需要"思想实验法"

逻辑推理几乎是每一位教师在每一节课的教学中都会用到的。因此，学生是不难理解教师由个别到一般的归纳推理，以及由一般到特殊的演绎推理的。问题是如何将这种爱因斯坦称为"思想实验法"的推理用得更自觉些。

爱因斯坦先后经过10年和8年的苦思，终于分别回答了他自幼即冥思苦想的两个问题，先后创立了狭义相对论和广义相对论。达尔文的物种起源，Krebs的三羧酸循环，门捷列耶夫的周期表，乃至Hodgkin和Huxley关于神经冲动的膜学说，在某种意义上来说，均是思想实验法的产物，可以说是科学思维的基本功之一。

较之归纳推理和演绎推理，从特殊到特殊的类比推理以及直觉想象的本身虽不可靠，也非严格的论证，但却富于形象性和创造性。1889年首创的输精管结扎术，一直沿用了1个世纪，没有提出其他新招。我国的医务工作者，只是由于受到输液管上水止的启发，先后发明了输卵管银夹法和栓堵法，为计划生育事业作出了重大的贡献。这里既有类比，也有想象。因而想象并非诗人和艺术家所特有的。想象也会给科学家带来智慧的闪光，赋予科学作品以丰富多彩的活力。

### 1.1.5.6 医学理论既要证真也要证伪

根据已知事实，通过论证判定某一论题真实性的证明方法，是教学过程最为常用的思维方式，最为师生双方所熟知。古今中外任一经得住考验的理论或学说，均有赖于根据已有的事实，进行充分的论证，始为世人所承认。

Hodgkin和Huxley关于神经冲动的理论，Eccles关于电传递和Dale关于化学传递的理论，以及Levi-Montalcini关于神经生长因子的发现，均经过数十年艰苦实验和充分论证，才得以完成的，这里不能有半点侥幸心理。在时间允许的条件下，用历史和事实说明这些理论的证明过程，对学生无疑会是一场生动而有力的逻辑论证的教育或训练。

根据已知事实，揭露某一论题的虚伪性的证伪思维，在科学的发展中也具有重要的作用。由于证明所根据的事实或理由永远不可能穷尽，因此，基于归纳推理所论证的理论，往往经不起证伪的考验。原来是Dale对立面的Eccles，正是用证伪的方法，否定了他所坚持的电传递学说的普遍意义，并转而推崇化学传递学说，并概括出 Dale 原理。Eccles 的科学风度被传为佳话，Eccles 自己将证伪思维誉为"巨大的解放力量"。因此，一个科学理论不但要能被证明，而且要经得起证伪。由于证伪往往只需要小部分甚至个别事实，即可否定从归纳法推理出来的全称判断，从而对经典理论具有突破性的作用。

专业教学中进行科学思维能力的培养应该不是一个独立的单纯哲学或逻辑学教学过程。进行这一训练的基本要求是，既要发挥教师的主导作用，将深奥的哲理潜移默化地融会到自己的教学内容中去，更需要调动学生的主观能动性，使他们有兴趣对所学专业知识进行哲理性的思考。这就要求采用"寓教于思"的教学方式。

艺术可以"寓教于乐"，专业教学似可"寓教于思"，通过多种形式的教学活动，引导学生进行科学的思维活动。"寓教于思"可以在课堂上引导学生边听边思考，也可以有意识地留下思考作业，或者通过课堂讨论进行引导。在培养科学思维能力的过程中，教师要时刻遵循"授人以渔"的原则。只有这样，他们传授的就不只是现成的"鱼"或结论，而是既有"鱼"又有"网"，使学员从中学到捕鱼的本领。

### 1.1.5.7 医学发展既依靠分析，也依靠综合

医学同人类一样古老。从方法学的角度看来，医学的发展主要是沿着还原论的途径，从宏观到微观，从整体、系统和器官水平到细胞、亚细胞和分子水平，逼近生命活动的理化本质；与此同时，还必须沿着合成论的方面，对生命活动进行综合或整合的分析与理解。

美国的一本名著《从神经元到脑》即企图体现这样的认识过程，用尖端细到可以无伤地插入神经细胞的微电极，测试神经细胞的活动，并进而整合地理解神经系统的功能。历史上，生理学一向被定义为研究生命活动规律的科学。但是，由于还原论方面研究的发展，分子生物学（molecular biology）的问世，生理学家开始考虑生理学的正确定义。美国生理学会已正式将生理学重新定义为"整合生物学"（integrative biology），并认为虽然生理学错过了上一次革命，但不会错过下一次革命，生理学的黄金时代一定会到来。但实际上，从脑的认知、语言、计算、情绪以及意识等高级神经活动到单个神经细胞的分子活动，都存在分析与综合，还原与合成的问题，否则不能成其为生命活动。医学科学工作者有必要认识和把握自己将来的主攻方向。

当代诺贝尔生理学或医学奖获奖项目的一个特点是高技术加高抽象。因此，除了让学生掌握有关的技术特别是高技术外，如何训练和培养学生的抽象与概括能力，也应引起足够的注意。

"……感觉到了的东西，我们不能立刻理解它，只有理解了的东西才更深刻地感觉它"（毛泽东：实践论）。第二次世界大战后，美国 Hamburger 实验室的研究生 Bucker 将小鼠肉瘤移植到鸡胚后，鸡胚的神经组织大量地长入到所移入的肉瘤组织。Bucker 乃至 Hamburger 显然没有立刻理解它。后来的 Levi-Montalcini 重复了这一实验，她显然理解了这一事实，从而深刻地意识到，鸡胚中存在一种促神经生长的因子。她的高度

抽象和概括能力，以及她坚韧的努力终于受到了公认，在 77 岁高龄时，登上了 1986 年诺贝尔奖的颁奖台。

用微电极进行细胞内记录的技术，本来是由 Gerard 和中国的研究生凌宁首先成功用于记录细胞静息膜电位的，但是他们显然没有理解它，只将这一技术限于记录和研究静息电位。又是一个后来者 Hodgkin，他从凌宁那儿学到了细胞内记录技术，并同 Huxley 一起做了改进，来研究动作电位而不停留于静息电位。结果在 1963 年，两人双双获得了诺贝尔奖的殊荣。

（吕国蔚）

## 参 考 文 献

北二医针麻组. 1981. 局部同步刺激在实验性开腹术针刺镇痛中的作用. 北京第二医学院学报, 115～121

吕国蔚. 1991. 生物医学理论教学中科学思维的训练. 医学教育, 9：21～24

吕国蔚. 1992. 关于科学技术是第一生产力的一些思考. 首都医科大学学报, 1（增刊）：25～36

吕国蔚. 1992. 整合-生理学研究的大方向. 生理通讯, 11（3）：36～49

吕国蔚. 1993. 唯物辩证法对神经科学研究的指导作用. 首都医科大学学报, 1（增刊）：37～40

吕国蔚. 1994. 辩证地去思考. 生理科学进展, 25（1）：6～11

吕国蔚. 1994. 辩证地去验证. 首都医科大学学报, 1（增刊）：21～23

吕国蔚. 1996. 整合：生理学的传位与未来. 北京生理科学会40周年论文集, 20～23

吕国蔚. 1998. 从分子到行为——分子生物学将把生理学引向新纪元. 生理通讯, 17（6）：157～159

吕国蔚. 1999. 脑是怎样发号施令的？——神经细胞生物电研究的发展. 见：陈建礼. 科学的丰碑——20世纪重大科技成就纵览. 济南：山东科学技术出版社, 67～71

吕国蔚. 1999. 21世纪的神经科学研究. 世界科技研究与发展, 6：24～27

吕国蔚, 谢觉强, 杨进. 1981. "足三里"针刺镇痛法传入神经纤维组成的研究. 中华医学杂志, 61（1）：24～28

吕国蔚, 于昌, 何国瑞. 1981. 躯体传入神经对丘脑腹后外侧核单位电活动的影响. 生理学报, 33（3）：209～216

吕国蔚. 1984. 背索突触后神经元. 生理科学进展, 15（4）：310～315

吕国蔚, 罗蕾. 1991. 一足致炎大鼠双足伤害感受性的变化. 生理学报, 43：78～83

吕国蔚, 史美棠, 李凌等. 1992. 重复缺氧对小鼠缺氧耐受性的影响及其机制初探. 中国病理生理学杂志, 8（4）：425～429

吕国蔚, 梁荣照, 谢觉强等. 1978. "足三里"针刺镇痛外周传入神经纤维的分析. 中国科学, 5：495～503

吕国蔚, 梁荣照, 王永宁等. 1986. 穴位针感冲动外周传入神经纤维的分析. 见：张香桐, 季钟朴, 黄家驷. 针灸针麻研究. 北京：科学出版社, 340～347

吕国蔚, 孟卓, 李保红等. 1997. 脊神经节神经元对会阴与膀胱的双重支配. 科学通报, 42（22）：2422～2424

吕国蔚. 1985. 脊髓制备在脊髓投射鉴定中的作用. 北方第二医学院学报, 1：1～8

罗蕾, 吕国蔚. 1992. 体温因素在一足致炎大鼠非致炎足伤害感受性变化中的作用. 动物学报, 38（4）：401～406

孙志强. 1987. 我们欢迎这样的专业（基础）课教学. 医学教育, 2：35～38

孟卓, 吕国蔚. 1993. 大鼠脊孤束-背索突触后神经元的荧光双标记法研究. 解剖学报, 24（3）：288～290

Lu GW. 1983. Characteristics of afferent fiber innervation on acupuncture points zusanli. Am J Physiol, 141：R606～R612

Lu GW, Bennett GJ, Nishikawa N, et al. 1983. Intraspinal connection of dorsal column postsynaptic neurons in the cat. Sci Sin, 28（9）：972～978

Lu GW, Bennett GJ, Nishikawa N, et al. 1985. Spinal neurons with branched axons traveling in both the dorsal and dorsolateral funiculi. Exp Neurol, 85：517～577

Lu GW, Jiao SS, Zhang GF. 1988. Morphological evidence for newly discovered double projection spinal neurons. Neurosci Lett, 93: 181~185

Lu GW, Yang CT. 1989. The morphology of cat spinal neurons projecting to both the lateral cervical nucleus and the dorsal column nuclei. Neurosci Lett, 101: 29~34

Lu GW, Meng Z, Lou L, et al. 1991. The projection linkage between the spinal dorsal horn neurons and both the solitary tract and dorsal column nuclei. Sci Sin, 34 (2): 171~183

Lu GW, Liang RZ, Xie JQ, et al. 1979. Role of peripherial afferent nerve fiber in acupuncture analgesia elicited by needling point zusanl. Sci Sin, 22 (6): 680~692

Lu GW, Liu XH. 1996. Convergent responses of spinal ganglion neurons to somatic and visceral stimulation. Clin J Neurosci, 3 (2): 59~63

## 1.2　实验设计方法学

生物医学研究是一个系统工程，是科研主体、科研客体和科研手段三者统一活动的过程。研究人员作为科研主体，通过相应的软（思维）、硬（仪器）件等科研手段，作用于人或动物等科研客体，借以揭示科研客体活动的本质与规律。

研究人员需有序地组织科研动态过程，通过选题、设计、实验和总结等程序，提出问题、制定解决问题的方案，并据以搜集和分析实验资料（图1-2-1）。其中选题是科学研究的战略性决策和起点，实验设计是观察与实验据以运作的中心环节，总结科研成果并升华为科学理论与付诸实践检验是实现科学研究的最终目的。实验设计通常包括专业

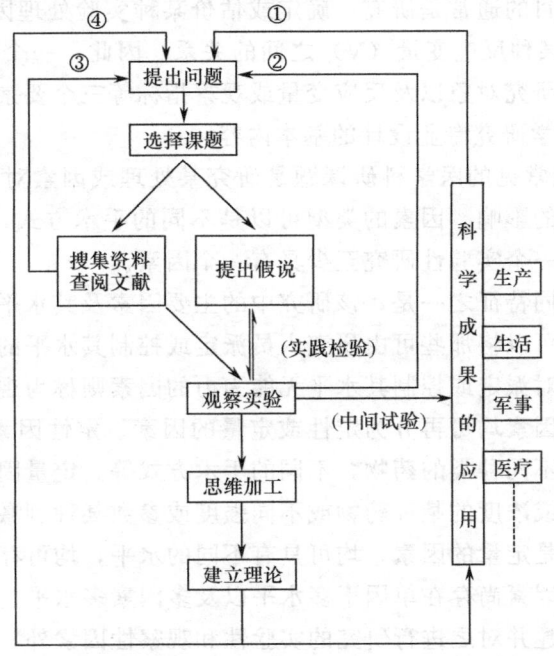

图1-2-1　科学研究的一般程序

设计、对照设计和统计设计等三个方面。

## 1.2.1 选题

医学科学研究是人们以临床实践和科学实践为基础,对生命科学的未知领域进行探索,揭示生命活动的客观规律,并据以能动地改造和提高医学科学水平的过程。生命活动的未知领域极其广泛,人们如何根据社会条件和自身的基础,选出正确的研究课题,是任何一项科研工作的起点,是对整个科研工作成败与否,具有关键性、方向性或战略意义的一步,是有关科研人员素质和水平最主要标志。

选题的实质是从众多未知医学问题中提出应该而又可能解决的问题。一个科学工作者的创造能力,首先表现在他是否能够提出有新意、有价值而又可能完成的研究课题。物理学家 Newton 50 岁之前,根据其高度的科学鉴赏力和科学预见性,选定了许多正确的课题,从而在力学、光学、数学、热力学乃至天文学等广泛领域,做出了第一流的工作;但是,50 岁以后由于受神学和僧侣主义的影响,企图论证"上帝的存在",从而走向科学的反面。这说明,一个科研工作者的世界观和方法论是何等的重要。

### 1.2.1.1 研究课题

**(1) 课题要素**

一个科研课题的目的通常是研究、确定或估价某种实验处理因素(F)与某种实验对象或单位(U)的某种反应变量(V)之间的关系。因此,一个课题通常由实验因素或处理、实验单位或研究对象以及反应变量或观察指标等三个要素或成分组成。F、U、V 三者及其关系是医学研究专业设计的基本内容。

1) 实验因素:最常见的医学科研课题是研究某处理或因素对某种实验对象或单位的某反应变量或指标的影响。因素的类型可以是不同的手术方式,不同种类的药物等。因素可视为自变量。一个实验性研究至少具有一个因素。

实验性研究的共同特征之一是,该研究中的主要因素及其水平可由研究者派定或控制。在这个意义上,可以将那些可由研究人员派定或控制其水平的因素定义为实验性因素;而那些研究人员对派定或控制其水平无能为力的因素则称为观察性因素。

实验性或观察性因素均可再分为定性或定量的因素。定性因素的水平为范畴性的,依自然属性分类,如不同种类的药物,不同的手术方式等。定量因素的水平是可用数量表示的,如不同剂量或浓度的某种药物或不同强度或参数某种刺激等。

不论是定性的或是定量的因素,均可具有不同的水平,均可存在单因素两水平,或多因素两水平。定量因素尚存在单因素多水平以及多因素多水平。

除研究人员感兴趣并对之进行研究的实验性和观察性因素外,还有一种研究者对之不感兴趣,但却客观存在并可影响反应变量的因素,如年龄、性别、职业等因素在某些研究中,即属此类,可称之为外附因素(extraneous factor)。在科研过程中,研究人员如何对这种外附因素进行控制或平衡,是实验设计的一项重要内容。

2）实验单位：课题的研究内容一般是收集在实验因素作用下某种受试对象的某种或某些反应的变化。受试对象的每一个体即实验单位。最常见的实验单位是人或动物，也可以是人或动物的离体器官、组织或细胞。

研究人员的实际兴趣是所存在的全部实验单位，如研究 65 岁以上的老年人的某种功能变化，则希望包括所有 65 岁以上的老年人；如以糖尿病患者为对象，则希望包括全部的糖尿病患者。这全部的实验单位有时被误称为总体，但实际应为群体（universe）。

研究整个群体是不可能的。一个课题中所包括的实验单位只能是群体的一部分 $U$-样本（$U$-sample）（图 1-2-2），并只能从 $U$-样本去估计群体。

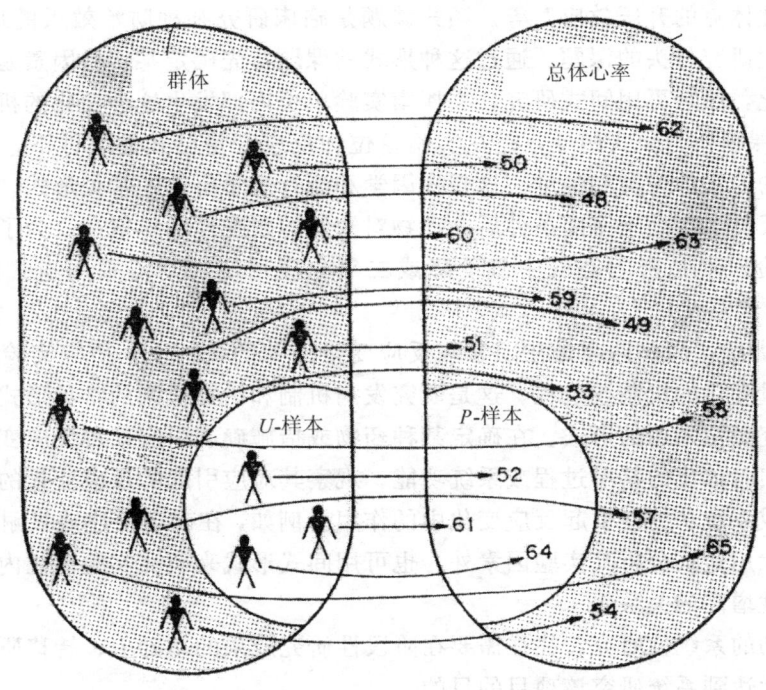

图 1-2-2　群体、$U$-样本（左）与总体、$P$-样本（右）关系的示意图

3）反应变量：在 $U$-样本上所观察或测量的反应变化称为反应变量或观测指标。由于反应变量是由因素引起的，故亦可理解为因变量。反应变量可以表现为行为、生理学、生物化学、免疫细胞化学等反应或指标。如研究某种降压药的效果，高血压患者为实验单位，血压即为反应变量。

这里也有一个总体（population）和样本问题。研究人员的目的是了解群体的所有反应变量的变化，即总体，但这是不可能的。人们只能从 $U$-样本的实验单位中收集有关反应的总变化，即 $P$-样本（图 1-2-2），并从 $P$-样本去估计总体。

任一研究课题的目标均试图对某一群体和影响该群体的因素之间的关系做出某种说明判断式结论。为了实现这一目标，研究人员从群体的代表性集体（$U$-样本）去收集反应变量的变化（$P$-样本），并据以估测整个群体的总体变化。

**(2) 课题形式**

用已知因素，作用于实验单位，去观察其反应变量的变化，是研究课题的最一般的形式，但不是唯一形式。根据信息论和控制论的观点，还可将实验因素视为输入，反应变量视为输出，实验单位视为"黑箱"。一个研究课题所要解决的问题即输入-输出关系，可在任何两个已知要素的情况下，去研究第三个未知的要素，从而可以区分出顺式、逆式和间式三种形式的研究。

1）顺式课题：顺式形式的课题是在实验因素和实验单位已知的条件下，研究实验因素在实验单位上所引起的变化，如"电离辐射对狗血象和骨髓象的影响"、"针刺人中对家兔失血性休克的升压效应"等。顺式课题是临床研究某种防治效果的最常见形式，又往往是各项研究打头的课题。通过这种形式的课题首先确定某实验因素是否会引起某种反应的变化，然后再用间式研究，去探索实验单位内部发生这种变化的机制。

2）逆式课题：与顺式相反，是在实验单位和反应变量已知的条件下，研究可能引起这种变化的因素的种类和强度。这是病因学和流行病学研究的常见形式。例如，实验发现，动物反复多次处于密闭条件后，动物对缺氧的耐受性明显增高。为了研究引起这种变化的实验因素是密闭空气中氧下降或二氧化碳增高，则需采用逆式课题研究来解决。

3）间式课题：间式课题是在因素和反应变量已知的条件下，研究实验单位内部引起该反应变量变化的机制或过程。这是研究发病机制和治疗机制的常见形式，也是许多基础医学研究经常采用的形式。在确定某种药物或措施确能引起某种反应变化之后，通常通过改变实验单位的某一过程或系统功能，观察其对应引起的反应变量的影响，来分析这一过程或系统功能在引起反应变化中的作用。例如，在确定上述缺氧耐受显著提高的基础上，除用逆式分析其实验因素外，也可用间式形式来研究实验单位内部神经系统活动与耐受性增高的关系。

一项成功的系统性研究，往往需要在阶段性研究成果的基础上，转移研究课题的形式，从而最后达到系统研究该项目的目的。

**(3) 课题类型**

由于分类角度的不同，根据课题性质、目标和研究手段可以将研究课题区分为实验性的与观察性的、绝对的与相对的、探索性的与积累性的，以及前瞻性的与回顾性的。目前，大多采用联合国教科文组织提出的基础研究、应用研究和开发研究三分法。

1）基础研究、应用研究与开发研究：基础研究的目标是发现生命活动的新规律，创立新原理，而暂时不一定看得到实际应用的价值或前景，因而暂时带有纯理论研究的性质。但从长远观点看问题，基础研究成果往往对应用或开发研究产生不可估量的深远影响。Harvey 关于血液循环的发现于 1628 年公布之际，没有人意识到这一发现的实际意义，但它却奠定了整个现代实验医学的理论基础。

应用研究是为了实用目的，运用基础研究的成果，开辟新的临床诊治措施。但是，通过应用研究亦可导致重大的理论发现。微生物学即来源 Pasteur 对酿酒和养蚕的应用研究。如果说，基础研究首先是做出新发现，然后再考虑其应用，那么应用研究则是为了既定目标，去寻求达到这一目标的手段或措施。

基础研究与应用研究之间的界限有时并不那么清楚。那些虽有应用前景或实际目标，但仍侧重理论研究的课题，可以划为"应用基础研究"。痛觉生理和镇痛原理范畴的研究可以分属于基础研究和应用基础研究。

开发研究是在运用基础研究和应用研究成果的基础上，研制新材料、新产品和新技术。用已知的新型合金和高分子材料研制人工器官系开发性研究。从科学理论转化为生产力的高度看问题，开发研究对新发现转化为经济效益或社会效益具有举足轻重的作用。

根据我国国情，我国目前的科技政策是，在大力推进技术开发的同时，加强应用研究，并使基础研究工作得以稳定的发展。一般说来，基础、应用和开发研究分别具有以下特点（见表1-2-1），但不尽然。

根据1981年进行的一项统计，同一时期日本和美国的内科学杂志上刊登的论文中属于临床实验性研究、新技术、新疗法和新理论的论文约占90%，而传统的临床病例分析约占10%。同一时期，我国中华内科学杂志刊登的属于临床实验性研究、新技术、新疗法和新理论的部分仅为30%，而其余70%的论文为病例分析。这提示，我国的实验性医学研究尚需大力加强。

表1-2-1 基础、应用和开发研究比较

| | 基础研究 | 应用研究 | 开发研究 |
|---|---|---|---|
| 选题自由度 | 大 | 中 | 小 |
| 完成周期 | 长 | 中 | 短 |
| 研究成功率 | 大 | 中 | 小 |
| 理论或学术意义 | 小 | 中 | 大 |
| 实际应用价值 | 小 | 中 | 大 |
| 成果提供形式 | 论文 | 论文 | 实物 |

历史的经验证明，一个民族如果不能站在最新科学思想和科学成就的高度上来观察和处理问题，那就是一个愚昧落后的民族，就不可能屹立于世界民族之林。虽然我国是发展中国家，经济还不发达，但是我们能够也必须保持和造就一批基础科学研究骨干，战斗在当代科学的前沿，紧跟和吸收世界最新的科学成就和思想，有所创造，有所建树，和世界科学界并驾齐驱。

2) 实验性与观察性研究：实验性研究是在三要素均具备的课题中，通过实验手段，在严格控制的条件下，进行的顺式、逆式或间式研究。进行实验性研究时，研究者具有很大的主动性，特别是可以任意改变或控制实验因素的种类和水平，从而得到精确可比的结果。由于实验性研究可以控制外附因素，因而能提供清晰的结果，易于接受。

在许多研究中，研究者不能任选实验性或观察性因素，只有观察性研究有可能进行。观察性或调查性研究以及与之类似的资料分析性研究，是在课题三要素有所缺项或不可控的观察因素的条件下，通过仔细的观察和分类，从而获得有关的知识和规律。可想而知，在观察性研究中，影响因素复杂，研究条件不易控制。

实验性研究容易在动物及其离体制备上进行，观察性研究则主要在人体甚至病案上等进行。在研究进行中，两种研究如能相互配合，则可取长补短，有利于揭示生命活动的客观规律。

3) 探索性与积累性研究：顾名思义，探索性研究的目标是发现新现象、新领域或新机制，具有很大的风险性，研究结果可能是一鸣惊人，也可能是一无所获。

积累性研究是在探索性研究取得成功的基础上，继续扩大战果；或在已有成果的基础上，添砖加瓦。可见，积累性研究成果不一定很大，但相当保险。

探索性研究的成果往往能对传统观念具有突破性，有时是非预料的。例如，传统的神经解剖学和生理学均认为脊髓背角的神经元只向一个靶核投射。要突破这一观念，需通过探索性研究，证明脊髓背角中确实存在向两个靶核投射的双投射性神经元。这一发现如果成立，可以进一步积累研究这种新型神经元的解剖学和生理学特征。在这一过程中，探索性研究显然有一定风险，而积累性研究则可一点一滴地扩大探索性研究的成果。

4) 绝对与相对研究：绝对研究指在不施加任何实验因素的条件下，用实验方法测量机体的某一特征、指标的数值。在解剖学研究中，血管和神经的常规走行和解剖变异，生理学研究中的各种生理参数正常值的测定，以及儿童发育的调查等，均属这类研究。

相对研究主要是比较不同实验因素对同一实验单位反应变量的影响。研究时将实验单位分成不同组群，分别给予不同的处理或药物，比较各组实验单位同一反应变量变化影响的异同。

**(4) 选题方向**

医学科学研究的基本课题一直是围绕着救死扶伤和健康长寿两个方面展开。随着时间的发展，医学研究的选题将有所侧重。未来的发展又将随着社会生产的发展和科学技术的进步，而呈现新的前景。

1) 基本课题：从古今中外的医学研究看来，医学研究基本课题主要是有关：① 对肿瘤、心脑血管病、传染病、神经系统损伤、关节炎、视听障碍等人类严重致死性和致残性疾患的防治；② 环境污染、公害和特殊作业和生活环境对人体健康的危害和影响的防治；③ 从整体、行为、器官、细胞分子以及量子水平研究生命活动的基本规律及提高人类身体素质和智力水平的基本策略；④ 人类的进化、遗传、发育和老化的规律，计划生育、优生优育、防治老年性疾患和延年益寿的规律和途径。

2) 重点课题：世界和现代实验医学研究的重点是深入探讨各种生命活动现象的本质和基本规律，以及严重危害人类的疾病的损伤机制和防治对策，例如：① 中枢神经系统活动的本质、过程和规律，以及大脑模拟与人工智能；② 生物大、小分子的结构与功能，生物膜的结构与功能，分子遗传学与遗传工程、细胞生物学、分子生物学以及量子生物学；③ 机体免疫系统、免疫反应，及其调控、免疫诊断与免疫治疗；④ 损伤组织的再生与移植，衰老的延缓；⑤ 肿瘤、心脑血管病、神经精神病、风湿病、寄生虫病、遗传病、免疫病等严重疾患的病因发病学和防治；⑥ 生殖生理、计划生育与性别控制；⑦ 中西药物、疫苗、医疗器械与人工器官；⑧ 环境卫生与流行病、营养卫生与食品、劳动卫生与职业病；⑨ 辐射的利用与防护、原子医学；⑩ 宇宙医学。

从历年诺贝尔生理学或医学奖获奖情况看，遗传学和分子生物学以及神经科学两个领域的获奖项目几乎呈线性增加。因此，这两个领域的研究课题，将会有越来越大的吸引力。

3) 优先课题：世界各国依据自己的国情，通常有其各自的优先课题。

在我国，除了有计划地研究上述的基本课题和重点课题，迎头赶上和超过世界先进水平外，还应突出我国的特点，着眼于中西医结合，应用现代科学的理论与方法，研究中医药的基本理论和有效经验，以期融合中西医精华于一体，创造具有中国特色的新医药学。另外，还要大力加强预防医学和我国常见病、多发病和地方病的防治，发展我国的人民保健事业。

根据1989年美国国家科学基金会发表的资料，日本的13个全国科技优选课题中包括7个生物医学项目，其中4项均为肿瘤研究项目：①癌细胞形成的原因和机制；②癌细胞生长的机制；③控制癌细胞生长；④预防癌转移。美国亦把抗癌研究作为优先项目。1971～1974年，根据美国国会国家肿瘤法令，曾集中数百名专家，分成7个研究专题，召开40多次的讨论会，选定1000余个关于抗癌的课题。

**（5）选题原则**

选题需要遵循一定的原则，以使选定的题目是一个名符其实的研究项目。这些原则主要包括首创性、科学性和可行性。一个课题质量的高低主要体现在这几方面，特别是首创性。

1) 首创性：科研工作只有第一，没有第二。科研选题最重要的原则或标准是首创，是标新立异，是走前人和他人没有走过的路。一个课题是否新颖，是否有新意，是评价课题好坏的最主要标志，是衡量选题者智慧和天才的最主要指征。

Lincon曾说过："卓越的天才不屑于走旁人走过的路，他寻找迄今未开拓的地区。"一些勇于探索、敢于承担风险的研究者，总是努力到有关学科的前沿、交叉的边缘或结合区，尚未结合的空白区，以及新的实验证据同原有理论有所矛盾的领域，去发现问题、寻找课题，以保证自己的课题具有高度的首创性。

一个课题的首创性，主要表现在该课题的立意或观点是否新颖，也可表现在课题三要素是否是新的。因此，选题时，不妨多向自己提问：本课题的整个立意或观点是否新颖；本课题的实验因素是否新；本课题的实验单位是否新；本课题的反应变量是否新；本课题所采用的实验方法是否新等问题。一般地讲，如在上述的某一方面有新意，该课题即有进行研究的价值。

首创同重复是对立的。科研选题中最忌低水平、无意义地简单重复前人已有的工作。当然，这不意味着要排斥和否定所有重复性科研，因为从某种不同的角度，去验证已有的工作，除验证作用外，也可能有所发现、补充、纠正或否定已有的原理或结论。特别是结合本国的国情，为了引进或填补国内某项空白，对国外某些最新的科研成果，进行追试、复试或重复还是必要的。

2) 科学性：选题要注意科学性是不言而喻的。选题的首创性必须受科学性的制约。一切没有科学依据的所谓新、异、奇，不能认为是首创性，而是信口开河、胡思乱想，根本不能定为课题。以研究长生不老和永动机作为课题，只能是神话和幻想，而绝不会成为有科学依据的选题。

科学研究的每一个进步，都是以已有的成就和知识为基础的。一个选题的科学性高低主要表现在,该课题立论的科学依据是否充足,是否对有关的已有文献做了充分的、批判的复习,立论或工作假说的逻辑是否正确,是否能对已有的或新的事实做出合理的解释。没有这些科学性的依据,首创性是不可能成立的。

3) 可行性:人们往往容易对选题作过高的、理想的要求,而忽视了时间、空间以及主客观条件的可能性。因此,研究者常常要在最优和可行两者之间做出选择。

可行性主要表现在所采用完成课题的技术路线是否可行。再好的选题,没有切实可行的技术路线来保证,是很难实现的。这里自然也包括所选定的因素、实验单位和反应变量的检测,在特定的时间和空间条件下能否落实。

可行性的另一方面表现是,研究者及其合作者的事业心、学术水平、学术素质、研究经验和主观能动性。特别是主要研究人员的素质和经验,是决定课题可行性的重要因素。物质条件,实验设备,特别是科研经费的保证,也是选题可行性需要考虑的内容。

(6) 课题来源

选题一般来源于权威机构、高级研究人员和自选课题三个方面。来自权威机构的课题在研究方向和经费支持上较有保证;来自高级科学家或上级医师的课题,至少研究方向上也较有保证;自选课题的方向和经费保证均较小,因此宜力争从前两个来源去选题。

1) 权威机构:权威机构可以包括国际性、国家级、部委级、省市级、院校级有关的科研主管部门。如来自国际性机构 WHO 的国际合作研究项目;来自全国的指令性项目;来自卫生部或教委的指导性项目;以及来自某省、市科委的重点项目等。这些项目的总研究方向和内容是既定的,研究者往往只能从有关项目中选定一小部分,经过申请或招标,成为自己的研究课题。

这些项目主要涉及危害人类健康的一些主要疾患的防治对策、应用基础性与开发性研究内容。"七五"计划期间卫生科技攻关课题的项目多达 100 余项,主要包括恶性肿瘤、心、脑、肺血管病、病毒性肝炎、地方病、传染病、环境卫生、遗传性疾病、新技术、新材料、计划生育、中医中药等方面。全国自然科学基金会主要侧重支持基础医学理论和上述的有关应用基础方面的研究课题,一般不设开发性研究项目。

2) 高级研究人员:研究者所在单位的高级研究人员已经或正在进行的项目,不管来自何处,往往均较有基础,实验条件较好。新参加工作的研究人员可以从中选取某一分题作为自己的课题。在高级人员的指导下,利用已有条件,较之自己探索,可能少走弯路,多学些科研的本领和技能。

3) 自选课题:研究者根据自己的兴趣或工作中遇到的或文献中发现的问题,作为自选题,也是一个重要的课题来源。在一定意义上,上述1)、2)两种来源的课题,归根结底都要通过研究者个人去选定并完成,从而也带有自选性质。即使是纯粹自选的课题,尽管经费和方向不易得到保证,但达到有成效的研究成果者也不乏先例。只要学术思想新颖,也有可能转化成权威机构的科研项目。

**(7) 选题过程**

选题时首先要有原始想法，针对该问题查阅或对比已有的文献资料，并形成自己的工作假说。在科学研究中，对研究题目的选择、研究苗头的识别、研究思路的形成、技术路线的确定、正确假说的坚持、不正确假说的摒弃，以及在没有决定性证据以前关于新发现的意见的形成都具有重要作用。相当多的一部分科学思想并不一定有足够的知识背景作为选题的依据，这时有关选题和研究路线的确立，就要大大地受到识别能力的影响。如果有足够的证据，作为选题的判断依据，人们就不一定仅仅依靠自己的识别能力了。

1）原始想法：是否具有自己的原始想法，能否善于提出问题，是一个研究者智慧和素质的主要标志。一个有着科学素养和良好鉴赏力的研究者，经常会从别人没有看到问题的地方发现问题，从别人没有意识到的地方发现苗头，找到线索。

提出问题的基本要素是善于思考，善于从工作实践和科学活动中，进行认真的思索。工作实践和科学活动的机会对从事同一领域的人几乎是均等的，但只要能注意观察，积极联想，就会从中悟出问题的所在，就会发现一些新的、原来没有想到事情。МЕЧЕКОFСКИЙ 的助手发现胰腺切除狗的尿招苍蝇，据而发现糖尿病与胰腺有关。

在阅读文献的过程中，有心人也会通过主动的思索，发现前人没有提到或论述矛盾的问题，特别是发现有关领域中的空白点，从所谓的文献缝中发现问题和思路。由于医学是一门相当古老的科学，许多经验医学的内容仍不时地出现在教材中。有人认为，一个认真阅读的研究者，每读两页文献材料，就会从中发现值得重新研究的线索。

2）查阅文献：不论这种想法是来自实践还是文献的启迪，有了原始的想法之后，还必须认真地查阅和对比文献，从而确认这种原始的想法是可信的，是前人没有做过的，是值得立题的。这既是保证选题新颖，避免无意义重复的必要过程，又是形成工作假说的必经阶段。据统计，我国科研课题有 40% 是国外已经做过的或已有成果和突破的项目。充分利用文献有可能避免这一重复和浪费。

3）形成假说：应该说，科学思想越是新颖，往往越不具备足够的知识背景。因此，在提出问题、有了原始想法并比较文献的基础上，还必须通过认真的思考和提炼，形成一个可以通过实验观察予以验证的工作假说。一旦形成了明确的假说，即可以认为选题过程已经完成，并可向课题设计过渡。

#### 1.2.1.2 工作假说

在定题和复习文献的基础上，还必须形成假说，对自己的原始想法做出明确的说明，借以指导自己用相应的实验观察进一步予以检验证实或否定。

所谓假说，不外乎是对探讨的课题要素之间的关系的一种假定的描述、答案或假说，通常是在实验观察之前提出的，所以亦称"工作假说"。这种假说一旦形成即应有始有终地予以证实或否定。在总结既有工作的基础上，也可能形成一种假说，用以理顺已知事实。否则，就会是积累大量但没有统一的思维联系起来的事实材料。这种未经全面证实的假说,亦可暂时称之为"学说"、"规律"或"理论"。经验表明,不论是实验前提出的工作假说或实验后总结出的学说性假说,即使是错误的也比没有强。Darwin说过,"没有假说就没有有用的观察"。Pasteur 也说过,"运气只光顾有准备的思想"。

通常所说的假说,是指专业性的假说。广义的假说,还包括统计学的假说。专业性假说,包括所探讨的变量的变化方面,有明确说明的导向性假说,以及只说明某两个变量之间存在显著性差异的非导向性假说。二者在统计学上亦称备择假说,并以 Ha 来表示。统计学的假说中,用 Ho 表示的无效假说或假设,用以指导所得结果的大小和机遇的数学概率。不言而喻,Ho 与 Ha 是相互排斥或相互否定的。

在人类认识自然的漫长历史过程中,人们总是首先根据有限的经验或事实,提出科学假说,初步揭示现象的本质,然后在假说的指引下,去探讨现象的本质,因此假说是科学认识发展的必要环节。化学从燃素说到氧化论和现代化学;生物学从活力论到达尔文进化论和现代生物进化论,均经历了从假说到理论的发展过程。

假说也是调动思维能动性的有效途径。不少科学家把科学研究当做"伟大的游戏"来享受,沉浸于某一个科学问题,长期甚至毕生地去寻求该问题的最佳解。

**(1) 假说的特征**

假说是人们将未知变为理论上或想象上的已知的重要阶段,是科学研究的必由之路。假说的首要特征是假定性,但这种假定性必须以科学性为基础,并通过可验证性予以证实。

1) 假定性:由于生物医学现象的高度复杂性和可变性,生物医学的本质和规律往往受到某些表面的、偶然现象的掩盖,研究者需要对其必然性和预期结果进行一定的假定或猜测。没有假定性就没有假说。

假说的假定性是选题首创性的必然体现,既是对选题首创性的合乎逻辑的论证,又具有标新立异的特性。因此,科学假说的内容通常需摆脱传统或经典的观念以及常识性的推论或权威性的见解的束缚,抓住现有理论难以解释的现象,充分发挥想象力和运用概念、判断和推理等思维形式,在已知与未知之间勾画出一条新的途径。

2) 科学性:假说的科学性是由选题的科学性决定的,是选题科学性的进一步发挥。这种科学性的特性是既能对原有的理论所解释不了的事实提出新的解释,又能对即将进行的实验结果进行预测。

假说的科学性决定了"假说不假",因为它是以一定的事实为依据提出的,是有根有据的。同时,又超脱已有的事实,从更高更广的角度逼近事物的本质。否则,没有一定事实依据的假说,只能是"胡说",主观臆测或科学幻想。

3) 可验证性:有一定科学依据的假说,必须能通过实验观察予以验证。一个具有假定性和科学性两个特性的假说,通常是可验证的。否则,不是假定性或科学性有问题,就是实验观察和技术路线有问题。一个严肃的科学工作者,对于已被验证的或未能被验证的假说的肯定和否定,均应持谨慎态度。事实表明,一切科学的、正确的和成功的假说,无一不具备这几个方面的特性。

以血液循环的假说为例。当时的权威理论,是已经流传医学界千余年的 Galen "潮汐说"，认为血液如潮水那样，在血管里一涨一落，一进一退，前后振荡。Harvey 依据静脉和心脏内有瓣膜的事实提出"血液不是振荡，而是在密闭管道中作单方向的循环运动"的大胆假定，继而以羊、狗、猫、鹿、蛙、鸟、蛇、鱼、虾、蚊子以及虱子等 128 种动物为研究对象，用放大镜观察心搏和血液运动，并做活体解剖。他发现：动脉在心搏后凸起；割开动脉，血液自心脏方面流出；血液一旦流出即倒流入心脏，近心端瘪缩，并可见到静脉瓣；解除压迫，静脉自远心端开始重新充盈；切开静脉血液自远心端流出。特别是他发现，人们的两个心室总容量为 2 oz[①]，心搏每分钟 72 次，1 小时 4320 次，两心室搏出血液相当于 244.9 kg（8640 oz），相当于人平均体重的 3 倍。这些发现证实了他的假说，从而形成"血液在静脉→心脏→动脉之间进行周而复始的循环，心搏是这种循环的原动力、静脉瓣是保证血液单方面流动"的血液"循环说"，突破了传统的"潮汐论"，奠定了现代实验医学的基础。至于动静脉之间的联系，Harvey 推测存在某种当时用放大镜难以看到的构造。Harvey"心血运动论"发表 32 年后，Malpighi 用显微镜看到了组织内的毛细血管及血液在其中的流动，证实了 Harvey 的推测，使血液循环学说上升到科学理论。Harvey 实验之艰苦、工具之简陋、思维之巧妙，在医学史上传为佳话。

有的假说是莫衷一是的，例如"精神分裂症患者必有某些生化学异常"这样的假说既不能说明精神分裂症的任何已知事实，更难以通过研究予以验证。如果依此假说，去测二三十种不同的生化学指标，你也许看到 1、2 个异常变化，也许看不到。另一方面，有的假说是显而易见的，几乎会毫不保留地被所有人所接受，这样的假说实际是可有可无或不值分文的。例如，"低蛋白饮食有助于肝硬化患者肝脏"，听起来显然是合理的，可事实证明低蛋白质本身即可引起肝的损害。长时期来几乎没有人怀疑"休息有助于扭伤关节的恢复"，可实际上通过一些锻炼，扭伤关节的恢复会更快些。

一般认为，1950 年 Doll 和 Hill 提出的"吸烟引起肺癌"的假说是一个好的成功的假说，主要根据是：①对肺癌随吸烟的增加而增多的事实给予了一个合理的解释；②这一假说是可验证的，后经证实，吸烟多者易患肺癌；③进一步还证实吸烟多者戒烟后肺癌的发病率降至非吸烟者水平。

**（2）假说的作用**

假说的主要目的是提出新的实验或观察，从而对研究者具有驱动和导向的作用。这两种作用往往会使有关研究者为实现自己的假说奋斗终生而无悔。

1）驱动作用：已经提出的假说使有关研究者有一种动力和目标，使其坚持不懈地实验或观察，即使一再失败也在所不惜。

Ehrlish 根据有些染料能选择性地将细菌或寄生虫染色的事实，设想某种会被细菌吸取从而将细菌杀死的物质。这一假说驱使他百折不挠地经过 606 项试验终于发现"锥虫红"、"606"，以及后人继之发现的"百浪多"。假说不仅驱动提出者，也驱动整个合作集体。我国张香桐教授提出的"两种信号相互作用"的假说，动员了他和他的全体合作者，在神经系统的各个水平，研究针刺镇痛的机制，并最终做出了重大的贡献，因而

---

① 1 oz＝28.41 ml（英）；后同。

获得了"门槛奖"。不难想象，没有一个能统一并动员群众的假说这是不可能的。

2) 导向作用：假说可以视为指路的航图，是指引研究方向的工具或手段。任何一个系统的研究项目均是靠着一层一层的假说，导致最终证实假说并形成新理论的目的。

假说的有无，事关重大。Bucker 将小鼠肉瘤组织移植到鸡胚后，鸡胚的神经极其旺盛地向肉瘤移植物中生长。但是，由于没有假说导向，他只停留于这一观察或事实。Montalcini 成功地重复了这一实验，并提出了某种可弥散的神经生长刺激因子存在的假说。后来同她的合作者 Cohen 一起又发现蛇的毒腺和雄性小鼠的颌下腺均富含这样的因子，对之进行分析和提纯，研制了抗血清，并利用已提纯的神经生长因子（nerve growth factor，NGF）和抗血清进行了大量的研究，几十年求索不舍，成果累累，震动了整个世界医学界，终于在 1986 年荣获诺贝尔生理学或医学奖。

假说的这两种作用，促进不同学派之间的争论，有力地推进了医学科学的发展。细胞免疫说与体液免疫说，Dale 的化学传递说和 Eccles 电传递说是靠着各自的假说所驱动和导向作用，才能长期持续下来的。Galvani 和 Volt 对莱顿瓶放电时蛙肌收缩的事实，分别提出了不同的假说。Galvani 认为生物组织本身即存在电，Volta 认为生物组织本身无电，引起肌肉收缩的电是外来的，是来自 Galvani 实验时所用的锌铜镊子。但 Galvani 在不用金属镊子的条件下也同样重复出来相同的结果，对此 Volta 仍不赞同。当时他们均不可能是完全正确的，因为当时他们所用的仪器，谁也不能确定动物组织是否带电。但两人一直到生命的最后一息，彼此都确信自己是这场旷日持久的争论的胜利者。

**(3) 假说的形式**

假说的形式可以多种多样。研究者通常对所探索的课题要素的变化，只提出一种可能性，或只提出一种假说。也有人对相应的变化提出多种假说。前者易使研究者专一，但同时可能有所束缚；后者不那么专一，但对研究者思路和实验观察时注意范围束缚较小。

1) 单假说：单假说是最普通的假说形式，对课题要素间的关系，只提出一种说明，并通过实验来证实正确与否。单假说的目标和方向均非常专一，有利于研究者集中精力，精密而准确地进行验证。但是，由于过于集中或专一，有时会使研究者带上偏见，固执地、有倾向性地解释实验观察，从而忽略了其他有价值的线索。Bernard 曾说过："过分相信自己的理论或想法的人不仅对现实发现准备不利而且也使其观察变糟。"

2) 复假说：避免单假说的倾向性的最好方法是，养成服从客观事实和尊重事物本来面貌的习惯，并且永远不要忘记，假说在未被证实之前，只是一种假定。Chamberlain 提出复假说以实现自我监督。他主张对所选定的课题，提出多个假说并在观察过程中留意对每一假说有关的事实或现象，或在实验观察时，侧重检验某一最有可能的假说，同时兼顾其他假说。

复假说可以是并列式的，几个假说同时并列，例如，对先天性脊柱裂的病因学研究，至少可提出环境及（或）遗传 3 个假说（①环境+遗传；②环境；③遗传）。复假说也可以是串联式的，如在系统性研究项目中，各个分题可以有各自的假说，然后通过实验，依次予以验证，许多重要的理论发现，也往往通过许多人前赴后继或串联式复假说运动完成。

在受体学说的发展过程中，1878 年 Langly 首先基于阿托品和毛果云香碱对猫唾液腺的拮抗作用，提出不同药物与组织的某些不同部位结合以发挥作用的假设；接着在描述箭毒对骨骼肌的作用机制时，又进一步提出了"感受物质"的概念；最后 Ehrlish 才首次明确地提出了"受体"一词，并提出侧链说，用以说明药物与组织细胞的结合；乙酰胆碱、β-肾上腺素、胰岛素、血管紧张素、高血糖素、甲状腺素等受体现已被分离或提纯。这种受体学说经历了多种假说的接替和更新。

**(4) 假说的形成**

形成假说的基本要求，是对已知的事物有所解释，并能预言一些能被证实的实验观察。假说的价值，主要决定于它解释已知和变革现实的准备和广泛的程度。假说的可取之处，在于它既在已有的只是背景上形成，但又不为传统观察所束缚。因此，形成假说的过程是研究者最重要的脑力活动或思维艺术，既可通过通常的逻辑思维途径，也可通过非逻辑的思维途径。

假说的形成途径包括：

1) 归纳与演绎：虽然科学发现往往是来自意想不到的实验、观察或直觉的作用，而不伴有明显的推理思维，但是推理在形成假说过程中却起着主要的或指导性的作用。在提出假说、判断想象或直觉到的观念是否正确，在衡量证据解释的合理程度，在做出概括和扩大应用一个发现时，推理是主要的方法。推理的主要形式为归纳与演绎。归纳法根据局部的个别情况，推论出一般的结论，由个别事实推论出新的综合的概念，富于创造性。演绎法则与之相反，由一般原理推广到个别，虽准确，但不可能导出新的概括。

2) 联想与类比：形成假说的更为重要的推理方法是类比或类推。类比法确定和利用事物之间相互关系上的类似点：如已知 A 与 B 在某一点上同 C 与 D 的关系类似，则在其他各点的关系上也有类似的可能。类比法使研究者得到线索，帮助了解尚未看到的现象，特别是在提出假说的初期，类比往往是很有成效的。然而，类比本身不能证明任何事实，也往往会导致错误，特别是在研究深入时，滥用类比，有时是危险的，此时仍沿用一些表面特性的比较，会使人越来越难以认识所研究的现象本身的规律。

1923 年的诺贝尔生理学或医学奖获得者 Banting 根据糖尿病患者尸解胰腺岛状物缩小，而其他患者尸解的岛状不变的事实，提出"胰腺中那些岛屿状的细胞所起的作用是将健康身体内部多余的糖转变为热能，一旦这些细胞不能发挥作用，体内糖分就成倍增高而引起糖尿病"的假说，同时又受到 Barran 结扎胆管后只有岛状细胞存活的启迪。1921 年，他从两个方面去验证自己的假说：一方面切除狗的胰腺，全部出现糖尿病症状并死亡；另一方面将胆管结扎后的胰腺提取物给 92 只切除胰腺犬注射，只死了 1 只，其余 91 只全部成活，血糖降低，尿中无糖。1922 年，他进一步从富含岛状细胞的胎牛或胎羊胰腺提取胰岛素，在自身试验其剂量和异常反应，并成功地治疗了第一例糖尿病患者。

3) 直觉与灵感：不少的选题或假说，特别是新颖的选题或假说主要来自于直觉。直觉是一种突如其来的戏剧性地闯入脑际的感觉或想法，有时也用灵感、启示和预感等词来表达直觉。直觉常是在对有关的问题有意识的连续思维活动并百思不得其解之后，人们不再去注意该问题时发生的一种下意识活动。因此，直觉出现的最重要的前提是对解决有关问题的强烈兴趣和长时期的思索。在这一前提的条件下，有可能通过下述的一些自我放松的途径，来诱发直觉。

由于直觉产生的新想法经常瞬息即逝，事前必须有随时记录在案的准备，才能不贻误"战机"。

睡眠：睡眠是一日辛苦或积累思维之后最好的休息或放松方式，直觉有时出现在睡眠之中。Loewi 对化学传递的发现是一个典型的例子。一夜睡眠中突然闪现一个漂亮的想法，醒来用笔记下，可惜第二天不能辨认所写为何物。第二夜该想法又戏剧般地出现，这次醒来认真记好，天亮后立即到实验室，做了蛙心灌流实验。直觉变成了现实，Loewi 因此成为突触化学传递的奠基者。

悠闲：没有任何专心或分心，也不担心任何干扰，无忧无虑；不思索任何与课题直接有关的问题，身体和大脑处于放松状态。如上、下班的途中、散步、沐浴、剃胡须、梳洗、卧床，以及谈天等场合，易出现直觉。

讨论：除睡眠和悠闲条件外，有时正在进行讨论、报告、写作或阅读时，直觉也会突然闪出。

直觉与灵感带有机遇性质。据说 Kekule 是由于梦见苯环而发现了苯环；被 DNA 碱基模型困扰的 Watson 和 Crick 是由于突然的灵感而发现 DNA 的结构基础，从而为提出三联体密码假说奠定基础。

诺贝尔物理学奖获得者杨振宁强调"只有逻辑的科学只是科学中的一部分"、"科学绝对不是只有逻辑"。直觉、灵感、想象以及洞察力、鉴赏力等非逻辑的思维形式在科学创造中均具有十分重要的作用，特别是在逻辑推理活动之前，以及逻辑推理无能为力的情况下，直觉思维的作用更为重要。绝大多数科学家也都熟悉直觉这一思维现象，但并非个个如此。在 Platt 和 Baker 的调查人中，只有 33% 的科学家说经常，50% 的人偶然，17% 的人从未借助于直觉。应该说直觉思维决非一日之功，而是长期思索的瞬间暴发。Bernard 说"那些没有受到未知物折磨的人不知道什么是发现的快乐"。

**(5) 假说的规则**

在形成假说、特别是有关探讨因果关系的假说，还要遵守一定的思维规则。

1) Newton 4 规则

规则 1：除了真正而又足以说明自然事物出现的原因外，不承认更多的原因；因为大自然喜欢简单。

规则 2：同一自然效应要委之于同一原因。

规则 3：客观所能达到的客体的性质具有普遍性，因为靠感觉能认识事物，但又不能感觉所有事物。

规则 4：坚信从现象准确推论出的假说，经得住任一可想象的反对假说的反驳，直到出现其他现象，该假说不得不修正或放弃。

2) Grossman 4 原则：1980 年 Grossman 在中华医学会做"如何训练年轻科学家"报告时，列举了如下的 4 条原则。

原则1：不要分析不存在的现象。
原则2：没有假说，就不会有答案。
原则3：思路比仪器更重要。
原则4：统计设计比统计分析重要。

**(6) 假说的检验**

实验观察是检验假说正确与否的唯一标准。假说的一个重要特征即它的可验证性。根据某一假说设计并进行的实验结果可能完全支持、部分支持或全部否定。对于这三种可能，研究者需有思想准备，并予以审慎处理。

1) 证实：预计的实验观察，得到了预期的结果，即假说被证实，是任一研究者孜孜以求的。这种结果一旦出现，一个严谨的科学家往往采取相信而又不全信的态度，并特别注意防止错误的实验现象支持错误的假说，因而必须进一步获取延伸或扩大及（或）证伪来予以完全的确认和相信。

2) 证伪：即从反面证明所得结论是假的。如实验结果已证实外周神经束全部由粗纤维组成的假说。此时，只要在外周神经干中找到一根细纤维，该结论即可被否定。证伪方法特别适用于研究事物之间的因果关系。如实验结果支持运动过程中肺通气量的增加是由于$P_{CO_2}$增高的假说时，如能证明，运动过程中肺通气量增加之前$P_{CO_2}$并不增高，该结论即可被否定。当然，如证明肺通气量增加之前，$P_{CO_2}$确实增高，也并不能肯定这两个变量之间真正具有因果关系。因为，运动过程中除$P_{CO_2}$升高外，还有$P_{O_2}$降低、[$H^+$]和体温的升高，以及来自运动关节和大脑皮层的信息对呼吸神经元的作用等。

如果进一步实验和证伪过程均证实某一假说，研究者应首先把它视为只适用于该种特殊的实验条件，而不能过广地引申。只有在所有情况下假说均成立时，才能将其视为学说、理论或规律。这往往需要更多的科学家认可，而不是自封。

3) 否定：可以说，大多数的假说是不完全正确的，当实验结果完全否定据以进行实验的假说时，首先要将不符合事实的假说同暂时不能被证实的假说区别开来。暂时不能被证实的假说，可能会被新的实验或方法所证实。其次，要仔细审视实验过程和所得资料，借以发现是否有妨碍证实假说的因素。最后，即使业经证明是错误的假说也不一定是毫无价值的，既可从中汲取堵塞通向正确通路的经验教训，也可能引申出某种新的意想不到的发现。

Bernard曾提出沿交感神经传递的神经冲动的作用是引起化学变化使皮肤产热，但实验结果却出乎他的预料。切断颈交感神经后，兔耳变温，而不是变冷。与其假说相反的事实还有，消除兔耳血管的神经性影响后，兔耳血流量增多。根据这两项新的非预期结果，原来的假说虽被否定，但新的发现——血管运动神经，却因而出现，成为继Harvey血液循环之后的一项重大成就。

对于与事实不符的假说，有时可以予以修正或补充，使原来的假说附以这样或那样的条件或注脚，并按附加的假说进行新的实验验证。当然，如几经变换，实验事实均与假说不符，又不能引申出什么新的假说和发现时，就不要抓住这一已证明是错误的假说不放，而要有假说服从事实的思想纪律，不要一味地、一厢情愿地，凭主观主义的假说左右对客观现象的解释和判断。

在突触传递的电火花派和汤派的争论中，Eccles 为我们树立了假说服从事实的榜样。1936 年 Dale 提出，乙酰胆碱是神经肌肉接头的递质，但 Eccles 当时认为是电传递；在化学传递的证据日益增多的情况下，1942 年认为神经肌肉的传递是电传递，但自主神经（植物神经）与内脏之间的传递是化学的。直到 1954 年，才通过自己的亲自实践，完全认可"Dale 原理"。继而根据这一原理，进行了大量的有关化学传递离子机制的电生理学研究，并于 1963 年荣获诺贝尔生理学或医学奖。

### 1.2.1.3 在"新"字上下功夫

科学研究的灵魂是创新，科学研究只有第一没有第二。课题的首创性是选题的第一原则或标准。科学技术的进步来源于新观念及（或）新技术的提出与发现，因此在专业设计中必须在"新"字上下功夫。只有一个全新内容的选题，或者采用一种新的实验单位、新的实验因素、新的反应变量、新的技术路线，才能有所发现、有所建树。只有选题有新意，才能获资助，才能获得新结果。

Cajal 的神经元原则、Sherrington 的突触概念、Loewi 的化学传递学说、Hodgkin 和 Huxley 的钠学说和双通道学说、Harris 的下丘脑释放激素学说等新概念、Adrian 将神经冲动放大 5000 倍的热电子管技术、Erlanger 和 Gasser 的阴极射线示波技术、凌宁的微电极技术、Nehr 和 Sakmann 的膜片钳技术，以及 Shally 的放射免疫技术等新技术都对神经科学的发展做出了里程碑式的贡献。可以预期计算机辅助的 CT、NMR、PET 等技术以及生物芯片等技术均将对 21 世纪神经科学的发展产生不可估量的影响。

震古烁今的 20 世纪已经过去，神经科学奇迹倍出的 21 世纪已经到来。神经科学的研究策略将步入一个超分析与超综合的时代，神经科学研究将取得更多更新的突破，人类有望进一步深入揭示人脑的奥秘、探索意识活动的本质，更有效地保护人脑、攻克各种人脑疾患，创制不是人脑尤似人脑的机器"脑"。将几十万个生命信息集成在一块指甲大小的生物芯片技术，将给生物医学和神经科学领域带来革命性的变革。

## 1.2.2 专业设计

### 1.2.2.1 实验因素设计

外环境中的各种机械的、物理的、化学的和生物的因素均可成为某一课题的实验性因素或观察性因素，在设计时需侧重考虑以下情况。

**（1）实验因素的数量**

不论是实验性、观察性乃至外附性因素的数量均可为一个或两个以上；各因素至少可有有和无两个水平，实验性观察因素还可有两个以上的多个水平。

传统的实验因素设计多为单因素设计,是按照 Galileo 的经典物理学思路,使实验处于一个标准或恒定状态下,只改变许多因素中的一个因素,观察其对实验单位反应变量的影响。20 世纪 30 年代以来,随着实验设计技术,特别是统计学的发展,统计学家 Fisher 首创复因素设计,能高效地获取有关各因素及其交互作用对反应变量的影响。

**(2) 实验因素的水平**

如前所述,不论何种因素均至少有两个水平。多水平的设计往往使统计处理复杂化,需有统计学家参与。

由于实验因素与反应变量之间往往存在着一定的质与量的关系,并且多为非线性的,呈"S"形或指数曲线型的剂量-效应关系,因此在设计水平的高低时,应采用能引起反应变量发生中度变化的强度或水平。此时,反应变量的变化多处于剂量-效应曲线的近似线性部分,反应的增减易于显现(图 1-2-3)。

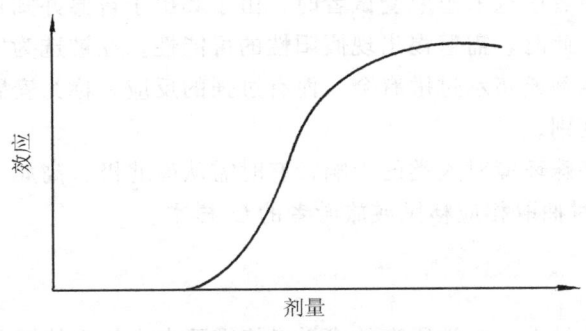

图 1-2-3 剂量-效应关系

**(3) 特异因素与非特异因素**

任何特异实验因素均不是孤立的,必然伴有非特异因素的影响,如某种特异药物,需溶于某种溶剂并必须通过穿刺始能注入实验单位,溶剂的成分和量、穿刺的过程等非特异的因素,均可能影响特异因素-药物的作用。如何在实验设计中排除或控制非特异因素的作用,也是实验设计的一个主要内容。

**(4) 得因素与失因素**

有些实验因素作用于实验单位,使反应变量增强,有些则使反应变量降低,前者可视为功能增强因素或得因素(gain factor),如刺激、移植、激动剂、正义链;后者可视为功能减弱因素或失因素(loss factor),如阻断、摘除、拮抗剂、反义链(表 1-2-2)。如能在一个课题中既观察得因

表 1-2-2 得与失因素举例

| 得因素 | 失因素 |
| --- | --- |
| 器官、组织或细胞植入 | 器官、组织细胞摘除 |
| 组织或受体兴奋 | 组织或受体抑制 |
| 刺激 | 阻断 |
| 配体 | 阻断剂 |
| 激动剂 | 拮抗剂 |
| 基因转入 | 基因敲除 |
| 正义链 | 反义链 |

素又观察失因素对反应变量的影响，将使实验设计更臻严谨，研究结果更加可信。

### 1.2.2.2 实验单位设计

**(1) 人体**

人体是一个具有多种物质运动形式、多层次、多因素复杂相互作用的开放系统，是生物医学研究的难点，但却是生物医学研究的唯一或最后的原型，有的课题还只能在人体上进行，如人体指标的正常值、人的个体发育等。

在从正常健康人群中抽取有关 $U$-样本时，除去各种疾病外，需考虑年龄、性别、婚姻、种族、习惯、职业、家族史等自然因素。

在以某病患者为群体，并从中抽取有关病例 $U$-样本时，除记录以上的自然因素并除去不拟研究的疾病外，尚需考虑有关受试者的既往史、现病史、病情与治疗等情况。

在从正常人或患者中选取志愿受试者时，由于其出于自愿并知道将要给予的实验处理，往往容易合作。此时，需警惕出现假阳性的可能性。在被选为安慰剂对照组的受试者中，有人会对安慰剂或暗示过敏有余，而有过强的反应，称为安慰剂反应者，而不易与用药组的反应相区别。

为了研究某种特殊环境对人类的影响，有时需从南北极、高原、热带土著居民群体中抽取 $U$-样本，同时抽取相应移民或旅游者的 $U$-样本。

**(2) 疾病模型**

医学研究的对象是人，医学研究的成果最终需要在人体上体现，但医学研究要冒受试者被伤害、致残，甚至丧命的特殊危险，要负特殊的人道主义责任。因此，许多疾病难以在患者身上直接进行研究，往往需要在有关疾病的动物模型上进行间接的研究。为此，首先发现或复制模型，从人原型过渡到动物模型，然后对动物模型进行实验观察，最后，将动物实验结果向所模拟的人原型转移或外推。

应用动物模型研究人原型的基本前提是模型与原型之间具有相似性或可类比性。模型在研究过程中只是原型的代替者，模型反应变量的变化具有向原型反应变量变化外推的可能性。可见，模型在生物医学实验中既是被研究的客体（代替原型），又是研究真正客体——原型的手段，具有双重作用。

有些动物由于遗传的变异，自发地发生与人类某病类似的体征，如大鼠的原发性糖尿病、中风、高血压、癫痫，雌猪的冠状动脉硬化，狗的类风湿关节炎等。

有些动物亦可人为地复制成某病的模型，如四氧嘧啶性糖尿病、血管结扎引起的脑缺血、坐骨神经结扎引起的神经源性神经病，以及致热源引起的兔发热、冷冻引起的兔耳冻伤、病毒引起的猴脊髓灰质炎等。

**(3) 生物模型**

为研究正常人原型的生物学特征，往往从进化角度考虑选用灵长类、哺乳类等高等动物为模型，特别是在研究高级神经活动时，多用猩猩、猴、犬和大鼠等（表 1-2-3）。除动物种属外,还需依实验要求考虑品系(杂交或纯系)、年龄、性别(通常雌雄兼用,但有时实验只需用雌性或雄性),以及健康状态等。

**表 1-2-3　生物医学研究中的生物模型的一些特征**

| 模型 | 特征 |
|---|---|
| **两栖纲** | 进化低、易饲养、膜性皮肤、易制备神经肌肉标本 |
| 　蛙 | |
| 　蟾蜍 | |
| **鸟纲** | 进化低、易处理、病毒易感、代谢有某些特点、高代谢率 |
| 　鸡胚 | |
| 　成年鸡 | |
| **哺乳纲** | 进化高、"聪明"、基本生物学与人类似。 |
| 　啮齿动物 | 有不同纯系,多叶肝、无胆囊(大鼠)能合成维生素 C(抗坏血酸)、孕期短、繁殖快、吃粪 |
| 　大鼠、小鼠 | |
| 　豚鼠 | 饲料中需供应维生素 C,耳蜗敏感,对人类传染病易感 |
| 　仓鼠 | 冬眠、有自发糖尿病种系、孕期短、颊囊免疫特许、极少量组织相容性抗原、染色体数目少 |
| 　食草动物 | 有纯种、耳大易取血或传染、致冻伤、无自发排卵、孕期短 |
| 　兔 | |
| 　冬眠动物 | 生理学特征不寻常,适于研究冬眠 |
| 　蝙蝠 | |
| 　刺猬 | |
| 　松鼠 | |
| 　食肉动物 | 循环、消化和神经肌肉系统比啮齿类动物更近于人,血压稳定 |
| 　猫 | |
| 　犬 | 代谢与人有些差别、小肠短、胃小、肝多叶、胰分散、两侧胸腔不完全分开,血管系统易接近 |
| 　雪貂 | 温驯、易饲养、可作为猫的替代模型 |
| 　绵羊和山羊 | 反刍、特殊的营养及有关生理代谢、乳腺大 |
| 　猪 | 解剖与某些生理学比其他动物更像人,小肠大,易饲养,生长快,有纯种 |
| 　灵长类动物 | 进化与人最近,对人类许多疾病易感 |

为便于实施有关研究也往往选取有某种解剖生理特征的动物为模型,如犬和猴分别具有迷走神经和交感神经紧张性高的特点,猫呕吐反应敏感,豚鼠听觉敏感,兔和山羊免疫功能强,有的大鼠肾小管亨利襻长、肾小球位于肾表面等,可分别用作研究有关反应的模型。

为了研究基本的生命活动过程,往往选取进化低、结构简单的低等动物,如用乌贼鱼的巨轴突研究神经兴奋,硬骨鱼的 M 细胞研究神经网络,乌龟研究缺氧,果蝇、线虫、细菌、病毒、噬菌体等研究分子生物学,为研究遗传规律和分子生物学甚至选取具有鲜明性状和生长期短的植物,如海藻和豌豆。

**(4) 实验制备**

实验单位可以是一个整个单位(在体),也可以是一个单位的一部分(离体),分别称为在体和离体实验制备,并各有优缺点(表 1-2-4)。

表 1-2-4 在体与离体制备的比较

| | 在体制备 | 离体制备 |
|---|---|---|
| 优点 | 基本处于生理状态<br>便于观察行为反应<br>便于判定整体效应 | 实验条件易于纯化<br>易于接近研究靶位<br>便于观测变化细节 |
| 缺点 | 有时需破坏内环境<br>存在代偿和相互作用<br>难于观察变化细节 | 基本处于非生理状态<br>缺少联系和相互作用<br>难于判断整体效应 |

如果条件允许，宜进行多种系、多水平的比较，如神经系统的功能，既可在高、低等动物等多种动物以及在体与离体等多种水平进行研究，亦可在细胞系、脑片、离体头和整体上进行离子、分子、细胞器、细胞、突触、微回路、环路、系统乃至行为等多水平的研究。

### 1.2.2.3 反应变量设计

实验单位对实验因素的反应可以反映在整体、系统、器官、细胞乃至分子水平上，可以分别从生理学、生物化学或分子生物学等领域选测有关的反应变量或观测指标。

**（1）反应变量的类型**

反应变量可以是主观的变量，受试者的主诉或对问卷的回答。受试者真实地报告他或她的主观感受，往往是人体实验的一个不可忽视的真实而可信的反应变量。

反应变量更多见的类型是可测量的客观指标或反应，如通过仪器测出的各种生物电、神经化学、形态学和分子生物学变化，往往能不失真地反映反应变量变化的性质和程度。

反应变量亦可分为定性或定量的，或者是在定性基础上的半定量指标。如现已广泛应用的对形态学变化的灰度和面积指标，可弥补单纯形态定性描述之不足。

**（2）反应变量的数目**

反应变量可以是一个或多个。现代科学的发展，已有可能运用多变量来相辅相成地较全面地反映实验单位反应变量的变化。如追踪神经通路，可采用高尔基染色、溃变、放射自显影、HRP 逆行标记、荧光染料逆行标记、免疫组化、$c$-$fos$、2-脱氧葡萄糖、PET 等技术，从不同角度显示神经通路的走行与投射联系。

为观测细胞凋亡，可采用光镜、电镜、荧光显微镜等形态学观察，以及 DNA 电泳观察梯形条带、流式细胞术、末端标记、Annexin 染色、乳酸脱氢酶、膜通透性、MTT 等技术，多角度地予以显示。

**（3）反应变量的标准**

一个理想的反应变量应符合下列标准。

1）真实性与可靠性：生物体对实验因素与作用的反应往往是多方面的而不是单一

的。实验者需要从中选出既真实又可靠的变量，如原发性高血压的血压、传染病的细菌培养。

2）特异性与灵敏性：反应变量的特异性能排除其阴性变化；反应变量的灵敏性能确认其真阳性的变化。但同一变量往往难以二者兼具，一般以二者均相当于80%左右为宜（表1-2-5）。

表 1-2-5　不同血糖水平对糖尿病诊断的特异性与灵敏度

| 血糖水平/(mg/100 ml) | 特异度/% | 灵敏度/% |
| --- | --- | --- |
| 70 | 8.8 | 98.6 |
| 90 | 47.6 | 94.3 |
| 110 | 84.1 | 85.7 |
| 130 | 96.9 | 64.3 |
| 150 | 99.6 | 50.0 |
| 170 | 100.0 | 42.9 |

3）准确性与精确性：反应变量的准确性是变量测量值与变量客观变化的符合程度，代表指标的质量；精确性指变量测量的可靠性和可重复性的高低（图1-2-4），理想的反应变量测量是二者兼有。

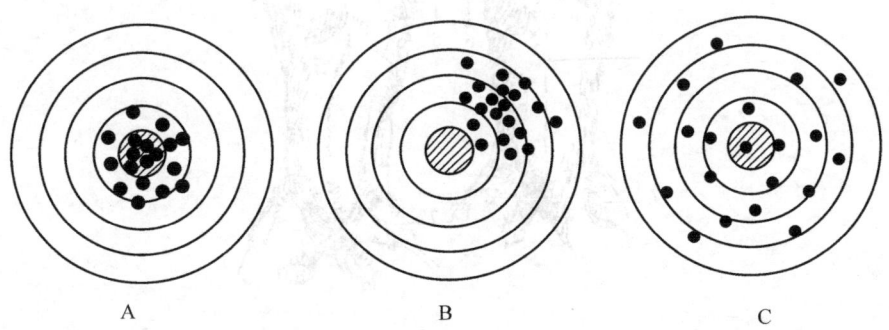

图 1-2-4　准确度与精确度的示意图
A、B、C. 示三个射击手的射击成绩，网纹处示靶眼是射击目标。A. 示精确度与准确度都很好；B. 示只射中一边，精确度很好，但准确度不高；C. 示各点分散，准确度与精确度都不好。在科学测量中，没有靶眼，只有设想的真值。平时进行测量，就是想测得此真值（冯师颜，1964）

#### 1.2.2.4　技术路线设计

在上述实验单位、实验因素和反应变量设计的基础上，进一步设计实验运作方案或技术流程，借以验证工作假说的正确与否。

例1：Heymans父子为验证其"外周感受器参与呼吸调节"的假说，用动物孤立头和孤立颈动脉窦区交叉灌流的技术，设计出了如下的实验。

先将受血犬B的头与躯干分离，只与其自身的迷走-主动脉神经相连，使其头部的血液由供血犬A供应而与犬B自身的血液无关（图1-2-5），然后进行：①降低犬B血压，犬B头呼吸加强；升高犬B血压，犬B头呼吸减弱；给犬B注射肾上腺素，犬B头甚至出现呼吸暂停。②在保留灌流压稳定的基础上，如令犬B人工呼吸增强，使其$P_{O_2}$升高和$P_{CO_2}$降低，则犬B头呼吸减慢；如人工呼吸减弱使$P_{O_2}$降低和$P_{CO_2}$升高时，则犬B头呼吸增强。③在切断犬B的迷走-主动脉神经时，重复②项实验，犬B头呼吸不再出现相应的变化。④向犬A注射引起血压、$P_{O_2}$变化的药物NaCN，以影响犬B头呼吸中枢时，犬B头呼吸相应变化甚微或无。

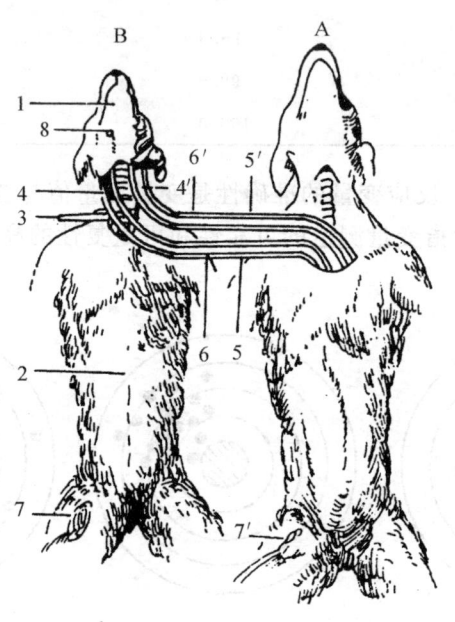

图1-2-5 孤立头灌流实验图解（由A犬灌流的B犬孤立头）

1.B犬的孤立头；2.B犬的孤立躯干；3.气管插管；4,4'.B犬的右、左迷走神经；5,5'.B犬的颈静脉头侧末端与A犬颈静脉心侧末端相吻合（右边、左边）；6,6'.B犬的颈动脉头侧末端与A犬颈动脉心侧末端相吻合（右边、左边）；7,7'.B犬与A犬的股处血压；8.B犬孤立头的呼吸活动（杨福生，1997）

通过这一系列构思独特、逻辑严谨和令人叹服的技术路线和实验观察，无可置疑地证明了外周颈动脉窦区的压力和化学感受器对呼吸的调节作用，犬小Heymans因此于1939年荣获诺贝尔生理学或医学奖。

例2：为研究肿瘤组织的蛋白质组学，不妨采用如下所示的技术路线：

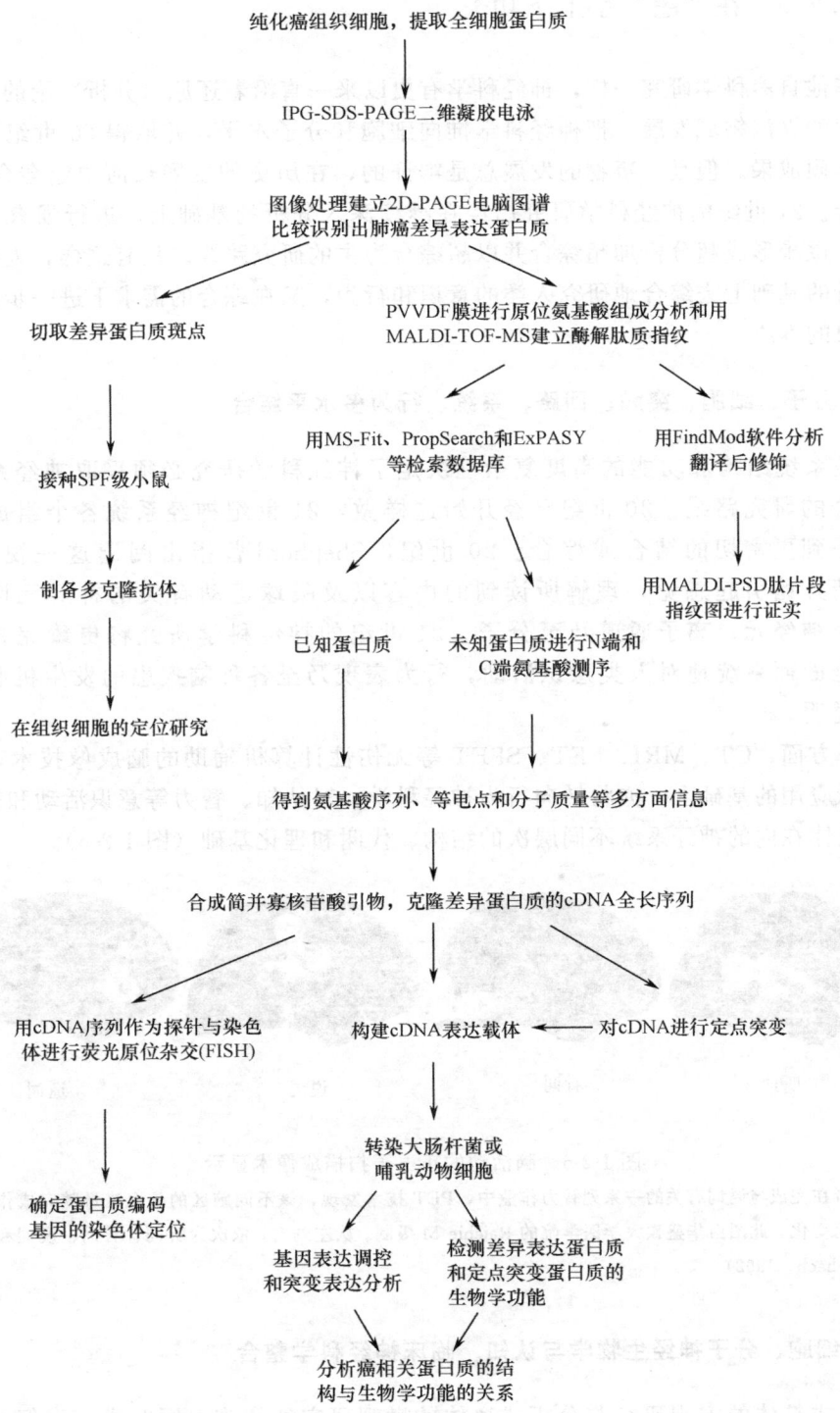

### 1.2.2.5 在"超"字上下功夫

同其他自然科学研究一样,神经科学有史以来一直沿着还原(分析)论的路线,向神经科学的纵深领域发展,把神经科学推向细胞和分子水平,并取得 20 世纪那样亘古未有的丰硕成果。但是,事物的发展总是辩证的,在历史的发展长河中定会合久必分,分久必合。21 世纪的神经科学研究已经在继续深入分析的基础上,进行强有力的合成(综合),逐步形成超分析加超综合并以超综合为主的研究路线。只有这样,人们才有可能在分析的基础上去综合地研究人类的意识和行为,又在综合的需求下进一步深入分析有关现象的本质。

**(1) 分子、细胞、突触、回路、系统、行为多水平结合**

神经系统结构和功能的高度复杂性决定了神经科学研究必须采取神经系统诸层面相结合的研究路线,20 世纪已经开始这样做,21 世纪神经系统各个组成层面的研究将得到更密切的结合或综合。20 世纪,Shepherd 曾指出阅读这一视觉行为,需从眼睛开始引起感觉,理解所读到的内容以及眼球运动有关的神经元回路、突触、单个神经元、离子通道乃至分子。21 世纪的神经科学研究将更臻完善,从而可以更全面而系统地对人类意识活动,行为表现乃至各种脑疾患的发生机制,做出本质的说明。

另一方面,CT、MRI、PET、SPET 等无伤性计算机辅助的脑成像技术,在广泛临床诊断应用的基础上,亦将转向行为神经科学,对认知、智力等意识活动和行为,提供包括受体在内的神经系统不同层次的结构、代谢和理化基础(图 1-2-6)。

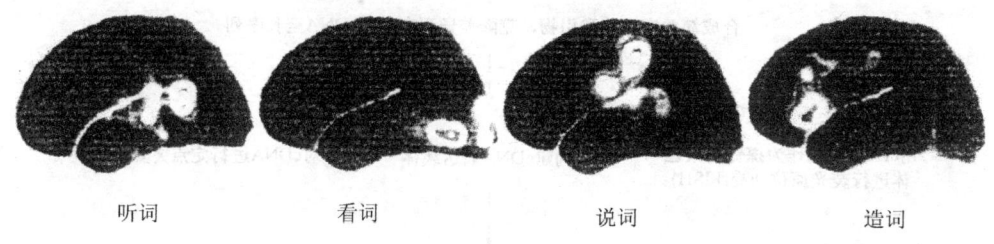

听词　　　　看词　　　　说词　　　　造词

图 1-2-6　脑活动的正电子扫描成像术显示

受试者在完成与语词有关的一系列智力作业中,PET 技术发现,该不同脑区的脑血流量随完成作业的不同而变化。此图由华盛顿大学医学院的 Raichle M 摄制。从左到右,依次为听词、看词、说词和造词(Fischbach,1992)

**(2) 细胞、分子神经生物学与认知、临床神经科学整合**

综合或整体的宏观研究与分析或离体的微观研究往往难以同时进行。但是,新近的一些分子生物学技术已突破这种局限。将分子神经生物学同行为和临床神经科学的有关技术同时或实时地整合起来，直接揭示认知、情绪、学习、记忆、昼夜节律等生理行为以及许多疾患征候和体征的细胞与分子基础，将开辟一条整合研究的全新策略。

巴甫洛夫时代的条件反射研究主要靠行为学观察。20世纪60年代操作式条件反射研究技术的出现，将条件反射的行为反应同单个中枢神经元的电活动结合起来，同时进行观察。如图1-2-7所示，在所记录的神经元发放超过一定水平时予以食物或甜汁强化；随着条件反射训练的进行，神经元发放几率增高、强度增大，并先于肌电发放，从而揭示所记录的神经元参与作为行为反应基础的肌肉电活动的启动（图1-2-7）。

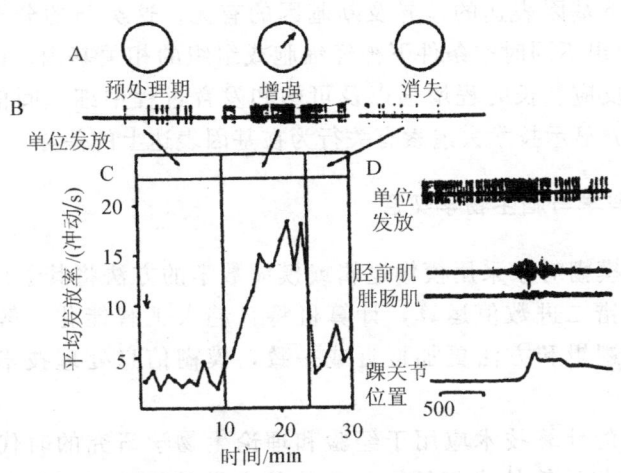

图1-2-7　清醒动物皮层运动神经元的操作式条件反射
A. 神经元发放率超过设定水平时，号码器发亮予以食物强化；B. 神经元发放的实际记录；C. 各有关阶段的平均神经元发放率；D. 神经元发放与肌电（胫前肌、腓肠肌）和距小腿关节（踝关节）运动的关系（Fetz and Baker, 1973）

将某种细胞编码蛋白质的mRNA注入一种异源性表达系统——卵母细胞后，再用电生理学技术检测其电活动，为分子生物学与生理学的结合，为揭示高于通道的结构-功能关系提供了新的研究手段。在进一步改变编码蛋白基因的序列的基础上，进行异源表达，可以更精确地阐明有关分子的结构-功能关系。人工或自然发生的有关离子通道基因突变技术将深入地揭示某些罕见遗传性疾患的发病机制。

反义寡脱氧核苷酸是用来抑制特异蛋白质基因表达的一种短序列DNA。通过它与正义链或新生前mRNA的结合以停止转导的在体研究，正日益成为应用分子生物学技术精确研究认知和临床神经学的新工具，已在高血压、血管生长、生殖周期、调节肽、激素、c-fos和心房利钠素等项研究中得到广泛应用，在21世纪神经科学研究中发挥更大作用。

经典生理学常用外科手术切除整个器官的方法研究该器官的功能。19世纪Mering和Minkowski切除整个胰脏研究胰腺功能，现在已可应用"分子外科手术"，从动物基因组中敲除胰岛素基因，同遗传改变的动物行为变化偶联起来。20世纪90年代有1000余种转基因动物或基因打靶动物用于研究在体发育、行为，甚至智力活动以及神经系统疾患的病理行为变化。未来的神经科学的综合研究将同日益增多的遗传工程化的动物模型紧密联系起来。各种新的克隆或转基因动物的问世，不仅可能建成价值连城的生产车间，广开各种营养物质和药物来源，也将极大地拓宽整合研究神经科学的途径。

大多数细胞过程和发育过程均以基因表达的变化为特征。近年来发展起来的cDNA文库筛选、减数杂交、差异显示，特别是cDNA微阵列技术（cDNA芯片）等以PCR为基础的许多基因克隆技术，已用于检测不同组织、不同细胞、不同发育阶段，以及不同的生理病理条件下基因表达的差异及新基因的有无。这类新的分子生物学技术似可"轻而易举"地揭示出不同时空条件下神经细胞或组织的相关基因，即使是神经细胞对刺激的简单去极化反应、长时程增强以及可塑和发育过程中细胞间信号发送等生理过程，也不难应用差异显示技术去追索有关行为在基因表达上的差异。

**(3) 计算神经科学与脑生物学契合**

随着对受控的模糊对象采用模糊逻辑或模糊数学的方法将其予以量化，将突破现用的是或否、对或错二进数值运算，计算机将日趋人工智能化，解决问题的逻辑和程序与人脑的思维逻辑和方法更加接近或一致，模糊信息处理技术将使电脑更加人脑化。

将先进而新颖的计算技术应用于经验和理论生物学研究的时代已经到来。新兴的将生物实验数据与计算技术相结合的生物信息学将把脑基因组原始序列的数据转换为有意义的生物学信息，从而揭示大量而复杂的脑生物学数据所蕴涵的生物学奥秘。

受人脑中与学习记忆有关的海马、小脑等优化结构，以及眼、耳、鼻、舌等感官特殊构造的启发，仿生学将研制出对有关环境刺激因素更为敏感的学习机、人工视网膜、电子耳蜗、电子鼻乃至动物机器人。超分析加超综合、高科技加高抽象的研究策略，将为人类带来一个新发现层出不穷、姹紫嫣红、百花盛开的21世纪神经科学。

## 1.2.3 对照设计

对照设计是实验设计最中心的一环。比较研究是生物医学实验不可缺少的。只有进行对照设计才能提供比较的基础。对照的作用在于减少或排除实验设计中非特异因素的影响，使特异因素的作用得以显示。对照的作用还在于减少或排除生物学变异和环境诸因素的影响，从而减少和排除实验误差，把反应变量的真实变化显示出来。因此，对照的总目的是减少或排除实验因素与反应变量之间的各种偶然性联系，揭示二者之间的必然联系或规律，从而获得可靠而稳定的实验结果。

### 1.2.3.1 基本对照

一般而又简单的对照形式需要设立一个不施加实验因素对照组（C），借以衬托出施加实验因素的实验组（E）的效应有无或高低。

$$C = Na（正常动物）$$
$$E = Na + F$$

由于实验因素中特异因素（Fs）与非特异因素（Fg）同时存在，上一表述可改为：

$$C = Na + Fg$$
$$E = Na + Fg + Fs$$

鉴于生物医学实验中常比较两种实验因素（$F_1$、$F_2$）的反应变量（$V_1$、$V_2$）的变化，对照设计的基本形式可以进一步表示为：

$$组1：F_1 \rightarrow V_1$$
$$组2：F_2 \rightarrow V_2$$
$$组1：Fs_1 + Fg_1 \rightarrow Vs_1 + Vg_1$$
$$组2：Fs_2 + Fg_2 \rightarrow Vs_2 + Vg_2$$

只有在两组的非特异因素 $Fg_1$ 和 $Fg_2$ 相同或均衡并使两组的反应变量的非特异变化 $Vg_1$、$Vg_2$ 得到相等或均衡的条件下，两组特异因素（$Fs_1$、$Fs_2$）引起的特异效应（$Vs_1$、$Vs_2$）才能真实地显示出来，才能做出真阳性或真阴性的正确判断。

如果实验中两组的非特异因素（$Fg_1$、$Fg_2$）不相同或不均衡，则不能得到明确的实验结果，并易做出假阳性或假阴性的错误判断。

### 1.2.3.2 逻辑对照

逻辑对照主要运用逻辑学归纳推理方法。Muller 曾提出科学研究的 5 种对照形式，用来揭示现象之间的因果关系。

**(1) 求异法**

使比较双方的诸因素相等，其中某一因素（A）的有无与某种效应（a）的发生与否相关，即将该效应（a）委之于该因素（A）。

$$A^+BC \rightarrow a（+）$$
$$A^-BC \rightarrow a（-）$$

如给两组鸽子分别饲以粗磨与精磨的大米，精磨组鸽发生维生素 $B_1$ 缺乏病（脚气病），而粗磨组鸽未发生，二者的差别在于糠皮的有无，从而揭示维生素 $B_1$ 缺乏病的发生与糠皮中的成分有关。

**(2) 求同法**

同一效应（a）发生于几种不同情况。如几种情况下同一效应的出现均见于有某一共同因素（A）存在的情况下，A 即为 a 的原因。

$$A\ B\ C \rightarrow a$$
$$A\ D\ E \rightarrow a$$
$$A\ F\ G \rightarrow a$$

如胰腺肿瘤、十二指肠肿瘤、胆管结石、胰管结石等情况下，患者均出现黄疸，其共同因素是胆管的压迫或阻塞。

**(3) 剩余法**

同一效应（a）见于多种不同情况，当排除一个个可能的因素后，只剩下某一因素（A），仍出现该效应（a），则该余下的因素（A）即为引起该效应（a）的原因。

$$A\ B\ C\ D \rightarrow a$$
$$A\ B\ C \rightarrow a$$
$$A\ B \rightarrow a$$
$$A \rightarrow a$$

如夹闭肾动脉后血压升高的可能原因有：①神经反射；②肾缺血导致某物质的释放等。但在肾动脉去神经支配后再夹闭肾动脉仍产生高血压，所以肾性高血压的原因与②有关。

**(4) 共变法**

在一些不容易完全排除某一因素的场合，如某一效应的变化（$a_1 \sim a_3$）与某一因素变化（$A_1 \sim A_3$）相伴而共变时，该效应（a）的发生即与该因素（A）有关。

$$A_1 \rightarrow a_1$$
$$A_2 \rightarrow a_2$$
$$A_3 \rightarrow a_3$$

如冠心病发病率的高低与血脂水平的高低成正相关性变化，因而冠心病的发生与血脂高有关。

**(5) 求同/求异法**

即（1）与（2）结合应用，可从正、反两个方面联合判断现象之间的因果关系，相当于后述（6）的反差对照。

$$ABC \rightarrow a;\ A^+BC \rightarrow a\ (+)$$
$$ADE \rightarrow a;\ A^-DE \rightarrow a\ (-)$$
$$AFG \rightarrow a;\ A^+FG \rightarrow a\ (+)$$

如针刺穴位使Ⅱ类传入纤维被激动时，出现针刺镇痛效应；而如针刺穴位同时使Ⅱ类传入纤维被阻断时，针刺镇痛效应消失，提出Ⅱ类传入纤维活动与针刺镇痛效应的产生有关。

### 1.2.3.3 非规范对照

生物医学有多种对照形式。本节所述对照由于没有同时包含在同一实验之内（self-contained），而不属于真正规范的对照。

**(1) 历史对照**

以前人或他人的资料作为对照，亦可称前文献对照，一般多是出于不得已而采用的一种对照形式，如报道稀有罕见的痛盲病例时，在论文的讨论部分引用非同时观察的有关资料作比较。

**(2) 潜在对照**

相当于一种不言而喻的对照。一些公认不可治愈的病例或迄今未有先例的成功手术等，不可能找到即使是前人或他人的资料，只凭经验或公理来说明实验结果的可信性。

**(3) 标准值对照**

以公认的正常人的生理、生化指标正常值或常规有效药物疗效作为对照，常是临床诊疗的一个重要参照，有关数据不是来自同一实验观察中的对照组。

### 1.2.3.4 基础医学对照

**(1) 空白对照**

如 1.2.3.1 所示，即对照组（C）不给予 Fg 也不给予 Fs 的一种对照形式，其作用在于观测实验单位有无反应变量本身的自然变异，在慢性乃至亚急性实验研究中常需要采用。

$$N \xrightarrow{R} \begin{matrix} n_1\text{-}C: F(-) \text{ 或 } Fg(-)\text{、}Fs(-) \\ n_2\text{-}E: F(+) \text{ 或 } Fg(+)\text{、}Fs(+) \end{matrix}$$

（N 为 universe 群体，R 代表随机抽取，$n_1$、$n_2$ 为 U-样本，C 为对照组，E 为实验组，F 为因素；以下描述同此。）

**(2) 假处理对照**

如（1）所示，对照组给予除 Fs 以外的所有 Fg，用以排除 Fg 引起的反应变量 Vg 对 Fs 引起 Vs 的干扰。

$$N \xrightarrow{R} \begin{matrix} n_1\text{-}C: Fg \\ n_2\text{-}E: Fs + Fg \end{matrix}$$

### (3) 有效（标准）对照

在基础医学或临床医学研究中，特别是在临床医学研究中，可以将对照组公认的常规、有效或最佳的常规疗法或药物（Fe）的已知效应（Ve）作为参比系，以比较新疗法、新药或新因素（Fx）的未知效应（Vx）的优劣。

$$N \underset{}{\overset{R}{\diagup\diagdown}} \begin{array}{l} n_1\text{-}C：Fe \rightarrow Ve \\ n_2\text{-}E：Fx \rightarrow Vx \end{array}$$

### (4) 配对对照

按反应或来源相同的实验单位进行配对，分别给予或不给予实验因素，有利于排除许多误差的影响，大大提高实验效率。

$$N \underset{}{\overset{R}{\diagup\diagdown}} \begin{array}{l} n_1\text{-}C：F(-) \\ n_2\text{-}E：F(+) \end{array}$$

$$N \underset{}{\overset{R}{——}} \begin{array}{l} n_1\text{-}C：F(-) \\ n_2\text{-}E_1：F_1(+) \\ n_3\text{-}E_2：F_2(+) \\ n_4\text{-}E_{n-1}：F_{n-1}(+) \end{array}$$

配对对照可以有同源、随机或分层配对等三种形式：

1) 同源配对：每一对均为同一来源如纯系动物、同窝动物、双或多胞胎等，其变异最小，效率最高，可比随机配对高 5 倍，比不配对高 25 倍。

2) 随机配对：按年龄、性别、体重、病种、病程、病情等相类似的进行配对，其统计效率亦高于不配对的对照。

3) 分层配对：在按年龄、性别等自然因素情况分层的基础上，在各层内按相似条件配对。

### (5) 自身对照

实际亦是配对对照的一种形式，但对照和实验在同一单位上进行。在给予实验因素前或后（对照期）和左右侧成对器官或肢体之一侧不给实验因素（对照侧）的情况下，比较给药期或给药侧反应变量的变化。

$$U \xrightarrow{\quad 前C \qquad\quad E \qquad\quad 后C \quad} t$$
$$\qquad\qquad\qquad\uparrow F$$

$$U \underset{}{\overset{R}{\diagup\diagdown}} \begin{array}{l} 左\text{-}C：F(-) \\ 右\text{-}E：F(+) \end{array} \quad (U\text{ 为实验单位})$$

**(6) 反差对照**

为了从正、反两个侧面验证实验因素的作用，在实验设计中，可采用反差对照，一组用增强反应的得（gain）因素，另一组用减弱反应的失（loss）因素。

$$N\underset{}{\overset{R}{\diagup}}\begin{array}{l}n_1：Fgain\\ n_2：Floss\end{array}$$

应用原位杂交、免疫组化分析时，常需排除试剂、组织和实验步骤的干扰，除实验组给予实验因素外，另需设阳性或阴性对照组。

$$N\underset{}{\overset{R}{\text{—}}}\begin{array}{l}n_1\text{-}C：positive（确知产生阳性反应）\\ n_2\text{-}E：F(+)\\ n_3\text{-}C：negative（确知产生阴性反应）\end{array}$$

免疫组化染色中所用的抗体所识别的只是抗原决定簇而非抗原本身，具有相同抗原决定簇的不同物质均可与同一种抗体结合，从而出现交叉反应。为了刺激染色反应的特异性，需作如下对照。

1）阳性对照：将已知含待测靶抗原的组织切片与待测标本做同样处理，染色结果应为阳性，借以证明染色方法可靠并排除待测标本假阳性的可能性。

2）阴性对照：将已知不含待测靶抗原的组织切片与待测标本做同样处理，染色结果应为阴性，可排除染色过程中由于非特异性染色或交叉反应所致的假阳性。

用缓冲液替代第一抗体的"空白对照"，用产生第一抗体的动物免疫前血清或正常血清代替第一抗体的"替代对照"，以及可先用过量的已知抗原与相应抗体混合孵育后的混合物与待测标本孵育进行"吸收试验"等，其结果亦均应为阴性，从而证明染色方法的可靠性并排除非抗体的血清成分所致的假阳性。

在原位杂交组化试验中，亦应根据核酸探针与靶核苷酸的种类设置与免疫组化类似的对照试验，如将标本与正义探针进行杂交的阳性对照、将切片用RNA酶与DNA酶预处理后进行杂交的阴性对照、用标本与未加核酸探针的杂交液进行杂交的空白对照、用标本与非特异序列和不相关探针杂交的替代对照，以及将DNA或RNA探针进行预杂交的吸收试验等。

**(7) 交叉对照**

不设纯粹意义上的对照组，而是将两种或两种以上实验因素交互地作用于两组或两组以上的实验单位。交叉对照的关键是：①每次交换前，药物或试剂需洗脱或排除并使反应变量恢复到基线；②因素本身需无蓄积作用或不是特别有效的因素。

$$N\underset{}{\overset{R}{\diagup}}\begin{array}{l}n_1：\text{基线-Fa-洗脱-基线-Fb-洗脱-基线-Fa……}\\ n_2：\text{基线-Fb-洗脱-基线-Fa-洗脱-基线-Fb……}\end{array}$$

如以 A、B、C 分别表示 Fa、Fb、Fc，可作如下设计：

$$N \stackrel{R}{<} \begin{array}{l} n_1: AB, ABBA, ABBAAB, ABBABAAB\cdots\cdots \\ n_2: BA, BAAB, BAABBA, BAABABBA\cdots\cdots \end{array}$$

$$N \stackrel{R}{<} \begin{array}{l} n_1: ABCACB, ABBACCACCABBA \\ n_2: BCABAC, BCCBAABAABCCB \\ n_3: CABCBA, CAACBBCBBCAAC \end{array}$$

#### 1.2.3.5 临床医学对照

**(1) Solmon 4 组设计**

$$N \stackrel{R}{\mid} \begin{array}{l} n_1: V_0 \to F \to V_1 \\ n_2: V_0 \to V_2 \\ n_3: F \to V_3 \\ n_4: \to V_4 \end{array}$$

在 $V_0 = V_2 = V_4$ 或 $n_2$、$n_4$ 的 $V_2 = V_4$，$V_0 \neq V_1 = V_3$ 或 $n_1$、$n_3$ 的 $V_1 = V_3$，$V_1$、$V_3 \neq V_2$、$V_4$ 的情况下，实验因素 F 对 V 有作用，引起反应变量变化。

实际上此设计亦可改成 3 组：

$$N \stackrel{R}{\mid} \begin{array}{l} n_1: V_0 \to Fs + Fg \to V_1 \\ n_2: V_0 \to Fg \to V_2 \\ n_3: V_0 \to V_3 \end{array}$$

在 $V_1 \neq V_2$、$V_3$ 的情况下，Fs 对 V 有作用。

**(2) 安慰剂对照**

使对照组和实验组的各实验单位处于同一环境和同一实验人员观察的条件下，对照组的外形、颜色、气味等尽可能与真处理或真药相同的假处理或假药相同，如生理盐水、乳糖等，借以排除心理因素的影响；实验组给予真处理或真药。安慰剂对照的关键是保密性。

$$N \stackrel{R}{\mid} \begin{array}{l} n_1\text{-}C: F \text{ 假} \\ n_2\text{-}E: F \text{ 真} \end{array}$$

**(3) 盲法对照**

为排除实验单位或实验人员两方主观偏见的影响，可采用盲法。盲法的关键也是保密性，同时并非盲的越多越好。

1) 单盲法：实验因素对实验单位保密，使受试的实验对象不知晓实验因素的有无与真假，以减少主观因素的偏倚。

2) 双盲法：受试者与实验者均不知晓每个受试对象分配在对照组或实验组，均不了解所给予的实验因素的具体内容，以减少受试者与实验者两方面心理偏倚的干扰。

3) 三盲法：实验对象、实验观察者和实验评价者均不知晓受试对象的分组和处理情况，理论上可减少来自这三个方面的偏倚，但科研的安全性不易得到保证，也不易运作或执行。

#### 1.2.3.6 流行病学对照

在临床医学或流行性病学研究中常用如下三种对照。

**(1) 前瞻性设计**

前瞻性设计亦称队列研究，是指同一类实验单位，分别暴露于有或无实验因素的条件下，以观后果如何的一种设计，比较随着时间的发展暴露组和不暴露组反应变量的发生率，相当于一种从"因"到"果"的研究。

$$N \; R \begin{cases} n_1: F(+) \Bigg| \begin{matrix} V(+)\% \\ V(-)\% \end{matrix} \\ n_2: F(-) \Bigg| \begin{matrix} V(+)\% \\ V(-)\% \end{matrix} \end{cases}$$

开始 —— 前瞻 ——→ t+

**(2) 回顾性设计**

回顾性设计亦称病例对照研究，选取有无某一疾病（D）或某一反应变量（V）为阳性或阴性变化的两组实验单位，分别回顾或分析其前是否受某一因素影响的一种设计，相当于从"果"到"因"的研究，比较两组先前接触某一因素的概率。

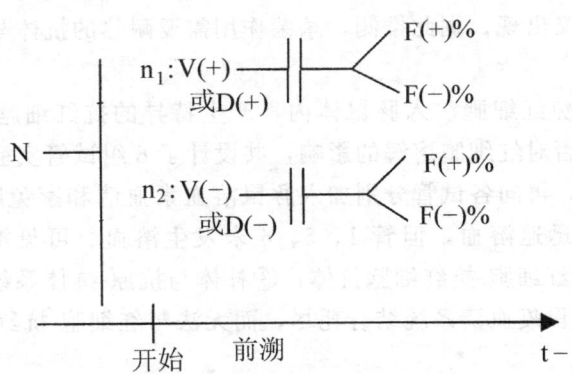

**(3) 横断面设计**

于同一特定时间普查某一反应变量或疾病有无的两组实验单位及其某一指标或实验因素有无或高低的一种"因"、"果"同查的设计。

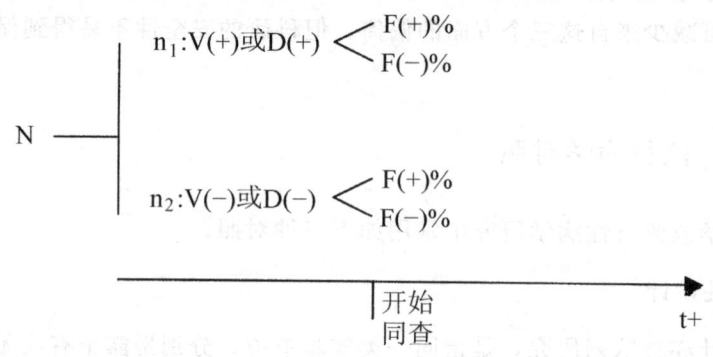

### 1.2.3.7 在"严"字上下功夫

生物医学的研究十分复杂，如何区分实验因素和反应变量之间的本质与假象、必然与偶然、主要与次要，甚至有关与无关的关系，有时几乎要在无限个可能性中去揭示有限甚或单一的关系，会给生物医学实验设计带来难题。此时，必须"严"字当头，从"严"入手，才能确切地揭示出因素和效应之间的因果关系。

自从Jenner发现牛痘以来，免疫一直是生物医学界的一种引人入胜的神奇而深奥的现象，备受医学界关注并取得一个又一个的突破，获诺贝尔生理学或医学奖的成果即有10余项。

德国学者发佛发现，霍乱弧菌注入未免疫的动物腹腔后被消灭；将该菌与免疫血清一起注入未免疫动物腹腔，该菌也消失；但如在体外在试管中同时放入该菌和免疫血清，该菌继续存活。结论是免疫血清只有在体内才能发生免疫杀菌作用，提示体内存在免疫杀菌作用能否产生的某种因素。

比利时医生Border随后发现，即使很少量的新鲜霍乱免疫血清在试管中即有杀菌作用；但若将该血清经过冷藏或加热到56℃以上，杀菌作用消失，此时如再加入新鲜豚鼠血清，杀菌作用又出现，据此推测，杀菌作用需要耐热的抗体与另外一种不耐热的补体的协同作用。

Border继而用家兔红细胞注入豚鼠体内，产生特异的抗红细胞的抗血清，再在试管内观察补体存在与否对红细胞溶解的影响，共设计了6组试管实验（表1-2-6），分别加入不同组合的物质，再向各试管分别加入豚鼠溶血素血清和家兔脱纤维蛋白红细胞，结果发现管2、3、4迅速溶血，但管1、5、6未发生溶血。可见溶血需有：①补体；②抗原-抗体系统，即红细胞-抗红细胞抗体；③补体与抗原-抗体系统复合物结合。管1中的补体与鼠疫菌-抗鼠疫血清系统结合耗尽，而无法与红细胞-抗红细胞抗体复合物结合，从而未发生溶血。

表 1-2-6　补体结合实验

|  | 补体 | 鼠疫苗 | 抗鼠疫血清 | 正常动物血清 | 溶血 |
|---|---|---|---|---|---|
| 管 1 | + | + | + |  | − |
| 管 2 | + | + |  |  | + |
| 管 3 | + |  | + |  | + |
| 管 4 | + |  |  | + | + |
| 管 5 |  | + | + |  | − |
| 管 6 |  | + |  | + | − |

通过这一套严谨的实验，无可置疑地证明免疫杀菌作用，不只需要相应的抗体，还需要动物体内的另一因子——补体才能实现。因此，Border 以著名的补体结合实验而荣获 1991 年诺贝尔奖。

## 1.2.4　统计设计

任一实验或观察的结果均是生物发展的必然性与偶然性的混合，任一观测值的大小均是真值与各种变异或误差因素之和。在了解真值与误差的基础上，通过统计设计来减少误差，使我们测定的 $P$-样本的均值 $\bar{x}$ 尽可能地接近总体的真值（$\mu$）。

### 1.2.4.1　数据分布概率

总体的真值或靶值指观测无限次所得的值，而无限多次的观测是不可能的，人们只能从有限次的观测中寻求一个最佳值，对总体均值做出点估计或区间估计，为此须了解观测值或样本的均值围绕某一中心的分布概率或离散状况。这种分布与所观测的数据的性质、数量与误差有关。

**(1) 贝努利分布**

观测值为两种相互对立的两份资料，如阳性与阴性、存活与死亡。已知某一项属性的概率为 $P$，则与之相对立的另一项属性的概率即为 $1-P$ 的分布，亦称二项分布（图 1-2-8）。

二项分布的形状由概率 $P(\pi)$ 和样本含量 $n$ 决定。$P=0.5$ 时，分布对称，近似正常分布；$P\neq 0.5$ 时为偏态分布，但只要 $P$ 不靠近 0 或 1，随着 $n$ 的增多，分布可接近正态。根据乘法法则，几个独立事件同时发生的概率为各独立事件概率的乘积，各种组合的概率为

$$[(1-P)+P]^2 = \binom{n}{x}(1-P)^{n-x}P^x$$

其中，$P$ 为总体率，$n$ 为样本含量，$x$ 为样本中的阳性数，$\binom{n}{x}$ 为二项式展开后各项的系数。

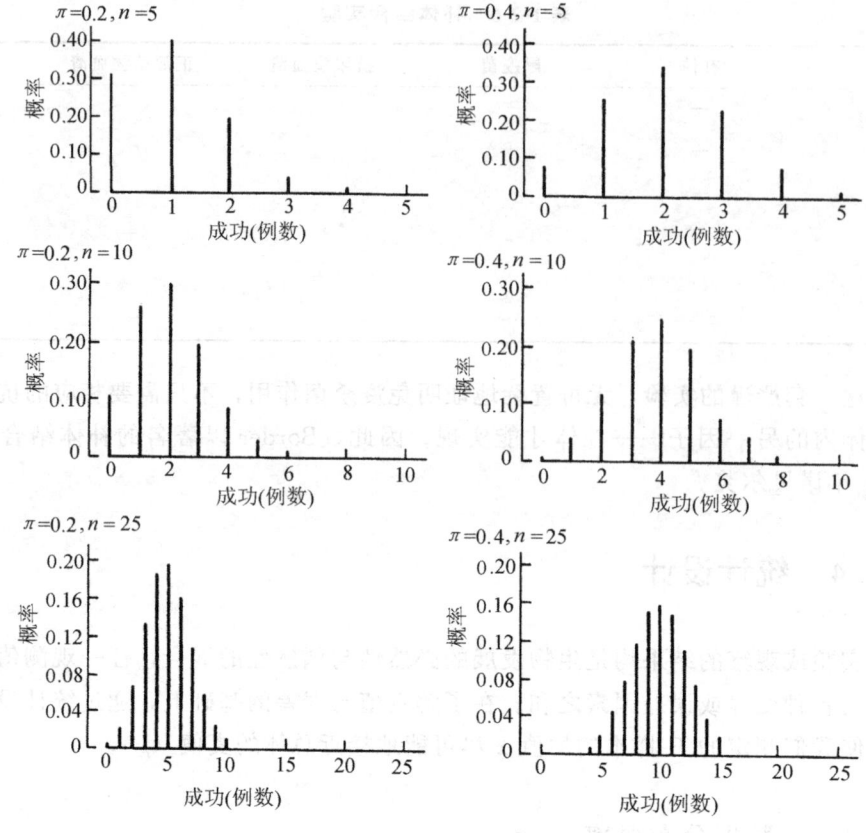

图 1-2-8 二项分布

左，$\pi=0.2$、$n=5$；右，$\pi=0.4$、$n=5$ (Dawson-Saunders and Trapp, 1998)

$$C_n^x = \frac{n!}{x!(n-x)!}$$

$$P(x) = \binom{n}{x}(1-P)^{n-x}Px$$

$$= P^x(1-P)^{n-x}\frac{n!}{(n-x)!x!}$$

其中，$P(x)$ 为 $n$ 样本发生 $x$ 例阳性的概率。

**(2) 波松分布**

为二项分布趋于较简单的一种分布，$P$ 趋于 0，$n$ 趋于无限大，$nP$ 接近一常数的记数资料，如单位时间、单位容积或单位面积的某些罕见事件发生频数的分布(图 1-2-9)。

波松分布的均值为 $\lambda$，标准差为 $\sqrt{\lambda}$，均值与方差相等，图形由 $\lambda$ 决定。$\lambda$ 愈小，分布愈偏，随着 $\lambda$ 值的增大，分布趋于对称，一般当 $\lambda=20$ 时，分布近似正态。

松波分布的概率函数为：

$$P(x) = e^{-\lambda} \cdot \frac{\lambda^x}{x!}, \quad x = 0、1、2、\cdots、n$$

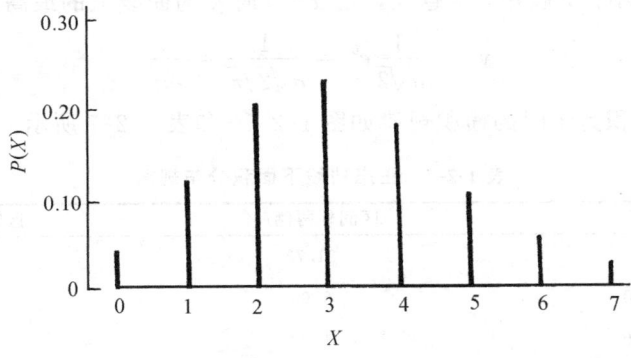

图 1-2-9 波松分布

λ=3.22（Dawson-Saunders and Trapp, 1998）

**(3) 高斯分布**

高斯分布又称正态分布，为最常见最重要的分布。在观测的总体 $N$ 不知或 $N$ 无限大，各观测值之间的误差非常大的情况下，假设样本的标准差 $s$ 与总体的标准差 $\sigma$ 相同时，各观测值或样本均值以 $\mu$ 为中心，呈左右对称的钟形连续分布，其分布特征由 $\mu$ 和 $\sigma$ 两个总体参数决定（图 1-2-10）。

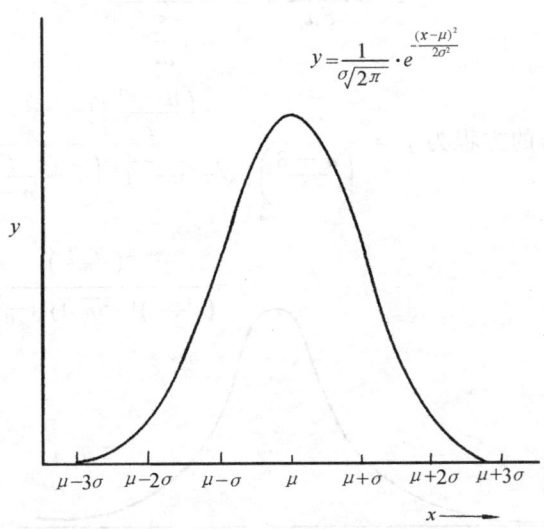

图 1-2-10 正态分布

λ=3.22（England, 1975）

正态曲线的方程为

$$y = \frac{1}{\sigma\sqrt{2\pi}} \cdot e^{-\frac{(x-\mu)^2}{2\sigma^2}}$$

$$= \frac{h}{\sqrt{\pi}} \cdot e^2 x^2 \qquad h = \frac{1}{\sigma\sqrt{2}}$$

可见 $x$ 越大，$y$ 越小；$x$ 越小，$y$ 越大，当 $x=0$ 时 $y$ 为曲线上的最高点。

$$y_0 = \frac{1}{\sigma\sqrt{2}}e^0 = \frac{1}{\sigma\sqrt{2}\sqrt{\pi}} = \frac{h}{\sqrt{\pi}}$$

正态曲线的面积为 1 时的面积规律如图 1-2-10 和表 1-2-7 所示。

**表 1-2-7　正态曲线下面积分布规律**

| 区　　间 | 区间外两侧/% | 区间外单侧/% |
| --- | --- | --- |
| $\mu\pm\sigma=68.27$ | 31.73 | 15.87 |
| $\mu\pm1.96\sigma=95.00$ | 5.00 | 2.50 |
| $\mu\pm2.58\sigma=99.00$ | 1.00 | 0.50 |

**（4）$t$ 分布**

$t$ 分布又称 Gossett 或 Student 分布。当样本≤30，Sd 不详或不能假设样本的 Sd 与总体 Sd 相同时，先需对总体 Sd 做出估计，再用正态分布对数据进行分析，了解这样的小样本是否来自均数为 $\mu$ 的总体，为此需计算 $t$ 值，再查 $t$ 值表，样本含量为 $n$ 的曲线下的面积。

$t$ 值为由样本均数 $\bar{x}$ 与总体均数 $\mu$ 之差除以样本均数的标准误 $S\bar{x}$，

$$t = \frac{|x-\mu|}{S\bar{x}} = \frac{|\bar{x}-\mu|}{\frac{s}{\sqrt{n}}}$$

$t$ 分布的方程为 $y = \dfrac{\left(\dfrac{n-2}{2}\right)!}{\left(\dfrac{n-3}{2}\right)!\sqrt{x(n-1)}\left(1+\dfrac{t^2}{n-1}\right)\dfrac{n}{2}}$

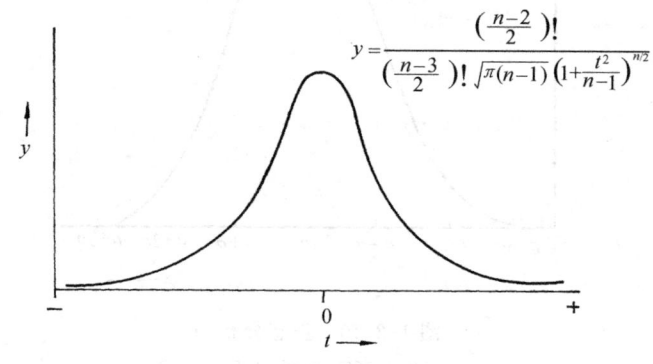

图 1-2-11　$t$ 分布
(England, 1975)

### 1.2.4.2　数据分布的集中与离散趋势

数据的集中与离散趋势分别用均数和变异表示。

**(1) 均数**

1) 算术均数：算术均数是最重要的位置量数和最重要的一种均值。

$$\bar{x} = \frac{x_1 x_2 \cdots n}{n} = \frac{\sum x_i}{n}$$

2) 中位数：中位数即为百分位数上的中间值，$P50$、$<P50$ 与 $>P50$ 各占 $1/2$，用于描述某些偏态分布的数据，只有在观测值呈正态分布时，中位数才能代表一组观测值的中心趋势或最佳值。

样本小时，只将数据从高到低或从低到高依次排列后即可看出中位数所在。如样本大可计算。

$$M_1 = L + \frac{i}{fM}(n \times 50\% - fc)$$

$$M_2 = U + \frac{i}{fM}(n \times 50\% - fc)$$

$M_1$、$M_2$ 为中位数，$L$、$U$ 分别为中位数所在组的下限和上限，$fM$ 为中位数值的频数，$i$ 为中位数组的组距，$n$ 为频数和，$fc$ 为中位数以前和以后各组的累积频数。

3) 众数：众数为分布频数中频率最高数值，可以是 1 个、2 个或多个。

典型正态分布的数据的均数、中位数和众位数为同一位置的数值，偏态分布时三者分离（图 1-2-12）。三者的相互关系可以表述为：

均数 － 众数 ＝ 3（均数 － 中位数）

有明显偏态分布的数值的中心趋势亦用中位数或其他方式表示。

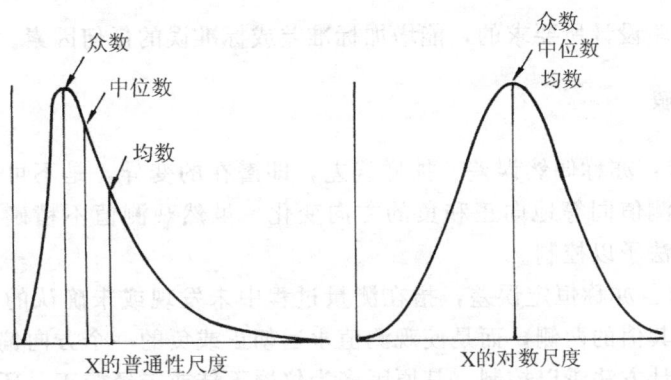

图 1-2-12　偏态分布的线性（左）与对数尺度（右）
(England, 1975)

4) 几何均数：几何均数是呈对数正态分布的位置量数，主要用于抗体效价、抗体滴度或时间指标等类型的比例数。

$$\bar{x} = \log^{-1}\left[\frac{\sum \log x_i}{n}\right]$$

5）调和均数：用于计算机某些"率"的均数——"平均"率。

$$\bar{x} = \frac{n}{\sum\left(\frac{1}{x_i}\right)}$$

**(2) 变异**

数据离散趋势可用以下方式表示。

1）极差：$R = X_{max} - X_{min}$

2）均方差：$S^2 = \dfrac{\sum(x-\bar{x})}{n-1}$

3）根均方差：$S = \sqrt{\dfrac{\sum(x-\bar{x})^2}{n-1}}$

即标准差 $Sd$，指各观测值围绕样本均数（$\bar{x}$）的变异，如使 $Sd$ 下降 $1/2$，$n$ 需增大 4 倍。

4）标准误：$S\bar{x} = \dfrac{s}{\sqrt{n}}$

指各样本均数围绕总体均数的变异。

5）变异系数：$CV = \dfrac{s}{x} \times 100$

### 1.2.4.3 误差的来源与控制

误差为非实验设计所要求的，能增加标准差或标准误的任何因素。

**(1) 误差来源**

1）随机误差：亦称偶然误差、抽样误差，即潜在的变异，是不可避免的一种固有的误差，可使观测值同等地向正和负的方向变化。虽然观测值不精确，但服从概率分布，可用统计方法予以控制。

2）系统误差：亦称恒定误差，指在测量过程中未发现或未确认的因素使观测值不是同等地分散在其值的两侧，而是使观测值永远朝正或负的一个方向偏移，使观测值不准确，不能用统计方法予以控制。其原因多为仪器不佳或未经校正、环境变动以及实验者不良的观测习惯。

3）过失误差：过失误差是一种显然与事实不符的误差，由于实验者责任心不强、粗心大意、操作不规范、运算错误等，理应是完全可以避免的误差。

4）非均匀误差：由于选取实验单位的标准过宽或过严，使样本变异过大、不均匀，或变异过小、过于均匀，从而不能正确反映群体的代表性或总体的变化。

5）分配误差：不是按照随机原则一视同仁地对实验单位进行分组，而是按照某种目的或愿望，有选择地分配实验单位，从而使实验因素总是作用到某一 U-样本（如实验组），从而得到一种不真实的、在统计学上不能成立的结果。

6）条件误差：条件误差指在实验过程中，不同组间或组内不同实验单位所处的时空条件不同而导致的一种误差，如使实验单位处于不同喂养条件、应用不同检验仪器、不同操作等各种情况。

7）顺序误差：顺序误差指在实验中总是按一定顺序施加实验因素或测量反应变量所引起的一种由于时间因素而导致的误差。

8）心理偏差：心理偏差指实验单位的思想、情绪、对实验者的熟悉和信任程度以及实验者自身的主观愿望或随心所欲所导致的偏差，应通过前述的心理对照予以控制。

**(2) 误差控制**

为减少或排除上述各种误差可采取以下措施，特别是要遵循随机、对照和重复等三大原则。

1）标准化：使实验仪器、实验条件、实验步骤、操作规程等诸多因素标准化和规范化，如实验前的仪器标准或试剂标定等。

2）均衡化：使非特异因素、外附因素等尽可能均匀地分配到不同的 U-样本，使各组条件一致。

3）分层化：按实验单位的水平分成不同层次，使每一层次内部的实验单位均匀，各层之间较不均匀，从而得到总的均值，并分别估计层内或层间的差异，借以控制非均匀性误差。

4）随机：随机是控制误差的三大原则之一，是进行统计处理的基本前提。随机是按机遇方法使一切可能影响实验结果的因素趋于一致的一种主要方法，即使不同组间未知变量的分配均等，并使任一实验单位有同等机会接受任一已知实验因素的作用，从而使各组间具有可比性。

随机不是随意或随便，而是通过掷骰子、掷硬币、抽签、摸球，以及随机分配卡和随机数字表等手段，抽取或分配实验单位。没有随机，实验数据就失去统计处理的依据。

5）对照：对照是控制误差的又一重要原则。如前所述，对照设计能使各组之间的非实验因素接近，从而使特异的反应变量的变化得以突出，使事物之间的必然联系得以充分显现，从而得到稳定而规律的结果。没有对照，就没有比较，就不可能得出令人信服的确切结果。

6）重复：重复是控制误差的另一重要原则。通过增加实验的重复次数或加大样本量，可进一步抵消或排除各种非实验因素影响，从而减少标准差特别是标准误，使实验结果更加接近或代表总体均值。

表 1-2-8　样本含量与标准误的数量关系

| $n$ | $S_{\bar{x}}$ |
|---|---|
| 1 | 100.00 |
| 2 | 70.70 |
| 3 | 57.70 |
| 4 | 50.00 |
| 16 | 25.00 |
| 64 | 12.50 |
| 256 | 6.25 |
| 1024 | 0.39 |

在实验中，无限加大样本含量或增加实验次数既不经济也不可能。从统计学角度来看，并非样本越大越好，如样本是从100增大10倍达到1000，以标准误表示的误差只由1个$S_{\bar{x}}$，降到0.32个$S_{\bar{x}}$，不到1倍（表1-2-8）。因此，需考虑采用过大样本含量是否值得。实际上，一个精确测定的小样本的可靠性，要比不那么精确测量的、多达数百个实验单位组成的大样本高得多。

如表 1-2-8 所示，开始时，$n$ 稍增加，$S_{\bar{x}}$ 即明显下降、精确性明显增加，如 $n$ 从 1 增至 4，$S_{\bar{x}}$ 从 100% 降到 50%；后来 $n$ 增加到 256 和 1024，$S_{\bar{x}}$ 才降至 6.25% 和 0.39%。

#### 1.2.4.4　抽样设计

实验设计的一个重要内容是 $U$-样本对其全部群体的代表性以及各组 $U$-样本之间的可比性。人们永远不可能获得某群体的所有个体或实验单位，必须按统计学原理，合理而可信地从某一群体中抽取一定数量的 $U$-样本。

**(1) 简单随机抽样**

简单随机抽样亦称不受限制的或完全的随机抽样，用随机的方法使群体的每一实验单位有均等的机会被抽中。

$$N \begin{cases} U_1 & (U\text{为实验单位}) \\ U_2 \\ \vdots \\ U_n \end{cases}$$

此法效率最差，适用于较均匀的群体，或数量不太大的小量探索性实验；否则，只有样本含量相当大时才能对群体有较好的代表性。

**(2) 分层抽样**

适用于不均匀的群体，按一定属性（如年龄、性别等）将其分为不同层次，再从不同层次群体中用随机方法抽取 $U$-样本，使层内差异小于层间差异。

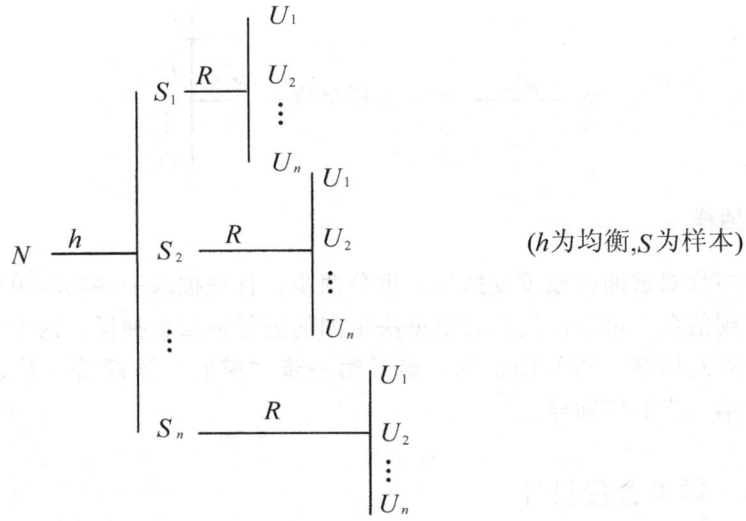

($h$为均衡,$S$为样本)

### (3) 系统抽样

系统抽样亦称机械抽样，对按一定编号或按一定系统组织起来的群体，可从中随机抽取一个第 $K$ 个编号的实验单位，$K+m$、$K+2m$…$K+nm$ 即依次为被抽中的各个实验单位。

$$N \xrightarrow{R} K \begin{cases} K+m \\ K+2m \\ \vdots \\ K+nm \end{cases} \quad (m\text{为}10\text{倍数})$$

### (4) 集团抽样

从组成群体的自然集团中，按随机方法抽取某一集团全体，作为"试点"单位，该集团的全体成员均为实验单位，如各集团分配不均匀则代表性不强。

$$N \xrightarrow{R} C \begin{cases} U_1 \\ U_2 \\ \vdots \\ U_n \end{cases} \quad (C\text{代表集团})$$

### (5) 两阶段抽样

第一阶段从群体中用单位随机抽样、系统抽样或分层抽样等方法抽取一个初级抽样单位，再从该初级抽样单位中随机抽取次级实验单位 $U_1…U_n$，进行反应变量测试。

$$N \xrightarrow{R} \text{初级抽样单位} \xrightarrow{R} \begin{vmatrix} U_1 \\ U_2 \\ \vdots \\ U_n \end{vmatrix}$$

**(6) 两相抽样**

两相抽样亦称双重抽样或重复抽样，也分两步。首先抽取一些实验单位并测量反应变量，从中得到信息，再以该信息为依据决定如何进行第二步抽样，两个时相的信息可以合并。适于对总体毫无所知的情况，经过第一步"摸底"抽样后，对总体摸到一点"底"，再决定第二步如何抽样。

### 1.2.4.5 样本含量设计

样本含量的多少受允许误差（$\delta$）、标准差（$S$）、$t_\alpha(P)$ 值、把握度（$1-\beta$）、单双边检验、变异系数（CV）、可信区间（CL）等诸多因素的制约，也有多种表图可查，但考虑到样本含量设计毕竟是个粗略的估计数，故不妨采用不需查表的简单估算法。

**(1) $t$ 值逆运算估计**

由 $t$ 值公式的逆运算可求得样本含量 $n$ 大小的估计。

$$\because t = \frac{|\bar{x}_1 - \bar{x}_2|}{S_{\bar{x}}} = \frac{\delta}{S_{\bar{x}}} = \frac{\delta}{\frac{S}{\sqrt{n}}}$$

$$\therefore \sqrt{n} = \frac{ts}{\delta}$$

$$n = \left(\frac{ts}{\delta}\right)^2 = t^2 \left(\frac{S}{\delta}\right)^2$$

1) 单个样本含量或配对样本含量的估计：

$$t\alpha = 0.05 \qquad\qquad t\alpha = 0.01$$
$$n = (1.96)^2 \left(\frac{S}{\delta}\right)^2 \qquad n = (2.58)\left(\frac{S}{\delta}\right)^2$$
$$\approx 4^- \left(\frac{S}{\delta}\right)^2 \qquad\qquad \approx 7^- \left(\frac{S}{\delta}\right)^2$$
$$\approx 4^- \frac{pq}{\delta^2}(\text{比例数}) \qquad \approx 7^- \frac{pq}{\sigma^2}(\text{比例数})$$

注意：$n$ 为单个样本含量，配对双样本的总量为 $2n$，配对三样本的总量为 $3n$，依次类推。

2）不配对样本的含量估计：

$$\because t = \frac{|\bar{x}_1 - \bar{x}_2|}{S\bar{x}_1 - \bar{x}_2}$$

$$\therefore S^2_{\bar{x}_1-\bar{x}_2} = \frac{S\bar{x}_1^2}{n_1} + \frac{S\bar{x}_2^2}{n_2}$$

$$\therefore n = 2\left(\frac{ts}{\delta}\right)^2$$

$$\therefore t_a = 0.05 \quad t_a = 0.01$$

$$n = 2 \times 4^- \left(\frac{S}{\delta}\right)^2 = 8^- \left(\frac{S}{\delta}\right)^2 = 8^- \frac{pq}{\delta^2}（比例数）$$

$$n = 2 \times 7^- \left(\frac{S}{\delta}\right)^2 = 13^+ \left(\frac{S}{\delta}\right)^2 = 13^+ \frac{pq}{\delta^2}（比例数）$$

**（2）小样本设计**

根据中心极限原理，各种概率分布的数据在其数量接近 30 时，均呈近似正态分布（图 1-2-13），故一般多采取 $n \leqslant 30$（$n$ 可少至 2 或 3 个，多亦不 $>50$）的小样本设计，并按正态或对数正态进行统计处理。

**（3）等样本设计**

由于实验各分组之间如采用等样本设计，信息得出量高，易于计算，易于显示显著性，故近代生物医学设计几乎均采用等样本设计，试看下述计数与计量数据的示例。

1）计数数据：

$\quad\quad\quad N=80 \quad n_1=40 \quad$ 反应率 5%
$\quad\quad\quad\quad\quad\quad\quad\quad n_2=40 \quad$ 反应率 25%
$\quad\quad\quad\quad\quad\quad\quad\quad\quad\quad\quad\quad$ 反应率相差值 = 20%
$\quad\quad\quad\quad\quad\quad\quad\quad\quad\quad\quad\quad X_2=4.80 \quad P<0.05$

但如

$\quad\quad\quad N=80 \quad n_1=20 \quad$ 反应率 5%
$\quad\quad\quad\quad\quad\quad\quad\quad n_2=60 \quad$ 反应率 25%
$\quad\quad\quad\quad\quad\quad\quad\quad\quad\quad\quad\quad$ 反应率相差值 = 20%
$\quad\quad\quad\quad\quad\quad\quad\quad\quad\quad\quad\quad X_2=2.60 \quad P>0.05$

2）计量数据：

$\quad\quad\quad N=10 \quad n_1=5 \quad \bar{x}_1-\bar{x}_2=5$
$\quad\quad\quad\quad\quad\quad\quad\quad n_2=5 \quad t=2.50 \quad P<0.005$
$\quad\quad\quad N=10 \quad n_1=3 \quad \bar{x}_1-\bar{x}_2=5$
$\quad\quad\quad\quad\quad\quad\quad\quad n_2=7 \quad t=2.29 \quad P>0.005$

**（4）时相性分析设计**

在初步估算样本含量或按 $n \leqslant 30$ 的小样本的基础上，在实验进行中，亦可分步骤测

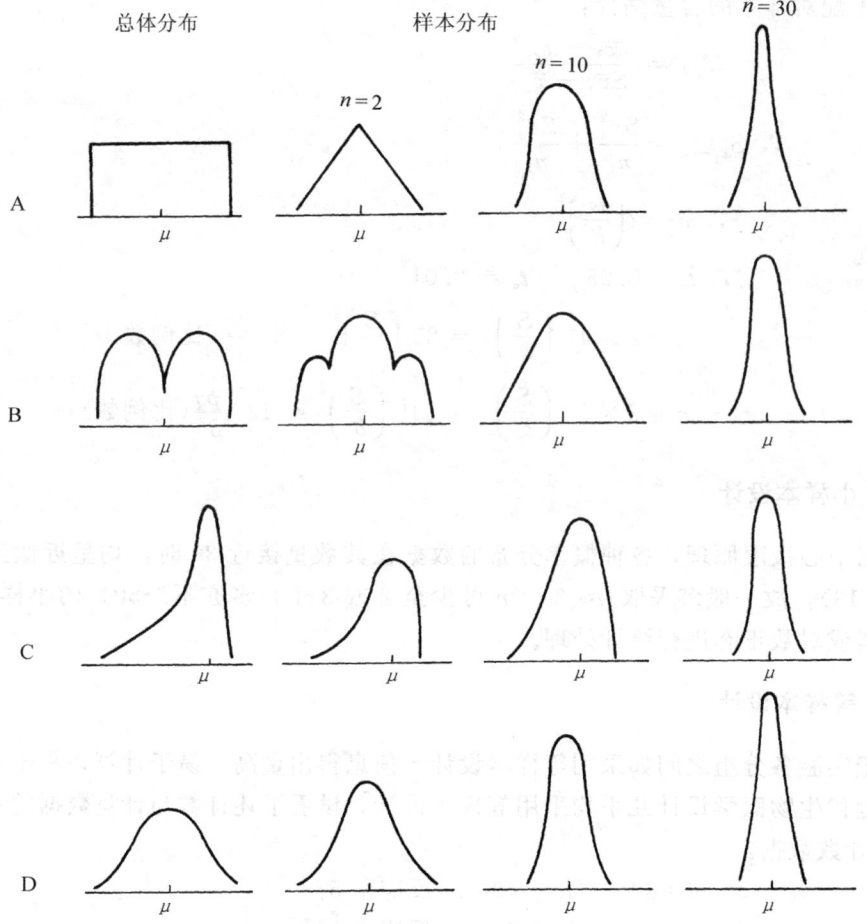

**图 1-2-13　中心极限原理示意图**
左 1：总体分布；右 3：样本分布。A. 均匀分布；B. 二项分布；C. 偏态分布；
D. 近似正常分布（Dawson-Saunders and Trapp, 1998）

算显著性，一旦达到预期的显著性水平，即可停止实验；否则，继续实验直至达到所估计的样本含量。

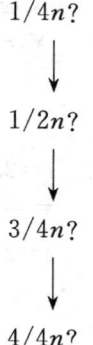

### 1.2.4.6 配伍设计

配伍设计亦称复合设计,是应用数学方法使一个实验包括几个变量的复因素设计,既可节省时间和精力,又可得到更多的信息,因为每个因素均从不同角度受到观察,并且可以观测到各因素之间的相互作用。

**(1) 随机区组设计**

相当于配对设计的扩大,每个区组可容纳更多的因素。将事先编号的性质或条件相似的若干实验单位,与相同数目的实验因素组成若干个区组,每个区组的实验因素(A~D)随机地分配到 4 个实验单位。

| 实验单位 | 实验因素 |
|:---:|:---:|
| 1 | A B C D |
| 2 | B D A C |
| 3 | C A D B |
| 4 | D C B A |

每个区组内部的非处理因素相似,又可避免各因素顺序误差的影响,其效率相当于拉丁方设计的 60%。

**(2) 拉丁方设计**

拉丁方设计是随机区组设计的一种特殊排列,或正交设计的一种特例,或相当于交叉设计的扩展,用拉丁字母表示的处理组按两类正交(相互垂直)的区组进行分配,每行每列均包括全部处理,每种处理在每行每列仅出现一次,不能重复或遗漏,按区组数和处理数的不同可有三阶方阵或四阶方阵等。

三阶

|   | 青 | 中 | 老 (年龄) |
|:---:|:---:|:---:|:---:|
| 轻 | A | B | C |
| 中 | B | C | A |
| 重 | C | A | B |

(病情)

四阶

|   | $H_1$ | $H_2$ | $H_3$ | $H_4$(医院) |
|:---:|:---:|:---:|:---:|:---:|
| $n_1$ | A | B | C | D |
| $n_2$ | B | A | D | C |
| $n_3$ | C | D | A | B |
| $n_4$ | D | C | B | A |

(病种)

五阶

| A | B | C | D | E |
|:---:|:---:|:---:|:---:|:---:|
| B | C | D | E | A |
| C | D | E | A | B |
| D | E | A | B | C |
| E | A | B | C | D |

**(3) 析因设计**

这是一种多因素交叉分组设计,计算每个因素的所有水平数的乘积,如 4 个因素 2 个水平的实验组合总数为 $2^4=16$,4 个因素 5 个水平的实验组合总数为 $5^4=625$。

1) $2\times2$ 析因分析:如 a、b 两个因素各有 1、2 两个水平,可组成 $2\times2$ 列表

($2^2=4$)的 4 个组合的平面图,各组间可相互交叉和比较。

|  | $b_1$ | $b_2$ |
|---|---|---|
| $a_1$ | $a_1 b_1$ | $a_1 b_2$ |
| $a_2$ | $a_2 b_1$ | $a_2 b_2$ |

2) 多因素析因设计:如三药物加安慰剂对照设计成 8 个组合的立方体,每个角上设一个组合,即可了解每个药物的作用,又可了解所有不同组合的交互作用。

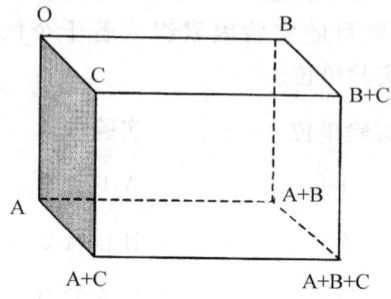

**(4) 正交设计**

正交设计利用一套规格化的表格,合理地安排实验,高效、快速而又经济地获得有用信息。如 3 个因素 2 个水平的实验,仅通过 4 次实验即可完成,用 $L_4(2^3)$ 表(L 代表正交表)。

|  |  | (因素) | | |
|---|---|---|---|---|
|  |  | A | B | C |
| 实 | 1 | 1 | 1 | 1 |
| 验 | 2 | 1 | 2 | 2 |
| 次 | 3 | 2 | 1 | 2 |
| 数 | 4 | 2 | 2 | 1 |

正交表中每列中的水平出现次数相等,任意两列同一横列中的水平数具有搭配均匀的性质。正交表有大小之分,如不考虑因素之间的相互作用,可选用小 L 表[如 $L_8(2^7)$],如考虑则选用大 L 表[如 $L_{16}(2^{15})$]。

**(5) 序贯设计**

序贯设计属最省抽样的设计,逐次少量比较,上一次结果决定下一次实验,一旦达到预期假设,及时停止实验,避免不必要的重复。

序贯设计分限制型(图 1-2-14)和非限制型(图 1-2-15)两类,前者的最大样品含量可预先确定,后者的样品含量事先不予规定,二者均有单相和双相两种形式(图 1-2-16)。详细设计宜参阅有关专著。

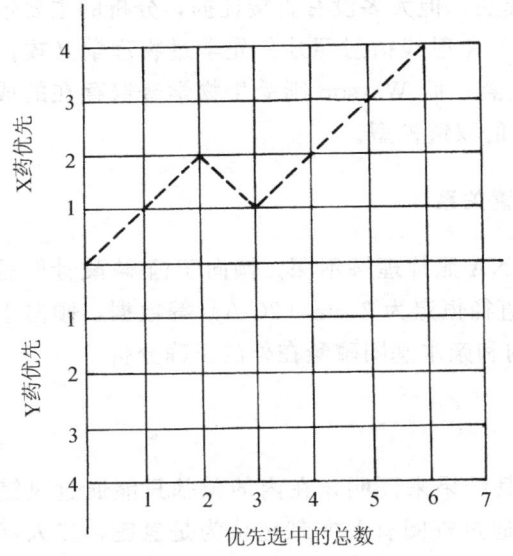

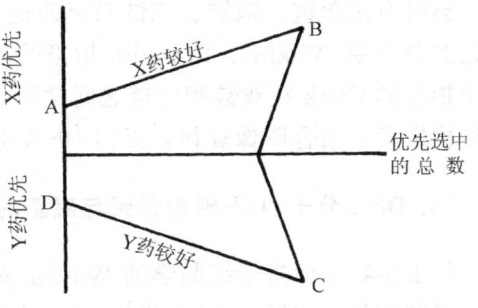

图 1-2-15 闭锁式序贯试验(非限制型)
若 X 药好,则穿过边界 AB;若 Y 药好,则穿过边界 CD;若越过边界 BC,则两种药物的效果无区别

图 1-2-14 序贯试验作图方法(限制型)
若 X 药好,则向右上方画一条对角线;Y 药好,则向右下方画一条对角线。图上的线条表示第一对患者 X 药好,第二对患者也是 X 药好,第三对患者 Y 药好,第四、五、六对患者都是 X 药好(England,1975)

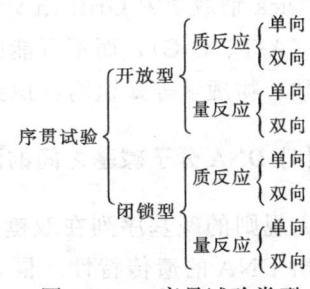

图 1-2-16 序贯试验类型

### 1.2.4.7 在"巧"字上下功夫

配伍设计的主要特点是巧妙地进行多因素及其交互作用的复合设计,能取得事半功倍的高效率。从诺贝尔奖获奖项目的发展历史看,也越来越多地采用多因素设计或在多学科、多技术、多水平、多层面上下功夫,从而有力地提高发现和获奖的概率。

初期的一些获奖项目所采用的实验设计或实验技术一般比较单一、直接和显而易见。后来随着高新技术的发展,获奖项目越来越多地涉及多种高新技术的有机结合。年轻的 Crick 和 Watson 二人总共只用了 1 年半的时间,于 1953 年在 *Nature* 上发表了"核酸的分子构造——脱氧核糖核酸的结构"的论文,实现分子生物学研究的历史性突破,其重要的原因之一是运用他人多学科的成果,对课题进行多角度地综合剖析(而不同于当时一些权威学者囿于自己的专业),从而超越所有的竞争对手,以最快的速度、最佳的效果,攻克一个个难关,最先摘取了该项竞赛的桂冠。

**(1) DNA 分子链的数目**

当时有过单链、双链、三链乃至四链等提法，但大多没有直接证据，分析的主要依据是结晶学家 Wilkins、Franklin 拍摄的 DNA X 射线衍射照片。先学过物理学又攻读过生物学的 Crick 在双链和三链之间拿不定主意；而 Watson 则受生物学普遍存在的成对结构启发，结合图像资料，提出 DNA 分子的双链模型。

**(2) DNA 分子中糖-磷酸骨架与碱基的位置关系**

长于生物学而短于结晶学的 Watson 对 DNA 照片理解不深，倾向于糖-磷酸骨架居中，碱基在外。相反，Crick 根据 DNA 图像直径恒定为 2 nm（20 Å）等数据，倾向于碱基在内，骨架在外，符合疏水基团碱基在内和亲水基团磷酸在外的正确分析。

**(3) DNA 分子各链之间连接键的种类**

Crick 请数学家 Griffith 计算连接力，用其结果来证明，在内的碱基只能通过氢键异配（A-T、G-C），而不可能同配。Watson 通过查阅有关文献也认为是氢键，二人基于数学、物理学等知识均认识到氢键的连接作用。

**(4) DNA 分子碱基之间的配置**

无规则的碱基序列在双键之间的排列不仅需在化学结构上是合理的，而且必须能显示出 DNA 的遗传特性。同样，基于生物学成对结构以及染色体可以同配的考虑，Watson 走进了一条死胡同，而置当时已有的不少有关碱基互补事实于不顾。Crick 鉴于嘌呤碱与嘧啶碱 1∶1 数量关系的生物化学资料，以及数学家从作用力上得出的 A-T、G-C 碱基异配的推测，相信碱基是互补的，但他在氢键的稳定性上却无力摆脱困难。

最后在化学家诺林的启示下，用酮型而不是 Crickio 烯醇型碱基配对原则重新排列出 DNA 的双螺旋模型。该模型：①符合结晶学原则；②2 个环的嘌呤碱和 1 个环的嘧啶碱异配均形成 3 个环的宽度，与 DNA 分子直径恒定相符合，螺距、碱基间隔、螺旋角度等也均符合；③符合氢键稳定结合、Chargaff 等化学原则；④可解释生物遗传现象，既能用碱基排列解释生物体中遗传信息，又能用双链的解链和碱基互补说明 DNA 的复制。

Watson 和 Crick 综合运用物理学、化学、生物学、数学等多学科的科技成果，建立了划时代的 DNA 双螺旋结构模型，开创了分子生物学。据统计，在 1961～1980 年的 20 年中，由于引进其他学科成就而获 8 届（每年一届）诺贝尔奖的人数共有 15 人次，提示在"多"字上下功夫、多学科相互渗透是生物医学研究极有发展前景的一大趋势。

（吕国蔚）

## 参 考 文 献

曹家琪. 1993. 临床医学研究方法学. 北京：北京医科大学、协和医科大学联合出版社
丁道芳. 1988. 医学科学研究基本方法. 沈阳：辽宁科学技术出版社
冯师颜. 1964. 误差理论与实验数据处理. 北京：科学出版社
管遵义. 1990. 实用医学科研方法学. 上海：上海中医学院出版社
蒋知俭. 1992. 实用医学统计. 北京：北京医科大学、协和医科大学联合出版社
金正均. 1964. 医学试验设计原理. 上海：上海科学技术出版社
马斌荣. 1992. 医学科研中的统计方法. 北京：北京科学技术出版社
青义学. 1990. 生物医学模型. 长沙：湖南科学技术出版社
王仁安. 2000. 医学实验设计与统计分析. 北京：北京医科大学出版社
杨福生，赵兴太. 1997. 诺贝尔医学奖获奖启示录. 北京：人民军医出版社
杨纪珂. 1964. 数理统计方法在医学科学中的应用. 上海：上海科学技术出版社
张青林，咸日全. 1990. 医学科研方法与管理. 北京：人民卫生出版社
Bishop ON. 1966. Statistics for Biology. Hong Kong：Longman
Beveridge WIB. 1961. The Art of Scientific Investigation. London：Mercury
Bernard C. 1927. An Introduction to the Study of Experimental Medicine. New York：Dover Publications
Colton T. 1974. Statistics in Medicine. Boston：Little，Brown and Company
Dawson-Sounders B, Trapp RG. 1994. Basic & Clinical Biostatistics. 2nd ed. New Jersey：Applaton & Lange
Duddy BAC. 1977. Mathenatical and Biologial Interrelations. New York：Wiley
England JM. 1975. Medical Research：A Statistical and Epidemiological Approach. London：Churchill Livingstone
Fetz E，Baker MA. 1973. Operating conditioned pathways of precentral unit activity and correlated responses in adjacentic cells and contralateral muscles. J Neurophysiol，36：179~204
Fischbach G. 1992. Mind and brain. Sci Am，267（3）：48~57
Hamilton M. 1976. Lectures on the Methodology of Clinical Research. London：Churchill Livingstone
Kerlinger F N. 1986. Foundations of Behavioral Research 3rd ed.，Holt，New York：Rinehart and Winston
Marks RG. 1982. Designing a Research Project. London：Lifetime Learning Publications
Marks RG. 1989. Analysing Research Data. London：Krieger Pub Co
Moore DS. 1979. Statistics：Concepts and Controversies. New York：Freeman WH and Company
Oyster CK，Hanten WP，Llorens LA. 1987. Introduction to Research. London：JB Lippencott
Stein F. 1989. Anatomy of Clinical Research. New Jersey：Slack
Scott EW，Waterhouse JM. 1986. Physiology and the Scientific Method. Manchester：Manchester University Press
Walpole AL，Spinks A. 1958. The Evelution of Drug Toxicity London：Churchill
Strike PW. 1981. Medical Laboratory Statistics. Bristol：Wright PSG
Snedecor GW，Cochran WG. 1980. Statistical Methods. 7th ed. Ames：The Iowa State University Press
Weiner JM. 1980. Issues in the Design and Evaluation of Medical Trials. Los Angeles：Martimus Nijhoff Publishers

## 1.3 实验分析方法学

### 1.3.1 数据整理

通过实验观察获取并积累的原始数据，在总结时需首先进行数据整理与统计处理，始能将其中所蕴涵的有关反应变量的规律性信息充分地提取出来，使经验事实成为客观事实。

#### 1.3.1.1 数据的类型

**(1) 计量数据**

按测量所记录数值大小予以排列的计量数据,包括年龄(岁)、身高(cm)、体重(kg)、体温(℃)、血压(kPa)等连续性计量资料,以及脉搏率(次/min)、白细胞数(个/mm³)、血糖(mmol/L)等非连续性计量数据。

**(2) 记数数据**

按变量的某一品质或属性予以分类并记数的数据,如男女、血型(ABO)、生与死、有效与无效、阳性与阴性等有质的区别而无量的不同。

**(3) 等级数据**

介于计量与记数数据之间的半定量数据,有记数数据属性,又有其计量数据的连续性质,如化验结果一、±、+,病情的轻、中、重等不确切量。

**(4) 描述性资料**

反应变量的形态学所见、照片、曲线、图像,以及行为反应等资料,借图像和文字等予以显示或描述的资料,亦可采用灰度显示等技术,使其成为半定量性数据。

#### 1.3.1.2 数据的取值

实验处理前后的数据变化,可以有如下四种取值方式(图 1-3-1、表 1-3-1)。计量数据最好取绝对值,这在统计学上最欢迎,因为假象少。

**(1) 终值**

仅取处理后的变化值($a$),指标清晰而直接,亦可与另组比较,但没有考虑始值($b$)的异同及其对终值的影响。

**(2) 差值**

取终值($a$)与始值($b$)的差值($a-b$),但仍难以排除不同组不同始值对终值的影响,而同一差值如 10,可来自不同的终、始值(如 50-40 或 15-5)。

**(3) 比值**

看来是最好的取值方式,以终值相对始值的变化($a/b$)或百分变化($a/b\times100\%$)来表示终值的变化程度,但如终值变化与始值不成正比关系,也不一定合适,如图 1-3-1、表 1-3-1 所示,并非始值越大,变化也越大。

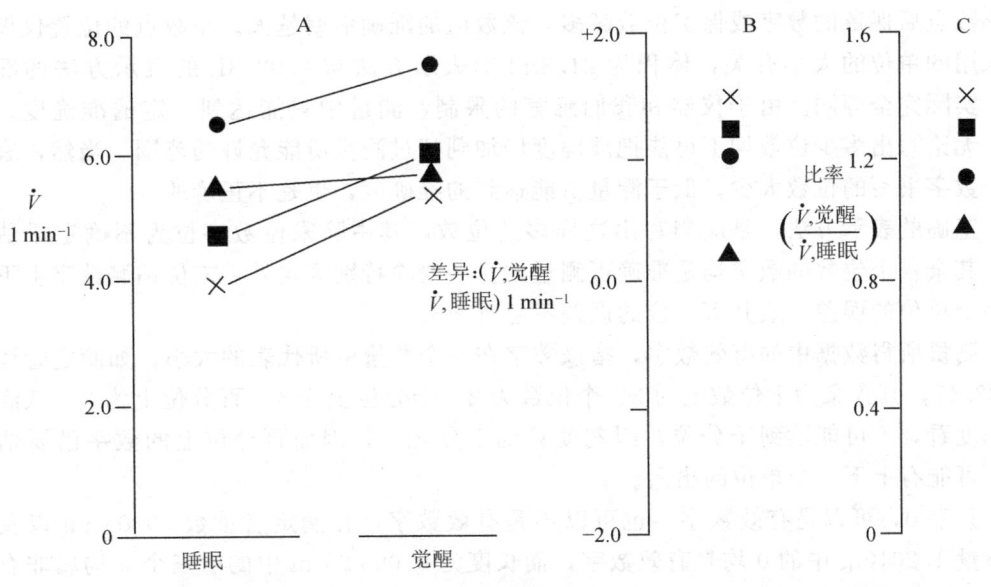

图 1-3-1　4 个受试者觉醒与睡眠时通气量值（$\dot{V}$）的表示法
A. 绝对值；B. 差值；C. 比值

表 1-3-1　数据取值举例 1

| 始值（$b$） | 终值（$a$） | $a-b$ | $(a-b)/b\times100\%$ | $a/b\times100\%$ |
|---|---|---|---|---|
| 72 | 61 | −11 | −15% | −85% |
| 85 | 52 | −33 | −38% | −61% |
| 94 | 71 | −23 | −25% | −76% |

一般如将平均终值化成平均始值的百分比，则即能简化手续，在理论上也讲的通，不考虑各原始始值是否参差不齐，如表 1-3-2。

表 1-3-2　数据取值举例 2

| $\bar{b}$ | $\bar{a}$ | $\bar{b}-\bar{a}$ | $(\bar{b}-\bar{a})/b\times100\%$ | $\bar{a}/b\times100\%$ |
|---|---|---|---|---|
| 86.3 | 44.5 | −41.8 | −48.4% | −51% |

**(4) 协方差分析**

协方差分析可求出终值与始值的变化关系，并予以校正，是处理终、始值关系的最理想方法。

### 1.3.1.3　有效数字

**(1) 有效数字的认定**

在测量与数据处理过程中，需确定该用几位数字来代表测量或计算的结果，不能以为小数点后保留的数字或保留位数越多，该数值的准确值就越大。小数点的位置仅仅与所采用的单位的大小有关，体积为 21.3ml 的表示方法与 0.0213L 的表示方法的准确度，实际完全等同。由于仪器和我们感官的限制，测量中只能达到一定的准确度，因此，无论写出多少位数均不可能把准确度增加到超过测量所能允许的范围。当然，表示一个数字书写的位数太少，低于测量所能达到的准确度，也是不正确的。

正确的表示方法，是应当写出这样多的位数，其中除末位数字位为不确定或估测外，其余各个位数的数字均是准确可测量的。一般除特别规定外，末位估测数字上下可有一个单位的误差，或其下一位的误差不超过±5。

测量所得数据中的有效数字，指该数字在一个数量中所代表的大小，如滴定管读数为 32.47，其含义为十位数上为 3、个位数为 2、十分位上为 4、百分位上为 7。从滴定管刻度看，不可能读到千分位，因刻度只到十分之一，因而百分位上的数字已属估计值，可能有上下一个单位的出入。

数字 0，可以是有效数字，也可以不是有效数字，在滴定管读数 30.05 ml 以及天平称量 1.2010 g 中的 0 均是有效数字，而长度为 0.003 20 m 中的前三个 0 均属非有效数字，只与所取的单位有关，而与测量的精确度无关，若改用 mm 为单位，则这 3 个 0 均全消失，而变为 3.20 mm，故有效数字实际为 3。又如 12 000 m 中的 0 是否是有效数字有时很难说，因此最好用指数，以 10 的方次前的数字代表有效数字，如写为 $1.2 \times 10^4$ m，前 2 位数字为有效数字；如写为 $1.20 \times 10^4$ m，则有效数字为 3 位。

**(2) 有效数字的运算**

在数字处理过程中，常需要运算一些精确度不相等的数值。为节省时间和避免过于繁琐的运算，可参照下述的基本原则：

1) 记录测量数值时，只保留一位可疑数字。

2) 除非另有规定，一般可疑数字表示末位上有±1 个单位，或下一位上已有±5 个单位的误差。

3) 当有效数字确定后，其余数字按 4 舍 5 入处理：末位有效数字后的第一位数字如＞5，则进 1；如＜5 则舍去；如＝5，而前一位为奇数时则前一位加 1，如其前一位为偶数，则舍去不计，如 27.0249 取 4 位有效数字时为 27.02，取 5 位有效数字时为 27.025；如将 27.025 与 27.035 取为 4 位有效数字时，则分别为 27.02 和 27.04。

4) 加减运算时，各数所保留的小数点后位数需与各数中小数点后位数最少的相同，如 13.65 + 0.0082 + 1.632 时应为 13.65 + 0.01 + 1.63 = 15.29。

5) 乘除运算时，各数所保留的位数以有效数字最少的为标准，所得的积或商的精确度不应大于精确度最小的数值。如 0.0121 × 25.64 × 1.057 82 中，应按 0.0121 × 25.6 × 1.06 = 0.328 计算。

6) 计算均值时，如为 4 个数或多于 4 个数相平均，则均值的有效数字位数可增加 1 位。

### 1.3.1.4 可疑数据的取舍

在整理数据过程中，如发现过大或过小的可疑数据，需根据生物医学常识或逻辑判断予以取舍，特别是用下述方法有根据地予以取舍，而不能想当然。

1) 过大值与次大值之间或过小值与次小值之间，如相隔 3 个组数以上者，可舍。

2) 不包括可疑值在内的均值（$\bar{x}$）与可疑值（$xd$）之间的差值，以不包括 $xd$ 在内的标准差（$S$）衡量时，如大于 4 个 $S$ 或 1/6 极差时，$xd$ 可舍，即

$$\frac{|xd - \bar{x}|}{S} \geqslant 4(1/6R)$$

3) 用极差衡量可疑值（$xd$）与包括可疑值在内的均值之间的差值，求出 $ti$，查 $ti$ 表，如

$$ti = \frac{|xd - \bar{x}|}{R} \geqslant t_{0.05, n} \text{ 时}, xd \text{ 可舍}。$$

4) 用包括 $xd$ 在内计算出的 $s$ 衡量 $|xd - \bar{x}|$ 差值（Smirnov 法），求 $Ti$，查 $Ti$ 表，如

$$Ti = \frac{|xd - \bar{x}|}{S} \geqslant T_{0.05, n} \text{ 时}, xd \text{ 可舍}。$$

#### 1.3.1.5 数据与变量变换

**(1) 数据变换**

有的数据需变换为以单位时间、空间或重量来表述，如单位组织湿重（100g, wet）、单位体重（kg）、单位表面积（$cm^2$）、单位时间（min）等的度量，借以表达不同含义。如单位组织湿重的 DNA（DNA/g, wet tissue）和单位 DNA 的蛋白质（蛋白质/μg DNA）可分别表示增生和肥大。

心率（次/min）、刺激频率（C/s）或放电频率（C/s）可分别以其倒数（1/心率、1/频率）表示心率间期、刺激间期或放电间期。神经冲动的传导速度受温度影响，温度每升高 10℃，传导速度增快 1.6 倍，对有关观测值需作温度校正。

许多生物医学数据，虽不符合正态分布，但用 $t$ 或 $F$ 检验的风险不算太大。但是其中的时间指标，如反应潜伏期、血凝时间、存活时间等实为偏态分布。在处理后指标缩短的程度可达一极限；处理后指标延长，在理论上可达无限，易对反应估计偏高，容易出现"显著"变化的虚假延长（图 1-3-2）。为此，在时间指标测定中，通常需对其延长做出限定，并做 log 变换或取其倒数。

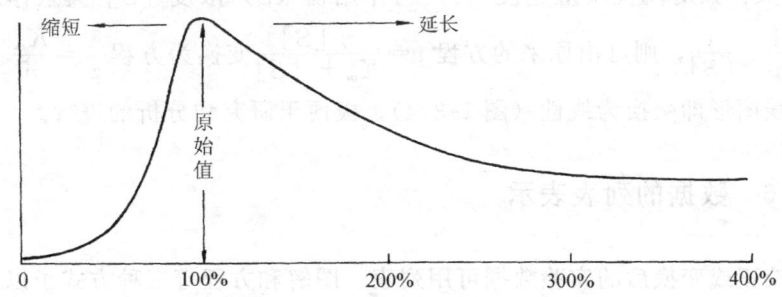

图 1-3-2 对时间指标的偏态分布

**(2) 变量变换**

为使一些泊松或二项分布变量满足正态分布和达到方差齐同,以及作图时使曲线直线化,需对有关变量进行变换。

1) 对数变换:对一些偏态分布变量（$x$）可取对数,得出新值（$x'$）,即 $x'=\log(x)$（图 1-3-3）。

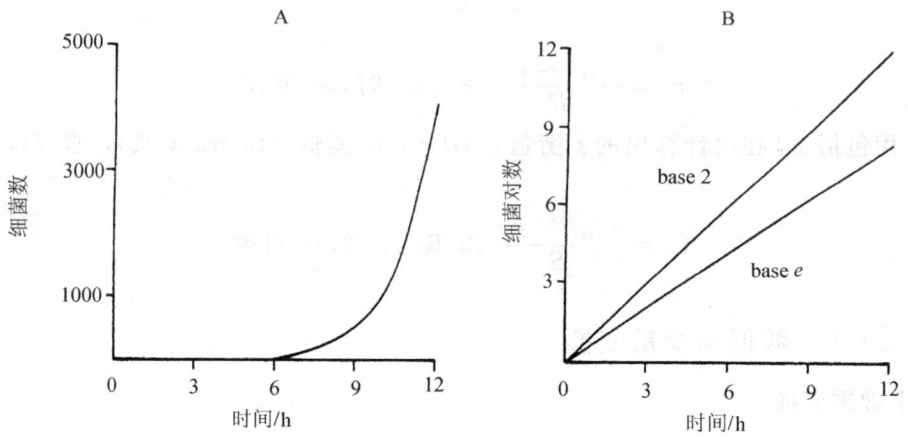

图 1-3-3　指数曲线向以 2 或 $e$ 为底的对数曲线的转换（同图 1-2-10）
细菌数（A）和细菌数对数（B）与时间的关系;单个细菌以小时为单位繁殖为菌群

2) 平方根变换:新值 $x'=\sqrt{x}$,效果同对数变换,但不常采用。

3) 秩次变换:将观测值 $x$ 从小到大排秩以最小值为 1,其余各值依次为 2、3…$n$。

4) 反正弦变换:按 $x'=\sin^{-1}\sqrt{\dfrac{x}{n}}$ 或 $x'=\arcsin\sqrt{\dfrac{x}{n}}$ 变换原观测值。

5) logit 变换:为分析剂量-效应关系,或处理泊松分布变量,可对 $P/(1-P)$ 取自然对数即 $\ln[P/1-P]$ 或 $\dfrac{1}{2}\ln[P/1-P]$,如绘制抗血清滴定曲线,$x$ 轴取抗血清稀释度倒数的对数,$y$ 轴取标记蛋白结合率（%）,可将结合率进行 logit 变换,使其直线化。

6) 取倒数:如对酶促反应速度（$v$）与作用物（S）浓度［$S$］关系作米-曼方程,均取其倒数 $\dfrac{1}{v}$、$\dfrac{1}{[S]}$,则可由原来的方程 $v=\dfrac{v[S]}{K_m+[S]}$ 变换为方程 $\dfrac{1}{v}=\dfrac{K_m}{v}\cdot\dfrac{1}{[S]}+\dfrac{1}{v}$,原矩形双曲线图形即变换为线性（图 1-3-4）,极便于研究和分析的进行。

### 1.3.1.6　数据的列表表示

核实、校正或变换后的实验数据可用列表、图解和方程等三种方式予以表示。

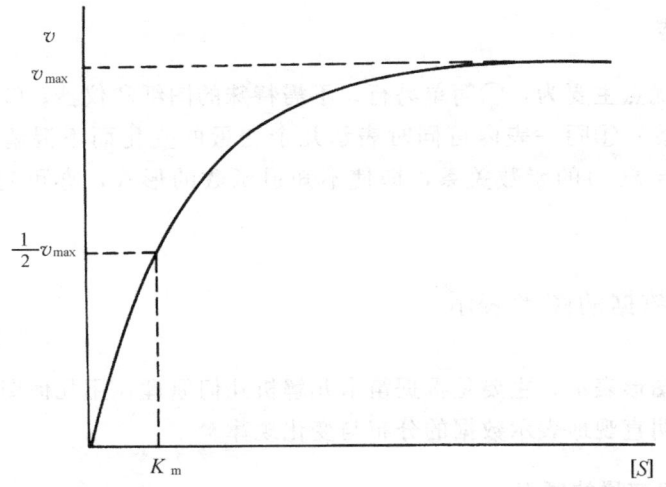

图 1-3-4 酶促反应速度（$v$）与作用物（$S$）浓度（$[S]$）的关系

在底物浓度很低时，反应速度随底物浓度的增加而迅速增加，两者成正比关系。进一步增加底物浓度时，反应速度的增加逐渐减慢，两者不成正比。若此时再增加底物浓度，反应速度不再增加，趋向于达到反应速度的极限值即最大速度（$v_{max}$）

**（1）数据的列表表式**

通常测定值至少包括两个变量，一个为自变量，另一个为因变量。列表时将数据的自变量和因变量的各个数据依一定顺序和形式一一对应地列于表中。

表的形式通常有定性式、统计式和函数式，但均应采用不加竖格的三线表（表 1-3-3），表上写明表号、表题，表下写出有关注解、统计符号及其含义。

表 1-3-3 列表的形式与内容

| （表头） | 纵标目（谓语） |
|---|---|
| （表身） | |
| 横标目（主语） | |
| （表注） | |

**（2）列表规则**

表中的横标目和纵标目分别相当于文法上的主、谓语，或分别相当于自变量与因变量，其位置必须正确，不容颠倒，数值的写法须整齐划一，并遵守以下规则：

1) 数据为零时记为"0"，空缺时记为"—"。

2) 同一竖行的数值中，小数点应上、下对齐。

3) 当表中数位过于大或过于小时，应以 $10^{+n}$ 或 $10^{-n}$（$n$ 为整数）表示。

4) 如有效数字位数相同，但各数值之间的变化为数量级变化时，宜用 10 的方次表示。

5) 列表时，相当于自变量 $X$ 常取整数，按增加或减少依次排列，相邻二数值之间 $\Delta X$ 宜适度，$\Delta X$ 过大则使用时内插会过多，如 $\Delta X$ 过小则表太繁杂或太大。

6) 表中所有数值的有效数字位数应取舍适当。一般假定自变量 $X$ 没有误差，因变量 $Y$ 的位数取决于该数值本身的精确度。

**(3) 列表优点**

列表表示的优点主要为：①简单易行，不需特殊的图纸和仪器；②数据便于参考和比较；③形式紧凑；④同一表内可同时表示几个变量的变化而不混淆；⑤如表中的 $x$ 和 $y$ 之间存在 $y=f(x)$ 的函数关系，即使不知道函数的形式，亦可对 $f(x)$ 求微分或积分。

### 1.3.1.7 数据的图形表示

实验数据的图形表示，主要是根据笛卡儿解析几何原理，用几何图形（如长度、面积、体积等）简明直观地表示数据的分布与变化规律。

**(1) 不同数目变量的图形**

1) 单个变量的图形：如变量只有一个，可用块图、柱图、面积、条图、线图和饼图等图形表示。

2) 两个变量的图形：如变量为两个，可用箭头图、笛卡儿坐标、频数图、直方图和散点图等表示变量之间的变化关系。

3) 三个变量的图形：如变量为三个，可用二维图（图 1-3-5）表示 $x$、$y$、$z$ 三个变量之间的关系。

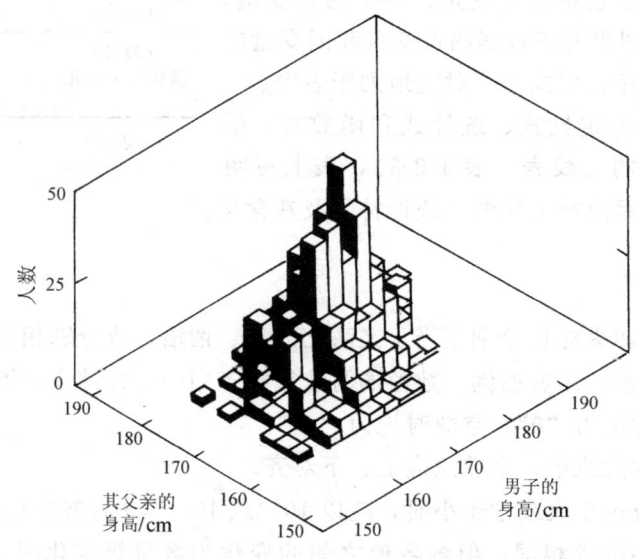

图 1-3-5　立体直方图示例

男子及其父亲的身高。男子及父亲的身高画在平面上，观察的具体身高值的人数画在垂面上

**(2) 数据作图的一般步骤**

1) 选择图纸：如直角坐标、三角坐标、半对数坐标、双对数坐标的图纸。

2) 坐标分度：$x$ 轴永远代表自变量，$y$ 轴永远代表因变量，$x$ 轴的分度宜为整数；坐标分度值可从零起，亦可从低于最低值的某一整数作起点，高于最高值的一个整数作终点，并使图形占满全幅坐标纸。

3) 直线为曲线中最易作的线，用起来也最方便，宜尽可能通过如 1.3.1.5 所述的变换，使图形尽可能成为一直线，可用以 $x$ 与 $y$、$\log x$ 与 $\log y$、$x^n$ 与 $y$ ($n=1、2、3\cdots n$)、$x^{\frac{1}{n}}$ 与 $y$ ($n$ 通常最大为 3)，以及 $x$ 与 $1/y$ 或 $1/x$ 与 $1/y$ 等 6 种形式作图。

4) 分度值大小的选择以使所得曲线的斜率尽可能为 1，各点与曲线的偏差可表现得明显。

5) 根据数据描点：简单的作法只需把各数据点画到坐标纸上，复杂的作法可将 $x$、$y$ 有关数据的两倍标准误差分别作为矩形的边长，矩形的中心为均值。

6) 根据图上各点作曲线：最好是将各点之间用直线连接，曲线走行应尽量与所有各点相接近，最后的曲线宜为一条光滑的连续曲线。

7) 在图下方写出题号、图题和有关图注。

#### 1.3.1.8 数据的方程表示

在数据用列表和图形表示的基础上，如有条件可进一步用方程或经验公式予以表示，即精练又能体现实验数据简捷明快的数学美，但非易事。

**(1) 方程类型**

一般依图形获取如下的经验或方程：

1) 一次（直线）型：$y=a+bx$

如成年妇女的血压 $Bp=1.4A+64$（$A$ 为年龄）或 $Bp_f=81.21+0.99A$（$26 \leqslant A \leqslant 65$），成年男性为 $Bp_m=92.04+0.8A$（$21 \leqslant A \leqslant 65$）。

2) 二次（抛物线）型：$y=ax^2+bx+c$

如胎儿身高（$y$）与胎儿月龄 $x$ 的关系为 $y=2.30+9.0x+12.8x^2$；儿童智能（$y$）与年龄（$x$）的关系为 $y=-2.44x^2+31.26x-58.98$ ($4 \leqslant x \leqslant 7$)。

3) 双曲线函数型：$y=\dfrac{k}{x}+b$ 或 $\dfrac{1}{y}=a+kx$

如生理学中的强度-期间曲线 $i=\dfrac{a}{t}+b$。

4) 幂函数型：$y=kx^n$

如体表面积（$S$）与体重（$W$）之间的关系为 $S=0.103W^{\frac{2}{3}}$；感觉神经纤维的放电频率与刺激强度的关系一般相当于 $y=kx^n$。

5) 指数函数型：$y=ka^x$

如消毒处理后残存的芽胞数（$N$）与原有芽胞数（$N_0$）的关系为 $N=N_0 e^{-kt}$。

6) 对数函数型：$y=k\log a^x$

剂量-效应曲线的方程表示通常按此方程。

7）三角（周期）函数型：$y=\sin x$，$y=a\cos x+b\sin x$，$y=e^{kx}(a\cos x+b\sin x)$

如婴儿出生时刻分布中出生数的平方根（$y$）与一昼夜24小时（$t$）的关系为$y=15.80+1.16\sin(0.26t+0.09)$（$y=\sqrt{\text{出生数}}$）。

**(2) 方程表示法的步骤**

1）列出函数表。
2）描点与连接各点成曲线。
3）对点选型，与典型曲线拟合（图1-3-6）。

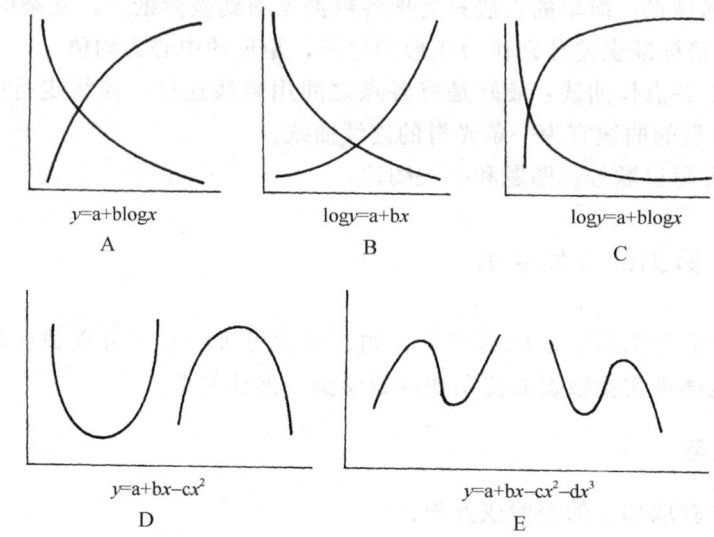

图1-3-6　指数、对数曲线（A、B、C）与抛物线（D、E）的回归方程
(王仁安，2000)

4）确立方程中的常数。
5）如可能，使曲线直线化（图1-3-7）。

如幂函数方程$y=kx^n$，两边取对数$\log y=\log k+n\log x$，并在log-log坐标纸上作图；指数方程$y=ka^x$两边取对数$\log y=\log k+x\log a$，在半对数坐标纸上按$y=b+ax$作图，$y$轴取对数；对数函数$y=k\log_a x+b$，设$x=\log_a x$，则$y=kx+b$，在$x$轴为对数的半对数坐标纸上呈直线。

### 1.3.2　统计分析

统计分析的作用在于说明数据的一般特征，比较数据之间的差值，以及判断变量之间的因果或相关关系。随着统计软件包的广泛应用，在建立数据文件的基础上，实验数据的统计处理，似乎可以"轻而易举"地获得高速、高效和高精度的统计结果。但是人们仍需对统计原理有所了解；否则，难以正确地选择程序模块和解释统计结果。因此，本章拟在简要复习有关数据分布态性、方差齐性和假设检验的基础上，简要地重温参数

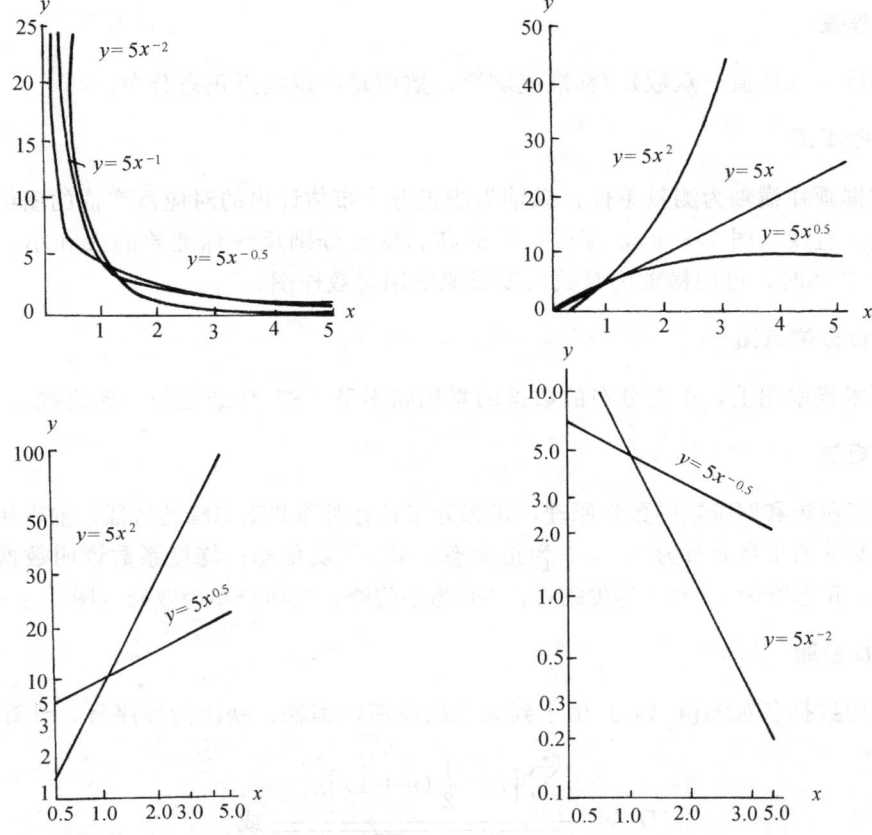

图 1-3-7 幂函数方程的曲线（上）及在双对数坐标上的直线化（下）
（王仁安，2000）

与非参数检验以及相关回归分析。

### 1.3.2.1 分布态性检验

由于参数检验必须服从正态分布，需了解实验数据是否属于正态分布或能否变换为正态分布，可由简到繁地做如下检验。

**(1) 样本含量**

根据中心极限原理，任何非正态分布的数据，一旦其数量达到 30 以上时，即近似于正态分布。

**(2) 变异系数**

当以均值衡量标准差或极差 $\left(\dfrac{S}{\bar{x}}\times 100 \text{ 或 } \dfrac{1}{4-6}R/\bar{x}\times 100\right)\geqslant 12\%$ 时，多为偏态分布。

### (3) 偏度

按偏度＝（均值－众数）/标准差测算，数值越小越接近正态分布。

### (4) 概率图

将数据画在横轴为测量单位，纵轴为按正态分布估计出的对应概率值的图纸上，正态分布成一直线（图 1-3-8），直线斜率的高和低可分别反映标准差的大和小。如变异系数大于 12% 时，可用横轴为对数尺度或原值用对数作图。

### (5) 百分位点图

在算术概率图上，正态分布的数据的累积频率呈"S"形或近似一条直线。

### (6) 矩法

根据三阶矩和四阶矩的数学原理，正态分布具有对称和正态峰的特征，前者用偏度系数说明，对称的正常分布为 0，>0 为正偏态，<0 为负偏态；峰度系数说明数据分布的集中程度，正态峰为 0，<0 为尖峭峰，>0 为平阔峰，二项分布为双峰（图 1-3-8）。

### (7) D 检验

将实验数据各观测值（$x_i$）由小到大依次排序，编秩、秩次为顺序号，计算 $D$：

$$D = \frac{\sum_{i=1}^{n}\left[i - \frac{1}{2}(n+1)\right]x_i}{\sqrt{n^3\left[\sum x_i^2 - (\sum x_i^2/n)\right]}} \text{ 或}$$

$$D = \frac{\sum fx\,\overline{T} - \frac{\sum f + 1}{2}(\sum fx)}{\sqrt{(\sum f)^3\left[\sum fx^2 - (\sum fx^2/\sum f)\right]}}$$

式中，$n = \sum f =$ 总例数，$f =$ 对应的各组频数，$x =$ 对应的各组组中值，$\overline{T} =$ 对应的各组平均秩次，$fx^2 =$ 各组频数乘以该组组中值的平方，$fx\,\overline{T} =$ 各组频数组中值与平均秩次之和。

查 $D$ 界值表，正常分布的统计量 >0.2。

### (8) Kolmogorov 检验

用散点距离概率图中对角线的最大距离检验数据分布是否正态，实际相当于概率图的显著性检验，$P > 0.05$ 为正态分布。

#### 1.3.2.2 方差齐性检验

同分布的正态性一样，包括两个和多个方差的齐同性也是进行 $t$ 或 $F$ 等参数检验的前提。

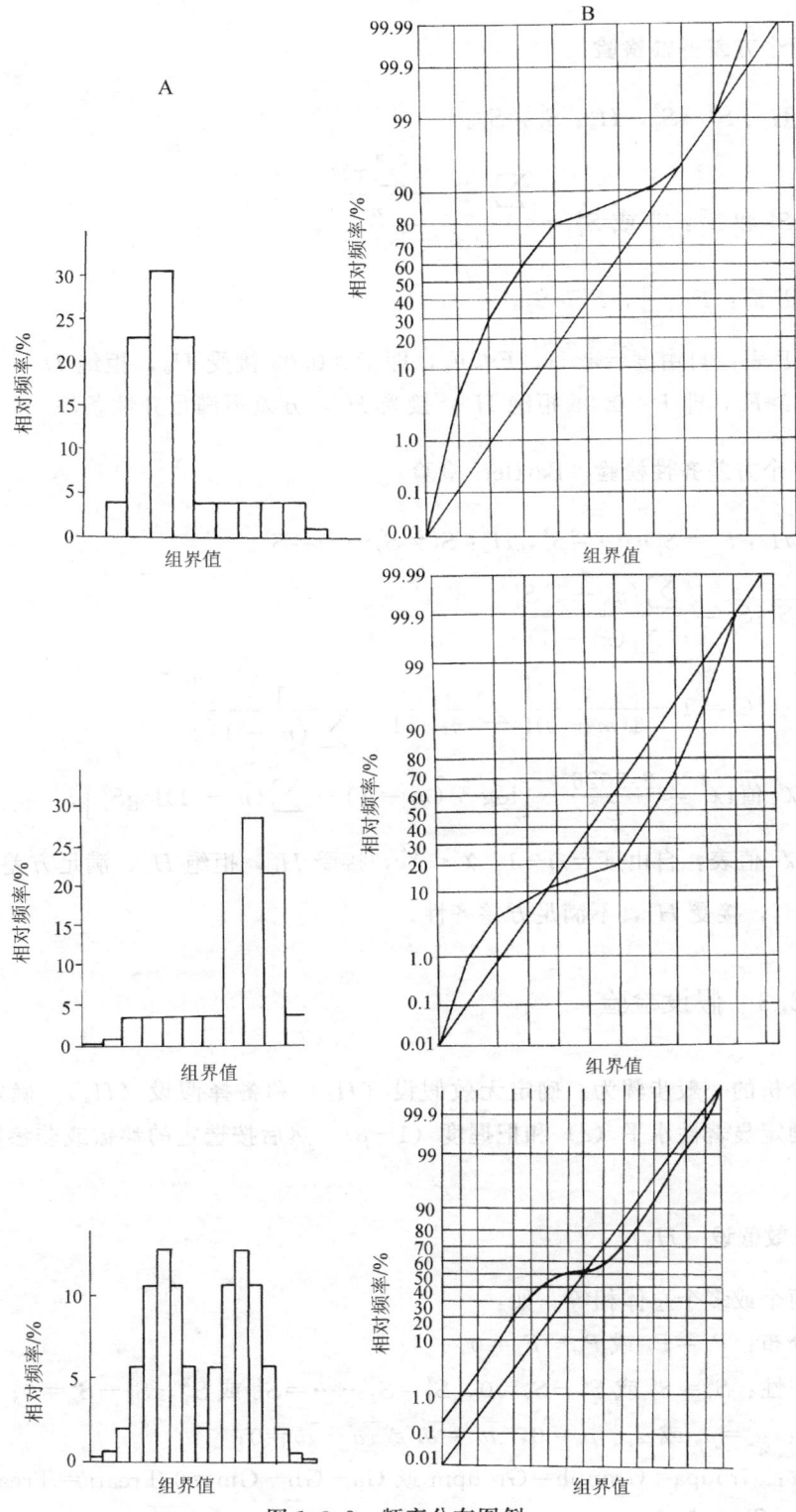

图 1-3-8 频率分布图例

A. 直方图；B. 概率图。上：正偏分布；中：负偏分布；下：二项分布

**(1) 两个方差齐性检验**

1）设 $H_0: S_1^2 = S_2^2$，$H_a: S_1^2 \neq S_2^2$。

2）求 $S_1^2$ 和 $S_2^2$：$S_1^2$ 或 $S_2^2 = \dfrac{\sum x^2 - \dfrac{(\sum x)^2}{n}}{n-1}$。

3）求 $F$ 值：$F = \dfrac{S_1^2}{S_2^2}$，$S_1^2 > S_2^2$。

4）查 $F$ 表：自由度 $= n-1$，$F < F_a$，即 $P > 0.05$ 接受 $H_0$，拒绝 $H_a$，方差满足齐性条件；$F > F_a$，即 $P < 0.05$ 拒绝 $H_0$，接受 $H_a$，方差不满足齐性条件。

**(2) 多个方差齐性检验**（Bartlett 检验）

1）设 $H_0: S_1^2 = S_2^2 \cdots\cdots = S_n^2$，$H_a: S_1^2 \neq S_2^2 \cdots\cdots \neq S_n^2$。

2）求 $\overline{S^2}$：$\overline{S^2} = \dfrac{\sum (n_1 - 1) S_1^2}{\sum (n_1 - 1)}$

$$C = 1 + \dfrac{1}{3(m-1)} \left[ \sum \dfrac{1}{n_1 - 1} - \dfrac{1}{\sum (n_1 - 1)} \right].$$

3）求 $\chi^2$ 值：$\chi^2 = \dfrac{2.3026}{C} - \left[ \log \overline{S^2}(n_1 - 1) - \sum (n_1 - 1) \log S_1^2 \right]$。

4）查 $\chi^2$ 值表：自由度 $= m - 1$，$\chi^2 < \chi_\alpha^2$，接受 $H_0$，拒绝 $H_a$，满足方差齐性；$\chi^2 > \chi_\alpha^2$，拒绝 $H_0$，接受 $H_a$，不满足方差齐性。

#### 1.3.2.3 假设检验

统计分析的一般步骤为：确定无效假设（$H_0$）和备择假设（$H_a$）；确定单边或双边检验；确定显著性水平（$\alpha$）和把握度（$1-\beta$），然后按选定的参数或非参数方法进行分析。

**(1) 无效假设**（$H_0$）

假设两个或多个总体相等。如：
数据分布：$P_a = P_b$ 或 $P_a - P_b = 0$；
方差齐性：$S_1^2 = S_2^2$ 或 $S_1^2 - S_2^2 = 0$，$S_1^2 = S_2^2 \cdots\cdots = S_m^2$ 或 $S_1^2 - S_2^2 - S_m^2 = 0$；
$t$ 检验：$\mu_a = \mu_b$ 或 $\mu_a - \mu_b = 0$，$\overline{x_a} = \overline{x_b}$ 或 $\overline{x_a} - \overline{x_b} = 0$；
$F$ 检验：Groupa = Groupb = Groupm 或 Ga − Gb − Gm = 0 Treata = Treatb = treatm 或 Ta − Tb − Tm = 0；
非参数检验：中位数 $Ma = Mb$ 或 $Ma - Mb = 0$；

相关与回归：$rp=0$，$bp=0$。

**(2) 备择假设（$H_a$）**

假设两个或多个总体之间不相等或差异大到需寻求二者之一的另一假设，并据以做出单边或双边检验的判断。如：

| 双边 | 单边 |
|---|---|
| $P_a \neq P_b$ | $P_a > P_b$ 或 $P_a < P_b$ |
| $\mu_a \neq \mu_b$ | $\mu_a > \mu_b$ 或 $\mu_a < \mu_b$ |
| $M_1 \neq M_2$ | $M_1 > M_2$ 或 $M_1 < M_2$ |
| $r_p \neq 0$ | |
| $b_p \neq 0$ | |

单边检验的 $t_{0.05}$ 和 $t_{0.25}$ 分别相当于双边检验 $t_{0.1}$ 和 $t_{0.5}$，单边较双边检验敏感。

**(3) 显著性水平**

$t_a$ 通常为 0.05 或 0.01。当显著性水平为 0.05 时，Ⅰ类或 $\alpha$ 错误的发生机会不会超过 5%；如定为 0.01，Ⅰ类或 $\alpha$ 错误降至 1%，但会增加Ⅱ类或 $\beta$ 错误的发生率。由于生物医学的误差较大，$P<0.01$ 的结果较为少见。显著性水平过高或过低分别有Ⅱ（$\beta$）类假阴性错误或Ⅰ（$\alpha$）类假阳性错误的风险（表 1-3-4）。

表 1-3-4 实际 $H_0$ 与统计显著性的关系

| | $H_0$ 真 | $H_0$ 假 |
|---|---|---|
| 统计不显著（不拒绝 $H_0$） | 结论正确 | Ⅱ类或 $\beta$ 错误（假阳性） |
| 统计显著（拒绝 $H_0$） | Ⅰ类或 $\alpha$ 错误（假阳性） | 结论正确 |

Ⅰ类或 $\alpha$ 错误在于其拒绝了真实存在的 $H_0$；Ⅱ类或 $\beta$ 错误在于不拒绝实际是错误的 $H_0$。

**(4) 把握度**

生物医学实验成功的把握度一般为 70%～80%。

#### 1.3.2.4 参数检验

在态性、方差齐性和假设检验的基础上，根据数据类型与分布、变量和样本数量选择适宜的参数或非参数检验。

**(1) $t$（$U$、$t'$）检验**

1）变量 1 个，样本数 1 个：应给出的统计量为总体均数 $\mu$，样本均数 $\bar{x}$。样本均数

的标准误差 $S_{\bar{x}}$，应用 $\bar{x}$ 与 $\mu$ 比较 $t$ 检验，

$$t = \frac{|\bar{x} - \mu|}{S_{\bar{x}}}, df = n - 1。$$

2）变量1个，样本数2个且配对：需给出的统计量为两样本差值的均数 $\bar{d}$ 和差值均数的标准误 $S_{\bar{d}}$，采用配对 $t$ 检验，

$$t = \frac{|\bar{d} - 0|}{S_{\bar{d}}}, df = n - 1。$$

3）变量1个，样本数2个，不配对：应给出样本1的均数 $\bar{x}_1$，样本2的均数 $\bar{x}_2$，两样本均数差值的标准误 $S_{\bar{x}_1 - \bar{x}_2}$ 等统计量，进行成组比较 $t$ 检验，

$$t = \frac{|\bar{x}_1 - \bar{x}_2|}{S_{\bar{x}_1 - \bar{x}_2}} = \frac{|\bar{x}_1 - \bar{x}_2|}{\sqrt{Sc^2\left(\frac{1}{n_1} + \frac{1}{n_2}\right)}}$$

$$= \frac{|\bar{x}_1 - \bar{x}_2|}{\sqrt{\frac{\sum x_1^2 - \frac{(\sum x_1)^2}{n_1} + \sum x_2^2 - \frac{(\sum x_2)^2}{n_2}}{n_1 + n_2 - 2}\left(\frac{1}{n_1} + \frac{1}{n_2}\right)}}$$

$$df = n_1 + n_2 - 2。$$

4）变量1个，样本数2个，样本含量≥100：需给出 $\bar{x}_1$、$\bar{x}_2$、$S_1^2$、$S_2^2$、$S_{\bar{x}_1}^2$、$S_{\bar{x}_2}^2$ 等统计量，进行 $U$ 检验，

$$U = \frac{|\bar{x}_1 - \bar{x}_2|}{\sqrt{\frac{S_1^2}{n^1} + \frac{S_2^2}{n^2}}} = \frac{|\bar{x}_1 - \bar{x}_2|}{\sqrt{S\frac{2}{x} + S\frac{2}{x_2}}}$$

$df = n - 1$；不需查界值，$U_{0.05} = 1.96$，$U_{0.01} = 2.58$。

5）变量1个，样本数2个，但方差不齐。需给出 $\bar{x}_1$、$\bar{x}_2$、$S_1^2$、$S_2^2$，进行 $t'$ 检验，

$$t' = \frac{|\bar{x}_1 - \bar{x}_2|}{\sqrt{\frac{S_1^2}{n_1} + \frac{S_1^2}{n_2}}}$$

$$t'_a = \frac{S\frac{2}{\bar{x}_1} t_d df_1 + S\frac{2}{\bar{x}_2} + t_d df_2}{S_{\bar{x}_1}^2 + S_{\bar{x}_2}^2}, df_1 = n_1 - 1, df_2 = n_2 - 1。$$

**(2) F 检验**

1）变量或因素1个，样本数3个以上：需给出的统计量为总均数 $\bar{X}$，各组样本均数 $\bar{X}_i$，各组样本例数和 $\sum_{j=1}^{ni} xij$ 与平方和 $\sum_{j=1}^{ni} xij^2$，以及总例数和 $\sum x$ 及平方和 $\sum x^2$，并通过这些统计量计算出总变异（$t$）、组内变异（$W$）与组间变异（$B$）的离均差平方和（$SS$）及均方（$MS$），进行单因素方差分析（表1-3-5）。

表 1-3-5　方差分析

| 变异源 | $df$ | $SS$ | $MS$ | $F$ |
|---|---|---|---|---|
| $t$ | $n-1$ | $SS_t$ | | |
| $B$ | $k-1$ | $SS_B$ | $MS_1 = \dfrac{SS_1}{k_1(k_2-1)}$ | |
| $W$ | $(n-1)-(k-1)=n-k$ | $SS_W$ | $MS_2 = \dfrac{SS_2}{k_1-1}$ | $F=\dfrac{MS_B/k-1}{MS_W/n-k}$ |

$$SS_t = \sum_{i=1}^{k}\sum_{j=1}^{ni}(xij-\bar{x})^2 = \sum x^2 - \frac{(\sum x)^2}{n}$$

$$SS_B = \sum_{j=1}^{K} ni(\bar{x}_i-\bar{x})^2 = \sum_{j=1}^{K} \frac{\left(\sum_{j=1}^{N_i} xij\right)^2}{n_i} - \frac{(\sum x)^2}{n}$$

$$SS_W = \sum_{i=1}^{K}\sum_{j=1}^{n_i}(xij-\bar{x}_i)^2 。$$

2) 变量或因素 2 个，无重复：需给出总均数 $\bar{x}$，各组样本均数 $\bar{x}_i$，处理组样本例数之和 $\sum_{j=1}^{b} xij^2$ 与平方和 $\sum_{j=1}^{b} xij^2$，配伍组样本例数之和 $\sum_{j=1}^{a} xij^2$ 与平方和 $\sum_{i=1}^{a} xij^2$，总例数之和 $\sum x$ 与平方和 $\sum x^2$，算出各自的离均差平方和（SS），应用双因素方差分析，

$$SS_t = \sum x^2 - \frac{(\sum x)^2}{n},\ df_t = n-1;$$

$$SS_b = \sum_{i=1}^{a} \frac{\left(\sum_{i=1}^{b} xij\right)^2}{b} - \frac{(\sum x)^2}{n},\ df_b = a-1;$$

$$SS_a = \sum_{j=1}^{b} \frac{\left(\sum_{j=1}^{b} xij\right)^2}{a} - \frac{(\sum x)^2}{n},\ df_a = b-1;\ df_{\text{ferror}} = (a-1)(b-1)$$

$$F = \frac{MS_t}{MS_{\text{error}}} = \frac{SS_b/a-1}{SS_{\text{error}}/(a-1)(b-1)}$$

$$F = \frac{MS_a}{MS_{\text{error}}} = \frac{SS_a/b-1}{SS_{\text{error}}/(a-1)(b-1)} 。$$

3) 变量或因素 2 个，有重复：需给出校正系数 $C = \dfrac{(\sum X)^2}{n}$

$$SS_t = \sum x^2 - C,\ df_t = n-1$$

$$SS_T = \sum_{ij} \frac{(\sum x)^2 ij}{n} - C\ (T=处理),\ df_T = a\text{ 的水平数} \times b\text{ 的水平数}$$

$$SS_a = \sum_{i} \frac{(\sum x)^2 i}{ni} - C,\ df_a = a\text{ 的水平数} - 1$$

$$SS_b = \sum_j \frac{(\sum X)^2 j}{nj} - C, \quad df_b = b \text{ 的水平数} - 1$$

$$SS_{ab} = SS_T - SS_a - SS_b, \quad df_{ab} = df_T - df_a - df_b$$

$$SS_{\text{error}} = SS_t - SS_T, \quad df_{\text{error}} = df_t - df_T.$$

$$F = \frac{MS_{ab}}{MS_{\text{error}}}。$$

4) 变量或因素 3 个以上并有交互作用：以 $a$、$b$、$c$ 三个因素为例，需给出的统计量有总变异的离均差平方和，$a$ 间、$b$ 间、$c$ 间、$a \times b$、$a \times c$、$b \times c$、$a \times b \times c$ 及误差（error）变异的离均差平方和与均方，进行方差分析。

5) 两两比较：上述多组均数间的假设检验，是对多组均数整体的检验，如有显著差异，尚需进行两组均数之间的两两比较，才能得出各有关两个均数之间差异的显著与否及其程度，通常有 Neuman-Keuls（N-K）、Duncan 和 Tukey HSD 等三种方法，其中以 N-K 或 $q$ 检验最为常用，

$$q = \frac{|\bar{x}_1 - \bar{x}_2|}{S_{\bar{x}_1 - \bar{x}_2}}$$

$n_i$ 相等时，$S_{\bar{x}_1 - \bar{x}_2} = \sqrt{\dfrac{MS_{\text{error}}}{n}}$

$n_i$ 不等时，$SS_{\bar{x}_1 - \bar{x}_2} = \sqrt{\dfrac{MS_{\text{error}}}{2} \left( \dfrac{1}{n_a} + \dfrac{1}{n_b} \right)}$。

### 1.3.2.5 非参数检验

**(1) $\chi^2$ 检验**

记数数据适于 $\chi^2$ 检验。$\chi^2$ 检验是列联表分析的主要内容之一，能对两组或两组以上的率或构成比之间的差异，作显著性检验。

1) 指标 1 个，两组：需给出的统计量为两组总组数的理论指标，应用行×列或四格表 $\chi^2$ 检验法，并以后者为简便，如：

$$\chi^2 = \frac{(ab - bc)^2 n}{(a+b)(c+d)(a+c)(b+d)};$$

若 $1 < T < 5$ 且 $n > 40$，用校正式，

$$\chi^2 = \sum \frac{(|A - T| - 0.5)^2}{T} \quad (T \text{ 为理论值}, A \text{ 为观测值});$$

若 $T < 1$ 或 $n < 40$，需用确切概率法，

$$P = \frac{(a+b)!(c+d)!(a+c)!(b+d)!}{a!b!c!d!n!}。$$

2) 指标 2 个，两组配对：给出如 1) 的相应统计量，应用配对设计数资料 $\chi^2$ 检验，

$$\chi^2 = \frac{(A - T)^2}{T} \text{ 或}$$

$$\chi^2 = \frac{(b - c)^2}{b + c}。$$

3) 指标 1 个，两组以上：给出如 1) 的相应统计量，采用行×列 $\chi^2$ 检验，

$$\chi^2 = \sum \frac{(A-T)^2}{T}, df(行-1)(列-1);$$

有显著意义时，需进行多组间的两两比较，检验水平

$$\alpha' = \frac{\alpha}{n} = \alpha/C^2 n$$
$$= \alpha \Big/ \frac{n(n-1)}{2} (n 为参加检验的组数);$$

如多个实验组与同一个对照组比较，

检验水平 $\alpha' = \frac{\alpha}{k-1}$（$k$ 为实验组与对照组之和）。

**(2) 秩和检验**

等级数据或计量、计数资料转化来的等级数据的检验方法很多，一般采用 Rigit（$\overline{R}$）或秩和检验。前者需首先选出一个标准组，所需统计量主要是 $\overline{R}$ 值，需计算标准组与其他各组的 $\overline{R}$ 值，$\overline{R} = \frac{\sum fR}{n}$，其中 $f$ 为各等级的例数，$R$ 为各等级的值，$n$ 为总例数；但以秩和检验为常用，特别是拟比较的各组例数较少时。

1) 变量 1 个，样本 2 个，并配对：检验步骤为①设 $H_0$；②求秩和，求差数，排序，计算秩次；③以秩和绝对值较小者为 $T$ 值，$T=\min(T_+, T_-)$；④查界值表，若 $T > T_{0.05}$，则 $P < 0.05$。

2) 变量 1 个，样本 2 个，未配对：①设 $H_0$；②排序，算秩次，求秩和 $T=Tn$（min）；③查界值表。

3) 变量 1 个，样本多个：应做 $H$ 检验，$H = \frac{12}{n(n+1)} \sum \frac{R_i^2}{n_i} - 3(n+1)$，$R_i$ 为第 $i$ 个样本的秩和，$n_i$ 为样本含量，$n = \sum n_i$，查表求 $H_\alpha$，有显著意义时，按推广的 $t$ 检验作两两比较

$$t = \frac{|\overline{R}_a - \overline{R}_b|}{\sqrt{\frac{n(n+1)(n-1-H)}{n_2(n-k)}\left(\frac{1}{n_a}\right)}}, df = n-k,$$

式中，$\overline{R}_a = R_a/n_a$，$\overline{R}_b = R_b/n_b$，$n$ 为各处理组的总例数，$H$ 为 $H$ 检验得到的 $H$ 值，$k$ 为处理组数。

**(3) 相对危险比**（relative risk，RR）

流行病学研究，主要分析暴露于某因素是否与某相关疾病发生之间的联系。队列研究中，暴露人群不一定全部发生某病，未暴露人群也会有人发生某病。因此，可

表 1-3-6 队列研究 2×2 表

| | 患某病 | 未患某病 |
|---|---|---|
| 暴露组 | $a$ | $b$ |
| 非暴露组 | $c$ | $d$ |
| 因 ——→ 果 | | |

用暴露人群的发病率之比 RR 衡量相对危险率（表 1-3-6）。

$$RR = \frac{a/(a+b)}{c/(c+d)} \quad (求 \chi^2 与 P 值)$$

如 RR＝1，两组发病率相同，暴露与发病无联系或某因素不是某病的病因；RR＞1 则暴露人群发病率显著高于非暴露人群，某因素很可能是某病病因；RR＜1 则某因素不仅不是某病病因，而且可能对某病有保护作用。

表 1-3-7  病例对照研究 2×2 表

|  | 病例 | 对照 |
|---|---|---|
| 有暴露史 | $a$ | $b$ |
| 无暴露史 | $c$ | $d$ |

因 ← 果

**(4) 差比**（odds ratio, OR）

某一事件的发生率 $P$，其与某一事件未发生率 $(1-P)$ 的比值 $P/(1-P)$，即差比，OR（表 1-3-7），

$$OR = \frac{a/c}{b/d} = ad/bc \quad (求 \chi^2 与 P)$$

病例对照研究中，如暴露组发病率很低时，OR 与 RR 值非常接近。

#### 1.3.2.6  相关与回归

为了解两变量或两因素间的相关联系与依存关系，需作相关与回归分析，求相关系数（$r$）和回归系数（$b$）及其显著性与回归方程。

**(1) 直线相关**

列表列出原始数据（$x$、$y$）、算出 $x^2$、$y^2$ 和 $xy$ 值，求 $r$，判定相关程度（$-1 \sim +1$）

$$r = \frac{\sum(x-\bar{x})(y-\bar{y})}{\sqrt{\sum(x-\bar{x})^2} \cdot \sqrt{\sum(y-\bar{y})^2}},$$

$$t_r = \frac{r-0}{\sqrt{\frac{1-r^2}{n-2}}} = \frac{r\sqrt{n-2}}{\sqrt{1-r^2}}。$$

**(2) 等级（秩次）相关**

设总体相关系数为 $P=0$，计算样本等级相关系数 $r_s$，

$$r_s = 1 - \frac{6\sum d^2}{n(n^2-1)},$$

查界值表与 $r_{sa}$ 比较，求 $P$ 值。

**(3) 直线回归**

一般用最小二乘法，找出一条直线，使各个点到该直线的纵向距离的平方和为最小，求出两变量关系的直线方程 $\bar{y}$，

$$\bar{y} = a + bx$$

式中，$\bar{y}$ 为由 $x$ 推 $y$ 的估计值或回归值，$a$ 为截距，$x=0$ 时的 $\bar{y}$ 值，$b$ 为回归系数为回归直线的斜率 $b$，

$$b = \frac{\sum(x-\bar{x})(y-\bar{y})}{\sum(x-\bar{x})^2},$$

$$t_b = \frac{|b-0|}{S_b} = \frac{|b|}{S_b}$$

$$S_b = \frac{S_{yx}}{\sqrt{\sum(x-\bar{x})^2}}$$

$$S_{yx} = \sqrt{\frac{\sum(y-\bar{y})^2}{n-2}}$$

$$t_b = \frac{|b|}{\frac{\sqrt{\frac{\sum(y-\bar{y})^2}{n-2}}}{\sqrt{\sum(x-\bar{x})^2}}}$$

查 $t$ 值表，与 $t_a$ 比较。

**(4) 协方差分析**

协方差分析为线性回归与方差分析结合的一种方法，利用回归关系把与因素变 $y$ 值呈直线关系的自变量 $x$ 值化成相等后，进行方差分析，能消除无关的和不可控的混杂因素或协变量的影响，比较修正均数之间的差异，亦可从终值中消除始值参差不等的影响，从而对调整后终值进行比较。

一般先用直线回归方法找出 $x$ 与各组 $y$ 之间的数量关系，求出假定 $x$ 相等时的修正均数 $\bar{y}_1, \bar{y}_2, \cdots, \bar{y}_K$，然后用方差分析比较修正均数之间的差别。

**(5) 多元回归**

多元回归为直线回归的扩展，用两个以上的自变量 $x_1, x_2, \cdots, x_K$ 推其一个因变量 $y$ 的 $k$ 元线性方程，其一般形式为：

$$y = b_0 + b_1 x_1 + b_2 x_2 + \cdots + b_K x_K,$$

式中，$b_1, b_2, \cdots, b_K$ 为偏回归系数，$b_0$ 为常数项、截距。

一般先计算各变量之间的两个相关系数，建立偏回归系数正规方程组，求出复相关系数 $R$ 或 $R^2$（决定系数），说明因变量 $y$ 与各个自变量 $x_i$ 之间密切程度，$R^2 = \frac{SS_r}{SS_t}$，$R$ 为正值，$0 \leqslant R \leqslant 1$，其显著性依 $F$ 检验判断，如 $F$ 的概率 $<0.05$，则因为方程中至少有一个偏回归系数不等于 0；如 $R_2$ 为 0.9，则 90% 因变量 $y$ 可用自变量 $x$ 的线性关系来解释。

**(6) 多元逐步回归**

为保证留在回归方程中的自变量 $x_i$ 都具有显著意义，在每次由大到小向方程引入

一个新的自变量后,均对原方程中的其他自变量逐一进行显著性检验,剔除不显著的 $x_i$,从而得到最优效果的方程。

## 1.3.3 专业分析

统计分析是重要的,但统计分析不能代替专业的观察与思考。统计分析在于处理已存在的事实,在于证实专业分析可能得出的创造性,而不能取而代之。许多伟大的发现基于专业的观察与思考,从一些极小的偶然事件得到启迪并成为创新或发现的开始;而这些偶然的事件在统计学中有时却被认为是误差或偏倚。在生物医学实验研究中,最难的莫过于对实验结果做出科学与合理的解释。专业分析必须审视整个课题的全局,做出审慎而恰如其分的理论概括,并得出相应的结论。

### 1.3.3.1 实验方法学的再思考

在统计分析的基础上,在对实验结果进行专业分析之前,需对实验结果赖以得出的方法学进行认真的回顾与反思。

**(1) 实验设计是否严谨**

专业、对照和统计等三大实验设计是否合理与严谨。有些疾患如感冒可不经治疗而自愈;在有些治疗无效的情况下改用他法得到的疗效显著,既可能是原处理的蓄积作用,也可能是由于停用原处理的结果。在这些情况下,需考虑实验设计中是否未做空白对照或有效对照,新旧两种处理之间反应变量是否回到基线以及顺序误差是否做了排除。

实验分组中有意无意地将轻、重病例分别分到实验组和对照组,从而得出实验因素具有显著作用的结论。历史上有人为了观察一种抗晕药的效果,竟将全体水手作为实验组给予该药,全体乘客作为对照组给予安慰剂,从而得到实验组无一例发生晕船,而对照组全部发生晕船的"奇效"。

实验观察中虚假重复的现象也时有发生。在两个儿童身上观察某一牙膏防龋齿的效果,经若干次试用后作为对照的甲儿童有 8 个牙齿出现龋齿,而作为实验的乙儿童未见 1 个牙齿发生龋齿,观察者竟然用 8∶0 而不是 1∶0 的比例,来说明防龋齿效果如何之"好"。

实验设计中对于实验因素中的特异(Fs)与非特异(Fg)成分对反应变量的影响常疏于严谨的设计,未安排严格的假处理对照,以至难以排除 Fg 的作用。例如,刺激或损伤某一中枢核团后分别得到阳性或阴性结果时,不能排除麻醉、手术和插入电极等 Fg 的作用,而简单地归之于 Fs 电流的作用。在分析对某脑区施行神经组织移植或进行"细胞刀"治疗的效果时,也有必要排除假处理或 Fg 的作用。特别是对某一核团或脑区进行处理时所得到的效应,如何排除过路纤维而不是该核区自身的作用,也常为人们所忽视。

### (2) 实验过程是否正常

实验观察过程中实验单位是否真的处于应有的健康状态，反应变量是否处于正常的变异状态，特别是后对照是否与前对照处于同一水平。有时实验单位已处于异常、病态甚至已死亡时，仍被误认为健康或正常。特别是在一些亚急性或慢性实验中，实验单位由于生长或老化等变异而不能按原设计的基础状态对反应变量进行比较时，空白对照设计很有必要。

### (3) 统计分析过程是否得当

有无统计正态分布的计量数据采用了非参数统计，从而损失信息或导致差异不显著？有无偏态分布数据被误作参数检验，从而得不到显著的效果？有无备择假设 $\mu_1 \neq \mu_2$ 应该用双边检验而不当地采用单边或 $\mu_1 < \mu_2$、$\mu_1 > \mu_2$，以及 $\alpha$ 界值的设定是否偏严或偏宽？

一般地讲，在统计处理显著时，需核实各种干扰因素或偏差控制的好坏；统计处理不显著时，需考虑反应变量灵敏性是否足够大和误差偏倚是否过多。做相关分析时，对于一组数据混合统计时 $r=0$，但如将有关数据分列统计时则有可能见到 $r$ 值增大，并可能说明实际问题（图 1-3-9）。

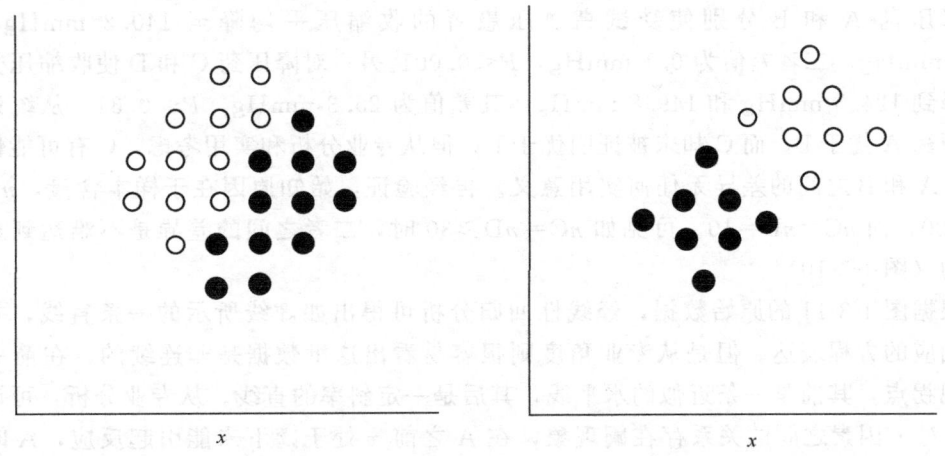

图 1-3-9　两小组观察值合并前后回归分析的比较
当观察值合并后，原来小组中存在的相关看不到，虽然两小组合并后得到一个相关，
但原来小组并无相关

在对于 $r=0.4$、$P_r=0.01$ 的结果，从统计学上认为有非常显著的相关，但从实用意义看，该相关只能说明 0.16% 或 16% 的变异，而不能说明余下的 84% 的变异（表1-3-8）。

表 1-3-8　相关系数的作用

| r | 可能解释的变异/% | 尚不能解释的变异/% |
| --- | --- | --- |
| 0 | 0 | 100 |
| 0.1 | 1 | 99 |
| 0.2 | 4 | 96 |
| 0.3 | 9 | 81 |
| 0.4 | 16 | 84 |
| 0.5 | 25 | 75 |
| 0.6 | 36 | 64 |
| 0.7 | 49 | 51 |
| 0.8 | 64 | 36 |
| 0.9 | 81 | 19 |
| 1.0 | 100 | 0 |

### 1.3.3.2　实验结果的再认定

对于已经经过统计处理的实验结果，需从专业或实用意义的角度予以认定。统计学的显著性检验结果主要说明抽样误差可能性的大小，而不能代表学术价值和实用意义的有无或高低。

降压药 A 和 B 分别使受试高血压患者的收缩压平均降至 140.2 mmHg* 和 140.3 mmHg，二者差值为 0.1 mmHg，$P<0.001$。另一对降压药 C 和 D 使收缩压分别平均降到 124.5 mmHg 和 149.8 mmHg，其差值为 25.3 mmHg，$P<0.31$。从统计学看降压药 A 优于 B，而 C 却未被证明优于 D；但从专业分析和实用考虑，C 有可能优于 D，而 A 和 B 之间的差异无任何实用意义。再经验证，始知原因在于样本含量，$nA=nB=500$，而 $nC=nD=10$。可见如 $nC=nD\geqslant 30$ 时，二者之间的差异是不难达到显著水平的（图 1-3-10）。

根据图 1-3-11 的原始数据，经线性回归分析可得出如虚线所示的一条直线，并可得出相应的方程表达。但是从专业角度则很容易看出这批数据是非连续的，在箭头 A 处出现拐点，其前是一条近似的水平线，其后是一定斜率的直线。从专业分析，可认为 $y$ 变量对 $x$ 因素之间的关系存在阈现象，在 A 之前 $x$ 处于阈下未能引起反应，A 时达阈水平，始引起反应，并且 $y$ 反应随 $x$ 因素的增强而线性增长。

图 1-3-12 示有关肌神经切断前后锻炼对肌血流量的效应。$C_1$、$C_2$ 为对照时相，$E_1$ 为神经切断前的锻炼时相，$E_2$ 为神经切断后的锻炼时相。如统计 $E_1$ 和 $E_2$ 时肌血流量终值的变化，$E_2$ 高于 $E_1$，可能得出去神经支配下锻炼使肌血流量增加的结论。但从专业角度，可以看出：①切断神经后基线上移，提示血流量增多、血管舒张；②$E_1$ 时血流量增加的绝对值要高于 $E_2$；③$E_1$ 时的血流量增加斜率快于 $E_2$ 时的斜率。并可据以得出：①该神经正常时对血管紧张性有抑制作用，所以切断后血管舒张，血流量增多；②与上述统计结果相反，在去神经支配条件下，锻炼增加血流量幅度小于神经支配完整

---

\* 1 mmHg=0.133 kPa，后同。

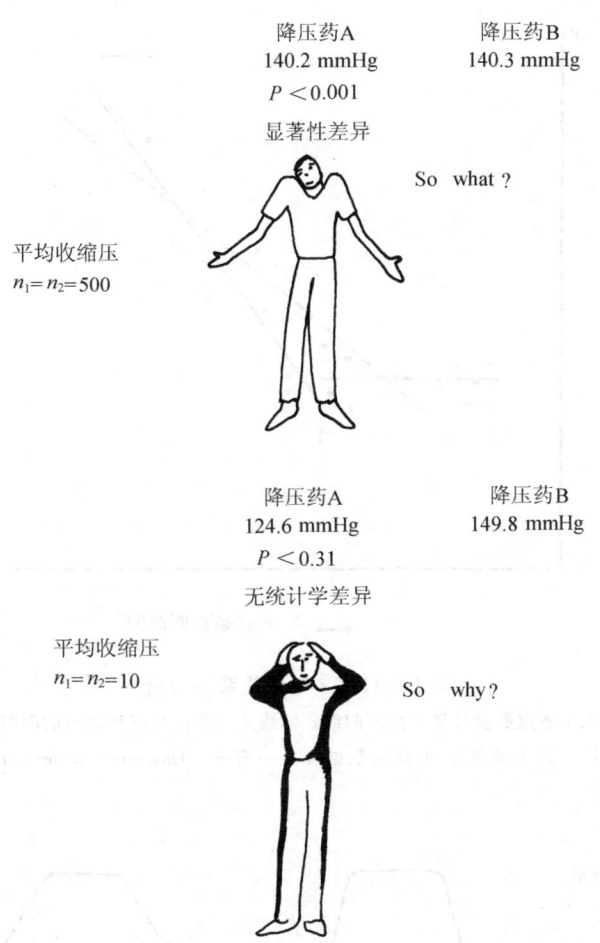

图 1-3-10 统计分析与专业分析的重要差别示例
(Dawson-Sounders and Trapp, 1994)

时锻炼的效应；③去神经支配后肌肉血流量增加速率变低。

### 1.3.3.3 与工作假说的比较

实验结果与工作假说符合与否是专业分析的一个重点。实验结果与工作假说一致的结果常被看做是阳性结果；而未能证实工作假说的结果则被视为阴性结果。实际情况往往并不如此单纯，应有胜不骄、败不馁的准备。

得到"阳性"结果时，工作假说（Hw）与实际结果（R）之间可能有 4 种情况：①Hw 真、R 真（真阳性）；②Hw 真、R 假（真阴性）；③Hw 假、R 真（假阴性）；④Hw 假、R 假（假阳性）。①、④时结果与假设一致；②、③时结果与假设不一致需作仔细分析。

当无效假设（$H_0$）假、备择假设（Ha）真，但统计判定却接受 $H_0$ 时，会出现 II 类或 β 错误，实际是一种假阴性；而当 $H_0$ 真、Ha 假，而统计判定却拒绝 $H_0$ 时，则会

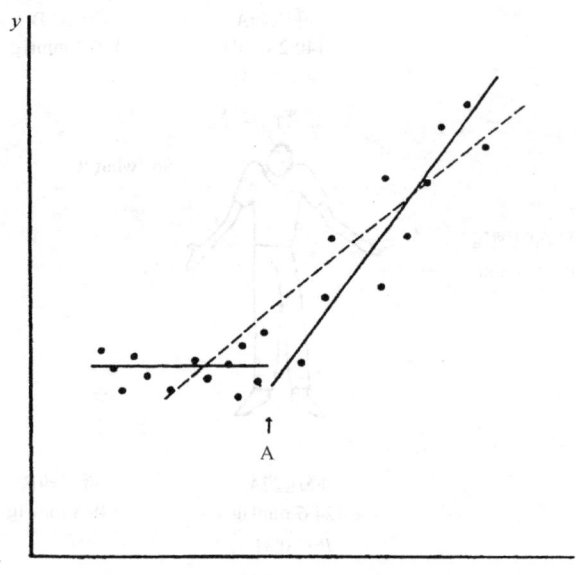

图 1-3-11 $x$ 与 $y$ 关系的分析

虚线为由图上各点数据计算出的回归线；实线为对各点数据目测出的回归线，在 A 点出现中断，高于或低于 A 点的数据各成一直线（Dawson-Sounders and Trapp，1994）

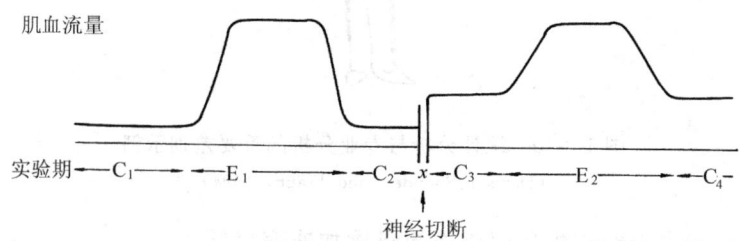

图 1-3-12 有关肌神经切断（$x$）前后运动对肌血流量的影响

$C_1$、$C_2$、$C_3$ 与 $C_4$ 分别为肌神经切断前与后的对照时相；$E_1$、$E_2$ 分别为肌神经切断前后的运动时相（Scott and Waterhouse，1986）

出现 I 类或 α 错误，而出现假阳性。在统计学上，II 类或 β 错误多由于 α 偏大或将双边检验变成单边检验，从而易于出现假阴性；I 类或 β 错误多由于 α 偏小或本应单边检验而实际执行双边检验，从而出现假阳性。

有时还可能出现所谓的第 III 类错误，即预言证明（prophesy verification）错误，出现 Hw 假 R 亦假的假阳性错误，例如，既然有 A 则必然有 B（预言），现在既然看到 B，A 必然是真的。兔跳跃运动必有听觉参与，实验验证枪声响→兔跳起；不跳则听觉失灵（预言），切去双后肢，再响枪，兔不跳（预言实现），结论为切去双后肢兔的听觉失灵。又如，醛固酮升高导致高血压，某人患高血压，某人的醛固酮必高。

对阳性结果的最好验证是重复和证伪。对阴性结果科学工作者不能气馁，因为剧作家歌德说过"人们要有所追求，就不能不犯错误"，何况我们的古训"失败乃成功之母"。

如上所述，与工作假说不一致的结果，可能是由于 Hw 真、R 假，或 Ha 假、R 真。此时需注意有无"第三者介入"的影响。如 Ha 刺激颈动脉体导致心率减少，但 R 却是使心率增加。经检查是由于通气这个"第三者"在起作用，刺激交感神经，通气量增大，导致心率增加，与 Ha 不一致。而如果将通气量予以控制，则心率降低，与 Ha 一致。又如，Ha 刺激交感神经，心冠状动脉血流量减少，但 R 却是血流量增加，经检查，其"第三者"是心搏的力量和速率，而在每搏输出量和心搏速率受控条件下，Ha 的效应即可出现。

特别是 Hw 假、R 真的情况有时会带来新的发现。例如，Hw 醛固酮促进肾小管对 Na 的重吸收。但连续注射皮质醛固酮的结果却是 Na 重吸收下降，是一种 Hw 假、R 真的情况，经反复证明，确实总是出现这种钠逃逸（Na escape）的现象，从而利钠素（Na-losing or natriuretic factor）被发现。人们常用四氧嘧啶（alloxan）复制动物糖尿病模型，但其结果却与胰腺切除所致的糖尿病不完全等同，以致未能证明四氧嘧啶糖尿病与切胰后的糖尿病相同的 Hw，实际是 Hw 假、R 真的情况，并进一步发现来自胰腺的 α 细胞的高血糖素（glucagon）。

### 1.3.3.4　与现有理论比较

在将实验结果与自己的工作假说比较的基础上，还需与他人或前人的结果或现有的理论或定论进行比较，才能体现自己结果的学术价值与理论水平。与工作假说比较相类似，与现有理论或结果比较时也存在：①理论（T）真、R 真；②T 真、R 假；③T 假、R 真；④T 假、R 假等四种可能性。其中①、④表现出 T 与 R 一致，②、③表现为 T 与 R 不一致。

如果 R 与 T 一致，容易使人感到安全，以为是 T 真 R 也真，以为自己的结果肯定了现有理论，但必须注意有无 T 假、R 假，错误的 R 验证了错误的 T。

对于乳牛常见的一种产乳热，一位丹麦兽医提出其机制是一种自身中毒，因乳腺中的初乳小体和变性的上皮细胞吸收毒素所致；向牛乳腺注射碘化钾溶液，并为帮助碘化钾游离同时注入小量空气进行治疗时，非常成功地获得显效，并被作为常规疗法予以推广应用。但后来发现单独只注射空气也能产生同样的显著效果。所以 R 与 T 的符合，对于证明现有理论的正确性只有相对的意义。理论的正确与否常需经历长时间的考验。

Barany 曾因内耳前庭淋巴液通过温度对流以保持人体平衡的理论，于 1914 年获诺贝尔奖，并成为耳科临床平衡功能测试的一项有效的常规检验。但是后来在哥伦比亚号航天飞机上进行的观察表明，所有 4 名受试的宇航员在太空由于失重而不发生温度对流的条件下，此项实验的效果与地球上效应完全相同，甚至反应更为明显，显然与 Barany 的理论不符，提示原有的 Barany 理论是不正确的。

历史往往有惊人的相似性。已有的科学定论会由于万里晴空中飘来的几朵乌云，而失去原有的光彩。DNA→RNA→蛋白质这一公认的中心法则，由于RSV病毒和反转录酶的发现而不得不得到修正，即遗传信息也可以由RNA反方向流向DNA。双链DNA的公认构造，由于单链和三链DNA的发现，双链DNA的至高无上和独一无二的地位也不能不受到挑战。

由Eccles提出的一种神经末梢只分泌一种神经递质的Dale原理，由于突触前末梢中几种不同递质的共存与共释，Dale原理因而也需要加上新的注释。脊髓背角神经元只向一个中枢核团投射的定论，由于向两个核团投射的有分叉轴突的神经元的发现，而不得改变单投射的一统天下。

可见，当R与T发生矛盾和不一致时，有关R的解释会发现新的困难，原有理论可被否定和修正。这种因祸得福或坏事变好事无疑是大自然对人们的一种恩赐。但是T本身正确，而R错误或R是假象的情况也时有发生，这又不能不引起警惕。神经纤维的兴奋性的高低与其直径的粗细成反比，即直径粗阈值低或直径细阈值高的事实，已经为千百次实验所认定，但是有人的R却与此相反，得到了粗纤维的阈值高于细纤维的R，并以为是什么新发现并申报科研成果奖，实际这是一种假象。

### 1.3.3.5 与流行趋势比较

将实验结果与当时的流行趋势或潮流进行比较，有时也很必要。一种新方法、新处理的出现和发展往往经历不同的评价过程，开始时往往被夸大，随后初步稳定，再后失望，最后才是恰如其分的评价（图1-3-13）。

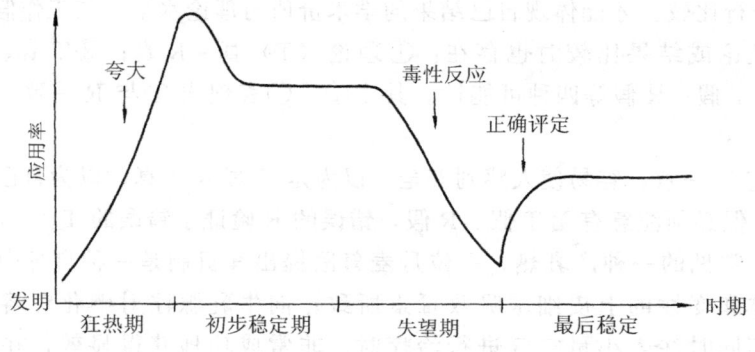

图1-3-13　新药的评价历程
(Spinks, 1958)

在历史上，磺胺的发现、巴甫洛夫学说、塞里学说乃至组织疗法、甩手疗法、鸡血疗法均曾流行一时。实验结果与现有潮流相符或不符时，亦应考虑如何不去牵强附会、随波逐流，而发扬坚信真理在少数人手里的反潮流精神。

在与现有趋势进行比较时，亦应注意习惯势力和思维惰性乃至文人相轻的负面影响。人们对于新的发现或结果有时会出现一种"三部曲"式的评价过程。开始时嘲笑某结果不是真的，是不可能的，没什么用的；然后可能认为是新发现，可能有点真东西、新东西；最后则认为该结果不是什么完全新的，而是早已有的或早已被预见到的等等非议。可以说一件完全崭新的新生事物，完全不受到一点非议的情况，几乎是绝无仅有，特别是在前人已有答案、与该答案全然对立的新的反常发现，是很难得到顺利通过和认可的。

对于空气中 $O_2$ 的发现曾几经反复。开始人们认为一切燃烧的物体都会有一种"燃素"，当该物体燃烧时，这种"燃素"会从该物体中分离出来，这种提法不管正确与否，均与当时古希腊哲学家提出火、水、气、土等四气的传统一致。到了1774年，英国的普利斯特分析出了一种新的气体，在未研究这种气体到底是什么的情况下，慑于已有的四气"威力"，宣称这种气体为"无燃素气体"。过了不久瑞典的舍勒也从空气中分析出了这种气体，并证明通过燃烧这种气体即消失，但他也屈服于现有的理论或趋势，将它称之为"火气"。

当法国人拉瓦锡得知普利斯特和舍勒的发现后，即根据这个事实，靠一台天平的帮助，通过实验反复研究整个"燃素论"的化学理论，证明这种气体既不是什么"无燃素气体"，也不属于与火元素同一的"火气"，而是一种新的化学元素 $O_2$，提出物体燃烧时并非有"燃素"从物体分离出来，而是这种元素化合到物体中去（即现在的氧化）。拉瓦锡对于 $O_2$ 的发现推翻了全部"燃素说"，因而受到颇多的责难，不是说他的实验有"缺点"，就是说他所用的天平"不准确"。拉瓦锡没有屈服，而是用一个比一个更新颖更有说服力的实验，使反对者们心悦诚服地说出"要否认明摆着的事实是有困难的，拉瓦锡的确没错"。

当 Harvey 发现血液是循环的这一新现象时，曾由于其结果与流传几千年的 Galen 潮汐说不符，而"害怕发表"，更害怕宗教势力的干预，而感到"后果不堪设想"并因而不寒而栗。

### 1.3.3.6 对实验结果的理论解释

通过资料整理、统计分析和专业分析，实验所获得的原始数据或经验事实可以转化为实验结果，实验结果尚需通过理性思考加工成为能正确反映客观实际的客观事实。这时人们既必须忠实于自己的实验结果，又不能完全"忠实"于它，需对之进行"去粗取精、去伪存真"的加工、推理、概括和抽象，使之成为观念、概念或理论，不仅用以解释已有事实，又能旁及或预言相关事实。而且，既不能以偏盖全，先入之见，也不能缩手缩脚，就事论事，而要做适当的引申或必要的外推。

当初 Bucker 发现鸡胚神经纤维向植入的肉瘤茁壮生长的事实，没有做出必要的引申，而停留于现象本身，从而与 NGF 的发现失之交臂。Levi-Montalcini 正是在成功地重复 Bucker 发现的基础上，引申出该现象的背后存在化学因子 NGF 的推论，才得以不断把实验引向深入，并最后同受此启发而发现 EGF 的 Cohen 一起，登上诺贝尔奖颁奖台。

Hodgkin 和 Huxley 根据自己的实验事实，先后归纳出动作电位产生的钠学说和双通道学说,既将他们的实验一步步地引向深入,更为他们最后获得诺贝尔奖铺平道路。Wall 和 Melzack 根据他们有限的实验结果,提出闸门学说,提出细纤维激活投射神经系统引起疼痛,而粗纤维传入通过对细纤维末梢的突触前抑制而产生镇痛作用。这一理论随后虽经补充修正,但对西方的经皮刺激神经疗法和祖国医学针刺镇痛研究的深入和推广应用,均起到了积极作用。如果再引用 Einstein 的 $E=mV^2$ 这一结论对原子能研究和应用的巨大作用,我们会更加意识到对实验结果进行理论概括的极其重要性。

对实验结果的引申以内插法最保险,但以外推法最有刺激性,尽管需冒较大的风险。由于动物模型与人原型的某种相似性,人们才往往以动物模型代替人原型,并作为研究人原型的重要来源。但在引申和外推实验结果时必须注意模型毕竟不等同于原型。同理,必须明确离体研究结果不等同于在体研究结果,某一品系动物的结果不等同于另一品系动物的结果,某一系统的某一反应变量不等同于某一系统的全部功能,$CCl_4$ 肝损伤不等于传染性肝炎等。

根据各种动物寿命是其各自发育期 7 倍的关系,则人的寿命为 140 岁(7×20 青春期)是一个科学的推论或引申。但不能从逻辑学上的假定判断做出荒谬的推论,说什么"我睡觉时我呼吸,因而当我呼吸时我睡觉",或什么"如果一只跳蚤有人那么大,那么它就能高跳一千英尺[①]"。

在对实验结果进行理论解释时,人们往往希望得出实验因素与反应变量之间或两种相关变量之间存在因果关系,从而做出何为因何为果的结论。这种想法是自然的,但必须慎之又慎,因为产生某一反应变量变化不一定是某一因素直接作用的结果,其间可能存在与因素和反应变量均有关系的共同因素(C),即不是 F→V,而是

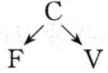

例如,不是打鼾(F)直接引发心脏病高发病率(V),而是既与打鼾有关又与心脏病有关的肥胖(C)在起作用。

也有"在这之后,所以就是由于这(post hoc, ergo propter hoc)"的论断,但这往往是不可靠的。人们往往把原因归之为某一新因素,以为是由于某种新因素,才产生某种新效应。实际上该效应也许正是由于停用了那个被该新因素取代的原因素。例如,有人长期饮用咖啡,以致睡眠不好,而改饮某一新饮料时睡眠即好转,以为新饮料有助于睡眠,实际上睡眠之所以好转,可能正是由于停饮咖啡。又如,长期服用 A 药不见疗效,而当改用 B 药后,疗效转佳,以为 B 药在起作用,实际疗效之所以好转,可能是由于停用 A 药,或由于 A 药的长期蓄积作用,而与 B 药无关。

一种相关系数 $r=0.492$,$P<0.01$ 的相关结果对 $Y$ 随 $X$ 变化的说明,固然有其统计意义,但不一定有实际意义,最多只能解释 25% 的关系,而不能解释余下的 75%。因此对 $r$ 及其 $P$ 值在作专业判断时宜谨慎。与其用 $r$ 不如用 $r^2$(决定系数,coefficient of determination)来解释,该相关关系的相关会更有实际意义。

---

① 1 英尺=2.54 cm。

## 1.3.4 论文书写

科学论文是科学研究工作的重要组成部分,是科研工作总结的最高形式。书写与评阅科学论文是科研工作者的基本功,是最高形式的脑力劳动。科学论文主要有原著论文与综述论文两种。原著论文可以是简报或全长论文(full-length paper);综述论文可以有小专论、进展或综评等。

随着改革开放的发展和科学研究的进步,如何规范地书写与评阅科学论文并使之与国际接轨,将是科学工作者特别是年轻的科学工作者需要关注的一个基本课题。

本文拟参考国际惯例,就原著论文的主要形式——全长论文手稿的书写与评阅要点,作一概括介绍,供有关同道,特别是年轻的同道,参考和讨论。

### 1.3.4.1 原著论文手稿的书写

**(1) 书写要点**

原著论文手稿基本包括致主编的封面函、论文题目页、论文摘要页、论文正文部分,以及论文图、表等部分。

1) 致主编的封面函(covering letter to the editor):此函通常用短笺形式写给有关杂志的主编,用最简练的文字,简介自己论文的主要发现,申明该文未曾发表和未曾向其他杂志投稿,希望主编能对该论文感兴趣并予以发表等。

2) 论文标题页(title page):自上而下写出论文题目、作者、单位、眉题(running title)、字数、图表数、通讯作者、通讯地址、电话号/传真号、e-mail 地址等。其中论文标题是论文的额头,应简短明了,既概括全文内涵,又引人注目。单位指作者完成实验所在单位。

3) 论文摘要页(abstract page):依次给出论文摘要、关键词或主题词、缩写词或词汇表,以及其他必要的脚注。摘要宜小巧,特别注意摘要最后一句话应明确提示论文的结论性核心内涵。

4) 论文正文部分:依次写出引言、材料与方法、结果、讨论、致谢和参考文献。

引言:有时需标出 Introduction,扼要介绍论文的立题背景,他人和自己已做过的工作,本题目的工作目的和假说等。

材料与方法:主要介绍有关论文实验的专业设计、对照设计与统计设计,并叙述到他人可据以重复的程度。

结果:结果是论文的主体,需客观地报告阳性以及阴性结果,宜图文并茂,善于用总体图和典型的图、表来表达论文的精华部分,但切忌文、图、表交互重复。

讨论:讨论是作者对结果的理解、引申与升华,是与他人与自己先前工作的比较与分析,宜从历史唯物论和辩证唯物论角度对实验结果的理论意义与学术价值进行客观的定性和定位,如可能,尚可揭示实验因素与反应变量之间的因果关系,提出新的假说与理论概括。

致谢：通常向基金资助单位、技术辅助人员（一般不参加署名）和其他有助于该论文完成的人员和单位表示感谢。

参考文献：编列论文所引用的参考文献，主要有"著作-出版年"制（哈佛体系）和顺序编码制（温哥华体系），需按拟投刊物稿约要求的格式。国内多用顺序编码制，但不同刊物的细节仍有细微的不同。

5) 论文图、表部分：图表是论文的门面，依次给出表、图和表图注。

每个表除表本身外，需在表上方写出表号、表题，在"三线"表下方给出表注。每副图除图本身外，在各图的下方给出图号、图题和图注。

图、表中需要有关符号标示，并在表、图注中分别给出统计说明，如 $P$ 值、$n$ 数等。

**（2）书写和投稿步骤**

一般同上述手稿内容的出现顺序相反，按从（1）之5）到1）的顺序逆行写作。依个人情况，也可采用不同的步骤乃至从头至尾一气呵成。

1) 拟提纲：在充分酝酿和思考的基础上，列出论文草稿大纲，各段中心思想，有关图、表配合等，对论文全貌和结构构建出框架。

2) 制图表：按提纲，依次选制出各有关图、表，并写出相应注解，将提纲与图表交指导人员审阅或与合作者讨论决定是否正式书写论文。

3) 写结果：依2）图表，对有关结果分段给出文字描述，每段要有一个中心，各段之间要有逻辑联系。

4) 写讨论：对3）所述内容、数据或事实，进行（1）4）所述的讨论。

5) 写方法：按（1）4）写出结果借以得出的材料与方法。

6) 写引言：结合所用方法和所得结果按（1）4）写出引言。

7) 写摘要：按顺序通读全文后，按（1）3）写出摘要、选取关键词以及必要的缩写词与词汇。

8) 列参考文献：按有关稿约列出被引用文献，并在正文中相应部位做出标示。

9) 定标题：统观全文，认真推敲，定出如（1）2）所要求的标题。

10) 定稿：最好放置一段时间和（或）请他人评阅之后，对全文特别是图表再次核修，考虑发表价值和水平，确定拟投刊物。

11) 写封面函：统观全文，深刻理解，给拟投刊物主编写出（1）1）所述的短信并签名。

12) 从互联网上找到并登录拟投送刊物的主页。在其主页上会有作者须知（for authors），介绍向该杂志投稿的注意事项，以及文章的格式编排、图片格式大小要求、刊登费用，等等。因此，投稿前务必对作者须知仔细浏览。一般来说，在投稿之前需要准备以下相关内容：封面函（cover letter）、文稿（manuscript）、图片（figure）或表格（table，如果有）、建议的审稿人（很多杂志对此有要求）、文稿的亮点（highlight，部分杂志有要求），等等。因此，需要仔细浏览作者须知并准备所有必备的材料。待一切准备妥当之后，可以在拟投杂志主页注册以获得用户名（user name）和密码（pass-

word)，网站会很快将用户名和密码发到你注册的电子邮箱。使用期刊提供的用户名和密码登录该刊物的投稿系统。

按照系统的提示，逐步完成投稿，包括文章的类型：研究论文（research paper）、综述（review）、评论（comment）、短信（letter）、作者的信息以及排名、摘要，等等。最后需要上传文章相关的文档到投稿系统。投稿系统接受上传的稿件后，会很快生成稿件的 PDF 文档文件，回传给作者，让作者确认（approve）上传的稿件是否完整、排列顺序是否正确、图片的摆放是否正确等内容，这时候的状态是 waiting for approval。确认无误之后 approve，期刊投稿系统才能确认你的投稿步骤完成，这时候的状态通常显示为 manuscript submitted to journal。之后文章会传到编辑手中，此时的状态为 with editor。编辑会初步对文章的内容进行核查，如果认为有可能在该杂志发表，则将稿件送给你推荐或期刊自选的审稿人开始评审，这时的状态为 under review。如若编辑认为稿件的内容与该杂志的兴趣不一致或者认为该稿件的水平无法达到在该杂志发表的标准，则直接退稿。

13）进入审稿阶段，便开始了漫长的等待（或长或短，一般的杂志大约四周左右）。在这个过程中，最好登录投稿系统，不定期关注稿件状态。此后，你会收到期刊编辑部的审稿意见。对于拟刊登的稿件，编辑部和审稿人会提出详细的审稿意见和建议。作者应根据意见和建议补充必要的实验并认真修改稿件。再次投稿时，您应该专门写一封说明信（response letter），就如何根据编辑部和审稿人的意见和建议逐条进行的修改予以仔细说明。如果认为审稿人或者编辑有些问题不妥，你也可以予以反驳，但需要详细地说明原因。再次投稿，步骤和内容与第一次投稿一样。

14）此后再次进入审稿阶段，你会收到期刊编辑部的决定：如果录用，恭喜你；如果编辑或者审稿人认为您对文章的修改不能让人满意或者发现新的问题，你应按照同样的程序再次对论文进行修改，直至被接受。有些杂志对于返修次数有所限制，如若经过 2 或 3 次返修仍不能达到发表要求，稿件有可能会被退稿。如果被退稿，则只有今后继续努力了。

#### 1.3.4.2 原著科学论文的评阅

投出的论文需通过同行评议（peer review）才能得以发表。科研工作者也应按同行评议的要求，评阅自己和他人的文章。作为同行评议的审稿人，一般按下述步骤和要点进行评阅。

**(1) 评阅步骤**

建议按以下顺序评阅：①论文题目；②关键词；③论文摘要最后一句话；④论文摘要；⑤论文图表；⑥论文结果；⑦论文讨论；⑧论文方法；⑨论文引言；⑩论文全文；⑪论文摘要；⑫论文题目。

①~④相当于浏览或泛读，⑤~⑨相当于由泛读向精读的过渡，⑩~⑫相当于精读。在按此顺序进行评阅的过程中，可依对论文的兴趣和水平，决定停止于任一阶段，

或深入到精读，以期深刻领会被评阅论文的内容、水平与意义。

**(2) 评阅要点**

一般科学论文评审注意以下各点。这些要点也是如（1）所述论文书写要点的进一步要求。

1）期刊：送审论文的内容对所投的期刊是否适宜？是否投别的刊物更为合适？

2）标题：是否准确而醒目地反映该项研究的目的、设计、结果和结论？

3）摘要：①是否是该篇论文主要内容的一个精练、清晰而全面的总结？②其内容是否与正文一致？摘要最后一句话是否具有结论性？③是否有正文中未曾述及的数据或信息；或者相反，正文中的有关数据或信息在摘要中未有述及？

4）引言：①是否扼要地述及有关该项研究的已知和未知内容？②是否有先前的重要发现被忽略或被误解？③实验目的是否陈述清楚？④先前的有关实验观察是否已用来确定一个正式可检验的假说？该假说是否清楚地指明预期效应？⑤如果先前报告已提到同一研究，那么该项研究的进一步需要是否明确？该项研究所采取的研究途径是否有可能比先前研究更确切或更独特？

5）方法：①实验对象是否已作了足够的描述（例如，为了解实验结果，你是否已了解到你想了解的有关实验对象的一切）？②实验对象群体对所研究的问题是否适宜？③实验对象的数目对说明真实存在的差异所必需的统计把握度是否足够大（即减少Ⅱ类错误的可能性如何）？④实验对象是否随机地分配到不同的实验组？⑤伦理问题是否已得到有关单位的认可或批准？⑥是否包括适宜的对照组和（或）实验条件？⑦实验设计是否能以严格的科学方式检验假说？是否有更好的实验方法可以应用？⑧所应用的实验设计和研究方案是否控制了所有潜在的混杂因素？换句话说，实验方法是否把感兴趣的因素有效地"隔离"了起来？⑨所描述的每一方法学对重复该项研究的其他研究者是否足够详细？如否，作者是否提供了有关方法细节的相应文献？⑩所用的测量技术是否足够合理、精确和可靠？进行每一测量的原理是否不言而喻或作了说明？⑪是否采用最适宜的方式对数据进行分析？实验在进行消除可能性偏差的分析时是否处于"盲"的状态？⑫数据得出（计算）的细节是否作了足够的说明，以致评审者能予以证实及未来的研究者可予以重复？⑬数据如何用来支持或否定假说的解释是否清楚？⑭所应用的统计技术对实验设计是否合适？对任一统计假设（独立性、同质性、正态性）是否有所违反？用以决定统计显著性的 $\alpha$ 水平（或显著性水平）是否已明确表达？

6）结果：①所报道的数据是否清楚、简明并有逻辑联系？②所报道的每一个标准差或标准误是否必须？测量数据有无过大的变异？③有无某项数据测量的或所表述的在方法中没有介绍过？或者，方法中所说明的测量在结果中未有介绍该项测量的数据？④所表述的数据单位（如绝对单位变化或百分比变化）是否合适或是否经过统计校准（如基础值的差异可混淆结果的解释）？⑤用以表述结果的三大工具——表、图、文字是否有效地运用与合理地配合（如可能，大多数研究者喜欢用图来强化其最重要的结果）？是否所有图、表均需要？图表中的单位是否予以标注？图的缩放比例是否适当和有无偏差？图 $x$、$y$ 轴上的标注是否足够大，在发表时如图被缩小之后是否可读出？⑥有无任一根据以同一方法表达一次以上（如同一单位数值既用文字，又用表描述）？⑦所显示的差异或反应如何与测量误差作比较？

7）讨论：①该项研究的主要新发现是否清楚地予以说明并予以应有的强调？②主要结论是否有足够的实验数据支持？③除作者对数据的解释外，是否还存在其他不同的解释*？④对实验结果的意义是否作了说明？该发现如何扩展已有的知识是否清楚？⑤先前报道中的重要实验观察在该论文的结果中是否作了说明？⑥作者是否用适当参考文献支持其陈述？作者在讨论中是否提出了超越先前报道的见解？⑦该研究的主要不足或阴性结果是否予以说明？⑧作者是否建议该研究结果将来如何进一步扩展？

8）总评：①该手稿是否简明扼要，有无可以缩短或删除的部分？②作者的文笔、文风如何，读者是否易于领会？③所显示信息的方式是否坦率和客观？④在财务或科学兴趣方面有无争议（例如，该论文是否受某工业或企业单位资助而直接、间接地影响该论文结果的表述和解释）？⑤焦点是否放在影响论文主要结论的方面（如果评审人的批评并不影响作者的主要结论，则不宜强调其意见和推荐的重要性）？

9）关于接受发表与退稿：在对以上各点进行评估之后，评审人需对论文手稿整体质量做出判断。评审人需对文稿的优、缺点以及如何修正做出公正而客观的评价。

评审人需对文稿的总体意见进行整合，主要依据下述各点，对编委会提出接受、退修或退稿的建议：①文稿是否适于有关刊物发表？②文稿学术价值多高？③文稿的实验方法学是否可靠？④文稿的结果是否可信？⑤文稿的结论是否合理？⑥文稿的主要发现是否既新颖又重要？

### 1.3.4.3 英语科学论文的书写与评阅

用英语撰写科学论文和评阅用英文发表的科学论文显然是与国际接轨并使我国科学家跻身于世界科学舞台的一个重要方面。这里简述有关英语写作与评阅中需要注意的一些方面。

**(1) 英语语法修辞**

科技论文崇尚严谨周密，准确简练，质朴晓畅，简劲有力，在严谨中有变化，在周密中有曲折。

1) 人称与语态：英语论文大多使用第三人称和被动语态，避免使用第一、二人称和主动语态；但也有相反的主张，并有发展趋势。前者侧重科学论文的客观性，后者则显得亲切、自然和直截了当。说明技术内容通常多是无人称的、不用人称代词；但有的也用第二人称更易表达如何技术运作。

---

\* 评审人的一个主要责任是提出支持作者结论另一解释的证据，如有的手稿根据年轻人与老年人的心肌横断面比较，得出人衰老引起心室肥大的结论。然而，老年人也伴有高血压，而高血压亦可独立地伴有心室肥大。因此，另一解释是由老年人的高血压而不是年龄引起的心室肥大。

主动语态通常较被动语态易于简洁地强化句子表达的力量，如"The table shows..."似优于"It will be seen from the table..."；但被动语态并非总是没有加强语势的作用，如"Blood circulation was discovered by Harvey"似比"Harvey discovered blood circulation"更能强调出行动者的作用。

2) 时态：在表达科学事实和观点产生的时间关系是真理还是推断方面，时态的运用十分重要。

过去完成时：用于有关论文工作之前的工作，如"This had been the case before..."。

过去时：用于表达有关论文的实验过程、结果和特定局限真理，如"The animals were slaughtered."

现在时：用于描述图表内容、组织的变化结果以及科学真理，如"Diagrams illustrating yields are shown in Figure 1"；即使没用图表显示，而且在提到"An animal was slaughtered"以及"Its liver showed pale patches"的情况下，组织学病变亦可写成"Fibroblasts are proliferating rapidly in these spots"。

为表示结论是一般或普遍真理，论文摘要中的最后一句话如"the results show that..."中的现在式，要比"The results showed that..."显得更为确切、可信和认定。

将来时：用于工作计划和预期的结果，如"More findings will be made..."。

3) 主、谓语的数：简单句中的主、谓语，如非由于疏忽，一般不易出错，但复合句中、集合名词之后以及倒装句中错误时有发生。

and 连接的复合主语：一般动词用复数。用 and 连接的形式上是复合主语，但实际代表同一事物时仍用单数动词。

用 or，nor，either... or，neither... nor 连接的主语：这些词所连接的主语的动词数与其所连接的两个主语的数一致。若一主语为单数，另一主语为复数时，动词的数与其接近的主语的数一致。

集合名词作主语：如该集合名词代表整体，动词用单数；如代表整体内的各个部分，则动词用复数，如"The committee has agreed to the plan"，而"The committee were at odds over the question."

倒装句中主语与动词间有修饰语词或同位语动词的数应与主语的数一致。

有 there 引导句：动词的数要与 there 后的第一个主语（名词或代词）的数一致，而不与主语动词后的所有格的数一致，如"There are numerous varieties in the datum."

number 作主语：若 number 前为定冠词 the，动词用单数；如为不定冠词义则用复数，如"The numer of variable is small"；"A number of variable are ignored."

名词形式上是复数而意义为单数时，动词的数用单数，如 physics，ethics... 代表数或量的复数主语当作一个单位数值时，用单数动词，如"Fifty discharges is..."，"The last two spikes has..."。

4) 副词：副词与动词的位置关系应正确，如"The conversion is usually（some-

times) affected"应为 "The conversion usually (sometimes) is affected."

如可能，不将副词放在及物动词与它的宾语之间，如"... explain correctly the situation"应为"... correctly explain the situation"。

副词如只修饰复合动词的动词部分，有时副词可用插入形式，如"The reaction is particularly well adapted."尽量避免将两个带有-ly的副词并列，如"actually, mechanistically"。

5）人称代词 it 与定冠词 the：无人称代词的 it 和定冠词 the 一般宜省用，如"It is of interest that..."，"It is evident that..."等，可分别用"Interestingly, Evidently 代替"。

有的句子去掉 the 不改变其内容时宜省去，如"to attempt the synthesis of compound..."中的 the，在论文大小标题、图表题目注释中大多趋于省略 the。有的定冠词 the 实际应为不定冠词 a，如"The reaction mixture was left stand overnight in a（而不是 the）refrigerator."

6）关系代词：有时关系代词可予省略，如"the data that are in the report seem valid"不如写成"The data in the report seem valid"。"It will be seen that further research is needed"不如省略为"Further research is needed"。

7）前置词和不定冠词：习惯用语内的前置词，如"Much has been written about, and many patents have been granted for, the reproduction of the animal model."不能随便省略。

该加不定冠词的不能不加，如 an amine or a phenol, a phenol and an amine, an amine and an alcohol。

**(2) 英语句型**

英语句子是表达论文思想内容的基本单位。英语句子的长短与句型结构均依内容决定，既要严谨质朴又要重点突出，主次分明。限于篇幅，这里只列举一些原则。

1）句子宜短不宜长，忌拖泥带水，使人不得要领。

2）内容过多过长的句子不妨拆写成几个简单句。

3）用多样化而不是千篇一律的结构表达论文的丰富内容，如使用并列句或复合句，或在词序上有的句子用主语开头，有的用前置词主语开始。

4）两个以上的子句表达的内容不是同等重要时，宜将其中重要的写成独立子句，次要的写成从句或片语。

5）两个以上的句子成分起同一作用时，应使它们平行。

6）如省略一个或几个词会造成句子残缺或歧解时，有关词需保留。

7）只要论文思想内容的自然顺序许可，相关联的句子成分不宜插断。

8）在书写全句时，主语、人称、时态、语气等要注意前后一致，不应前是 A 后又跳到 B。

9）凡修饰句子有关成分的词、片语或句子均应靠近被修饰的成分，不能过远甚至成为孤零零的修饰语。

10）使用代名词时，一个代词的先行词需要明确地予以限定，不要使人觉得前面的某两个字都是该代词的先行词。

11）数目字在句中、句末可用阿拉伯字码，但如在句首须拼写（Sixty animals，而不是 60 animals）或设法放到句中或句末时始可用阿拉伯字码。

12）一片语中有两个数目字衔接时，前一个数目字须全拼写（如 Two 16g animals），而不是（2 16g animals）。

13）表示同位的数学公式前后不加括弧，公式前不加逗号，如 The equation a＝b，而不是 The equation，a＝b，或 The equation（a＝b）。

（吕国蔚）

## 参 考 文 献

曹家琪．1993．临床医学研究方法学．北京：北京医科大学、中国协和医科大学联合出版社
丁道芳．1988．医学科学研究基本方法．沈阳：辽宁科学技术出版社
冯师颜．1964．误差理论与实验数据处理．北京：科学出版社
管遵义．1990．实用医学科研方法学．上海：上海中医学院出版社
韩济生．1983．如何写好科学论文．北京医学院学报．16（3）：226～228
蒋知俭．1992．实用医学统计．北京：北京医科大学、中国协和医科大学联合出版社
金正均．1964．医学试验设计原理．上海：上海科技出版社
马斌荣．1992．医学科研中的统计方法．北京：北京科技出版社
青义学．1990．生物医学模型．长沙：湖南科技出版社
孙娴．1979．谈谈写作英语科技论文．北京：科学出版社
王仁安．2000．医学实验设计与统计分析．北京：北京医科大学出版社
徐致光，奚尧生，梁淑云等．1990．实用医学写作．西安：陕西人民日报出版社
杨福生，赵兴太．1997．诺贝尔医学奖获奖启示录．北京：人民军医出版社
杨纪珂．1964．数理统计方法在医学科学中的应用．上海：上海科技出版社
姚远，郑进保，张惠民等．1988．科学技术期刊撰稿指南．北京：光明日报出版社
张青林，咸日全．1990．医学科研方法与管理．北京：人民卫生出版社
Abby M，Massey MD，Galandiuk S，et al. 1994. Peer review is an effective screening process to evaluate medical manuscripts. JAMA，272：105～107
Bishop ON. 1966. Statistics for Biology. Hong Kong：Longman
Beveridge WIB. 1961. The Art of Scientific Investigation. London：Mercury
Bernard C. 1927. An Introduction to the Study of Experimental Medicine. New York：Dover Publications
Bloom FE. 1999. The importance of reviewers. Science，283：789
Black N，van Rooyen S，Godlee F，et al. 1998. What makes a good reviewer and a good review for a general medical journal? JAMA，280：233
Colton T. 1974. Statistics in Medicine. Little，Boston：Brown and Company
Dawson-Sounders B，Trapp RG. 1994. Basic & Clinical Biostatistics. 2nd ed. New Jersey：Applaton & Lange
Duddy BAC. 1977. Mathenatical and Biologial Interrelations. New York：Wiley
England JM. 1975. Medical Research：A Statistical and Epidemiological Approach. London：Churchill Livingstone
Fetz E，Baker MA. 1973. Operating conditioned pathways of precentral unit activity and correlated responses in adjacentic ecells and contralateral muscles. J Neurophsiol，36：179～204
Hamilton M. 1976. Lectures on the Methodology of Clinical Research. London：Churchill Livingstone

Kerlinger FN. 1986. Foundctions of Behavioral Research 3rd ed. Holt, New York: Rinehart and Winston
Marks RG. 1986. Analysing Research Data. London: Lifetime Learning Publications
Moore DS. 1979. Statistics: Concepts and Controversies. New York: Freeman WH and Company
Marks RG. 1986. Designing a Research Project. London: Lifetime Learning Publications
Oyster CK, Hanten WP, Llorens LA. 1987. Introduction to Research. London: JB Lippencott
Rangachart PK, Mierson S. 1995. A checklist to help students. analyze published articles in basic medical sciences. Am J Physiol Adv Physiol Educ, 268: S21~S25
Stein F. 1989. Anatomy of Clinical Research. New Jersey: Slack
Scott EW, Waterhouse JM. 1986. Physiology and the Scientific Method. Manchester: Manchester University Press
Spinks WD. 1958. Evalution of Drug Toxicity
Strike PW. 1981. Medical Laboratory Statistics. Bristol: Wright PSG
Snedecor GW, Cochran WG. 1980. Statistical Methods. 7th ed. Ames: The Iowa State University Press
Seals DR, Tanaka H. 2000. Manuscript peer review: A helpful checklist for students and novice refrees. Am J Physiol Adv Physiol Educ, 23 (1): 52~58
Smith R. 1997. Peer review: reform or revolution? Br Med J, 3 (315): 759~760
Weiner JM. 1980. Issues in the Design and Evaluation of Medical Trials. Los Angeles: Martimus Nijhoff Publishers

## 1.4 电刺激方法学

神经系统结构、功能的研究和探索，主要通过电生理学、解剖学、化学和行为学等四种途径。其中，电生理学，特别是电刺激方法的应用尤为广泛。通过适当的导体，电流可直接兴奋神经系统的各个组成部分。

Galvani（1791）、Dubois Reymond（1848）、Fritsh 和 Hitzig（1870）等以及其他电生理学先驱者，首先应用电刺激技术研究外周和中枢神经系统。电刺激研究的黄金时代是18世纪后叶到20世纪初。生理学家用神经肌肉标本了解兴奋规律，测定可兴奋组织的时间-强度曲线、有髓神经纤维的节间长度、神经纤维的传导速度、可兴奋组织不应期，以及后来的传入末梢去极化、突触前抑制、兴奋性变化的细胞机制、动作电位的产生原理、中枢电活动规律和操作性条件反射等。在生理学发现的基础上，电刺激技术已广泛应用于临床疾患的诊治，如神经肌肉接头传递障碍的诊断、外科手术中神经分支和中枢脑疾患的诊断、感受功能缺失和运动麻痹的治疗、疼痛和癫痫的控制等。

近200年的电刺激历史表明，神经组织电刺激固然容易做到，但要做得好，则困难很大。有关电刺激物理参数的确定、神经制备的选择、选择刺激不同脑部和成分、刺激预定成分时电流向邻近结构的扩散，以及电刺激效应的解释等问题，往往使生理学工作者困惑不解。为此，本章拟简介与之有关的一些方法学问题，而不涉及更多的电刺激原理和有关的数学和生物物理学。

### 1.4.1 电刺激的基本原理

#### 1.4.1.1 去极化

电刺激可兴奋组织的基本作用，是使神经元的膜电位迅速降低到一个较低的临界水平。通过阴极进行电刺激，使细胞内正电荷向细胞外流动，从而降低膜电位并引起兴奋。部分电流可经细胞外液和不可兴奋组织扩散，可能引起损伤性电解和热。神经动作电位从膜电位（$V_m$）的去极化开始。$V_m$是细胞内电位（$V_i$）和外电位（$V_0$）之差。

$$V_m = V_i - V_0 \tag{1-4-1}$$

改变$V_i$和（或）$V_0$均可导致去极化和兴奋。经细胞内微电极通以电流，细胞可因电流经膜外流而去极化。此时所改变的主要是$V_i$、$V_0$很少变化。当电刺激通过细胞外电极给予时，膜电位的变化大部分是通过$V_0$变化引起的。最有效的细胞外电刺激是高度局限的细胞外电压变化。如细胞外电变化太广泛，整个或大部分神经元的$V_i$也将发生与细胞外相应的电变化，以致$V_m$变化很小，不足以引起神经元兴奋。

在直流电作用下，膜电位的变化可以简化地认为是由于电流通过轴浆电阻和膜电阻流动造成的。由于所有神经元的轴浆电阻均具有相同的单位体积电阻，轴浆电阻因而是细胞横截面积的函数。横截面积越大，单位长度的电阻越小，即电阻与纤维直径的平方成反比。在细胞外刺激下，由于电流流动所致的膜的电压降越大，去极化越大。细胞膜单位长度的电阻越高，这种电压降越大。单位长度膜电阻随细胞周径加大而降低，随单位面积膜电阻的升高而升高。

### 1.4.1.2 空间常数

神经纤维的传导距离越长，轴浆对电流的电阻越大，膜电阻越低（因膜面积增大）。轴浆电阻（$R_c$）和膜电阻（$R_m$）相等时的纤维长度即为该细胞的长度常数或空间常数（$\lambda$），亦称特征长度（characteristic length）

$$\lambda = (R_m r / 2 R_c)^{\frac{1}{2}} \tag{1-4-2}$$

式中，$r$为纤维半径。如$R_m$为1000 $\Omega/cm^2$，$R_c$为15 $\Omega/cm^2$，$r$为1 cm，则$\lambda$为180 $\mu m$。$\lambda$越大，细胞膜越易兴奋；一个$\lambda$长度内细胞外两点间的电位差越大，细胞越易兴奋。一个$\lambda$长度内两点间的电位差达30 mV时，可引起兴奋，阈值较低的轴突，亦可在低于此数值时引起兴奋。

神经元$R_m$允许电流通过，但不是完全自由地通过，电流因而通过$R_c$流动，以致$V_i$随距离变化，但$V_i$的变化没有$V_0$变化那样大。这样一来，神经元的一端去极化，另一端可以超极化。刺激电极下电流增加时，$V_0$将变得更负，从而有更多的电流在神经内流动，去极化因而增大。

电流通过有髓纤维的郎飞氏结要比通过郎飞氏结之间的轴突容易得多。节间长度通常是轴突内径的200倍，相当于轴突外径的120倍。对于有髓纤维来说，一个空间常数相当于两个节间长度，因而可用两个节间长度来代替上式中的空间常数（$\lambda$）。

### 1.4.1.3 时间常数

以上的讨论仅限于直流电作用。神经元实际上是具有电容的，其充电、放电均需要时间。通常以时间-强度关系讨论刺激的瞬时效应。许多时间-强度曲线均符合 $I=I_r(I+C/t)$ 的经验式。$I$ 是电流，$I_r$ 是强度基电流，$t$ 是时间，$C$ 是时值。时值是两倍基强度时的相应时间。时间-强度曲线也符合 $I=I_r/[I-\exp(-t/\tau)]$，$\tau$ 即时间常数。

严格地讲，对任何将要刺激的神经成分或结构，均应事先测出该成分或结构的时间-强度曲线，得到其时值的数值，然后才能应用适宜宽度的刺激脉冲（图 1-4-1）。外周神经中的 C 类纤维的时值通常为 1.5 ms，Aβ 纤维为 450 μs，Aα 纤维为 20 μs。中枢神经系统内有髓纤维的时值约为 50～100 μs，无髓纤维约为 156～380 μs，灰质通常是 200～700 μs，细胞体约为 140 μs，有的单位甚至高达 1 ms。如欲刺激中枢神经系统中的有髓纤维，需要 50 μs 的脉冲；如不拟刺激其有髓纤维，则宜用更宽的脉冲。

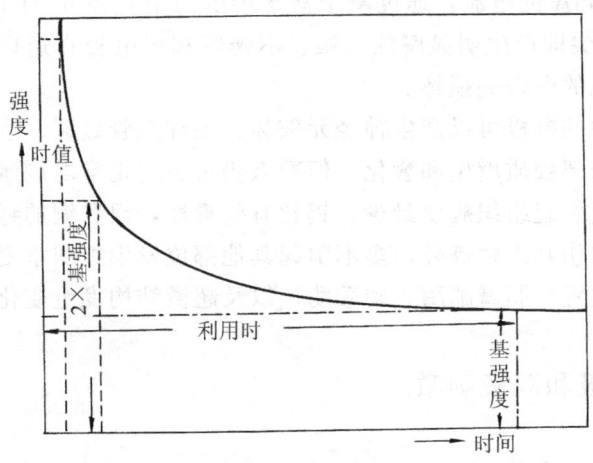

图 1-4-1　时间-强度曲线
（陈宜张，1987）

## 1.4.2　电刺激的物理特性

### 1.4.2.1　刺激电极

电极是良导体。为刺激可兴奋结构，刺激器的输出电流通过电极-组织界面流到细胞外液和神经元膜。在电极和组织接触处，物质粒子或离子进行交换，正电荷移到阴极，负电荷移到阳极，因而会产生一种浓度极化，一种对抗电流通过的静电力。

电极表面的极化加热电极-组织界面，使能量丧失。直流和方波通过浸于生理盐水的白金电极时，由于浓度极化，电压迅速上升，发生电容样充电；断开时，电压缓慢下降，但不降到零。这种剩余下来的电压称为脉冲后充电（postpulse charge），是由于传导脉冲的少数载体的浓度变化引起的。这种剩余电压通过扩散慢慢消失。

白金、银和不锈钢的充电波形不同,要通过与白金电极等量电流,需对不锈钢电极给以更高的电压。

插入组织中单极圆尖电极的电压 $V_E = IR/4\pi r$ $\left[V_E = \int_{\infty}^{r} IR/4(\pi r^2)dr\right]$。其中 $I$ 为电流,$R$ 为神经组织电阻,$r$ 为距离电极尖的半径。灰质的 $R$ 约为 400 $\Omega$/cm,$V_E$ 相当于 $30 I/r$。依据式可计算出,在电极尖与 600 $\mu$m 远处之间引起 30 mV 细胞外电压降所需的电流 $I$。如电极尖半径为 1 $\mu$m,需电流 3.3 $\mu$A;10 $\mu$m 时需 34 $\mu$A,100 $\mu$m 需 390 $\mu$A。

用细的圆尖电极进行微刺激容易使刺激局限,即使使用弱电流,电极下的电压亦可较高,这种高电压有时引起神经元无兴奋期。对于距离电极尖 50 $\mu$m,或离电极尖半径几倍距离之外的组织来说,电极尖大小的效应可予忽略。

用 60 Hz、0.1 mA 的电流,通过浸于盐水中的两个直径 0.24 mm 的不锈钢电极,约经 3.3 min,电极尖即产生明显腐蚀。银、不锈钢和钨电极在通以 2 mA 电流下,经几分钟亦可产生明显的电极尖损坏。

插入神经组织中的电极可以产生神经元破坏、毛细血管破裂、水肿等损伤。长期埋置的金属电极可致局部胶质增生和囊化,但看来仍可引起正常电刺激效应。就金属材料来说,白金和不锈钢引起组织病变最少,钨丝有些毒性,银和铜的毒性较大。多数认为中等强度电刺激除损伤刺入轨迹外,多不引起其他部位发生组织学变化。长期埋置电极刺激可能导致核仁位置、胆碱酯酶、磷酸酶,以及超微结构发生变化。

### 1.4.2.2 单极和双极刺激

膜去极化要求在较小的区域里有一定的电流密度。同等量的电流如作用于较大面积,则达不到使膜去极化的阈值。单极刺激的作用电极(通常是阴极)的面积小,可以产生足够密度的电流;无关电极的面积大得多,因而平均每毫米的电流密度不足以引起刺激效应。单极刺激的主要缺点是刺激伪迹较大。

双极,即两个尖端均较小的电极靠近放置时,其各自的电流密度随两极间距离的增大而呈指数降低。两极间距离大于所刺激纤维的两个空间常数时,每一电极均为独立的,可分别刺激其各自电极下的组织,一般间隔几个毫米的双极即具有这样的效应。两极相比,以阴极下的刺激效应最为明显。阳极电流通常需比阴极电流强 3~7 倍才能引起组织兴奋。如两极间的距离小于两个空间常数,两个极的效应可发生相互影响。从刺激效应来看,双极电极并不比单极电极好,但却可以减少刺激伪迹,看来这是应用双极刺激的主要理由。

双极刺激时,由于垂直于神经纤维轴的电流需要较高的电压,正、负极效应又可以相互抵消,这种横向电流不易引起神经兴奋。因此,正、负两极应沿神经长轴排列,并置阴极于发生效应的那一侧,以易于引起神经兴奋。单极刺激时亦应将无关电极置于能促进纵向电流的部位。

在单极阴极刺激下,电极下的外向电流使细胞去极化的同时,在电极两侧一定还有内向电流，使该处细胞超极化。去极化越强，超极化亦越强，并可导致阳极周围阻滞，足以阻断动作电位的扩布。因此，对某一特定直径的纤维来说，在强电流刺激下，离电极很近和很远的部位可能均不致兴奋，而能被兴奋的成分只是处于离电极不太近又不太远的部位。这种反常的效应也导致离电极很近的细纤维兴奋，而粗纤维不被兴奋（图1-4-2）。

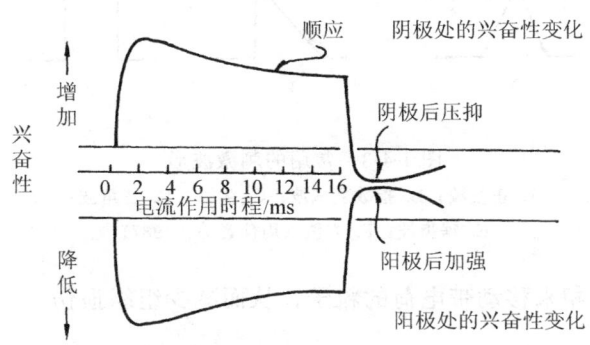

图 1-4-2　阳、阴极处通电及断电后的兴奋性变化
（陈宜张，1987）

阳极下的内向电流使轴突发生超极化的同时，其邻近的别的部位必定产生去极化，去极化通常小于超极化。因此，足够的阳极电流，也有可能因这种去极化效应而使神经元兴奋。足够强的阳极电流断电瞬间也可兴奋组织（阳极断电兴奋）。这种阳极断电兴奋现象会使那些没有被阴极兴奋的纤维兴奋。这种兴奋所致的动作电位将延迟 1～2 ms，常常导致对动作电位潜伏期做出错误的解释。

### 1.4.2.3　刺激电流性质

直流电流的电解效应和热效应远大于刺激效应，因而通常用于损伤脑组织。用直径 0.12 mm、尖端裸露 1 mm 的电极，通以 3 mA 电流，30 s 即可产生 1～2 mm 直径的组织破坏，但具体数值变异较大。有些实验用微弱的直流电研究神经元膜持续去极化所致的重复放电，临床上曾用 1～2 μA 直流电凝固额叶来治疗有关疾患。

另外，几种可用的电流形式是正弦波、方波和指数衰减波等（图 1-4-3）。这些波较为理想，容易在示波器屏幕上看到。但脑组织因有电阻和电容组成的滤过成分，这些波形可被改变。方波的持续时间容易测到。指数衰减波的持续期为从峰到衰减半期的时间。短脉冲通常较长脉冲有效，且损害较小。刺激脑多用 0.1～0.5 ms。持续期增到 1 ms 以上时，效应可达平台，不但不能进一步加强刺激效应，反而易于引起不良反应。

单相脉冲使电压从零变到某一特定值，极性不翻转。其优点是用特定的极化（通常是阴极）刺激某一特定组织。其不足之处是，局部有电荷积聚，增加极化。双相脉冲连续地反复倒换极性，通常可互相代偿，以致净电流为零。有人曾建议用极短的阴极时相

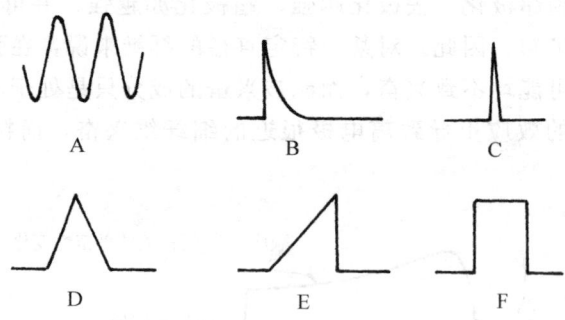

图 1-4-3 常用的刺激波形
A. 正弦波；B. 指数衰减波；C. 尖波；D. 三角波；
E. 锯齿波；F. 方波（周佳音等，1987）

部分和较长的阳极时相来移动带电荷的粒子，从而减少组织损伤。

**(1) 刺激强度**

神经元膜的去极化是兴奋的基础，要求适量的密度和速度，借以防止代偿性复极化。依据欧姆定律，$I=V/R$，$I$ 与 $V$ 成正比，与 $R$ 成反比。白质和灰质的 $R$ 不同，且易受脑脊液、血液循环、代谢和其他因素的影响。电极-组织界面的电阻大，且难以预测。因此，刺激强度如用刺激源的电压值表示，可致误解，因组织 $R$ 降低，面板 $V$ 也将降低，但 $I$ 可增加。市售的恒压刺激器输出阻抗小，因而组织阻抗的变化，可以不可预料的方式，影响或改变实验结果。

为增加实验的可靠性，许多学者主张用恒流刺激。恒流刺激器内阻高，约比组织电阻高 10 倍。这样，组织电阻的变化对电流影响不大或低于 10%。

电流改变膜电位的有效程度与局部的电流密度成比例。因此，刺激电极的形状应能保证刺激电流尽可能地局限于电极附近的组织。

"刺激强度"一词含义不甚精确。即使报道了所有有关电学参数，读者也不一定能准确地了解到刺激的有效程度。最好是不仅报告刺激参数（绝对强度尺度）本身，而且同时报告用生物学指标表示的刺激效应（相对强度尺度或生物校准，biocalibration）。

绝对强度尺度可用示波器监视和测量。较精确的方法是测量电极-组织电阻。绝对强度尺度，除非评述有关参数，否则无任何意义，且经常导致不同实验室的数据发生分歧。报告绝对尺度时应说明：刺激电流的类型及其输出阻抗特征；电极的几何形状和物理特性；电脉冲的形状、持续时间和重复频率；电极与组织的相对位置和方位；刺激时的环境条件（如有无油浴等）；所刺激的神经组织的种类和成分。由于所有这些因素的难以预料性，人们很难准确估计刺激强度的生物效应。

生物校准的原理很简单，即用刺激所引起的生物效应作为刺激强度的相对尺度。通常，以引起刚可发现的（电）生理反应定为 1T，用以表示相对的生物阈值，更强的强度即以 1T 的倍数表示。如以外周神经纤维中的 Aα 纤维的初现为 1T，Aβ、Aδ 和 C 纤维的 T 值可以分别为 2T、5T 和 20 T。生物校准的一个最大优点是以生物效应将刺激强度标准化，生物校准也易于同时监测。生物效应便于发现并纠正非适宜的刺激参数。生物校准要求清楚地反映客观事物，其缺点是测量时比绝对强度尺度麻烦。

**（2）刺激频率**

许多电刺激的效应只在重复刺激时出现。一个刺激总是会使某些神经元去极化到低于阈值水平。这样的去极化将随着膜电容的放电而指数降低。这提示，如在几个膜时间常数的范围内有第二个电刺激的作用，两个阈下去极化的总和可使那些单脉冲未能兴奋的神经元发生兴奋。重复刺激还可导致刺激局部钾的积聚。重复刺激对判断突触活动也具有作用。

单个脉冲可引起脑的诱发电位，有时还可引起自主神经效应，但通常不引起可见的自主神经反应或行为反应。低频刺激通常易引起植物反应，而不易引起躯体反应。与兴奋性神经元相比，抑制性神经元可在低频刺激时发生反应。低到 1 Hz 的刺激可引起肾上腺素能神经反应，但最大的自主神经反应常在 20~30 Hz 时出现。据报道，用 40~80 Hz 电刺激脑，可引起血压升高；而 15~40 Hz 的刺激反使血压降低。

刺激的重复频率是一个重要变量。高于 500~1000 Hz 的频率，其脉冲间期小于不应期，神经元不能随每一刺激产生冲动。高频刺激甚至可阻断某些恢复期长的纤维活动。在脉冲间期为 2~3 ms 以上的刺激下，哺乳类动物粗纤维可忠实地传导神经冲动数分钟之久。重复刺激神经干时，神经干中所有被去极化到阈值的纤维，均经过 200 $\mu$s 的起始延迟之后，同时产生兴奋。这有利于测定诱发电位的传导速度。

电刺激的总时程可以从几个毫秒到几个月。为引起躯体反应（如屈肢）需刺激皮层 1 s 或 2 s，但不宜超过 5~10 s，否则易引起癫痫发作。刺激外侧下丘脑引起的瞳孔缩小，在连续刺激下，可保持数周。为了控制癫痫发作，有人刺激小脑达 2 年之久。

长期重复刺激可以产生极化，电极-组织界面阻抗增大，妨碍电流通过，并引起受刺激组织的阈值明显升高。一般如用 100 Hz 以上的重复频率，最好用较窄的脉冲，以减少电荷转移。5~10 个窄脉冲（波宽 0.1~0.2 ms）组成串刺激，通电 50~150 ms，中断 1 s 以上时，即可以减少电荷转移。

### 1.4.3 神经制备的生物特性

神经组织是一个反应性结构，其兴奋性水平和可观察的行为表现常依据实验时的功能状况和先前历史而有很大变化。因此，为评价神经组织的刺激效应，还要考虑脑和神经的生物学特性。

#### 1.4.3.1 神经组织的结构特征

电流通过脑时，可以将脑想像成为一堆电缆，向不同的方向走行。电缆结构主要指神经细胞及其突起。电流可以通过神经细胞、神经纤维和胶质细胞突起，也可在组织间隙内流动。流经细胞的电流量，因脑部、方向和时间的不同而不同。神经组织的电导与其含水量有关。肌肉和脑的含水量分别为75%和68%。脑电导因不同部位和成分而不均匀。脑电导的不均匀性可使电流流往非预期的结构或成分，因此，宜用微刺激。

脉冲电流在一开始流动时容易通过膜（但不可能很充分），因而脉冲电流的上升时间要比细胞膜的时间常数短得多，会有大量电流流经细胞。

在细胞内和在组织间隙内流动的电流比例决定于纤维的走行方向和电流的流动方向。在所有神经纤维均沿同一方向走行时，如在白质传导束内，电流将在平行放置的两电极间的纤维上流动。然而，如电流方向与纤维走行方向是垂直的，则无电流流经纤维内部。在神经突起走行纵横交错的灰质内，可能只有1/3的电流量经纤维流动，即只有1/3的电流流经平行走行的纤维，而其余的2/3的流动方向，因与纤维走行垂直，而不流经这部分纤维。

神经纤维和突起作为电缆，电流进入纤维的距离以空间常数为数量级。大多数纤维的空间常数在70～500 $\mu m$。当大量电流流经的距离短于空间常数时，不会有多少电流在细胞内流动，因为短距离的脑的电阻高于长距离。

组织间液和胞质溶胶均系纯电阻性介质，但后者的电阻为前者的2～4倍。软膜电阻约为50～100 $\Omega/cm^2$，时间常数为3.0 ms。但软膜一经暴露于空气中数分钟，其电阻和电容即被破坏，可不予考虑。脑脊液的直流电阻约为灰质的1/6，这意味着靠近脑室和软膜的脑脊液具有很大的电流效应。

### 1.4.3.2 神经元的直径和体积

外周神经上的经典发现之一，是在细胞外刺激下，最粗轴突可用最弱的电流兴奋；相反，细的纤维则需较强电流才能兴奋。如前所述，纤维直径越粗，空间常数越大。就有髓纤维来说，纤维越粗，节间长度越长。这一原理看来对中枢系统中的纤维也适用，但证明起来则不那么容易。

粗纤维的电刺激阈值之所以低于细纤维的阈值，是由于纵向电流与纤维直径的平方成正比，较粗的纤维对电流的电阻较低。因此，分级强度刺激时，低强度可选择性兴奋粗纤维。随着刺激强度的增大，较细的纤维逐渐被募集进来。但是，由于神经纤维横截面的非均匀性和电流流动方向的不同，神经纤维的募集顺序并不总是与刺激强度的增减相一致的。如用弱电流可兴奋靠近电极的细纤维时，远隔部位的粗纤维兴奋所需要的电流密度可能还不够。

与上述原理相对立，1965年Henneman曾提出"体积原理"（size principle）。该原理认为，在神经元随突触输入增多而发生募集的过程中，体积小的神经元在较低强度的输入时即可放电。现在还不清楚这一原则是否普遍适用于中枢神经系统。但已有证据说明，该原理对脊髓运动神经元是适用的。注意，不要将轴突直径与细胞外刺激的关系同这种细胞体积的原理相混淆。

### 1.4.3.3 神经元的不应期

动作电位发生后,神经组织发生不应期。长期电刺激时要考虑神经组织有关活动、离子泵、ATP 再合成、神经递质的更新和补充、局部循环等因素的恢复速度。刺激运动皮层需间隔 1 min 至数分钟,以使其恢复兴奋性。局限性诱发放电后,需经 4~5 min,才能恢复到对照水平的阈值。持续 1~3 min 的广泛性放电后兴奋性会发生长时间的变动,并出现慢波活动。

通常,传导速度越快,不应期越短。外周粗纤维的不应期约为 1 ms,传导速度为 0.3~12.9 m/s 的中枢神经系统内的轴突的不应期相当于 0.6~2.0 ms(图 1-4-4)。

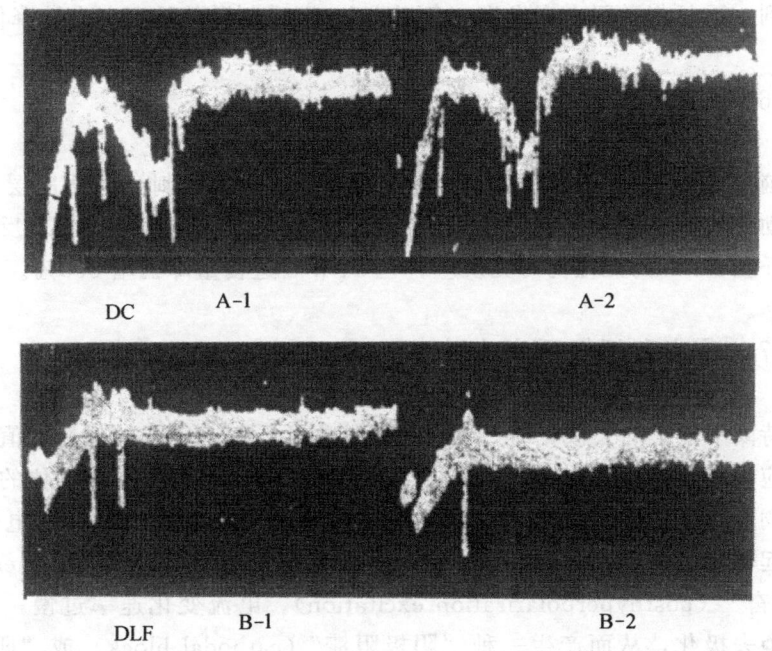

图 1-4-4　SCT-DCPS 神经元不应期的测定

A-1 和 A-2 的双脉冲刺激间期分别为 0.5ms 和 0.4ms；B-1 和 B-2 的双脉冲刺激间期分别为 0.6ms 和 0.5ms。注意 A-2 和 B-2 的第二个反应未出现(吕国蔚等,1997)

不应期后出现超常期,较弱的电流即可使轴突兴奋,并加快其传导速度。超常期可能维持 18~170 ms。超常期反应以传导慢的轴突较为明显。重复刺激后可有低常期,类似的现象在中枢神经系统内的无髓纤维上也曾经看到过。

### 1.4.3.4 同步放电

电刺激可以产生三种后果:①模拟一个系统的正常功能活动;②中断该系统的正常功能活动;③产生与正常功能活动无关的活动。电刺激脑时,许多神经元可产生同步放电,这种放电的同步程度要比自然发生的同步性高得多。这种同步活动与正常功能的关系还不清楚。

同步兴奋的后果之一,可使某些物质从神经元释放并在细胞外间隙积聚,或细胞外的物质因被神经元摄取而枯竭。神经元放电的速率会影响这种积聚或枯竭,但放电是否同步,则更为重要。

### 1.4.3.5 激发

重复刺激脑可引起脑功能的长期变化:阈值降低和痉挛。每天刺激脑一次,时长几秒钟,数日后即可导致这种激发(kindling)。这种激发在刺激杏仁核、尾核、海马等结构中均曾见到。重复刺激下也有发生"负激发",即受刺激的脑区兴奋性降低的情况。

### 1.4.3.6 延迟效应

大多数脑部的刺激效应是立即出现或延迟时间很短,如刺激运动皮层,1 s 或 2 s 内即引起运动反应。然而,有些脑区的刺激效应需经数小时或数日才出现反应。如刺激猫的外侧下丘脑,1 h 内无任何可见反应,但 24 h 后进食量却猛增 600%。

### 1.4.3.7 顺应和超极后兴奋

轴突保持阈下水平的去极化时,钠离子系统失活,引起动作电位的阈值增高,这种现象称为顺应。相反,如保持轴突于超极化电位水平,轴突发生动作电位的阈值常常降低。有时该阈值可低于静息电位,以致超极化电流一旦停止作用,静息电位得以恢复时,即可引起动作电位,这一现象称为"阳极断电现象"(anodal break phenomena)或"超极化后兴奋"(posthyperpolarization excitation)。电流变化速率过慢,纤维的钠通道失活可抗衡去极化,从而产生一种"阴极阻滞"(cathodal block)或"阴极后阻遏"(postcathodal depression)。在中枢神经系统,顺应和超极化后兴奋现象仅在细胞体进行细胞内记录时可以见到。有些细胞出现顺应,有些细胞则不出现。目前,尚不清楚这两种现象在脑刺激中的作用和意义。

### 1.4.3.8 可疲劳性

有些中枢神经元,如呼吸神经元,可一生保持活动而不疲劳。有些神经元,如运动皮层的神经元,则极易疲劳(fatigability),电刺激数秒后,诱发反应即消失。其他脑部,如尾核,介于二者之间,可维持反应(如转头)达 10~20 min 之久。脑结构可因而分为三类:①数秒内迅速疲劳,如运动皮层;②数分钟内缓慢疲劳,如尾核和壳核;③不疲劳,如外侧下丘脑的刺激可引起无限期的瞳孔收缩。脑疲劳的机制不详。

### 1.4.3.9 变异性

由于脑的解剖变异和功能变化，脑局部循环、温度、脑脊液的变动及麻醉深度等影响，刺激经定位仪确定的同一脑区，常常难以产生同样的反应。但在严格控制这些因素的情况下，脑刺激的效应还是可靠的或可以进行比较的。

## 1.4.4 选择性刺激

在外周神经系统，生理学者可以选择性地兴奋某一类纤维，但在中枢神经系统则绝非易事。例如，所谓"电刺激尾核"一词的实际含义不过是指"在尾核置有刺激电极，该电极影响其附近的某些未知部位的、未知数量和未知种类的神经元"，仅此而已。在中枢神经系统，很难用一个电极选择性地只刺激某一特定成分，因为人们很难确定究竟是哪一种成分离刺激电极最近，也不易判断被兴奋的成分是由于直接兴奋还是经突触兴奋。

选择性刺激外周神经某类纤维的常用方法，是在刺激同时结合应用选择性阻断另一些纤维，如结合使用优先阻断细纤维活动的局麻药阻滞下，选择性刺激粗纤维；或在结合压迫、窒息、缺血、冷却、应用苦毒毛旋花子甙（ouabain）等方法，优先刺激细纤维。就电刺激本身来说，主要应用分级刺激、双重排放刺激和高频刺激等方法。

### 1.4.4.1 分级强度刺激

逐渐分级地增加刺激强度的方法对研究肌梭Ⅰ类传入投射很有价值。弱刺激只单独兴奋Ⅰ类纤维。强度增加至 1.3~2.0 T 时，Ⅱ类纤维可被募集进来。在 2.0~2.5 T 时，Ⅱ类纤维的大量兴奋，Ⅱ类纤维活动增至最高点时，刺激强度需达到 5 T。Ⅲ类纤维在 5.0 T 以上时开始兴奋。用分级强度刺激法甚至可以将某些神经的Ⅰa 和Ⅰb 类纤维区别开来。

对于没有Ⅰ类纤维的传入神经，弱电流首先兴奋 $A\beta$；3~6 T 时皮神经中的 $A\delta$ 开始兴奋；10 T 时全部有髓纤维均可被兴奋。激动 C 类纤维要求强度高达 15~20 T 或者更高，尽管有人报告过，桡神经的 C 类纤维在 5.0~7.0 T 时即可兴奋。

分级刺激的困难，首先是外周神经组成变异很大和外周神经的非均质性。另一困难是，随着刺激强度的增加，反应的潜伏期也跟着缩短，从而常带来混淆。但是，在适宜形状的电极和精确的脉冲控制下，分级刺激仍不失为选择性刺激粗纤维的可靠方法。在阳极阻滞配合下，分级刺激亦可有效地选择性激动细纤维。

### 1.4.4.2 双排放刺激

双排放（double-volley）刺激，是利用轴突的不应期来刺激特定的纤维。其方法是用一对或两对电极,给予间隔 0.3~1.0 ms 的不同振幅的两种刺激。由于低阈纤维对刺激敏感,因而可用消除低阈纤维的方法,将高阈纤维在时间上分离出来。两个刺激中的第一个刺激,作为条件刺激,其振幅高度足以使全部低阈纤维成分兴奋。第二个刺激,作为检验刺激,振幅更高,除了使全部低阈纤维兴奋外,还兴奋一种以上的高阈纤维。调节脉冲间期,使检验刺激正好落在条件反应的不应期上,则检验刺激只兴奋那些未被条件刺激兴奋的纤维成分(图 1-4-5)。

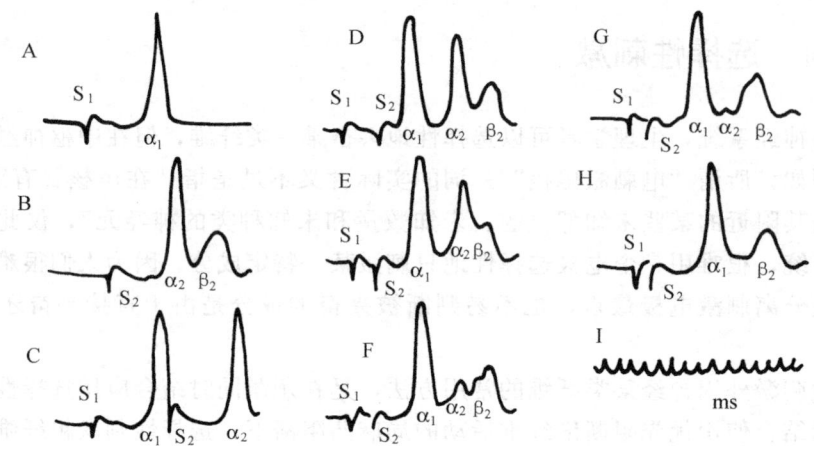

图 1-4-5 蛙坐骨神经 α 与 β 波独立传导的证明

A. 单电震刺激($S_1$),其强度只够产生最大的 α 波($α_1$)。B. 较强的电震刺激($S_2$)产生一个 α 高峰($α_2$)及一个 β 高峰($β_2$)。C~H. $S_2$ 在 $S_1$ 后的间隔逐渐缩短,以致 $α_2$ 波逐渐进入 $α_1$ 的不应期中,直到最后完全消失,如 H 所示。$β_2$ 波并不因 $α_2$ 的消失而受到影响(陈宜张,1987)

双排放刺激在鉴定肌神经的Ⅰa和Ⅰb纤维及其各自在脊髓内的突触活动中起到很好的作用。该法亦可用于研究高阈肌传入在脊髓内的中枢活动。

### 1.4.4.3 碰撞

碰撞本身不是选择性刺激技术,而是判断特定纤维群活动的一个方法。碰撞可用于测定细纤维和 C 类纤维的传导速度,在同一神经干或神经束上,在出现自然刺激或电刺激引起的顺向活动的同时,记录电刺激引起的逆向排放及其变化。当两个动作电位在同一根纤维上相撞时,动作电位将消失。将刺激和记录电极置于神经的适宜位置和应用不同的自然刺激,可以定量地测量细纤维的活动(图 1-4-6)。

碰撞法可与阳极阻滞法相配合,以便达到高速率地刺激和诱发动作电位的单方向传导。例如,一定频率的运动神经的逆向活动能消除自然发生的顺向冲动而不引起肌肉收缩。

应用一个上升快、持续短(350 ms)和指数下降的脉冲引起神经活动时,一个方向的神经传导可被较强的阳极阻止,而另一个较弱阳极仍允许冲动向相反方向传导。如此

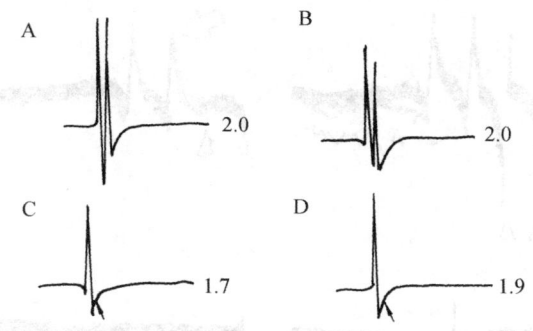

图 1-4-6 孤束核（SN）和背索核（DC）刺激引起的
同一神经元逆向反应之间的交互碰撞

A、B 以单脉冲先刺激 SN，后刺激 DC；C、D 以单脉冲先刺激 DC，后刺激 SN。A、C 碰撞发生前的记录；B、D 两个脉冲之间的间隔缩短到第二个脉冲引起的反应被碰掉的记录，其最长间隔 CT 分别为 3.1 ms（B）和 3.2 ms（D）。SN 和 DC 刺激各自的不应期分别为 0.2 ms 和 1.3 ms，潜伏期分别为 6.5 ms 和 5.0 ms（吕国蔚等，1990）

引起的神经活动可被自然刺激或另一电极引起的神经活动碰掉，从而保证细纤维传导。

#### 1.4.4.4 高频阻滞

1932 年田崎一二即曾发现，感应电的通和断刺激可引起选择性阻断，仔细应用可选择性阻断粗纤维，而细纤维活动不受影响。6～12 s 的感应电刺激引起 2～4 min 的阻滞，亦可用 30 Hz、0.3～0.5 ms 的脉冲短时间地刺激神经，达到同一目的。这两种刺激引起全部纤维阻滞，但是细纤维的恢复早于粗纤维，因而可在粗纤维恢复前的短时间内测定细纤维的活动。

5 kHz 和 20 kHz 的交流电也可阻滞。在刺激电极和肌肉之间，用 600 Hz 的阻滞作用可调节肌肉的收缩力量。有人认为，300～700 Hz 的刺激频率可中断运动终板处的突触传递，从而使神经传导受阻。更高的频率，如 1 kHz，可引起真正的神经阻滞区，使神经冲动不能通过该区。

高频阻滞所要求的电压高达 10～40 V。方波用起来简单，但不能区分有髓纤维。高频阻滞脉冲也可引起一种爆发性输入。这种爆发性输入可在所研究的冲动到达中枢之前作用于中枢，因而，尽管连续刺激下可引起真正的阻滞，但所要研究的活动可能会受到这种爆发性输入的制约。

#### 1.4.4.5 跟随不能

有些纤维可用频率高到它们不能跟随的刺激予以排除。人的粗纤维可跟随至少 50 Hz 的刺激频率，但有些慢传导的 A 类纤维却可被这一频率所阻滞。C 类纤维通常在 2～10 Hz 时即可阻滞，但猫的 C 类纤维却能跟随频率高得多的刺激（图 1-4-7）。

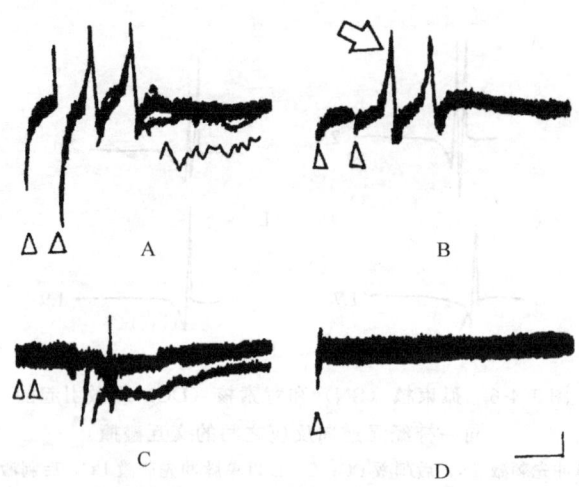

图 1-4-7 高频刺激跟随测定

频率 20 Hz，间隔 3 ms 的双脉冲刺激 $C_4$ DC（A），$C_4$ DLF（B），外周感受野中心（C），同样频率的单脉冲刺激 $C_1$ DLF（D）。A、B、C、D 均为连续 10 次反应重叠，在高频刺激下，DC 刺激引起的场电位变小（A）。逆向反应能跟随 $C_4$ DC 的高频刺激（A）和 $C_4$ DLF 刺激（B），但在刺激 $C_4$ DLF 时头两次反应的潜伏期不稳，属突触后反应（B 中箭标所指）。刺激外周感受野中心，反应不能跟随（C）。刺激 $C_1$ DLF 无反应（D）。箭头为刺激标记。校正：0.5 mV；4 ms（吕国蔚等，1997）

### 1.4.4.6 阳极阻滞

阳极下可兴奋组织的静息电位远离阈电位，不易引起动作电位，从而神经冲动传导受阻。阳极下的粗纤维比细纤维更容易被超极化，而首先受到阻滞。在可控的直流电源作用下，随电流的增加，粗纤维首先受阻。通常 50～500 μA 可使神经纤维按 Aα→Aβ→Aδ 的顺序先后阻滞，但有时 Aδ 却先于 Aαβ 纤维。

直流阻滞的不足是神经有被迅速损伤的危险和阳极断电兴奋。为克服这些不足，曾试用过各种改良方法，如阴、阳极位置倒换的短脉冲电流，前后沿缓慢升降的梯形波，前沿陡和后沿指数下降的三角波以及三极电极（两端为阳极，中间为阴极）等。

### 1.4.4.7 脊髓索局限性刺激

电刺激脊髓某一传导索或束，是鉴定和研究脊髓投射性神经元的常用方法。为了选择性地单独刺激一个索而不累及相毗邻的其他索，传统的方法是在预备刺激的脊髓上放置电极，同时将其毗邻的脊髓索在刺激电极位置的尾侧予以横断，以使毗邻索的兴奋不能下传。

这种利用横切无关脊髓索来达到选择性刺激某一特定脊髓索的方法，在理论上不能排除刺激电流向毗邻索（包括其横切部位尾侧）扩散的可能性。为此，生理学者还用控制电流强度、同心圆电极和单极刺激等方法，来尽可能地将刺激电流限局于欲刺激的脊髓索。但是，局限性的或低强度的刺激难免会减少应有的刺激效应，从而使实验事倍功半。

在解剖分离有关脊髓索的基础上，再用绝缘薄膜将有关索隔离开来，然后选择性地刺激特定脊髓索的方法，可以避免以上诸法的不足。在这样充分隔离的制备上，可以应用较强的电流，从而使实验收到事半功倍的效果。这种方法对于保证所鉴定的投射神经元的纯度是较为有效的。特别是由于脊髓各索，包括脊髓背索在内均含有由背角发出的二级纤维，因而容易产生误鉴定的情况下，强调用隔离而不用横切的方法，显然是必要的（图 1-1-14）。

### 1.4.4.8 定位微刺激

对外周神经、脊髓，特别是中枢脑部可用微刺激来刺激电极附近小块区域内的神经组织。为避免损伤组织，玻管或金属电极的尖端要细，通常为 $10\sim15~\mu m$。为避免漏电，电极尖需绝缘，通常用钨丝外套以玻管。这种电极可以通过 $100~\mu A$ 以上的电流，但过强电流会引起伤害性反应。

微刺激的效应取决于刺激强度和脉冲数。宜尽可能使用弱电流，以使刺激区局限，便于选择性兴奋。单脉冲能直接或经突触兴奋神经元。重复刺激时，几个脉冲通过之后，突触激动即变得更为显著。突触激动不仅发生于刺激局部，而且发生于该神经元的终止部位。一般说来，高频（$300\sim400$ Hz）、长串（$30\sim40$ ms）的脉冲比低频短串脉冲效果明显，但因过强电流有伤害性，因此，总的刺激电流应控制得尽可能小。

为引起自主和行为效应需激动较多的神经元。为此，在最小的电流密度区内会有许多可兴奋膜被兴奋。多数学者认为，1 mm 的电极尖和 1 mA 的电流，能兴奋直径 1 mm 的脑组织，可对所引起的功能做到精确的定位。慢性埋置电极刺激猫红核的一个点，可引起猫发生行走、攀爬和恐吓等连续性行为反应；而刺激同一动物 3 mm 外的另一个点则只引起猫打呵欠。然而，尽管刺激的脑区很小，其反应有时也不易分析。运动皮层的一个锥体细胞与 5000 多个其他神经元联系，其中每一个神经元又与另外一些神经元联系。行为反应通常是多突触的。脑微刺激的作用，只是通过脑内原有的通讯路径，激发既定模式的行为反应。

### 1.4.4.9 细胞外和细胞内刺激

应用微电极进行细胞外刺激，首先最可能被刺激的是轴突始段。100 年前即已发现，阳极刺激皮层运动区引起运动的阈值要低于阴极刺激。阳极位于细胞始段的对侧时，刺激阈值亦低于阴极。这可能是由于电流从胞体流入，而从始段流出所致。如刺激电极是负的，始段即被超极化。

细胞内刺激的最简单方式，是用两个分开的电极分别刺激单个神经元和记录由该电极极化电流所致的电位变化。细胞内刺激要求细胞有足够大的体积，因而这种刺激大多用于无脊椎动物的神经节，而很少用于脊椎动物的神经元。另一较简便的细胞内刺激方法，是用双管微电极。但即使这种电极，其尖端也偏大，也容易损伤神经元。最后，人们被迫只好用单个微电极作细胞内刺激。单个微电极细胞内刺激的主要缺点是，刺激电流引起的电压降，需用适宜的桥式电路予以平衡。由于电极内阻随时间变动，这种桥式平衡实际上很难维持。

细胞外和细胞内刺激如在灰质内进行，突触前末梢肯定会受到刺激，但其几率如何，目前尚不得而知。

## 1.4.5 刺激电流扩散

与选择性刺激某一神经成分或部位的愿望相反，刺激电流总是不可避免地会向周围成分或部位扩散，从而对刺激效应特异性的解释带来了困难。电生理学工作的一个重要任务是，一方面努力在实验进行中控制或减少电流扩散，另一方面在对自己的实验效应进行解释时，力求持慎重态度。

### 1.4.5.1 有效兴奋点

著名生理学家 Katz 于 1939 年注意到电流在神经干长轴上进行侧方扩散（lateral spread of current），并用电紧张电位分布理论和轴芯导体（core-conductor）学说作了解释。长期以来，人们无数次地看到，在分级强度刺激时，反应潜伏期随强度增加而缩短的现象。这一现象向人们提出了，电刺激时有效兴奋点是固定于阴极下面还是随强度的变化而有所变动的问题。

1944 年，Tasaki 在分离到只有 5 根神经纤维的蛙坐骨神经标本上发现，1.2 T 刺激时，只有直径 15 $\mu m$ 的一个纤维产生动作电位；2 T 时，2 个 9.5 $\mu m$ 的纤维兴奋；3 T 和 10 T 时，8 $\mu m$ 和 4 $\mu m$ 的两根纤维兴奋；这些逐次被兴奋的纤维，特别是最粗的纤维的动作电位的潜伏期随着更细纤维动作电位的出现，而向前移动；结果出现了传导速度同电流强度成比例变化的情况。Tasaki 随即明确指出，这种神经纤维传导速度的变化，是由于电流强度增加时电流向更远距离扩散的结果。他还在严密设计的基础上计算出了相应实验中这种电流扩散的扩散指数。

1949 年，Rushton 用两对电极，按两阴极在内和两阳极在外的布置方法，刺激神经时发现，甚至在阈强度刺激下，有效兴奋点也不是在两阴极的下面，而是在距离两个阴极各 3 mm 的位置上。后来，又有不少学者相继报道，随着刺激电压的增大，神经干动作电位振幅增加和变化的同时，动作电位的潜伏期也缩短。这种潜伏期缩短的现象，被解释为有效兴奋点随刺激电压增大而向记录电极侧移动，而不是由于什么高阈但传导快的新型纤维被募集的结果。

早在 1933 年，Blair 和 Erlanger 曾确定，纤维直径或传导速度与刺激阈值成反比变化的原理。上述有关传导快但阈值高的想象显然是与这一公认原理背道而驰的。这种想象也不能解释在单纤维标本上看到的、动作电位潜伏期随刺激强度增加而缩短的事实。

### 1.4.5.2 跨索刺激效应

20世纪70～80年代，在瑞典和美国学者之间，曾发生过究竟猫是否有脊颈束的争论。这是自1955年Morin发现脊颈束以来的一次较大的争论。实际上，争论的焦点既不在于解释，也不是由于指标，而是两派所用的方法不同。瑞典学者（Anderson和Leissner）的工作是在横切邻近脊髓索的基础上进行实验，而美国学者（Ennever和Towe）则是在背外侧索和邻近索之间，用一云母片隔离的制备上进行的。两种制备得到了两种截然不同的结果。瑞典人反驳美国人的方法会损坏背外侧索或脊颈束；美国人指出，瑞典人的方法会造成电流扩散，因而产生假象。争论相持不下。但最后，美国人的见解是对的。

类似的分歧，在我们和英国学者之间也发生过。在鉴定脊髓背索突触后神经元和脊颈束神经元的过程中，我们和他们的结果是不同的。究其原因也是方法学的问题。英国学者同瑞典学者相似，用的是脊髓横切制备；我们则与美国学者相似，用的是脊髓隔离制备。

为了澄清问题，我们专门就这种制备进行了实验比较。结果表明，脊髓各索之间的自然间隙以及横切邻近索的方法，均不足以防止电流扩散到被横切的邻近索，因而在这种横切制备上所鉴定的脊髓投射神经元不会是纯的。相反，至少在目前的实验水平和条件下，隔离制备可以防止电流扩散，从而可以得到纯的投射神经元（图1-1-14）。

### 1.4.5.3 潜伏期跳跃

神经干上动作电位潜伏期随刺激强度增加而缩短的现象，在神经元单位电活动的记录中也很常见。1979年，Mayer特称此现象为"潜伏期跳跃"（latency jumping）。Mayer在记录下丘脑腹内侧核对刺激中脑中央灰质的逆向反应中发现，在如此短的传导距离中逆向反应的潜伏期，随刺激强度增加可缩短或前跳9.8 ms之多。有些学者认为，这种现象除与电流扩散或刺激部位扩大有关外，还可能与轴突在刺激部位扭曲走行或该轴突末梢或侧支具有不同的阈值有关（图1-4-8）。

在细胞内记录中也发现，兴奋性突触后电位（EPSP）的潜伏期也随着刺激强度的增加而缩短；同时该EPSP上重叠的峰电位数目和放电频率有所增多。同一作者还报道过，抑制性突触后电位（IPSP）的潜伏期也在刺激强度增加过程中逐渐缩短。在刺激强度增加得不太多的情况下，有时在IPSP的上升相中有一个波样增量，而在同时进行的细胞外记录中却看不到相应的变化，因而提示这种细胞内记录到的现象乃至潜伏期的缩短，并不是一种被动的电场效应。在刺激强度增加的过程中，与IPSP潜伏期缩短的同时，也见到IPSP上升相缩短和IPSP振幅增大的变化。

在大鼠脊髓离体制备上也发现，刺激强度增加时，锋电位的潜伏期缩短，同时引起2～7个附加锋电位。附加锋电位经证明系经突触引起的，不能跟随高频刺激。这提示刺激电流不仅向记录电极方向扩散，而且还扩散到有关的其他传入纤维上。

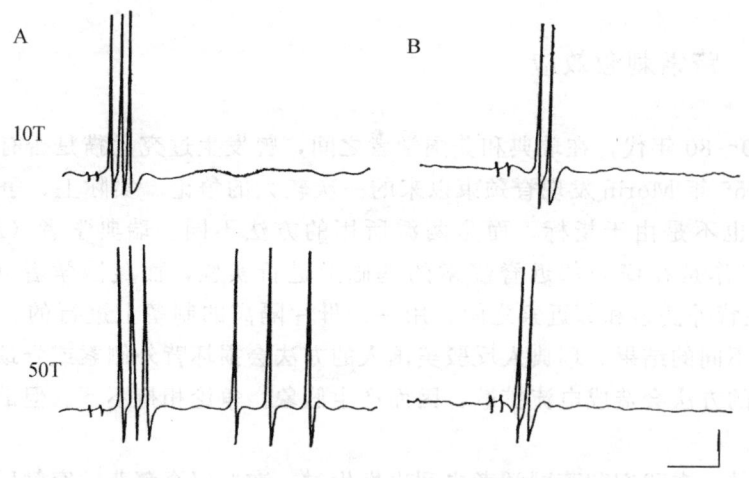

图 1-4-8 脊髓背角神经元对不同刺激强度的反应

脊髓背角神经元对足三里 50T 刺激的反应明显强于 10 T 刺激，当刺激强度由 10 T 增至 50 T 时，放电数目增加（A），潜伏期缩短（B）。校正：10 ms, 20 mV（孟卓和吕国蔚，1993）

在脉冲间期为 10～200 ms 的双脉冲刺激下，第二个脉冲引起的反应的潜伏期，也有所缩短。由于第二个脉冲的强度与第一个脉冲一样强，故不太可能是由于有效兴奋点的移动，而可能与第一个脉冲引起的反应的超常期有关。这可解释，如第二个脉冲落在第一个脉冲诱发反应的不应期上时，第二个脉冲诱发反应潜伏期将延长。

Dawson 等在发现刺激强度增加时，中枢神经元诱发反应潜伏期突然缩短（jumping）的同时，还发现诱发反应的潜伏期，在重复刺激（1～20 Hz）的过程中逐渐延长。Dawson 称此现象为潜伏期漂移（latency drifting），并认为其与兴奋后抑制的逐渐积累有关，与潜伏期跳跃有本质的不同。

#### 1.4.5.4 有效电流扩散

电流扩散固然要尽量减少，但许多刺激效应却依赖于有效的电流扩散（effective current spread）。应用单极微刺激比较有效刺激距离与阈电流强度之间的关系时发现，二者之间的关系是线性的：中枢神经系统中的有髓纤维距离刺激电极的距离愈远，使其兴奋所需的阈值愈高，在同一距离上，纤维的传导速度愈快，所需刺激阈值愈低。

Stoney 等发现，锥体束的胞体、轴突侧支和轴突分支三者的电流-距离关系均为非线性的二次关系：$i=Kr^2$，$i$ 为阈电流强度；$r$ 为电极与靶细胞的距离，可用勾股定理估测；$K$ 值决定于靶神经元的兴奋性，可用最小二乘法计算，其范围为 450～1000。根据这种关系，如用小于或等于 10 μA、0.2 ms 的脉冲进行皮层内微刺激，可被直接兴奋的神经元位于以电极尖为中心的半径 80～90 μm 以内。20 μA 时，有效扩散半径为 180～260 μm；50 μA 时，有效扩散半径为 290～410 μm。

有效扩散半径与电极种类和电极尖大小有关。单极电极的有效扩散半径最大，双极次之，同心圆电极最小。中等大小的单极微电极，通以 10 μA 的短脉冲，可刺激 150 μm 以内的有髓纤维，100 μA 的可兴奋半径为 500 μm。

#### 1.4.5.5 电流-距离关系

Ranck 将有关单极刺激的 10 篇报道结果标准化后，得到了一套电流-距离关系图。如刺激电极为深部电极，其尖端完全由神经组织包围，刺激电流将以辐射形式，向所有方向呈球形扩散。如电极置于受刺激组织表面，其刺激电流将以半球形式对称流动。对于这种情况，Ranch 将其综合起来，以求与球形扩散呼应。比较发现，10 篇报道的结果有很大变异，这种变异主要与可兴奋成分的结构功能特性有关。最容易兴奋的部位是有髓纤维的郎飞结，低到 0.1 μA 的电流即可使其兴奋，因而刺激电流的扩散距离主要决定于电极与郎飞结的距离。

由于有关材料来自不同脑部，因而电流-距离曲线大都没有重叠。然而，各条曲线在双对数坐标上却均呈线性。这提示，这种电流-距离关系可以适用于其他脑部。从曲线看，刺激电流如增加 1000 倍以上，有效扩散距离可增加 100 倍以上。一个 200 μs、100 μA 的脉冲，通过单极阴极，可兴奋以电极尖为中心的 1200 μm 内传导较快（约 65 m/s）的轴突。传导速度较慢（约 25 m/s）的轴突，其可兴奋半径为 500 μm。有些作者报道，60 Hz、25 μA 的正弦波在外侧丘脑的可兴奋距离为 120 μm。

电刺激是一种极其重要的技术，它仍在充分发展的过程之中。神经组织电刺激的一个重要贡献，将为感觉通路障碍的患者直接提供信息，并对脑-脑的非感觉通讯提供人工联系。

脑刺激的许多惊人发展的可能性与它在现实医疗应用中的有限性之间，显得很不协调。心脏起搏器已经广泛应用，但脑起搏器却没有问世。其理由不外乎是心脏功能较单纯，而脑的功能则复杂得多。

电流是一个单调的非特异刺激，它只能激动已有的功能，而不能创造这些功能。刺激人脑额叶可加强患者的口头表达，但不能用电流向大脑介绍单词、概念和信仰。刺激猴脑中央灰质可加强其攻击行为，但电流不能规定和改变其攻击的目标。

（吕国蔚　李菁锦）

### 参 考 文 献

陈宜张. 1983. 神经系统电生理学. 北京：人民卫生出版社
吕国蔚. 1994. 膜片钳记录. 首都医学院学报，15 (3)：238~242
吕国蔚. 1993. 细胞内记录. 生理科学进展，25 (1)：6~11
吕国蔚. 1986. 电刺激的方法学问题（续）. 生理科学，6 (3)：115~172
吕国蔚. 1986. 电刺激的方法学问题. 生理科学，6 (2)：78~83
普郎西. 1992. 容量生物电学. 上海：复旦大学出版社
日本生理学会（王佩等译）. 1980. 生理学实习. 北京：人民卫生出版社
隋印森. 1990. 神经系统磁共振诊断学. 北京：宇航出版社

沃郎佐夫（何瑞荣等译）．1964．普通电生理学．北京：人民卫生出版社
希瑞希等（范示藩和江振裕译）．1963．电生理学方法．上海：上海科技出版社
周佳音，黄仲荪，胡三觉．1987．电生理学实验．北京：人民卫生出版社
田崎一二．1944．神经纤维の生理学．东京：何谷
Brown BH, Smallwood KH. 1981. Medical physics and physiological measurement. Oxford: Blackwell, 371
Kerkut GA, Wheel HV. 1981. Electriophysiology of Isolated Mammaliam *in vivo* Preparation. London: Academic press
Oakley B, Schafer R. 1978. Experimental Neurobiology. Ann Arbor: The University of Michigan Press
Patterson MM, Kesner RR. 1981. Electrical Stimulation Research Techniques. New York: Academic Press
Tasaki I. 1982. Physiology and Electrochemistry of Nerve Fibers. New York: Academic Press

## 1.5 电记录方法学

现代科学的发展表明，化学特别是分子生物学对各个学科领域的影响日趋显著，但是在物理学影响下发展成熟的神经电生理学方法仍是无可比拟的主要手段。神经系统活动的最基本的或者说是唯一的直接表现形式，归根结底是电变化。离开了电变化就无法直接进行观察。近年来，尽管外周神经系统的电生理学还没有跳出 Hodgkin-Huxley 学说的范围，中枢神经系统电生理学中 Eccles 的 EPSP 和 IPSP 的概念仍然处于统治地位，但是关于中枢突触机制的研究已经取得了很多新的进展，而在取得这些进展的过程中，微电极技术的改进发挥着重要作用。

近年来应用微电极技术所做的细胞内记录和注射的研究，大大提高了我们对于神经系统结构和功能的认识水平。脑作为传递和处理信息的器官，有着极其错综复杂的传递通路、回路和整合处理过程，如果没有电生理学的技术方法，分析神经中枢的这些功能组织和兴奋过程，则几乎是不可能的。因此，对于主要从事神经生理学工作者来说，他们借以探索脑秘密的基本武器仍然是电生理学方法，化学方法、药理学方法、免疫学方法等乃是他们了解脑功能的辅助手段。

### 1.5.1 容积导体内记录

生物体可兴奋细胞周围的细胞间液是具有长、宽、厚三维空间的容积导体，只要没有电流在容积导体中流动，容积导体各处的电位是相等的。在身体内，只有当可兴奋细胞传导冲动时才有电流在细胞间液流动，静息细胞没有电流。容积导体中电流的存在意味着其中必有一个电源。在有冲动传导时，此电源即是活动区与不活动区之间的电压的差别。

如果与神经干上所记录的电位作比较，容积导体中一点的电位是难以解释的。活动纤维的位置不易确定，因其电流散布到身体各处；排放的大小和时程不确定，因为当记录电极与活动组织之间的距离增大时，记录到的电位即变小并变慢。动作电位如以一个方形波来近似地表示时，神经活动在容积导体中所产生的电位的估计即变得简单。一个方形波动作电位在容积导体中一点所产生的电位，与跨膜动作电位的高度和记录电极处

测定的波边界的立体角的乘积成正比。

沿可兴奋细胞膜电位作不对称的分布即引起可兴奋细胞外界电极性的不对称性，即细胞表现为一个电偶极子。外界电流从膜电位较大处流向较小处。可兴奋细胞某一部位上的外界电极性为正，不一定指示该处的细胞膜呈超极化。电源处膜电位可以正常或甚至减小，但在电穴处的膜电位总是比电源处小些。

当记录是和一远处的参考电极作对比时，电源为正，电穴为负。如参考电极移近电源，则将逐渐取得电源电位，这就导致电源区直接记录的正电位降低。将参考电极置于电穴近旁，则相反地减小了在去极化区所直接记录的负电位。电压是介质中电流密度的积分值和介质比电阻的乘积。假定介质的比电阻是恒定的，则从两极间连线上取得电流密度的积分值。应用欧姆定律即能算出所测量的电位大小。如果电穴在空间上小于电源，则电穴区的电流密度大于电源区，表现为较显著的但较局限的负电位。

偶极具有电矩。偶极的电场依距离而迅速衰减，因其正电荷与负电荷对于一个探测电荷施加近乎大小相等方向相反的力。在离正、负电荷间距离（$\delta$）大很多倍的距离处，其电场与距离 $r$ 的立方成反比，其电位与 $r$ 的平方成反比，而不是像单个电荷那样与 $r$ 成反比。将正电荷与负电荷用一厚度为 $\delta$ 的层隔开，即形成了一个偶极层或偶极面。该层的每一区域含有相等数量的正、负电荷；但是在它的表面上，单位面积的正或负电荷的数量，各区域之间可以不同。偶极层单位面积偶极矩（$m_A$）为单位面积电荷（$q_A$）与该层厚度（$\delta$）的乘积，$m_A = q_A \cdot \delta$。一个荷电的细胞膜是一个闭合的偶极层，因其正、负电荷已被膜隔开。

在静息的细胞中，$m_A$ 是一常数；而在活动时，在一固定地点，$m_A$ 依时间迅速改变，或在一固定时间，$m_A$ 依距离迅速改变。在容积导体中某一点的电位（$\varepsilon$）的定义是该点的电位与距离偶极层很远处一点的电位的差值。偶电极层的电位与到该层距离的平方成反比，所以在相距很远的无关电极的电位即变得非常小。一个恒定电距的偶极层在任一点所引起的电位，与该层表面在该点所张的立体角（$\Omega$）成正比：

$$\varepsilon = \left(\frac{\varepsilon_m}{4\pi}\right)\Omega$$

式中，$\varepsilon$ 是跨膜电位。电位的符号与最接近该点的偶极层表面上的电荷的符号相同。

偶极层的电位与立体角成正比的关系，意味着电位只取决于偶极层的视角大小，而与该层的具体形状无关。静息细胞的跨膜电位并不影响细胞外某一点的电位，因细胞外任一点都面对着同一立体角的两个大小相等而极性相反的带电表面，以致该点的总电位为零。一条正在活动的纤维可分成两个区：静息区与活动区。在方形波的近似方法中，假定：静息区有一恒定电位 $\varepsilon_s$，活动区有一等于动作电位超射的恒电位 $\varepsilon_a$，两区之间的过渡发生在一点，可以看出，在外部某一点的电位只取决于活动区与静息区的交界所张的立体角。神经冲动是一个以恒定速度进行的波，在某一瞬间当该波前沿从一个方向移向另一方向时，立体角先变大，然后逐渐减小到零。在该波行进路线上任一部位放置记录电极，即可记出当波前沿移近、通过、离开该距离电极最近的点时电位变化的正负程序，通常呈正-负-正的三相波。

上述分析对兴奋沿着可兴奋细胞移动时的电表现也具有根本的意义。假定兴奋的基本电表现为负，则正向偏移可以理解为电极放在电流源区域内，或是理解为反向电流线的 IR 电位降造成的。由正电位变成负电位指示兴奋扩布到电极所在部位。这样，正波可以说明兴奋向电极靠近，负波说明兴奋抵达电极区。电极插于细胞体附近时，突触活动在细胞引起的冲动正沿轴突向离开胞体的方向进行，电极记录出负电；在去极化波离去时，负值逐渐减小；胞体的复极化使电位迅速变为正值，而当复极化波离去时，电位逐渐降低。

在脑的容积导体内的生理性偶极子的形状和位置可以进行直接或间接地测定。在最大的表面反应区垂直地插进一根微电极，可以同时比较皮层不同深度和表面的电位活动。在一定深处，起始的表面正波由一个起始的负波所替代时，即指示微电极到达了相应偶极子的另一端。进一步向下推进电极，负波的振幅逐渐减小。在含有一个辐射状偶极子的球形均匀导体的表面上，也可发现特征性的电压分布。显然，偶极距愈大，它靠近导体的表面愈近，投射亦愈显著，因而可以认为最大反应处即相当于偶极子的定位区。更精确的分析可以从电位的表面分布算出偶极子的深度。偶极子的深度可由最大反应点和相位倒转点之间的角距离来测定。

从容积导体内某一点记录到的电位是远处和近处的许多单位活动的合量，因而电场常到达相当远的距离。用普通的方法很难区别这种远处和近处的活动。用记录电流来代替记录电位有可能获得有关电源和电穴在一小块组织内的分布资料。如要详细分析容积导体的一个截面中的电源分布，可用微电极有规律地插到不同深度去探明截面的全部区域。对微电极的每一个位置都做一串记录。电极的真实位置用组织学方法检查，并标在截面的照片上。

### 1.5.1.1 肌电图

在活体内，当肌肉收缩时，动作电位可从肌纤维经组织的导电作用反映至皮肤表面。在皮肤表面放两个金属电极或将针电极直接插入肌肉内，可记录到肌肉活动时的动作电位。这种记录叫做肌电图 (electromyogram, EMG)。在临床上，肌电图可用来判定神经、肌肉所处的功能状态，也就是骨骼肌纤维受神经支配的状况，以及神经肌纤维本身的状态，这有助于对运动神经、肌肉疾患的诊断。在科学研究上，肌电图也是一种有用的观察指标。记录肌电图常用电极通常有以下两种。

**(1) 针型电极**

这种电极是将一根（或二根）绝缘的铜丝（或铂丝）插入注射针内，构成一个同心电极，铜丝（或铂丝）作为引导电极，针管接地。同心针电极刺入肌肉内可接触 1～10 条肌纤维，可引导邻近针尖的几千条肌纤维的电活动。

**(2) 表面电极**

表面电极为直径约 1 cm 的金属圆盘，记录时将两个表面电极，沿肌肉的纵方向（距离约 2 cm）粘贴在待查肌肉的皮肤表面上作为引导电极，而在离开引导电极的部位，粘贴1或2个表面电极接地。一般使用针电极临床记录肌电图，在细胞外进行记录。

当针电极插入正常肌肉时，在大部分情况下，只在针电极插入或移动瞬间出现一些持续时间很短的电位变化，称为插入电位。针电极移动一停止，插入电位即消逝。这是针电极对肌纤维或神经分支的机械刺激及损伤作用所引发的电位。当肌肉完全放松时，则没有电活动。

一条运动神经纤维在其末端分成许多分支，支配许多条肌纤维。一条运动神经纤维和它所支配的肌纤维合在一起，可看做一个功能单位，称为神经肌单位（neuromuscularunit，NMU）或运动单位。在正常肌肉随意收缩时引导出的动作电位称为运动单位电位，它表示一个脊髓前角细胞所支配的肌纤维电活动的综合结果。但实际上由于一个运动单位通常包含几百条肌纤维，其直径可达几个毫米，而针电极只能接触少数肌纤维，引导 0.5 mm 范围内的电活动，所以这种电位也仅是运动单位中的小部分肌纤维电活动的总和。不同肌肉的运动单位电位、电压不同。一般面肌电压最低，肢体肌肉电压较高。而同一肌肉的不同运动单位在轻收缩时电压也不同，自 100 μV 至 2.0 mV 不等。运动单位的持续时间与人的年龄有关，一岁以下的乳儿持续时间短，持续时间随年龄增加而增加。不同的肌肉也不同，面肌最短，约为四肢肌肉的一半。同一肌肉的不同运动单位也不同，可自 5.0 ms 到 12.0 ms 不等。

肌肉收缩时，由于用力程度不同，参加收缩的运动单位的数目和发放频率不同，肌电图呈现不同的波形（图1-5-1）。

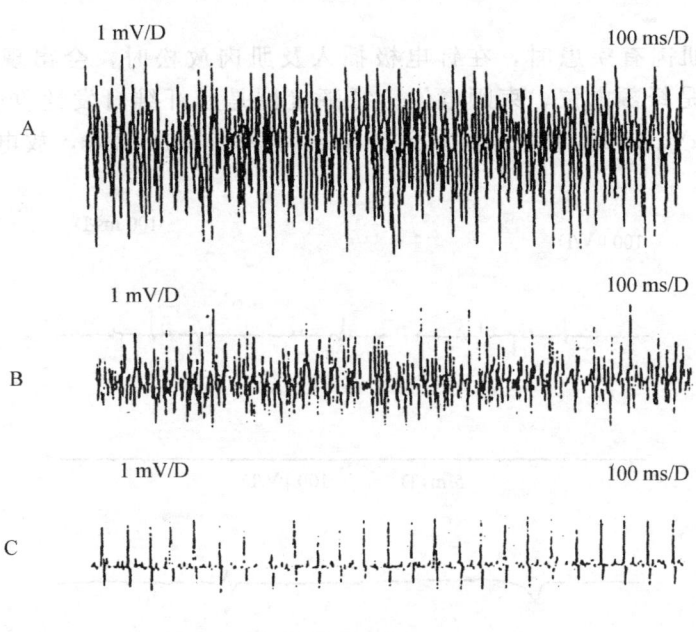

图1-5-1 大力收缩的肌电图募集型
A. 干扰相；B. 混合相；C. 单纯相
（汤晓芙，1995）

**（1）单纯相**

肌肉轻度用力收缩时，只有一个或几个运动单位参加收缩，肌电图上呈现孤立的、有一定频率和间隔的单个运动单位电位，电压较低。

**（2）混合相**

肌肉中度用力收缩时，参加收缩的运动单位数量和发放频率有所增加，有些区域电位密集不能分离出单个电位，有些区域仍可见单个运动单位电位。

**（3）干扰相**

肌肉最大用力收缩时，参加收缩的运动单位数量和发放频率进一步增加，但发放的频率有一定限制，主要是增加运动单位的数量。不同振幅与频率的运动单位电位参差重叠，无法分辨出单个运动单位电位，电压显著升高，比轻收缩时增加80%～200%。

在正常情况下，随着肌肉张力增加，参加收缩的运动单位的数量和发放频率也相应增加，在一定范围内呈正比关系。因此根据放电波型的不同，可以粗略地估计肌肉用力的程度。但在肌原性疾病的病理过程中，运动单位的电位波型和肌肉实际收缩程度不一致。肌肉瘫痪，随意收缩困难，不能达到一定的肌张力，但肌电图却呈干扰相。这是由于肌纤维萎缩、变性、坏死以致数量减少，肌张力很弱；而运动单位数量正常，发放的频率又因肌力弱可以代偿性地增加，所以运动单位电位仍可重叠形成干扰相，称为病理干扰相。

当神经、肌肉有疾患时，在针电极插入及肌肉放松时，会出现异常的电位排放，最常见的是纤颤电位、束颤电位。纤颤电位是肌纤维自发性收缩产生的电位。电压小于300 μV、持续时间大多小于20 ms，频率2～10次/s，放电间隔大多不规则（图1-5-2）。

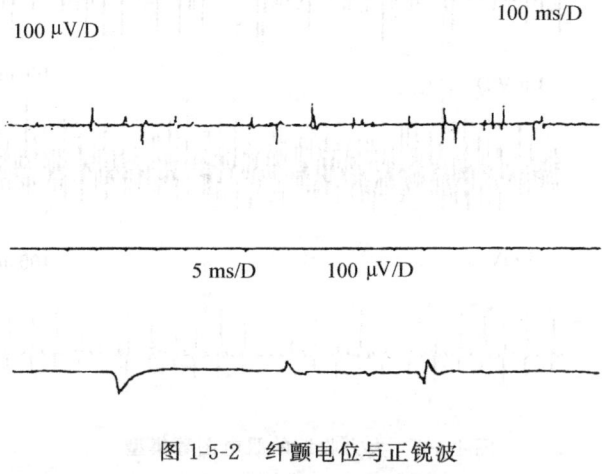

图1-5-2 纤颤电位与正锐波
（汤晓芙，1995）

纤颤电位主要是在周围神经及脊髓前角细胞发生病变时，肌肉失去神经支配后，出现肌肉纤维颤动时产生的。它不能产生肌肉的缩短，又因肌肉外有皮肤覆盖，故纤颤不能为肉眼所见到。在临床上，出现纤颤电位便提示肌肉失去神经支配，是神经原性损伤的主要指征。当神经再生并重新支配肌肉时，纤颤电位即消失；如神经不能再生，当肌纤维溃变进行到相当程度时也消失。关于纤颤电位产生的原因，有人认为是由于去神经支配的肌肉终板对乙酰胆碱的敏感性高度增高，微量循环着的乙酰胆碱或其他兴奋性化学物质使过敏的终板去极化而产生的结果。束颤电位是在肌肉放松时产生的运动单位自发发放的电位，这是由同一神经元所支配的一束肌纤维兴奋产生的电位，其波幅可达 2～10 mV。由于肌纤维兴奋有些不同步，持续时间可达 2～30 ms，发放频率可自几分钟一次至每秒数十次，且间隔大多不规则，外观上伴有肉眼可见的肌肉束颤。这是运动神经原病（如脊髓前角灰质炎）和神经根疾患的重要表现。

#### 1.5.1.2 脑电图

大脑皮层是神经系统最高级的中枢，它管理和支配全身各处的感觉功能和运动功能，有着数量极其庞大的神经元。据统计，人类大脑皮层神经元的数量约为 140 亿。神经元的类型也很多，它们之间有着很复杂的突触联系。目前对大脑皮层各部分活动的研究记录多是许多神经元活动的综合结果。

将引导电极放在头皮上，通过脑电图机可以记录出大脑皮层的自发电位，所记录到的脑电活动的图形，称为脑电图（EEG）。在动物实验或在临床给患者做开颅手术时，为了诊断的目的，也可以把引导电极直接放在大脑皮层的表面来记录其自发电活动，所得图形称为皮层电图（ECoG）。脑电图和皮层电图都反映大脑皮层的自发电活动，因此，在同一脑区记录到的图形基本上是一致的；只是由于引导电极放置部位不同（一个直接接触皮层，另一个隔着颅骨和头皮放在头皮表面），电极的阻抗不同，因而电位波幅有所不同。一般直接从皮层记录的电位要比从头皮记录的电位大 40 倍。临床常用的是脑电图。

脑电图的波形很不规则，但有些类似正弦波，可以作为以正弦波为主体的波动来分析。通常根据其频率和振幅的不同，可以把正常的脑电图分为四种基本波形（图 1-5-3）。

**(1) α 波**

频率 8～13 次/s，振幅 20～100 μV。α 波在清醒、安静和闭眼时即出现。α 波出现时，见于全部头皮导联，但在枕叶和顶叶后部表现最显著。波幅呈现由小变大，而后又由大变小的规律性变化，形成所谓的 α "梭形"波。每一个"梭形"波持续时间约为 1～2 s。当睁眼、思考问题或接受其他刺激时，α 波即消失而呈现快波。这一现象称为"α 波阻断"。如果受试者再次安静闭眼时，则 α 波又重新出现。枕区 α 波的振幅一般是左右对称，但约有 16.6% 的正常人显示左右波幅差，其中右高于左者占 12.4%，左高于右者占 4.2%，但这种波幅差一般不超过高侧波幅的 50%。左右对称部位的 α 波一般是同位相的，但额区与枕区之间或双顶区之间可出现位相倒转。

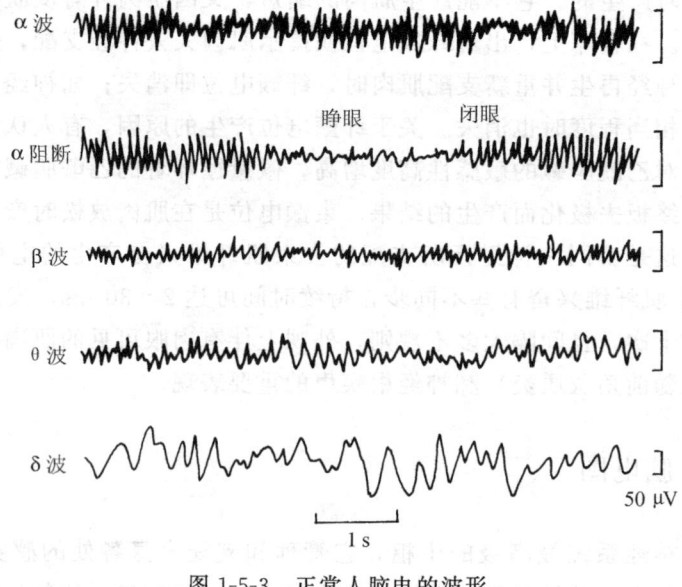

图 1-5-3 正常人脑电的波形
（周佳音等，1987）

**(2) β 波**

频率 14~30 次/s，振幅 5~20 μV。安静闭眼时只在额叶出现。如果受试者睁眼看东西，或听到突然的音响，或进行思考时，在皮层的其他部位也出现 β 波，因此 β 波的出现一般代表大脑皮层兴奋。

**(3) θ 波**

频率 4~7 次/s，振幅约 100~150 μV。一般在困倦时即可见到，多见于额、颞前导联。它的出现是中枢神经系统抑制状态的一种表现。

**(4) δ 波**

频率 1~3.5 次/s，振幅 20~200 μV。成人在清醒状态下一般没有 δ 波，只有在睡眠时才出现。如果此时将睡眠者唤醒，则脑电波即由 δ 波再转成快波。如果受试者又入睡时，则脑电波又由快波经 α 波转成 δ 波。

从以上脑电波各波呈现的情况来看，一般认为快波是皮层处于特殊紧张活动状态的主要脑电活动表现，α 波是皮层处于安静状态时的主要脑电活动，δ 波是睡眠状态下皮层的主要脑电活动。脑电图的波形随不同的生理情况而变化。当有许多皮层神经元的电活动趋于步调一致时，就出现低频高振幅的波形，这种现象称为同步化。例如，α 波就是一种同步化波，当神经元电活动不一致时，就表现出高频率低振幅的波形，称为去同步化。如 α 波阻断而出现 β 波就是一种去同步化。一般地说，当脑电波由高振幅的慢波转为低振幅的快波时表示兴奋过程的增强；反之，由低振幅的快波转为高振幅的慢波时就表示抑制过程的发展。

关于睡眠和觉醒时的脑电波，不能只根据波形的快慢进行判定，还必须观察一般行为和生理反应。近年来，通过对整个睡眠过程的观察，发现睡眠有两种不同时期，其脑电波也呈现两种时相：其一是脑电波呈现同步化慢波时相，称为慢波睡眠（slow-wave sleep，SWS）；其二是脑电波呈现去同步化快波的时相，称为异相睡眠（paradoxical sleep，PS）或快速眼球运动睡眠（rapid eye movement sleep，REM-S），或称快波睡眠。在睡眠过程中，这两个时相互相转化。在异相睡眠期间，脑电波呈现去同步化快波，反映大脑皮层处于紧张活动状态，可能与做梦有关。

EEG对异常脑活动敏感但不特异，对诊断癫痫特别有用，有助于鉴别发作和代谢性脑病以及器质性和心理性脑病的不应性。EEG活动的消失支持脑死亡诊断。一种新的磁性EEG可记录脑电活动所致的磁场变化，比EEG更好地定位出癫痫活动的部位。

## 1.5.2 诱发电位记录

诱发电位技术始于1913年Pravdish-Neminsky实验，并较早地应用于感觉系统的电生理研究，对于感觉功能的中枢定位、连接及投射关系等各方面做出了重要的贡献，但也有其方法学上的局限性。近年来由于电子计算机的应用，出现了平均诱发电位技术，使诱发电位技术在人体及临床应用方面更显示其重要性。

张香桐曾指出："凡是对外周感觉器官、感觉神经、感觉通路或与感觉系统的任何有关结构进行特定的刺激，因而在脑中任何部位产生可测出的电位变化都叫做诱发电位"。例如，刺激腓神经在大脑皮层引起的电位变化可称为诱发电位，而刺激大脑皮层在脑干网状结构引起的电位变化也称诱发电位。

随着诱发电位技术的普遍应用，人们对诱发电位的定义有了进一步的认识。根据目前的情况，可以更广义地说，凡是外加一种特定的刺激作用于感觉系统或脑的某一部位，在给予或除去刺激时，引起中枢神经系统中产生可测出的任何电位变化都可以称为诱发电位。例如，许多适应较快的感受器中，往往在给予刺激及结束刺激时都有反应，如柏氏小体，视网膜上亦有这种效应。当"给予"感觉系统某种刺激时，有时在中枢神经系统中产生一种电反应，称为"给反应"。而当"撤去"对感觉系统的某种刺激时，有时在中枢神经系统中也可产生一种电反应，称为"撤反应"。"给反应"与"撤反应"也是特定的外加刺激所引起的电位变化，所以也是一种诱发电位。

诱发电位是慢的电变化，在文献中有时也称为场电位，它不是单细胞放电，而主要由许多突触后电位总和而成。诱发电位是与自发电位相对而言，诱发电位常常出现在自发电位的背景上，实际工作中很重要的是把二者加以鉴别。

目前应用电子计算机（或叠加仪）对诱发电位的鉴别带来极大的方便。因为在发生时间上不规则的自发脑电，经过叠加会互相抵消，会平均而成为一条平坦的线。在此基础上可以把有一定潜伏期的诱发电位突出来。这种诱发电位称为平均诱发电位。由于多次反复的叠加使原来不易被记录的诱发电位得到了记录。对诱发电位的鉴别可依据以下几点。

**(1) 潜伏期**

诱发电位的出现与给予刺激之间有一定的时间关系。这就是说诱发电位必有一定的潜伏期，潜伏期的长短取决于以下四个因素：①刺激引起的冲动沿神经传导的速度；②刺激点与记录点之间的距离；③传导途径中所经过的突触数目的多少；④突触延搁的时间。在特异性传入系统中根据解剖知识、传导速度、距离及经过突触的数目等是已知的，只有突触延搁的时间长短会受中枢神经系统的功能状态及刺激强度的影响而发生变化。每个突触延搁的时间变动大约在 0.5~0.9 ms。当神经系统处于兴奋状态或刺激强度较大时，突触延搁时间较短；当神经系统抑制或刺激弱时，突触延搁时间便长。在相同实验条件下，在同一传导系统中，诱发电位潜伏期的长短是相当恒定的。

**(2) 反应型式**

在不同的感觉系统中，由于传入通路的结构不同，反应型式可以不同。例如，视觉的皮层诱发电位不同于躯体感觉的皮层诱发电位；而在同一系统中反应型式则是相同的。如在听系统，不论刺激耳蜗神经或刺激斜方体在皮层记录到的诱发电位都是相同的。自发电活动则不然，它的型式不固定，每次记录到的波形都不一样。

**(3) 空间分布**

诱发电位在脑内某一部位有一定的分布，即刺激外周一定部位，诱发电位只限于在中枢神经系统的一定部位（这主要是指主反应），这是由解剖结构决定的。而自发放电可在脑的任何部位发生，没有特定的部位。然而，诱发电位在大脑皮层空间分布的范围受麻醉药的影响，巴比妥类药可缩小诱发电位在皮层的分布范围，氯醛糖麻醉则可使更多的脑区被激活。因此，在评价诱发电位的空间分布时，应注意所用麻醉剂的影响。

**(4) 主反应及次反应**（后放电）

刺激感觉器官或通路上任何一点，在皮层上所得到的诱发电位可分为两部分：一是潜伏期比较固定，波形呈先正后负的一个慢波称主反应；另一个为次反应，有时可达数个。次反应是潜伏期长、幅度较大的正相波。主反应只发生在中枢神经系统的一定部位，而次反应几乎可在大部分皮层同时出现。

**(5) 与伪迹的关系**

在进行诱发电位的实验过程中，经常出现刺激伪迹。刺激伪迹对测定诱发电位的潜伏期可起到标志作用。但伪迹过大可掩盖诱发电位，甚至在没有诱发电位的情况下，误将伪迹视为诱发电位。简单的鉴别方法是将刺激电流的极性倒转，因伪迹是一种物理现象，必定会因极性倒转而倒转，而诱发电位是由电流刺激所引起的生理反应，不会因刺激电流极性的改变而改变。

从头皮上引导的诱发电位，波形复杂、波峰较多，通常把向下的负相波用 P 表示，向上的正相波用 N 表示，按其出现的先后命名为 $P_1$，$P_2$，$P_3$……及 $N_1$，$N_2$，$N_3$……。

有时波形复杂很难分清是第几个波峰，可采用波峰的潜伏期来标志峰位，如 $N_{32}$ 就是指在刺激之后 32 ms 时所出现的正相波。对于诱发电位中各个波峰的测定有两种指标即峰潜时与振幅。所谓"峰潜时"，是指刺激开始到某个波峰的顶端时间，以 ms 为单位。"振幅"是以波峰离开基线的垂直距离来测定的。

对头皮引导的诱发电位，根据潜伏期的不同可以区分为早成分和晚成分。例如，对体感诱发电位，部分学者把 $N_3$ 以前的成分称为早成分，而把 $N_3$ 及其以后的成分称为晚成分。并认为早成分系由背索-内侧丘系系统活动所产生的；而晚成分则可能是由非特异性投射系统的活动所产生的。对电位很低、潜伏期在 12 ms 之内的波峰称为远场电位，该电位发生在远离皮层的脑干。

诱发电位波形受电极与所记录神经元群的相对位置关系的影响。脑是一个容积导体，引导电极靠近电穴或电源，可以得到截然相反的波形。在神经冲动进入容积导体处，单极引导所记录到的动作电位是负、正双相。在神经冲动传导终止处，记录到的电位是正、负双相。而在冲动传导的途径上所记录到的电位变化都是正、负、正三相。引导电极与脑组织之间的距离不同、波幅的大小也会不同。记录电极与活动组织距离愈近，所记录到的电位幅度越大。另外，电极的粗细，单极引导或双极引导对记录电位都有影响。

大脑皮层自发的电位活动称为脑波，当给身体某种刺激产生大脑电位活动的改变，由头皮引导出的电位称大脑诱发电位。由感觉刺激（光、声音、触觉等）引起大脑某部位表现出电变化称为感觉性诱发电位，主要包括视觉诱发电位、听觉诱发电位及躯体感觉性诱发电位。由肢体运动而出现的电位变化叫做运动性诱发电位。

#### 1.5.2.1 视觉诱发电位

视觉诱发电位（VEP）系指经视网膜给予视觉刺激时，在两侧后头部记录到的电位变化。由于视网膜接受刺激后，神经冲动向两侧枕叶皮层投射，所以视觉电位往往是左右对称的。视觉诱发电位在枕叶最大。引导时，单极导出法的接收电极通常置于 10/20 法的 $O_1$、$O_2$ 部位，无关电极置于耳部或乳突。双极导出法可依据需要进行放置，如可用 $C_3$-$C_2$、$C_4$-$C_2$ 等。导出电极与前置放大器连接，进行平均加算后，经示波器显示、照相或用 X-Y 记录仪记录（图 1-5-4）。视觉诱发电位的波幅和潜伏期受闪光能量的影响较大。

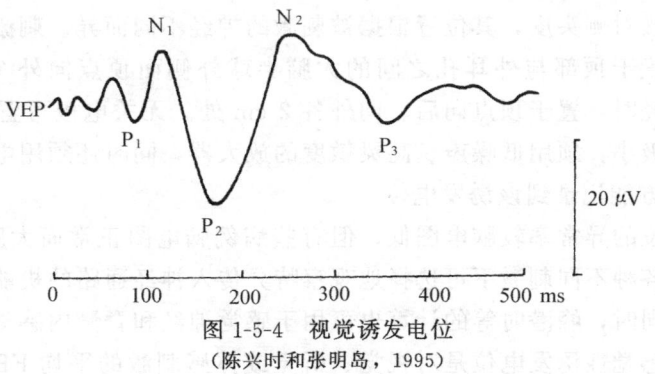

图 1-5-4 视觉诱发电位
（陈兴时和张明岛，1995）

### 1.5.2.2 听觉诱发电位

听觉诱发电位（AEP）系指给予声刺激，从头皮上记录到的由听觉通路产生的电位活动。因其电位来源于脑干听觉通路，故又称为听觉性脑干诱发反应。它是由极小的7个波组成的（图1-5-5）。

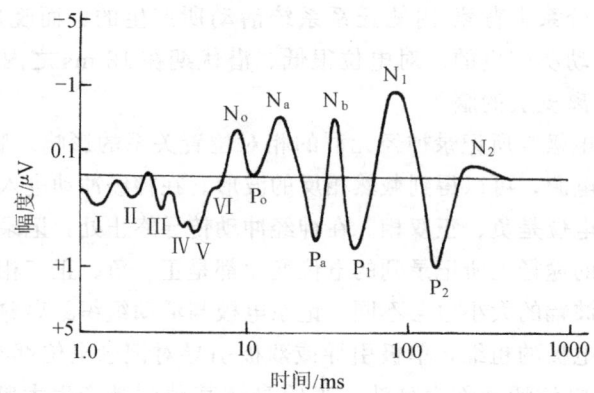

图1-5-5　皮层听觉诱发电位的三个部分（对数坐标图）

峰Ⅰ～Ⅵ为远场电位；峰$N_o$～$N_b$为MLP（middle latency potential）；

$P_1$～$N_2$为SCP（slow cortical potential）（陈兴时和张明岛，1995）

在头顶正中线最明显，颞部并不明显，其再现性很强且极其稳定，一般不受意识水平的变化及麻醉的影响。引导时一概采用双极引导法，作用电极置于10/20法的头顶$C_z$部位，参考电极置于乳突部相当于$A_1$部位。亦有采用$C_3$和$A_2$，$C_4$和$A_2$两侧同时进行记录的方法。记录时需用低噪声、高灵敏度的放大器进行放大，计算机叠加后方可检出，双极法一般需经1000～2000次加算，单极法需500次加算。

### 1.5.2.3 体感诱发电位

体感诱发电位（SEP）系指给予皮肤或末梢神经刺激，在刺激的对侧头皮上记录到的大脑皮层电位活动（图1-5-6）。引导时，接收电极一般使用盘状电极，采用双极或单极导联，置于刺激对侧头皮，其位置根据被刺激的神经不同而异。刺激尺神经或正中神经时，引导电极置于顶部与外耳孔之间的大脑半球外侧面顶点向外7 cm、向后2 cm处。刺激下肢神经时，置于顶点向后、向外各2 cm处。无关电极可置于两耳或乳突部位。由于该电位极小，须用低噪声、高灵敏度的放大器，同时还须用电子计算机连续叠加50～100次，方能记录到该诱发电位。

大脑诱发电位的异常率较脑电图低，但有些病例脑电图正常而大脑诱发电位异常。大脑诱发电位在各种不同刺激下可选择地观察特异传入神经通路的机能状态，这是脑电图无法比拟的。同时，峰潜时等的计算也可用于感觉神经和脊髓内感觉冲动的传导速度等的测定。三种感觉性诱发电位是对视觉、听觉或体感刺激的平均EEG反应。这类诱

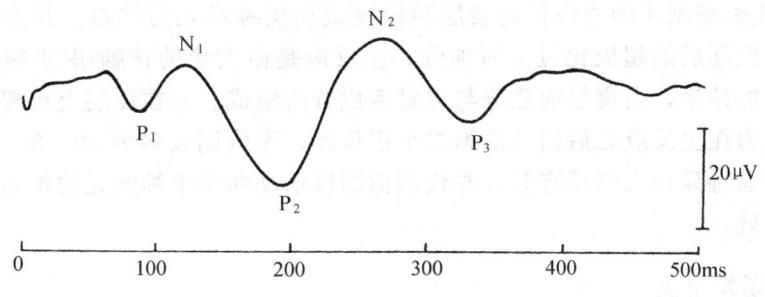

图 1-5-6　躯体感觉诱发电位
(陈兴时和张明岛，1995)

发电位具有高度的可重复性，提供传递信号的外周和中枢通路完整性的信息。皮层视觉诱发电位对于无症状患者的视神经传导变化高度敏感，有助于早期诊断多发性硬化症。脑干听觉诱发电位能对听神经和脑干听觉通路的异常做出定位诊断。体感诱发电位可计算主要反映粗感觉传入纤维、神经丛、脊髓和脑内通路的传导速度。

**(1) 皮质诱发电位**

皮质诱发电位与大脑电位的主要区别在于皮层电位的记录电极直接置于大脑皮层。当刺激一侧感觉器官时，在对侧大脑皮质记录的是一个潜伏期较短、幅度较小的主反应及主反应之后的一个潜伏期较长、幅度较大的次反应（图 1-5-7）。

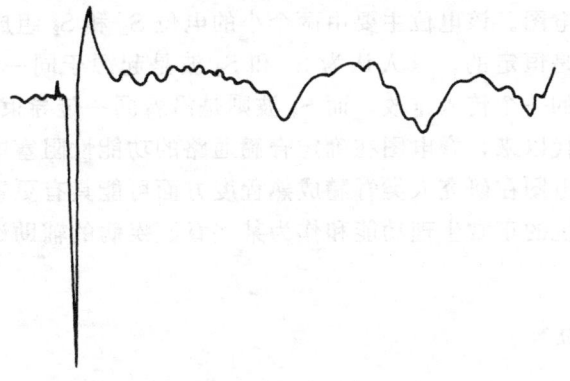

图 1-5-7　家兔大脑皮层感觉运动区诱发电位
上线：诱发电位记录，向下为正，向上为负。下线：时间，50 ms；
第一个向上的小波为刺激桡神经记号（刺激伪迹），间隔 10 ms 后即
出现先正后负的主反应，再间隔 100 ms 左右后，即相继出现正相波
动的后发放（周衍椒和张镜如，1989）

主反应为诱发电位最早出现的成分，是一个先正后负的双相电位变化。其潜伏期一般为 5~12 ms。据认为，主反应的第一个表面正波代表深层 4~6 层细胞体的去极化和

EPSP，负波代表细胞体的去极化向表层顶树突或浅层神经元的扩布，并为非特异传入活动和深层细胞随后的超极化过程所加强。主反应是由大量的丘脑-皮质的投射纤维同时兴奋所产生的结果，由突触前成分与突触后成分所组成。它在皮层上出现的区域有局限性。次反应为在主反应之后出现的第二个正负波，潜伏期大多为 30~80 ms。它的形成与网状结构非特异传入活动有关，并代表抑制性活动向整个神经元的扩布。次反应可出现在大脑各处。

**(2) 脊髓诱发电位**

脊髓诱发电位系指刺激躯体传入神经时，在相应脊髓节段的脊柱记录到的脊髓诱发电位。引导时将直径 7 mm 的圆盘电极或 4 cm×0.25 cm 的氯化银电极贴在相应脊柱的皮肤上，电极阻抗为 1.5~2.5 kΩ。记录方式分单极、双极引导两种。单极引导时，无关电极放在第六胸椎相应的脊柱皮肤或右耳垂上。双极引导时两极均放在需检查的脊柱皮肤表面。刺激电极置于腕部、肘部或腘窝部。刺激强度以拇指或蹈趾微动为宜。可采用一侧或两侧同时刺激。记录到的电位经放大器输入计算机叠加后由 $x$-$y$ 记录仪描记。一般可记录到两种形式的脊髓电图，节段性脊电图和传导性脊髓电图。

节段性脊电图是由躯体感觉刺激直接激活的有关脊髓节段的脊电图。主要是由持续时间较短的正、负、正三相波的早反应和随后出现的持续期较长的负、正、负、正波的迟反应组成。目前认为，早反应与背根纤维传导的传入冲动到达脊髓有关，迟反应可能与背根电位的电紧张性扩布和中间电位有关。传导性脊髓电图是指在该节段之上的脊髓平面所记录的传导脊电图。该电位主要由两个小的电位 $S_1$ 和 $S_2$ 组成。这两个波之间的间隔在整个脊髓上都是恒定的。有人认为 $S_1$ 和 $S_2$ 波是起源于同一传导束，即 $S_1$ 波是通过同侧脊髓所传导的一个传入排放，而 $S_2$ 波则是沿着同一传导束的反射性传入排放。

自 20 世纪 70 年代以来，脊电图在确定脊髓通路的功能性阻塞中具有一定价值。有的学者甚至认为，脊电图在研究人类脊髓成熟程度方面可能具有更重要的意义。用脊电图来研究脊髓神经系统的正常生理功能和作为某些脊髓疾病的辅助诊断方法，还是有着广阔的应用前景。

**(3) 髓背诱发电位**

当刺激外周躯体感觉传入神经时，在脊髓背表面记录到的电位变化叫做脊髓背表面电位（图 1-5-8）。该电位由一个峰电位，一个高幅负电位和一个低幅、长持续期的正电位所组成。

据有关学者的论述，各波的形成似可认为峰电位是脊髓内传导速度最快的初级传入纤维传布的动作电位，慢的负向电位代表背角中间神经元的活动，紧随负相电位之后的正相电位是初级传入末梢去极化在脊髓背表面的一种反映。

脊髓背表面电位在全身麻醉无法观察体征时，可在一定程度上了解脊髓功能，而且麻醉几乎对该电位无任何影响。脊髓表面电位的变化与知觉和运动障碍，特别是深部知觉障碍有很明显的关系。

近年来诱发电位的应用较为时新，并随着其他电诊断技术的发展达到一定的高潮。

目前，诱发电位的某些应用已比较明确，如视觉诱发电位主要对早期眼科疾病具备灵敏的反应性，听觉诱发电位有助于后颅凹损伤的定位诊断，尤其是对听神经胶质瘤及脑干神经胶质瘤的诊断有着特殊的意义，体感诱发电位能检测中枢神经系统感觉通路的情况。但仍有不少诱发电位尚处于研究阶段。诱发电位尚不能用于损伤的解剖定位，因神经系统的结构还没完全被认识清楚。

虽然诱发电位在许多临床实践中能扩大其应用，但假阳性及假阴性的结果不时会出现在诱发电位检查中，并随着记录技术的改

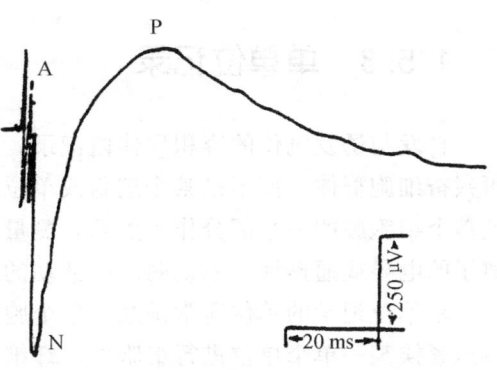

图 1-5-8　刺激腓神经引起的脊髓背面电位
(吕国蔚，1997)

变及现象的解释的不同而异。要避免这些，首先要应用较为精确的记录技术，其次对异常电位的判断，不仅要严格全面地加以分析，并且要具备必要的正常对照资料。诱发电位为研究工作开辟了新的领域。然而，临床实践必须考虑到这些检查的延伸应用所导致的经济耗费和所浪费掉的实验时间。只有能满意地从诱发电位中获得决定病情处理的新而可靠的检查结论时，诱发电位的应用才会更广泛地得到开展。

**(4) 诱发肌电图**

用单个方波电脉刺激人的外周神经，在一定刺激强度范围内，它所支配的肌肉便出现两次收缩，可以记录到潜伏期不同的两个动作电位。潜伏期短的（先出现的）称 M 波，潜伏期长的（后出现的）称 H 波。这种经电刺激诱发后记录到的肌电图，称为诱发肌电图。

正常安静状态下，电刺激胫神经，可由小腿三头肌引出 M 波和 H 波。胫神经是混合神经干，包括肌肉的传入神经纤维 Ia 和支配肌肉的运动神经纤维 α；刺激胫神经时，就有可能同时兴奋了传入纤维 Ia 和运动神经纤维 α。M 波就是胫神经中的 α 运动神经纤维受刺激所引起的肌肉动作电位。H 波即是胫神经中的 Ia 类传入纤维受刺激兴奋后，其冲动经中枢的单突触传递到脊髓前角的 α 运动纤维，后者发放的冲动传到肌肉所引起的动作电位。也即 M 波和 H 波为 α 运动神经纤维先后两次发放冲动传到肌肉产生的肌肉动作电位。M 波为 α 运动纤维直接传递冲动引起，路径短故潜伏期短，约为 4～5 ms。H 波是经传入和传出纤维在中枢的传递或反射过程引起的，路径长，潜伏期也较长，约为 30 ms。

H 波首先出现，刺激到一定强度时才出现 M 波。这是由于 Ia 类神经纤维阈值较低的缘故。随着刺激强度增强，M 波的波幅逐渐增大，而 H 波逐渐减小。这是由于 α 运动神经纤维受刺激产生的兴奋冲动，一方面可正向传导至肌肉引起 M 波，另一方面又能逆向传到脊髓。这种逆向冲动阻止了 Ia 传入纤维经突触传递到 α 运动纤维的冲动，从而造成 H 波的波幅减小。

肌肉诱发电位与 EMG 通常常规地一道进行，有助于鉴别一些神经系统的外周疾患。

## 1.5.3 单单位记录

自发与诱发电位的容积导体内记录，均以整个生物体、系统或器官作为黑箱，记录可兴奋细胞群体，而不是某个细胞或单位的电位变化。单个单位记录则是以单个细胞膜或单个细胞膜的一小部分作为黑箱，测量其跨膜电位差或跨膜电流，并可通过膜对各种离子的电导或通透性，来说明细胞活动的性质与规律。

单单位记录的单位通常是某一单个胞体、纤维或轴突。单单位记录可以用微电极直接地紧挨某一单个单位进行细胞外、纤维外或轴突外记录，更可以用微电极刺入单个细胞体、纤维或轴突进行细胞内、纤维内、轴突内记录。

单单位记录，即使是细胞内或轴突内记录，可以极其成功地从宏观角度说明伴随动作电位出现的跨膜离子流，但却难以从中直接得到有关这种宏观变化后的微观信息。新近的发展表明，单个离子通道也可作为单单位记录的单位，从中直接获得有关某一单个离子通道活动的特性和规律，将单单位记录从宏观水平提高到了可以测出通过单个通道的、低到 IpA 的微观水平。

单个单位研究要求被研究的单位处于隔离状态。这在解剖上是不可能的，因某一特定细胞与其他细胞之间是相互联系的；但在一定情况下，单个单位可以得到电学的隔离。这方面的主要措施是应用微电极对单个单位进行细胞外，特别是细胞内记录。

微电极的发现，迅速地为可兴奋组织的显微生理学奠定了基础。显微生理学不仅有可能研究高等动物器官深部的最小细胞的活动，而且能研究这些细胞的各个部分的活动。所有可兴奋组织，肌纤维、无脊椎动物及脊椎动物的各种感受器细胞，种族发育各个阶段动物的外周及中枢神经系统神经元的轴突、胞体、树突以及人大脑神经元，都是显微生物学的研究对象。

显微生理学的"分辨力"与光学及电子显微镜的分辨力处于同一水平。较小的微电极细胞外记录时，可以研究参与中枢神经系统各个神经元的作用和意义；更小的微电极刺入细胞内进行细胞内记录时，可研究神经元本身的生理学、各结构部分的特性，以及神经元膜的特性，从而揭露直接、顺向、逆向刺激及微量药物刺激细胞的规律性。

### 1.5.3.1 细胞外记录

细胞放电产生细胞外电流，从膜的静息区流向活动区，用细胞外电极能记录到这种间质性电流。

当一根细胞外微电极的尖端靠近神经元时，得到的记录在外形上近似于膜电位真正变化（细胞内记录得到的单相波）的二次微分——一个短暂的双相峰波，带有一个小的第三相波。轴突的锋电位主要表现为正锋电位，迅速上升，缓慢衰减。当微电极离活动神经元 $150 \sim 200\ \mu m$ 时，开始记录出单相负锋电位，距离越近，幅度越大。进一步接近胞体时，锋电位幅度可达 $1 \sim 5\ mV$ 并呈双相正-负波形。峰电位可能叠加在持续 $10 \sim 30\ ms$ 的负波上，该负波与不扩布的突触电位和周围神经元的局部电位与扩布电位有关。

细胞外锋电位的第一个正成分可能是由于此时微电极位于电流从神经元出来并流到细胞间的部位。第二个负成分表明,细胞电流方向出现倒转和靠近微电极的这部分神经元膜兴奋。微电极位置适宜时,锋电位可能是三相的,正-负-正,这与神经元各部位的相继兴奋有关。有时只记录到单相的正锋电位,因为靠近微电极的那部分膜并不永远是能活动的。

逆向兴奋神经元时,锋电位的正相可能由于轴突始段兴奋,而负相则由于兴奋扩布到了胞体。当微电极尖紧挨神经元时,可记到双相负-正锋电位,这时可能已经伴有膜的机械损伤。进一步稍稍推进,使微电极进入膜,锋电位的振幅增加。当微电极直接与已破坏的神经元部分或树突接触时,可能记录到单相正锋电位。细胞外电极对探查动作电位形状的变化没有多大价值。尤其是只要电极间与活动细胞之间的相对位置稍有变化,所记录的电位大小和形状就会发生显著的变化。电极从活动单位离开时,电位形状改变,同时振幅降低。距离活动细胞 25 $\mu m$ 时所记录到的锋电位即可衰减到原振幅的 50%,因在容积导体内,大部分细胞外电源紧靠活动细胞膜处流动,而在远离细胞处的电流线极少并与细胞膜平行。

细胞外微电极测量的是其尖端与远隔的粗大参考电极之间的电流。这两点之间的其他细胞不同步放电时,微电极是记录不到它们的活动的。细胞外电极因而成为单位活动的良好检电器。当微电极附近的许多细胞进行同步放电时,所记到的电位则代表所有活动细胞所产生的细胞外电流的总和。这样,细胞外微电极可记录许多单位的节律性活动和诱发电位,同时还能记录一个单位的活动。细胞外微电极一般用来测量细胞放电的准

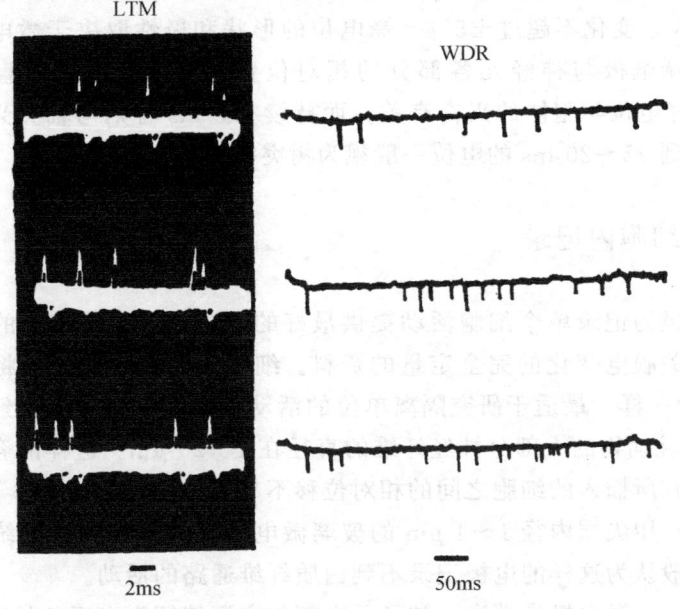

图 1-5-9 SCT-DCPS 神经元对皮肤自然刺激的反应

LTM:低阈机械感受型神经元,其下各图为示波器照相 10 次扫描记录;
WDR:广动力范围型神经元,其下各图为计算机记忆,$x$-$y$ 记录仪记录
(1024 地址,单位时间 500 $\mu s$)。两列图自上而下,依次为各该神经元对毛笔
轻拂、无齿镊子夹、有齿镊子夹等自然刺激的反应(吕国蔚,1997)

确数目，一般不能提供有关突触电位或单个细胞动作电位大小的可靠资料（图 1-5-9）。

一根微电极时常记录到两个毗邻细胞的独立活动。当这两个单位的动作电位的大小差别很大时，是不难分析的。人们总是设想，正常一个单位的一串动作电位的大小一样，但是不能排除处于两个细胞体之间的一个微电极也能记录到大小一样的、两种不同来源的动作电位。幸而，这种情况一定很少。

当记到清晰的单位放电时，有时在锋电位上重叠着一串较慢的电位变化，这是由于邻近细胞或多或少同步放电造成的。如果实验的目的是为了记录单位细胞放电的次数，通常可将前放的频宽缩小（如 700～5000 C/s）即可除去慢电位的变化。反之，如用直流放大器或时间常数很长的交流放大器，则细胞外放大器可用来研究一群细胞同步活动所引起的慢场强变化，从而可记录中枢神经系统内细胞的群体活动与总和的突触电位。由于微电极很细，穿过一群细胞时不致明显损伤细胞的功能，故最适于记录一群活动的或静息的细胞所产生的细胞外场强。

用细胞外记录中枢神经系统神经元活动时，不可能记录到膜电位和在单个神经元膜上发生的、不导致其放电的突触或接头电位。因此，为了判断一个动作电位是属于一个或是数个神经元的唯一标准，是该电位的形状和振幅，但它们可能随着许多因素的变化而改变。通常认为，放电如在形状和振幅上是相同的，在不同程度或不同组织刺激下发生"全或无"的变化；在刺激作用下有一定的潜伏期和特有的发放次序时，这种放电则属于一个神经元。

神经元发放的幅度是微电极尖端离活动神经元的距离的函数。细胞外记录时，一般约为 0.1～20 mV，变化不超过±5%。锋电位的形状和极性取决于微电极与活动神经元之间的距离、微电极与神经元各部分的相对位置，以及微电极的直径。持续时间 1.0～1.5 ms 的锋电位与胞体的兴奋有关；而持续 0.5 ms 者则与轴突兴奋有关，持续时间更长的、达到 15～20 ms 的电位一般视为树突电位。

### 1.5.3.2 细胞内记录

细胞内微电极为记录单个细胞活动提供最好的方法，无论在细胞的静息期或活动期，都能获得有关膜电变化的完全定量的资料。细胞内记录方法如同将电极直接放到"电池的两极"上一样，最适于研究隔离单位的活动。中枢神经系统神经细胞的直径为 10～150 μm，哺乳动物的大部分神经纤维的直径在 1～20 μm。这样的容积意味着，只有在微电极尖端和所插入的细胞之间的相对位移不超出几个微米的条件下，才能持久地记录细胞内电位。用尖端内径 1～4 μm 的玻璃微电极记录中枢神经系统的细胞体是合乎理想的，但一般认为这样的电极记录不到白质纤维通路的活动。

细胞内记录时，微电极尖端进入神经元内部的主要特征为出现负的膜电位，有时在直接穿入膜后可看到与机械损伤有关的高频发放。如神经元的功能状态是令人满意的，这一发放历时很短，膜电位保持 40 mV 以上的恒定值。细胞内记录时，神经元的锋电位在膜电位的背景上发生，具有正的符号并且是单相的（图 1-5-10）。此外，细胞内记录还可记到局部的、不导致神经元产生锋电位的突触电位。

在微电极的推进中常不可避免地造成神经元的损伤。静息膜电位和动作电位的幅度较小，或迅速变小及（或）持续期延长；锋电位立即转变成正后电位；高频放电（损伤放电）等情况的出现，均表明神经元功能状态不佳，神经元受损或死亡。由于胞膜本身具有黏液介质的性质，刺入电极所致的轻微损伤常可自行封合，所以微电极记录到的电位仍能反映细胞膜两侧的真正电位差。

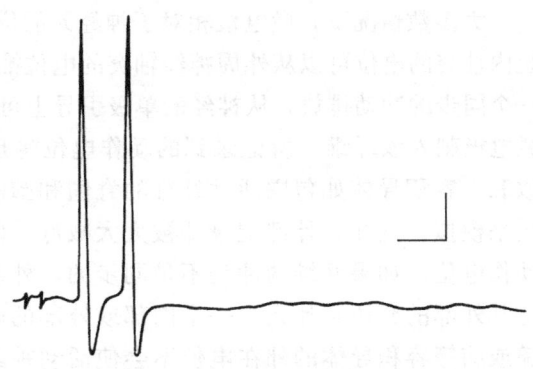

图 1-5-10　脊髓背角神经元细胞内记录
校正：10 ms, 15 mV（吕国蔚，1997）

膜电位可以定义为，从膜的一边将单位电荷搬到另一边时所能获得的最大的功。当然，这个测试电荷的性质须与膜两侧的物质不起化学作用，而且不受个别带电粒子所引起的其周围电场局部变化的影响。一种通过浓氯化钾溶液接触的电极和这种测定这类电位所要求的条件很接近。电位的效应将表现为，增加带有一种电荷的离子离开电极的扩散率；而减低带相反电荷的离子离开电极的扩散率。由于事实上流过电极的电流几乎可以忽略，这个力将被传送到记录仪器。中枢神经细胞膜电位一般为 40～70 mV。

在分析细胞的电性质时，膜的稳态的电压-电流关系是一项重要的资料。测定这一点时，要求将一个恒定电流通过细胞膜，同时观察由此而产生的电位变化。为了在细胞所引起的各种反应的整个有意义的范围内检查膜的性质，电流的范围必须是：一方面在向外流动时，足以完全消除膜电位，直到使膜电位倒转数十毫伏；而在向另一方向流动时，能使膜超极化数十毫伏。

大部分细胞在上述膜电位范围内，膜电位和外加电流的关系曲线的斜率变化很大。典型情况下，去极化时，变动电阻（即以电压作为电流函数所作的曲线的斜率）迅速下降；完全去极化附近时，其数值达到一个下限。有些细胞超极化时，变动电阻增加或保持不变，因此只在一个方向有弯曲。另一些细胞在超极化时，变动电阻也降低，因而整条曲线呈 S 形。假如膜的性质是均一的，内电阻以及细胞的形状是已知的，则膜电位和电流密度的关系可以从观察到的曲线计算出来。

实际上很少利用微电极去测定动作电位或其他再生反应的基本特性，因为除非有特别措施来控制电流扩布，电流对膜的影响是不均一的，而对于再生反应来说，膜电位的水平可影响电导（虽然不影响平衡电位）。在测定由接头前神经纤维活动引起的神经或肌肉细胞的接头后反应时，常牵涉膜电阻变化和平衡电位，借微电极来观察较为合适。此时的反应是非再生性的，在接头后（或突触后）电位变化背后所有外加电导和平衡电位不受突触后细胞膜电位水平的影响。

胞体和纤维之间的明显区别是慢电位。阈下的兴奋性传入刺激使胞体产生一种长的分级反应，即突触电位，这种电位如达到一临界的去极化水平，会引起一个锋电位，接着出现一个较长的超极化。这种慢电位在轴突处衰减到记录不出来。兴奋性或抑制性突触后电位（EPSP 或 IPSP）通常持续十几毫秒，但振幅变化较大。

大多数情况下，微电极相对于神经元的位置只能靠电活动的性质来推断。中枢神经系统内轴突的电位可以从外周神经轴突的电位推测出来。如一个由绝缘介质包围的神经传导一个同步的冲动排放，从神经的单极引导上可以记录到一个相当大的动作电位。如用一个微电极刺入该纤维，所记录到的动作电位将是上述外部电位和跨纤维膜的动作电位的代数和。容积导体如包围活动纤维的脊髓和脑的效应，可用像盐水这样的导体取代绝缘介质来模拟。这样，外部记录即被大大减低，内部的微电极会记到一个很少失真的跨膜的动作电位。如果纤维的冲动不是同步的，外部的电场本身已变得小到可以忽略，因而不论其外部的介质是什么，一个内部或外部的电极都可以记录到它。因此，可以预期，脊髓或脑等容积导体的外在电位不会使活动神经成分内的微电极所记录的电位明显失真。

假如使微电极保持在它记录稳定负电位的位置，通常可以看到自发的或诱发的锋电位，这种锋电位的大小多少与静息电位的水平有关。这样记录到的动作电位比相应的静息电位大，偶尔静息电位很小时，可记录到小的或者大的动作电位，并常呈正-负双相。伴随大静息电位而来的锋电位，其持续时间可以短，也可以长。大多数轴突上记录到的动作电位，迅速从基线升起并达到顶峰，随即迅速下降到基线水平；其持续期较短，约 0.4~0.5 ms；在其之前没有前电位或突触电位；在其上升时相亦无 A、B 成分；在其后亦不续以明显的后超极化。

神经元胞体上记录到的动作电位由于引起的方式不同而有所不同。顺向刺激引起的动作电位可以有以 EPSP 为代表的前电位；接着是由始段（IS）发生的 IS 或 A 成分及由胞体-树突（SD）发生的 SD 或 B 成分组成的锋电位的快上升相；达到顶点后再分别经后去极化和后超极化过程较慢地回到基线。逆向刺激引起的胞体电位亦具有上述特征，但其前电位系由轴突本身产生的 M 波，而不是突触电位。直接刺激胞体本身引起的动作电位同上，但无前电位。中枢神经系统细胞内电位一般为 50~80 mV。运动神经元的锋电位平均振幅达 93 mV；持续时间 1.0 ms；上升相速率平均为 300~500 V/s；下降相的速率为 200~250 V/s；负后电位的平均振幅和持续时间分别平均为 7.6 mV 和 2.4 ms；正后电位的振幅和持续期分别为 4.6 mV 和 100 ms。

单个神经元的活动一经判定后，可根据不同条件确定其类别属性。感觉通路和大脑皮质投影区的第一级、第二级和第三级神经元对相应的向心刺激发生反应。网状结构、丘脑非特异核和皮质的联合区可能有不同的向心冲动源的广泛会聚。脊髓运动神经元、脑神经核和皮质的向心锥体神经元可依其对逆向刺激相应的运动神经或锥体的反应予以确定。脊髓中间神经元的特征为其对逆向刺激腹根无反应及对顺向刺激的反应有长潜伏期；对单个传入排放发生多个神经冲动以及规律性的高频自发放电。中枢神经系统（脊髓）内初级传入的放电特征是动作电位的形状、大小和持续时间与外周神经纤维一样；能跟随高达 5000 C/s 的刺激频率；对外周感受器的自然刺激发生重复放电等。

### 1.5.3.3 电压钳记录

细胞膜的静息电位和动作电位是由于离子流跨膜流动引起的。为了了解各种不同离子在细胞活动过程中的跨膜流动规律，需要将欲研究的单一离子流从众多复合的离子流中分离出来。

利用离子通道启闭的电压依从性，电压钳记录采用灵敏的负反馈放大器，用胞内或轴突内注入电流的方法，人为地将一定空间的细胞膜的膜电位钳制在某一水平并维持一定时间，即可选择性地激活某一离子通道活动，来研究有关的某一跨膜离子流。在电位钳制期间，由于膜电位恒定不变，从而消除了膜电容器充、放电产生的电容电流对跨膜离子电流的污染；在膜电位恒定的条件下，注入电流的大小，通过负反馈机制，恰好等于跨膜离子流的电流量，从而可据以测出有关离子流的方向、振幅和时程，并研究有关离子通道的启闭规律（图1-5-11）。

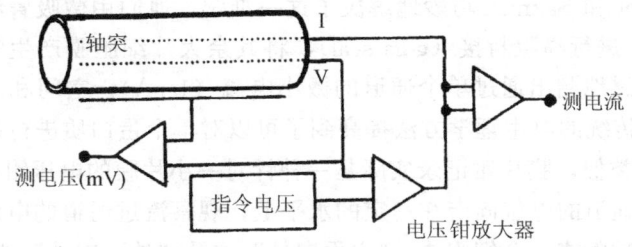

图 1-5-11　电压钳实验装置的简图

穿入轴突的两个电极，一根用作监视膜电位（V），另一个为通电流（I）用。为了使膜电位固定在实验者所设置的指令水平，电压钳放大器必须注射或从轴突内部取出电荷。钳制膜的电流量与跨膜通过离子通道的电流量大小相等，但符号相反（陈宜张，1995）

在多细胞标本上，电压钳记录通常有单蔗糖缝隙法、双蔗糖缝隙法和双微电极法等三种方法。前两种方法利用蔗糖的缝隙特性，提高细胞外液的电阻，从而使注入的电流全部通过标本。但由于蔗糖缝隙绝缘得不完全以及串联电阻变化较大，难以精确地测量离子流。双微电极法同时向细胞内刺入两个微电极，一个注入电流，另一个监测膜电位，可以避免细胞外液导电的短路效应，并且由于两个微电极之间的距离仅约 0.2 mm，易于保证电压钳在空间上的均匀性。

在游离的单细胞标本上，可用一个微吸管电极吸破细胞膜，使微吸管内液与细胞内液相通，以进行电压钳制，也可用双微电极刺入同一细胞进行电压钳制。前者适用于直径较小的细胞，并可改变细胞内液成分。游离单细胞钳制效果较好，并可避免多细胞标本电压钳制过程中细胞间隙离子浓度变化本身所致的假象，是较理想的电压钳制记录法。

分离单一离子流需要设计一个合适的电压钳制方案以去除不需研究的离子流。根据对已有离子流的了解，选择一个合适的控制电位（$E_H$）、指令钳制电位（$E_C$）和钳制在指令电位水平的持续时间（$T_C$），从而使拟研究的离子流的幅值高于其他离子流，或从时程上同其他离子流分开来。在此基础上，还可应用离子通道选择性阻断剂以及离子取代等方法去除不拟研究的离子流。由于这两种方法的选择性不一定很高，也有改变细胞膜固有特性等不良作用，因而可能影响实验结果。

### 1.5.3.4 膜片钳记录

如上所述,细胞的跨膜电流是通过膜上的离子通道流动的。单个通道开放时所流过的离子流的速率可增加 14 个数量级,离子运转的速率可达 $10^9$ 个/s,此时所能转移的离子电流量只相当于几个皮安;而通常的细胞内微电极测量电流时所伴有的背景噪声却至少为 100 pA。这种显然极负的信噪比,几乎构成了以单个通道为目标的电生理学测量的不可逾越的障碍。

1976 年,Neher 和 Sakman 巧妙地解决了这一难题。他们用微吸管将细胞膜的极微小片区 (1~10 $\mu m^2$) 进行高阻封接 (giga seal),将其余大片细胞膜产生的噪声有效地隔离开来,从而可以敏感地测出通过单个通道的微小电流 (1 pA),空间和时间分辨分别高达 1 $\mu m$ 和 10 $\mu s$,将传统的电生理学方法提高到了可以对单个蛋白质进行研究的分子水平。

与电压钳记录类似,膜片钳记录实际是一种针对一小片膜的电压钳记录。它利用电子线路,将膜上一个通道的电位固定在一定的水平上,观察流过通道的电流。具体的操作有多种型式,如细胞贴附式、全细胞式、"内面向外"式及"外面向外"式(图 1-5-12)。

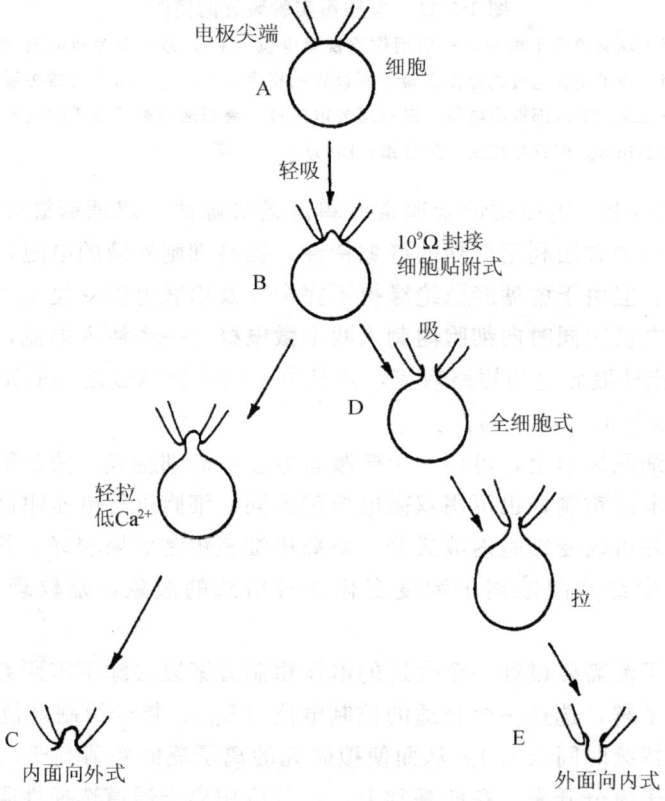

图 1-5-12 膜片钳记录模式示意图

A. 电极与细胞膜接触;B. 轻吸造成 $10^9 \Omega$ 封接,可以进行细胞贴附式记录;C. 轻拉可以造成"内面向外"式;D. 吸破电极尖端内膜形成全细胞式;E. 由全细胞式再经轻拉形成"外面向内"式(韩济生,1994)

细胞贴附（cell attached）式，是将热抛光的玻璃微吸管置于以酶清洁过的细胞膜表面上，形成高阻封接（电阻达 10～100 GΩ）。由于电性能完全绝缘，微吸管阻抗相对较低，所以，可直接在微吸管上施加电压，对膜片进行电压钳位，高分辨测量膜电流。如在微吸管内作短暂的脉动抽吸，破裂膜片，使微吸管与细胞内部导电，而与浴槽绝缘（分路电阻＞$10^{10}$ Ω），就形成全细胞记录（whole cell recording）式。这与常规的微电极细胞内记录很相似；而且对微电极很难插入的红细胞，同样也能得到很好的记录。在进行全细胞记录时，微吸管内应灌注高 $K^+$ 和低 $Ca^{2+}$ 溶液，如果从细胞贴附式抽起微吸管，在微吸管尖端可形成密封小泡。然后，在空气中短暂暴露，可使小泡的外半部分破裂，形成"内面向外"膜片（inside-out patch）；如果从无钙溶液中抽起，也可直接得到"内面向外"膜片。破裂面向微吸管内的膜，再从母细胞上抽起，则形成"外面向外"膜片（outside-out patch）。"内面向外"膜片和"外面向外"膜片也称"切割膜片"。这些孤立的小膜片在化学性质上被完全封接隔离，因此，允许任意改变膜内、外离子环境，以观察对通道电流的影响。

离子单通道记录方法的优点可归纳为：

1）能分辨单通道电流，直接观察通道"开启"和"关闭"过程。近来的研究进一步发现，流过激活通道的电流并非简单的矩形脉冲形状。在大部分单通道电流记录中可观察到三种类型的新现象：①电流经常被短暂的、绝大多数不能完全消除的基线上下起伏中断，接着再开放；②在通道完全关闭和完全开启中间的一个或几个电流水平（亚级）上起伏；③当电流流过一个通道时（开通道电流噪声），电流记录中的均方根噪声增加。例如，在青蛙终板单通道记录中，可看到通道开启后电流瞬间跳到中间水平。又如，在递质和电压门控的通道中，观察到一个通道开启时或开启前后出现中间电流水平。其功能意义尚不清楚。在添加丙甲菌素（alamethicin）或含有 $Cl^-$ 选择性通道的电鳐（torpedo）生电细胞的膜碎片的脂双层中，也观察到相似的电导亚级。

2）通过直接观察"开启"和"关闭"过程，了解"开启"和"关闭"的动力学模型。例如，已观察到钠通道在失活前不一定"开启"，排除了失活与激活偶联的动力学模型。关于递质激活的通道，最初由 del Castillo 和 Katz 提出的三态模式并不足以描述通道的激活。大多数单通道电流记录曾发现有过多的短事件。提示受体能从不同的占位态（即单或双配位）打开通道，不同的占位态各自的反应速率亦不同。关闭时间分布中的各种成分归因于脱敏作用。Conti 和 Neher 首先在电压激活的钾通道中观察到突变性。在钙通道中也观察到这种性质，其特征是以多个指数成分组成的关闭时间分布，导出三态系统的反应速率。大多数情况，数据与 Hodgkin-Huxley 型激活的指数定律不相符。

3）单通道记录可解释某些药物的作用机制。单通道电流最初是在正常离子环境（微吸管内灌注生理盐溶液）中研究的，这包括 ACh 受体通道、谷氨酸激活通道、GABA 激活通道，以及兴奋性钠、钾通道。膜片微吸管的优点是分离了一小部分细胞膜，使它接触"非生理"的细胞外离子成分。这种介质在细胞贴附式中已被用来研究某些药物对电压和递质依赖通道的影响。

4）由于其空间分辨率高，在中枢神经系统研究中可分离细胞体与轴突和树突的离子电流。在外周神经系统研究中，可深入了解受体分布，如 Almers 等绘制了骨骼肌细胞表面钠、钾通道密度的分布图。

5) 了解第二信使的作用，如心肌蕈毒碱受体可被膜片外膜 ACh 激活。但在电极隔离膜片后再将整个细胞浸入 ACh 时，则记录不到电活动。这表明通道激活不涉及第二信使。相反，在唾腺、泪腺、胰腺泡细胞中，胰酶分泌素和 ACh 都能通过第二信使钙打开通道。例如，海兔感觉神经元中 5-羟色胺调节钾通道以及心细胞中肾上腺素调节钙通道的假设途径。

6) 在实验中可任意改变膜片内、外面的溶液组分，研究各组分对通道特性的影响，并避免不必要的离子、药物或代谢物引起的干扰。

## 1.5.4 计算机辅助的记录

计算机应用在生物医学领域中，使数据的测量、监视和分析既方便又迅速。

在生理学或机能研究中，传统的方法主要采用模拟记录；由于计算机的出现，可以发展为完全数字式的记录。在解剖学或形态学研究中，传统的阅片和定性描述，在计算机的辅助下已可定量并可对连续切片进行三维重建。在临床上，常规的脑电图在计算机的辅助下，既可以测量和分析脑电或大脑诱发电位各波的功率谱，又可得出脑电活动的地形图；常规的 X 射线照相，在计算机的辅助下，已发展出 X 射线断层照相术，正电子发射断层照相术，乃至磁共振记录。

### 1.5.4.1 完全数字式记录

进行模拟记录时常需配备模拟示波器、示波器照相机等多种记录与刺激装置。数字式记录时，只用一台计算机、一台数字式示波器和少量外围设备，即可代替模拟记录的各种仪器。此时，计算机并非用来计算数据，而是用以处理和加工数据。

数字式记录可省去照相装置和胶卷。示波器照相需反复拍照，为了拍照低幅电位（如突触电位），常需高增益 AC 耦联，导致 DC 信息损失。相反，数字式记录则可保证 DC 信息，并具有足够的分辨率，可以对快和慢的电活动进行水平和垂直扩展，所得结果可以贮存，直接绘于纸上，便于发表。

实验中进行数字式记录时，有关系统需给示波器、核准器、刺激隔离器和电流注射装置提供定时和触发脉冲；数字式示波器得到的曲线，通过计算机在磁盘中永久贮存；可对有关曲线进行平均和其他处理；可自动记录刺激和记录参数。

实验后，可将曲线从永久贮存中重现，并通过放大 $x$ 或 $y$ 轴，微分或积分、加或减、水平或垂直移动曲线等软件，对数据进行处理。

### 1.5.4.2 计算机化三维重建记录

通过计算机进行影像分析的系统基本上有两类：一类是在操作人员跟踪显微影像或

照片的同时，将位置信息数字化，再根据图像信息，提供有关的形态学测量数据；另一类系统在数字式过程中不需要操作人员，扫描数字仪自动将影像转换成含有一个强度（$z$）和两个位置（$x$、$y$）影像量度数码，存贮起来，并进行分析显示或进行三维重建。

三维重建常用来定性地说明所研究的结构；但三维重建本身固有定量性质，因其图像的坐标量是数字化的，组织结构又可在每一切片上被个别地认定；根据三维重建模型、体积、表面积以及表面上的距离，均可计算或直接测定。

三维重建需要对组织制备进行塑料包埋和切片。为记录 $50\sim100~\mu m$ 组织的结构细节，通常需要 $500\sim1000$ 张电镜切片。将有关的连续切片在 35 mm 胶片上排列好，即可一个一个地追踪其轮廓，并输入计算机，最终显示出被测组织的三维构造。

连续切片重建是生物医学研究的一个重要工具，它既可定量地分析结构，也可构成三维分子模型。在细胞生物学领域，连续切片重建可使人们看到线粒体、染色体和其他分子实体的三维构造。在神经生物学领域，连续切片重建通常用来重建神经细胞，三维地研究神经元的形状、大小，树突及其突触输入的模式。加上液体动力学或电传导模型，三维重建可推测血管内血流或神经纤维上神经冲动的扩布。三维重建亦可用于计划放射治疗的剂量分布。在方法学上，三维重建也适用于任何途径得到的三维重建，如下述的 CT、PET 或 NMR。

### 1.5.4.3 脑电地形图

常规脑电图的波形复杂，不易阅读与分析，许多信息不能方便地从中提取出来。计算机的应用，为脑电图的阅读分析、信息提取等提供了许多新的手段。通过快速傅里叶转换，可获得精确的脑电功率谱，并能在很短时间内完成运算。在功率谱分析的基础上发展起来的脑电地形图技术，是脑电记录与分析技术的又一新发展。

脑电地形图是电子学、计算机科学、神经生理学以及临床医学等相结合的产物。随着脑电地形图报道的增多，各家命名不一，已有脑电活动地形图（brain electrical activity mapping，BEAM）、脑电拓扑图（EEG topography）、脑电等电位图（EEG isopotential mapping）以及脑电地形图（EEG catography）等名称。还有人将它称为诱发电位地形图（bit-mapped imaging of evoked potentials），看来可将它分成自发和诱发的两种。

**(1) 自发脑电地形图**

为全面反映大脑皮层的电活动，多采用多导联同步记录。记录曲线的 $x$、$y$ 轴分别为时间和电位振幅，属于"时间域"的表示法。由于脑电波复杂，很难用手工和肉眼分析。但是，经过计算机进行傅里叶转换，可将经放大获得的脑电信号迅速分解为各个相应频率的正弦波，求出各频率成分的功率，以 $x$、$y$ 轴分别表示频率和功率（能量）的"频率域"得出功率谱。这种分析方法可精确分析各个导联的自发脑电，但无助于分析各导联记录之间的空间关系，特别是没有置放电极部位的脑电活动状况。

在功率谱基础上，进行二次处理，则有助于解决这一问题。根据脑电的分布和传导规律，运用二维插值公式，由计算机进行插值运算，将各脑电采样点所得功率谱特征作为基础值，计算出脑电在大脑各部的能量值，再依能量等级的设定条件，将计算结果以代表不同能量级的色彩或灰度层次，按照各个数据在大脑俯视图的对应部位"对号入坐"，即可形成脑电各频率段（δ、θ、α、β）能量分布的整个大脑俯视图式的脑电地形图。

自发脑电地形图可以形象地、直观地表达整个大脑皮层各部分脑电活动能量分布的状况，属于无创性大脑皮层功能定量检查法。通过计算机将数十秒连续采样得到的脑电，按设定的时间间隔，可动态地显示大脑皮层各部分脑电的变化过程。对于脑的器质性病变，脑电地形图的定位诊断价值略低于CT，但对非器质性或未形成器质性改变之前，仅有脑电异常的脑疾患，脑电地形图则可定位显示，而CT则不能。

**（2）诱发脑电地形图**

通过叠加与平均技术，可将振幅只有$0.1\sim20~\mu V$的脑诱发电位，从振幅达数十至数百微伏的自发脑电背景中提取出来，再通过上述的处理，可对诱发电位的各个成分做出地形图，直观显示各有关成分的变化。通过对视觉、听觉以及体感等脑诱发电位的皮层和皮层下成分进行潜伏期、传导时间、传导速度，在皮层上的定位分布和振幅等时间、空间参数进行分析，对深化感觉生理学和感觉神经生理学都是一项新的技术。

### 1.5.4.4 计算机化（X射线）断层照相记录（CT）

常规的X射线照相表示单一的静止图像，其透明度与X射线光子的吸收程度成正比。骨骼吸收大量X射线，从而亮度高，空气对X射线的吸收很少，故发暗。CT扫描也用X射线光子，但技术迥然有别。CT用闪烁晶体（如碘化钠）探测器代替X胶片。发出辐射线的X射线管与探测器均同被检部位旋转180°。在每一转度上，线性运动的X射线管和探测器，完成一系列高达数百的透射读数。结果每一被检部分的横轴"切片"是成千上万交叉放射强度测量的基质，被计算机译成数码（衰减系数），并在视觉上显示为相对的亮度区。通常每次检查可得到几张冠状或横切片，经常包括静注放射性碘化钠反差物的重复系列片。

CT具有许多优点，最重要的是CT能够很好地显示脑或脑室系统等软组织。由于CT能发现组织在密度上的差异，并能区别灰质与白质，因此较常规的放射线照相敏感；脑脊液的密度不如脑实质高，但比空气的密度大；新鲜血液比卒中和水肿的密度高，因而能非常精确地发现各种损害，并进行定位；还能更好地显示某些脑区（如基底神经节）。

### 1.5.4.5 正电子发射断层照相记录（PET）

X射线CT是透射照相术，影像的形成取决于X射线通过组织时X射线相对减弱的程度。PET应用类似的数学原理和硬件，将从被检部位各个角度得到的图像重叠成透视切片的影像；但是 PET 的影像形成决定于注射或吸收放射性核素在组织中的代谢分布。换言之，CT 提供一种有价值的但是静止的解剖图像；相反，PET 则提供一种关于组织功能的动态图像。

常规使用的 γ 发射体有 $^{99}$TC 或 $^{123}$I，因半衰期长，不适于 PET。$^{15}$O、$^{11}$C、$^{13}$N 和 $^{18}$F 等半衰期短的同位素发射正电子，经与电子碰撞，产生磁放射，生成一对高能量光子，互成 180°，向相反方向运动，最终到达两个放射探测管。

$^{15}$O、$^{11}$C、$^{13}$N 和 $^{18}$F 等放射性核素可用于标记生物基质或水、葡萄糖等类似物，用 PET 在体地测定脑的区域性葡萄糖代谢率和脑血流量等代谢变量。由于 PET 具有标记特殊递质和代谢物的能力，因而可用于从细胞生物学角度研究脑的功能解剖学和脑的生理学。

PET 的主要不足是，由于需要短半衰期放射性核素，因而需一个原位回旋加速器以产生正电子发射，以致费用昂贵，目前主要用于研究而不是像 CT 那样用于临床。

### 1.5.4.6 磁共振记录（MR 或 NMR）

20 世纪 70 年代，CT 的出现使医学影像学产生了一场革命，80 年代出现的核磁共振（nuclear magnetic resonance，NMR）使这一革命又向前迈进了一步。

NMR 是光谱学的一个分支。如同 X 射线一样，NMR 具有原子分辨率与发现分子内磁相互作用的能力。这两种特性使 NMR 成为一种强有力的结构和构形工具。与 X 射线不同的是，NMR 是一种频率极低的方法，从而 NMR 光谱的参数（化学偏移、偶联常数、弛豫率）的范围为 $10^0 \sim 10^6 \text{ s}^{-1}$，与生物化学过程处于同一数量级。

在微观世界里，核子间的能量吸收与释放在一定能级差之间进行。处于低能级的核子吸收的能量如果恰好等于能级差，即可跃迁到高能级；如果释放的能量恰好等于能级差，则可跌落到低能级。这种波动在一个磁场中进行，即称为磁共振或核磁共振。

从人体组织进入强大的外磁场到产生清晰的 MR 图像，受检部位的每一个氢质子的磁矩均重新取向，由无序变为有序，顺着外磁场磁感应线的方向排列并达到平衡。施加第 2 磁场即射频脉冲后，氢原子核从中吸收能量；射频脉冲停止时，氢原子核放出其吸收的能量，释出的电磁能转化为 MR 信号。

CT 的问世使脑出血与脑卒中的鉴别诊断迎刃而解，使脑卒中后出血与脑瘤内出血一目了然。MR 的问世填补了 CT 难以显示的脑干、小脑、脊髓各种血管病变的缺陷。较之 CT、MR 最大优越之处，是它的信号取决于组织的理化特性，包括氢质子的密度、流速及分子环境，从而对某些疾病尤其是髓鞘病及退行性病变特别敏感，因这些疾病在出现解剖变化之前，即已有轻微的生物化学改变。

## 1.5.5 细胞内记录

电生理学技术和概念始于 Galvani 于 1791 年的一次实验，至今已有两个世纪之久。在这个漫长的发展历程中，20 世纪 40 年代发展起来的微电极和细胞内记录技术，对电生理学的发展做出了划时代的贡献，将传统的电生理学发展成为分辨率堪与光学显微镜媲美的显微生理学，Hodgkin、Huxley、Eccles、Katz 等生理学大师也先后因此荣膺诺贝尔生理学或医学奖的桂冠。

细胞内记录技术的问世，人们得以破天荒地研究个别单一的神经细胞的功能活动、神经元膜的生理物理特性，以及有关个别神经元在神经元回路中的位置和作用。可以毫不夸张地说，细胞内记录技术是获取这些信息的唯一手段。通过记录单个细胞在行为活动或环境影响下的细胞内反应，不难分析其功能活动及其与行为和环境变化的内在联系。通过记录个别神经元在细胞内刺激作用下所产生的细胞内反应，可以细致地了解到神经元膜的被动特性与主动反应。通过记录个别神经元在有关神经网络活动中的突触反应，可以准确地分析出有关神经元在有关回路中所起的功能作用。在细胞内记录的基础上向细胞内注入示踪剂，不但可以清楚地观察到有关神经元的细微结构，而且可以将该神经元的结构与功能联系起来。

### 1.5.5.1 细胞内记录简史

1939 年，Cole、Curtis、Hodgkin、Huxley 首次成功地进行了乌贼巨轴突的轴突内记录，揭开了细胞内记录的新篇章。此时的记录是将圆柱形的金属或玻璃微电极沿轴突走行，纵行刺入轴突内的。第 2 年，一位年仅 21 岁的研究生 Graham，开始在 Gerard 的实验室用微电极做细胞内穿刺，并于翌年记录到了肌细胞的细胞内"真正电位"。当时，她所用的微电极尖端直径约 10 $\mu m$，所记录到的静息电位平均为 41 mV，是有史以来最好的记录。1942 年，当 Gerard 在美国生理学会报告时，他们所用的微电极尖端平均直径为 5～10 $\mu m$，静息电位平均为 54 mV。此时，他们已经意识到微电极尖端的高电阻使快速变化的动作电位记录失真。

1946 年，在 Graham 离开之后，一位来自中国的研究生 Ling（凌宁）在 Gerard 实验室学习拉制微电极，并于 1947 年使微电极的尖端直径小到 1 $\mu m$，阻抗高到 100 M$\Omega$，所记录的肌纤维的静息电位达到 78 mV。由于 Gerard 当时的主要兴趣是研究静息电位，只限于观察 $K^+$、$Ca^{2+}$、pH、药物、牵拉以及代谢毒物等对静息电位的影响，从而失去了发展动作电位记录技术和理论的时机。

1948 年 Adrian 的得意门生 Hodgkin，根据 Kuffler 的建议，到 Gerard 实验室向 Ling 学习拉制和充灌微电极的技术。Hodgkin 只在那里呆了几天，即悟到了该项技术的窍门。同年，他同 Nastuk 一起，改用 3 mol（而不是等渗）KCl 充灌微电极，借以降低电极电阻和液体接头电位，并在微电极与放大器之间多加了一个阴极跟随器，借以减少栅极电容。同年年底，他们即清楚地记录到超射达 30～40 mV 的动作电位，并证明细胞外钠的缺如可降低动作电位的幅值。

在 Hodgkin 和 Nastuk 的工作未发表之前，微电极细胞内记录动作电位的技术即已迅速传播开来。Fatt 和 Katz 应用该技术首先记录到终板电位乃至微终板电位。Eccles 应用该技术，在不到两年的时间内，即从猫脊髓运动神经元记录到漂亮的兴奋性突触后电位和抑制性突触后电位。曾向 Ling 学习过微电极技术的 Walter 也记录到单个心肌细胞的动作电位。

### 1.5.5.2 细胞内记录装置

除微电极外细胞内记录所需的设备，主要包括微电极放大器、示波器、音响放大器、刺激器、记录器、微电极推进器等。这些设备通常按图 1-5-13 连接。细胞内记录的特有设备是微电极及其放大器。

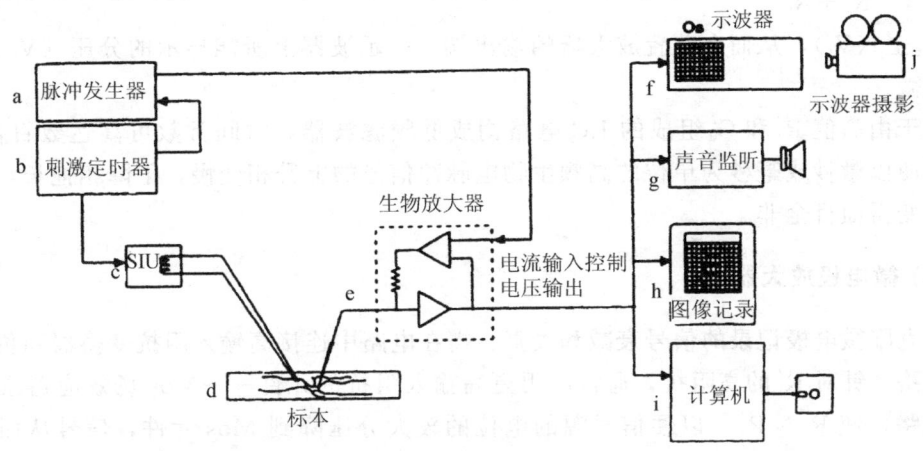

图 1-5-13　细胞内记录装置联结框图
（吕国蔚，1993）

**(1) 微电极**

细胞内记录通常是用由硬质玻璃管拉制的玻璃微管来进行的。玻璃微管尖端直径一般等于或小于 1 μm，其中充以 3 mol KCl，阻抗约 50～100 MΩ。为避免 $Cl^-$ 向细胞外扩散，亦可用 2 mol 乙酸钾或枸橼酸钾和 0.6 mol $K_2SO_4$ 溶液充灌微玻管。在向微电极内的电解质中插入铂金丝，并将微电极刺入细胞内的情况下，可以简化地等效成如图 1-5-14 所示的电路。

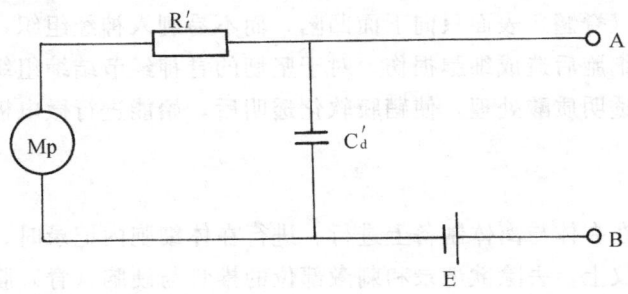

图 1-5-14　细胞内记录的简化等效电路
（吕国蔚，1993）

其中，$R'_t$ 为简化的微电极尖端电阻；$C'_d$ 为简化的分布电容，E 为各种极化电位的总和；Mp 为膜电位。该电路的特点是由 $R'_t$ 与 $C'_d$ 组成的 RC 积分电路，且 $R'_t$ 与 $C'_d$ 值均极大，可分别达数百兆欧姆和 100 pF，高频信号经此电路后将被大大衰减并产生严重失真。

在以通常的输入阻抗不大的前置放大器作为微电极与示波器之间的阻抗匹配装置的情况下，微电极拾取的细胞内电位将按此比例分配在 $R'_t$ 和前置放大器的内阻（$R_0$）上，即 $V = Ein \dfrac{R_0}{R'_t + R_0}$（V 为电位，Ein 细胞内电位）。由于 $R'_t \gg R_0$，因此绝大部分 Ein 将降在 $R'_t$ 上（$V_t$），从而在前置放大器的输出端——示波器上所能显示的分压（$V_0$），将微乎其微。

由于由高值 $R'_t$ 和 $C'_d$ 组成的 RC 电路构成低频滤波器，时间常数可高达数百微秒，从而将使以微秒或毫秒为单位的高频生物电脉冲信号的上升相变慢，下降相拖长，波峰降低，变得面目全非。

**(2) 微电极放大器**

为克服微电极记录的信号衰减和失真，需在电路中连接高输入阻抗变换器和负电容补偿电路。针对 $R'_t$ 的高阻抗，通常应用更高输入阻抗的元件——Mos 场效应器或 Mos 集成电路，使 $R_0 \gg R'_t$，以便信号源的电位的较大分压降到 Mos 元件，信号从而得以放大。

为消除 RC 电路中 $C'_d$ 的影响，可采用负电容补偿电路，将 $C'_d$ 予以中和，使被 RC 积分电路的生物电信号经过阻抗变换和放大处理后，再经微分电路将信号微分，再作用到输入端，使输入端得到没有失真的或未被积分的信号。目前，常用的 MEZ 8201 微电极放大器，兼具高输入阻抗和负电容补偿的阻抗变换器，并有校准、刺激和滤波等功能。

### 1.5.5.3 细胞内记录过程

进行在体细胞内记录时，通常需将穿刺部位表面的软脑（脊）膜去掉一小块；否则，微电极下方脑（脊髓）表面只向下面凹陷，而不易刺入神经组织，同时微电极易于折断，或勉强刺入细胞后造成细胞损伤。对于坚韧的脊神经节结缔组织鞘膜性结构，有时需用胰蛋白酶或透明质酸处理，使鞘膜软化透明后，始能进行微电极穿刺。

**(1) 实验制备**

细胞内记录可在在体与离体制备上进行。进行在体细胞内记录时，动物按常规麻醉后，置于立体定位仪上，去除欲记录和刺激部位的椎骨与硬脑（脊）膜，制成油槽，槽内充以液体石蜡。液体石蜡除保护神经组织和起绝缘作用外，其本身的重量有助于减少脑和脊髓的血管搏动。记录前，打开小脑延髓池可以减低颅内压，也有助于减少神经组织的血管搏动。利用相应的固定夹，使记录部位悬起，可以进一步减少血管搏动以及呼吸运动。当然，如将立体定位仪放在具有抗震的实验台上，或者将有关记录部位神经组织用专门支持物支撑，均将有利于减少外来震动对在体记录以及离体记录的干扰。

离体的细胞内记录可在离体的神经器官（如后根节）、脑片或培养的脑脊髓细胞上进行。麻醉动物在断头或取出相应神经组织前，特别是在细胞内记录的基础上还要进行细胞内 HRP（辣根过氧化物酶）染色和标记的制备时，通常用充氧的冷 Krebs 任氏液经心灌注，借以除去血管床内的红细胞。红细胞的内源性过氧化物酶活性的反应与 HRP 的活性一样，亦可产生相应的染色和标记。如用脑片记录，灌注后立即断头，取出有关脑部，立即放入 5℃ 充氧 Krebs 任氏液中，切成 350 μm 的切片，并最好在此条件下贮存 1～2 h 再行记录。从断头到离体制备放在 Krebs 任氏液中的整个操作需在 20 min 内完成。

**(2) 微推进**

微推进通常借助于微电极推进器进行。在微电极尖端已进入组织表面后，通常以分步冲刺，而不是缓慢渐进的方式向下推进。每步的推进幅度可达数微米至十几微米。分步冲刺的方法有利于刺入细胞，同时在推进间歇允许细胞膜的黏性介质自行封合。

在在体或离体脑片等制备上进行细胞内记录时，大多采取垂直方向，盲目地推进和穿刺。在培养细胞制备上，为便于直视观察，通常使光源和微电极各与细胞成 45°角的方向进行。

在微电极尖端已接近细胞膜的情况下，可采取：①以小步幅，如 1 μm 距离，垂直或成 45°角向下分步冲刺；②调节电容补偿，通过脉冲直流，使微电极尖端在水平方向上发生微小震动；③轻敲桌面或定位仪架，使微电极产生介于垂直或水平方向的轻微震动；④将微电极上提一段（如 10 μm），再以稍大步阶（如 15 μm）向下推进等方式，增加微电极刺入细胞内的机会。

**(3) 膜电位监测**

在微电极推进过程中，可通过直流及（或）交流放大器，对膜电位的变化进行监测。在微电极刺入组织，并测得其阻抗值后，将微电极放大器面板数字表上的电位值调节为 0 mV。微电极一旦刺入细胞内，在细胞膜未受明显损伤的条件下，膜电位将突然下降到 −50 mV 以上。与此同时，可以从直流放大的示波器荧光屏上，看到相应幅度的膜电位变化（图 1-5-15）。

在直流放大的示波器荧光屏上，当微电极尖端已十分接近细胞膜时，可以看到表面膜噪声或突触噪声波动，同时可从监听器听到类似雷鸣样的声响。在微电极推进过程中，如同时按一定频率刺激欲穿刺细胞的传入或传出以诱发动作电位时，随着微电极向细胞的接近，可以看到，原来的离细胞较远时的双相电位的负波变小，并由双相波变向单相波。在刺激传入的情况下，有时可见到双向动作电位的正相波上升相前出现前电位。一旦刺入细胞内，即可见到具有超射的单相动作电位的峰电位。

微电极刺入细胞内，如所记电位出现：①静息电位或动作电位振幅快速降低及（或）持续期延长；②峰电位立即转变成正后电位；③高频自发放电时，提示被刺细

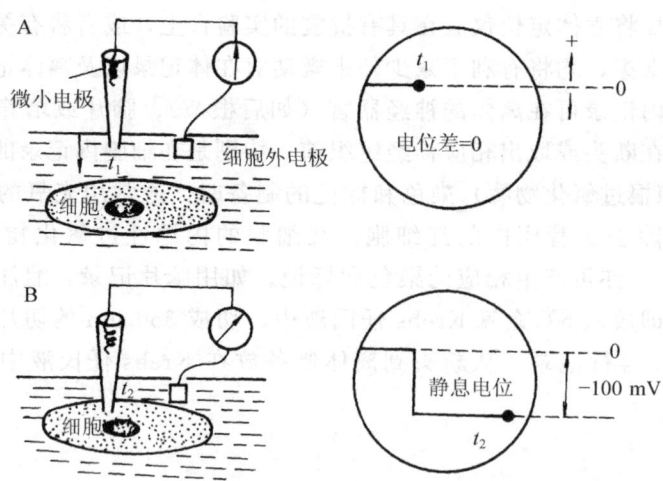

图 1-5-15 静息膜电位
A、B. 分别为微电极刺入细胞前（$t_1$ 时）、后（$t_2$ 时）示波记录的示意图
(杉晴夫，1986)

已发生损伤。在微电极推进过程中，细胞损伤是不可避免的。但是，由于细胞膜本身具有黏液介质的性质，刺入电极所致的轻微损伤常可自行封合，从而不会对电位记录造成明显影响。

**（4）细胞内刺激**

在细胞内记录的基础上进行细胞内刺激时，可经细胞内通以去极化或正脉冲，同时观察细胞膜电位的变化。正脉冲的宽度可为 100 μs 或 100 ms，电流强度可为 0.1 nA、几纳安或数十纳安，脉冲频率可为数赫［兹］或数十赫［兹］，均视实验要求而定。为观察不同方向极化电流的影响，以及从众多的动作电位离子流中分离单一的跨膜离子流，分析单一离子通道启闭的动力学特征，可在向细胞内注入时程较长的去极化及（或）超极化电流的条件下，测量膜电位或动作电位的变化。为进行离子流分析，须进行电压钳置，需通过一负反馈电路，将与膜电位变动极性相反的等值电流注入细胞，借以使膜电位保持在指令脉冲设定的水平，观察不同膜电位水平时膜电流的相应变动。

### 1.5.5.4 静息膜电位

与细胞外记录的容积导体记录不同，只有细胞内记录才能真正记到细胞的静息膜电位，相当于将记录电极直接放在细胞膜"电池"的两极上，可从细胞内电位，获得细胞外记录所不可能记到的有关细胞膜活动的信息。

**（1）膜内外电荷分隔**

静息膜电位（RMP）可以理解为从膜的一侧将单位电荷移到另一侧时所能获得的最大的功，是钾离子流通过非门控性被动钾通道电阻时的电压降，是按 Nernst 方程相当于钾离子的平衡电位（$E_k$），是按 Goldman 方程，当 $P_k : P_{Na} : P_{Cl}$ 相当于 1 : 0.04 : 0.45 时的膜电位，其数值通常为 $-70$ mV 左右。

安静时，细胞外表面有多余的正电荷，内表面有多余的负电荷。如规定细胞外表面的电位为零，则细胞内电位大都在 $-10 \sim -100$ mV 的范围。为测定膜电位，必须有一个电极插入细胞内（图 1-5-15）。膜电位的高低与膜两侧的电荷成正比。膜电位每变动 10 mV，膜外每平方微米需增加 600 个正电荷，膜内每平方微米需增加 600 个负电荷。为维持 $-60$ mV 的膜电位，膜内外每平方微米需各有 3600 个正或负电荷。

这个数值只占细胞内外液中电荷总数的极少部分。细胞质和细胞外液的电荷总数相等，在电学上呈中性。正负电荷的分离只是在紧靠膜内、外侧表面 1 $\mu$m 的范围内存在。

**(2) 膜的极化**

细胞静息时，膜外带正电和膜内带负电的状态称为极化。此时所记录到的静息膜电位是稳定的直流电位。当细胞由安静转为活动时，静息膜电位可以向正或负的方向变动，细胞膜的极化状态也随之改变。膜电位的正向变化，如由 $-70$ mV 变为 $-50$ mV，极化程度降低，称为去极化；膜电位的负向变化，如由 $-70$ mV 变为 $-80$ mV，极化程度加深，称为超极化。生理学上通常将去极化描述为膜电位降低，而超极化则以膜电位增加来表示。

### 1.5.5.5 膜被动特性

**(1) 膜输入阻抗**

细胞膜在电学上可以简化地等效成阻容（RC）耦合电路。在给细胞内以恒定的微小电流（$\Delta I$）刺激，从而在只有非门控性通道活动、门控性通道不致开放的条件下，测定膜电位的微小变化（$\Delta V$），并计算出膜电阻或膜输入阻抗（$R$ 或 $R_{in}$）以及膜时间常数（$\tau$）。

**(2) 膜电流-电压关系**

在给细胞内以不同强度的 $\Delta I$，并测得相应的 $\Delta V$ 的基础上，可以绘制膜的电流（$I$）-电压（$V$）关系曲线或膜的稳态电流曲线，借以了解膜的整流特性（图 1-5-16）。绘制 I-V 曲线时多以 $I$ 为自变量，作为 $x$ 轴，$V$ 为因变量，作为 $y$ 轴，从而所得到的斜率（$\Delta V/\Delta I$）为电阻（$R$）。去极化时 $R$ 多迅速降低，超极化时 $R$ 多保持不变，从而 I-V 曲线多在去极化方向上有所弯曲，表现出膜的整流特性（图 1-5-16）。有些细胞可在两个方向上发生整流，从而 I-V 曲线表现为 S 型。

绘制后者时多以 $V$ 为 $x$ 轴，$I$ 为 $y$ 轴，其斜率为电导（$g$）（$\Delta I/\Delta V$）。根据电压钳置实验时钳置电压的水平，可以测知参与该离子流（$I$）的离子类型，如 $I_{Na}$ 或 $I_K$。除静息水平的膜特性外，还可观察 EPSP、IPSP 或动作电位后超极化（AHP）时的 I-V 或 V-I 曲线的特征。

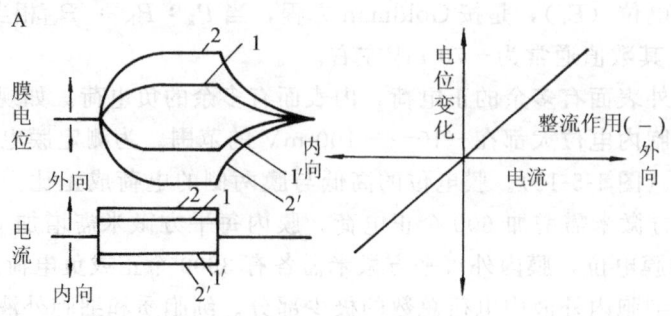

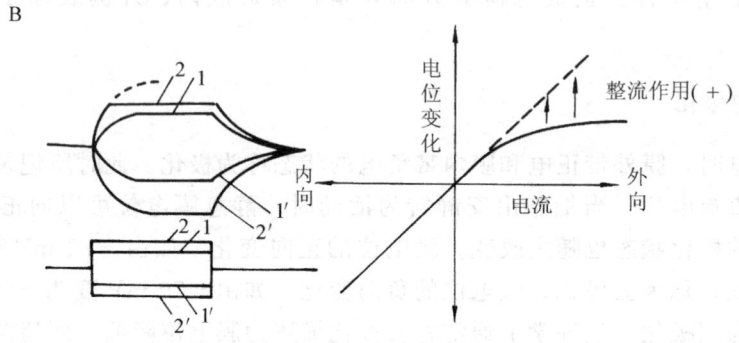

图 1-5-16 电流（$I$）- 电压（$V$）曲线

A. 无整流作用细胞的 $I$-$V$ 曲线；B. 有整流作用细胞的 $I$-$V$ 曲线；A、B：左下示刺激电流的方向（内、外向）与强度（1、2、1′、2′）；左上为相应刺激电流引起的膜电位变动。上、下向箭头分别示膜电位的去极化与超极化变化（杉晴夫，1986）

#### 1.5.5.6 局部电位

局部电位指非传导性膜电位变动，包括发生器或感受器电位（GP 或 RP）、分泌电位（SP）、终板电位（EPP）、接头电位（EJP）、突触电位（EPSP、IPSP、fEPSP、fIPSP、sEPSP、sIPSP；f、s 分别表示快、慢）以及动作电位或锋电位发生前的局部反应等。在去极化和超极化电流作用下，还可以进一步将 EPSP、IPSP、脱抑制和脱易化等局部性电位区别开来，并可测定翻转电位。

**(1) 电紧张电位**

用细胞内电极刺激和记录一种可兴奋细胞，可研究膜兴奋的过程。当向细胞内注以恒定的正电流时，流入的正电荷将使细胞膜电容器放电，并进而使其发生去极化。由于膜电位离开静息水平，离子流量失去平衡，更多的 $K^+$ 将流出细胞，以与注入的正电荷相平衡，开始的快速去极化瞬间减慢。这种 $K^+$ 的外流可以移除一些外加的正电荷，膜电容器的放电减慢。当去极达到某一最终水平，通过膜的离子流与通过电极加入的电流相等，膜电容器不再进一步放电。外加电流引起的这种电位变化称为电紧张电位或电紧张（图 1-5-16）。

### (2) 膜的时间与空间常数

电紧张电位最开始的升高速率只决定于膜电容；电紧张电位的最终水平或振幅与膜对电流的电阻成正比；电紧张电位的变化形式可用下式描述：

$$\Delta V_m (t) = I_m R (1 - e^{-\frac{t}{\tau}}) \tag{1-5-1}$$

式中，$e$ 为自然对数的底数值 2.72；$\tau$ 相当于电阻与电容的乘积；$RC$ 称为膜的时间常数，相当于 $\Delta V_m$ 到达其最终值 63% 的时间。不同细胞膜的时间常数从 1 ms 到 20 ms 不等。

电紧张电位随距离电刺激作用部位的沿长，按下式发生指数的衰减：

$$\Delta V_m (x) = \Delta V_0 e^{-\frac{x}{\lambda}} \tag{1-5-2}$$

式中，$X$ 为距离；$\Delta V_0$ 为 $X=0$ 时的膜电位的变化值；$\lambda$ 为 $\Delta V_m$ 衰减到 $V_0$ 的 $1/e$ 或起始电位值的 37% 时的距离或长度，称为长度常数或空间常数。不同神经纤维的 $\lambda$ 从 0.1 mm 到 1.0 mm 不等。

### (3) 局部反应

在一定范围内，电紧张电位的振幅或去极程度与外加电流强度成正比。当外加电流强度稍高于某一水平时，膜电位的变动会超出比例，产生额外的去极化，称为局部反应或局部兴奋。此时，膜除了被动地发生电位变化，还有主动过程或离子通道活动的参与，膜本身也发生了一些轻微的去极化。由于去极的同时发生膜的复极过程，二者时而相互抵消。

没有达到阈电位的局部反应仍可以电紧张的形式扩布。由于电紧张扩布随距离的增加而指数地减弱，因此不可能是一种有效的信息传布方式。但是由于局部反应的大小与刺激强度呈比例关系，而且没有不应期，因此两个以上接连施加的阈下刺激，可通过时间总和，或通过两个以上作用部位靠近的阈下刺激而发生空间总和，结果引起可扩布的动作电位。

### (4) 感受器电位

中枢神经系统内各种神经元的动作电位，如上所述，是由 EPSP 转化而来的。但是进入中枢神经系统的各种初级神经元的动作电位则是由感受器电位触发的。各种不同形式内外环境的刺激能量，通过感受器一律换能成感受器电位。各种刺激中能以最低强度引起某种感受器发生换能活动的刺激形式称为适宜刺激。

感受器电位，如同突触电位那样，也是非传导的，可分级、可总和的局部电位；一旦感受器电位经时间或空间总和后，达到相当于轴突始段的第一个郎飞结的阈值时，即可触发可扩布的动作电位，并沿传入纤维不衰减地传向中枢神经系统。传入纤维上的动作电位的频率及时-空规式由感受器电位的幅度和时程编码。而感受器电位的振幅和时程则决定于适宜刺激的强度与持续时间。

### 1.5.5.7 突触电位

用插入突触后细胞内的微电极，可以清楚地记录到突触后电位（PSP）。去极化方向的膜电位变化，导致突触后神经元易于兴奋，称为兴奋性突触后电位（EPSP）；超极化方向的膜电位变化，使突触后细胞趋于抑制，称为抑制性突触后电位（IPSP）（图 1-5-17）。

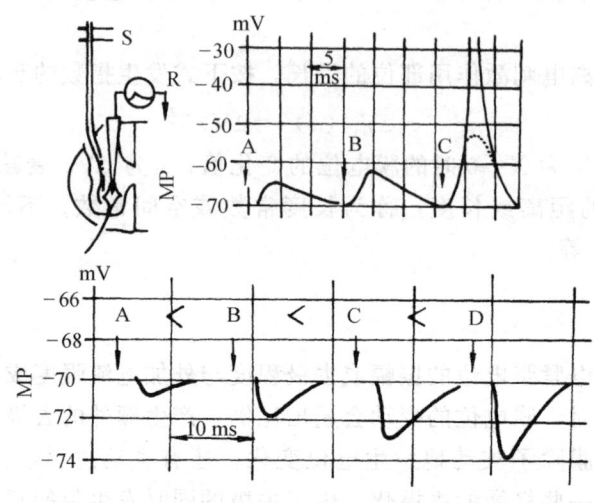

图 1-5-17　突触后电位

上、下图分别为刺激同名肌神经和拮抗肌神经引起的运动神经元膜电位（MP）变化。上左图示肌神经刺激（S）与运动神经元细胞内记录（R）制备。上、下图的 A~C 与 A~D 分别示由于刺激强度依次递增所引起的 EPSP（上图）与 IPSP（下图）的变化（Schmidt，1978）

**（1）兴奋性与抑制性突触后电位**

由于 $Na^+$ 内流与 $K^+$ 外流同时进行，EPSP 的振幅趋于钠平衡电位与钾平衡电位的中间值，相当于 10 mV。EPSP 上升较快、下降较慢，分别相当于 2 ms 和 10 ms，持续约 10 ms，时间常数相当于 4 ms。IPSP 的发展趋于 $Cl^-$ 平衡电位与 $K^+$ 平衡电位的中间值，亦相当于 10 mV，其变化相当于 EPSP 的镜像（图 1-5-17）。通过改变刺激电流强度和应用细胞内电流注入，成功的突触后反应记录常可清楚地回答：①该反应是否是分级的；②该反应的 $I$-$V$ 关系如何；③该反应能否翻转；④翻转电位的数值是多少；⑤该反应是否是单突触的等 5 个问题。问题①和⑤取决于刺激电流强度的变化；问题②~④则需进行细胞内刺激或电流注入。

**（2）突触后电位的时间与空间总和**

EPSP 与 IPSP 均系非扩布的局部电位，但二者均可依靠有关递质释放量的连续增多或同时增多，发生时间总和或空间总和。

流经单个通道的离子电流（$I$）决定于通道的电导（$g_{PSP}$）与驱动力（$V_m$ －

$E_{PSP}$），即：

$$I_{PSP} = g_{PSP} \times (V_m - E_{PSP}) \tag{1-5-3}$$

经时间或空间总和后的突触电流则为

$$I_{PSP} = n \times g_{PSP} \times (V_m - E_{PSP}) \tag{1-5-4}$$

其中，$n$ 为开放的离子通道数。

EPSP 与 IPSP 均可以电紧张形式向周围扩布，均随时间和空间的延长而呈指数的衰减。EPSP 本身的发生总和并扩布到突触后细胞的轴突始段，使该处膜电位去极化到阈电位水平，即可引起动作电位，并进行扩布。IPSP 本身的总和与扩布，只能使膜电位的水平远离阈电位，从而使突触后细胞难以发生兴奋。

同一个突触后神经元上通常与突触前神经元的末梢构成上千个兴奋性和抑制性突触，因而在生理条件下，突触后细胞的兴奋与否，实际上决定 EPSP 与 IPSP 的相互作用和力量对比。由于轴突始段的兴奋性高于神经细胞的其他部分，因此，突触后细胞的兴奋与否主要决定于 EPSP 与 IPSP 在该处的整合结果是否达到阈电位水平。如整合的结果是 IPSP 强于 EPSP，突触后细胞即处于抑制状态；EPSP 强于 IPSP 并达到阈电位，即可触发突触后细胞发生动作电位。

### 1.5.5.8 动作电位

动作电位指按全或无方式发生和传导的非衰减电位。从细胞内记录记到的动作电位，可以清楚地看到或计算动作电位的上升相的形状和速率、下降相的形状和速率、波幅和波宽。在超极化电流或高频刺激下，可以清楚地看到动作电位上升相上的 IS 和 SD 反折，以及动作电位向 M、IS 和 SD 等成分电位分解的过程。

根据动作电位的波形特征可以区分该电位系胞体内或轴突内电位。根据对刺激的反应特性，可以区分出逆向和顺向性动作电位或突触性动作电位，以及鉴定细胞或纤维的类别是初级传入、中间神经元、投射神经元或运动神经元，亦可进一步鉴定突触的性质、数目和回路联系等。

**(1) 轴突内动作电位**

一旦膜电位变化到阈电位水平，即不可遏制地暴发成动作电位，细胞膜由去极化转变成内正外负的反极化状态，然后迅即复极化，逐渐恢复到静止膜电位水平（图 1-5-18）。

从轴突内记到的动作电位，大多从基线迅速升起并达到顶峰，随即迅速下降到基线水平；其持续期较短，约 0.4~0.5 ms；在其之前不出现前电位；上升陡直，不出现反折；其后亦常不出现明显的后超极化（图 1-5-18）。

**(2) 胞体内动作电位**

神经元胞体上记录到的动作电位，由于引起的方式不同而有所不同。顺向刺激引起的动作电位，可以有以 EPSP 为代表的前电位，接着是由始段（IS）的 $I_S$ 或 A 成分电位以及由胞体-树突（SD）发生的 SD 或 B 成分电位等组成的锋电位的上升相；达到顶

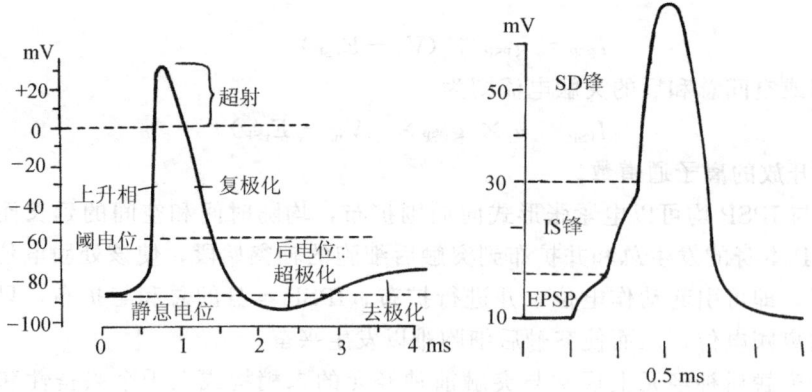

图 1-5-18　动作电位

左、右图分别相当于轴突内与胞体内动作电位的示意图。左图侧重示动作电位的变化时相：阈电位、上升相、超射、复极化、超极化、去极化、后电位及静息电位。右图侧重示动作电位上升相上的成分电位：EPSP、IS、SD（吕国蔚，1993）

点后，再分别经后去极化和超极化过程，较慢地回到基线。

逆向刺激引起的胞体内电位也具有上述特征，但其前电位是由轴突本身产生的 M 成分电位，而不是 EPSP。直接刺激胞体引起的动作电位，亦与上述顺、逆向刺激引起的电位相似，但不出现前电位。

中枢神经元胞体内动作电位振幅一般为 50～80 mV，运动神经元的细胞内电位平均可达 93 mV；持续期较轴突内电位长，一般为 1.0 ms 左右；上升相与下降相平均速率分别为 300～500 V/s 和 200～250 V/s；负后电位的平均振幅和持续期分别平均为 7.6 mV 和 2.4 ms；正后电位的振幅和持续期分别为 4.6 mV 和 100 ms。

突触后细胞所产生的动作电位，通常成"串"或"簇"，其数目多少与突触总和及整合后 EPSP 的振幅和时程有关。

轴突始段处的动作电位一旦形成，也按轴突传导方式，不衰减地进行双向传导。除沿其自身的轴突向轴突末梢传导外，还由始段向自身的胞体和树突回传。传向末梢的动作电位可再经突触传递引起下一个神经元活动；传回胞体和树突的电位可能与不应期的产生有关。

### 1.5.5.9　细胞内染色

**(1) 细胞的功能与形态**

在成功而稳定的细胞内记录的基础上，可通过电泳或压力方法，将事先充灌在微电极内的染料（如辣根过氧化物酶，HRP），注入到所记录的细胞内，然后通过灌杀、取材、固定、切片和染色等组织学处理，在显微镜下显示、观察、拍片、描绘或重建，从而清楚地观察到经过生理学鉴定和记录的细胞的三维形态特征，将功能与形态结合起来，是近年来颇为流行的一种方法。

**(2) 神经元微结构**

细胞内记录与染色的优势在于可以同时观察同一单个神经元的细微结构及其生理特性。应用充有 HRP 的微电极，作为一种生理学研究工具，丝毫不会影响微电极电生理记录的质量；作为一种形态学研究工具，可比 Golgi 染色更为清楚地显示整个的胞体-树突乃至树突棘的微构造，也可显示轴突及其侧支乃至轴突末梢的膨体。

HRP 的反应产物很稳定，HRP 着色的细胞或切片不仅可以进行其他各种复染或组化处理，而且可以长期保存，建立有关的细胞形态学文库。只需少许变动，HRP 着色染片尚可进行电镜观察。如此，一个经过生理鉴定并在光镜下进行过观察、描绘、重建和拍照的神经元，还可以在电镜下进一步观察其细微结构和组化反应。

在细胞内电泳或注入过程中，细胞内微电极穿刺必须始终保持稳定，一旦出现细胞衰变，如静息膜电位下降，即应终止。注入或泳入细胞内的 HRP 通常只需几分钟的存活时间即可分布到树突和胞体附近轴突分支。然而，为了追踪几毫米以上的轴突行程，往往需要 12~24 h 的存活时间。

### 1.5.5.10 跨膜离子流

在细胞内记录技术的基础上发展起来的电压钳技术、数字式记录技术以及膜片钳技术，进一步推进细胞内记录到一个更新的水平，从而可以更深入地了解和研究单个细胞乃至单个通道蛋白质活动的信息。

为了了解不同离子在细胞活动过程的跨膜流动规律，可在电压钳的条件下，通过细胞内记录技术，将欲研究的单一离子流从其他离子流中分离出来（图 1-5-19）。

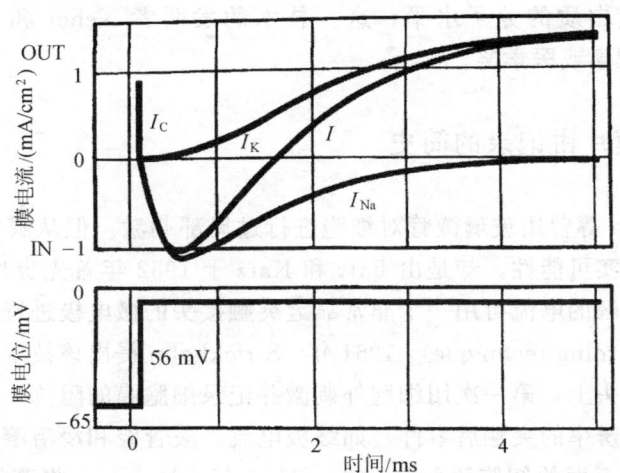

图 1-5-19　56 mV 去极化（下图）过程中的膜电流（上图）
$I_C$、$I_K$、$I_{Na}$ 分别为电容电流、钾电流、钠电流；$I$ 为膜总电流
（Hodgkin，1958）

利用离子通道启闭的电压依从性，电压钳记录采用灵敏的负反馈放大器，用胞内或

轴突内注入电流的方法，人为地将一定空间的细胞膜的膜电位钳制在某一水平并维持一定时间，即可选择性地激活某一离子通道活动，研究有关的某一跨膜离子流。在电位钳制期间，由于膜电位恒定不变，从而消除了膜电容器充、放电引起的电容电流对跨膜离子电流的污染；在膜电位恒定的条件下，注入电流的大小，通过负反馈机制，恰好等于跨膜离子流的电流量，从而可据以测出有关离子流的方向、振幅和时程，并研究有关离子通道的启闭规律。

分离单一离子流需要设计一个合适的电压钳制方案以去除不欲研究的离子流。根据对已有离子流的了解，选择一个合适的控制电位（EH）、指令钳制电位（EC）和钳制在指令电位水平的持续时间（TC），从而使拟研究的离子流的幅值高于其他离子流，或从时程上同其他离子流分开来。在此基础上，还可应用离子通道选择性阻断剂以及离子取代等方法去除不拟研究的离子流。

科学上的变革性发展常常取决于新概念的出现和新技术应用，特别是二者的紧密结合。应用微电极进行细胞内记录这一20世纪50年代新技术，神经生理学工作者已在外周和中枢神经系统的许多领域里，观察和发现了许多前所未见的新的事实、现象和规律，神经生理学的面目已为之一新，膜片钳记录的发展，将使神经生理学进入更加辉煌的时代。

## 1.5.6 膜片钳记录

生物医学，特别是神经生物学领域最令人振奋的新进展是单通道记录或膜片钳记录。这一技术利用玻璃微吸引电极将面积仅为几个平方微米的细胞膜片封接起来，在 $10^{-12}$ A 水平，记录单个或几个通道的活动电流，从而划时代地将电生理学技术提高到记录和研究单个蛋白质的分子水平。这一技术的发明者 Neher 和 Sakman 为此荣获 1991 年诺贝尔生理学或医学奖。

### 1.5.6.1 膜片钳记录的简史

1919 年，Pratt 等曾用玻璃微管对细胞进行过局部刺激。但从膜的某一特定的局部区域进行记录的现实可能性，却是由 Fatt 和 Katz 于 1952 年首先提出的。Fatt 和 Katz 证明，蛙肌终板膜区的电流可用一个非常靠近突触接头的微电极进行记录，称为局部记录技术（focal recording technique）。1961 年，Strickholm 提出该技术的改进方法，将玻璃微管压到突触接头上，第一次用细胞外刺激并记录细胞膜的阻抗。这一改进方法可以记到低噪声和高分辨率的突触后事件，如终板电流。玻管腔和浸浴溶液之间的电阻可以高到足以改变管膜下面的细胞膜的膜电位。1975 年，Fishman 将蔗糖作为绝缘介质置于玻管尖周围以提高枪乌贼巨轴突局部记录的封接电阻。封接电阻的提高可对跨膜的电压降进行更好的空间控制，增加信噪比，与 Neher 和 Sakman 的膜片钳记录十分类似。

Neher 和 Sakman 于 1976 年首创膜片钳记录。他们从去神经支配的蛙肌膜上记录到乙酰胆碱激动的电流。该技术的要点是将玻管尖压到膜上，借以将管腔下面的一小片膜区在电学上隔离起来,其分辨力可以测定乙酸胆碱结合引起的单个通道开放时流过的只有 1~4 pA ($10^{-12}$ A) 的电流。当时的封接电阻不超过 100 MΩ,但是一个偶然的机会,他们发现当微电极与细胞膜封接时,轻吸微电极,造成负压,封接电阻骤增 2 个数量级以上,达到 16~100 GΩ,即 GΩ 封接 (gigohm seal 或 gigaseal),使背景噪声大为改进。这种封接不仅使电学性质稳定,而且在力学上也能达到牢固的联结,因而不仅改善了电记录性能,而且还发现了多种膜片钳方式。

### 1.5.6.2 膜片钳记录的原理与特点

除仪器噪声外,对任何电流测量的主要限制是信号源的热噪声。信号源如同一个简单的电阻,其热噪声为 $\sigma_n = \sqrt{4KT\Delta f/R}$。式中,$\sigma_n$ 为电流的均方差根,K 为波尔兹曼常数,T 为绝对温度,$\Delta f$ 为测量带宽,R 为电阻值。可见,要得到低噪声的电流记录,信号源的内阻必须非常高。如在 1 kHz 带宽,10% 精度的条件下,记录 1 pA 的电流,信号源内阻应为 2 GΩ 以上。小细胞的输入阻抗可高达这一数值,但 20 世纪 70 年代当时的微电极技术只能测量内阻通常达 100 kΩ~50 MΩ 的大细胞的电流,从而不可能用常规的技术和制备达到所要求的分辨力,因而必须有一个小的信号源,必须设法隔离出一小片细胞膜。

与电极相连的玻管如与玻管相接触的细胞膜牢牢地封接在一起,玻管下面的一小片膜即可被隔离,玻管电极电路中流动的电流即不致漏出,加到膜片上的电流也只能这样流动。这种极高的封接电阻可以精确地测定小片膜的电流,并能精确地控制该片膜区的电位梯度,从而可满足电压钳实验的基本要求。由于封接电阻极高,系统的噪声也因而变得极低,从而大大提高分辨率。但是,如果封接不完全,噪声将叠加在膜片的信号上。

膜片钳记录具有许多优点。首先,膜片钳实验比其他微电极实验容易,一旦有可能形成高阻封接的细胞制备,即易于做到封接并获得数据。其次,膜片暴露的条件可以精确控制,可以测定离子的跨膜梯度,在分子水平上了解离子通道的活动规律,更可提供从前难以得到的细胞电生理学特性。再有,膜片钳记录可以毫不含糊地测到通道活动特征以及各种处理因素的影响。

膜片钳记录也有其局限性。首先,需要得到可资利用的适宜制备,细胞表层不能有胶质细胞、成纤维细胞等细胞或结缔组织。其次,是膜片钳记录会破坏细胞的正常代谢和细胞骨架,从而改变离子通道的活动特性。再次,是数据的数量和分析,为了能做出有意义的评价,往往需要得到大量的数据。为分析通道启闭时间的直方图,往往需要分析数以百计的通道活动事件,几乎必须应用计算机才能分析通道的动态特性。

### 1.5.6.3 膜片钳记录的一般过程

当玻管尖端进入浸浴细胞制备的浴槽时,膜片钳放大器输出的噪声将大为增加,输出电压可达饱和。通过调节放大器上的补偿控制,可达到平衡,直到电流监视器读数为零。一旦偏移被抵消，即应保持不变。此时基线上可出现一些小的漂移，但属正常。给玻管电极通以微小电脉冲（0.01～1 mV）以测定玻管电阻。对一个个测试脉冲反应而得的电流振幅即为玻管电阻的量度。

玻管尖端继续下降到与细胞制备轻轻接触，此时玻管电阻可增大 2～3 倍，对测试脉冲的反应电流振幅下降 1/3～1/2。轻吸玻管，将使电阻增大，电流输出噪声将降低。高阻封接通常突然形成，即使偶尔不吸玻管，也可自发形成；有些细胞则需较长时间和较多轻吸才能形成。交替地增、降玻管内压力有时也可引起高阻封接。有时将玻管与细胞接触后，将其提到大气压中 1～2 min，再轻吸，也可形成高阻封接。

封接后，给玻管以 10～100 mV 的电脉冲，以测定封接电阻值。此时应没有任何通道的活动。封接电阻应达到 10 GΩ 以上。漏电流和电容电流可以平衡。漏电流可用从电流中减去玻管电压的方法，从膜电流中予以消除。电容电流可用放大器上的电容取消控制的调节进行控制。一旦调节完毕，浴槽应保持一个相对恒定的水平，因玻管对地的电容是溶液中玻管表面积的函数。因此，如可能，可将玻管尖端靠近溶液表面，再进行调节，如此可大大降低电容电流。

### 1.5.6.4 膜片钳记录的特殊过程

高阻封接形成时，玻管尖贴附在细胞上，在细胞膜表面隔离出一小片膜，并可记录单通道电流，称为细胞贴附（cell-attached）膜片。此时的跨膜电位由玻管固定电位和细胞内电位决定。因此，为测定膜片两侧的电位，需测定细胞的膜电位并从该电位减去玻管电位。从膜片的通道活动看，这种形式的膜片钳是极稳定的，因细胞骨架以及有关的代谢过程是完整的，所受的干扰小。但这种膜片形式易在玻管尖形成大的囊泡，从而细胞骨架也会因而有所变化。这种膜片不能控制细胞内成分，任何影响膜电位的处理均可影响膜片的膜电位。

高阻封接后，轻提玻管尖可形成内面朝外（inside-out）的膜片。细胞内、外和玻管内的溶液均可调控。膜片两侧的膜电位由固定电位和电压脉冲控制。如浴槽电位是地电位、膜电位等于玻管电位的负值。如放大器的电流监视器输出是非反向的，输出将与膜电流（$I_m$）的负值相等。电流监视器的输出电压通常在 10～1000 mV/PA 是可调的。

将玻管尖所隔离的膜片进一步弄破，即可形成外面朝外（outside-out）的膜片。玻管内的溶液成分须与细胞内液成分相当。弄破膜片的一个办法是给玻管一个极其短促的抽吸。另一办法是给玻管一个极其短暂而大的电压变动（1 ms，300～400 mV），或者关掉放大器，然后再接通。一旦膜片被弄破，即将玻管慢慢地从细胞表面垂直提起。之后，应测膜片的电阻，并消除漏电流和电容电流。整个过程中要当心是否形成了囊泡。如果浴槽保持地电位水平，膜电位即与玻管电位相等。如果放大器是非反向的，放大器的输出与膜电流成正比。

在形成外面朝外的过程中，要经过全细胞（whole-cell）钳阶段，此时的膜电位和膜电流均可记录。膜电位可在电流钳的情况下记录，或将玻管连到标准的高阻微电极放大器上记录。在电压钳条件下记录到的大细胞全细胞电流可达纳安级。全细胞钳的串联电阻（玻管和细胞内部之间的电阻）尚应补偿。任何流经膜的电流均流经这一电阻，所引起的电压降将使玻管电压不同于细胞内的真正电位。电流越大，越需对串联电阻进行补偿。全细胞钳当需注意，细胞必须合理的小到其电流能被放大器测到的范围（25～50 nA）。减少串联电阻的方法是玻管尖要比单通道记录大。放大器内装的串联电阻补偿可补偿90%串联电阻。

#### 1.5.6.5 膜片钳记录的比较

细胞贴附膜片、内面朝外膜片和外面朝外膜片的优缺点比较见表1-5-1。

表 1-5-1　膜片钳记录各式的优缺点

| | 优　点 | 缺　点 |
| --- | --- | --- |
| 细胞贴附式 | 不需灌注 | 不能改变细胞内介质 |
| | 不干扰细胞质 | 需用另一电极测量膜电位 |
| | 调制系统完整 | |
| 内面朝外式 | 膜两侧均可接近 | 实验中膜外介质不能改变 |
| | 细胞内离子或调节物质的浓度可变，可向膜内表面加酶 | 需低 $Ca^{2+}$ 预灌注以防囊泡形成 |
| 外表面朝外式 | 膜两侧均可接近 | 实验中膜内介质不能改变 |
| | 不需灌注 | 微管内需低 $Ca^{2+}$ 以防囊泡形成 |
| | 外部物质浓度可变 | |

#### 1.5.6.6 膜片钳记录的信息

20世纪50年代，Hodgkin和Huxley已精确地阐明了神经动作电位的发生机制，化学性突触传递的概念也由于Eccles和Katz有关EPSP和IPSP的细致研究，而被普遍接受，然而有关轴突和突触活动的分子机制尚未解决。Hodgkin和Huxley已经使用电压门控通道的概念描述膜电导的变化，$Na^+$和$K^+$通道的术语也已广为使用。由于背景噪声的水平远高于通道电流达100倍之多，不可能在生物膜上直接检测通道活动。但是间接的证据提示，神经元和肌细胞中确有与人工膜中电导相似的通道活动。早期用河豚毒（TTX）结合方法计算$Na^+$通道的结果揭示，单个$Na^+$电导可大到500 pS。后来的噪声分析技术提供了$Na^+$电导的更加精确的数值。因此，人们一直以极大的兴趣，试图测量和分析单个通道的分子机制。

膜片钳技术的发现，人们可在分子水平上为单个通道活动提供许多的信息，从而将人们对通道活动的认识直接提高到了分子水平。①分辨单通道电流，直接观察通道的开闭过程，如已发现流过通道的电流并非简单地呈矩形脉冲形状。②区分离子通道的离子选择性，及其门控特性，如区分电压、化学或受体门控性通道，发现新的离子通道及其亚型，如三种 $Ca^{2+}$ 通道的发现。③在记录单个通道电流（$i$）和全细胞电流（$I$）的基础上，依 $I=n.i.p$ 分别计算细胞膜上的通道数（$n$）和开放概率（$p$）。④切割膜片，可作为一种生物控制器，用以检测某些递质能否打开通道（外面朝外），或是否接受第二信使的调控（内面朝外）。

新近只在膜片记录玻管中放入 ATP 类物质造成穿孔性膜片技术（perforated patch technique），亦可记录细胞的电压、电流和电容，而无需刺通胞膜。由于细胞内信使和调节因子未被洗出，较之上述膜片钳技术更能保护细胞的生理过程。在穿孔的外面朝外膜片上，可在调节机制保持完整的同时测定单个通道的电流。在未来的几年里，可望发现或研制出更多种类的穿孔因子，可以注射染料、插入荧光探针，以及细胞成分的选择性透析，从而进一步开拓膜片钳记录的广阔前景。

### 1.5.7 神经纤维速度谱测定

为了测定自然或人工刺激局部的神经末梢或感受器所实际兴奋的传入或传出神经纤维的类别和数量，人们主要应用了碰撞和相关分析两种方法。应用顺向或逆向的碰撞方法，虽可精确测定完整神经干或神经纤维群中个别活动纤维的发放，并对感受器-传入纤维的研究做出了有益的贡献，但这种方法做起来很麻烦，很难在一次实验中得到一组完整数据。相关分析方法可以研究完整神经干中个别神经纤维群的活动，并能区分传入纤维和传出纤维活动，但此法所依据的一个基本假定——放电振幅正比于放电数目，这个假定在某些情况下不能成立。因此，我们在足三里针刺镇痛点传入纤维速度谱的研究中，摸索和应用了一种方法，就是在分离神经细束的基础上，利用计算机有关功能进行测定。

#### 1.5.7.1 原理

测定速度谱首先需要测量传导速度。碰撞法是在一次碰撞的基础上，根据碰撞电极与记录电极间的距离和时间间接计算传导速度。而本法是根据刺激电极（S）与记录电极（R）间的距离（$D_{S-R}$）和传导时间（$T_{S-R}$）直接计算传导速度，即：

$$V=D_{S-R}/T_{S-R} \tag{1-5-5}$$

测定速度谱的另一个需要解决的问题是纤维数或单位数的确定。相关分析法假定放电振幅与放电单位成正比，根据放电振幅的大小判断放电单位数。而本法是根据放电振幅在刺激电压变动过程中发生突然"跳变"的次数来决定放电单位的数目。

将测出的各种传导速度的纤维或单位的数目，对各个相应的传导速度列表和作图，可得出在有关实验条件下，刺激局部神经末梢或感受器所实际兴奋的神经纤维的类型和数量，即速度谱。

#### 1.5.7.2 方法

家兔在麻醉下暴露腰$_5$-骶$_1$脊神经背根，并在其根丝上按前人方法剥制细束，以

100 μm 铂金丝为记录电极，按图 1-5-20 布置进行单极引导。在肌松剂制动下，以刺入足三里和其旁非穴点的绝缘针的裸露针尖为有效刺激电极，经隔离器电刺激器给以每秒 4 次的方波电脉冲、幅度 20 V、方波波宽 0.03 ms，分别诱发单位放电（图 1-5-20）。

每一细束的诱发放电，均经计算机叠加 256 次，使自发放电相对减小，将诱发放电显示出来。记下该诱发放电和伪迹的地址数和每一地址单位时间。然后将计算机转到"记忆"功能，并利用"地址增辉"，使诱发放电峰值处有一亮点，并在刺激电压由 20 V 渐降至 0 V（或由 0 V 渐升至 20 V）的过程中，

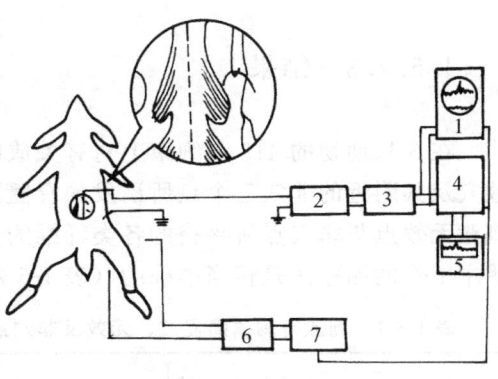

图 1-5-20 在背根细束上记录刺激后肢局灶点区诱发的传入纤维单位放电的实验布置
1. 示波器；2. 阴极跟随器；3. 放大器；4. 计算机；5. 记录器；6. 隔离器；7. 刺激器

观察并记录诱发放电振幅发生骤降（或骤升）的跳跃变化次数（图 1-5-21）。有关背根全部细束分离并记录完毕后，以线测量穴与非穴有效电极至记录电极的实际传导距离。

依：$传导速度 = \dfrac{传导距离}{传导时间} = \dfrac{传导距离}{(诱发放电地址数 - 伪迹地址数) \times 单位时间}$

算出各类放电单位的传导速度，并进行必要的温度校正\*；而在电压改变过程中，各放电单位振幅"跳变"的次数即为具有该传导速度的单位数。

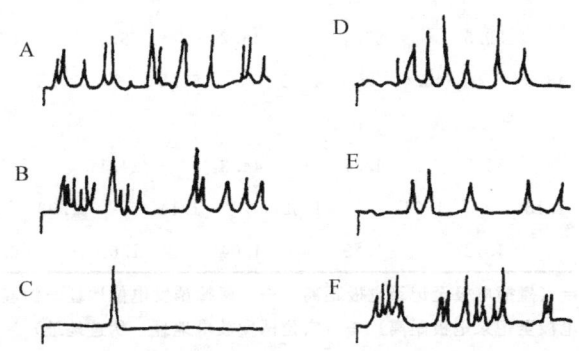

图 1-5-21 传入神经纤维活动单位数的"跳变"测定法步骤
A、B. 叠加前的自发及诱发放电波形。C. 叠加 256 次并实行地址增辉功能后的波形。D、E、F. 刺激电压由强变弱过程中，诱发放电的两次"跳变"，即存在两个放电单位

---

\* 油槽温度在 27~37℃时，$Q_{10} = 1.3$，代入公式

$$\log Q_{10} = 10 \dfrac{\log V_2 - \log V_1}{t_2 - t_1} \tag{1-5-6}$$

$t_2$：37℃；$t_1$：油槽实际温度；$V_2$：37℃时的传导速度；$V_1$：实验时所测得速度。

### 1.5.7.3 结果

在 8 只动物的 413 个细束上对有关放电单位的测定结果表明，刺激镇痛有效穴、无效穴及其附近的非穴三个点所诱发的脊髓各类传入纤维的平均传导速度极其相近，甚至刺激无效点与非穴点所兴奋的各类纤维的传导速度也完全相同，尽管这是巧合，但也表明本工作的测速法是相当准确的（表 1-5-2）。

**表 1-5-2 刺激针刺镇痛显效、无效及非穴点所兴奋的各类传入纤维的平均传导速度（m/s）**

|  | I | II | III |
| --- | --- | --- | --- |
| 显效点 | 84.1 | 55.5 | 30.7 |
| 无效点 | 82.2 | 54.6 | 29.4 |
| 非穴点 | 82.2 | 54.6 | 29.4 |

为了进一步验证这种测速的准确性，还在另外三只动物的 15 个细束上，同时进行碰撞法测定，并与本法作了对比。结果表明，两法所得数据十分接近，碰撞法结果对计算法结果的比值平均为 1.09（表 1-5-3）。

**表 1-5-3 碰撞法与计算法测定传导速度（m/s）的比较**

| 细束号* | 1 | 2 | 3 | 4 | 5 | 6 | 7 | 8 | 9 | 10 | 11 | 12 | 13 | 14 | 15 |
| --- | --- | --- | --- | --- | --- | --- | --- | --- | --- | --- | --- | --- | --- | --- | --- |
| 碰撞法（a） | 57.0 |  | 57.7 |  | 48.4 |  | 48.4 |  | 69.7 |  | 40.6 |  | 53.6 |  | 63.9 |
|  |  | 58.8 |  | 39.5 |  | 55.1 |  | 46.2 |  | 39.8 |  | 39.5 |  | 70.3 |  |
| 计算法（b） | 62.1 |  | 48.8 |  | 46.4 |  | 47.5 |  | 61.2 |  | 39.2 |  | 55.7 |  | 69.7 |
|  |  | 61.2 |  | 35.3 |  | 42.7 |  | 44.3 |  | 24.1 |  | 41.0 |  | 64.0 |  |
| a:b | 0.92 |  | 1.18 |  | 1.04 |  | 1.02 |  | 1.14 |  | 1.03 |  | 0.96 |  | 0.92 |
|  |  | 0.96 |  | 1.12 |  | 1.29 |  | 1.04 |  | 1.65 |  | 0.96 |  | 1.14 |  |

注："a" 的传导速度 $V_a$ =（碰撞电极至记录电极距离）÷（碰撞诱发电位地址－伪迹地址）× 单位时间。
"b" 的传导速度 $V_b$ =（穴位电极至记录电极距离）÷（穴位诱发放电地址－伪迹地址）× 单位时间。

* 细束 1~4、5~11、12~15，分别为 $No_1$、$No_2$ 和 $No_3$ 动物上进行的实验。

从刺激不同点所兴奋的各类传入纤维的单位数来看，显效点不同于无效点和非穴点两个对照点，II 类传入纤维被兴奋的数量显著居多，占有髓传入纤维总数 2/3 以上（表 1-5-4）。

**表 1-5-4 刺激显效、无效和非穴点所兴奋的各类传入纤维的数量比例**

|  | 细束总数 | 单位总数 | I 类/% | II 类/% | III 类/% |
| --- | --- | --- | --- | --- | --- |
| 显效点 | 111 | 529 | 7.9 | 67.8 | 24.3 |
| 无效点 | 100 | 389 | 6.4 | 47.6 | 46.0 |
| 非穴点 | 192 | 563 | 6.2 | 55.5 | 38.3 |

为了验证这种判断放电单位数目方法的可靠性，几乎在上述所有 1481 个单位的测定中，都观察了电压由 20 V 渐降至 0 V 的过程中放电振幅的跳变，也观察了电压由 0 V 逐渐回升至 20 V 的过程中，放电振幅的跳变情况。结果表明，在电压渐变过程中，放电振幅是突然的跳跃式的变化，而且不论电压是渐升或渐降、放电振幅总是在同一电压水平发生跳变（图 1-5-22）。由此可见，这种"跳变"现象极其稳定而有规律并可完全重复。

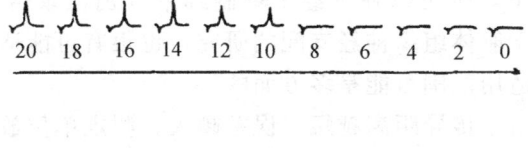

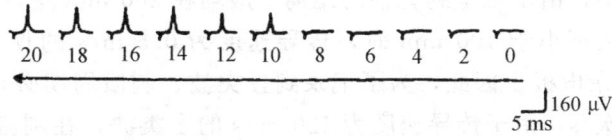

图 1-5-22　刺激电压渐降和渐升过程中，诱发放电振幅的可逆性"跳变"
箭头示刺激电压变动的方向。注意 12 V 和 8 V 各有一次"跳变"，表示有两个放电单位

### 1.5.7.4　讨论

分别刺激显效、无效和非穴等点所测得的各类传入纤维的平均传导速度基本上一致，说明根据公式所做的测定是准确的；由于已知神经纤维传导速度与纤维直径成正比，而神经纤维直径在由神经干向末梢走行的过程中又逐渐分支变细，因而本法依公式所测出的速度比在神经干上"碰"出来的速度稍小一点。

在纤维或单位数的测定中，本法所以不采用相关分析的假定，理由如下：虽然在足够强的刺激下，具有相同阈值和传导速度的神经纤维可以同时兴奋和传导，在记录电极处记录到的放电振幅可以是有关纤维放电振幅的和，但因各有关纤维与记录电极间的距离不可能完全相同，所以记录到的各个放电振幅是不相等的，它们的振幅幅值可相差几倍甚至几十倍，因此相关分析的假定——放电振幅与放电数目成正比在这种情况下是不成立的。

本法采用放电振幅在刺激电压变动过程中发生突然"跳变"的次数等于放电单位数目的假定。它的理论根据是：虽然同类纤维的阈值相同，但它们与刺激电极的相对位置不可能完全一样，因此在同一刺激强度下，各个同类纤维所在处的电场强度也不可能完全一样，根据"全或无"规律，当其中有的纤维达到阈值产生"全"的兴奋时，其他的纤维可能达不到阈值，只能产生"无"的反应，只有当刺激电压继续增加时，才能产生"全"的兴奋。因此，当刺激电压由弱逐渐变强时，放电振幅的增加是"跳变"式的，而且这种跳变的次数与被兴奋的纤维数目是一致的。

至于刺激显效点所兴奋的各类纤维的单位数与对照点之间的显著区别，显然与有关

点局部传入纤维的自然组成不同有关，其中刺激镇痛显效点所兴奋的Ⅱ类纤维显著居多的情况，与先前阻断实验中见到的、镇痛效应因Ⅱ类纤维被阻断而减弱或消失的结果互相吻合。

本工作虽仅在背根上对刺激足三里所兴奋的传入纤维放电进行测定，但本工作的原理很可能既适用于背根记录传入放电，也适用于前根记录传出放电；既适用于刺激某一局部点区的研究，也适用于刺激某一外周感受器的研究；在经去前、后根手术分别使传出、传入纤维溃变的情况下，也可以在神经干剥制细束分别记录传入、传出纤维的活动；当然，本法不仅适用于躯体组织神经支配的研究，也很有可能适应内脏传入、传出支配的研究。因而本法的适用范围可能是多方面的。

在研究参数选择方面由于传导距离越短、误差越大，测定单位放电的传导距离应尽可能大。我们工作中，由足三里到背根的距离一般均在 200 mm 左右，有可能使误差变得很小。在传导距离不小于 100 mm 时，传导速度为 0.5 m/s 的Ⅳ类波，须在伪迹后 200 ms 才能到达记录电极。因此，为了记录到Ⅳ类波、刺激周期必须大于 200 ms，即刺激频率应低于 5 次/s。由于传导速度为 120 m/s 的Ⅰ类波，在刺激伪迹后 0.8 ms 即可出现，因此刺激波宽不宜过大，本实验采用波宽为 0.03 ms 的方波。至于刺激强度可依实验要求而定，为了测定Ⅳ类纤维的活动，刺激强度应加大，但刺激强度太强，可能会超过所要研究的区域。当计算机以 200 μs 的地址时间进行工作时，1024 个地址，可以测量到 0.5 m/s 的Ⅳ类波，以 20 μs 的地址时间工作，1024 个地址可以测到 5 m/s 的Ⅲ类波。综合这些考虑，我们选用 20 V 刺激电压和 20 μs，50 μs 两个地址时间，主要测定Ⅰ、Ⅱ、Ⅲ类有髓鞘纤维的速度谱，对Ⅳ类纤维未做重点观察。

由于计算机的灵敏度为 10 mV，最大不超过 120 V，要测定几个微伏到几个毫伏的单位放电，需要放大 5000 倍以上，但放大倍数太大，计算机往往会因伪迹溢出而停止叠加，我们选用的放大倍数为 6000。至于叠加的次数，则视自发电位和干扰的强弱而定，如果干扰较大、自发电位又较多，则叠加次数应增加，本实验采用 256 次。

本工作以在背根细束上记录刺激下肢局部点区所诱发的传入纤维的类型和数量为例，利用电子计算机根据放电数目等于放电振幅跳变次数的假定，对神经纤维速度谱进行了测定。结果表明，本法不但避免了碰撞法和相关分析法的麻烦和欠科学的弱点，而且可以得到更为合理和准确的数据。

## 1.5.8 轴突分叉点位置测定

当代神经科学最具有挑战意义的问题之一，是同一神经元可否通过分叉轴突向两个以上靶核投射。由于方法学的进步，迄今至少已用生理学方法发现皮层脊髓束神经元、红核脊髓束神经元、黑质神经元、嗅脚神经元、背索核神经元以及下丘脑神经元等通过分叉轴突向两个以上的核团投射。在根据逆向反应和交互碰撞实验对有关神经元的双投射性进行鉴定的基础上，人们通常采用间接计算法，估测有关神经元轴突分叉点的位置。

近年来，我们也先后发现两种脊髓背角神经元，通过分叉轴突分别向两个不同的核团投射，我们分别称之为脊颈束-背索突触后神经元（spinocervical tract-dorsal column postsynaptic，SCT-DCPS）和脊孤束-背索突触后神经元（spinosolitary tract-dorsal column postsynaptic，SST-DCPS）。但是，当我们采用间接计算法计算轴突分叉点位置时，得到的是不仅不一致、甚至是难以理解的结果。本文准备对这种通常引用的计算轴突分叉位置的间接计算法进行进一步的分析，对这一方法的可信性做出进一步的判断。

#### 1.5.8.1 方法

首先，根据间接计算法的基本假定，进行数学推导，再用推导出的公式计算有关数据，并与分割法测得的结果相比较。

**(1) 计算法有关公式的数学推导**

间接计算法对轴突分叉点位置的估测，是根据神经冲动在轴突主干上传导所经历的时间（$T_{PA}$）占有关逆向反应的潜伏期（$L$）的百分数（$T_{PA}\%$）来推算的。

设双投射性 SCT-DCPS 神经元如图 1-5-23 所示，插入微电极并做细胞内记录的胞体以圆圈表示，PA 为轴突主干（parent axon），DC 和 DLF 分别为该神经元轴突主干的背索和外侧索分支。为推导方便起见，分别设 DC 和 DLF 分支为 a 和 b；PA 为 c；$L$ 为逆向反应的潜伏期；$T$ 为传导时间；$R$ 为绝对不应期；$I$ 为临界间期。

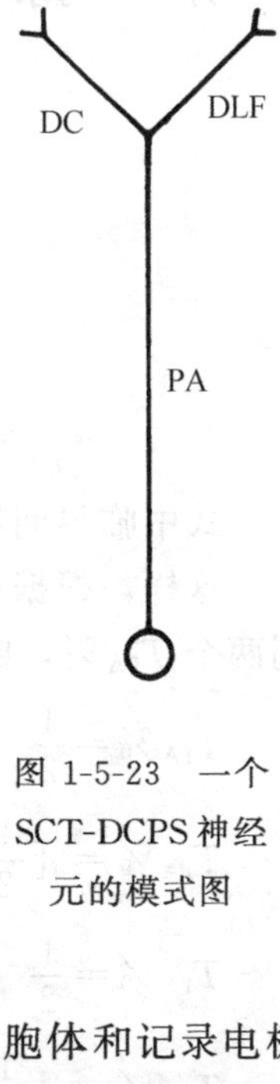

计算法计算 $T_{PA}$ 所依据的基本假定为：

$$L_{ac} = T_{PA} + T_a \qquad (1\text{-}5\text{-}7)$$
$$L_{bc} = T_{PA} + T_b \qquad (1\text{-}5\text{-}8)$$

式中 $L_{ac}$ 和 $L_{bc}$ 分别为刺激 DC 和 DLF 分支引起的逆向反应的潜伏期；$T_a$ 和 $T_b$ 分别为在 DC 和 DLF 分支的传导时间。为求 $T_{PA}$，(1-5-7) 和 (1-5-8) 两式相加得：

$$L_{ac} + L_{bc} = 2T_{PA} + T_a + T_b$$
$$\therefore T_{PA} = \frac{L_{ac} + L_{bc} - (T_a + T_b)}{2} \qquad (1\text{-}5\text{-}9)$$

图 1-5-23 一个 SCT-DCPS 神经元的模式图

式中 $L_{ac}$ 和 $L_{bc}$ 均可直接测定。对 $T_a + T_b$ 的测定可做这样的分析：DC（a）分支首先受到阈上刺激所产生的逆向锋电位在到达分叉点时将沿两个方向传导，一是顺向地沿 DLF（b）分支上传，一是逆向地向胞体和记录电极下传。这时如接着刺激 DLF（b）时，在一定间期内沿 DLF 上行的 DC 刺激引起的锋电位将与刺激 DLF 引起的锋电位碰撞，从而不能在胞体记录到 DLF 刺激引起的锋电位。这一期间即等于 $T_a + T_b$。这期过后，如 DLF 分支处于 DC 刺激引起的动作电位的绝对不应期（$R_b$），刺激 DLF 亦不能引起锋电位。因此，在 DC 和 DLF 刺激相继引起的锋电位不致碰撞掉的最短间期（临界间期，$I$）将等于两个分支上的传导时间（$T_a + T_b$）加上后被刺激的 DLF 的不应期（$R_b$）。所以 $T_a + T_b$ 等于两分支不碰撞的最短间期减去后被刺激的 DLF 的不应期。反之，如果先刺激 DLF 分支，后刺激 DC 分支，情形亦如此。但此时须减去后被刺激的 DC 分支的不应期（$R_a$）。这样，根据对 DC 和 DLF 分支刺激的先后顺序，可以得到如下的两个结果：

先刺激 DC 后刺激 DLF 时：
$$I_{a \to b} = T_a + T_b + R_b \tag{1-5-10}$$
$$T_a + T_b = I_{a \to b} - R_b$$

代入（1-5-9）式
$$\therefore T_{PA} = \frac{L_{ac} + L_{bc} - (I_{a \to b} - R_b)}{2} \tag{1-5-11}$$

先刺激 DLF 后刺激 DC 时：
$$I_{b \to a} = T_a + T_b + R_a \tag{1-5-12}$$
$$T_a + T_b = I_{b \to a} - R_a$$

代入（1-5-9）式
$$\therefore T_{PA} = \frac{L_{ac} + L_{bc} - (I_{a \to b} - R_a)}{2} \tag{1-5-13}$$

另外，为求 $T_{PA}$，亦可将（1-5-10）、(1-5-12) 两式相加，并得到：
$$I_{a \to b} + I_{b \to a} = 2(T_a + T_b) + R_a + R_b \tag{1-5-14}$$
$$\therefore T_a + T_b = \frac{I_{a \to b} + I_{b \to a} - R_a - R_b}{2} \text{代入（1-5-9）式}$$

$$\therefore T_{PA} = \frac{L_{ac} + L_{bc} - \left(\frac{I_{a \to b} + I_{b \to a} - R_a - R_b}{2}\right)}{2}$$

$$= \frac{1}{2}(L_{ac} + L_{bc}) - \frac{1}{4}(I_{a \to b} + I_{b \to a} - R_a - R_b) \tag{1-5-15}$$

式中临界间期（$I_{a \to b}$ 或 $I_{b \to a}$）以及 $R_a$、$R_b$ 均可经实验测定。

这样，根据（1-5-11）、(1-5-13)、(1-5-15) 式，刺激 DC 和 DLF 分支均可分别得到两个 $T_{PA}\%$，四个如下算式。

$$T_{PA}\% = \frac{1}{2}(L_{DC} + L_{DLF} - I_{DC \to DLF} + R_{DLF}) \times 100 / L_{DC} \tag{a}$$

$$T_{PA}\% = \left[\frac{1}{2}(L_{DC} + L_{DLF}) - \frac{1}{4}(I_{DC \to DLF} + I_{DLF \to DC} - R_{DC} - R_{DLF})\right] \times 100 / L_{DC} \tag{b}$$

$$T_{PA}\% = \frac{1}{2}(L_{DC} + L_{DLF} - I_{DLF \to DC} + R_{DC}) \times 100 / L_{DLF} \tag{c}$$

$$T_{PA}\% = \left[\frac{1}{2}(L_{DC} + L_{DLF}) - \frac{1}{4}(I_{DC \to DLF} + I_{DLF \to DC} - R_{DC} - R_{DLF})\right] \times 100 / L_{DLF} \tag{d}$$

**（2）计算法有关参数的实验测定**

按常规方法，对体重 2～4 kg 的成年猫进行麻醉、手术、制动；在麻醉下充分分离 $C_3$～$C_6$ 和 $L_5$～$S_1$ 脊髓，用微电极在 $L_5$～$S_1$ 节段背角内进行单细胞记录，用同一电刺激参数分别和交替地刺激 $C_4$ 背索（DC）和背外侧索（DLF）。

按逆向反应的常规标准，在发现并鉴定了可被 DC 和 DLF 刺激双重激动的神经元后，分别测定其 DC 和 DLF 分支所引起的各自的逆向反应的潜伏期（$L_{ac}$、$L_{bc}$），不应期（$R_{DC}$、$R_{DLF}$）以及冲动在 DC 和 DLF 分支上不发生碰撞所需要的最短时间-临界间期（$I_{DC \to DLF}$、$I_{DLF \to DC}$）。

将这些数据分代入以上四个式，分别计算 $T_{PA}\%$。

**(3) 轴突分叉点位置的分割测定**

在进行上述测定后，经 $C_{5\sim6}$ 节段，将一种微分割器插入已分离开的 DC 和 DLF 之间，再在交替刺激 $C_4$DC 和 DLF，借以监视 DC 和 DLF 刺激所引起的逆向反应的条件下，用分割器仔细而缓慢地向尾侧方面推进，分割尚未分开的 DC 和 DLF。一旦一侧（DC 或 DLF）刺激所引起的逆向反应突然消失，而另一侧逆向反应仍然继续存在时，立即停止分割，并保持分割器位置不动。实验结束时，检视分割器尖端所在的脊髓节段，借以估测 DC 和 DLF 分支开始分叉的位置，并测量该分叉位置与刺激电极之间的距离。

#### 1.5.8.2 结果

将计算法所需的实测数据分别代入（a）、（b）、（c）、（d）四个式进行计算。结果得出在轴突主干上的传导时间相当于刺激 DC 或 DLF 分支引起的逆向反应潜伏期的 94%～107%。4 种算法之间，甚至同一分支的两种算法之间所得的 $T_{PA}\%$ 也不尽相同（表 1-5-5）。

分割法的结果表明，一侧逆向反应出现消失的节段位置，大多在 $C_7\sim T_4$，如 $C_7$、$C_8$、$T_1$、$T_3$、$T_4$ 等，位于刺激电极所在位置的尾侧达 2.5～6.5 cm，从而提示有关轴突主干在传至脊髓颈胸联合部时开始分叉，分成 DC 和 DLF 两个分支，分别在 DC 和 DLF 中上行。

表 1-5-5 SCT-DCPS 轴突主干传导时间举例

| 神经元号 | 实测数据 | | | | | | TPA%值 | | | |
|---|---|---|---|---|---|---|---|---|---|---|
| | $L_{DC}$ | $L_{DLF}$ | $I_{DC \to DLF}$ | $I_{DLF \to DC}$ | $R_{DC}$ | $R_{DLF}$ | 公式（a） | 公式（b） | 公式（c） | 公式（d） |
| 1 | 5.4 | 5.2 | 1.3 | 1.7 | 1.9 | 1.1 | 96.2 | 98.1 | 103.8 | 101.9 |
| 2 | 5.6 | 5.6 | 0.9 | 1.2 | 1.0 | 1.2 | 102.6 | 100.4 | 98.2 | 100.4 |
| 3 | 2.6 | 2.4 | 0.6 | 0.5 | 0.4 | 0.5 | 94.2 | 94.2 | 102.0 | 102.0 |
| 4 | 13.2 | 11.6 | 1.1 | 0.9 | 0.8 | 1.2 | 94.3 | 93.9 | 106.4 | 106.8 |
| 5 | 5.6 | 5.4 | 1.5 | 1.8 | 2.0 | 1.1 | 96.4 | 98.2 | 103.7 | 101.8 |

#### 1.5.8.3 讨论

**(1) 关于轴突分叉点的位置**

由于 $T_{PA}\%$ 分布在 94%～107%，似乎可以由此推论神经冲动完全是在轴突主干上传导的,从而轴突主干没有分叉,或者其分叉的位置高得可以忽略。但这与交互碰撞试验和上述的分割法测定的结果是不符的。

与计算法的结果完全不同,外科分割的结果表明,SCT-DCPS 神经元轴突不仅有分叉,而且其分叉的位置还位于远离 $C_4$ 刺激电极所在部位 2.5~6.5 cm 的 $C_7$~$T_4$ 节段上。

这一结果与我们的估计一致。由于本工作已将颈髓的 DC 和 DLF 分离到 $C_6$ 水平,因而所记录到的神经元轴突的分叉点只能是在 $C_6$ 水平以下;由于他人在 $T_{10}$ 水平刺激 DC 和 DLF 未曾见到双投射性 SCT-DCPS 神经元,故其分叉点应该在 $T_{10}$ 水平以上。

外科分割这一结果也与我们形态学的结果一致。在注射快蓝于背索核之后和在注射维生素 $B_2$ 于外颈核之前,如在 $C_6$ 横断 DC,腰髓背角的双标细胞依然存在,快蓝单标细胞、维生素 $B_2$ 单标细胞以及快蓝-维生素 $B_2$ 双标细胞的数量比例同 $C_6$DC 未横断的结果一致;但是如 DC 横断的部位不是在 $C_8$ 而是在 $T_6$ 或 $T_7$,则只能找到快蓝或维生素 $B_2$ 的单标细胞,而看不到快蓝-维生素 $B_2$ 的双标细胞。这显然提示,轴突分叉点的位置位于 $C_6$~$T_4$。

**(2) 关于轴突分叉点计算法的原理**

计算法之所以不能算出轴突分叉点,或者不能相互一致地准确地算出分叉点的原因,看来是计算法据以推导的假定或原理存在问题。计算法的原理或假定的问题实际上是显而易见的。该原理或假定只考虑了受刺激的轴突分支的特性,而未考虑记录逆向反应的部位的特性。由于记录处胞体、近胞体树突和轴突等部位的不应期可能分别为 4.0 ms、1.0 ms 和 0.5 ms,因而 DC 和 DLF 分支相继刺激引起的锋电位不致被碰撞掉的最短间期(I)除等于两个分支的传导时间($T_a+T_b$)和后被刺激的某一分支的不应期($R_a$ 或 $R_b$)外,显然还可能受记录部位不应期的影响。因而,公式(1-5-7)、(1-5-8)、(1-5-9)只在两分支的不应期($R_a$ 或 $R_b$)大于或等于记录部位的不应期时,才能成立。在 $R_a$ 或 $R_b$ 小于记录部位(如胞体)的不应期($R_s$)时,公式(1-5-7)、(1-5-8)、(1-5-9)三式应分别为:

$$I_{a \to b} = T_a + T_b + R_s \tag{1-5-16}$$

$$I_{b \to a} = T_a + T_b + R_s \tag{1-5-17}$$

$$I_{a \to b} + I_{b \to a} = 2(T_a + T_b) + 2R_s \tag{1-5-18}$$

因而原来的(1-5-11)、(1-5-13)、(1-5-15)式实际上是不能成立的。

**(3) 关于轴突分叉点计算法得以沿用的原因**

根据以上所述,不论从理论或事实来看,根据有关假定所做的计算轴突分叉点的传统方法,应该说是很难或不能成立的。这一方法所以能沿用至今,他人之所以应用这种方法而不怀疑其准确性,可能是由于:①只是简单地用四个公式中一个公式计算,而未进行互相比较,因而没有发现矛盾;②或者只在不应期较短的轴突上做记录,因而,矛盾没有暴露。但是除非在白质内记录,否则微电极尖刺入轴突的机会并不能比刺入胞体或近胞体树突来得多。因此,至少在以细胞内或细胞外记录为目标的实验中,轴突分叉的传统计算法是不可信和不可取的。

## 1.5.9 压脚痛阈测定法

已报道的痛阈测定方法有甩尾法、热板法、热水举尾法、电尾法、电腹嘶叫法、钾离子透入法和压脚法等。其中，压脚痛阈测定法（paw-pressure technique，PPT，下称PPT法）首先由Randall-Selitto于1957年设计并在致炎的鼠脚上测定大鼠痛阈。后来，Gorlitz和Frey采用此法测定正常鼠的痛阈，Vogt和Vasko在痛与镇痛实验研究中也主要采用此法。据认为，该法重复性较强，同一动物反复测试后无局部组织损伤。

用目前国外习用的压脚装置测痛时，先将大鼠用布包裹，使其呈仰卧姿势，一后肢暴露在外。再将鼠脚置于金属片和钝性尖端之间。待鼠适应后，挤压橡皮球升压，推动注射器活塞前移，由钝尖作用于鼠脚。一旦大鼠发生缩腿动作，读取此时汞柱刻度值，作为痛反应阈值。测痛后旋开减压阀减压。不难看出，应用此法时，用手动升压难以控制升压速率；用目视和手触判定反应终点并读取刻度值，会有较多主观因素的干扰。针对上述不足之处，我们对此法进行了改进。

压脚测痛装置的改进工作包括三个部分（图1-5-24）。

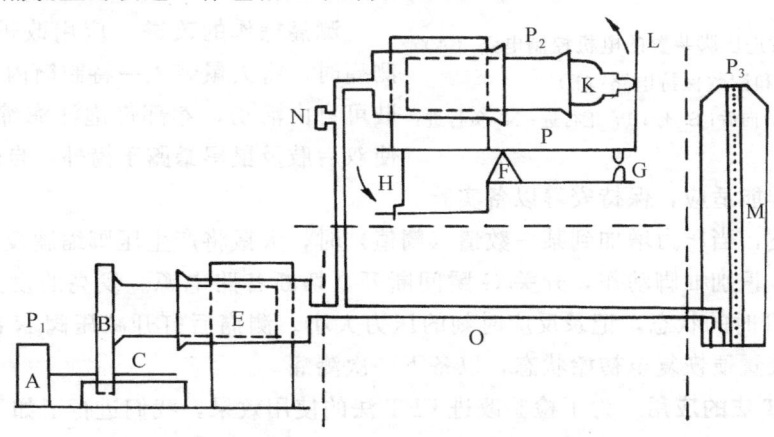

图1-5-24 改进的压脚装置示意图（机械部分）

A. 直流马达；B. 滑片；C. 螺丝杠滑槽；E. 注射管（20 ml）；F. 支点；G. 开关；H. 铜丝钩；K. 带钝金属尖的注射器（10 ml）；L. 金属片；M. 血压计表；N. 三通管；O. 塑料管

第一部分，用机动升压替代手动升压，即用图1-5-24中的$P_1$部分代替橡皮球完成升压过程，控制$P_1$工作的电路见图1-5-25。电机旋转时，滑块带动活塞运动。电机的转动方向及速率可由改变直流电源极性和电压大小加以调节。根据需要操作电机控制电路，可使活塞推进或退出。行程开关P、N限制活塞运动范围，使水银柱高度从0升至40 kPa时止。

第二部分，用图1-5-24中的$P_2$部分取代原法中的加压刺激部分，以及时中断机动升压过程，客观判定反应终点。板面P通过支点F与底座相连，金属片L和注射器K固定在P板上。L、K、P可以F点为中心沿图中箭头所示方向旋转，使板面上翘。此时挂钩 H 衔住底座,开关 G 断开。

第三部分,用图 1-5-25 所示的读数保持电路构成的压力显示器客观地记录压力变化,来克服单纯水银检压计中直观目测的主观因素。在带有刻度的水银血压计玻管上依每 10 mm 刻度处打孔与管腔相通,孔内镶入金属丝,伸入管腔内,然后用树脂胶密封固定。使管腔内充满水银后用电表检查,确保所有金属丝与水银导通良好。再用导线把各金属丝与读数保持电路相连,并与发光二极管有顺序对应关系。水银柱高度反映压力大小,高度不同说明压力大小不同。随着压力的增加,汞柱不断升高,依其导电性逐一接通各金属丝,使相应的发光二极管发光。30 个发光二极管分别代表 30 个刻度值,基值为 0,间距 10 mm,最大值为 40 kPa。

**测痛操作的改进** 应用改进的 PPT 法测痛时,将大鼠装入一特制筒内,头部和前肢可自由活动,荐部借泡沫海绵加压固定,使双后肢及鼠尾暴露于筒外,自然下垂。大

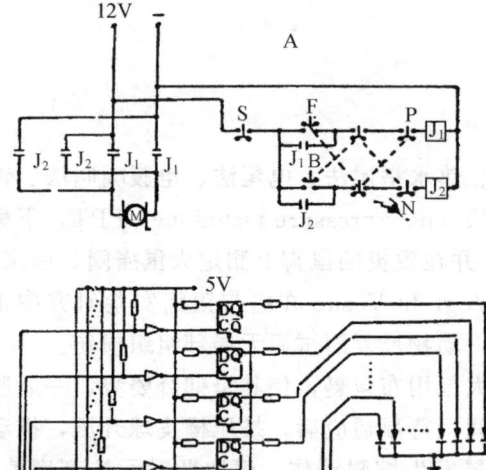

图 1-5-25　改进压脚装置的电机控制电路(A)
和读数保持电路(B)

A、F. 向前;B. 向后;S. 停;P. 正行进;N. 负行进;
M. 马达

鼠稍经训练即能适应,保持安静以备实验。

如前所述,当压力增加到某一数值(阈值)时,大鼠将产生压脚缩腿反应,板面 P 因此而上翘,识别抽脚动作,开关 G 瞬间断开,切断各路电源。发亮的发光二极管保持开关 G 断开时的状态,记录反应时刻的压力大小。测痛后打开减压阀 N 减压,操作相应功能键装置便恢复至初始状态,以备下一次测痛。

**改进 PPT 法的应用** 为了检验改进 PPT 法的使用效果,我们进行了如下实验。

**(1) 基础痛阈的测定**

大鼠脚掌面中心处略凹陷,测痛时钝尖对准凹陷处。取三次测定的平均值代表基础痛阈,每次测痛间隔 5~10 min。用改进的 PPT 法测定 53 只大鼠的基础痛阈,结果表明其分布接近常态。

**(2) 电针和吗啡的镇痛效果**

取大鼠一侧相当于人体足三里-三阴交的穴位进针,另一侧测痛。用改进的北航 57-6 型针麻仪发出疏密波,频率变动于 2~15 Hz,波幅可调,恒压输出,不受负载影响。电针时程为 30 min,强度从 1 V 开始,每 10 min 停电测痛一次,然后升压 1 V。共测 3 次,最大强度为 3 V。结果表明,在固定电针刺激波形和频率的条件下逐步增加刺激强度,则电针镇痛作用逐步增强,与国内的报道一致。

另取三组大鼠分别皮下注射吗啡 2 mg/kg、4 mg/kg、8 mg/kg，以注射后 30 min 的镇痛效果为准，吗啡的镇痛作用同吗啡剂量的对数呈正比关系（图 1-5-26）。这一实验结果符合以往同类实验的吗啡剂量效应关系。

### (3) 改进 PPT 法的重复性和灵敏度

在电针镇痛实验中，在同样的实验条件下，以 10~12 只大鼠为一组，四组大鼠基础痛阈之间和电针效果之间未见显著性差异（表 1-5-6）。对 10 只大鼠进行 4 次同体重复电针实验结果表明，同体各次基础痛阈和各次电针效果数值之间亦无显著性差异（表 1-5-7）。

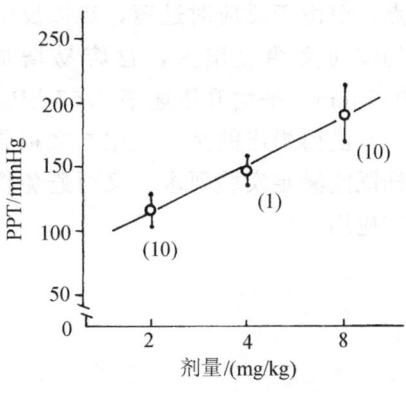

图 1-5-26 吗啡镇痛效果
（1 mmHg＝133.322 Pa）

从表 1-5-6、1-5-7 可见，改进 PPT 法可以测出电针 10 min 的痛阈变化，其灵敏度不亚于他法。

表 1-5-6　电针 3 V、10 min 镇痛效果的分组比较（mmHg）

|  | Ⅰ | Ⅱ | Ⅲ | Ⅳ | ANOVA |
|---|---|---|---|---|---|
| N | 10 | 12 | 10 | 10 |  |
| (1) 基础痛阈 | 85±15* | 83±6 | 91±9 | 103±10 | Ⅰ、Ⅱ、Ⅲ、Ⅳ之间 |
| (2) 电针效果 | 220±16 | 190±18 | 209±16 | 188±16 | $P>0.05$ |
| $t$ 检验 |  | (1):(2)，$P<0.01$ |  |  |  |

\* 均值±S. E.

表 1-5-7　电针 3 V、10 min 镇痛效果的分次比较（mmHg）

| 顺序 | 1 | 2 | 3 | 4 | ANOVA |
|---|---|---|---|---|---|
| (1) 基础痛阈 | 97±8* | 90±7 | 86±9 | 83±9 | 1、2、3、4之间 |
| (2) 电针效果 | 194±21 | 198±16 | 200±23 | 208±13 | $P>0.05$ |
| $t$ 检验 |  | (1):(2)，$P<0.01$ |  |  |  |

\* 均值±S. E.

在动物镇痛实验中大多以伤害性刺激引起的反应（痛反应）作为实验观察的指标。一个理想的测痛方法应力求简便实用。刺激强度能精确定量，反复刺激不应引起组织损伤，反应的终点便于识别。尽量客观化，排除主观因素的影响。在刺激和反应之间要有稳定的对应关系。改进后的 PPT 法通过机动升压，板面上翘自动切断电源以识别反应终点，以及通过发光二极管指示刻度值等措施显然较改进前更符合这些要求。

同原法一样，用改进的 PPT 法测定痛阈时，基础痛阈的高低与金属尖端直径大小和升压速率有关。直径小尖端锐利则基础痛阈低（4~6.67 kPa）；但在镇痛的高峰时刻，锐尖易对组织造成损伤，影响后续的测定。直径大尖端粗钝则基础痛阈高（47~17.3 kPa），却难以反映强的镇痛效果。升压速率快，各鼠的基础痛阈比较接近是其优点，但由于反应时过短，难以反映弱的镇痛效果。升压速率过慢时，各鼠之间基础痛阈的波动又明显增大，且容易增加实验误差。经过反复试验，我们认为以尖端直径 0.5 mm，平均升压速率 2.67 kPa/s 较为适宜。

值得提出的是，应用本文报告的方法改进 PPT 原法时，没有采用压力传感器，这样既能满足实验要求，又可避免仪器造价高，从而有效地提高了性能价格比，有利于推广应用。

（吕国蔚　赵兰峰）

### 参 考 文 献

陈兴时，张明岛.1995.脑诱发电位学.上海：上海科技教育出版社
陈宜张.1983.神经系统电生理学.北京：人民卫生出版社
陈宜张.1995.分子神经生物学.北京：人民军医出版社
韩济生.1999.神经科学原理.北京：北京医科大学出版社
吕国蔚.1986.电刺激的方法学问题（续）.生理科学，6（3）：115～172
吕国蔚.1986.电刺激的方法学问题.生理科学，6（2）：78～83
吕国蔚.1993.细胞内记录.生理科学进展，25（1）：6～11
吕国蔚.1994.膜片钳记录.首都医学院学报，15（3）：238～242
吕国蔚.1997.脊髓感觉机制.北京：人民卫生出版社
普郎西.1992.容量生物电学.上海：复旦大学出版社
日本生理学会（王佩等译）.1980.生理学实习.北京：人民卫生出版社
杉晴夫.1986.人体机能生理学.东京：南江堂
隋印森.1990.神经系统磁共振诊断学.北京：宇航出版社
汤晓芙.1995.临床肌电图学.北京：北京医科大学、中国协和医科大学联合出版社
田崎一二.1994.神经纤维の生理学.东京：何谷
沃郎佐夫（何瑞荣等译）.1964.普通电生理学.北京：人民卫生出版社
希瑞希等（范示藩、江阵裕译）.1963.电生理学方法.上海：上海科技出版社
周佳音，黄仲荪，胡三觉.1987.电生理学实验.北京：人民卫生出版社
周衍椒，张镜如.1989.生理学.北京：人民卫生出版社
Brown BH, Smallwood R H. 1981. Medical Physics and Physiological Measurement，Oxford：Blackwell，371
Kerkut GA, Wheel HV. Electriophysiology of Isolated Mammaliam *in vivo* Preparation. London：Academic Press
Oakley B, Schafer R. 1978. Experimental Neurobiology. Ann Arbor：The University of Michigan Press
Patterson MM, Kesner RR. 1981. Electrical Stimulation Research Techniques. New York：Academic Press
Schmidt RF. 1978. Fundamentals of Neurophysidogy, 2nd ed. Heiberg：Springer-Verlag
Tasaki I. 1982. Physiology and Electrochemistry of Nerve Fibers. New York：Academic Press

## 1.6　神经化学方法学

### 1.6.1　组织细胞破碎法

细胞是生物体的结构和功能的基本单位。细胞具有细胞膜、细胞质、细胞核以及线粒体、质体等细胞器。在科学研究中，往往需要检测并提纯细胞内的某些物质，这时

就需要将细胞破碎,以下简单介绍几种动物细胞的破碎方法。

### 1.6.1.1 机械破碎法

**(1) 研磨法**

将动物组织剪碎后,置入研钵中,用研磨棒研磨。也可将剪碎的组织置入玻璃匀浆器内进行研磨,匀浆器主要由一个手动或电动的研杵和一个直径比它稍大的玻璃管组成,研杵在玻璃管中上下移动及(或)旋转,以产生足够的切变力将组织细胞膜打碎。若组织中的血管及结缔组织含量较多则会影响研磨的效率。因此,在某些条件下应使组织通过一个钢丝筛,除去血管和结缔组织。此法比较温和,适宜实验室应用。

**(2) 组织捣碎器法**

这种破碎法比较剧烈。用捣碎器(8000~10 000 r/min)处理30~40 s,细胞能完全破碎。捣碎时应在0℃条件下,以防温度升高致使所需成分变性或分解。故捣碎的时间不宜过长。

**(3) 超声波破碎法**

使用超声波粉碎机破碎组织细胞的方法,其原理是借助高频超声波的振动力将细胞膜及细胞器膜打碎。这种方法的缺点是破碎时产生大量的热。可用冰浴的方法或间歇处理的方法防止产热,即使这样也不能防止局部产热的影响。

**(4) 压榨法**

此法是一种温和、彻底破碎细胞的方法。用$(1.77\sim3.54)\times10^8$ Pa的压力迫使细胞悬浮液通过一个小孔(小孔直径<细胞直径),使细胞被挤破、压碎。

**(5) 冻融法**

将组织细胞置于低温下冰冻一定时间,然后取出放在室温下或40℃下迅速融化。如此反复冻融多次,细胞在不断形成冰粒和剩余胞液盐浓度升高的同时,发生溶胀、破碎。

### 1.6.1.2 溶胀和自溶

**(1) 溶胀法**

细胞膜是具有通透性的生物半透膜,它允许某些小分子的物质自由通过。在低渗溶液中,由于存在渗透压压差,溶剂分子大量进入细胞,引起细胞肿胀直至细胞膜被胀破。这样即可得到细胞的破碎液。

**(2) 自溶法**

细胞内存在各种各样的水解酶,比如蛋白水解酶及酯酶。室温条件下,细胞内的这些酶可以将细胞本身消化、溶解,将细胞膜及细胞器膜破坏,导致细胞自溶。此种方法的缺点是细胞自溶的同时可将所需的成分分解掉或使细胞内容物失真。

其他使细胞破碎的方法还有化学处理法及生物酶降解法。化学处理法是用脂溶性的溶剂（丙酮、氯仿和甲苯等）和表面活性剂（十二烷基磺酸钠和十二烷基硫酸钠）处理细胞，可将细胞膜的结构破坏，导致整个细胞破碎。

### 1.6.1.3 组织匀浆时悬浮介质的选择

对于组织匀浆所用的悬浮介质没有明确的选择方法，但在实验中应遵循以下几个条件：对所需成分的破坏性小，货源充足，价格低廉，无毒无害。应根据所要提取的成分确定悬浮介质的性质。以下是实验中所要注意的问题。

**(1) pH**

若要提取蛋白质或酶就要注意介质的pH，因为这两种物质属于具有等电点的两性电解质。所选用的介质的pH应在偏离所需物质的等电点的稳定范围内。当所提取的为碱性蛋白质时，介质的pH应偏酸性；当所提取的为酸性蛋白质时，介质的pH应偏碱性。介质的pH达不到要求时，应用弱酸或弱碱调试。

**(2) 介质的极性和离子强度**

蛋白质的等电点及所含有的基团不同，其稳定条件也不同。有些蛋白质或酶在极性大、离子强度高的溶液中稳定；另一些则在极性小、离子强度低的溶液中稳定。离子强度低的中性盐溶液可促进蛋白质溶解，有利于保护蛋白质的活性。高离子强度的溶液使蛋白质变性沉淀。但是在提取核蛋白或与细胞器结合的蛋白时，为了促进蛋白质与核酸、蛋白质与细胞器分离，应该采用离子强度高的溶液。

**(3) 水解酶**

如果所提取的成分为某种蛋白质、酶或者核酸，应该在悬浮介质中加入特异性的水解酶抑制剂，若所要提取的蛋白质性质不详，则尽量选择抑制范围大一些的蛋白酶抑制剂。因为在组织细胞匀浆过程中，细胞及细胞器被打破，导致众多的水解酶释放到外环境中，在条件适宜的情况下容易将目标蛋白质或者酶、核酸水解分解掉，导致实验失败。表 1-6-1 中简述几种蛋白酶抑制剂。

表 1-6-1 常用的蛋白酶抑制剂

| 抑制剂 | 所抑制的酶 | 性质 | 使用浓度/（μg/ml） |
|---|---|---|---|
| 苯甲基磺酰氟化物（pheny lmethylsulfonyl fluoride） | 丝氨酸蛋白酶部分半胱氨酸蛋白酶 | 溶于异丙醇、乙醇、甲醇和 1,2-丙二醇＞10 mg/ml。在水溶液中不稳定 | 17～170 |
| 抑胃肽（pepstatin） | 天冬氨酸蛋白酶 | 溶于甲醇约 1 mg/ml，溶于乙醇或 6 mol/L 乙酸（300 mg/ml），不溶于水。4℃稳定 1 周 | 0.7 |

续表

| 抑制剂 | 所抑制的酶 | 性质 | 使用浓度/(μg/ml) |
|---|---|---|---|
| 二乙胺四乙酸钠 (EDTA-Na$_2$) | 金属蛋白酶 | 溶于pH8~9的水溶液，约5 mol/L，4℃稳定6个月 | 0.2~0.5 |
| cystatin | 半胱氨酸蛋白酶 | 溶于20%的甘油水溶液中，约500 mg/ml，−20℃稳定2个月 | 250 |

**(4) 温度**

为了保存目标物质的完整结构和活性，防止水解酶的破坏，除了以上几个条件外，还应注意温度的影响。一般情况下应该保持组织细胞匀浆液处于4℃以下。提前将悬浮介质冷藏于冰箱内，匀浆的整个过程应在冰浴的条件下进行，以防止温度升高破坏目标物质。

**(5) 氧化**

由于蛋白质中含有容易氧化而形成二硫键致使蛋白质变性或失活的巯基，故匀浆所需的介质中应该加入一定的还原剂，防止巯基氧化。常用的还原剂有2-巯基乙醇（1~5 mmol/L）、半胱氨酸（5~20 mmol/L）、还原谷胱甘肽和巯基乙酸盐（1~5 mmol/L）。

**(6) 金属离子**

蛋白质的巯基除了容易氧化外，还容易和金属离子反应，使蛋白质变性、失活。匀浆液中应避免金属离子的存在，同时应该在匀浆介质中加入EDTA与金属离子相反应，起到保护蛋白质的作用。

根据实验目的的不同以上条件也应该加以变化。例如，实验目的是提取大脑皮层中的突触体，则匀浆介质必须具备足够的渗透压，防止形成的突触体胀破。不同的实验目的其所适用的匀浆介质也千差万别，应该参考相关的文献，需要进行多次实验摸索。

## 1.6.2 突触体制备

### 1.6.2.1 突触体概论

1953年，Sjostrand通过离心法从眼组织中分离出一种神经末梢结构，该结构富含神经介质，可用于神经介质的研究，引起了科研工作者的关注。1960年，Gray与Whittaker将该项技术运用到脑组织，提取比较纯净的神经末梢成分，被称为突触体（synaptosome）。突触体的成功制备使人们能够在可控制的条件下，对某个指标或功能直接进行观察和测定，从而可在离体条件下进行神经生理、生化和药理等多方面的研究。1963年，Whittaker又成功地从突触体中分离出含有递质的突触小泡，为神经递质的研究开拓了新的研究领域。

**(1) 突触体的概念**

脑组织在等渗溶液中匀浆时，神经末梢的细胞膜从神经元胞体上自发断裂、封闭而形成的具有一定生物活性的亚细胞结构，称为突触体。突触体包括突触前膜、突触后膜及包围在突触前膜内的突触小泡、线粒体及许多有生物活性的胞浆蛋白。突触体直径大约为 0.5 μm，其中含有无数大小和外观大致一样的突触小泡和线粒体。当神经末梢断裂以后，其破裂处的膜可以重新融合形成密闭的突触体膜。

**(2) 突触体的化学组成**

1）蛋白质：突触体膜和突触小泡膜中都存在许多有生物活性的蛋白质。突触体膜中的 RNA 含量很高，并且所含的特异性的 RNA，可能与蛋白质的合成有关。实验证明，突触体能够摄取氨基酸进行蛋白质合成。细胞体合成的蛋白质也可以通过轴浆运输到达末梢，这两种机制是共存的。突触体中存在许多有生物活性的酶，包括 Na-K-ATP 酶、Ca-ATP 酶、LDH、腺苷酸脱氨酶。它们在调节突触体生理生化过程中起着至关重要的作用。

2）脂质：脂质是突触体的一种重要组成成分。突触体中脑苷脂较低，而神经节苷脂特别多，并且这些神经节苷脂的分布同突触体及突触小泡结合乙酰胆碱的能力是一致的。有文献说，神经节苷脂在突触摄取乙酰胆碱方面起着重要作用。

3）黏多糖：突触体和突触小泡中也存在着酸性黏多糖，尤其是硫酸软骨素和透明质酸。给予 $^{35}$S-硫酸盐时，它便合入硫酸软骨素中。给予 $^{14}$C-氨基葡萄糖时，神经末梢的糖蛋白和黏多糖便被标记。这些实验都说明黏多糖和糖蛋白也是和膜的功能相关的。

### 1.6.2.2 突触体的制备

制备突触体的方法较多，主要有 Wittaker 经典法、Ficoll-Sucrose 法和 Hajos 法等。而众多的研究者又根据实验条件的不同，发展建立了具有各自特色的制备方法。现介绍以下三种不同的制备方法，整个制备过程均在 0～4℃条件下进行。

1）Wistar 大鼠迅速断头，剥脑，去除白质

↓

大脑灰质＋1∶10 $(m/V)$ 0.32 mol/L 的冷蔗糖溶液 （pH7.4）

↓

冰浴中组织匀浆器匀浆，6000～7000 r/min，20 s，共 3 次。

↓

匀浆液低速离心，1000 $g$ ×10 min

↓

吸取上清液（内含线粒体、小片的髓鞘、突触体）

↓

高速离心，11 500 $g$ ×20 min

↓

弃去上清，沉淀（内含突触体、线粒体及髓鞘）

得到的沉淀物用 0.32 mol/L 冷蔗糖溶液混悬后，需进一步进行蔗糖密度梯度离心，才能制备出纯净的突触体。简单介绍一下蔗糖密度梯度的制备：将蔗糖溶液分别配成 0.8 mol/L、1.0 mol/L、1.2 mol/L 和 1.4 mol/L 四个浓度，在离心管中先用吸管加入 0.8 mol/L 的蔗糖溶液，然后用吸管依次分层加入其他浓度的蔗糖溶液，加入时应将吸管插入离心管的底部，使密度高的蔗糖溶液始终位于浓度低的蔗糖溶液下面，务必保持各层之间的界面清楚。然后，将沉淀混悬液小心加到 0.8 mol/L 蔗糖溶液的表面。50 000 $g$ 离心 2 h。

离心结束后小心收集各界面的成分：0.8 mol/L 蔗糖溶液的表面有一些小分子的髓鞘蛋白。0.8 mol/L 和 1.0 mol/L 蔗糖溶液的界面上主要是一些髓鞘蛋白，还有少量的突触小泡及微粒体大小的物质。1.0 mol/L 与 1.2 mol/L 蔗糖溶液界面上的沉淀物多为突触体，也有少量的线粒体。1.2 mol/L 和 1.4 mol/L 蔗糖溶液之间为线粒体和少量的突触体。试管底部的沉淀为肿胀的线粒体。收集各界面的成分时，不要破坏各层的界面。

2）Wistar 大鼠迅速断头、剥脑，去除脑白质

$\downarrow$

脑组织＋1∶10 ($m/V$) 0.3 mol/L 的蔗糖溶液

$\downarrow$

冰浴中，玻璃匀浆器上下研磨 12 次

$\downarrow$

匀浆液离心，1500 $g$×10 min

$\downarrow$

弃去沉淀物，上清液离心，9000 $g$×20 min

$\downarrow$

沉淀（突触体粗提物）＋2.5 ml 0.3 mol/L 蔗糖溶液悬浮

$\downarrow$

将以上悬浮液滴加在 10 ml 0.8 mol/L 蔗糖溶液液面上

$\downarrow$

9000 $g$×25 min

$\downarrow$

吸取 0.8 mol/L 的蔗糖溶液液相，5 min 内缓缓滴加
等体积的冷培养液（人工脑脊液）

$\downarrow$

20 000 $g$×10 min

$\downarrow$

沉淀物（突触体）

第三种制备突触体的方法是我室从以上的方法改良而来，适用于小鼠脑突触体的制备。制备过程均在4℃条件下进行。

3) 小鼠断头、剥脑、取出大脑皮层灰质+1：10 ($m/V$) 0.32 mol/L 蔗糖溶液

↓

冰浴中玻璃匀浆器匀浆，6000 r/min×20 s

↓

匀浆液离心，1500 $g$×10 min

↓

取上清液离心，12 000 $g$×20 min

↓

沉淀物加 6 ml 人工脑脊液混悬
缓慢滴加在 20 ml 0.8 mol/L 的蔗糖溶液表面

↓

离心 7500 $g$×15 min

↓

中间层为突触体，取出中间层加入冷人工脑脊液

↓

离心，15 000 $g$×30 min

↓

沉淀物即为突触体

冰浴待用的突触体用人工脑脊液稀释，使其蛋白浓度为 1 mg/ml。取 300 μl 稀释液 9000 $g$ 离心 10 min，弃去上清液，沉淀用 4% 戊二醛前固定，用 1% 四氧化锇后固定，常规电镜样品包埋和超薄切片，用醋酸双氧铀和枸橼酸铅染色。H-600 透射电镜观察（图 1-6-1）。

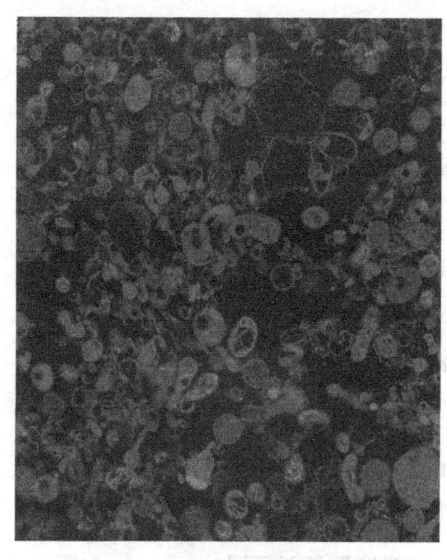

图 1-6-1　电镜下观察突触体
(刘亮和吕国蔚，2001)

### 1.6.2.3　突触体膜和突触小泡的制备

为了研究突触小泡膜蛋白的成分或突触小泡内的神经递质，或在受体研究中为去除内源性介质的影响，常常需要将突触体中的突触小泡释放出来，突触体就成为突触体膜（synaptosomal membrane）。制备方法一般用低渗溶液处理突触体即可。

$$\text{突触体} + \text{蒸馏水}$$
$$\downarrow$$
$$\text{突触体破裂}$$
$$\downarrow$$

将以上液体缓慢滴加在 0.4、0.6、0.8、1.0 和 1.2 mol/L 的蔗糖密度梯度溶液的液面上

$$\downarrow$$
$$53\,000\ g \times 2\ h$$

突触小泡聚集于 0.4 mol/L 蔗糖溶液表面，突触体膜则聚集于 0.6 与 0.8 mol/L、0.8 与 1.0 mol/L 之间的界面上。

### 1.6.2.4 突触体的特点

突触体虽然不同于正常的细胞，但它具有一个完整的独立结构，在某些方面它与正常的细胞具有相似的功能特点。

1) 突触体在合适的孵育条件下，能够进行新陈代谢，能够通过呼吸作用摄入氧并合成磷酸肌酸和 ATP。突触体不仅存在无氧酵解系统，而且存在有氧呼吸系统，所以它能够像细胞一样进行能量代谢。

2) 通过载体中介的摄取系统可摄入葡萄糖及其类似物脱氧葡萄糖，还可以摄取神经递质及其前体分子。

3) 新鲜制备的突触体相对于神经元，具有较高的 $Na^+$ 浓度和较低的 $K^+$ 浓度，在适当条件下，引起 $K^+$ 摄入和 $Na^+$ 排出，能够建立与活神经元同等的静息膜电位。

4) 其递质释放也同原位神经末梢一样，通过突触小泡的胞吐作用进行，而且也是钙离子引发的。

5) 突触体膜不仅具有细胞膜的一般特性，而且还具有突触前膜的分子结构。Na-K-ATP 酶在突触体膜上的分布十分广泛，并已经作为突触体膜分离纯度的指标。一些受体如 NMDA 受体、腺苷受体都已经证实存在于突触体膜上。通过这些结构，突触体可以对外界刺激发生反应。

6) 突触体也具有信号传递系统。在外界刺激下，可以产生相应的反应。突触体膜上有完整的钙离子转运系统，在外界刺激下突触体中的钙离子浓度增加，激活一系列有生物活性的酶，产生相应的反应。

突触体是一种亚细胞结构，具有独立的代谢功能。利用它可以进行药理、生理、生化等多方面研究。突触体为神经元以及突触的研究提供了一种简便、可信、科学的手段。相信对突触体的研究会推进对神经元之间联系的研究。

## 1.6.3 电泳法

### 1.6.3.1 电泳的基本原理

带电荷的生物大分子，比如蛋白质、核酸、多糖，在一定条件的电场作用下，可向相反的电场方向移动，这种现象称为电泳。生物大分子是两性电解质，其净电荷的多少取决于分子性质、所在介质的 pH 及与其他大分子的相互作用。由于混合物中各组分所带电荷性质、电荷数量以及分子质量的不同，在同一电场的作用下，各组分泳动的方向和速度也各异。因此，在一定时间内，由于各组分移动的距离不同而达到分离鉴定各组分的目的。

若带电颗粒所带的电荷为 $Q$，电场的电位梯度为 $E$，则带电颗粒在电场中所受的泳动力量（$F$）为：

$$F = QE \tag{1-6-1}$$

根据 Stoke 定律，球形的粒子运动时所受到的阻力（$F'$）与粒子运动的速度 $V$、粒子的半径 $r$ 和介质的黏度 $\eta$ 成正比，关系如下：

$$F' = 6\pi r \eta V$$

在实际的电泳过程中，$F'$ 还与凝胶的浓度、凝胶的厚度等因素有关，其大小并不完全符合 Stoke 定律。当粒子所受到的阻力与泳动力相等时，即 $F=F'$ 时，则：

$$QE = 6\pi r \eta V \tag{1-6-2}$$

由上式推出：

$$V/E = Q/6\pi r \eta \tag{1-6-3}$$

$V/E$ 为单位电场强度时粒子运动的速度，称为迁移率（mobility），也称为电泳速度。以 $u$ 表示，即：

$$u = V/E = Q/6\pi r \eta \tag{1-6-4}$$

由（1-6-4）式可见粒子的迁移率在一定条件下取决于粒子本身的性质，即其所带电荷及其大小和形状。两种不同的粒子，其迁移率在一般情况下也不同。两种物质的分离取决于二者迁移率的差别，若二者的迁移率相同则不能达到分离的目的。

### 1.6.3.2 影响电泳的主要因素

**(1) 电泳介质的 pH**

溶液的 pH 决定物质的解离程度，也决定带电离子所带的净电荷。若介质的 pH 等于某物质的等电点，该物质在电场中处于等电状态，既不向正极移动，也不向负极移动。若介质的 pH 小于该物质的等电点，则该物质带正离子，向负极移动。若介质的 pH 大于某物质的等电点，则该物质带负电荷，移向正极。介质的 pH 大小决定了两性物质的带电状态和带电量，从而也决定了物质的移动方向和速度。为了保证介质的 pH 稳定，一般使用的介质为 pH 一定的缓冲液。

**(2) 缓冲液的离子强度**

缓冲液的离子强度影响电泳速度，若缓冲液的离子强度高，则电泳的速度慢，但电泳的蛋白质条带窄而清晰。若缓冲液的离子强度低，则电泳的速度快，条带扩散而模糊不清。常用的离子强度为 0.02～0.2 mol/L。

溶液离子强度的计算如下：

$$I = 1/2 \sum C_i Z_i^2 \tag{1-6-5}$$

$I$ 为缓冲液的离子强度，$C_i$ 为缓冲液的浓度，$Z_i$ 为缓冲液中的离子的价数。例如，0.001 mol/L 的 $NaH_2PO_4$ 和 0.002 mol/L 的 $Na_2HPO_4$ 缓冲液的离子强度为：

$I = 1/2\ (0.001 \times 1^2 + 0.001 \times 2 \times 1^2 + 0.001 \times 3^2 + 0.002$
$\qquad \times 2 \times 1^2 + 0.002 \times 1^2 + 0.002 \times 3^2)$
$\ \ = 1/2\ (0.001 + 0.002 + 0.009 + 0.004 + 0.002 + 0.018)$
$\ \ = 0.018$

溶液中不能解离的物质不计算离子强度。

**(3) 电场强度**

电场强度也称为电位梯度，即单位长度的电压差。电场强度越大，则电泳的速度越大。根据所用电场强度的大小，可将电泳分为常压电泳（100～500 V）和高压电泳（500～10 000 V）。常压电泳多用于分离蛋白质等大分子物质，高压电泳则用来分离氨基酸、小肽、核苷等小分子物质。

**(4) 电渗**

在电场作用下，液体对固体支持物的相对移动称为电渗（electroosmosis）。电渗现象往往与电泳同时存在，所以带电粒子的移动距离也受电渗的影响。若电渗的方向与电泳方向相反，则实际电泳的距离等于电泳距离减去电渗的距离。若电渗的方向与电泳的方向相同，则实际电泳的距离等于电渗的距离加上电泳的距离。

**(5) 其他因素**

缓冲液的黏度、缓冲液与带电粒子的相互作用，以及电泳时温度等因素的变化均可影响电泳的速度和电泳条带。

### 1.6.3.3 电泳的主要分类

根据电泳的原理来分，可将电泳技术分为三大类：移动界面电泳（moving boundary electrophoresis）、区带电泳（zone electrophoresis）和稳态电泳（steady state electrophoresis）或置换电泳（displacement electrophoresis）。

**(1) 移动界面电泳**

在移动界面电泳中，生物大分子溶液和缓冲液溶液之间存在一个比较窄的界面，将电场加在这一界面上。带电离子在电场的作用下发生泳动,这种泳动就表现为界面的移动。若生物大分子溶液中含有多种不同的带电离子,则可观察到多个移动的界面。

**(2) 区带电泳**

区带电泳是在半固定相或凝胶介质上点加样品,在电场的作用下,带电分子在支持介质上移动,不同的带电分子形成不同的条带。根据支持介质的不同,区带电泳又可分为许多类型。

1) 根据支持介质的物理性质,区带电泳分为:滤纸及其他纤维素膜电泳(玻璃纤维膜电泳、乙酸纤维膜电泳等)、粉末电泳(纤维素粉、淀粉电泳等)、凝胶电泳(琼脂糖、聚丙烯酰胺凝胶电泳)、丝线电泳(尼龙丝电泳)。

2) 根据支持物装置不同,区带电泳可分为:平板电泳、垂直电泳和连续流动电泳。

3) 根据pH的连续性,区带电泳分为:连续pH电泳和不连续pH电泳。

**(3) 稳态电泳**

稳态电泳的特点是带电颗粒的泳动在一定时间后达到一种稳定的状态。在这种状态下,条带的宽度不随电泳时间的延长而发生变化。例如,等电聚焦电泳和等速电泳。

### 1.6.3.4 几种常用的电泳方法

**(1) 聚丙烯酰胺凝胶电泳**

聚丙烯酰胺凝胶电泳(polyacrylamide gel electrophoresis,PAGE)即天然状态生物大分子聚丙烯酰胺凝胶电泳(native PAGE),是用聚丙烯酰胺凝胶作为支持物的区带电泳,它是在恒定的、非解离的缓冲系统中来分离蛋白质,属于非解离电泳。聚丙烯酰胺电泳具有以下三个优点:①可以在天然状态分离生物大分子;②可分析蛋白质和别的生物分子的混合物;③电泳分离后可保持生物活性。

表 1-6-2 凝胶浓度与分离的蛋白质分子质量范围

| 物质 | 范围 | 凝胶浓度/% |
|---|---|---|
| 蛋白质 | $<10^4$ Da | 20~30 |
|  | $10^4$~$4\times10^4$ Da | 15~20 |
|  | $4\times10^4$~$1\times10^5$ Da | 10~15 |
|  | $1\times10^5$~$5\times10^5$ Da | 5~10 |
|  | $>5\times10^5$ Da | 2~5 |
| 核酸 | $<10^4$ bp | 15~20 |
|  | $1\times10^4$~$1\times10^5$ bp | 5~10 |
|  | $1\times10^5$~$2\times10^6$ bp | 2~2.6 |

聚丙烯酰胺凝胶是由丙烯酰胺单体(acrylamide,Acr)和交联剂亚甲基双丙烯酰胺($N$,$N'$-methylene-bis-acrylamide,Bis)在二甲胺基-过硫酸铵催化下聚合而成。聚合时,丙烯酰胺单体分子通过加成反应形成长链,亚甲基双丙烯酰胺则在长链之间形成交联,使整个凝胶具有三维空间网状结构。由于单体及交联剂、催化剂的浓度、比例、聚合条件等的不同,便可产生不同孔径的凝胶。一般情况下,凝胶总浓度(T%)愈大,交联度愈大,孔径愈小。亚甲基双丙烯酰胺在凝胶中的浓度为5%时,凝胶孔径最小。在实验中需要根据所要分离的蛋白质的分子质量来选择适宜的凝胶浓度(表1-6-2)。

常规聚丙烯酰胺电泳根据凝胶的形状可分为圆盘电泳、垂直电泳和水平电泳。根据凝胶浓度和pH的变化又分为连续凝胶电泳和不连续凝胶电泳，二者存在三方面的区别：①有两层浓度不同的凝胶；②电极液及配置两层凝胶时所用缓冲液的pH不同；③电泳不同过程中所用的电压不同。

不连续凝胶电泳中两层浓度不同的凝胶分别称为浓缩胶（concentrating gel）和分离胶（seperation gel）。浓缩胶又称为堆积胶（stacking gel），其凝胶浓度较小，孔径相对较大。把较稀的样品加在浓缩胶上，经过大孔径凝胶的迁移作用而被浓缩在一个狭窄的区带，使样品组分在分离胶中得到高分辨率的分离。

分离胶又称为电泳胶（runing gel）。凝胶孔径较小，通过选择合适的凝胶浓度使样品组分分离开，分离胶又可分为均一胶（homogeneous gel）和梯度胶（gradient gel）。均一胶是指整块分离胶的浓度是均匀一致的，灌胶简单，用于分离简单组分的样品。梯度胶是指分离胶由一定的梯度浓度组成，梯度浓度可以是线性梯度，也可以是指数梯度。梯度胶灌胶复杂，用于分离组分复杂的样品。

不连续凝胶电泳的分离原理如下：

1）胶浓度不连续性浓缩效应：浓缩胶的胶浓度低，孔径较小。蛋白质离子在浓缩胶中泳动时受到较小的阻力，当泳动到浓缩胶和分离胶的交界时，由于分离胶的胶浓度大，孔径小，蛋白质离子受到较大的阻力，移动速度立即减慢，使样品中的蛋白质离子浓缩成很窄的一条条带。

2）pH不连续性的浓缩效应：所有的电泳缓冲液中都含有甘氨酸和HCl，HCl在pH6.7~8.9范围内均可解离为$Cl^-$，甘氨酸在pH6.7时解离度低，在pH8.3~8.9时解离度大。几乎所有的蛋白质在pH>5时，都会解离成带负电的蛋白质离子。在浓缩胶内pH为6.7，此时甘氨酸解离度低，所带有的负电荷少。$Cl^-$、蛋白质离子和甘氨酸离子的泳动速度依次降低，$Cl^-$移动最快称为快离子，甘氨酸移动最慢称为慢离子。结果在$Cl^-$后面的胶层中离子浓度骤然降低，形成一个低电导或者称为高电位差区域，使后面甘氨酸离子加速向前移动，追赶快离子。夹在快、慢离子之间的蛋白质离子移动界面在追赶的过程中逐渐被压缩，聚集成一条狭窄的条带。这种浓缩效应可使蛋白质浓缩数百倍。

当离子到达分离胶时，甘氨酸的解离度增大，其迁移率加大，与$Cl^-$的迁移相似，加上分离胶的孔径小阻碍了蛋白质离子的移动。因此，甘氨酸的移动超过蛋白质离子，使分离胶不具备浓缩效应。

3）分子筛效应：当蛋白质离子进入分离胶后，分离胶的孔径较小。在相同的电位梯度和相同的pH条件下，蛋白质根据各自的分子质量大小和形状不同，被凝胶孔径阻滞的程度不同，而表现出不同的迁移速度，使蛋白质得以分离。

4）电荷效应：蛋白质样品在浓缩胶和分离胶的界面上浓缩成狭窄的条带，进入分离胶后，由于蛋白质离子所带的电荷不同，则其迁移的速度也就不同。蛋白质在分离胶中的分离与其所带的电荷存在一定的关系。

**(2) SDS-聚丙烯酰胺凝胶电泳**

十二烷基硫酸钠-聚丙烯酰胺凝胶电泳（sodium dodecyl sulphate-polyacrylamide gel electrophoresis，SDS PAGE），简称SDS电泳。SDS是一种阴离子表面活性剂，通过打开

蛋白质分子间和分子内部的氢键而使蛋白质变性。强还原剂（巯基乙醇）则能使半胱氨酸残基之间的二硫键断裂。在蛋白质样品中加入 SDS 和巯基乙醇后，可使蛋白质解聚成多肽链，SDS 和多肽链结合形成 SDS-蛋白质复合物。SDS 所带的电荷量远远大于蛋白质所带有的电荷量，因此，蛋白质所带的电荷量可忽略不计。这样在电泳中，蛋白质的迁移速度不受蛋白质原有电荷量和形状的影响，只取决于蛋白质的分子质量。因此，SDS 电泳不但可用于分离蛋白质，而且可根据迁移率的大小来测定蛋白质多肽链的分子质量。用 SDS 电泳测蛋白质分子质量简便、快速，精确度比较高（误差±10%）。

**(3) 等电聚焦电泳**

等电聚胶电泳（isoelectrofocusing electrophrosis，IEF）是利用蛋白质分子或其他两性分子的等电点的不同，在一个稳定的、连续的、线性的 pH 梯度中进行蛋白质的分离和分析的电泳方法。根据建立 pH 梯度的不同，等电聚焦电泳又分为两性电解质载体 pH 梯度和固相 pH 梯度。

蛋白质是一个两性解离分子，在不同的 pH 条件下，蛋白质分子所带的电荷可能是负电荷，也可能是正电荷。蛋白质分子所带的净电荷为零时的 pH，称为该蛋白质的等电点（pI）。不同的蛋白质其氨基酸组成数目和种类均不同，因此其等电点也就各不相同。在等电聚焦电泳中，蛋白质的分离决定于它的等电点。当蛋白质进入凝胶，在电场和自身电荷效应的作用下，蛋白质分子开始迁移。等电聚焦电泳具有连续的、稳定的、线形的 pH，当蛋白质分子到达它的等电点位置时，其所带的净电荷为零。此时蛋白质不能继续迁移，停留在等电点的位置被聚焦成一条窄而稳定的条带。等电聚焦电泳的分辨率大于聚丙烯酰胺凝胶电泳，高分辨率是等电聚焦电泳的最大特点。

1) 两性电解质载体 pH 梯度（carrier ampholytes pH gradient）：两性电解质载体的种类很多，作为两性电解质载体必须具备以下的特性：分子质量小；可溶性好；缓冲能力强；导电性均匀；紫外吸收低；不发荧光；容易从聚胶的蛋白质中去除；无毒、无生物学效应。

常规使用的两性电解质载体是由不饱和酸（如丙烯酸）与多乙烯多胺（如五乙烯六胺）加合而成的多氨基多羧基的同系物和异构体的混合物。没有电场时，两性电解质载体溶液的 pH 大约是该溶液 pH 的平均值。载体中所有的两性电解质都带有电荷，只是在溶液中负电荷的数量和正电荷的数量相等，即净电荷为零。当引进电场时，两性电解质解离，负电荷数量最多的分子向阳极移动得最快。当它达到净电荷是零的位置时，迁移停止。带负电荷越多，越靠近阳极。由于它的缓冲能力较强，使得周围环境溶液的 pH 等于该分子本身的 pI。带负电荷较少的分子也向阳极移动，直到其本身的净电荷为零时才停止。同样，由于它的缓冲能力强，使周围溶液的 pH 等于分子本身的 pI。依次类推，所有的两性电解质分子用增加 pI 的办法，分别在阳极和阴极之间建立一个稳定的、连续的、线性的 pH 梯度（图 1-6-2）。

2) 固相 pH 梯度（immobilized pH gradient）：固相 pH 梯度所用的介质是具有弱酸或弱碱性质的丙烯酰胺衍生物，它们可以通过共价结合与丙烯酰胺和甲叉双丙烯酰胺发生聚合。在非聚合端含有一个弱酸或弱碱的缓冲基团，从而在聚合物中形成弱酸或弱碱

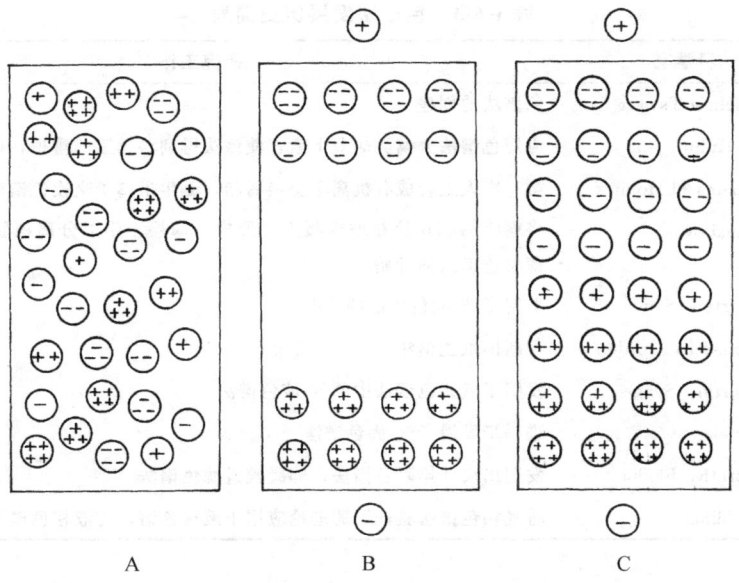

图 1-6-2　两性电解质载体在电场中形成 pH 梯度示意图
(郭尧君，1999)

的缓冲体系。利用缓冲体系滴定终点附近一段 pH 范围就可形成近似线形的 pH 梯度。由于该介质嵌合在聚丙烯酰胺凝胶中，在电场的作用下，它也是固相的，因此称为固相 pH 梯度。固相 pH 梯度是目前分辨率最高的电泳方法，比两性电解质载体梯度等电聚焦电泳的分辨率更高，进样量更大。

### 1.6.4　色谱法

色谱法（chromatography）又称为层析法或色层法，是一种利用物质分子所具有的不同理化性质，在适当条件下应用相应的洗脱剂，使各组分以不同程度分布在不相混溶的两相中，进行分离分析的一种物理化学方法。

色谱法是由俄国植物学家 Michaic Tswett 于 1903 年创建的。他将植物叶绿素的提取液倒入一根装有颗粒碳酸钙吸附剂的玻璃管顶端，以纯净的石油醚作为洗脱液来洗脱叶绿素。经过一定的时间后，不同的叶绿素在玻璃管中形成颜色不同的分界清楚的不同的条带，即称为色谱（图 1-6-3）。

但在当时，Tswett 的创新并未引起世人的注意，直到 20 世纪 30 年代初，此法才被重新利用于分离类胡萝卜素。从此，此法得到了广泛的应用和发展（表 1-6-3）。经过将近一个世纪的探索和发展，色谱法已发展成为一门应用广泛、分类众多、理论健全的分离分析方法。

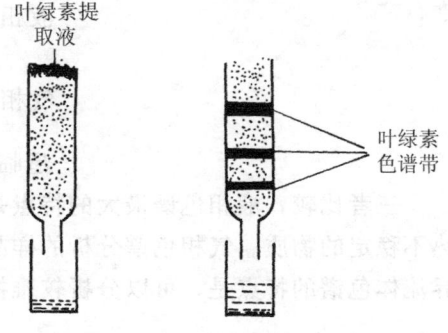

图 1-6-3　Tswett 分离叶绿素示意图
(史景江，1990)

表 1-6-3  色谱法发展历史简表

| 年代 | 科学家 | 研究工作 |
| --- | --- | --- |
| 1903 | Michaic Tswett | 色谱法的创建 |
| 30年代 | R. Kuhn | 应用色谱法分离类胡萝卜素，使该法得到科学家的重视，得以发展 |
| 1935 | Adams 和 Holmes | 第一次人工合成有机离子交换树脂，诞生了离子交换色谱法 |
| 1938 | Izmailov | 将糊状 $Al_2O_3$ 涂在玻璃板上，形成一薄层，用以分离植物提取物。这是薄层色谱法的开始 |
| 1941 | Martin，Synge | 奠定了液-液色谱法的基础 |
| 1944 | Consden，Gordon | 创新出纸色谱法 |
| 1952 | Martin，Synge | 发明了气相色谱法中的气-液色谱法 |
| 1953 | Janak | 进一步发展了气-固色谱法 |
| 1959 | Porath，Flodin | 发明出尺寸排阻色谱法，即凝胶过滤色谱法 |
| 60年代 | Giddings | 将气相色谱法验证了的理论应用于液相色谱，使液相色谱得到迅猛的发展 |

### 1.6.4.1  色谱法的分类

随着色谱理论和色谱技术的不断完善和进步，色谱法的分类众多，现从不同的角度进行分类。

**(1) 根据两相所处的状态不同进行分类**

在色谱法中，存在性质不同的两相，其中一相固定不动称为固定相，另一相进行洗脱称为流动相。流动相可以应用液体、气体和超临界状态流体，分别称为液相色谱（liquid chromatography，LC）、气相色谱（gas chromatography，GC）和超临界流体色谱（supercritical fluid chromatography，SFC）。固定相可为固体吸附剂或吸附在固体载体上的液体。因此，液相色谱根据固定相的不同又分为液-液色谱（LLC）和液-固色谱（LSC），气相色谱又分为气-液色谱（GLC）和气-固色谱（GSC）。

即：

$$\text{液相色谱} \begin{cases} \text{液-固色谱} \\ \text{液-液色谱} \end{cases}$$

$$\text{气相色谱} \begin{cases} \text{气-固色谱} \\ \text{气-液色谱} \end{cases}$$

超临界流体色谱

三者比较，液相色谱最大的特点是可以分离不可挥发而具有一定溶解性的物质或受热不稳定的物质。气相色谱分析的样品在分离条件下有一定的挥发性且对热稳定。超临界流体色谱的特点是，可以分析较难挥发而成分较复杂的混合物样品。

**(2) 根据固定相的支持形式进行分类**

1) 柱色谱法：将固定相填装于一根柱子中，待分离样品沿着柱子从一端向另一端移动而进行分离的色谱法，称为柱色谱法。柱色谱法又可分成两种：一种是填充柱色谱法，将固定相填充于玻璃管或金属管内；另一种是开管柱色谱法或毛细管柱色谱法，将固定相附着在一根细长空心管的内壁上，或把固定相装在石英管或玻璃管内，再拉成毛细管柱。

2）纸色谱法：此法一般使用滤纸作为固定相，将待分离样品点于滤纸上，用洗脱剂展开，各组分根据本身的性质在滤纸上进行移动，形成大小不一、位置不同的斑点以达到分离的目的。这种方法称为纸色谱法。根据滤纸上斑点的大小还可进行定量分析。

3）薄层色谱法：将一层固相吸附剂涂敷于一定载体上（玻璃板、瓷板、铁板等）成一薄层，经过特定步骤处理后，将样品点于薄层一端，浸入洗脱剂槽内，各组分根据各自的性质在薄板上展开，达到分离的目的，这种方法称为薄层色谱法。

纸色谱法和薄层色谱法又称为平面色谱法。

4）棒色谱法：将固相吸附剂涂敷在石英棒上，特定处理后将样品点于棒的一端，浸入洗脱液槽内进行展开，达到分离的目的。

在这四种色谱法中，柱色谱法的柱效能高、分析速度快、定量可靠。而其他三者设备简单、操作简便、易于掌握。近年来薄层色谱技术也得到了很大的发展。

**(3) 根据色谱技术分类**

为提高组分的分离效能和高选择性，采取了许多的技术措施，根据所采用的技术不同，可将色谱法分为程序升温气相色谱法、反应气相色谱法、裂解气相色谱法、顶空气相色谱法、毛细管气相色谱法、多维气相色谱法以及制备色谱法七种方法。

程序升温气相色谱法（programmed temperature gas chromatography，PTGC 或 TPGC）其特点是在一次样品分析的时间周期内，柱温随分析时间的延长呈现线形或非线形升高，从而使样品中的各个组分实现完全的分离。

裂解气相色谱法（pyrolysis gas chromatography，PGC）简称裂解色谱，也称为热解色谱，是研究高分子化合物的重要方法之一。高分子的化合物在一定条件下裂解成易挥发的小分子。由于裂解产物的组成和相对含量与被测物质的组成和结构有一定的对应关系，因此每种高分子物质裂解后的产物均不相同，因而得到的色谱图也不相同。这样与标准品的色谱图进行对照，即可鉴定出未知样品的性质。

**(4) 根据样品分离机制进行分类**

根据组分在流动相和固定相之间的分离原理不同，可将色谱法分为以下几种。

1）吸附色谱法：用吸附剂作为固定相，由于不同样品物质分子被吸附剂吸附的能力不同，而达到分离的目的，这种方法称为吸附色谱法。吸附色谱法又分为气固吸附色谱法和液固吸附色谱法。

2）凝胶过滤色谱法：本法又称为尺寸排阻色谱法或体积排阻色谱法。它是应用凝胶作为固定相，液体作为流动相。由于凝胶是一种或几种物质的交链体，其分子与分子之间、分子内部均存在大小不一的孔径，当不同的物质分子流经凝胶时，分子直径大小不一，其流经的路径就会存在差异，因而各种物质在凝胶内滞留的时间也就不同，这样即可将分子大小不同的物质分离开。

3) 离子交换色谱法：此法应用离子交换树脂作为固定相，离子交换树脂上的平衡离子与流动相中的样品分子所携带的离子进行可逆性的交换，由于样品中离子型物质的离子与交换树脂上离子交换能力的差别，使各样品分子分离。在此法的基础上又产生了离子色谱法。

4) 分配色谱法：本法是根据样品的物质分子在两相中的分配系数不同，而使各物质分离。包括气液分配色谱法和液液分配色谱法。

5) 亲和色谱法：此法是利用不同组分与固定相上的特异分子的高特异性的亲和力，而使不同物质分离。

其他作用机制的色谱法还有络合色谱法、毛细管电泳等。

### 1.6.4.2 色谱仪的基本组成、色谱分离过程和色谱图

**(1) 色谱仪的基本组成**

当色谱技术刚刚出现的时候，人们所应用的设备都是十分简单的。比如柱色谱，人们只需要一根玻璃管和用以分离样品的固定相、流动相，将流动相置于高处，依靠重力的作用使流动相流经玻璃柱，这就是开始时色谱分离所需要的全部条件。但随着色谱技术的发展和人们实验经验的增多，制造出了各种各样的色谱仪器。目前，色谱仪器按分离原理基本上可以分为气相色谱仪、液相色谱仪、薄层色谱仪、离子色谱仪、凝胶过滤色谱仪、氨基酸液相色谱仪（氨基酸分析仪）等。基本的色谱仪组成部分如图 1-6-4 所示（以安发玛西亚的 GradiFrac™ 高效柱层析仪为例）。

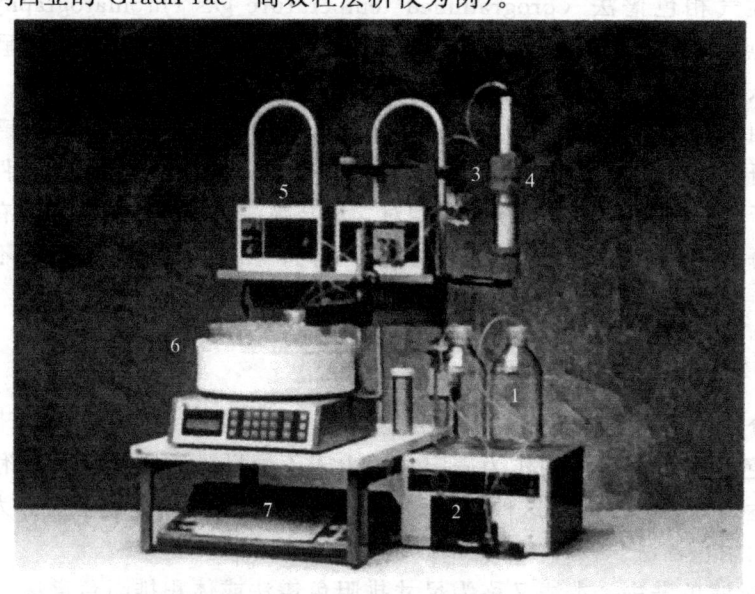

图 1-6-4 色谱仪组成示意图

1. 流动相贮液瓶；2. 压力泵；3. 进样系统；4. 色谱柱；5. 检测器；6. 自动样品收集器；7. 记录仪（显示器）

**(2) 色谱分离过程**

色谱分离过程主要是利用样品中各组分在固定相和流动相之间具有不同的溶解和解析能力，或吸附、脱附、渗透或离子交换等能力的不同。当样品进入色谱柱并在色谱柱中移动时，样品中的各个组分就在固定相和流动相中进行反复多次（$10^3 \sim 10^6$）的重新分配，使得原来分配系数差别微小的各组分之间，产生了保留能力的明显差异，结果它们在柱中的移动速度就不同，经过一定长度的色谱柱分离后，各个组分就会彼此分离，依次流出色谱柱，在记录仪上形成不同的峰（图 1-6-5）。

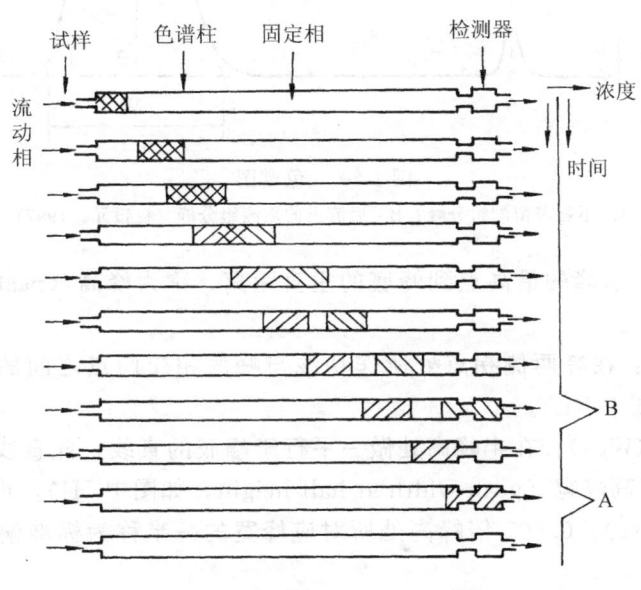

图 1-6-5　色谱分离过程示意图
(杨银元，1997)

**(3) 色谱图及色谱基本参数**

1) 色谱图：样品中的组分经色谱柱分离后，依次流出色谱柱并进入检测器，检测器的响应信号——时间曲线或检测器的响应信号——流动相体积曲线，称为色谱流出曲线或色谱图（chromatogram），如图 1-6-6 所示。色谱图的纵坐标为检测器的响应信号，横坐标一般为时间，以分钟为单位。也可用流动相的体积作为横坐标。

　　a. 基线：当色谱柱中没有组分流出，只有纯流动相流出并进入检测器时所形成的一条平行于横坐标的直线，称为基线（baseline）。基线随时间的变化发生定向的缓慢的移动，称为基线漂移（baseline drift）。由各种因素引起的基线的波动称为基线噪声（baseline noise）。

　　b. 色谱峰：色谱柱流出的组分通过检测器时，检测器的响应信号的大小随组分浓度的变化所形成的微分曲线，称为色谱峰（chromatographic peak）。

　　c. 峰底：从峰的起点到峰的终点之间连接的直线，称为峰底（peak base，如图中 CD）。

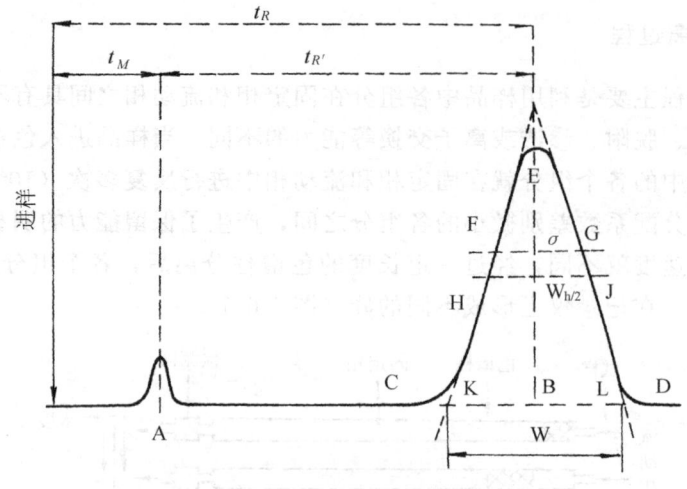

图 1-6-6 色谱图
A. 不被滞留的组分峰；B. 后流出的欲测组分峰（杨银元，1997）

d. 峰高（$h$）：从峰的最高点到峰底的垂直距离，称为峰高（peak height，如图中 EB）。

e. 峰宽（$W$）：在峰两侧拐点处所作切线与峰底相交两点之间的距离，称为峰宽（peak width，如图中 KL）。

f. 半高峰宽（$W_{h/2}$）：在半峰高处做一平行于峰底的直线，此直线与峰相交两点之间的距离，称为半高峰宽（peak width at half height，如图中 HJ），也称为区域宽度。

g. 标准偏差（$\sigma$）：0.607 倍峰高处所对应峰宽的一半称为标准偏差（standard error，如 2/1FG）。

h. 峰面积（$A$）：峰与封地之间的面积称为峰面积（peak area）。

i. 畸峰（distorted peak）：形状不对称的峰。其中包括前伸峰和拖尾峰。峰的前沿较后沿平缓的不对称的峰，称为前沿峰；后沿较前沿平缓的不对称的峰称为拖尾峰。

2）色谱基本参数：为了便于描述和分析所得到的色谱图，人们制定了一些参数便于进行统计处理。表示样品中各组分在色谱柱中停留的时间或将组分带出色谱柱所需流动相体积的数值，称为保留值。保留值可用作定性分析的参数。

a. 死时间：不被固定相滞留的组分，从进样开始到柱后出现浓度最大值时所需要的时间，称为死时间（dead time），用 $t_M$ 表示。

b. 死体积：不被固定相滞留的组分，从进样开始到柱后出现浓度最大值时所需要的流动相的体积，称为死体积（dead volume），用 $V_M$ 表示。假如流动相的流速用 $F_C$ 表示，则：

$$V_M = t_M \times F_C \qquad (1\text{-}6\text{-}6)$$

c. 保留时间：从进样开始至柱后被测组分出现浓度最大值时所需要的时间，称为保留时间（retention time），用 $t_R$ 表示。

d. 调整保留时间：去掉死时间后的保留时间，称为调整保留时间（adjusted retention time），用 $t'_R$ 表示。

$$t'_R = t_R - t_M \tag{1-6-7}$$

调整保留时间代表被测组分在固定相中被滞留的时间。

e. 保留体积：从进样开始至柱后被测组分出现浓度最大值时所通过的流动相的体积，称为该组分保留体积（retention volume），用 $V_R$ 表示。

f. 调整保留体积：去掉死体积后的保留体积称为调整保留体积，用 $V'_R$ 表示。

$$V'_R = V_R - V_M = t'_R \times F_c \tag{1-6-8}$$

g. 相对保留值：在相同的操作条件下，被测组分与参比组分的调整保留值之比，称为相对保留值（relative retention），用 $r_{is}$ 表示。

$$r_{is} = t'_{R(i)}/t'_{R(s)} = V'_{R(i)}/V'_{R(s)} \tag{1-6-9}$$

上式中 $t'_{R(i)}$、$t'_{R(s)}$ 分别表示被测组分和参比组分的调整保留时间，$V'_{R(i)}$、$V'_{R(s)}$ 分别表示被测组分和参比组分的调整保留体积。相对保留值可以消除某些操作条件对保留值的影响，只要柱温、固定相和流动相的性质保持不变，即使柱长、柱径、填料的填充情况及流动相流速发生变化，相对保留值仍保持不变。

h. 分配系数：在一定温度和压力下，组分在固定相和流动相之间分配达到平衡时的浓度之比，称为分配系数（distribution coefficient），用 $K$ 表示。

$$K = C_s/C_m \tag{1-6-10}$$

上式中 $C_s$、$C_m$ 分别代表组分在固定相和流动相中的浓度。$K$ 与柱中固定相和流动相的体积无关，它取决于组分和固定相的热力学性质，随柱温和柱压的变化而变化。

i. 容量因子：在一定温度和压力下，被测组分在两相之间分配达到平衡时，被测组分分配在固定相和流动相中的质量比称为容量因子（capacity factor），也称为分配比，用 $k$ 表示。

$$k = C_s V_s / C_m V_m \tag{1-6-11}$$

上式中，$V_m$ 代表色谱柱中流动相的体积，近似于死体积；$V_s$ 代表色谱柱中固定相的体积。容量因子 $k$ 等于组分在固定相中的调整保留时间 $t'_R$ 与死时间 $t_M$ 之比，或组分的调整保留体积 $V'_R$ 与死体积 $V_M$ 之比，即：

$$k = t'_R/t_M = V'_R/V_M \tag{1-6-12}$$

$k$ 值决定于组分及固定相热力学性质，它随柱温、柱压的变化而变化，而且还与流动相及固定相的体积有关。由（1-6-7）式中可以看出 $k$ 值越大，则该组分的保留时间就越长。当 $k$ 值等于零时，则表示该组分不被固定相滞留。

j. 分离度：两个相邻色谱峰的分离程度称为分离度（resolution，R），用两色谱峰保留时间之差与其平均峰宽之比表示。如下：

$$R = \frac{t_{R2} - t_{R1}}{\frac{W_1 + W_2}{2}} = \frac{2(t_{R2} - t_{R1})}{W_1 + W_2} \tag{1-6-13}$$

由上式可以看出，要将两个组分完全分开，即要使分离度增大。首先，两组分的保留时间差别要大；其次，色谱峰的峰宽要尽可能的窄。保留时间的长短取决于色谱柱的选择是否得当，色谱峰的宽度则取决于分离条件的选择。当 $R>1.5$ 时，两组分完全分离，当 $R<1$ 时，则两组分没有分开。

当峰形不对称或两峰有重叠时，峰宽很难测定，此时分离度可用半高峰宽 $W_{h/2}$ 表示。

$$R = \frac{t_{R2} - t_{R1}}{W_{h/2}^1 + W_{h/2}^2} \tag{1-6-14}$$

分离度 $R$ 综合了色谱柱和分离条件这两个因素，因此可以作为衡量色谱柱总分离效能的指标。

k. 理论塔板数：为了更加形象地描述色谱柱的分离过程，人们把色谱柱假想成一个蒸馏塔，塔由许多塔板组成，在每个塔板上，组分在两相间达成一次平衡，经过多次平衡后，组分彼此分离。分配系数小的组分先离开色谱柱，分配系数大的组分后离开色谱柱。假设色谱柱长为 $L$，组分每达成一次分配平衡所需要的柱长为 $H$，一个 $H$ 就称为一个塔板，则该色谱柱的理论塔板数（$n$）就应该是：

$$n = L/H \tag{1-6-15}$$

理论塔板数是用来表示色谱柱效能的一个指标。理论塔板数的经验表达式为：

$$n = 5.54 \left(\frac{t_R}{W_{h/2}}\right)^2 = 16(t_R/W)^2 \tag{1-6-16}$$

l. 有效（理论）塔板数：为了更符合实际情况，去除死时间的影响，用有效塔板数来代替理论塔板数：

$$n_{\text{有效}} = 5.54 \left(\frac{t_R'}{W_{h/2}}\right)^2 = 16(t_R'/W)^2 \tag{1-6-17}$$

### 1.6.4.3 气相色谱法

气相色谱法（GS）是以气体作为流动相的色谱法。通常气相色谱仪由五部分组成：气路系统，包括气源和流量的调节与测量元件等；进样系统，包括进样装置和汽化室两部分；分离系统，主要指色谱柱；检测、记录系统，包括检测器和记录仪；辅助系统，包括控温系统和数据处理系统。

**(1) 气路系统**

气相色谱仪的气路系统，是一个载气连续运行的密闭管路系统。气相色谱中常用的载气有氮气、氦气、氢气和氩气，由高压瓶供给。由高压瓶出来的载气需经过装有活性炭或分子筛的净化器，以除去载气中的水及其他的杂质。载气的流速要求保持恒定，一般采用稳压阀、稳流阀或自动流量控制装置以确保流量恒定。

**(2) 进样系统**

进样系统包括进样装置和气化室。气体样品可以用微量注射器进样，也可以用定量阀进样。液体样品用微量注射器进样。固体样品溶解后用微量注射器进样。样品进入气化室后立即被气化，然后随载气进入色谱柱。根据样品性质的不同，气化室的温度可设在 50~400℃ 范围内。通常，气化室的温度比使用的最高柱温高 10~50℃。

**(3) 分离系统**

气相色谱仪的分离系统就是色谱柱，色谱柱是色谱仪的核心部分。气相色谱仪所使用的色谱柱主要有两类：填充柱和毛细管柱。

1) 填充柱：填充柱包括柱管和固定相。固定相又分为固体固定相和液体固定相。

a. 固体固定相：固体固定相一般采用固体吸附剂，它们在色谱分离过程中的分离机制主要是利用吸附剂表面对混合物中不同组分吸附性能的差别，达到分离与鉴定的目的。固体吸附剂的优点有吸附容量大、热稳定性好、无流失现象。其缺点是吸附等温线常常不呈线形，所得色谱峰不对称，只有样品量很小时，色谱峰才会对称。另外，用吸附剂重复性差。

b. 液体固定相：液体固定相是由载体和固定液两部分组成。载体是一种化学惰性、多孔性的固体颗粒。所使用的载体应具备以下的特点：①载体的表面是化学惰性的，不能与固定液或样品发生化学反应；②热稳定性好，表面积要大，具有多孔性的颗粒；③机械强度大，不易破碎。

液体固定相所用的固定液具有以下四个特点：①在使用温度下为液体，蒸气压低，热稳定性好；②能溶解被分离混合物中的各组分，使各组分有足够的分离能力；③黏度低，能在载体表面形成均匀的液膜；④化学稳定性好，不与被测样品发生化学反应。

2) 毛细管柱：毛细管柱又称为毛细管色谱柱（capillary column）。它可分为空心柱、填充毛细管柱、微填充柱和多孔层空心柱等。

空心柱，又分为涂壁空心柱和涂载体空心柱。空心柱渗透性好、分析速度快、柱效很高。填充毛细管柱其渗透性介于填充柱和毛细管柱之间，兼有二者的优点，是气相色谱常用的一类色谱柱。微填充柱的优点是载气的线速对柱效影响不大，故可提高载气的流速，以进行快速分析，其柱效高且可进行大样品量的分离分析。多孔层空心柱的柱容量大，内表面积大，它兼备空心柱和填充毛细管柱的优点，有利于进行快速分析。

**(4) 检测系统**

从气相色谱仪流出的各个组分，通过检测器检测后，将信号传至记录仪得到色谱图。常用的气相色谱仪的检测器有热导检测器、氢火焰检测器、电子俘获检测器等。

1) 热导检测器：它是应用较多的一种检测器，对有机物和无机物均有响应。检测原理是不同的物质其热导系数也不同，不同的物质经过热导检测器的热敏元件时，热敏元件的温度和阻值的变化就会不同，从而记录仪上的信号就会发生变化。热导检测器结构简单、稳定性高，能够检测有机物和无机物，但其灵敏度低。

2) 氢火焰检测器：也称为氢火焰离子化检测器，是一种质量型检测器。顾名思义，该检测器含有氢火焰，当有机物进入火焰时，发生离子化反应，生成许多离子。放大、记录离子流即可得到色谱峰。这种检测器的特点是，可检测绝大多数的有机物，比热导检测器灵敏度高几个数量级。其缺点是，不能检测惰性气体、空气、$H_2O$、$CO$、$CO_2$、$NO$、$SO_2$、$H_2S$等。

3) 电子捕获检测器：它只能检测含有电负性元素的组分，其灵敏度高，检测极限

可达 $10^{-14}$ g/ml，选择性高。主要缺点是线形范围窄。

#### 1.6.4.4 薄层色谱法

薄层色谱法（thin layer chromatography，TLC）是将吸附剂或载体均匀地铺在一块光洁的玻璃板或金属板上形成薄层，在薄层上进行分离分析的色谱法。目前，薄层色谱技术已进入一个新的阶段，与气相色谱法和高效液相色谱法同时成为最常用的色谱法。

**(1) 薄层色谱法的几个基本概念和参数**

薄层色谱法按固定相和分离原理可分为吸附薄层法、分配薄层法、离子交换薄层法和尺寸排阻薄层法。其具体原理同高效液相色谱法，见下章。

1) 展开：在薄层的一端点上样品后，组分通过吸附或其他的原理不断地在两相中达到新的平衡，并随着向前移动的过程称为展开。点样品的位置称为原点。展开后不同的组分在薄板上形成大小、前后位置不同的斑点。

2) 展开剂：展开过程中所用的溶剂，称为展开剂。

3) 比移值：原点至斑点中心的距离与原点至展开剂前沿的距离之比，称为比移值，也称为 $R_f$ 值。用 $R_f$ 值来表示各组分在薄层色谱上的位置。

$R_f=0$，表示组分留在原点的位置，没有发生移动；$R_f=1$，表示组分的位置同展开剂，即组分不被固定相滞留。理想的 $R_f$ 值为 0.2~0.8。许多因素均可影响 $R_f$ 值，主要有固定相和展开剂的性质、薄板的性质、温度、展开方式和展开的距离等。只有在完全相同的条件下，$R_f$ 值对某一组分才是一个固定值，才能用于定性。为了减少某些因素的影响，人们采用相对比移值。

4) 相对比移值：原点至组分斑点中心的距离与原点至参考物斑点中心的距离之比，称为相对比移值，用 $R_{st}$ 表示。

5) 理论塔板数（$n$）：用以评介分离效率，其公式如下：

$$n = 16(d_1/W)^2 = 16(R_f d_m/W)^2 \qquad (1\text{-}6\text{-}18)$$

其中，$d_1$ 为原点至组分斑点中心的距离；$W$ 为斑点的宽度；$d_m$ 为原点至展开剂前沿的距离。

6) 分离度（$R$）：$\qquad R=2\Delta d/(W_1+W_2) \qquad (1\text{-}6\text{-}19)$

其中，$\Delta d$ 为两组分斑点中心之间的距离；$W_1$ 和 $W_2$ 分别为两斑点的宽度。

**(2) 薄层色谱法的固定相和展开剂**

1) 薄层色谱法对固定相的要求：①表面积大，常用内部多孔的颗粒或纤维状的物质；②不溶于展开剂，与展开剂和样品不发生化学反应；③颜色最好是白色。

2) 薄层色谱法对展开剂的要求：①能溶解待分离的组分，不与组分发生化学反应；②展开的组分斑点圆且集中，无拖尾现象；③使待测组分的 $R_f$ 值最好在 0.4~0.5，不能超出 0.2~0.8。

**(3) 薄层色谱法的结果检测**

1) 显色定位：展开后的薄板，在展开剂挥发尽后，可用以下的方法给待测组分定位。

a. 光学检出法：自然光下或紫外光下观察并测量组分斑点的位置。

b. 蒸汽显色法：一些物质的蒸气可与组分斑点作用生成颜色不同的产物或产生荧光，然后在自然光或紫外光下进行定位。常用的蒸气有：碘蒸气，挥发性的酸、碱。

c. 试剂显色法：应用显色剂使组分斑点显色。

d. 生物自显影：应用此法检测抗生素等具有生物活性的组分。方法是将分离后的薄层与含有适当微生物的培养基表面接触，培养后观察抑菌点。

2) 斑点定性：将待测组分的以下参数与标准品进行对照。

a. 斑点的 $R_f$ 值：由于影响 $R_f$ 值的因素较多，因此，需要经过两种以上不同的展开剂得到的 $R_f$ 值与标准品的一致时，才可认为待测组分与标准品同属一类化合物。

b. 斑点的显色特点。

c. 斑点的原位扫描：得到该斑点的光谱图、吸收峰和最大吸收波长，与标准品进行对照。

d. 将某一斑点洗脱、纯化后，进行详细的分析。例如，气相色谱、高效液相或光谱等方法，与标准品进行对照。

3) 斑点定量：组分斑点的定量可用吸收测定法和荧光测定法。

## 1.6.5 高效液相色谱法

### 1.6.5.1 高效液相色谱法的特点

高效液相色谱法（high performance liquid chromatography，HPLC），又称为高压液相色谱法（high pressure chromatography）。高效液相色谱法是经典的液相色谱法的发展。20 世纪 60 年代，C. J. Giddings 等将气相色谱法的理论应用于液相色谱法，为HPLC 的发展奠定了基础。随着时间的推移，新的固定相填料、高压泵、高灵敏度的检测器等相继问世，使得高效液相色谱法迅速发展起来。与经典的液相色谱法相比，HPLC 具有以下特点。

**(1) 高压**

HPLC 色谱柱采用的柱填料的颗粒直径小，在 5～400 $\mu m$ 范围内，常用的柱填料颗粒一般为 5～10 $\mu m$。颗粒上的孔径更加细小，只有 6～10 nm。因此，流动相需在加压的条件下才能通过色谱柱，压力一般为几十至几百巴（bar）（1 bar＝$10^5$ Pa）。

**(2) 高速**

HPLC 使用高压泵输送流动相，采用梯度洗脱装置，并且检测器直接在色谱柱后检测流出成分。因此，HPLC完成分离分析时间只需要几分钟至几十分钟，速度大幅度提高。

**(3) 高效**

由于使用了颗粒细的柱填料和均匀填充技术，HPLC的色谱柱分离效率高，柱效可达每米10万理论塔板数。近年来又出现了微型填充柱，其柱效超过了每米100万理论塔板数。

**(4) 高灵敏度**

HPLC使用的检测器有紫外检测器、荧光检测器和电化学检测器。它们的灵敏度都很高，可达纳克级甚至皮克级。

**(5) 高度自动化**

先进的HPLC仪配有功能完好的计算机，能够对仪器的全部操作进行程序性控制。例如，流动相的配比、流速、色谱柱的柱温、检测器的波长、自动进样器的进样量和进样程序。计算机还能够进行数据的自动积分等处理，进行报告的打印等工作。

### 1.6.5.2 高效液相色谱仪的组成

高效液相色谱仪一般由以下几部分组成：贮液瓶、脱气装置、高压泵、梯度洗脱装置、进样装置、分析柱、检测器、数据处理系统（计算机或记录仪）、收集器和附加装置（柱塞清洗装置、预处理柱、控温装置和管道过滤头等）。其流程如下：

```
                         柱塞清洗装置
                              ↓
贮液瓶内的流动相 → 脱气装置 → 高压泵 → 自动进样装置 → 管
                              ↑
                         梯度洗脱装置
道过滤头 → 预处理柱 → 色谱分析柱 → 检测器 → 数据处理系统
                              ↑
                           收集器
```

**(1) 高压泵**

高压泵是高效液相色谱仪的最重要的组成部件之一。由于HPLC所用的色谱分析柱直径细、固定相颗粒小、流动相阻力大。因此，必须使用高压泵使流动相以较快的速度流过色谱柱。高压泵需要满足以下的条件：能提供150～450 kg/cm² 的压力、流速稳定、流量可调、死体积小、耐腐蚀。目前使用的高压泵，按照泵的动力源分类，可分为电动泵和气动泵两类；按照输出液的情况可分为恒压泵和恒流泵两类。

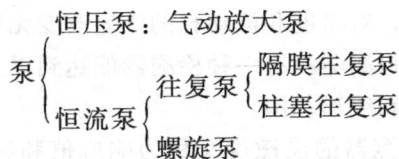

恒压泵的流量对操作条件的变化敏感，但其压力稳定。恒流泵的压力对操作条件的变化敏感，但其流量稳定。对高效液相色谱来说，流量的恒定更为重要。因此，在高效液相色谱中广泛使用的泵是柱塞往复泵。其优点是：流量不受流动相黏度和柱渗透性的影响、流量易于调节、死体积小、便于清洗、易于更换流动相等。

**(2) 梯度洗脱装置**

HPLC的洗脱方式有等度洗脱和梯度洗脱两种。等度洗脱就是保持流动相的组成配比不变；梯度洗脱就是使移动相中含有两种或两种以上极性不同的溶剂，并且在分离过程中按一定的程序连续地改变组成的比例关系，使其极性强度按一定的程序改变，从而提高了分离的效果与速度。梯度洗脱需要梯度洗脱装置，梯度洗脱装置分为两种：

1) 低压梯度（外梯度）：将溶剂在常压下按一定程度将两种或两种以上的溶剂按不同的比例和时间定量混合，然后经高压输液泵送至色谱柱中。这种装置结构简单、价格便宜、只需要一个高压泵。其缺点是操作繁琐、重复性不好。

2) 高压梯度（内梯度）：是用几台高压泵，将溶液在高压状态加压后，按程序的流量比例输入混合室混合后，再输入色谱柱。这种装置能任意混合溶剂，易于自动化。

**(3) 色谱柱**

HPLC的色谱柱是整个仪器至关重要的一部分，是实现样品分离的所在。色谱柱分为外面的钢管部分和里面的固定相两部分，柱长 5~30 cm，内径 4~5 mm。柱填料颗粒直径一般为 5~10 μm。现代高效液相色谱法所应用的色谱柱一般均购自厂家已装好的商品色谱柱，以避免自己装柱所造成的误差。

**(4) 检测器**

经色谱柱分离的组分从柱中流出，经检测器的检测后转变成大小不同的电信号，输出到数据处理系统，得到各组分分离后的色谱图。

1) 检测器的类型：由于HPLC色谱柱中流出的液体是样品和流动相的混合物，为了把二者分开检测，共有三种检测类型：

a. 通用型检测器：将色谱柱中流出的混合物的总体物理性能的变化同时测定，如示差折光检测器。只要各组分之间的物理性能有一定区别，即可测定。但这一类型的检测器灵敏度低。

b. 溶质特性检测器：只对溶质的物理性质敏感，而对流动相的物理性质并不显示出敏感，如紫外检测器、荧光检测器、红外检测器等。

c. 传动丝氢火焰离子化检测器：此类型的检测器在HPLC中已较少使用。

2) 检测器的性能指标：一个理想的检测器应该灵敏度高，对所有的组分都有响应且随含量的变化呈线性变化，对温度和流动相的流速改变无反应、对流动相无响应，稳定性好等。实际上，目前的检测器没有一种检测器能达到以上所有的要求，在工作中最重要的指标是灵敏度、噪声和线形范围。

a. 检测器的灵敏度：检测器的灵敏度又称为响应值和答应值。是指检测器的响应信号的大小随进样量的变化率：

$$S = \Delta I / \Delta W \qquad (1\text{-}6\text{-}20)$$

式中，$S$ 为灵敏度，$\Delta I$ 为响应信号大小的变化量，$\Delta W$ 为进样量的变化量。

b. 检测器的噪声和检测限度：检测器的记录仪在无信号输入时，所记录的基线并不是一条平直光滑的直线，而是一条上下波动振幅相同的波浪线。检测器使基线的这种波动称为检测器的噪声。它来源于仪器的电子线路、温度的变化、流量的变化和泵的蠕动等原因。

由于噪声的存在，组分峰的峰高必须是噪声幅度的两倍才能被检测出来，这称为检测器的检测限度。检测器的噪声幅度越大，检测器所能检测的最小浓度也就越大，即检测器的性能越差。

c. 检测器的线性范围：色谱分析作为定量分析的技术，其准确性取决于检测器的输出信号与被检测组分浓度之间的线性关系。当检测器的输出信号呈线性时，最大和最小进样量之比，称为检测器的线性范围。检测器的线性范围越大越好。

3) 常用的检测器：目前 HPLC 常使用的检测器有以下几种。

a. 紫外检测器：紫外检测器是目前 HPLC 中广泛使用的一种检测器。有固定波长型、可变波长型和扫描型三种。固定波长型又包含单波长型、双波长型和多波长型。可变波长检测器在许可的范围内，可任意选择检测波长，其实际是一个紫外可见分光光度计。扫描型检测器相当于一台自记分光光度计，不仅可以选择适宜的检测波长，而且还可以记录组分的吸收光谱。为检测波长的选择和定性提供依据。紫外检测器的优点是灵敏度较高，可检测到 $10^{-10}$ g/ml 浓度的物质。另外，紫外检测器的线性范围宽，受温度和流速变化的影响小。但要求样品必须有紫外吸收，而且溶剂必须能透过所选波长的光。

b. 荧光检测器：是 HPLC 所使用的一种灵敏度高、选择性好的检测器。某些化合物分子或原子在紫外光的照射下，由于吸收了能量其电子发生跃迁，至较高的能级。然后再由高能级回到基态。在这一过程中多余的能量以荧光的形式发放出来。并不是所有的物质均可发出荧光，对于不产生荧光的物质可利用荧光剂，在柱前或柱后衍生化，使其发出荧光。不同的物质其发出的荧光波长和强度均不同。当其他条件相同时，荧光强度与物质的浓度成正比，因此，荧光检测器可直接用于定量分析。

荧光检测器适合于稠环芳烃、氨基酸、胺类、维生素、蛋白质等荧光物质的测定。其灵敏度高，可检测到 $10^{-12} \sim 10^{-13}$ g/ml 浓度的组分，比紫外检测器高 2 或 3 个数量级，适于痕量分析。其缺点是适用范围较窄。

c. 电化学检测器：电化学检测器是一薄层电解池，电极活性组分流进检测器即发生电解，产生的电流经放大后被检测。非电极活性物质不被电解，因此不干扰测定，所以电化学检测器的选择性很高，灵敏度也很高，可达皮克级。

d. 示差折光率检测器：示差折光率检测器是利用流动相中出现样品组分时引起折光率的变化进行检测的。示差折光检测器通用于所有的溶质，操作简便。其缺点是不能用于梯度洗脱，灵敏度低。

**(5) 其他装置**

除了以上四种装置，HPLC 还含有许多其他的附加装置，例如脱气装置、柱塞清洗装置、管道滤头和预处理柱等，在 HPLC 的分离过程中都起着重要的作用。

1) 脱气装置：包括气体脱气和超声波自动脱气两种，气体脱气一般使用钢瓶内的惰性气体（首选氦气），在开始分离之前，将流动相先脱气 10～20 min，以排除流动相内溶解的气体。超声波自动脱气使用的是超声波自动脱气机，流动相先流经脱气机，超声波脱气后再进入色谱柱。这种脱气方法快速、安全、可靠。

2) 柱塞清洗装置：用超纯水靠重力的作用沿管道不断冲洗高压泵，延长高压泵的寿命。

3) 管道滤头和预处理柱：它们位于色谱柱的前面，用来保护色谱分析柱。

### 1.6.5.3 高效液相色谱法的主要类型

**(1) 吸附色谱法**

吸附色谱法（adsorption chromatography）又称为液-固色谱法，是最早出现的一种色谱法。固体吸附剂作为固定相，其表面的活性中心具有吸附能力。样品中的各组分分子与流动相分子在吸附剂表面竞争吸附，吸附-解吸平衡就是吸附色谱法分离选择的基础。

吸附色谱的固定相种类较多，分为极性和非极性两大类。极性的固定相有硅胶、氧化铝、氧化镁和聚酰胺等；非极性的吸附剂有活性炭等。一般情况下，极性弱的样品使用极性高的吸附剂，极性强的样品使用极性弱的吸附剂。在高效液相色谱中常用的吸附剂是硅胶类吸附剂，其填料有薄壳珠和全多孔微粒两类。薄壳珠型的填料现已少用。全多孔微粒具有 3 $\mu$m、5 $\mu$m、10 $\mu$m 等大小不同的填料，其中又分为球形和不规则型两种，这两种填料的柱效都很高，可达每米 $10^5$ 理论塔板数。

硅胶类吸附剂表面的活性中心是其所含有的羟基，吸附性较强。当样品的官能团正对准吸附中心时，吸附作用最强。因此，可以分离化合物中的异构体及官能团种类或数目不同的物质。

极性大的物质容易在极性吸附剂上吸附，需要极性大的洗脱剂进行洗脱。这习惯上称为正相色谱。

**(2) 分配色谱法**

分配色谱法（partition chromatography）又称为液-液色谱法（liquid-liquid chromatography），是 1941 年由 Martin 和 Synge 首先提出而发展起来的。根据物质在两种互不相溶（或部分相溶）的液体中溶解度的不同，则分配也就不同，从而实现分离的目的。分配色谱应用液体作为固定相,将该液体均匀的涂敷或化学键合在小颗粒的载体上。

根据固定相和流动相之间相对极性的差别,可将分配色谱分为:①正相分配色谱(normal phase partition chromatography),固定相极性高而流动相极性低,用于分离极性强的化合物。由于正相色谱法与吸附色谱法的共同点较多,因此,有人将吸附色谱法也归于正相色谱法。②反相分配色谱法(reversed phase partition chromatography),固定相极性低而流动相极性高,用于分离极性弱的物质。正相色谱法和反相色谱法的区别如下(表1-6-4)。

表1-6-4 正相色谱法和反相色谱法的区别

| | 正相色谱法 | 反相色谱法 |
| --- | --- | --- |
| 固定相 | 极性强 | 极性弱 |
| 流动相 | 极性弱至中 | 极性中至强 |
| 出峰顺序 | 极性弱的组分先出 | 极性强的组分先出 |
| 适于分离的物质 | 极性强的物质 | 极性弱的物质 |

理论上能用作分配色谱固定相和流动相的化合物很多。但是,由于具体分离条件的限制,实际上能用作固定相和流动相的化合物很有限,常用的不过20余种。分配色谱的固定相包括载体和固定液两部分。用涂敷法涂在载体上的固定液易被流动相逐渐溶解而流失。为了防止固定液的流失,先让流动相通过一个与分析柱含有相同固定相的前置柱,以便让流动相预先被固定液饱和。即使这样,流动相的流速不能太高,也不能应用梯度洗脱。而化学键合法则克服这些缺点。

化学键合法是利用化学反应将有机分子键合到载体表面,形成均一、牢固的单分子层。化学键合法具有以下特点:①固定相不易流失,分析柱的稳定性和使用寿命较高;②能耐受各种溶剂,可应用梯度洗脱;③表面均一,柱效高;④能键合不同基团。一般用硅胶作为载体,采用的键合反应有酯化键合、硅烷化键合和硅氮键合等。酯化物固定相分离的速度和效率都很好,但缺点是对水解和热的稳定性差。另外,低级醇也可与其发生反应。硅烷化物固定相对热和水解都稳定,是目前高效液相色谱中应用最广泛的固定相。

可用分配色谱法分离的物质非常多,几乎所有类型的化合物均可得到分离。不管该物质是极性的还是非极性的;离子的还是非离子的;水溶性的还是脂溶性的;有机的还是无机的;小分子的还是大分子的,只要有官能团的差别,就可以使用分配色谱法得以分离。

**(3) 离子交换色谱法**

离子交换色谱法(ion exchange chromatography)也称为离子色谱法(ion chromatography),是1975年由H. Small等首创而发展起来的。该法应用能交换离子的材料作为固定相,利用它与流动相中样品离子进行可逆的离子交换来分离离子型化合物的方法。此法多用于蛋白质、多肽、核酸和其他具有电荷的生物分子的分离与纯化。离子色谱法应用广泛、具有较高的电离能力、简便且易控制。多数离子交换过程一般分为5步进行（图1-6-7）。

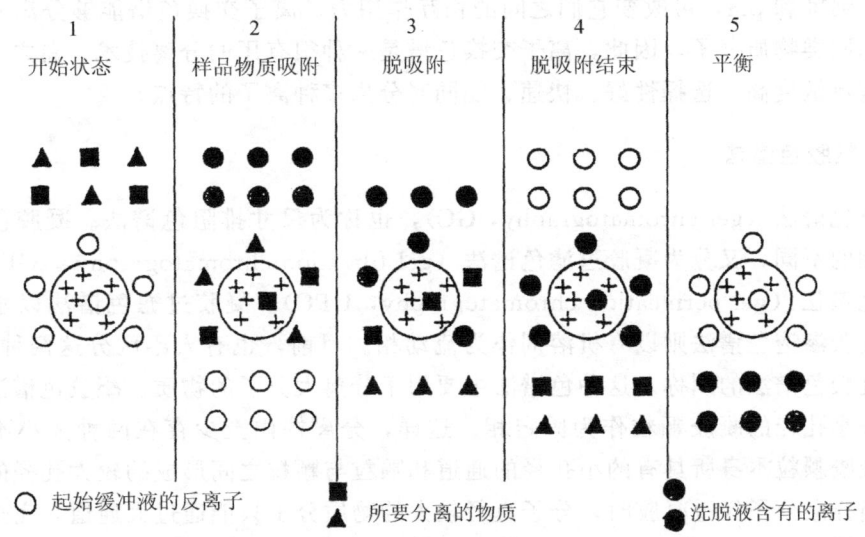

图 1-6-7　离子色谱法分离过程示意图
(安发玛西亚，内部资料)

第一步：开始状态，即固定相处于平衡状态，可与相反电荷的物质吸附。

第二步：上样及吸附，流动相中具有相反电荷的样品分子与固定相可逆地吸附。未吸附的样品分子被流动相带走。

第三步：洗脱样品分子，应用洗脱液含有的离子将样品物质替换出来。通常将洗脱液的离子强度加大或改变洗脱液的 pH 达到解离的目的。结合弱的物质先被洗脱出来。

第四步：将不易被洗脱的物质洗脱出来。

第五步：重新平衡分析柱，恢复实验前的起始状态。

经典离子交换色谱法采用高分子聚合物为基质的离子交换树脂作为固定相。离子交换树脂中交联剂的含量称为交联度。交联度大的树脂结构紧密，网眼小，离子进出困难，因而达到交换平衡慢。但是，比较大的分子难于进入树脂内部，对于交换的样品分子具有一定的选择性。树脂交换离子能力的大小称为树脂的交换容量（exchange capacity）。常用的交换树脂填料有：①聚苯乙烯型的直径为 $10\sim20~\mu m$ 的多孔树脂。其交换容量高，但不耐高压且柱效较低。②薄壳型或表面多孔型树脂。在 $30\sim40~\mu m$ 的玻璃珠或树脂珠的表面涂敷一层离子交换剂，这种离子交换剂耐高压，具有快的质量传递，柱效高。但是，其缺点是交换容量低，且表面的离子交换剂在使用中容易剥落。③键合型离子交换树脂。它是最新的离子交换填料，在多孔的微粒硅胶表面化学键合离子交换基团，其化学稳定性和热稳定性好，柱效高，交换容量较大，是目前最为理想的离子交换填料。

根据固定相介质所带的电荷性质，离子交换色谱可分为阳离子交换色谱（固定相带有阳离子）和阴离子交换色谱（固定相带有阴离子）。

由于各种物质分子具有的电荷差异、电荷密度的差异及分子表面电荷分布的不同，它们与离子交换介质相互作用的大小也就不同，从而将各种物质分离开。通过改变流动相的离子强度和pH，可改变它们之间的相互作用力。离子交换色谱能够分离开电荷差异很小的同类物质分子，因此，离子交换色谱是一种很有用的分离技术。总之，离子色谱法具有灵敏度高、选择性好、快速、能同时分离多种离子的特点。

**(4) 凝胶色谱法**

凝胶色谱法（gel chromatography，GC），也称为尺寸排阻色谱法。凝胶色谱法根据流动相的不同，又分为凝胶过滤色谱法（gel filtration chromatography，GFC）和凝胶渗透色谱法（gel permeation chromatography，GPC）。凝胶过滤色谱法以水为流动相，而凝胶渗透色谱法则以有机溶剂作为流动相。目前，也有人不区分这两种色谱法，认为是凝胶色谱法的别称。这种色谱法主要用于分离大分子的物质。凝胶色谱法利用具有一定大小孔径的凝胶颗粒作为固定相。这样，分离柱内至少存在两种大小不一的通道，即凝胶颗粒本身所具有的小孔径的通道和颗粒与颗粒之间形成的较大孔径的不规则通道。当样品分子经过凝胶时，分子直径较大的物质分子只能通过大通道，完全不能进入固定相填料颗粒本身的小通道内，被完全排阻。因此，大分子物质只需较短的时间即可流出分离柱。小分子物质则可进入任何小通道内，被滞留在分离柱内。因此，分子直径小的物质分子在分离柱内停留的时间较长。样品的各组分按照分子大小的顺序先后从柱中洗脱出来。

凝胶色谱法的固定相按强度分为软质凝胶、半硬质凝胶和硬质凝胶三类。①软质凝胶：葡聚糖凝胶、琼脂糖凝胶均属于软质凝胶，用水作为流动相，溶胀性较大，只能在常压下使用。②半硬质凝胶：交联聚苯乙烯属于半硬质凝胶，用有机溶剂作为流动相，其承受的压力$<30$ kg/cm$^2$。③硬质胶：多孔硅胶、多孔玻璃属于此类，这种填料柱效高、耐压高、无溶胀现象，是一种较理想的凝胶固定相。

凝胶色谱法的优点是：几乎能分离所有能溶解的物质分子；其分离的分子质量范围大；分离时间短；分离得到的峰形较窄利于检测。凝胶色谱法的缺点是：峰容量小，一般一次只能分离含有几个组分的样品；不能分离大小相似的分子，只能分离分子质量差别在10%以上的分子。

**(5) 亲和色谱法**

亲和色谱法（affinity chromatography）是利用生物分子亲和力进行色谱分离的技术。许多生物分子化合物具有一定的特性，能与结构互补的某种专一生物分子可逆的结合（图1-6-8）。生物分子之间的这种结合力称为亲和力。

将具有互补作用的生物分子首先嵌和在固定相上，当样品中存在能与之互补的生物分子时，即可与固定相上的生物分子结合，达到分离的目的。然后再将其洗脱下来。

在分离技术中，亲和色谱法占有重要的一席之地，因为根据生物分子的功能或特性，亲和色谱法几乎可纯化所有的生物分子。亲和色谱法是一种特殊的吸附色谱法。

可用于亲和色谱法的生物分子对有：①酶：酶底物，抑制物，辅助因子；②抗体：

抗原，细胞，病毒；③植物血凝素：糖蛋白，细胞表面受体，细胞，多糖；④核酸：结合蛋白，核酸聚合酶，组蛋白，互补片段；⑤激素、维生素：受体，载体蛋白；⑥细胞：细胞表面特殊蛋白，植物血凝素。

亲和色谱法的固定相又称为亲和吸附剂，由载体和配基组成。大分子的配基可以与载体直接偶联，而小分子的配基不能直接与载体偶联，必须在载体上引入间隔手臂（图1-6-9），间隔手臂可以提高配基的空间利用度。实验时选择配基必须考虑两个因素：一是所选择的配基必须对目标物质具有专一的亲和力，且能被洗脱下来；二是所选择的配基必须能与间隔手臂或载体结合。

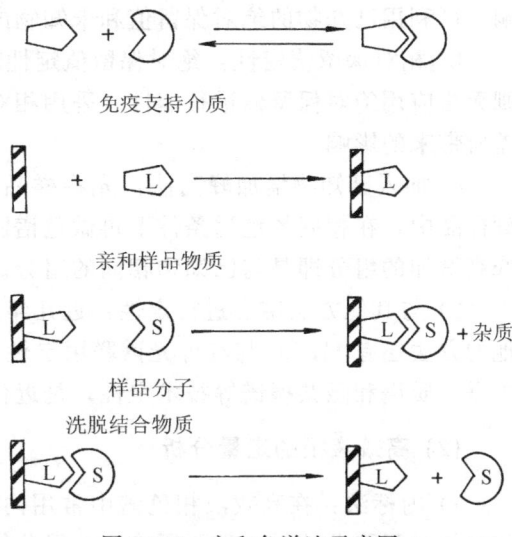

图1-6-8 亲和色谱法示意图
（安发玛西亚，内部资料）

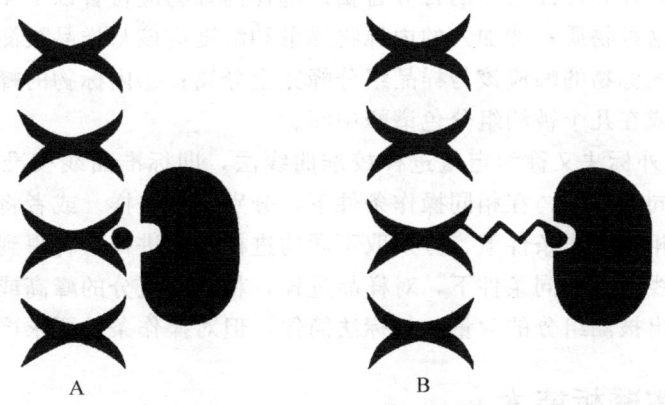

图1-6-9 载体引入间隔手臂
A. 引入间隔手臂前；B. 引入间隔手臂后（安发玛西亚，内部资料）

### 1.6.5.4 高效液相色谱法的定量和定性分析

**(1) 高效液相的定性分析**

定性分析就是要确定某个组分属于何种物质，其化学结构如何。严格来讲，HPLC法不能给某个组分定性。在定性方面HPLC的作用有二：①依靠标准品的对照，确定某个组分是否是标准品类的物质；②经HPLC分离后得到的某个组分的纯品可用于其他化学分析方法进一步进行定性。在高效液相色谱中常用的定性方法有以下几种。

1) 利用色谱保留参数进行定性

a. 绝对保留值定性：固定相和操作条件（柱温、流速、流动相、pH等）恒定的情况下，每种物质都有自己恒定的绝对保留时间和绝对保留体积，一般不受其他组分的影响。可利用已知物的绝对保留值和未知物的绝对保留值进行对照定性。

b. 相对保留值定性：绝对保留值定性对操作条件要求苛刻，若操作条件略有偏差，则无法应用绝对保留值进行定性。采用相对保留值进行定性则可消除某些操作条件的偏差所带来的影响。

c. 加入已知物增加峰高法：先将样品做一色谱图，留做前对照。然后将已知物加到样品中，在相同的色谱条件下再做色谱图。将两个色谱图进行对比，后一个色谱图中峰高增加的组分即是与已知物相同的组分。

2) 与其他方法结合进行定性：近几年来出现的液-质联用是典型的结合法定性。其他的方法还有 HPLC 与红外光谱联用定性。将复杂混合物经 HPLC 分离后，再经红外光谱、质谱和磁共振谱等技术定性，是近代解决复杂未知物定性问题的有效手段。

**（2）高效液相的定量分析**

1) 内标法：在高效液相色谱中常用内标法对某个组分进行定量。这种方法对仪器和操作过程要求较低，只要所检测的组分能得到分离并被检测器检测到即可。将一定量的纯物质作为内标物，加入到准确称量的样品中，进行色谱分析。将内标物和样品峰的峰面积进行对比，计算样品组分的百分含量。选择内标物应符合以下 4 个条件：①样品中不含有内标物这种物质；②加入的内标物的量和浓度应该与样品被测组分的量和浓度相似；③加入的内标物的峰应该与样品组分峰完全分离；④内标物的峰应该与被测组分峰的位置相近，或在几个被测组分色谱峰中间。

2) 外标法：外标法又称为定量进样校准曲线法，即标准曲线校准法。将标准品配成一系列浓度不同的溶液，在相同操作条件下，分别定量进样。或者将标准品配成一定浓度的溶液，在相同操作条件下，分别取不同的进样体积进样。将得到的峰高或峰面积对含量作标准曲线。在相同条件下，对样品进样，将被测组分的峰高或峰面积与标准曲线进行对照，求出被测组分的含量。外标法简便，但对操作条件要求严格。

## 1.6.6 微透析技术

神经元之间的信息联系主要通过突触联系来完成。神经元兴奋时，突触前膜内合成并贮存的神经递质释放出来，作用于突触后膜上的受体，使突触后膜发生兴奋性或抑制性突触后电位变化。然后，神经递质被重吸收或灭活。因此，神经细胞间隙是神经元之间传递信息的主要部位，它含有传递信息所需的各种神经递质和调质及其代谢产物，以及一些其他的生物活性物质和前体物质。因此，要了解神经元之间信息传递过程，观察诸如学习、记忆、感觉、运动控制等脑高级神经活动引起的化学变化，必须对神经细胞间隙中的化学物质进行动态检测。目前，对脑组织进行生化实验的结果大多数都来源于离体的脑组织，这种实验结果是一种静态的、混合的总体反应，并不能反应动态的、生物活体状态下的脑组织的生化变化。近几年，出现了一些能对脑内细胞的外环境进行在体采样或测量的技术。例如，皮质杯法（cortical cup）、推挽灌流法（push-pull perfusion）、离子选择性微电极（ion-selective microelectrode）、碳纤维微电极（carbon fiber microelectrode）等。但是，这些技术存在着种种的局限性，不能适用于神经科学研究的某些区域。20世纪80年代发展起来的微透析技术（microdialysis），又称为脑透析术（brain dialysis）可以说是这方面的一个重大进展。微透析技术是近年来国内外神经化学研究领域发展最快、应用广泛的样品收集方法。它能准确、动态、在体地观察与测定脑内细胞外液中某些物质的变化。微透析技术具有以下的优点。

1）样品纯净：这是微透析技术最主要的优点，微透析样品中不含有蛋白质等大分子质量的物质，能直接上HPLC或毛细管电泳进行分析，不必进行样品预处理，减少了许多的中间环节，从而减少了由此产生的目标物质损失和样品失真。

2）样品稳定：透析膜能够截留一定的分子质量，能选择性的通过小分子物质，而大分子物质和能破坏目标物质的酶类则被排除在外，避免了透析液中化学物质的酶解作用。若灌流液中加入维生素C等抗氧化剂，可抑制透析液中化学物质的氧化作用，使样品保真。

3）样品收集和检测分开：微透析技术的样品收集和检测分别进行，可以与高灵敏度的检测方法灵活组配。选择的检测仪器或方法不同，则检测的指标就不同，理论上可以对脑内所有的成分进行采样和检测。

4）能准确、动态、在体地观察与测定脑内细胞外液中某些物质的变化：微透析技术借助脑立体定位仪的定位，能准确的采取所需脑组织的样品。

5）组织损伤小：随着微透析技术的发展，透析探头的直径也越来越小，因而由探头所造成的脑组织的损伤也越来越小，可以减到最低限度。由于整个灌流系统是相对对外封闭的，不直接向脑组织开放，可以避免脑组织细菌感染。

6）微透析方法用于给药：由于透析探头的透析膜是半透膜，允许物质分子跨膜进行双向扩散。因此，微透析技术既可用于检测脑内化学物质的变化，又可用于给药途径，向脑内输送药物。

### 1.6.6.1 微透析技术的基本原理和方法

**(1) 基本原理**

顾名思义，微透析技术的原理与透析有关。该技术将管状透析膜置入脑内的特定区域，用类似于脑内细胞外液组分的溶液进行持续灌流，小分子和水分子能通过半透膜顺浓度梯度进行扩布，当某些物质的浓度在半透膜的两侧存在差别时，这些物质分子就会顺浓度梯度跨膜进行扩散。由于灌流液不断地流动，透析膜的流动液体不断更新，这种浓度差始终存在。因此，透析液中就可反映出脑组织细胞外液的某些变化，就可达到随时检测脑内某些化学物质变化的目的。

**(2) 微透析装置及微透析探头的制作**

1）微透析探头的装置：微透析技术所需的设备包括微透析探头（microdialysis probe，MDP）、导管、微量灌流泵、样品收集器及样品检测仪。其关键部位是微透析探头。尽管实验中所使用的微透析探头在大小、制作、导管材料、透析膜材料及外形上差别很大，但其基本结构却是相同的。微透析探头包括流入管、流出管和中空纤维管（cellulosetubing）或称为透析管（膜）。中空纤维管允许通过的最大分子质量范围为5～50 kDa。

2) 微透析探头的分类：根据微透析探头植入方式的不同，可分为水平式探头和垂直式探头。水平式探头又称为跨脑探头（transcerebral probe）。垂直式探头又分为环型探头（loop），亦称为U型探头；并列型探头（side by side），亦称为Ⅰ型探头；同心型探头（concentric），亦称为同心圆Ⅰ型探头（图1-6-10）。

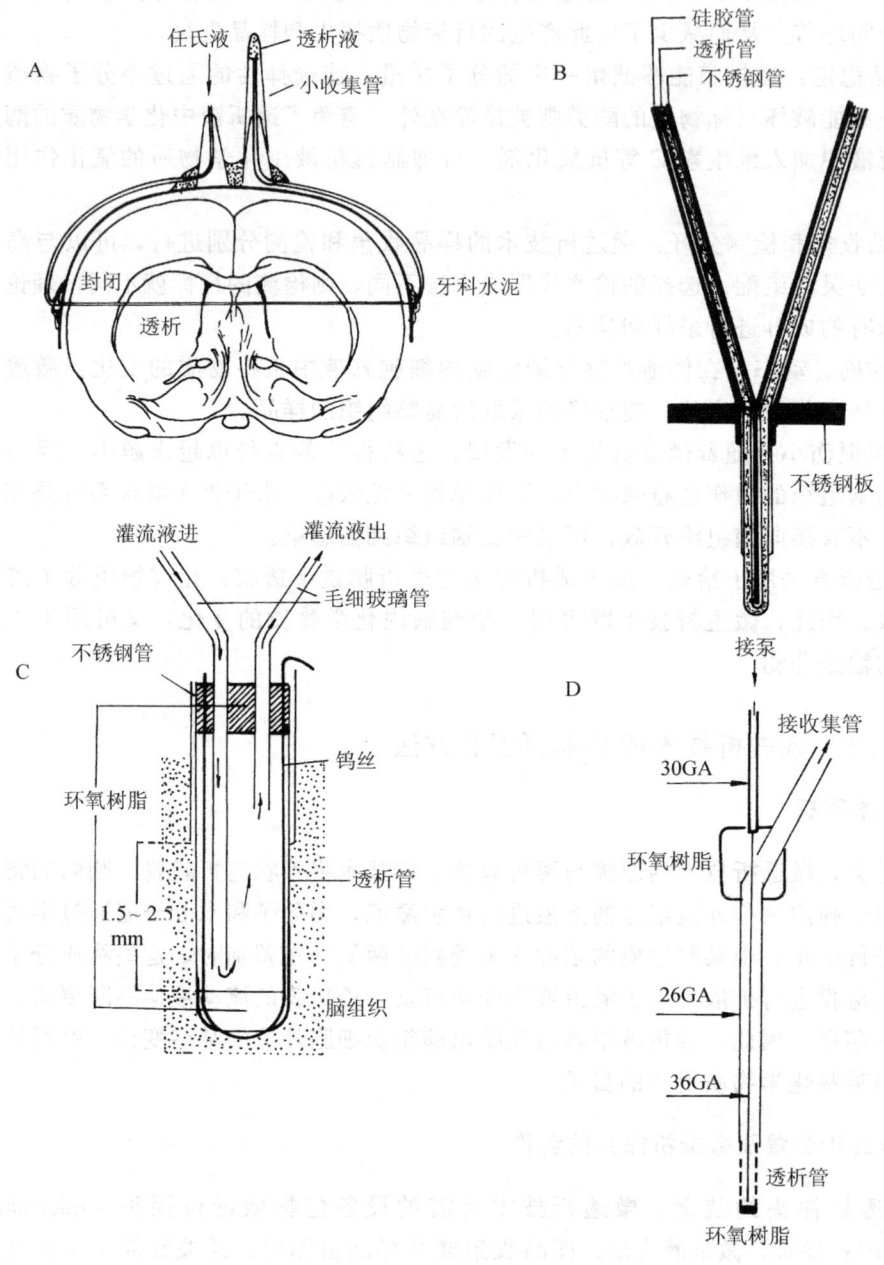

图1-6-10　不同种类的微透析探头
A. 跨脑探头；B. 环型探头；C. 并列型探头；D. 同心型探头

微透析探头 { 水平式探头（跨脑探头）
垂直式探头 { 环型探头（U型探头）
并列型探头（I型探头）
同心型探头（同心圆I型探头）

**(3) 微透析探头的制作过程**

1) 跨脑探头的制作：选取外径 310 $\mu m$、内径 220 $\mu m$ 的中空纤维透析管，用环氧树脂将透析管大部分区域覆盖，只留下小段的透析膜。该区应该与所要透析的脑区的位置相对应。用一根细的不锈钢钢丝或钨丝插入透析管内，起支撑内腔的作用。将透析管的一端用环氧树脂固定在内径为 640 $\mu m$ 的不锈钢套管上，另一端固定在脑立体定位仪的微操纵器上，运用"横穿脑"（transcerebral）技术，从已钻好的一侧颞骨上的小孔水平地插入脑组织，用第二个操纵器帮助将透析管由对侧颞骨小孔拉出脑内，使透析管的透析区正好横跨所选的脑区内。然后将透析管的游离端固定在另一段不锈钢套管上。取出透析管管腔内的不锈钢丝，将两端不锈钢套管向颅骨弯曲，用牙科水泥固定在颅骨上。

此型探头的优点：制作简便易行；探头一旦植入动物脑内，即可随动物随意移动。缺点：此型探头在植入过程中，需在两侧颞骨各打一洞，探头横跨整个脑组织，引起所经过的脑区、颅骨及肌肉产生的损伤较大。

2) 环型探头的制作：取一根 1 cm 长、外径为 310 $\mu m$ 的中空纤维透析管，将一外径为 33 $\mu m$ 的不锈钢丝或尼龙丝永久性插入中空纤维透析管内。其作用是当探头插入到所要透析的脑区部位时，使探头有足够的机械强度，避免透析管弯曲或塌陷，维持管腔灌流畅通。再将两根长 1.5 cm、外径为 200 $\mu m$ 的硅胶管分别在两游离端沿不锈钢钢丝向中空纤维管管腔内滑动并插入一定深度（约 3.5 mm）。仔细调整深度使中间准确留下 1.5~2.5 mm 长的透析管，用作透析。其余的透析管部分以环氧树脂加以固定、封闭。待干燥后，将透析管中间留存的部分浸在生理盐水中浸泡 10 min 以上，待弹性增加后，将其对折成 U 型。两硅胶管游离端分别与一定长度的聚乙烯塑料管（PE10）相连，并合拢套入一薄壁的 25 GA 不锈钢套管内，用环氧树脂加以固定。

此型探头的优点：制作简单；有效透析部位大。缺点是：探头直径比较大，造成脑组织损伤大。

3) 并列型探头的制作：并列型探头是直径为 650 $\mu m$ 的单极探头。透析管的一端用环氧树脂封口，另一端套上外径为 650 $\mu m$ 的不锈钢套管。一共留下 1.5~3.0 mm 的透析管裸露区供透析用。用环氧树脂将透析管的上端与一不锈钢套管固定。在透析管内插入一根 0.075 mm（75 $\mu m$）涂有聚四氟乙烯（telfon）的 U 型钨丝支撑透析管探头。同时，将两根外径为 170 $\mu m$ 的透明二氧化硅毛细玻璃管插入透析管管腔内，一支作为灌流用的流入管，另一支作为收集用的流出管。最后，将外径为 500 $\mu m$ 的聚丙烯导管套在毛细管的游离端。聚丙烯导管与微灌流泵相连。

此型探头的优点：脑组织损伤少。缺点：透析效果比较低，不如 U 型探头；制作较复杂。

4) 同心型探头的制作：取一段长 25 mm 的 26 GA 的不锈钢管作为外套管，在离末端 10 mm 处弯成 35°角，在弯曲处钻一小孔，可让 36 GA 不锈钢内套管插入。将长 2～4 mm 的透析管用环氧树脂固定在外套管的末端。透析管末端用环氧树脂封口。36 GA 的内套管作为流入管，26 GA 的外套管作为流出收集管。

此型探头是目前使用比较多的透析探头，其优点：体积小，对脑组织损伤少；探头直径小，可通过预先埋置的引导管插入脑组织，为慢性实验提供方便。缺点是：做工精细；制作复杂；透析管易被损伤，可预先埋置一根引导管至预定脑区。实验时，透析管经引导管插入预定的脑组织；该探头直径小，气泡容易落到透析膜内而影响有效扩散面积，实验前灌流液需进行脱气。

### 1.6.6.2 微透析灌流液

在微透析技术中，灌流液的组成成分是至关重要的一个因素。早期微透析实验中使用的灌流液大多数是人工脑脊液、Ringer 溶液、Kreb 液或生理盐水，到目前为止已有近 30 余种灌流液，最常用的是人工脑脊液。实验证明，大多数的灌流液会影响脑内神经递质的基础释放和更新。比如，当应用 Ringer 溶液作为灌流液时，由于其中的 $Ca^{2+}$ 浓度高于正常的细胞外液，导致流出液中的多巴胺增加 70%；若灌流液中缺乏 $Ca^{2+}$，则导致所有的神经递质浓度下降。脑透析实验常用的灌流液中 $Ca^{2+}$ 浓度均为 1.2 mmol/L。此外，$Mg^{2+}$ 和 $K^+$ 也显著影响纹状体区多巴胺及其代谢产物的浓度。所以，进行脑内微透析实验时，使用的灌流液中各种离子组分的浓度应与脑内细胞外液保持一致。如果其中的某种成分作为实验检测对象时，则必须按照扩散原理使用这种物质的替代品，以维持灌流液的渗透压使之相对于细胞外液是等渗的，因为非等渗介质灌流影响细胞间的氨基酸水平。常用的灌流液组成如下（单位：mmol/L）：NaCl 140，KCl 2.4，$MgCl_2$ 1.0，$CaCl_2$ 1.2，$NaHCO_3$ 5.0，维生素 C（ascorbic acid）0.6，pH 7.4。

一般情况下，细胞间液的蛋白质含量极低，灌流液流出液中几乎不含蛋白质。所以，流出液可直接应用于高压液相进行色谱分析，不需进行去蛋白质预处理。在某些研究中，灌流液中则要加入 0.2%～0.8% 的牛血清白蛋白（bovine albumin），其目的是避免某些肽类黏附到透析膜、塑料或不锈钢钢管上，降低透析膜的回收率。

### 1.6.6.3 微透析探头植入

**(1) 探头植入前的准备**

1) 微透析探头被植入脑组织前，必须注入人工脑脊液，检查探头是否有漏出现象。
2) 微透析探头被植入脑组织前，还应测定透析管的相对回收率（或称为体外回收率）。相对回收率是指透析液内的物质浓度与透析管外液中该物质浓度的百分比。绝对回收率是指单位时间内引流的某种物质的量。测定方法是：把透析管放在含有某物质的生理盐水中，灌流透析管，测定透析管流出液中某物质的浓度与透析管外该物质浓度的百分比或测定单位时间内透析管流出液中该物质的总量。测定神经肽的回收率，比较快且方便的方法是将透析管放在含放射性核素标记的神经肽溶液中，灌流透析管。然后，测定并比较透析管流出液以及同样容积管外溶液中该放射性核素计数的百分比（γ-计数的百分比）。影响透析管回收率的因素有以下几方面。

a. 灌流速度：灌流速度与相对回收率成反比，即灌流速度越快，相对回收率就越低。但当灌流速度＞2.5 μl/min 时，对相对回收率的影响不明显。绝对回收率与灌流速度成正相关的关系。灌流速度在 5～10 μl/min 范围内时，对绝对回收率影响不明显。

b. 灌流时间：随着灌流时间的延长，回收率逐渐下降。其中在灌流初期下降最明显，灌流 1 h 后对回收率的影响不大（＜1%）。

c. 扩散系数：决定扩散系数的因素主要是物质的分子大小，即分子的直径和分子质量等。此外，物质分子在体内细胞间液的扩散系数低于在体外水溶液的扩散系数。

d. 温度：温度是影响透析探头回收率的重要因素。随着周围环境温度的升高，透析探头的回收率也会增加。其原因就是物质分子的扩散系数随着温度的增加而增加。因此，在微透析实验当中应保持外环境温度的恒定。

e. 透析膜的面积和结构：相对回收率和绝对回收率均与透析膜的面积成正相关的关系。透析膜面积加大，透析管的相对回收率和绝对回收率均显著增加。因此，若一整个实验未结束，中途需换透析管时，一定要检测新透析管的回收率。

f. 物质浓度：透析外液中的某种物质浓度增加时，透析探头的绝对回收率增加，与物质浓度成正相关关系。但探头的相对回收率不会发生明显变化。

g. 探头植入脑区组织：透析探头的植入对脑组织是一种损伤，脑组织的局部反应可影响回收率。在探头植入的前两天，影响不明显。但在两天后则显著降低探头的回收率。

**（2）微透析探头的植入**

测定完回收率的探头后，将探头保持湿润，待用。将动物麻醉后置于脑立体定位仪上。根据相关的脑图谱在颅骨相应的部位钻孔，仔细将脑膜切开。然后将微透析探头植入脑内所要透析的区域，用牙托粉固定。探头植入后一般先灌流 0.5～2 h，直至回收率稳定后才可收集流出液。

**（3）微透析探头植入对脑组织的影响**

脑内的水空间由细胞内、细胞间隙和血管三部分组成。测定细胞间隙的物质浓度，必须保持它们之间分界的完整性。微透析探头的植入过程不可避免地引起一定程度的脑组织损伤。研究发现，探头植入可引起邻近组织水肿、少量出血，并有多形核白细胞聚集。在离探头 100～150 μm 范围内偶见神经元死亡。3 天后，星形胶质细胞肥大，两周后被结缔组织取代，但是探头周围的血脑屏障很快得到修复（0.5～2 h）。

另外，微透析探头植入也可影响脑的局部代谢及脑血流量。探头植入区及远离区的血流量下降。紧邻透析膜的部分区域代谢增加，而其他地区的代谢则降低。总之，探头植入脑组织会造成一定程度的伤害，引起一些形态上的、功能的、代谢的和血流量的变化，但这些变化是暂时的，会在短期内恢复正常。

### 1.6.6.4 微透析样品的收集和检测

透析实验采用的灌流速度一般为 $5\sim10~\mu l/min$。样品的收集一般在灌流 $30\sim60~min$ 后开始。样品收集应在 $0\sim4℃$、避光、一定 pH 条件下进行，防止目标物质的破坏。透析样品可直接应用 HPLC-电化学/荧光/紫外检测技术或其他具有高灵敏度和高分辨率的微量化学分析方法进行测定。

（崔秀玉）

## 参 考 文 献

达世禄. 1999. 色谱学导论. 武汉：武汉大学出版社
邓勃等. 1991. 仪器分析. 北京：清华大学出版社
付以同，张金松，黄金祥等. 1993. 大鼠脑微透析实验方法的建立. 中国应用生理学杂志，22（2）：75~77
关卓，苗莉，张万琴等. 1997. 脑透析术——测定神经递质和神经肽释放的一种新技术. 中国应用生理学杂志，13（2）：185~188
郭尧君. 1999. 蛋白质电泳技术. 北京：科学出版社
黄如彬，周爱儒. 1995. 生物化学实验教程. 北京：世界图书出版公司
金瑞祥，应武林，杨根元等. 1997. 实用仪器分析. 第 2 版. 北京：北京大学出版社
库珀（徐晓利等译）. 1980. 生物化学工具. 北京：人民卫生出版社
史景江. 1990. 色谱分析法. 重庆：重庆出版社
苏拔贤. 1994. 生物化学制备技术. 北京：科学出版社
孙毓庆. 1992. 分析化学. 第 3 版. 北京：人民卫生出版社
威廉斯. 1979. 实用生化化学原理和技术. 北京：科学出版社
吴馥梅，杨丽娅，萧信全等. 1995. 突触体研究简介. 中国神经科学，2（2）：93~96
向敬. 1993. 微透析技术及其在脑缺血研究中的应用. 国外医学脑血管疾病分册，1（2）：67~69
尹萍波，梅镇彤. 1995. 脑内微透析采样技术及其神经科学中的应用. 生理科学进展，26（3）：223~229
Benveniste H, Huttemeier PC. 1990. Microdialysis thoery and application. Prog Neurobiol, 35：195~215
Collard KJ, Edward R, et al. 1993. Changes in synatosomal glutamate release during posnatal development in the rat hippocampus and cortex. Dev Brain Res, 71：37~43
Fischbach G. 1992. Mind and Brain. Sci Am, 267 (3)：48~57
Gardner EL, Chen J, Pareades W, et al. 1993. Overview of chemical sampling techniques. J Neurosci Meth, 48：173~197
Lonnroth P, Jansson PA, Smith U, et al. 1987. A microdialysis method allowing characterization of intercelullar water space in humans. Am J Physiol, 253：E228~231
Rao KVR, Murthy RK. 1994. Synatosomal high affinity transport systems for essential amino acids in rat brain cortex. Neurosci Lett, 175：103~106
Whittaker VP. 1993. Thirty years of synaptosome research. J Neurocytol, 22：735~742
Zhang WQ, Hong J S, Hudson PM, et al. 1991. Extracellular concentrations of amino acid transmitters in ventral

hippocampus during and after the development of kindling. Brain Research, 540: 315~318

# 1.7 化学神经解剖学方法学

细胞（组织）化学是介于细胞学与化学之间的一门科学。细胞（组织）化学的目的是使用细胞学和化学的方法来显示细胞（组织）的化学成分，并使之可视化（visulization）。近十几年来神经系统的组织化学研究取得了飞速发展，以至于形成了化学神经解剖学这样一门独立的学科。作为现代神经科学研究方法，组织化学法中最主要的是免疫细胞（组织）化学技术。

## 1.7.1 免疫细胞化学技术

### 1.7.1.1 免疫细胞化学技术的原理

免疫细胞化学是利用免疫学抗体与抗原结合的原理以及组织化学技术对组织、细胞特定抗原或抗体进行定位和定量研究的技术。因为抗原与抗体的结合是高度特异的，所以免疫细胞化学方法具有高度的特异性、灵敏性和精确性。免疫细胞化学染色的抗原通常是一种肽或蛋白质，有数量不等的抗原决定簇。抗原决定簇由暴露于表面的在空间上相邻的3~8个氨基酸组成。一个抗原上可以有多个抗原决定簇。故由此而产生的抗血清中可能含有针对不同决定簇的抗体，这一类抗体称为多克隆（polyclonal）抗体。用杂交瘤技术可以制成针对单个决定簇的抗体，称单克隆（monoclonal）抗体。因为抗体仅识别特定的抗原决定簇，而不识别抗原本身，因此不同物质只要有相同的抗原决定簇，均可被同一抗体识别，在免疫组织化学中就产生了抗体的特异性及交叉反应问题。

由于在组织和细胞内进行的抗原抗体反应一般是不可见的，需要用标记的方法将某种标记物质或荧光素结合到抗体上，再用组织化学方法显示此标记物质或在荧光显微镜下观察荧光素发出的荧光。用这些标记的抗体可以在组织切片上鉴别是否发生了特异的抗原抗体反应，并可对与抗体结合的抗原物质进行定位。

免疫组织化学方法分为直接法和间接法（图1-7-1）。将标记物质直接标记在特异性第一抗体上的方法叫直接法；间接法不需直接标记特异抗体（第一抗体），而是标记第二或第三抗体。免疫组织化学方法一般用的标记物质有荧光素、酶、铁蛋白、生物素、金及放射性核素等。目前，光镜免疫组织化学最常用的是辣根过氧化物酶（horseradish peroxidase，HRP）标记的过氧化物酶抗过氧化物酶法（peroxidase anti-peroxidase method，PAP法）、卵白素（抗生物素）-生物素-酶的ABC（avidin-biotin-peroxidase complex）法和免疫荧光组织化学方法。在此我们将重点介绍几种常用的免疫组织化学染色方法。在应用免疫组织化学方法之前，我们首先应该了解整个免疫组织化学染色过程应注意的三个原则：①了解每个步骤的操作要点及其意义；②实验组和对照组的合理配伍及处理；③尽量消除非特异性交叉反应和内源性过氧化物酶的活性，以达到良好的切片背景对比条件，即所谓信噪比。

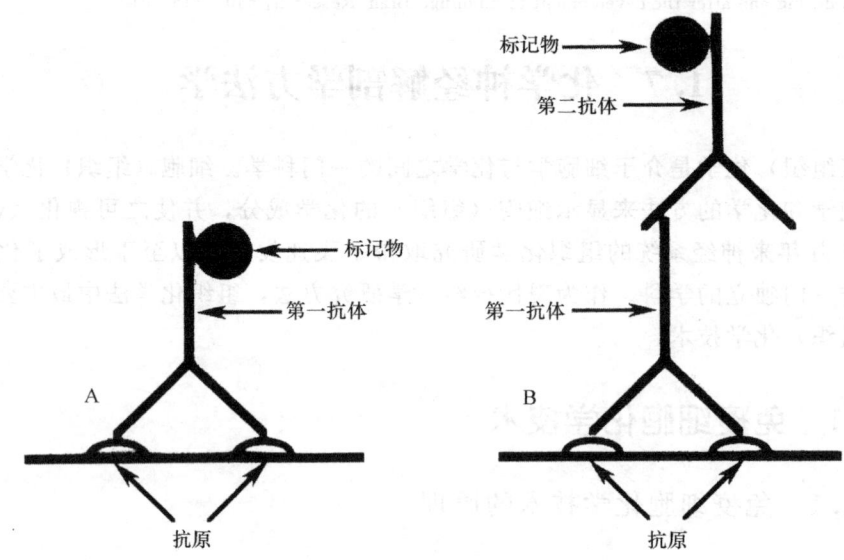

图 1-7-1 免疫细胞化学的直接法（A）与间接法（B）比较

### 1.7.1.2 免疫细胞化学常用染色方法

**(1) 免疫荧光细胞化学染色法**

免疫荧光细胞化学是现代生物学和医学研究中广泛应用的技术之一。免疫荧光技术由 Coons 等（1950 年）建立，经过多年的发展，免疫荧光技术与形态学技术相结合发展成免疫荧光细胞（组织）化学技术。由于免疫荧光细胞化学的特异性、快速性和在细胞水平定位的准确性，在神经生物学研究领域受到了日益广泛的重视，发挥着重要的作用。

免疫荧光细胞化学是根据抗原抗体反应的原理，用荧光染料作为标记物，先将已知的抗原或抗体标记上荧光素，再用这种荧光素标记抗体（或抗原）作为探针检查细胞或组织内的相应抗原（或抗体），在细胞或组织中形成的抗原抗体复合物上即含有荧光素。当利用荧光显微镜观察标本时，不同的荧光素受各种不同的激发光照射而发出各种不同的荧光，可以看到荧光所在的组织或细胞，从而准确定位各种荧光素标记的抗原或抗体的部位。

最常用的荧光素是异硫氰酸荧光素（fluorescein isothiocyanate，FITC）。将 FITC 标记的特异性抗体和组织切片上的相应抗原结合，在荧光显微镜下观察时，FITC 呈现黄绿色荧光，代表所鉴定抗原的部位。FITC 为黄褐色粉末或结晶，最大激发波长为 490 nm，最大发射波长为 520 nm。另一常用的荧光素是罗达明（rhodamine，TRITC），其激发光和发射光波长分别为 580 nm 和 610 nm。

1）直接法：将荧光素直接标记在特异性第一抗体上，荧光素标记的抗体直接与组织切片上相应的抗原结合，一次孵育成功，在荧光显微镜下观察，以鉴定抗原的部位

（图 1-7-1）。此法简单，需时短，特异性强，但灵敏度低，而且必须分别标记每一种抗体，需要的抗体量大。该法现已被间接法代替，因而几乎无人使用。

2）间接法：该法先用第一抗体孵育组织切片，在第一抗体与组织中的抗原结合后，再用荧光素标记的第二抗体孵育，第二抗体是抗产生第一抗体的动物（一般为兔或鼠）的 IgG 的抗体，在荧光显微镜下观察结合的结果，发荧光的部位即抗原所在处（图 1-7-1）。通过上述步骤用荧光素标记的第二抗体与第一抗体结合的方法来间接显示抗原的所在部位。间接法较直接法灵敏，经过二次甚至多次反应，标记强度得到放大，而且只需标记一种抗 IgG 抗体即可鉴定多种抗原。

此外，还可将荧光素标记到 avidin 上，用 ABC 法的染色程序进行孵育和反应。由于 ABC 法的特点（详见后述），故其敏感性更高，使用得也更广泛。

**（2）免疫酶法**

此法是在免疫荧光法基础上发展起来的，属于间接法。它是用酶标记抗体，当抗原与抗体在组织切片或细胞内进行特异的抗原抗体反应后，用组织化学方法使标记的酶催化相应的底物，生成有色产物，在显微镜下观察时可间接地对抗原物质进行定位。标记抗体常用的酶有辣根过氧化物酶（HRP）、碱性磷酸酶等，目前多用 HRP 作为标记物。免疫酶法经过多次改进后，Sternberger（1970 年）在此基础上创建了过氧化物酶-抗过氧化物酶（peroxidase anti-peroxidase，PAP）法。该法是用 PAP 复合物作为酶标显色手段。PAP 是一种可溶性酶-抗酶血清复合物，可作为特异性显色基团。PAP 法简化了操作步骤，提高了灵敏度，是目前免疫组织化学染色中最常用的方法之一。

PAP 复合物是 HRP 的抗体和 HRP 结合而生成的一种复合物。每个 PAP 复合物含 2 个抗 HRP 的 IgG 分子及 3 个 HRP 分子。PAP 法需用三级抗体。首先，用特异的第一抗体（多为兔或小鼠 IgG）孵育组织切片；其次，用抗第一抗体（IgG）的抗体（如羊抗兔 IgG 或驴抗小鼠 IgG）作桥接（故第二抗体又称桥抗体）；再次，用 PAP 复合物与桥抗体结合（图 1-7-2）。桥抗体 IgG 分子有两个 Fab 段，一个与第一抗体结合，另一个与 PAP 复合物结合。桥抗体的两个 Fab 段是相同的，因此第一抗体及 PAP 复合物中的抗 HRP 抗体必须来自同一种动物。最后，用 HRP 的底物来显示 PAP 复合物。有若干种底物可供选择，不同底物可以产生不同的颜色反应。

HRP 最常用的特异性底物是过氧化氢或称双氧水（$H_2O_2$），二氨基联苯胺（3,3'-diaminobenzidine，DAB）作为供氢体。HRP 在 $H_2O_2$ 存在的情况下，能使 DAB 发生氧化，生成不溶性棕褐色反应产物沉淀，定位在抗原所在处。显色时可以在载玻片上滴染或对漂浮切片进行浸染，随时镜检，至显色满意时用 PBS 中止显色。经 PAP 法制成的标本可在光镜及电镜下观察，并能长期保存。

应当注意的是，在无 HRP 时，DAB 也能被 $H_2O_2$ 慢慢氧化。向 DAB 溶液中加 $H_2O_2$ 约 3 min 后，DAB 溶液便开始变成浅棕黄色，低 pH 可加速反应。HRP 的活性在 pH 5.4 时要比 pH 7.4 时高，故选用 pH 5.4 的缓冲液进行免疫组织化学染色，可以获得更强的信号。然而，选 pH 7.4 的目的在于减少散在的 $H_2O_2$ 引起的氧化反应，因此去除了背景染色的重要来源，并能较好地保存组织结构。

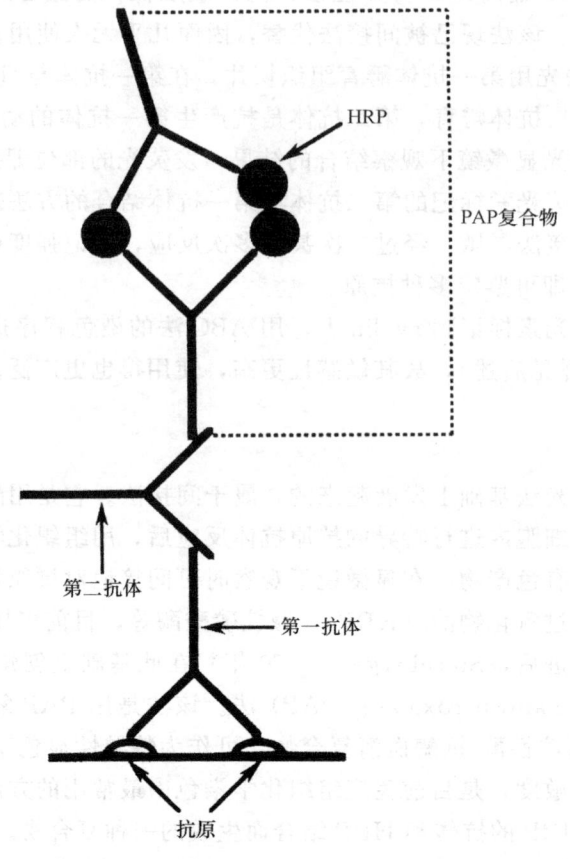

图 1-7-2 PAP 法

PAP 法比间接荧光法灵敏，所用第一抗体的浓度可低于间接荧光法 10 倍左右。也可用其他酶代替 HRP 与相对应的抗体组成复合物，如碱性磷酸酶-抗碱性磷酸酶（alkaline phosphatase-anti alkaline phosphatase，APAAP）等。

**(3) ABC 法**

ABC 法与 PAP 法相似，也属于间接法，不同点是用 ABC 替代了 PAP 复合物（Hsu et al.，1981）。ABC 是卵白素（抗生物素）-生物素结合的 HRP 复合物（avidin-biotinylated horseradish peroxidase complex）的简称。生物素（biotin）为一小分子维生素，易于与很多生物分子交联。卵白素（avidin）是存在于蛋清中的一种糖蛋白，每一分子上有 4 个同生物素亲和力极高的结合点，可以结合 4 个生物素。ABC 复合物是先将 HRP 与生物素结合，然后按一定比例将此复合物与卵白素反应，使每一个卵白素分子上结合 3 个带 HRP 的生物素，留出一个能与其他生物素结合的空位。复合物上携带的 HRP 越多，则酶催化的组织化学反应也越强烈，阳性结果也越明显。

ABC 法是在第一抗体反应后，用已结合生物素（biotinylated）的抗体桥接。然后用 ABC 孵育，使桥抗体上的生物素与 ABC 中卵白素上的空位结合（图 1-7-3）。最后仍用 HRP 的底物呈色。由于生物素及卵白素间的亲和力极强，故 ABC 方法比 PAP 法更灵敏，有时又称为亲和细胞化学。在 ABC 法中，第一级抗体是特异性的，第二级抗体是生物素标记的二抗，第三级是 ABC 复合物。ABC 复合物与桥抗体之间是通过生物素结合的，因此 ABC 复合物没有种属特异性，适用于任何种类的第一抗体。当然，生物素结合的第二抗体必须是针对第一抗体种属的。ABC 法与 PAP 法相比，具有孵育时间短、灵敏度更高等优点。

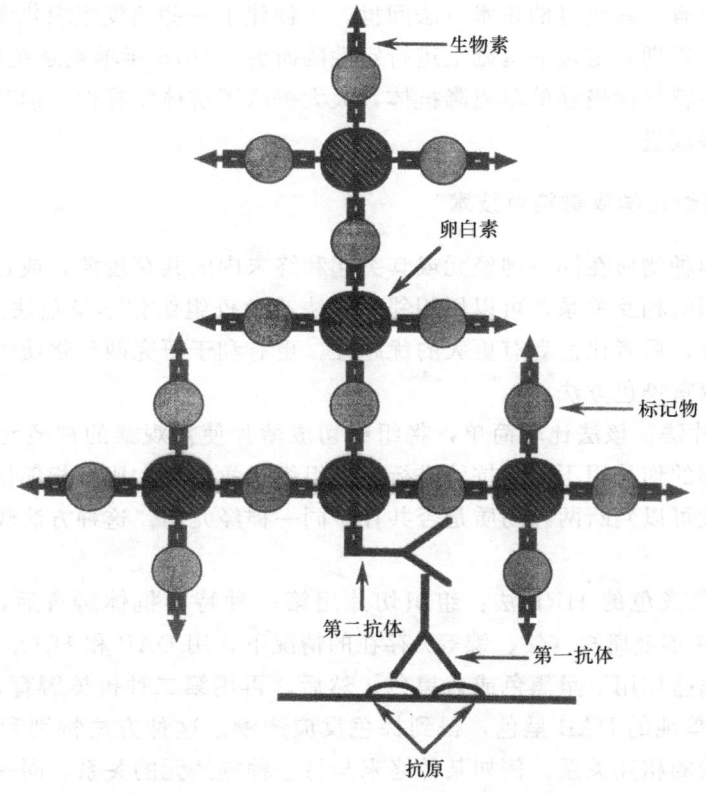

图 1-7-3　ABC 法

**(4) 其他免疫细胞化学染色法**

除上述方法外，还有利用金黄色葡萄球菌细胞壁上的一种抗原提取物——A 蛋白（staphylococcal protein A，PA）能和多种哺乳动物血清中的 IgG 的 Fc 片段结合而产生沉淀的特点进行反应的方法——蛋白 A 法。此方法是事先将 HRP 与 A 蛋白交联，此后通过孵育使 HRP 与 A 蛋白交联的复合物与切片上的第一抗体结合，随后进行呈色反应。此方法简便，效果也较好。也可把胶体金（colloidal gold）粒子作为标记物吸着在 A 蛋白或第二抗体上，通过孵育使胶体金颗粒与 A 蛋白的复合物或胶体金标记的第二抗体与第一抗体结合，通过对胶体金粒子进行银增感反应（silver enhancement），可以分别在光镜和电镜下观察到反应后的黑色颗粒状沉着物，但胶体金标记第二抗体的方法常被用于包埋后染色的电镜观察，详见本章 1.4。

如果把直径很小的纳米金（nano-gold）颗粒交联到第二抗体上，通过孵育使纳米金颗粒标记的第二抗体与第一抗体结合，通过对纳米金颗粒进行银增感反应，也可以分别在光镜和电镜下观察到银增感反应后的黑色颗粒状沉着物。由于纳米金的直径很小，易随抗体穿过细胞膜，故该方法的敏感性和抗原定位能力均极佳，是近年来发展并较成熟的新方法。

以上所举，只是免疫组织化学染色技术中常用的几种基本方法。为了提高特异性和敏感性，不断地有一些改进的技术方法问世，也创建了一些免疫组织化学和标记法相结合的双标记法，以期在定位的基础上进行定性的研究。1975 年单克隆抗体技术发明后，陆续产生了一些特异性极强的单克隆抗体，大大提高了抗体特异性，但其敏感性较差是个弱点，尚有待改进。

**（5）免疫组织化学双重染色技术**

为了研究两种物质在同一神经元或其突起和终末内的共存现象，或含不同化学物质的两种结构之间的相互关系，可以用相邻切片法或免疫组织化学染色法进行双重染色。就染色结果而言，后者比前者有更大的优越性，更有利于研究两种物质的相互关系。以下简介常用的双重染色方法：

1）相邻切片法：该法比较简单，将组织切成薄片使被观察的神经元切在两张以上的切片上，相邻的切片用不同的抗体进行免疫组织化学染色，比较相邻切片同一神经元的染色结果，就可以判断两种物质是否共存于同一神经元内。这种方法较适用于研究较大的神经元。

2）不同颜色成色的 HRP 法：组织切片用第一种特异抗体孵育后，按 PAP 法或 ABC 法反应，在重金属盐（钴、镍等）存在的情况下，用 DAB 和 $H_2O_2$ 呈色，DAB 氧化产物在重金属盐作用下呈黑色或蓝黑色。然后，再用第二种抗体孵育，重复 PAP 法或 ABC 法，用单纯的 DAB 呈色，得到棕色反应产物。这种方法特别利于观察含不同物质的两种结构的相互关系，例如某种终末与另一种神经元的关系。同一神经元内含两种不同物质也可在一定程度上从黑色与棕色的混合色中判断出来，但往往被一种颜色，特别是黑色掩盖。这个方法中值得重视的一个问题是，两种第一抗体最好是产自不同的动物种属。如果来自同一种动物，则可能人为地造成交叉反应。

3）免疫荧光组织化学双标法：按免疫荧光组织化学染色的步骤，将不同抗体和显示系统混合起来孵育，其条件是两种第一抗体需来自不同种动物。例如，产自兔及羊的两种多克隆抗体，或一种多克隆抗体及一种单克隆抗体。将两种第一抗体混合后与组织孵育，各自与其针对的抗原结合。然后用不同荧光物（FITC 及 TRITC）标记的针对两种第一抗体的二抗混合孵育，各自与其一抗结合。两种物质在荧光显微镜下产生不同荧光，可以更换滤色片系统（因不同荧光素的激发光、发射光的波长不同）分别进行观察，除分别照相用两张照片显示外，还可以通过两次曝光照相显示在同一张照片上。对于显示神经元、纤维、终末内的共存现象和神经元与终末的联系来说，这种方法效果最好。这种双重（最多可以达到四重）染色的结果，可以在荧光显微镜和激光扫描共焦显微镜下观察。

### (6) 秋水仙碱对免疫组织化学染色结果的影响

神经肽、神经递质及其合成酶在神经元胞体内合成后经轴浆运输至终末部位释放而发挥作用。轴浆运输与细胞骨架系统，尤其是微管有密切关系。秋水仙碱（colchicine）或长春新碱（vinblastine）可以破坏微管，阻止轴浆运输，使在神经元胞体内合成的物质在胞浆内堆积起来，从而可使胞体染得更加清楚，这是进行神经元胞体免疫组化染色的常用手段。各种神经肽、神经递质及其合成酶在神经末梢内比较丰富，无需特殊处理就可以用免疫组织化学染色法显示出来。但这些物质（尤其是神经肽）在胞体内的含量比较低，有时不易显示，必须给予秋水仙碱或长春新碱预处理，使这些物质在胞体内积聚起来，以便染出色来。秋水仙碱或长春新碱的给药方式因观察部位而异。对于脑的研究通常经侧脑室给药（成年大鼠约需 100 μg/只）。而在研究脊髓时，最好注入脊髓蛛网膜下腔内。给秋水仙碱或长春新碱后动物需存活 2 天，让各种物质在胞体内积聚。但此时末梢的各种物质有减少、甚至耗竭的可能。使用秋水仙碱的一个问题是无法知道所显示的物质是单纯量增加的结果，或是产生了质的变化。秋水仙碱对神经元也是一种刺激，甚至是病理性刺激。注射秋水仙碱的动物的状态明显变差，应经常观察并随时准备灌流固定。

### (7) 抗体稀释度和效价

合适的抗体稀释度，对节约抗体、提高染色的阳性率和获得良好的对比条件十分重要。稀释抗体时，应遵循以下规则：

抗体在稀释液中的浓度称为抗体工作滴度。每毫升溶液中所包含的抗体分子越多，则溶液的滴度亦越高，可配制高稀释度的工作液。抗体的工作滴度称为效价。若有两个不同厂家生产的针对同一种抗原的两种抗体，两者能染出阳性结构的最高稀释度分别为 1∶1000 和 1∶2000，这就是不同厂家生产的两种抗体的效价。抗体的稀释度越高则效价越高，说明抗体的质量越好。对于购买到的每一种抗体，包括同一厂家生产的同一种抗体，在使用前均应先摸清其效价，这样不但能提高免疫组化染色的效率、质量和减少非特异性染色，而且可以减少抗体的用量。

抗体中常含有多种杂质，使用高释度的工作液有助于减少这些杂质造成的背景染色。

一般情况下，将切片置于稀释的抗体或将抗体滴加到裱于载玻片上的切片后，置稀释抗体于湿盒内孵育的时间越长，则抗体工作液的稀释度可以更高，因此可节约抗体。但应避免因染色时间过长而使组织切片脱落，尤其石蜡切片在经过蛋白酶消化处理后更易脱落。使用高亲和力的抗体，即使高度稀释时，在 30 min 内抗原抗体的反应已几乎完成。对于其他抗体，反应在 24 h 以内更强，因此，一般孵育时间为 24 h。若在室温（约 20℃）条件下孵育过夜（12~18 h），也能较好地使抗原抗体结合。

鉴于标本的固定、切片的种类和稀释液种类等具体条件均可影响稀释度，每个实验人员应据具体情况来决定合适的抗体稀释度。理想的抗体稀释度应是抗体稀释度达到最高，阳性结果清晰可见，而背景无色。组织中抗原的免疫组织化学染色，以合适的抗体溶液系统得以定位。因此，抗原与抗体浓度的比例十分重要。如抗体浓度过高，反而减少抗原与抗体的结合，甚至导致假阴性结果。在阳性反应清晰可见的前提下，抗体稀释度越高，则背景染色越低。

一般可用 0.01 mol/L 的 PBS（pH 7.4）作为稀释液，但不宜存放过久。如欲久置则应以 Tris-HCl 缓冲液（pH 7.6）稀释抗体。配好的抗体工作液，应标明抗体的名称、稀释度和稀释时间，并保存于 4℃，切忌反复冻融。

最近，人们最常用 0.01 mol/L PBS（pH 7.4）配制的抗体稀释液的组成如下：2%~5%正常血清、0.3% Triton X-100、0.05%叠氮化钠（$NaN_3$）和 0.25%角叉菜胶（carrageenan）。此稀释液具有减少非特异性染色、增加抗体渗透和防止霉菌污染的特点。但叠氮化钠有抑制 HRP 活性的缺点，故在稀释 PAP 或 avidin-HRP 时不宜使用。Triton X-100 和角叉菜胶较难溶解，溶解时需要加热，待溶解后温度降至正常时，才能溶解正常血清，以防其中的蛋白变性。

### 1.7.1.3 免疫细胞化学的非特异性染色、交叉反应和对照实验

**(1) 非特异性染色及其消除方法**

在进行免疫细胞化学染色时，组织中非抗原抗体反应出现的阳性染色称为非特异性染色。非特异性染色的来源主要有以下五个方面：

1) 内源性过氧化物酶：内源性过氧化物酶主要存在于红细胞和中性粒细胞，固定效果较差时胶质细胞也是内源性过氧化物酶的来源之一。组织的良好冲洗和固定是消除内源性过氧化物酶的先决条件。内源性过氧化物酶活性可用甲醇-过氧化氢（$H_2O_2$）封闭，但 $H_2O_2$ 预处理对一些抗原可能有破坏作用。

2) 第一抗体：制备第一抗体的抗原纯度不高，其他蛋白产生的非特异抗体会吸附到组织细胞上造成非特异性染色。去除的方法有：①尽可能高地稀释抗体，以减低非特异抗体的浓度；②一抗孵育之后用 PBS 充分冲洗，因非特异抗体结合并不牢固，充分冲洗能使其解离；③在加入一抗之前，首先或与一抗同时用正常血清孵育，以便封闭非特异结合位点。

3) 第二抗体：将 IgG 从血清中分离出来时，其中同时存在四种成分：①特异性抗 IgG；②作为抗原的 IgG 不纯所产生的非特异性抗 IgG；③供体血循环中的其他 IgG；④非 IgG 蛋白。上述成分中除特异性抗 IgG 外，其他成分可以通过特异性交叉反应或通过非特异的疏水键与组织或细胞结合，产生非特异性染色。去除方法与去除第一抗体的非特异性染色方法基本相同。

4) 植物凝集素：主要来源于神经胶质细胞，多发生在 ABC 法染色过程。使用 2-甲基-D-甘露糖苷饱和生物素可大大降低由植物凝集素造成的非特异性染色。

5) 自发荧光：主要指经固定后组织产生的自发荧光，尤其多见于老年动物的组织切片。用硼氢化钠处理切片 10 min 即可消除，但硼氢化钠对组织的抗原性可能造成影响。

### (2) 免疫组织化学染色中的交叉反应

如前所述，抗体仅识别特异的抗原决定簇而不识别抗原本身，具有相同抗原决定簇的不同物质可以和同一种抗体结合，这在神经系统的免疫组织化学染色中是常见的现象。例如，蛋氨酸-脑啡肽（Tyr-Gly-Gly-Phe-Met）与亮氨酸-脑啡肽（Tyr-Gly-Gly-Phe-Leu），5个氨基酸中只有一个不同，因此抗蛋氨酸-脑啡肽的抗体可以和亮氨酸-脑啡肽起交叉反应，反之亦然。这种交叉反应不是吸收实验所能判断的（吸收实验仅能证明抗体确系抗蛋氨酸-脑啡肽或亮氨酸-脑啡肽抗体）。有一些方法可以帮助判断染色反应的特异性。最可靠的方法是将抗体用可能与之有交叉反应的抗原吸收（如将抗蛋氨酸-脑啡肽抗体用亮氨酸-脑啡肽吸收），去除有交叉反应的抗体后，再用以做免疫组化染色，或者用已证明没有交叉反应的单克隆抗体。上述方法的先决条件是已知存在有交叉反应的抗原。而神经组织中存在着无数分子结构尚不清楚的物质，不同蛋白或多肽中有小段相同的氨基酸片段是非常普通的。即使已知其氨基酸序列也常难预见其抗体是否有交叉反应，有时甚至只要在关键部位有一二个氨基酸相同就可能有交叉反应。

有一种办法可以减少交叉反应的机会，即制成针对抗原不同片段的抗体，如各抗体均得出相同的染色结果，则存在交叉反应的可能性较小。但无论用什么方法，免疫组织化学无绝对的对照实验。因此，免疫组织化学染色的阳性物质均称作某某免疫反应（-immunoreactive）或某某样免疫反应（-like immunoreactive）物质。

### (3) 免疫组织化学染色的对照实验

进行免疫组织化学染色时，必须证实组织内显示的荧光或有色产物确实是抗原与相应的特异性抗体结合所产生的。如前所述，影响免疫组织化学染色过程的因素很多。因此，必须要有严格的对照才能对染色结果做出正确的评价，常用的染色对照有：

1）阳性对照：用已知含靶抗原的组织切片与待检标本同样处理，免疫组织化学染色结果应为阳性，称阳性对照。通过阳性对照可证明靶抗原有活性，抗体的特异性高，染色过程中各个步骤以及所使用的试剂都合乎标准，染色方法可靠。尤其当待检标本为阴性时，阳性对照切片呈阳性反应可排除待检标本假阴性的可能。所以，若预期染色结果为阴性时，就必须设阳性对照。当阳性对照亦不显色，就证明抗原保存、染色方法和抗体效价等某一方面存在问题。

2）阴性对照：用已知不存在相应靶抗原的组织标本染色，结果应为阴性。阴性对照可排除在染色过程中由于非特异性染色或交叉反应等因素造成的假阳性结果。阴性对照包括空白对照及替代对照：①空白对照：用缓冲液替代第一抗体是最常用的空白对照，染色结果应为阴性，说明染色方法可靠。②替代对照：用产生第一抗体相同动物的免疫前血清或相同种属的正常血清来替代第一抗体，染色结果应为阴性。这可证明待检组织切片的阳性结果不是抗体以外混杂的血清成分所致，而是该抗体与组织内靶抗原特异性反应的结果。

3）自身对照：用同一组织切片上与靶抗原无关的其他抗体的染色作对照。阳性与阴性结构同在一个视野中，相互印证，这本身就是对阳性反应的特异性对照。

4）吸收实验：先将过量的已知抗原与对应的抗体混合孵育，两者形成特异性结合，再用结合后的混合物孵育切片，染色结果应为阴性。若染色结果仍为阳性，则为非特异性染色。此法可证明待检组织切片的阳性结果是该抗体与组织内靶抗原特异性反应的结果。但此法的操作步骤繁杂，抗原和抗体的用量较大，价格昂贵。需要时请参阅有关免疫组织化学的专著。

在科研工作中，免疫组织化学染色结果可进行定性及定量分析。需要强调的是，用于定性或定量分析时，最好将对照组及实验组的切片贴裱在同一张载片上或将切片以相同条件同时孵育，以尽可能保证染色条件一致，使染色结果具有可比性。

#### 1.7.1.4 免疫细胞化学方法的基本过程及注意事项

成功的免疫细胞化学染色既要求组织细胞的结构成分不遭到破坏，又要求酶反应有精确、稳定的定位，并且有高度的特异性和可重复性。因此，对结构和化学反应有影响的任何一种因素都会给染色造成不利影响。免疫组织化学染色的基本过程有固定、制片和反应三个步骤。

**(1) 固定**

固定是免疫组织化学染色技术中的一个关键步骤。神经系统内很多物质是可溶的，必须首先用固定剂将之交联起来，以免在染色过程中丢失。最常用的是 0.1 mol/L 磷酸缓冲液（pH 7.4）配制的 10% 甲醛溶液或 4% 多聚甲醛与 0.2% 苦味酸（picric acid）的混合液。但不同物质对固定剂的反应不同，没有一种适用于一切物质的固定剂。固定剂同时又有可能破坏抗原性。因此，选择合适的固定剂、合适的浓度、固定时间和方法，对于最大限度地在保持组织细胞微细结构的同时又保留待检抗原的活性，成功地进行免疫组织化学反应是十分重要的。

而在电镜细胞化学标本制备过程中，除用上述固定液固定外，在酶与底物充分反应之后，为了电镜观察的需要还要进行后固定，这种后固定一般采用 1% 四氧化锇（$OsO_4$）。如固定时间得当，$OsO_4$ 不仅起到后固定作用，还有促进反应产物进一步锇化的作用；如固定时间过长，$OsO_4$ 对酶活性的终产物反而有助溶作用。

**(2) 制片**

一些薄层组织可以铺片，如视网膜，但大多数材料需做切片。因目的不同可以制成石蜡切片、树脂切片、冷冻切片及振动切片。石蜡切片在神经生物学研究领域使用较少。光镜研究用的树脂切片主要是利用树脂包埋可以切成很薄切片的特点，一个神经元可以被切成若干张切片，用以做不同染色，以研究不同物质的共存现象。这种切片还可清楚地显示两个结构的关系，如轴突终末与神经元的关系。石蜡包埋和树脂包埋过程对抗原都有一定程度的破坏作用。免疫组织化学技术中用得最多的是冷冻切片。冷冻切片对抗原具有较好的保存能力，但为了避免冷冻过程中组织和细胞内形成的冰晶对神经元结构的破坏，组织块在切片前必须在蔗糖溶液内浸泡，直至沉底。振动切片机（vibratome）是利用刀片在水平方向上往复拉割来切片的，不如冷冻切片方便，切片也比较厚，但可以切较软的组织，能避免冷冻切片过程中组织内形成的冰晶对超微组织结构的破坏和影响。所以，做电子显微镜样品，必须用振动切片。

**(3) 反应**

免疫组织化学反应可以将组织切片铺贴在载玻片上反应，也可将切片漂浸于反应液中进行，两者之间无实质差别。虽然漂染法的操作步骤比较繁琐，但漂染法的染色效果往往好于片染法。免疫组织化学反应时缓冲液和反应液的选择、孵育时间及孵育时所采用的温度，对反应物的形成无疑是十分重要的环节。在实际操作过程中，除了借鉴他人的成功经验以外，还应根据自己的条件和经验探索最为合适的反应条件。最值得注意的一点是，向反应液内加入 $H_2O_2$ 时一定要循序渐进地缓慢进行，使反应液中 $H_2O_2$ 的浓度由低到高，以保证组织化学反应能够比较完全地进行。这样做不仅能得到良好的染色结果，而且能减轻非特异性反应并得到清亮的背底。

上述任何一个步骤处理不当，都会造成切片呈假阳性反应，即人们平常所指的人工假象。为了正确估计组织细胞化学反应过程中是否有人工假象存在，在标本制备及酶反应过程中，设立对照样品和对照实验是十分必要的。

(李云庆)

## 1.7.2 原位杂交组织化学技术

原位杂交组织化学技术（*in situ* hybridization histochemistry，ISHH）是神经生物学领域近几年发展起来的新技术，它是通过应用已知碱基序列并带有标记物的探针与组织、细胞中待测的 mRNA 进行特异性结合，形成杂交体，然后再应用与标记物相应的检测系统，在核酸的原有位置对其进行定位的方法。这一技术为研究单一神经元中编码各种蛋白质、多肽的相应 mRNA 的定位提供了手段，为从分子水平研究神经元内基因表达及有关因素的调控提供了有效的工具。

### 1.7.2.1 ISHH 的建立及其发展

哺乳类神经系统是分化程度最高且最复杂的系统。其复杂性不但表现在它含有大量的形态功能各异的神经元及神经胶质细胞，而且也表现在含有大量不同种类的基因及由此指导合成的 mRNA。据估计，成年啮齿动物脑内含有大约 30 000 余种不同种类的脑特异性 mRNA 序列。研究结果表明，这些 mRNA 并非均匀地分布于脑内，而是具有区域特异性分布特点，尽管它们在全脑中的含量较低，但在特定的神经元或核团中的含量可能极高，具有重要的功能。弄清脑内基因表达的部位及其调节机制，不仅可了解神经活性物质及其受体合成的部位，也可将高度异质性的脑组织各部的特点及相互关系表达出来。另外，某些神经系统疾病如帕金森病、阿尔茨海默病等，往往伴有不同程度的物质合成的紊乱。故基因表达的正常进行及调节对神经系统功能的正常发挥有重要意义。因此，对于脑内基因表达的机制及其调节因素的研究是神经科学领域中的重要课题之一。

目前，从形态学角度来研究基因表达的最常用方法是免疫组织化学技术（immunohistochemistry）。它是依据抗原抗体反应的原理应用特异性抗体显示某种抗原（蛋白质、神经肽、氨基酸等）在脑内的分布及其变化的方法。应用此技术，近年来对各种神经活性物质在脑内的定位做了大量观察，加深了对神经系统的化学解剖学的认识。然而，免疫组织化学所观察的是物质合成的最终产物。在许多情况下，这些神经活性物质在胞体中合成后，往往被运输到神经元突起的远端。因此，免疫组织化学所示部位有时并非物质合成的真正部位。另外，它所显示的脑内神经活性物质并不能表示其合成的变化或消耗水平。加之由于相近抗原之间交叉反应的存在，有时会得出错误的结论。所有这些缺陷均影响了免疫组织化学染色结果的可靠性。

另一方面，蛋白质或多肽均是在其基因编码的特异性 mRNA 的指导下合成的，如果能够显示组织中 mRNA 的定位，则可确定其编码的蛋白质的真正合成部位及其组织定位。目前，这方面常用的方法均首先将组织或细胞中的全部 mRNA 提取出来，因而其结果只能显示全脑或某一脑区中某种 mRNA 的有无及其相对含量，而无法确定含此类 mRNA 的神经元类型及其分布状况，也不能明确物质合成的真正部位。另外，由于这种方法所提取的是组织中的全部 mRNA，对于含量较少的 mRNA 则难于显示，导致其敏感性较低。

1969 年，美国耶鲁大学的 Gall 和 Pardue 首先应用 ISHH 技术成功地显示了爪蟾核糖体基因在其卵母细胞染色体上的空间分布状况。与此同时，Buobgiorno-Naedelli 和 Amaldi 等利用放射性核素标记核酸探针进行了细胞或组织的基因定位，从而开创了原位杂交细胞或组织化学（ISHH）技术。此后，ISHH 技术也被应用于观察感染细胞中病毒基因组的表达、确定染色体上基因的定位以及通过观察特异的内源性 mRNA 研究基因表达。自 20 世纪 80 年代末，随着重组 DNA 技术在神经系统研究中的应用，以及大量神经活性物质及其受体基因序列的获得，ISHH 技术越来越广泛地应用于神经科学研究领域。目前，ISHH 已成为一种常规的研究手段。利用此技术可以观察单一神经元中编码各种神经活性物质及其受体的 mRNA 的定位和动态变化，从而了解它们在脑内的生物合成过程及其调节因素。借此可从基因表达的角度，将高度分化的脑组织各部分的特点及其相互关系表达出来，为分析神经系统信息处理机制提供物质基础。

### 1.7.2.2 ISHH 的基本原理与方法

每条单链核酸分子（DNA 或 RNA）都有一条与之相互补的链。杂交（hybridization）即是指这两条原来并无关联的单链核酸分子以互补碱基对之间的氢键互相结合（G 与 C 碱基对，A 与 T 或 U 碱基对）形成双链的一种反应。在适宜条件下，DNA 与 DNA 之间、RNA 与 RNA 之间以及 DNA 与 RNA 之间均可形成双链结构，即杂交链。ISHH 是运用这一原理，选用特定的标记物（放射性核素、生物素、地高辛或某些酶类）标记一条单链核酸即探针。在一定时间、温度、盐浓度下应用标记探针孵育组织切片，使探针与组织中的相应 mRNA 杂交形成双链结构。再依据标记物的不同，使用不同的检测方法（放射自显影、免疫组化或组化反应），显示标记探针在组织的分布状况，从而探知特定基因或其转录产物（mRNA）的组织定位（图 1-7-4）。

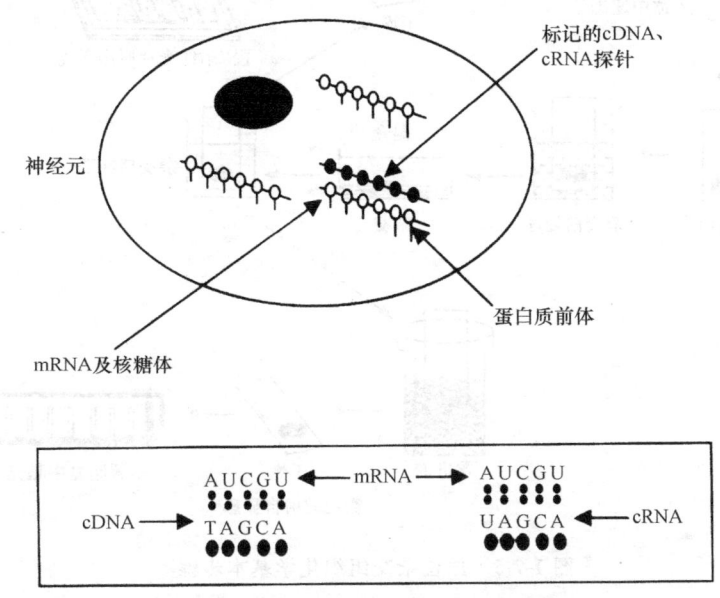

图 1-7-4　原位杂交组织化学技术基本原理

ISHH 技术主要包括以下几个步骤（图 1-7-5）。

1）标本的制作：包括取材及杂交前处理。前者的关键是在最大限度地保存组织中 mRNA 及获得最佳组织保存的同时，又有利于探针向组织内的渗透。目前常用的取材方法有两种：即灌注固定法和新鲜速冻法。前者应用 4% 多聚甲醛固定，后者则是将新鲜组织在干冰中迅速冷冻。两种方法各有优缺点，但相比之下，速冻法简单易行，且便于探针向组织内的渗透，使用得也越来越多。

杂交前处理的目的是为了增加组织通透性及减少杂交时非特异性反应的产生。增加组织通透性常用的方法有用稀酸洗涤、去垢剂、乙醇处理或某些蛋白酶消化等。这些处理可增强组织的通透性及探针的渗透性，提高杂交信号，但同时也会降低 RNA 的保存量和影响组织结构的形态。因此，在用量和处理时间上要谨慎掌握。在杂交前，用乙酸酐和三乙醇胺处理切片，可减低静电效应。用不含探针的预杂交液孵育切片，可封闭非特异性杂交点，这两种处理均可减低非特异性反应。

2）探针标记：在 ISHH 中使用的探针主要有互补 DNA（cDNA）、互补 RNA（cRNA）及寡核苷酸（oligonucleotide）探针。这些探针的特点及优缺点见表 1-7-1。探针的标记方法有两种，即放射性核素法及非放射性核素法。前者主要是应用缺口平移法及随机引物法将标记的脱氧核苷（dATP、dCTP、dGTP、dUTP）掺入探针的碱基序列中，或应用末端标记法将其连接于探针的 3′ 或 5′ 末端。在放射性核素标记法中，常用的放射性核素有三种，即 $^3H$、$^{35}S$ 和 $^{32}P$。

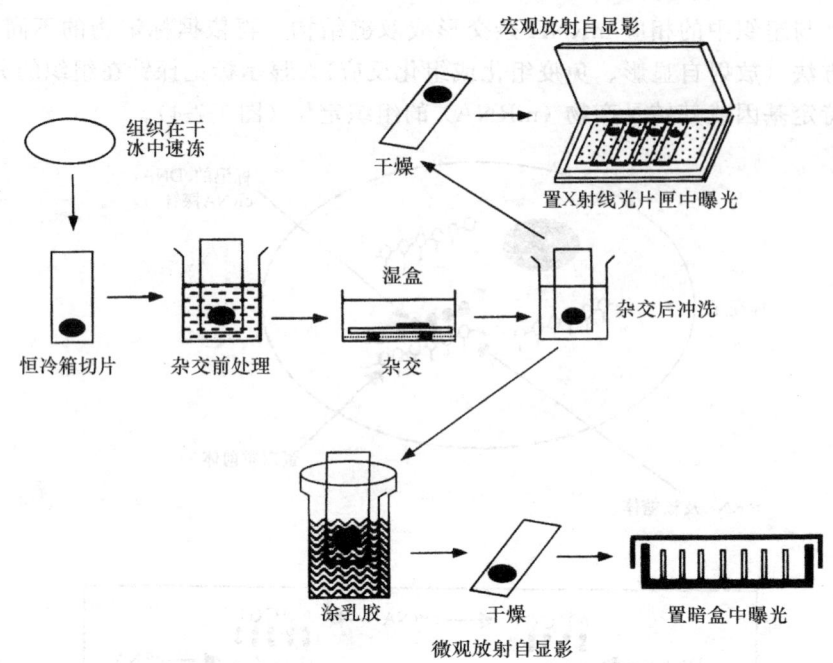

图 1-7-5 原位杂交组织化学基本步骤

表 1-7-1 ISHH 中使用的探针类型及其特点

| 探 针 | 优 点 | 缺 点 | 标记方法 |
|---|---|---|---|
| cDNA | 使用简单 | 需做基因克隆 | 缺口平移法 |
| | 不需做亚克隆 | 常需解链 | 随机引物法 |
| | 杂交链稳定性高 | 向组织内渗透能力差 | |
| | 杂交温度不严格 | 易于再退火 | |
| | 信号特异性强 | | |
| cRNA | 杂交体非常稳定 | 易被 RNA 酶降解 | RNA 聚合酶法 |
| | 信号特异性高 | 杂交温度要求严格 | |
| | 背底较低 | 需做亚克隆 | |
| | 不需解链 | 向组织内渗透能力差 | |
| | 无再退火发生 | | |
| 寡核苷酸探针 | 易于制备 | 需合成仪器 | 5′末端标记法 |
| | 其序列可任意选定 | 需明确 mRNA 序列 | 3′末端标记法 |
| | 不需做亚克隆 | 杂交链稳定性较低 | |
| | 使用方便 | 需做多种对照 | |
| | 向组织内渗透能力强 | 易产生非特异性杂交 | |
| | 无再退火发生 | | |

这些放射性核素的特性见表 1-7-2。因 $^{35}$S 的放射性能量较 $^{32}$P 低，但较 $^{3}$H 强，不易产生 $^{32}$P 那样严重的非特异性背底，而曝光所需时间又远短于 $^{3}$H，因此，在 ISHH 中最为常用。非放射性标记法是用生物素、地高辛或各种酶类（如碱性磷酸酶）等标记探针，其中用的最多的是地高辛标记法（图 1-7-6）。

**表 1-7-2　ISHH 中应用的放射性核素的特性比较**

| 特性 | $^{3}$H | $^{35}$S | $^{32}$P |
| --- | --- | --- | --- |
| 发射能量 | 0.018 MeV | 0.167 MeV | 1.71 MeV |
| 半衰期 | 12.4 a | 87.4 d | 14.3 d |
| 分辨率 | 0.15～1.0 μm | 10～15 μm | 20～30 μm |
| 曝光时间 | 2～3 个月 | 1～4 周 | 7～10 d |
| 背底 | 低 | 中 | 高 |
| 安全性 | 高 | 中 | 差 |
| 应用 | 亚细胞定位 | 单一细胞定位 | 脑区或核团定位 |

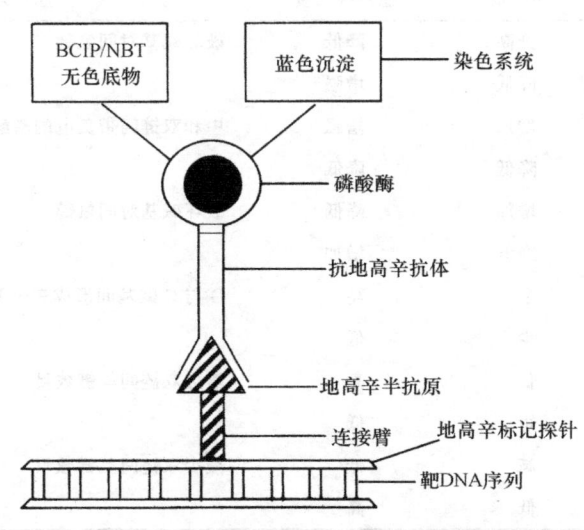

图 1-7-6　地高辛标记的原位杂交原理图

3）杂交：杂交反应是 ISHH 的关键，它是通过应用标记探针在一定条件下孵育组织切片而实现的。此过程的关键在于最大限度地使探针与组织中互补的 mRNA 相接触，促使互补碱基对之间通过氢键连接而形成稳定的杂交链。影响杂交效果的因素主要有以下几个方面。

a. 探针的浓度：很难事先确定每一种实验探针的浓度，基本的原则是探针的浓度必须能在实验中得到最大的信噪比。因高浓度的探针可引起较高的背底染色，因此最佳的原则应是应用最低探针浓度以达到与靶核苷酸的最大饱和度为目的。通常在 ISHH 中使用的探针浓度为 0.5～5.0 ng/μl。在不同的实验过程中，应以探针的种类和实验需要进行调整。

b. 杂交的温度和时间：杂交的温度也是杂交成功与否的一个重要环节。DNA 或 RNA 需加热和变性、解链后才能进行杂交，能使 50% 的核苷酸变性解链所需的温度，叫熔解温度（melting temperature，Tm），常用来表示杂交链的稳定性。在原位杂交中，多数 DNA 探针需要的 Tm 是 90℃，而 RNA 则需要 95℃。这种高温对保存组织形态完整和保持组织切片黏附在载玻片上是不可能的。因此，在杂交中常采用一些方法来调节 Tm。Tm 受许多因素影响（表 1-7-3），其相互关系可用下列方程式表示：

$$Tm = 81.5℃ + \log M + 0.41(G+C\%) - 820/L - 0.6(F\%) - 1.4(mismatch\%)$$

其中 M 为杂交液中离子强度（mol/L）；G+C% 为探针序列中 G 与 C 碱基对的摩尔百分比；L 为探针的长度（以碱基计）；F% 为杂交液中甲酰胺的百分比；mismatch% 为杂交双链之间非互补碱基对的百分比。此方程式根据对液相中两个单链核酸分子杂交过程的分析而得出。在 ISHH 中，由于观察的 mRNA 存在于细胞内，此方程不一定完全适用。但无论液相杂交还是原位杂交，其影响因素是相同的。由于盐和甲酰胺浓度等因素的调节，实际采用的原位杂交温度一般较 Tm 低 15～25℃。

表 1-7-3　ISHH 中影响杂交链稳定性的因素

| 因素 | 变化 | 稳定性改变 | 原理 |
| --- | --- | --- | --- |
| 杂交温度 | 升高 | 降低 | 破坏碱基对间氢键 |
|  | 降低 | 增强 |  |
| 盐浓度 | 增加 | 增强 | 中和双链间带负电的磷酸基间的相互静电排斥力 |
|  | 降低 | 降低 |  |
| 杂交液中甲酰胺的含量 | 增加 | 降低 | 破坏碱基对间氢键 |
|  | 降低 | 增加 |  |
| 探针中 G 与 C 碱基含量 | 多 | 高 | G 与 C 碱基间形成三个氢键 |
|  | 少 | 低 |  |
| 探针长度 | 长 | 高 | 增加双链间氢键数目 |
|  | 短 | 低 |  |
| 碱基对误配数 | 高 | 低 | 减少双链间氢键数目 |
|  | 低 | 高 |  |

杂交时间过短会造成杂交不完全，过长则会增加非特异性染色。从理论上讲，核酸杂交的有效时间在 3 h 左右。但为稳妥起见，一般将杂交时间定为 16～20 h，或为简便起见，也可杂交孵育过夜。

4) 杂交后处理：杂交后处理是指用不同浓度、不同温度的盐溶液漂洗切片的过程。目的是去除非特异结合的探针，从而提高反应的特异性，降低非特异背底标记。漂洗的条件如盐溶液的浓度、温度、次数和时间因核酸探针的类型和标记物的种类不同而略有差异，一般共同遵循的原则是盐溶液的浓度由高到低而温度由低到高。常用的盐溶液是标准枸橼酸盐溶液。需要注意的是在漂洗过程中，勿使切片干燥。对于干燥的切片，即使使用大量溶液漂洗也很难减少非特异性结合，从而增强背底染色。

5) 显示方法：显示方法依据探针标记物的种类而定。对放射性核素标记的探针，用放射自显影技术显示。常用方法有两种：一种是应用 X 射线光片覆盖组织切片；另一种是将核乳胶涂于切片表面，经曝光、显影、定影、复染后在显微镜下直接观察切片上细胞的标记状况（图 1-7-7）。前者可用于快速定位，但只能显示某个局域的标记状况；后者则可进行精确的细胞定位。非放射性标记探针可通过酶检测系统的组化反应来显示。

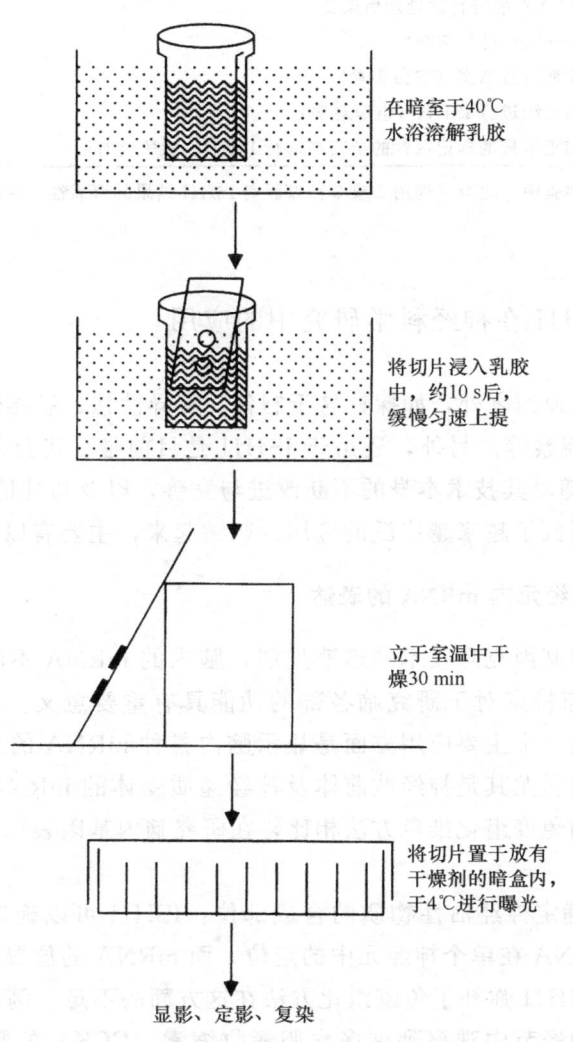

图 1-7-7　放射自显影的涂核乳胶法

6）对照实验：和其他实验方法一样，并非 ISHH 的任何阳性信号都是特异性的，故必须同时有对照实验以证明其特异性。对照实验的设置须根据核酸探针和靶核苷酸的种类以及现有的可能条件去选定。常用的对照实验见表 1-7-4。

表 1-7-4　ISHH 对照实验一览表

| |
|---|
| Northern 或 Southern 印迹杂交法* |
| ISHH 与免疫组织化学法结合* |
| 应用多种不同的核苷酸探针与同一靶核酸进行杂交 |
| 将 DNA 或 RNA 探针进行预杂交（吸收实验）* |
| 与非特异性序列和不相关探针杂交（置换实验） |
| 将切片应用 RNA 酶与 DNA 酶进行预处理后杂交* |
| 应用正义探针（sense probe）进行杂交* |
| 用不加核酸探针的杂交液进行杂交（空白实验） |
| 用已知为阳性或阴性的组织进行 ISHH（组织对照） |
| 用含过量未标记探针和正常量的标记探针的杂交液进行 ISHH（竞争性对照） |

注：在表列出的对照实验中，应至少选用 2 或 3 种以证实 ISHH 结果的可靠性。在表中标明 * 者为比较可靠的对照实验。

### 1.7.2.3　ISHH 在神经科学研究中的应用

ISHH 具有许多独到之处，如探针易于制备、特异性强、敏感性高以及可对组织中 mRNA 进行半定量观察等。另外，还由于 ISHH 是目前唯一可显示单一神经元中所含 mRNA 的方法，故随着其技术本身的不断改进与完善，以及与其他方法的结合，ISHH 在神经科学研究中得到了越来越广泛的应用。归纳起来，主要有以下几个方面。

**(1) 观察单一神经元内 mRNA 的表达**

如前所述，随着基因克隆技术的迅速发展，脑内的 mRNA 不断被发现。搞清各种 mRNA 在脑内的分布特点对于研究脑各部的功能具有重要意义。因此，近年来 ISHH 在神经科学研究中的一个主要应用方面是显示脑内各种 mRNA 的分布特点。到目前为止，许多神经活性物质尤其是神经肽前体及神经递质受体的 mRNA 在脑内分布，已得到了细致的观察。与免疫组化染色方法相比，在研究脑内基因表达方面，ISHH 具有以下两个突出的优点。

1) ISHH 可以确定神经活性物质的合成部位：ISHH 可以确定蛋白质合成过程中传递基因信息的 mRNA 在单个神经元中的定位，而 mRNA 的位置可代表蛋白质合成的真正部位。因此，ISHH 弥补了免疫组化方法在这方面的不足。例如，应用免疫组化方法，人们在大鼠脊神经节中观察到许多含胆囊收缩素（CCK）的阳性细胞。而 Serogg 等用 ISHH 并未发现含前原胆囊收缩素（prepro-CCK）mRNA 的细胞，因而推测在免疫组化方法中 CCK 的抗体可能与脊神经节中的降钙素基因相关肽（CGRP）发生了交叉反应。相反，有时免疫组化染色的结果为阴性，而 ISHH 的结果却为阳性。如应用免疫组化方法未见大鼠丘脑内有含 CCK 的神经元，但应用 ISHH 却发现大多数的丘脑神经元含前原 CCK mRNA。这表明丘脑神经元可以合成 CCK。而免疫组化方法的阴性结果可能是由于丘脑内的 CCK 含量低，免疫组化方法不易检出，或者由于 CCK 合成后被迅速地降解或被运输到末梢部位所致。由此可见，ISHH 与免疫组化方法的结合应用，将有力地促进脑内神经活性物质及其受体合成研究的发展。

2) ISHH 探针易制备：脑内许多蛋白质及多肽的氨基酸序列相似程度（同源性）较高。例如，速激肽（tachykinin）家族中的 P 物质、神经激肽 A（neurokinin A）与神经激肽 B（neurokinin B）的氨基酸序列非常相似，其 N 端的三个氨基酸则完全相同。另外，许多受体（如 $GABA_A$ 受体等）的亚单位的氨基酸序列也非常相近。对于这些物质，难于制备其特异性抗体。然而，却易于制备针对其不同亚单位的 mRNA 探针，可轻而易举地进行各亚单位在脑内的定位。

**（2）观察发育过程中基因表达的发生、发展规律**

在神经系统的发育过程中，机体通过控制各种基因的开启与关闭而合成不同的蛋白质或多肽。这些物质在神经发育中起着非常重要的作用。如即刻早期基因（如 *c-fos*、*c-jun* 等）的产物等，由于在早期胚胎中这些神经活性物质的含量较低，难于应用免疫组化方法进行组织定位。因此，常常选用 ISHH 观察其基因表达的发生、发展状况。

**（3）研究基因表达的影响因素及其调节机制**

大量研究表明，神经系统的基因表达受许多因素的影响，如药物、损伤、各种生理及病理刺激等。在这些变化中，mRNA 的变化往往早于其转录产物的变化。所以，应用 ISHH 可及时地反映基因表达的变化状况。另外，mRNA 的变化也可真实地反映神经活性物质合成的变化水平。

**（4）研究人类神经系统疾病**

许多神经系统疾病，如帕金森病、阿尔茨海默病以及某些精神性疾病（如焦虑等），均伴有脑内不同程度的神经活性物质合成的改变。如阿尔茨海默病的患者，大脑皮质与海马中的乙酰胆碱的生物合成酶——乙酰胆碱转移酶（ChAT）的含量明显降低。这些变化可能是由于合成的减少或由于消耗量的增加所致，有必要应用 ISHH 进行深入观察。通过对比正常及疾病组织中 mRNA 的分布含量的变化，可明确与疾病有关的基因表达的变化规律。

**（5）脑内 mRNA 的半定量观察**

在 ISHH 的许多应用方面，均需对比两种不同状态下组织中基因表达水平的差异。此点可通过对比组织中 mRNA 的相对含量而实现。即在严格的条件及标准对照的情况下，通过测定 X 射线杂交像的可视密度或每一神经元中的银颗粒密度，经一定的统计学处理后，即可得到组织内 mRNA 的相对含量，从而可对比不同状态下 mRNA 相对含量变化。目前，这方面的应用越来越多地受到重视，与之相适应地也产生了许多全自动图像分析技术。

**（6）ISHH 与其他形态学方法的结合应用**

尽管 ISHH 有许多独到之处，但它只能显示单一神经元中的 mRNA 及其变化。只有将 ISHH 与其他形态学方法有机地结合使用，才能有效地发挥其作用，加深人们对大脑形态与功能的认识。最常用的结合方法主要是与免疫组化方法及逆行标记法相结合。前者可同时显示同一神经元所含的 mRNA 及其产物，而后者则可显示含某种 mRNA 的神经元的投射部位，从而弄清神经元之间的联系及其性质。

（武胜昔）

## 1.7.3 受体定位技术

神经递质和神经活性物质担负着在神经元之间传递信息的任务。在它们所作用的细胞上（内）存在着特异性地和某些神经递质或神经活性物质结合而使其发挥调节效应的物质，叫做受体（receptor）。受体为活性物质的作用做准备。受体能够认识具有特定构造的化学物质并与之特异地结合，神经递质或神经活性物质和受体结合的复合体可以产生生物学效应。一般来说，受体是蛋白质。

受体不仅分布在神经元胞体的细胞膜上，也存在于树突、轴突等的膜上，甚至存在于胞核和胞浆内（儿茶酚胺类和肽类等亲水性物质的受体存在于胞膜上，类固醇激素等疏水性物质的受体存在于胞核或胞浆内）。一个神经元上可分布有多种受体。近年来，对受体的研究取得了突飞猛进的进展。在受体的种类、分布和定位，调节机制，亚单位的划分，提取和纯化，抗体制备等诸多方面的研究都取得了令人瞩目的进展。

配体（ligand）是指能与受体借助亲和力结合的物质的总称。配体包括有关的神经递质、神经活性物质和常用的受体拮抗剂（antagonist）及其激动剂（agonist）。

研究受体在神经系统内的定位和分布，主要有三类方法，即配体标记法、免疫组织化学染色法和原位杂交组织化学法。

### 1.7.3.1 配体标记法

1979 年，Young 和 Kuhar 创建了用放射性核素放射自显影技术（*in vitro* autoradiography, *in vitro* labeling）检测受体的方法后，对受体的种类、分布和定位的研究起到了积极的推动作用。配体标记法主要在组织切片上进行，利用标记的配体和受体结合以显示受体的存在部位。配体和受体有很大的亲和力并且因为是在组织切片上的结合实验，不必担心通过血脑屏障的问题，也不必担心配体在到达之前被代谢掉。体内存在各种内源性配体，不断地与受体结合。但在用针对各种配体的抗体用免疫组织化学染色时，并不能染出受体或准确定位受体。这是因为配体和受体的结合是可逆的，在水性环境下可以从受体上脱落。这个现象决定了配体法技术上的一些特点。首先是标记配体的选择，应尽可能选择高亲和力及特异性强的拮抗剂或激动剂。配体通常用放射性核素标记。其次，应尽量减少切片与水的接触。

配体标记法的基本步骤如下：将组织用恒冷箱切片机切成冷冻切片，铺贴于载玻片上。用缓冲剂洗去切片上的内源性配体，以免与标记配体竞争性地结合受体。用标记的配体孵育切片，洗去多余配体及一些非特异结合的配体，尽快使切片干燥。放射自显影过程中不用湿乳胶，而用感光底片或用干乳胶法，即将核子乳胶涂抹于盖玻片上，待干燥后再盖压在切片上。待放射性核素使感光底片或涂抹的核子乳胶感光后，经过显影、定影就可以在感光底片或核子乳胶上观察结果。当然，印出照片来观察则更佳。

在配体标记法的操作过程中，一定要注意减少标记配体与组织切片的非特异结合。因为配体标记法的结果是按照阳性信号与背景的非特异性干扰信号的比率，即信噪比来判断的，当信噪比大于3～5时，才能认为是阳性。背景的非特异性干扰信号过强，信噪比较小时，则无法判断阳性结果。

#### 1.7.3.2 免疫组织化学染色法

受体的免疫组织化学染色显示方法有两种。第一种方法是制备针对受体的抗体。其前提是要有提纯的受体或已知受体蛋白的氨基酸序列，可以用人工合成受体的多肽片段，来制备抗体。虽然目前已经提纯了许多种类的受体，但更常用的是用人工合成受体的多肽片段作为抗原制备抗体。得到不同受体及其亚型的特异性抗体之后，只要用前述的免疫细胞（组织）化学或免疫荧光组织化学染色方法，即可准确显示和定位受体及其亚型所在的部位。如同其他免疫组织化学反应一样，受体的免疫组织化学染色定位也存在交叉反应问题（见"免疫组织化学法中的交叉反应"节）。例如，大鼠P物质受体的氨基酸序列与牛K物质受体有很多相同的片段，甚至与大鼠的多巴胺$D_2$受体，大鼠5-HT受体，大鼠毒蕈碱样胆碱受体，人$\alpha_2$、$\beta_2$肾上腺素受体等都有连续4个以上氨基酸相同的片段。因此，抗P物质受体的抗体就可能和其他受体产生交叉反应。如用人工合成受体蛋白的多肽片段作抗原，则可选择特异性较强的多肽片段，能够比较有效地减少受体的抗体发生交叉反应的可能性。

定位受体或其亚型所在部位的最准确方法是先用特异性抗体孵育切片，使之与组织切片上的受体或其亚型结合，再用胶体金（colloidal gold）或纳米金（nano-gold）颗粒标记第二抗体与第一抗体结合。胶体金或纳米金颗粒的直径较小，前者多为5～15 $\mu m$，后者多为0.1 $\mu m$，能比较容易地穿过胞膜进入胞浆内，又由于胶体金或纳米金颗粒标记的第二抗体经过银加强之后即可在光镜或电镜下观察，不经过DAB反应，胶体金或纳米金颗粒所在的部位即是受体或其亚型所在的部位。用胶体金或纳米金颗粒显示受体或其亚型所在的部位是目前最常用的受体定位方法。

第二种方法是利用受体的抗独特型抗体（anti-idiotypic antibody）。独特型指在抗体分子（Ab1）可变区中抗原结合位点内及其邻近的一些抗原决定簇。用某种抗体作抗原来免疫动物后，由该抗体所产生的针对这些独特型决定簇的抗体为抗独特型抗体。这种方法的特异性和敏感性均不如人工合成受体的多肽片段作为抗原制备针对受体的特异性抗体的方法，现在已经几乎弃置不用。

#### 1.7.3.3 原位杂交组织化学法

原位杂交组织化学法是通过应用已知的受体基因的碱基序列，合成与之互补的并带有标记物的探针与切片上神经元中待测的 mRNA 进行特异性结合，形成杂交体，然后再应用与标记物相应的检测系统，在核酸的原有位置对受体的 mRNA 进行定位的方法。这一技术对研究神经元内编码各种蛋白质、多肽的相应 mRNA 的定位提供了手段，为从分子水平研究神经元内基因表达及其调控提供了有效的工具。原理和方法等详见本章 1.7.2。

### 1.7.4 免疫电子显微镜技术

免疫电子显微镜技术（下简称免疫电镜技术）是一种使抗原或抗体在超微结构水平上定位的方法。应用与抗原相应的标记抗体，经显色系统呈色后在电镜下可见到标记物的反应产物或直接观察到标记物，从而检查并定位相应抗原，借此可以在超微结构水平进行免疫细胞化学研究。这是免疫细胞化学与电镜技术的有机结合，使之兼有两方面的特性，研究抗原抗体相互作用的一种方法。抗原抗体之间的相互作用是免疫细胞化学的基础，它具有较高的特异性。在免疫电镜技术中，应用了酶、金颗粒和铁蛋白等作为标记物，标记抗体或抗原，在适当的条件下，这一标记过程并不影响免疫反应的特异性。随着电镜分辨率的提高和细胞超微结构研究的深入发展，为从超微结构水平或分子水平上用免疫细胞化学方法研究神经元的超微结构，提供了良好的条件。

#### 1.7.4.1 免疫电镜技术的发展过程

自从 Coons 等在 1950 年采用免疫荧光技术对病毒在细胞内繁殖定位进行研究以来，这一技术得到了广泛的应用，为在细胞水平上开展研究做出了贡献。但是由于荧光显微镜受到了光学显微镜分辨率的限制，要想从细胞超微结构水平上研究抗原抗体反应还不可能。几乎在同一时期，Singer（1959 年）首先提出了用电子致密物质铁蛋白（ferretin）标记抗体的方法。根据他的研究，铁蛋白能与抗体稳定结合，并不会使抗体失去其免疫特性，形成的铁蛋白-抗体复合物有足够的电子密度，在电镜下很容易识别，为在细胞超微结构水平上研究抗原抗体反应提供了可能。但实践证明，由于铁蛋白分子质量太大，难于进入细胞，只适用于细胞表面抗原的定位。尽管铁蛋白有其分子质量大的缺点，但在细胞表面抗原的定位研究中仍然是一个非常有用的标记物，特别在免疫扫描电镜中更具有意义。以后相继采用了辣根过氧化物酶（HRP）、肌红蛋白和细胞色素 C 作为标记物。最常用的是 HRP，虽然其分子质量仍较大（40 kDa），但它的活性很高，与供氢体 DAB 形成的产物能螯合四氧化锇形成电子致密物质，故被广泛采用。还有人为获得较小分子的酶标记抗体，用胰酶将细胞色素 C 消化，分离出具有酶活性的中心片段，它是 1 个由铁卟啉和 11 个氨基酸组成的小肽，分子质量 1900 Da，酶的活性比细胞色素 C 大 150 倍，在重量上相当于 HRP 的 1/20。以后又得到了 8 个氨基酸的产物，这是目前分子质量最小而又有活性的物质，容易进入细胞，在酶标记免疫电镜技术中具有较大的优越性。

近年来，随着胶体金和纳米金颗粒标记第二抗体在免疫细胞化学染色和免疫电镜技术中的应用，使免疫电镜技术在抗原定位方面更加准确。这是由于胶体金和纳米金颗粒的直径小，能比较容易地穿过胞膜进入胞浆内，又由于胶体金和纳米金颗粒标记的第二抗体经过银加强之后即可在光镜或电镜下观察，不经过 DAB 反应，胶体金或纳米金颗粒所在的部位即是抗原所在的部位，克服了 DAB 反应产物弥散、定位不准确的弊端。

#### 1.7.4.2 免疫电镜技术的样品制备

电子显微镜的样品制备有完整、配套的技术。在此仅简单介绍免疫电镜技术最常用的两种样品制备方法：包埋前染色和包埋后染色，同时说明这两种制备方法的优、缺点，以便读者在选择研究方法时参考。

**(1) 包埋前染色法**

进行包埋前染色时，应先用振动切片机（vibratome）将组织切成厚约 $10\sim50~\mu m$ 的振动切片，这样可以避免因为冷冻切片时形成的冰晶对神经元超微结构的破坏。在光镜水平进行免疫组织化学反应时，抗体中常加 Triton X-100 等表面活性物质以增加细胞膜的通透性，以利于抗体的渗透，但表面活性物质有损于超微结构，所以，在电镜水平进行免疫组织化学反应时常用冻-融法来增加抗体的通透性。切片先浸以防冻剂（如蔗糖溶液），然后用液氮快速冷冻使组织和细胞内形成的冰晶极小，不致于明显损坏超微结构而又能增加其通透性。经冻-融处理后，用 PAP 法或 ABC 法对切片进行免疫组织化学染色，最后用 DAB 和 $H_2O_2$ 显色。DAB 的氧化反应产物电子密度高，在电镜下易于辨认。

按常规的电镜包埋方法，将经过上述反应的切片包埋在硅化的载玻片和盖玻片或两层透明塑料薄板之间的树脂层内（平板包埋），待树脂聚合后，先用光学显微镜找到所需观察的部位，再用玻璃刀去除表面的盖玻片，刀片切下小块所需观察的部位，黏于预先准备好的树脂柱上，修块后作超薄切片，捞于单孔或多孔铜网或镍网上的超薄切片经过铅、铀等重金属染色后，即可在电镜下观察，此法的应用非常广泛。

包埋前染色法的主要优点是组织的抗原性保存好。但在分析结果时需注意的一个重要问题是包埋前染色法不适于可溶性物质的细胞内定位。因为即使组织已经被固定剂固定，但在染色过程中，有些物质仍可能有一定程度的扩散。典型的例子是各种神经肽。根据现有的证据，神经肽主要存在于大的有致密核芯的突触囊泡内。但在包埋前染色法的超薄切片上，神经肽免疫细胞化学染色的反应产物常遍及胞浆各部，有时在一些细胞器的膜上沉积，例如沉积在圆形清亮突触小泡上，造成神经肽存在于清亮小泡中的假象。

由于纳米金（nano-gold）颗粒的直径很小，能比较容易地随抗体一起穿过胞膜进入胞浆内，故常用纳米金颗粒标记第二抗体，纳米金颗粒标记的第二抗体经过银加强之后即可在光镜下观察免疫组化染色的结果，常规电镜包埋和超薄切片后也能进行电镜观察。纳米金颗粒标记第二抗体用于免疫细胞化学染色，有效地克服了DAB反应产物弥散、定位不准的缺陷。

**(2) 包埋后染色法**

包埋后染色法仅需将组织块或振动切片常规包埋，制成超薄切片，在超薄切片上进行免疫细胞化学染色。由于超薄切片后切片上的细胞结构大多被切开，不存在抗体通透性和渗透过细胞膜的问题，故标本无需冻-融或用表面活性物质处理。但由于标本是被包埋在树脂中，而树脂不利于抗体的透入。如果在染色前先用过氧化氢（$H_2O_2$）处理一下，使表面的树脂软化，可能有利于抗体的透入。但有人报告说，$H_2O_2$处理没有什么特别的好处，无论处理与否，抗体也只能染切片的表层。由于染色是在包埋后进行的，这就大大减少了可溶性物质的扩散，增加了细胞内定位的精确性，这正是包埋后染色的最大优点之所在。

包埋后染色的抗体显示系统与包埋前不同，通常用胶体金技术。胶体金可制成不同大小的颗粒并标记在第二抗体或葡萄球菌A蛋白（protein A）上。A蛋白是从金黄色葡萄球菌中提取出来的蛋白，它有能与多种IgG抗体的Fc段结合的特点。胶体金标记的IgG或A蛋白可以和切片上的第一抗体结合，精确地显示出第一抗体结合的部位。包埋后染色可以在相邻切片上进行对照实验或进行不同的免疫细胞化学染色，还有利于在同一张切片上进行免疫细胞化学双重染色，双重染色的结果可以用两种不同直径的胶体金颗粒显示。包埋后染色的最大问题是在包埋过程中很多抗原的抗原性受损，减弱了免疫细胞化学的反应，甚至难以染出阳性结果。

（李云庆）

## 参 考 文 献

蔡文琴，王泊云. 1994. 实用免疫细胞化学与核酸分子杂交技术. 成都：四川科学技术出版社
鞠躬，万选才，董新文. 1985. 神经解剖学方法. 北京：人民卫生出版社
鞠躬，饶志仁. 1999. 形态学方法. 见：韩济生主编. 神经科学原理. 第2版. 北京：北京医科大学，8～26
李继硕. 1998. 神经解剖学. 西安：第四军医大学出版社
李云庆，王智明，施际武. 1996. 大鼠脊髓内代谢型谷氨酸受体的定位. 科学通报，41：177～180
李云庆，王智明，施际武. 1997. 大鼠三叉神经尾侧亚核和脊髓内离子型谷氨酸受体、$GABA_A$受体和甘氨酸受体的分布. 解剖学报，28：118～121
林万明. 1991. 核酸探针杂交实验技术. 北京：中国科学技术出版社
王智明，李云庆，施际武. 1996. 大鼠脑内代谢型谷氨酸受体1、1α亚型的定位分布. 解剖学报，7：225～232
张建华. 1991. 原位杂交组织化学技术在神经科学研究中的应用及其进展. 神经解剖学杂志，7：133～144
Bjorklund A, Hökfelt T. 1983. Methods in Chemical Neuroanatomy. In: Bjorklund A, Hökfelt T, eds. Handbook of Chemical Neuroanatomy. Amsterdam: Elsevier
Bjorklund A, Hökfelt T, Wouterlood FG, et al. 1983. Analysis of neuronal microcircuits and synaptic interactions. In: Bjorklund A, Hökfelt T, eds. Handbook of Chemical Neuroanatomy. Amsterdam: Elsevier

Emson PC. 1993. *In situ* hybridization as a methodological tool for the neuroscientist. TINS, 16: 9~16

Hsu SM, Rain L, Fanger H. 1981. Use of avidin-biotin-peroxidase (ABC) in immunoperoxidase techniques: a comparison between ABC and unlabeled antibody (PAP) procedures. J Histochem Cytochem, 29: 577~580

Kiyama H, Emson PC, Tohyama M. 1990. Recent progress in the use of the technique of non-radioactive *in situ* hybridization histochemistry: new tools for molecular neurobiology. Neurosci Res, 9: 1~21

Li YQ. 1999. Substance P receptor-like immunoreactive neurons in the caudal spinal trigeminal nucleus send axons to the gelatinosus thalamic nucleus in the rat. J Brain Res, 39: 277~282

Li JL, Li YQ, Li JS, et al. 1999. Calcium-binding protein-immunoreactive projection neurons in the caudal subnucleus of the spinal trigeminal nucleus of the rat. Neurosci Res, 35: 225~240

Li JL, Xiong KH, Li YQ, et al. 2000. Serotonergic innervation of mesencephalic trigeminal nucleus neurons: a light and electron microscopic study in the rat. Neurosci Res, 37: 127~140

Polak JM, Mcgee JOD. 1991. *In situ* Hybridization Principles and Practice. New York: Oxford University Press

Sternberger LA. 1979. Immunocytochemistry. 2nd edn. New York: Wiley

Wang D, Li YQ, Li JL, et al. 2000. γ-aminobutyric acid-and glycine-immunoreactive neurons postsynaptic to substance P-immunoreactive axon terminals in the superficial layers of the rat medullary dorsal horn. Neurosci Lett, 288: 187~190

Wu SX, Li YQ, Shi JW. 1998. Temporal changes of preproenkephalin mRNA and leu-enkephalin-like immunoreactivity in the neurons of the caudal spinal trigeminal nucleus and upper cervical cord after noxious stimulation. J Brain Res, 39: 217~222

## 1.8 神经形态学方法学

纵观自然科学的发展历史，我们可以得到如下启示：对自然科学的发展，除了社会制度和文化思潮的影响外，技术方法的创新是个更加重要的因素。一百多年来神经形态学的发展也说明了这一点。每当一种先进技术被引入神经形态学的研究领域，人们对脑结构的认识也就随之深入一步。虽然迄今尚未彻底揭开脑的奥秘，但作为生命科学范畴的神经形态学，随着方法学的不断创新，其内容已突破了仅以研究脑结构、形态为中心的范围，以至在某些方面达到了与其他学科彼此无法明确划分界限的程度。在此基础上，应运而生了一门综合科学——神经生物学。在这种情况下，神经形态学也就越来越难以确切定义了，由于方法学在神经形态学的发展中起着十分重要的作用，本章着重介绍一些常用的当代神经形态学研究方法。

### 1.8.1 辣根过氧化物酶示踪技术

研究神经元间的联系是神经科学研究领域的一个基本问题。目前应用最广泛的研究神经元之间纤维联系的方法是利用神经元轴浆运输现象的示（追）踪法。

神经元有长短不等的轴突，其功能之一就是从神经元胞体将各种成分不断地运输至轴突及其分支以维持其代谢；在神经末梢释放的神经肽及合成经典递质的酶也需在胞体合成；从末梢也有影响细胞代谢的物质，如神经营养因子，逆向转运至胞体，这种运输现象称为轴浆运输（axoplasmic transport）。从胞体向轴突及其终末的运输称为顺行运输（anterograde transport）；反之，从轴突及其终末向胞体的运输称为逆行运输（retrograde transport)（图1-8-1）。轴浆运输是一个需要能量（ATP）的过程，其机制尚不完全清楚，但现已明确微管（microtube）、微丝和一些特殊的蛋白质在轴浆运输中起关键作用。树突也有类似的运输现象。

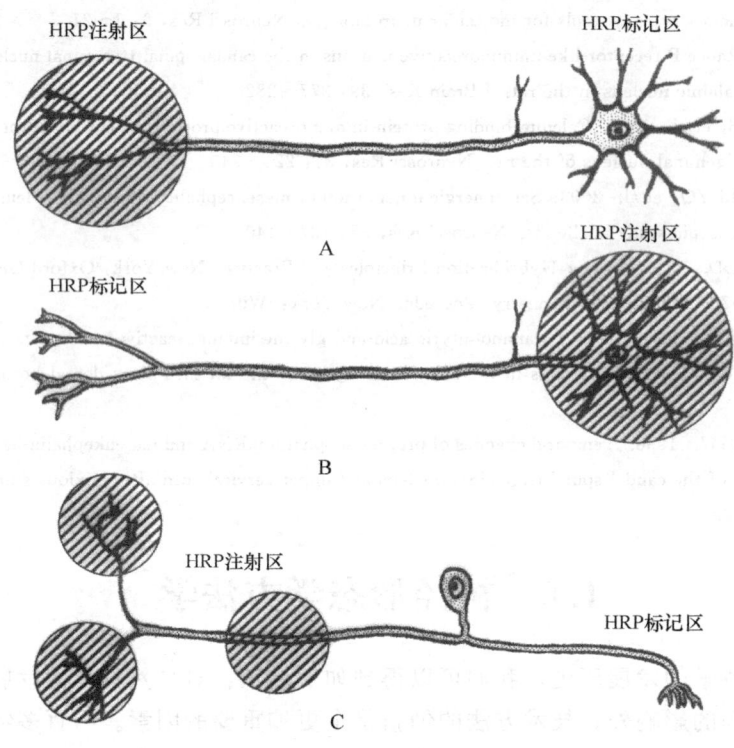

图 1-8-1 HRP 标记方式
A. 逆行标记；B. 顺行标记；C. 跨节标记

辣根过氧化物酶（horseradish peroxidase，HRP）是从辣根中提取出来的一组同工酶的混合物，其等电点、吸收比（absorbance ratio）或纯度、电泳动度等各不相同，Shannon 等（1966年）曾将 HRP 分出 $A_1$、$A_2$、$A_3$、B、C、D 和 E 七种同工酶。HRP 的纯度通常用 RZ 值（reinhiet zahl，德语纯度值）来表示。用紫外光分光光度计测 HRP 时，在 275 nm 及 403 nm 处各有一个吸收峰。RZ 值＝403 nm 吸收度/275 nm 吸收度，因此 RZ 值也称吸收比。作为追踪剂，HRP 的 RZ 值应大于 3.0。美国 Sigma 公司生产的 Ⅱ 型 HRP 的 RZ 值为 1.3～1.6，Ⅵ 型 HRP 的 RZ 值为 3.3。Bunt 等（1976年）曾试验了中枢神经系对不同的 HRP 同工酶的摄入及运输能力，发现对 A 同工酶几乎无逆行运输现象，而对 B、C 同工酶的逆行运输的效果较好。由此可见，HRP 的选择是一个重要的问题。Sigma Ⅵ 型 HRP 中的 80% 以上为 C 同工酶。有时用 Sigma Ⅱ 型 HRP 显示不出来的结果，用 Sigma Ⅵ 型 HRP 可很容易地显示出来。

Kristenson 等（1971年）及 LaVail 等（1972年）先后将 HRP 用于追踪周围神经及中枢神经系的纤维联系，创造了 HRP 追踪技术。最初，HRP 是作为一种逆行追踪剂被介绍于世的。也就是将 HRP 注射于神经末梢所在部位，HRP 随即被神经末梢通过非特异性整体胞饮（bulk endocytosis）的方式摄入，逆向运至胞体，然后用组织化学方法显示 HRP 的运输结果。以后发现 HRP 也可以被神经元的胞体摄入，顺向运送至末梢部位，因而也可用作顺向追踪。HRP 注射于周围神经感觉末梢部逆向标记背根神经节细胞后，还可进一步沿背根节中枢突顺向标记其在脊髓的中枢终止部位，称作跨节标记（transganglionic labeling）（图 1-8-1）。

HRP 和麦芽凝集素（wheat germ agglutinin，WGA）共价偶联后形成 WGA-HRP，WGA-HRP 可大大提高其作为追踪剂的灵敏度。可能因为 WGA 是一种植物凝集素，可与神经元细胞膜上的特异受体结合，因此 HRP 可通过 WGA 受体介导被胞饮入神经元。还可将 HRP 与霍乱毒素结合，通过霍乱毒素与胞膜受体结合的介导进入神经元内。由于游离 HRP、WGA-HRP、霍乱毒素-HRP 被摄入神经元的机制不同或受体种类不同，故可将几种 HRP 混合应用，各通过不同的渠道进入胞体，可以明显加强HRP 的标记程度。

HRP 法的基本步骤是将 HRP 注射至中枢神经系或周围器官、神经的一定部位，经过一定时间后灌注固定动物，取材作冷冻切片，然后用 $H_2O_2$ 及呈色剂四甲基联苯胺（tetralmeythl benzidine，TMB）或二氨基联苯胺（diamino benzidine，DAB）来显示HRP 标记的结果。

### 1.8.1.1 HRP 的注入

向中枢神经系内注射的 HRP，一般用蒸馏水或生理盐水配成 30%～50% 的溶液。有人曾试验过 1%、5%、30% 三种 HRP 浓度，观察到神经元内 HRP 标记颗粒的密度无明显差别，因而认为在低浓度时神经元摄入 HRP 似已达饱和程度，增加 HRP 之浓度仅能增加出现的细胞数及范围。但 LaVail（1975 年）认为，用高浓度的 HRP 可增加标记细胞内的酶含量。WGA-HRP 或霍乱毒素-HRP 则用 2%～3%，其注射量因所需浸渍范围而异。

HRP 溶液可直接用微量注射器注入。一般用 0.5 $\mu l$ 及 1.0 $\mu l$ 的微量注射器，其针杆的外径为 0.5 mm，若用于小动物或小核团则嫌太粗了一些，可将拉制的微玻管黏在微量注射器上注射。将 HRP 吸入尖端直径为 100 $\mu m$ 左右的微玻管内，以聚乙烯管将微玻管连接于微量注射器上，塑料管及注射器内充满水，与 HRP 液之间隔以一小气泡。HRP 之注射量很小，因所需注射范围的大小而异，一般每一点注射 0.1～0.5 $\mu l$。为了减少推进 HRP 溶液时液压对组织的损伤作用，注射速度很慢。一般约为每 10 分钟 0.1 $\mu l$。这样慢的注射速度难以用手直接推注射器芯来掌握，但可用千分尺或电动自动推进器来推进。为了减少 HRP 沿针道扩散，在注射后应留针 15～30 min 再徐徐拔针。

为了能在较小范围内集中一定量的 HRP，可用微电泳法泳入 HRP。此时，仍可用 20%～30% 的 HRP，也可用更低浓度的 HRP，如 4%。Sigma Ⅵ 型的 HRP 大部分为 C 同工酶，其等电点为 pH 9.0，故有人建议用 Sigma Ⅵ 型的 HRP 作电泳时，其 pH 应缓冲到小于 8.6。微玻管尖端的直径可更细，约为 20～50 $\mu m$。HRP 液接直流电阳极。电泳强度及通电时间按所需注射范围的大小而异，一般常用 2~4 μA，通电 15~30 min。通直流电后电极的阻抗可能很快增高，故一般用 7 s 通电和 7 s 断电的间歇电流。电泳泳出的范围及浓度与微玻管尖端的粗细、HRP 的浓度、电流强度及通电时间均有一定的关系。电泳法的优点之一是能得到浓集的 HRP 中心泳出区，另一优点是仅有离子的泳入而无液量的注入，因而无液压造成组织损伤之虞。

如用于周围神经系，可将 HRP 注射于末梢部或神经干，也可将神经干切断之后浸泡于含 HRP 液的塑料管中，或将 HRP 直接涂抹于神经干的断头。还可将 HRP 埋入脑或脊髓的切口内。

### 1.8.1.2 HRP 的摄入和运输

在神经纤维的末梢部，HRP 可被神经终末及终末部、无髓鞘细轴突以胞饮方式摄入，包裹在直径为 50 nm 的小泡或 100~125 nm 的包被小泡中。小泡可融合成较大泡，或连接于其他细胞器上，例如多泡体及微管等，以便逆向运送。在胞体中这些细胞器进一步合成大泡，也可见于溶酶体中，用光学显微镜即可看到，而在末梢及轴突中由于含 HRP 之细胞器太小，超出光学显微镜的分辨能力。但有人认为，若联苯胺反应控制得好也能在轴突中染出光镜可见到的 HRP 颗粒。

HRP 被摄入的过程很快。在中枢神经系统内 15 min 后即可被摄入神经元中，经 24 h 后 HRP 已从细胞外间隙消失，全部进入细胞内（包括神经元、神经胶质、血管周细胞及血管内皮细胞等）。年幼动物的神经末梢摄入 HRP 较成年、尤其较老年为多，可能是由于功能状态不同以及成年动物神经终末周围之胶质屏障较好，因而 HRP 渗至末梢的量较少之故。HRP 可在轴突内被快速运送，通常认为顺向传递速度较快，每天可达 300~400 nm，逆向传递速度约为顺向速度的一半或更慢。但有人证明逆向传递速度实际上与顺向相近。HRP 在标记部位有一个聚集过程，同时 HRP 运至胞体后即被送入溶酶体中水解。因此，需要在聚集及降解两个相反的过程中求一最佳标记效果时间，约为 HRP 开始到达标记部位后 1 d 左右。

关于过路纤维是否摄入 HRP 的问题非常重要，因为这牵涉到实验结果的评定问题。在 HRP 法刚开始应用时，一般认为过路纤维不能摄入 HRP，并认为这是此法之一大优点。但以后有越来越多的证据说明确有过路纤维摄入之可能。在周围神经，经过较长时期的浸泡，HRP 可以进入有髓纤维，在 Ranvier 结处更易进入；无髓纤维能摄取 HRP 并逆送至胞体。说明 HRP 被过路纤维摄入的可能性是存在的，因而得出了 HRP 可被过路纤维摄入并逆传至胞体的结论。

HRP 也可被树突摄入。有人报告树突摄入的 HRP 可逆传至胞体，但未被普遍承认。这种可能性如被普遍证实，则可能成为评定实验结果的一种干扰，尤其在研究短距纤维联系时。

HRP 也可被胞体摄入并顺向送至终末部。曾有人利用这种现象来作顺向纤维追踪，但有人认为顺行运送的 HRP 量少，传送距离有限，而且被包在小细胞器内，非光镜之分辨率所能及。交感神经节神经元轴突中顺向运输的含 HRP 的小泡常较胞体中的大，但渐向远侧小泡渐小。1976年，Mesulam提出了比较灵敏的显示HRP的方法，并认为可以显示被顺向运输的HRP。1978年，Mesulam又提出了四甲基联苯胺法，此法比二氨基联苯胺法更为灵敏，并可显示更多的顺行纤维。

#### 1.8.1.3　HRP注入后动物的存活时间

术后的存活期决定于三个因素：①什么时候HRP被运至胞体；②什么时候HRP在胞体内的含量最高；③什么时候HRP从胞体消失。

HRP到达预定部位的时间决定于传送速度及距离。传送速度因动物种类及纤维系统而不同，逆行运输每日约为48～120 mm，相差甚殊。故每组实验必须具体测试，以求取得最佳存活期。一般中、小动物2～3 d较为合适。存活时间过长可导致HRP被逐渐破坏，有人报告经7～14 d后，HRP将完全消失。

#### 1.8.1.4　动物的固定

选择固定液是HRP示踪方法成功与否的一个关键。当初提出HRP方法时用10%甲醛作固定剂，但目前通用的是戊二醛及多聚甲醛的混合液。戊二醛1963年由Sabotini等介绍用于组织固定后被普遍认为是最好的固定剂之一，多用于保存电镜标本。它能较完好地固定组织的超微结构，虽对酶有一定程度的破坏作用，但仍有相当程度的酶的活性得以保存下来。其主要缺点是穿透能力太小，如组织块稍大则其中央部分固定不好，故多在固定液中加入穿透力强的多聚甲醛及采用灌注加浸泡这两项措施来弥补之。

多聚甲醛为甲醛聚合物之混合物，每一分子含8～100个甲醛分子，大多数含12个以上，不溶于水，但若置水中煮沸则立即解聚成甲醛单体而溶解。也可加碱使之解聚。故使用多聚甲醛作为固定剂，实际上就是用新配制成的甲醛。甲醛对酶的破坏作用较戊二醛的小，但在室温下仍将大大损伤HRP的活性，而在0～4℃下用5%、10%、15%，甚至高达20%的甲醛经24 h后，仍未能明显降低酶的活性。关于戊二醛及多聚甲醛的浓度没有统一意见，有人用1%～4%多聚甲醛和0.5%～1.25%戊二醛的混合液均取得了良好的结果，但多聚甲醛的浓度最好不要超过4%。甲醛在弱碱性环境下对组织的固定较好，故一般均用缓冲剂将pH调节在7.4左右。

在制片过程中HRP可能扩散开来，这与固定是否完善以及液体的渗透压有很大关系。固定较完善的组织对渗透压变化的耐受能力较强；反之，如固定不良则酶易于受渗透压的影响而外溢，过低的渗透压甚至可造成细胞器膜的破裂。用10%甲醛作固定剂，固定时间应不少于15 h。若用多聚甲醛及戊二醛混合液固定则时间可较短。另一方面，在固定液及其他液体中适当地加入其他化学成分以提高液体的渗透压也是一个重要的步骤。有人强调问题在于液体的"有效渗透压"，而不在于总渗透压，并且认为由于细胞及细胞器的膜在固定液的作用下其通透性发生了变化，以致难以确定液体的"有效渗透压"，具有同等渗透压的缓冲液其"有效渗透压"很可能不同。一般认为，对渗透压保护来说，蔗糖是很有效的成分。溶液中的缓冲剂也是影响渗透压的因素。低温除了有保护酶使之不受固定剂破坏的作用外，也是减少扩散的一种办法。用冷冻的固定液先行灌注，立即取材，然后再浸泡于同一固定液中，置冰箱内若干小时。固定后的清洗也至关重要，如清洗不足，组织中残有一定量的固定剂，则将大大影响呈色反应。这可能是因为醛类被氧化的能力远较 DAB 或联苯胺 (benzidine) 强，以致 $H_2O_2$ 释出的原子氧大部分与醛发生了作用。

#### 1.8.1.5 呈色反应

为了减少 HRP 的扩散，一般主张在冷冻切片后应尽快进行呈色反应，这与固定的完善程度有一定关系。

最初用联苯胺和 $H_2O_2$ 作为显示 HRP 的呈色剂，$H_2O_2$ 在 HRP 作用下放出原子氧，在低温或弱酸环境下为蓝色反应，在室温或弱碱条件下呈棕色，可用明视野或暗视野光镜观察，也可用于电镜观察。此后，Graham 及 Karnovsky 介绍了用 DAB 和 $H_2O_2$ 呈色（棕色反应），其反应产物的电子密度较大，利于作电镜观察。其后，多数人采用 DAB 呈色。但 1976 年 Mesulam 又重新提出了联苯胺法，并将联苯胺法与 DAB 法做了比较，认为若用于光镜还是联苯胺蓝色反应法更为灵敏，甚至可显示神经纤维中的 HRP，加之用中性红复染切片后，其蓝色颗粒与红色胞浆色彩上的对比也较 DAB 棕色反应焦油紫复染为佳，但联苯胺法较易退色。

HRP 的呈色反应可在 DAB（或联苯胺）-$H_2O_2$ 溶液中一次完成；也可分为两步，先置切片于 DAB（或联苯胺）液中浸泡一段时间，然后再移入 DAB（或联苯胺）-$H_2O_2$ 液中。由于 DAB 渗入组织的能力较差，故将切片先在 DAB 液中预浸一段时间似乎更合理一些。各人所用的 DAB 及 $H_2O_2$ 的浓度差别很大。Mesulam（1976 年，联苯胺法）却认为，试剂浓度及作用的时间对结果有显著影响。他们试验了多组配方，得出了用中等浓度及较长作用时间最好的结论。Mesulam（1978 年）又提出用 TMB 作为成色剂，此法较联苯胺法更加灵敏，而且为非致癌性物质（联苯胺及 DAB 均有致癌作用）。作呈色反应时，将冷冻切片在 $H_2O_2$ 及 DAB 或 TMB 溶液中孵育，使组织中的 HRP 与 $H_2O_2$ 结合成 [HRP-$H_2O_2$] 络合物。此络合物可氧化供氢的 DAB 或 TMB 使之形成有色的沉淀物，堆聚在 HRP 周围。DAB 的氧化产物呈棕色颗粒，在暗视野下反射出金黄色光；TMB 氧化产物呈深蓝色颗粒，在暗视野下呈橙色。TMB 反应产物不如 DAB 者稳定，在 pH 7 溶液中很快消失，但可用重金属（如钴、镍、钼、钨）盐等稳定。

#### 1.8.1.6 反应结果的辨认

DAB 反应物在神经元胞体内呈褐色颗粒，大小及分布较均匀，可扩展至树突近端内。除颗粒外，胞体内应无其他的棕色染色产物。为了辨认核团可用焦油紫或其他染料复染，但应浅染以免掩盖 DAB 反应颗粒。在暗视野下反应颗粒呈亮点，与黑暗的背景对比突出，较之在明视野下更易被发现，尤其是在细胞较分散、颗粒较稀少的情况下。

有些研究中某些阳性结果未能被发现的原因之一是没有使用暗视野。但暗视野下仅能见到发亮的颗粒而看不到神经元本身，也不能显示未标记的神经元，故如鉴别有困难时仍应进一步用明视野检查、核对。

如用 Mesulam 的联苯胺法或 TMB 法，HRP 的反应颗粒呈蓝色，在明视野下清晰可辨。如果反应的颗粒很多，神经元的蓝色很浓时，用暗视野观察反而不清楚；但如颗粒较稀，还是暗视野更灵敏。有些标记神经元在明视野下仅勉强可辨或几乎不能分辨，但在暗视野下仍清晰可见。蓝色反应的颗粒在暗视野下呈橘黄色。

分析实验结果时的注意事项有如下四点：

1) 有效注射范围：HRP 的注射范围从注射中心向周围扩散，浓度递减，其注射区的有效范围是一个难以确定的问题，影响对结果的分析。一般认为，注射中心深染而不能辨明其结构的区域为有效区，而其周围可辨标记细胞区则为无效区。

2) 过路纤维问题：路经注射区的纤维也可摄取 HRP 并被顺、逆向运送。因此，标记部位所出现的神经元或终末，可能并非起于或终止于注射部位。这是在分析结果时经常遇到的问题。一般说来，由过路纤维所造成的标记比较弱，并且其顺向标记的距离较短。

3) 侧支标记：HRP 标记被一轴突末梢摄入后，在其被逆向运送过程中，有一些可以沿该轴突的侧支被顺向运至侧支的末梢，在侧支的末梢部造成终末标记。因此，在一个部位发现终末标记，并不一定说明发出这些纤维的胞体位于注射区内。

4) 跨突触标记：HRP 被运至末梢后，可能被释放出来，并被下一级神经元摄入，甚至再运送至下一级神经元的末梢。这种现象不多见，主要见于用较灵敏的 WGA-HRP 作追踪剂时，而且是在第一级末梢密集，并与第二级神经元的关系密切的情况下出现。例如，视网膜节细胞末梢内的 HRP 可能跨突触地标记外侧膝状体神经元。

解决这些问题的办法是作反向追踪，即在标记部位注射顺行或逆行追踪剂，与原来的标记结果互相印证。

### 1.8.1.7 HRP 法标记伪像的判断和排除

**(1) 神经元以外的其他细胞**

在注射部位及其附近的胶质细胞、血管内皮细胞、血管周细胞，可能还有少量巨噬细胞可摄入 HRP，经 DAB 或联苯胺反应而着色。这对追踪远距离纤维联系当然无任何影响，但对短距离联系的研究却是一个妨碍。一般根据其细胞形状，尤其是核的形态及其与血管腔的关系等，易于与神经细胞区别，而且这些细胞中的反应颗粒常较粗大而大小不均，胞浆也常均匀着色，使细胞类似 Golgi 法染色所示。但有时也可造成鉴别困难，尤其是只有单个细胞时。有人用电镜证实，HRP 可从脑组织的细胞外间隙通过基底膜而进入血管内皮细胞。也有可能经受损血管直接进入血液，然后从血液方向进入内皮细胞。即使将 HRP 注入血管，在大脑血管内皮细胞中仅可见到少量酶颗粒，但在大脑血管周围的周细胞中见到较多的 HRP 颗粒。

### (2) 神经元内源性物质

有的神经元含有脂褐素,随年龄之增长而增多,可能与 DAB 反应颗粒混淆,在用焦油紫复染的切片上,其暗视野效应还可能加强。在鼠、猴发现某些神经元内可能含有某种内源性酶或其他物质,也可与 DAB-$H_2O_2$ 起反应,产生棕色反应物。黑色素或其前身也有类似反应。这些物质都可能成为伪像的来源,但其成色条件与 HRP 不同,可通过控制 pH 及 $H_2O_2$ 的浓度使之分化,使 HRP 能顺利地起反应而限制其他反应。

就目前所知,HRP 之摄入、逆传见于各类动物,各种年龄及各种纤维系统,尚未发现有特异的选择性。但从文献上看也并非每组实验都能成功地显示所有纤维联系。除了试剂、技术、漏查等原因外,一个重要的因素是侧支稀释问题。因为逆传的 HRP 要自终末部摄入,当然,若终末分支越多,越集中,则其摄入的 HRP 也越多;反之,若分支少、分散,则摄入就少,特别是如果其侧支终止于其他区域,则逆传的 HRP 被来自侧支的正常逆向运输的物质冲淡,致使胞体内 HRP 的含量少而不能有效地显示出来。因此,对此法之阴性结果的评定应多持慎重态度。

## 1.8.2 荧光素示踪技术

有一个时期荧光染料追踪法使用较广泛。此类方法首先由 Kuypers 于 1977 年介绍于世。其后陆续发现了一些可供作束路追踪的荧光染料,主要用作逆行追踪。有的染料也可被用于顺行追踪,但标记较弱。荧光染料的种类很多,其中常用荧光染料的特点见表 1-8-1。按荧光染料的标记部位可将它们分为两类:一类主要标记细胞核,如核黄 (nuclear yellow) 和双脒基黄 (diamidino yellow),另一类主要标记细胞浆,如固蓝 (fast blue) 和荧光金 (fluoro-gold),多数荧光染料属后者。不同的染料有不同的激发波长及发射波长,产生不同颜色的荧光,因此可用以做双标或多重标记。即某一核团或某些神经元的轴突可以投射到一个以上的部位,如在它们投射的不同终止部位注射不同的荧光染料,则在其起源部可以见到含一种以上荧光染料的神经元。也可利用分别标记核或细胞浆的不同荧光染料来做双标记研究。双标或多重标记是荧光染料示踪法的一个最大优点。不同荧光染料被逆行运输的速度差别甚大,在做双标或多标记时需注意,有时需要分两次手术分别注入荧光染料。有些荧光染料在到达胞体后有扩散出神经元胞体而染出其周围神经胶质细胞的倾向,因此适当存活时间的选择很重要。目前用得较多的是荧光金,它在紫外线 (323 nm) 激发下发黄色光 (408 nm),属慢速轴浆运输类,通常配成2‰~3‰溶液经压力注射。荧光金的特点是非常灵敏,其灵敏度不亚于 WGA-HRP,不仅能标记胞浆,而且能很好地显示树突分支,但核和核仁不染色;在胞体内分解慢,甚至在注射后存活 2 个月标记强度仍无明显变化;比较耐紫外线的照射,退色比较慢;可以经受许多组织学染色处理,因而可以和 HRP、免疫组织化学等方法结合。最近,还制成了荧光金抗体,扩大了其应用范围。由于以上种种优点,荧光金的应用日渐普及。

表 1-8-1　常用荧光染料的特点

| 染料名称 | 用途 | 吸收波长/nm | 发射波长/nm |
| --- | --- | --- | --- |
| 吖啶橙（acridin orange） | DNA 和 RNA | 405 | 530～640 |
| aminomethylcoumarin acetic acid（AMCA） | 标记抗体 | 345 | 425 |
| 金胺（auramine） | 细胞和细菌 | 435 | 490～590 |
| 双苯甲亚胺（bisbenzimide，Bb） | 逆行追踪 | 488 | 620 |
| 沉香硫化氢（coriphosphin） | 类脂质 | 458 | 470～660 |
| cyanine Cy3 | 标记抗体 | 575 | 605 |
| cyanine Cy5 | 标记抗体 | 640 | 705 |
| 双脒基黄（diamidino yellow） | 逆行追踪 | 350～390 | 530～600 |
| dichlorotriazinyl aminofluorescein（DTAF） | 标记抗体 | 495 | 528 |
| 溴化乙啶（ethidiumbromide） | DNA | 488 | 610 |
| Fluo-3 | 测钙 | 480 | 520 |
| 固蓝（fast blue） | 逆行追踪 | 350～390 | 530～600 |
| 荧光金（fluorogold） | 逆行追踪 | 350～390 | 530～600 |
| 荧光素（fluorescein） | 标记抗体 | 405 | 480 |
| 异硫氰酸荧光素（fluorescin isothiocyanate，FITC） | 标记抗体 | 490～495 | 520～530 |
| Indo-1 | 测钙 | 360 | 410/480 |
| lucifer yellow | 胞内标记 | 428 | 540 |
| 普卡霉素（mithramycin） | DNA | 457 | 570 |
| 藻红素（phycoerythrobilin） | 标记抗体 | 488 | 570 |
| 樱草素（primulin） | 细胞和细菌 | 360 | 400～500 |
| 碘化丙啶（propidium iodide，PI） | 荧光示踪 | 488 | 620 |
| 罗达明（rhodamine） | 标记抗体 | 560 | 540～660 |
| 四甲基罗达明（tetramethyl rhodamine，TMR） | 标记抗体 | 570 | 595～635 |
| 得克萨斯红（Texas red） | 标记抗体 | 600 | 630 |
| 硫黄素（thioflavine） | 细胞和细菌 | 380 | 420～550 |

由于荧光染料的分子质量小，荧光染料逆行追踪法的共同问题是易于扩散，比 HRP 法更难于确定有效注射部位。与 HRP 法相似，荧光染料示踪法也或多或少地有过路纤维摄入问题。退色是荧光染料的一大缺点，在激发光照射下较快退色，因此允许的观察时间短。即使在低温、避光条件下，切片保存时间仍有限，不能长期保存。在常用的以 50％甘油和 50％PBS 混合液配制的封片剂中加入 2.5％三乙烯二胺（triethylene diamine）可有效地延长观察和保存时间。退色问题还可用光转换（photo conversion）法弥补。即将切片浸泡在 DAB 溶液中，在激发光照射下荧光染料可氧化 DAB，使之产生棕色沉淀。经此处理后切片可在普通光照明下观察并可长期保存。此外，DAB 氧化物有较高的电子密度，可在电镜下观察。

也可将荧光染料，如罗达明（rhodamine）包裹在乳胶微球（latex）内作追踪剂，微球的直径通常为 50 nm。此法的优点是：①注射部位局限，不易扩散，一方面是因为其颗粒大，另一方面可能是由于其表面的疏水性而倾向于附着在细胞膜上；②过路纤维问题比较弱；③荧光胶乳微球可以在胞体内存留很长时期，甚至在一年后还能见到，并且胶乳微球对细胞的生长、功能没有明显影响，因此可利用其长期存留的特点进行发育研究；④易于与其他逆行追踪法及免疫荧光法结合。

## 1.8.3 放射性核素示踪技术

放射自显影术（简称自显影，autoradiography，ARG），可用于多方面的研究。有关 ARG 的一般原理、方法、设备等，请参阅有关专著。本节着重介绍放射自显影术在研究神经元联系方面的应用——放射自显影神经追踪法（autoradiographic nerve tracing method，ARNT）。ARNT 是一种利用神经元轴浆运输现象进行放射性示踪剂标记而用自显影方法显示神经元与终末或神经元间联系的方法，1972 年由 Cowan 等首先用于中枢神经系研究。此法比较灵敏，它的一个突出优点是过路纤维几乎无标记，而过路纤维问题正是变性方法及辣根过氧化物酶示踪方法所难以避免的。

ARNT 的基本步骤为：①将放射性示踪剂引入神经组织内，最常用的是放射性核素标记的氨基酸。氨基酸被神经元摄入后合成蛋白质，然后沿轴突向末梢运送，因而可标记出轴突及终末；②存活一定时期后，固定组织、切片、贴片；③在组织切片表面涂抹一层核乳胶，或贴附感光材料；④曝光、显影、定影、染色；⑤显微镜下观察。

### 1.8.3.1 放射性示踪剂的引入

**(1) 放射性示踪剂的选择**

包括放射性核素的选择和被标记物质的选择两个方面。

1) 放射性核素的选择：主要考虑示踪原子的能量和半衰期两个因素。

ARNT 法多利用 β 粒子。组织切片中的放射质点可向各方向发射粒子，但只有当粒子穿透组织并射入涂在组织表面的核乳胶层时，才能使乳胶曝光而达到放射自显影的目的，示踪剂中 β 粒子的性质和能量对 ARNT 的效果有很大关系。能量高者其穿透能力强（射程远），无论发自组织切片浅层或深层者均能到达乳胶层，而且在乳胶层内穿过的距离大，作用范围广；能量低者，仅发自组织切片浅表层的粒子才得以射入乳胶，而且在乳胶层内的作用范围小。如某处两相邻质点的粒子能量较低，在乳胶层内形成两个单独的显影区。而在另一处，相隔相同距离的两个质点，由于粒子能量较高，两点的自显影像融合成一片，区别不出两个点来，即其分辨力较低。在 ARNT 法中，分辨力是一个需要考虑的重要因素，故多选择能量低的氚（$^3$H）。有时也用 $^{14}$C 或 $^{35}$S。

$^3$H 的 β 粒子在 ARNT 法中对乳胶的作用半径一般在 1 μm 以内，故与切片中标记结构比较吻合。$^{14}$C 及 $^{35}$S 的作用半径为 10～30 μm，因而分辨力低，甚至难以将显影银粒定位在一个神经元上，只能定位在某一细胞群或细胞层上。

半衰期在两个方面与 ARNT 法有关，即操作期和比放射性。

ARNT 法需要较长的时间，例如，注射示踪剂后动物需存活一段时间，一般为 1～7 天；曝光期通常需数周，如为电子显微镜自显影甚至需数月。显然，半衰期过短的放射性核素不适用于 ARNT 法。

短半衰期放射性核素也有其有利的一面。它们衰变快，单位时间内放出的粒子数量大，标记物的比放射性高，因而在 ARNT 法中的灵敏度较高。如 $^3$H 的半衰期为 12.3 年，$^{14}$C 的半衰期长达 5692 年，两者相差 468 倍，因此，$^3$H 标记物的比放射性大大超过 $^{14}$C 标记物。把 β 粒子能量及比放射性两个因素综合起来考虑，$^3$H 的 β 粒子能量低，其标记物的比放射性大，兼有分辨力及灵敏度高的优点，因此在 ARNT 法中都用 $^3$H 作示踪元素。

2) 被标记物的选择：ARNT 法中最常用的标记物是 $^3$H 标记的氨基酸。氨基酸被神经元摄入后，在胞体内合成蛋白质。神经元的蛋白质合成率很高，合成的蛋白质不断通过轴浆运输，被运送到轴突及其终末内。利用这个现象可以顺向追踪神经核的传出投射。最初多用亮氨酸（leucine），有时也用赖氨酸（lysine）。其设想是：这两种氨基酸普遍见于各种蛋白质，因此使用这两种氨基酸不致有特异性问题。以后发现，虽然脯氨酸（proline）在脑蛋白质中含量较低，但用于 ARNT 法时有它的优点：①脯氨酸能更多地合成被快速运向纤维末梢的蛋白质，因而能更强地标记出终末部。在兔眼球玻璃体内注射不同氨基酸 7～8 h 后，视中枢中脯氨酸的标记强度最强；②脯氨酸不易通过血脑屏障，因此注入周围器官后脑内的背底较低。所以，脯氨酸也在 ARNT 法中广泛应用。

脯氨酸和亮氨酸对不同神经元系统的适用程度不完全一样。脯氨酸主要被小型神经元摄入并标记轴突终末，而亮氨酸可被各类（主要是大、中型）神经元摄入并可较多地标记出纤维。

氨基酸在结构类型上有 L、D 两型（勿与左、右旋的概念相混），只有 L 型者能参加蛋白质的合成，因而是有效成分。放射性核素标记的氨基酸应保存在 4～6℃ 冰箱中，注意勿结冰，因为在结冰条件下氨基酸的辐射分解加快。

除氨基酸外，有时也用岩藻糖（fucose）。岩藻糖是一种五碳单糖，是糖蛋白的前体，可较灵敏地标记出轴突终末。一些大分子物质也可用放射性核素标记，作为逆行束路追踪的示踪剂，如 $^3$H 标记的 HRP（$^3$H-apo-HRP）。

**（2）放射性示踪剂溶液的配制**

为了减少辐射分解，放射性核素标记的氨基酸产品的放射性浓度常较低。$^3$H-氨基酸的放射性浓度一般为 $3.7\times10^{10}$ B$_q$/L，在 ARNT 法中需将其浓缩 10～100 倍。一般情况下，$(92.5\times10^{10}$ B$_q$/L$)$ 可得到较满意的结果。取一定量的示踪剂，蒸发干燥，然后再溶解至所需浓度。如无条件，可采用分次干燥的方法，即将所需干燥的溶液量，分成若干次加在同一容器中干燥。结晶状态的放射性氨基酸或浓缩后强放射性的氨基酸溶液不稳定，极易发生辐射分解，应在当天使用。

### (3) 放射性示踪剂的引入方法

1) 注射法：注射液可用蒸馏水、生理盐水或缓冲液配制。有报告说中性溶液的标记效果最好。可直接用微量注射器注射，也可用微玻管。微玻管的尖端直径应尽量细一些，以减少组织损伤及针道的污染。示踪剂的扩散程度与注射的速度有关，一般可按每 5 min 0.1 μl 的速度注入。注射完毕后应留针约 10 min，以防抽针时示踪剂随之流出。

2) 电泳法：其优点是仅导入离子而无液量的注入，因此对组织的损伤小，扩散的范围也小，较易控制在直径 0.1～0.5 mm 范围内，但其导入示踪剂的量较注射法的少。电泳时微玻管的尖端直径可更细，约为 3～20 μm。用稀酸（0.01 mol/L 乙酸或 0.01 mol/L 盐酸）或稀碱（0.01 mol/L 氢氧化钾）配成（92.5～185）×$10^{10}$ $B_q$/ml 的 $^3$H-氨基酸溶液。亮氨酸及脯氨酸为中性氨基酸，在酸性溶液中呈碱性而带正电，在碱性溶液中呈酸性而带负电。故在电泳时应根据溶液的酸碱，相应地用正电极或负电极将之泳出。通电量应根据所需泳出的量及范围，通过试验来确定，通常在 0.1～0.4 μA（微安），2～30 min 范围内。一般 0.2 μA，15 min 即可得到较好的结果。持续通电时由于极化而使电极的阻抗增加，这在用纤细的电极时尤为明显。故最好用间断电流。

### 1.8.3.2 存活期、固定、切片、贴片

#### (1) 存活期

引入脑内的氨基酸或岩藻糖被神经元摄入后，合成蛋白质或糖蛋白，以每日 0.5～5 mm 的慢相及最大速度为每日约 400 mm 的快相沿轴突向末梢部运输。两者之间还有一些中间相的运送，ARNT 法主要利用快相及中间相运输。大部分快相运输的蛋白质被送至纤维终末部，但沿途也有一部分被用以维持轴突代谢的需要，而使纤维也能被标记出来。

ARNT 法中的存活期，最初多采用 1～2 d。此时快速运输的标记蛋白已集中在纤维的终末部。目前多采用 7 d 方案，以便使某些以中间速度运送的标记蛋白也能到达终末部，以加强标记。存活 1～2 d 时纤维标记弱，7 d 时可有较明显的纤维标记（用 $^3$H-亮氨酸）。存活期不宜超过两周，以免已到达终末部的蛋白质分解；同时，注射区的范围也将明显缩小。

#### (2) 固定

通常用 10% 甲醛溶液作固定剂。甲醛溶液能很好地固定蛋白质，但不能固定游离氨基酸。游离氨基酸将在制作切片过程中被水洗去，不致与标记的蛋白质混淆。戊二醛可将游离氨基酸非特异地结合在组织蛋白质上，故多认为戊二醛不适于作放射自显影法的固定剂。但在 ARNT 法中，注入脑内的标记氨基酸不能长期游离地存在，注射后不足 1 h 就仅余一半了，并且所观察的纤维投射部位一般离注射区有一定的距离，因此实际上戊二醛固定不会在 ARNT 法中造成什么问题。

**(3) 切片**

ARNT 法的切片不宜过厚。如前所述，$^3$H 的 β 粒子的穿透力弱，组织切片超过 2 mm 者不仅不能增加显影效应，反而会因组织重叠而降低分辨率。由于标记结构（在组织切片内）和自显影的银粒（在切片表面的乳胶层内）不在同一平面上，因此标记部位需根据银粒与组织像的重叠作出判断。如切片过厚则标记结构可能和切片深部非标记结构重叠，造成判断困难。反之，位于切片深部的标记结构，由于其放出的 β 粒子不能到达乳胶层而出现假阴性结果。但对于确定一较大范围，如一核区，而不深入涉及单个细胞或细胞内结构的标记定位，则切片较厚也无妨。

在厚组织切片的周边，切片内部的孔、管内，均易形成张力显影而造成假象。

石蜡切片、冷冻切片、塑料切片均可用于 ARNT 法，各有利弊。石蜡切片因有蜡块而易于保存，切片较薄易作连续切片，但据 Rogers 的经验，石蜡切片的化学显影问题特别突出，容易产生假象。冷冻切片制备方便，费时少，但不易切出薄片。塑料包埋易切出很薄的切片，但 β 粒子穿过塑料的能力弱，虽分辨力较高但灵敏度较差。

**(4) 贴片**

ARNT 法的贴片方法和一般组织化学方法相同，唯所用的载玻片为钠玻璃而非钾玻璃，以免自然存在于钾盐中的 $^{40}$K 造成背底增高。载片的一端最好磨毛，既便于用硬铅笔标写，又便于在暗室中操作，可借触摸帮助分辨载片的正反面。

### 1.8.3.3 涂布核乳胶

**(1) 乳胶的选择**

ARNT 法中使用的原子核乳胶（简称核乳胶）是溴化银及碘化银微结晶的明胶混悬液。微结晶的大小影响乳胶的性质。一般说来，结晶粒大者显影后的层次丰富，但分辨率较低，背底较高；结晶粒小者则相反，其突出的优点是分辨率高，有的还适用于电子显微镜研究。

乳胶应避光保存于 4℃冰箱内，勿结冰，避免有害气体及周围的放射性。乳胶有一定的有效期，保存 2 个月以上者，背底将不可避免地增高。故使用前应先用空白载片涂乳胶，显影、定影，以检查乳胶质量。每一个高倍视野下本底<10 银粒为可允许范围。

**(2) 影响乳胶潜影形成的因素**

核乳胶中的卤素银结晶在 β 粒子的照射下形成潜影，而没有受到照射的银结晶则不形成潜影。显影时形成潜影的银结晶被还原成为金属银颗粒。除 β 粒子外，光线、机械力（挤压、牵拉）、热、某些化学物（正化学显影）、放射线等，均可使乳胶产生潜影，而造成本底增高。

另外，还有一类起相反作用的因素，即已形成的潜影可在一定条件下消失，致使灵敏度下降或出现假阴性结果。主要因素有：①某些化学物质（负化学显影）；②潮湿；

③高温下的氧化。热本身可以形成潜影外，还可影响其他因素的作用速度。

上述正、负两种显影的影响，都是在 ARNT 法中应尽量避免的。

**(3) 涂敷液体核乳胶的方法**

首先，是切片的准备。主要包括如下步骤：①组织中的固定剂必须在涂乳胶前彻底洗净，以防醛造成化学显影；②石蜡切片上的蜡必须脱尽，残留的蜡会给乳胶的涂敷带来困难，轻者使乳胶不能涂匀，重者可使乳胶完全涂不上。切片脱蜡，进水，晾干后再涂胶；③冷冻切片经脱脂后，乳胶易于涂布得比较均匀，而且背底一般较低；④由于一些化学物质有正或负化学显影的作用，因此应注意涂胶前切片所接触的溶液要保持纯净。例如，很多染料能引起化学显影，故脱蜡或脱脂过程所用的乙醇必须专用，不能与染色前和染色后的乙醇系列混用；⑤涂乳胶在暗室中进行。应测定暗室照明红灯对核乳胶的安全程度。

其次，是乳胶的稀释。乳胶层在切片上的厚度与乳胶的稀稠程度有关。用蒸馏水按不同比例稀释，可得不同浓度的乳胶，涂得不同厚度的乳胶层。所需乳胶层的厚度应根据所用示踪原子的辐射能量及所要求的分辨力而定。乳胶层薄者其分辨力高，但灵敏度低。但若乳胶层过厚，超出 β 粒子的射程，则不仅不能增强效应，反而可造成背底的增高。$^3$H 发出的 β 粒子的穿透能力弱，射程短，因此宜将核乳胶用蒸馏水按 1∶1 的比例稀释，使涂成的乳胶层较薄。如涂于 $^{35}$S 或 $^{14}$C 标记的切片上，则可按乳胶∶蒸馏水＝2∶1 的比例稀释，使乳胶层较厚。

最后，再涂敷乳胶。用有机玻璃制成浸胶杯。将已稀释的乳胶徐徐倒入杯内。浸胶杯置于 40℃ 水浴中保温。将已脱蜡或去脂并晾干的切片放在水浴箱温板上预热一下，然后插入浸胶杯内。徐缓匀速地提出切片，以免乳胶层厚薄不均。切片提出快时，乳胶层厚，反之则薄。擦去载片背面的乳胶，或暂置之不顾，待显、定影后刮去。从浸胶杯中提出的载玻片应垂直放置待干。可将载片插在木板槽内，也可将之悬吊。

乳胶涂布后干燥过程的要点是不宜过快。乳胶的基质是明胶，干燥过快时明胶内所产生的应力可形成张力显影。让乳胶缓慢地干燥，容明胶保持一段潮湿的时间，还可消退在涂胶过程中可能形成的本底潜影。乳胶干燥时的温度不宜高、湿度不宜低，可用 18℃ 及 50％～75％ 相对湿度（约需 1 h），或 25℃ 及 ＞90％ 相对湿度（约需 2 h）。乳胶干燥过程中应注意防尘。

#### 1.8.3.4 曝光

曝光应在密闭的暗盒中进行。如系 $^{14}$C 或 $^{35}$S 标记的切片，因其 β 粒子的能量较大，可穿透乳胶层而逸出，故切片与切片之间应以铝板、玻片或有机玻璃片隔开。曝光时需注意干燥、温度及曝光期三个问题。

**(1) 干燥**

曝光时，乳胶层应保证十分干燥，因为在潮湿的情况下，乳胶内已形成的潜影可以消退。因此，曝光暗盒内应放足量的干燥剂，如所需曝光时间较长，周围环境又较潮湿，则在曝光中期应换一次干燥剂。

**(2) 温度**

曝光时的温度与潜影形成的速度有关，温度高时速度较快，即乳胶较为敏感，但温度高时本底亦高，同时湿度易偏高，故通常在 4～6℃下曝光。在此条件下乳胶仍相当敏感而又较易于维持低湿度，但也有在较高的温度下曝光者。

**(3) 曝光期**

曝光期无固定的规定，因切片放射性的强弱而异，也与 ARNT 法的具体目的有关。如标记神经末梢的量较少而分散，曝光期应较长；如量大且较密集，则应较短。如需在显微镜下作银粒计数的定量研究，则曝光后的银粒以每平方微米约 1 粒较为适宜，银粒太少、太多均不利。如需在明视野下观察，其曝光时间应较用于暗视野观察者长。一般说来，为了光镜观察，$^3$H 标记的切片约需曝光 2～6 周。曝光 2 周时其背底较低；曝光 6 周时，标记物的显影较强，背底也较高，但仍在允许范围内。$^{35}$S 标记的切片只需曝光数日。作电镜研究时，其曝光期要长得多，以月来计算。

**(4) 高速（闪烁）显影**

为了缩短曝光过程，发展起一种高速放射自显影法（autoradiography，ARG），也称闪烁放射自显影法。其要点是在切片涂核乳胶后浸闪烁液，利用 β 粒子激发闪烁液发出可见光以增强感光效应。有人报道，若用于 $^3$H 标记的切片，高速 ARG 法的分辨力与一般 ARNT 法相当。高速 ARG 法对于确定注射情况尤为方便。用此法可以在短时期内检查注射的部位及范围，以便确定材料的取舍，提高效率，节约人力和物力。

### 1.8.3.5 显影、定影、染色

**(1) 显影、定影**

显影剂的选择固然对显影的结果有影响，但显影的关键是温度及时间的掌握。显影液的温度应为 19±1℃，超过 20℃时本底将大大增高。如切片是在 4～6℃条件下曝光的，在显影前应将曝光暗盒在室温中放置一段时间，以容切片之湿度回升。显影时间的掌握应根据具体实验条件及要求，通过试片来确定。可在同样的显影液浓度、温度及切片晃动程度等条件下，试验不同显影时间的结果，以找出最好的方案来。

显影结束后，立即将切片移入停显液（蒸馏水加数滴冰醋酸）中，以终止显影作用，然后水洗、入定影液。也可不经停显液，显影后用水稍洗，直接入定影液。

定影液的温度以 16～24℃为宜。湿度过高可影响乳胶层的机械强度。定影后必须充分漂洗切片。如切片中残留硫代硫酸钠（定影剂的主要成分），则经一定时期后可使已显影的银粒消退。残存的定影剂也可能影响其后的染色过程。

定影液中时间不宜过长，以免明胶在坚膜剂作用下变得过硬，影响其后的染色过

程。为了使各切片的显影结果有可比性,各切片的显影、定影条件应保持一致,显影、定影液也应勤换,勿使用过久。

**(2) 染色**

可在涂核乳胶前染组织切片(前染),或在显影、定影后再染(后染)。前染的染色方法的选择应考虑两个因素:①染液对乳胶的正、负显影作用;②组织染色后须能经得住显影、定影液的处理。后染主要应考虑染液对已形成的银粒的影响。

多数 Nissl 染色法都可用于 ARNT 法,如焦油紫、硫堇、甲苯胺蓝等,但应作后染,因为若用前染可造成很高的本底。不宜用陪花青法,因它可溶解已形成的银粒。Nissl 染色时染色剂的细颗粒状沉淀有时可与银粒混淆。应在染色前充分洗去定影剂;染液用前过滤;染色前可将切片在与染色液 pH 相同的缓冲液中经过一下。这些措施可以减少沉淀的形成。Luxol 固蓝可用作 ARNT 法的纤维染色剂,用于前染,尤其适用于石蜡切片。Luxol 固蓝用于石蜡切片时甚至有促进曝光效果的作用;若用于冷冻切片则会减少 20% 的银粒。

染色的方法同一般切片,仅需注意勿过染,因经有机溶剂后乳胶层硬化,再分色较为困难。染色后封片用的封固剂,有的可使乳胶层内的银粒逐渐消失,宜用 DPX 封固。

### 1.8.3.6 结果的分析

**(1) 有效注射范围**

和 HRP 法一样,ARNT 法的有效注射范围也是一个难以解决的问题。尚不知注射部位神经元的标记需深到什么程度其末梢都能有效地显示出来。在注射部位的中心,可见一密布银粒的深标记区,此区内的神经元上充满银粒,这是有效的注射区。在中心区之外,标记逐渐变浅。难以确定的是此周围区内哪些神经元是有效的。

显示注射中心范围的大小与曝光期的长短有一定关系。延长曝光期后潜影增强,中心区扩大,原来位于周围区内的一些神经元也可呈现重度标记的样子。若其末梢部的曝光时间相应延长,估计也可被有效地显示出来。显示的注射范围也与存活期有关。存活超过两周时,注射范围即逐渐缩小。可能是由于胞体内的标记物逐渐运向末梢因而逐渐消失之故。此时所显示的范围较实际注射范围为小。胞体位于注射区外但其树突伸入注射区内的神经元,可能由树突摄入标记前体而造成轴突末梢的标记,但一般认为其量很少,不致成为实际问题。

**(2) 逆行标记及过路纤维问题**

一般认为,用氨基酸和岩藻糖作标记物时,无神经末梢摄入并逆行标记其胞体的问题。但有些证据说明可以发生逆行标记,甚至认为在中枢神经系统是一个普遍现象。但这种逆行标记并不灵敏。神经元的末梢可以摄入其释放的特异递质并将其逆送至胞体;胆碱能末梢还可摄入其递质的前体——胆碱。如将这些物质用 $^3$H 标记,可用以逆行追踪特异递质系统的联系。

ARNT法一般也无过路纤维问题。虽然氨基酸较快地进入并通过注射区的神经纤维，但不能被主动地顺、逆行运送。同时，因为蛋白质绝大部分是在神经元胞体内合成的，因此进入纤维的前体也不能被合成蛋白质而被固定剂固定住。但岩藻糖注射入纤维束之后，可在其终末部被显示出来。

**(3) 背底**

有很多因素可以造成背底增高：核乳胶过期、乳胶受光照、环境中的放射性、溶乳胶时温度过高、涂乳胶后干燥过快（张力显影）、化学显影、显影条件不合适等等。这些因素都是在 ARNT 法中应力求避免的。理想的背底应小于 1 银粒/100 $\mu m^2$。背底稍高时对于观察密集标记的部位影响不大，但对于稀疏的标记及计银粒的定量研究则是一种较严重的干扰。可以通过比较怀疑有标记的部位与背底的银粒密度来确定是否有标记。标记区的银粒密度至少应大于背底 5 倍以上才较为可靠。如材料珍贵，背底又不幸过高，可将核乳胶层除去后重新涂胶、曝光。

**(4) 化学显影**

化学显影是在结果评定中一个值得注意的问题。有正、负两种化学显影现象。切片中某些化学物质直接作用于核乳胶，将其卤化银结晶还原为金属银粒者为正化学显影，可以造成假阳性结果。切片中的某些化学物质使乳胶中形成的潜影消退者称负化学显影，可使阳性结果转为假阴性。

为了辨别正、负化学显影，最好常规地作两种对照：①相仿年龄的正常动物（不注射标记物）同一脑部的切片，在与实验动物相同条件下涂胶、曝光、显影、定影，用以检查正化学显影现象；②取一些实验动物的切片，在涂胶后先经光照曝光，然后再放入暗盒内和未经光照的实验切片一起经正常曝光期。如有负化学显影，在显影、定影后可发现对照片上已曝光的乳胶层内有局部银粒消退现象。

### 1.8.4 顺行示踪技术

#### 1.8.4.1 植物凝集素追踪法

植物凝集素是通过神经细胞膜上特异性受体介导而被胞饮入神经元内的。用作束路追踪的植物凝集素主要有麦芽凝集素（WGA）和菜豆凝集素（phaseolus vulgaris agglutinin, PHA）。

WGA 的灵敏度较高，可用作顺向及逆向追踪，可用抗体或结合其他标记物显示之，通常将 WGA 与 HRP 共同偶联成 WGA-HRP。可用压力或电泳法注入。PHA 为由 4 个亚单位组成的糖蛋白。4 个亚单位均为 E 者为 PHA-E，4 个均为 L 者为 PHA-L。也有由 E 和 L 亚单位混合组成。做束路追踪时，仅 L 亚单位有效，故应使用 PHA-L。

PHA-L 法由 Gerfen 及 Sawchenko 于 1984 年首先报道，主要用作顺向追踪。此法的主要优点是所显示的神经纤维末梢形态非常细致，基本上没有过路纤维标记问题。

PHA-L 的注入通常是将 2%~3% 的 PHA-L 溶液以正极电泳导入脑内，可得到很局限的注射区。电泳强度及通电时间按所需注射范围的大小而异，一般常用 2~4 μA，通电 15~30 min。通直流电后电极的阻抗可能很快增高，故一般通以 7 s 通电和 7 s 断电的间歇电流。电泳泳出的范围及浓度与微玻管尖端的粗细、电流强度及通电时间均有一定的关系。压力注射效果差，且易造成逆行标记，其原因尚不清楚。因 PHA-L 进入神经元后，是经慢速轴浆运输送向末梢，故存活时间要长一点（1~3 周）。用抗 PHA-L 抗体免疫组织化学方法显示之。

### 1.8.4.2 霍乱毒素追踪法

霍乱毒素（cholera toxin）是一种很灵敏的顺、逆向追踪剂。霍乱毒素有 A、B 两个亚单位，A 亚单位为毒素的毒性单位，B 亚单位为与细胞受体结合单位，无毒性，用 B 亚单位（CB）作追踪剂效果更佳。单独使用时用抗霍乱毒素抗体免疫组织化学方法显示之。通常将其与 HRP 交联，形成 CT-HRP 或 CB-HRP，大大提高了 HRP 追踪剂的灵敏度。万选才（1982）曾用 CT-HRP 逆行标记舌下神经核，极好地显示了运动神经元的树突，直至其末端分支。这是以往任何组织学方法所未能做到的，但能否在任何神经元系统都同样有效，尚待证明。

### 1.8.4.3 葡聚糖追踪法

葡聚糖（dextran）是由肠系膜明串珠菌（*Leuconostoc mesenteroides*）产生的多聚体，分子质量有大有小，用于示踪研究的分子质量一般在 3 kDa，以美国 Molecular Probe 公司的产品最为著名。葡聚糖与不同的标记物结合形成各种追踪剂，例如四甲基罗达明葡聚糖胺（tetramethylrhodamine-dextran amine，TMR-DA）、FITC 葡聚糖胺（fluorescein isothiocyanate-dextran amine，FITC-DA）、lucifer yellow-dextran amine 和生物素葡聚糖胺（biotinylated-dextran amine，BDA）等，尤以 TMR-DA 和 BDA 最为常用，前者主要用于逆行追踪，也可用于顺行追踪，后者可用于顺行和逆行追踪，但顺行追踪的结果优于逆行追踪。BDA 与卵白素（avidin）之间有特别强的亲和力，常用结合了过氧化物酶或荧光素的 avidin 与之孵育结合，通过组化反应或荧光显微镜观察显示标记结果。葡聚糖用于顺行追踪时能充分显示轴突的分支及终末。葡聚糖追踪法的优点是，注射部位局限，动物存活时间较 PHA-L 短，显示反应程序较 PHA-L 简单，灵敏度高，能进行多重顺行追踪标记。

### 1.8.4.4 病毒追踪法

活的神经病毒（virus）也可用作束路追踪剂，尤其有利于跨突触的多级追踪。有些无生命的追踪剂虽也可能有跨突触标记，如 WGA-HRP 等，但经过突触后在第二级神经元中的追踪剂浓度常很低。而活病毒能在宿主神经元中增殖，即使在第二级宿主神经元中最初病毒数很少，经一定时间后可以有很强的标记甚至可以顺次标出以下各级神经元，这是活病毒用作追踪剂所独具的特点。

目前，有两种疱疹病毒（单纯疱疹病毒Ⅰ型及疱疹病毒，或称为假狂犬病病毒）及带状病毒，均可用作顺向及逆向追踪的跨突触标记。例如，将单纯疱疹病毒Ⅰ型注入小鼠舌下神经 3 d 后，舌下神经核内有大量病毒，再过 3 d，脑干内各终止于舌下神经核的核团均出现明显标记。最近，出现了双重病毒跨突触的追踪法，将两种不同基因修饰过的假狂犬病病毒 Bartha 品系（一种是 Bartha-gC$^{Ka}$ 假狂犬病病毒，另一种是 Bartha β-半乳糖苷酶标记的假狂犬病病毒）分别注入肾上腺及星状神经节内，4 d 后，常规固定取材、制片，分别用特异性抗体进行免疫组织化学反应，结果在中枢神经相关部位（脑干及下丘脑）发现两种病毒标记的神经元。

## 1.8.5 激光扫描共焦显微镜技术

光学显微镜作为细胞生物学的研究工具可以分辨出小于其照明光源波长一半的细胞结构。随着光学、视频、计算机等技术飞速发展而诞生的激光扫描共焦显微镜（laser scanning confocal microscope，LSCM），则使现代显微镜有能力研究和分析细胞在变化过程中的结构，特别是对活细胞离子含量变化的定量检测，这是以往显微镜所望尘莫及的。

Marvin Minsky 于 1957 年就提出了共焦显微镜技术的某些基本原理，并获得了美国的专利。Egger 和 Petran 于 1967 年成功地应用共焦显微镜产生了一个光学横断面。1977 年，Sheppard 和 Wilson 首次描述了光与被照明物体的原子之间的非线性关系和激光扫描器的拉曼光谱学。1984 年，Biorad 为公司推出了世界第一台商品化的共焦显微镜，型号为 SOM-100，扫描方式为台阶式扫描，1986 年的 MRC-500 即改进为光束扫描，用作生物荧光显微镜的共焦系统。1987 年，White 和 Amos 在英国《自然》杂志发表了"共焦显微镜时代的到来"一文，标志着 LSCM 已成为进行科学研究的重要工具。随后，Zeiss、Leica、Meridian、Olympus 等多家公司相继开发出不同型号的共焦显微镜。随着技术的不断发展和完善，产品的性能也不断改进和更新，应用的范围也越来越广泛。

### 1.8.5.1 基本原理

传统的光学显微镜使用的实际上是场光源，由于光散射，在所观察的视野内，样品的每一点都同时被照射并成像，入射光照射到整个细胞的一定厚度，位于焦平面外的反射也可通过物镜而成像，使图像的信噪比降低，影响了图像的清晰度和分辨率。此外，传统的光学显微镜也只能对局部作平面成像，LSCM 脱离了这种模式，采用激光束做光源，激光束经照明针孔，由分光镜反射至物镜，并聚焦于样品上，对标本内焦平面上的每一点进行扫描。然后，激发出的荧光经原来入射光路直接反向回到分光镜，通过探测针孔先聚焦，聚焦后的光被光电倍增管（photo multiple tube，PMT）增强，在检测小孔平面被探测收集，并将信号输送到计算机，在彩色显示器上显示图像。在这条光路中只有在焦平面上的光才能穿过探测针孔，焦平面以外区域射来的光线在探测小孔平面是离焦的，不能通过小孔。因此，非观察点的背景呈黑色，成像也不清晰。由于照明针孔与探测针孔相对于物镜平面是共轭的，焦平面上的点同时聚焦于照明针孔和发射针孔，焦平面以外的点不会在探测针孔处成像，即共焦。以激光做光源并对样品进行扫描，在此过程中经过两次聚焦，故称为激光扫描共焦显微镜（图 1-8-2）。

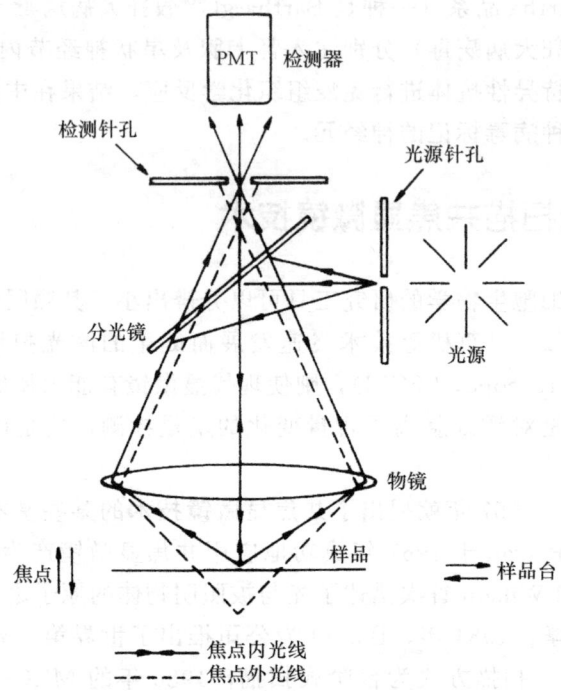

图 1-8-2　激光扫描共焦显微镜光路图

### 1.8.5.2　基本构造

LSCM 是将光学显微镜技术、激光扫描技术和计算机图像处理技术结合在一起的高技术设备。其主要配置有激光器、扫描头、显微镜和计算机四大部分。包括数据采集、处理、转换及相应的应用软件，图像输出设备及光学装置（如光学滤片、分光器、共聚焦针孔及相应的控制系统）。仪器结构简图见图 1-8-3。下面以 MRC-1024 型为例，简单介绍 LSCM 的基本构造。

**(1) MRC-1024 型 LSCM**

MRC-1024 型 LSCM 采用的是气冷式氪-氩离子混合激光管，输出功率为 15 mW，激发光波长为 488 nm、568 nm、647 nm。激光束通过光纤电缆导入扫描头。

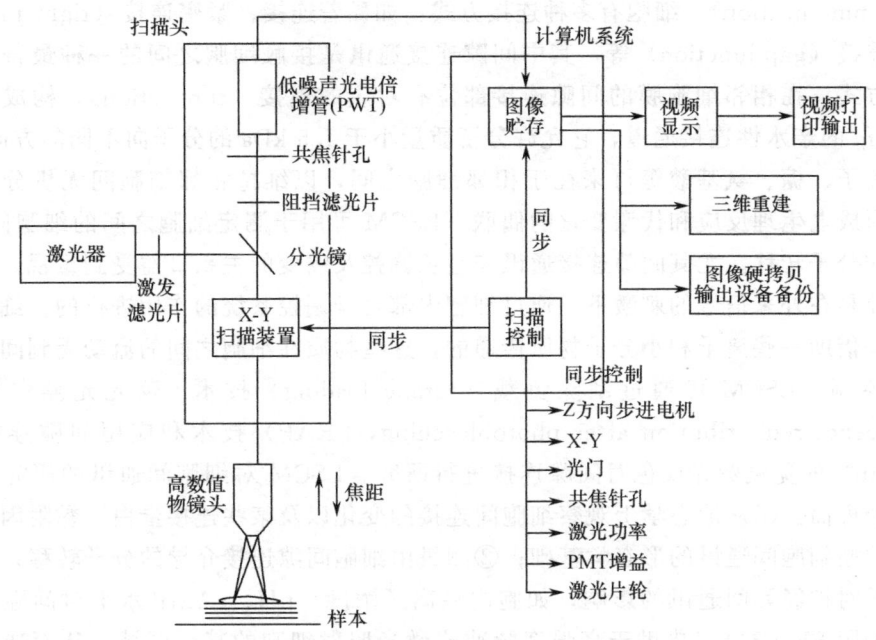

图 1-8-3 激光扫描共焦显微镜的基本结构

**(2) 扫描头**

扫描头可以分为：①探测通道，由光电倍增管和相应共焦针孔及滤过轮组成；②滤光块，本机配有进行细胞标记用的 T/1T2A 滤光块，有测活细胞钙离子的 B1 及 Open 滤光块，测 pH 及其他离子，可根据标本和目的进行不同选择；③扫描头，由管道与光学显微镜相连接。

**(3) 光学显微镜**

可配置直立或倒置显微镜，MRC-1024 型 LSCM 配置的是 Zeiss Axiovert 100 型倒置显微镜。相应的镜头倍率和数值孔径是固定的。

**(4) 计算机及界面**

1) 计算机：硬件：内存 512 MB，硬盘 160 GB；软件：用于图像采集和分析的 OS×10.0、Window XP 以上版本，以及测定钙离子的 Time-Course/Ratiometric 等。

2) MRC-1024 共聚焦界面：硬件，24 比特图像获得及显示卡；相应软件 Laser-sharp 等。

3) 17 寸彩色监视器：分辨率 1280×1024。

### 1.8.5.3 主要功能及在神经生物学研究中的应用

**(1) 细胞间通讯研究**

多细胞生物体中，细胞间相互影响和控制的生物学过程称为细胞间通讯（intercellular communication），细胞有多种连接方式：如黏着连接、紧密连接（tight junction）及间隙连接（gap junction）等，其中间隙连接通讯是接触细胞之间的一种最普遍的细胞通讯方式，在相邻细胞膜的间隙连接部位有对应的连接（connection），构成直径约为 1.5 nm 的亲水性连接通道，它允许分子质量小于 1.5 kDa 的分子向不同的方向流动，如无机离子、糖、氨基酸等可来往于相邻细胞之间，以维持相邻细胞间无机分子的平衡，并形成电生理反应和代谢变化的偶联，LSCM 可用于测定细胞之间的细胞间通讯，与介导的分子转移。尤其间隙连接通讯与生长调控及癌变的关系日益受到重视。细胞增殖的调控是在外来信号的刺激下，通过细胞内部自身调控系统的作用进行的。细胞内调控信息是借助一些离子和小分子物质传递的，这些物质在细胞之间的流动受到间隙连接的精确控制。LSCM 可通过刮除负载（scrape loading）技术、荧光光漂白后恢复（fluorescence redistribution after photobleaching，FRAP）技术和应用间隙连接蛋白（connexin）的免疫荧光染色对间隙连接进行研究。LSCM 对细胞间通讯的研究可用于以下几个方面：①从形态学上观察细胞间连接的变化以及某些连接蛋白、黏附因子，从而阐明肿瘤细胞间通讯的形态学基础；②测量由细胞间隙连接介导的分子转移；③测定某些因子对神经元间通讯的影响，如胞内钙离子浓度、pH、cAMP 水平对间隙连接的调节；④用 FRAP 技术借助于高强度脉冲式激光照射细胞的某一区域，从而造成该区域荧光分子的光淬灭，该区域周围的非淬灭荧光分子将以一定的速率向受照区域（漂白区）扩散，用 LSCM 的低强度激光扫描可直接对此扩散速率进行定时检测，由此监测荧光标记分子通过间隙连接的情况；⑤通过测定某些药物对神经元通讯的影响，寻找新的药物。

**（2）LSCM 图像分析功能**

LSCM 具有深度识别能力，使其具有纵向分辨率，其主要结构是在显微镜上加了一个微距步进马达，可使载物台上下步进移动，其最小步距可为 0.1 $\mu$m，可通过对样品实行无损伤光学切片，即所谓的"细胞 CT"。这一技术使我们研究细胞时，可克服人工切片的各种不足，并可将多层影像进行叠加，经计算机三维重建后，得到样品的三维立体结构，这是 LSCM 的主要功能与优点之一。三维重建后的图像，不但能揭示细胞内部的结构，而且还可以提供细胞的立体数据，如将重组的图像旋转，随意观察细胞的各个侧面。也可研究细胞内亚微结构的立体形态学变化及其空间关系。同时，LSCM 还可研究细胞核和染色体的三维立体形态。借助光学切片功能测定细胞深层的荧光分布及细胞内各种物质的变化。如对 DNA、RNA、蛋白质的含量，分子的扩散，细胞骨架等进行准确的定性、定量、定位。LSCM 还可用于测定细胞面积、细胞周长和细胞核面积，从而使形态学研究更为客观。

**（3）免疫荧光定量定位测量**

LSCM 借助免疫荧光标记方法，与激光扫描、光学显微镜、计算机技术相结合，可对细胞内荧光标记的物质进行定量、定性、定位的监测。如需要检测细胞膜、细胞核、细胞质内三种不同的物质，采用三种不同荧光标记的抗体标记样品，经激光扫描、共聚焦采集后数据成像，即可在三个相应的部位观察到标记的抗体阳性反应，并有重叠图像显示相互的关系，同时可测得细胞的面积、周长、平均荧光强度、积分荧光强度，以及胞质内颗粒的数目等，对细胞进行全方位的定量分析。通过使用特异的荧光探针可对单细胞或细胞群的溶酶体（用中性红标记，发红色荧光，激发波长为 541 nm，发射波长为 640 nm）、线粒体（荧光探针为罗达明 123，激发波长为 505 nm，发射波长为 534 nm）、内质网［荧光探针为 3,3′-dihextloxacarbocyanineiodide，即 DiOC6（3），一种碳酸花青苷染料，激发波长为 459 nm，发射波长为 584 nm］、高尔基复合体（荧光探针为 NBD ceramide，激发波长为 464 nm，发射波长为 532 nm）、细胞骨架、受体、结构蛋白、RNA、DNA、酶等成分进行定性和定量分析。LSCM 还可在图像处理的同时，进行图像定量分析，因此可将细胞的某些形态学特征进行量化，提高了结果的准确性。

**(4) 细胞内离子分析**

LSCM 可以准确地测定细胞内 $Ca^{2+}$、$K^+$、$Na^+$、$Mg^{2+}$ 等离子的含量，用得较多的是 $Ca^{2+}$ 的测定。$Ca^{2+}$ 在细胞生命活动中做为信息传递、递质合成与释放等的第二信使，其在细胞内浓度的变化很大程度上影响着诸如细胞运动、电兴奋、细胞分化、增殖和糖代谢等生理功能的改变。正常情况下，细胞内游离 $Ca^{2+}$ 浓度并不是一成不变的，而胞内 $Ca^{2+}$ 周期性的变化是细胞生理功能的体现。在大多数神经元，胞内 $Ca^{2+}$ 的升高并非是单一性持续增加，而是波动性升高，称为钙振荡（calcium oscillation），代表了钙离子升高的时间分布。在一些神经元，钙离子的升高不单是由于钙扩散所致，而且还以"波"的形式从刺激点向整个细胞扩散，这种钙波（calcium wave）代表了钙离子的空间分布。神经元在外界条件刺激或病理状态下，胞内 $Ca^{2+}$ 的浓度会发生相应的变化。通过对钙振荡与钙波的监测记录，可以间接了解 $Ca^{2+}$ 对刺激介质，如化学因子、生长因子、药物及各种激素的反应和作用，对揭示神经元活动的机制具有重要意义。有许多通过细胞膜的信号转导是在第二信使参与下完成的，如三磷酸肌醇可以打开 $Ca^{2+}$ 通道引导游离 $Ca^{2+}$ 的变化，从而推导 $Ca^{2+}$ 介导下的其他信号转导情况。

**(5) 细胞膜流动性的测定**

细胞膜荧光探针受到激发后，其发射光极性依赖于荧光分子周围的膜流动性，故极性测量可间接反映细胞膜的流动性。因此，通过专用计算机软件，LSCM 可对细胞膜流动性进行定量和定性分析。细胞膜流动性的测定在膜磷脂脂肪酸组成分析、药物效应和作用位点、温度反应测定等方面有重要作用。

**(6) 控制生物活性物质的作用方式**

许多重要的生物活性物质和化合物（神经递质、细胞内第二信使、核苷酸等）均可形成笼锁化合物。当处于笼锁（caged）状态时，其功能被封闭；一旦被特定波长的瞬间光照射，则因光活化而解笼锁（uncaged），其原有活性和功能得以恢复，从而在细胞增殖分化等生物代谢过程中发挥作用。LSCM 具有光活化测定功能，可以控制使笼锁化合物探针分解的瞬间光波长和照射时间,从而人为地控制多种生物活性物质发挥作用的时间和空间。

**(7) 激光显微外科手术台**

获取染色体特定位点的基因是分子生物学的研究热点,一般通过显微操作或显微切割进行。但这些方法技术难度大,难以掌握。LSCM 可将激光作"光子刀"使用,借助相应的软件支持即可完成染色体精确地切割分离、神经元突起切除等一系列细胞外科手术。

**(8) 光陷阱技术**

细胞骨架与细胞的形态功能密切相关。以前曾采用离心使细胞骨架扭曲的方法进行弹性测试,但对区段特异性和流变性缺乏时空分辨能力。光陷阱(optically trap)技术是利用激光的力学效应,将一个微米级大小的细胞器或其他结构固定于激光束的焦平面,因此又称为光钳(optical tweezer)。可利用光钳技术来移动细胞的微细结构(如染色体、细胞器),进行细胞融合及细胞骨架的弹性测定等。随着这一技术的发展和完善,必将成为研究细胞内微细结构和功能关系的重要手段。

### 1.8.5.4 激光扫描共焦显微镜的主要优点

**(1) 提高分辨率和敏感性**

通过使用荧光素交联的抗体作为特异性的染料来测定细胞内的某些参数,在生物学研究中已获得普遍应用。但这一技术常运用在不在焦平面上荧光的干扰,因此造成本底较高,而分辨不清组织结构的细节。由于 LSCM 的分辨率小于 $0.2~\mu m$,比普通光学显微镜高 1.4 倍,因此同一样品,用 LSCM 观察到的图像比普通光学显微镜清晰,观察荧光染料标记的样品,其效果更为明显。同时,LSCM 将高敏感性的光电倍增管(PMT)合为一体,并应用数字滤过,使信噪比最佳化,排除了焦点以外的荧光干扰。

传统的光学显微镜使用场光源,大面积的非相干光源经聚光镜后照射到标本上,这样标本上的每一点都可以通过物镜而成像,图像必然会受到其临近点的衍射和散射光的干扰。LSCM 采用激光作光源(点光源),激光发射角小,方向性较其他光源好,入射光与反射光在其光路中两个聚焦点的针孔对准,并同步动作,光束能被准确的聚焦。激光还是一种高能量高密度的相干光,光敏度高,样品内弱的荧光信号也能探测到。

**(2) 实现三维重建**

共焦成像利用照明点与探测点共扼这一特性,可有效抑制同一焦平面上非测量点的杂散荧光及来自样品中非焦平面的荧光,不仅可获得普通显微镜无法达到的分辨率,同时具有深度识别能力及纵向分辨率,因而可看到较厚生物标本的细节。它以一个微动步进马达控制载物台的升降,可以逐层获得高反差、高分辨率、高灵敏度的二维光学横断面图像,从而对生物样本进行无损伤的光学切片。通过纵向扫描,可以逐层研究切片,得到各层面的数据,这一技术也称之为"细胞CT"。同时,通过后期的图像处理和三维重建软件,沿 $x$、$y$、$z$ 轴或其他任意角度来观察标本的外形和剖面,并得到其三维立体结构,从而十分灵活直观地进行形态学观察,实现生物样本的三维重建。通过改变观察角度,还可以突出特征性的结构。这些都是普通荧光显微镜所望尘莫及的。

### (3) 扩大信息范围

在普通荧光显微镜,由于荧光图像在显微镜视野中的荧光亮度与物镜的数值孔径的平方成正比,与其放大倍数成反比,因此放大倍数越高,其影响越明显。但对荧光不够强的标本,为提高荧光图像的亮度,又必须使用数值孔径大的物镜。这样就不可避免地要以缩小视野作为代价,造成图像信息的损失,LSCM 由于其高度的敏感性,以及其后期图像处理的强大功能,可以在使用较小数值孔径物镜的条件下获得良好荧光强度图像。

### (4) 客观准确地记录荧光强度

荧光显微镜所看到的荧光图像,结果记录依据主观指标,即凭工作者目力观察。其判断荧光的强度一般分为四级:"0",无或可见微弱荧光;"+",仅见明确可见的荧光;"++",可见有明亮的荧光;"+++",可见耀眼的荧光。这种判断方法以肉眼观测,依感觉比较区分,带有很大的人为性,不能客观反映真实的荧光强度。LSCM 得到的数据可以贮存在计算机中,通过后期处理即可对单标记或多标记的细胞或组织标本的荧光进行定量分析,同时还可将荧光图像与定量图形重叠以显示荧光在形态结构上的精确定位。借助光学切片的功能可在毫不损失分辨率的条件下,测量标本深层的荧光强度,使实验数据更加充分和真实可靠。

### (5) 方便地进行荧光摄影

荧光显微镜摄影技术对于记录荧光图像十分必要,由于荧光很容易衰减,需要及时地记录实验结果。虽然方法与普通显微镜摄影技术基本相同,但是需要采用 ASA 值在 200 或 400 以上的高速感光胶片。因紫外光下照射 30 s,荧光亮度降低 50%,因此曝光速度过慢就不能将荧光图像拍摄下来。应用 LSCM 即可克服以上缺点,不仅可快速记录较弱的荧光图像,而且通过以后的计算机辅助的图像处理过程,可以将图像以数字化的方式通过与之相连的数字化摄影装置很方便地加以拍摄,制作照片。

### (6) 同时显示多种标记物

荧光显微镜在进行多种标记物的观测时,需要更换特殊的滤片,以改变激发波长来达到观测目的。MRC1024 型 LSCM 由于配有 3 个独立的 PMT,可同进获取多种信号数据,24 比特图像显示板可以使三色同时显示,所以可同时同屏采集和显示 3 个不同发射波长的荧光色和 1 个混合图像。可方便地进行双标或三标研究。

## 1.8.6 定量及分析细胞学技术

定量及分析细胞学技术,是指对细胞或组织中的化学物质进行定量分析的方法。以往对细胞内反应产物的量常用"+"号表示,将之分为0～+++四个等级。这种方法虽然对差别较大的标本可以使用,但这毕竟是主观的分析方法,不同的观察者可以得出不同的结论,而且人的视觉有一定的限制,察觉不到实际上存在的较小的差异。随着现代科技的发展,已发明了一些新方法和制造了一些仪器装置,力求达到有一个客观的比较精密的标准,对生物样品微细结构中的化学物质进行定量测定。以下介绍几种常用的定量及分析细胞学技术。

### 1.8.6.1 显微分光光度术

显微分光光度术（microspectrophotometry）,是利用显微分光光度计（microspectro-photometer）,在显微镜下对细胞内特定化学物质进行定量测定的技术（图1-8-4）。细胞内的化学组分如核酸、蛋白质、维生素等对于光谱具有特定的吸收波段,而另一些组分经特殊染色后也具有吸收光谱的专一性。细胞内化学物质吸收光谱的波长大部分在230～700 nm,也就是说在紫外光与可见光波长范围之内。显微分光光度计是一种自动化、灵敏度高、由计算机调控的微量分析仪器,它用的是单色光（通过单色器,把从光源发出的白色光散成为各种波长的单色光）,使测量光束通过生物样品的微小区域（常为几个微米）来进行光度分析,可用紫外线,也可用可见光,所测物质的含量可低于 $10^{-5}$ g。

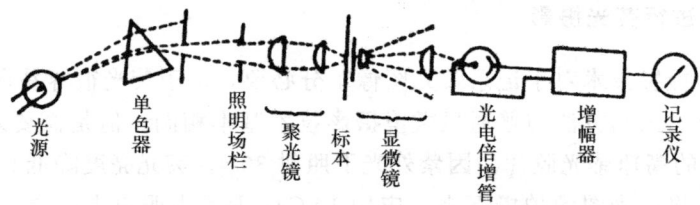

图1-8-4 显微分光光度计示意图

显微分光光度术可分为紫外光显微分光光度术和可见光显微分光光度术两种。前者是利用细胞内某些物质对紫外光某波段特有的吸收曲线来测定相应物质的含量,吸收曲线的高度与被测物质的量成正比,所得结果可以用数量来表示。例如,核酸（RNA和DNA）对紫外线的吸收波段的波长在260 nm左右,可根据各种物质特异的染色反应,然后再测定对可见光特定波段的吸收能力来进行对该物质的定量分析。但在自然状态下对可见光不能吸收,如果DNA经Feulgen染色反应后就可以吸收波长为546 nm的可见光波段。通过这些手段就能用可见光显微分光光度术对一些物质进行测定。

### 1.8.6.2 显微荧光光度术

显微荧光光度术（microfluorometry），是利用显微荧光光度计（microfluorometer）对细胞内原有能发荧光的物质或经荧光染料标记的物质，进行定性、定位和定量的测定，故此法亦称细胞荧光光度术（cytofluorometry）。它灵敏度高，比检测吸收光的敏感度高2~4个数量级。显微荧光光度计配有高分辨率的荧光显微镜、透射和落射照明系统、测量光栏、光电倍增管及其高压控制装置、连续干涉滤片、单色仪以及其他电子控制系统等。测量时先用透射照明系统，低光强照明寻找被测荧光样品，并确定测量光栏的测量范围。然后用落射照明系统激发样品中的荧光物质或荧光标记物，由光电倍增管（PMT）接收从样品发出的荧光并转变为电信号，再由仪器控制系统将电信号变成数字信号后在荧光屏上显示，从而得知荧光强度的相对值，显微镜下可以见到适当放大的荧光图像。常用的荧光标记剂有：标记DNA用的吖啶橙、Feulgen试剂等，标记蛋白质或抗体用的异硫氰酸荧光素（fluorescein isothiocyanate，FITC）和罗达明（tetramethylrhodamine isothiocyanate，TRITC）等。

### 1.8.6.3 流式细胞光度术

流式细胞光度术（flow cell photometry，FCP），亦称流式细胞术（flow cytometry，FCM）、脉冲细胞光度术（pulse cell photometry，PCP）、流式显微荧光光度术（flow microfluorometry，FMF）或荧光激活细胞分选术（fluorescence-activated cell sorting，FACS）。它是利用了流体喷射技术、激光技术和电子计算机等技术，使静态细胞光度术发展成为高速的流式细胞光度术。其主要特点是能以大于每秒2万个细胞的高速测定在流动液体内每个细胞的DNA或蛋白质等的含量，并根据这些参量而将不同性质的细胞分开（分选）。待测标本的细胞需要制成细胞悬液并经荧光标记，然后让细胞悬液在一定的压力下通过流式细胞仪的喷嘴，使细胞列成单行喷出，通过激光束检测器可逐个测定出标记细胞上的荧光强度，测得的荧光信号输入到多道脉冲亮度分析器中进行分析，其结果由示波器和记录仪以直方图显示，例如通过测定细胞群体中每个细胞的DNA含量，得出DNA含量的分布图，从而可计算出细胞周期中各时相（$G_1$期、S期、$G_2$期和M期）的细胞占整个细胞群体的百分数，亦可用于测定细胞动力学的其他参数。

流式细胞光度术是近30多年来发展起来的新技术，可对单个细胞逐个地进行高速准确的定量分析和分类，每秒测定达数千到数万个细胞，且有高度的重复性。在单个细胞中，可同时测得DNA、RNA及细胞体积3个参数，也可测定核与细胞的比例、蛋白质和免疫标记的其他参量。在无菌条件下，以高速对活细胞进行分类收集，其纯度达90%~99%，这种高速、多信息的测量分析和高纯度分类的新技术，为神经生物学提供了一种研究神经细胞动力学强有力的手段，而且还可推广应用到其他生物学、遗传学和肿瘤学等领域。

流式细胞仪的主要工作原理是，让荧光染色细胞在稳定的液流推动装置作用下，通过直径为 50~100 μm 的小孔并排列成单行，每个细胞依次而且恒速通过激光束的照射区，细胞受激光照射后发生散射光和荧光。通过检测散射光可知细胞的体积，检测荧光可知细胞 DNA 或 RNA 等的含量。细胞样品被检测后即形成一连串均匀的液滴，其形成速度约每秒 3 万个，而细胞通过小孔（喷嘴）的速度在每秒 2000 个以下。由此计算，平均每 15 个液滴中有 1 个液滴包有细胞，而其他液滴无细胞。由于液滴中的细胞是已被测定的细胞，因而，如其特性与被选定要进行分选的细胞特性相符，则仪器在含有这个细胞的液滴形成时就使其带有特定的电荷；否则，液滴不带电荷。带有电荷的液滴向下落入偏转板的高压静电场时，依据自身所带电荷性质发生向左或向右偏转，落入各自的收集容器中。不带电荷的水滴就进入中间废液容器，从而实现细胞分选的目的。

另外，仪器的超声振荡器产生高频振荡，当振动液流经喷嘴，可使液流震断成一连串均匀的微小液滴，每个液滴至多含有 1 个细胞。仪器使带有荧光标记的细胞的液滴充电，根据不同荧光标记细胞充以正电荷或负电荷，而未被标记的细胞或不含细胞的液滴则不被充电。当液滴通过高压偏转板时，带电荷的液滴偏离原来的流动方向，不带电的液滴不偏向。收集偏向的液滴便可获得标记的特定细胞，实现对活细胞的分类收集（细胞分选术）（图 1-8-5）。所以，流式细胞光度术不仅能高速定量单个细胞内化学物质如 DNA 等的含量，而且还可分选出不同类型的细胞或不同的细胞器，如不同类型的染色体，其纯度可达到 90% 以上。故此方法可供神经生物学、细胞动力学、遗传学、免疫学和肿瘤学等研究领域应用。

流式细胞计能测量的主要参数可概括为结构和功能两个方面。结构方面包括：①细胞大小、形态；②核与浆比值；③色素颗粒及含量（如血红素、叶绿素、脂褐素）；④亚细胞形态；⑤DNA、RNA 含量，碱基比例及蛋白质含量；⑥细胞表面抗原；⑦碱性蛋白；⑧染色体结构；⑨细胞表面糖原，等。功能方面包括：①氧化还原酶状态；②膜的完整性、流动性、通透性或微黏度；③表面电荷；④细胞内的 pH；⑤细胞和线粒体膜电位；⑥细胞质和膜结合的钙离子；⑦酶活性；⑧DNA 合成能力；⑨细胞质网络的结构性；⑩细胞内和细胞膜受体，等。

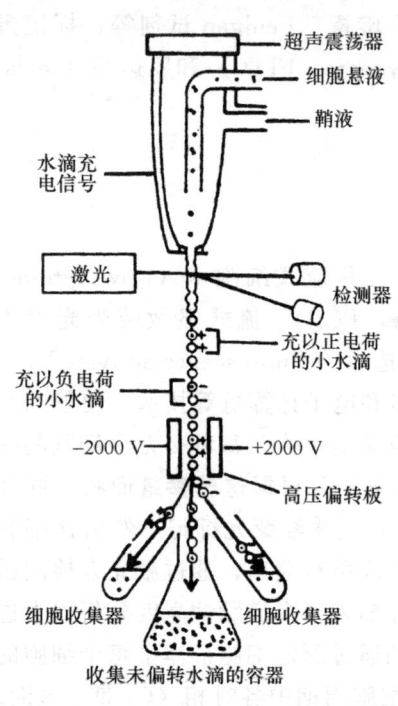

图 1-8-5　流式细胞分光光度计工作原理

### 1.8.6.4　图像分析

图像分析（image analysis），是对细胞内反应产物的"量"（包括反应产物颜色深浅、所占的长度、面积或体积等）借助图像分析仪进行分析。图像分析仪监示屏上显示的图像由许多像点构成，每个像点含有两方面的信息，即此点的灰度及此点在标本中的位置，这两种信息决定了图像的形状和颜色深浅（灰度）。细胞内反应产物的染色深浅即可用灰度来表示。图像分析仪能将一张标本上不同染色深度区分为几十或更多的等级，这是人眼所不及的。因此，某些实验的结果，如果用光镜作一般的观察，似乎实验组与对照组无明显差异，而用图像灰度法经统计学分析，则可反映出显著差异，说明仅仅用显微镜观察是不够的。除用上述的灰度测量外，若用彩色图像分析仪，还可以将不同的灰度编成不同的颜色，使图像更鲜明美丽，而且更便于测量。例如，操作者可将灰度11~15用红色显示，灰度16~20用蓝色显示，灰度21~25用黄色显示，灰度26~30用绿色显示等，一般可呈现数十种颜色，由操作者随意编辑。这种图像如拍摄下来，旁边显示出一条彩色带，表明什么颜色代表什么范围的灰度，如此可将一种颜色的细胞化学标本或免疫细胞化学标本，转换成多种颜色的、对比鲜明的照片。如果图像分析仪带有光密度计组件，则可进行更准确的光密度（optical density，OD）值测量，因为灰度是一种相对值，可随操作者随意编辑而把标本上的灰度分为64级、128级、256级不等，而光密度是绝对值，故其客观性更强。

图像分析仪的所有测量都通过像点进行，所有像点的长宽都一样，故可以转化为实际的长度和面积单位。在图像分析仪上无论多么不规则的结构，只要用光笔（lightpen）勾画出其轮廓（或用其他方法显示，由仪器本身结构决定），就可以显示出所画范围内含有多少像点。在相同放大倍数下，每微米中含多少像点是可以测出的，因此可计算出所画的不规则的范围约多少微米。对标本上一些纤维性结构（如神经纤维），在局部会出现纵横交错的复杂图像，用图像分析仪可获得单位面积内神经纤维的总长度，或单位面积内神经纤维所占的面积。

虽然显微分光光度计等对细胞化学物质的定量测定是相当精确和灵敏的，但却不能同时测出标本中某些成分的面积、体积或长度等其他非常有用的参数。图像分析仪的分析广度则要大得多，并能明显地提高工作效率，所得到的各种数据可通过分析仪上的计算机进行统计学处理，只要将各种统计学公式输入计算机，选择其中你所采用的公式，即可快速得出分析结果，根据分析结果可知观察和统计学处理的结果有无显著性差异。

（李云庆）

## 参 考 文 献

顾耀民，陈以慈，叶鹿鸣．1991．钨酸钠作为稳定剂的新的高灵敏 HRP-TMB 法——Ⅰ．光镜研究．神经解剖学杂志，6：121~127

顾耀民，陈以慈，叶鹿鸣．1991．钨酸钠作为稳定剂的新的高灵敏 HRP-TMB 法——Ⅱ．电镜研究．神经解剖学杂志，7：124~129

郭畹华．2000．基础分子细胞生物学．广州：广东科技出版社

鞠躬，万选才，董新文．1985．神经解剖学方法．北京：人民卫生出版社

鞠躬，饶志仁．1999．形态学方法．见：韩济生主编．神经科学原理．第2版．北京：北京医科大学出版社．8~26

李楠，尹岭，苏振伦．1997．激光扫描共聚焦显微术．北京：人民军医出版社

李继硕．1998．神经解剖．西安：第四军医大学出版社

谢锦玉. 1998. 现代细胞化学技术及其在中西医药中的应用. 北京：中医古籍出版社

Bjorklund A, Hökfelt T. 1983. Handbook of Chemical Neuroanatomy. Methods in Chemical Neuroanatomy. Amsterdam: Elsevier

Graham RC Jr, Karnovsky M. 1996. The early stages of absorption of injected horseradish peroxidase in the proximal tubules of mouse kidney: ultrastructural cytochemistry by a new technique. J Histochem Cytochem, 14: 291~302

Kristensson K, Olsson Y, Sjöstrand J. 1971. Axonal uptake and retrograde transport of exogenous proteins in the hypoglossal nerve. Brain Res, 32: 399~406

LaVail JH, LaVail MM. 1972. Retrograde axonal transport in the central nervous system. Science, 176: 1416~1417

Li YQ, Takada M, Mizuno N. 1993. The sites of origin of serotoninergic afferent fibers in the trigeminal motor, facial, and hypoglossal nuclei in the rat. Neurosci Res, 17: 307~313

Li YQ, Takada M, Shinonaga Y, et al. 1993. Direct projections from the midbrain periaqueductal gray and the dorsal raphe nucleus to the trigeminal sensory complex in the rat. Neuroscience, 54: 431~443

Li YQ, Shinonaga Y, Takada M, et al. 1993. Demonstration of axon terminals of projection fibers from the periaqueductal gray onto neurons in the nucleus raphe magnus which send their axons to the trigeminal sensory nuclei. Brain Res, 608: 138~140

Li YQ, Takada M, Kaneko T, et al. 1995. Premotor neurons for trigeminal motor nucleus neurons innervating the jaw-closing and jaw-opening muscles: differential distribution in the lower brainstem of the rat. J Comp Neurol, 356: 563~579

Mesulam MM. 1978. Tetramethyl benzidine for horseradish peroxidase neurohistochemistry: a non-carcinogenic blue reaction product with superior sensitivity for visualizing neural afferents and efferents. J Histochem Cytochem, 26: 106~117

# 1.9 分子神经生物学方法学

分子生物学是在分子水平研究和解释生命现象的一门新兴学科。随着分子生物学理论和技术的快速发展和不断完善，DNA和RNA成为较易研究的一类生物大分子，在序列分析和制造定点突变等方面，以核酸为对象的研究手段明显优越于以蛋白质为对象的研究手段。转基因动物模型和体内基因替换等方法的出现不仅加速和深化了人们对神经肽结构和功能的认识，也为治疗人类遗传病提供了可能性。目前，分子生物学方法已成为神经科学研究方法的重要组成部分，被广泛应用于神经系统发生、发育、分化和功能调节等生理及病理过程的研究中。

## 1.9.1 核酸分子杂交技术

1961年，Hall等将探针与靶序列在溶液中杂交，通过平衡密度梯度离心分离杂交体，开始了最初的核酸杂交技术。20世纪60年代中期，Nygaard等研究把DNA固定于硝酸纤维素滤膜，再以标记的DNA或RNA探针进行检测，成为现代膜杂交的基础。进入70年代，限制性内切酶的发现和应用、质粒和噬菌体DNA载体的构建、核酸自动合成仪的诞生等，使得特异性探针的来源变得丰富。固相化的多聚尿嘧啶琼脂糖（poly U sepharose）和寡（dT）-纤维素使人们能够从总RNA中分离出带有多聚腺苷酸的RNA（poly A RNA）。所以，今天的核酸杂交技术已经做到用数微克DNA即可分析特异基因。迄今为止，成熟的核酸杂交技术已广泛应用于分子生物学、遗传学及医学的许多领域，在分子克隆、基因诊断及核酸序列分析等核酸研究的许多具体操作中扮演着重要角色。

#### 1.9.1.1 核酸分子杂交技术的原理

核酸杂交技术是基于两条同源单链核酸在一定条件下发生碱基配对形成双链的原理。通过将标记的已知核酸片段作为探针，与待测标本核酸进行杂交反应，即可观察到样本核酸中相应的基因。由于核酸分子杂交类似于DNA变性和复性过程，因而研究人员通过研究DNA变性和复性规律，来探讨分子杂交的规律及其影响因素。

#### 1.9.1.2 核酸分子杂交技术的基本操作流程

核酸分子杂交可按作用环境大致分为固相杂交和液相杂交两种类型。固相杂交是指将参加反应的一条核酸链先固定在固体支持物上，另一条链游离于液体中；液相杂交是指参加反应的两条链都游离于液体中。虽然不同的实验目的可采用不同的杂交方法，但其基本步骤均有相似之处。对固相杂交而言，完成一个核酸杂交实验一般要包括以下几个步骤：

**(1) 核酸样品的制备**

除原位杂交外，通过一定方法获得具有相当纯度和完整性的核酸（DNA或RNA）是核酸杂交的前提。根据采用的杂交方法和目的不同，可采用不同的核酸制备方法。最常用的核酸提取法是以有机溶剂（如酚和氯仿）对核酸和蛋白质的不同变性作用为基础的。经酚提取并离心后，样品中的蛋白质成分变性，成为不可溶状态，而核酸仍在水相中。从培养的细胞中提取核酸较容易，而从组织中提取核酸则需预处理步骤（如组织匀浆等）。培养细胞用相应的缓冲液洗下，经裂解液处理和蛋白酶消化后离心收集。用酚-氯仿-异戊醇混合液提取，离心后，含一些蛋白质和脂肪的酚层为下层，而上层水相中含有核酸，变性的蛋白质在中间形成一个不溶层。再用氯仿提取水相以除去残存的酚。最后用乙醇沉淀核酸，同时也除去残存的氯仿。在从不同来源的样品中提取核酸时，具体的操作方法可能存在差异，通常这些方法可从一些分子生物学参考书中查到。

**(2) 电泳**

一般采用琼脂糖凝胶。琼脂糖凝胶电泳可以很容易地将DNA片段分离。根据DNA片段的大小可选用不同浓度的凝胶（表1-9-1）。电泳缓冲液可用Tris-乙酸-EDTA（TAE）缓冲液或Tris-硼酸-EDTA（TBE）缓冲液。RNA凝胶电泳时通常采用两种方法：一是在电泳前，先以戊二醛和二

表1-9-1 分离不同DNA片段的合适琼脂糖浓度

| 琼脂糖/% | 线性DNA片段的有效分离范围/kb |
|---|---|
| 0.5 | 1～30 |
| 0.7 | 0.8～12 |
| 1.0 | 0.5～10 |
| 1.2 | 0.4～7 |
| 1.5 | 0.2～3 |

甲基亚砜变性 RNA 样品，再进行琼脂糖凝胶电泳；二是用含 2.2 mol/L 甲醛的琼脂糖凝胶分离 RNA。RNA 凝胶电泳常用 2-（N-吗啉代）-丙烷磺酸（MOPS）缓冲液。电泳电压为 2 V/cm 胶长度。电泳时间 2～12 h 不等，主要取决于分离核酸材料的复杂程度。

**(3) 转印**

将核酸从琼脂糖凝胶转移到固相支持体（硝酸纤维素或尼龙膜）的方法有以下三种。

1）毛细管转移（capillary transfer）：由 Southern 于 1975 年发明，用图 1-9-1 所示的转移系统进行。其原理是在毛细管作用下，缓冲液自液池中吸出，流经凝胶至一叠纸巾中，流动的缓冲液带动核酸，从凝胶中洗脱出来并聚集于硝酸纤维素或尼龙膜。转移的速率取决于核酸片段的大小和凝胶中琼脂糖的浓度，小片段 DNA（＜1 kb）在 1 h 内就能从 0.7% 琼脂糖凝胶上几乎完全地转移，而较大片段的 DNA 转移较慢且效率较低。例如，大于 15 kb 的 DNA 片段的毛细管转移至少需 18 h，而且转移不完全。

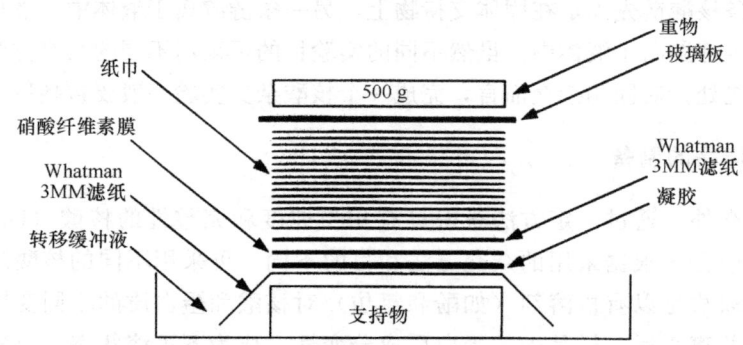

图 1-9-1 核酸自琼脂糖凝胶至固相支持体的毛细管转移

在毛细管作用下缓冲液自液池中吸出，流经凝胶至一叠纸巾中，核酸分子被流动的缓冲液所带动，从凝胶中洗脱出来并聚集于硝酸纤维素滤膜或尼龙膜。纸巾上方置一重物使转移系统各层之间的接触更为紧密

2）电转移（electrotransfer）：电转移是基于核酸带有负电荷在电场中向正极移动的原理，利用专门的装置将核酸从凝胶转移到固相支持体上的方法。电转移较毛细管转移所需时间短，即便是高分子质量的核酸，一般在 2～3 h 内即可转移完毕。由于电转移要求比较大的电流，故往往难以使电泳缓冲液维持在一定的温度，从而影响核酸的有效转移。为克服这一问题，许多商品化的电转仪附有冷却装置，或者在冷室中进行电转移。

3）真空转移（vaccum transfer）：在真空条件下，DNA 或 RNA 可从凝胶中快速并定量地转移。其原理是在真空转移装置内，硝酸纤维素或尼龙膜置于真空室上方的一多孔屏之上，而凝胶则放在与膜相接触的位置。从装置上部一贮液槽中吸流出来的缓冲液将核酸从凝胶中洗脱，并使核酸聚积在硝酸纤维素或尼龙膜上。真空转移较之毛细管转移更为有效和快捷。在操作过程中要特别注意保证凝胶整个表面填充真空。还要注意在转移过程中所采用的真空度不宜过高。如真空度超过5.884 kPa（60 cmH$_2$O），凝胶将被压缩变紧，转移效率会下降。

有关电转移和真空转移的具体方法可参考所用仪器装置的制造厂商提供的说明书。

**(4) 探针标记**

核酸探针有DNA探针、cDNA探针、RNA探针、cRNA探针及合成的寡核苷酸探针等，DNA探针又有单链和双链之分。任何形式的探针经适当的标记后均可用于核酸杂交。探针类型的选择取决于三个因素：①杂交策略；②用作探针核酸的来源及其实用价值；③探针的被标记程度。不同的探针采用的标记方法也不同（表1-9-2）。

表1-9-2 常用的核酸探针及标记方法

| 探针 | 标记方法 | 所用酶 |
| --- | --- | --- |
| 寡核苷酸 | 末端标记 | T$_4$-激酶（5′）或TDT（3′） |
| cDNA | 反转录掺入 | 反转录酶（AMV/M-MLV） |
| RNA | 体外转录 | T$_7$、SP6及T$_4$ RNA聚合酶 |
|  | 末端加尾 |  |
| DNA | 随机引物 | Poly A RNA聚合酶 |
|  | 缺口平移 | Klenow DNA聚合酶 |

**(5) 杂交**

固定后的核酸样品通过封闭和预杂交封闭膜上的非特异结合位点后即可加入标记好的探针进行杂交。影响杂交的因素很多，其中较为关键的是杂交液中盐和甲酰胺的浓度、杂交温度和时间、靶基因和探针的长度、复杂度及浓度、杂交液的体积等。此外，杂交后还要进行必不可少的洗膜操作，洗膜操作好坏直接影响结果的特异性和膜的本底等。洗膜的关键是掌握好洗涤液的盐浓度和温度。

**(6) 检测**

杂交信号的检测方法有两种：一种是放射自显影，用于放射性核素标记核酸探针的检测；另一种是化学显色，用于化学标记探针的检测。常用的标记放射性核素有$^{32}$P和$^{35}$S；化学标记分子有生物素、地高辛、碱性磷酸酶等。以上两种方法各有优缺点。放射性核素法灵敏度高，但周期较长且操作不安全；化学法操作安全、周期短，但灵敏度较低。最近推出的化学发光检测方法克服了上述方法的不足，不仅具有放射性核素的高灵敏度，而且与化学标记探针一样安全。这一方法正受到越来越广泛的重视。

### 1.9.1.3 核酸分子杂交技术的分类

**(1) 常用的固相杂交类型**

1) 菌落原位杂交（colony in situ hybridization）：所谓原位杂交是指不改变核酸的位置，直接与探针杂交的方法。菌落原位杂交则是指将细菌从培养平板转移到硝酸纤维素滤膜上，然后将滤膜上的菌落裂解以释放出 DNA。将 DNA 烘干固定于膜上并与 $^{32}P$ 标记的探针杂交，用放射自显影检测菌落杂交信号，并与平板上的菌落对位。用菌落原位杂交可以鉴别阳性的重组克隆细菌。

2) 组织原位杂交（tissue in situ hybridization）：组织或细胞的原位杂交，也简称原位杂交。它是指在对组织或细胞进行适当处理后，使细胞的通透性增加，让探针进入细胞内与 DNA 或 RNA 杂交的方法。利用原位杂交可以确定与探针相互补的序列在组织内的分布及胞内的空间位置，应用非常广泛。有关组织原位杂交的内容详见"1.7.2 原位杂交组织化学技术"。

3) 斑点/狭缝杂交（dot/slot hybridization）：斑点杂交是指将核酸直接点在膜上，烘烤固定后再与探针进行杂交。若采用狭缝点样器加样后杂交，也称为狭缝印迹杂交。斑点杂交技术主要用于分析细胞基因拷贝数的变化和基因转录水平的变化，还可用于鉴定阳性重组克隆、检测病原性微生物和生物制品中的核酸污染状况。

4) Southern 印迹法（Southern blotting）：它是研究 DNA 图谱的基本技术。其基本方法是将样本 DNA 用限制性内切酶消化后，经琼脂糖凝胶电泳分离各酶解片段，再将 DNA 从凝胶中转移至硝酸纤维膜上，烘干固定后与探针杂交。凝胶中 DNA 片段的相对位置在 DNA 片段转移到滤膜的过程中保持不变。附着在滤膜上的 DNA 与放射性核素标记的探针杂交，利用放射自显影方法确定与探针互补的每一条 DNA 带的位置，从而可以确定在众多酶解产物中含某一特定序列的 DNA 片段的位置和大小（图 1-9-2）。Southern 印迹法主要用于组建 DNA 物理图谱、研究基因重排、变异以及基因的限制性内切核酸酶酶切片段长度多态性分析，也广泛用于对疾病的诊断。

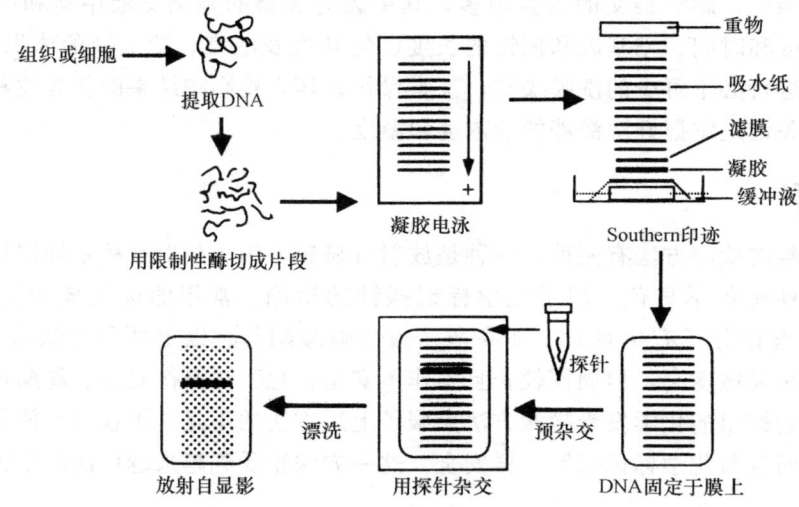

图 1-9-2　Southern 印迹法示意图

5) Northern 印迹法（Northern blotting）：它是将 RNA 从凝胶中转印到滤膜上的方法。DNA 印迹技法 Southern 于 1975 年建立，称为 Southern 印迹法。RNA 印迹法正好与 DNA 相对应，故趣称为 Northern 印迹法。其基本方法是提取细胞或组织总

RNA 或 mRNA，经变性、电泳分离，再转移到纤维膜上与探针杂交，与 DNA 印迹法类似。所不同的是 RNA 在进样前需用甲醛等对 RNA 进行变性。RNA 变性后有利于在转印过程中与硝酸纤维素膜结合。Northern 印迹法，主要用于观测各种基因转录产物的大小、转录量及其变化。

**(2) 常用的液相核酸分子杂交类型**

1) 吸附杂交：又可分为将杂交双链在低盐条件下特异吸附到羟基磷灰石（HAP）上的 HAP 吸附杂交（图 1-9-3）；将探针标记上生物素后用酶标单克隆抗体与杂交复合体反应的亲和吸附杂交；还有用吖啶翁酯（acridinium ester）标记探针后用阳离子磁化微球体特异吸附杂交物的磁珠吸附杂交等几种。

2) 发光液相杂交：包括能量传递法和吖啶翁酯标记法。前者是指一个探针用化学发光基团标记，另一个探针用荧光物质标记，且两个探针靠得很近。当两个探针与靶分子杂交后，一种标记物的光被另一种标记物吸收，并重新发出不同波长的光，可用检测器对其进行检测（图 1-9-4）。后者是指用吖啶翁酯标记的探针与靶分子杂交后，未杂交标记探针上的吖啶翁酯可以用专门的方法选择性地除去，故杂交探针的化学发光与靶核酸的量成正比，从而实现对靶核酸的检测（图 1-9-5）。

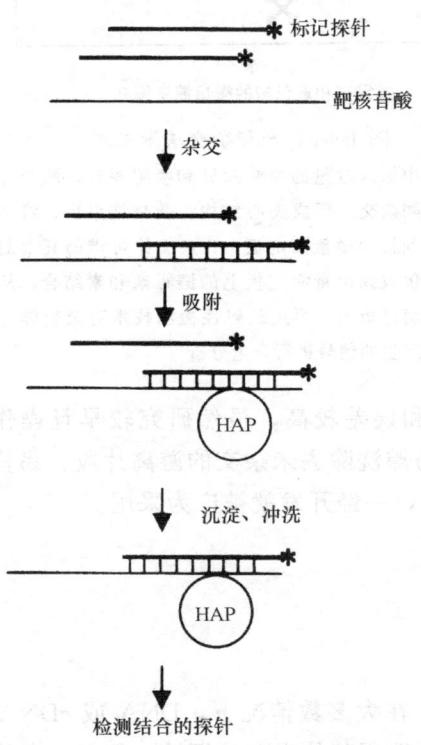

图 1-9-3　HAP 吸附杂交示意图
过量的放射性标记探针与被检测核酸在液体中进行杂交，杂交体被吸附到 HAP 上，经沉淀、冲洗和计数，可以测定结合探针的量

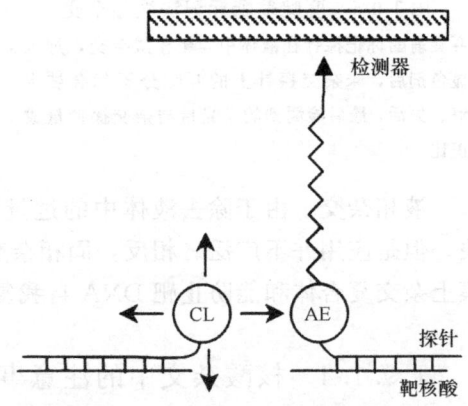

图 1-9-4　能量传递法液相杂交
两个相连的探针分别标上不同的发光标记物，只有同靶核酸杂交后，两个探针才得以互相接近、相互作用，探针的化学发光部分经化学激发而发光，另一部分则接收，并以不同的波长传递出去。将检测器调谐到只接收不发光信号的波长，而只有在靶核酸存在，两个探针接近时才产生这一信号。CL：化学发光剂；AE：受体/发射体

3) 液相夹心杂交：主要有亲和杂交法，即在靶核酸存在下，用吸附探针和检测探针两个探针与靶分子杂交，形成夹心结构。杂交完成后，在杂交物上的吸附探针可结合到固相支持物上，而杂交物上的检测探针可产生检测信号（图1-9-6）。

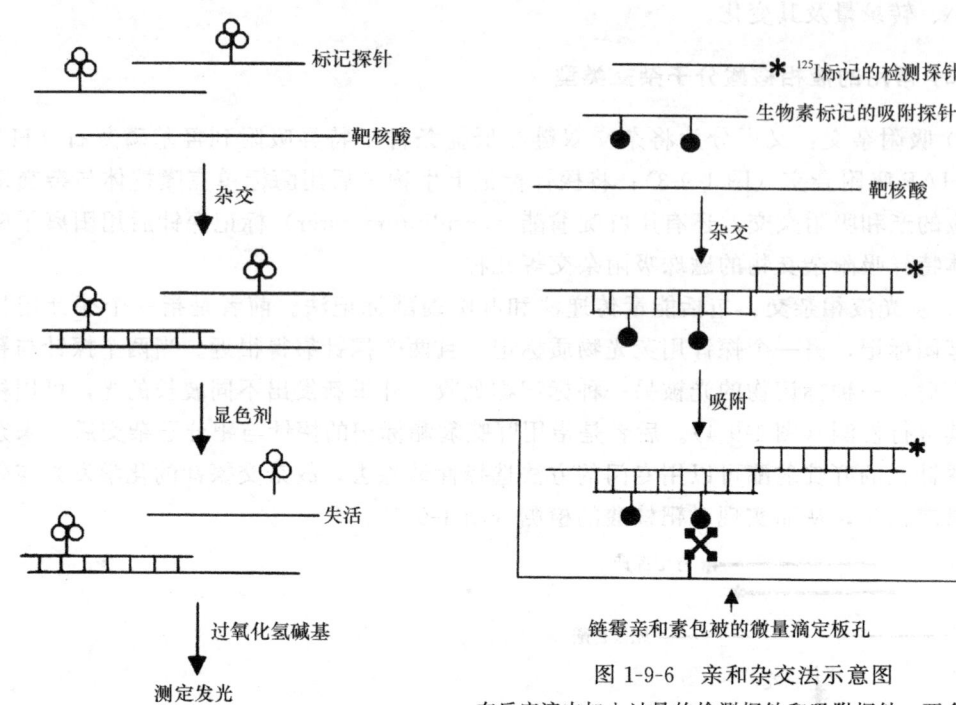

图 1-9-5 吖啶翁酯标记法液相杂交

吖啶翁酯标记探针在液体中与靶核酸杂交，加入显色剂后，未杂交探针上的吖啶分子就会被水解、失活，最后检测到的发光量与杂交探针量成正比

图 1-9-6 亲和杂交法示意图

在反应液中加入过量的检测探针和吸附探针，两个探针都与靶核酸杂交，形成夹心结构。杂交结束后，将整个杂交液移到新的微量滴定板上，杂交体可借助其上的吸附探针与包被到微量滴定板上的链霉亲和素结合，从而被吸附到滴定板上。再用放射性检测技术对杂交体上的检测探针产生的信号进行定量分析

液相杂交，由于除去液体中的过量探针困难和误差较高，虽然研究较早且操作简便，但是应用并不广泛。相反，固相杂交具有轻易漂洗除去未杂交的游离片段、易检出膜上杂交复合体和能防止靶DNA自我复性等优点，一经开发就被广为采用。

### 1.9.1.4 核酸杂交中的注意事项

**(1) 探针的选择**

根据不同的实验要求应选择不同的核酸探针。在大多数情况下，DNA或cDNA双链探针都可使用。但是，在一些特定情况下，必须选用其他类型的探针。例如，在检测靶序列上的单个碱基改变时，应选用寡核苷酸探针；在检测单链靶序列时，应选用与其互补的DNA单链探针或RNA探针；长的双链DNA探针特异性较强，适宜检测复杂的核苷酸序列和病原体，但由于不易透过细胞膜，不适用于组织原位杂交。如果已有其

他动物的同种基因克隆，但没有待测物种的序列，因为物种在同一基因序列上存在同源性，可利用已鉴定的动物基因作为探针筛选。

**（2）探针的标记方法**

探针的标记方法很多，总体上可分为放射性标记和非放射性标记两大类。选择何种标记方法主要视个人的习惯和可利用条件而定。一般而言，放射性探针的灵敏度比非放射性探针要高。在检测单拷贝基因序列时，应选用标记效率高、显示灵敏的探针标记方法。在对灵敏度没有过高要求时，可采用保存期长的地高辛或生物素探针，以及比较稳定的碱性磷酸酶系统。

**（3）探针的浓度**

总的来说，探针浓度越高，杂交率越高。在一定范围内，随探针浓度增加，敏感性增加。但探针浓度过高，则非特异性结合的概率也升高。一般来讲，在膜杂交中 $^{32}P$ 标记探针与非放射性标记探针的用量分别为 5~10 ng/ml 和 25~1000 ng/ml。而原位杂交中，无论使用何种标记探针，其用量均为 0.5~5.0 μg/ml。

**（4）杂交最适温度**

杂交技术最重要的因素之一是选择最适的杂交反应温度。若反应温度低于解链温度（melting temperature，Tm）值 10~15℃，碱基序列高度同源的互补链可形成稳定的双链，错配对较少。若反应温度再低（1~30℃），虽然互补链之间也可形成稳定的双链，但互补碱基配对减少，错配对增多，氢键结合更弱。对于一些反应时间长，或者必须保护的核酸，核酸长时间处于高温状态将导致核酸链的断裂、脱嘌呤等负面影响。这时可通过使用高浓度盐，或使用某些有机溶液的水溶液（如甲酰胺）降低反应温度来解决。

**（5）杂交的严格性**

影响杂交体稳定性的因素决定着杂交条件的严格性。一般认为，在低于杂交体 Tm 值 25℃时杂交最佳，所以凡是影响 Tm 值的因素都影响杂交的严格性，如盐浓度、甲酰胺的浓度、杂交温度等。杂交体的 Tm 值可用下列公式计算：

$$Tm = 81.5℃ - 16.6 \log_{10} \left(\frac{[Na^+]}{1+0.7[Na^+]}\right) + 0.41 [(G+C)\%]$$
$$-500/L - P - 0.63 （甲酰胺\%）$$

式中，[Na⁺] 代表单价阳离子浓度，(G+C)% 为探针中 G 和 C 的含量，L 是用碱基代表的复合体长度，P 是错配百分率，甲酰胺% 为杂交液中甲酰胺的百分浓度。

另外，对克隆或合成探针而言，同源性每下降 1%，Tm 值降低 1℃；RNA：DNA 杂交体的 Tm 值较同样的 DNA：DNA 杂交体高 10~15℃；RNA：RNA 杂交体的 Tm 值较同样的 DNA：DNA 杂交体高 20~25℃。

**（6）杂交反应时间**

一般杂交反应要进行 20 h 左右，时间短了，杂交反应不完全；时间长了，会增加非特异结合。1966年，Britten建议用C0t值来计算杂交反应时间，C0t值是指杂交液中单链起始浓度（C0）和反应时间（t）的乘积。

#### (7) 杂交促进剂

惰性多聚体可用来提高250个碱基以上的探针的杂交率。对单链探针可增加3倍，对双链探针、随机剪切引物标记的探针可增加高达100倍。硫酸葡聚糖、聚乙二醇（PEG）、聚丙烯酸等也可促进双链探针杂交。小分子化学试剂酚和硫氰酸胍也能促进杂交，它们可能通过增加水的疏水性和降低双链和单链DNA间的能量差异而发挥作用。硫酸葡聚糖和聚乙二醇因能用于固相杂交，是目前最常用的杂交促进剂。

### 1.9.1.5 存在的问题和展望

在非放射性探针的特异性、靶序列和探针的扩增、信号的放大和杂交方式的简单化等方面，还存在不少问题，影响到检测基因的敏感性，甚至导致杂交时间和人力、物力的过量投入。尽管如此，核酸杂交技术在近30年来取得了突破性进展，已经并且仍将为我们创造新的奇迹。

（武胜昔）

## 1.9.2 蛋白质印迹法

与DNA的Southern印迹一样，蛋白质印迹法又被称为Western印迹法（Western blotting），是分子生物学中检测目的蛋白质的重要手段。它是利用抗原抗体反应的机制，将混合物中的待测抗原经与标记的特异抗体相结合，实现对蛋白质的定性或定量分析。Western印迹法虽然不像免疫沉淀法必须对靶蛋白进行放射性标记，但是可以达到标准固相放射免疫分析的水平。由于Western印迹法的蛋白质为变性状态，不会发生蛋白的溶解、聚集、与外来蛋白的共沉淀，所以Western印迹法应用广泛，已成为分子神经生物学的常规实验。

### 1.9.2.1 Western印迹法分析基本原理

Western印迹法与Southern印迹法类似，都是利用电泳技术把需要的组分从混合物中分离出来，并将其转移到另一固相支持体。之后，Southern印迹法是以针对特定的核苷酸序列的特异性试剂作为探针，通过碱基互补原则检测靶分子；而Western印迹法是以针对特定的氨基酸序列的特异性抗体作为探针，通过抗原抗体反应检测靶蛋白（图1-9-7）。抗体通常用于检测混合物中的抗原。为保证Western印迹法的可靠性，一般应设以下对照：①不与靶蛋白反应的抗体；②含有已知靶抗原或完全不含有靶抗原的空白对照。

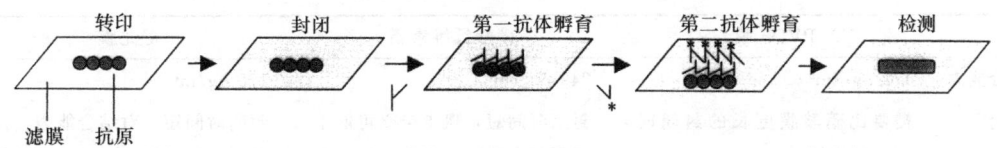

图 1-9-7　Western 印迹法操作步骤

### 1.9.2.2　Western 印迹法的基本操作流程

Western 印迹法一般包括蛋白质样品的制备、蛋白质电泳、转印、免疫检测等几个主要步骤。

**(1) 样品的制备**

蛋白质样品的制备是 Western 印迹法中最关键的操作之一。从组织或细胞中提取蛋白用于 Western 印迹法的方法有多种，在特定情况下究竟选择哪一种方法，取决于细胞类别和待测抗原性质。通常可按以下原则进行：①细菌用凝胶加样缓冲液裂解；②酵母先用酶法裂解或玻璃珠振荡法裂解细胞，之后制备提取液；③哺乳动物组织经机械分散直接溶于凝胶加样缓冲液；④培养细胞可用去污剂温和裂解。不管用何种方法，总的目的是使所有靶蛋白呈溶解状态并保留其免疫反应性且不被降解，在一些情况下尚需保留其生物学活性。

**(2) 蛋白质的聚丙烯酰胺凝胶电泳**

提取的蛋白质样品一般都通过聚丙烯酰胺凝胶电泳进行分离，选择的电泳条件应当确保蛋白质解离成单个多肽亚基并尽可能减少其相互间的聚集。最常用的方法是将强阴离子去污剂十二烷基硫酸钠（SDS）与某一还原剂共用，并通过加热使蛋白质解离后再进行凝胶电泳。具体电泳步骤可参阅"2.6.9 乙酰胆碱转移酶表达蛋白的 SDS 聚丙烯酰胺凝胶电泳分析"。

**(3) 样品转移至固相支持体**

同 Southern 印迹法及 Northern 印迹法相似，Western 印迹法中的蛋白质样品，经凝胶电泳分离后也需转移至相应的固相支持体上。从凝胶上转移的蛋白质能与固相支持体共价结合，得以保留固定，进行后续的免疫检测。

1) 固相支持体：常用的有聚四氯乙烯（PVDF）膜、硝酸纤维素膜和尼龙膜等，可以根据各种膜的特性（表 1-9-3）与实验目的进行选择。目前经常使用的为硝酸纤维素膜和 PVDF 膜。

表 1-9-3 各种转移膜的特性

| | PVDF 膜 | 硝酸纤维素膜 | 尼龙膜 |
|---|---|---|---|
| 结合能力 | 172 $\mu g/cm^2$ | 249 $\mu g/cm^2$ | 175 $\mu g/m^2$ |
| 评论 | 需要比硝酸膜更长的封闭时间，韧性好 | 封闭时间短，斑点杂交可能不保留蛋白质，对转移电泳效果好，较脆 | 封闭时间短，对结合能力稍差的蛋白质背景可能较深，脆性较硝酸纤维素膜低 |

注：抗原可能以不同方式与不同的膜结合，为增大检测灵敏度，应选用不同类型的膜进行抗体结合实验。

2）转移装置：有两种电泳装置可供蛋白质转移使用。一种是垂直转移槽（Bio-Rad 或 Hofer 公司），其原理是将凝胶的一面与硝酸纤维素膜相接触，然后把凝胶及与之相贴的滤膜夹于 Whatman 3 MM 滤纸、两张多孔垫层以及两块塑夹板之间。整个结合体浸泡于配备有标准铂电极并装有 pH 8.3 的 Tris-甘氨酸缓冲液的电泳槽中，使硝酸纤维素膜靠近阳极一侧，然后接通电源进行转移（图 1-9-8）。为防止过热，转移过程应在冷室中进行。

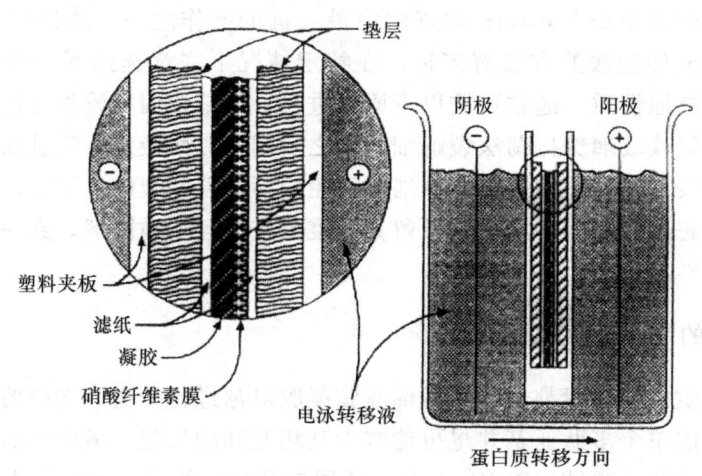

图 1-9-8 利用转移槽进行免疫印迹

含有蛋白质的凝胶置于一张滤纸之上，凝胶向上的一面盖上一张预先剪好的、各边均比凝胶大 1～2 mm 的滤膜，然后再往膜上盖上另一张滤纸。将滤纸连同凝胶和滤膜一起夹在 Scotch-Brite 垫或海绵垫之间。将此夹层放入塑料支撑体中，然后整体放入盛有转移缓冲液的槽中。如转印带负电的蛋白质，膜放于凝胶的阳极面；而转印带正电荷蛋白质时，膜放于凝胶的阴极面，带电荷的蛋白质在电场的作用下从凝胶转移到膜上

另一种装置为半干转移系统（Bio-Rad 或 Hofer 公司），凝胶及与之相贴的滤膜夹于事先用含有 Tris、甘氨酸、SDS 和甲醇的转移缓冲液浸泡过的 Whatman 3 MM 滤纸之间，硝酸纤维素膜靠近阳极一侧，接通电源，在恒流下转移蛋白（图 1-9-9）。转移过程在室温中进行。

上述两种装置各有特点，均卓有成效，其间的选择见仁见智，取决于个人喜好和经验。

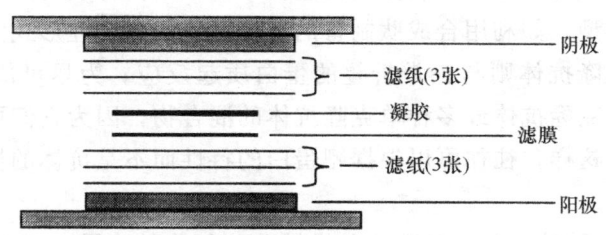

图 1-9-9 利用半干转移系统进行免疫印迹

下面的电极通常是阳极,每次转印一片凝胶。在阳极的上面是 3 张已在转移缓冲液中浸泡过的滤纸、膜、凝胶,最后是另外 3 张在缓冲液中浸泡过的滤纸。转印带负电的蛋白质时,膜放于凝胶的阳极面;而转印带正电荷蛋白质时,膜放于凝胶的阴极面

**(4) 转移蛋白质的免疫检测**

免疫检测通常包括以下几个步骤。

1) 封闭硝酸纤维素膜的免疫球蛋白结合位点:正如从 SDS 聚丙烯酰胺凝胶转移出来的蛋白质可以和硝酸纤维素膜结合一样,免疫检测试剂中的蛋白质同样也能与之结合。在进行免疫检测之前,封闭硝酸纤维素膜上可能结合非相关蛋白质的位点可以降低非特异性结合的背底,从而提高 Western 印迹法的灵敏度。现在使用的封闭液有多种,但以脱脂奶粉最为价廉物美,既使用方便又可与通常使用的所有免疫学检测系统兼容。但是,当牛奶中可能含有靶蛋白时,不应使用脱脂奶粉。

2) 第一抗体和靶蛋白的结合:即靶蛋白与非标记的第一抗体在封闭液中先与硝酸纤维素膜一同温育,使第一抗体与膜上的靶蛋白结合。

3) 用第二级抗体与硝酸纤维素膜一同温育:第一抗体和靶蛋白结合后,经洗涤,再与二级免疫试剂——放射性标记的或与辣根过氧化物酶(HRP)或碱性磷酸酶(AP)偶联的抗免疫球蛋白抗体或 A 蛋白一同温育,使第二抗体与第一抗体结合。

4) 显示:如果第二抗体是用放射性标记的,与第一抗体结合后,可通过放射自显影的方法显示硝酸纤维素膜上靶蛋白的位置;如是酶标记的,可用相应的酶底物及呈色系统检测。辣根过氧化物酶最敏感的底物是 $3',3'$-二氨基联苯胺(DAB),它在过氧化物的作用下形成棕色沉淀。如加入钴离子或镍离子可以加深沉淀颜色,并提高反应的灵敏度。但使用辣根过氧化物酶时易产生背底染色,因此须十分小心地观察呈色反应,一旦特异性染色蛋白条带清晰可见,就尽快终止呈色反应。碱性磷酸酶可催化底物 5-溴-4-氯-3-吲哚磷酸(BCIP)及氮蓝四唑(NBT)在原位形成深蓝色化合物。碱性磷酸酶因其敏感性较高且背底弱,在 Western 印迹法中较为常用。

### 1.9.2.3 Western 印迹法实验技巧和注意事项

1) 制备样品过程中,可以影响蛋白质的溶解性能及随后的免疫检测的因素有多种,包括裂解缓冲液的离子强度和 pH、所用去污剂的种类和浓度,以及二价离子、辅助因

子和稳定性配体存在与否等。在具体实验过程中，采用何种裂解策略主要取决于免疫检测中使用的抗体类型。如利用合成肽制备的抗体可能只与变性形式的靶蛋白起反应，而抗天然表位的单克隆抗体则与正常折叠的蛋白质起反应。为尽可能减少可能出现的问题，可设法采用多克隆抗体或多种单克隆抗体的混合物，因为它们可与某一种蛋白质的所有形式起反应。这样，往往可以根据靶蛋白的特性而不是抗体的性质来调整蛋白质的提取条件。

2) 在溶解蛋白质时，有时需要采取机械破碎细胞的步骤，这时可释放出细胞内的蛋白酶从而使靶蛋白降解。因此，提取时应采取措施尽可能减低细胞提取物中蛋白酶的活性。通常在提取时要保持低温，裂解液中要加入适当的蛋白酶抑制剂（表1-9-4）。

**表1-9-4 常用蛋白酶抑制剂的特性**

| 抑制剂 | 靶蛋白酶 | 非靶蛋白酶 | 有效浓度 | 贮存液 |
| --- | --- | --- | --- | --- |
| 抑蛋白酶肽 (aprotinin) | 激肽释放酶<br>胰蛋白酶<br>胰凝乳蛋白酶<br>纤溶酶 | 木瓜蛋白酶 | 1～2 mg/L | 10 mg/ml 溶于 0.01 mol/L HEPES (pH 8.0) |
| 亮抑制肽 (leupeptin) | 纤溶酶<br>胰蛋白酶<br>木瓜蛋白酶<br>组织蛋白酶 B | 胰凝乳蛋白酶<br>胃蛋白酶<br>组织蛋白酶 A 和 D | 1～2 mg/L | 10 mg/ml 溶于水 |
| 胃蛋白酶抑制剂 A | 胃蛋白酶<br>组织蛋白酶 D | 胰蛋白酶<br>纤溶酶<br>胰凝乳蛋白酶<br>弹性蛋白酶<br>嗜热菌蛋白酶 | 1 mg/L | 1 mg/ml 溶于乙醇 |
| 木瓜蛋白酶抑制剂 (antipan) | 组织蛋白酶 A 和 B<br>木瓜蛋白酶<br>胰蛋白酶 | 纤溶酶<br>胰凝乳蛋白酶<br>胃蛋白酶 | 1～2 mg/L | 1 mg/ml 溶于水 |
| 苯甲基磺酰氟 (PMSF) | 胰凝乳蛋白酶<br>胰蛋白酶 | | 100 mg/L | 1.74 mg/ml (10 mol/L) 溶于异丙醇 |
| 甲苯磺酰赖氨酸氯甲酮 (TLCK) | 胰蛋白酶 | 胰凝乳蛋白酶 | 50 mg/L | 1 mg/ml 溶于 0.05 mol/L 乙酸钠 (pH 5.0) |
| EDTA | 金属蛋白酶 | | 1 mmol/L | 0.5 mol/L 溶于水 |

3) 为了提供蛋白质转移情况的直接证据并对蛋白质分子质量标准参照物进行定位，可以对固定于硝酸纤维素膜上的蛋白质进行染色。但采用的染色反应须与所有的免疫学检测方法兼容，即不能够影响随后的检测抗原的显色反应。目前常用的是丽春红 S 染色法，但是，由于其显示的紫红色不易拍摄下来，所以这种染色不能作为永久性实验记录。

4) 封闭膜上的免疫球蛋白结合位点时，应注意以下几个问题：①封闭液中的叠氮钠有毒，要小心操作并戴手套；②如果非特异性结合背底依然太高，可在封闭液中加入适量（0.02%）的去污剂吐温20（Tween 20），但要注意的是当溶液中Tween 20的浓度＞0.05%时，蛋白与PVDF膜的结合能力降低；③封闭时所用的某些蛋白会使某些抗体识别抗原的能力降低；④封闭试剂中若残存碱性磷酸酶活性，就会使碱磷酶显色体系的本底升高。如果本底高，试用含5%牛血清白蛋白的封闭液。

5）溶液孵育时通常在室温下轻轻摇动，操作应在稍大于膜的容器中进行。抗体反应时每平方厘米膜约加0.1~0.15 ml的孵育液（刚好淹没膜，蛋白面向上）。封闭溶液和洗涤溶液的用量至少应为抗体反应液体积的2倍。

6）Western印迹法可使用单抗或多抗，各有优缺点（表1-9-5），视具体情况选择。

表1-9-5　单克隆和多克隆抗体的比较

| 单　抗 | 多　抗 |
| --- | --- |
| 有抗原决定簇特异性 | 有交叉反应 |
| 通常亲和力低 | 含亲和力和表位特异性不同的类别 |
| 制备较费时 | 产生较快 |
| 理论上产量无限 | 数量受限 |
| 昂贵 | 成本低 |
| Western印迹法有时呈阴性 | 对Western印迹效果好 |
| 可用不纯的抗原制备 | 某些抗原的抗体再产生可能有困难 |

7）在应用抗体要注意下列一些问题：①应用低滴度抗体时，应去掉缓冲液中的Tween 20，增加孵育时间或增加抗体浓度；②某些抗体（特别是单抗）识别在二级或三级结构基础上组成的抗原位点，而当抗原变性或转移到膜上后结构可能发生变化；③某些类型的免疫球蛋白，如IgG和另一些免疫球蛋白（如IgM）可能非特异吸附在膜上从而导致背底增加；④局部背底可能是由于某些蛋白质的抗原决定簇类似或抗血清具有非特异性所致；⑤抗体保存不当时，可能会随时间延长损失活性，使检测结果重复性差。根据抗体的类型选择适当的保存条件，第一抗体和第二抗体常保存于4℃或−20℃，避免反复冻融和污染。

8）通常采用不同的抗原量和不同稀释度的抗体，找出检测的最高灵敏度和最低的背底。如果抗体浓度过高，则背底可能较深。反之可能信号较弱。

9）显色要注意，虽然可用$^{125}$I标记蛋白检测一抗（该方法比较灵敏），但酶标记二抗可以避免使用放射性核素而具有相同的灵敏度。经常使用的酶包括碱性磷酸酯酶，催化的反应要么产生有色沉淀，要么产生化学荧光，二者具有同一水平的灵敏度。用碱性磷酸酯酶灵敏度更高，不被叠氮钠抑制，通常在系统内存在内源性磷酸酶或磷酸基时使用。碱性磷酸酯酶和辣根过氢化物酶催化反应所产生的沉淀沉积在抗体结合部位的膜上，或者酶可以催化化学发光反应，发光最终被X射线底片捕获。可拍照或保存转印膜保存实验结果。不同检测系统的灵敏度见表1-9-6。

表 1-9-6  不同检测系统的灵敏度

| 检测方法 | Western 印迹法 | 检测方法 | Western 印迹法 |
| --- | --- | --- | --- |
| $^{125}$I | 10 pg | 氯萘酚 | 1 ng |
| 碱性磷酸酶 |  | TMB 稳定底物 | 100 pg |
| NBT/BClP | 25~50 pg | 化学发光 |  |
| Western Blue 底物 | 25~50 pg | AMPPD | 125 pg |
| 辣根过氧化物酶 |  | 鲁米钠 | 300 pg |

10) 在转移过程中，影响检测效果的其他因素有膜上单位面积结合的抗原量、某些抗体（特别是单抗）识别的抗原决定簇可能在与硝酸膜表面结合的过程中掩盖或变性、凝胶与膜之间不能有效地接触等。

### 1.9.2.4 Western 印迹法在神经生物学方面的应用

Western 印迹法可用于检测神经组织中特异性蛋白质的表达，神经系统发育过程中神经活性物质或受体蛋白的变化、组织间显著差异的筛选、体外翻译检测、检测蛋白质纯化、检测抗原决定簇、筛选单克隆等。

（武胜昔）

## 1.9.3 DNA 重组技术

随着分子生物学的发展，在 20 世纪 70 年代诞生了重组 DNA 技术（combinant DNA technique）。该技术的基本原理是通过某些分子操作，将分离纯化或人工合成的 DNA（目的基因）插入预定的载体 DNA 中，构建重组体，并以重组体转化或转染宿主细胞（细菌或其他细胞），通过筛选获得含有该目的基因的 DNA 片段的活宿主细胞，再使之繁殖和扩增，直至表达出目的基因所编码的多肽。此过程是一个连续的和复杂的工程，故将 DNA 重组技术亦称为基因工程（genetic engineering），或称基因克隆（gene cloning）、分子克隆（molecular cloning）。

基因工程根据宿主细胞性质的不同，分为真核基因工程与原核基因工程两大类。真核基因工程是以真核细胞（如中国仓鼠卵巢细胞，CHO 细胞）为表达宿主，而原核基因工程则是以原核细胞（如大肠杆菌）为表达宿主。大肠杆菌（E. coli）作为外源基因的表达宿主，遗传背景清楚，技术操作简单，研究周期短，培养条件简单，因此备受重视。

基因工程技术的工作流程见图 1-9-10。主要步骤为：①构建 DNA 重组体；②DNA 重组体的扩增和表达；③外源基因表达产物的分离纯化，即生物工程后处理，主要涉及产物（多肽、蛋白质）的分离和纯化。基因工程的主要目的是按意图生产基因产物；此外，还有制取某些 DNA 片段和 DNA 探针，用于基因诊断和治疗，以及通过插入、替代等方法改造基因，探讨基因的结构和功能。

## 1.9.3.1 构建 DNA 重组分子

**(1) 限制性核酸内切酶**

重组 DNA 技术的基本过程是人工进行基因的剪切、拼接和组合。要把不同基因 DNA 分子片段准确切出来，需要各种限制性核酸内切酶（restriction endonuclease）；要把不同片段连接起来，需要 DNA 连接酶（ligase）；要合成基因或其中的一个片段，需要 DNA 聚合酶（polymerase）等。因此，酶是重组 DNA 技术中不可缺少的工具，在基因工程中所用的酶统称为工具酶。下面重点对限制性内切酶做一介绍。

Johns Hopkins 大学医学院的 Hamilton Smith，于 1970 年首先从流杆嗜血杆菌（*Hemophilus influenzae*）分离出能在 DNA 分子中非常特异的部位进行切割的第一个限制性内切酶。以后，许多类似的酶被陆续发现。此类酶仅来源于原核生物，通过在 DNA 分子特异位点处的切割破坏或限制异源 DNA 分子。限制性内切核酸酶有 I、II、III 三种类型。第 I 类限制性内切核酸酶能识别专一的核苷酸序列，并在识别位点附近的一些核苷酸上切割 DNA 分子中的双链，但是切割的核苷酸序列没有专一性，是随机的，所以此类酶在重组 DNA 技术中无多大用途。

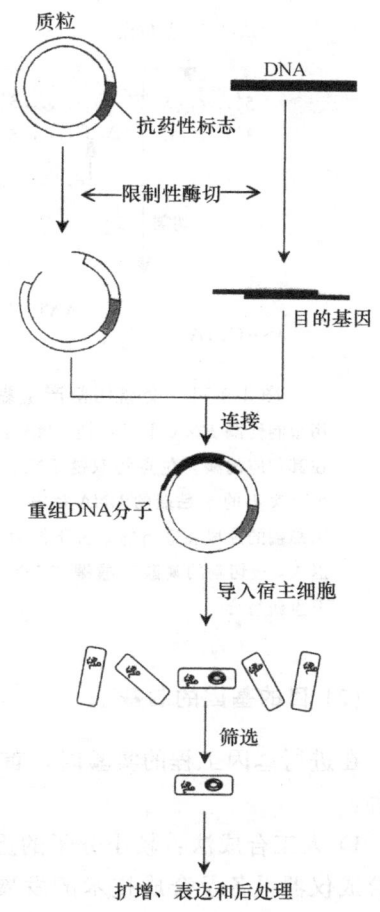

图 1-9-10  基因工程技术的基本流程

第 II 类限制性内切核酸酶能识别专一的核苷酸序列，并在该序列内的固定位置上切割双链。由于此类酶识别和切割的核苷酸都是专一的，所以总能得到同样核苷酸序列的 DNA 片段，并能构建来自不同基因组的 DNA 片段，形成杂合 DNA 分子。因此，这种限制性内切核酸酶是重组 DNA 技术中最常用的工具酶之一。第 II 类限制性酶识别的序列是一个回文对称序列，即在此序列中有一个"对称轴"，从这个轴向两个方向读取的序列完全相同。这种酶的切割方式有两种，即交错切割和同位切割。前者是指限制性酶在核苷酸双链的不同位置切割，结果形成两条单链末端，这种末端的核苷酸序列是互补的，可形成氢键，称为黏性末端（图 1-9-11）。后者是指限制性酶在同一位置上切割双链，产生平头末端（图 1-9-12）。

第 III 类限制性酶也有专一的识别序列，但不是对称的回文序列。它在识别序列旁边的几个核苷酸对的固定位置上切割双链。但这几个核苷酸对是任意的。因此，这种限制性内切核酸酶切后产生的一定长度的 DNA 片段具有各种单链末端，这对于克隆基因或克隆 DNA 片段没有多大用途。

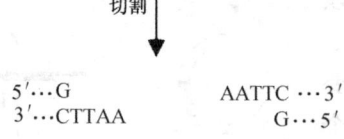
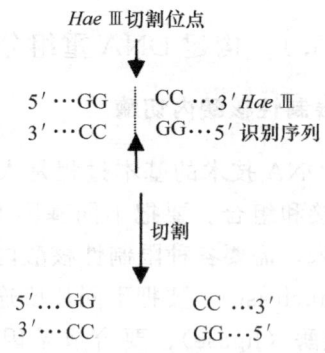

图 1-9-11　交错切割产生黏性末端

用限制性酶 EcoR I 对双链 DNA 切割，EcoR I 在其相应的酶切位点将双链 DNA 交错断开，产生带突出的 5′黏端的 DNA 片段。这种带匹配突出黏端的片段在适当的条件下温育，它们可互相退火，被切割的磷酸二酯键在 DNA 连接酶作用下重新封合

图 1-9-12　同位切割产生平头末端

用限制性酶 Hae Ⅲ 对双链 DNA 切割，切割后产生带平端的片段。以这种方式产生的平端可用 T4 噬菌体 DNA 连接酶连接

**(2) 目的基因的制备**

在进行基因工程的实验时，首先需取得目的基因。目前制备目的基因的方法大致有三种：

1) 人工合成法：较小分子的蛋白质或多肽的编码基因可以人工合成。随着 DNA 化学合成仪器设备及合成技术的发展，合成基因所需周期愈来愈短，合成基因也愈来愈大。一般来说，化学合成法一次合成 15～30 bp 的片段效果最好，仅需 1 天就可以完成。目前，用 DNA 合成仪一次合成的寡核苷酸片段已长达 50～60 bp，经多次合成的小片段可连接成较大的片段。利用化学合成法已成功地合成了人生长激素释放因子、缓激肽、α-胸腺素、脑啡肽、α-干扰素等多肽或蛋白质的基因。

人工合成基因的限制主要有三点：一是不能合成太长的基因；二是人工合成基因时，遗传密码的简并现象会为选择密码子带来很大困难；三是费用较高。为了克服上述困难，人们寻求了另一途径即"半合成"途径，通过 mRNA 反转录获得基因的大部分序列，再人工合成其余部分及接头，进而将两者拼接形成完整基因。

2) 反转录法：如果所需基因比较大，人工合成有困难，从组织中分离提取也不容易，则可利用反转录法合成。即以该多肽的 mRNA 为模板，在反转录酶的作用下，反转录成该多肽 mRNA 的互补 DNA (cDNA)，再以 cDNA 为模板，在反转录酶或 DNA 聚合酶 I 的作用下，最终合成编码该多肽的 DNA。

用反转录法合成 cDNA 的主要问题是：必须保证提取的 mRNA 的高纯度；反转录中常产生各种不完全的反转录产物，可能的原因是与 mRNA 的结构和纯度及反转录的活性有关；以单链 cDNA 为模板往往难以合成与单链 cDNA 一样长的双链 cDNA，这与实验技术有关。

3) DNA 限制性内切酶法：直接从染色体 DNA 中采用 DNA 限制性内切核酸酶分离。本方法主要适用于制备原核基因。对于限制性内切核酸酶物理图谱已经清楚的原核基因，即可根据图谱，用限制性内切核酸酶把目的基因直接切下来。进行限制性酶酶切时，要注意选用合适的限制性内切核酸酶，保证在目的基因内不含有相应的内切酶识别位点；否则，很可能将所需的目的基因切断，而失去功能。通常，把目的基因从已用限制性酶降解的染色体片段群中分离纯化出的方法称为"鸟枪法"。即把包括目的基因在内的全部 DNA 片段插入到载体 DNA（如 pBR322）中，转化大肠杆菌，做成基因文库（gene library）。再用目的基因的转录产物作探针，通过分子杂交，选择出含有所需基因的 DNA 片段。

基因组越大，必须筛选的克隆数目越多，所以用此方法不适合筛选真核细胞的目的基因。此法的优点是获得的目的基因结构与天然基因一样，也含有内含子顺序，但也是这一点成为此法的最大缺陷。含有插入顺序的基因，在原核细胞中是不能用于表达的。因为含有内含子的原始转录本不能被原核细胞识别，而将内含子切除，又难以形成成熟转录体，因此也得不到目的基因的产物多肽或蛋白质，所以在多数情况下，获取真核基因最常用的还是反转录法。

**(3) 克隆载体**

外源 DNA 片段要进入细胞（受体细胞），并在其中进行复制与表达，必须有一个适当的运载工具将其带入细胞内并与外源 DNA 一起进行复制与表达，因为这些外源性 DNA 一般不带有复制调控系统。这种运载工具称为载体（vector）。载体必须具备下列条件：①在受体细胞中可以独立地复制，插入外源 DNA 后不会影响载体本身的复制能力；②具有较少的限制性酶的切点，最好是单一切割位点，以便所要克隆的 DNA 片段能被插入载体；③易于鉴定、筛选，即容易将带有外源 DNA 的重组体与不带外源 DNA 的载体区别开来，如"插入失活"等；④易于导入受体细胞。

常用的载体有质粒（plasmid）、噬菌体（bacteriophage）和病毒（virus）。在大肠杆菌中进行分子克隆时，常用的载体类型为质粒、λ噬菌体、黏粒（cosmid）及 M13 噬菌体；用于酵母的有 2 $\mu$m 质粒；用于动物细胞的有猴病毒 40（SV40）等。天然载体用于基因克隆时还存在很多缺点，常用载体实际是已经过改造的载体。

用于原核基因工程的载体又可分为一般克隆载体和表达载体，前者只用于外源基因重组、克隆、复制与保存，后者除具备普通克隆性载体的多种元件之外，还因为在载体上装配了特定的用于外源基因表达的启动子、SD 序列及终止子等元件，因而可适合于用来表达外源基因。

质粒是某些细菌中独立于染色体外的共价闭合环状双链 DNA 分子。质粒具有复制能力，但它的存在与否一般对细菌的生存没有决定性影响，细菌质粒 DNA 分子质量相对于染色体 DNA 要小得多。不同种类的质粒在其宿主中的拷贝数，或同一种质粒在不同宿主中的拷贝数都不相同，少则 1 或 2 个，多者可达几十个甚至上百个。质粒 DNA 中基因呈线状排列，整个基因组可分为必要区和非必要区。与 DNA 复制、调控、不相容等有关的基因属必要区基因，药物抗性基因和接合转移基因等直接影响细胞表型的基因属非必要区基因。根据质粒的复制特点，可将其分为严紧型和松弛型，前者伴随宿主染色体的复制而复制，在宿主细胞内拷贝数少（1～3个），后者的复制可不依赖于宿主细胞，在应用蛋白质生物合成抑制剂（如氯霉素）抑制宿主细胞蛋白质合成后，松弛型质粒仍可继续复制（但此时严紧型质粒复制停止），其细胞内拷贝数甚至可多达3000个。

目前，用作克隆载体的大肠杆菌质粒主要是美国 Bolivar 等构建的 pBR 系列质粒（图 1-9-13）；噬菌体载体主要有 λ 噬菌体衍生物；黏粒及 M13 噬菌体（图 1-9-14）等。

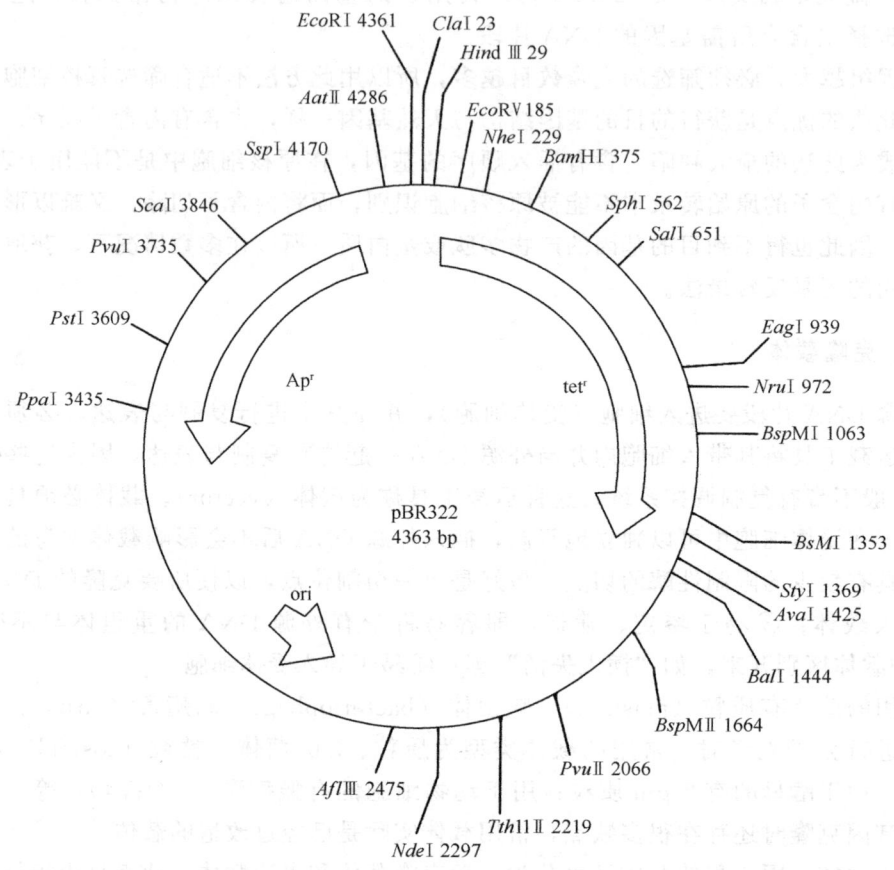

图 1-9-13　pBR322 图谱

pBR322 是一种非常常用的克隆载体，它带有可扩增的 pMB1 复制子和编码氨苄西林抗性和四环素抗性的基因。外源 DNA 插入其中任何一个抗性基因均会使该抗性失活，从而使带有插入片段的质粒克隆因不能在含有抗生素的培养基上生长而被识别

**（4）DNA 分子的体外重组**

所谓重组体或重组 DNA 分子就是把外源性 DNA（目的基因）插入载体，使两种 DNA 分子连接起来。体外重组连接的主要方法有：

1) 黏性末端连接法：用同一种或同两种限制性酶去消化载体和外源性 DNA 分子，

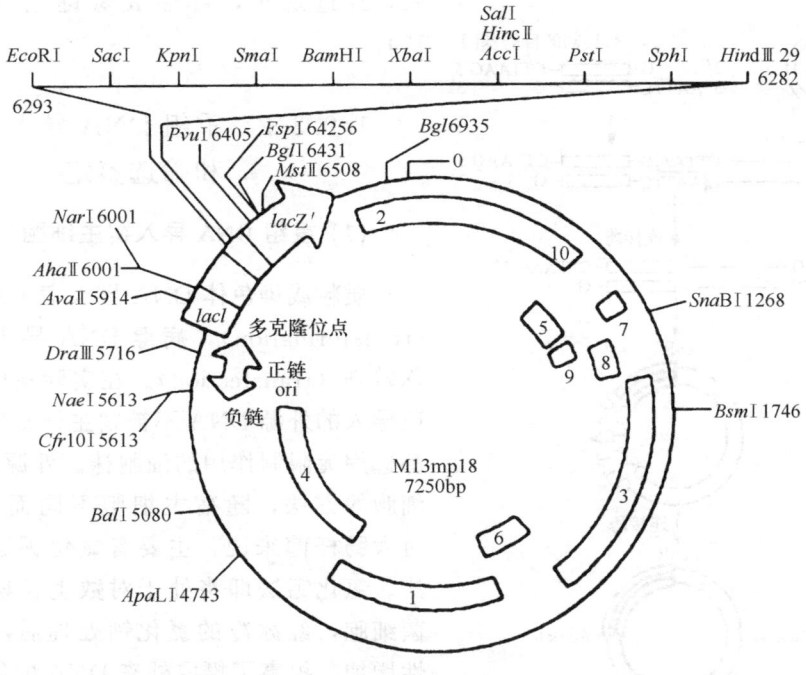

图 1-9-14  M13mp18 噬菌体

M13mp18 是 Messing 及其同事构建的 M13mp 载体中的一种。外源 DNA 插入多克隆位点后灭活了 lacZ 基因的 α 片段。当含有插入片段的噬菌体在合适条件下接种到培养基上，可形成白色噬斑；而没有插入外源 DNA 的载体形成蓝色噬斑

可产生相同的黏性末端，这些黏性末端退火互补，进一步用 DNA 连接酶将断端封口，即可获得重组 DNA 分子（图 1-9-15）。

用同一种限制性酶消化外源 DNA 和载体，重组时可导致外源 DNA 特别是质粒的自我环化，大部分形成同源分子的环形单体或双体，仅得到少数重组 DNA 分子，而给以后的筛选工作带来困难。为了减少这种环化反应，可用两种不同的限制性酶同时切割载体和外源 DNA 分子，生成不同的黏性末端，致使两种分子只能重组不能环化；或用碱性磷酸酶切去载体黏性末端的 $5'$-磷酸基，可促使载体与外源 DNA 分子的连接，重组体上的一个缺口待进入宿主细胞内后被修复。还可通过控制载体和外源 DNA 分子的浓度达到上述目的。实验证明，浓度低于 20 mg/L 时，DNA 分子趋于自身环化，而大于 300~400 mg/L 时，趋于重组。

2）钝性末端连接法：用化学合成法、反转录酶促合成法获得的 DNA 或 cDNA 片段，以及某些限制性酶酶切生成的 DNA 片段，均为钝性末端。钝性末端可用 T4 DNA 连接酶连接，但所需底物浓度高，连接效率低。因此，常把钝性末端改造成黏性末端再行连接。改造方法有加接头及加尾，加接头法即是将含有某一种限制性酶酶切的单切点的人工接头连到 DNA 分子两端后，即用该限制性酶消化，生成黏性末端（图 1-9-16）；加尾法即是应用末端脱氧核苷酸转移酶（TDT），在底物的 $3'$-OH 上加上多聚核苷酸尾巴，即在载体和外源 DNA 分子的 $3'$-OH 上，加上互补的足够长的同聚核苷

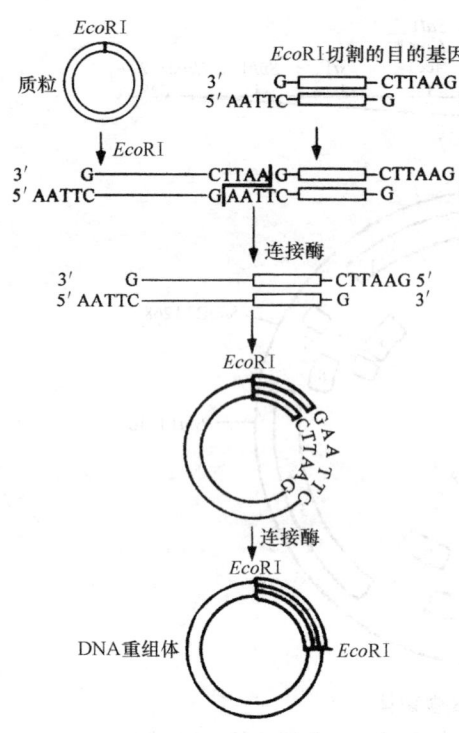

图 1-9-15 含有相同黏性末端 DNA 分子的连接过程

酸，经过退火，可形成氢键结合（图 1-9-17）。

### 1.9.3.2 重组 DNA 导入宿主细胞和筛选鉴定

**(1) 重组 DNA 导入宿主细胞**

质粒或染色体 DNA 导入宿主细胞称转化（transformation），病毒 DNA 导入宿主细胞称转染（transfection）。在实验室内，为了保证导入的外源 DNA 不被宿主细胞破坏，一般都选用无限制作用的细胞株。外源 DNA 导入细胞的方法，随宿主细胞不同而有所不同。对大肠杆菌来说，主要有氯化钙法和电穿孔法。氯化钙法即将处于对数生长期的大肠杆菌细胞，经冰冷的氯化钙处理后，细胞通透性增加，提高了摄取外来 DNA 的能力，这种细胞称为感受态细胞（competent cell）。质粒 DNA 与感受态细胞在冰浴中温育后，迅速转入 42℃做短暂加热（热激），则更利于细胞对 DNA 的摄取，细胞摄取了质粒 DNA 后，也就获得了新的表型，接种到合适的培养基中，就可能挑选到所需的转化细胞。高压电穿孔法是利用脉冲电场将 DNA 导入培养细胞的方法。其优点是对于氯化钙法等技术不能奏效的细胞系，电穿孔法仍可使用。其转化效率较氯化钙法高，而且制备电穿孔法的细胞要比制备感受态细胞容易。电穿孔法转染的效率受外加电场的强度、电脉冲的强度、温度、DNA 的构象和浓度、培养液的离子成分等因素的影响。另外，电穿孔法需要特制的设备。

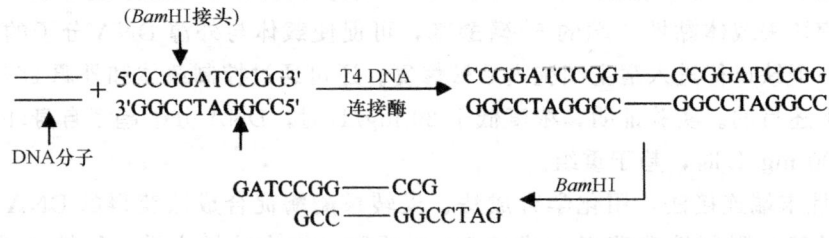

图 1-9-16 加人工接头产生黏性末端法

用 T4DNA 连接酶在目的基因的两端连上含有 BamHⅠ限制性酶酶切点的寡核苷酸片段，再用该种酶消化，即可得到黏性末端，从而能够与载体连接。箭头所指为 BamHⅠ的酶切位置

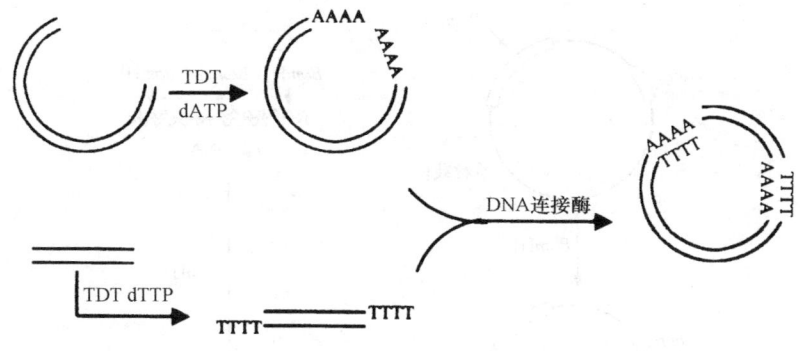

图 1-9-17 加同聚核苷酸尾连接法

用 TDT 分别在载体和目的基因片段的 3′-末端加上多聚 A 尾和多聚 T 尾，变成黏性末端，在 DNA 连接酶的作用下，相互连接，形成重组分子

**(2) 重组体克隆的筛选与鉴定**

经转化后长出的菌落，常用以下方法来鉴定其中是否含有重组质粒。

1) 插入灭活法（insertionnal inactivation）：目前使用的质粒载体（如 pBR322）都是有抗药性标记的。被转化后的细菌在含有这种（些）抗生素的培养基上能够生长，而未被转化的细菌则不能生长或被杀死。然而，当限制性酶作用于载体 DNA 的某一抗药基因上并在此处插入外源 DNA 时，载体上原有的抗药基因即被破坏。由此重组体转化的宿主细胞，则对此抗生素敏感，这样便可筛选出转化菌株（图 1-9-18）。

2) α 互补（α complementation）：现在使用的许多载体（如 pUC 系列）都带有一个大肠杆菌 DNA 的短区段，其中含有 β-半乳糖苷酶基因（*lacZ*）的调控序列和头 146 个氨基酸的编码信息。这个编码区中插入了一个多克隆位点，它并不破坏读框，但可使少数几个氨基酸插入到 β-半乳糖苷酶的氨基端，而不影响功能。这种载体适用于可编码 β-半乳糖苷酶 C 端部分序列的宿主细胞。虽然宿主和质粒编码的片段各自都没有酶活性，但它们可以融为一体，形成具有酶学活性的蛋白质。这样，*lacZ* 基因上缺失近操纵基因区段的突变体与带有完整的近操纵基因区段的 β-半乳糖苷酶阴性的突变体之间实现互补，这种互补现象叫 α 互补。由 α 互补产生的 lac$^+$ 细菌易于识别，因为它们在生色底物 5-溴-4-氯-3-吲哚-β-D 半乳糖苷（X-gal）存在下形成蓝色菌落。然而，外源 DNA 片段插入到质粒的多克隆位点后，几乎不可避免地导致产生无 α 互补能力的氨基端片段。因此，带重组质粒的细菌形成白色菌落。

3) 杂交筛选（hybridization screening）：将平板上待筛选的菌落转移到硝酸纤维素膜上，然后在膜上原位裂解细菌并使释出的 DNA 非共价结合于滤膜上。在对滤膜上尚未结合 DNA 的其他活性部位做预杂交封闭处理后，滤膜与放射形标记的特异核苷酸探针杂交。由于探针与靶 DNA 有很好的配对关系，故能够牢固结合于靶 DNA 上，而非特异结合在膜上的探针，很容易在以后的洗涤过程中洗去。洗涤后的滤膜贴压医用 X 射线胶片，曝光一定时间后，做显影、定影处理。如果待筛选菌落中含有靶 DNA 序列，则在自显影胶片上可见到黑色的阳性杂交信号，与滤膜对应的平板上的菌落即为所

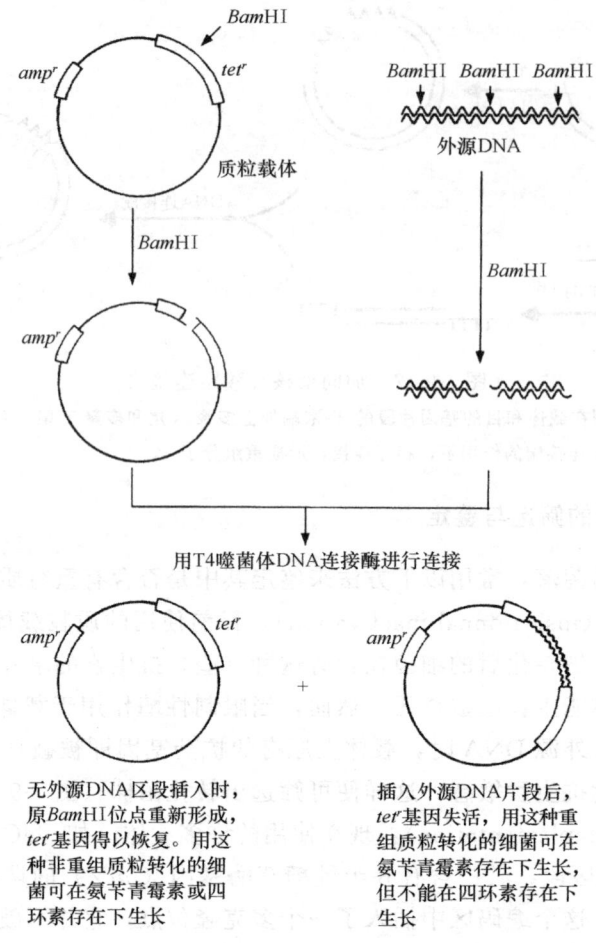

图 1-9-18 插入灭活

需的克隆。杂交筛选法一次可以筛选几百甚至几万个克隆，但过程复杂，在有大量克隆需筛选时，可以选用本法。

4）免疫化学法（immunochemistry）：当所要检测的重组克隆无任何可供选择的基因表型特征，又无适用的探针时，免疫学方法就是筛选重组体的重要途径。此法当转化平皿上长出许多克隆后，将这些克隆原样转印到第二个平皿上。将原皿很好保存起来，将第二个平皿上的菌落在原位用饱和氯仿蒸气溶菌，使菌细胞中的蛋白质释放出来（包括被克隆的片段所编码的蛋白质在内）。然后，将聚乙烯膜铺放于第二个平皿上，使抗原（蛋白质）转移到膜上。再用放射性标记或酶标记的抗体与之反应。在含有特异抗原的克隆处可发生特异性抗原-抗体反应，通过放射自显影或酶联反应即可在平皿上找到能够产生该抗原的菌落。

### 1.9.3.3 克隆基因的表达

克隆基因的表达指被克隆入某一载体中的目的基因被转录和翻译的过程。因此，为了使真核基因在原核细胞中准确和高效的表达，主要涉及两个问题：一是载体的拷贝数必须多；二是载体的表达效率必须高。增加重组 DNA 分子在宿主细胞内的拷贝数，主要是选择多拷贝的质粒或病毒。

构建高效表达载体可有以下做法：①将目的基因置于原核细胞的强启动子之下，目前应用的启动子有 lac（乳糖）启动子、trp（色氨酸）启动子、$\lambda P_L$（λ噬菌体左向转录）启动子和 tac 启动子；②在外源 DNA 的 5′端应连接一段序列，可转录出 mRNA 的 SD 顺序，以利于核糖体与 mRNA 结合，并调节好 SD 顺序与转录起始信号之间的距离，以利于有效的翻译和从正确的可读框处翻译。

真核基因在原核细胞中可以表达为融合蛋白，也可以表达为非融合蛋白，此外还可以呈分泌型表达。

外源真核基因经相应的诱导表达之后，可通过以下方法进行检测和鉴定：①进行 SDS 聚丙烯酰胺凝胶电泳（SDS-PAGE），以确定在含有目的蛋白表达质粒的细菌中某种适当大小的蛋白质是否在诱导表达后存在；②为确证通过 SDS-PAGE 所检测出的基因表达产物的均一性、特异性，常有必要利用能与目的蛋白特异性结合的抗体进行蛋白质印迹法（Western 印迹法）；③生物活性检测是判断外源真核基因是否确实表达的最有力证据。

### 1.9.3.4 基因工程的成就与展望

DNA 重组技术及基因工程被认为是 20 世纪生物学的一项最伟大的成就，也是当今新的产业革命的主要组成部分，其意义和前景尤为远大。此项技术应用于农业、工业、制药业以及对人类一些疾病的研究等方面已取得了令人瞩目的结果。随着基因工程技术的发展应运而生的基因工程工业，已制造出许多有用的蛋白质，如胰岛素、干扰素、白细胞介素-2、生长激素、乙肝疫苗等产品均已问世，在一些国家已应用于临床。

近年来，DNA 重组技术亦被越来越多地应用于对神经系统的研究。脑特异基因的表达与脑的功能密切相关，利用分子克隆技术对这一类基因的表达进行研究，探寻、分离、克隆与脑的分化、发育以及功能相关的基因，不仅有利于深化神经科学理论的研究，而且对在分子水平上阐明多种神经、精神疾患的发病机制，以及对这些疾病进一步的诊断和治疗都有极大的促进作用。目前对一些神经系统遗传疾病已逐步开展了基因治疗的临床前研究，包括 Lesch-Nyhan 自毁容貌症、Caucher 病、Duchenne 肌营养不良症、Sly 综合征和苯丙酮尿症等。对一些神经变性疾病，如阿尔茨海默病、帕金森病等也进行了基因治疗的临床前研究。采用分子克隆技术对一些神经系统肿瘤进行基因诊断，比如对神经母细胞瘤的鉴别诊断及预后判断。对神经系统肿瘤的基因治疗也已从实验室走向临床。我们相信，随着基因工程研究的进展，这场医学界、生物界的深刻革命将在解决人类面临的诸多难题中发挥重大作用。

（陈　晶）

## 1.9.4　聚合酶链反应技术

聚合酶链反应（polymerase chain reaction，PCR）是20世纪80年代中期发展起来的体外核酸扩增技术。在20世纪60年代末、70年代初，人们致力于研究基因的体外分离技术，Korana于1971年最早提出核酸体外扩增的设想："经过DNA变性，与合适的引物杂交，用DNA聚合酶延伸引物，并不断重复该过程便可克隆tRNA基因"。1985年美国PE-Cetus公司人类遗传研究室的Kary Mullis等发明了具有划时代意义的聚合酶链式反应。其原理类似于DNA的体内复制，只是在试管中为DNA的体外合成提供一种合适的条件。Saiki等使用了1976年Chien等从水生栖热菌（Thermus aquaticus）中分离的耐热Taq DNA聚合酶，从而使PCR操作大为简化。1987年Kary Mullis等完成了自动化操作装置，使PCR技术进入实用阶段。PCR技术作为一种方法学革命，大大推动了分子生物学各有关学科的研究，使其达到一个新的高度。Kary Mullis也因发明PCR而获得1993年度诺贝尔化学奖。

### 1.9.4.1　PCR技术的基本原理

PCR技术的基本原理类似于DNA的天然复制过程，其特异性依赖于与靶序列两端互补的寡核苷酸引物。PCR由高温变性（denature）、低温退火（annealing）和适温延伸（extension）三个基本步骤反复的热循环构成。①模板DNA的变性：模板DNA经加热至93℃左右一定时间后，解离成为两条单链DNA模板；②模板DNA与引物的退火（复性）：在较低温度（37～55℃）情况下，两条人工合成的寡核苷酸引物与单链DNA模板的互补序列配对结合；③引物的延伸：在Taq DNA聚合酶的最适温度（72℃）下，以引物3′端为合成的起点，以四种脱氧三磷酸腺苷（dNTP）为反应原料，以靶序列为模板，按碱基配对与半保留复制原理，合成DNA新链。这样，每一双链的DNA模板，经过一次变性、退火、延伸三个步骤的热循环后就成了两条双链DNA分子。如此反复进行，每一次循环所产生的DNA均能成为下一次循环的模板，每一次循环都使两条引物间的DNA特异区段拷贝数扩增一倍，PCR产物以$2^n$的指数形式迅速扩增，经过25～30个循环后，理论上可使基因扩增$10^9$倍以上，实际上一般可达$10^6$～$10^7$倍（图1-9-19）。

PCR扩增产物可分为短产物片段和长产物片段两部分。短产物片段和长产物片段是由于引物所结合的模板不一样而形成的。以一个原始模板为例，在第一个反应周期中，以两条互补的DNA为模板，引物是从3′端开始延伸，其5′端是固定的，3′端则没有固定的止点，长短不一，这就是"长产物片段"。进入第二周期后，引物除与原始模板结合外，还要同新合成的链（即"长产物片段"）结合。引物在与新链结合时，由于

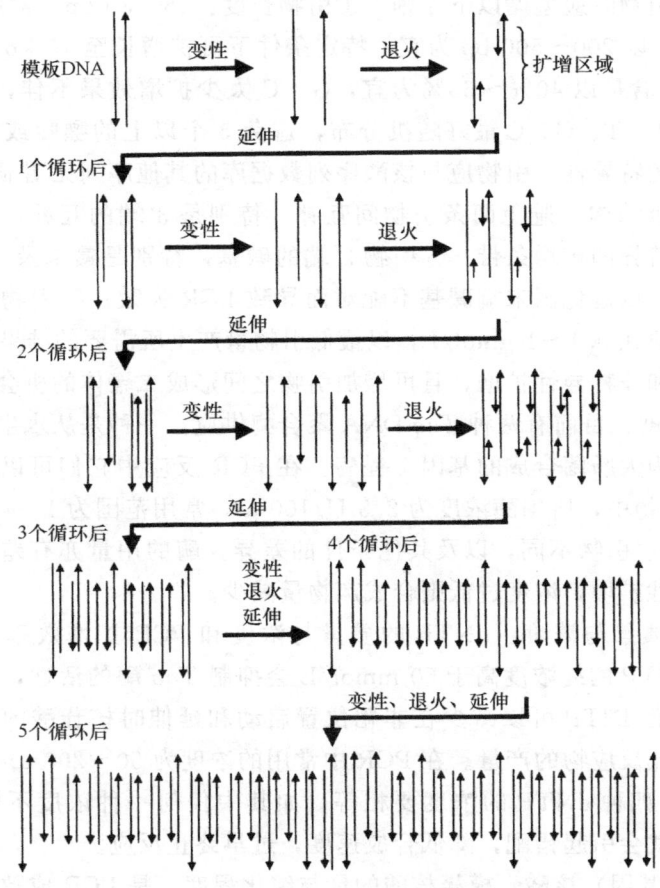

图 1-9-19 PCR 原理示意图

新链模板的 5′ 端序列是固定的，就等于这次延伸的片段 3′ 端被固定了止点，保证了新片段的起点和止点都限定于引物扩增序列以内，形成长短一致的"短产物片段"。不难看出，"长产物片段"以算术倍数增加，几乎可以忽略不计，而短产物片段是需要扩增的特定片段，它的长度严格限定在两个引物链 5′ 端之间。"短产物片段"按指数倍数增加，使得 PCR 的反应产物不需要再纯化，保证足够纯的 DNA 片段供分析与检测用。

### 1.9.4.2 PCR 反应体系与反应条件

**(1) PCR 反应体系的组成**

参加 PCR 反应的成分主要有五种，即引物、DNA 聚合酶、dNTP、模板 DNA 和反应缓冲液。

1) 引物：引物是 PCR 反应特异性的关键，PCR 产物的特异性取决于引物与模板 DNA 互补的程度。理论上，只要知道任何一段模板 DNA 序列，就能按其设计互补的寡核苷酸链做引物，利用 PCR 就可将模板 DNA 在体外大量扩增。

设计及使用引物时应遵循以下原则：①引物长度：15～30 bp，常用为 20 bp 左右；②引物扩增跨度：以 200～500 bp 为宜，特定条件下可扩增长至 10 kb 的片段；③引物碱基构成：G+C 含量以 40%～60% 为宜，G+C 太少扩增效果不佳，G+C 过多易出现非特异条带，A、T、G、C 最好随机分布，避免 5 个以上的嘌呤或嘧啶核苷酸的成串排列；④引物的特异性：引物应与核酸序列数据库的其他序列无明显同源性；⑤避免引物内部出现二级结构，避免两条引物间互补，特别是 3′端的互补，否则会形成引物二聚体，产生非特异的扩增条带；⑥引物 3′端的碱基，特别是最末及倒数第二个碱基，应严格要求配对，以避免因末端碱基不配对而导致 PCR 失败；⑦引物量：引物在 PCR 反应中的浓度一般在 0.1～1 μmol/L，以最低引物量产生所需要的结果为好，引物浓度偏高会引起错配和非特异性扩增，且可增加引物之间形成二聚体的机会。

2) 酶及其浓度：目前有两种 Taq DNA 聚合酶供应，一种是从水生栖热菌中提纯的天然酶，另一种为大肠菌合成的基因工程酶。在 PCR 反应中它们可以互相替代。典型的 PCR 反应混合物中，所用酶浓度为 2.5 U/100 μl，常用范围为 1～4 U/100 μl。由于 DNA 模板的不同、引物不同，以及其他条件的差异，酶的用量亦有差异。酶的浓度过高可引起非特异性扩增，浓度过低则合成产物量减少。

3) dNTP 的质量与浓度：dNTP 的质量与浓度和 PCR 扩增效率有密切关系。在 PCR 反应中，dNTP 的终浓度高于 50 mmol/L 会抑制 Taq 酶的活性，而且易产生错误掺入。使用低浓度 dNTP 可以减少在非靶位置启动和延伸时核苷酸的错误掺入，但浓度太低，势必降低反应物的产量。在 PCR 中常用的浓度为 50～200 μmol/L，不能低于 10～15 μmol/L。四种 dNTP 的浓度要相等，如其中任何一种浓度不同于其他几种时（偏高或偏低），就会引起错配，降低合成速度，过早终止反应。

4) 模板（靶基因）核酸：模板核酸的量与纯化程度，是 PCR 成败与否的关键环节之一。单、双链 DNA 或 RNA 都可以作为 PCR 样品。若起始材料是 RNA，须先通过反转录得到 cDNA 第一条链。虽然 PCR 可以用极微量的样品，甚至是来自单一细胞的 DNA，但为了保证反应的特异性，最好应用 ng 级的克隆 DNA、μg 水平的单拷贝染色体 DNA 或 $10^4$ 拷贝的待扩增片段作为起始材料。模板应纯化，也可以用粗品，但不能混有任何蛋白酶、核酸酶、Taq DNA 聚合酶抑制剂以及能结合 DNA 的蛋白质。

模板 DNA 的大小并不是关键的因素，但当使用极高分子质量的 DNA（如基因组 DNA）时，如用超声处理或用切点罕见的限制性酶先行消化，则扩增效果更好。闭环靶序列 DNA 的扩增效率略低于线状 DNA，因此，用质粒作反应模板时最好先将其线状化。

模板的浓度因情况而异，往往非实验人员所控制。实验可按已知模板量逆减的方式（1 ng、0.1 ng、0.01 ng 等），设置一组对照反应，以检测扩增反应的灵敏度是否符合要求。

5) 反应缓冲液：用于 PCR 的标准缓冲液通常含 50 mmol/L KCl、10 mmol/L Tris-HCl（pH8.3，室温）和 1.5 mmol/L $MgCl_2$。在 72℃温育时，反应体系的 pH 将下降 1 个多单位，接近 7.2。在 PCR 缓冲液中二价阳离子的存在至关重要，影响 PCR 的特异性和产量。实验表明，$Mg^{2+}$ 优于 $Mn^{2+}$，而 $Ca^{2+}$ 无任何作用。$Mg^{2+}$ 对 PCR 扩增的特异性和产量有显著的影响,在一般的 PCR 反应中,各种 dNTP 浓度为 200 μmol/L 时,$Mg^{2+}$ 浓度为 1.5～2.0 mmol/L 为宜。$Mg^{2+}$ 浓度过高,反应特异性降低,出现非特异扩增;浓度过低,会降低 Taq DNA 聚合酶的活性,使反应产物减少。另外,在反应体系中不应含有高浓度的螯合剂,如 EDTA;也不应含有高浓度的带负电荷离子基团,如磷酸根,因为它们会影响 $Mg^{2+}$ 的有效浓度。

**(2) PCR 反应条件**

PCR 反应条件为温度、时间和循环次数。

1) 温度与时间的设置:基于 PCR 原理三步骤而设置变性、退火和延伸三个温度点。在标准反应中采用三温度点法,双链 DNA 在 90～95℃变性,再迅速冷却至 40～60℃,引物退火并结合到靶序列上,然后快速升温至 70～75℃,在 Taq DNA 聚合酶的作用下,使引物链沿模板延伸。对于较短靶基因(长度为 100～300 bp 时)可采用二温度点法,除解链温度(变性温度)外,退火与延伸温度可合二为一,一般采用 94℃变性,65℃左右退火与延伸(此温度 Taq DNA 酶仍有较高的催化活性)。

a. 解链温度与时间:解链温度低、解链不完全是导致 PCR 失败的最主要原因。一般情况下,93～94℃孵育 1 min 足以使模板 DNA 变性,若低于 93℃则需延长时间,但温度不能过高,因为高温环境对酶的活性有影响。此步若不能使靶基因模板或 PCR 产物完全变性,就会导致 PCR 失败。

b. 退火(复性)温度与时间:退火温度是影响 PCR 特异性的较重要因素。变性后温度快速冷却至 40～60℃,可使引物和模板发生结合。由于模板 DNA 比引物复杂得多,引物和模板之间的碰撞结合机会远远高于模板互补链之间的碰撞。退火温度与时间取决于引物的长度、碱基组成及其浓度,还有靶基因序列的长度。对于 20 个核苷酸,G+C 含量约 50% 的引物,以 55℃为最适退火温度的起点较为理想。在具体实验中,可通过计算引物的解链温度(melting temperature, $T_m$)来帮助选择引物的合适复性温度:

$$T_m 值 = 4(G+C) + 2(A+T)$$

$$复性温度 = T_m 值 - (5～10℃)$$

在 $T_m$ 值允许范围内,选择较高的复性温度可大大减少引物和模板间的非特异性结合,提高 PCR 反应的特异性。复性时间一般为 30～60 s,足以使引物与模板之间完全结合。

c. 延伸温度与时间:温度的选择取决于 Taq DNA 聚合酶的最适温度。一般选择在 70～75℃,常用温度为 72℃,在此温度下酶催化核苷酸的标准速率可达 35～100 个核苷酸/秒。过高的延伸温度不利于引物和模板的结合。PCR 延伸反应的时间,可根据待扩增片段的长度而定,一般 1 kb 以内的 DNA 片段,延伸时间 1 min 是足够的。3～4 kb 的靶序列需 3～4 min;扩增 10 kb 需延伸至 15 min。延伸时间过长会导致非特异性扩增带的出现。对低浓度模板的扩增,延伸时间要稍长些。

2) 循环次数:循环次数决定 PCR 扩增程度。PCR 循环次数主要取决于模板 DNA 的浓度。一般的循环次数选在 30～40 次,循环次数越多,非特异性产物的量亦随之增多。当然循环次数太少,则产率偏低。所以,在保证产率的前提下,尽量减少循环次数。

**(3) 标准的 PCR 反应体系**

10×扩增缓冲液 10 μl,4 种 dNTP 混合物各 200 μmol/L,引物各 10～100 pmol,模板 DNA 0.1～2 μg,Taq DNA 聚合酶 2.5 U,$Mg^{2+}$ 1.5 mmol/L,加双蒸水至 100 μl。

#### 1.9.4.3　PCR 扩增产物的分析

PCR 产物是否为特异性扩增,其结果是否准确可靠,必须对其进行严格的分析与鉴定,才能得出正确的结论。PCR 产物的分析,可依据研究对象和目的不同而采用不同的分析方法。

**(1) 凝胶电泳分析**

PCR 产物经凝胶电泳后,用溴化乙锭染色,然后在紫外灯下观察,初步判断产物的特异性。PCR 产物片段的大小应与预计的一致,特别是多重 PCR,应用多对引物,其产物片段都应符合预计的大小,这是起码的条件。在实际工作中通常用琼脂糖凝胶,也可使用聚丙烯酰胺凝胶电泳。前者的制备及电泳均较后者简单,但聚丙烯酰胺凝胶与琼脂糖凝胶相比有四个主要优点:①分辨能力很强,长度仅相差 0.2%(即 500 bp 中的 1 bp)的 DNA 分子即可分开;②所能装载的 DNA 量远远大于琼脂糖凝胶;③从聚丙烯酰胺凝胶中回收的 DNA 纯度很高,可用于高要求的实验;④分离效果比琼脂糖好,条带比较集中。实验者可根据研究的需要及条件选择使用。

**(2) 酶切分析**

根据 PCR 产物中限制性内切酶的位点,用相应的限制性酶切割,再进行电泳分离后,检测是否获得符合理论设想的片段。此法既能进行产物的鉴定,又能对靶基因分型,还能进行变异性研究。

**(3) 分子杂交**

分子杂交是检测 PCR 产物特异性的有力证据,也是检测 PCR 产物碱基突变的有效方法。可采用 Southern 印迹法,即在两引物之间另合成一条寡核苷酸链(内部寡核苷酸)标记后做探针,与 PCR 产物杂交。此法既可作特异性鉴定,又可以提高检测 PCR 产物的灵敏度,还可知其分子质量及条带形状。也可用斑点杂交检测,即将 PCR 产物点在硝酸纤维素膜或尼龙膜上,再用内部寡核苷酸探针杂交,观察有无着色斑点,可用于 PCR 产物特异性的鉴定及变异分析。

**(4) 核酸序列分析**

这是检测 PCR 产物特异性的最可靠方法。将 PCR 产物电泳后,从凝胶上回收,克隆至适合的载体，进行序列测定，从而验证扩增片段的序列正确性。

### 1.9.4.4 PCR技术的发展

PCR技术自出现以来，已得到了广泛的应用。同时，研究工作者在PCR技术本身的优化问题上进行了大量的探索，在PCR技术的基础上又发展了许多相关技术。

**(1) 原位PCR技术**

原位PCR（in situ PCR）就是在组织细胞里进行PCR反应（图1-9-20），它由Hasse等于1990年建立。原位PCR结合了具有细胞定位能力的原位杂交和高度特异敏感的PCR技术的优点，是细胞学科研与临床诊断领域里的一项有较大潜力的新技术。实验用的标本是新鲜组织、石蜡包埋组织、脱落细胞、血细胞等。

**(2) 标记PCR和彩色PCR**

标记PCR（labelled primers PCR，LP-PCR）是利用放射性核素或荧光素对PCR引物的5′端进行标记，用来检测靶基因是否存在。彩色PCR（color complementation assay PCR，CCAPCR），是LP-PCR的一种，它用不同颜色的荧光染料标记引物的5′端，因而扩增后的靶基因序列分别带有引物5′的染料，通过电泳或离心沉淀，用肉眼就可根据不同荧光的颜色判定靶序列是否存在及其扩增状况，此法可用来检测基因的突变、染色体重排或转位、缺失及微生物的型别鉴定等。

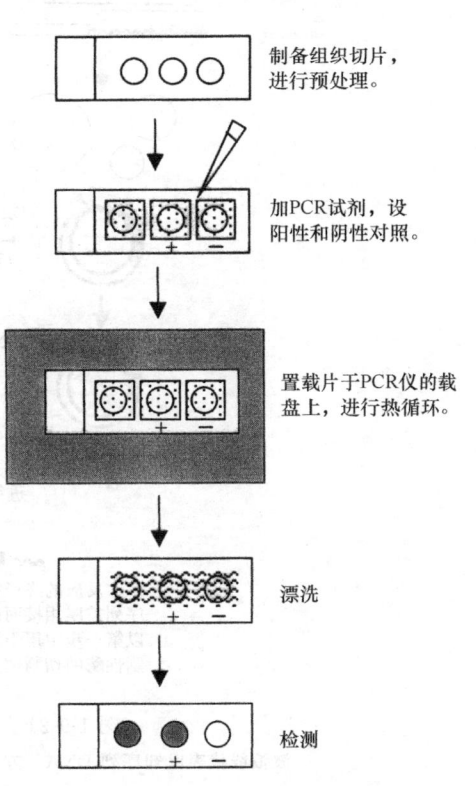

图1-9-20 原位PCR示意图

**(3) 反向PCR**

反向PCR（reverse PCR）是用反向的互补引物来扩增两引物以外的未知序列片段，而常规PCR扩增的是已知序列的两引物之间DNA片段。实验时选择已知序列内部没有酶切位点的限制性内切酶对该段DNA进行酶切，然后用连接酶使带有黏性末端的靶序列环化连接，再用一对反向的引物进行PCR，其扩增产物将含有两引物以外的未知序列，从而对未知序列进行分析研究（图1-9-21）。

**(4) 不对称PCR**

不对称PCR（asymmetric PCR）是用不等量的一对引物，PCR扩增后产生大量的

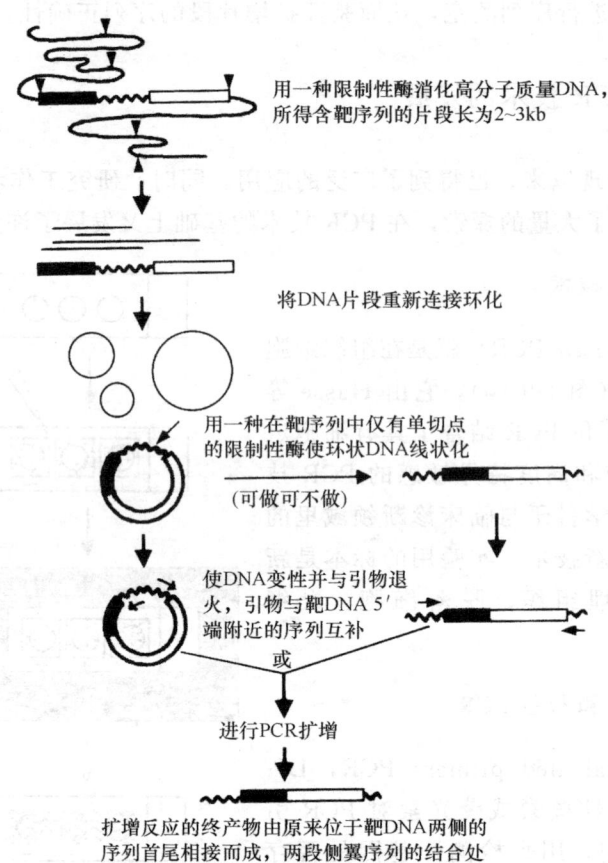

图 1-9-21　反向 PCR 原理示意图
波浪线代表已知序列 DNA，方块代表侧翼（未知）序列，三角代表限制性酶酶切位点，平箭头代表寡核苷酸引物与模板互补处

单链 DNA。这对引物分别称为非限制引物与限制性引物，其比例一般为 50∶1～100∶1。在 PCR 反应的最初 10～15 个循环中，其扩增产物主要是双链 DNA，但当限制性引物（低浓度引物）消耗完后，非限制性引物（高浓度引物）引导的 PCR 就会产生大量的单链 DNA。不对称 PCR 的关键是控制限制性引物的绝对量，需多次摸索，优化两条引物的比例。不对称 PCR 制备的单链 DNA 主要用于核酸序列测定。

**(5) 重组 PCR**

使两个不相邻的 DNA 片段重组在一起的 PCR 称为重组 PCR（recombinant PCR）。其基本原理为将突变碱基、插入或缺失片段，或一种物质的几个基因片段均设计在引物中，先分段对模板扩增，除去多余的引物后，将产物混合，再用一对引物对其进行 PCR 扩增，其产物将是重新组合的 DNA。重组 PCR 主要用于位点专一的碱基置换、DNA 片段的插入或缺失 DNA 片段的连接（如基因工程抗体）。

### (6) 多重 PCR

一般 PCR 仅应用一对引物，通过 PCR 扩增产生一个核酸片段，主要用于单一致病因子等的鉴定。多重 PCR（multiplex PCR），又称多重引物 PCR 或复合 PCR，它是在同一 PCR 反应体系里加上 2 对以上引物，同时扩增出多个核酸片段的 PCR 反应，其反应原理、反应试剂和操作过程与一般 PCR 相同。

### (7) 免疫 PCR

免疫 PCR（immuno PCR）是新近建立的一种灵敏、特异的抗原检测系统。它利用抗原-抗体反应的特异性和 PCR 扩增反应的极高灵敏性来检测抗原，尤其适用于极微量抗原的检测。免疫 PCR 试验的主要步骤有三个：①抗原-抗体反应；②与嵌合连接分子结合；③PCR 扩增嵌合连接分子中的 DNA（一般为质粒 DNA）。该技术的关键环节是嵌合连接分子的制备。在免疫 PCR 中，嵌合连接分子起着桥梁作用。它有两个结合位点，一个与抗原抗体复合物中的抗体结合，一个与质粒 DNA 结合。其基本原理与 ELISA 和免疫酶染色相似，不同之处在于其中的标记物不是酶而是质粒 DNA，在操作反应中形成抗原-抗体-连接分子-DNA 复合物，通过 PCR 扩增 DNA 来判断是否存在特异性抗原。

免疫 PCR 的优点为：①特异性较强，因为它建立在抗原抗体特异性反应的基础上；②敏感度高，PCR 具有惊人的扩增能力，免疫 PCR 比 ELISA 敏感度高 $10^5$ 倍以上，可用于单个抗原的检测；③操作简便，PCR 扩增质粒 DNA 比扩增靶基因容易得多，一般实验室均能进行。

#### 1.9.4.5 PCR 技术的应用

PCR 技术的已广泛应用于生物学研究领域，在分子神经生物学中可根据需要解决不同的问题。例如，基因克隆、DNA 测序、分析突变、基因重组与融合、鉴定与调控蛋白质结合 DNA 序列、转座子插入位点的绘图、检测基因的修饰、合成基因的构建、构建克隆或表达载体、检测某基因的内切酶多态性等。PCR 技术还可以协助诊断神经系统的疾病，在发现新基因、构建遗传图谱等方面也发挥重要作用。

（陈　晶　武胜昔）

## 1.9.5　DNA 序列测定技术

对许多重组 DNA 实验来说，了解靶 DNA 序列是进一步操作不可缺少的前提。DNA 序列测定和随之进行的计算机辅助的限制性酶酶切位点查询，常常是获得详尽限制性酶图谱的最快方法；在利用为大量表达蛋白或产生融合蛋白而设计的载体对目的基因进行亚克隆时，这些信息尤为重要；DNA 序列测定是详细分析基因 $5'$ 和 $3'$ 非编码区的前提，也是进行基因定点诱变的基础。今天，大多数蛋白质序列都是通过基因或 cDNA 的核苷酸序列推导出来的，这充分显示了 DNA 序列测定技术的成果。DNA 序列测定被认为是继 Watson-Crick 提出的 DNA 双螺旋结构模型以来对分子生物学影响最大的一个技术突破。

目前应用的序列测定技术是 Sanger 等（1977）提出的酶法及 Maxam 和 Gilbert（1977）提出的化学降解法。虽然其原理大相径庭，但这两种方法都是同样生成互相独立的若干组带放射性标记的寡核苷酸，每组寡核苷酸都有固定的起点，但却随机终止于特定的一种或者多种残基上。由于 DNA 上的每一个碱基出现在可变终止端的机会均等，因此上述每一组产物都是一些寡核苷酸混合物，这些寡核苷酸的长度由某一种特定碱基在原 DNA 全片段上的位置所决定。然后在可以区分长度仅差一个核苷酸的不同 DNA 分子的条件下，对各组寡核苷酸进行电泳分析，只要把几组寡核苷酸加样于测序凝胶中若干个相邻的泳道上，即可从凝胶的放射自影片上或从与自动测序仪相连的计算机上直接读出 DNA 上的核苷酸顺序（图 1-9-22）。

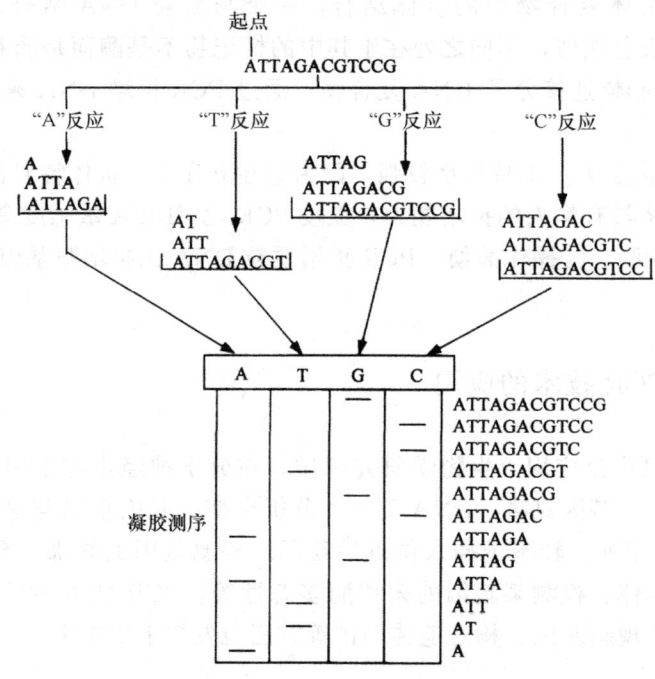

图 1-9-22  DNA 测序的基本原理示意图

进行 DNA 测序时，在 4 个独立的反应中，各产生一套放射性标记的单链寡核苷酸，它们有固定的起点，另一端分别终止于接续的 A、T、G 或 C 处。每个反应的产物在聚丙烯酰胺凝胶电泳上分离。经放射自显影，DNA 序列可以从凝胶上直接读出

### 1.9.5.1 Sanger 双脱氧链终止法

**(1) 原理**

Sanger 双脱氧链终止法应用了双氧核苷三磷酸（ddNTP）作为链终止剂，$2',3'$-

ddNTP 与普通 dNTP 不同之处在同它们在脱氧核糖的 3′位置缺少一个羟基。它们可以在 DNA 聚合酶作用下通过其 5′三磷酸基团掺入到正在增长的 DNA 链中，但由于没有 3′羟基，它们不能同后续的 dNTP 形成磷酸二酯键，因此，正在增长的 DNA 链不可能继续延伸。这样，在 DNA 合成反应混合物的 4 种普通 dNTP 中加入少量的一种 ddNTP 后，链延伸将与偶然发生但却十分特异的链终止展开竞争，反应产物是一系列的核苷酸链，其长度取决于从用以起始 DNA 合成的引物末端到出现过早链终止的位置之间的距离。在 4 组独立的酶反应中分别采用 4 种不同的 ddNTP，结果将产生 4 组寡核苷酸，它们将分别终止于模板链的每个 A、每个 G 或每个 T 的位置上（图 1-9-23）。

Sanger 法是利用大肠杆菌 DNA 聚合酶 I 的 Klenow 片段发展起来的。在双脱氧测序法中还有一种标记延伸法，利用一种修饰的 T7 DNA 聚合酶，即测序酶（sequenase），在两个独立的反应中分别进行引物的标记和双脱氧核苷酸的掺入终止。引物与模板退火后，标记反应发生在 4 种低浓度 dNTP（其中一种是放射性标记）存在时引物的有限延伸，DNA 的合成持续到一种或多种 dNTP 被耗竭为止，这样可保证掺入全部的脱氧核糖核苷酸。链终止反应在 4 个独立的反应中进行，每个反应除了含有 4 种 dNTP 外，还含有 4 种 ddNTP 中的一种，而高浓度的 dNTP 保证 DNA 逐次合成至生长链因 ddNTP 的掺入而终止（图 1-9-23）。在使用测序酶的情况下，标记延伸法能得到平均长度长于 Sanger 法的测序产物。

**(2) Sanger 法 DNA 测序的试剂**

1) 引物：酶促测序反应中利用一个与模板链特定序列互补的合成寡核苷酸作为 DNA 合成的引物。在许多情况下，可将靶 DNA 片段克隆于 M13 噬菌体或噬菌粒载体，以取得单链 DNA 分子作为模板。但也可以采用 Sanger 法测定变性双链 DNA 模板的序列。在以上两种情况下，都可以采用能与位于靶 DNA 侧翼的载体序列相退火的通用引物，而不必取得与未知 DNA 序列互补的引物。一般的测序引物长 15～30 个核苷酸，通常采用化学方法合成，纯度高、使用方便。用于测序的 pUC、pB322、M13、pGEM 等系列克隆载体都有商品引物出售。目前，还可采用 6 核苷酸引物（hexamer）作为基因组大片段的测序引物。

2) 模板：双脱氧法通常需要单链 DNA 模板，并要有一个与该单链 DNA 互补的引物。产生单链 DNA 的方法和系统很多，但以从重组 M13 噬菌体颗粒中分离得到的单链 DNA 模板效果最佳，只要细心掌握单链模板与引物的最佳比例，就可以从 4 组 1 套的链终止反应中获得数百个核苷酸的序列。另外，还可采用不对称 PCR 法制备单链 DNA 模板。

1985 年美籍华裔学者陈奕雄博士建立了质粒 DNA 直接测序法。无须制备单链模板，而只要对质粒 DNA 进行变性即可进行测序。在利用变性双链 DNA 模板进行测序时，有两个因素是至关重要的，这就是模板 DNA 的质量和所用 DNA 聚合酶的种类。小量制备的质粒 DNA 常常被寡脱氧核糖核苷酸小分子、核糖苷酸及 DNA 聚合酶的抑制剂所污染，其中前两种污染物可被用作随机引物。结果，种种"鬼"带、强终止现象以及其他假象，往往使测序凝胶含混不清、黯然失色。因此，采用小量制备的质粒

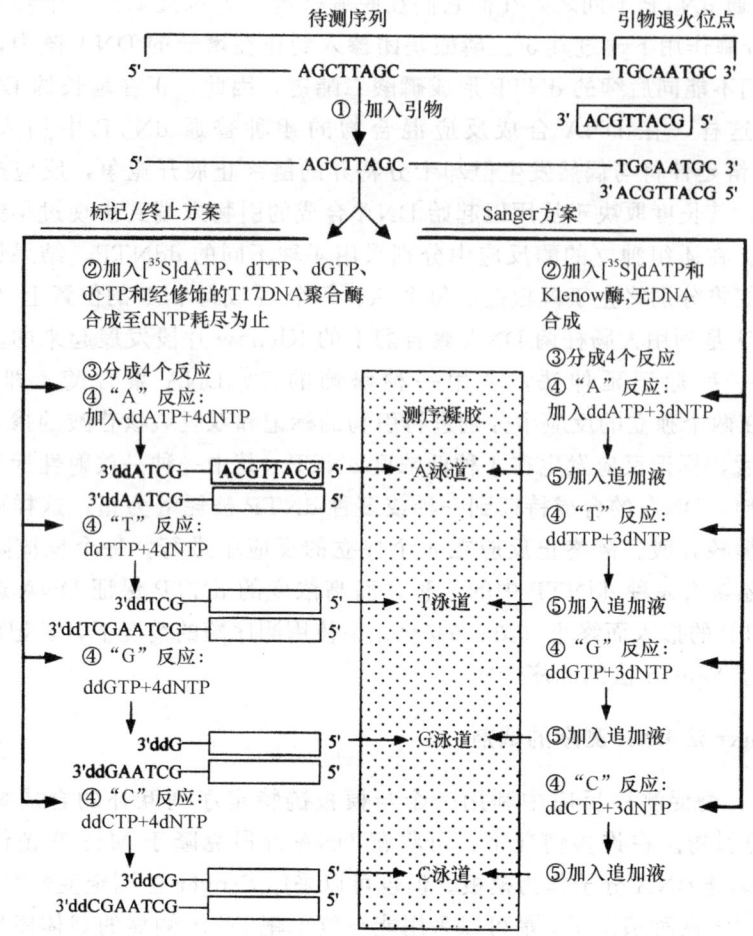

图 1-9-23 双脱氧测序法

在图示的每种方法中，单链 DNA 片段与引物退火后进行聚合反应（步骤1），在 Sanger 法中（右图），加入 Klenow 酶和放射标记的 dATP（步骤2），然后分成4份进行反应（步骤3），分别加入其余的3种 dNTP 和加入 ddATP、ddTTP、ddGTP 和 ddCTP 其中一种（步骤4）。DNA 的合成进行至摄入 ddNTP 后被终止。追加 dNTP（步骤5）使未被终止的链再延伸以产生更高分子质量的 DNA。在标记/终止法中（左图），紧接步骤1，加入限量的4种 dNTP（其中一种为放射性标记）和测序酶（步骤2），DNA 合成至 dNTP 耗竭为止。反应混合物等分成4组（步骤3），分别加入4种 dNTP 和 ddATP、ddTTP、ddGTP 和 ddCTP 其中一种（步骤4），恢复合成反应，但当掺入 ddNTP 后，反应被特异性终止。在每种方法中，反应终止后，样品加样于测序胶的相邻泳道上，进行电泳分离

DNA 来测定未知 DNA 克隆片段的序列，并不可取。然而，这类 DNA 常可作为对已经通过另一方法测定的序列进行进一步确定的合适模板。采用 CsCl-溴化乙锭梯度平衡离心法来纯化质粒 DNA，测序的结果会好得多，但却要耗费大量的人力和物力。

3）DNA 聚合酶：通常用于双脱氧法序列测定的有几种不同的酶，其中包括大肠杆菌 DNA 聚合酶 I 的 Klenow 片段、反转录酶（AMVRT）、经过修饰消除了 $3'\rightarrow 5'$ 外切酶活性的 T7 DNA 聚合酶［即测序酶（sequenase）］、从水生栖热菌（*Thermus aquaticus*）

分离的耐热 DNA 聚合酶（Taq DNA 聚合酶）、来自嗜热脂肪芽孢杆菌的 Bst DNA 聚合酶（Bacillus stearothermophilus DNA polymerase）以及来自嗜热球菌的 Vent DNA 聚合酶（Thermococcus litoratis DNA polymerase）等。这些酶的特性差别悬殊，因而可大大影响通过链终止反应所获得的 DNA 序列的数量的质量。现将 DNA 序列分析所用的酶做一比较，见表 1-9-7。

表 1-9-7  用于 DNA 测序的各种酶的特性比较

| 特性 | sequenase | Klenow | Taq | Bst | Vent | AMVRT |
|---|---|---|---|---|---|---|
| $3'\rightarrow 5'$ | 无 | 低 | 无 | 无 | 无 | 无 |
| $5'\rightarrow 3'$ | 无 | 无 | 有 | 无 | 无 | 无 |
| 链聚合能力 | 高 | 低 | 中 | 中 | 低 | 中 |
| 链延伸速度 | 高 | 中 | 中 | 高 | 中 | 低 |
| 使用核苷酸类似物 dITP | 可 | 可 | 不可 | 可 | 可 | — |
| 使用 7-脱氮-dGTP | 可 | 可 | 可 | 可 | 可 | 可 |
| 条带均匀性 | 极好 | 不好 | 好 | 极好 | 好 | 很好 |
| 测序反应温度（℃） | <55 | <50 | <70 | <65 | <75 | <42 |

4）放射性标记的 dNTP：在几年以前，几乎所有 DNA 测序反应都用 [$\alpha$-$^{32}$P] dNTP 来进行。然而 $^{32}$P 发射的强 β 粒子造成两个问题。首先，由于发生散射，放射自显影片上的条带远比凝胶上的 DNA 条带更宽、更为扩散，因此将影响到所读取的序列（尤其是从放射自显影片的上部所读取的序列）的正确性，并将制约从单一凝胶上能读出的核苷酸序列的长度。其次，$^{32}$P 的衰变会引起样品中 DNA 的辐射分解，因此用 $^{32}$P 进行标记的测序反应只能保存一两天；否则，DNA 将被严重破坏，以致测序凝胶上模糊不清、真假莫辨。[$\alpha$-$^{35}$S] dATP 的引入大大缓解了上述两方面的矛盾。由于 $^{35}$S 衰变产生较弱的 β 粒子，其散射有所减弱、凝胶和放射自显影片之间在分辨率上相差无几，因此可以从一套反应中确切测定数百核苷酸的 DNA 序列。此外，$^{35}$S 的低能辐射所引起的样品分解比较轻微，测序反应可在 -20℃ 保存至 1 周，而分辨率不下降。这样，如果聚丙烯酰胺凝胶方面发生了技术故障，只要对测序反应进行重分析即可。最近，报道了一种新的标记核苷酸类似物 [$\alpha$-$^{33}$P] dATP 在测序反应中的应用，$^{33}$P 的 β 射线最大能量是 $^{35}$S 的 1.5 倍，但只有 $^{32}$P 的 1/5，使用 [$\alpha$-$^{33}$P] dATP 测序，能如 $^{32}$P 般短时间曝光，但得到与 $^{35}$S 可比的高分辨率。

5）dNTP 类似物：二重对称的 DNA 区段（特别是 GC 含量高者）可以形成链内二级结构，在电泳过程中不能充分变性。因此，将引起不规则迁移，使邻近的 DNA 条带压缩在一起，以致难以读出序列。这种压缩现象归因于 DNA 二级结构的存在，而且不可能通过改变测序反应中所用 DNA 聚合酶的种类而得到减轻。但是凝胶中的压缩区段往往可以通过采用诸如 dITP（2'-脱氧肌苷-5'-三磷酸）或 7-脱氮-dGTP（7-脱氮-2'-脱氧鸟苷-5'-三磷酸）等核苷酸类似物进行分辨。这些类似物与普通碱基的配对能力较弱，而且是测序酶和 Taq DNA 聚合酶等 DNA 聚合酶的合适底物。但对某些压缩条带，7-脱氮-dGTP 无济于事；同样，dITP 也无益于另一压缩条带（尤其是得于 GC 丰富区的缩条带）的分辨。如果需要采用类似物，首先可试用 dGTP，如果压缩条带用 dITP 或 7-脱氮-dGTP 都无法分辨，则转而测定另一条链的 DNA 序列几乎总能如愿以偿。如上所述，两种形式的测序酶和 Taq DNA 聚合酶对核苷酸类似物的耐受性优于大肠杆菌 DNA 聚合酶 I Klenow 片段。

**(3) 双脱氧法的优缺点**

1）优点：双脱氧法测序简便快速；模板和引物可供多次使用；可在同一 DNA 片段上进行连续测定，因而可用于大片段的测定。

2）缺点：有的 DNA 聚合酶缺少 $3'\rightarrow 5'$ 的核酸外切酶活性，不能修正掺入错误；模板的二级结构有可能导致压带而造成错误。

#### 1.9.5.2 Maxam-Gilbert DNA 化学降解法

**(1) 原理**

与包括合成反应的链终止技术不同，Maxam-Gilbert 法要对原 DNA 进行化学降解。在这一方法中，一个末端标记的 DNA 片段在 4 组互相独立的化学反应分别得到部分降解，其中每一组反应特异地针对于某种或某一类碱基。因此，生成 4 组放射性标记的分子，从共同起点（放射性标记末端）延续到发生化学降解的位点。每组混合物中均含有长短不一的 DNA 分子，其长度取决于该组反应所针对的碱基在原 DNA 全片段上的位置。此后，各组均通过聚丙烯酰胺凝胶电泳进行分离，再通过放射自显影来检测末端标记的分子。这一方法的成败，完全取决于上述这些分两步进行的降解反应的特异性。第一步中，用肼、硫酸二甲酯或甲酸对 DNA 链上小部分的特定碱基（或特定类型的碱基）进行化学修饰；而第二步修饰碱基从糖环上脱落，用哌啶催化 DNA 链在修饰碱基 $5'$ 和 $3'$ 的磷酸二酯键断裂。在每种情况下，这些反应都要在精心控制的条件下进行，以确保每一个 DNA 分子平均只有一个靶碱基被修饰。随后用哌啶裂解修饰碱基的 $5'$ 和 $3'$ 位置时必须定量反应。比较 G、A+G、C+T 和 C 各个泳道，就可从测序凝胶的放射自显影片上读出 DNA 序列（图 1-9-24）。化学测序法中第一步化学反应的机制如下：

G：硫酸二甲酯使鸟嘌呤的 7 位氮原子甲基化，其后断开第 8 位碳原子和第 9 位氮原子间的化学键，哌啶置换了被修饰鸟嘌呤与核糖的结合。

G+A：甲酸使嘌呤环上的氮原子质子化，削弱了腺嘌呤脱氧核糖核苷酸和鸟嘌呤脱氧核糖核苷酸中的糖苷键，然后哌啶置换了嘌呤。

T+C：肼断开了嘧啶环，产生的碱基片段能被哌啶所置换。

C：在 NaCl 存在时，只有 C 才能与肼发生反应，随后被修饰的胞嘧啶被哌啶置换。

由于种种原因（如采用 $^{32}P$ 进行放射性标记、末端标记 DNA 的比活度、裂解位点的统计学分布、凝胶技术方面的局限性等），Maxam-Gilbert 法所能测定的长度要比 Sanger 法短一些，它对放射性标记末端 250 个核苷酸以内的 DNA 序列效果最佳。

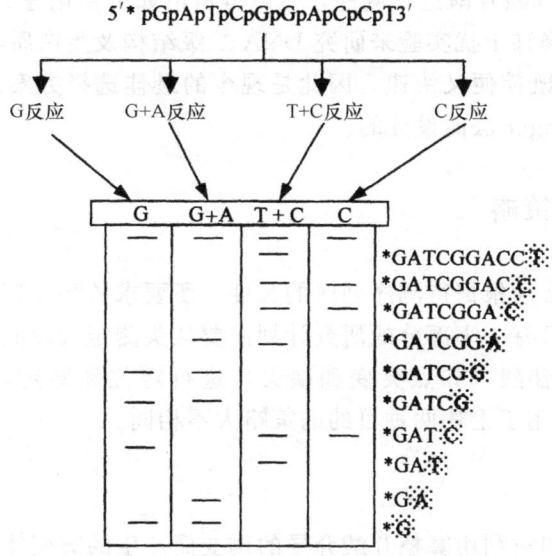

**图 1-9-24 化学测序的策略**

图中表示 4 个化学裂解反应产物经凝胶电泳分离后的寡核苷酸阶梯。* 表示 DNA 片段上放射性核素标记的位置，本例是在片段的 5′端。在测序胶中较小寡核苷酸链的迁移速度比大的快，方向自上而下。凝胶右侧的片段 3′端加阴影的碱基表示经化学修饰后，在哌啶介导的切割中从核苷酸链上被取代的碱基。例如，DNA 与对 G 特异的硫酸二甲酯进行有限的反应后，接着的哌啶处理引起被修饰 G 的定量释放，产生的寡核苷酸链都是以序列中紧接着 G 的碱基为末端，本例中的产物是 *pGpApTpCpGp 和 *pGpApTpCp，每一产物分别在"G"泳道形成条带。至于 *pG，其产物是 *p，很可能以跑出胶外，因而很难确定 5′末端碱基。由于甲酸对嘌呤的特异反应，终止于 G 或 A 的片段在"G＋A"泳道形成条带。在 NaCl 不存在时，肼与嘧啶发生特异反应，结果在"T＋C"泳道形成条带；NaCl 存在时，仅在 C 处断裂，在"C"泳道形成条带

### (2) 化学法的优缺点

1) 优点：准确性高；无需单链模板、DNA 聚合酶及引物；反应易于控制；可以打破 DNA 的二级结构；可用于研究蛋白质和 DNA 的相互作用，并由此发展出 DNA 足迹法（DNA footprinting）。化学法常用于分析小的 DNA 片段和人工合成的 DNA 片段及验证合成的 PCR 引物的正误。

2) 缺点：由于采用末端标记，放射自显影时间较长；待测片段要有较详细的酶切图谱，以将该片段切成适于测定的 200～400 bp；每次所测的 DNA 片段较短；操作步骤较繁琐，不利于实现简便快速。

20 世纪 70 年代 Maxam-Gilbert 法和 Sanger 法刚刚问世时，利用化学降解法进行测序不但重现性更高，而且也容易为普通研究人员所掌握。随着 M13 噬菌体和质粒载体的发展，也由于现成的合成引物唾手可得及测序反应日臻完善，双脱氧链终止法如今远比 Maxam-Gilbert 法应用得广泛。然而，化学降解法较之链终止法具有一个明显的优点：所测序列来自原 DNA 分子，而不是酶促合成所产生的拷贝。因此，利用 Maxam-

Gilbert 法可对合成的寡核苷酸进行测序，可以分析诸如甲基化等 DNA 修饰的情况，还可以通过化学保护及修饰干扰实验来研究 DNA 二级结构及蛋白质与 DNA 的相互作用。然而，由于 Sanger 法既简便又快速，因此是现今的最佳选择方案。事实上，目前大多数测序策略都是为 Sanger 法而设计的。

### 1.9.5.3 测序策略

开始测序之前，必须根据待测序列区的长度、所要求的测序精确度，以及现有设施来制定测序总策略。只有一小部分的研究计划需要从头测定大段的序列，而最多的情况是通过测序对突变核苷酸（如点突变和缺失）进行定位和鉴定，并证实构建的重组 DNA 的方向与结构。用于上述两种目的的策略大不相同。

**(1) 确证性测序**

确证性测序（例如对利用寡核苷酸介导的诱变而产生的突变体进行测序）往往仅需要一套反应，以取得双链 DNA 其中一条链上局部区域的核苷酸序列，通常只需对亚克隆于 M13 噬菌体或质粒载体上的一段合适的限制性酶酶切片段进行测序，即可如愿以偿。在许多情况下，待测区落于通用引物的测序范围之内；若不然，最好的方法就是合成一段长度为 17~19 个核苷酸的寡核苷酸引物，与距离待测区约 50~100 个核苷酸的序列互补。只要可能，应同时测定野生型基因上同源区的序列和突变的相应序列。直接在同一张放射自显影片上对照有关序列，极有助于确证变异区序列并将使突变体与野生型基因之间任何出乎意料之外的其他差异一目了然。

**(2) 从头测序**

从头测序的目的是要提供一段 DNA 的准确核苷酸序列，这一区段可长达数千碱基，而其序列从来未经测定。由于单套测序反应所能准确测定的靶 DNA 序列最长可达 400 个碱基左右，因此长度小于 400 个碱基的 DNA 可以按互为相反的方向分别克隆于 2 种 M13 噬菌体载体（如 M13mp18 和 M13mp19）上，然后可以通过利用通用测序引物进行的单套反应测定每条链的全序列。如果要对更长的靶 DNA（如长达数千碱基）进行测序，则必须经过精心策划，可在下列两种通用策略中择一而行。

1) 随机法（或鸟枪测序法）：是指随机地从靶 DNA 中产生小片段，收集这些随机片段并将它们全部连接到合适的测序载体。在随机法中不需努力确定这些小片段在靶 DNA 中的位置，也不必设法查明究竟测出的是哪一条链的序列，只要把积累资料贮存起来，最后可用计算机排列妥当（图 1-9-25）。

2) 定向法：在定向法中，靶 DNA 的测序按计划有秩序地进行。例如，靶 DNA 的全序列可以通过测定一系列嵌套的缺失突变体的序列而获得，这些突变体具有相同的起点（通常在靶 DNA 的一端）并分别穿入靶序列区纵深不同距离处，因此它们可以使靶 DNA 中更遥不可及的区段渐进地落入可利用通用引物进行测序的范围之中。另一种方法是，利用一套反应中取得的核苷酸序列设计新的寡核苷酸，充当后续一套反应的引

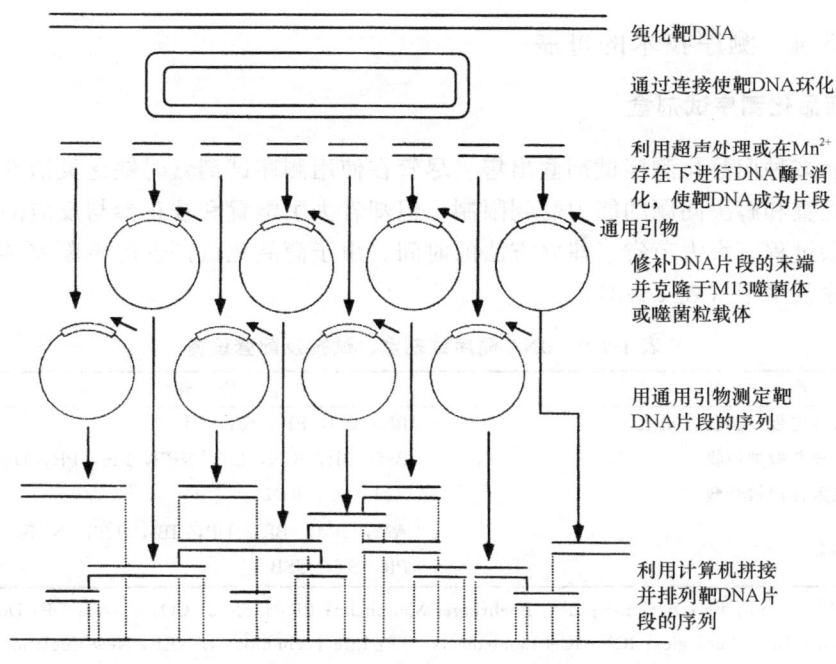

图 1-9-25 随机法测序示意图

物,从而循序渐进地获得从未测定过的靶 DNA 片段的序列。因此,在这一方法中,DNA 序列的积累是通过沿 DNA 链渐进移动引物结合位点而实现的(图 1-9-26)。

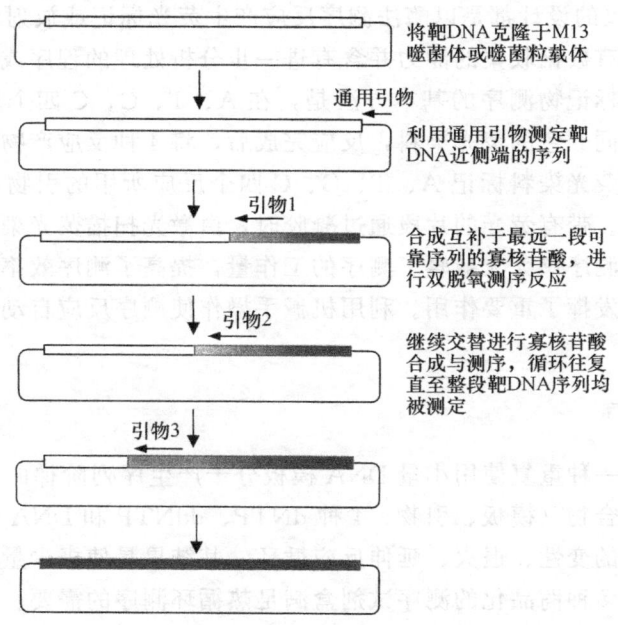

图 1-9-26 利用渐进排列的寡核苷酸进行定向测序

### 1.9.5.4 测序技术的进展

**(1) 商品化测序试剂盒**

目前有多种商品化测序试剂盒出售。尽管在使用测序试剂盒时缺乏灵活性，而且发现问题时检查和解决问题的能力受到限制，但却省去了配置和校正参与反应的大量混杂因素的复杂过程，大大节省了建立方法的时间。由于商品化试剂盒的不断完善，已经广泛用于测序技术中（表1-9-8）。

**表 1-9-8　DNA 测序试剂盒、试剂及配套设备**

| 产　品 | 供 应 商* |
|---|---|
| 耐热微量滴定板（圆底，96孔） | BK，CO，PH，SA，ST |
| 核苷酸，核苷酸类似物 | BM，BR，ICN，LT，NEB，PH，PR，USB |
| 放射性核素标记核苷酸 | AM，DP，ICN |
| 测序试剂盒 | AM，BM，BR，DP，IBI，LT，NEB，PE，PH，PR，ST，USB |

\* AM：Amersham；BK：Beckman；BM：Boehringer Mannheim；BR：BioRad；CO：Costar；DP：Du Pont NEN；IBI：International Biotechnologies；ICN：ICN Biomedicals；LT：Life Technologies；NEB：New England Biolabs；PE：Perkin-Elmer Cetus；PH：Pharmacia Biotech；PR：Promega；SA：Sarstedt；ST：Stratagene；USB：US Biochemicals.

**(2) 自动化测序仪和测序反应自动化**

自动化测序仪使凝胶电泳、DNA条带检测和分析过程全部自动化。目前，所有的商品化DNA测序仪的设计都是以酶法测序反应产生荧光标记或放射性标记的测序产物为基础，它们都具有数据收集的能力并含有进一步分析处理的程序或提供方便的外接数据分析程序。荧光标记物测序的基本方法是，在A、T、G、C四个反应所用的引物上分别标记上4种不同颜色的荧光染料，反应完成后，将4种反应产物混合，上样于同一孔内；或者用一种荧光染料标记A、T、G、C四个反应所用的引物，反应完成后，分别上样于4个孔内。带有荧光的片段通过凝胶时，由激光扫描荧光染料，依次读出所对应的序列。自动化测序仪大大减轻了测序的工作量，提高了测序效率，尤其是在进行基因组序列分析方面发挥了重要作用。利用机械手操作使测序反应自动化的研究也正在进行中。

**(3) 热循环测序**

热循环测序是一种重复使用小量DNA模板分子产生序列阶梯的双脱氧测序法。双脱氧测序的反应混合物（模板、引物、4种dNTP、ddNTP和DNA聚合酶）进行类似于聚合酶链式反应的变性、退火、延伸反应循环，其结果是使极少量的测序产物得到放大。目前，也已有多种商品化的测序试剂盒满足热循环测序的需要。

**(4) 固相测序**

固相测序是可应用于人工测序或自动化测序的最近一种改良方法。在这种方法中，双链 DNA 中的一条链被生物素酰化。之后，这种一半被生物素酰化的 DNA 分子结合于链亲和素铁磁珠体上，以碱处理磁珠使 DNA 链变性，然后通过磁场捕捉结合了生物素酰化 DNA 单链的磁珠，使之与非生物素标记的另一条链分开。非生物素化的单链或结合了生物素酰化 DNA 的单链都可用作测序反应的模板。

（武胜昔）

### 1.9.6　mRNA 差异显示技术

mRNA 差异显示技术（differential display PCR，DD-PCR）是最近发展起来的一种分离基因的新技术。它通过检测两群不同类型细胞的基因表达，实现在 mRNA 水平上获得差异表达的新基因或片段，从而在分子水平上揭示细胞生理过程。DD-PCR 技术由 Liang 等（1992）提出并建立完整技术路线，后经不断完善、成熟，迄今已经被广泛应用于医学、生物学等领域的各个学科。

DD-PCR 以前，鉴定一定条件下细胞分子水平的表达变化主要聚焦于 DNA，利用消减杂交（subtractive hybridization）和差异杂交（differential hybridization），虽然也有一定结果，但耗时、费事，难以适应批量标本的检测和筛选。1992 年，Liang 等首先报道了 mRNA 差异显示技术，同样是利用组织细胞间基因表达的差异来筛选新基因，但因为采用了 PCR 技术而有完全不同的流程。与消减杂交和差异杂交相比，具有简便、快速的巨大优势，一经问世，就引起广泛关注，并且被纷纷采用和改进。迄今为止，获得了许多令人鼓舞的结果。

#### 1.9.6.1　mRNA 差异显示技术基本原理

真核生物成熟 mRNA 3′端 Poly A 尾上游的 2 个碱基有 12 种组合（AT、AC、AG、TC、CT、TG、GT、CG、GC、TT、CC、GG，即 $4^2$ 个组合，除掉 TA、CA、GA、AA 四个组合）。按碱基互补原则，人工合成 Poly dT（一般为 $dT_{11-12}$）时，在其 3′端加上两个碱基，用此引物进行反转录，可将 1/12 的 mRNA 反转录成 cDNA，并用此引物锚定 cDNA 第二链的 3′端，用另一随机寡核苷酸引物（如 10 mer 随机引物）与 cDNA 第一链互补进行 PCR 扩增。由于寡核苷酸引物随机结合在 cDNA 的互补靶位点上，来自不同 mRNA 扩增片段的大小是不同的。对 PCR 产物电泳、染色，或扩增时用 [$\alpha$-$^{35}$S] dATP 代替 dATP，在测序胶上自显影，即可显示差异表达的 cDNA 片段。用这 12 个 Poly dT 锚定引物，与若干随机寡核苷酸引物的组合，理论上可扩增表达每一性状的 mRNA 反转录的 cDNA。该技术能在 RNA 水平上将差异表达的微量 mRNA 进行放大，以致在凝胶（或 X 射线胶片）上显示出带谱的表型差异。可在两个细胞群或两个不同器官鉴定比较基因表达类型，同时鉴定增量或减量调控表达的基因，鉴定在不同条件下差异调节的已知和未知的分子事件。

### 1.9.6.2 mRNA 差异显示技术基本工作流程

DD-PCR 的工作流程见图 1-9-27。主要步骤如下：①提取细胞总 RNA 或 mRNA；②以 3′锚定引物 T12（G/C/A，G/C/A/T）引导反转录；③加入 5′随机引物 [α-$^{35}$S] dATP 进行 PCR；④通过电泳，放射自显影，找出差异表达的 cDNA，并进行第二次扩增；⑤克隆杂交鉴定其特异性；⑥测序，得到 DD-EST（差异表达序列标签）；⑦通过筛选基因文库或其他方法，得到全 cDNA。

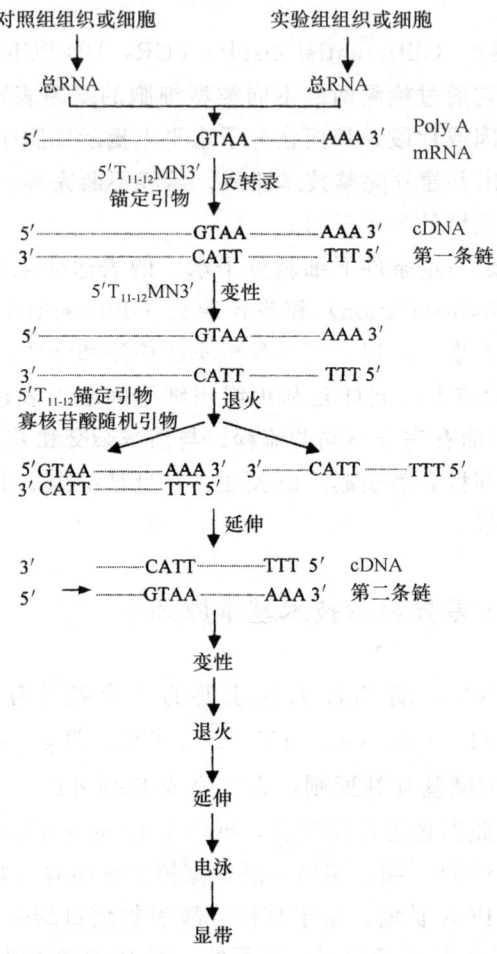

图 1-9-27　mRNA 差异显示技术原理图

如另外进行其他分析，则从胶片上切下感兴趣的差异片段，提纯后再进行 1 或 2 次扩增，扩增产物或与载体连接，测序分析，或用作探针作 Northern 印迹法。

### 1.9.6.3 mRNA 差异显示技术中的关键问题

**(1) 引物的设计**

差异显示的关键是应用了一套寡核苷酸引物,3′端为锚定引物,将 mRNA 分为不同亚群,5′端为短的随机引物,通过 5′随机引物和 3′锚定引物的不同组合,通过理论推算与实验证实,即可获得所有 mRNA 的特异扩增片段。

5′端短的随机引物通常由 10 个任意碱基序列组成。Liang 等经过实验发现,每一条确定的引物总是能与亚群中适宜数目的模板分子退火,但这一数目与理论估计值相差较大(见表 1-9-9)。

表 1-9-9 差异显示法中可显示的 mRNA 数目与随机引物碱基数的关系

| 随机引物碱基数 | 出现 1 个配对位点的 kb 值 | 可显示的理论值 | mRNA 数目实际值 |
|---|---|---|---|
| 6 | 4 | 150 | 0 |
| 7 | 16 | 38 | 0 |
| 8 | 65 | 10 | 0 |
| 9 | 262 | 2 | 20～80 |
| 10 | 1049 | <1 | 50～150 |

Liang 等最先把 3′锚定引物设计为 5′$T_{11-12}$MN (M = G/C/A, N = G/C/A/T),有 12 种组合。引物中 5′端 $dT_{11-12}$同 mRNA 的 Poly A 结合。引物中的 N 决定 cDNA 条带的特异性。现在也有人把 3′锚定引物简化为 5′$dT_{11}$N (N = G/C/A),成为三条引物,并在引物两侧加上酶切位点以便于克隆。

**(2) 模板**

提取总 RNA 或 mRNA 时应尽可能无 DNA 污染。可用无 RNA 酶的 DNA 酶消化,或设一对照检验 RNA 的纯度。有文献报道,以纯的 mRNA 为模板可减少背景,有利于以后操作,但提取 mRNA 步骤复杂,回收率不高,无 rRNA 保护时易降解。因此,可直接用总 RNA。

**(3) 反转录 PCR**

一般采用 20 μl 体系反转录,总 RNA 量为 1～2 μg,锚定引物 200 ng。扩增的关键是退火温度,选择 42℃通常能得到数量和产量及特异性都令人满意的扩增产物。超过 42℃产物急剧减少,低于 40℃则特异性降低出现涂布状(smear)现象。dNTP 浓度与扩增的特异性相关,2 μmol/L dNTP 在保证产物产量和特异性的前提下,能最大限度地提高放射性核素的掺入率,从而提高序列胶的分辨率。放射性核素选择 [$\alpha$-$^{32}$P] dNTP 和 [$\alpha$-$^{35}$S] dNTP 较为理想。

**(4) 凝胶电泳**

变性聚丙烯酰胺测序凝胶能使相差 1 个碱基的电泳 DNA 片段分开。常规测序装置可以分辨 300~500 bp 的条带，一些新开发的分析仪器可分辨达 1 kb 左右的差示片段。

**(5) 差示片段的分析和第二次 PCR**

电泳后放射自显影将 cDNA 条带显示于 X 射线胶片上，可直接进行比较。两种或多种细胞或组织的总 RNA，使用同一对引物扩增，在相邻泳道显示的条带数目和带型有 95% 以上完全相同，5% 出现差别。这种差别有两种情况，一为有与无的差别，一为条带密度明显增强或明显降低的差别。前一种情况继续研究的意义较大，至少有 50% 以上的差示片段代表真正的基因表达的差异。需要设立对照识别假阳性。

确认为差异的条带，从凝胶中回收 cDNA，用同一套引物进行扩增，如第二次 PCR 扩增产物不止一条，说明回收时有不相关的 cDNA 污染。

**(6) 差示片段的鉴定、克隆和序列测定**

回收第二次 PCR 产物，并制成探针，用相应细胞或组织来源的 RNA 进行 Dot Blotting 或 Northern 印迹法，证实为差异片段的进一步克隆测序，假阳性片段应该放弃。

常用 PCR 热稳定 DNA 聚合酶（如 $Taq$、$Tfl$、$Tbr$、$Tth$ 等）再合成的 DNA 末端多加一个"A"，进行平端连接不易克隆，可直接克隆到 T-载体，成功率较高。测序结果与 GenBank 中基因相比。

**(7) 差示基因的全长 cDNA 克隆**

差示片段常为 3′端部分编码区和非编码区。有必要从 cDNA 文库中筛选完整的克隆，进行序列分析。

### 1.9.6.4　mRNA 差异显示技术存在的问题

DD-PCR 在理论上十分简洁明了，但在实际应用中存在许多问题。

1) DD-PCR 对高拷贝的 mRNA 有很强的倾向性。在标准的 PCR 反应中，引物与靶序列结合具有特异性，因而由非特异结合引导的竞争反应少，而在 DD-PCR 中，PCR 产物极多，几乎所有模板的启动均有引物错配，并且 dNTP 浓度很低（为标准反应的 1%），因而造成竞争机制，使 DD-PCR 产物更倾向于反应高拷贝数的 mRNA。因此，DD-PCR 不能反应低拷贝的 mRNA，这是其一大缺陷。但其优点是用较少的引物就足以反映高拷贝数的 mRNA。

2) DD-PCR 产生假阳性条带率很高。扩增条带中往往包含有分子质量相似的其他共迁移片段（或组成型表达片段），直接用作探针进行 Northern 杂交时呈涂布状

(smear)，因此难以检测到真正差异表达的目标基因。

3) DD-PCR 初步得到的 DNA 片段仅有 300 bp，只能扩增靠近 Poly A mRNA 3′端不大于 600 bp 的区域，而上游的差异表达的信息得不到检测；同时，这 3′端的 mRNA 常为 3′非翻译序列，经常不包括在 GenBank 中，并且不同生物体之间序列相差很大，故 DD-PCR 得到的 DNA 片段常无法与 GenBank 中基因相比。

4) DD-PCR 是在 RNA 水平上将差异表达的微量 mRNA 进行放大，而 PCR 系统对反应条件高度敏感，造成 DD-PCR 重复性差，并且要求研究对象即两组不同条件下的细胞群除了研究条件以外应该尽可能一致。

由此可见，差异分析涉及多个环节和技术，只要在一个小环节上出了问题或技术不完善均可能前功尽弃。

#### 1.9.6.5 mRNA 差异显示技术的改进方法

针对 DD-PCR 对高拷贝 mRNA 的倾向性的问题，可将 dNTP 浓度及 5′端随机引物浓度提高 10 倍（但这样会增加背景）。另外，可以适当延长引物的长度，减少竞争性和增加敏感性，使其更具有选择性。

针对假阳性问题，可以设置适当对照。如实验组和对照组各选两份以上，同时进行 PCR、电泳、差异显示，挑选重复性好的条带作探针进行 Northern 杂交。只有经 Northern 杂交证实了的 cDNA 才往下继续。PCR 反应时，可做一组不加 5′端随机引物的对照。总 RNA 和 mRNA 的结果差别不大，但一定要去除 DNA 污染。Hadman 等将 [$\alpha$-$^{32}$P] dATP 加到 3′锚定引物末端，代替 PCR 反应中 [$\alpha$-$^{35}$S] dATP，这样放射自显影仅显示出含有 3′、5′引物所产生的 PCR 产物，其余片段则不显示。如此，放射自显影胶片的背景清晰，易于捕捉条带。

针对差示条带都可能含有不同片段的问题，Callard 等将一半 PCR 扩增后的 cDNA 片段保存起来，将另一半 PCR 产物克隆于表达载体中，提取重组表达载体，与保存的 cDNA（含放射性）杂交，挑选出阳性克隆，进一步杂交、测序，而阴性克隆则为假阳性的差示片段，无明显的杂交信号。

DD-PCR 所示 cDNA 片段一般为 300~500 bp，常称之为 DD-EST（差异表达序列标签）。利用 DD-EST 筛选 cDNA 文库，则可能得到全长 cDNA。可利用 RACE 方法，根据已知片段得到全长。Sompayrac 等建立了一种获取 cDNA 全长的被称之为"行走"的方法。

Liang 等进一步指出，锚定引物 $T_{11-12}$MN 的 MN 位碱基对反转录是必需的。M 位具简并性，N 位比 M 位更能提供特异性。可减少锚定引物数量和反转录次数。用一个特异碱基的多聚 dT 锚定引物 5′ H$T_{11-12}$N3′（H-AAGC，N-A、G 或 C），能进一步减少反转录次数。Bauer 等从引物设计、非变性胶利用及与自动测序结合研究，提高了该技术的使用范围和效率，被称为 DD-RTPCR（differential display reverse transcription-PCR）。有人研究了高效筛选或分离差异表达的阳性克隆或差异扩增的 cDNA 片段，以及优化反应条件，增加差异表达带谱，提高稳定性。

此外，DD-PCR 是一种耗时、工作量大的方法。Sokolov 等在以下几方面进行了改进：①用完全简并的 5′寡核苷酸为引物进行反转录，得到一些具体 cDNA 片段，使此后的 PCR 反应不至于因含有与反转录相同的引物而产生过多的片段；②用 2 或 3 个长度为 10~23 个寡核苷酸作为随机引物，进行 PCR；③进行琼脂糖电泳，回收差示片段并将其克隆；④在琼脂糖电泳时用 EB 代替聚丙烯酰胺电泳，放射自显影，使工作大大简化，但增加反应背景和假阳性率。

### 1.9.6.6　mRNA 差异显示技术在神经科学的应用

差异显示技术的建立和逐步完善，为研究基因在 mRNA 水平的变化提供了强有力的武器，在神经科学领域得到了广泛的应用。Batiby 等用差异显示方法从大鼠海马和梨形皮质中克隆了一个新基因，命名为 *sytx*，属于突触素家族。这个基因在退化的海马和梨形皮质中表达，而正常状态不表达。有人研究了正常和 $CD8^+$ 缺失的小鼠受单纯疱疹病毒感染后神经组织（背根神经节）的 mRNA 改变，发现了命名为 *Golf* 的新基因，此基因编码 G 蛋白的 α 链，在 $CD8^+$ 缺失的小鼠表达降低，表明其对病毒感染后的神经组织的变化产生一定作用。Yuan 等利用 DD-PCR 方法，在 RB 敲除后的胚胎后脑和脊髓发现一种名为 *Rig-1* 的新基因，它在神经元的发育过程中起到重要作用。Schweitzer 等找到一个在出生后显著上调、广泛分布于脑和脊髓的、与大鼠 GBP（glutamate-binding protein）同源的新基因——*NMP35*（neural membrane protein 35）。Kimura 等研究表明，在运动神经元发育过程中一过性地出现一个名为 *C30* 的新基因，其编码免疫球蛋白超家族的一个成员，为特异表达于小脑浦肯野细胞的 *CEPU-1* 基因的异构体，是运动神经元发育的调节基因。Newton 等用差异显示方法研究了神经病理性痛模型——坐骨神经部分切断术后，$L_4$~$L_5$ 节段背根神经节的初级感觉神经元的 mRNA 改变，发现术后有 14 个基因表达上调，其中 2 个编码在神经系统表达的肌蛋白和糖蛋白，其余 12 个为新发现的基因。这 14 个克隆的发现对于研究神经再生有很重要的意义。James 等用 12 组引物对，对老鼠未着床早期胚 2 核期、8 核期和胚囊期进行 DD-PCR 分析，其中 2 对引物扩增结果显示了胚胎发育过程中 mRNA 的变化。扩增子 5 和 9 在 2 核期显著表达，而在 8 核期表达消失。扩增子 3 和 6 在所有 2 核期、8 核期和胚囊期均稳定表达。扩增子 8 和 10 在 2 核期、8 核期的表达是不断增加的。扩增子 1 和 4、2 和 7 则分别只在 8 核期和胚囊期高度表达。证明了胚胎发育不同阶段，mRNA 表达的质和量不同。克隆测序分析，扩增子 2 编码细胞发育 endo A 因子，扩增子 9 编码小鼠 $F_1$ ATP 合成酶 α 亚基。其他扩增子经用 Blast 程序，与存入数据库中的序列比较，没有明显同源性，为未知基因，其功能有待研究。

总之，差异显示技术已经被用于：①基因调节；②癌；③肿瘤生长抑制；④特殊细胞的分化；⑤胚胎发生；⑥生长因子的刺激和抑制作用；⑦细胞对疾病和感染的应激；⑧细胞对激素和维生素的反应；⑨细胞凋亡；⑩细胞衰老等。

DD-PCR 从 mRNA 入手，得到一些令人感兴趣的结果。随着这一技术的应用和不断完善，越来越多的生命奥秘，诸如发育生物学、癌变机制及治疗、生物体对外因刺激的反应、杂种优势机制等会被揭示而展现在人们眼前。

（王亚云）

## 1.9.7 基因芯片技术

基因芯片（gene chip），又称 DNA 芯片、生物芯片，是指将大量（通常每平方厘米点阵密度高于 400）探针分子固定于支持物上后与标记的样品分子进行杂交，通过检测每个探针分子的杂交信号强度进而获取样品分子的数量和序列信息的技术。早在 20 世纪 80 年代，Bains 等就将短的 DNA 片段固定到支持物上，借助杂交方式进行序列测定。但基因芯片从实验室走向工业化却是直接得益于探针固相原位合成技术和照相平版印刷技术的有机结合以及激光共聚焦显微技术的引入。它使得合成、固定高密度的数以万计的探针分子切实可行，而且借助激光共聚焦显微扫描技术可以对杂交信号进行实时、灵敏、准确的检测和分析。正如电子管电路向晶体管电路和集成电路发展时所经历的那样，核酸杂交技术的集成化也已经和正在使分子生物学技术发生着一场革命。现在全世界已有十多家公司专门从事基因芯片的研究和开发工作，且已有较多成型的产品和设备问世。主要代表为美国 Affymetrix 公司。该公司聚集有多位计算机、数学和分子生物学专家，其每年的研究经费在 1000 万美元以上，且已历时六七年之久，拥有多项专利，产品即将或已有部分投放市场，产生的社会效益和经济效益令人瞩目。

基因芯片技术由于同时将大量探针固定于支持物上，所以可以一次性对样品大量序列进行检测和分析，不但解决了传统核酸印迹法（Southern 印迹法和 Northern 印迹法等）操作繁杂、自动化程度低、操作序列数量少、检测效率低等不足。而且，通过设计不同的探针阵列、使用特定的分析方法可使该技术具有多种不同的应用价值，如基因表达谱测定、实变检测、多态性分析、基因组文库作图及杂交测序等。

### 1.9.7.1 基因芯片的主要类型

目前已有多种方法可以将寡核苷酸或短肽固定到固相支持物上。这些方法总体上有两种，即原位合成（*in situ* synthesis）法与合成点样法。支持物有多种，如玻璃片、硅片、聚丙烯膜、硝酸纤维素膜、尼龙膜等，但需经特殊处理。作原位合成的支持物在聚合反应前要先使其表面衍生出羟基或氨基（视所要固定的分子为核酸或寡肽而定）并与保护基建立共价连接；作点样用的支持物为使其表面带上正电荷以吸附带负电荷的探针分子，通常需包被氨基硅烷或多聚赖氨酸等。基因芯片的基本构造见图 1-9-28。

**(1) 原位合成法**

此法主要有光引导原位合成技术和压电打印原位合成技术。

1) 光引导聚合技术（light-directed synthesis）：可用于寡聚核苷酸的合成，也可用于合成寡肽分子。光引导聚合技术是照相平版印刷技术（photolithography）与传统的

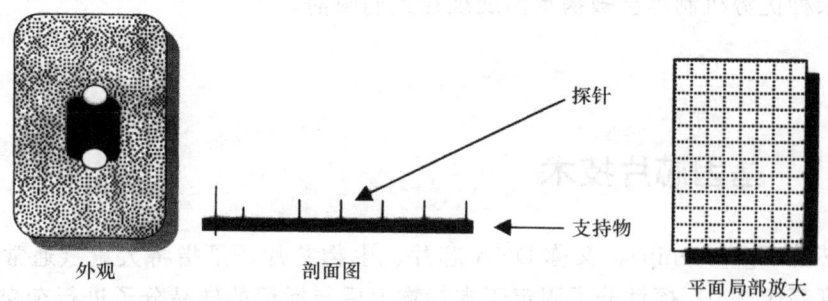

图 1-9-28　基因芯片的基本构造

核酸、多肽固相合成技术相结合的产物。半导体技术中曾使用照相平版技术法在半导体硅片上制作微型电子线路。固相合成技术是当前多肽、核酸人工合成中普遍使用的方法，技术成熟且已实现自动化。二者的结合为合成高密度核酸探针及短肽阵列提供了一条快捷的途径。

以合成寡核苷酸探针为例，该技术主要步骤为：首先使支持物羟基化，并用光敏保护基团将其保护起来。每次选取适当的蔽光膜（mask）使需要聚合的部位透光，其他部位不透光。这样，光通过蔽光膜照射到支持物上，受光部位的羟基解保护。因为合成所用的单体分子一端按传统固相合成方法活化，另一端受光敏保护基的保护，所以发生偶联的部位反应后仍旧带有光敏保护基团。因此，每次通过控制蔽光膜的图案（透光与不透光）决定哪些区域应被活化，同时通过调节所用单体的种类和反应次序就可以实现在待定位点合成大量预定序列寡聚体的目的（图 1-9-29）。

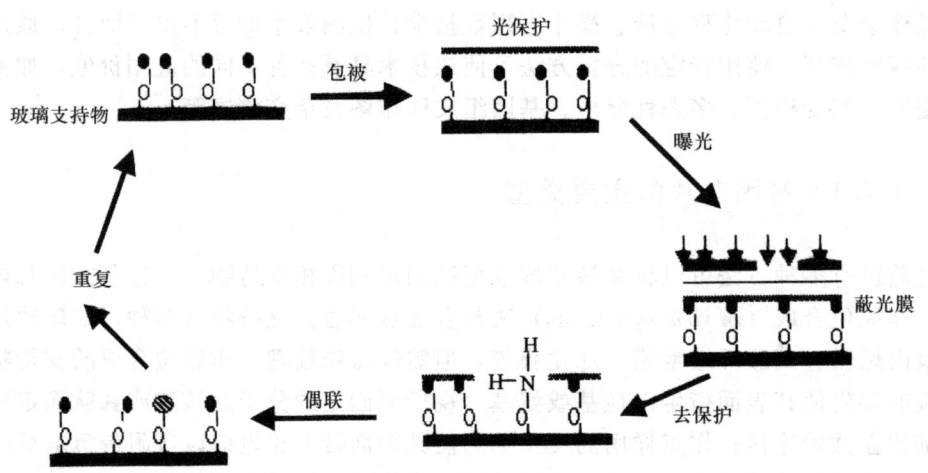

图 1-9-29　光引导原位合成技术示意图

该方法的主要优点是可以用很少的步骤合成极其大量的探针阵列。例如，合成 $4^8$（65 536）个探针的 8 聚体寡核苷酸序列仅需 $4\times 8=32$ 步操作，8 h 就可以完成。而如果用传统方法合成然后点样，那么工作量的巨大将是不可思议的。同时，用该方法合成的探针阵列密度可高达 $10^6/cm^2$。不过，尽管该方法看来比较简单，实际上并非如此。主要原因是合成反应每步产率比较低，不到 95%。而通常固相合成反应每步的产率在 99% 以上。因此，探针的长度受到了限制。另外，由于每步去保护不很彻底，致使杂交信号比较模糊，信噪比降低。为此有人将光引导合成技术与半导体工业所用的光敏抗蚀技术相结合，以酸作为去保护剂，使每步产率增加到 98%。原因是光敏抗蚀剂的解离对照度的依赖是非线性的，当照度达到特定的阈值以上保护剂就会解离。所以，该方法同时也解决了由于蔽光膜透光孔间距离缩小而引起的光衍射问题，有效地提高了聚合点阵的密度。另据报道，利用波长更短的物质波，如电子射线去除保护可使点阵密度达到 $10^{10}$ 个$/cm^2$。

2) 压电打印（piezoelectric printing）原位合成法：所用的装置与普通的彩色喷墨打印机并无两样，所用技术也是常规的固相合成方法。做法是将墨盒中的墨汁分别用四种碱基合成试剂所替代，支持物经过包被后，通过计算机控制喷墨打印机将特定种类的试剂喷洒到预定的区域上。冲洗、去保护、偶联等则与一般的固相原位合成技术相同。如此类推，可以合成出长度为 40~50 个碱基的探针，每步产率也较前述方法为高，可达到 99% 以上。

尽管如此，通常原位合成方法仍然比较复杂，除了在基因芯片研究方面享有盛誉的 Affymetrix 等公司使用该技术合成探针外，其他中小型公司大多使用合成点样法。

**(2) 合成点样法**

该方法在多聚物的设计方面与原位合成法相似，合成工作用传统的 DNA 或多肽固相合成仪完成，只是合成后用特殊的自动化微量点样装置将其以比较高的密度涂布于硝酸纤维膜、尼龙膜或玻片上。支持物应事先进行特定处理，例如包被以带正电荷的多聚赖氨酸或氨基硅烷。现在已有比较成型的点样装置出售，如美国 Biodot 公司的点膜产品，以及 Cartesian Technologies 公司的 PixSys NQ/PA 系列产品。前者产生的点阵密度可以达到 400 个$/cm^2$，后者则可达到 2500 个$/cm^2$。

### 1.9.7.2　样品的准备及杂交检测

目前，由于灵敏度所限，多数方法需要在标记和分析前对样品进行适当程度的扩增，不过也有不少人试图绕过这一问题，如 Mosaic Technologies 公司引入的固相 PCR 方法，引物特异性强，无交叉污染并且省去了液相处理的烦琐；Lynx Therapeutics 公司引入的大规模并行固相克隆法（massively parallel solidphase cloning），可在一个样品中同时对数以万计的 DNA 片段进行克隆，且无需单独处理和分离每个克隆。

显色和分析测定方法主要为荧光法，其重复性较好，不足的是灵敏度仍较低。目前正在发展的方法有质谱法、化学发光法、光导纤维法等。以荧光法为例，当前主要的检测手段是激光共聚焦显微扫描技术，以便于对高密度探针阵列每个位点的荧光强度进行定量分析。因为探针与样品完全正常配对时所产生的荧光信号强度是具有单个或两个错配碱基探针的 5~35 倍，所以对荧光信号强度精确测定是实现检测特异性的基础。但荧光法存在的问题是只要标记的样品结合到探针阵列上后就会发出阳性信号，这种结合是否为正常配对，或正常配对与错配兼而有之，该方法本身并不能提供足够的信息进行分辨。

对于以核酸杂交为原理的检测技术，荧光检测法的主要过程为：首先用荧光素标记扩增（也可以用其他放大技术）过的靶序列或样品，然后与芯片上的大量探针进行杂交，将未杂交的分子洗去（如果用实时荧光检测可省去此步）这时，用落射荧光显微镜或其他荧光显微装置对片基进行扫描，采集每点荧光强度并对其进行分析比较（图 1-9-30）。前已述及，由于正常的 Watson-Crick 配对双链要比具有错配碱基的双链分子具有较高的热力学稳定性。所以，如果探针与样品分子在不同位点配对有差异，则该位点荧光强度就会有所不同，而且荧光信号的强度还与样品中靶分子的含量呈一定的线性关系。当然，由于检测原理及目的不同，样品及数据的处理也自然有所不同，甚至由于每种方法的优缺点各异，以至于分析结果不尽一致。

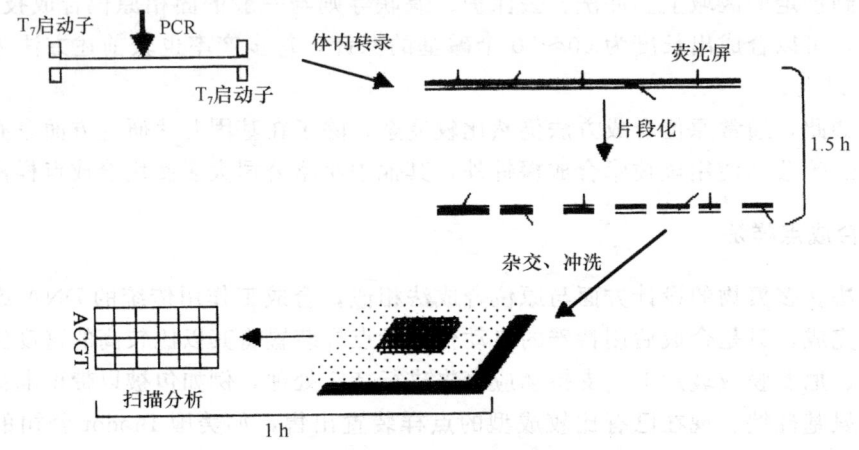

图 1-9-30　样品处理和检测过程示意图

### 1.9.7.3　基因芯片技术的主要应用

1998 年底，美国科学促进会将基因芯片技术列为 1998 年度自然科学领域十大进展之一，足见其在科学史上的意义。现在，基因芯片这一时代的宠儿已被应用到生物科学众多的领域之中。它可以同时、快速、准确地分析数以千计基因组信息的本领而显示出了巨大的威力。这些应用主要包括基因表达检测、突变检测、基因组多态性分析和基因文库作图以及杂交测序等方面。在基因表达检测的研究上人们已比较成功地对多种生物包括拟南芥（*Arabidopsis thaliana*）、酵母（*Saccharomyces cerevisiae*）及人的基因组表达情况进行了研究，并且用该技术（共 157 112 个探针分子）一次性检测了酵母几种不同株间数千个基因表达谱的差异。实践证明，基因芯片技术也可用于核酸突变的检测及基因组多态性的分析。例如，对人 *BRCA I* 基因外显子 11、*CFTR* 基因、β-地中海贫血、酵母突变菌株间、HIV-1 反转录酶及蛋白酶基因（与 Sanger 测序结果一致性达到 98%）等的突变检测，对人类基因组单核苷酸多态性的鉴定、作图和分型，人线粒体 16.6 kb 基因组多态性的研究等。将生物传感器与芯片技术相结合，已经证明通过改变探针阵列区域的电场强度可以检测到基因（*ras* 等）的单碱基突变。此外，有人还曾通过确定重叠克隆的次序对酵母基因组进行作图。杂交测序是基因芯片技术的另一重要应用。该测序技术理论上不失为一种高效可行的测序方法，但需通过大量重叠序列探针与目的分子的杂交方可推导出目的核酸分子的序列，所以需要制作大量的探针。基因芯片技术可以比较容易地合成并固定大量核酸分子，所以它的问世无疑为杂交测序提供了实施的可能性，这已为实践所证实。

### 1.9.7.4 基因芯片技术的研究方向及当前面临的困难

尽管基因芯片技术已经取得了长足的发展，得到世人的瞩目，但仍然存在着许多难以解决的问题。例如，成本昂贵、技术复杂、检测灵敏度较低、重复性差、分析范围较狭窄等。这些问题主要表现在样品的制备、探针合成与固定、分子的标记、数据的读取与分析等几个方面。

**(1) 样品制备**

当前多数公司在标记和测定前都要对样品进行一定程度的扩增以便提高检测的灵敏度，但仍有不少人在尝试绕过该问题，这包括 Mosaic Technologies 公司的固相 PCR 扩增体系以及 Lynx Therapeutics 公司提出的大量并行固相克隆方法，两种方法各有优缺点，但目前尚未取得实际应用。

**(2) 探针的合成与固定**

技术比较复杂，特别是对于制作高密度的探针阵列。使用光导聚合技术每步产率不高（95％），难于保证好的聚合效果。应运而生的其他很多方法，如压电打压、微量喷涂等多项技术，虽然技术难度较低，方法也比较灵活，但存在的问题是难以形成高密度的探针阵列，所以只能在较小规模上使用。最近，我国学者已成功地将分子印章技术应用于探针的原位合成而且取得了比较满意的结果。

**(3) 目标分子的标记**

这是一个重要的限速步骤，如何简化或绕过这一步现在仍然是个问题。

目标分子与探针的杂交会出现一些问题：首先，由于杂交位于固相表面，所以有一定程度的空间阻碍作用，有必要设法减小这种不利因素的影响。Southern 曾通过向探针中引入间隔分子而使杂交效率提高了 150 倍。其次，探针分子的 GC 含量、长度以及浓度等都会对杂交产生一定的影响，因此需要分别进行分析和研究。

**(4) 信号的获取与分析**

当前多数使用荧光法进行检测和分析，重复性较好，但灵敏度仍然不高。正在发展的方法有多种，如质谱法、化学发光法等。基因芯片上成千上万的寡核苷酸探针由于序列本身有一定程度的重叠,因而产生了大量的信息。这一方面可以为样品的检测提供大量的验证机会,但同时要对如此大量的信息进行解读,目前仍是一个关键的技术问题。

(武胜昔 陈 晶)

## 1.9.8 转基因动物技术

现代科学的发展使得许多原来明确定义的学科越来越趋向于综合化,跨学科技术的应用使得许多古老的学科焕发出勃勃生机,神经科学也不例外。目前的最新趋势就是以转基因技术为代表的分子生物学技术在神经科学的应用。基因克隆、测序、基因表达及改变基因表达等分子生物学研究方法的日臻成熟,为转基因这一新技术的产生奠定了基础。1980年,Capecchi首次将外源基因导入培养的单个胚胎细胞,发现有20%的导入基因整合到宿主细胞基因组里,开启了转基因技术的新时代。转基因技术已广泛应用到神经科学领域,给这一领域注入了新的活力。下面对转基因技术做一个简略的介绍。

### 1.9.8.1 转基因技术原理

**(1) 转基因**

转基因(transgenesis),即外源基因导入基因组。用核内显微注射(microinjection)及电穿孔(electroporation)方法将一个包含目的基因的载体导入培养细胞,通常是具有多向分化能力的胚胎干细胞(embryonic stem cell, ES)。目的基因常常在多位点随机整合,然后和内源基因一起表达,这就构建了转基因细胞。

**(2) 敲除**

敲除(knockout),即灭活(inactivated)内源基因(生物体细胞内固有的基因)。设计目的载体的一部分与欲敲除的目的基因同源,另一部分包含用于阳性/阴性选择的基因(如药物抗性基因 $neo^r$ 等)。将目的载体经显微注射导入培养的ES细胞,通过同源重组,目的载体要么与目的基因整合,要么替代目的基因,其结果是目的基因不再编码其功能产物,这就构建了基因敲除细胞。

经过以上早期处理后,将基因改变的培养ES细胞显微注射到假孕母鼠子宫的囊胚里,ES细胞具有多向分化能力,分化出的胚胎细胞继续分化发育产生 $F_1$ 代嵌合体(chimera), $F_1$ 代交配可以获得 $F_2$ 代,按孟德尔遗传规律, $F_2$ 代中有突变纯合体(homogenous, KO) $-/-$ (25%)、野生型(wild type, WT) $+/+$ (25%)和杂合体(heterogeneous, HET) $+/-$ (50%),可以按一些特征来筛选(通常是利用皮毛的颜色)突变纯合体,这些突变纯合体就可以用于包括疼痛在内的神经科学领域的各种研究。转基因技术的流程图见图1-9-31。

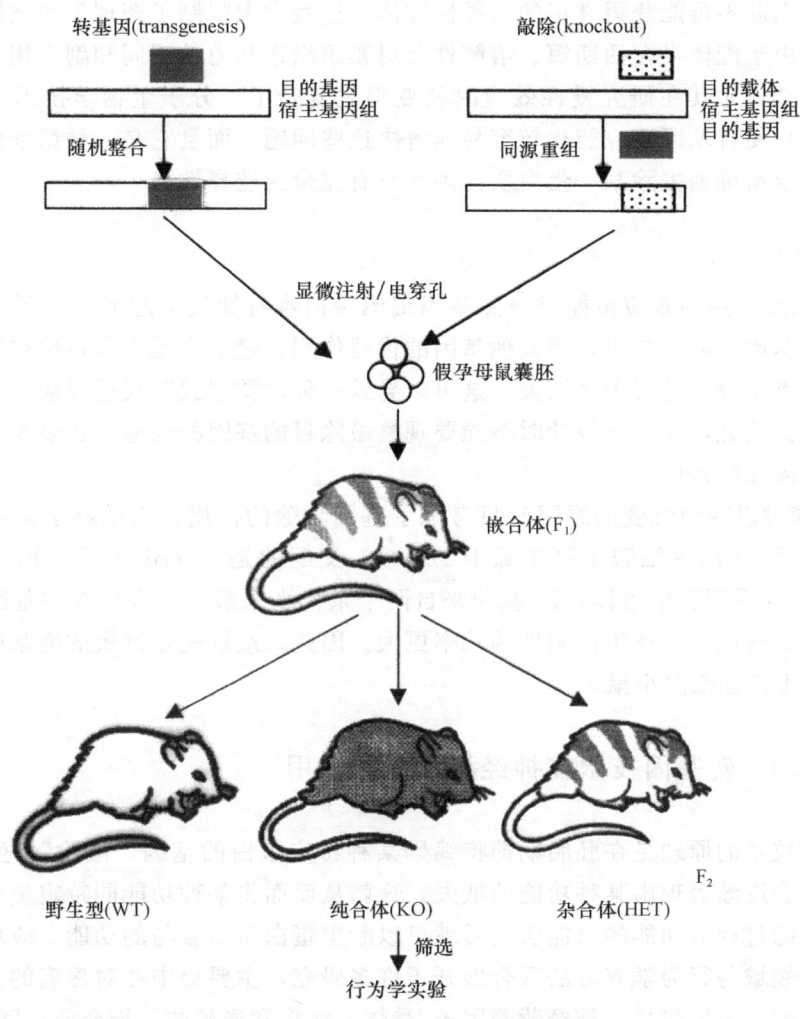

图 1-9-31 转基因技术流程图

### 1.9.8.2 转基因技术注意事项

为了保证转基因技术的顺利应用及更好地为实验服务，保证实验动物正常存活而不出现其他非特异性效应就至关重要了。因此，在实验设计早期应当周密计划，并要求：①设计的目的载体或目的基因一定要有很高的特异性，以保证靶基因的完全敲除或导入。②选用的假孕母鼠的基因背景一定要单纯，以避免发育过程中基因背景的影响。

### 1.9.8.3 转基因技术的优缺点

**(1) 优点**

转基因研究最大的优点是完全的选择性。许多蛋白受体（尤其是同一基因家族）有交叉作用，因此不可能获得真正的选择性配体，这就大大限制了药理学和抗体方法的应用。另外，由于配体半存活期短、溶解性及对靶组织亲和力的不同和副作用，使药理学研究十分复杂，尤其在研究慢性效应时就变得更复杂了。分子生物学技术（尤其是克隆、测序等）使转基因研究能比较容易地解决这些问题，而且它是一种精细的微观水平的技术，可以精确地去除某一蛋白质，因此具有完全的选择性。

**（2）缺点**

1）基因敲除后的效应可能是敲除基因编码蛋白本身缺失引起的，也可能是基因敲除后对其他基因的调控结果，或其他基因的代偿作用。敲除小鼠不仅在研究时缺失靶基因，而且在整个发育过程中都缺失，这可以导致一种"雪崩式"代偿反应，引起表现型第二次改变。因此，在实验设计时不光要观察敲除目的基因的效应，还要观察与目的基因相关基因敲除的效应。

2）在探讨表现型改变的原因时只考虑了基因敲除的作用，而忽略了基因背景的作用。目前，所用的 ES 细胞主要来源于 129 系，交配的是 C57BL/6 系，$F_1$ 代具有 129 系和 C57BL/6 系两套染色体，$F_2$ 基因来自两个亲代小鼠系，纯合体在靶基因和其他位点与野生型都有区别，产生假阳性的几率更大。因此，最好是在健康的纯基因背景（如 C57BL/6）上构建敲除小鼠。

### 1.9.8.4 转基因技术在神经科学中的应用

转基因技术的原理是在胚胎期即将编码某种特定蛋白的基因"敲除"，生物在成长的过程中就会逐渐表现出某种功能的缺失，这就从反面将某种功能同特定蛋白质联系起来，排除敲除过程对功能的可能影响后就可以断定蛋白质所参与的功能。应用这种方法在神经科学领域与行为学等方法联合展开了许多研究，主要集中在对疼痛的神经递质受体方面的研究。主要包括：神经营养因子/受体、疼痛和痛敏的外周介质、阿片类物质/受体、非阿片类神经递质受体和胞内信号转导分子五大类。对神经营养因子受体（p75 受体、TrkA 受体）的转基因研究发现，TrkA 受体在 NGF 介导的痛（尤其是病理性痛）信息传递中起主要作用，p75 受体的作用则不占主导地位。但 NGF 和 TrkA 受体敲除小鼠生存期变短，说明敲除这些基因还引起体内常常是致死性的其他复杂变化。这也导致对神经营养因子/受体的转基因研究不能深入。对疼痛和痛敏的外周介质的转基因研究取得了大量的结果，比较公认的是 IL-6，但在结果的解释方面却受很多因素的限制，要得到合理的解释，必须要注意到这一方法的优点、缺点及对实验设计的要求。

### 1.9.8.5 转基因技术在神经科学领域的应用前景

目前已发展了许多先进技术，如"条件（conditional）"或"诱导（inducible）"敲除。它采用部分和（或）时间（temporal）控制基因损毁，更精细地操作基因，减少了转基因后的一些副作用（如致死性）。广泛使用这些新方法可解决目前动物模型存活期短的问题。但它们的技术复杂,目前尚未广泛应用到神经科学领域,因此还要结合使用已有的敲除研究方法。同时,还要求在小鼠上进行复杂精细的行为学研究,越来越多曾从事过行为学研究的实验室开始进行这方面的研究工作,实验设计和对结果的解释会更加令人满意。结合其他补充方法(如药理学方法),它可能会使我们在神经科学领域的研究更加深入。目前,在转基因研究中还有很多令人困惑的地方,各个实验室的研究结果也各不相同,随着实验条件的逐渐规范化和研究水平的不断提高,实验的可重复性将大大提高,对结果的解释也会更加合理,势必会使神经科学的研究跃上一个新的台阶。

预计今后几年的转基因工作将在以下几方面取得突破性进展。

1)单基因的转基因工作还要继续,但为了研究基因之间的相互作用,同时转入双基因或多基因的动物将产生。

2)为了研究基因家系内的相互作用和调节机制,基因大片段和人工酵母染色体的转基因动物也将产生。

3)随着转基因技术的逐步完善,特定发育阶段、特定组织剔除特定基因的组织特异性基因打靶技术将成为可能。

4)涉及神经发育、神经损伤后修复、遗传性神经系统疾病的重要基因的转基因动物研究会有新的突破。

5)基因产品的制备和动物优良品种的培育也会有大的发展,将从实验室走向社会。

总之,转基因动物技术是常规分子生物学技术的延伸和拓展,它不仅为人类研究生命科学提供了一个更有效的工具,而且随着转基因动物技术的发展,转基因产品将会广泛渗透到医疗、卫生、农产品和食品等各个领域,为人类征服自然增添了一份新的力量。

(王 文 武胜昔)

## 参 考 文 献

奥斯伯F等(颜子颖,王海林译). 1998. 精编分子生物学实验指南. 北京:科学出版社

蔡文琴,王伯云. 1994. 实用免疫细胞化学与核酸分子杂交技术. 成都:四川科学技术出版社

林万明. 1991. 核酸探针杂交实验技术. 北京:中国科学技术出版社

萨姆布鲁克J等(金冬雁,黎孟枫等译). 1996. 分子克隆实验指南. 第2版. 北京:科学出版社

Brocard J, Warot X, Wendling O, et al. 1997. Spatio-temporally controlled site-specific somatic mutagenesis in the mouse. Proc Natl Acad Sci USA, 94: 14559~14563

Burnette WN. 1981. "Western blotting": electrophoretic transfer of proteins from sodium dodecyl sulfate-polyacrylamide gels to unmodified nitrocellulose and radiographic detection with antibody and radioiodinated protein A. Anal Biochem, 112 (2): 195~203

De Benedetti VM, Biglia N, Sismondi P, et al. 2000. DNA chips: the future of biomarkers. Int J Biol Markers, 15 (1): 1~9

Epstein CB, Butow RA. 2000. Microarray technology-enhanced versatility, persistent challenge. Curr Opin Biotechnol, 11 (1): 36~41

Erlich HA, Gelfand D, Snisky JJ. 1991. Recent advances in the polymerase chain reaction. Science, 252: 1643~1651

Funada M, Soea I, Goodman N, et al. 1997. DPDPE and U50,488 in μ-receptor knockout mice: evidence for μ-dependent κ and δ effects on analgesia, tolerance and/or dependence. Soc Neurosci Abstr, 23: 584

Gerlai R. 1996. Gene-targeting studies of mammalian behavior: is it the mutation or the background genotype? Trends Neurol Sci, 19: 177~181

Graf D, Fisher AG, Merkenschlager M. 1997. Rational primer design greatly improves differential display-PCR (DD-PCR). Nucleic Acids Res, 25 (11): 2239~2240

Khandjian EW. 1986. Optimized hybridization of DNA blotted and fixed to nitrocellulose and nylon membeanes. Bio Technol, 5: 164~170

Kiryu S, Yao GL, Morita N, et al. 1995. Nerve injury enhances rat neuronal glutamate transporter expression: identification by differential display PCR. J Neurosci, 15 (12): 7872~7878

Liang P, Pardee AB. 1992. Differential display of eukaryotic messenger RNA by means of the polymerase chain reaction. Science, 257: 967~970

Maxam AM, Gilbert W. 1977. A new method for sequencing DNA. Proc Natl Acad Sci USA, 74 (2): 560~564

Mullis KB, Faloona FA. 1987. Specific synthesis of DNA *in vitro* via a polymerase-catalyzed chain reaction. Methods Enzymol, 155: 335~350

Saiki RK, Gelfand DH, Stoffel S, et al. 1988. Primer-directed enzymatic amplification of DNA with a thermostable DNA polymerase. Science, 239 (4839): 487~491

Sanger F, Coulson AR. 1975. A rapid method for determining sequences in DNA by primed synthesis with DNA polymerase. J Mol Biol, 94 (3): 441~448

Studier FW. 1973. Analysis of bacteriophage T7 early RNAs and proteins on slab gels. J Mol Biol, 79 (2): 237~248

# 1.10 神经行为学实验方法学

所谓行为是指个体为了维护自己的生存和种族的延续，在适应不断变化的复杂环境时所做出的各种反应，是通过遗传信息和所处环境的相互作用，以个体的方式发展起来的。动物行为学是研究动物对环境和其他生物的互动等问题的学科，研究的对象包括动物的沟通行为、情绪表达、社交行为、学习行为、繁殖行为等。由于动物行为学对于动物学习和认知等方面的研究，以及与神经科学的相关性，它对心理学、教育学等学科产生一定的影响。

遗传的变化和环境的压力不断促使动物行为向着适于生存的方向进化，因此动物当前的行为方式必然是动物选择的最具有生存适应意义的行为形式。环境因素的压力在自然选择过程中会迫使一切动物都去适应它们生存的环境条件。只要动物能够完全适应这些变化，就说明动物处于体内平衡状态。而当动物不能适应环境因素，无法保持体内平衡状态，就可能使动物出现非正常行为或疾病，其健康状况、心理、行为甚至生存都受到影响。

动物行为学实验是神经科学常用的研究方法和手段之一，为推动各种神经系统功能性（如抑郁）和器质性（帕金森病）疾病的机制研究发挥了重要作用。尽管不同动物种属和动物模型所反映的脑功能异常与人类有很大差异，不能反映人类疾病的全貌，但是各领域的研究者正在试图构建不同疾病的动物模型，利用它们找到动物与人类正常或异常行为的共同点，进而解释人类高级脑功能和疾病发生发展的机制。除了对机制进行研究,动物行为学实验同时也可为某一疾病的治疗效果提供依据,加深对疾病病理生理学机制的理解。

下面就行为学发展历史、神经基础及常用的几种神经行为学研究方法进行介绍。

## 1.10.1 行为学实验的神经基础及常用动物

### 1.10.1.1 行为学的神经基础

**(1) 条件反射**

1) 经典条件反射。诺贝尔奖获得者、俄国生理学家伊凡·巴甫洛夫是最早提出经典条件反射的人。实验方法是,把食物显示给狗,并测量其唾液分泌。他把食物定义为非条件刺激,唾液分泌定义为非条件反射。在其后的过程中,他发现如果随同食物反复给一个中性的刺激,如铃声,狗就会逐渐"学会"在只有铃响但是没有食物的情况下分泌唾液。巴甫洛夫把铃声定义为条件刺激,而铃声导致的唾液分泌则定义为条件反射。中性刺激与非条件刺激在时间上的结合成为强化,强化的次数越多,条件反射就越巩固。

巴甫洛夫所做工作的重要性是不可估量的。他的研究公布后不久,一些心理学家,如行为主义派的创始人华生,开始主张一切行为都以经典性条件反射为基础。虽然这一看法很极端,但人们一致认为,相当一部分的行为,用经典性条件反射的观点可以做出很好的解释。

2) 操作性条件反射。操作性条件反射也称工具性条件反射,是由行为主义心理学的奠基人之一——斯金纳提出来的。他提出要注意区分"引发反应"与"自发反应",并根据这两种反应提出了两种行为:应答性行为和操作性行为。前者是指由特定的、可观察的刺激所引起的行为,如巴甫洛夫的经典条件反射;后者是指在没有任何能观察到的外部刺激的情况下的有机体行为,似乎是自发的,如白鼠在斯金纳箱中的按压杠杆的行为。应答性行为比较被动,由刺激控制,操作性行为代表着有机体对环境的主动适应,由行为的结果所控制。

据此,斯金纳进一步提出两种学习形式:一种是经典式条件反射学习,用以塑造有机体的应答行为;另一种是操作式条件反射学习,用以塑造有机体的操作行为。西方学者认为,这两种反射是两种不同的联结过程:经典性条件反射是 S—R 的联结过程(S: stimulation; R: response);操作性条件反射是 R—S 的联结过程。如果一个操作发生后,接着给予一个强化刺激,那么其强度就增加。斯金纳通过实验发现,动物的学习行为是随着一个起强化作用的刺激而发生的。斯金纳甚至依据这个原理,训练两只鸽子玩一种乒乓球游戏,获得成功。他把动物的学习行为推广到人类的学习行为上,认为虽然人类学习行为的性质比动物复杂得多,但也要通过操作性反射。

**(2) 奖励与惩罚**

斯金纳认为,人的学习是否成立关键在于强化。当一个操作发生之后,紧接着呈现一个强化刺激时，这个操作的强度就增加。他认为在学习中，联系虽然是重要的，但关键的变化却是强化。他认为凡能增强反应概率的刺激，可叫做条件的、二级的、后继的或派生的强化物。后继强化物容易发生泛化，后继强化物同原始的强化物发生联合时，就可以引起种种不同的活动。例如，奖励可以使各种行为起到强化作用。奖励就是正性强化物，其过程称为正性强化；而惩罚使人或动物回避某种行为，就属于负性强化。另外如果对原先可接受的某种行为不予强化，此行为将自然下降并逐渐衰减，这称为消退。

#### 1.10.1.2 实验动物

常用于行为学实验的动物包括：大鼠、小鼠、灵长类动物，以及鸟类（如鸽子）等。我们主要就大鼠、小鼠在神经行为学实验中的特点进行介绍。

**(1) 大鼠**

大鼠是当代医学研究领域中常用的实验动物，普遍应用于各种行为学研究。大鼠具有体积小、清洁度高、相对便宜、易于抓取、固定、生殖周期短（21天）、生命周期短等特点，这些特点都决定了这种动物适用于行为学实验，能满足实验对大样本量的需求。此外，大鼠相对较短的21天的生殖周期和约3年的生命期为研究发育和老龄化提供了很好的模型。目前，大鼠已广泛应用于高级神经活动的研究。它具有行为情绪的变化特征，行为表现多样，情绪敏感。

尽管大鼠有以上适用于行为学实验的优点，但是与灵长类相比，仍存在明显的缺点：①啮齿类动物的行为与人类相比更原始，比较难将其与人类的行为进行比对；②在训练过程中难以建立有效的刺激。目前常用的刺激手段包括厌恶性电刺激或者食物剥夺等，而这些刺激对人类研究都是很难被接受的。

**(2) 小鼠**

小鼠具有成熟早、繁殖能力强、体形小、易于饲养管理、性情温顺等特点。人类所掌握的大量的关于小鼠基因组的知识及其众多的种系决定了小鼠是理想的用于行为学研究的对象。可以通过敲入或敲除某种特定基因观察对小鼠行为的影响。绝大多数传统的应用于大鼠的实验设计也可应用于小鼠。小鼠常用于迷宫或简单的行为测定，如饮水实验等。但在试验过程中应注意，小鼠对环境的适应性差，对疾病的抵抗力也差，因而遇到传染病时往往会发生成群死亡，且特别怕热，一出汗就易患病死亡。

### 1.10.2 常用的高级脑功能研究方法

#### 1.10.2.1 动物自发活动检测

感觉运动能力的检测是评价动物行为的重要部分，而运动行为是动物最基本的行为表现，广泛用于评价疾病、药物或基因变化对动物一般性活动的影响。这种活动既不需要学习记忆的参与，也不存在条件或非条件反射，是在没有外界环境干扰情况下测定到的动物的自主运动，也称为自发活动。测定动物自发活动的方法多种多样，本部分我们主要介绍其中常用的旷场实验（open field test）的基本原理和基本实验步骤。

**(1) 基本原理**

啮齿类动物的运动具有趋壁性（俗称"贴着墙根走"），天生害怕空旷的场地，另一方面，在开放的新环境中受好奇心的驱使，又具有探索新环境的行为。旷场试验是最经济有效，简单而且对动物影响最小的检测探索行为和自发活动的方法。旷场包括一个空旷的明场，围以四壁，防止动物逃脱。明场可以根据个人喜好选择为方形或圆形，大小为 47 cm（W）×47 cm（D）×47 cm（H）或 100 cm（W）×100 cm（D）×50 cm（H）或直径 47/100 cm ×50 cm（H）（图 1-10-1）。明场内地板可以用记号笔划分为大小相等的区域或者在计算机软件程序里设定区域，目前常用后者。标准的旷场试验常用于检测试验动物的活动性、探索性及焦虑样行为，是经典的用于评价动物自发活动以及焦虑状态的行为学模型。可对抗焦虑药、致焦虑药的效果、药物对动物活动能力的影响等进行检测。焦虑紧张的动物更喜欢留在开场的边缘和暗处。

图 1-10-1　旷场实验装置实物图

第四军医大学基础部人体解剖与组织胚胎学教研室高级脑功能实验室设备，购于上海移数信息科技有限公司

**(2) 基本实验步骤**

1）将旷场装置放置在隔音的房间内，严格控制室内温度和通风，因为啮齿类动物都是趋暗动物，所以选用弱光照明，以保持大鼠的清醒状态。实验者要与试验设备保持一定距离或者直接从电脑屏幕上观察动物活动，严格避免动物看到实验者。若试验目的为检测药效，动物需要被放置到实验环境中适应 3～5 min，以减低基础活动值。若试验目的是为了检测动物对新环境的焦虑或反应，则不需进行适应训练。

2) 实验当日，将动物置于旷场中央（若需要，在将动物放置于旷场之前给予药物），旷场地面被分成若干网格，记录 5～15 min 内动物的活动参数：水平运动距离、垂直移动距离、直立次数、梳理次数，以及动物的典型行为（如舔、咬等）的次数。离线分析时，分别以旷场中央和周围来计算以上指标，动物在中央的活动次数反映了焦虑程度，即中央活动次数越多焦虑越少。

### 1.10.2.2 学习记忆的行为学研究方法

学习记忆在日常生活中发挥着重要作用，基因与环境的改变都可以影响学习记忆行为。学习是获得外界环境信息或有关世界知识的过程，而记忆则是对这种信息或知识进行加工、贮存和再现。以往的研究表明，脑内的多个脑区特异性地参与了学习记忆的调节，包括海马、杏仁核、皮层、小脑和背侧纹状体等。而对于学习记忆的行为学研究方法也随着研究的进展取得了突飞猛进的革新，新的或经过改良的研究方法和手段层出不穷。本节将选择性地对一部分有代表性的常用方法加以介绍。

**(1) Morris 水迷宫检测**

1) 基本原理。很多疾病都可以导致患者空间学习记忆能力的损伤。自 1981 年 Morris 报道了大鼠水迷宫模型研究空间学习记忆以来，Morris 水迷宫（Morris water maze）已经广泛应用于研究空间学习记忆机制，是最常用的动物神经行为学检测项目之一。此后，该迷宫系统被广泛运用在神经生物学领域的基础和应用研究中，实验动物主要是大鼠和小鼠（图 1-10-2）。

图 1-10-2 大鼠 Morris 水迷宫示意图

经典的 Morris 水迷宫所检测的是动物在多次的训练中，学会寻找固定位置的隐蔽平台，形成稳定的空间位置认知，这种空间认知是加工空间信息（外部线索）形成的。平台的位置与大鼠自身所处的位置和状态无关，是一种以异我为参照点的参考认知（allocentric cognition），所形成的记忆是一种空间参考记忆（reference memory）。目前常用的 Morris 水迷宫设备包括一个盛有水的圆形迷宫、隐藏在水面下的平台，以及一套图像自动采集和处理系统（摄像机、录像机、显示器和分析软件等）。大鼠通常应用 1.5～2.0 m 直径的水池，而小鼠则通常用 1.0～1.5 m 直径的水池。

2）基本实验步骤

a. 实验装置通常放置在安静宽敞的房间内，可在墙壁上悬挂一些圆形、三角形等物体作为动物的视觉线索（visual cue）。在设备周围拉上黑色围帘以阻隔实验者和受试动物。将实验装置分为 4 个象限，内注入自来水，水高 23 cm，水温保持在 $25\pm1.0$℃；于其中一象限中心置一有机玻璃制圆形平台，高度可调节，直径 10 cm（大鼠）或 5 cm（小鼠）。位于水面下 1.5～2 cm（大鼠）或 1～1.5 cm（小鼠），并根据所采用的动物毛色利用在水中加奶粉（黑色小鼠）或者用墨汁将池水染黑（白色大鼠）增强动物和周围环境的对比度，并隐藏站台。下面以大鼠为例简单介绍水迷宫实验。

b. 参照学习实验（cued learning test）：在水迷宫定位航行实验前，需要进行参照学习实验，检测不同组大鼠游泳能力、视觉状态的差异。将平台升出水面约 1.5～2 cm；大鼠从任一随机象限入水其寻找平台，找到平台后在平台上休息 30 s，然后用同样实验方法立即开始下一次测试，测量找到平台所需要的时间。

c. 定位航行实验（navigation test）：将大鼠随机地头朝池壁按东北、西北、东南、西南 4 个入水点轻轻放入水池中。每次试验中每只大鼠最多游泳 90 s，让其找到水中隐藏的平台。记录大鼠自入水至找到平台四肢爬上平台所需的时间，作为逃避潜伏期。大鼠爬上平台后，让其停留 30 s；若入水后给定时间内未能找到平台或未能爬上平台，则将时间记录为 90 s，并且将其人为放置于平台上 30 s，然后从平台上取下休息 30 s，再进行下一次训练。按此方法每只动物每天训练 4 次，连续训练 4～6 天。

d. 空间探索实验（probe test）：最后一次定位航行实验后 24 h，撤除平台。将动物从任一随机象限放入水中追踪其运动轨迹 30～120 s 不等，连续测试两次；记录动物目标象限（原先放置平台的象限）的游泳时间、游泳距离、进入目标象限的次数，以及穿过原平台位置的次数，并进行组间对比。

e. 统计学处理：对于定位航行实验，将每只动物每天 4 次检测时找到平台所需时间和游泳距离取均值，使用 SPSS 软件，数据采用 two-repeated ANOVA 分析；对于空间探索实验，将每次动物 2 次测试成绩分别取均值，不同动物组间采用 one-way ANOVA 分析；对于参照学习实验，将每只动物的 4 次检测成绩取均值，组间采用 one-way ANOVA 分析。

**(2) 八臂迷宫检测**

1）基本原理。八臂迷宫（radial arm maze）也称为放射臂迷宫，也是一种常用的检测动物学习记忆能力的方法之一（图 1-10-3）。由 Olton 和 Samuelson 于 1976 年首次建立。其基本工作原理是大鼠利用房间内远侧线索所提供的信息，可以有效地确定放置食物的臂所在部位。放射状臂形迷宫可以用于大鼠空间参照记忆和工作记忆的研究。参照记忆过程中，信息在许多期间/天内都是有用的，并且通常在整个实验期间都是需要的。而工作记忆过程与参照记忆过程不同，它只有一个主要但暂时的信息，由于迷宫内所提供的信息（臂内诱饵）仅对一个实验期间有用，而对后续实验无用，大鼠必须记住在延迟间隔期内（从分钟到小时）的信息。在臂形迷宫中作出正确选择以获取食物奖赏。该检测适合于测量动物的工作记忆和空间参考记忆，并且其重复测量的稳定性较好。但有些药物（苯丙胺），可以影响下丘脑功能或造成食欲缺乏，影响迷宫中所采用的食欲动机，因此动物就不能很好的完成迷宫实验。

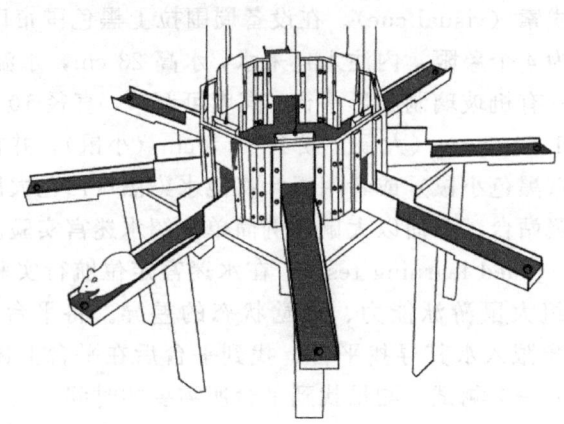

图 1-10-3　八臂迷宫示意图

2）基本实验步骤

a. 学习阶段：动物适应训练环境 5~7 天，称重后禁食 24 h。八个臂的末端均放置食粒，让大鼠学习从八臂的末端取食。每天训练一次，每次 10 min，共 3 天。

b. 训练阶段：仅在其中四个臂的末端放置食物，让大鼠选择进入臂。对同一只大鼠而言，放置食物的四个臂是固定的，但对于不同大鼠而言，放置食物的四个臂是不同的。每天训练大鼠一次，每次 10 min。动物在规定时间内完成获取四臂食物，或进入各臂总次数达 14 次，连续错误次数不超过 1 次为达到学会标准。动物首次进入无食物臂为参考记忆错误，重复进入放置食物臂为工作记忆错误。同时也可以计算平均研究时间，即测试时间与总的入臂次数之比，为评价一般运动能力的指标。

c. 统计学处理：使用 SPSS 软件，数据用均数±标准误表示，均采用 $t$ 检验及多因素方差分析。

**（3）穿梭箱试验**

1）基本原理。动物穿梭箱试验（shuttle box test）是定量测定动物行为学改变的重要手段，属于经典的联合型学习条件反射。动物通过学习能回避有害的刺激，底部为不锈钢栅，可以通过电流，电击动物足底，形成非条件刺激。穿梭箱的顶部一般配有噪声发生器或者光源，用来产生条件刺激。穿梭箱可以同时测定动物的主动和被动学习记忆。通常条件刺激数秒后电击，若在铃声刺激安全间隔期内大鼠逃向安全区为主动回避反应；如果在条件刺激安全间隔期内大鼠未逃向安全区，则通以交流电击后逃向安全区的为被动回避反应，否则为主动、被动回避反应阴性。经过反复训练后，只给条件刺激，大鼠即逃到对侧安全区以逃避电击，形成了条件反射或称主动回避反应。动物接受条件刺激时间越短，说明动物主动回避反应越迅速，学习记忆能力越强。穿梭箱试验广泛用于学习记忆功能、认知神经科学、神经生理学、神经药理学、神经退行性疾病等试验研究方面。

穿梭箱常由实验箱和自动记录装置组成。实验箱大小为 50 cm×16 cm×18 cm。箱底部格栅为可以通电的不锈钢棒，箱体部被挡板分为左右两侧，即安全区和电击区。挡板中间留有可供动物左右穿梭的门（可调节开闭）。实验箱顶部有光源或（和）蜂鸣音控制器。自动记录装置可以连续自动记录动物的行为学反应，并输送到连接的电脑上。

2）基本实验步骤

a. 预实验：动物在测试箱内自由活动 5 min，以消除探究反射。将其置于穿梭实验箱电击区。先给予条件性刺激（灯光）和（或）蜂鸣音 20 s，后 10 s 内同时给予电刺激。如果在亮灯 10 s 内大鼠逃向安全区为主动回避反应，电击后才逃向安全区为被动回避反应。经过数次训练后，大鼠可逐渐形成主动回避性条件反应，从而获得记忆。每次训练 20 s，共重复 30~50 次，即设定循环刺激为 30~50 次。

b. 测试期：正式测试时，将大鼠置于穿梭箱电击区，记录遭受电击的次数（被动回避的次数），该值与设定循环次数之差即为主动回避次数。刺激时间（指动物在被动回避过程中受到的电刺激的时间和）越小，说明动物主动回避反应越迅速。

所有上述实验值得注意的是，在实验之前动物最好放置在 12~12 h 明暗交替的环境里，首先与动物熟悉 3~5 天（如每天适当地对动物进行抓取）。动物在测定前先稳定 5~10 min，并适应实验环境 30 min 左右；在实验过程中必须保持所有实验程序一致，如屏蔽噪声、减少气味刺激、调节光线等，实验环境应该安静、昏暗，尽量轻巧抓取动物，减少对动物的刺激。以上几点必须遵循，否则造成实验结果的明显波动或不可复制。

### 1.10.2.3 焦虑抑郁的行为学研究方法

焦虑与抑郁都属于情绪疾病。常用的抑郁症的大鼠和小鼠模型主要是从习得性绝望、奖励等待方面模拟人类的抑郁症，最广泛应用于抗抑郁药物筛选的动物模型就是强迫游泳；而焦虑模型与抑郁症模型在方法和机制上有许多共性。许多抗抑郁症药物也同时具有抗焦虑的效果，常用的焦虑水平检测方法有高架十字迷宫检测。下面我们分别就强迫游泳和高架十字迷宫方法进行介绍。

**(1) 强迫游泳实验**

1）基本原理。动物在面对不可逃避的危险时常常做出适应性行为或表现出习得性的无助或绝望情绪。如果将动物放到设定的环境中游泳，生存动机驱使动物不断地挣扎，试图逃出强迫游泳的环境，但多次尝试失败使其学会这是不可能的，因而放弃挣扎，在水中表现为不动。这种实验称为强迫游泳实验（forced swimming test）。Porsolt 于 1977 年首次报道了这种可以导致动物绝望的实验方法。动物在水中不动时间越长，证明其抑郁或绝望状态越明显。改良的强迫游泳实验不但可以检测动物的不动时间，也可以用来检测活动时间（如游泳、攀援、挣扎等）。

强迫游泳实验中可以观察到动物的两种行为：

a. 无抑郁的动物：尽管已经知道无法逃脱，动物依然试图从盛满水的容器中挣扎出来。

b. 抑郁的动物：动物放弃挣扎，漂浮在水面上，显示出绝望行为。

强迫游泳试验常用于抗抑郁药物筛选，也是新药临床前药效学指标检测的模型之一。

2）基本实验步骤

a. 向玻璃圆筒中注入自来水，水温控制在 25±1℃。大鼠用圆筒高 45～50 cm，直径 28 cm，注入水深 35 cm；小鼠用圆筒高 25 cm，直径 10 cm，水深 10 cm。每次测试之后，都要换水，并将玻璃圆筒彻底清洗，以免对下一次测试结果产生影响。

b. 常用实验方法有以下两种：

i. 实验第一天将动物放入水中进行 10～15 min 的预实验，记录动物在水中前 5 min 的时间：①挣扎时间，动物试图逃出强迫游泳的环境，为典型的逃生行为；②游泳时间，动物主动地游泳，不再挣扎；③不动时间，动物漂浮在水面上，四肢不动或者最少前肢不动。24 h 后，进行正式测试，将动物再放入水中进行 5 min 的强迫游泳，统计 5 min 之内以上三种行为的时间，进行组间比较。这种方法比较常用。

ii. 将实验动物注射抗抑郁药物（实验组）或者生理盐水（对照组）后，放入圆筒中强迫游泳，经过 2 min 的适应期以后，记录 4 min 动物的运动状态（上述三种）。对比实验组与对照组之间的差异。

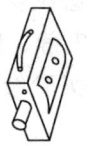

**(2) 高架十字迷宫检测**

1）基本原理。1958 年 Montgomery 等提出了动物对于新颖刺激的恐惧和探索行为的关系，由于恐惧和焦虑，动物倾向于花更多的时间在封闭的环境中进行探索，在此基础之上 Pellow 及其同事于 1985 年发表了应用简单的"Y"字形高架十字迷宫检测（elevated plus maze）啮齿类动物焦虑行为的方法。之后该装置被不断改进，发展成为我们现在所用的四臂的十字迷宫。目前的高架十字迷宫包括两个开放臂和两个封闭臂，四者形成十字的形状（图 1-10-4）。Handley 和 Mithani 提出焦虑值可以通过动物在开放臂停留时间与封闭臂停留时间的比值以及进入两种臂的次数进行计算。有别于其他的依靠疼痛刺激（如足底电刺激）、食物与水剥夺、噪声、气味等引起的焦虑反应，高架十字迷宫实验主要依赖于动物天生的趋暗、喜狭窄环境、恐高、避开放环境等特性。高架十字迷宫实验目前多用于检测致焦虑药及抗焦虑药的药效、不同脑区（如海马、杏仁核、中缝背核等）及神经活

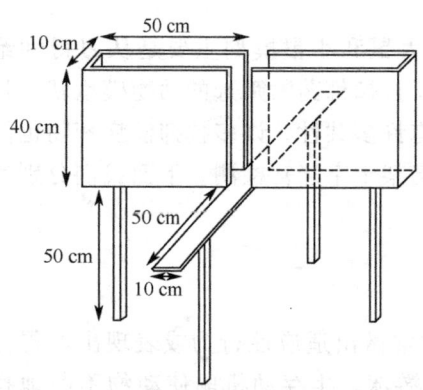

图 1-10-4　大鼠高架十字迷宫示意图

性物质（如 GABA、谷氨酸、5-HT 等）在动物焦虑行为中的作用。大鼠用高架十字迷宫通常每个臂长 50 cm 宽 10 cm，两个封闭臂有高 40 cm 的壁；小鼠实验用高架十字迷宫每个臂长 30 cm 宽 5 cm，两个封闭臂有高 15.25 cm 左右的壁。

2) 基本实验步骤

a. 大鼠或者小鼠置于迷宫中央，面向其中一个开放的臂。让动物自由探索四个臂 5 min，记录动物第一次进入任何臂的潜伏期，以动物四肢都进入一个臂算作进入一次。每只动物只检测一次，如果在试验过程中动物跌落，则淘汰该数据。

b. 计算动物进入开臂次数和在开臂滞留时间分别占总次数（进入开臂和闭臂次数之和）和总时间（在开臂和闭臂滞留时间之和）的百分比，以此作为评价焦虑的指标。通常这二指标间呈高度相关。

c. 检测高架十字迷宫之前，可以用旷场试验（见上文）排除动物的运动障碍。

d. 统计学处理：使用 SPSS 软件，数据用均数±标准误表示，均采用 $t$ 检验及多因素方差分析。

#### 1.10.2.4 药物成瘾的行为学研究方法

药物成瘾是指习惯于摄入某种药物而产生的一种依赖状态，撤去药物后可引起一些特殊的症状即戒断症状。药物成瘾分为精神依赖和躯体依赖两种，前者是指患者对某种药物的特别渴求，服用后在心理上有特殊的满足；后者指重复多次的给同一种药物，使其中枢神经系统发生了某种生理变化，致使对某种药物成瘾。临床上，心理的依赖较之于躯体的依赖更常见，危害更大。能引起成瘾的药物包括：镇静催眠药、抗焦虑药、镇痛药、精神兴奋药、抗精神病药、解热镇痛药等，其中危害最严重的是可卡因和海洛因成瘾。实验室里常用的对药品成瘾模型的行为学检测方法是条件性位置偏爱实验（conditioned place preference test，CPP test），下面就该实验进行介绍。

**(1) 基本原理**

条件性位置偏爱实验主要是利用啮齿类动物天然的喜黑暗环境、粗糙材质，避明亮环境、光滑材质的特性，可以检测动物对特定环境的喜爱，以及与奖赏相关联的选择性偏爱的改变。根据巴甫洛夫的条件反射学说，如果把奖赏刺激与某个特定的非奖赏性条件刺激如某特定环境反复练习之后，后者便可获得奖赏特性。反复几次将动物给药后放在一个特定的环境中，如药物具有奖赏效应，则特定环境就会具有奖赏效应的特性，动物在不给药的情况下依然有对此特定环境的偏爱。

常用的条件性位置偏爱实验装置含有 3 个箱子，左右两侧的大小相同，为主试验箱，中间的 1 个较小，为起始过道（图 1-10-5）。也有的实验室采用单纯的两箱装置进行试验。主试验箱分别为黑色及白色，可以分别配以光滑或者粗糙的地面。系统可以分别记录动物在两箱中的停留时间，穿梭次数等。可以根据实验者的目的设计实验和操作流程，严格做好对照试验，可以进行自身对照，或者在完全一致的实验条件下进行组间对照。

图 1-10-5 CPP 检测设备

第四军医大学基础部人体解剖与组织胚胎学教研室高级脑功能实验室设备，购于上海移数信息科技有限公司

**(2) 基本实验步骤**

a. 适应期：将动物由起始过道放入实验装置中，让动物自由探索 CPP 箱 15～30 min，训练 1～2 天。

b. 基础检测期：正式开始试验之前，将动物放入 CPP 内，自由探索 15 min，测得动物的基础数据。将在适应期与基础检测期表现不符的动物淘汰（如适应期在一个箱里的时间超过 600 s，而在基础检测期则在另外一个箱里的时间超过 600 s）。

c. 条件关联建立期：关闭两箱之间的通道，动物注射药物，如吗啡。注射吗啡后将动物放入白箱 30 min，3～4 h 后，注入生理盐水，并放置入黑箱 30 min。对照组动物两次皆注入生理盐水。连续训练 3～4 d。

d. 测试期：打开两箱之间的通道，将动物放入起始过道，让其自由探索 15 min，记录动物在两箱内停留的时间，并与基础值进行比较，实验组动物在两箱内停留时间的改变是由注射吗啡所引起的。

## 1.10.3 常用痛行为研究方法

痛觉是一种极不愉快的感觉，作为机体受到伤害的一种警告，可引起机体一系列防御性保护反应，因此是生命不可缺少的保护功能。但某些长期或者剧烈疼痛对于机体已成为一种折磨，不但严重干扰人们的生活质量，而且降低工作效率，给患者个人和社会造成了极大的损失。目前对于疼痛，尤其是慢性疼痛的治疗，尚缺乏有效的镇痛药物。实验性疼痛模型的建立是研究伤害性知觉及疼痛的基础，不同的刺激可以产生不同类型的疼痛，从疼痛持续时间上可以将其分为急性疼痛、持续性疼痛及神经病理性疼痛。急性疼痛可以采用热板实验（hot-plate test）或甩尾实验（tail-flick test）等；持续性疼痛主要是由周围组织的损伤或炎症引起的，如福尔马林（formalin）试验、角叉菜胶（carrageenin）试验等；神经病理性痛是由于外伤、疾病及毒素引起的慢性持续性异常疼痛，可以用脊神经结扎模型（SNL）、部分坐骨神经结扎模型（PSL）或慢性脊髓压榨模型（CCI）。这些模型的建立，对于临床前期镇痛药或疼痛机制的研究起着重要作用。

外周伤害性感受器受到一定强度的刺激后，可将该伤害性信号转导到中枢神经系统，并通过运动中枢引起身体的保护性反射（如缩足反射）。动物对伤害性刺激反应时间的长短可以作为疼痛实验中的一项可靠参数。造模之后，如果与对照组相比，动物对致痛刺激（机械性刺激或热刺激）引起的反应时间明显缩短，说明该模型已经引起动物的机械性或热痛敏。

下面我们就常用的疼痛测定方法做一简单介绍。

### 1.10.3.1 热板实验

**(1) 基本原理**

热板实验（hot plate test）是 Woolfe 和 MacDonald 于 1944 年发明，是一个经典的测痛方法。高温刺激作用于机体局部，可以通过外周热感受器引起疼痛的感觉，因此热刺激常用于急性痛模型（图 1-10-6）。将动物放到预先加热的平板上，动物感受到一定温度后，常出现舔足、站立、跳等行为，这就是热板试验。通过记录从刺激开始到动物出现反应的时间，可以得到刺激强度与反应大小的关系。一般来说，刺激强度越大，反应越明显，出现反应的时间越短。热板实验常用于观察药物的镇痛效应。

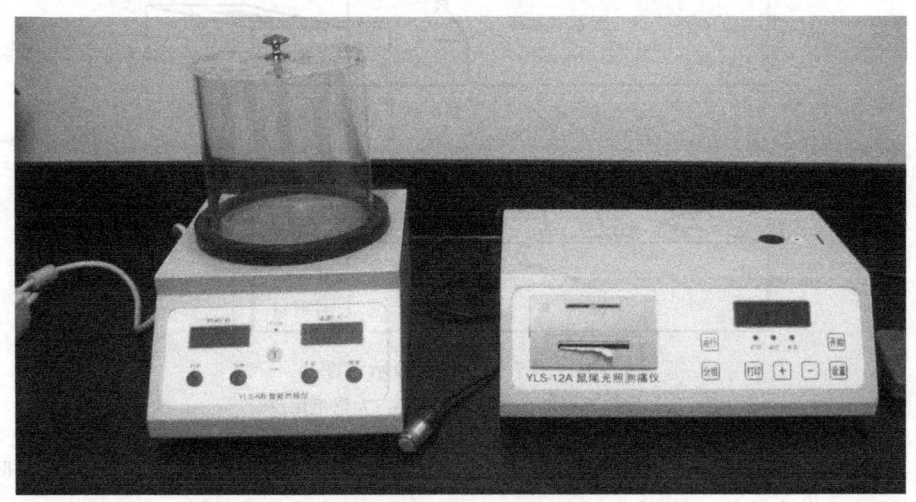

图 1-10-6　热板实验仪
第四军医大学基础部人体解剖与组织胚胎学教研室实验室设备

**(2) 基本实验步骤**

a. 随机将动物分为给药组与对照组,对照组给予生理盐水等,给药组给予吗啡等镇痛药物,实验前动物在实验室适应 15~30 min。

b. 给动物注射药物后(静脉注射、局部注射等),将其放在热板上(温度 55℃ 左右)并开始计时,观察动物出现舔足等反应的时间;如果动物一直没有明显反应,应在一定时间内及时终止实验(30 s)。记录每只动物出现反应的潜伏期,分组取平均值并作统计学处理。

### 1.10.3.2 甩尾实验

**(1) 基本原理**

甩尾实验(tail-flick test)模型最早是由 D'Amour 和 Smith 在 1941 年提出的,也属于脊髓水平的反射,常用来检测动物对高温引起的急性伤害性刺激的反应,即用热刺激动物的尾巴,当其尾部受到伤害性刺激时会产生明显的躲避反应,它不受动物运动协调性的影响,因而比热板实验更具有优越性(图 1-10-7)。常用的甩尾实验有两种方法,一种是用热光源刺激动物尾巴的局部皮肤;另一种是将动物的尾巴浸到已知温度的水里,这两种方法都可以引起动物的甩尾反射。下面我们就热光源刺激法对其基本步骤做一简单介绍。

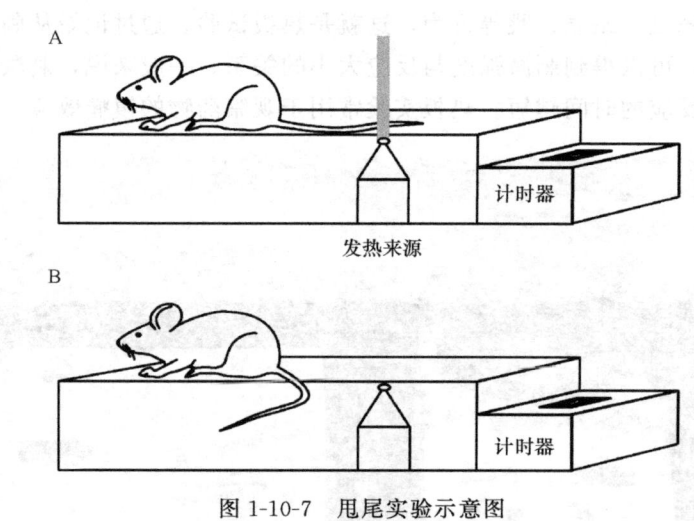

图 1-10-7 甩尾实验示意图
A:发热光源刺激大鼠尾部;B:大鼠甩尾反应

a. 随机将动物分为给药组与对照组,对照组给予生理盐水等,给药组给予吗啡等镇痛药物,实验前动物在实验室适应 15~30 min;实验检测仪器的平板上有一个小孔,小孔下方有发热光源。将动物的尾部置于小孔上方,并启动发热光源开始计时,直到动物出现甩尾反射,调整光源强度,将大多数动物甩尾时间设在 3~4 s,如果没有反射则把实验终止时间设为 10 s,以防烧伤。

b. 将不同药物随机注入动物体内，在给药后不同时间点（如 15 min、30 min 和 60 min 时）开始甩尾反射测试。重复 I 中的实验步骤，观察动物甩尾反射的时间，或者直到终止时间。注意：每次实验只检测一个时间点。将动物从实验开始直到出现甩尾反射的潜伏期记录下来，组内动物间取平均值并作统计学分析。

### 1.10.3.3 Von Frey 丝实验

**(1) 基本原理**

Von Frey 丝实验（Von Frey hair test）也称为 Semmes Weinstein 丝实验，常用来检测神经病理性痛等引起的痛敏（allodynia）。一套 Von Frey 丝通常由 20 个粗细不同的尼龙丝组成，可以给予 0.008～300 g 不同程度的刺激。一般术后用尼龙丝轻触动物后足足底，直到其轻度弯曲，同样的尼龙丝可能在正常侧不能引起反应，但是在神经损伤侧可以引起缩足反射，可以检测机械性痛敏。

**(2) 基本实验步骤**

a. 以腰 5 脊神经结扎引起的神经病理性痛模型为例，随机将动物分为空白对照组、假手术组与手术组。空白对照组为正常动物，假手术组只暴露腰 5 脊神经而不做结扎，手术组动物行腰 5 脊神经结扎手术。手术前 3 天每天让动物适应实验环境 30 min，术前将大鼠置于金属笼中，待其适应环境停止探究行为，处于安静状态后，用不同克重的尼龙丝（1 g、2 g、4 g、6 g、8 g、10 g、15 g 和 26 g）在其足底正中部位，持续刺激 5 s，若无缩足反应，则增大刺激，但每次刺激之间间隔时间最少 15 s。找到 5 次刺激中引起最少 3 次抬足反应的尼龙丝，此尼龙丝的克重即为触痛阈值（g）。若超过 26 g 仍不能引起动物缩足反应，则不再增加刺激强度，测量并记录各组动物术前基础痛阈值，此时记为 0 天；

b. 手术后待动物清醒，在不同时间点（6 h、1 d、3 d、5 d、7 d）重复 a 中的实验步骤，测定动物痛阈值。组内动物每个时间点间取平均值并作统计学分析，观察不同组动物以及同组动物手术后不同时间点痛阈值的变化。

以上所有关于痛行为测定的实验中必须注意：①不能给予动物过强的刺激，以免对其造成伤害；②必须保持所有的实验程序（如测试时间、环境噪声、光亮等）一致；③每次实验前尽量轻巧地抓取动物，以免造成应激反应；④让动物有足够的时间适应实验者的气味及实验环境。只有严格遵循上述原则，才能保证实验结果的可靠性或可重复性。

（董玉琳　王　文）

## 参 考 文 献

Curzon P, Decker MW. 1998. Effects of phencyclidine (PCP) and (＋) MK-801 on sensorimotor gating in CD-1 mice. Progress in Neuro-Psychopharmacology & Biological Psychiatry, 22, 129

Morris RGM. 1981. Spatial localization dose not require the presence of local cues. Learning and Motivation, 12:

239~260

Olton DS. 1987. The radial arm maze as a tool in behavioral pharmacology. Physiol Behav, 40: 793~797

Porsolt RD, Bertin A, Jalfre M. 1977. Behavioral despair in mice: a primary screening test for antidepressants. Arch Int Pharmacodyn Ther, 229: 327~336

Porsolt RD, Bertin A, Jalfre M. 1978. Behavioral despair in rats and mice: strain differences and the effects of imipramine. Eur J Pharmacol, 51: 291~294

Montgomery KC. 1958. The relation between fear induced by novel stimulation and exploratory behavior. J Comp Physiol Psychol, 48: 254~269

Pellow S, Chopin P, File SE, et al. 1985. Validation of open: closed entries in an elevated plus-maze as a measure of anxiety in the rat. J Neurosci Methods, 14: 149~167

Handley SL, Mithani S. 1984. Effects of α-adrenoreceptor agonists and antagonists in a maze-exploration model of "fear"-motivated behaviour. NaunynSchmeideberg's Arch Pharmacol, 327: 1~5

Hasenohrl RU, Oitzl MS, Huston JP. 1989. Conditioned place preference in the corral: A procedure for the measuring reinforcing properties of drugs. J Neurosci Methods, 30: 141

D'Amour FE, Smith DL. 1941. A method for determining loss of pain sensation. J Pharmacol Exp Ther, 41: 419

Kim SH, Chung JM. 1992. An experimental model for peripheral neuropathy produced by segmental spinal nerve ligation in the rat. Pain, 50: 355~363

# 1.11 脑 成 像

近几十年来，医学影像学的发展取得了巨大的进步，不仅使临床上对疾病的定位和定性诊断水平得到了非常大的提高，而且也为神经生物学提供了新的活体研究手段。脑成像即为医学影像学在脑研究中的具体应用。如今，脑成像已成为现代神经生物学研究的基本方法之一。常用的脑成像技术有计算机辅助体层摄影（CT）、磁共振成像（MRI）、放射性核素断层成像和超声成像等。综合运用现代脑成像技术不仅能够显示活体人脑的解剖学结构，而且还可以观察人脑的情感、认知等高级活动，以及局部躯体感觉、运动和许多疾病状态下参与调控的脑区及其代谢水平和生化指标的变化。

## 1.11.1 计算机辅助体层摄影

计算机辅助体层摄影（computerized tomography，CT）是1969年Hounsfield设计的，是近30余年来医学界最有成就的技术产物之一，它是X射线技术与高度发展的计算机技术相结合的产物。由于这一贡献，Hounsfield获得了1979年的诺贝尔生理学或医学奖。它用X射线对人体层面进行扫描，取得信息，经计算机处理而获得重建图像，所得到的是断面解剖图像，可直接显示脑组织，为首次出现的真正的脑成像术。CT发明后首先用于脑部检查，此后又诞生了全身CT。CT属无创性检查方法，空间分辨率和密度分辨率高，显示钙化敏感，检查方便、迅速、安全、无痛苦。

### 1.11.1.1 CT成像的基本原理

CT使用高度准直的X射线束来对人体某些部位一定厚度的层面进行扫描，X射线在穿过人体时其强度是呈指数关系衰减的，用探测器接收透过该层面的 X 射线，转变为可见光后，由光电转换器转变为电信号，再经模拟/数字转换器转为数字信号，输入计算机处理。人体扫描野被分成许多小单元称为体素，探测器探测并经计算机计算出每个体素的 X 射线衰减系数或吸收系数，再排列成矩阵，经数字/模拟转换器还原成图像信息，显示人体断面的灰阶图像。CT 建立图像的过程就是求出每个体素单元的衰减系数的过程。一个方程不能解出多个未知数，几个未知的衰减系数不能由一次 X 射线穿射而获得，但从不同方向上进行多次穿射（图 1-11-1），就可以获得足够数量的方程式，然后电子计算机求解这些方程式，从而得出每个小单元的衰减系数。体素面积越小，检测数目越多，计算机所测出的衰减系数就越多并且越准确，从而可以建立清晰的图像。有多种数学运算处理方法可用于 CT 图像重建，目前应用最广泛的是解析法，它的基础是傅里叶变换投影定理，具体方法有褶积反投影法、二维傅里叶变换重建法和空间滤波反射投影法等。

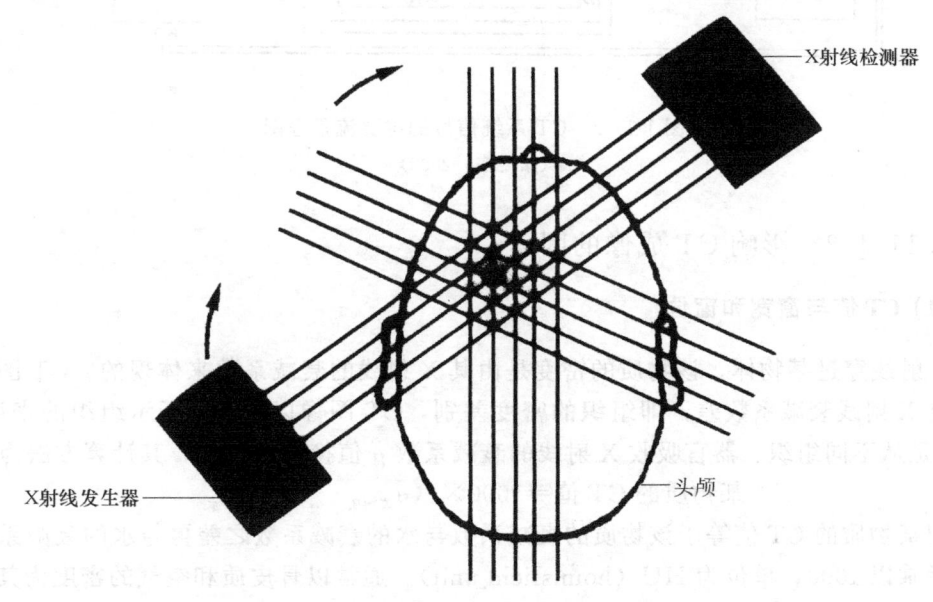

图 1-11-1　CT 工作原理简介
(杨天祝，1999)

### 1.11.1.2　CT 设备

其基本系统组成包括 X 射线发生装置、检测器和数据采集装置、计算机系统、图像显示和存储装置以及辅助装置（如扫描架、扫描床等）。协调各组成部分的工作及其控制装置全部集中在中心控制台上。图 1-11-2 所示为 CT 系统信号的主要流程框图。CT 的发展以"代"为标志，实质是扫描速度的提高。CT 技术从第一代笔形束头部 CT 扫描机发展到第二代、第三代、第四代的扇形束全身 CT 扫描机，使用的探测器不断增多，扫描时间不断缩短。性能更高、结构更复杂的第五代 CT 使用电子束扫描，其扫描时间仅为 1/100~1/50 s。CT 图像质量也在向更高的方向发展。

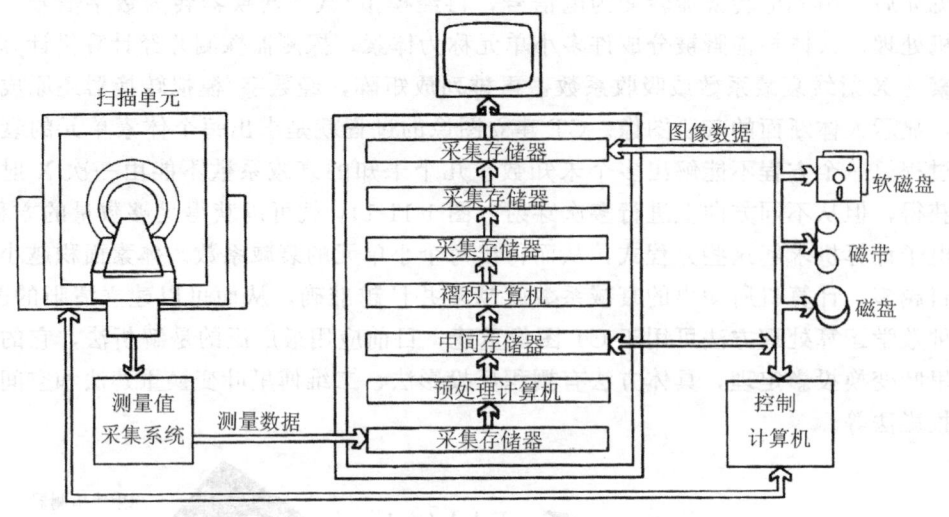

图 1-11-2　CT 系统信号的主要流程框图
(康晓东，2000)

### 1.11.1.3　影响 CT 成像的因素

**(1) CT 值与窗宽和窗位**

X 射线穿过某物体，该物质的密度是由其 X 射线的衰减系数来体现的。CT 图像的本质是 X 射线衰减系数差，即组织的密度差别，CT 图像以 CT 值标示组织的密度差。CT 值是从不同组织、器官吸收 X 射线的衰减系数 $\mu$ 值换算而来的，其计算方法为：

$$某物质的 CT 值 = 1000 \times (\mu_{该物质} - \mu_{水}) / \mu_{水}$$

即某物质的 CT 值等于该物质的衰减系数与水的衰减系数之差再与水的衰减系数相比之后乘以 1000，单位为 HU（hounsfield unit）。通常以骨皮质和空气的密度为其上下限。水的衰减系数为 1，水的 CT 值为 0 HU，骨皮质为 +1000 HU，空气为 -1000 HU，人体组织的 CT 值被分成 2000 个 HU。不同的组织 CT 值不同，例如，脑白质的 CT 值为 28~32 HU，脑灰质为 32~40 HU，0~15 HU 为液性成分，-10 HU 为脂肪组织，>100 HU 为钙化，>500 HU 考虑为骨皮质结构。

在 CT 显示器上，将高 CT 值组织显示为淡色，即白色，低 CT 值组织显示为深色并逐渐加深直至黑色。CT 显示器所表现的亮度信号等级差称为灰阶，它是适应人的视觉的最大等级范围。灰阶一般只有 16 个刻度。在 2000 个 CT 值以内仅有 16 个刻度的灰阶变化，使每级灰阶含有 125 个 CT 值单位。即密度相差 125 个 CT 值以内者都将表现为同一灰度。但人体多数的组织与组织、器官与器官，正常组织与病变组织之间的密度差不足 100 个 CT 值，如将图像显示灰阶定为 2000 个 CT 值，则大多数组织之间的灰阶将一致，从而无法显示应有的密度差别，得不到对比度清晰的图像。这就要求在检查中对不同部位的器官或组织选择适当的窗宽（window width）和窗位（window level)。窗宽指 CT 图像所包括的 CT 值范围，窗位指中心 CT 值的水平。因为不同组织或病变的 CT 值不同，如欲观察某器官或组织的细节时，应以该器官或组织的 CT 值为窗位。例如，软组织的窗位为 20～50 HU，骨为 200～400 HU。颅脑 CT 扫描一般选择窗位为 35～40 HU，窗宽为 80～100 HU。

**(2) 部分容积效应**

CT 成像的基本体素为一立体结构，其体积为体素面积乘以层厚。由此可知，每一体素的 CT 值为该体积内各种组织 CT 值的平均数，由此可造成低密度区内小高密度灶的 CT 值偏低，而高密度区内小低密度灶密度偏高。

**(3) 伪影**

伪影是指图像中出现被扫描部位并不存在的虚假影像。分析图像时对伪影应予以重视，以免导致错误结论。产生伪影的常见原因有：

1）扫描过程中由于身体移动可产生伪影使图像模糊，所以 CT 扫描时受检者应制动。

2）X 射线扫描经过极高密度物质时（例如，扫描范围内有金属物），引起衰减计算错误，产生放射状高密度或低密度伪影。

3）因 CT 扫描机的部分检测器工作不正常，出现同心圆状低密度伪影。

4）若相邻组织密度差过大，则在其交界处产生伪影。颅脑 CT 扫描时，由于颅底骨质密度远高于脑组织，颅底骨质的伪影会使幕下结构显示不清，这是 CT 无法矫正的固有缺陷。

**(4) 密度分辨率与空间分辨率**

CT 的密度分辨率所表示的是影像中能显示的最小密度差别，空间分辨率所表示的是影像中能显示的最小细节。CT 图像的密度分辨率和空间分辨率相互制约，在其他条件不变的情况下，体素小、矩阵大，图像的空间分辨率就高。但由于体素缩小，每个体素所吸收的 X 射线量减少，使体素之间的密度差变小，图像的分辨率下降。一般来说，CT 图像的密度分辨率远远高于普通 X 射线照片，而空间分辨率则低于 X 射线胶片。

### 1.11.1.4 扫描方法

受检者卧于检查床上，摆好位置，选好层面厚度与扫描范围，并使扫描部位伸入扫描架的孔内，即可进行扫描。颅脑扫描常取仰卧横断面，扫描基线多用眦耳线，也叫 OM 线，即外耳道与眼外眦的连线，主要用于小脑幕上区的扫描；对于幕下的脑区可采用基线与 OM 线成 20°夹角扫描，能更好地显示颅后凹结构。层厚一般用 4～10 mm。CT 检查分平扫、造影增强扫描和造影扫描。

1）平扫是指不用造影增强或造影的普通扫描。一般都是先做平扫。

2）造影增强扫描是经静脉注入水溶性有机碘，如 60%～70%泛影葡胺后进行的扫描。血液内碘浓度增高后,器官与病变内碘的浓度可产生差别,形成密度差,病变显影更为清楚。

3)造影扫描是先做器官或结构的造影,然后再行扫描。例如,向脑池内注入碘剂或空气行脑池造影再行扫描,称之为脑池造影 CT 扫描,可清楚地显示脑池及其中的结构。

#### 1.11.1.5 颅脑 CT 的应用和优缺点

颅脑 CT 可用于临床及科研中观察正常人脑的结构,或者用于对脑内疾病的病变性质和部位的判断。CT 检查图像清晰,密度分辨率高,可显示脑组织的灰质与白质、脑室系统和蛛网膜下腔,可直接用于检查脑瘤、脑出血、脑梗死等病变。CT 检查能提供真正的断面图像,这些图像既无不同器官病灶相互重叠的影像而影响观察结果,又能提供受检器官病灶的细节,使定位准确性达到很高的水平。但 CT 检查也有一定的限度,因为颅底骨伪影的干扰,显示幕下结构(尤其是脑干)及其病变较差,CT 显示颅骨骨折不如普通 X 射线摄影,软组织对比度远不如磁共振成像,显示脑解剖结构及病变不如后者敏感。CT 不能直接用于脑功能的研究,但在脑功能研究中可与放射性核素断层成像相配合,以弥补后者定位准确性差的缺陷。此外,CT 属有射线技术,对人体有一定的损伤。

### 1.11.2 磁共振成像

磁共振成像(magnetic resonance imaging,MRI),是利用生物体内原子核在磁场内共振所产生的信号经计算机重建成像的一种影像学技术。磁共振(magnetic resonance,MR)是原子核的一种物理现象,旧称核磁共振。早在 1946 年美国科学家 Block 和 Purcell 就报道了这种现象并应用于波谱学,这一成果获得了 1952 年诺贝尔物理学奖。1973 年,Lauterbur 发表了 MR 成像技术,使 MR 不仅用于物理学和化学,也应用于临床医学领域。近年来,磁共振成像技术发展十分迅速,已日臻成熟完善,检查范围基本上覆盖了全身各系统,并在世界范围内推广。MRI 的出现是继 CT 之后医学影像学的又一次飞跃,它使医学界从三维空间上多层面多方位地观察人体的变异与病变,在波谱学、生化分析及血管造影等方面的发展,使医学影像学向立体、动态、功能方向不断前进。

#### 1.11.2.1 磁共振成像的基本原理

**(1) 特定原子核自旋产生磁场**

原子核由质子和中子组成,质子带正电,中子不带电。原子核具有绕着它的自旋轴以一定频率旋转的特性。偶数质子的原子核因其内自旋磁场相互抵消,不能产生磁场或磁矩;只有具有奇数质子的原子核方可产生一个具有正、负极的磁场,其方向和强度称为磁矩，可用于磁共振研究。很多原子核，如氢（$^1H$）、碳（$^{13}C$）、氟（$^{19}F$）、钠（$^{23}Na$）等可用于研究磁共振，但氢原子在人体组织中含量最多，分布最广，氢原子核中只含一个质子而不含中子，最不稳定，最易受外加磁场的影响而发生磁共振现象，故目前磁共振一般使用氢原子核，也称氢质子，获得的图像也叫质子图像。

**（2）机体置入磁场后原子核的纵向磁化和进动**

在磁场外，原子核的自旋轴的方向是任意的。进入磁场后原子核自旋轴顺着磁场的长轴排列，接近与磁场的方向一致或相反。经过磁化后，与磁场方向排列一致的原子核稍多于相反的。这一平衡时的磁化方向是与机体的长轴（即 $z$ 轴）相一致的，称为纵向磁化。

原子核在静磁场中，除沿顺应或逆反静磁场的方向排列自旋外，还环绕静磁场方向作圆周运动，频率比其自旋频率慢得多，类似陀螺样运动，称之为进动（precession）（图 1-11-3）。原子核的进动频率，是遵循拉摩尔（Larmour）方程，即 $f = \gamma B_0/2\pi$ 的规律而变化的，式中 $f$ 表示进动频率，$\gamma$ 表示磁旋比，是一个常数，不同的特定原子核有其各自的磁旋比，$B_0$ 表示静磁场的强度。由拉摩尔方程可以看到，原子核的进动频率（亦称共振频率），与所在的磁场强度成正比，即磁场强度愈强，原子核的进动频率亦愈高。

**（3）射频脉冲（RF）激发引起磁共振**

原子核在静磁场作用的基础上，叠加一个与静磁场方向呈一定角度的短暂射频脉冲磁场 $B_1$ 作为激励，射频脉冲为一具有特定频率的交变磁场，当其频率与原子核的进动频率相一致时，发生"共振"，即磁共振。此时原子核吸收射频脉冲的能量，磁矩发生偏转。90°的射频脉冲可使氢质子纵向磁化旋转 90°而变为横向磁化（图 1-11-4），180°的射频脉冲就可使纵向磁化旋转 180°。控制射频磁场 $B_1$ 的幅度与时限，可准确地使磁矩旋转任何角度，这称为相位变化。

**（4）射频脉冲激发停止后自旋系统发生弛豫**

一旦射频脉冲磁场 $B_1$ 激发停止，有关原子核的相位变化和能级变化又恢复到激发前的状态，这一过程称弛豫（relax），产生的信号可被周围接收器测得。从原子核产生共振信号开始，到原子核回复到未受射频脉冲激励前的平衡状态所经历的时间，为弛豫时间。这时原子核的横向磁矩趋于零，纵向磁矩（净磁矩）渐回复到最大值，并与静磁场的方向相同。原子核的弛豫时间有两种，即纵向弛豫时间（$T_1$）和横向弛豫时间（$T_2$）。纵向弛豫时间（$T_1$）亦称自旋-晶格或热弛豫时间，系指当射频脉冲暂停后，纵向磁矩随时间呈指数式增长，纵向磁矩由零增长到它的最大值的 63% 所需的时间常数。这段时间是原子核与周围环境（晶格）热交换的时间。横向弛豫时间（$T_2$）又称自旋-自旋时间，是指射频脉冲停止激发后，横向磁矩随时间呈指数式衰减，横向磁矩由最大值衰减到它的初始值的 63% 所需的时间常数。这一过程中能量在原子核之间相互转移，进动频率在相位上的一致性逐渐丧失，横向磁化矢量随之逐渐丧失。$T_1$ 和 $T_2$ 时间均以毫秒（ms）为单位。

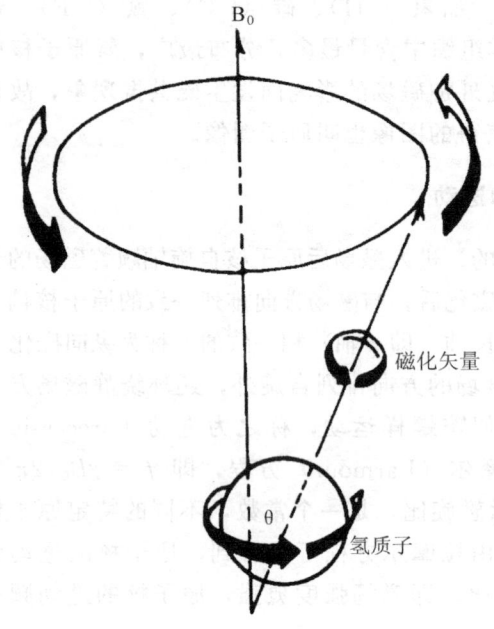
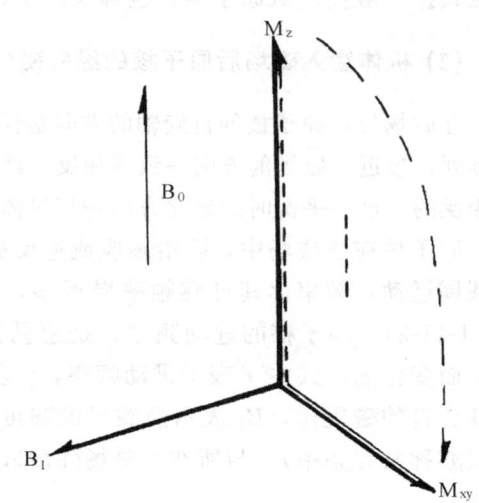

图 1-11-3　氢原子核的磁化和进动过程
（隋邦森和陈雁冰，1994）

图 1-11-4　施加 RF 脉冲后横向磁化
矢量的产生

施加时间足够长的 90°射频脉冲磁场 $B_1$，可使磁化矢量俯垂 90°（隋邦森和陈雁冰，1994）

**(5) 磁共振成像的基础及脉冲序列**

MRI 不像 CT 只有一个成像参数，即对 X 射线的衰减系数，而是有 $T_1$、$T_2$、自旋核密度（$\rho$）、流空效应等几个参数，而且有多种扫描脉冲序列可选择。

人体不同器官、组织之间，正常组织与病理组织之间的 $T_1$、$T_2$ 值是固定而且互不相同的，这种组织间弛豫时间上的差别是 MRI 的成像基础。因此，获得选定层面中各种组织的 $T_1$ 或 $T_2$ 值，就可获得该层面中包括各种组织影像的图像。以 $T_1$ 差别为主的叫 $T_1$ 加权像（$T_1$ weighted image，$T_1$WI），以 $T_2$ 差别为主的称 $T_2$ 加权像（$T_2$ weighted image，$T_2$WI）。扫描时变换不同的脉冲序列类型和脉冲定时参数可获得 $T_1$ 或 $T_2$ 加权像。正常组织之间如脑中各种软组织间 $T_1$ 差别明显，所以 $T_1$WI 有利于观察解剖结构，而 $T_2$WI 显示病变组织较好。

自旋核密度通常以 $\rho$ 表示，系指在某一定区域内自旋原子核的密度，它是衡量这个区域产生的磁共振信号强度的主要指标之一。在相同条件下，自旋核密度较大的区域产生较强的磁共振信号。$\rho$ 也是 MRI 的主要参数之一。

在磁共振过程中，如果物质在受检层面内以一定的速度向一定的方向流动，使发射 MR 信号的自旋原子核离开信号探测器的接收范围，所以接收不到它们的信号或只能接收到很微弱的信号，这种现象称为流空效应（flowing void effect）。借上述效应，MRI 检查可不需要造影剂，即将中等强度 MR 信号的血管壁以及血管周围组织，同"无信号"的血液之间形成对比而显示。所以,借此效应可以无损伤地显示人体心腔和血管,这是 CT 所不能比拟的。

目前常用 3 个扫描脉冲序列:自旋回波脉冲序列、反转回复脉冲序列和梯度回波脉冲序列。各个扫描序列的图像表明:MR 信号强度与 $T_1$ 弛豫时间呈反比,即 $T_1$ 值越长信号越弱(黑);MR 信号强度与 $T_2$ 弛豫时间呈正比,即 $T_2$ 值越长信号越强(白);只有自旋回波序列克服了静磁场不均匀性带来的弊端,能显示典型的 $T_2$ 加权图像,而 $T_2$ 信息是病理学最早最敏感的指标,所以该序列在临床中占了主宰地位;反转回复序列具有显著区分不同组织 $T_1$ 值的特性,不足之处是成像时间较长;梯度回波脉冲序列主要用于快速扫描,有效地缩短了数据采集时间,也可提供准 $T_1$ 与准 $T_2$ 像,但不够典型。

**(6) 立体定位和图像重建**

为使接收到的 MR 信号与器官组织的空间位置相对应,采用"空间编码"技术,即在原外强磁场上再叠加三个三维方向上(即沿 $x$、$y$、$z$ 轴)随空间位置改变而呈线性变化的梯度磁场。叠加上梯度场后,静磁场发生微小的变化,人体内处于不同空间位置的原子核,其共振频率微有不同;反之,依赖频率的差别,可标出具体像素的空间位置。应用 $x$、$y$、$z$ 三个方向上的梯度磁场可进行冠状、矢状和轴面层面选择。不但如此,在保持三个梯度磁场相互垂直的条件下,旋转梯度磁场可获得任意方向的断面图像。

图像重建是 MRI 的另一个重要阶段,它是个数学运算过程,将采集阶段获得的复合信号转换成图像。图像重建由计算机完成。有几种方法可用以重建 MR 图像,二维傅里叶转换是最常用的方法,其主要功能是将信号从时间域值转换成频率域值。MR 图像重建的过程中,傅里叶转换"翻译"频率与相位编码的信号成分,每个复合信号都经过傅里叶转换,整套复合信号及其位相特征结合起来,组成一排排像素,再转换成模拟灰度,显示器官组织及其病变的图像。

### 1.11.2.2 磁共振成像机的基本构成

MRI 的成像系统包括:①能产生静磁场、射频场和梯度场的磁体和电磁系统;②脉冲参数与成像方法选择组件;③数据采集、处理和图像贮存、显示系统。

磁体、梯度线圈、射频发射器及 MR 信号接收器等,负责 MR 信号的产生、探测与编码,称为 MR 设备。磁体用于产生成像所需的静磁场,有常导型、超导型和永磁型三种,直接关系到磁场强度、均匀度和稳定性,并影响 MRI 的图像质量。当前使用最多的是超导磁体系统。梯度磁场是由通电的梯度线圈产生的空间线形变化磁场,其磁场强度只有主磁场的几百分之一,但它为人体 MR 信号提供了空间定位的三维编码的可能,梯度场由 $x$、$y$、$z$ 三个梯度磁场线圈组成,并有驱动器管理以便在扫描过程中快速改变磁场的方向与强度,迅速完成三维编码。射频系统包括两个部分,即射频发射器和 MR 接收器。射频发射的时间、能量和脉冲形状由计算机控制。数据处理及图像显示部分，则与 CT 扫描装置相似。模拟转换器、计算机、磁盘与磁带机等，负责数据处理、图像重建、显示与贮存。

### 1.11.2.3 磁共振成像的应用和优缺点

**(1) 磁共振成像的优点**

能完成任意方向的成像检查；成像参数多（$T_1$ 和 $T_2$ 弛豫时间、自旋核密度、流空效应）；软组织分辨率高于 CT；图像无骨质伪影；安全，无放射性损伤。MRI 在神经系统应用较为成熟，脑组织显示得更清晰，三维成像和流空效应使病变定位诊断更为准确，并可观察病变与血管的关系。尤其对脑干、幕下区、枕骨大孔区、脊髓和椎间盘的显示明显优于 CT。

**(2) 磁共振成像的缺点**

MRI 设备昂贵，检查费用高，检查所需时间长，对骨质及钙化病灶的显示不如 CT，对眼球和眼睑运动所致的伪影还未完全克服。因此，磁共振成像还不能从根本上取代 CT。

### 1.11.2.4 磁共振频谱检查

磁共振频谱分析（magnetic resonance spectroscopy，MRS）是一种检测体内化学成分的无创性检查手段。磁共振医学应用包括影像显示（MRI）与生化代谢分析（MRS）两个方面，它们有类似的基本原理，但二者又存在着重要差别。MRI 主要显示组织器官的影像，MRS 主要提供化学组分的数据信息。MRI 的解剖定位是通过梯度磁场成像的，而 MRS 的目的不是获得影像，一般无需磁场梯度，它接收的是自由感应衰减信号。在人体将 MRI 与 MRS 检查相结合，在 MRI 图像的引导下，对特定区域进行 MRS 检查，除能得到组织器官或病灶的形态结构征象外，还可提供局部的生化信息。

原子核外有围绕核旋转的轨道电子，产生环形电流，进而形成一个较弱的磁场，使原子核局部磁场的强度发生改变。因此，在外磁场强度不变的情况下，相同原子核在不同分子中具有略不相同的共振频率（$f$），从而产生不同的 MR 波峰（peak），称"化学位移"（chemical shift）。化学位移（$\delta$）是相对于某个标准物质测量的，例如对氢质子，常用的标准物质是四甲基硅烷（CMS）。$\delta$ 值习惯上用百万分之一（ppm）来表示，其计算公式为：

$$\delta = (f_{试样} - f_{标准}) \times 10^6 / f_{标准}$$

根据这一特性，在频率谱内，可由化学位移产生的共振峰判断特定物质的代谢改变，由组织中的频谱峰面积反映组织中特定代谢的相对浓度。MRS 在 20 世纪 50 年代已用于研究物质的化学结构模式、生化过程和纯度等变化，以后又用于离体生物标本的分析，80 年代以后与 MRI 结合应用于活体研究。

开展 MRI 与局部 MRS 相结合的检查，MR 系统需要有强大且均匀的磁场（1.5～

2.0 T以上），磁场强度愈高，分辨能力愈高。当前，临床上开展的 MRI 引导下的 MRS 检查多用 $^1$H 和 $^{31}$P，其次还有 $^{23}$Na、$^{39}$K、$^{19}$F、$^{13}$C 等。

$^1$H MRS 能检测脂肪、氨基酸、酮体和乳酸等生物重要代谢物质。图 1-11-5 所示为活体鼠脑的 $^1$H 波谱，在缺血、缺氧和肌肉运动之后，乳酸盐的浓度迅速升高。因此，测定组织内乳酸盐的浓度是 $^1$H MRS 应用的一个重要领域。$^{31}$P MRS 主要用于能量代谢的研究，可查出一系列含磷的物质峰：主要有三磷酸腺苷（ATP）、磷酸肌酸（Pcr）和无机磷酸盐（Pi）等。由于 Pi 在波谱中的位置（即化学位移）依赖于 pH 的变动，根据 Pi 峰的位置可测定组织的 pH。ATP 是细胞的供能物质，Pcr 是一种高能贮备化合物，当 ATP 被消耗时，Pcr 可分解产生 ATP。细胞缺氧、缺血或坏死时，高能磷酸盐（ATP、Pcr）加速分解，同时产生高浓度的乳酸和无机磷酸盐（Pi），从而导致 pH 下降。$^{13}$C、$^{23}$Na、$^{39}$K 和 $^{19}$F 在活体内的自然丰度低，必须将外源性标记的化合物引入人体内，才能进行 MRS 检查。$^{13}$C MRS 用于研究葡萄糖无氧酵解过程及糖尿病等疾患，$^{23}$Na 和 $^{39}$K 的 MRS 则提供了观察组织内钾、钠调节的无创性手段，$^{19}$F 用于测定麻醉代谢及监测淋巴细胞的 pH。

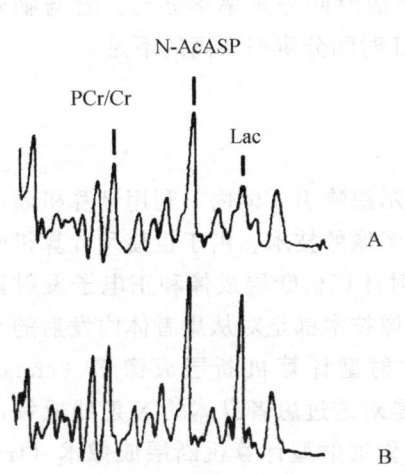
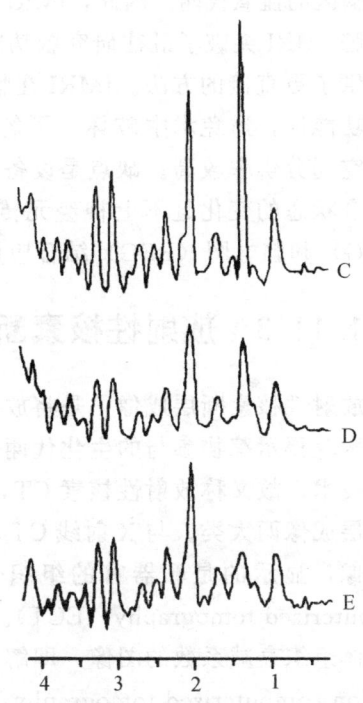

图 1-11-5　脑缺氧与恢复过程 $^1$H 磁共振波谱

本实验显示活鼠脑组织缺氧与恢复过程中乳酸盐的产生与清除，图中标出了磷酸肌酸与肌酸（PCr/Cr）、乙酰天冬氨酸（N-AcASP）、乳酸盐（Lac）的共振波谱。A. 正常供氧（含氧 25%）；B. 缺氧 5 min（含氧 4%）；C. 缺氧 17 min（含氧 4%）；D. 恢复期供氧 14 min（含氧 25%）；E. 供氧 41 min（含氧 25%）（隋邦森，1994）

### 1.11.2.5 功能性磁共振成像

功能性磁共振成像（functional magnetic resonance imaging，fMRI），是20世纪90年代以来在超快速扫描磁共振成像技术上发展起来的主要研究活体脑神经元活动状态的检查技术。借助超快速扫描技术，如回波平面成像（echo planar imaging，EPI）技术，可满足实时动态观察人体变化的要求。因此，可测量人脑在思维、视觉、听觉或局部肢体活动时，相应脑组织的血流量、血流速度及血氧含量等的变化，并将这些变化显示在MRI图像上。

脑fMRI观察的指标主要有血流量和血氧含量。脑内神经元在活动时，一般伴随着血流量的增加；脑内一些区域发生病变时，也常伴有血流量或血氧含量的改变。静脉注入顺磁性MR造影剂Gd-DTPA后行超快速扫描，可观察到特定脑区的血流量的变化；血液成分中，脱氧血红蛋白是顺磁性物质，氧合血红蛋白是逆磁性物质，顺磁性的脱氧血红蛋白可在血管周围产生内磁场，使周围组织的弛豫时间缩短，局部MR信号增强，借此可观察特定脑区的血氧代谢。因此，fMRI可观察人脑在某种活动时兴奋的脑区和网络。

脑fMRI突破了既往研究脑功能主要依靠动物实验的限制，为认识人脑的功能和解剖提供了更直接的方法。fMRI在临床上还用于脑肿瘤和癫痫患者手术前检查，识别重要脑功能区，避免术中破坏；了解卒中偏瘫患者脑的恢复等。fMRI的优点是无损伤性，空间分辨率较高。缺点是设备比较昂贵，结果统计分析相当复杂；由于脑血流量和血氧合状态的变化赶不上神经元传递信号的速度，故时间分辨率不够高。若与脑磁图（MEG）和脑电图（EEG）结合应用，可弥补fMRI时间分辨率不高的不足。

## 1.11.3 放射性核素断层成像

放射性核素断层成像，是将放射性核素标记的示踪物引入体内，利用计算机断层成像技术获得示踪物参与的生化代谢信息的动态变化图像的技术。由于也使用计算机断层成像技术，故又称放射性核素CT，包括单光子发射计算机断层成像和正电子发射计算机断层成像两大类。与X射线CT不同，这两种成像技术都是对从患者体内发射的γ射线成像，显示的是靶器官的组织化学图像，称发射型计算机断层成像术（emission computerized tomography，ECT）。而X射线CT是对透过患者身体的X射线成像，得到人体组织衰减系数的图像，即解剖结构，所以也称透射型计算机断层成像术（transmission computerized tomography，TCT）。放射性核素断层成像的分辨率和解剖定位不如CT和MRI，但在功能诊断方面有其独特的优点，属于功能性成像。利用它可无创伤地观察放射性药物在活体中循环、扩散、聚集、排出的过程，得到药物分子分布的图像，提供关于机体代谢的、生理的、功能方面的信息。由于疾病一般先表现在生理、功能方面的变化，然后才出现脏器形态的改变，所以放射性核素断层成像方法还有助于疾病的早期诊断。

### 1.11.3.1 单光子发射计算机断层成像

单光子发射计算机断层成像（single photon emission computerized tomography, SPECT）的基本原理是，将衰变时可释放出γ光子的放射性核素标记的化合物引入人体，利用探测器在体外旋转，从不同方位多次探测被检测部位释放出来的γ光子，再经计算机辅助重建断层图像。SPECT 在脑研究中，主要用来测量某些疾病状态时局部脑区血流量的变化，进而反映脑功能和代谢的图像，有利于疾病的早期诊断，并可评价药物和手术治疗的疗效。SPECT 常用的脑显像示踪剂有 $^{99m}$Tc-HMPAO（$^{99m}$锝-6-甲基丙烯肟）、$^{99m}$Tc-ECD（$^{99m}$锝-双半胱乙酯）和 $^{123}$I-IMP（$^{123}$碘-代苯异丙胺），这些脑显像剂能通过血脑屏障被神经元摄取，其进入神经元的量与脑血流量成正比。

### 1.11.3.2 正电子发射计算机断层成像

正电子发射计算机断层成像（positron emission tomography, PET）在原理上与 SPECT 有许多相似之处，但 PET 使用的放射性核素是正电子发射型，半衰期很短，由价格昂贵的回旋加速器产生；而 SPECT 使用的放射性核素是γ光子发射型，半衰期长，无需回旋加速器产生，价格较低廉。PET 在灵敏度、分辨力、衰减校正等方面均有其优越性，图像质量也比 SPECT 高。由于价格昂贵，PET 目前数量较少。PET 系统工作流程如图 1-11-6。

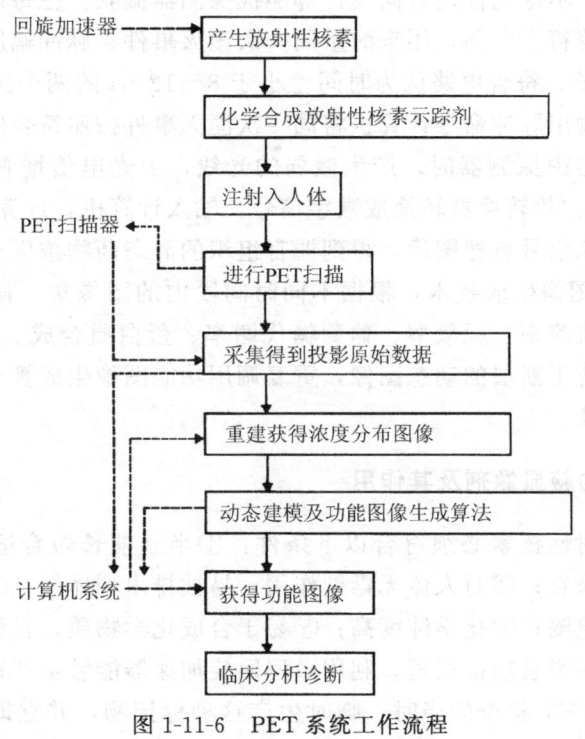

图 1-11-6 PET 系统工作流程

（康晓东，2000）

PET 常用的放射性核素有 $^{11}$C、$^{13}$N、$^{15}$O 等，由于没有发射正电子的氢核，所以一般用 $^{18}$F 来替代氢，因为 $^{18}$F 有较强的碳氧结合键，而 F 原子大小和氧原子相近，不致引起空间结构的明显变化。由于这些放射性核素可以用来标记一大批具有生物活性的化合物，例如，代谢产物、药物受体结合物和神经递质等，这些标记的生物活性物质可直接参与生物化学和生理活动过程，而不干扰和改变它的化学和代谢过程的性质，故能够定量测定人体内物质代谢、局部血流量、受体密度等生理生化改变。PET 的敏感度极高，是 MRI 的 100 万倍。在疾病早期，CT 和 MRI 等其他影像学方法未见形态学异常时，PET 即可发现病变。

**(1) PET 的基本成像原理**

原子核内的质子带正电，核外电子带负电，一般情况下，原子的质子数与电子数相等，原子处于稳定状态；能发射正电子的放射性核素原子核内的质子数比核外电子数多一个，原子处于非稳定状态，此时原子核会以放射性衰变的形式释放出一个正电子重新达到稳定。正电子质量与电子相同，但带有一个单位的正电荷。将能发射正电子的放射性核素标记的化合物引入体内，化合物及放射性核素有选择地分布于特定区域，放射性核素在衰变过程中发射正电子，它在组织中可移动数毫米，当与周围组织中的电子相碰撞时发生湮灭，电荷抵消，产生一对能量各为 511 keV 的 γ 光子，根据动量守恒定律，这两个光子成 180°的角度向两个相反的方向发射。

PET 用符合计数法测湮灭光子。典型的 PET 采用许多模件拼装成环形探测器，处在环平面内的 γ 光子不论朝任何方向飞行都能被探测器截获。在每两个方向相反的探测器模件之间都连接着符合电路，用来测量同一次湮灭事件。脉冲幅度分析器筛选出能量为 511 keV 的 γ 光子，符合电路认为时间差小于 8～12 ns 的两个脉冲来自同一次湮灭事件。符合电路的输出脉冲命令计算机将同一次湮灭事件按照符合线记录到存贮器中。

当 γ 射线光子击中探测器时，产生微弱的光线，由光电倍增管接收并转化成电信号，这些电信号经模/数转换器转换成数字信号，输入计算机，计算机计算后，再经数/模转换器转换成模拟信号重建图像，得到器官组织的静态药物浓度分布图像，再用基于 PET 的计算机功能图像生成技术，根据不同时间段内的图像集，得到器官组织的时间动态图像。例如，血流率、耗氧率、葡萄糖代谢率、蛋白质合成、神经元作用等图像。若综合器官组织的若干断层的动态图像，重复调用功能图像生成算法，最终可得到一幅三维的动态功能图像。

**(2) PET 使用的脑显像剂及其作用**

用于人体的放射性核素必须符合以下条件：①半衰期长短合适，太长了对人体有害，太短了来不及检查；②对人体无毒副作用，易被排出到体外；③衰变产生的射线能量合适，可被体外检测；④化学纯度高；⑤易于合成化学物质，且稳定性好。能发射正电子的放射性核素的半衰期都很短，利用微型回旋加速器能够生产这类放射性核素，但必须在受试者接受 PET 检查的当时，临时生产这种标记物，并立即使用。这就要求在同一建筑物内，同时装备 PET 系统和回旋加速器，设备费十分昂贵。

PET 使用的放射性核素标记的脑显像剂大致可分为脑血流灌注显像剂、脑代谢显像剂和脑受体显像剂三种。$^{15}$O 标记的氧气或放射性水属于脑血流灌注显像剂，可测定脑血流量、耗氧量以及氧摄取率等脑循环的指标。PET 显示局部血流量超过代谢需求量者，提示脑血管已有早期调节功能障碍或说明梗死后侧支循环加强，PET 测定局部氧代谢率高而利用系数低者，表示组织可能存活；而氧代谢率低下者，组织存活希望很小。

脑代谢显像剂主要有 $^{18}$F 标记脱氧葡萄糖（$^{18}$F-FDG）和 $^{11}$C 标记蛋氨酸、$^{18}$F 标记苯丙氨酸等。$^{18}$F-FDP 用以测定脑葡萄糖消耗量，是 PET 应用最广泛的示踪剂。大脑所依靠的最基本的能源物质是葡萄糖，它的糖原贮存极少，仅够维持几分钟正常活动，所以脑组织主要靠循环血液不断供给葡萄糖。$^{18}$F-FDP 是葡萄糖的同分异构体，与葡萄糖一样，通过血脑屏障进入脑内被己糖激酶磷酸化，但其代谢产物却不能进一步再代谢，也不能跨出细胞膜，因此在神经元内积累起来，蓄积时间可达 45 min 以上，这段时间可供 PET 测量其放射性。葡萄糖消耗量的多寡，反映神经元代谢水平的高低，进而反映它们是处于激活状态还是处于静息状态。$^{11}$C 标记蛋氨酸和 $^{18}$F 标记苯丙氨酸可用来测定氨基酸的代谢。

脑受体显像剂是体内研究脑功能的重要突破。脑的神经活动通过递质传递信息。应用放射性标记配体与脑内神经递质受体结合，从体外显示脑内受体的分布、活性和密度，测量内源性神经递质的释放速率，使从分子水平揭示思维、意识、心理和情绪等人类高级神经活动成为可能。目前已用于神经受体显像的标记配体有多巴胺 $D_2$ 受体显像剂 $^{11}$C 甲基螺环哌啶酮（$^{11}$C-NMSP）和阿片受体显像剂 4-碳-甲氨基芬太尼（$^{11}$C-calfentanil）等，更多的脑受体显像剂正在研究之中。

**(3) PET 检查的优缺点**

1) PET 的优点：在疾病诊断方面，PET 发现病变往往早于 CT 和 MRI，有利于脑肿瘤、癫痫、脑血管病及衰老和痴呆等疾病的早期发现和早期诊断。在脑功能研究方面，功能性磁共振成像（fMRI）只能以脑血流量和耗氧量为观察指标推断局部脑区是否被激活，而 PET 有脑血流量、耗氧量、葡萄糖消耗量、氨基酸的代谢等多种观察指标，而且 PET 还可研究特定神经递质的分布及其与相关脑功能的关系。

2) PET 的主要缺点：①价格昂贵，管理回旋加速器及标记放射性药物运行复杂；②PET 的空间分辨率和组织对比度差，解剖结构和标志显示不清，难以定位，理想的办法是与结构显像技术 CT、MRI 等联合应用；③在研究精神活动方面，与 fMRI 相似，PET 的时间分辨率赶不上神经元传递信号的速度，若与脑磁图（MEG）或脑电图（EEG）联合使用可弥补此不足；④PET 属于有射线技术，对人体有一定损伤。

## 1.11.4 超声成像

超声成像始于 20 世纪 50 年代后期，在 80 年代得到了迅速发展，是一种利用超声的物理特性和人体器官组织的声学性质差异来显示记录器官组织断面图像的新型非创伤性医学影像学技术。

　　声波是物体机械振动在弹性介质内的传播，属于机械波。超声是人耳听不到的声波，频率在 20 000 Hz 以上，用于医学上的超声频率一般为 2.5～10 MHz。超声的传播需要介质，其速度因介质不同而异，在固体中最快，液体中次之，气体中最慢。超声在介质中以直线传播，有良好的指向性，这是可以用超声对人体器官进行探测的基础。介质有一定的声阻抗，当超声传经两种不同声阻抗的相邻介质的交界面时，如果声阻抗差大于 0.1%，而界面又明显大于波长，一部分能量返回第一种介质称为反射；而另一部分声能穿越界面进入第二种介质继续传播称为透射；如果入射到界面上的声束与界面不垂直，则透射过界面的声束方向会发生改变，称为折射。如遇到另一个界面再产生反射和透射，直至声能耗竭为止。界面反射是超声诊断的主要基础，如果没有界面反射就得不到所需的诊断信息。反射回来的超声为回声。声阻抗差越大，则反射越强。如果界面比波长小，则发生散射。超声在介质中传播，由于介质的黏滞性和导热性的影响，会使声能发生损耗，声波的振幅随传播的距离增加逐渐减弱，称为衰减。

　　超声还有多普勒效应（Doppler effect），当声源与接收器之间存在着相对运动时，接收器收到的声波频率比声源发出的频率要高；反之，当声源与接收器背向运动时，接收器收到的声波频率比声源发出的频率要低，这一现象称为多普勒效应，这一效应可提供心脏和大血管内血流的时空信息。

　　人体结构对超声而言是一个复杂的介质，各种器官与组织，包括病理组织都有它特定的声阻抗和衰减特性，因而构成声阻抗上的差别和衰减上的差异。超声射入体内，由表面到深部，将经过不同声阻抗和不同衰减特性的器官与组织，从而产生不同的反射与衰减。反射回来的声波被探头接收，探头内的压电晶片借助正压电效应，将接收到的声波能量转化为电信号，这些电信号再经复杂的处理，用明暗不同的光点依次显示在荧光屏上，则可显示出人体的断面超声图像。

　　颅脑超声检查是超声诊断最早应用于临床的领域之一。由于颅骨对超声波的强烈衰减，超声难以穿透颅骨，使成人颅脑超声应用受到一定限制。近年来，随着超声仪器的不断发展，成人颅脑超声诊断取得可喜的进步，经颅多普勒超声（TCD）可测定颅内血流动力学指标，如血流加速度、动脉指数、血管管径，判断生理上的供氧情况、闭锁能力、血管粥样硬化等，为脑血管疾病的诊断提供有价值的依据。成人颅脑超声检查的另一重要方法是术中硬脑膜外探测，它能清楚显示脑内结构和占位性病变，为选择最佳手术入路提供帮助。对婴幼儿，尤其是 2 岁以内的婴幼儿，由于颅骨薄、钙化轻以及囟门区未闭，可用高频探头探查获取脑超声图像，脑内细微解剖结构清楚，所以对该年龄段婴幼儿，超声可作为首选的脑成像方法。

　　超声成像的优点是无创伤、无射线、成像快，可获得器官的任意断面图像，无痛苦与危险，与 CT 或 MRI 相比价格低廉。不足之处是图像的对比分辨率和空间分辨率不如 CT 和 MRI 高，因而在图像质量上远不如 CT 和 MRI 清晰。

（李　辉　李云庆）

## 参 考 文 献

韩济生. 1999. 神经科学原理. 第2版. 北京：北京医科大学出版社
黄其鎏，曾行德. 1998. 实用医学影像诊断手册. 北京：人民军医出版社
康晓东. 2000. 现代医学影像技术. 天津：天津科技翻译出版公司
鲁树坤. 1998. 现代超声诊断学. 长沙：湖南科学技术出版社
隋邦森，吴恩惠，陈雁冰. 1994. 磁共振诊断学. 北京：人民卫生出版社
万选才，杨天祝，徐承焘. 1998. 现代神经生物学. 北京：北京医科大学、中国协和医科大学联合出版社
吴恩惠. 1995. 影像诊断学. 第3版. 北京：人民卫生出版社
于三新. 1997. 功能诊断学. 北京：人民卫生出版社

# 2 神经生物学实验与示教

## 2.1 神经生理学实验

### 2.1.1 家兔外周神经干复合动作电位记录

神经干由许多直径不同、兴奋性不同和传导速度不同的神经纤维组成。对神经干施加最大刺激而使神经干中全部神经纤维兴奋时，可用粗电极记录到由不同纤维的动作电位共同组成的复合动作电位。当刺激电极与记录电极之间的距离足够大时，可以分辨出一系列在时间上先后不同的波峰。

**(1) 目的**

1) 复合动作电位（CAP）记录过程。
2) 刺激参数的记录与描述。
3) 辨认刺激伪迹与生物信号。
4) 识别与区分 CAP 波形。
5) 记录与测量 CAP 参数。

**(2) 步骤**

1) 麻醉：选择健康成年家兔，经耳缘静脉注射 4% 戊巴比妥钠（1 ml/kg 体重），待动物麻醉后固定。
2) 手术：按常规手术方法进行颈部手术，暴露出气管，行气管插管，必要时进行人工呼吸。然后分离一侧腓神经、坐骨神经，分别安放刺激电极和记录电极。
3) 调整仪器：
a. 刺激器：延迟 1 ms；波宽 0.3~0.5 ms；频率 2~5 Hz；强度根据需要调节。
b. 诱发反应记录仪：灵敏度 100~200 $\mu$V/cm；高频衰减 1 kHz；低频衰减 2 Hz；扫描速度 20 ms/cm；叠加次数 32；实验中可随时根据情况进行调整。

4) 实验观察：

a. 记录复合动作电位：由弱渐强调节刺激强度，观察复合动作电位各波的变化。在最大刺激强度下，记录复合动作电位波形。

"刺激强度"一般包括两种含义：一是刺激参数（绝对强度尺度）本身；二是用生物学指标指示的刺激效应（相对强度尺度或生物标准）。

在电生理实验中，我们常用生物标准来表示刺激强度，即用刺激所引起的生物效应作为刺激强度的相对尺度，通常以引起刚可发现的（电）生理反应定为 1 T，用以表示相对的生物阈值。更强的强度即以 1 T 的位数表示。

如果把外周神经干中的 Aα 纤维的出现为 1 T，调节刺激强度，观察 Aβ、Aγ 和 C 纤维的 T 值为多少？

b. 测量复合动作电位中各波的参数：

潜伏期：首先分辨清楚刺激伪迹与动作电位波形，然后根据示波器的时间基线计算出从刺激伪迹到该波起始点之间的时间，即为潜伏期。亦可计算出从刺激伪迹到该波峰顶之间的时间，称峰-峰潜伏期。

振幅：自该波起始点到最高顶点之间的幅度，即振幅。

持续期：根据示波器上的时间基线，计算出从该波起始点至终止点之间的时间，即持续期。

**(3) 结果示例**（图 2-1-1）

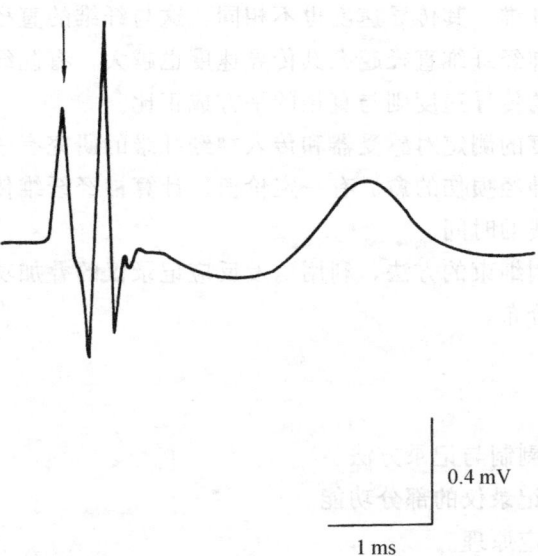

图 2-1-1  大鼠外周神经干复合动作电位的记录

(Tsuruoka et al., 1990)

## 思 考 题

1. 如何描述电生理实验中所记录到的波形?
2. 为了准确无误地计算出各波的潜伏期、振幅和持续期,实验中需注意哪些问题?

(赵兰峰)

### 参 考 文 献

陈宜张. 1983. 神经系统电生理学. 北京:人民卫生出版社,49~52
吕国蔚,梁荣照,谢竞强等. 1979. "足三里"针刺镇痛效应外周传入神经纤维的分析. 中国科学,5:495~503
勃雷兹尔. 1984. 神经系统的电活动. 北京:科学出版社,30~47
日本生理学会. 1980. 生理学实习. 北京:人民卫生出版社,192~193
Tsuruoka M, Li QJ, Matsui A, et al. 1990. Inhibition of nociceptire responses of wide-dynamic-range nearons by periphera nerve stimulation. Brain Research Bulletin, 25:387~392

## 2.1.2 家兔后肢传入神经纤维速度谱

不同种类的神经纤维,其传导速度也不相同,这与纤维的直径、髓鞘的厚度及温度等有密切关系。通常神经纤维直径越大其传导速度也越大,有髓纤维的传导速度与直径成正比,而无髓纤维的传导速度则与直径的平方成正比。

神经纤维传导速度的测定对感受器和传入神经纤维的研究有一定的意义,对神经纤维疾患的诊断和估计神经损伤的愈后有一定价值。计算神经纤维传导速度需测定神经冲动所经过的路程和耗费的时间。

本实验是通过剥制细束的方法,利用诱发反应记录仪的叠加功能测定各类神经纤维的传导速度及其数量分布。

**(1) 目的**

1) 了解神经细束剥制与记录方法。
2) 了解诱发反应记录仪的部分功能。
3) 讨论速度谱测定原理。
4) 绘制后根传入纤维速度谱。

**(2) 步骤**

1) 暴露后根:动物以 20%乌拉坦(1 g/kg 体重)静脉麻醉后,腹位固定于兔板上,切开腰 6 至骶 1 处的皮肤,剪开棘突暴露出突间肌肉,钻开椎骨板,暴露出脊髓,充分止血后，撕开硬脊膜可见后根及其根丝。做颈外静脉插管和气管插管，暴露一侧腓神经并将该侧胫神经剪断。

2) 剥制细束：以所暴露的脊髓为中心，用皮肤做成油槽，充以 37℃ 液体石蜡。经静脉插管注入肌松剂，并施以人工呼吸。以游丝镊子在暴露腓神经的同侧腰 6 骶 1 后根根丝上，纵行剥离细束。一般每一根丝可分出 3 或 4 束。将已剥制出的后根细束绕于直径 100 μm 的铂金丝引导电极上。

3) 记录放电：将刺激电极置于腓神经，由刺激器给予 4 次/s、20 V、波宽 0.03 ms 的方波电脉冲诱发腓神经的传入纤维单位放电。将该电位同时输入诱发反应记录仪。以 50 μs 的单位时间叠加 256 次后，读取刺激伪迹（a）和诱发电位（e）的地址数，并记下放电单位的幅度。随后将计算机功能开关置于"记忆"档，并使刺激电压由 20 V 渐降至 0 V，观察并记录在此过程中，单位放电幅度突然变低的次数和幅值。

4) 计测速度谱：在有关后根细束全部剥完并记录完毕后，测量有效刺激电极至记录电极的实际距离（D）。依 $V=D/t$，即 $V=D$（e 地址－a 地址）× 地址时间，计算每一放电单位的传导速度（V）；依刺激电压改变过程中诱发放电幅度"跳变"的次数计算同一速度的放电单位的单位数，以单位数对传导速度作图得出速度谱。

**(3) 结果示例**（图 2-1-2）

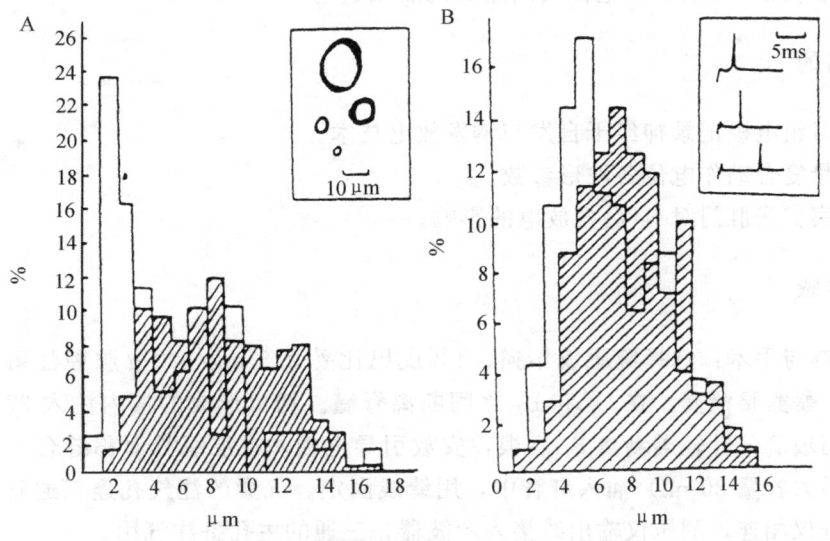

图 2-1-2　穴位与非穴位的传入纤维谱
A. 直径谱：斜纹区，穴位；空心区，非穴位；B. 速度谱：斜纹区，穴位；空心区，非穴位（Lu，1983）

## 思 考 题

1. 如何判定神经纤维的类别？
2. 如何测出各类纤维的数目？
3. 如何证明速度谱测定的可靠性？

(王永宁　赵兰峰)

### 参 考 文 献

吕国蔚，王齐琳，王永宁. 1982. 一个应用计算机测定神经纤维速度谱的实验技术. 北京生物医学工程，(1)：17~22

吕国蔚，王永宁，王齐琳. 1981. "足三里"穴针刺镇痛点的传入纤维速度谱. 动物学报，27：15~21

## 2.1.3　扩张肛门对猫骶神经后根放电的影响

神经动作电位是神经兴奋的标志。由于第二骶神经（$S_2$）后根纤维是盆底肌肉及肛周组织中感觉神经末梢的传入神经，所以当这些感受器受到刺激时，在 $S_2$ 后根上可记录到由不同神经纤维的动作电位共同组成的后根放电。

**(1) 目的**

1) 学习粗电极记录神经干自发与诱发放电技术。
2) 测量复合动作电位各波形参数。
3) 观察扩张肛门对 $S_2$ 后根放电的影响。

**(2) 步骤**

1) 麻醉与手术：选择健康成年猫，4%戊巴比妥 3.5 mg/100 g 腹腔注射。切除猫腰骶椎板，暴露腰骶髓，在 $L_1$ 和 $L_2$ 之间断离脊髓。切口形成的槽内注入 37℃ 的石蜡油。然后用玻璃分针轻柔剥离 $S_2$ 后根，安放引导电极。在肛缘处对称缝合 4 针，将扩张气囊（最大容量 30 ml）插入肛管中，用缝线固定。气囊的注气孔连三通管，三通的侧孔与测压仪相连，测压仪输出线接入示波器，三通的主孔备注气用。

2) 调整仪器：示波器扫描速度：2 s/cm；放大器：灵敏度 10 μV/cm，滤波频率 50 Hz。压力放大器：灵敏度 0.5 V/cm，直流输入。

3) 观察指标：

a. 自发放电：在未刺激肛门状态下，观察记录后根电位的幅度、波形和频率。

b. 摩擦肛管诱发放电：轻柔转动肛管内的扩张管，记录后根电位的幅度、波形和频率变化。

c. 扩肛门诱发放电：首先向气囊内注入 5 ml 气体，记录扩张后 20 s 内后根放电特征，然后放气。依此类推，分别注气 10 ml、15 ml、20 ml、25 ml 和 30 ml。最后画出不同扩张程度下，扩张后 1 s 内，2 s 内……至第 20 s 内 $S_2$ 后根放电的频率变化曲线。

**(3) 结果示例**（图 2-1-3）

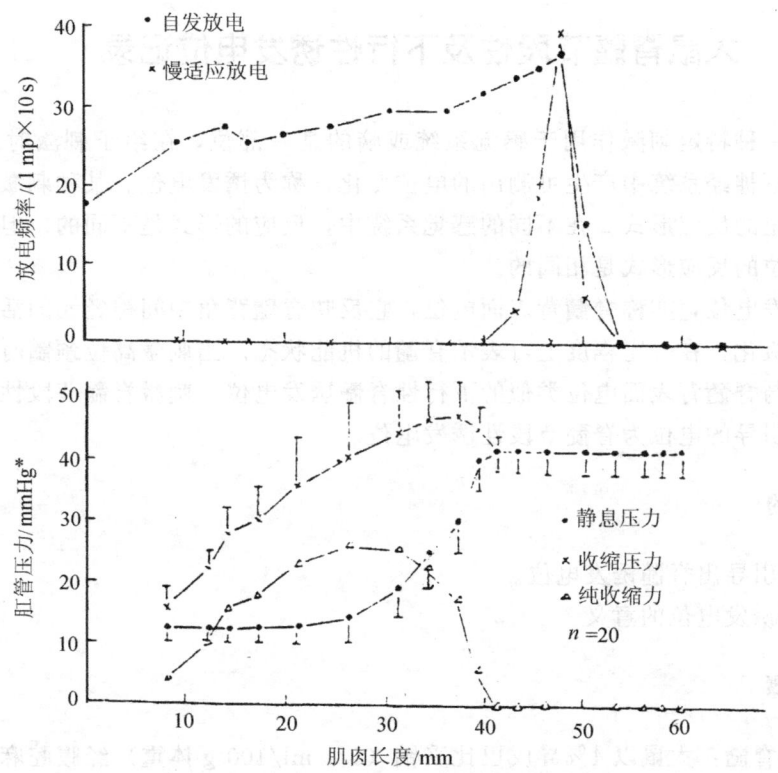

图 2-1-3　肛门外括约肌牵拉长度与 $S_2$ 后根放电频率和肛管压力变化的关系
　　肌肉长度 0 为 100%，10 mm 为 165%，20 mm 为 230%，30 mm 为 295%，40 mm 为 360%，50 mm 为 490%；＊1 mmHg＝0.133 kPa（李龙等，1995）

## 思　考　题

1. 摩擦和扩张肛门时，$S_2$ 后根记录的放电是否相同？为什么？
2. 不同程度地扩张肛门时，$S_2$ 后根放电变化趋势如何？为什么？

（李　龙　李菁锦）

### 参考文献

李龙，张金哲，吕国蔚等. 1995. 张力-应力定律对肛门外括约肌损伤和生长发育的影响. 中华外科杂志，33（2）：123～126

Chennells M, Floyol WF. 1960. Muscle spindles in the extennal anal sphincrer of the cat. J Physiol, 151: 239

Dubvovsky B, Martinez-Gomez M. 1985. Spinal connol of pelvie floor muscles. J Exp Neurol, 88: 277

Todd JK. 1963. Afferent impulses in the fudendul nerve of the cat. Q J Exp Physiol, 49: 258

## 2.1.4 大鼠脊髓节段性及下行性诱发电位记录

外加的一种特定刺激作用于感觉系统或脑的某一部位，在给予刺激时或除去刺激时，引起中枢神经系统中产生可测出的电位变化，称为诱发电位。某种刺激所引起的诱发电位有一定的反应形式。在不同的感觉系统中，反应的形式是不同的。但在同一系统中，诱发电位的反应形式是相同的。

脊髓诱发电位，亦称脊髓背表面电位，它反映脊髓背角中间神经元的活动和初级传入末梢的去极化，在一定程度上可表示脊髓的机能状态。当刺激高位颈髓时，可在腰膨大处记录到与脊髓背表面电位类似的下行性脊髓诱发电位。刺激脊髓节段性传入神经在脊髓背表面引导的电位为脊髓节段性诱发电位。

**(1) 目的**

1）准确引导出脊髓诱发电位。
2）理解诱发电位的意义。

**(2) 步骤**

1）暴露脊髓：大鼠以4％异戊巴比妥钠（0.1 ml/100 g体重）经腹腔麻醉后，腹位固定在手术台上。做气管插管。切开$C_1$～$C_2$及$L_1$～$L_5$处皮肤，剪开棘突两侧的筋膜及肌肉，撬开椎板，暴露脊髓，并暴露一侧腓神经。

2）记录诱发电位：用0.1％箭毒制动并施以人工呼吸，在分离的腓神经上安放刺激电极，经隔离器给予波宽0.3 ms、频率2 Hz、强度4～8 V的方波电脉冲刺激。在刺激同侧的腰部脊髓背索用直径0.3 mm的银球电极记录脊髓诱发电位。以诱发电位波幅最大处为记录点，做单极引导。

3）以同质的刺激电极、同样的电脉冲于硬膜外刺激$C_2$脊髓背表面，在腰髓处寻找出现最大负波的部位。此时$C_2$的刺激点定为高位颈髓刺激点。在腰髓处记录到的电位即下行性脊髓诱发电位。

4）观察诱发电位：①正常诱发电位波形；②下行性脊髓诱发电位；③改变刺激频率或刺激强度观察诱发电位的变化。

**(3) 结果示例**（图 2-1-4）

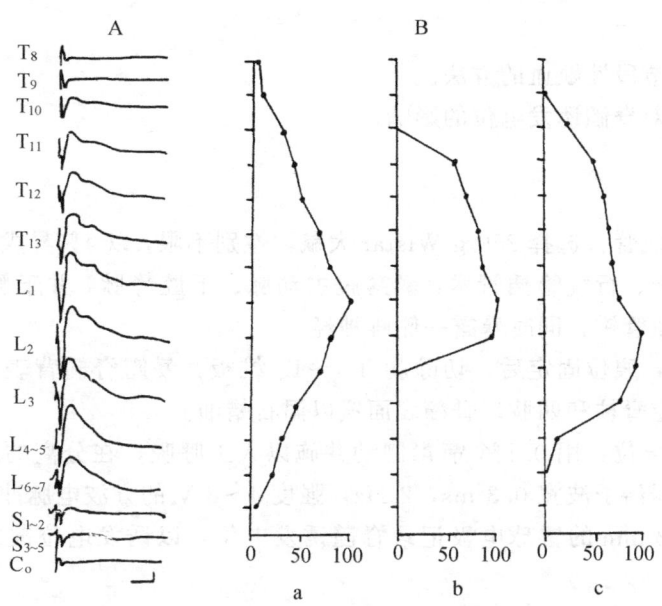

图 2-1-4 下行性场电位 dSFP 图纵行分布

A. 自上而下示 $T_8 \sim C_0$ 背表面记录的 dSFP；B. 纵坐标与 A 的脊髓节段相对应；横坐标百分比以各波的峰值为 100%，a、b、c 分别代表 $N'$ 波、$P'$ 凹陷、$P'$ 波。校正（A）：500 μV、50 ms（赵柏羽和吕国蔚，1985）

## 思 考 题

1. 如何区别诱发反应与自发反应？
2. 脊髓背表面电位与下行性脊髓诱发电位的波形有无区别？

（王永宁 李菁锦）

### 参 考 文 献

王永宁，吕国蔚. 1986. 脊髓节段性缺血对脊髓诱发电位的影响. 中华神经外科杂志，2：209~212

赵柏羽，吕国蔚. 1985. 刺激大鼠高位颈髓诱发的下行性脊髓场电位. 北京第二医学院报，6：117~123

## 2.1.5 脊髓节段性缺血时脊髓诱发电位的变化

动物和人的脊髓表面电位的波形基本相同，均由起始的一个快正波（A 波）、随后的一负一正的慢波（N 波、P 波）组成。A-N-P 波分别反映初级传入脊髓内末梢的传入排放，背角中间神经元活动和初级传入去极化。

国外对脊髓诱发电位的实验研究发展很快，已应用于临床。本实验观察脊髓节段性缺血过程中脊髓诱发电位的变化。

**(1) 目的**

1) 了解脊髓节段性缺血的方法。
2) 观察缺血对脊髓诱发电位的影响。

**(2) 步骤**

1) 暴露腹腔血管：选择 250 g Wistar 大鼠，性别不限，以 4% 异戊巴比妥钠经腹腔麻醉后，背位固定、行气管插管术，暴露腹主动脉、下腔静脉，并于侧腹壁做约 5 cm 长的切口，放置血管钳，同时暴露一侧腓神经。

2) 暴露脊髓：腹位固定后，切除胸 $T_{12}$～$L_4$ 椎板，暴露脊髓背表面，并将动物移置定位仪内，固定脊柱和四肢。脊髓表面覆以温石蜡油。

3) 记录诱发电位：用 0.1% 箭毒制动并施以人工呼吸，在分离的腓神经上安放刺激电极，经隔离器给予波宽 0.3 ms，2 Hz，强度 4～8 V 的方波电脉冲刺激，在刺激同侧腰髓用直径 0.3 mm 的银球电极记录脊髓诱发电位，以诱发电位波幅最大处为记录点，做单极引导。

4) 观察脊髓节段性缺血前后的电位变化：观察完全夹闭腹主动脉、下腔静脉（夹闭点定于第二腰动脉下方 0.5 cm 处）前后脊髓诱发电位的变化，每 5 min 重复一次，15 min 后去除夹闭钳，仍每隔 5 min 记录一次。

**(3) 结果示例**（图 2-1-5）

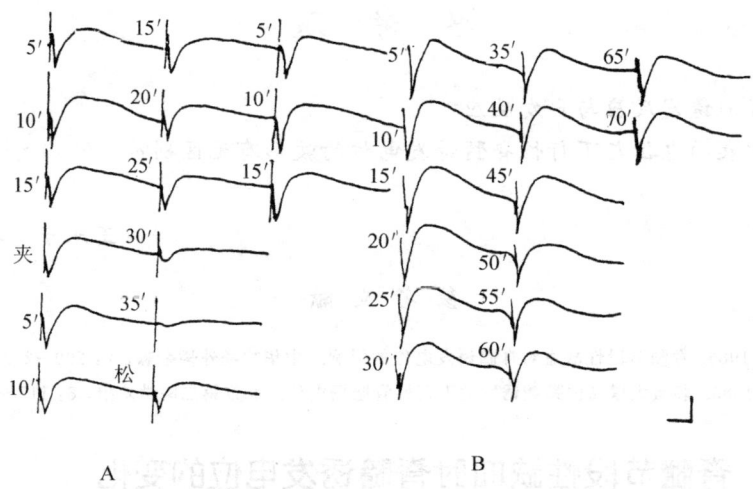

图 2-1-5　脊髓节段性缺血后脊髓背表面电位的变化

A. 夹闭第 2 腰动脉下方腹主动脉和下腔静脉后脊髓背表面电位的变化；B. 未夹闭血管的脊髓背表面电位。每 5 min 记录一次，夹前 5 min、10 min、15 min 为前对照。夹闭持续 35 min，松后 5 min、10 min、15 min 为去夹闭钳后诱发电位恢复情况。校正：20 ms；250 μV（王永宁和吕国蔚，1986）

## 思 考 题

1. 脊髓诱发电位各波分别代表何种成分的活动？
2. 节段性缺血对脊髓诱发电位有什么影响？

（王永宁  李菁锦）

### 参 考 文 献

吕国蔚,于昌. 1986. 大鼠脊髓背表面电位起源的分析. 科学通报, 22: 1742~1745
王永宁,吕国蔚. 1986. 脊髓节段性缺血对诱发电位的影响. 中华神经外科杂志, 2: 209~212
于昌,吕国蔚. 1985. 脊髓分级压迫对大鼠脊髓诱发电位的影响. 北京第二医学院学报, 6: 171~178

## 2.1.6 家兔大脑皮质体感诱发电位记录

诱发性脑电变化是与"自发"的脑电活动相对而言的。在研究中枢神经系统的生理活动时,除观察"自发"的电位变化外,往往需对外加刺激引起的诱发电位变化进行研究。

刺激感觉系统的任何一个部位,在大脑皮质的某个区域引起的电位变化,称感觉性诱发电位。它包括视觉诱发电位、听觉诱发电位及体感诱发电位。由于诱发电位是在"自发"电活动的基础上发生的,因此往往两种电位变化同时存在于记录中。诱发反应记录仪可显示有一定潜伏期与波形的诱发电位。

皮质体感诱发电位主要分两大部分："初发反应",亦称"主反应",其潜伏期较短、幅度较低,波形呈先正后负的电位变化;在主反应之后是一个潜伏期较长、幅度较高的正电位变化的"次发反应",亦称"次反应"。有时在出现主反应或次反应之后,还会出现后发放或缓慢的电位变化。

**(1) 目的**

1) 观察大脑皮质体感诱发电位（SEP）的记录过程。
2) 辨认大脑皮质自发电位与诱发电位。
3) 识别与区分 SEP 各波形。
4) 记录与测量 SEP 各参数。

**(2) 步骤**

1) 麻醉：选择健康成年家兔,经耳缘静脉注射 4% 戊巴比妥钠（1 ml/kg 体重）,待动物麻醉后固定。
2) 手术：

a. 选定记录部位：头顶部正中切开皮肤,暴露颅骨。在顶骨矢状缝左侧旁开 0.3 cm,冠状缝后 0.5 cm 处安放一个针形记录电极,在距记录电极 2~3 cm 处安放一个针形参考电极,分别用牙托粉固定。

b. 按常规手术方法行气管插管术，暴露右侧腓神经，安放刺激电极。

c. 将气管插管的一端与人工呼吸机相连，经耳缘静脉注入1%筒箭毒（0.1 ml/kg体重）制动，进行人工呼吸。

d. 诱发反应记录仪开机预热5 min。①按ERASE键清除幕上的波形。②按CHANNET SELECT 1键及2键，选择所使用的输入通道。③按ELEC和MANNUL程序选择键，选择调整参数。灵敏度：200 μV/每小格；高频衰减：1 kHz；低频衰减：2 Hz；扫描时间：20 ms/每小格；叠加次数：32次。实验中可随时根据情况进行调整。

e. 实验观察：①按MON键，此时屏幕上显示监视的输入波形，即自发脑电活动。②按STIM START键，选择刺激触发扫描状态。③按ANALYSIS START键，如果刺激触发选择为内触发时，则即刻开始叠加。如果选择外触发，则需按刺激器的触发开关。④叠加完毕，按STORE键保留，在贮存该电位前后或叠加期间均可随时按POSITION的↑或↓键，及SENS键，调整基线位置及电位幅度。

f. 测量SEP各参数：

潜伏期：按LATENCY CURSOR开关键，将屏幕上显示出两条纵向游标，分别移至待测定的两点（伪迹及待测波的波峰），两条游标之间所经历的时间即为潜伏期数值。如果需测定多个潜伏期，则按RESET键，这时在屏幕的右下方呈现一标记，说明该数值已被贮存。最多可贮存4个数据。

振幅：按AMPLITUE CURSOR开关键，将屏幕上显示两条横向游标，分别移到待测波形的起始和最高点，屏幕上即显示出两条游标之间的数值，即该波振幅。

持续期：按LATENCY CURSOR开关键，将两条纵向游标移至待测波的起始点和终止点，屏幕上即显示出两条游标之间的数值，即该波持续期。测量按RECORD键将SEP记录下来。

**(3) 结果示例** (图2-1-6)

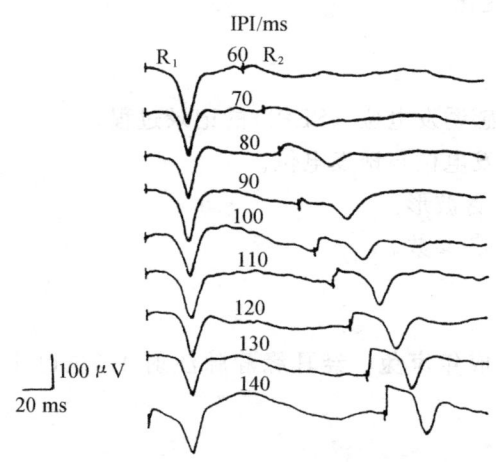

图2-1-6 家兔大脑皮质躯体感觉诱发电位

IPI：双脉冲刺激间隔；$R_1$：第一个脉冲诱发的皮质诱发电位反应；$R_2$：第二个脉冲诱发的皮质反应（赵兰峰和吕国蔚，1994）

## 思 考 题

1. 如何区别诱发反应和自发反应？
2. 平均叠加技术在诱发反应记录中有何意义？

（赵兰峰）

### 参 考 文 献

吕国蔚，徐浩渊，王永宁. 1980. 躯体局灶性刺激对大脑皮质兴奋性的影响. 北京第二医学院学报，2：107～113
王伯杨. 1982. 神经生理学. 北京：人民教育出版社
张镜如. 1963. 家兔大脑皮质诱发电位的相互作用. 生理学报，26：165～171
赵兰峰，梁荣照，何京延. 1988. 刺激家兔一侧颈上交感神经节对脑电活动的影响. 首都医科大学学报，9（2）：96～99
赵兰峰，吕国蔚. 1994. 不完全脑缺血早期家兔大脑皮质兴奋性的变化. 中国应用生理学杂志，10（4）：375～376

## 2.1.7 脑缺血对家兔大脑皮质诱发电位的变化

自从 1973 年 Tsumoto 等记录单侧大脑半球血管病患者的体感诱发电位（SEP）发现 $N_1$-$P_1$-$N_2$ 消失以来，体感诱发电位已被广泛用于脑血管病的研究，并作为脑功能改变的监测指标之一。大量研究结果证实来自颈上交感神经节的纤维对脑血管有重要调节作用。人工提高一侧颈上交感神经紧张性可以作为脑缺血模型。

**(1) 目的**

1）观察一侧颈上交感神经兴奋对体感诱发电位（SEP）$P_1$ 波形的影响。
2）了解 SEP 在脑血管疾病中的应用价值。

**(2) 步骤**

1）选择健康成年家兔，经耳缘静脉注射 4% 戊巴比妥钠（1 ml/kg 体重）。
2）手术：
a. 选定记录部位（同 2.2.6）。
b. 按常规手术方法行气管插管术。沿颈部交感神经仔细向头端方向分离颈上交感神经节，安放刺激电极。分离坐骨神经、腓神经并分别安放电极。
c. 将气管插管的一端与人工呼吸机相连，经耳缘静脉注入 1% 筒箭毒（1 ml/kg 体重）制动，进行人工呼吸。
d. 实验观察：
测阈值：①将刺激器输出与腓神经上的刺激电极相连，记录系统与坐骨神经上的记录电极相连。调整诱发反应记录仪参数，灵敏度：200 μV/每小格；高频衰减：1 kHz；低频衰减：2 Hz；扫描时间：5 ms/每小格；叠加次数：16 次。②调整刺激器参数：延迟 1 ms；波宽 0.5 ms；频率 2 Hz；强度由弱渐强，以仅引起 Aa 纤维反应的刺激强度为 1 T，一般在 1 V 左右。

观察一侧颈上交感神经兴奋时 SEP 的变化：①调整诱发反应记录仪的参数：灵敏度：200 μV/每小格；高频衰减：1 kHz；低频衰减：2 Hz；扫描时间：20 ms/每小格；叠加次数：128 次。②记录 SEP 前对照。刺激腓神经（5 T），在躯体感觉区记录 SEP。③刺激颈上交感神经节 1 h。刺激强度：6～8 V；波宽：2 ms；频率：10 Hz。④停刺激即刻及停刺激后 30 min、60 min 和 120 min，分别刺激腓神经，记录 SEP。

e. 测量各时间段记录 SEP 的 P 波潜伏期、振幅：方法同 2.1.6。

**(3) 结果示例**（图 2-1-7）

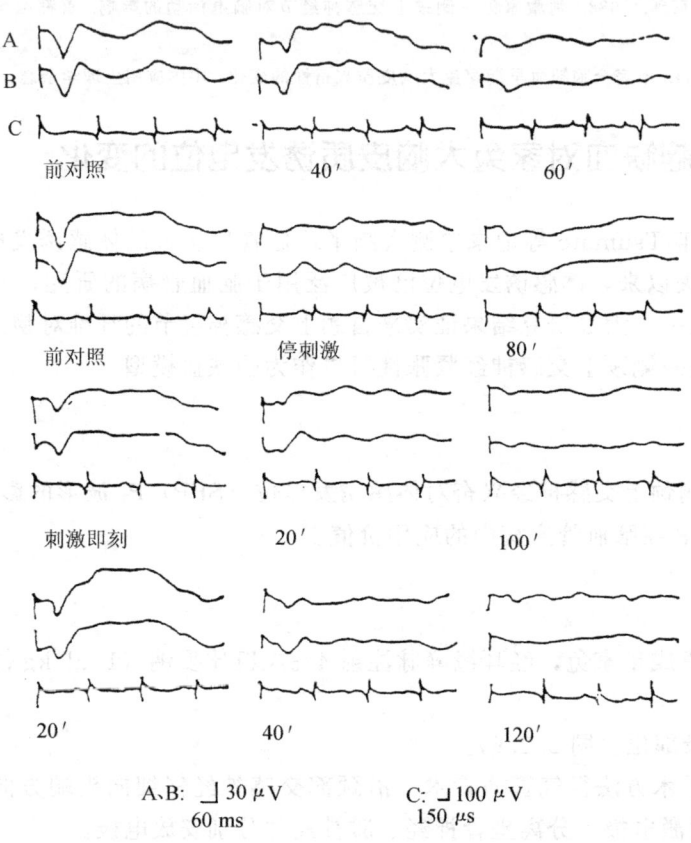

图 2-1-7　脑缺血时家兔大脑皮质诱发电位的变化

刺激颈上交感神经节和停刺激后，双侧大脑皮质体感诱发电位 P 波波幅的变化。A. 同侧；B. 对侧；C. 心电图（赵兰峰等，1988）

## 思 考 题

1. 刺激一侧颈上交感神经节后,SEP 的 $P_1$ 波发生了哪些变化?
2. $P_1$ 波改变的可能机制是什么?

(赵兰峰)

**参 考 文 献**

赵兰峰,吕国蔚. 1992. 重复脑缺血对缺氧耐受性的影响. 中国应用生理学杂志,8 (2):163~164
赵兰峰. 1989. 交感神经对脑血管的调节作用. 首都医学院学报,10 (1):66~68
赵兰峰,梁荣照,何京延. 1988. 刺激家兔一侧颈上交感神经节对脑电活动的影响. 首都医学院学报,9 (2):96~99

## 2.1.8 蟾蜍离体脊神经节神经元静息膜电位与动作电位记录

应用细胞内记录技术可获得静息膜电位、动作电位等一系列反映单一细胞电生理学特征的参数,并对之进行研究。使用离体制备具有无整体情况下心搏、呼吸、体液因素的影响,并且定位准确,可人为控制和改变灌流液和药物浓度、成分,改变气体成分,从而实现对标本环境的随意控制等一些独到的优点,十分适用于生理学、药理学的研究。

脊神经节 (DRG) 是躯体和内脏初级传入神经元胞体所在部位。普遍并广泛应用的脊神经节神经元分类方法是根据其外周突上神经冲动的传导速度,将脊神经节神经元分为 A 型和 C 型两类。两栖类脊神经节 A 型神经元的传导速度为 4~20 m/s,C 型神经元的传导速度<1 m/s。通常条件下,A 型神经元的电反应易于记录到。

本实验应用细胞内记录技术,记录并观察脊神经节神经元的静息膜电位和动作电位,以及其对重复刺激外周突和中枢突的反应。

**(1) 目的**

1) 了解离体脊神经节标本的制备、固定和灌流方法。
2) 学习离体脊神经节神经元静息膜电位与动作电位的记录方法。
3) 观察脊神经节神经元对其外周突和中枢突重复刺激的反应。
4) 了解离体制备的给药途径和方法。

**(2) 溶液配制**

实验所用灌流液,用去离子水新鲜配制。灌流液成分 (mmol/L):NaCl 114、KCl 2、$CaCl_2$ 2、Tris 10、葡萄糖 10。用 10% HCl 和 1 mol/L NaOH 调 pH 至 7.2~7.4。

**(3) 步骤**

1) 离体脊神经节标本的制备、固定和灌流：

a. 选择状态良好的蟾蜍，雌雄不拘。行常规腰间部椎板切除术，暴露并分离出第 9 对和第 10 对脊神经节及与之相连的坐骨神经及背根。坐骨神经背根的留取长度为 10~15 mm。

b. 将所取标本立即置于灌流小槽内，用充以 100% $O_2$ 的任氏液行表面持续灌流，灌流速度为 1~3 ml/min。

c. 用游丝镊仔细剥除脊神经节表面及周围的结缔组织，并用细不锈钢针将标本固定于灌流槽底之硅胶片上。

2) 安放电极、仪器连接与参数调整：

a. 刺激电极为双极吸引式电极。用电极与坐骨神经和背根断端分别吸入。刺激电极经隔离器与刺激器相连。

b. 记录电极为充以 3 mol KCl 溶液的玻璃微电极，电极尖端直径<1 $\mu$m，电极阻抗为 40~60 MΩ，微电极经微电极放大器与记忆示波器和 $x$-$y$ 记录仪相连。

c. 观察静息电位时，记忆示波器为 DC 输入，扫描速为 200~500 ms/cm；记录到静息电位后，改为 AC 输入，扫描速度为 10~20 ms/cm。$y$ 轴灵敏度均为 20~40 mV/cm。

3) 静息电位、动作电位的观察与记录：

a. 用微电极推进器将微电极推进至脊神经节表面。然后用 1 $\mu$m/步的速度向下推进至 100 $\mu$m 之内。推进过程中用示波器和微电极放大器对静息电位水平进行图像和数字监视。

b. 一旦微电极插入细胞内，示波器荧光屏上的扫描线从 0 线水平骤然下降至静息电位水平；同时，微电极放大器数字屏也可显示其静息电位数值，正常静息电位大小约为 −80~−50 mV。

c. 记录到静息电位后，即以强度为 0.01~1.0 mA、波宽为 0.3 ms 的方波电脉冲，分别刺激坐骨神经和背根，记录动作电位，并分别测定其阈值、潜伏期、振幅、持续期和后超极化幅值等。诱发的细胞内动作电位，由记忆示波器显示，经 $x$-$y$ 记录仪描记。

d. 根据动作电位的潜伏期及传导距离计算传导速度。

4) 观察脊神经节神经元对其外周突和中枢突重复刺激的反应。以 2 倍阈强度（2T）的波宽为 0.3 ms 方波电脉冲，1~500 Hz 的不同频率交替刺激坐骨神经和背根，观察并记录其反应。

5) 用微量给药装置和溶液快速置换装置演示给药途径和方法。

**(4) 注意事项**

1) 在离体标本制备和固定过程中，应注意神经节及神经干不能受到挤压、牵拉、扭曲等损伤。

2) 实验过程中应保持恒定的气流、液流；室温和灌流液温度以 18~20℃ 为宜。

**(5) 结果示例**（图 2-1-8A、B）

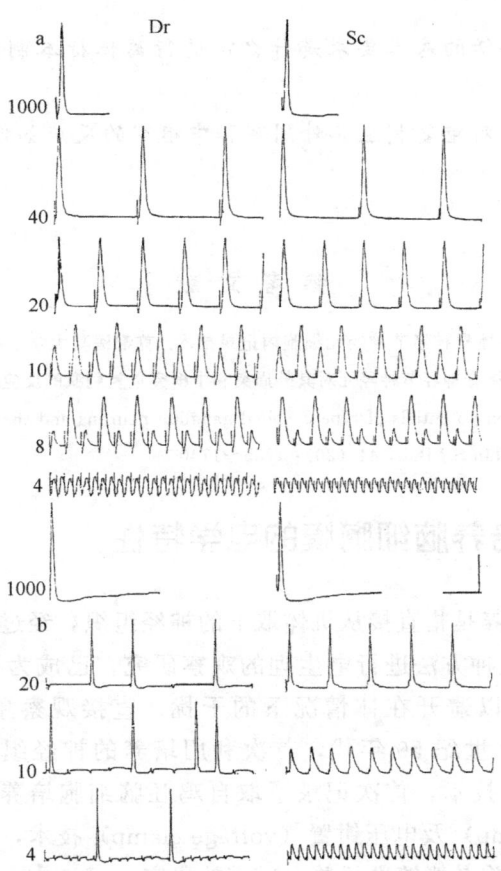

图 2-1-8A　DRG A 型神经元动作电位的波形及其对 Dr 与 Sc 刺激的相似（a）与不同（b）反应
数字为刺激脉冲间隔（IPI, ms）。校正：20 ms, 40 mV（吕国蔚和高翠英，1993）

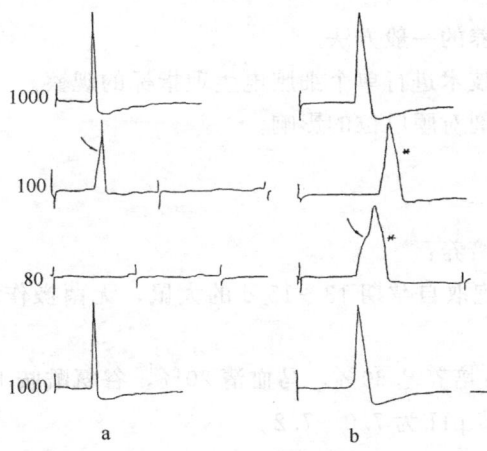

图 2-1-8B　DRG C 型神经元动作电位的波形及其在不同频率重复刺激时的变化
数字为刺激脉冲间隔（IPI, ms）。校正：40 ms, 40 mV（a）；20 ms, 40 mV（b）（Lu and Gao, 1996）

## 思 考 题

1. 维持离体标本存活的基本要求是什么？进行离体标本制备和细胞内记录时，哪些环节应予以注意？
2. 脊神经节神经元对重复刺激其外周突和中枢突的反应如何？为什么？

（高翠英）

### 参 考 文 献

高翠英，吕国蔚. 1991. 蟾蜍离体脊神经节神经元细胞内记录技术. 首都医科大学学报，12（2）：138~140

吕国蔚，高翠英. 1993. 蟾蜍离体脊神经节神经元对其外周突和中枢突重复刺激的反应. 生理学报，45（1）：8~14

Lu GW, Gao CY. 1996. Action potentials of type C spinal ganglion neurons and their responses to high magnesium and low calcium perfusion. Chin Sci Bull，41（20）：1735~1740

## 2.1.9 大鼠培养脑细胞膜的电学特性

原代神经组织的培养是指直接从机体取下的神经组织，经过分离、体外培养并能存活 24 h 以上者。利用这种方法进行电生理的观察研究，已成为神经科学研究的一种新技术。它的优点在于可以避开在体情况下的干扰，直接观察单个细胞的电活动。由 Crain 和 Hild 等始于 20 世纪 50 年代，首次利用培养的神经组织进行电生理的研究。Hild 等利用细胞内记录技术，首次记录了取自鸡胚脑细胞培养的星形细胞的膜电位。利用膜片钳（patch clamp）及电压钳置（voltage clamp）技术，能够准确地研究膜上离子通道的性质，特别是前者能够进行单一通道的研究。

**(1) 目的**

1) 了解神经细胞培养的一般方法。
2) 了解利用微电极技术进行单个细胞电生理指标的观察。
3) 了解特异性阻断剂对膜电位的影响。

**(2) 步骤**

1) 神经细胞的原代培养：

a. 取材：大鼠脑细胞取自孕期 13~15 d 的大鼠，无菌操作取出胎鼠，完整剥离脑组织。

b. 培养体系：Eagle 培养基80%，马血清20%，谷氨酰胺 100 $\mu g/ml$，青链霉素各 100 U/ml，$NaHCO_3$ 调节 pH 为 7.0~7.2。

c. 培养方法：使脑细胞依次通过不同口径的注射器针头（由粗到细）起到机械分散的作用。用培养液稀释细胞最终达到 $4\times10^5$~$10\times10^5$ 个/ml，培养瓶为 25 ml 卡氏瓶，每瓶接种细胞 5 ml。

2) 微电极记录：实验装置包括放大器、刺激器、倒置显微镜、显示与记录仪、浴槽及恒温、防震设施。

倒置显微镜下、操作台上，安装微型浴槽，浴槽内持续灌流恒温、充 $O_2$ 的 Hank 液。浴槽内放入生长着培养细胞的玻璃片，先在低倍镜下将电极放入视野中心，再换高倍镜校正电极的位置，然后寻找测试细胞刺入，示波器基线出现突跳时，立即停止刺入。描笔记录仪显示膜电位输入阻抗。磁带记录仪存贮动作电位和自发电位。

3) 形态学观察：神经细胞接种 6 h 后，相差显微镜下可见细胞贴壁。此时，细胞为圆形，直径约 7～10 μm，12 h 后可见生长出短的突起，2～3 d 后，神经细胞突起增多，并形成双极、三极神经细胞，彼此之间形成网络。电子显微镜下，发育成熟的神经细胞彼此之间形成突触联系，镜下可见细胞有许多突触前扣结，轴索的终末肿胀和曲张。

4) 电生理学观察：测定静息膜电位、细胞内刺激引起的诱发电位、神经细胞的输入阻抗等。电极尖端约 0.5 μm，内充乙酸钾或氯化钾，使用为单一电极，既做细胞内的记录，又对细胞施以刺激。

a. 静息膜电位的记录：在电极刺入细胞稳定一段时间后，即可记录出来。向细胞内通正脉冲，观察电位改变的幅度，并应用欧姆定律计算膜阻抗。

b. 细胞内刺激引起的诱发电位：向细胞内通正脉冲（波宽 0.1 ms，电流 25 nA），观察示波器显示的诱发的反应。

c. 浴槽内加入一定量的河豚毒素（TTX），观察钠通道的阻断剂对细胞内刺激诱发的动作电位的影响，比较振幅、持续间期有无变化。

**(3) 结果示例**（图 2-1-9）

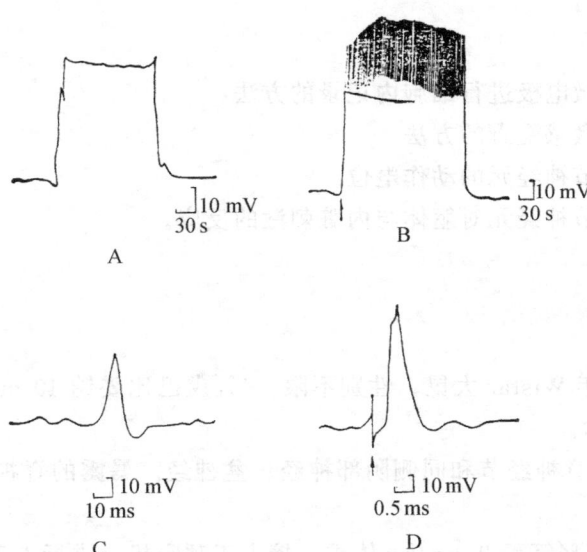

图 2-1-9 培养脑细胞的膜电位和输入阻抗的记录

A、B 分别为培龄 14 d 的脑细胞静息膜电位和输入阻抗；C、D 分别为培龄 21 d 脑细胞自发动作电位和培养 18 d 脑细胞的诱发动作电位；C 为细胞外记录；D 为细胞内记录。箭头示刺激伪迹（Wang et al., 1990）

## 思 考 题

1. 神经细胞的离体培养有哪些特点？
2. 微电极记录需要哪些装置？
3. 培养神经细胞成熟的标志是什么？
4. 培养神经元电生理学指标有哪些？设想还能做哪些？

（王海薇　赵兰峰）

**参 考 文 献**

Wang HW, Lu GW, Zhang BL, et al. 1990. Developmental studies of electrical properties in cultured rat brain neurons. Science in China, 33: 35~43

## 2.1.10　大鼠在体脊神经节神经元动作电位的细胞内记录

脊神经节神经元属假单极神经元，从胞体发出一个突起，在胞体附近盘曲然后呈"T"形分支，一支走向中枢（中枢突），另一支（周围突）分布到外周组织，末梢形成感受器。研究表明，脊神经节神经元的外周突或中枢突上传导的神经冲动进入或通过胞体，因此，刺激中枢突或外周突引起的动作电位可以在脊神经节神经元胞体记录到。本实验用玻璃微电极记录电刺激外周神经和自然刺激感受野引起的脊神经节神经元的动作电位。

**(1) 目的**

1) 学习用玻璃微电极进行细胞内记录的方法。
2) 了解自然刺激感受野的方法。
3) 观察脊神经节神经元的动作电位。
4) 了解脊神经节神经元对躯体与内脏刺激的反应。

**(2) 步骤**

1) 麻醉与手术：

a. 选用健康成年 Wistar 大鼠，性别不限。4％戊巴比妥钠 40 mg/kg 体重腹腔注射麻醉，行气管插管术。

b. 暴露 $S_1$~$S_2$ 脊神经节和同侧阴部神经、盆神经。暴露的脊神经节及外周神经周围滴加温石蜡油。

c. 腹腔注射 0.1％箭毒 2 mg/kg 体重，接人工呼吸机，进行人工呼吸。

d. 用脊髓固定夹固定腰骶髓。

2) 调试仪器与安放电极：

a. 将刺激器、微电极放大器、示波器、$x$-$y$ 记录仪开机预热。示波器灵敏度：20 mV/cm，扫描速度：5 或 10 ms/cm。

b. 将刺激电极分别置于阴部神经和盆神经，记录用的玻璃微电极（尖端直径<1 μm，内充 3 mol/L KCl 溶液，电阻 20～40 MΩ）固定在电极架上，参考电极刺入腰部肌肉。

c. 用油丝镊子小心、仔细地剥离脊神经节表面的被膜，将微电极缓慢推至脊神经节表面，连接好刺激系统与记录系统，调节微电极放大器的高频补偿，测量电极电阻。

**(3) 实验观察**

1) 脊神经节神经元对外周神经电刺激的反应：以强度为 2 T、波宽 0.3 ms、频率为 1 Hz 的电脉冲分别刺激阴部神经和盆神经。用步进微电极推进器将记录电极由脊神经节表面以 1 μm/步的步幅向下推进，最深到脊神经节表面下 100 μm，寻找被激动的脊神经节神经元，观察其动作电位波形，并测其潜伏期、阈值、传导速度。

2) 脊神经节神经元对感受野自然刺激的反应：电刺激电极置于感受野，以 1 Hz、0.3 ms、2 T 的电刺激感受野，寻找有诱发反应的神经元，观察到反应后，停止电刺激。对感受野区域分别用毛刷轻刷毛发、无齿镊子和有齿镊子夹皮肤进行自然刺激，观察脊神经节神经元的反应。

**(4) 注意事项**

1) 手术过程中尽量减少对神经的损伤，剥离脊神经节被膜时避免损伤神经元（神经元聚集于脊神经节的表面）。

2) 记录过程中，用温石蜡油保护好脊神经节及神经表面；注意动物的呼吸情况。

**(5) 结果示例** (图 2-1-10A、B)

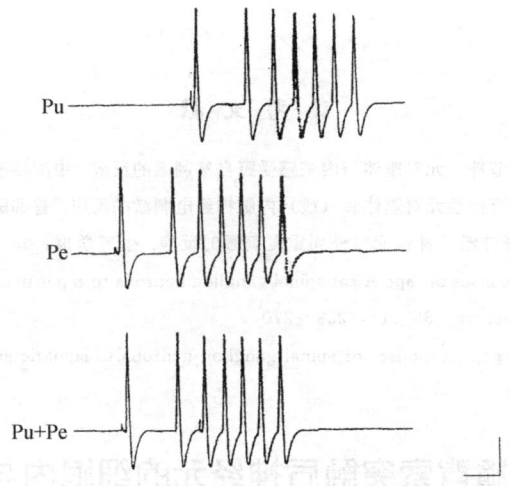

图 2-1-10A　脊神经节神经元对单脉冲电刺激阴部神经和盆神经的多发反应
Pu：阴部神经；Pe：盆神经；校正：10 ms，20 mV (Lu and Liu, 1996)

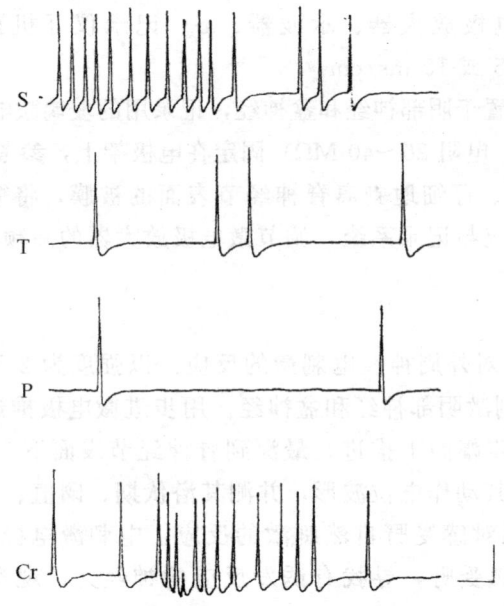

图 2-1-10B 脊神经节神经元对自然刺激躯体和内脏感受野的反应
S：刷毛；T：轻触；P：有齿镊夹；Cr：扩张直肠；校正：20 mV，20 ms（刘晓红和吕国蔚，1995）

## 思 考 题

1. 如何判断所记录的脊神经节神经元的类型？
2. 怎样判断所得到的记录是胞体内记录或轴突内记录？
3. 脊神经节神经元对感受野不同自然刺激的反应有何不同？为什么？

（刘晓红）

## 参 考 文 献

刘晓红，吕国蔚. 1995. 脊神经节神经元对躯体与内脏感受野自然刺激的反应. 中国疼痛医学杂志，1（1）：39～42

吕国蔚，刘晓红. 1996. 脊神经节神经元对躯体和（或）内脏神经电刺激的反应. 首都医科大学学报，17（1）：1～4

吕国蔚，高翠英. 1991. 蟾蜍脊神经节神经元对外周重复刺激的反应. 生理学报，43（3）：220～226

Lu GW, Miletic V. 1990. Responses of tape A cat spinal ganglion neurons to repetitive stimulation of their central and peripheral processes. Neuroscience，39（1）：259～270

Lu GW, Liu XH. 1996. Convergent responses of spinal ganglion neurons to somatic and visceral stimulation. Chin J Neurosci，3（2）：59～63

## 2.1.11 猫脊髓背索突触后神经元的细胞内与细胞外记录

在感觉系统的电生理研究中，常采用微电极记录中枢神经系统内单个或几个以上神经元以及单根神经纤维的电活动。这种方法在确定感受野范围、神经元外周特性、了解外周传入冲动在中枢神经系统各个水平的活动形式等方面起着重要的作用。单位放电的幅度、形状与微电极是否插入细胞有关，放电的潜伏期是判定自发与诱发反应的依据之一。本实验应用微电极记录技术，观察比较细胞内与细胞外记录、自发与诱发反应的异同。

**(1) 目的**

1) 了解玻璃微电极记录方法。
2) 比较细胞内与细胞外记录结果。
3) 比较自发与诱发电活动。

**(2) 步骤**

1) 手术：

a. 选用健康成年猫，性别不限。以 4% 戊巴妥钠 40 mg/kg 腹腔注射麻醉，做气管插管与一侧颈静脉插管。

b. 暴露 $C_2 \sim C_4$ 节段颈髓、$L_6 \sim S_1$ 节段骶髓。将动物固定在定位仪上，用脊髓固定装置固定腰骶髓。

c. 静脉插管内注射 1% 箭毒 (1 mg/kg)，行人工呼吸，做两侧气胸。

d. 剥去颈髓硬脊膜，用分割器沿两侧背外侧沟钝性纵向分割背索（DC）与背外侧索（DLF），剥去软脊膜，在 DC 与 DLF 之间垫以塑料薄膜，充温热石蜡油。

2) 仪器调整与电极安放：

a. 将刺激器、微电极放大器、放大器、示波器、$x$-$y$ 记录仪开机预热。

b. 在颈髓 DC 与一侧 DLF 上分别放置银球电极，阴极朝向尾侧。将尖端为 1 μm 左右的玻璃电极做尖端处理，充以 3 mol KCl 溶液，置腰骶髓表面，参考电极刺入腰部肌肉内。

c. 用游丝镊在腰骶髓表面仔细剥离软脊膜，将微电极逐渐接近脊髓表面，当示波器上干扰消失、基线平稳时，表示电极与脊髓表面接触。调节高频补偿，测量微电极电阻（阻抗以 10~30 MΩ 为宜）。

3) 观察：

a. 观察自发放电与诱发放电：以 5 μm 的步进间距，将微电极向下推进，观察是否有自发放电，注意放电潜伏期有无变化，调节刺激强度为 30 V 左右，频率为 1 Hz，波宽 0.3 ms，交替刺激 DC 与 DLF，寻找可被逆向刺激激动的神经元，注意此时潜伏期的变化。

b. 观察细胞外与细胞内记录结果：观察到有自发或诱发反应时，将微电极推进器步进间距改为 1 μm，慢慢退出或推进电极，观察放电波形、振幅的改变，并与未退出或推进时比较。

**(3) 结果示例**（图 2-1-11）

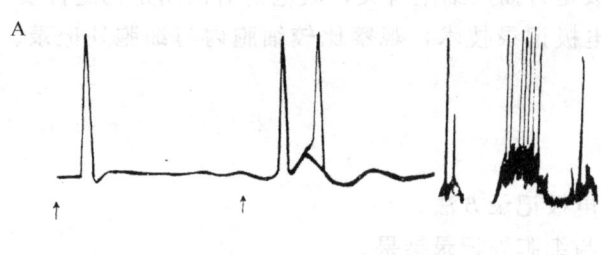

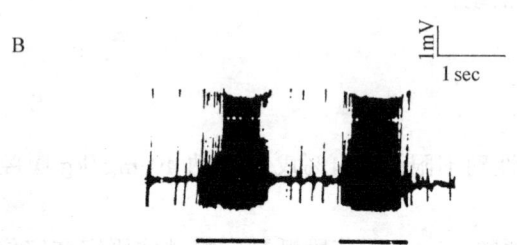

图 2-1-11 背索突触后（DCPS）神经元逆向反应的细胞内记录与顺向反应的细胞内、外记录
A. 左：一个 DCPS 神经元的逆向峰电位的单次扫描记录；中：另一 DCPS 神经元的逆向峰电位的两次扫描记录；右：第三个 DCPS 神经元的单次扫描，峰电位后出现长的去极化和超级化突触后反应。箭头示刺激伪迹。校正：左、中：3 ms，10 mV；右：30 ms，10 mV。B. 一个 DCPS 神经元对感受野机械刺激反应的细胞外记录（吕国蔚，1997）

## 思 考 题

1. 比较微电极与粗电极在记录方法和记录结果上有何不同？
2. 细胞内与细胞外记录到的单位放电各有何特点？
3. 如何区分自发与诱发反应？

（李菁锦）

### 参 考 文 献

吕国蔚. 1997. 脊髓感觉机制. 北京：人民卫生出版社
吕国蔚. 1986. 背索突触后神经元的细胞内电位. 北京第二医学院学报，7（2）：112～117
Lu GW，Bennett QJ，Nishikawa N, et al. 1983. Extra and intracellular recordings from dorsal column postsynaptic spinomedullary neurons in the cat. Exp Neurol, 82：457～477

## 2.1.12 猫脊颈束-背索突触后神经元的顺、逆向反应

20 世纪 80 年代的神经生物学研究表明，脊髓背角存在有向背外侧索与背索双向投

射的神经元：脊颈束-背索突触后神经元（SCT-DCPS），更新了原有的脊髓内只有单向投射神经元的经典概念。形态学与生理学的研究结果证明，该神经元起源于腰髓背角Ⅱ～Ⅴ层，其轴突在下胸上腰段分支后，分别走行在背外侧索和背索内，终止在外侧颈核与背索核。该神经元可以接受外周非伤害性和（或）伤害性刺激，在痛觉的传递和调制上起一定作用。本实验用隔离制备技术与微电极记录技术，观察 SCT-DCPS 神经元的逆向与顺向反应。

**(1) 目的**

1) 了解隔离制备技术及其意义。
2) 比较初级传入纤维、中间神经元和投射神经元单位电活动的异同。
3) 了解投射神经元的鉴定方法。

**(2) 步骤**

1) 手术：

a. 选择健康成年猫，体重 2.5 kg 左右，性别不限。4%戊巴妥钠 40 mg/kg 腹腔注射麻醉，做气管插管与一侧颈静脉插管。

b. 暴露 $C_2$～$C_4$ 节段颈髓、$L_1$～$S_1$ 节段骶髓，暴露一侧腓总神经，在定位仪上固定动物腰骶髓。

c. 静脉插管内注射 1%箭毒（1 mg/kg）行人工呼吸，做两侧气胸。

d. 剥去颈髓硬脊膜，用分割器沿两侧背外侧沟钝性纵向分割背索（DC）与背外侧索（DLF），剥去软脊膜，在 DC 与 DLF 之间垫以塑料薄膜，在脊髓暴露节段周围用琼脂筑槽，充温热石蜡油。

2) 仪器调整与电极安放：

a. 将刺激器、微电极放大器、放大器、示波器、$x$-$y$ 记录仪开机预热。

b. 在颈髓 DC 与一侧 DLF 上分别放置双极银球电极，阴极朝向尾侧。将经过尖端处理的玻璃微电极置腰骶髓表面，参考电极刺入腰部肌肉内。

c. 用游丝镊在腰骶髓表面仔细剥离软脊膜，将微电极徐徐接近脊髓表面，当示波器上干扰消失、基线平稳时，表示电极与脊髓表面接触。调节高频补偿，测量微电极电阻（电极电阻以 10～30 MΩ 为宜）。

3) 观察：

a. 调节刺激器，使刺激强度为 30 V 左右，频率为 1 Hz，波宽 0.3 ms，交替刺激 DC 与 DLF。记录到符合逆向反应的神经元，有可能属于下几种类型：① 仅对 DC 刺激有反应者——背索突触后（DCPS）神经元；② 仅对 DLF 刺激有反应者——脊颈束（SCT）神经元；③ 对 DC 与 DLF 刺激均有反应者——脊颈束-背索突触后（SCT-DCPS）神经元。若对逆向、顺向刺激均无反应，为中间神经元，若仅能跟随顺向高频刺激，为初级传入纤维。注意观察投射神经元、中间神经元与白质纤维放电在形状、振幅与持续时间上有何不同。

b. 记录到双投射神经元后，在同侧下肢用自然刺激寻找感受野。仅对非伤害性刺激起反应，为低阈机械感受型（LTM）神经元；仅对伤害性刺激起反应，为伤害型（NS）神经元；对非伤害性刺激与伤害性刺激均起反应，为广动力范围型（WDR）神经元。同时测定感受野的位置、大小和范围。

**(3) 结果示例**（图 2-1-12）

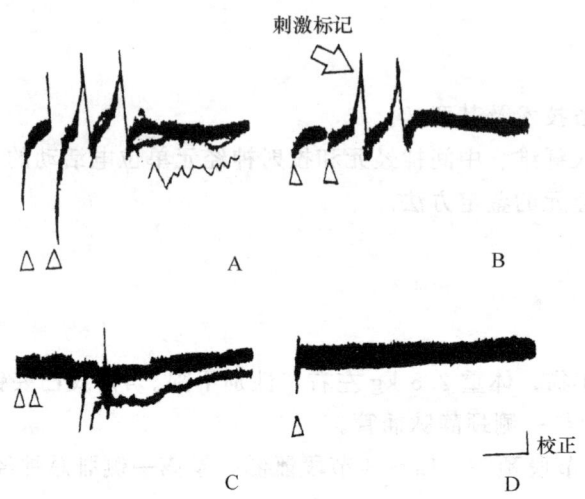

图 2-1-12  SCT-DCPS 射神经元对 DC、DLF 和外周感受野刺激的反应

频率 20 Hz，间隔 3 ms 的双脉冲刺激 $C_4DC$（A），$C_4DLF$（B），外周感受野中心（C），同样频率单脉冲刺激 $C_1DLF$（D）。箭头为刺激标记。校正：0.5 mV，4 ms（A、B、D），10 ms（C）（吕国蔚，1997）

## 思 考 题

1. 试述隔离制备手术在鉴定神经元种类中的作用与意义。
2. 以 330 Hz 的频率顺向刺激同侧腓总神经，上述各种神经元与白质纤维有可能出现哪些反应？

（李菁锦）

### 参 考 文 献

李菁锦，吕国蔚. 1988. 脊髓背角投射神经元的外周传入输入. 中国科学，11：1180~1186
吕国蔚. 1997. 脊髓感觉机制. 北京：人民卫生出版社
吕国蔚. 1985. 脊髓制备在投射神经元鉴定中的作用. 北京第二医学院学报，1：1~8
Lu GW, He GR. 1987. Intracellular responses of spinal dorsal horn projection neurons to autodromic and segmental stimuli. Chin J Physical Sci，3：47~57

## 2.1.13 大鼠脊髓背角神经元电活动的细胞内记录

应用高阻抗的玻璃或金属微电极，插入动物脑或脊髓的细胞内，记录其在不同条件

下的电活动，是电生理学常用的研究方法之一。本实验应用玻璃微电极，观察记录大鼠脊髓背角神经元对背索逆向电刺激和外周感受野顺向自然刺激与腓神经顺向电刺激的反应。

**(1) 目的**

1）学习应用玻璃微电极进行细胞内记录的方法。
2）学习顺向与逆向刺激方法，观察脊髓背角神经元对顺向与逆向刺激的反应。

**(2) 步骤**

1）麻醉与手术：

a. 选择健康成年 Wistar 大鼠，体重 250～300 g，性别不限。4% 戊巴比妥钠（40 mg/kg）腹腔注射麻醉，行气管插管术、股静脉插管术。

b. 行椎板切除术，暴露大鼠 $C_2 \sim C_4$、$L_3 \sim L_5$ 节段脊髓和一侧腓总神经。

c. 在定位仪上固定鼠头，并将脊髓暴露部分的前后椎板以脊髓固定夹固定，使动物呈悬吊状态。

d. 经静脉插管给予氯化筒箭毒（0.1%，0.2 ml）制动，接人工呼吸机。

e. 用游丝镊撕开硬脊膜，在脊髓暴露节段周围用琼脂筑槽，注入温热石蜡油。实验中每隔 1 h 腹腔注射 1% 戊巴比妥钠 2 ml、0.1% 氯化筒箭毒 0.2 ml 维持麻醉与麻痹。

2）仪器调整与电极安放：

a. 将刺激器、微电极放大器、记忆示波器、信号分析处理系统等开机预热。

b. 在暴露的颈髓表面放置双极银球电极、腓总神经上安放刺激电极，在 $L_3 \sim L_5$ 脊髓表面置尖端直径为 1 μm 左右、充以 3 mol/L KCl 的玻璃微电极，参考电极插入椎旁肌肉内。

3）实验观察：

a. 观察自发放电与诱发放电：以 2～3 μm 步进间距，将置于脊髓表面玻璃微电极经微推进器徐徐推下，寻找、观察背角神经元电反应，信号经探头输入放大器、记忆示波器、监听器、PowerLab 生物信号分析记录系统，采集、存贮原始波形并观察是否有自发放电；调节刺激器输出参数（强度与频率）刺激背索，寻找可被逆向刺激激动的神经元；分别用毛笔轻刷、无齿镊轻夹、有齿镊夹等自然刺激外周感受野，或经隔离器电刺激腓总神经（2～3 T 刺激阈值，波宽 0.2～0.3 ms，1 Hz），寻找可被顺向刺激激动的神经元。

b. 观察细胞内记录反应：观察到自发或诱发放电时，将微电极推进器步进间距改为 1 μm，慢慢退出或推进电极，观察放电的波形、振幅的改变，并与未退出或推进时比较。

**(3) 结果示例**（图 2-1-13）

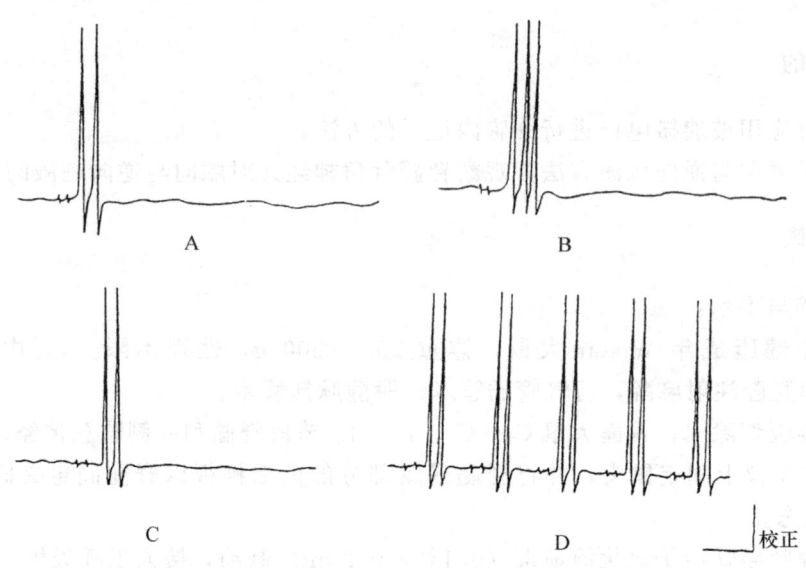

图 2-1-13　脊髓背角神经元对顺向、逆向刺激的反应

脊髓背角神经元对孤束核（SN）双脉冲逆向刺激（A）和足三里双脉冲刺激（B）的反应；SN 刺激引起的逆向反应锋电位（C）能跟随间隔 3 ms 50 Hz 双脉冲刺激（D）（校正：10 ms，15 mV）（孟卓和吕国蔚，1992）

## 思 考 题

1. 如何区分自发与诱发放电反应？如何区分细胞内与细胞外记录结果？
2. 用细胞内记录方法，可进行哪些神经生理学研究？试设计一实验并加以说明。

（李菁锦）

### 参 考 文 献

李菁锦，吕国蔚. 1992. 大鼠脊髓投射神经元对躯体及/或内脏刺激的反应. 科学通报，6：560～563
吕国蔚. 1997. 脊髓感觉机制. 北京：人民卫生出版社
孟卓，吕国蔚. 1992. "足三里"-脊髓背角-孤束核的机能联系. 中国科学，B 辑，4：393～399

## 2.1.14　大鼠脊孤束-背索突触后神经元对躯体与内脏传入的反应

神经解剖学与生理学的研究表明，脑干的孤束核（STN）作为内脏感觉核，其尾部除接受迷走和舌咽神经投射外，还可下行到脊髓，脊髓也有上行纤维向孤束核投射。现已证明，在腰髓 Ⅱ～Ⅴ 层有向孤束核与背索核双向投射的新型双投射神经元；脊孤束-背索突触后神经元（SST-DCPS）。本实验用微电极记录技术，以自然刺激感受野作为躯体刺激，用数字式囊压装置扩张降结肠作为内脏刺激，观察脊髓投射神经元对躯体与内脏刺激的反应。

**(1) 目的**

1) 了解躯体自然刺激与内脏刺激方法。
2) 观察脊髓投射神经元对躯体与内脏刺激反应的特点。
3) 比较大鼠与猫的隔离制备技术。

**(2) 步骤**

1) 手术：

a. 选择健康成年 Wistar 大鼠，体重在 250～300 g，性别不限。4％戊巴妥钠 40 mg/kg 腹腔内麻醉，行气管插管术、股静脉插管术。

b. 暴露 $C_1$～$C_4$ 节段颈髓。取下枕骨，将小脑推向前方，暴露第四脑室。在 $C_1$ 节段横切背索后插入云母片，在 $C_2$～$C_4$ 节段背索与背外侧索之间钝性分离并插入云母片。

c. 用温热肥皂水给动物灌肠，使粪便排出。

d. 固定鼠头与腰髓，经静脉插管给予氯化筒箭毒（0.1％，0.1 ml/100 g 体重）制动，行人工呼吸。

2) 电极安放：

a. 用充以 3 mol KCl 的玻璃微电极在 $T_{13}$～$L_2$ 节段脊髓表面下 1 mm 范围内记录，无关电极插入椎骨旁肌肉内。

b. 在闩部表面下 0.5 mm 置一绝缘针电极，刺激孤束核（闩部头端 1 mm，中线旁开 1 mm）参考电极刺入颈旁肌肉内。在 $C_2$～$C_4$ 节段背索表面置一对银球电极，阴极朝向尾侧。分别给予 1～2 mA、1 Hz、0.3 ms 的方波电脉冲，交替刺激孤束核与背索，逆向激动神经元。

c. 经肛门将数字式囊压装置小心放入降结肠，在脊髓暴露节段周围用琼脂筑槽，充温热石蜡油覆盖脊髓表面，监测心搏。

3) 观察：

a. 待记录到符合逆向反应标准的投射神经元后，快速向气囊内充气，观察该神经元反应，记录气囊内压力（Pa）、体积（ml）和充气时间（t）。若该神经元对内脏刺激应有反应，改变上述刺激参数，观察放电有无变化。

b. 在记录到符合逆向反应标准并对内脏刺激起反应的神经之后，在下肢感受野内分别用毛笔、无齿镊、有齿镊刺激感受野毛发和皮肤，观察投射元放电的变化。

c. 观察并比较在无自发放电或自发放电频率较低情况与有自发放电或自发放电频率较高情况时，投射神经元对内脏与躯体刺激的反应。

**(3) 结果示例**（图 2-1-14）

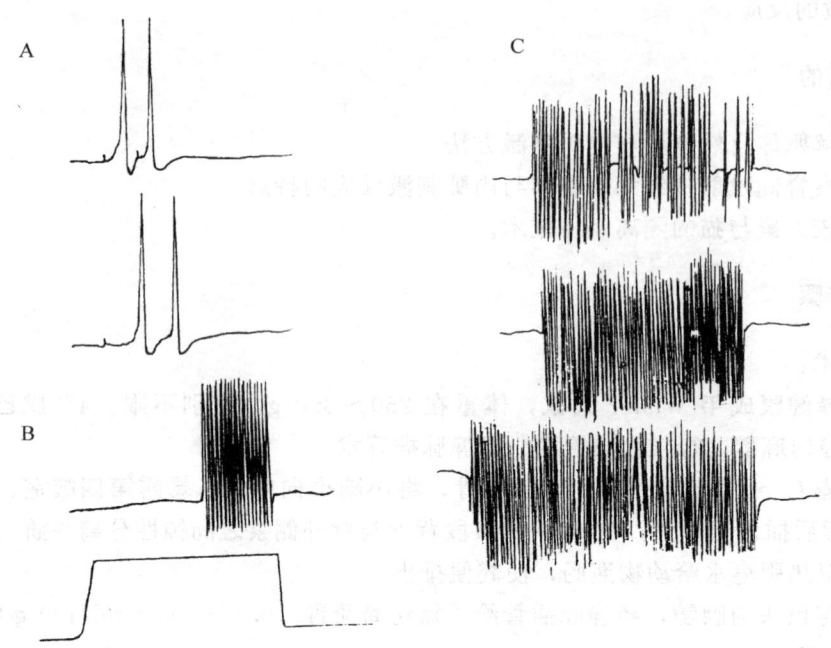

图 2-1-14　SST-DCPS 神经元对 DC，STN 逆向刺激（A）、内脏刺激（B）和外周感受野自然刺激（C）的反应

校正：(A)：25 mV，5 ms；(B) 25 mV，2 s；(C) 2 mV，2 s（Li and Lu，1992）

## 思　考　题

1. 试述投射神经元对躯体与内脏刺激反应的特点。
2. 请设计一种可重复进行的内脏刺激方法。

（李菁锦）

## 参 考 文 献

吕国蔚，孟卓．1990．脊髓背角神经元同孤束核及背索核的投射联系．中国科学，B辑，8：838
孟卓，陶之理，吕国蔚．1989．大鼠脊髓背角细胞向孤束核和背索核的双重投射．解剖学报，20：146
Li QJ, Lu GW. 1992. Responses of rat spinal projection neurons to somatic and/or visceral stimulation. Chinese Sci Bull，37（5）：417～422

## 2.1.15 家兔中缝大核对外周传入刺激的反应

痛觉生理学研究表明，延髓中缝大核（NRM）是一个重要的痛觉调制核。刺激中脑导水管周围灰质（PAG），可通过脊髓背外侧索下行抑制伤害性信息在脊髓背角的传递。背外侧索中的下行纤维系 NRM 神经元的轴突，其终末与背角痛敏神经元紧密接触，抑制后者对伤害性刺激的反应，而不影响其对非伤害性刺激的反应。NRM 本身既受 PAG 控制，又接受网状结构的输入，而后者又从上行痛觉通路接受侧支输入，即 NRM 神经元可被外周伤害性输入激动，因而下行的 NRM 纤维会形成负反馈系统的组成部分，借此控制伤害性感受器的输入。本实验用微电极技术观察 NRM 神经元对外周躯体传入的反应特点。

**(1) 目的**

1) 了解刺激后时间直方图（PSTH）方法。
2) 观察 NRM 神经元的反应特点。

**(2) 步骤**

1) 手术：选用成年家兔，性别不限。用 1% α-氯醛糖盐水（60 mg/kg）静注麻醉，暴露一侧腓神经，做枕骨条状切除，吸除小脑蚓部，暴露第四脑室底，以温石蜡油覆盖。
2) 刺激：以恒流刺激一侧腓神经，用示波器监视神经干复合动作电位。
3) 记录：静脉注射三碘季胺酚（10 mg/kg），制动，行人工呼吸。在同侧脑干用尖端直径约 1 μm 的玻璃微电极记录 NRM 单位（闩前 4～6 mm，中线左右各 0.5 mm，室底表面下 2.5～4.0 mm）的放电反应。
4) 观察：以 Aα 出现时的刺激强度作为阈强度（T），比较复合动作电位各成分的 T 值及其相应强度刺激下，NRM 神经元的放电形式。
比较在 Aδ 波最大时，不同间隔的重复脉冲和（或）双脉冲刺激时，单位放电的形式。
5) 标记：实验结束时，通过微电极电泳染料；标本固定后，切片检查标记位置。
6) 图像处理：实验后将已录制的放电信号，在计算机上作 PSTH 处理（单位时间 1 ms，地址数 1024，叠加 16 次）。

**(3) 结果示例**（图 2-1-15）

思 考 题

1. 外周刺激的时频参数对 NRM 单位放电的 PSTH 有什么影响？
2. 缩短重复脉冲的间隔时间，放电有何变化？该变化提示什么？

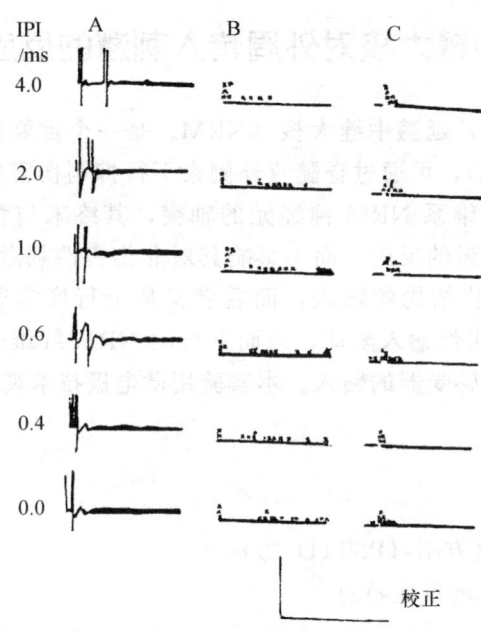

**图 2-1-15 家兔中缝大核神经元放电变化的 PSTH 记录**

该变化由缩短双脉冲刺激引起。不同横行为不同间隔时间的双脉冲引起的神经纤维双排放（A列）和所引起的单位放电反应的 PSTH 记录（B列和C列），C列是B列在水平轴上扩宽4倍。当双脉冲间隔 1 ms 时，动作电位中的Ⅲ类纤维第二次排放脱失，而所引起的放电反应则明显减退，接近于单脉冲（最后一行）时的水平。IPI：刺激脉冲间隔。校正：60 μV/4 ms（前3行）、2 ms（后3行）。标尺：纵：16/16，横：B：1 s，C：0.25 s（张肃和吕国蔚，1983）

（张　肃　李菁锦）

### 参 考 文 献

张肃，吕国蔚. 1983. 有髓神经纤维传入对网状大细胞核及中缝大核神经元活动的影响. 北京第二医学院学报，4：275~280

## 2.1.16　家兔丘脑腹后外侧核电活动的细胞外记录

丘脑内侧部分在感觉整合中的作用，已得到了深入的研究，而丘脑外侧部分，特别是特异性体感核对痛信号与制痛信号的整合作用还缺乏系统性的研究。本实验应用玻璃微电极记录丘脑腹后外侧核（VPL）神经元单位电活动，观察外周不同传入纤维兴奋对该神经元的影响。

**(1) 目的**

1）观察 VPL 的自发、诱发电活动。
2）不同类别神经纤维兴奋对 VPL 电活动的影响。

**(2) 步骤**

1) 手术：选用 2.5～3.5 kg 的健康家兔，性别不限，用 1% 氨基甲酸乙酯和 1% 氯醛糖混合液，5 ml/kg 经耳缘静脉轻度麻醉。暴露大脑皮质的有关区域，做气管插管、一侧颈静脉插管术。暴露一侧下肢腓神经，注射肌松剂，行人工呼吸。兔头固定于定位仪上，按照 Sawyer 图谱，标定 VPL 坐标。剪开硬脑膜，用琼脂封盖。

2) 安放电极：将充灌好 3 mol KCl 溶液的玻璃微电极进行尖端处理，并固定在电极移动架上。轻轻推进微电极，使其尖端接触在琼脂表面。将参考电极刺入皮肤切口处。在皮质记录电极对侧的腓神经上安置刺激电极与记录电极各一对。

3) 调整仪器：连接好刺激系统与记录系统，调整微电极放大器的高频补偿，并测量微电极内阻。

4) 观察：

a. VPL 自发电活动：用微电极推进器将玻璃微电极，按照预定的 5 个轨道（分别为 Sawyer 图谱的 P4.1、L4.2；P4.1、L5.0；P4.9、L5.1；P4.9、L4.3 和 P4.5、L4.7）以 5 μm 的步进间距推进，仔细观察有无放电，并注意放电的振幅、频率和潜伏期。

b. VPL 的诱发电活动：调节刺激器，输出 1 Hz、波宽 0.3 ms 的单个方波脉冲。在腓神经远心端安放刺激电极，腓神经近心端安放记录电极。调节刺激强度，使腓神经动作电位上出现 Aα 成分。此时，仍按上述 5 个轨道，以 5 μm 的步进间距向下推进微电极，寻找对肢体神经刺激产生诱发放电的单位。观察诱发放电的振幅、频率和潜伏期。

同上，调节刺激强度，使腓神经动作电位出现 Aαβ 波、Aδ 波时，观察诱发放电的振幅、频率和潜伏期。

c. 调节放大器与示波器，标定标准电压。

**(3) 结果示例**（图 2-1-16）

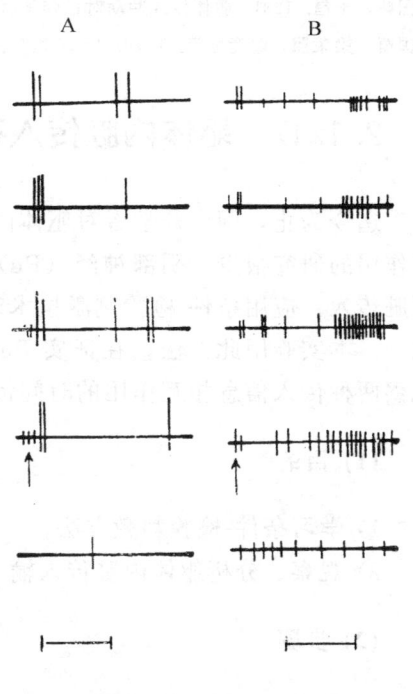

图 2-1-16　家兔丘脑腹后外侧核诱发放电形式

A. 示单串（短潜伏期）放电；B. 示双串（短及长潜伏期）放电；两图底线为自发放电，箭头示伪迹。校正：A：200 ms；B：400 ms（吕国蔚和于昌，1981）

# 思 考 题

1. 丘脑核团的自发放电与诱发放电有何不同？

2. 腓神经中 Aαβ 纤维、Aδ 纤维的兴奋对丘脑腹外侧核单位电活动有何影响？

(于 昌 李菁锦)

**参 考 文 献**

吕国蔚,于昌. 1981. 躯体传入冲动对丘脑腹后外侧核单位电活动的影响. 生理学报,33 (3): 209～216

吕国蔚,梁荣照,谢竞强等. 1979. "足三里"针刺镇痛效应外周传入神经纤维的分析. 中国科学,5: 495～503

## 2.1.17 躯体内脏传入在脊髓背角的相互作用

迄今为止，国内外学者对躯体内脏传入的研究多集中于单向作用，而对两者之间相互作用的研究很少。阴部神经（Pu）传入纤维属躯体传入，盆神经（Pe）传入纤维属内脏传入。应用条件-检验刺激技术观察不同传入输入是研究传入信息相互作用的方式之一。本实验用此方法，在证实 Pu 和 Pe 在同一个脊髓背角神经元上会聚的基础上，观察两种传入信息相互作用的时间依赖性现象。

**(1) 目的**

1) 学习条件-检验刺激方法。

2) 观察、分析躯体内脏传入输入之间的相互关系。

**(2) 步骤**

1) 手术：选用健康成年 Wistar 大鼠，性别不限。2%戊巴比妥钠（40 mg/kg）腹腔注射麻醉，行气管插管、颈静脉插管术；行椎板切除术暴露 $L_6$～$S_2$ 节段脊髓；分离骶髂关节暴露出 Pu 和 Pe，分别置于保护刺激电极上，两电极之间以厚聚乙烯薄膜隔离，以防电流扩散。用氯化筒箭毒（0.1%，0.2 ml）麻痹，接人工呼吸机。固定脊髓，用游丝镊撕开硬脊膜，在脊髓暴露部分敷温热石蜡油。保持大鼠呼气末 $CO_2$ 浓度为 3%～4%，肛温为 37±1℃。

2) 刺激与记录：经隔离器给予 Pu 和 Pe 1.5～3.0 倍阈值的方波单脉冲刺激（200 μm，1 Hz），两神经的刺激强度保持阈值的同样倍数。用玻璃微电极在 $L_6$～$S_2$ 节段背角记录细胞外诱发放电，信号输入计算机分析系统。

3) 观察：应用条件-检验刺激技术，随机选用一条神经给予条件刺激，另一施以检验刺激，两刺激间隔 1～400 ms。逐渐缩短刺激时间，记录检验刺激反应被半数抑制或刚刚发生时的刺激间期。交换刺激方式，重复上述记录。

**(3) 注意事项**

1) 分离骶髂关节时应注意防止出血。

2) 分别给予 Pu 和 Pe 条件刺激和检验刺激时，两神经的刺激要保持阈值的相同倍数。

**(4) 结果示例**（图 2-1-17）

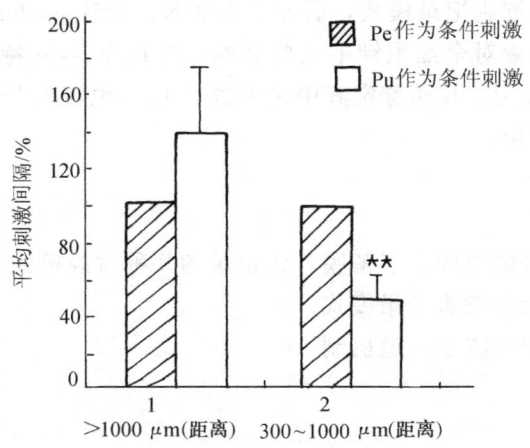

图 2-1-17 位于脊髓表面下 300～1000 μm 和 1000 μm 神经元在不同条件刺激下引起时间
依赖性抑制的刺激间期

（王润萍等，2000）

## 思 考 题

1. 比较以 Pu 为条件刺激、Pe 为检验刺激或二者互换时的抑制间期有何不同？
2. 用上述结果可以解释哪些临床现象？

（李菁锦）

### 参 考 文 献

吕国蔚. 1994. 躯体内脏相关的神经基础. 生理科学进展, 25 (4): 337～339
王润萍, 李菁锦, 吕国蔚. 2000. 盆神经和阴部神经传入在大鼠腰骶髓的相互作用. 生理学报, 52 (2): 115～118

## 2.1.18 缺氧预适应鼠脑提取液对 ATP 敏感性钾电流的作用

缺血/缺氧预适应是指通过事先短暂的重复轻度缺血/缺氧动员机体内在的防护能力，从而对随后的更为严重的缺血/缺氧损伤产生强大的保护作用。作为一种更积极有效的防治手段，预适应机制已成为当前抗缺血/缺氧研究的一大热点。ATP 敏感性钾通道（$K_{ATP}$）广泛分布于各种可兴奋细胞上，并在这些组织的生理及病理活动中发挥重要的调节作用。$K_{ATP}$ 在 $[ATP]_i$ 或 $[ATP]_i/[ADP]_i$ 正常或升高时处于关闭状态；在 $[ATP]_i$ 或 $[ATP]_i/[ADP]_i$ 降低时开放。由于它的这种特性，使其将细胞的代谢活动与细胞的电活动联系起来，从而使机体的兴奋性水平和代谢水平相互协调，增加了机体的适应能力。因而它在缺血/缺氧及其预适应中的作用颇受关注。

海马是中枢神经系统内对缺氧最为敏感的部位之一。本实验在急性分离的大鼠海马神经元上应用膜片钳全细胞记录模式，研究了 NaCN、腺苷（adenosine, Ado）和缺氧预适应小鼠脑匀浆提取液对全细胞钾电流的影响，并以 $K_{ATP}$ 的特异性阻断剂格列本脲（Glibenclamide, GLI）为工具药鉴定其中是否含有 $K_{ATP}$ 电流成分，由此探讨 $K_{ATP}$ 在脑缺氧及其预适应中的作用。

**(1) 目的**

1) 掌握膜片钳记录的原理，了解膜片钳记录的几种常规模式。
2) 熟悉膜片钳记录全细胞记录模式。
3) 了解缺氧预适应的离子通道机制。

**(2) 步骤**

1) 小鼠脑匀浆上清液的制备：成年昆明小鼠（体重 18~22 g），称重后置于经过标定的含新鲜空气的广口瓶内，以橡皮塞密闭。待小鼠出现喘呼吸、翻正反射消失，记时并立即取出，转移至另一相同容积含新鲜空气的广口瓶内密闭观察。如此重复 4 次。1 次和 4 次缺氧小鼠（$H_1$，$H_4$）以及作为对照的未经缺氧小鼠（$H_0$）断头取脑。每个鼠脑放入 2 ml 0℃ 浴槽液中，低温条件下用超声波组织细胞粉碎机制成脑匀浆。4℃冷冻离心（15 000 r/min，30 min）。取上清液，冷藏备用。

2) 大鼠海马神经元的酶-机械联合法急性分离：将 10~15 d 的 SD 乳鼠快速断头取脑，置于 0℃ 人工脑脊液（ACSF, mmol/L: NaCl 126、KCl 5、$CaCl_2$ 2、$NaHCO_3$ 26、$NaH_2PO_4$ 1.25、$MgSO_4$ 2、Glucose 10，以 NaOH 调至 pH7.4）中分出海马，沿长轴切成约 500 μm 厚的脑片，放入室温（18~22℃）下的 ACSF 中孵育 1~2 h。取少量脑片置于含 0.1%（1 g/L）PronaseE 的 ACSF 中，在 32℃ 恒温水浴中消化 20 min。以上过程中持续通以 95% $O_2$+5% $CO_2$ 的混合气。用含 10 mmol/L HEPES 的 ACSF 冲洗 3 或 4 次。用尖端火抛光的直径分别为 300 μm 和 150 μm 的 Pasteur 吸管吹打成细胞悬液。经 200 目滤膜过滤后，滴加于事先涂有 0.1% 多聚赖氨酸的盖玻片上。静置 20~30 min 以待细胞贴附。然后以浴槽液（mmol/L: NaCl 140、KCl 5、$CaCl_2$ 2、$MgCl_2$ 1、HEPES 10、G 10、$CdCl_2$ 0.3，以 NaOH 调至 pH7.4）冲洗去未贴壁的细胞和因活性较差贴壁不牢的细胞以及多余碎片，再加入适量浴槽液准备记录。所有液体用前均用 100% $O_2$ 饱和。

3) 大鼠海马神经元的全细胞膜片钳记录：玻璃微电极经抛光后尖端直径约为 1~2 μm，充灌电极内液（mmol/L: KCl 130、$MgCl_2$ 1、$CaCl_2$ 1、HEPES 10、EGTA 10、$CdCl_2$ 0.3，以 KOH 调至 pH7.4）后阻抗为 2~6 MΩ。记录在 18~22℃ 的室温下进行。采用常规的全细胞膜片钳记录。当电极尖端与细胞膜之间形成高阻封接（大于 5 GΩ）后，撤除正压稍给负压形成常规全细胞模式。信号的收集处理采用 Pclamp 5.7.1 软件。信号滤波为 1 kHz。在命令电压 A 里（图 2-1-18Aa），保持电压（holding poten-

tial）设为－60 mV。命令电压从－120 mV 至＋100 mV，阶跃 20 mV，每阶测试电压持续 400 ms，然后返回保持电压位持续 1 s 后开始下一阶测试电压。在命令电压 B 里（图 2-1-18Ab），保持电压设为－60 mV；命令电压从－60 mV 至＋40 mV，并持续 100 ms 以失活内向电流；然后用锯齿波从＋40 mV 复极化－120 mV。此段电流曲线的斜率的大小可反映膜电导的大小。

4）鼠脑匀浆上清液对海马神经元 $K_{ATP}$ 电流的影响：以 NaCN 复制海马神经元化学性缺氧模型，以腺苷作为标准对照，观察 $H_0$、$H_1$、$H_4$ 鼠脑匀浆上清液的作用。在形成全细胞记录模式并记录到稳定的电流信号后，用自制的给药装置向记录槽内分别加入 5.4 mmol/L 的 NaCN、10 $\mu$mol 的 Ado 或 1：5 比例的鼠脑匀浆上清液，3～4 min 后记录电流变化。然后再分别向记录槽内加入 30 $\mu$mol 的 GLI，4 min 后记录电流反应。

5）数据处理及统计学检验：实验结果以均数±标准差（Mean±SD）表示。统计学处理应用 SPSS 统计软件包。各实验因素处理前后的比较采用配对 $t$ 检验。各实验因素之间的比较采用单因素方差分析，其中均数之间的两两比较采用 Neuman Keuls 检验。以 $P<0.05$ 作为差异具有显著性的标准。

**(3) 注意事项**

1）中枢神经元的急性分离是膜片钳记录成功的关键。必须得到分离完整、表面光滑、活性良好、存活时间较长的神经元，才能保证以较高的成功率获得极高电阻值的封接（$R_{seal} \geqslant 10$ G$\Omega$），以提高信噪比及延长记录时间，获得大量可用于软件精确分析的信号。急性分离出的神经元在相差显微镜下的外观是判断细胞活性的重要指标。按照我们的方法急性分离出的活性较好的神经元在相差显微镜下表面光洁，膜光滑连续，胞体部分有较强的晕光。胞质透亮，折光系数均匀，无黑色颗粒状沉着。神经元直径约为 5～20 $\mu$m。神经元外形多为锥形、三角形或多边形。多数细胞带有一个较长的轴突和 1～3 个稍短的树突。为检验细胞活性，可在浴液中加入 0.1% 的台盼蓝作染色，贴壁细胞不着色，说明分离的细胞活性良好。活性较差的神经元胞质暗黑，胞体膨胀变形。胞质内折光不均匀，有黑色颗粒状沉着。胞膜不完整有断裂，不够光洁。有时轴突呈念珠状。按照我们的方法急性分离出的神经元在不给予氧饱和浴槽液灌流的条件下，活性可维持 2～4 h，即在 2～4 h 内均可以较容易的形成高阻封接。在 4 h 之后，细胞活性开始下降，细胞逐渐变黑变暗，高阻封接成功率开始下降。

2）在膜片钳记录中，应该尽量选取活性好的神经元。在细胞分离出之后 2 h 之内，可以达到 60%（$n>1000$）的高阻封接率，获得 5～10 G$\Omega$ 的高阻封接，形成细胞贴附式膜片钳记录。高阻封接机械稳定性良好，可维持 10～30 min 甚至长达 1 h 之久。

形成高阻封接后，在细胞活性较好时，由于细胞膜弹性良好，可以很容易的以负压破膜，形成全细胞模式，同时维持很高的封接电阻。在细胞活性较好时，也很容易达成内面朝外式及外面朝外式。在屏蔽条件良好时，也能获得高信噪比的单通道信号用于软件的进一步精确分析。

在急性分离出的神经元上，可以记录到 $Na^+$ 通道及 $K^+$ 通道的单通道信号，也可以在全细胞模式下记录到较大的全细胞 $Na^+$ 电流及全细胞 $K^+$ 电流的各种成分，这说明我们的方法较温和,比较完整的保留了神经元膜的各类离子通道及电生理学特性。

**(4) 结果示例**(图 2-1-18A、B、C、D、E)

1) NaCN 增强外向钾电流的效应可被 GLI 降低:在命令电压 a 下,加入 5.4 mmol NaCN,4 min 后外向钾电流明显增加,再施加 30 μmol GLI,4 min 后外向钾电流的增加受到明显抑制(图 2-1-18B、C)。运用 CLAMPAN5.7.2 的 Substract 功能,从施加 GLI 前记录到的外向钾电流中减去施加 GLI 后记录到的外向钾电流,便得到 GLI 敏感性钾电流成分。运用 CLAMPAN 模块做出其 I-V 曲线,其与 V 轴的交点即该电流的翻转电位(erev)。该电流的翻转电位接近由 Nernst 方程计算出的 $K^+$ 平衡电位(−70 mV),表明该电流成分为 $K^+$ 电流。提示 NaCN 诱导的化学缺氧可以激活 GLI 敏感性 $K^+$ 电流。在命令电压 b 下,加入 5.4 mmol/L NaCN,4 min 后在 40 mV 膜电位水平外向钾电流变大。而且复极段斜率变大,表明膜电导增加。再施加 30 μmol/L GLI,4 min 后外向钾电流的增加受到明显抑制,而且膜电导的增加也受到抑制(图 2-1-18Cb)。

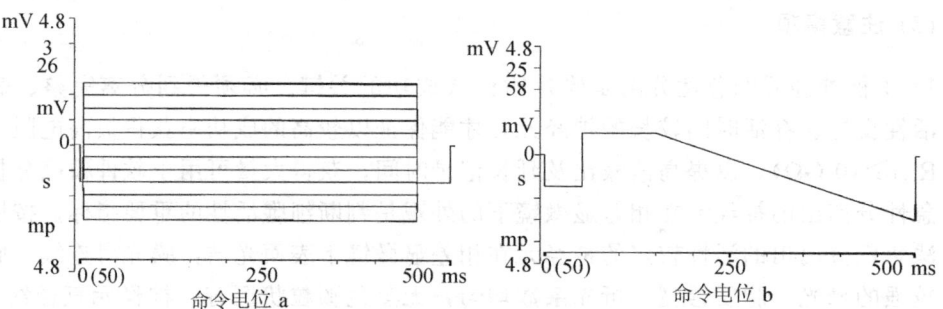

图 2-1-18A 膜片钳全细胞记录的命令电压

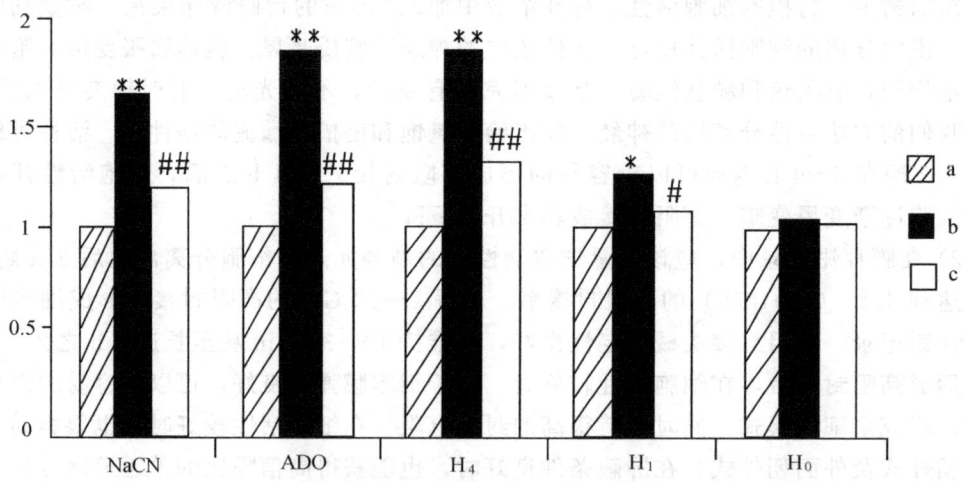

图 2-1-18B 缺氧预适应鼠脑提取液对 ATP 敏感性钾电流的作用

a. 对照;b. 加药前;c. 加药后;**:$P<0.01$,*:$P<0.05$,b 和 a 比较;##:$P<0.01$,#:$P<0.05$,c 和 b 比较

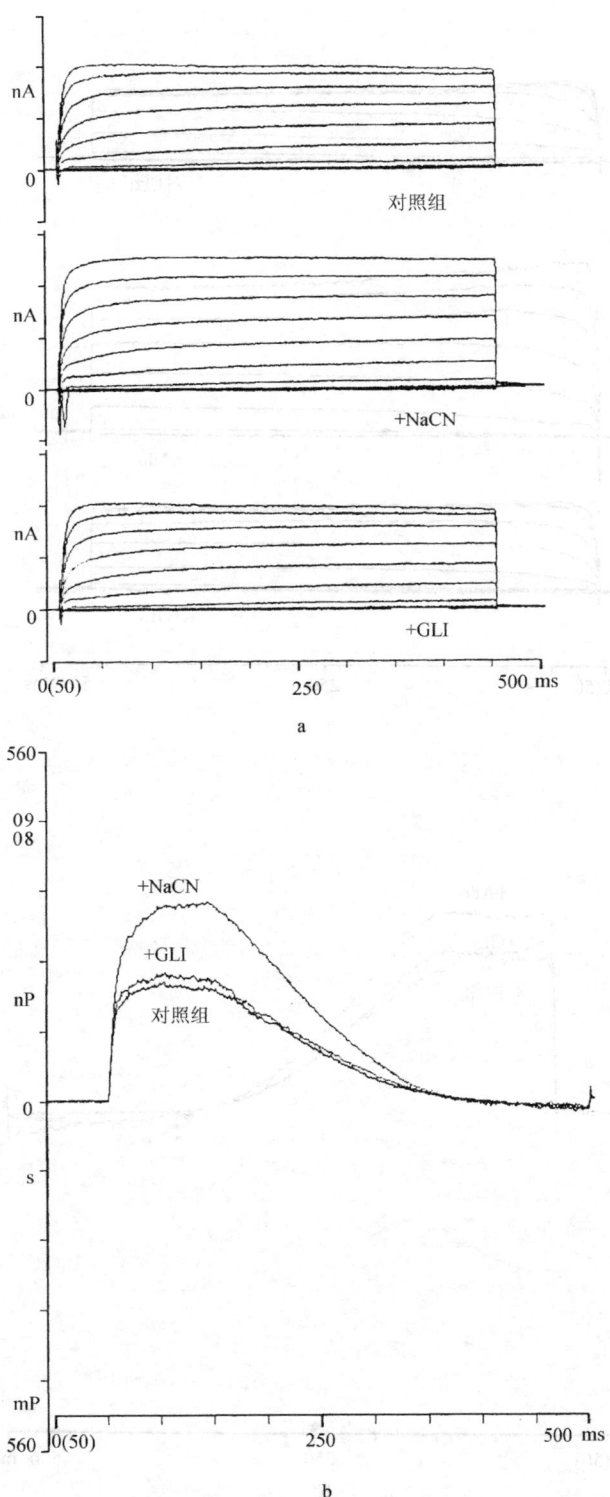

图 2-1-18C  NaCN 增强外向钾电流的效应被 GLI 降低

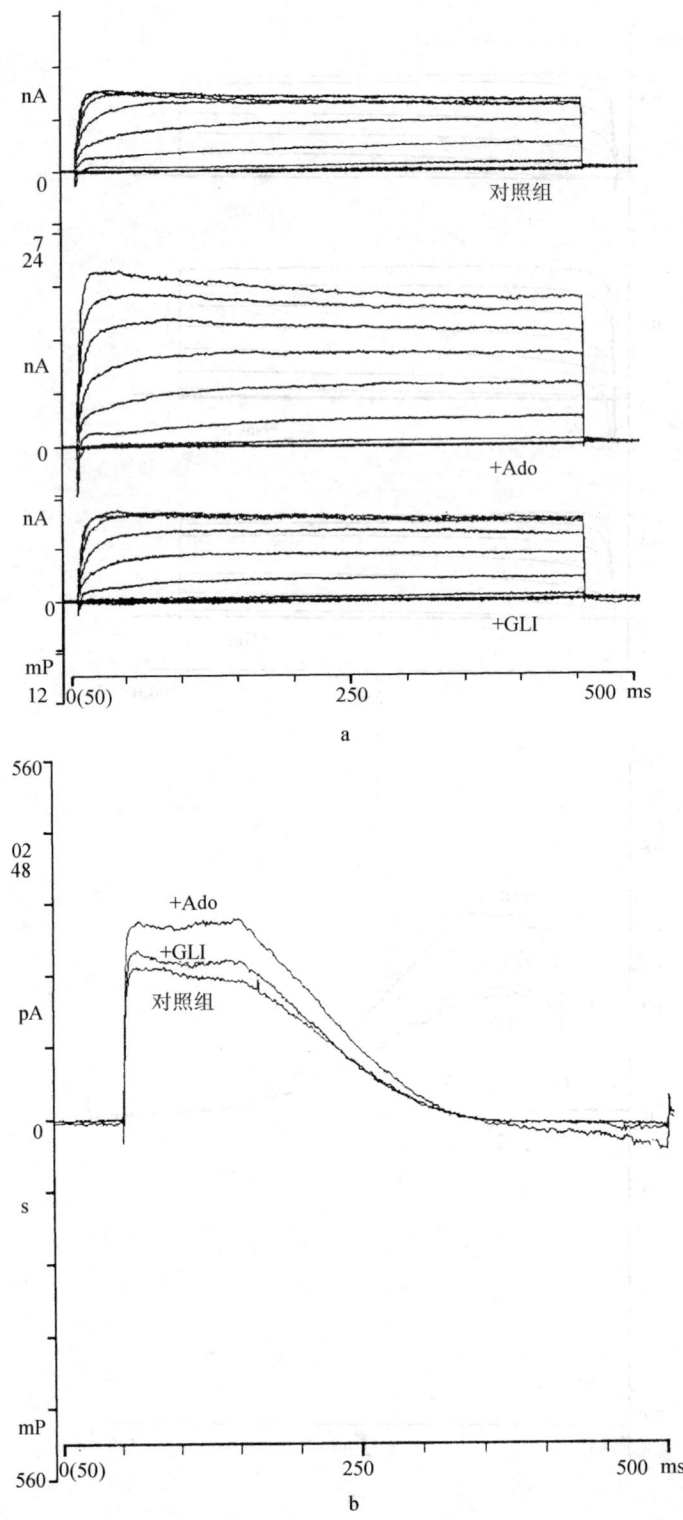

图 2-1-18D Ado 增强外向钾电流的效应被 GLI 降低

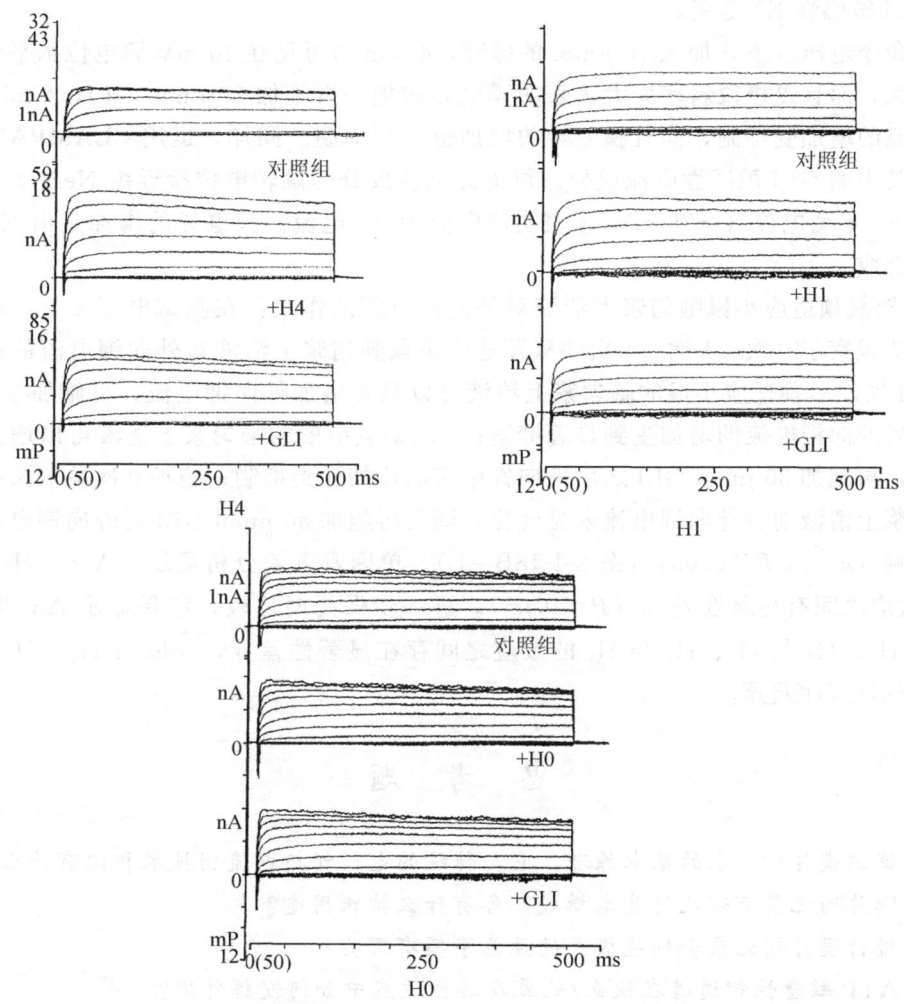

图 2-1-18E　缺氧预适应鼠脑提取液对 ATP 敏感性钾电流的作用

同样，运用 CLAMPAN5.7.2 的 Substract 功能，以施加 GLI 之前得到的信号减去施加 GLI 之后得到的信号，可分离出其中的 GLI 敏感性钾电流成分。此电流成分的翻转电位接近由 Nernst 方程计算出的 $K^+$ 平衡电位（$-75$ mV），表明该电流成分为 $K^+$ 电流，膜电导的增加是由 $K^+$ 电导的增加造成。

2）Ado 增强外向钾电流的效应可被 GLI 降低：在命令电压 a 下，加入 10 μmol/L 的 Ado，4 min 后外向钾电流明显增强，随后再施加 30 μmol/L 的 GLI，4 min 后外向钾电流的增加受到明显的抑制（图 2-1-18B、D）。

运用 CLAMPAN 模块的 Substract 功能，从施加 GLI 前记录到的电流中减去施加 GLI 后记录到的电流，得到 GLI 敏感性电流成分。运用 CLAMPAN 模块做其 I-V 曲线，其 I-V 曲线与 V 轴的交点，即为该电流成分的翻转电位，它接近由 Nernst 方程计算出的 $K^+$ 平衡电位 $-75$ mV，可见该电流成分为 $K^+$ 电流。以上结果提示，Ado 可以激活 GLI 敏感性 $K^+$ 电流。

在命令电压 b 下，加入 10 $\mu$mol 的腺苷，4 min 后可见在 40 mV 膜电位水平外向钾电流变大，而且复极段斜率变大，表明膜电导增加。再施加 30 $\mu$mol GLI，4 min 后外向钾电流的增加受抑制，而且膜电导的增加也受到抑制。同样，运用 CLAMPAN 模块分离出其中的 GLI 敏感性电流成分。可见此电流成分的翻转电位接近由 Nernst 方程计算出的 $K^+$ 平衡电位（-75 mV），表明该电流为 $K^+$ 电流。膜电导的增加是由 $K^+$ 电导的增加造成。

3）缺氧预适应小鼠脑匀浆上清液对外向钾电流的作用：在测试电压 a 下，运用相同的方法观察了 0 次、1 次、4 次缺氧预适应小鼠脑匀浆上清液对外向钾电流的作用时发现，4 次缺氧预适应小鼠的脑匀浆上清液可以显著增加外向钾电流，再施加 30 $\mu$mol GLI 之后外向钾电流的增加受到显著抑制；1 次缺氧小鼠的脑匀浆上清液可以增加外向钾电流，再施加 30 $\mu$mol GLI 之后外向钾电流的增加受到抑制；施加 0 次缺氧预适应小鼠脑匀浆上清液前后外向钾电流未见变化，随后再施加 30 $\mu$mol GLI 对外向钾电流大小亦无影响（$n=7$, $P<0.05$）（图 2-1-18B、E）。单因素方差分析显示，Ado、$H_4$、$H_1$、$H_0$ 的效应之间有显著性差异（$P<0.05$）。进一步做两两比较，结果显示 Ado 与 $H_0$、Ado 与 $H_1$、$H_4$ 与 $H_0$、$H_4$ 与 $H_1$ 的效应之间存在显著性差异，Ado 与 $H_4$、$H_1$ 与 $H_0$ 之间未见显著性差异。

## 思 考 题

1. 试述膜片钳记录的基本原理。它与传统的电压钳与电流钳技术相比有什么优势？
2. 膜片钳记录有哪几种基本模式？各有什么特殊用途？
3. 进行膜片钳记录全细胞模式的注意事项有哪些？
4. ATP 敏感性钾通道在缺血/缺氧及其预适应中如何发挥作用？

（张晓非）

### 参 考 文 献

吕国蔚. 1996. 预适应研究的现状与前景. 中国神经科学, 3（2）：92~96

吕国蔚, 史美棠, 李凌等. 1992. 急性重复缺氧对小鼠缺氧耐受性的影响及其机制的初步探讨. 中国病理生理杂志, 8（4）：425~428

Noma A. 1983. ATP-regulated $K^+$ channels in cardiac muscle. Nature, 305: 147~148

## 2.2 神经化学实验

### 2.2.1 缺氧耐受小鼠脑匀浆提取液的抗缺氧作用

实验提示小鼠经急性重复缺氧，可能使组织细胞，特别是脑细胞发生了某种可塑的或适应性的变化，从而导致动物对缺氧具有非常高的耐受水平。本实验将进一步验证动物经急性重复缺氧在产生缺氧耐受性的同时其脑组织中是否产生了缺氧耐受物质。

首先制备缺氧动物脑组织匀浆提取液，给未经缺氧动物注射，以动物在低压舱内的存活时间为指标，观察其缺氧耐受性的变化。

**(1) 目的**

1) 掌握小鼠脑组织的剥离技术。
2) 掌握组织匀浆技术及匀浆器的正确使用。
3) 掌握应用低压舱技术测定动物缺氧耐受性。

**(2) 仪器及试剂**

1) 手术器械：小骨钳1把，小剪刀1把，大剪刀1把，调和刀1把。
2) 仪器：刻度吸管（5 ml），离心管，匀浆管，离心机，超声波细胞粉碎机，注射器（1 ml），真空干燥器，真空泵，秒表。
3) 试剂：生理盐水。

**(3) 步骤**

1) 脑匀浆提取液的制备：匀浆制备是神经化学研究的基本方法之一，是从组织、细胞及细胞器等不同层次研究神经组织形态结构及化学组成的初级阶段。

2) 通过匀浆器（乳钵、研磨器、超声波细胞粉碎机等）的机械性研磨，将组织或细胞破碎，以观察细胞甚至细胞器的形态结构，并通过匀浆悬浮介质抽提组织中的某些化学组成成分，进行分析测定或分离提取。

3) 为保证破碎程度和组织成分的性质不发生改变，需选用不同的匀浆悬浮介质和匀浆条件。常用的匀浆悬浮介质有生理盐水、缓冲液、蔗糖液等。多数匀浆操作在低温下进行，以抑制酶的活性。

a. 取体重18~20 g的昆明小鼠，不拘性别，将其断头、取脑。用断髓法处死动物，自颈部将头切下，剥去皮肤及头骨、骨膜、暴露全脑。取出脑组织用生理盐水冲洗，用滤纸吸干，称重，放入匀浆管中，按1∶4的比例加入预冷的生理盐水。

b. 匀浆液制备：将上述匀浆管固定在超声波细胞粉碎机中轴上，调节换能器高度，使变幅杆末端插入样品液面10~15 mm，并且插在容器的中心位置上，将超声波电源的功率调节旋钮向逆时针方向调至中间位置，将总定时设为2 min，工作时间10 s，间歇时间5 s，准备好后即可开机。将匀浆液移至离心管中，平衡后放入离心机内，4000 r/min离心5 min，取上清液备用。

4) 缺氧耐受动物脑匀浆提取液的耐缺氧作用：取18~20 g的成年昆明小鼠9只，性别不限，随机分成3组。

A组：为生理盐水对照组，腹腔注射0.9%生理盐水1 ml。

B组：为脑匀浆提取液对照组，腹腔注射正常小鼠的脑匀浆提取液1 ml。

C组：为实验组，腹腔注射经4次急性重复缺氧小鼠的脑匀浆提取液1 ml，注射后立即将3组小鼠同时放入低压舱内，较快减压至2.7 kPa（20 mmHg）观察，并记录各组小鼠存活时间。

**(4) 注意事项**

1) 断头取脑动作要快，最好在15～30 s内完成。

2) 使用超声波细胞粉碎机时，变幅杆未插入液体内而置于空气中时（空载）不可开机，否则会损坏换能器或超声波发生器。

3) 换能器在支架上要牢固，防止突然下滑使末端变形或损伤。

**(5) 结果示例**（图2-2-1）

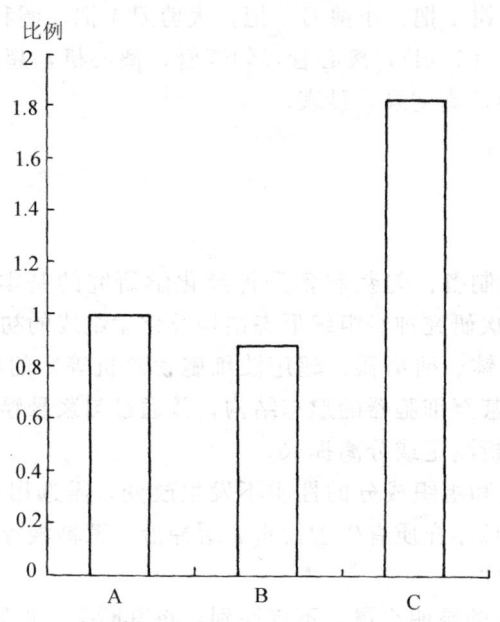

图2-2-1　腹腔注射脑匀浆提取液对小鼠缺氧耐受时间的影响
A. 生理盐水对照；B. 缺氧1次鼠脑提取液；C. 缺氧4次鼠脑提取液（吕国蔚和史美棠等，1992）

## 思 考 题

1. C组动物的结果与A组、B组有何不同？为什么？
2. 经腹腔注射的脑匀浆提取液如何到达脑实质？

（李　凌　李思颉）

## 参 考 文 献

吕国蔚,史美棠.1992.急性重复缺氧对小鼠缺氧耐受性的影响及其机制的初步探讨.中国病理生理杂志,8(4):425~428

库柏(徐晓利等译).1980.生物化学工具.北京:人民卫生出版社

## 2.2.2 急性重复缺氧小鼠脑单胺类含量的变化

单胺类物质在中枢神经系统中比较活跃,其生理功能是多方面的。许多资料证明,不少神经系统的疾病与单胺类物质的代谢异常有关。其中与5-羟色胺(5-HT)、多巴胺(DA)以及去甲肾上腺素(NE)等物质的关系更为密切。有关脑缺血和单胺类神经递质的相关性,早在20世纪70年代已有许多报道,但由于所采用的实验模型、缺血程度、分析方法、缺血部位等不同,结果往往未臻一致。单胺类神经递质与急性重复缺氧的关系尚少见报道。

单胺类物质测定方法很多,有酶标法、放射免疫法及高效液相光谱法等,各有千秋。本实验用荧光法检测缺氧1次、4次及未经缺氧处理动物脑中5-HT及其代谢产物5-HIAA的含量。荧光法测定5-HT、5-HIAA的原理是,5-HT、5-HIAA在酸性条件下,用邻苯二甲醛(OPT)-半胱氨酸聚合生成相应荧光物质,此物质的浓度在一定范围内与荧光强度呈线形关系,从而可定量测定5-HT、5-HIAA。

**(1) 目的**

1)掌握急性重复缺氧动物模型的复制。
2)掌握脑匀浆提取液的制备。
3)掌握荧光法测定单胺类含量的技术。

**(2) 仪器与试剂**

1) 仪器:650-10S型荧光分光光度计,1 cm×1 cm石英比色杯;超声波细胞粉碎仪;50 ml、25 ml容量瓶;10 ml具塞刻度试管;1 ml、2 ml、5 ml、10 ml刻度吸管;40 μl、200 μl、1000 μl加样器;25 ml、500 ml烧杯;吸球,滴管,电炉;康氏振荡器。

2) 试剂:

标准溶液:分别用5-羟色胺硫肌酐(5-HT)和5-羟吲哚乙酸(5-HIAA)配制成为250 mg/L标准贮备液,放入冰箱用时按所需浓度稀释。

酸性正丁醇:每升重蒸馏和经氯化钠饱和的正丁醇加入0.85 ml浓盐酸(1.18 g/ml),充分摇匀。

正庚烷:将重蒸馏过的正庚烷在分液漏斗中分别用1/5体积1 mol/L NaOH及1 mol/L HCl各洗1次,最后用去离子水洗两次。

1 mol/L HCl。

5 mol/L pH 7.0磷酸缓冲液:分别取$KH_2PO_4$ 5.3 g和$Na_2HPO_4 \cdot 12H_2O$ 21.8 g

溶于 195 ml 的去离子水中，用 10 mol/L NaOH 或 $H_3PO_4$ 调至 pH 为 7.0，最后定容到 200。

乙醚（不含过氧化物）：如果含过氧化物，需用 1/10 体积的饱和硫酸亚铁洗 1 次，除去过氧化物，再用去离子水洗 4 次。

0.2% $NaIO_4$。

5%、1% 半胱氨酸。

10 mol/L HCl、11 mol/L HCl。

邻苯二甲醛溶液（OPT）：称 9 mg 的邻苯二甲醛，加 0.9 ml 10 mol/L HCl 使其溶解，此液浓度为 10 g/L。取此液 0.15 ml 于 25 ml 容量瓶中，用 10 mol/L HCl 稀释至刻度，摇匀。此溶液浓度为 0.06 g/L（10 mol/L HCl）。

取此液 0.2 ml 于 25 ml 容量瓶中，用 11 mol/L HCl 稀释至刻度，摇匀，此溶液浓度为 8 g/L（11 mol/L HCl）。

**(3) 步骤**

1) 取 6 只 18～20 g 的成年昆明小鼠雌雄不限，按随机原则分成三组。不经缺氧处理者为对照组 A，缺氧 1 次为实验组 B，缺氧 4 次为实验组 C。缺氧方式参照实验 2.6.5 进行。

2) 缺氧结束后，将三组动物立即断头取脑放入液氮中（全过程不超过 20 s）冰冻 1 min 后取出，放入经称重预冷的 6 ml 酸性正丁醇中，称重并计算脑重，用细胞粉碎机制备脑匀浆。

3) 按下列操作步骤（图 2-2-2A）测定脑匀浆 5-HT、5-HIAA。

取标准贮备液 5-HIAA 50 μl、5-HT 100 μl 分别放入 5 ml 容量瓶内，用双蒸水稀释至刻度，取 20 μl 加入内标管。

**(4) 被测样品含量计算**

$$\frac{样品荧光读数-组织空白荧光读数}{内标管荧光读数-样品荧光读数} \times 100 \times \frac{X}{2.5} \times \frac{1}{Y} \div 分子质量$$

式中，$X$ 为用于作匀浆的正丁醇体积（ml），$Y$ 是脑组织的重量（g），结果以克分子/克新鲜组织表示。

**(5) 注意事项**

1) 邻苯二甲醛溶液（OPT）现用现配。

2) 5%、1% 半胱氨酸现用现配。

3) 剥离脑要迅速，在 15～30 s 内完成立即放入液氮中。

**(6) 结果示例**（图 2-2-2B）

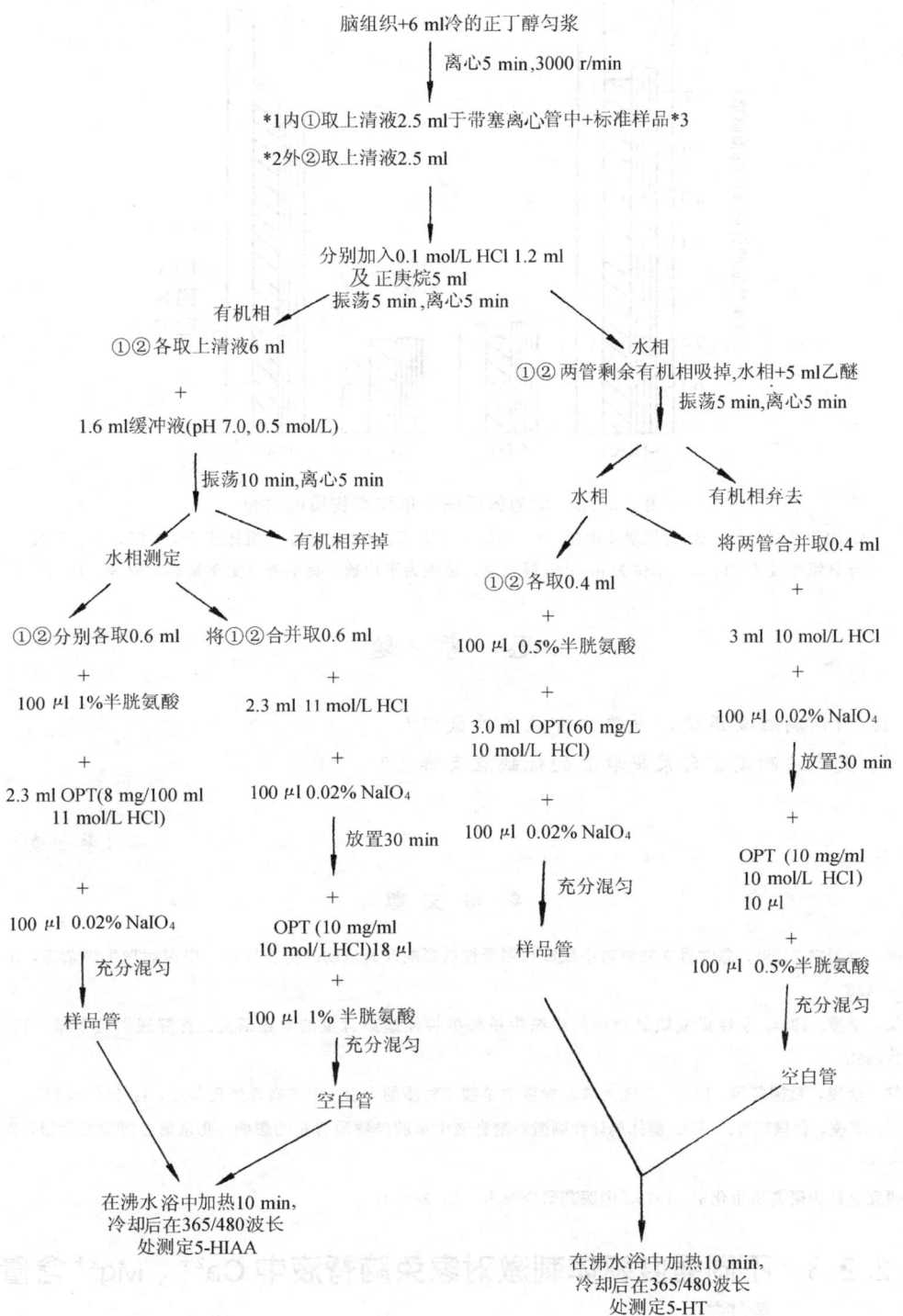

图 2-2-2A 测定脑匀浆 5-HT 和 5-HIAA 步骤示意
*1：内标管；*2：外标管；*3：标准样品

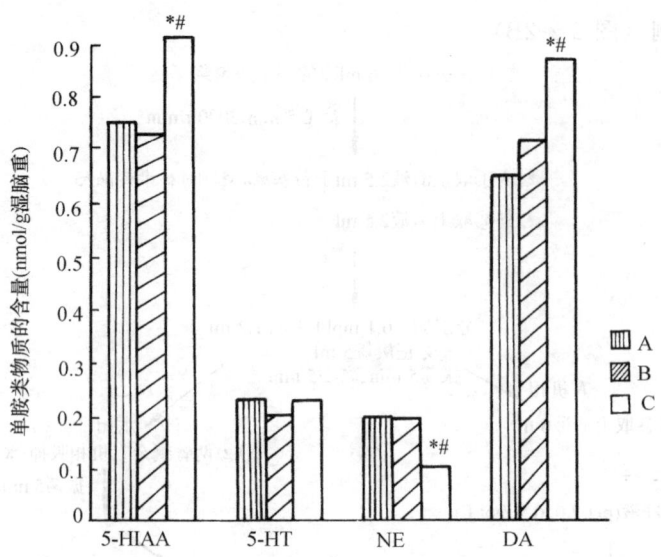

图 2-2-2B 动物脑组织中单胺类物质的含量

A. 为正常对照组；B. 为缺氧1次组；C. 为缺氧4次组。*：C组与A组比较 $P<0.05$；#：C组与B组比较 $P<0.05$。单位为nmol/g湿脑重，数值为平均数±标准差（史美棠和李凌等，1994）

## 思 考 题

1. 为何剥脑要迅速，并要立即放入液氮中？
2. 荧光法测定脑匀浆提取液的优缺点有哪些？

(李 凌)

### 参 考 文 献

吕国蔚，史美棠. 1992. 急性重复缺氧对小鼠缺氧耐受性的影响及其机制的初步探讨. 中国病理生理杂志，8（4）：425～428

史美棠，李凌. 1994. 急性重复缺氧动物脑组织中单胺类神经递质含量的对比研究. 首都医学院学报，15（4）：251～253

史美棠，李凌，吕国蔚等. 1988. 头痛患者脑脊液中单胺类物质的含量. 中国病理生理杂志，4：286～287

史美棠，李凌，何国瑞等. 1986. 躯体局灶性刺激对脑脊液中单胺类物质含量的影响. 北京第二医学院学报，7（1）：15～18

中医研究院针灸研究所生化室. 1975. 中医药研究参考，5：38～42

## 2.2.3 不同强度躯体刺激对家兔脑脊液中 $Ca^{2+}$、$Mg^{2+}$ 含量的影响

$Ca^{2+}$ 属第二信使，$Mg^{2+}$ 是 Mg-ATP 酶系统的组成成分。神经系统中二者的含量极

少，但其浓度变化却对神经系统的机能活动和神经递质的释放有着深刻的影响。目前，关于 $Ca^{2+}$、$Mg^{2+}$ 与疼痛的关系，电针镇痛时脑内 $Ca^{2+}$、$Mg^{2+}$ 等离子含量的变化已有报道。本实验用 EDTA 络合滴定法，检测动物局灶性不同强度刺激对脑脊液中的 $Ca^{2+}$、$Mg^{2+}$ 含量的影响。

**(1) 目的**

1) 掌握不同强度电针刺激家兔的方法。
2) 学习直接小脑延髓池穿刺抽取家兔脑脊液。
3) 学习 EDTA 络合滴定法测定 $Ca^{2+}$、$Mg^{2+}$ 含量。

**(2) 仪器与试剂**

1) 仪器：57-6 型电脉冲医疗刺激仪；针灸针；1 ml 注射器；100 ml、250 ml 烧杯；250 ml 容量瓶；1 ml、25 ml 刻度移液管；250 ml 滴定管；乳钵。

2) 试剂：

金属锌（分析纯）：先用 1:1 HCl 处理几分钟，除去表面氧化物；再用水漂洗几次，除去 HCl；最后用丙酮漂洗 1 次，置于空气中，使丙酮蒸发备用。

$NH_4OH-NH_4Cl$ pH 10 缓冲液：称取 $NH_4Cl$ 154 g，加去离子水溶解，加 380 ml 浓氨水，调 pH 至 10，定容成 1000 ml。

铬黑 T 指示剂：将 1 g 铬黑 T 指示剂与 100 g NaCl 混合，磨细备用。

0.01 mol/L EDTA-2Na (2-二胺四乙酸二钠盐)：称取 EDTA 0.19 g（含 2 分子结晶水），溶于 200 ml 温去离子蒸馏水中，全溶混匀后，定容至 500 ml。

钙指示剂：钙指示剂：NaCl＝1:100，二者于乳钵中混匀研细即可使用。

**(3) 步骤**

1) 取 2～3 kg 成年家兔 4 只，性别不限。腹位固定在兔板上，随机分成四组：

A 组：对照组，不予电针刺激，单纯固定 1 h。

B 组：弱刺激组，模拟电针刺激组，通过针灸针在家兔双侧相当于"环跳穴"处，给以 20 次/s 的电脉冲刺激 1 h，刺激强度以家兔出现保持下肢颤动为指征。

C 组：强刺激组，模拟伤害性刺激，在弱刺激相同穴位处，给家兔 60 次/s 的电脉冲刺激 1 h。刺激强度以动物出现并保持嘶叫和强烈挣扎为指标。

D 组：弱加强刺激组或同时刺激组，模拟在伤害性刺激的同时给予电针镇痛。按上述强、弱刺激指标分别找到刺激强度后，同时刺激 1 h。刺激部位，强刺激仍为"环跳穴"，弱刺激在"环跳穴"上方的 3.3 cm (1 寸) 处进行。

2) 在刺激前后分别做脑池穿刺，抽取上述各组动物的脑脊液 1.5 ml。

3) 用 EDTA 络合滴定法，按下述原理过程测定脑脊液中 $Ca^{2+}$、$Mg^{2+}$ 含量。

a. 实验原理：在 pH 10 的条件下溶液中 $Ca^{2+}$、$Mg^{2+}$ 可和指示剂铬黑 T 络合，生成酒红色络合物，当用 EDTA 滴定时，EDTA 可取代酒红色络合物中的指示剂生成无色络合物，溶液由酒红色变成指示剂的本色——纯蓝色，此为滴定终点。因为 EDTA

和 $Ca^{2+}$、$Mg^{2+}$ 之间络合有量的关系，所以由滴定所消耗 EDTA 的量可计算出 $Ca^{2+}$、$Mg^{2+}$ 的总含量。

溶液在 pH12 的条件下，$Mg^{2+}$ 可生成 $Mg(OH)_2$ 沉淀。钙指示剂和 $Ca^{2+}$ 生成红色络合物，以 EDTA 进行结合滴定时，所得结果为 $Ca^{2+}$ 的浓度。从上述结果 $Ca^{2+}$、$Mg^{2+}$ 的总含量中减去 $Ca^{2+}$ 的含量可获得 $Mg^{2+}$ 的含量。

b. 实验步骤：

配好各种溶液，备用。

标定 EDTA 溶液：因为要以 EDTA 的含量为基准，计算 $Ca^{2+}$、$Mg^{2+}$ 含量，所以必须首先对 EDTA 进行标定。

准确称取金属锌 0.15～0.20 g，放在 250 ml 烧杯中，加 1:1 HCl 5 ml，使锌完全溶解，然后转移到 250 ml 容量瓶中，定容至刻度，摇匀。取此液 25 ml 置于 250 ml 三角瓶中，滴加 1:1 氨水，待溶液中出现白色 $Zn(OH)_2$ 沉淀时，加入 pH10 的缓冲液 10 ml，用去离子水，使成为 100 ml，加少量（约 0.1 g）铬黑 T 指示剂，用待标定的 EDTA 溶液进行滴定。锌溶液由酒红色变成纯蓝色为滴定终点。重复上述过程三次，取均值，按下式计算 EDTA 溶液的浓度。

$$M = \frac{W \times 1/10 \times 1000}{V \times 65.37} \times 1000$$

式中，$M$ 为 EDTA 溶液的浓度（mol/L）；$W$ 为锌的重量（mg）；$V$ 为滴定所耗 EDTA 溶液的毫升数；65.37 为锌的原子量。

脑脊液中 $Ca^{2+}$、$Mg^{2+}$ 含量的测定过程：取上述实验所抽取的脑脊液 0.5 ml 加 0.1 ml 1% NaOH，加少许钙指示剂，三者共倒于小试管中，混合均匀。用已标定的 EDTA 溶液滴定，溶液由红色变成纯蓝色为滴定终点，记录消耗 EDTA 毫升数。

取 0.5 ml 去离子水，加 0.1 ml 1% NaOH 溶液，加少许钙指示剂，按上述操作滴定，记录消耗 EDTA 的毫升数。此为空白对照。将上述 EDTA 滴定数减去空白滴定数，按以下公式计算脑脊液 $Ca^{2+}$ 的含量。

$$Ca^{2+} \text{浓度（mol/L）} = \frac{V_1 \times M_{EDTA} \times 40.01}{0.5}$$

式中，$V_1$ 为 EDTA 消耗数；$M$ 为 EDTA 浓度（mol/L）；40.01 为钙的原子量。

另取 0.5 ml 脑脊液加 0.1 ml pH 10 的缓冲液，加少许铬黑 T 指示剂，三者共置于小试管中，用 EDTA 溶液滴定，待溶液由酒红色变成纯蓝色即为终点。记录 EDTA 毫升数。取 0.5 ml 去离子水，按上述方法进行空白对照滴定，二者之差为 $Ca^{2+}$、$Mg^{2+}$ 总滴定 EDTA 毫升数。按公式：

$$Mg^{2+} \text{浓度（mol/L）} = \frac{(V_2 - V_1) \times M_{EDTA} \times 24.3}{0.5}$$

式中，$V_2$ 为 $Ca^{2+}$、$Mg^{2+}$ 总消耗 EDTA 毫升数；$V_1$ 为 $Ca^{2+}$ 消耗 EDTA 毫升数；$M_{EDTA}$ 为 EDTA 溶液浓度（mol/L）；24.3 为镁的原子量。

**(4) 注意事项**

1) 带血脑脊液不能用。
2) 由于延髓池靠近生命中枢，进针抽取脑脊液时，必须特别小心。

**(5) 结果示例**（图 2-2-3）

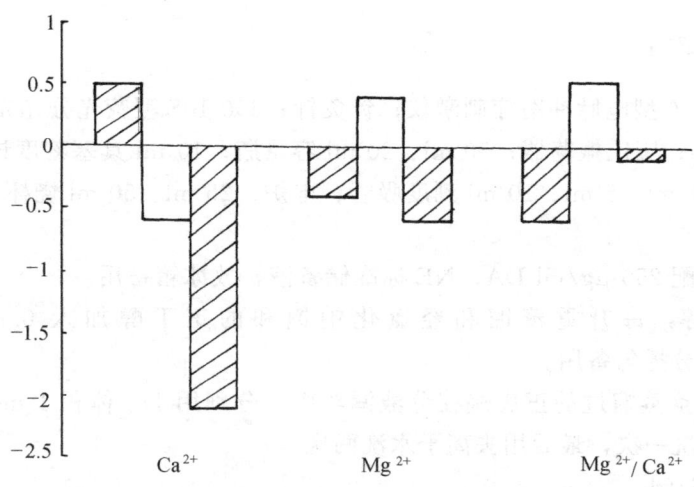

图 2-2-3　强、弱及强＋弱刺激组刺激前后 $Ca^{2+}$、$Mg^{2+}$ 含量及其含量变化的比较
（史美棠等，1981）

## 思 考 题

1. EDTA 络合滴定法测 $Ca^{2+}$、$Mg^{2+}$ 的关键是什么？应注意哪些事项？
2. 弱刺激对强刺激的 $Ca^{2+}$、$Mg^{2+}$ 含量有什么影响？为什么？

（史美棠）

### 参 考 文 献

华北农业大学．1987．定量分析．上海：上海出版社
史美棠，张澄波，吕国蔚．1981．躯体局灶性刺激对脑脊液中钙、镁离子含量的影响．科学通报，26（23）：1466～1468

## 2.2.4　不同强度躯体刺激对家兔脑脊液中单胺类含量的影响

中枢神经递质是调节机体生理活动的重要物质基础。中枢神经递质种类很多，单胺类神经递质是其中的一类，包括多巴胺（DA）、去甲肾上腺素（NE）、5-羟色胺（5-HT）等。DA 及 NE 等单胺类神经递质与疼痛、电刺激的关系已有报道。本实验用荧

光法检测不同强度刺激家兔脑脊液中 DA 及 NE 的含量。

**(1) 目的**

1) 掌握不同强度电刺激家兔"环跳穴"的动物模型。
2) 学习家兔第四脑室埋管手术。
3) 学习荧光法检测脑脊液中 DA、NE 等单胺类含量的技术。

**(2) 仪器与试剂**

1) 仪器：57-6 型电脉冲医疗刺激仪；针灸针；650-10S 型荧光分光光度计，1 cm×1 cm 石英比色杯；康氏振荡器；50 ml、20 ml 容量瓶；10 ml 具塞刻度试管；25 ml 分液漏斗；1 ml、2 ml、5 ml、10 ml 刻度吸管；电炉；25 ml、50 ml 烧杯；吸球、滴管。

2) 试剂：

标准溶液：配 250 μg/ml DA、NE 标准储备液，放冰箱备用。

酸性正丁醇：每升重蒸馏和经氯化钠饱和的正丁醇加入 0.85 ml 浓盐酸（1180 g/L），充分摇匀备用。

正庚烷：将重蒸馏过的正庚烷在分液漏斗中，分别用 1/5 体积 1 mol/L NaOH 和 1 mol/L HCl 各洗一次，最后用去离子水洗两次。

0.1 mol/L HCl。

乙醚（不含过氧化物）：若含过氧化物，需用 1/10 体积饱和硫酸亚铁洗 1 次，除去过氧化物，再用去离子水洗 4 次。

1/15 mol/L pH 7.2 磷酸缓冲液：分别取 $KH_2PO_4$ 0.7 g 和 $Na_2HPO_4 \cdot 12H_2O$ 2.9 g 溶于 195 ml 去离子水中，用 10 mol/L NaOH 或 $H_3PO_4$ 调至 pH 7.2，最后定容到 200 ml。

$I_2$ 试剂（0.1 mol/L）：称 1.27 g $I_2$ 溶于 100 ml 无水乙醇中。

饱和 $Na_2SO_3$。

6 mol/L 乙酸。

45% $H_3PO_4$。

**(3) 步骤**

1) 家兔第四脑室埋管：家兔用异戊巴比妥钠 40 mg/kg 静脉麻醉，头顶部备皮至常规消毒。按 Sawyer 家兔脑定位法在 $P_5$、$R_5$ 处用牙钻打一半透小孔，捻入一个 2 mm×2 mm 的平扣螺丝作为桩柱。另在 $P_4 \sim P_{13}$ 开一条宽 1.5 mm 的槽型窗，挑破硬脑膜，将消毒塑料管沿硬脑膜腹面向枕骨大孔插入约 1.3 cm，见脑脊液流出，封口。

2) 进行躯体局灶性刺激：选用无感染、能顺利抽取脑脊液的术后家兔，随机分为四组（参见上一个实验），腹位固定在兔板上，参照上一个实验进行不同强度刺激。于刺激前后，由第四脑室埋管抽取脑脊液。

3) 用荧光法检测脑脊液中 DA 和 NE 的含量：按上述流程操作（图 2-2-4A）并以同样操作取 100 mg 标准溶液测定标准品光密度。

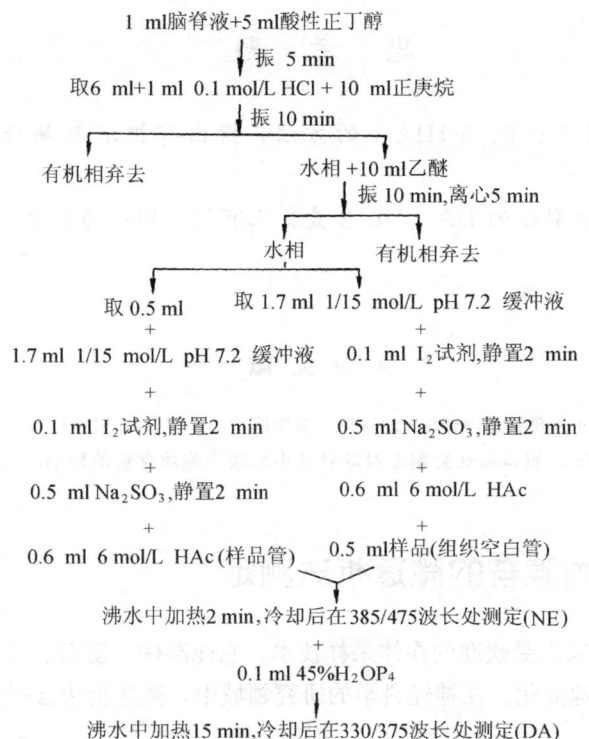

图 2-2-4A 荧光法检测脑脊液中 DA 和 NE 含量流程示意图

4) 计算公式：

$$\text{nm}/100\text{ ml 脑脊液} = \frac{\text{样本荧光读数} - \text{空白荧光读数}}{\text{标准品荧光读数} - \text{空白荧光读数}} \times 100 \div \text{分子质量} \times 100$$

式中，第一个 100 为标准品含量（ng）；第二个 100 为 100 ml 脑脊液中物质含量（ng）。

**(4) 结果示例**（图 2-2-4B）

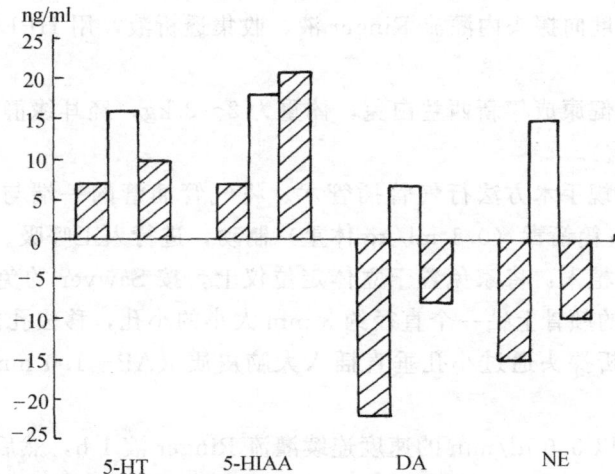

图 2-2-4B 不同躯体刺激下脑脊液中单胺类物质含量的变化
第 1 列为强刺激；第 2 列为弱刺激；第 3 列为强＋弱刺激（史美棠等，1986）

## 思 考 题

1. 比较荧光检测 5-HT、5-HIAA 的方法，指出有机溶剂抽提过程的不同，为什么？
2. 强刺激与弱刺激引起的 DA、NE 含量变化有何不同？为什么？

(李　凌)

### 参 考 文 献

何国瑞. 1985. 家兔经颅顶向小脑延髓池埋管法. 北京第二医学院学报，6（1）：67～68

史美棠，李凌，何国瑞等. 1986. 躯体局灶性刺激对脑脊液中单胺类物质含量的影响. 北京第二医学院学报，7（1）：15～17

## 2.2.5　兔脑内腺苷的微透析法测定

微透析技术是近年来广受欢迎的在体采样技术。它能准确、动态、活体地观察与测定细胞外液中某些物质浓度地变化。在神经科学的研究领域中，微透析法已得到广泛的应用。

**(1) 目的**

1) 学习微透析技术的原理。
2) 掌握微透析技术的基本操作。
3) HPLC 的基本操作。

**(2) 步骤**

1) 回收率的测定：将透析探头置于标准腺苷溶液中，用微灌流泵（TXDTS/110）以 3.0 $\mu$l/min 的速度向探头内灌流 Ringer 液，收集透析液，用 HPLC 测定，观察探头对腺苷的回收率。

2) 麻醉：选择健康成年新西兰白兔，体重为 2～3 kg。经耳缘静脉注射 4％戊巴比妥钠（1 ml/kg 体重）。

3) 手术：按常规手术方法行气管插管术。将气管插管的一端与人工呼吸机相连。经耳缘静脉注射 1％筒箭毒（0.1 ml/kg 体重）制动，进行人工呼吸。

4) 透析探头的植入：将家兔置于立体定位仪上，按 Sawyer 的兔脑立体定位图谱，在大脑皮质区上方的颅骨上钻一个直径约 3 mm 大小的小孔，移去孔内的硬脑膜，暴露大脑表面，将微透析探头通过小孔垂直插入大脑皮质（AP－1.0 mm，ML＋1.0 mm，DV－3.0 mm）。

5) 样品收集：以 3.0 $\mu$l/min 的速度连续灌流 Ringer 液 1 h，然后每 20 min 在冰盒内收集动物的脑透析液。

6) 样品的测定：收集到的透析样品直接用 HPLC 测定。色谱柱为 ODS，

125 mm×4.0 mm，5 μm；预处理柱为 ODS，4.0 mm×4.0 mm，5 μm；流动相 A 为甲醇，B 为 0.01 mol/L 的磷酸二氢钠，pH=5.7，A∶B=1∶6，流速为 0.8 ml/min；可变波长检测器，检测波长为 254 nm；柱温为 30℃；进样量为 40 μl。以外标法定量。

**(3) 注意事项**

透析探头的关键部分是探头的透析膜，因为透析膜极易破损，所以一定要将透析膜保护好。

**(4) 结果示例**（图 2-2-5）

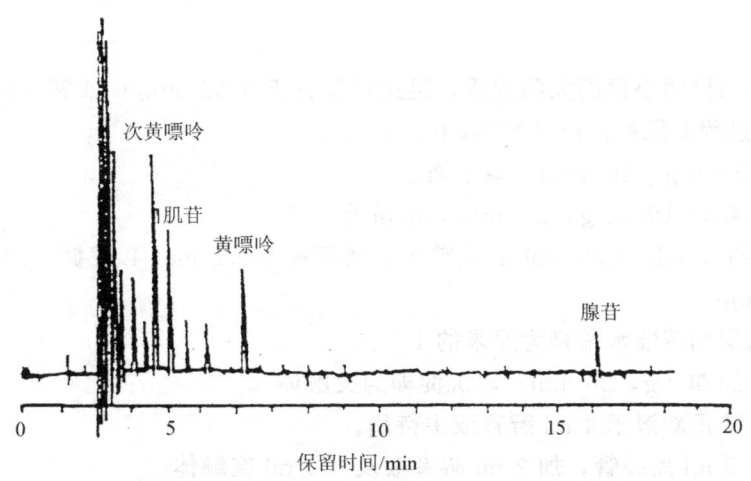

图 2-2-5 家兔脑内微透析样品的 HPLC 色谱图
（侯燕芝和吕国蔚，1997）

## 思 考 题

1. 为什么要测定微透析探头的回收率？
2. 与其他的生化检测方法相比，微透析技术有什么优点？

（崔秀玉）

### 参 考 文 献

侯燕芝，吕国蔚. 1997. 兔脑内腺苷的微透析法测定. 基础医学与临床，17（2）：157～160
赵兰峰，梁荣照，何京延. 1988. 刺激家兔一侧颈上交感神经节对脑电活动的影响. 首都医学院学报，9（2）：96～98

## 2.2.6 缺氧对小鼠大脑皮质突触体 LDH 透出率的影响

突触体是神经元突起与主体断裂并重新密闭成具有一定生物活性的亚细胞结构，突触体的直径在 0.5 μm 左右，只有在电镜下才能观察到。它在电镜下的结构主要包括以下几部分：①直径约 0.5 μm 的球型结构；②有突触小泡；③有少量线粒体；④有突触后膜附着。本实验通过离心方法提取小鼠大脑的突触体，测定缺氧3 h后突触体的LDH透出率。

**(1) 目的**

1）掌握突触体的提取方法。
2）测定缺氧对突触体LDH透出率的影响。

**(2) 仪器与试剂**

1）仪器：手术器械，离心机，匀浆器，匀浆管，试管。
2）试剂：生理盐水，蒸馏水，0.32 mol/L 蔗糖，0.8 mol/L 蔗糖。

**(3) 步骤**

1）取出两只昆明小鼠的大脑皮质，迅速将其置于0.32 mol/L 蔗糖（9 ml）中，进行匀浆，匀浆过程要保持低温（4℃以下）。
2）离心（1500 $g$, 10 min），取上清。
3）将上清离心（9000 $g$, 20 min），取沉淀。
4）沉淀溶于5 ml, 0.32 mol/L 蔗糖中，然后置于0.8 mol/L 蔗糖（25 ml）上离心（9000 $g$, 15 min）。
5）取中间层用蒸馏水稀释为原来的1/3。
6）离心（25 000 $g$, 20 min）取沉淀即为突触体。
7）将突触体重新溶于4 ml 孵育液中待用。
8）取两只5 ml 离心管，加2 ml 孵育液及0.5 ml 突触体。
9）在其中一管中通入氮气，另一管中通入氧气。
10）经过3 h后分别测定两管中的LDH透出率。

**(4) 注意事项**

1）突触体提取过程中要保持低温；否则，突触体活性会受到破坏。
2）匀浆过程中动作要轻柔；否则，会打碎突触体膜。
3）保持突触体渗透压的稳定。

**(5) 结果示例**（图2-2-6）

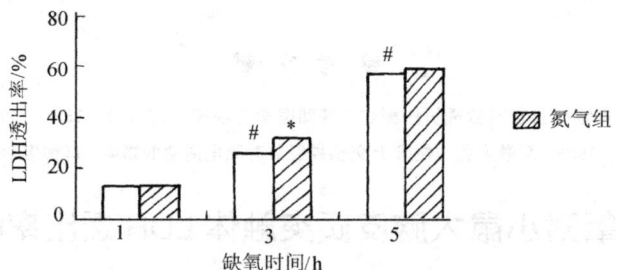

图2-2-6 缺氧对突触体LDH透出率的影响

$n=15$, * 为与对照组有显著性差异；# 表示与同1 h氧气组组数据有显著性差异

（刘亮和吕国蔚, 2001）

## 思 考 题

为什么中间层提取出来后要稀释为原来的 1/3？

（刘 亮）

**参 考 文 献**

栗山欣弥. 1983. 突触体的结构与功能. 北京：人民卫生出版社
刘亮，吕国蔚. 2001. 缺氧预适应小鼠脑匀浆去蛋白液对缺氧突触体的保护作用. 中国神经科学杂志，17（4）：373～375
Gray FG. 1960. The isolation of synaptic vesicles from the central nervous system. J physiol，153：35～37
Hajo F. 1975. An improved method for the preparation of synaptosomal fractions in high purity. Brain Res，93：485～489

## 2.2.7 低氧预适应小鼠脑匀浆提取液对 PC12 细胞的保护效应

PC12 细胞是一种具有神经元特性并对缺氧敏感的嗜铬细胞瘤细胞。在神经生长因子（NGF）作用下，它能够可逆地产生 NGF 受体并长出分支和突起。该细胞中含有高密度的嗜铬样颗粒，并能合成、贮存、释放儿茶酚胺和乙酰胆碱等神经递质，对缺氧敏感，是神经生物学和神经生物化学研究中有用的模型。我们发现，小鼠经重复间断密闭低氧作用后，对低氧的耐受性逐次线性增加，该动物的脑匀浆提取液使正常在体动物对低氧的耐受性显著提高，提示有保护作用。本实验在培养 PC12 细胞离体制备上，验证急性重复低氧动物脑匀浆提取液是否对 PC12 细胞也具有类似的保护作用。

**(1) 目的**

1) 了解细胞传代的一般过程。
2) 了解用比色法测定培养液中的乳酸脱氢酶（LDH）。
3) 验证重复低氧动物脑匀浆提取液对 PC12 细胞的保护效应。

**(2) 仪器与试剂**

1) 仪器：超声波细胞粉碎机，离心机，$CO_2$ 培养箱，紫外分光光度计。
2) 试剂：85％低糖 DMEM，15％马血清，0.25％胰蛋白酶，青霉素 G100 U/ml，链霉素 100 mg/ml，$NaHCO_3$ 调 pH 7.0～7.2。

**(3) 步骤**

1) 脑匀浆提取液的制备：将昆明小鼠随机分为 0 次低氧、1 次低氧、4 次急性重复低氧组。断头、取脑，分别加入 4 ml 预冷的 PBS，用超声波细胞粉碎机制成匀浆液，15 000 r/min，4℃离心 30 min。取上清液，用 0.22 $\mu$m 滤膜过滤除菌，备用。
2) 细胞制备：取生长良好的 PC12 细胞，用 0.25％的胰酶消化制成单细胞悬液，计数后以 $2\times 10^5$ 个细胞/皿的密度接种于 35 mm 培养皿中，37℃、5％ $CO_2$ 条件下，培养 24 h。
3) 取 10 皿细胞，各组细胞于换液后分别向培养皿中加入 0 次（$H_0$）、1 次（$H_1$）、4

次（$H_4$）急性低氧小鼠脑匀浆提取液 50 μl 或等量 PBS（pH 7.4），[模型组（M）与对照组（C）]置 37℃、5% $CO_2$ 培养箱中培养。待细胞长满单层后，将 $H_0$、$H_1$、$H_4$ 及 M 组细胞移入 37℃，含 90% $N_2$、10% $CO_2$ 的密闭容器内缺氧培养 24、48、72 h，C 组细胞在原条件继续培养。

4）用 LDH 测定试剂盒测定各皿培养液中 LDH 含量。

**(4) 注意事项**

1）细胞用胰酶消化时要注意掌握适度，时间太短，消化不够；时间太长，细胞生长不利。

2）LDH 测定时空白对照不能加辅酶 I。

**(5) 结果示例**（图 2-2-7）

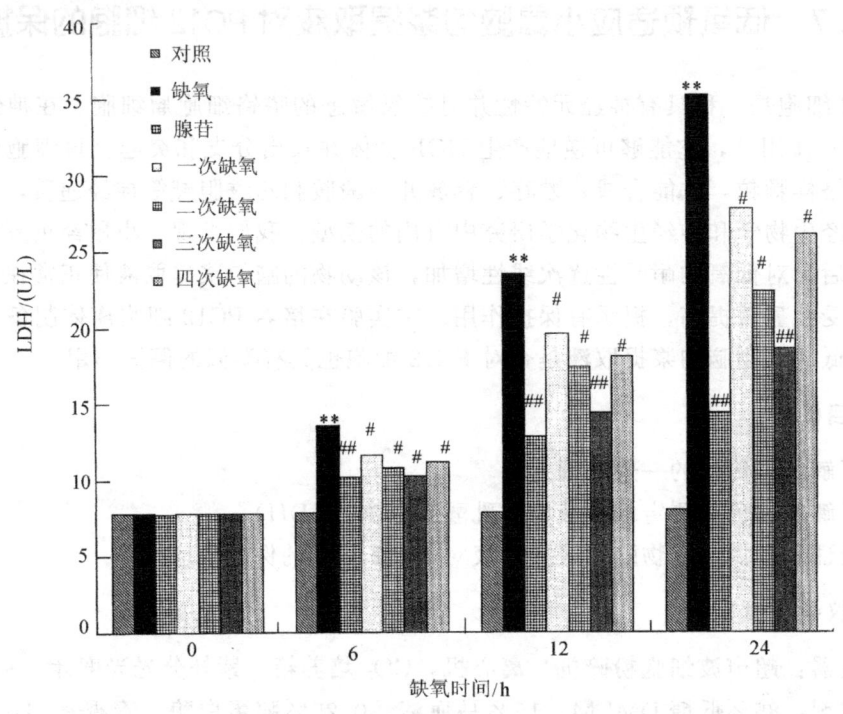

图 2-2-7  腺苷及预适应小鼠脑匀浆提取液对缺氧的 PC12 细胞 LDH（U/L）活力的影响
（马丽江，未发表资料）

# 思 考 题

1. 培养液中所测 LDH 含量高低能说明什么问题？
2. 离体情况下鉴定脑匀浆提取液的保护作用有哪些优点？

（董苍转）

## 参 考 文 献

吕国蔚, 史美棠, 李凌. 1992. 急性重复脑缺氧对小鼠缺氧耐受性的影响及其机制的初步探讨. 中国病理生理杂志, 8 (4): 425~428

Greene LA, Tischler AS. 1976. Establishment of a noradrenergic clonal line of rat adrenal pheochromocytoma cells which respond to nerve growth factor. Proc Natl Acad Sci USA, 73 (7): 2424~2428

Greene LA, Aletta JM, Rhkenstein A, et al. 1987. PC12 pheochromocytoma cultures in neurobiological research. Adv Cell Neurobio, 3: 373~414

Millhorn DE, Conforti L, Beitner-Johnson D, et al. 1996. Regulation of ionic conductances and gene expression by hypoxia in an oxygen sensitive cell line. Adv Exp Med Biol, 410: 135~142

## 2.3 神经组织免疫细胞化学实验

### 2.3.1 延髓背角和中缝大核内的 P 物质样阳性结构——免疫细胞化学或免疫荧光细胞化学染色法

延髓背角亦称三叉神经脊束核尾侧亚核 (caudal spinal trigeminal nucleus, Vc), 其结构和机能类似于脊髓背角。Ⅰ层是 Vc 最背部的一薄灰质层, 此层神经元可分为大小两种类型。Ⅰ层含多种神经活性物质和受体。Ⅱ层在横断面切片上呈现为一半透明的带状区, 因此亦被称为胶状质 (substantia gelatinosa, SG)。Ⅱ层又可分为较窄的外侧带 (Ⅱo) 和较宽的内侧带 (Ⅱi)。Ⅱ层神经元主要有两类细胞: 柄细胞 (stalked cell) 和岛细胞 (islet cell)。终止于Ⅰ层和Ⅱ层的纤维终末来源于初级传入神经元的中枢突、上位脑结构的下行投射纤维和局部 (中间) 神经元的轴突终末。中缝大核 (nucleus raphe magnus, NRM) 是脑干内参与"下行抑制系统"构成、对外周伤害性信息向中枢的传递发挥调控作用的重要核团之一。P 物质 (substance P, SP) 是最早发现的神经肽, 其在脑内不仅有广泛的分布, 而且有复杂的功能, 尤其在伤害性信息传递 (外周) 和调控 (中枢) 过程中发挥着重要的作用。因此, 观察 Vc 和 NRM 内 SP 样阳性结构的分布, 对于深入研究中枢内源性痛抑制系统的神经活性物质, 具有重要的意义。

**(1) 目的**

1) 熟悉形态学研究的一般步骤。
2) 掌握免疫细胞化学和免疫荧光细胞化学染色技术。
3) 学习辨认免疫荧光染色阳性结构。
4) 加深对肽类神经活性物质的认识。
5) 了解普通明视野显微镜和荧光显微镜的使用方法。
6) 了解使用秋水仙碱的原理。

**(2) 步骤**

1) 实验动物: 成年 SD 大鼠, 雌雄不拘。分为两组: ① 正常组; ② 秋水仙碱预处理组：大鼠经戊巴比妥钠（40 mg/kg）腹腔深麻后开颅，用微量注射器将 10 $\mu l$ 含 0.1%秋水仙碱（cholchicine）的生理盐水注入侧脑室。动物存活 12～48 h。

2）灌注、固定、取材：将两组大鼠用戊巴比妥钠（40 mg/kg）腹腔深麻后开胸，经左心室插管至升主动脉，先以生理盐水 100 ml 快速冲去血液，再以 500 ml 含 4%多聚甲醛和 0.2%苦味酸的 0.1 mol/L 磷酸缓冲液（PB，pH 7.4）灌注固定，持续 1.5～2 h。取脑，放置于上述新鲜固定液中后固定 4～6 h（4℃），然后将组织块移入含 30% 蔗糖的 0.1 mol/L PB 内（4℃）。

3）切片：待组织块在蔗糖溶液中沉底后，用冷冻切片机或恒冷箱切片机冠状冻切延髓（正常组）和脑桥段（秋水仙碱预处理组），片厚 30 $\mu m$，隔 2 张取 1 张，切片均分 3 套收集于 0.01 mol/L 磷酸盐缓冲液（PBS，pH 7.4）中待用。

4）免疫细胞化学或免疫荧光细胞化学染色：

a. 步骤一：

① 取正常组大鼠第 1 套切片入兔抗 SP 血清（1∶5000），室温（20～25℃）孵育 18～24 h。

② 将切片移入 Biotin 标记的羊抗兔 IgG 血清（1∶200），室温孵育 4 h。

③ 入 Avidin 结合的 HRP（1∶100），室温孵育 2 h。

④ 用二胺基联苯胺（DAB）呈色反应显示免疫染色结果，反应液配制如下：Tris-HCl 缓冲液（0.05 mol/L，pH 7.6）100 ml，DAB 5 mg。

待 DAB 在 Tris-HCl 缓冲液中完全溶解后，将切片移入反应液，缓慢加入 0.03% 的 $H_2O_2$，边反应边观察。

⑤ 切片裱于经明胶包被的载玻片上，干燥后脱水、透明，DPX 封片。

⑥ 明视野显微镜观察，在 Vc 浅层内呈棕黄色的，即为 SP 样阳性纤维和终末。

b. 步骤二：

① 取秋水仙碱预处理组第 1 套切片入兔抗 SP 血清（1∶5000），室温孵育 18～24 h。

② 入 Biotin 标记的羊抗兔 IgG 血清（1∶200），室温孵育 4 h。

③ 入 Avidin 结合的 Texas Red（1∶100），室温孵育 2 h。

④ 将切片裱于清洁的载玻片上，用含对荧光素有保护作用的封片剂加盖玻片封片。

⑤ 荧光显微镜观察，在 G 激发状态下中缝大核内发红色荧光的即为 SP 样阳性神经元。

5）对照实验：用正常兔血清替代兔抗 SP 血清孵育各实验组的第 2 套切片，后续染色步骤与前述者相同，进行替代对照实验。

6）Nissl 染色：各实验组的第 3 套切片用于 Nissl 染色，以便对照、观察和定位免疫细胞化学和免疫荧光细胞化学染色的结果。

上述抗体和复合物的稀释均用含 10%正常羊血清和 0.5% Triton X-100 的 PBS。上述各步骤间均用 PBS 洗片（10 min/次，3 次）。

**(3) 注意事项**

1）灌注时，务必用生理盐水将血液冲净，以免血液中的成分影响免疫组化染色的结果；固定液流速宜先快后慢，以便使组织得到充分固定。

2）组织块在蔗糖溶液中沉底后，再行冰冻或恒冷箱切片，以免由于形成冰晶而破坏细胞结构。

3）免疫细胞化学染色各步骤间用PBS漂洗切片时应彻底，以免染色背底过高。

4）呈色反应时，$H_2O_2$的浓度不宜过高，且要边观察边滴加，以使反应充分并达到最佳效果。

5）封片时，勿使封片剂含有气泡，荧光切片尽量选用对荧光物质具有保护作用的封片剂。

6）待封片剂完全干燥后，将载玻片和盖玻片擦拭干净后再观察。

7）荧光切片应尽早观察结果，以免由于时间过长而使荧光物质褪色。

8）显示含神经肽的神经元的胞体，可使用秋水仙碱进行预处理。这是因为神经肽均在胞体内合成，经过与细胞骨架系统（神经微丝、微管等）有关的装置运输到终末部位。秋水仙碱预处理能使神经微丝、微管等解除聚合，处于游离状态，丧失运输神经肽的功能，使神经肽在神经元胞体内的浓度和含量增高，便于被检出。

**(4) 结果示例**（图2-3-1A、B）

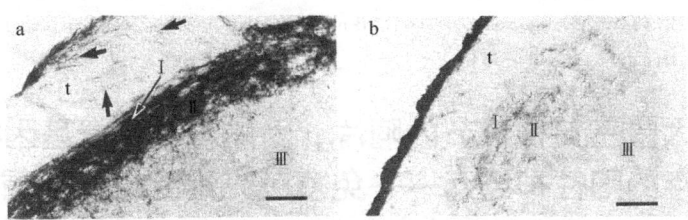

图2-3-1A　Vc浅层内的SP样阳性纤维和终末

Vc浅层（Ⅰ、Ⅱ层）内有密集的SP样阳性纤维和终末，三叉脊束（t）内也有一些SP样阳性纤维（箭）(a)；切断三叉神经初级传入后，Vc浅层和t内的SP样阳性纤维和终末几乎消失（b）。Ⅲ：第三层。标尺＝60 μm

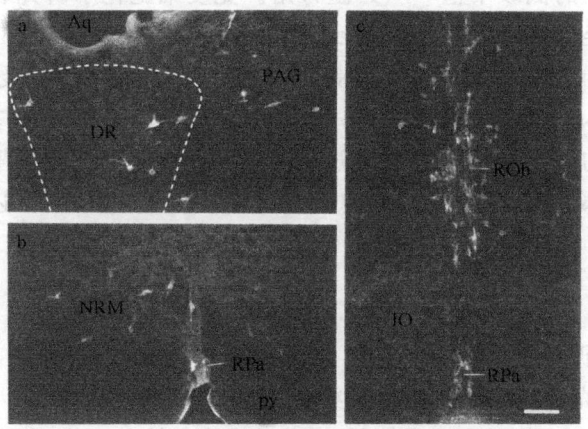

图2-3-1B　中缝核簇内的SP样阳性神经元

SP样阳性神经元在中脑导水管周围灰质（PAG）(a)、中缝背核（DR）(a)、NRM (b)、中缝苍白核（RPa）(b, c) 以及中缝隐核（ROb）(c) 内的分布。Aq：大脑导水管；IO：下橄榄核；py：锥体束。标尺＝100 μm（Li et al.，1996）

## 思 考 题

1. 用免疫细胞化学方法显示含神经肽的神经元胞体，为什么要用秋水仙碱预先处理动物？
2. 免疫细胞化学或免疫荧光细胞化学染色时的注意事项有哪些？

（王智明）

### 参 考 文 献

Hsu SM, Raine L, Fanger H. 1981. Use of avidin-biotin-peroxidase complex (ABC) in immunoperoxidase techniques: a comparison between ABC and unlabeled antibody (PAP) procedures. J Histochem Cytochem, 29 (4): 577~580

Li YQ, Wang ZM, Zheng HX, et al. 1996. Central origins of substance P-like immunoreactive fibers and terminals in the spinal trigeminal caudal subnucleus in the rat. Brain Res, 719 (1-2): 219~224

Ljungdahl A, Hökfelt T, Nilsson G. 1978. Distribution of substance P-like immunoreactivity in the central nervous system of the rat——I. Cell bodies and nerve terminals. Neuroscience, 3 (10): 861~943

Shu SY, Ju G, Fan LZ. 1988. The glucose oxidase-DAB-nickel method in peroxidase histochemistry of the nervous system. Neurosci Lett, 85 (2): 169~171

## 2.3.2 大鼠三叉神经节内阿片 μ 受体与降钙素基因相关肽共存的阳性神经元——免疫荧光细胞化学双重标记染色法

面口部伤害性感受器产生的兴奋性冲动沿三叉神经节 (trigeminal ganglion, TG) 神经元 (初级传入神经元) 的周围突传至 TG, 再经 TG 神经元胞体发出的中枢突传入感觉信息处理和调控的低级中枢——延髓背角。免疫细胞化学研究表明 TG 神经元含多种神经肽, 部分神经肽共存于同一神经元中。内源性阿片肽 (opioid peptides) 能神经元参与以镇痛为主的多种功能调节, 其镇痛作用主要通过阿片 μ 受体起作用。降钙素基因相关肽 (calcitonin gene-related peptide, CGRP) 是由 37 个氨基酸组成的神经肽, 该神经活性物质在初级感觉系统中主要分布于 TG 小神经元及延髓背角浅层 (伤害性初级传入末梢的终止部位), 与伤害性信息的传递有关, 同时 CGRP 还可加强 SP 引起的伤害性反应。

**(1) 目的**

1) 熟悉形态学研究的一般步骤。
2) 掌握免疫荧光细胞化学双重标记染色技术。
3) 观察 TG 神经元内阿片 μ 受体与 CGRP 的共存情况。

**(2) 步骤**

1) 灌注、固定、取材。
2) 成年大鼠经戊巴比妥钠 (40 mg/kg) 腹腔深麻后, 开胸, 插管至升主动脉, 先以 100 ml 生理盐水冲去血液，再以 500 ml 含 4%多聚甲醛的 0.1 mol/L 磷酸缓冲液（PB，pH 7.4）灌注固定，持续 1.5～2 h。取 TG，于上述新鲜固定液中后固定 4～6 h（4℃），然后将材料移入含 30%蔗糖的 0.1 mol/L PB 中（4℃）。

3) 切片：待材料在蔗糖溶液中沉底后，用冷冻切片机或恒冷箱切片机水平切 TG，片厚 20 μm，隔 2 张取 1 张，切片分 3 组收集于 0.01 mol/L 磷酸盐缓冲液（PBS，pH 7.4）中待用。

4) 免疫荧光细胞化学染色：

a. 取第 1 组切片置入大鼠抗阿片 μ 受体血清（1∶5000）和兔抗 CGRP 血清（1∶5000）混合液，室温孵育 18～24 h。

b. 将切片置入 Biotin 标记的驴抗大鼠 IgG 血清（1∶200），室温孵育 4 h。

c. 将切片置入荧光素（如 FITC）标记的羊抗兔 IgG 血清（1∶200）和 Avidin 标记的 Texas Red（1∶200）混合液，室温孵育 2～4 h。

d. 对照实验：取第 2 组切片，用正常兔血清和大鼠血清分别替代兔抗 CGRP 血清和大鼠抗阿片 μ 受体血清，后续步骤同前，进行对照实验。

上述抗体和复合物的稀释均用含 10%正常驴血清和 0.5% Triton X-100 的 PBS。上述各步骤间均用 PBS 洗片（10 min/次×3 次）。

5) 取第 3 组切片用 Nissl 氏染色，以便对照免疫荧光染色结果。

6) 将切片裱于载玻片上，用加有荧光物质保护剂的封片剂加盖玻片封片。

7) 荧光显微镜观察，发红色荧光的是阿片 μ 受体样免疫反应阳性 TG 神经元，发黄绿色荧光的是 CGRP 样免疫反应阳性 TG 神经元，既发红色，又呈黄绿色的 TG 神经元即为本实验所要观察的阿片 μ 受体与 CGRP 共存的阳性神经元。

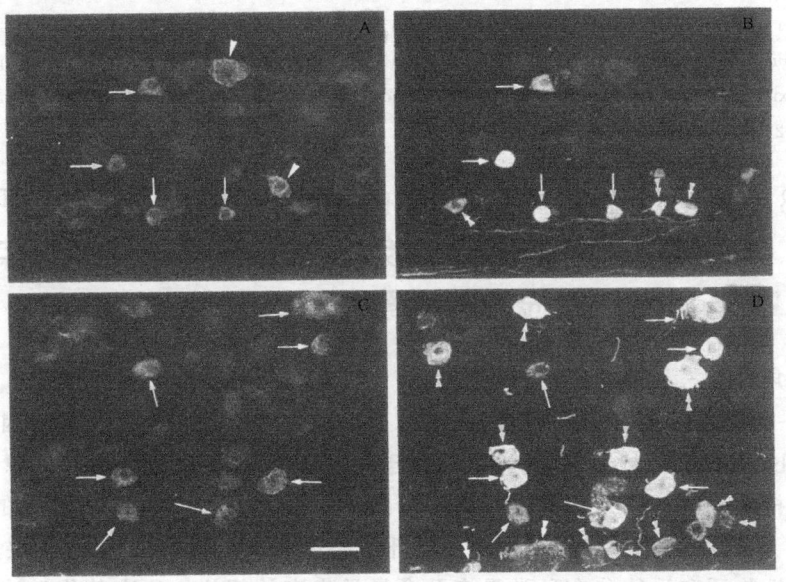

图 2-3-2 TG 内的阿片 μ 受体与 CGRP 样阳性神经元

TG 内的部分阿片 μ 受体样阳性细胞（A，B）同时显示 CGRP（C，D）样阳性。长箭头示双标阳性神经元；三角示阿片 μ 受体样单纯阳性细胞；双三角示阿片 μ 受体或 CGRP 样单纯阳性细胞。标尺＝60 μm（Li et al., 1998）

**(3) 注意事项**

1) 免疫荧光双标染色应选用动物种属不同的抗体和发射波长不同的两种荧光素。
2) 封片时应选用对荧光物质具有保护作用的封片剂，且勿产生气泡。
3) 实验完毕后，应尽早观察结果，以免由于时间过长而使荧光物质褪色。

**(4) 结果示例**（图 2-3-2）

## 思 考 题

1. 免疫双标染色为什么要选用动物种属不同的抗体？
2. 免疫荧光双标染色需用发射波长不同的两种荧光素，为什么？

（王智明）

### 参 考 文 献

Hsu SM, Raine L, Fanger H. 1981. Use of avidin-biotin-peroxidase complex (ABC) in immunoperoxidase techniques: a comparison between ABC and unlabeled antibody (PAP) procedures. J Histochem Cytochem, 29 (4): 577~580

Li JL, Ding YQ, Li YQ, et al. 1998. Immunocytochemical localization of $\mu$-opioid receptor in primary afferent neurons containing substance P or calcitonin gene-related peptide. A light and electron microscope study in the rat. Brain Res, 794 (2): 347~352

Ljungdahl A, Hökfelt T, Nilsson G. 1978. Distribution of substance P-like immunoreactivity in the central nervous system of the rat——I. Cell bodies and nerve terminals. Neuroscience, 3 (10): 861~943

Wiesenfeld-Hallin Z, Hökfelt T, Lundberg JM, et al. 1984. Immunoreactive calcitonin gene-related peptide and substance P coexist in sensory neurons to the spinal cord and interact in spinal behavioral response of the rat. Neurosci Lett, 52 (1-2): 199~204

## 2.3.3 大鼠延髓背角浅层内 P 物质样阳性终末与含钙结合蛋白神经元的联系——免疫荧光细胞化学双标染色及激光扫描共焦显微镜观察

延髓背角亦称三叉神经脊束核尾侧亚核（Vc），其浅层为Ⅰ和Ⅱ层。Ⅰ层是延髓背角最背部的一薄灰质层，Ⅱ层在横断面切片上呈现为一半透明的带状区，因此亦被称为胶状质（substantia gelatinosa，SG）。终止于Ⅰ层和Ⅱ层内的纤维终末来源于初级传入神经元的中枢突、上位脑结构的下行投射纤维和背角局部（中间）神经元的轴突终末。初级传入的 P 物质（substance P，SP）能纤维终末主要终止于Ⅱ层。Ⅱ层是整个延髓背角神经活性物质和受体分布种类最多及含量最丰富的部位，研究其化学神经解剖学特点对于揭示伤害性信息传递、调控和整合的机制具有重要意义。神经系统内钙结合蛋白（calcium-binding protein，CaBP）或称钙调蛋白（calcium-modulated protein）的种类繁多，其中较重要的是一类位于胞浆中的可溶性蛋白质，如钙调蛋白（calmodulin）、parvalbumin（PV）和 calbindin-D28K（CB）等。免疫细胞化学研究表明，延髓背角 II 层的许多中间神经元含 CB 或 PV，部分此类神经元与抑制性神经递质 γ-氨基丁酸（γ-aminobutyric acid，GABA）或甘氨酸（glycine）共存。

**(1) 目的**

1) 掌握免疫荧光双标染色技术。
2) 了解延髓背角浅层的结构特点。
3) 学习激光扫描共焦显微镜的原理及使用。
4) 观察延髓背角浅层内 P 物质样阳性终末与含钙结合蛋白神经元的联系。

**(2) 步骤**

1) 灌注、固定、取材：大鼠经戊巴比妥钠（40 mg/kg）腹腔深麻。开胸，经左心室插管至升主动脉，先以生理盐水 100 ml 快速冲去血液，再以 500 ml 含 4% 多聚甲醛的 0.1 mol/L 磷酸缓冲液（PB，pH 7.4）灌注固定，持续 1.5~2.0 h。取延髓尾段，于上述新鲜固定液中后固定 4~6 h（4℃），然后放入含 30% 蔗糖的 0.1 mol/L PB 中（4℃）。

2) 切片：待材料在蔗糖溶液中沉底后，用冷冻切片机或恒冷箱切片机横切延髓尾段，片厚 30 μm，隔 2 张取 1 张，切片分三组收集于 0.01 mol/L 磷酸盐缓冲液（PBS，pH 7.4）中待用。

3) 免疫荧光细胞化学染色：

a. 取一组切片置入兔抗 SP 血清（1∶5000）和小鼠抗 CB 血清（1∶5000）混合液，室温孵育 18~24 h。

b. 将切片置入 Biotin 标记的驴抗小鼠 IgG 血清（1∶200），室温孵育 4 h。

c. 将切片置入 FITC 标记的驴抗兔 IgG 血清（1∶200）和 Avidin 标记的 Texas Red（1∶200）混合液，室温孵育 2~4 h。

d. 对照实验：取第二组切片，用正常兔血清和小鼠血清分别替代兔抗 SP 血清和小鼠抗 CB 血清，后续步骤同前，进行对照实验。

上述抗体和复合物的稀释均用含 10% 正常马血清和 0.5% Triton X-100 的 PBS。上述各步骤间均用 PBS 洗片（10 min/次，3 次）。

4) 将第三组切片用于 Nissl 染色，以便定位免疫荧光细胞化学染色结果。

5) 将切片裱于载片上，用加有荧光物质保护剂的封片剂加盖片封片。

6) 荧光显微镜和激光扫描共焦显微镜观察，发黄绿色荧光的是 SP 样阳性终末，发红色荧光的为 CB 样阳性神经元。在发红色荧光的 CB 样阳性神经元周围若能见到有发黄绿色荧光的 SP 样阳性终末与之相接触，即为本实验所要观察的结果。

**(3) 注意事项**

1) 免疫荧光双标染色，应选用动物种属差异较大的抗体，还要选用发射波长不同的两种荧光素作为标记物。

2) 封片时，应选用对荧光物质具有保护作用的封片剂。

**(4) 结果示例**（图 2-3-3，见书后彩图）

思 考 题

1. 免疫荧光双标染色为什么需用不同种属动物的抗体？
2. 荧光双标染色对荧光素的种类有何要求？

（李云庆）

参 考 文 献

李云庆，李金莲，施际武. 1999. 大鼠延髓背角Ⅱ层含钙结合蛋白神经元与5-HT、去甲肾上腺素、GABA、甘氨酸和脑啡肽能及SP能终末的联系. 见：中国神经科学学会第二届代表大会暨第三届全国学术会议论文摘要汇编. 201

Antal M, Freund TF, Polgar E. 1990. Calcium-binding proteins, parvalbumin and calbindin-D28k immunoreactive neurons in the rat spinal cord and dorsal root ganglia: a light and electron microscopic study. J Comp Neurol, 295 (3): 467~484

Celio MR. 1990. Calbindin D-28k and parvalbumin in the rat nervous system. Neuroscience, 35 (2): 375~475

Hsu SM, Raine L, Fanger H. 1981. Use of avidin-biotin-peroxidase complex (ABC) in immunoperoxidase techniques: a comparison between ABC and unlabeled antibody (PAP) procedures. J Histochem Cytochem, 29 (4): 577~580

## 2.3.4 面口部注射甲醛溶液后大鼠延髓背角内的FOS样阳性神经元观察——免疫细胞化学染色法

延髓背角亦称三叉神经脊束核尾侧亚核（Vc），是面口部伤害性刺激信息向中枢传递的初级门户。甲醛溶液注入组织后可引起持续性、化学性的组织损伤，现多用甲醛溶液注入皮下制成的动物痛模型来研究伤害性刺激信息的传递和调控机制。FOS是c-fos原癌基因表达的蛋白产物，它可被包括伤害性刺激在内的多种刺激诱导表达，FOS的表达与中枢对伤害性刺激的应答有密切关系，有人将其假定为传递膜外信号的"第三信使"，现已被广泛用来作为研究痛信号传递和调控通路的标记物。

**(1) 目的**

1) 掌握形态学研究的一般步骤。
2) 学习甲醛溶液痛模型的制备方法。
3) 学会观察FOS样阳性神经元的形态学特点。

4）观察面口部伤害性刺激引起的 FOS 样阳性神经元在 Vc 的分布特点。

**(2) 溶液配制**

1）将瓶装的 40% 甲醛溶液用 0.01 mol/L 磷酸盐缓冲液（PBS，pH7.4）稀释 10 倍，配成 10% 的甲醛溶液。

2）乙酸缓冲液（0.2 mol/L，pH 6.0），冰乙酸（乙酸）0.58 ml，乙酸钠 25.84 g，加两次蒸馏水至 5000 ml。

**(3) 步骤**

1）甲醛溶液痛模型的制备：将大鼠在安静、避强光、温暖的环境中饲养 36 h 以上，用甲氧氟烷吸入麻醉后，在一侧口周区注射 10% 甲醛溶液 100~150 μl，在另一侧注射等量的生理盐水作为对照。动物在 3~5 min 内清醒，继续在同样的环境中存活 2 h。

2）灌注、固定、取材：大鼠经戊巴比妥钠（40 mg/kg）腹腔深麻，开胸，经左心室插管至升主动脉，先以生理盐水 100 ml 冲去血液，再以 500 ml 含 4% 多聚甲醛和 0.2% 苦味酸的 0.1 mol/L 磷酸缓冲液（PB，pH 7.4）灌注固定，持续 1.5~2.0 h。取延髓尾段，于上述新鲜固定液中后固定 4~6 h（4℃），然后将组织块放入含 30% 蔗糖的 0.1 mol/L PB 中（4℃）。

3）切片：待组织块在蔗糖溶液中沉底后，用冷冻切片机或恒冷箱切片机横切延髓尾段，片厚 30 μm，隔 2 张取 1 张，分三组收集于 0.01 mol/L 磷酸盐缓冲液（PBS，pH 7.4）中待用。

4）免疫细胞化学染色：

a. 取第一组切片置入羊抗 FOS 血清（1:4000），孵育 48 h（4℃）；再将切片置入 Biotin 化的驴抗羊 IgG 血清（1:300），孵育 12 h（4℃）；最后将切片置入 Avidin 结合的 HRP 复合物（1:300），孵育 12 h（4℃）。

b. 用 DAB-硫酸镍铵法行呈色反应。步骤如下：① 配制溶液：A 液：Tris-HCl 缓冲液（0.5 mol/L，pH 7.6）5 ml，硫酸镍铵 1.25 g；B 液：DAB 25~35 mg，两次蒸馏水 45 ml。② 混合 A 液和 B 液，混匀后将切片移入，缓慢加入 0.03% 的 $H_2O_2$，每次约加 5 μl，室温下反应约 30 min，边反应边观察。

c. 对照实验：取第二组切片，用正常羊血清替代羊抗 FOS 血清，后续步骤同前，进行对照实验。

上述抗体和复合物的稀释均用含 10% 正常羊血清和 0.3% Triton X-100 的 PBS。上述各步骤间均用 PBS 洗片（10 min/次，3 次）。

5）Nissl 染色：取第三组切片进行 Nissl 染色，以便定位免疫细胞化学染色的结果。

6）将切片裱于经明胶包被的载玻片上，晾干；经梯度乙醇脱水后，用二甲苯透明；然后用 DPX 加盖片封片。

7）显微镜观察，胞核呈蓝黑色，而胞浆和胞膜不染色的为 FOS 阳性神经元。

**(4) 注意事项**

1) 制备甲醛溶液痛模型时，尽可能避免对动物过多来源的刺激。
2) 甲醛溶液痛模型的对照实验对于解释和分析实验结果非常重要，一定要高度重视。
3) $H_2O_2$ 一定要缓慢加入，应边反应边观察，以免反应的背底过深。

**(5) 结果示例**（图 2-3-4）

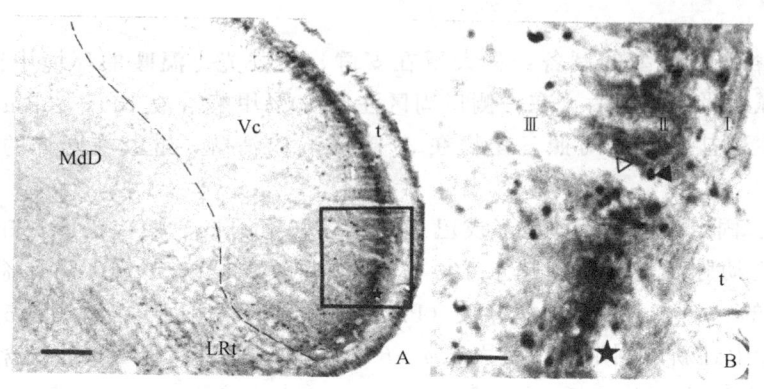

图 2-3-4　Vc 内 FOS 样阳性神经元与初级传入 C 纤维终末的分布

Vc 浅层内有密集的 FOS 样阳性神经元和初级传入 C 纤维终末（A，B）；B 图为 A 图中方框内的局部放大像，在 FOS 样阳性神经元（▲）周围有密集的初级传入 C 纤维终末（△）与之相接触。Ⅰ～Ⅲ：Vc 的 Ⅰ～Ⅲ 层；LRt：外侧网状核；MdD：延髓网状结构背侧部；t：三叉脊束；★：血管。标尺：A＝350 $\mu m$；B＝70 $\mu m$（王智明等，1996）

## 思 考 题

1. 制备甲醛溶液痛模型有何要求？
2. 为避免反应的背底过深，呈色反应时需注意哪些问题？

（王智明）

## 参 考 文 献

王智明，李云庆，施际武. 1996. 大鼠三叉神经脊束核尾侧亚核内 SP 受体阳性神经元、FOS 阳性神经元及初级传入 C 纤维和终末分布的研究. 神经解剖学杂志，12（1）：15～20

Bullitt E. 1990. Expression of c-fos-like protein as a marker for neuronal activity following noxious stimulation in the rat. J Comp Neurol, 296（4）：517～530

Hsu SM, Raine L, Fanger H. 1981. Use of avidin-biotin-peroxidase complex (ABC) in immunoperoxidase techniques: a comparison between ABC and unlabeled antibody (PAP) procedures. J Histochem Cytochem, 29（4）：577～580

Strassman AM, Vos BP. 1993. Somatotopic and laminar organization of FOS-like immunoreactivity in the medullary and upper cervical dorsal horn induced by noxious facial stimulation in the rat. J Comp Neurol, 331（4）：495～516

## 2.3.5 大鼠中缝核簇内5-羟色胺样阳性神经元表达FOS蛋白——免疫细胞化学双标染色法

中缝核簇是内源性镇痛系统的重要组成部分。5-羟色胺（5-hydroxytryptamine 或 serotonin，5-HT）是内源性镇痛系统的主要神经活性物质。以往的研究表明，5-HT 在吗啡镇痛、针刺镇痛等活动中发挥重要作用。甲醛溶液注入皮下后引起持续性的组织损伤，可以制成典型的急性痛模型，现多用此痛模型来研究伤害性刺激信息的传递机制。FOS 是 c-fos 原癌基因表达的蛋白产物，它可被包括伤害性刺激在内的多种刺激诱导表达，FOS 的表达已被证实与中枢对伤害性刺激的应答有密切关系，有人将其假定为传递膜外信号的"第三信使"，现已被广泛用来作为研究痛信号传递通路的标记物。

**(1) 目的**

1) 掌握免疫细胞化学双标染色技术。
2) 学会甲醛溶液痛模型的制备方法。
3) 观察中缝核簇内5-HT样阳性神经元与FOS样阳性神经元之间的关系。

**(2) 步骤**

1) 甲醛溶液痛模型制备：将大鼠在安静、避强光、温暖的环境中饲养36 h以上，用甲氧氟烷吸入麻醉后，在双侧口周区各注射10%甲醛溶液100～150 μl。可将生理盐水注入正常动物双侧口周区皮下进行对照。动物在3～5 min内清醒，继续在同样的环境中存活2 h。

2) 灌注、固定、取材：大鼠经戊巴比妥钠（40 mg/kg）腹腔深麻后，开胸，经左心室插管至升主动脉，先以生理盐水100 ml冲去血液，再以500 ml含4%多聚甲醛和0.2%苦味酸的0.1 mol/L磷酸缓冲液（PB，pH 7.4）灌注固定，持续1.5～2 h。取脑干，于上述新鲜固定液中后固定4～6 h（4℃），然后将组织块移入含30%蔗糖的0.1 mol/L PB中（4℃）。

3) 切片：待组织块在蔗糖溶液中沉底后，用冷冻切片机或恒冷箱切片机横切脑干，片厚30 μm，隔2张取1张，切片分三组收集于0.01 mol/L磷酸盐缓冲液（PBS，pH 7.4）中待用。

4) 免疫细胞化学染色：

a. 取第一组切片置入兔抗FOS血清（1∶1000）和羊抗5-HT血清（1∶1000）的混合液，室温孵育18～24 h。

b. 将切片置入马抗兔IgG血清（1∶100）和Biotin标记的驴抗羊IgG（1∶100）的混合液，室温孵育4 h（4℃）。

c. 将切片置入兔PAP复合物（1∶200）溶液中，室温孵育2 h。

d. 葡萄糖氧化酶-DAB-硫酸镍铵法行呈色反应。步骤如下：① A液：乙酸缓冲液（0.2 mol/L，pH 6.0）25 ml，硫酸镍铵1.25 g；B液：DAB 25～35 mg，两次蒸馏水

25 ml。② β-D-葡萄糖 100 mg，氯化铵 20 mg，葡萄糖氧化酶 0.25～0.5 mg。

混合 A 液和 B 液，摇匀后将切片移入，在震荡下加入②中的成分，室温下孵育约 30 min，边孵育边观察。

e. 将经上述染色后的切片置入 Avidin-HRP（1∶200），室温孵育 2 h，最后用 DAB 和 $H_2O_2$ 呈色。

5）对照实验：取第二组切片，用正常兔血清和羊血清分别替代兔抗 FOS 血清和羊抗 5-HT 血清，后续步骤同前，进行对照实验。

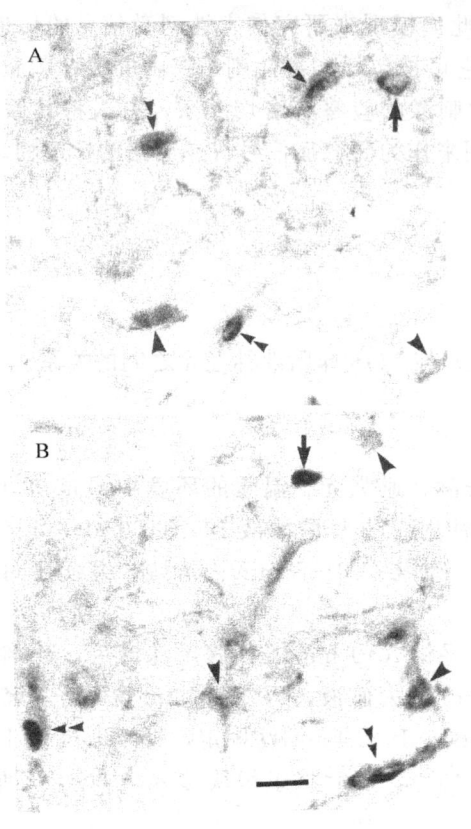

图 2-3-5 巨细胞网状核 α 部和中缝大核内的 FOS 样阳性与 5-HT 样阳性神经元

巨细胞网状核 α 部（GiA）内 FOS 样阳性神经元（箭）、5-HT 样阳性神经元（箭头）和 FOS/5-HT 样阳性双标神经元（双箭头）的分布（A）；中缝大核（NRM）内 FOS 样阳性神经元（箭）、5-HT 样阳性神经元（箭头）和 FOS/5-HT 样阳性双标神经元（双箭头）的分布（B）。标尺＝30 μm（Lang and Li，1998）

上述抗体和复合物的稀释均用含 10% 正常马血清和 0.5% Triton X-100 的 PBS。上述各步骤间均用 PBS 洗片（10 min/次，3 次）。

6）Nissl 染色：取第三组切片进行 Nissl 染色，以便定位免疫细胞化学染色结果。

7）将切片裱于经明胶包被的载玻片上，晾干；经梯度乙醇脱水后，用二甲苯透明；然后用 DPX 加盖玻片封片。

8）在明视野显微镜下观察，胞核呈蓝黑色的是 FOS 样阳性神经元，胞浆呈棕黄色的为 5-HT 样阳性神经元。胞核呈蓝黑色，胞浆呈棕黄色的为 FOS/5-HT 样阳性双标神经元。

**(3) 注意事项**

1）甲醛溶液制成典型的急性痛模型时要设立严格的对照实验。

2）呈色时 $H_2O_2$ 的浓度不宜过高，且要边观察边滴加，以使反应充分并达到最佳效果。

3）最后用 DAB 和 $H_2O_2$ 的呈色不宜过深，以免覆盖 FOS 样阳性细胞核。

4）脱水、透明要彻底，使阳性结构清晰可见。

**(4) 结果示例**（图 2-3-5）

思 考 题

1. 建立甲醛溶液动物痛模型时，有哪些注意事项？
2. 明视野双标染色时，为了明确分辨两种染色结果，应注意的问题是什么？
3. 为使免疫细胞化学染色的阳性结构清晰可见，对切片需做何处理？

（王智明）

### 参 考 文 献

Basbaum AI, Fields HL. 1984. Endogenous pain control systems: brainstem spinal pathways and endorphin circuitry. Annu Rev Neurosci, 7: 309~338

Bullitt E. 1990. Expression of c-fos-like protein as a marker for neuronal activity following noxious stimulation in the rat. J Comp Neurol, 296 (4): 517~530

Hsu SM, Raine L, Fanger H. 1981. Use of avidin-biotin-peroxidase complex (ABC) in immunoperoxidase techniques: a comparison between ABC and unlabeled antibody (PAP) procedures. J Histochem Cytochem, 29 (4): 577~580

Lang B, Li YQ. 1998. Serotoninergic neurons in the brainstem expressing FOS protein after orofacial noxious stimulation: an immunocytochemical double-labeling study. J Hirnforsch, 39 (2): 263~268

Shu SY, Ju G, Fan LZ. 1988. The glucose oxidase-DAB-nickel method in peroxidase histochemistry of the nervous system. Neurosci Lett, 85 (2): 169~171

## 2.3.6 大鼠延髓背角内向丘脑投射的 FOS 样阳性神经元——逆行标记与免疫细胞化学双标染色法

延髓背角亦称三叉神经脊束核尾侧亚核（Vc），是接受面口部伤害性刺激信息向中枢传递的初级门户。甲醛溶液注入皮下制成的痛模型已被广泛地用来研究伤害性刺激信息传递和调控的机制以及有关的通路。FOS 是 c-fos 原癌基因表达的蛋白产物，它可被包括伤害性刺激在内的多种刺激诱导表达，FOS 的表达与中枢对伤害性刺激的应答有密切关系。有人将其假定为传递膜外信号的"第三信使"，现已被广泛用来作为研究痛信号传递通路的标记物。丘脑（thalamus）是外周痛信息从下位中枢向高级中枢传递的重要中继站，与痛信息的传递有密切关系。四甲基罗达明（tetramethyl rhodamine, TMR）是一种新型的荧光素类逆行示踪剂，不仅可用于荧光显微镜观察，而且还可经免疫细胞化学方法加以显示用于明视野观察。

**(1) 目的**

1) 掌握明视野免疫细胞化学双标染色技术。
2) 学习甲醛溶液痛模型的制备方法。

3) 观察 Vc 内向丘脑投射的 FOS 样阳性神经元。

**(2) 步骤**

1) 注射 TMR：大鼠经戊巴比妥钠（40 mg/kg）腹腔麻醉后，将头固定于脑立体定位仪上，手术切开头皮后，在颅骨表面钻孔，按照 Paxinos 和 Watson 的大鼠脑立体定位图谱的坐标，将 10% 的 TMR 注入一侧丘脑腹后内侧核（VPM），术后将动物饲养在安静、避强光、温暖的环境中。

2) 甲醛溶液痛模型制备：将注射 TMR 后的大鼠，继续饲养 3 d 后，用甲氧氟烷吸入麻醉后，在双侧口周皮下各注射 10% 甲醛溶液 100～150 μl。动物在 3～5 min 内清醒，继续在同样的环境中存活 2 h。

3) 灌注、固定、取材：大鼠经戊巴比妥钠（40 mg/kg）腹腔深麻后，开胸，经左心室插管至升主动脉，先用 100 ml 生理盐水冲去血液，再以 500 ml 含 4% 多聚甲醛和 0.2% 苦味酸的 0.1 mol/L 磷酸缓冲液（PB，pH 7.4）灌注固定，持续 1.5～2 h。取脑，于上述新鲜固定液中后固定 4～6 h（4℃），然后将组织块移入含 30% 蔗糖的 0.1 mol/L PB 中（4℃）。

4) 切片：待组织块在蔗糖溶液中沉底后，用冷冻切片机或恒冷箱切片机横切丘脑注射区和延髓尾段，片厚 30 μm，隔 2 张取 1 张，切片分三组收集于 0.01 mol/L 磷酸盐缓冲液（PBS，pH 7.4）中待用。

5) 将丘脑注射区第一组切片裱于清洁的载玻片上，用加有荧光物质保护剂的封片剂加盖玻片封片，荧光显微镜下观察，选取注射区位于 VPM 的大鼠进行后续实验。

6) 免疫细胞化学染色：

a. TMR 的注射区和 TMR 逆标神经元的免疫细胞化学染色：① 取丘脑注射区第二组和延髓尾段第一组切片入豚鼠抗 TMR 血清（1∶5000），室温孵育 18～24 h；② 将切片置入驴抗豚鼠 IgG（1∶200），室温孵育 4 h；③ 将切片置入豚鼠 PAP（1∶200），室温孵育 2 h；④ 呈色反应：100 ml 的 0.05 mol/L Tris-HCl 缓冲液（pH 7.6），其中含 0.01% 缓血酸胺-氨基苯甲烷、0.07% $p$-甲苯酚和 0.002% $H_2O_2$，室温孵育 15～60 min。

b. FOS 样阳性神经元的免疫细胞化学染色：① 经上述反应后的延髓尾段切片置入羊抗 FOS 血清（1∶4000），孵育 48 h（4℃）；② 将切片置入 Biotin 标记的驴抗羊 IgG 血清（1∶300），孵育 12 h（4℃）；③ 将切片置入 Avidin 结合的 HRP 复合物（1∶300），孵育 12 h（4℃）；④ DAB-硫酸镍铵-$H_2O_2$ 进行呈色反应。

c. 对照实验：取延髓尾段第二组切片，用正常豚鼠血清和羊血清替代豚鼠抗 TMR 血清和羊抗 FOS 血清，后续步骤同前，进行对照实验。

上述抗体和复合物的稀释均用含 10% 正常羊血清和 0.5% Triton X-100 的 PBS。上述各步骤间均用 PBS 洗片（10 min/次，3 次）。

7) Nissl 染色：取丘脑注射区和延髓尾段第三组切片进行 Nissl 染色，以便定位免疫细胞化学的染色结果。

8) 将切片裱于经明胶包被的载玻片上，干燥后，脱水、透明；DPX 加盖玻片封片。

9）显微镜下观察，TMR 逆标神经元为红色，FOS 样阳性神经元的胞核呈蓝黑色，TMR 逆标/FOS 样阳性双标神经元的胞浆呈红色，胞核为蓝黑色。

**(3) 注意事项**

1）组织固定的程度一定要适当。组织固定的软硬程度与免疫细胞化学染色的结果成反比，即组织固定越硬，染色结果越差；组织固定过软，染色容易出现非特异性的结果，如神经胶质细胞染色等。

2）FOS 样阳性神经元的呈色应适当，反应时间过长会使背底较深，同时会影响前面的 TMR 逆标神经元的免疫细胞化学染色结果。

**(4) 结果示例**（图 2-3-6）

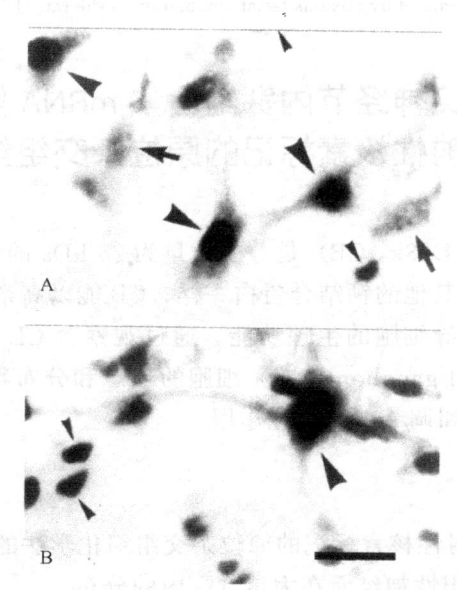

图 2-3-6  Vc 内向 VPM 投射的 FOS 样阳性神经元

将逆行示踪剂 TMR 注入一侧 VPM，TMR 逆标神经元主要分布于 Vc 和延髓网状结构；伤害性刺激引起的 c-fos 基因表达产物主要分布于 Vc 浅层（Ⅰ、Ⅱ层），延髓网状结构内较少。大箭头示延髓网状结构（A）和 Vc 浅层（B）内 TMR 逆标/FOS 样阳性双标神经元，小箭头示 FOS 样阳性单标神经元，箭头所指者为单纯 TMR 逆标神经元。标尺＝25 mm（王智明等，1997）

# 思 考 题

1. 用免疫细胞化学方法进行染色时，对组织材料有何要求？为什么？
2. 用免疫细胞化学方法对组织切片染色时，有哪些手段可以避免非特异性染色？

（王智明）

## 参 考 文 献

王智明，李云庆，施际武. 1997. 大鼠三叉神经尾侧亚核内 FOS 及 SP 受体免疫反应神经元向丘脑腹后内侧核的投射. 解剖学报，28（2）：165～169

Bullitt E. 1990. Expression of c-fos-like protein as a marker for neuronal activity following noxious stimulation in the rat. J Comp Neurol，296（4）：517～530

Hsu SM, Raine L, Fanger H. 1981. Use of avidin-biotin-peroxidase complex (ABC) in immunoperoxidase techniques: a comparison between ABC and unlabeled antibody (PAP) procedures. J Histochem Cytochem，29（4）：577～580

Shu SY, Ju G, Fan LZ. 1988. The glucose oxidase-DAB-nickel method in peroxidase histochemistry of the nervous system. Neurosci Lett，85（2）：169～173

Strassman AM, Vos BP. 1993. Somatotopic and laminar organization of FOS-like immunoreactivity in the medullary and upper cervical dorsal horn induced by noxious facial stimulation in the rat. J Comp Neurol，331（4）：495～516

## 2.3.7 大鼠三叉神经节内钙结合素 mRNA 阳性神经元的分布——放射性核素标记的原位杂交组织化学法

钙结合素（calbindin D28k，CB）是分子质量为 28 kDa 的钙结合蛋白，广泛存在于脊椎动物的多种组织。与其他的钙结合蛋白一样，CB 能以高亲和力与细胞内的 $Ca^{2+}$ 结合，从而调节其浓度，介导细胞的生理功能。通过观察含 CB 的初级传入感觉神经元，如三叉神经节（trigeminal ganglion，TG）细胞的形态和分布特点，就可以间接推测和了解 CB 在感觉信息传递和调节中的可能作用。

**(1) 目的**

1）通过实验了解放射性核素标记的原位杂交组织化学法的基本步骤。

2）观察 CB mRNA 阳性神经元在大鼠 TG 内的分布。

**(2) 溶液配制**

1）杂交前处理液：三乙醇胺 7.5 ml，乙酸酐 1.25 ml，氯化钠 4.5 g，两次蒸馏水加至 500 ml。

要求：先将上述试剂溶于约 400 ml 经灭菌的两次蒸馏水中，再定容至 500 ml。无需调整 pH，应在每次使用前新鲜配制。

2）100×Denhardt 液：聚蔗糖（Ficoll 400）2 g，聚乙烯吡咯烷酮（PVP）2 g，牛血清白蛋白（BSA）2 g，两次蒸馏水加至 100 ml。

要求：称取上述试剂，溶于约 80 ml 经灭菌的两次蒸馏水，溶解后加至 100 ml。用 0.2 $\mu$m 微孔滤膜过滤除菌后，于 -20℃ 保存备用。

3）20×SSC（standard saline citrate）：氯化钠 175.3 g，枸橼酸钠 88.2 g，两次蒸馏水加至 1000 ml。

要求：称取上述试剂溶于约 800 ml 两次蒸馏水，用 1 mol/L HCl 调整 pH 至 7.0，再加两次蒸馏水至 1000 ml，高压灭菌后于室温保存。

4) 杂交液：去离子甲酰胺 5 ml，20×SSC 2 ml，1.2 mol/L PB 1 ml，tRNA (25 mg/ml) 0.1 ml，100×Denhardt 液 0.1 ml，10% SDS 0.5 ml，硫酸葡聚糖 1 g，两次蒸馏水加至 10 ml。

要求：将小烧杯置于磁力搅拌器上，边搅拌边依次加入上述试剂。硫酸葡聚糖在室温下常需数小时才能溶解。溶解后充分混合，分装后存于 4℃，贮存时间可达数月。

5) Kodak D-19 显影液：米吐尔 2 g，无水亚硫酸钠 72 g，对苯二酚 8.8 g，无水碳酸钠 48 g，溴化钾 5 g，蒸馏水加至 1000 ml。

要求：先将 750 ml 蒸馏水加温至 50℃，依次加入上述试剂，同时充分搅拌；待加入的一种试剂完全溶解后，再加另一种试剂。补充蒸馏水至 1000 ml，室温或 4℃避光保存。

6) Kodak F-5 定影液：硫代硫酸钠 240 g，无水亚硫酸钠 15 g，28%乙酸 48 ml，硼酸 7.5 g，钾矾 15 g，蒸馏水加至 1000 ml。

要求：同 Kodak D-19 显影液。

**(3) 步骤**

1) 组织准备：

a. 选用成年 SD 大鼠，体重 250～300 g。戊巴比妥钠 (40 mg/kg) 深麻，断头后快速取 TG，立即包埋于干冰粉末中。

b. 恒冷箱切片，片厚 14 μm。切片贴于经明胶处理的载玻片上，置-70℃冰箱中保存备用。

2) 探针的制备：实验所用 CB 探针为 Applied Biosystems 391 型 DNA 合成仪合成的寡核苷酸探针，含 50 个碱基，其序列如下：5′-TGG ATG ATA CGA AAC TTG GTG CTG AGT ACA CAG ACC TCA CAG ACC TCA TGC TGA AGC TGT TC-3′。

3) 探针标记：

a. 在 1.5 ml 离心管中加入下列试剂：探针 (1 pmol/μl) 1 μl，蒸馏水 14 μl，10×加尾液 2 μl，TDT (1 mol/L) 1 μl，[α-$^{35}$S] dATP 2 μl，振荡混匀，37℃孵育 1.5 h。

b. 冰上放置 5 min，加入：tRNA (25 mg/ml) 4 μl，1×TE (pH 8.0) 180 μl，平衡酚溶液 100 μl，氯仿-异丙醇 (24:1) 100 μl，充分混匀，15 000 r/min，离心 5 min。

c. 将上清移至新离心管中，加入：4 mol/L 醋酸铵 100 μl，100%乙醇 800 μl，混匀后，放置-70℃冰箱中 20 min。

d. 15 000 r/min，离心 15 min，去除上清，沉淀块用 70%乙醇洗涤。

e. 沉淀块干燥后，用 1×TE 和 0.5 mol/L DTT 溶解（标记探针和 DTT 的终浓度应分别为 0.5 ng/μl 和 20 mmol/L）。

f. 测定标记探针的放射活性，大于 60 GBq/μg 为较理想的标记结果。

4) 杂交前处理：

a. 切片自冰箱中取出，用吹风机快速吹干。

b. 入含 4% 多聚甲醛的 0.1 mol/L PB 液中固定 30 min。用 0.1 mol/L PB 冲洗 3 次，每次 10 min。

c. 置杂交前处理液中处理 10 min。

d. 梯度乙醇（70%、80%、90%、100%）脱水，3 min/次。

e. 入氯仿脱脂 10 min；再入 100% 乙醇脱水 10 min；置室温干燥。

5) 杂交：混合下列试剂：标记探针 0.4～0.5 GBq 载玻片，杂交缓冲液 100～200 μl/载玻片，1 mol/L DTT 15 μl/载玻片。

混匀后滴加到切片表面，置湿盒中于 37～40℃ 孵育 24～48 h。

6) 杂交后处理：

a. 将切片表面的杂交液弃于废液缸内。

b. 入 4×SSC 溶液，室温 30 s；再入 1×SSC，室温 20 min。

c. 入 1×SSC，55℃，3 次，20 min/次。

d. 梯度乙醇脱水，室温干燥。

7) 放射自显影检测（均在暗室中操作）：

a. 在 40℃ 的水浴中，用蒸馏水按 1∶1 的比例将 Amersham LM-1 型核乳胶稀释。

b. 将载玻片浸入乳胶液中，放置几秒后，缓慢匀速提出，置室温中干燥。

c. 将涂有乳胶的载玻片置于密封的暗盒中，在 4℃ 曝光 2～4 周。

d. 取出切片，用 D-19 显影液（20℃）显影 2～5 min，再用 F-5 定影液（20℃）定影 5～10 min。

e. 用水冲洗 20 min，入 1% 硫堇复染，1～2 min。

f. 梯度乙醇脱水，二甲苯透明，中性树胶封片后，光学显微镜下明、暗视野观察。明视野观察，阳性细胞表面有银颗粒聚集，胞浆表面银颗粒的密度高于背底 5 倍以上的细胞才是阳性细胞。随机选取 4 张切片进行细胞计数。CB mRNA 阳性细胞占 TG 细胞总数的 16.1%，其中大（细胞直径＞35 μm）、中（25 μm≤细胞直径≤35 μm）、小型（细胞直径＜25 μm）阳性细胞分别占阳性细胞总数的 8.2%、2.1% 和 5.8%。

**(4) 注意事项**

1) 防止 RNA 酶污染是原位杂交实验中必须注意的问题。由于手指皮肤及实验用器皿上均可能含有 RNA 酶，为防止其污染影响实验结果，在整个杂交前的处理过程中都需戴一次性手套，并勤于更换。所有实验用的玻璃器皿和器械应于实验前高温烘烤（180℃，4 h）以达到消除 RNA 酶的目的。杂交前及杂交时使用的液体均须经高压消毒处理。

2) 在进行放射性核素的操作时须认真对待辐射的防护问题，应避免将放射性物质摄入体内，对来自外照射的危险也应引起足够的重视。应按照有关规定和标准建立专门的放射性实验室，并通过以下环节进行防护：①根据放射性核素的种类穿着相应的工作服，戴上口罩和手套；②尽量缩短与放射性核素接触的时间，以十分熟练的操作迅速完成实验工作；③增加操作人员与辐射源的距离，对辐射能量较强的放射性核素，可以使用操作钳等；④增加屏蔽的厚度；⑤操作人员应佩带个人剂量计，并经常用放射性监测仪测量操作环境的辐射量。对放射性核素污染的物品、液体等应放置于专门的区域并按照相应的方法进行处理。

3) 放射自显影操作应在暗室中进行，可根据需要留安全灯。事先应将所用物品如水浴锅、暗盒、干燥剂等准备妥当。在浸乳胶前，应检查乳胶是否安全，未被曝光。方法是将一空白载片浸入溶好的乳胶中，取出后晾干或快速烤干，进行显影和定影，检查有无曝光。曝光的乳胶经显影后为黑色。

**(5) 结果示例**（图 2-3-7）

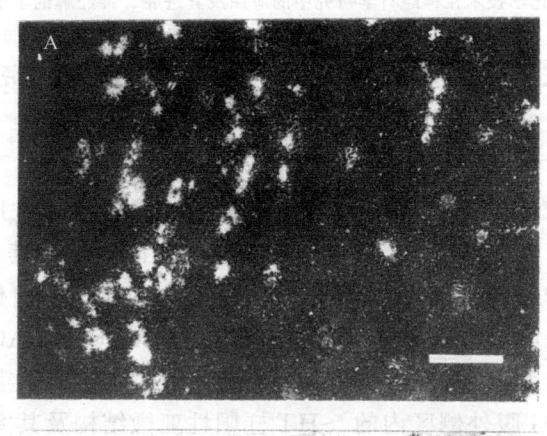

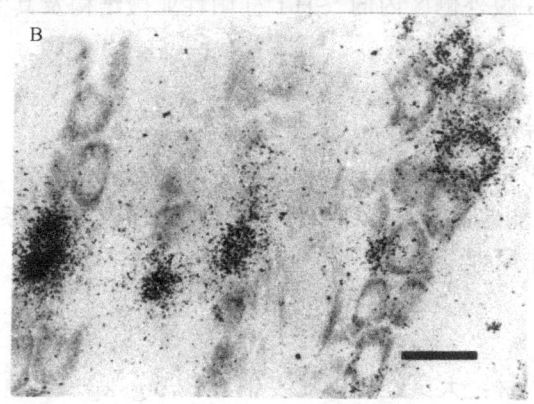

图 2-3-7　TG 内 CB mRNA 阳性神经元的分布
分别在暗视野（A）和明视野（B）条件下所观察到的 CB mRNA 阳性神经元
在 TG 内的分布。标尺：A=60 μm；B=40 μm（武胜昔等，1995）

## 思 考 题

1. 原位杂交组织化学技术的原理是什么？
2. 放射性核素标记的原位杂交组织化学技术有什么优缺点？
3. 在放射性核素标记的原位杂交组织化学技术的操作过程中应注意什么问题？

4. 如何判断阳性结果?

(武胜昔)

## 参 考 文 献

蔡文琴,王泊云. 1994. 实用免疫细胞化学与核酸分子杂交技术. 成都:四川科学技术出版社

武胜昔,吕葆真,李继硕. 1995. Calbindin-D28k mRNA 在大鼠三叉神经节和背根节初级传入神经元中的表达. 神经解剖学杂志,11(4):337~340

张建华. 1991. 原位杂交组织化学技术在神经科学研究中的应用及其进展. 神经解剖学杂志,7(1):133~144

## 2.3.8 大鼠中脑导水管周围灰质内的5-羟色胺样阳性亚微结构——免疫电镜法

中脑导水管周围灰质(periaqueductal gray,PAG)具有非常广泛的纤维联系和重要而复杂的生理功能。20 世纪 60 年代初,我国学者邹冈等发现其为吗啡镇痛的主要作用部位。电刺激大鼠 PAG,特别是其腹外侧区,可有明显的镇痛作用。生理学实验的研究结果也表明,5-羟色胺(5-hydroxytryptamine,5-HT)与 PAG 的镇痛效应有密切关系。光镜水平可见 PAG 腹外侧区有大量 5-HT 样免疫细胞化学染色阳性结构的分布。本研究观察了大鼠 PAG 腹外侧区内的 5-HT 样阳性亚微结构及其突触联系。

**(1) 目的**

1) 学习免疫电镜方法。
2) 观察免疫细胞化学染色(DAB)反应标记的超微结构特点。
3) 观察 PAG 腹外侧区内 5-HT 样阳性亚微结构及其突触联系。
4) 了解电镜的工作原理及使用。

**(2) 步骤**

1) 灌注、固定、取材:大鼠经戊巴比妥钠(40 mg/kg)腹腔麻醉。开胸,经左心室插管至升主动脉,先以生理盐水 100 ml 冲去血液,再以 500 ml 含 4% 多聚甲醛和 0.05% 戊二醛的 0.1 mol/L 磷酸缓冲液(PB,pH 7.4)灌注固定,持续 1 h 左右。取脑,于上述新鲜固定液中后固定 6~12 h(4℃),然后将材料放入含 30% 蔗糖的 0.1 mol/L PB 中(4℃)。

2) 切片:待脑在蔗糖中沉底后,振动切片机横切中脑,片厚 50 $\mu$m。将切片收集于 0.01 mol/L 磷酸盐缓冲液(PBS,pH 7.4)中待用。

3) 免疫细胞化学染色:

a. 将切片置入兔抗 5-HT 血清(1:5000)中孵育 48 h(4℃);次入 Biotin 标记的驴抗兔 IgG 血清(1:200)孵育过夜(4℃);再入 Avidin-HRP 复合物(1:100),室温孵育 2 h。

b. 用 DAB 和 $H_2O_2$ 进行呈色反应。

上述抗体和复合物的稀释均用含 10% 正常羊血清的 PBS。上述各步骤间均用 PBS 洗片（10 min/次，3 次）。

4）包埋：

a. 用以 0.1 mol/L PB（pH 7.4）配制的 1% 锇酸后固定 15～30 min（室温）。

b. 梯度乙醇脱水（50%、60%、70%、80%、90%、95%、99% 乙醇内各 10 min；100% 乙醇内 10 min/次，2 次），环氧丙烷内浸透（10 min/次，2 次）。

c. Epon 812 平板包埋，60℃ 聚合 48 h。

5）光镜下定位取 PAG 不同平面腹外侧区的组织片，进行超薄切片，1% 乙酸铀、1% 枸橼酸铅染色各 5 min，以增强其电子密度，提高样品反差。

6）电镜观察并拍照。

**(3) 注意事项**

1）组织材料不能用冰冻或恒冷箱切片机切片，以免冰晶损坏细胞超微结构。

2）在免疫细胞化学染色时不宜使用 Triton X-100 等表面活性物质，以免表面活性物质破坏神经元的膜性结构。

3）呈色反应须充分。

4）1% 锇酸后固定时应注意观察，防止切片颜色过深而影响光镜下定位取材。

5）包埋过程中，梯度乙醇脱水要充分。

**(4) 结果示例**（图 2-3-8）

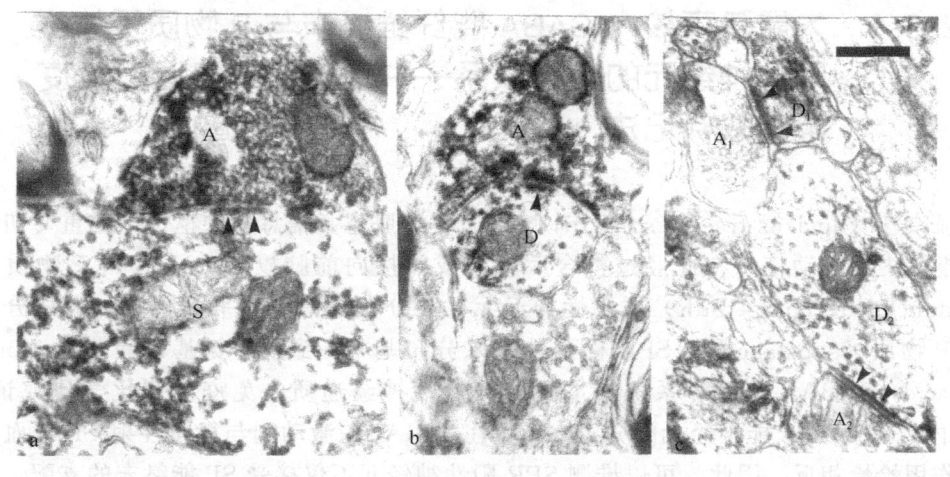

图 2-3-8　5-HT 样阳性轴突终末的突触联系

5-HT 样阳性轴突终末（A）与 5-HT 样阳性胞体（S）形成轴-体突触（a）；5-HT 样阳性轴突终末（A）与 5-HT 样阳性树突（D）形成轴-树突触（b）；阴性轴突终末（$A_1$）与 5-HT 样阳性树突（$D_1$）、阴性轴突终末（$A_2$）与阴性树突（$D_2$）形成轴-树突触（c）。标尺 = 0.5 μm（李云庆等，1992）

## 思 考 题

1. 灌注固定后用于免疫电镜研究的组织材料可否用冰冻或恒冷箱切片机切片?
2. 免疫电镜的免疫细胞化学染色时,为什么不能使用 Triton X-100?
3. 超薄切片后,为什么要进行铅、铀等重金属盐离子染色?

(李云庆)

### 参 考 文 献

李云庆,饶志仁,施际武. 1992. 大鼠中脑导水管周围灰质腹外侧区 5-羟色胺样、P 物质样和亮氨酸-脑啡肽样免疫反应阳性亚显微结构的电镜观察. 解剖学报, 23 (1): 17~22

Clements JR, Beitz AJ, Fletcher TF, et al. 1985. Immunocytochemical localization of serotonin in the rat periaqueductal gray: a quantitative light and electron microscopic study. J Comp Neurol, 236 (1): 60~70

Deakin JF, Dostrovsky JO. 1978. Involvement of the periaqueductal gray mater and spinal 5-hydroxytryptaminergic pathways in morphine analgesia: effects of lesions and 5-hydroxytryptamine depletion. Br J Pharmacol, 63 (1): 159~165

Eldred WD, Zucker C, Karten HJ, et al. 1983. Comparison of fixation and penetration enhancement techniques for use in ultrastructural immunocytochemistry. J Histochem Cytochem, 31 (2): 285~292

Hsu SM, Raine L, Fanger H. 1981. Use of avidin-biotin-peroxidase complex (ABC) in immunoperoxidase techniques: a comparison between ABC and unlabeled antibody (PAP) procedures. J Histochem Cytochem, 29 (4): 577~580

## 2.3.9 大鼠孤束核内 GABA 能纤维终末与 P 物质受体样阳性神经元的突触联系——包埋前与包埋后免疫电镜双标记法

孤束核 (nucleus tractus solitarii, NTS) 是内脏感觉信息向中枢传导的重要初级传入中枢,内脏活动信息在此经过整合后直接或间接向前脑投射。NTS 内 P 物质受体 (substance P receptor, SPR) 样阳性神经元主要分布在最后区平面吻侧,SPR 分布状况与 P 物质 (substance P, SP) 样阳性终末分布基本一致。γ-氨基丁酸 (γ-aminobutyric acid, GABA) 是神经系统内重要的抑制性神经递质。免疫细胞化学研究证明,NTS 内也有 GABA 能神经元的分布。微量注射 GABA 激动剂与微量注射 SP 对血压的调节作用恰恰相反。因此,可以推测 SPR 阳性神经元不仅接受 SP 能终末的支配,而且接受 GABA 能终末的支配。

**(1) 目的**

1) 学习包埋后免疫金电镜标记技术。
2) 观察包埋后免疫金标记与免疫细胞化学染色标记的超微结构特点。

3) 了解 NTS 内 GABA 能纤维终末与 SPR 样阳性神经元的突触联系。

**(2) 步骤**

1) 灌注、固定、取材：大鼠经戊巴比妥钠（50 mg/kg）腹腔麻醉。开胸，经左心室插管至升主动脉，先以生理盐水 100 ml 冲去血液，再以 500 ml 含 1% 多聚甲醛、1% 戊二醛和 0.2% 苦味酸的 0.1 mol/L 磷酸缓冲液（PB, pH 7.4）灌注固定，持续 1 h 左右。取脑干，置于 0.01 mol/L 磷酸盐缓冲液（PBS, pH 7.4）。

2) 切片：振动切片机横切延髓，片厚 50 μm。将切片收集于 0.01 mol/L PBS 中待用。

3) 免疫细胞化学染色：

a. 将切片置入兔抗 SPR 血清（1 μg/ml）中孵育 48 h（4℃）；次入 Biotin 结合的羊抗兔 IgG 血清（1∶500）孵育 24 h（4℃）；再入 Avidin-HRP 复合物（1∶100），室温孵育 2 h。

b. 用 DAB-$H_2O_2$ 进行呈色反应。

上述抗体和复合物的稀释均用含 10% 正常羊血清的 PBS。上述各步骤间均用 PBS 洗片（10 min/次，3 次）。

4) 包埋：

a. 用以 0.1 mol/L PB（pH 7.4）配制的 1% 锇酸在室温下后固定 15~30 min。

b. 梯度乙醇脱水（50%、60%、70%、80%、90%、95%、99% 乙醇各 10 min；100% 乙醇 10 min/次，2 次），环氧丙烷内浸透（10 min/次，2 次）。

c. Epon 812 平板包埋，60℃ 聚合 48 h。光镜下定位取 NTS 不同平面的组织片，进行超薄切片，将超薄切片捞到镍网上，干燥。

5) 包埋后免疫金染色：将载有超薄切片的镍网扣在下述液滴上。

a. 两次蒸馏水数秒。

b. 3% $H_2O_2$，3~5 min。

c. 两次蒸馏水数秒。

d. 含 1% 牛血清白蛋白（BSA）的 0.01 mol/L PBS，30~60 min。

e. 小鼠抗 GABA 血清（1∶1000），室温孵育过夜，PBS 清洗（5 min/次，3 次）。

f. 胶体金（15 nm）标记的驴抗小鼠 IgG 血清（1∶30），室温孵育 1 h，PBS 清洗（5 min/次，3 次），两次蒸馏水数秒。

g. 1% 乙酸铀染 5 min；1% 枸橼酸铅染 5 min。

6) 电镜观察并拍照。

**(3) 注意事项**

1) 组织材料不能用冰冻或恒冷箱切片机切片，以免损坏细胞结构。

2) 在免疫组化染色时不宜使用 Triton X-100 等表面活性物质，以免表面活性物质破坏神经元的膜性结构。

3) 超薄切片应使用镍网载片，以防止包埋后染色腐蚀载网。

4) 包埋后染色应在湿盒内进行，防止液滴干燥。

5) 超薄切片经 $H_2O_2$ 处理时，时间不易过长，以免影响电镜下细胞膜性结构。

6) 超薄切片进行包埋后免疫金反应时，PBS 清洗要充分。

7) 进行包埋后免疫金反应之前，应使载有超薄切片的镍网干燥，以防止包埋后免疫染色时超薄切片从镍网上脱落。

**(4) 结果示例**（图 2-3-9）

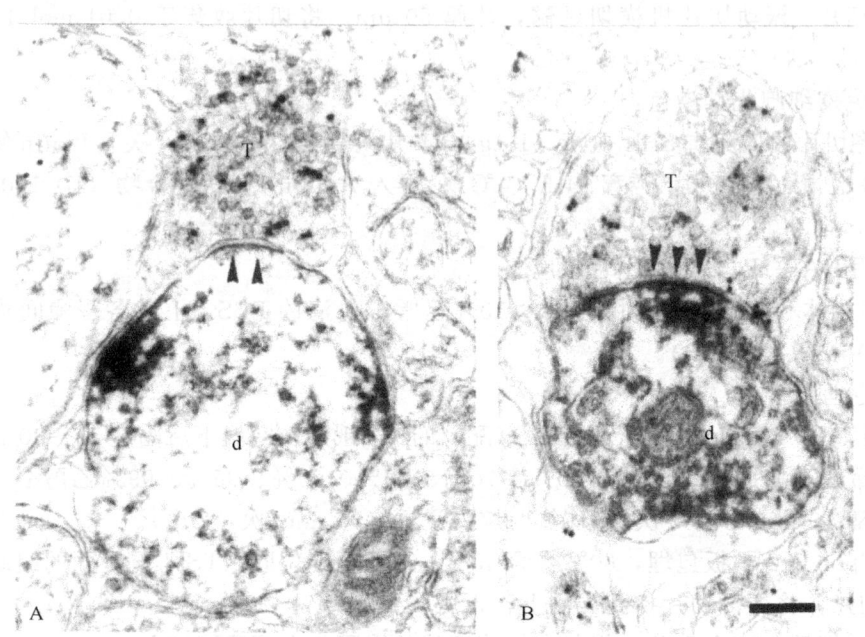

图 2-3-9　NTS 内 GABA 样阳性轴突终末与 SPR 样阳性树突形成突触

GABA 样阳性轴突终末（T）（金颗粒）与 SPR 阳性树突（d）（DAB 颗粒）形成轴-树突触（A、B）。标尺＝0.2 μm（Jia et al.，1996）

## 思 考 题

1. 包埋后染色为什么要在湿盒中进行？
2. 包埋后染色能否在铜网上进行？
3. 为什么将超薄切片捞到镍网后，必须要经过干燥才能进行包埋后免疫金染色？

（李云庆）

### 参 考 文 献

Berryman MA，Rodewald RD. 1990. An enhanced method for post-embedding immunocytochemical staining which preserves cell membranes. J Histochem Cytochem，38（2）：159～170

Jia HG, Wang BR, Rao ZR, et al. 1996. GABAergic synapses upon neurons expressing substance P receptors in the nucleus of the solitary tract: an immunocytochemical electron microscope study in the rat. Neurosci Lett, 210 (1): 49~52

Mar H, Tsukada T, Gown AM, et al. 1987. Correlative light and electron microscopy immunocytochemistry on the same section with colloidal gold. J Histochem Cytochem, 35 (4): 419~425

Nakaya Y, Kaneko T, Shigemoto R, et al. 1994. Immunohistochemical localization of substance P receptor in the central nervous system of the adult rat. J Comp Neurol, 347 (2): 249~274

Phend KD, Weinberg RJ, Rustioni A. 1992. Techniques to optimize post-embedding single and double staining for amino acid neurotransmitters. J Histochem Cytochem, 40 (7): 1011~1020

## 2.3.10 大鼠延髓背角内GABA能神经元与P物质能纤维终末的突触联系——包埋前免疫电镜双标记法

延髓背角亦称三叉神经脊束核尾侧亚核（Vc），主要接受来自于面口部的伤害性信息并将该信息经上行投射纤维向丘脑传递。P物质（substance P, SP）是传递外周伤害性信息的递质，伤害性刺激可引起SP在初级传入末梢的释放。免疫细胞化学研究证明在Vc浅层（Ⅰ、Ⅱ层）内有密集的SP能纤维和终末，同时也观察到大量GABA样阳性神经元，这些抑制性中间神经元是否直接参与伤害性信息的调控有待于超微结构水平的证明。

**(1) 目的**

1) 学习包埋前免疫金电镜标记法。
2) 观察包埋前纳米金标记与免疫细胞化学染色（DAB标记）的超微结构特点。
3) 了解Vc内GABA样阳性神经元与SP样阳性纤维终末的突触联系。

**(2) 步骤**

1) 灌注、固定、取材：大鼠经戊巴比妥钠（40 mg/kg）腹腔麻醉。开胸，经左心室插管至升主动脉，先以生理盐水100 ml冲去血液，再以500 ml含4%多聚甲醛、0.075%戊二醛和0.2%苦味酸的0.1 mol/L磷酸缓冲液（PB, pH 7.4）灌注固定，持续1 h左右。取脑干，于上述不含戊二醛的新鲜固定液中后固定1~2 h。

2) 切片：振动切片机横切脑干延髓段，片厚50 μm。将切片收集于0.01 mol/L磷酸盐缓冲液（PBS, pH 7.4）中待用。

3) 免疫细胞化学双标染色：

a. 液体准备：

i. 低温保护液（cryoprotectant solution）：0.1 mol/L PB 500 ml，蔗糖250 g，甘油100 ml，两次蒸馏水加至1000 ml。

ii. 0.05 mol/L TBS（Tris-HCl buffered saline, pH 7.4）：Tris 6.06 g，HCl (1 mol/L) 40 ml，NaCl 8.5~9 g，两次蒸馏水加至1000 ml。

b. 切片处理及免疫细胞化学染色：

i. 低温保护液，室温孵育 30~60 min。

ii. 液氮冻融，数秒。

iii. 低温保护液，室温清洗 2~5 min。

iv. 含 20% 正常羊血清的 0.05 mol/L TBS（pH 7.4），室温孵育 30 min。

v. 置入含豚鼠抗 GABA 血清（1∶1000）及兔抗 SP 血清（1∶1000）中，室温孵育 24 h；次入含 Biotin 结合的驴抗豚鼠 IgG（1∶100）和纳米金（1 nm）标记的羊抗兔 IgG 血清（1∶100）中，室温孵育过夜。

上述抗体的稀释均用含 2% 正常羊血清的 0.05 mol/L TBS。上述步骤间用 0.05 mol/L TBS 洗片（5 min/次，3 次）。

vi. 用 0.1 mol/L PB 洗片（5 min/次，3 次）。

vii. 由于纳米金颗粒很小，不易观察，故常用银加强反应使银盐沉积在纳米金颗粒的表面，加大其直径，以便观察。银加强反应步骤如下：① 切片入含 1% 戊二醛的 0.1 mol/L PB 固定 10 min。② 洗片：0.1 mol/L PB，5 min；两次蒸馏水，5 min/次，3 次，然后置于两次蒸馏水中待反应。③ 反应：银加强反应试剂盒（HQ silver kit）：initator（1 滴）＋ moderator（1 滴）＋ activator（1 滴），振荡器上摇匀。切片入上述银加强液中，避光反应 8~14 min，边反应边在光镜下观察。④ 反应完毕后，切片入两次蒸馏水数秒，再置于 0.05 mol/L TBS 中。

viii. 入 ABC 复合物（1∶100），室温孵育 2 h。

ix. 用 DAB 作色原进行呈色反应。反应前用 0.05 mol/L TBS 洗片（5 min/次，3 次）。

4）将经上述反应后的切片锇化、梯度乙醇脱水，Epon812 平板包埋，光镜下定位取三叉神经脊束核尾侧亚核浅层不同平面的组织片进行超薄切片，1% 乙酸铀和 1% 枸橼铅酸染色，各 5 min。

5）电镜观察并拍照。

**(3) 注意事项**

1）戊二醛的浓度过高将影响免疫组化染色。

2）银加强反应时应注意避光。

3）应先进行纳米金标记的免疫组化染色和银加强反应，再进行 DAB 呈色的免疫组化染色反应，这样可以有效地避免非特异性染色。

4）银加强反应时，应边反应边在光镜下观察，防止银离子过度沉积，导致纳米金颗粒大小不均。

5）液氮冻融时，颜色变白即可取出，时间过长会导致切片破碎以及电镜下超微结构的破坏。

**(4) 结果示例**（图 2-3-10）

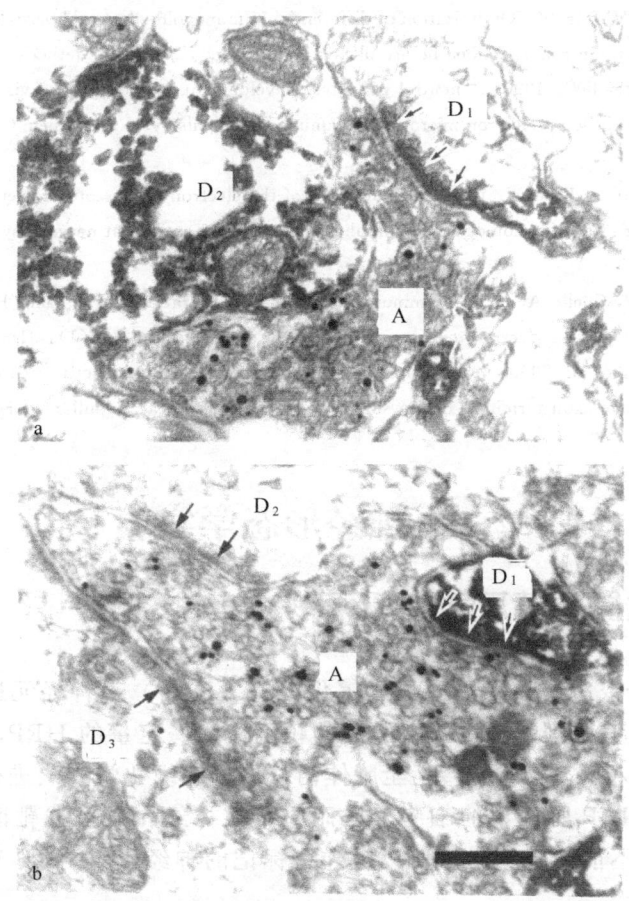

图 2-3-10 Vc 内 GABA 或甘氨酸能神经元与 SP 能纤维终末的突触联系

Vc Ⅱ层内的 SP 样阳性轴突终末（A）（纳米金标记），GABA 样阳性树突（$D_1$，$D_2$）（DAB 标记），其中 A 与 $D_1$ 形成轴-树突触（a）；Vc Ⅱ层内 SP 样阳性轴突终末（A），甘氨酸（Gly）样阳性树突（$D_1$）、阴性树突（$D_2$，$D_3$），A 与 $D_1$、$D_2$ 和 $D_3$ 均形成轴-树突触（b）。标尺 = 0.5 μm（Wang et al.，2000）Gly 的内容正文中未提及，其染色方法与 GABA 相同

# 思 考 题

1. 灌流取材后的组织材料应用哪种切片机切片？
2. 灌注固定动物时可否用含高浓度戊二醛的灌流液？
3. 为什么要在纳米金标记的免疫组化染色后进行银加强反应？
4. 为什么要先进行纳米金标记的免疫组化染色和银加强反应，再进行 DAB 呈色的免疫组化染色反应？

（李云庆）

## 参 考 文 献

Chan J, Aoki C, Pickel VM. 1990. Optimization of differential immunogold-silver and peroxidase labelling with maintenance of ultrastructure in brain sections before plastic embedding. J Neurosci Method, 33 (2-3): 113~127

Lah JJ, Hayes DM, Burry RW. 1990. A neutral pH silver development method for the visualization of 1-nanometer gold particles in pre-embedding electron microscopic immunocytochemistry. J Histochem Cytochem, 38 (4): 503~508

Liposits Z, Gorcs T, Gallyas F, et al. 1982. Improvement of the electron microscopic detection of peroxidase activity by means of the silver intensification of the diaminobenzidine reaction in the rat nervous system. Neurosci Lett, 31 (1): 7~11

Priestley JV, Somogyi P, Cuello AC. 1982. Immunocytochemical localization of substance P in the spinal trigeminal nucleus of the rat: a light and electron microscopic study. J Comp Neurol, 211 (1): 31~49

Wang D, Li YQ, Li JL, et al. 2000. γ-aminobutyric acid and glycine-immunoreactive neurons postsynaptic to substance P-immunoreactive axon terminals in the superficial layers of the rat medullary dorsal horn. Neurosci Lett, 288 (3): 187~190

## 2.4 神经形态学实验

### 2.4.1 大鼠脊髓灰质向孤束核的投射

神经解剖学研究中经常采用辣根过氧化物酶（HRP）对神经元进行标记，以追踪神经元间的联系。其原理是在投射神经元的靶区注入一定量的 HRP，等该神经元的轴突末梢将 HRP 摄入后，将轴浆转运至胞体内，再按组织化学方法进行呈色反应，即可在镜下观察到被 HRP 所标记的细胞，从而证实该神经元与上述靶区的纤维联系。因 HRP 沿轴浆转运不能跨越突触，所以被逆行标记的神经元与 HRP 注射区域间是直接的投射关系。

**(1) 目的**

1) 了解 HRP 方法的基本原理。
2) 观察 HRP 呈色反应过程。
3) 光镜下辨认 HRP 标记细胞。

**(2) 步骤**

1) 手术：

a. 选用健康 Wistar 大鼠，体重 250~300 g，性别不拘。4％戊巴比妥钠（40 mg/kg）腹腔注射麻醉，切开颈部皮肤和肌肉，取下部分枕骨以暴露延髓闩部。

b. 用微电泳仪向一侧孤束核内正极直流导入 10％HRP（Sigma Ⅵ型）溶液，时间 5 min，电流 3~4 μA，术后动物存活 48 h。

2) 呈色反应：

a. 将麻醉后的动物经升主动脉灌杀，灌流液依次为生理盐水 300 ml，含 1％多聚甲醛和 1.25% 戊二醛的 0.1 mol/L 磷酸缓冲液 300 ml (pH 7.3～7.4，4℃)，含 10% 蔗糖的磷酸缓冲液 200 ml；时间约 40 min。

b. 取出脊髓置入 20% 蔗糖磷酸缓冲液中，4℃ 冰箱内过夜。

c. 将脊髓各节段做冰冻连续横切片（操作中可只切脊髓的某一节段），片厚 40 μm，按 Edwards 1979 年改良的 O-D 法（绿色反应）或 Mesulam 1982 年 TMB 法（蓝色反应）呈色。贴片后于室温下干燥，中性红复染，脱水、透明、封固。

3) 观察：光学显微镜下明视野观察。

a. 先在低倍镜下（物镜×4）寻找被 HRP 逆行标记的细胞。按 O-D 法呈色的细胞呈碧绿色，按 TMB 法呈色的细胞呈深蓝色。细胞轮廓清晰，有些可见部分突起。

b. 高倍镜下（物镜×10 或×20）观察细胞内的标记颗粒，有些可见细胞核。

**(3) 结果示例**（图 2-4-1）

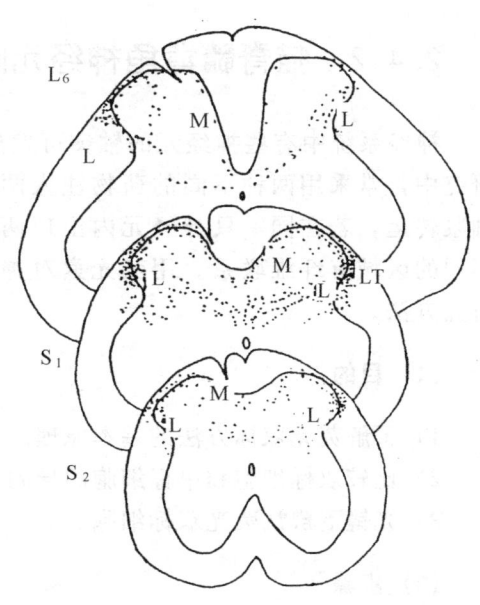

图 2-4-1　HRP 和 WGA-HRP 注入膀胱后在脊髓 $L_6$～$S_2$ 节段内的 camera Lucide 描记图
LT：Lissauer 束；M：内侧径路（MCP）；L：外侧径路（LCP）

## 思 考 题

1. HRP 逆行标记法在神经解剖学研究中有何意义？
2. HRP 呈色反应的基本原理是什么？
3. 在镜下如何辨认被 HRP 逆行标记的细胞？
4. 你能否应用 HRP 法设计一个简单的形态学实验？

（董苍转　李菁锦）

## 参 考 文 献

布劳德. 1989. 临床神经解剖学. 北京：科学出版社，20～23
鞠躬，万选才，董新文等. 1985. 神经解剖学方法. 北京：人民卫生出版社，109
孟卓，吕国蔚. 1990. 大鼠脊髓背角神经元与孤束核联系的电生理学研究. 科学通报，4：292～295
杨存田，吕国蔚，杨莲雪等. 1997. 躯体与内脏传入向脊髓后连合区的投射. 解剖学报，28 (1)：36～39

## 2.4.2 猫脊髓背角神经元向外侧颈核和背索核的分支投射

神经系统中有些神经元的轴突可发出分支投射至两个或更多靶区。因此在形态学研究中，常采用两种不同的药物注入两个区域，待其被神经元的轴突末梢摄取后沿轴浆转运，若在同一只神经元内出现两种不同的药物，则证明该神经元与上述两个不同的区域有纤维联系。用荧光素对神经元进行双重标记，是目前较为常见的一种研究方法。

**(1) 目的**

1) 了解荧光双标方法的基本原理。
2) 比较双标细胞和单标细胞的异同。
3) 光镜下辨认荧光双标细胞。

**(2) 步骤**

1) 手术：

a. 选用健康成年猫，4%戊巴比妥钠（40 mg/kg）腹腔注射麻醉，暴露 $C_1$，用微玻管向一侧外侧颈核内注入 0.3 ml 10% 的核黄（NY，Hoechse S-769121）。同时，在 $C_2$ 节段横切背索并植入一薄膜。

b. 以相同方法将该动物麻醉后，用微玻管向同侧背索内注入 0.4 ml 3% 的快蓝（FB，Sigma F5756），术后缝合，动物存活 24~48 h。

2) 灌流：按 Roycce 步骤经心脏进行灌注固定。将脊髓取下放入含有 10%甲醛溶液和 30%蔗糖的溶液中，在 4℃温度下过夜。然后，在蒸馏水中制成厚 40 $\mu$m 的 5 张中保留一张的连续冷冻切片，裱于载片上，空气中干燥。

3) 观察：

a. 荧光显微镜下暗视野观察。先用低倍镜（物镜×10）寻找被荧光素标记的细胞，再用高倍镜（物镜×20）详细观察。

b. 双标细胞表现为沿胞体和树突分布着微细银色颗粒的蓝色荧光的胞浆，以及一个沿细胞核周边有一明亮荧光光环的胞核。

**(3) 结果示例**（图 2-4-2）

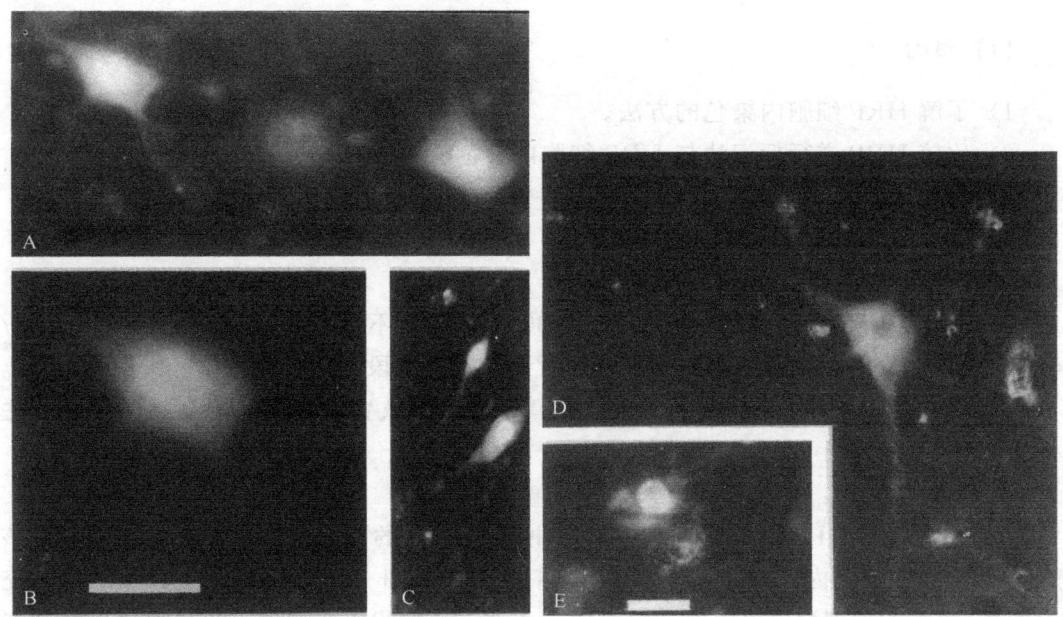

图 2-4-2 显微照片示荧光双标（A、B、C）和单标（D、E）的脊髓神经元
A. 腰骶髓背角板层Ⅴ处的两个 FB 和 NY 标记的细胞。B. A 左侧同一细胞的放大。C. 位于脊髓板层Ⅰ的两个被 FB-NY 标记细胞，这两个细胞不在同一焦点上。D、E. 板层Ⅵ的分别被 FB 和 NY 单标的两个细胞。校正：50 μm。A、C、D 的标尺与 E 同，B 中的标尺只适于 B 本身（Lu et al.，1988）

## 思 考 题

1. 试比较荧光双标方法与 HRP 方法的异同？
2. 镜下如何辨认荧光双标细胞？
3. 为什么本实验中要在 $C_2$ 横断背索并植入一薄膜？你在实验设计中，如何避免假象双投射神经元的出现？

（孟　卓　李菁锦）

### 参 考 文 献

孟卓，吕国蔚. 1989. 大鼠脊髓背角细胞向孤束核和背索核的双重投射. 解剖学报，20：146
Lu GW, Jiao SS, Zhang GF, et al. 1988. Morphological evidence for newly discovered double projection spinal neurons. Neurosci Lett，93：181~185

## 2.4.3 大鼠脊孤束-背索突触后神经元的超（亚）微结构

在电生理学细胞内记录的基础上，将 HRP 通过电泳的方式导入该细胞内以显示其微结构，是当前形态学与电生理学相结合的产物。这一方法的特点是可将经电生理学鉴定的神经元的形态充分显示，因而受到人们的普遍重视。

**(1) 目的**

1) 了解 HRP 细胞内染色的方法。
2) 比较 HRP 逆行标记法与 HRP 细胞内染色法的异同。

**(2) 步骤**

1) 手术

a. 选用健康 Wistar 大鼠，体重 250～300 g，性别不拘。4%戊巴比妥钠（40 mg/kg）腹腔注射麻醉，暴露延髓闩部、颈髓背索和腰髓节段。

b. 在一侧孤束核和同侧颈 3 节段（$C_3$）背索分别放置刺激电极，在腰髓记录和注入 HRP。

2) 记录与取材：

a. 以 1 mA、1 Hz、波宽 0.3 ms、脉冲间隔 3 ms 的方波，双脉冲交替刺激孤束核和 $C_3$ 背索。用细胞内记录的方法，以尖端直径 0.5～1 μm、阻抗 20～40 MΩ、内充 1%HRP 溶液的玻璃微电极，在腰髓表面下 1.3 mm 的背角范围内寻找可被孤束核和背索双重逆向激动的神经元，并进行鉴定。

b. 将记录电极中的 HRP（Sigma-Ⅵ型）用波宽 150 ms、3.3 Hz 的方波脉冲导入该神经元内，电流 2～5 nA，时间 5～10 min。

c. 实验结束后，即刻将动物按 TMB 法所需步骤进行灌流，并取出腰髓置入 20% 蔗糖磷酸缓冲液中，4℃冰箱内过夜。

d. 呈色反应：将已固定的脊髓做冰冻连续横切片，片厚 50 μm。按 TMB 法进行呈色反应，室温下干燥、脱水、透明、封固。

3) 观察：光镜下明视野观察。经 HRP 细胞内染色的神经元，整个胞体和突起呈均匀的深蓝色。可先用低倍镜寻找被 HRP 染色的神经元，再用高倍镜详细观察其细微结构。

目前有学者依据猫 DCPS 神经元细胞内染色的树突树形状不同而将其分为四型：雪茄烟样、船壳样、圆盘状、葫芦形。可根据观察到的神经元形状与之比较。

**(3) 结果示例**（图 2-4-3）

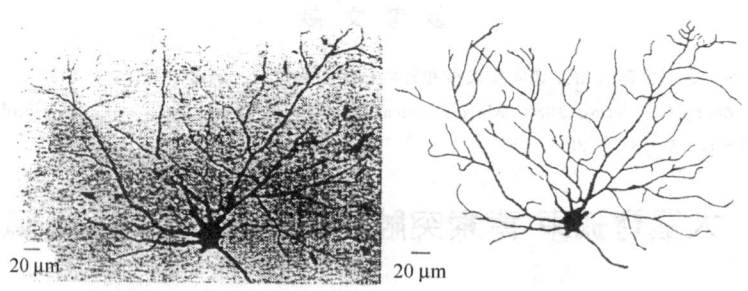

图 2-4-3　SST-DCPS 神经元的细胞内染色

将 HRP 以微电泳的方式注入经电生理实验鉴定的 SST-DCPS 神经元内，以显示其微细结构。上图为镜下照片；下图为根据若干切片的镜下观察绘制而成，图中标尺为 20 μm（孟卓和吕国蔚，1992）

## 思 考 题

1. HRP 细胞内染色在神经生物学研究中有何意义？
2. HRP 细胞内染色与 HRP 逆行标记的神经元有何不同？
3. 你认为 HRP 细胞内染色的关键步骤是什么？

（孟　卓　李菁锦）

### 参 考 文 献

孟卓, 吕国蔚. 1992. 大鼠脊孤束-背索突触后神经元的微结构. 首都医学院学报, 13 (4): 273~276

Bennent GJ, Nishikawa N, Lu GW, et al. 1984. The nirphiligy of dorsal column postsynaptic spinomedullary neurons in the cat. J Comp Nenral, 224: 568~578

Lu GW, Yang CT. 1989. The morphology of cat spinal neurons projecing to both the lateral cervical muscles and the dorsal column nuclei. Neurosci Lett, 101: 29~34

## 2.4.4 大鼠脊孤束-背索突触后神经元对躯体感觉核与内脏感觉核的分支投射

大鼠脊髓背角内存在既向孤束核（SN）又向背索核（DCN）发出双重上行投射的脊孤束-背索突触后（spinosolitory tract-dorsal column postsynaptic, SST-DCPS）神经元，某些 SST-DCPS 神经元又可经 SN 和（或）DCN 接受躯体和内脏信息。溃变银染法是在传导通路起源处做一有限手术损伤，或切断传导通路的行程，动物存活一段时间后，杀死动物，取所需部位的神经组织以还原银染法处理，即能显示达到预期目标的溃变轴索。辣根过氧化物酶（horseradish peroxidase, HRP）法是利用轴浆运输现象追踪神经元间联系的一种方法，从周围神经感觉末梢部运至神经节细胞的 HRP 还可进一步经其中枢突顺行传至中枢。这种标记称作越神经节标记。

本实验用溃变染色和 CT-HRP 标记技术，显示躯体和内脏传入在 SST-DCPS 神经元上的终止。

**(1) 目的**

1) 学习 HRP 法和溃变技术。
2) 学习细胞 HRP 显色及溃变银染法。

**(2) 溶液配制**

1) 固定液：1.0% 多聚甲醛、1.25% 戊二醛、5% 蔗糖溶于 0.1 mol/L 磷酸缓冲液（pH 3.3）。

2) 温育液：由以下 a、b 两液混合而成，需在临用前配制。

a 液：硝普钠 100 mg, 蒸馏水 92.5 ml。乙酸缓冲液，pH 3.3, 5.5 ml。

b 液：3,3′,5,5′-四甲基联苯胺（3,3′,5,5′-tetramethyl-benzidine，TMB）5 mg，无水乙醇 2.5 ml。

3）洗-保存液：磷酸缓冲液（pH 3.3）5 ml，加入蒸馏水 95 ml。

4）漂白液：临用前配制，将对苯二酚 1 g 加入 100 ml 1%的乙二酸液中。

**(3) 步骤**

1）麻醉和手术：

a. 选用健康 Wistar 大鼠，体重 250～300 g，性别不拘。4%戊巴比妥钠 40 mg/kg 做腹腔麻醉。

b. 暴露大鼠一侧坐骨神经，做双向结扎，从中间部位切断，并将其远侧端剪去一段。

c. 存活 3 周后，将鼠麻醉，暴露膀胱，在膀胱壁注入浓度为 30%、以生理盐水溶解的 CT-HRP，前后壁分别注入 2 ml。

2）形态学处理：24～48h 后，立即开胸经升主动脉灌杀。灌杀方法：先用 37℃ Tyrode 液快速冲洗血管，随后导入冷固定液。取出腰髓后，置于蔗糖磷酸缓冲液内，4℃冰箱过夜，次日将已固定好的脊髓做冰冻连续切片，片厚 50 mm，按顺序一半切片用于 HRP 显色，另一半做溃变银染。

a. HRP 用 TMB 进行呈色反应，呈色过程如下：

i. 切片经蒸馏水洗 6 次，每次 10～15 s。

ii. 温育液预浸，19～23℃，避强光 20 min。

iii. 取出切片，每 100 ml 温育液中加入 0.3% $H_2O_2$ 1.0～5.0 ml。

iv. 洗-保存液，0～4℃，6 次，共 30 min。

v. 载片涂铬明矾，直接从洗-保液取片、贴片，室温下空气干燥。

vi. 必要时中性红复染。

vii. 脱水、透明、封固。

b. 溃变染色采用 Fink-Heimer II 染色法：

i. 切片经蒸馏水洗 3 次。

ii. 0.025%高锰酸钾液 10 min。

iii. 快速水洗后，漂白 1 min。

iv. 充分水洗后，切片转入 2.5%硝酸铀内 10 min。

v. 充分水洗 3 次，再转入 0.2%硝酸银液内 2 h，加入 10 ml $AgNO_3$ 吡啶有助于浸染。

vi. 不经水洗转入下列新配液内 2 min。溶液配制：1.5% $AgNO_3$ 2 ml，95%乙醇 12 ml，2.5%NaOH 1.6～1.8 ml，浓氨水 2 ml，还原剂 1～2 min，蒸馏水 91 ml，95%乙醇 9 ml，10%甲醛 2.7 ml，1%枸橼酸 2.7 ml。

vii. 略水洗即将切片转入 1%硫代硫酸钠液，再充分水洗。

viii. 取片、贴片、室温下空气干燥。

ix. 切片经逐级脱水、透明、封片。

最后，用光学显微镜观察标记细胞、纤维的细微结构。

**(4) 结果示例**（同图 2-4-3）

思 考 题

1. HRP 呈色反应的原理是什么？
2. 为什么利用溃变法可以追踪神经通路？

（董苍转）

参 考 文 献

杜卓民. 1987. 神经解剖学传导通路追踪法. 北京：科学出版社，140～141

李菁锦，吕国蔚. 1992. 大鼠脊髓投射神经元对躯体及/或内脏刺激的反应. 科学通报，37（6）：560～563

吕国蔚，孟卓，罗蕾. 1990. 脊髓背角神经元同孤束核的投射联系. 中国科学，8：838～846

## 2.4.5 大鼠脊髓立体定位磁控过半夹断模型

自 Allen 的重物坠击法问世以来，人们对脊髓挫伤及脊髓割伤进行了深入的研究。前者采用钝器打击脊柱或脊髓，但并不撕破硬脊膜；后者用锐利刀片直接割破硬脊膜及脊髓实质。复制这两类模型均存在不同程度的技术问题，尚不能满足一个理想脊髓损伤模型的要求。脊髓半横断模型虽广泛地用于研究脊髓损伤后瘫肢行走的协调性及其可能的机制、脊髓内的神经环路联系、神经传导通路及化学递质的研究，但由于切割法本身手术的易变性，脊髓半切法亦很难造成均一的脊髓损伤。

本实验采用磁控机械夹断法，复制大鼠脊髓半夹断模型。

**(1) 目的**

1) 了解磁控机械夹断法的基本原理。
2) 掌握磁控机械夹断模型的复制方法。
3) 比较该模型与脊髓横断、脊髓半横断的损伤效果。

**(2) 步骤**

1) 选择 180～220 g Wistar 雌性健康鼠，腹腔注射 4% 戊巴妥钠（40 mg/kg）麻醉。

2) 在 $T_9$～$T_{10}$ 水平行椎板切除术，暴露硬脊膜及其下面的脊髓，并用脊髓固定夹固定脊柱。

3) 将脊髓夹具固定在立体定位支架上，进行三维调节。脊髓夹具右臂固定于两夹臂之中点，左夹臂在通电时可向中运动。调整夹臂的宽度为脊髓直径的 3/5。

4) 调整数字式磁控脊髓夹损仪的电流强度为 0.1、0.2 或 0.5 A，定时器设置为0.5 s。

5) 引入钩型探针，并轻提脊髓，使脊髓完全处于夹具的作用范围内。触发脊髓夹损仪，0.5 s后脊髓左夹臂靠自身弹性返回，取出夹具及探针。

6) 生理盐水冲洗，在手术显微镜下观察脊髓损伤情况，测量出血浸润范围。

7) 采用不同的损伤强度（0.1、0.2、0.5 A）重复上述实验，比较损伤效果。

8) 术后经心脏灌注10%中性甲醛溶液固定液。取材后，采用冷冻切片，经HE染色后观察脊髓损伤区损伤情况，镜下测量损伤区大小，比较在不同损伤强度时脊髓损伤的程度。

**(3) 结果示例**（图2-4-4）

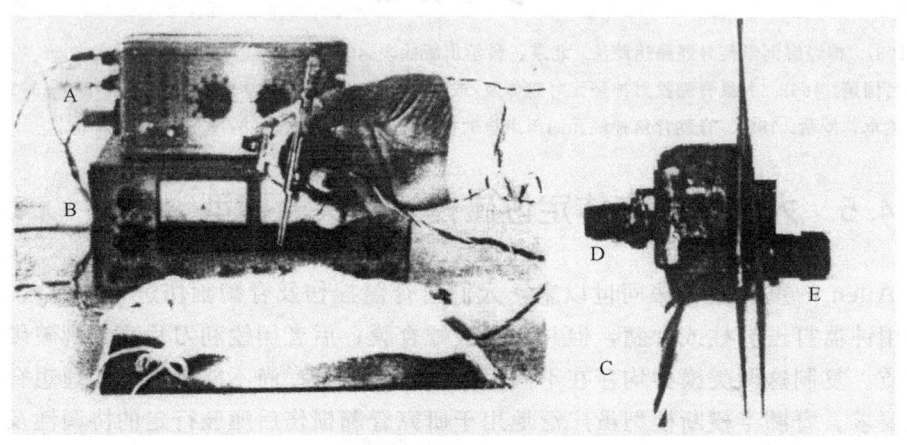

图 2-4-4　大鼠脊髓磁控夹损装置与实验过程

# 思 考 题

1. 理想的脊髓损伤模型的要求是什么？
2. 何为阈损伤强度？它对研究脊髓损伤有何意义？
3. 试分析脊髓横断与脊髓半横断的致瘫因素。

（张子印　李菁锦）

### 参 考 文 献

唐昉，张子印，吕国蔚. 1990. 数字式磁控脊髓夹损仪. 生理学报，42（6）：81
张子印，吕国蔚. 1991. 大鼠脊髓半横断后伤侧瘫肢行走功能的可塑性. 首医学报，12（2）：105～108
张子印，吕国蔚. 1989. 一种复制大鼠脊髓损伤模型的磁控机械夹断法. 中国应用生理学杂志，5（4）：411～414

## 2.4.6　大鼠臂旁核向杏仁中央核的投射——HRP 逆行追踪方法

臂旁核（parabrachial nucleus，PBN）是三叉神经脊束核尾侧亚核（Vc）和脊髓（spinal cord）上行投射的重要中继站，与伤害性刺激信息的传导有密切关系。杏仁中央核（central amygdaloid nucleus，Ce）也是感觉信息传导通路中的重要核团之一。研究 PBN 与 Ce 之间的联系，对于深入了解伤害性刺激信息的传递通路具有重要意义。

**(1) 目的**

1) 掌握辣根过氧化物酶（HRP）束路追踪技术。
2) 掌握 HRP 标记神经元的形态学特点。

**(2) 溶液配制**

1) 乙酸缓冲液（0.2 mol/L，pH 3.3）：乙酸钠（$CH_3COONa \cdot 3H_2O$）2.72 g，蒸馏水 81 ml，盐酸（1 mol/L）19 ml。

2) 磷酸缓冲液（PB，0.2 mol/L，pH 5.0～5.4，无需调 pH）：磷酸二氢钠（$NaH_2PO_4 \cdot H_2O$）26.6 g 或磷酸二氢钠（$NaH_2PO_4 \cdot 2H_2O$）30.1 g，磷酸氢二钠（$Na_2HPO_4 \cdot 12H_2O$）2.58 g，加两次蒸馏水至 1000 ml。

**(3) 步骤**

1) 注射 HRP：大鼠经戊巴比妥钠（40 mg/kg）腹腔麻醉后，置于脑立体定位仪上，按 Paxinos 和 Watson 的大鼠脑立体定位图谱的坐标，在颅骨上用牙科钻钻一直径约 2 mm 的小孔，将 0.05～0.1 μl 的 30% HRP（Sigma Ⅵ型，RZ 值≥3.0）缓慢注入 Ce。注射使用尖端黏微玻管拉制电极（尖端外径约 50～80 μm）的微量注射器或将微玻管拉制电极（尖端外径约 50～80 μm）经细塑料管相连的微量注射器。注射后原位留针 10 min，缝合刀口，将大鼠置于原环境中继续存活。

2) 灌注、固定、取材：注射 HRP 的大鼠继续存活 48～72 h 后，戊巴比妥钠（40 mg/kg）经腹腔深麻，开胸，经左心室插管至升主动脉，先以生理盐水 100 ml 冲去血液，再以 500 ml 含 1% 多聚甲醛和 1.25% 戊二醛的 0.1 mol/L 磷酸缓冲液（PB，pH 7.4）灌注固定，持续 1 h 左右，最后用 500 ml 含 10% 蔗糖的 PB 灌注，将组织内的固定液冲洗干净。取脑，将脑放入含 30% 蔗糖的 PB 中（4℃）。

3) 切片：待脑在蔗糖液中沉底后，冷冻切片机或恒冷箱切片机冠状切基底前脑注射区段和脑桥段，片厚 30 μm，收集于 0.01 mol/L 磷酸盐缓冲液（PBS，pH 7.4）中待用。

4) HRP 呈色：

a. 四甲基联苯胺-硝普钠法（Mesulam，1978）：

i. 液体准备：

A 液：硝普钠 100 mg，蒸馏水 92.5 ml，乙酸缓冲液 5 ml。

B液：四甲基联苯胺（TMB）5 mg，无水乙醇 2.5 ml。

可加热至 37～40℃，以加速 TMB 溶解。A 液及 B 液配成后均不得放置 2 h 以上。

温育液：取 2.5 ml B 液加入 97.5 ml 的 A 液中。温育液在临用时配制。

洗-保液：将乙酸缓冲液（0.2 mol/L，pH 3.3）5 ml 用蒸馏水 95 ml 稀释即成。

ii. 呈色反应：① 切片用蒸馏水洗 6 次，每次 10～15 s。② 温育液预浸 20 min（19～23℃），避强光，经常晃动切片，温育液的颜色应无明显变化，否则说明容器不清洁。③ 取出切片。每 100 ml 温育液中加入 1 ml 的 0.3% $H_2O_2$，拌匀。具体量应根据具体实验确定，以求得到最多标记和较少假象。重新浸入切片，经常晃动，避强光，孵育 20 min（19～23℃）。④ 洗-保液（0～4℃）洗 6 次，共约 30 min。可在此液中保存 4 h 而无明显褪色，但不应超过 4 h。

b. 四甲基联苯胺-钨酸钠（TMB-ST）法（Gu et al.，1988）：

i. 液体准备：

A液：钨酸钠（$Na_2WO_4 \cdot 2H_2O$）1 g，磷酸缓冲液（0.2 mol/L，pH 5.0～5.4）50 ml，HCl（1 mol/L）1.5 ml，两次蒸馏水 47 ml。

B液：TMB 7 mg，丙酮 0.5 ml，无水乙醇 1 ml。

在振荡下用丙酮溶解 TMB 后再加入无水乙醇。

洗-保液：将 0.2 mol/L 的 PB（pH 5.0～5.4）用蒸馏水按 1:4 稀释即成。

ii. 呈色反应：① 切片在双蒸水中洗 2～3 次，每次 10～15 s。② 将上述 A、B 液混合成温育液，切片浸入其中 20 min（15～20℃），避光。③ 反应 1 h（15～20℃），每 10 min 加入 0.3% $H_2O_2$ 0.7 ml，共 6 次，避光。④ 呈色后，用洗-保液漂洗 3～6 次，每次 2～3 min，可在洗-保液中过夜（4℃）。

如果经上述反应的切片还要进行免疫组化染色，则应加强上述反应产物，以免 HRP 的反应产物脱落。

加强液：Tris-HCl（0.05 mol/L，pH 7.6）50 ml，DAB 50 mg，两次蒸馏水 50 ml，0.8 mol/L 硫酸镍铵溶液 200 μl。

将上述各成分混合均匀后，把呈色后的切片移入此液体，加 30% $H_2O_2$ 30 μl，反应 20 min。

5）裱片，干燥，1% 中性红复染，脱水、透明后加盖片封片。

6）明视野或暗视野显微镜观察，可见 HRP 颗粒呈蓝至暗蓝色或金黄色。

**(4) 注意事项**

1）HRP 反应时使用的器皿一定要清洁；否则，易出现非特异性结晶和沉淀。

2）切片后应及时行呈色反应，以免 HRP 流失。

3）HRP 反应后的切片应及时裱片，以防产物脱落。

4）钨酸钠溶解后，滤去不溶物，勿捣碎溶解；否则，与 TMB 溶液混合后，会产生沉淀。

5）每次加入 $H_2O_2$ 时，一定要搅匀后才能放入切片；否则，局部高浓度区会产生非特异性染色。

6) 温育及呈色反应时均应避光。

7) 脱水时应迅速，尤其是在 70% 的乙醇中的时间一定要短，防止 HRP 反应产物被溶解。

**(5) 结果示例**（图 2-4-5）

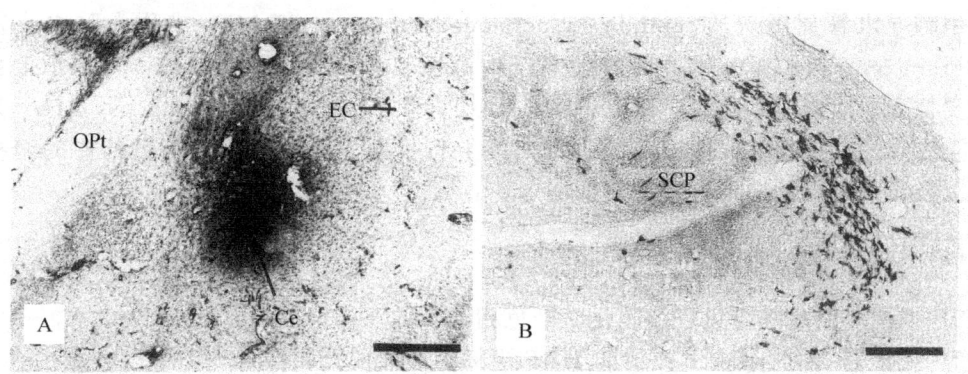

图 2-4-5 PBN 向 Ce 的投射

Ce 内逆行示踪剂 HRP 的注射区（A）；HRP 逆标神经元密集地分布于 PBN（B）。EC：外囊；OPt：视束；SCP：小脑上脚。标尺 = 100 μm（Jia et al.，1994）

## 思 考 题

1. 对 HRP 的呈色，许多因素都将影响其呈色质量，试考虑应注意哪些方面？
2. 用乙醇对经过 HRP 反应的切片进行脱水时，应注意什么？

（王智明）

## 参 考 文 献

Gu YM, Chen YC, Ye LM. 1992. Electron microscopical demonstration of horseradish peroxidase by use of tetramethylbenzidine as chromogen and sodium tungstate as stabilizer (TMB-ST method): a tracing method with high sensitivity and well preserved ultrastructural tissue. J Neurosci Meth, 42 (1-2): 1~10

Jia HG, Rao ZR, Shi JW. 1994. An indirect projection from the nucleus of the solitary tract to the central nucleus of amygdala via the parabrachial nucleus in the rat: a light and electron microscopic study. Brain Res, 663 (2): 181~190

Mesulam MM. 1978. Tetramethyl benizidine for horseradish peroxidase neurohistochemistry: a noncarcinogenic blue reaction product with superior sensitivity for visualizing neural afferents and efferents. J Histochem Cytochem, 26 (2): 106~117

## 2.4.7 大鼠中脑导水管周围灰质向伏核的 5-羟色胺能投射——HRP 逆行追踪与免疫细胞化学染色相结合的双标记法

中脑导水管周围灰质（midbrain periaqueductal gray，PAG）或称中脑中央灰质（midbrain central gray），是中枢神经系统内源性镇痛系统的关键结构，处在承上启下的重要位置。生理学和药理学研究证明，PAG 向伏核（nucleus accumbens，Acb）发出 5-羟色胺（5-hydroxytryptamine，5-HT）能上行投射，此投射与痛信息传递的调控和整合以及镇痛效应的维持有密切关系。

**(1) 目的**

1) 掌握束路追踪与免疫细胞化学染色相结合的双标记技术。
2) 观察 PAG 内向 Acb 投射的 HRP 逆标神经元的分布特点。
3) 观察 HRP 逆标及 5-HT 样阳性双标神经元的特点。

**(2) 步骤**

1) 注射 HRP：大鼠经戊巴比妥钠（40 mg/kg）腹腔麻醉后，置于脑立体定位仪上，按 Paxinos 和 Watson 的大鼠脑立体定位图谱的坐标，在颅骨上用牙科钻钻一直径约 2 mm 的小孔，将 0.05～0.1 μl 的 30% HRP（Sigma Ⅵ型，RZ 值≥3.0）缓慢注入 Acb。注射使用尖端黏微玻管拉制电极（尖端外径约 50～80 μm）的微量注射器，或将微玻管拉制电极（尖端外径约 50～80 μm）经细塑料管相连的微量注射器。注射后原位留针 10 min，缝合刀口，将大鼠置于原环境中继续存活。

2) 灌注、固定、取材：注射 HRP 的大鼠继续存活 48 h 后，戊巴比妥钠（40 mg/kg）经腹腔深麻。开胸，经左心室插管至升主动脉，先以生理盐水 100 ml 冲去血液，再以 500 ml 含 4% 多聚甲醛和 0.05% 戊二醛的 0.1 mol/L 磷酸缓冲液（PB，pH 7.4）灌注固定，持续 1.5～2 h。取出脑干，于上述新鲜固定液中后固定 4～6 h（4℃），然后将脑干放入含 30% 蔗糖的 0.1 mol/L PB 中（4℃）。

3) 切片：待脑干在蔗糖液中沉底后，冷冻切片机或恒冷箱切片机冠状切中脑，片厚 30 μm，隔 2 张取 1 张，切片分三组收集于 0.01 mol/L 磷酸盐缓冲液（PBS，pH 7.4）中待用。

4) 第一、二组切片用 HRP 的四甲基联苯胺-钨酸钠（TMB-ST）法呈色。

a. 液体准备：

A 液：钨酸钠（$Na_2WO_4 \cdot 2H_2O$）1 g，磷酸缓冲液（0.2 mol/L，pH 5.0～5.4）50 ml，HCl（1 mol/L）1.5 ml，两次蒸馏水 47 ml。

B 液：TMB 7 mg，丙酮 0.5 ml，无水乙醇 1 ml。

在振荡下用丙酮溶解 TMB 后，再加入无水乙醇。

洗-保液：将 0.2 mol/L PB（pH 5.0～5.4）用蒸馏水按 1∶4 稀释即成。

b. 呈色反应：

i. 切片在两次蒸馏水中洗 2 或 3 次，每次 10～15 s。

ii. 将上述 A、B 液混合成温育液，切片浸入其中 20 min (15～20℃)，避光。

iii. 反应 1 h (15～20℃)，每 10 min 加入 0.3% $H_2O_2$ 0.7 ml，共 6 次，避光。

iv. 呈色后，用洗-保液漂洗 3～6 次，每次 2～3 min，可在洗-保液中过夜 (4℃)。

c. 加强 HRP 的反应产物：

加强液：Tris-HCl (0.05 mol/L, pH 7.6) 50 ml，DAB 50 mg，两次蒸馏水 50 ml，0.8 mol/L 硫酸镍铵溶液 200 μl。

将上述各成分混合均匀后，再把呈色后的第一组切片移入此液体，加入 30% $H_2O_2$ 30 μl，反应 20 min。

5）免疫细胞化学染色：

a. 将经上述加强反应后的第一组切片置入兔抗 5-HT 血清 (1:5000)，室温孵育 18～24 h；次入 Biotin 标记的驴抗兔 IgG 血清 (1:200)，室温孵育 4 h；再将切片置入 ABC 复合物 (1:100)，室温孵育 2 h；最后用 DAB 和 $H_2O_2$ 呈色。

b. 对照实验：取第三组切片，用正常兔血清替代兔抗 5-HT 血清，后续步骤同前，进行对照实验。

上述抗体和复合物的稀释均用含 10% 正常马血清和 0.5% Triton X-100 的 PBS。上述各步骤之间均用 PBS 洗片 (10 min/次，3 次)。

6）将切片裱于经明胶包被的载玻片上，室温晾干；经梯度乙醇脱水后，用二甲苯透明；然后用 DPX 加盖片封片。

7）观察结果，位于 PAG 内的 HRP 逆标神经元的胞浆及突起内可见蓝色或暗蓝色的 HRP 颗粒，5-HT 样阳性神经元呈棕黄色。胞浆内有蓝色或暗蓝色颗粒，同时神经元呈棕黄色染色的，是 PAG 向 Acb 投射的 5-HT 能神经元。

**(3) 注意事项**

1）切片后应及时行呈色反应，以免 HRP 流失。

2）钨酸钠溶解后，滤去不溶物，勿捣碎溶解，否则与 TMB 溶液混合后，会产生沉淀。

3）每次加入 $H_2O_2$ 时，一定要搅匀；否则，局部高浓度区会产生非特异性染色。

4）加强反应必须适中，过强的反应可能影响后续免疫组化染色结果的观察，过弱的反应可能造成 HRP 反应产物在免疫组化染色过程中丢失。

**(4) 结果示例**（图 2-4-6）

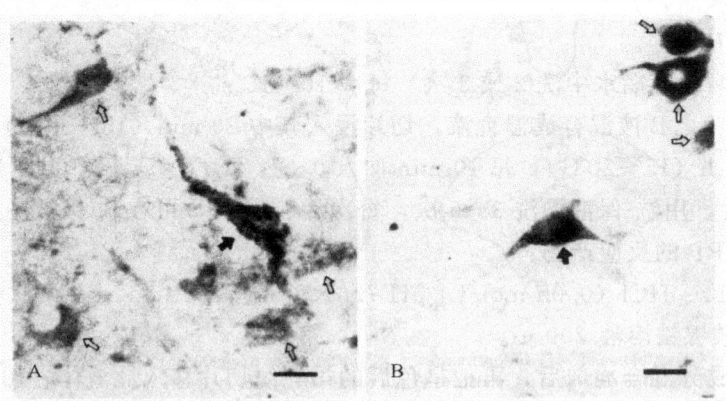

图 2-4-6 PAG 向 Acb 的 5-HT 能投射

将 HRP 注入 Acb，HRP 逆标与 5-HT 样阳性神经元在 PAG 腹外侧区（A）和腹内侧区（B）的分布。↺ 所指为 5-HT 样阳性神经元，➡所指为 HRP 逆标/5-HT 样阳性双标神经元。标尺＝40 μm（Li et al. 1989）

## 思 考 题

1. HRP 呈色应注意哪些问题才能得到满意的结果？
2. HRP 示踪与免疫细胞化学方法相结合存在相互矛盾的方面，如何兼顾两者并得到最佳结果？

（李云庆）

### 参 考 文 献

Gu YM, Chen YC, Ye LM. 1992. Electron microscopical demonstration of horseradish peroxidase by use of tetramethylbenzidine as chromogen and sodium tungstate as stabilizer (TMB-ST method): a tracing method with high sensitivity and well preserved ultrastructural tissue. J Neurosci Meth, 42 (1-2): 1~10

Hsu SM, Raine L, Fanger H. 1981. Use of acidin-biotin-peroxidase complex (ABC) in immunoperoxidase techniques: a comparison between ABC and unlabeled antibody (PAP) procedures. J Histochem Cytochem, 29 (4): 577~580

Li YQ, Rao ZR, Shi JW. 1989. Serotoninergic projections from the midbrain periaqueductal gray to the nucleus accumbens in the rat. Neurosci Lett, 98 (3): 276~279

Li YQ, Rao ZR, Shi JW. 1990. Midbrain periaqueductal gray neurons with substance P-or enkephalin-like immunoreactivity send projection fibers to the nucleus accumbens in the rat. Neurosci Lett, 119 (2): 269~271

Mesulam MM. 1978. Tetramethyl benizidine for horseradish peroxidase neurohisto chemistry: a non-carcinogenic blue reaction product with superior sensitivity for visualizing neural afferents and efferents. J Histochem Cytochem, 26 (2): 106~117

## 2.4.8 大鼠延髓背角内 P 物质受体样阳性神经元向丘脑胶状质核投射——荧光素逆行追踪与免疫荧光染色相结合的双标记方法

延髓背角亦称三叉神经脊束核尾侧亚核（Vc）的浅层（Ⅰ、Ⅱ层），结构复杂，含有多种神经活性物质及其受体，主要与痛信息的传递和调控有关。所以，研究 Vc 浅层的化学构筑特点和纤维联系对于揭示痛信息传递、调控和整合具有重要意义。P 物质（substance P，SP）是三叉神经节细胞及初级传入纤维内所含的、与痛信息传递有密切关系的神经活性物质。形态学研究还观察到 SP 受体（SPR）密集地分布于 Vc 的Ⅰ、Ⅲ层，说明它们可能从含 SP 的初级传入纤维接受外周的痛信息并向高级中枢传递。丘脑胶质状核（gelatinosus thalamic nucleus，GTN）是外周痛信息从脑干向高级中枢传递的中继站之一，与痛信息的传递有密切关系。

**(1) 目的**

1) 掌握荧光素逆行追踪与免疫荧光细胞化学染色相结合的双标记方法。
2) 观察荧光素逆行追踪与免疫荧光细胞化学染色双标神经元的形态学特点。
3) 观察 Vc 内向 GTN 投射的 SPR 样阳性神经元的分布特点。

**(2) 步骤**

1) 注射荧光素：大鼠经戊巴比妥钠（40 mg/kg）腹腔麻醉后，置于脑立体定位仪上，按 Paxinos 和 Watson 的大鼠脑立体定位图谱，在颅骨上钻孔。将 4% 荧光金（fluoro-gold，FG）约 1 μl 用微量注射器注入经拉管机拉制的、尖端内径为 15～30 μm 的微玻管。按坐标将微玻管插入 GTN，将电泳仪的正极插入含 FG 的微玻管，接通电源，将 FG 电泳入 GTN。电泳时采用 2 μA 正向间歇电流，7 s 通电，7 s 断电，持续 10～15 min，将大鼠置于原环境中继续存活。

2) 灌注、固定、取材：大鼠继续存活 3～4 d 后，经戊巴比妥钠（40 mg/kg）腹腔深麻。开胸，经左心室插管至升主动脉，先以生理盐水 100 ml 冲去血液，再以 500 ml 含 4% 多聚甲醛和 1% 苦味酸的 0.1 mol/L 磷酸缓冲液（PB，pH 7.4）灌注固定，持续 1.5～2 h。取脑，于上述新鲜固定液中后固定 4～6 h（4℃），然后将组织块移入含 30% 蔗糖的 0.1 mol/L PB 中（4℃）。

3) 切片：待组织块在蔗糖液中沉底后，冷冻切片机或恒冷箱切片机冠状切延髓和间脑，片厚 30 μm，延髓切片隔 3 张取 1 张，切片分 4 组；间脑切片不分组，均收集于 0.01 mol/L 磷酸盐缓冲液（PBS，pH 7.4）中待用。

4) 将第一组延髓切片和间脑切片裱于清洁的载玻片上，用对荧光物质具有保护作用的封片剂加盖玻片封片，在荧光显微镜下观察 FG 的注射区和 Vc 内 FG 逆标神经元的分布情况。

5) 免疫荧光细胞化学染色：

a. 取第二组延髓切片置入兔抗 SPR 血清（1 μg/ml），室温孵育 18～24 h；再将切片置入 Biotin 标记的羊抗兔 IgG 血清（1∶200），室温孵育 4 h，最后将切片置入 Texas Red 标记的 Avidin（1∶1000），室温孵育 2 h。

b. 对照实验：取第三组延髓切片，用正常兔血清替代兔抗 SPR 血清，后续步骤同前，进行对照实验。

上述抗体和复合物的稀释均用含 10% 正常兔血清和 0.5% Triton X-100 的 PBS。上述各步骤间均用 PBS 洗片（10 min/次，3 次）。

c. 用 Nissl 法染第四组切片，以便对照观察免疫荧光染色和 FG 标记神经元的位置。

6) 将切片裱于载片上，用加有荧光物质保护剂的封片剂，加盖玻片封片。

7) 荧光显微镜观察，FG 逆标神经元发金黄色荧光，Texas Red 标记的 SPR 样阳性神经元呈红色荧光。在不同的激发波长下，既能观察到金黄色荧光，又能观察到红色荧光的神经元，即为向 GTN 投射的 SPR 样阳性神经元。

**(3) 注意事项**

1) 灌注的固定液中加入苦味酸是为了充分固定和利于抗体渗透。

2) 显微镜观察结果时要先照相，然后再计数，以免观察时间过长而使荧光素褪色。

**(4) 结果示例**（图 2-4-7）

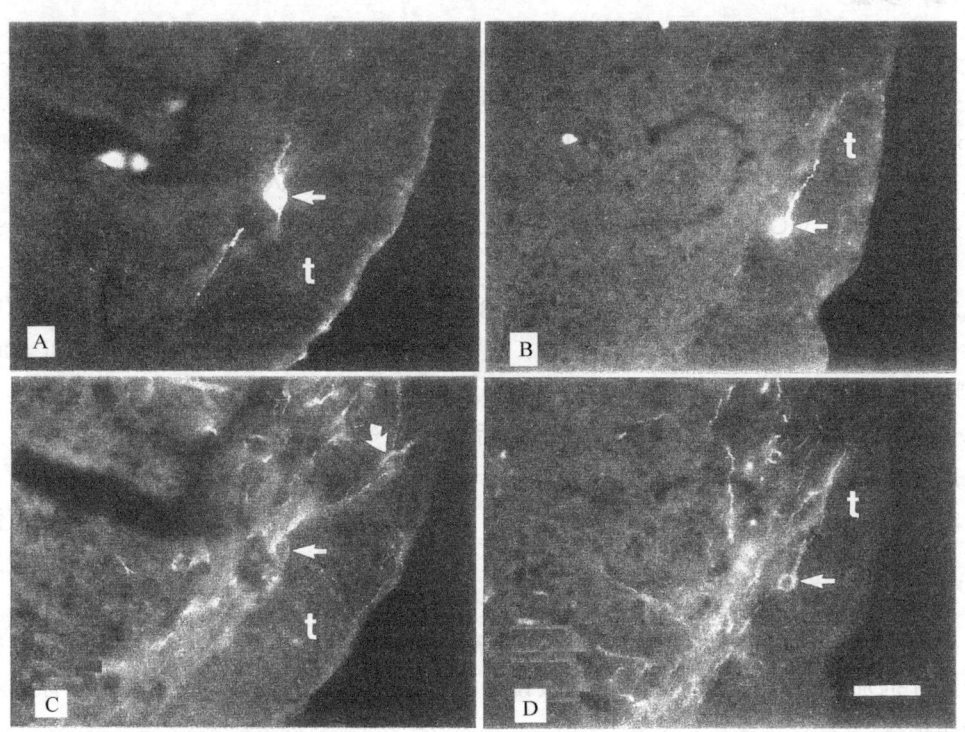

图 2-4-7 Vc 内 SPR 样阳性神经元向 GTN 投射

将 FG 注入 GTN，FG 逆标神经元（箭）位于 Vc I 层的腹侧部（A、B）；SPR 样阳性神经元（箭）主要分布于 Vc I 层（C、D）。箭所指的为 FG 逆标/SPR 样阳性双标神经元，其中图 C 内弧形箭所指的为单纯 SPR 样阳性神经元。t：三叉脊束。标尺=50 μm（Li，1999）

## 思 考 题

1. 固定液中除了常用的多聚甲醛外，有时需加入其他一些成分，如苦味酸、戊二醛等，使用这些成分有何益处？
2. 观察免疫荧光染色的切片时，要求先照相后计数，其理由是什么？

(李云庆)

### 参 考 文 献

Craig AD. 1990. Nociceptive neurons in the nucleus submedius (Sm) in the medial thalamus of the cat. Pain, 5: S492

Dubner R, Bennett GJ. 1983. Spinal and trigeminal mechanisms of nociception. Ann Rev Neurosci, 6: 381~418

Hsu SM, Raine L, Fanger H. 1981. Use of avidin-biotin-peroxidase complex (ABC) in immunoperoxidase techniques: a comparison between ABC and unlabeled antibody (PAP) procedures. J Histochem Cytochem, 29 (4): 577~580

Li YQ. 1999. Substance P receptor-like immunoreactive neurons in the caudal spinal trigeminal nucleus send axons to the gelatinosus thalamic nucleus in the rat. J Hirnforschl, 39 (3): 277~282

Nakaya Y, Kaneko T, Shigemoto R, et al. 1994. Immunohistochemical localization of substance P receptor in the central nervous system of the adult rat. J Comp Neurol, 347 (2): 249~274

## 2.4.9 大鼠中缝大核向脊髓背角和延髓背角的分支投射——荧光素双标记法

三叉神经脊束核尾侧亚核 (caudal subnucleus of the spinal trigeminal nucleus, Vc)，又称延髓背角，它与脊髓背角是接受和调控外周伤害性信息初级传入的重要门户。中缝大核 (nucleus raphe magnus, NRM) 是中枢内源性镇痛系统的关键部位，其内的神经元主要含 5-HT。NRM 向脊髓背角和延髓背角的下行投射对于传递痛信息的神经元有比较明确的抑制作用，该投射是构成"下行抑制系统"的主要成分。

**(1) 目的**

1) 掌握荧光素双标记法。
2) 学会辨认荧光素双标神经元。
3) 观察 NRM 神经元向脊髓背角和延髓背角的下行轴突分支投射。

**(2) 步骤**

1) 注射荧光素示踪剂：大鼠经戊巴比妥钠 (40 mg/kg) 腹腔麻醉后，置于脑立体定位仪上，暴露延髓背角和脊髓背角，将 0.05~0.1 μl 标记细胞浆的 5% fast blue

(FB) 注入双侧脊髓背角，将 0.05～0.1 μl 标记细胞核的 3% diamidino yellow (DY) 注入双侧延髓背角。注射需用两支顶端为 90°的平头微量注射器，注射 FB 和 DY 的微量注射器不能混用，以免互相污染。术后将动物饲养在安静、避强光、温暖的环境中。

2) 灌注、固定、取材：大鼠存活 72 h 后，经戊巴比妥钠（40 mg/kg）腹腔深麻后，开胸，经左心室插管至升主动脉，先以生理盐水 100 ml 冲去血液，再以 500 ml 含 4%多聚甲醛的 0.1 mol/L 磷酸缓冲液（PB，pH 7.4）灌注固定，持续 1 h 左右。取脑和脊髓，于上述新鲜固定液中后固定 4～6 h（4℃），然后将脑和脊髓放入含 30%蔗糖的 0.1 mol/L PB 中（4℃）。

3) 切片：待脑和脊髓在蔗糖溶液中沉底后，冷冻切片机或恒冷箱切片机冠状切注射区和延髓吻段，片厚 30 μm，隔 1 张取 1 张，切片分二组收集于 0.01 mol/L 磷酸盐缓冲液（PBS，pH 7.4）中待用。

4) 将第一组切片裱于载片上，用加有荧光物质保护剂的封片剂，加盖片封片。

5) 将第二组切片用于 Nissl 染色，以便观察和定位荧光素标记神经元的位置。

6) 选用紫外光专用的激发滤片和发射滤片在荧光显微镜下观察，NRM 内胞浆呈蓝色荧光的为向脊髓背角投射的神经元，胞核呈黄色荧光的是向延髓背角投射的神经元。具有蓝色胞浆和黄色胞核的双标记神经元，即为既向脊髓背角，又向延髓背角发出分支投射的神经元。

**(3) 注意事项**

1) 因老年动物常常有自发荧光，故实验勿用老年动物。

2) FB 和 DY 均为悬浊液，注入时需用的压力较大且比较困难。但注射时一定要缓缓用力，切勿使用暴力，以免突然将荧光素推出的同时也注入空气，使组织损伤，造成注射区弥散和荧光素外溢，影响标记效果。

3) 由于 DY 容易外溢，使神经元周围的神经胶质细胞着色，形成"卫星现象"，故一定要选择适当的存活时间和取材后尽快切片、观察。

4) FB 和 DY 可以同时被紫外光激发，分别发出蓝色和黄色荧光，故能同时观察，并能用一张照片显示双标结果，这是其他荧光素标记时所不可比拟的。

**(4) 结果示例**（图 2-4-8）

# 思 考 题

1. 用荧光素标记方法进行研究时，对实验动物有何要求？
2. 向中枢神经系统内注射 FB 和 DY 时，需要注意什么问题？
3. 有哪些措施可减少或避免假阳性结果？
4. 什么叫"卫星现象"？如何防止该现象的发生？

（李云庆）

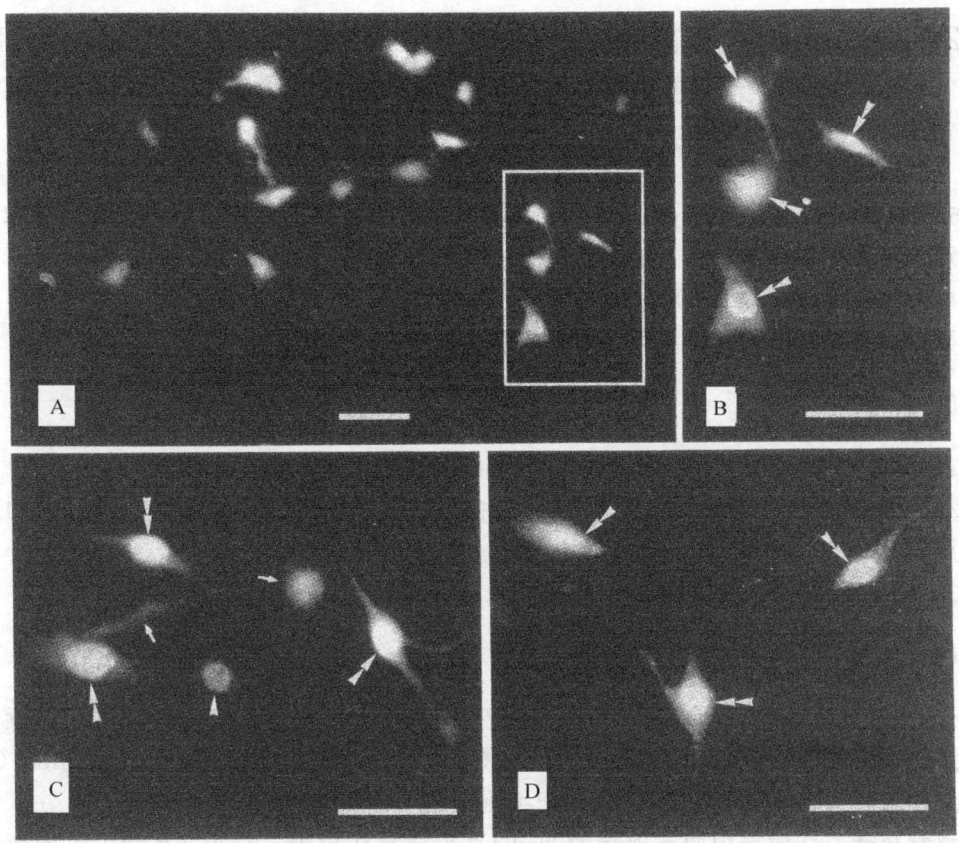

图 2-4-8 NRM 神经元向脊髓背角和 Vc 的投射

将逆行示踪剂 FB 和 DY 分别注入双侧的脊髓背角和 Vc，FB 单标（箭）、DY 单标（单箭头）和 FB/DY 双标（双箭头）神经元在 NRM 内的分布（A、C、D）。图 B 为图 A 中方框区域的放大像。标尺：A=25 μm；B～D=50 μm（Li et al.，1993）

## 参 考 文 献

Fields HL, Malick A, Burstein R. 1995. Dorsal horn projection targets of ON and OFF cells in the rostral ventromedial medulla. J Neurophysiol, 74 (4): 1742～1759

Hudson PM, Lumb BM. 1996. Neurones in the midbrain periaqueductal grey send collateral projections to nucleus raphe magnus and the rostral ventrolateral medulla in the rat. Brain Res, 733 (1): 138～141

Li YQ, Takada M, Shinonaga Y, et al. 1993. Collateral projections of single neurons in the nucleus raphe magnus to both the sensory trigeminal nuclei and spinal cord in the rat. Brain Res, 602 (2): 331～335

Li YQ, Takada M, Mizuno N. 1993. Identification of premotor interneurons which project bilaterally to the trigeminal motor, facial or hypoglossal nuclei: a fluorescent retrograde double-labeling study in the rat. Brain Res, 611 (1): 160～164

Lovick TA, Robinson JP. 1983. Bulbar raphe neurones with projections to the trigeminal nucleus caudalis and the lumbar cord in the rat: a fluorescence double-labelling study. Exp Brain Res, 50 (2-3): 299～308

## 2.4.10 中脑导水管周围灰质和中缝背核内 5-羟色胺能神经元的下行分支投射——荧光素双标记与免疫荧光染色相结合的三标记法

5-羟色胺（5-hydroxytryptamine，5-HT）是吲哚胺类化合物，脑内大部分 5-HT 能神经元主要集中于中缝核群，5-HT 对感觉神经元具有抑制作用。中脑导水管周围灰质（periaqueductal gray，PAG）和中缝背核（dorsal raphe nucleus，DR）是中缝核群的主要成员，具有非常广泛的纤维联系和重要而复杂的生理功能。

**(1) 目的**

1) 掌握荧光素双标记与免疫荧光细胞化学染色相结合的三标记技术。
2) 学会观察荧光素双标记与免疫荧光细胞化学染色相结合的三标记神经元的形态学特点。
3) 观察 PAG 和 DR 内 5-HT 能神经元的下行投射。

**(2) 步骤**

1) 注射荧光素逆行示踪剂：大鼠经戊巴比妥钠（40 mg/kg）腹腔麻醉后，置于脑立体定位仪上，暴露延髓和腰膨大，将 0.05～0.1 $\mu$l 标记细胞浆的 5% fast blue（FB）注入双侧腰膨大，将 0.05～0.1 $\mu$l 标记细胞核的 3% diamidino yellow（DY）注入三叉神经感觉核簇。注射需用两支顶端为 90°的平头微量注射器，注射 FB 和 DY 的微量注射器不能混用，以免互相污染。术后将动物饲养在安静、避强光、温暖的环境中。

2) 灌注、固定、取材：大鼠存活 72 h 后，经戊巴比妥钠（40 mg/kg）腹腔深麻。开胸，经左心室插管至升主动脉，先以生理盐水 100 ml 冲去血液，再以 500 ml 含 4% 多聚甲醛和 0.2%苦味酸的 0.1 mol/L 磷酸缓冲液（PB，pH 7.4）灌注固定，持续 1 h 左右。灌注完毕迅速取脑，于上述新鲜固定液中后固定 4～6 h（4℃），然后将组织块移入含 30%蔗糖的 0.1 mol/L PB 中（4℃）。

3) 切片：待组织块在蔗糖液中沉底后，冷冻切片机或恒冷箱切片机冠状切注射区和中脑，片厚 30 $\mu$m，隔 3 张取 1 张，切片分四组收集于 0.01 mol/L 磷酸盐缓冲液（PBS，pH 7.4）中待用。

4) 将第一组切片裱于载玻片上，用有荧光物质保护剂的封片剂封片。观察注射区和标记神经元的分布情况。

5) 5-HT 的免疫荧光细胞化学染色：

a. 将第二组切片置入兔抗 5-HT 抗血清（1∶5000），室温下孵育 18～14 h；再将切片置入 Biotin 标记的羊抗兔 IgG 血清（1∶200），室温孵育 4 h；最后将切片置入 Avidin 结合的 Texas Red（1∶200），室温孵育 2 h。

b. 对照实验：取第三组切片，用正常兔血清替代兔抗 5-HT 血清，后续步骤同前，进行对照实验。

上述抗体和复合物的稀释均用含10%正常羊血清和0.5% Triton X-100的PBS。上述各步骤间均用PBS洗片（10 min/次，3次）。

c. 将第四组切片用于Nissl染色，以便观察和定位双标和三标神经元的位置。

6）将切片裱于载片上，用含荧光物质保护剂的封片剂加盖片封片。

7）选用紫外光（FB和DY）和G激发（Texas Red）专用的激发滤片和发射滤片在荧光显微镜下观察、拍照和记录结果。

**(3) 注意事项**

1）实验宜选用年轻的实验动物，这样可以避免老年动物的自发荧光。

2）FB和DY均为悬浊液，注入时需用的压力较大且比较困难。但注射时一定要缓缓用力，切勿使用暴力，以免造成注射区弥散和荧光素外溢，影响标记效果。

3）由于DY容易外溢，使神经元周围的神经胶质细胞着色，形成"卫星现象"，故一定要选择适当的存活时间和取材后尽快切片、染色和观察。

4）在免疫荧光组织化学染色过程中，DY也有外溢现象，故免疫荧光组织化学染色的各个孵育应在室温（20~22℃）下进行，这样可以缩短孵育时间，减少DY外溢。

**(4) 结果示例**（图2-4-9）

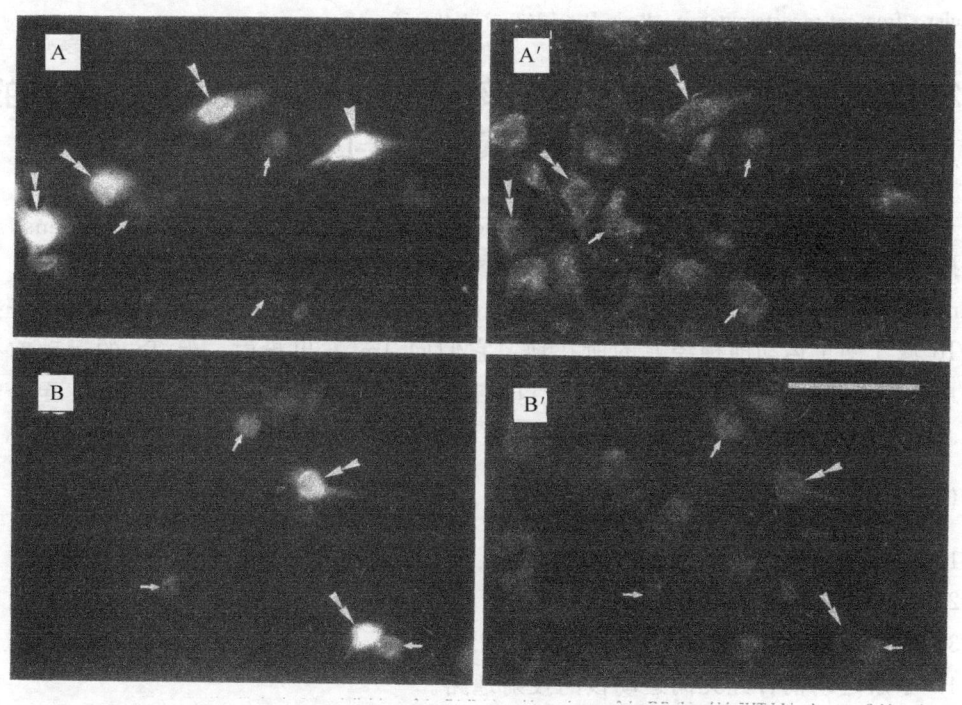

图 2-4-9　PAG和DR内5-HT能神经元的下行投射

将FB和DY分别注入腰膨大和三叉神经感觉核簇，FB和DY逆标神经元在PAG（A）和DR（B）内的分布；图A'和B'分别示与图A和B中同一区域内的5-HT样阳性神经元的分布。双箭示FB/DY双标同时呈5-HT样阳性三标神经元；单箭头示FB/DY双标神经元（A）；箭所指为DY单标/5-HT样阳性双标神经元。标尺＝40 μm（Li et al., 1993）

## 思 考 题

1. 向脑内注射 FB 和 DY 时，应注意哪些问题？为什么？
2. DY 易外溢，如何避免或减少这种现象？

(李云庆)

### 参 考 文 献

Andersen E, Dafny N. 1982. Dorsal raphe nucleus modulates sensory evoked responses in caudate and septum. Int J Neurosci, 17 (3): 151~155

Hsu SM, Raine L, Fanger H. 1981. Use of avidin-biotin-peroxidase complex (ABC) in immunoperoxidase techniques: a comparison between ABC and unlabeled antibody (PAP) procedures. J Histochem Cytochem, 29 (4): 577~580

Imai H, Steindler DA, Kitai ST. 1986. The organization of divergent axonal projections from the midbrain raphe nuclei in the rat. J Comp Neurol, 243 (3): 363~380

Li YQ, Takada M, Mizuno N. 1993. Collateral projections of single neurons in the periaqueductal gray and dorsal raphe nucleus to both the trigeminal sensory complex and spinal cord in the rat. Neurosci Lett, 153 (2): 153~156

Park MR, Gonzales-Vegas JA, Kitai ST. 1982. Serotonergic excitation from dorsal raphe stimulation recorded intracellularly from rat caudate-putamen. Brain Res, 243 (1): 49~58

## 2.4.11 大鼠三叉神经脊束核吻侧亚核向三叉神经运动核的投射——植物凝集素（PHA-L）顺行示踪法

三叉神经脊束核吻侧亚核（oral subnucleus of the spinal trigeminal nucleus, To）主要接受和传递面口部感觉信息，是向中枢传递的初级门户。三叉神经运动核（trigeminal motor nucleus, Tm）主要支配面口部肌肉的协同运动。已有大量的初级证据表明，To 属于脑干运动前神经元的所在地，它们向 Tm 发出投射。但 To 的运动前神经元终止在 Tm 的什么部位，主要支配开口肌神经元还是闭口肌神经元等问题，至今未见报道。本研究用 PHA-L 顺行追踪法观察了 To 背侧部向 Tm 的投射。

**(1) 目的**

1) 学习和掌握顺行追踪技术。
2) 学会使用注射示踪剂的电泳仪。
3) 学会观察 PHA-L 顺行标记的纤维和终末。
4) 了解运动前神经元向运动核的投射通路。

**(2) 步骤**

1) 电泳 PHA-L：大鼠经戊巴比妥钠（40 mg/kg）腹腔麻醉后，将头固定于脑立体定位仪上，手术切开头皮并钻孔，将约 1 μl 的 2.5% PHA-L 用微量注射器注入经拉管机拉制的、尖端内径为 10～20 μm 的微玻管。按立体定位坐标，将微玻管插入 To，将电泳仪的正极插入含 2.5% PHA-L 的微玻管，接通电源，将 PHA-L 电泳入 To。电泳时采用正向间歇电流，7 s 通电，7 s 断电，持续 10～30 min，将大鼠置于原环境中继续存活。

2）灌注、固定、取材：大鼠存活 7～10 d 后，经戊巴比妥钠（40 mg/kg）腹腔深麻。开胸，经左心室插管至升主动脉，先以生理盐水 100 ml 冲去血液，再以 500 ml 含 4% 多聚甲醛的 0.1 mol/L 磷酸缓冲液（PB，pH 7.4）灌注固定，持续 1.5～2 h。灌注完毕迅速取脑干，于上述新鲜固定液中后固定 4～6 h（4℃），然后将脑放入含 30% 蔗糖的 0.1 mol/L PB 中（4℃）。

3）切片：待脑在蔗糖中沉底后，冷冻切片机或恒冷箱切片机横切脑干，片厚 30 μm；隔 1 张取 1 张，切片分二组收集于 0.01 mol/L 磷酸盐缓冲液（PBS，pH 7.4）中待用。

4）用 ABC 法显示 PHA-L 的注射区和 PHA-L 顺行标记纤维和终末：

a. 取第一组切片入兔抗 PHA-L 血清（1∶3000），室温孵育 18～24 h；次入 Biotin 标记的羊抗兔 IgG 血清（1∶200），室温孵育 4 h；再入 Avidin-HRP 复合物（1∶100），室温孵育 2 h。

b. 用硫酸镍铵加强的 DAB 呈色反应显示标记结果，反应液的配制如下：Tris-HCl（0.05 mol/L，pH 7.6）50 ml，DAB 50 mg，两次蒸馏水 50 ml，0.8 mol/L 硫酸镍铵溶液 200 μl。

c. 待 DAB 溶解后，将经上述孵育的切片置入反应液，缓慢加入 0.03% 的 $H_2O_2$，每次约加入 5 μl，边反应边观察，反应满意后用 PBS 清洗切片。

上述抗体和复合物的稀释均用含 10% 正常马血清和 0.5% Triton X-100 的 PBS。上述各步骤间均用 PBS 洗片（10 min/次，3 次）。

d. 取第二组切片用于 Nissl 染色，以便观察注射区的范围和标记结构的部位。

5）切片裱于经明胶包被的载玻片上；注射区的切片可以用 3% 中性红复染后观察。

6）切片干燥后脱水、透明，DPX 封片。

7）显微镜观察，PHA-L 的注射区及其标记的纤维和终末呈蓝黑色。

8）照相并记录结果。

**(3) 注意事项**

1）电泳仪的正极插入微玻管时应接触 PHA-L 的液面，勿使电极丝的周围产生气泡。接通电源电泳一段时间后，在电极丝的周围也容易产生气泡，造成断路，应注意观察和排除。

2）电泳 PHA-L 时采用正向间歇电流，是为了避免持续通电对组织造成的损伤。

3）电泳 PHA-L 的时间应根据核团的大小来决定，小核团宜用较短的时间，以免造成注射区过大。

4）电泳 PHA-L 后，动物的存活时间应根据投射距离的远近来决定，长距离的投射应让动物存活 2 周左右。

5）DAB 呈色反应时，最好在反应液内加入硫酸镍铵，使标记纤维和终末呈蓝黑色，以便于观察。在硫酸镍铵存在的情况下，反应液中 $H_2O_2$ 的浓度不宜过高，且要边观察边滴加，以免造成背底过高，甚至整张切片都呈蓝黑色。

6）脱水、透明要彻底，使标记的神经元胞体、神经纤维和终末清晰可见。

7）在现代神经解剖学研究中，欲证明某条纤维联系通路，为了有效地避免过路纤维吸收示踪剂，影响标记结果的问题，仅单一地依靠顺行追踪或逆行追踪是不够的，必须在顺行追踪的基础上再用逆行追踪证实，反之亦然。

**(4) 结果示例**（图 2-4-10）

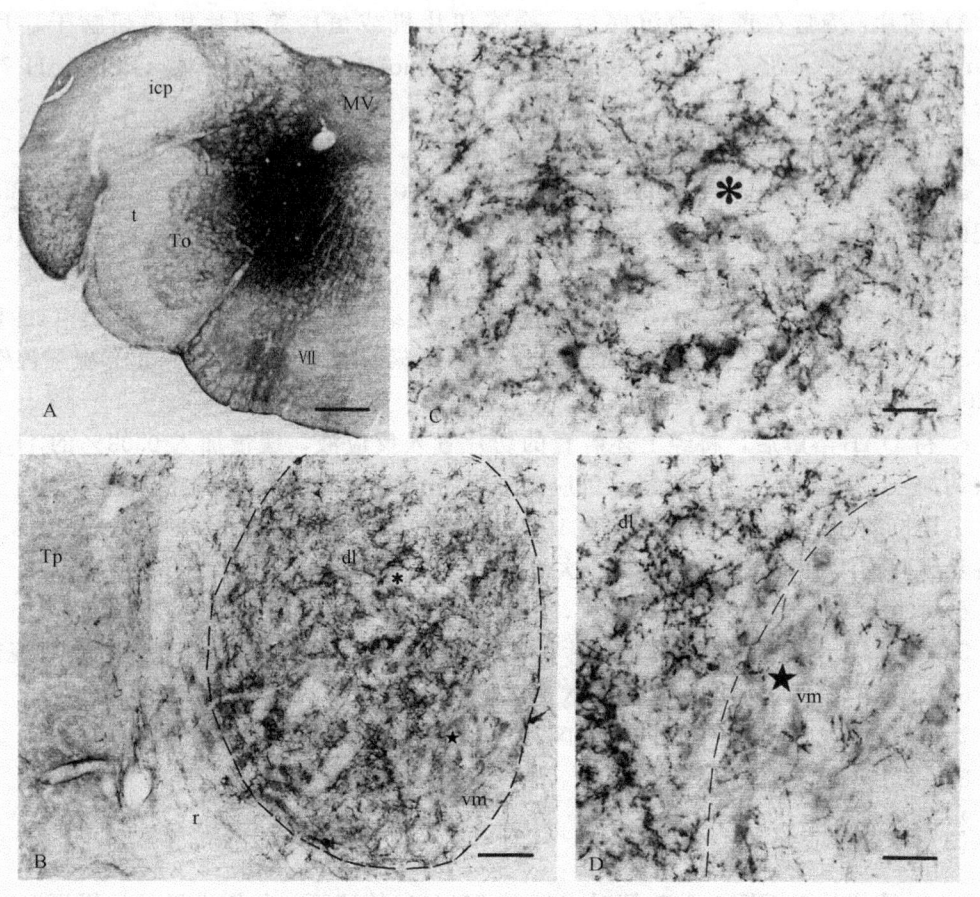

图 2-4-10 To 向 Tm 的投射

将顺行示踪剂 PHA-L 注入 To（A），PHA-L 顺标终末密集地分布于 Tm 的背外侧部（dl）（B、C 和 D），腹内侧部（vm）极稀疏（B 和 D）。其中 C 和 D 是 B 中相应标志（星和五角）区域的放大像。Ⅶ：面神经核；icp：小脑下脚；MV：内侧前庭核；Tp：三叉神经感觉主核；r：三叉神经根。标尺：A＝320 μm；B＝150 μm；C、D＝60 μm（Li et al.，1995）

# 思 考 题

1. 电泳 PHA-L 时有何要求？应注意哪些问题？

2. 欲使 PHA-L 标记的纤维和终末清晰可见，需要如何处理？

3. 现代神经解剖学研究中，为什么要用顺行与逆行追踪相结合的方法来证明神经纤维联系通路？

（李云庆）

### 参考文献

Basu PS, Ray MK, Datta TK. 1980. On characterization of Phaseolus vulgaris lectin (PHA) & separation of homogeneous leucoagglutinin (PHA-L). Indian J Exp Biol, 18 (9): 931～934

Li YQ, Takada M, Kaneko T, et al. 1995. Premotor neurons for trigeminal motor nucleus neurons innervating the jaw-closing and jaw-opening muscles: differential distribution in the lower brainstem of the rat. J Comp Neurol, 356 (4): 563～579

Li YQ, Takada M, Mizuno N. 1993. Identification of premotor interneurons which project bilaterally to the trigeminal motor, facial or hypoglossal nuclei: a fluorescent retrograde double-labeling study in the rat. Brain Res, 611 (1): 160～164

Li YQ, Takada M, Mizuno N. 1993. Premotor neurons projecting simultaneously to two orofacial motor nuclei by sending their branched axons. A study with a fluorescent retrograde double-labeling technique in the rat. Neurosci Lett, 152 (1-2): 29～32

Li YQ, Takada M, Mizuno N. 1993. The sites of origin of serotoninergic afferent fibers in the trigeminal motor, facial, and hypoglossal nuclei in the rat. Neurosci Res, 17 (4): 307～313

## 2.4.12 大鼠延髓背角浅层向臂旁外侧核及丘脑腹后内侧核的投射——BDA 顺行示踪法

延髓背角又称三叉神经脊束核尾侧亚核（caudal subnucleus of the spinal trigeminal nucleus, Vc），其浅层（Ⅰ、Ⅱ层）主要接受传递面口部伤害性刺激信息的无髓和薄髓初级传入纤维，是伤害性刺激信息向中枢传递的初级门户，其中的伤害性感受神经元再将所感受到的信息经上行投射传递到臂旁外侧核（lateral parabrachial nucleus, LPB）和丘脑（thalamus）。LPB 和丘脑腹后内侧核（ventral posteromedial thalamic nucleus, VPM）是伤害性刺激信息传导通路中的重要中继站。BDA（biotinlyated dextran amine）是近年来开始使用的示踪剂，它是生物素（Biotin）的类似物，具有与生物素一样的性质，可以与标记 HRP 的卵白素（Avidin）结合，并用 ABC 法显示。BDA 主要用于顺行追踪和近距离的逆行追踪研究。

**(1) 目的**

1) 掌握 BDA 顺行追踪技术。
2) 学会观察 BDA 顺行追踪方法标记的纤维和终末。
3) 观察 Vc 向 PBN 和 VPM 的投射通路。

**(2) 步骤**

1) 注射 BDA：大鼠经戊巴比妥钠（40 mg/kg）腹腔麻醉后，将头固定于脑立体定位仪上，手术暴露延髓，直视下将尖端外径为 30～50 μm 的微玻管插入延髓背角浅层，将 0.05～0.1 μl 的 3% BDA 用经细塑料管与微玻管相连的微量注射器缓慢（持续约 10～20 min）注入延髓背角浅层，留针 20 min 后，将大鼠置于原环境中继续存活。

2）灌注、取材：大鼠继续存活 3 d 后，经戊巴比妥钠（40 mg/kg）腹腔深麻。开胸，经左心室插管至升主动脉，先以生理盐水 100 ml 冲去血液，再以 500 ml 含 4% 多聚甲醛和 0.2% 苦味酸的 0.1 mol/L 磷酸缓冲液（PB，pH 7.4）灌注固定，持续 1.5～2 h。灌注完毕迅速取脑和脊髓，于上述新鲜固定液中后固定 4～6 h（4℃），然后将脑放入含 30% 蔗糖的 0.1 mol/L PB 中（4℃）。

3）切片：待材料在蔗糖液中沉底后，冷冻切片机或恒冷箱切片机横切含 BDA 注射区的延髓段和脑桥吻段与丘脑，片厚 30 μm，隔 1 张取 1 张，切片分两组收集于 0.01 mol/L 磷酸盐缓冲液（PBS，pH 7.4）中待用。

4）ABC 法显示 BDA 的注射区和 BDA 顺行标记的纤维和终末：

a. 取第一组切片入 Avidin-HRP 复合物（1∶100），室温孵育 2～3 h。

b. 用硫酸镍铵加强的 DAB 呈色反应显示标记结果，反应液的配制如下：Tris-HCl（0.05 mol/L，pH 7.6）50 ml，DAB 50 mg，两次蒸馏水 50 ml，0.8 mol/L 硫酸镍铵溶液 200 μl。

c. 待 DAB 溶解后，将经上述孵育的切片置入反应液，缓慢加入 0.03% 的 $H_2O_2$，每次约加入 5 μl，边反应边观察，反应满意后用 PBS 清洗切片。

Avidin-HRP 复合物的稀释用含 10% 正常马血清和 0.5% Triton X-100 的 PBS。上述各步骤间均用 PBS 洗片（10 min/次，3 次）。

d. 取第二组切片用于 Nissl 染色，以便观察注射区的范围和标记结构的部位。

5）切片裱于经明胶包被的载玻片上，延髓尾段的切片可以用 3% 中性红复染后观察注射区。

6）切片干燥后脱水、透明，DPX 封片。

7）显微镜观察，BDA 的注射区和标记结构均呈蓝黑色。

8）照相并记录结果。

**(3) 注意事项**

1）切片后应及时行 ABC 法染色，以免 BDA 流失。

2）BDA 容易扩散，使注射区偏大。所以，注射 BDA 的量应根据核团的大小来决定，小核团宜用小量，以免造成注射区过大。

3）注射 BDA 后动物的存活时间应根据投射距离的远近来决定，长距离的投射应让动物存活 7～10 d。

4）DAB 呈色反应时，最好在反应液内加入硫酸镍铵，使标记纤维和终末呈蓝黑色，便于观察。在硫酸镍铵存在的情况下，反应液中 $H_2O_2$ 的浓度不宜过高，且要边观察边滴加，以免造成背底过高，甚至整张切片都呈蓝黑色。

5）脱水、透明要彻底，使 BDA 标记的纤维和终末清晰可见。

6）在现实研究工作中，仅单一地依靠顺行追踪或逆行追踪来证明纤维联系通路是不够的，必须在顺行追踪的基础上再用逆行追踪证实；反之亦然。

**(4) 结果示例**（图 2-4-11）

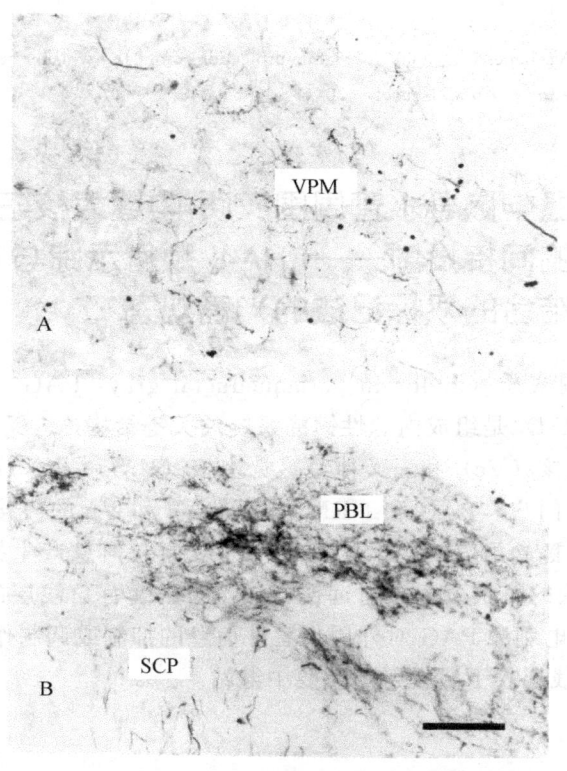

图 2-4-11　Vc 向臂旁外侧核和 VPM 的投射
将顺行示踪剂 BDA 注入 Vc，BDA 顺标终末在 VPM（A）和臂旁外侧核（PBL）（B）内的分布。
SCP：小脑上脚。标尺＝40 μm（陶发胜等，2000）

## 思 考 题

1. 注射 BDA 需要注意哪些问题？
2. 进行 BDA 呈色反应时有哪些要求？为什么？
3. 在研究工作中，为什么要用顺行与逆行追踪相结合的方法来证明神经纤维联系通路？

（王智明）

### 参 考 文 献

陶发胜，高蓉，李云庆. 2000. 大鼠三叉神经脊束核尾侧亚核-臂旁核-丘脑间接联系的研究. 解剖学报，31（2）：108～112

Dubner R, Bennett GJ. 1983. Sinal and trigeminal mechanism of nociception. Ann Rev Neurosci, 6：381～418

Hirata H, Takeshita S, Hu JW, et al. 2000. Cornea-responsive medullary dorsal horn neurons: modulation by local opioids and projections to thalamus and brain stem. J Neurophysiol, 84 (2): 1050~1061

Hsu SM, Raine L, Fanger H. 1981. Use of avidin-biotin-peroxidase complex (ABC) in immunoperoxidase techniques: a comparison between ABC and unlabeled antibody (PAP) procedures. J Histochem Cytochem, 29 (4): 577~580

Veinante P, Jacquin MF, Deschenes M. 2000. Thalamic projections from the whisker-sensitive regions of the spinal trigeminal complex in the rat. J Comp Neurol, 420 (2): 233~243

## 2.4.13 大鼠中脑导水管周围灰质-中缝大核-三叉神经感觉核簇的间接投射——PHA-L顺行示踪与HRP逆行追踪相结合的双标记法的光镜观察

中脑导水管周围灰质（midbrain periaqueductal gray, PAG）和中缝大核（raphe magnus nucleus, NRM）是组成内源性镇痛系统的关键结构。三叉神经感觉核簇中的三叉神经脊束核尾侧亚核（Vc）和三叉神经感觉主核（Vp）是面口部躯体伤害性刺激信息向中枢传递的初级门户。PAG和NRM均有向Vc和Vp的直接投射，电刺激PAG或NRM可以影响延髓背角内神经元的活动，并对痛觉信息产生抑制或调制作用。但PAG向延髓背角浅层的直接下行投射远比NRM向延髓背角浅层的直接下行投射少得多。损毁NRM后，电刺激PAG对外周伤害性信息的抑制或调制作用消失，说明NRM是PAG向延髓背角浅层的下行投射的重要中继站。

**(1) 目的**

1) 掌握顺行追踪与逆行追踪相结合的双标记方法。
2) 了解中脑导水管周围灰质-中缝大核-三叉神经感觉核簇间接投射通路。

**(2) 步骤**

1) 电泳PHA-L和注射HRP：大鼠经戊巴比妥钠（40 mg/kg）腹腔麻醉后，将大鼠头固定于脑立体定位仪上，手术暴露颅骨，按Paxinos和Watson的大鼠脑立体定位图谱的坐标，先将颅骨钻孔，然后将尖端外径为50~60 μm的微玻管插入中脑导水管周围灰质，将2.5%的PHA-L泳入中脑导水管周围灰质。电泳时采用正向间歇电流，7 s通，7 s断，持续20~30 min。12 d后再麻醉动物，将0.1 μl的30% HRP（RZ≥3.0）用微量注射器缓慢注入Vc和Vp，留针10 min后，将大鼠置于原环境中继续存活。

2) 灌注、固定、取材：大鼠继续存活3 d后，经戊巴比妥钠（40 mg/kg）腹腔深麻后，开胸插管至升主动脉，先以生理盐水100 ml冲去血液，再以500 ml含4%多聚甲醛和0.2%苦味酸的0.1 mol/L磷酸缓冲液（PB, pH 7.4）灌注固定，持续1.5~2.0 h。灌注完毕立即取脑，于上述新鲜固定液中后固定4~6 h（4℃），然后将脑移入含30%蔗糖的0.1 mol/L PB中（4℃）。

3) 切片：待脑组织块在蔗糖液中沉底后，冷冻切片机或恒冷箱切片机横切含PHA-L注射区的中脑尾段和含 HRP 注射区的延髓尾段，片厚 30 μm；延髓吻段，片厚 30 μm，隔 2 张取 1 张，切片分三组。均收集于 0.01 mol/L 磷酸盐缓冲液（PBS，pH 7.4）中待用。

4）HRP 的四甲基联苯胺-钨酸钠（TMB-ST）呈色法：

a. 液体准备：

A 液：钨酸钠（$Na_2WO_4 \cdot 2H_2O$）1 g，磷酸缓冲液（0.2 mol/L，pH 5.0～5.4）50 ml，HCl（1 mol/L）1.5 ml，两次蒸馏水 47 ml。

B 液：TMB 7 mg，丙酮 0.5 ml，无水乙醇 1 ml。

在振荡下用丙酮溶解 TMB 后再加入无水乙醇。

洗-保液：将 0.2 mol/L PB（pH 5.0～5.4）按 1∶4 用蒸馏水稀释即成。

b. 呈色反应：① 延髓尾段和吻段切片在两次蒸馏水中洗 2 或 3 次，每次 10～15 min；② 将上述 A、B 液混合成温育液，切片浸入其中 20 min（15～20℃），避光；③ 反应 1 h（15～20℃），每 10 min 加入 0.3% $H_2O_2$ 0.7 ml，共 6 次，避光；④ 呈色后，用洗-保液漂洗 3～6 次，每次 2～3 min，可在洗-保液中过夜（4℃）。

c. 加强 HRP 的反应产物：

加强液：Tris-HCl（0.1 mol/L，pH 7.6）50 ml，DAB 50 mg，两次蒸馏水 50 ml，0.8 mol/L 硫酸镍铵溶液 200 μl。

将加强液混匀，把呈色后的切片移入此液体，加 30% $H_2O_2$ 30 μl，反应 20 min。

5）ABC 法显示 PHA-L 的注射区和顺行标记轴突终末：

a. 将加强后的延髓吻段切片和中脑切片置入兔抗 PHA-L 血清（1∶5000），室温孵育 18～24 h；次入 Biotin 结合的羊抗兔 IgG 血清（1∶200），室温孵育 4 h；再入 Avidin-HRP 复合物（1∶100），室温孵育 2 h。

b. 用 DAB 和 $H_2O_2$ 进行呈色反应。

上述抗体和复合物的稀释均用含 10% 正常羊血清和 0.5% Triton X-100 的 PBS。上述各步骤间均用 PBS 洗片（10 min/次，3 次）。

6）中脑和延髓尾段切片裱于经明胶包被的载玻片上，3% 中性红复染后用于观察注射区。

7）将经过上述反应后的延髓吻段切片裱于经明胶包被的载玻片上，脱水、透明，用 DPX 加盖玻片封片。

8）显微镜观察，拍照并记录结果。HRP 逆标神经元的胞浆内含蓝黑色颗粒，PHA-L 顺标纤维和终末呈棕黄色。

**(3) 注意事项**

1）组织材料在蔗糖溶液中沉底后，再用冰冻或恒冷箱切片机切片，以免冰冻或恒冷箱切片时形成的冰晶破坏细胞结构。

2）切片后应及时行 HRP 呈色反应，以免 HRP 流失。

3）加强 HRP 产物的反应一定要充分，以免在后续的 ABC 法染色过程中造成丢失。

**(4) 结果示例**（图 2-4-12A、B）

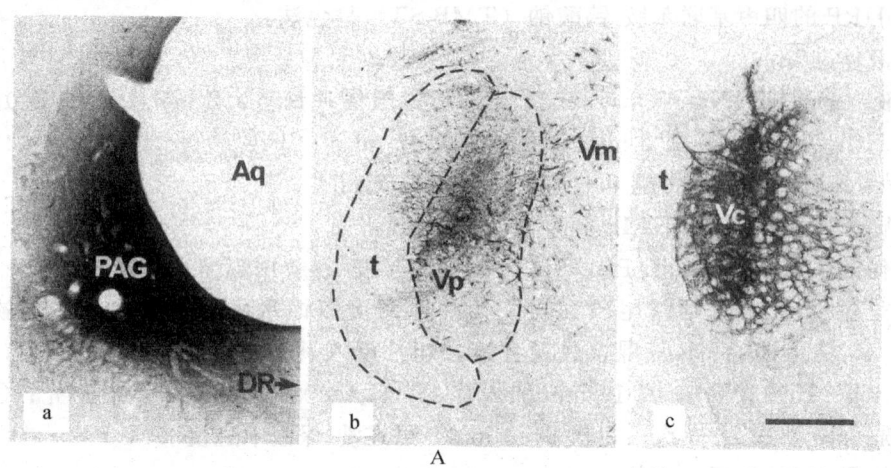

图 2-4-12A  PHA-L 和 HRP 的注射部位

顺行示踪剂 PHA-L 注入 PAG (a)、逆行示踪剂 HRP 注入 Vp (b) 和 Vc (c) 的注射区。Aq：中脑导水管；DR：中缝背核；t：三叉脊束；Vm：三叉神经运动核。标尺＝100 μm

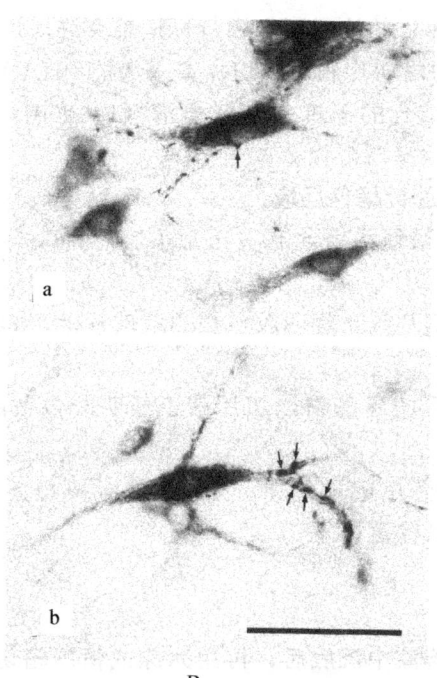

图 2-4-12B  PAG-NRM-三叉神经感觉核簇的间接投射

HRP 注入 Vc (a) 和 Vp (b)，NRM 内的 HRP 逆标神经元与 PHA-L 顺标轴突终末（箭）相接触。标尺＝50 μm（Li et al.，1993）

## 思 考 题

1. 用冰冻或恒冷箱切片机进行切片前，组织材料需做何处理？
2. HRP 呈色后必须经加强反应后才能进行后续的免疫细胞化学染色，为什么？

(李云庆)

### 参 考 文 献

Gerfen CR, Sawchenko PE. 1984. An anterograde neuroanatomical tracing method that shows detailed morphology of neurons, their axons and terminals: immunohistochemical localization of an axonally transported plant lectin *Phaseolus vulgaris* leucoagglutinin (PHA-L). Brain Res, 290 (2): 219～238

Gu YM, Chen YC, Ye LM. 1992. Electron microscopical demonstration of horseradish peroxidase by use of tetramethylbenzidine as chromogen and sodium tungstate as stabilizer (TMB-ST method): a tracing method with high sensitivity and well preserved ultrastructural tissue. J Neurosci Meth, 42 (1-2): 1～10

Li YQ, Shinonaga Y, Takada M, et al. 1993. Demonstration of axon terminals of projection fibers from the periaqueductal gray onto neurons in the nucleus raphe magnus which send their axons to the trigeminal sensory nuclei. Brain Res, 608 (1): 138～140

## 2.4.14 大鼠中脑导水管周围灰质-中缝大核-三叉神经脊束核尾侧亚核的间接投射——PHA-L 顺行示踪与 HRP 逆行追踪相结合的双标记法的电镜观察

中脑导水管周围灰质（midbrain periaqueductal gray, PAG）和中缝大核（raphe magnus nucleus, NRM）是组成内源性镇痛系统的关键结构。三叉神经脊束核尾侧亚核（Vc）浅层（Ⅰ和Ⅱ层）是面口部伤害性刺激信息向中枢传递的初级门户。PAG 和 NRM 均有向 Vc 浅层的直接投射，电刺激 PAG 或 NRM 可以影响 Vc 内神经元的活动，并对痛觉信息产生抑制或调制作用。以往的机能学研究还证实 PAG 下行纤维经 NRM 中继后投射到脊髓背角与 Vc 的间接通路在 PAG 的镇痛机制中可能发挥重要作用。

**(1) 目的**

1) 掌握顺行追踪与逆行追踪相结合的双标记方法。
2) 学会在电镜下辨认 PHA-L 顺行标记的轴突终末和 HRP 逆行标记的产物。
3) 了解 PAG-NRM-Vc 间接投射通路。
4) 了解电镜的工作原理及使用。

**(2) 步骤**

1) 电泳 PHA-L 和注射 HRP：大鼠经戊巴比妥钠（40 mg/kg）腹腔麻醉后，将大鼠头固定于脑立体定位仪上，手术暴露颅骨，按 Paxinos 和 Watson 的大鼠脑立体定位图谱的坐标，先将颅骨钻孔，然后将尖端外径为 50~60 μm 的微玻管插入中脑导水管周围灰质，将 2.5% 的 PHA-L 泳入中脑导水管周围灰质。电泳时采用正向间歇电流，7 s 通、7 s 断，持续 20~30 min，12 d 后再麻醉动物，将 0.1 μl 的 30% HRP（RZ⩾3.0）用微量注射器缓慢注入 Vc 浅层，留针 10 min 后，将大鼠置于原环境中继续存活。

2）灌注、固定、取材：大鼠继续存活 3 d 后，经戊巴比妥钠（40 mg/kg）腹腔深麻后，开胸插管至升主动脉，先以生理盐水 100 ml 冲去血液，再以 500 ml 含 4% 多聚甲醛和 0.05% 戊二醛的 0.1 mol/L 磷酸缓冲液（PB, pH 7.4）灌注固定，持续 1.5~2.0 h。灌注完毕立即取脑，于上述新鲜固定液中后固定 4~6 h（4℃），然后将脑移入含 30% 蔗糖的 0.1 mol/L PB 中（4℃）。

3）切片：待脑组织块在蔗糖液中沉底后，冷冻切片机或恒冷箱切片机横切含 PHA-L 注射区的中脑尾段和含 HRP 注射区的延髓尾段，片厚 30 μm；振动切片机横切含中缝大核的延髓吻段，片厚 50 μm。均收集于 0.01 mol/L 磷酸盐缓冲液（PBS, pH 7.4）中待用。

4）HRP 的四甲基联苯胺-钨酸钠（TMB-ST）呈色法：

a. 液体准备：

A 液：钨酸钠（$Na_2WO_4 \cdot 2H_2O$）1 g，磷酸缓冲液（0.2 mol/L, pH 5.0~5.4）50 ml，HCl（1 mol/L）1.5 ml，两次蒸馏水 47 ml。

B 液：TMB 7 mg，丙酮 0.5 ml，无水乙醇 1 ml。

在振荡下用丙酮溶解 TMB 后再加入无水乙醇。

洗-保液：将 0.2 mol/L PB（pH 5.0~5.4）按 1:4 用蒸馏水稀释即成。

b. 呈色反应：① 切片在两次蒸馏水中洗 2~3 次，每次 10~15 s；② 将上述 A、B 液混合成孵育液，切片浸入其中 20 min（15~20℃），避光；③ 反应 1 h（15~20℃），每 10 min 加入 0.3% $H_2O_2$ 0.7 ml，共 6 次，避光；④ 呈色后，用洗-保液漂洗 3~6 次，每次 2~3 min，可在洗-保液中过夜（4℃）。

c. 加强 HRP 的反应产物：

加强液：Tris-HCl（0.1 mol/L, pH 7.6）50 ml，DAB 50 mg，两次蒸馏水 50 ml，0.8 mol/L 硫酸镍铵溶液 200 μl。

将加强液混匀，把呈色后的切片移入此液体，加 30% $H_2O_2$ 30 μl，反应 20 min。

5）ABC 法显示 PHA-L 的注射区和顺行标记轴突终末：

a. 将加强后的切片和中脑切片置入兔抗 PHA-L 血清（1:5000），室温孵育 18~24 h；次入 Biotin 结合的羊抗兔 IgG 血清（1:200），室温孵育 4 h；再入 Avidin-HRP 复合物（1:100），室温孵育 2 h。

b. 用 DAB 和 $H_2O_2$ 进行呈色反应。

上述抗体和复合物的稀释均用含 10% 正常羊血清的 PBS。上述各步骤间均用 PBS 洗片（10 min/次，3 次）。

6）中脑和脊髓的冷冻切片裱于经明胶包被的载玻片上，3% 中性红复染后用于观察注射区。

7）将经过上述反应和加强的延髓吻段的振动切片锇化、梯度乙醇脱水、Epon 812

平板包埋。光镜下定位取中缝大核不同平面的组织片进行超薄切片，铅染，电镜观察并拍照。

**(3) 注意事项**

1) 组织材料在蔗糖溶液中沉底后，再行振动切片。不能用冰冻或恒冷箱切片机制备用于电镜观察的标本，以免冰冻或恒冷箱切片时形成的冰晶破坏细胞结构。

2) 切片后应及时行 HRP 呈色反应，以免 HRP 流失。

3) 加强 HRP 产物的反应一定要充分，以免在后续的免疫组化染色过程中丢失。

4) 用于电镜观察的标本，在免疫细胞化学染色时不宜使用 Triton X-100，以免破坏神经元的膜性结构。

**(4) 结果示例**（图 2-4-13）

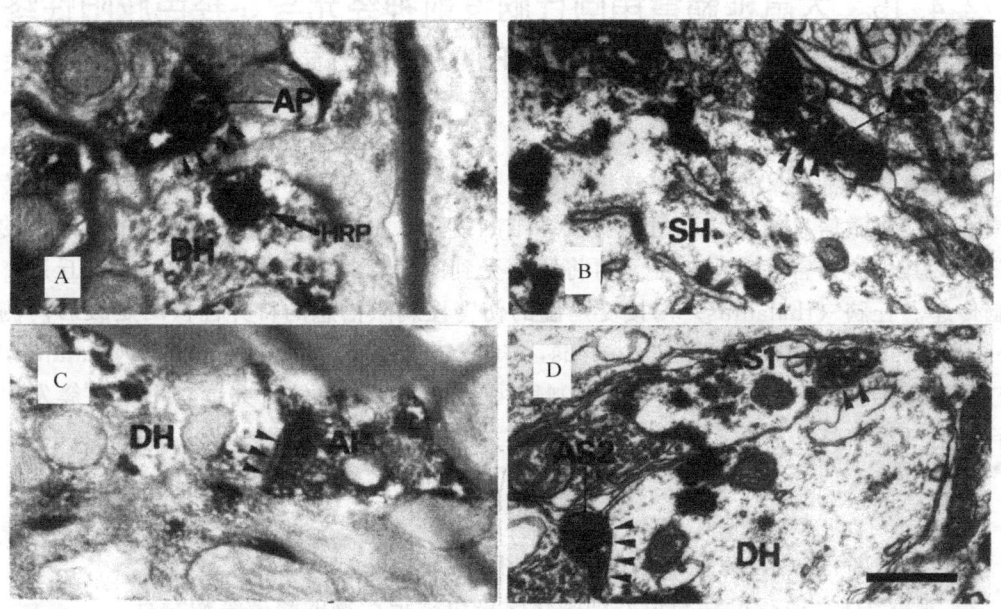

图 2-4-13　PAG-NRM-Vc 间接投射

PHA-L 顺标轴突终末（AP）与 HRP 逆标树突（DH）形成轴-树突触（A，C）；PHA-L 顺标轴突终末（AS）与 HRP 逆标胞体（SH）形成轴-体突触（B）；两个 PHA-L 顺标轴突终末（AS1，AS2）与一个 HRP 逆标树突均形成轴-树突触（D）。标尺＝0.5 mm（李云庆和施际武，1994）

## 思 考 题

1. 用于电镜观察的标本，为什么不能用冰冻或恒冷箱切片机进行切片？
2. HRP 呈色后必须经加强反应后才能进行后续的免疫细胞化学染色，为什么？
3. 用于电镜观察的标本，为什么在行免疫细胞化学染色时不宜使用 Triton X-100？

（李云庆）

## 参 考 文 献

李云庆，施际武. 1994. 大鼠中脑导水管周围灰质-中缝大核-三叉神经脊束核尾侧亚核通路的电镜研究. 神经解剖学杂志，10（3）：234～238

Basbaum AI, Fields HL. 1984. Endogenous pain control systems: brainstem spinal pathways and endorphin circuitry. Ann Rev Neurosci, 7: 309～338

Gerfen CR, Sawchenko PE. 1984. An anterograde neuroanatomical tracing method that shows detailed morphology of neurons, their axons and terminals: immunohistochemical localization of an axonally transported plant lectin *Phaseolus vulgaris* leucoagglutinin (PHA-L). Brain Res, 290 (2): 219～238

Gu YM, Chen YC, Ye LM. 1992. Electron microscopical demonstration of horseradish peroxidase by use of tetramethylbenzidine as chromogen and sodium tungstate as stabilizer (TMB-ST method): a tracing method with high sensitivity and well preserved ultrastructural tissue. J Neurosci Meth, 42 (1-2): 1～10

## 2.4.15 大鼠延髓背角向丘脑投射神经元与5-羟色胺阳性终末的突触联系——HRP逆行追踪与免疫细胞化学染色双标记法

延髓背角亦称三叉神经脊束核尾侧亚核（Vc），其浅层（Ⅰ和Ⅱ层）主要接受传递外周伤害性刺激信息的无髓和薄髓初级纤维的终止，是伤害性刺激信息向中枢传递的初级门户，其中的伤害性感受神经元再将所感受到的信息经上行投射纤维（三叉丘系）向丘脑传递。丘脑（thalamus）内接受延髓的伤害性刺激信息的特异性核团是腹后内侧核（ventral posteromedial thalamic nucleus, VPM）。5-羟色胺（5-hydroxytryptamine, 5-HT）是"下行抑制系统"中主要的抑制性神经递质。以往的研究证实中缝核簇发出的下行投射纤维有终止于Vc浅层者。

**（1）目的**

1）学习逆行追踪与免疫细胞化学染色相结合的双标方法。
2）观察HRP逆行追踪与免疫细胞化学染色标记产物的超微结构特点。
3）了解延髓背角向丘脑投射神经元与5-HT样阳性终末的突触联系。
4）了解电子显微镜的工作原理及使用。

**（2）步骤**

1）注射HRP：大鼠经戊巴比妥钠（40 mg/kg）腹腔麻醉后，将头固定于脑立体定位仪上，手术暴露颅骨并钻孔，按Paxinos和Watson的大鼠脑立体定位图谱，将0.1 $\mu$l的30% HRP（RZ=3.15）用尖端黏微玻管（尖端外径50～60 $\mu$m）的微量注射器缓慢注入丘脑腹后外侧核，注射完毕后留针10 min，将大鼠置于原环境中继续存活。

2）灌注、固定、取材：大鼠继续存活3 d后，经戊巴比妥钠（40 mg/kg）腹腔深麻。开胸，经左心室插管至升主动脉，先以生理盐水100 ml冲去血液，再以500 ml含4%多聚甲醛和0.05%戊二醛的0.1 mol/L磷酸缓冲液（PB, pH 7.4）灌注固定，持续 1.5~2 h。取脑，于上述新鲜固定液中后固定 4~6 h（4℃），然后将材料放入含 30% 蔗糖的 0.1 mol/L PB 中（4℃）。

3) 切片：待脑在蔗糖液中沉底后，冷冻切片机或恒冷箱切片机横切丘脑的 HRP 注射区，振动切片机横切延髓尾段，片厚均为 50 μm。将切片收集于 0.01 mol/L 磷酸盐缓冲液（PBS，pH 7.4）中待用。

4) HRP 的四甲基联苯胺-钨酸钠（TMB-ST）呈色法：

a. 液体准备：

A 液：钨酸钠（$Na_2WO_4 \cdot 2H_2O$）1 g，磷酸缓冲液（0.2 mol/L，pH 5.0~5.4）50 ml，HCl（1 mol/L）1.5 ml，两次蒸馏水 47 ml。

B 液：TMB 7 mg，丙酮 0.5 ml，无水乙醇 1 ml。

在振荡下用丙酮溶解 TMB 后再加入无水乙醇。

洗-保液：将 0.2 mol/L PB（pH 5.0~5.4）按 1:4 用蒸馏水稀释即成。

b. 呈色反应：① 切片在两次蒸馏水中洗 2 或 3 次，每次 10~15 s；② 将上述 A、B 液混合成孵育液，切片浸入其中 20 min（15~20℃），避光；③ 反应 1 h（15~20℃），每 10 min 加入 0.3% $H_2O_2$ 0.7 ml，共 6 次，避光；④ 呈色后，用洗-保液漂洗 3~6 次，每次 2~3 min，可在洗-保液中过夜（4℃）；

c. 加强反应：

加强液：Tris-HCl（0.05 mol/L，pH 7.6）50 ml，DAB 50 mg，两次蒸馏水 50 ml，0.8 mol/L 硫酸镍铵溶液 200 μl。

将上述各成分混合均匀后，把呈色后的切片移入此液体，加入 30% $H_2O_2$ 30 μl，反应 20 min。

5) 免疫细胞化学染色：

a. 将加强后的脊髓切片置入兔抗 5-HT 血清（1:5000），室温孵育 18~24 h；次入 Biotin 结合的羊抗兔 IgG 血清（1:200），室温孵育 4 h；再入 Avidin-HRP 复合物（1:100），室温孵育 2 h。

b. 用 DAB 和 $H_2O_2$ 进行呈色反应。

上述抗体和复合物的稀释均用含 10% 正常羊血清的 PBS。上述各步骤间均用 PBS 洗片（10 min/次，3 次）。

6) 丘脑的冷冻切片裱于经明胶包被的载玻片上，3% 中性红复染后用于观察注射区。

7) 将经上述反应的延髓尾段切片锇化、梯度乙醇脱水、Epon 812 平板包埋，光镜下定位取延髓尾段不同平面的组织片进行超薄切片，铅染，电镜观察并拍照。

(3) 注意事项

1) 用于电镜观察的组织材料不能用冷冻或恒冷箱切片机切片，以免损坏细胞结构。

2) 在免疫细胞化学染色时不宜使用 Triton X-100 等表面活性物质，以免表面活性物质破坏神经元的膜性结构。

3) 加强 HRP 产物的反应一定要充分，以免在后续的免疫细胞化学染色过程中造成丢失。

4）孵育及呈色反应时均应避光。

**(4) 结果示例**（图2-4-14）

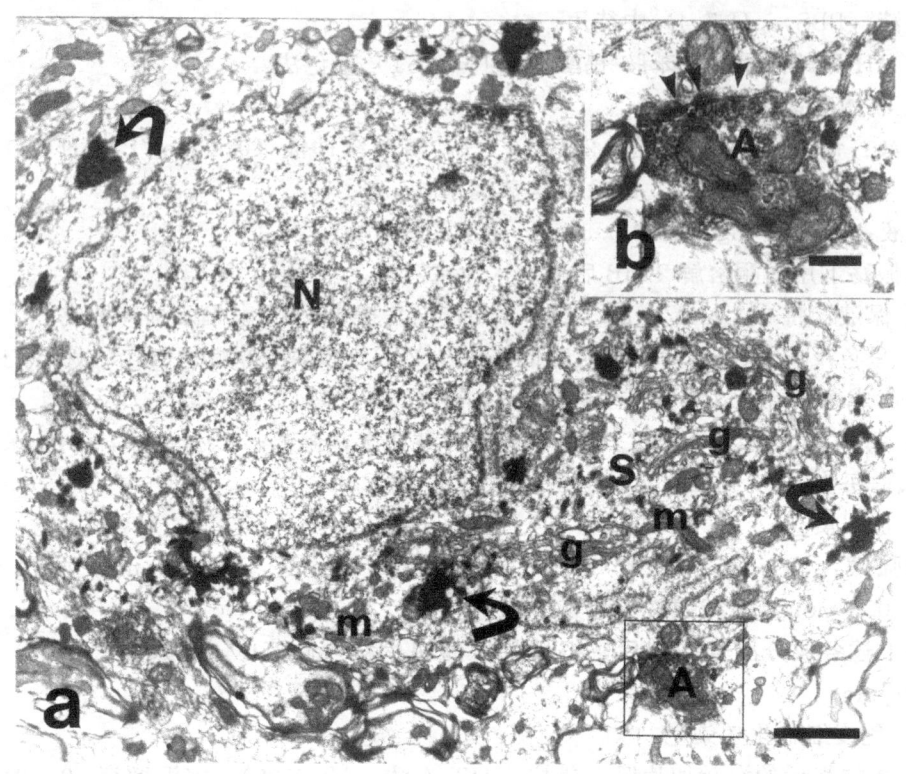

图 2-4-14 Vc 内向丘脑投射神经元与 5-HT 能轴突终末的联系

5-HT 样阳性轴突终末（A）与 HRP 逆标神经元胞体（S）形成轴-体突触（b）。b 为 a 中方框部分的高倍像。弯形箭所指为位于胞浆内典型的 HRP 反应产物。g：高尔基体；m：线粒体；N：胞核。标尺 = 0.5 μm（李云庆等，1999）

# 思 考 题

1. 用于电镜观察的材料，为什么不能用冰冻或恒冷箱切片机切片？在免疫细胞化学染色时，为什么不宜使用 Triton X-100 等表面活性物质？

2. 为什么 HRP 产物需要加强？否则会有何影响？

（李云庆）

## 参 考 文 献

李云庆，李金莲，施际武. 1999. 大鼠延髓背角向丘脑或臂旁核投射神经元与 5-HT、去甲肾上腺素、GABA、甘氨

酸和脑啡肽能及P物质能终末的联系. 见：中国神经科学学会第二届代表大会暨第三届全国学术会议论文摘要汇编. 201

Chan-Palay V, Palay S. 1977. Ultrastructural identification of substance P cells and their processes in rat sensory ganglia and their terminals in the spinal cord by immunocytochemistry. Proc Natl Acad Sci USA, 74 (9): 4050~4054

Gu YM, Chen YC, Ye LM. 1992. Electron microscopical demonstration of horseradish peroxidase by use of tetramethylbenzidine as chromogen and sodium tungstate as stabilizer (TMB-ST method): a tracing method with high sensitivity and well preserved ultrastructural tissue. J Neurosci Meth, 42 (1-2): 1~10

Hsu SM, Raine L, Fanger H. 1981. Use of avidin-biotin-peroxidase complex (ABC) in immunoperoxidase techniques: a comparison between ABC and unlabeled antibody (PAP) procedures. J Histochem Cytochem, 29 (4): 577~580

Ljungdahl A, Hökfelt T, Nilsson G. 1978. Distribution of substance P-like immunoreactivity in the central nervous system of the rat——I. Cell bodies and nerve terminals. Neuroscience, 3 (10): 861~943

## 2.4.16 大鼠孤束核-臂旁核-中央杏仁核的间接投射通路——溃变与HRP逆行追踪相结合的双标记法

孤束核 (nucleus of the solitary tract, NTS) 是接受内脏感觉信息的重要核团之一，NTS接受此信息后进一步通过臂旁核 (parabrachial nucleus, PBN) 将此信息向中央杏仁核 (central nucleus of the amygdala, Ce) 传递。此通路对于内脏功能（如心血管系统、呼吸及胃肠道的活动等）的自主调节具有重要意义。以往的研究仅是在光镜水平见到LPB内向Ce的投射神经元与来源于NTS的轴突终末相互接触，但未在超微结构水平证实轴突终末与投射神经元存在直接的突触联系。

**(1) 目的**

1) 学习溃变与逆行追踪相结合的方法。

2) 用海人酸 (kainic acid) 溃变与HRP逆行追踪相结合的方法对大鼠NTS-PBNCe间接投射通路进行电镜水平的观察。

3) 进一步学习和掌握电镜技术。

**(2) 步骤**

1) 注射海人酸和HRP：大鼠经戊巴比妥钠 (40 mg/kg) 腹腔麻醉后，将头固定于脑立体定位仪上，手术暴露延髓，按Paxinos和Watson的大鼠脑立体定位图谱坐标，将0.1 μl的30% HRP (RZ=3.15) 用微量注射器缓慢注入一侧Ce，留针10 min；将尖端直径为30~40 μm的微玻管插入NTS，将1%海人酸0.01 μl注入其中，将大鼠置于原环境中继续存活。

2) 灌注、固定、取材：大鼠继续存活3 d后，经戊巴比妥钠 (40 mg/kg) 腹腔深麻。开胸，经左心室插管至升主动脉，先以生理盐水100 ml冲去血液，再以500 ml含4%多聚甲醛和0.05%戊二醛的0.1 mol/L磷酸缓冲液 (PB, pH 7.4) 灌注固定，持续1.5~2 h。取脑，于上述新鲜固定液中后固定4~6 h (4℃)，然后将材料放入含

30%蔗糖的 0.1 mol/L PB 中（4℃）。

3) 切片：待脑组织块在蔗糖液中沉底后，冷冻切片机或恒冷箱切片机横切含海人酸注射区的延髓段和含 HRP 注射区的基底前脑，片厚 30 μm；振动切片机横切含 PBN 的脑桥段，片厚 50 μm，隔 1 张取 1 张，切片分两组。均收集于 0.01 mol/L 磷酸盐缓冲液（PBS，pH 7.4）中待用。

4) HRP 呈色 [四甲基联苯胺-钨酸钠（TMB-ST）法]：

a. 液体准备：

A 液：钨酸钠（$Na_2WO_4 \cdot 2H_2O$）1 g，磷酸缓冲液（0.2 mol/L，pH 5.0~5.4）50 ml，HCl（1 mol/L）1.5 ml，两次蒸馏水 47 ml。

B 液：TMB 7 mg，丙酮 0.5 ml，无水乙醇 1 ml。

在振荡下用丙酮溶解 TMB 后再加入无水乙醇。

洗-保液：将 0.2 mol/L PB（pH 5.0~5.4）按 1∶4 用蒸馏水稀释即成。

b. 呈色反应：① 取含 HRP 注射区的基底前脑切片和含 PBN 的脑桥切片，在两次蒸馏水中洗 2 或 3 次，每次 10~15 s；② 将上述 A、B 液混合成孵育液，切片浸入此液中 20 min（15~20℃），避光；③ 反应 1 h（15~20℃），每 10 min 加入 0.3% $H_2O_2$ 0.7 ml，共 6 次，避光；④ 呈色后，用洗-保液漂洗 3~6 次，2~3 min/次，可在洗-保液中过夜（4℃）；

c. 加强反应：

加强液：Tris-HCl（0.05 mol/L，pH 7.6）50 ml，DAB 50 mg，两次蒸馏水 50 ml，0.8 mol/L 硫酸镍铵溶液 200 μl。

将上述各成分混合均匀后，把呈色后的切片移入此液体，加 30% $H_2O_2$ 30 μl，反应 20 min。

5) Nissl 染色：取脑桥段第二组切片进行 Nissl 染色，以便对核团进行定位。

6) 含海人酸注射区的延髓段切片和含 HRP 注射区的基底前脑切片裱于经明胶包被的载玻片上，3% 中性红复染后用于观察注射区。

7) 将经 HRP 呈色和加强反应的含 PBN 的脑桥段切片锇化、梯度乙醇脱水、Epon 812 平板包埋，在光镜下定位取 PBN 中胞浆及神经纤维内含蓝黑色颗粒的 HRP 逆标神经元的组织片进行超薄切片，铅染，电镜观察并拍照。

**(3) 注意事项**

1) 注射海人酸和 HRP 务必使用不同的注射器，以免影响 HRP 的吸收和实验结果的观察。

2) 灌注时必须将血液冲净，因血液中的成分会影响 HRP 的呈色；固定液流速先快后慢，以使组织充分固定。

3) 切片后应及时行呈色反应，以免 HRP 流失；孵育切片及 HRP 呈色反应时均应避光操作；每次加入 $H_2O_2$ 时，一定要混匀后才能放入切片，否则局部 $H_2O_2$ 高浓度区会产生非特异性染色。

4) HRP 呈色反应产物应充分加强，以免在后续切片处理过程中 HRP 产物的丢失。

**(4) 结果示例**（图 2-4-15）

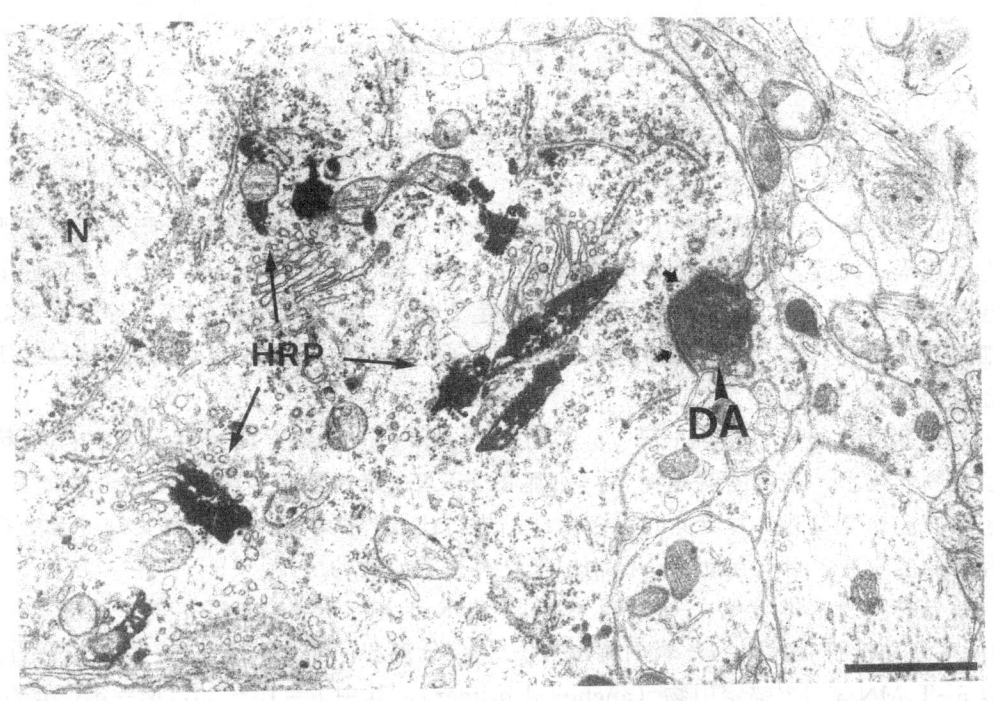

图 2-4-15　NTS-PBN-Ce 间接投射

溃变的轴突终末（DA）与 HRP 逆标神经元胞体形成轴-体突触。N：胞核。标尺＝1 μm（Jia et al.，1994）

## 思 考 题

1. 注射海人酸及 HRP 时应注意哪些问题？
2. HRP 呈色及加强过程中需要注意哪些方面？

（王智明）

## 参 考 文 献

Fulwiler CE, Saper CB. 1984. Subnuclear organization of the efferent connections of the parabrachial nucleus in the rat. Brain Res, 319 (3): 229～259

Gu YM, Chen YC, Ye LM. 1992. Electron microscopical demonstration of horseradish peroxidase by use of tetramethylbenzidine as chromogen and sodium tungstate as stabilizer (TMB-ST method): a tracing method with high sensitivity and well preserved ultrastructural tissue. J Neurosci Meth, 42 (1-2): 1～10

Jia HG, Rao ZR, Shi JW. 1994. An indirect projection from the nucleus of the solitary tract to the central nucleus of the amygdala via the parabrachial nucleus in the rat: a light and electron microscopic study. Brain Res, 663 (2): 181～190

Kapp BS, Markgraf CG, Schwaber JS, et al. 1989. The organization of dorsal medullary projections to the central amygdaloid nucleus and parabrachial nuclei in the rabbit. Neuroscience, 30 (3): 717~732

Norgren R. 1978. Projections from the nucleus of the solitary tract in the rat. Neuroscience, 3 (2): 207~218

# 2.5　分子神经生物学实验

## 2.5.1　用差异显示法分离特异表达的基因片段

在高等生物中，基因表达具有高度的选择性，基因表达的不同组合形式决定了所有的生命过程。因此，在分子生物学的研究中，常常会寻找在不同细胞中或不同条件下特异性表达的基因。例如，哪些基因的表达发生变化后会引起细胞的癌变；外加激素对某种细胞的基因表达会产生何种影响等。随着分子生物学的发展，基因表达的特异性研究已经成为研究的热点。

差异显示（differential display）是由 Liang 和 Pardees 在 1992 年建立的一种新的分子生物学技术，其目的就是对不同细胞的 mRNA 进行比较，寻找特异表达的基因。由于该方法简便直观，并可同时对多组样品进行比较，所以从一开始就受到分子生物学研究者们的欢迎，目前在动物、植物中都已有很多成功的应用。

差异显示的基本策略是通过反转录与 PCR 扩增 mRNA 中特定的一个部分，用 DNA 序列分析胶（6%~8%聚丙烯酰胺）同步分离显示扩增产物以进行比较。首先，要以 $5'-T_nMN-3'$ [$3'$锚定引物（anchored primer），其中 $n=10~20$，M=dA/dC/dG，N=dA/dC/dG/dT] 作引物，将待比较的 mRNA 进行逆转录得到单链 cDNA。由于该引物具有 poly（dT），故可与 mRNA 的 $3'$-poly（A）结合，而另外两个碱基 MN 的作用是使它定位在 poly（A）的 $5'$端，并使它只介导约 1/12 的 mRNA 的逆转录。逆转录之后，以单链 cDNA 为模板，立即进行 PCR，$3'$端引物就是上述 $3'$锚定引物，$5'$端引物是 10~13 个碱基的随机引物（arbitrary primer）。对于在细胞 A 中表达而不在细胞 B 中表达的基因来说，若引物合适，就可能在 A 的 PCR 产物中发现相应的基因片段，而不会在 B 的 PCR 产物中发现该片段。由于 $5'$端引物较短，特异性较低，能以相对较高的几率与 cDNA $5'$端结合，从而保证每一对引物都能扩增出适当数量的 DNA 片段（50~150 条）。若片段数过少，要对全部 mRNA 进行比较就必须合成大量引物，进行大量 PCR；若片段数过多，又会增加分离纯化的难度。当每次 PCR 扩增 50~150 个片段时，通过对 12 个 $3'$引物和 25 个 $5'$引物的不同组合，可以在 95% 的情况下分析 15 000 个不同的基因，基本包括单个细胞所能表达的全部基因数。

由于 PCR 的产物一般含有几十至上百个分子质量相近的 DNA 片段，所以需要用高分辨率的测序胶（6%~8%的变性聚丙烯酰胺凝胶）来分离这些片段。在 PCR 条件的设置上，一般说来，解链温度 94~95℃、延伸温度 72℃ 都是确定的，而复性温度则依引物情况而定。由于差异显示所用的引物很短，尤其是 $5'$引物，只有 10~13 个核苷酸，所以复性温度不能高，试验表明以 40~42℃ 为好。另外，复性时间也要适当延长，这样 Taq 酶在这段时间内能进行部分延伸反应，使引物与模板的结合得到强化，以免在 72℃延伸时过短的引物与模板解链，导致反应失败。在引物较短的情况下，还可应用使延伸温度随着反应进行由低到高逐渐升至 72℃的方法，同样有很好的效果。另外，由于测序胶对 500bp 以上的 DNA 不能有效分离，故延伸反应时间不需要太长，保证扩增产物限于 500bp 以下。

PCR 产物分离后的显色，本实验采用银染法。显色后会看到很多条带，其中大多数是共有的，但在某些位置上会有特异的条带，这些条带就是我们要找的特异表达的基因片段。银染法的原理是利用 DNA 对银离子的吸附作用，将吸附的银离子还原成金属银，从而显示 DNA 条带的位置。其优点是灵敏度高，显色快速简单，可在电泳后几十分钟内得到结果，使用放射性核素虽可达到近似的灵敏度，但一般需曝光十几个小时以上，并且要求在 PCR 中掺入放射性核素，因此对防护的要求较高，使操作复杂化。银染法的缺点是必须将 DNA 固定在胶上才能有好的染色效果，这就使得从胶上回收特异的 DNA 片段进行后续实验比较困难。

如果要克隆基因，必须从胶中回收特异的 DNA 片段，克隆后标记探针并作 Northern 杂交，验证表达的特异性后，再以此片段作探针，从 cDNA 或基因组 DNA 文库中钓出完整的基因，进行深入的研究。

**(1) 目的**

1) 学习银染差异显示法。
2) 分离小鼠急性重复缺氧后差异表达的基因。

**(2) 溶液配制**

1) 3′-Anchored primer 5′-T12MC-3′ (10 $\mu$mol/L)。
2) 5′-Arbitrary primer1 5′-AGCCAGCGAA-3′ (2 $\mu$mol/L)。
3) Taq DNA 聚合酶及反应缓冲液。
4) RNasin40 U/$\mu$l。
5) SuperScrip II 反转录酶 200 U/$\mu$l。
6) 5×TBE：27 g Tris，54.5 g 硼酸溶于 900 ml 蒸馏水，加 20 ml 0.5mol/L EDTA (pH 8.0)，定容至 1 000 ml。
7) 固定液：10% 冰醋酸。
8) 染色液：1 g/L $AgNO_3$。
9) 显色液：15 g $Na_2CO_3$ 溶于 500 ml 重蒸水，10℃预冷，临用前加入 0.5 ml 37% 甲醛和 100 $\mu$l 10mg/ml 硫代硫酸钠溶液。
10) 配胶：称 5.7 g 丙烯酸胶，0.3 g $N,N'$-甲叉双丙烯酸胺，48 g 尿素，放入 200 ml 烧杯中，加 20 ml 5×TBE，20 ml 重蒸水，搅拌溶解，由于尿素溶解时吸热，故可将烧杯置于 37℃水浴促溶。待完全溶解后，定容至 100 ml，滤纸过滤，然后于 4℃避免保存备用。
11) 10% 过硫酸铵溶液，注意一定要现用现配。

**(3) 步骤**

1) 材料与试剂：

a. 仪器：PCR 仪，电泳仪，测序电泳槽。

b. 试剂及溶液配制：见本节试剂及溶液配制。

2) 动物模型的制作和海马总 RNA 的分离纯化：按前文制作小鼠急性重复缺氧模型，迅速分离 0 次（$H_0$）、1 次（$H_1$）和 4 次（$H_4$）缺氧小鼠的海马，立即用 Trizol 试剂提取总 RNA。然后用 DNase I 消化除去痕量 DNA。分装于 $-70℃$ 保存。

3) 反转录反应：取分装于 $-70℃$ 的纯化完整总 RNA（1 μg/μl）用于反转录反应。在 3 个新管中分别加入：

| 样品编号 | $H_0$ | $H_1$ | $H_4$ |
| --- | --- | --- | --- |
| RNA (1 μg/μl) | 2 μl | 2 μl | 2 μl |
| T12MC (10 μm) | 2 μl | 2 μl | 2 μl |

用加样器小心混匀，简单离心，70℃孵育 5 min，冰上骤冷，简单离心。

用 1 新管在冰上建立 3 个反转录反应的母液：

| 加样序号 | 3 个反转录反应母液 | 加样序号 | 3 个反转录反应母液 |
| --- | --- | --- | --- |
| $H_2O$ | 22.5 μl | RNasin (40 U/μl) | 1.5 μl |
| 5×缓冲液 | 12.0 μl | SuperScript II 反转录酶 | 3.0 μl |
| dNTP(4种各5 mmol/L) | 3.0 μl | (200 U/μl) | |
| DTT (0.1 mol/L) | 6.0 μl | | |

分别取 16 μl 反转录反应母液加至各"RNA+T12MC"管，用加样器温和混匀，简单离心，在 PCR 仪上进行如下反应：42℃ 50 min，70℃ 15 min，4℃保存。反应后将反转录产物保存在 $-20℃$。

以上所有操作均应在严格避免 RNase 污染的条件下进行。

4) PCR：在一个 0.5 ml 新 eppendorf 管中依次加入：

| 加样序号 | 3 个 PCR 反应的母液 |
| --- | --- |
| 10×缓冲液 | 3.0 μl |
| dNTP (4 种各 2 mmol/L) | 2.4 μl |
| 引物 T12MC (10 μmol/L) | 3.0 μl |
| 引物 Anchored Primer 1 (2 μmol/L) | 3.0 μl |
| *Taq* DNA 聚合酶 (5 U/μl) | 0.3 μl |
| $H_2O$ | 15.3 μl |

轻弹小管混匀后，离心 5 s，将溶液取出 9 μl 分别加至 3 个新管中。在 3 管中分别加入 0、1、4 次的 cDNA 模板 1 μl，作好标记，混匀，离心 5 s 后。每管加入 20 μl 液体石蜡盖住液面以免反应过程中液体蒸发。

按下列条件进 PCR：①变性 94℃ 1 min，1 循环；②变性 94℃ 30 s，复性 40℃ 2 min，延伸 72℃ 45 s，共 40 个循环；③最后 72℃ 延伸 10 min 以补平所有扩增产物；④ 4℃保存。

反应完后将 PCR 产物保存在 -20℃ 中备用。

5）走测序胶分离 PCR 产物：

a. 胶板的准备：将两块玻璃板（20 cm×20 cm）洗净，蒸馏水冲洗一遍，晾干。

b. 灌胶：在两块玻璃板之间两侧各夹上一个 1 mm 厚与胶板等长的塑料间隔片，用胶带将三面封死，两侧用铁夹夹紧。

在 50 ml 配好的聚丙烯酰胺凝胶贮液中加入 0.2 ml 10% 过硫酸铵，轻摇混匀，再加入 20 μl TEMED（$N,N,N',N'$-四甲基乙二胺），轻摇混匀，注意不起气泡。然后立起胶板，稍倾斜，将配好的胶沿玻璃板慢慢倒入胶板间的空隙中，注意不要在胶中留有气泡。若已产生气泡，可将胶板适当倾斜以使胶面降至气泡以下，气泡会自然破裂。倒满胶后，水平放置胶板，将梳子插入两板之间，用铁夹固定，静置 1 h 时左右使胶聚合完全。

c. 上样：胶凝后，撕去胶带，轻轻拔出梳子，勿损坏加样孔。用注射器喷水冲洗胶面，洗掉碎胶。把胶板固定在电泳槽上，槽中加入 1×TBE 至没过胶面。用 300 V 预电泳 30 min，同时将样品于 80℃ 加热变性 2 min 后立即置于冰上，使其保持单链状态。停止电泳，用注射器将加样孔上析出的尿素冲掉，即可开始上样。用加样器取每个样品 10 μl。注意：$H_0$、$H_1$ 和 $H_4$ 三样品的同一组 DDPCR 反应必须相邻，并且同时电泳。

d. 电泳：上完样后，立即开始电泳。电压设为 300V 左右。电泳时注意不要使胶的温度太高，必要时可将铁板夹在玻璃板上帮助散热。电泳至第二道染料（二甲苯菁 FF）出胶时停止（一般需 2~4 h）。放掉电泳液，取下胶板，将两块板轻轻撬开，胶将很容易从玻璃板上分离，用于银染。

6）银染：

a. 固定：将分离的胶放入一个含有 500 ml 固定液的浅塑料盘中，置于摇床轻轻摇晃 30 min 左右至看不见胶上的染料时，倒掉固定液，回收用于下面的中止染色步骤。

b. 强化：加入 500 ml 1% $HNO_3$，置于摇床摇动 10 min，倒掉溶液。

c. 洗涤：用 500 ml 重蒸水摇动洗涤凝胶 1 min，洗涤 2 次，倒掉溶液。

d. 染色：加入 500 ml 染色液，摇动 30 min，倒掉染色液。

e. 显色：向 10℃ 的 500 ml 显色液加入 0.5 ml 37% 甲醛和 100 μl 10 mg/ml 硫代硫酸钠溶液，完成显色液的配制。

用 500 ml 重蒸水摇动洗涤凝胶 20 s，立即倒掉洗涤水，加入刚配制的冷显色液，充分摇动，至条带清晰可见而背景不深为止。

f. 终止显色：将回收的等体积固定液直接倒入显色液中，摇动 2~3 min 终止显色。

g. 清洗：用重蒸水浸泡两次，每次 2 min。

h. 干燥：将凝胶用玻璃纸包好，置于室温晾干，在浅色背景下即可进行观察。

**(4) 注意事项**

1) RNA 操作注意事项：所有涉及 RNA 的操作均应严格避免 RNA 酶污染。所有器具均需 200℃ 干烤 8 h 或浸泡 0.1% DEPC 过夜处理，所有溶液均需用 0.1% DEPC 处理（TRIS 除外，可与 DEPC 反应，应使用新包装）。操作时戴口罩和干净手套，并勤换。

2) PCR 注意事项：PCR 是一种高度灵敏的 DNA 扩增反应，它可把单个 DNA 分子扩增 $10^5$ 倍以上，反应体系中微量的 DNA 污染都可能对结果产生很大的影响。因此，在配制 PCR 反应混合物时应非常小心，所用的 Tip 头应是灭菌的新 Tip 头，每加一种试剂应换一个头。模板 DNA 应最后加，以尽可能减少污染的机会。

由于本实验是要对三组 cDNA 进行比较，所以三者的反应条件应尽可能相同，以免引起虚假的差别。为此，有必要在配制反应混合液时加以特别注意，防止误差。最好的办法是将除模板外所有的反应成分共同配制成一份混合液，再分装到三个管中，加入不同模板进行反应。反转录中也是如此。

3) 银染过程中染色后用水洗的时间长短非常重要，若过长则会使银离子与 DNA 脱离结合，从而使整个银染失败；但由于本实验采用了硝酸加强法，减少了银染对水洗时间的敏感性，从而大大增加了该方法的可操作性，并能降低银染的背景，提高银染的灵敏度。

**(5) 结果示例**（图 2-5-1）

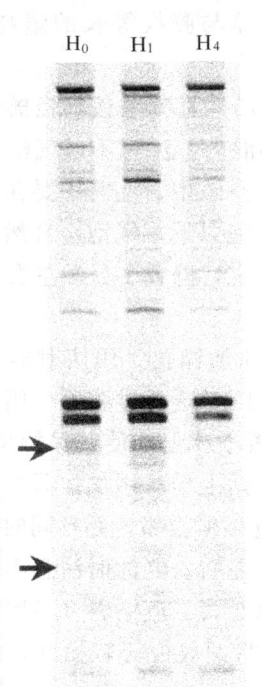

图 2-5-1 急性重复缺氧 0 次（$H_0$）、1 次（$H_1$）和 4 次（$H_4$）小鼠海马 mRNA 差异显示的银染结果

箭头指示在 $H_0$、$H_1$、$H_4$ 中差异表达的 mRNA 片段（罗菊华，未发表资料）

# 思 考 题

1. 列举根据基因的差异性表达分离目标基因的方法、原理和优缺点。
2. 差异显示技术的一个最大缺点是假阳性率比较高，应如何降低假阳性率？

（罗菊华 邵 国）

## 参 考 文 献

Bassam BJ, Caetano Andles G, Gresshoff PM, et al. 1991. Fastand seusitive silver staining of DNA in polyacnylamide gels. Anal Biochem, 196: 80

Callard D, Lescure B, Mazalini L. 1994. A method for the elimination of false positives generated by the mRNA differential display technique. BioTechniques, 16: 1096~1103

Liang P, Pardee AB. 1992. Differential display of eukaryotic messenger RNA by means of the polymerase chain reaction. Science, 257: 967~971

Liang P, Avertwukh L, Pardee AB. 1993. Distribution and cloning of eukaryotic mRNAs by means of differential display: refinements and optimization. Nucleic Acids Res, 21: 3269~3275

Liang P, Averboukh L, Pardee AB. 1994. Method of differential display. Methods in Mol Genetics, 5: 3~16

Reeves SA, Rubio M-P, Louis DN. 1995. General method for PCR amplification and direct sequencing of mRNA differential display products. BioTechniques, 18: 18~20

## 2.5.2 慢性缺氧培养细胞中缺氧诱导因子-1 的提取与检测

缺氧诱导因子-1 (hypoxia inducible factor 1, HIF-1) 是慢性缺氧时，哺乳动物细胞中产生的一种异二聚体核蛋白，由 α 和 β 两个亚基构成，其中 α 亚基的水平决定 HIF-1 的功能。缺氧时，HIF-1 含量增加，作为转录因子，与效应基因特异性地结合，促进效应基因的转录，使基因产物在细胞内大量表达。效应基因的产物包括红细胞生成素（EPO）、血管内皮生长因子（VEGF）、与糖无氧酵解有关的酶类、血红素氧化酶-1（HO-1）、可诱导的一氧化氮合成酶（iNOS）等。它们能增加缺氧组织的氧气供应，降低细胞耗氧量，从而缓解了氧气供求之间的矛盾，使机体内环境保持稳定，对缺氧产生耐受与适应。

本研究从慢性缺氧的 HeLa 细胞中提取核蛋白，并运用 Western 印迹法，以抗 HIF-1α 单克隆抗体和化学发光试剂检测核蛋白中的 HIF-1。

**(1) 目的**

1) 了解培养细胞的收集。
2) 了解 HIF-1 提取的一般过程。
3) 掌握运用 Western 印迹法检测 HIF-1。

**(2) 溶液配制**

PBS：

缓冲液 A：10 mmol/L Tris-HCl (pH 7.6)，1.5 mmol/L $MgCl_2$，10 mmol/L KCl，2 mmol/L DTT（二硫苏糖醇），0.4 mmol/L 苯甲基硫酰，1 mmol/L $Na_2VO_3$。

缓冲液 C：20 mmol/L Tris-HCl (pH 7.6)，1.5 mmol/L $MgCl_2$，0.42 mol/L KCl，20%甘油，2 mmol/L DTT，0.4 mmol/L 苯甲基硫酰，1 mmol/L $Na_2VO_3$。

缓冲液 Z-100：25 mmol/L Tris-HCl (pH 7.6)，0.2 mmol/L EDTA，0.1 mol/L KCl，20%甘油，2 mmol/L DTT，0.4 mmol/L 苯甲基硫酰，1 mmol/L $Na_2VO_3$。

30％丙烯酰胺/0.8％亚甲双丙烯酰胺溶液，4×Tris-Cl/SDS，pH 8.8，10％过硫酸铵，4×Tris-Cl/SDS，pH 6.8，2×SDS 样品缓冲液，5×SDS 电泳缓冲液，转移缓冲液，封闭缓冲液，抗 HIF-1α 单克隆抗体，二抗，TTBS。

**(3) 步骤**

1) 培养细胞的收集：

当 100 mm 培养皿中的 HeLa 细胞长满时，一皿置 21％ $O_2$，5％ $CO_2$，另一皿置 1％ $O_2$，5％ $CO_2$，94％ $N_2$，培养 4 h 后，吸去培养液，用 5 ml 冰 PBS 冲洗 2 次，将细胞刮于 5 ml 冰 PBS 中。

2) HIF-1 的提取：

a. 细胞悬液于 2500 r/min 离心，10 min，4℃。沉淀用冰 PBS 洗两次。

b. 沉淀物移至 5 倍的缓冲液 A 中。在冰上孵育 10 min。

c. 细胞悬液 2500 r/min 离心，5 min，4℃。

d. 沉淀物移至 2 倍的缓冲液 A 中。在玻璃匀浆器中研磨 20 次，制成细胞悬液。

e. 10 000 r/min 离心，10 min，4℃。

f. 沉淀物移至 3.5 倍的缓冲液 C 中。4℃搅拌 30 min。

g. 15 000 r/min 离心，30 min，4℃。

h. 上清液于缓冲液 Z-100 中，透析 2～4 h，4℃。

i. 100 000 r/min 离心，60 min，4℃。制成细胞核粗提取液，保存在液氮中。

3) 细胞核粗提取液进行聚丙烯酰胺凝胶电泳：以 Bradford 法测定蛋白浓度。

将微型电泳仪的铺胶装置安装好，配分离胶，用滴管将其加入铺胶装置中，用针头加水饱和的异丁醇于凝胶顶部，厚 1 cm，让凝胶在室温聚合 30～60 min。倾去异丁醇，以 1×Tris-Cl/SDS，pH 8.8，冲洗凝胶顶部。配积层胶，加入铺胶装置中，直至距长方形板顶部约 1 cm 高为止。插梳子，室温聚合 30～45 min。

在螺口盖的微量离心管中，用 2×SDS 加样缓冲液按 1∶1（V/V）稀释待测样品，于 95～100℃煮沸 3～5 min，置冰浴上，按使用指南用 1×SDS 加样缓冲液溶解蛋白质分子质量标记物。

凝胶板固定于微型电泳仪下槽，小心拔出梳子，以 1×SDS 电泳电极缓冲液冲洗加样孔，并充满。向上、下槽加入一定量的 1×SDS 电极缓冲液，以淹没铂金电极。

用带平嘴针头的微量注射器，在样品孔中加约 15 μg 核提取物。

恒定电流电泳。开始 10 mA，至染料入分离胶，电流增至 15 mA，至凝胶底部。

电泳结束时，关闭电源，弃去电泳液，取下凝胶。

4) 凝胶电转印到硝酸纤维素膜上：以适量转移缓冲液 4℃平衡凝胶 30 min。向转印槽中注入转移缓冲液。

硝酸纤维素膜比凝胶大 1 mm，以蒸馏水浸湿膜，然后在转移缓冲液中平衡 10～15 min。按照从阳极到阴极的顺序，将海绵、滤纸、硝酸纤维素膜、凝胶、滤纸、海绵逐层叠放，精确对齐，并挤出所有气泡。放入转印匣中，将匣垂直放于转移槽的近中央部，注意转印匣阳极朝向转印槽阳极。补足缓冲液。恒流电转印，电流<0.1 A，过夜。

5）蛋白质与抗体杂交，化学发光：转印后的硝酸纤维素膜蛋白面向上，放在平皿中，加封闭液，室温，在摇床上摇动 2 h。

倒去封闭液，用封闭液按 1∶1000 稀释一抗（抗 HIF-1α 单克隆抗体），室温，在摇床上摇动 2 h。

倒去一抗溶液，TTBS 中洗 3 次，每次 5 min。用 TTBS 按 1∶5000 稀释二抗，室温，在摇床上摇动 2 h。

倒去二抗溶液，TTBS 中洗 3 次，每次 5 min。

在有盖小瓶中混合等体积的化学发光溶液 A 和 B，使其体积为每平方厘米膜 0.125 ml。膜室温下与发光反应液孵育 1 min。

轻擦去膜边缘的水，注意不要抹膜的表面。用塑料保鲜膜包裹转印膜。将膜有蛋白面朝上，放入暗合，在暗室中，使 X 射线底片曝光 0.5～30 min。

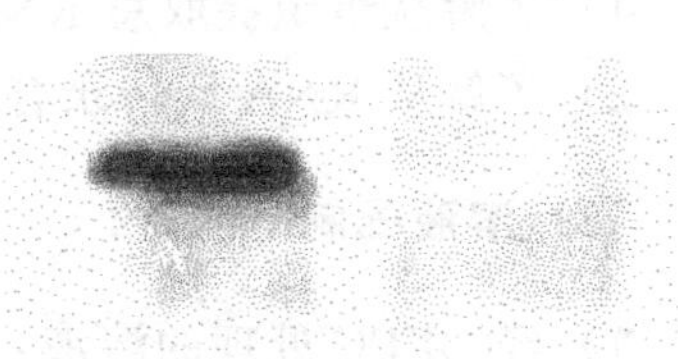

**(4) 注意事项**

1）提取 HIF-1 时各步骤均要在 4℃ 条件下进行，以防 HIF-1 的降解。

2）电泳配胶时应避免气泡进入凝胶。

3）电转印应在冷却条件下进行。

**(5) 结果示例**（图 2-5-2）

图 2-5-2　Western 印迹法检测常氧（21% $O_2$）和慢性缺氧（1% $O_2$）4 h，培养细胞中的 HIF-1α
（梁元晶和吕国蔚，未发表资料）

## 思　考　题

1. HIF-1 具有什么功能？
2. HIF-1 提取过程中需注意哪些问题？
3. Western 印迹法的原理是什么？

（梁元晶　任长虹）

### 参 考 文 献

Huang LE, Arany Z, Linvingston DM, et al. 1996. Activation of hypoxia-inducible factor depends primarily upon red-ox-sensitive stabilization of its α subunit. J Biol Chem, 271：32253～32259

Wang GL, Jiang BH, Rue EA, et al. 1995. Hypoxia-inducible factor 1 is a basic-helix-loop-helix PAS heterodimer regulated by cellular $O_2$ tension. Proc Natl Acad Sci USA, 92：5510～5514

Wang GL, Semenza GL. 1993. Characterization of hypoxia-inducible factor-1 and regulation of DNA binding activity by hypoxia. J Biol Chem, 268：21513～21518

## 2.5.3 大鼠三叉神经节总 RNA 的提取及 cDNA 的制备

分离纯净、完整的 RNA 对于分子克隆的实验十分重要，是进行基因表达分析的基础。来源于任何组织或细胞的 RNA 都可以拷贝成双链 DNA，并克隆化，最终获得相应于特定细胞来源的 cDNA。获得的 RNA 可以用特定的方法对 RNA 的详细结构和数量进行分析，如 S1 核酸酶分析、核糖核酸酶保护实验、Northern 印迹分析等。获得的 cDNA 可以用来进行 PCR、Southern 印迹分析、DNA 重组等。

**(1) 目的**

1) 了解从组织提取总 RNA 的基本过程。
2) 了解从 RNA 反转录合成 cDNA 第一条链的操作步骤。

**(2) 溶液配制**

1) 经 DEPC 处理的溶液：在 100 ml 待处理的溶液中加入 0.1 ml DEPC，剧烈振荡使 DEPC 溶于溶液中。于 37℃ 放置 4～5 h，然后进行高压蒸气灭菌（$1.034 \times 10^5$ Pa，20 min）。

2) 经 DEPC 处理的离心管、加样枪头等：将待处理的离心管、加样枪头等先用 0.1% DEPC 水溶液浸泡，再在 37℃ 放置 2 h，然后进行高压蒸气灭菌（$1.034 \times 10^5$ Pa，20 min）。

3) 5% 牛血清白蛋白（BSA）溶液：BSA 50 mg，DEPC-DW 1 ml。溶解后，分装成 100 μl 的小份，保存于 −20℃。

**(3) 步骤**

1) 组织准备：成年 SD 大鼠 2 只，体重 250～300 g。实验前在安静环境中饲养 48 h 以上。在戊巴比妥钠（40 mg/kg）麻醉下，以焦碳酸二乙酯（DEPC）处理的 0.01 mol/L PBS（pH 7.4）经心灌流冲洗血液，快速取双侧三叉神经节（trigeminal ganglion，TG），放置于 DEPC 处理的 1.5 ml 离心管，立即在干冰上冷冻。

2) 总 RNA 提取：

a. 将 1 ml TRIzol 试剂（GIBCO BRL）加入装有组织的离心管中，用 Polytron 匀浆器匀浆 30 s，室温孵育 5 min。

b. 加入 0.2 ml 氯仿，震荡混匀，以 9000 r/min 离心 10 min。将上层水相移至新的离心管中，加等体积异丙酮混合，室温孵育 10 min。

c. 于 4℃ 以 15 000 r/min 离心 15 min。

d. 弃上清，沉淀块用 70% 乙醇冲洗后，室温干燥。

e. 用 20 μl DEPC 处理的去离子水（DEPC-DW）溶解。

f. 加入 20 μl DNase Ⅰ 处理液：5× 反应缓冲液 10 μl，5% 牛血清白蛋白（BSA）0.5 μl，RNase 抑制剂（40 U/μl）0.5 μl，0.1 mol/L 二硫苏糖醇（DTT）1.0 μl

DEPC-DW 7.0 μl。

37℃水浴孵育 1 h。

g. 95℃处理 3 min，冷却至室温。

h. 加入 50 μl 酚-氯仿-异戊醇混合液，充分混匀，于 4℃以 15 000 r/min 离心 5 min。收集上清液，加等体积氯仿，混匀后，于 4℃以 15 000 r/min 离心 5 min。

i. 收集上清液，加 5 μl 3 mol/L 醋酸钠和 150 μl 预冷的 100％乙醇，于－70℃放置 15 min。

j. 于 4℃以 15 000 r/min 离心 15 min，去除上清液，沉淀块用 70％乙醇洗涤。

k. 吸去乙醇，沉淀块于室温晾干，加 20 μl DEPC-DW 溶解。

l. 在紫外分光光度计上测定 RNA 的纯度和浓度。

3）反转录合成 cDNA 的第一条链：

a. 按测得的浓度取 5 μg 总 RNA，用 DEPC-DW 将总体积加至 25 μl。在 70℃加热 10 min，然后在冰上放置 1 min。

b. 将下列试剂混合：5× 反应缓冲液 10 μl，10 mmol/L dNTP 5 μl，Oligo (DT)$_{12\sim18}$（0.5 μg/μl）0.5 μl，RNase 抑制剂（40 U/μl）0.5 μl，0.1 mol/L DTT 5.0 μl，加入到 25 μl 的 RNA 溶液中，室温放置 5 min。

c. 加入 3 μl M-MLV 反转录酶（200 U/μl），混匀后于 37℃孵育 1 h。

d. 60℃加热 5 min，保存于－20℃。

**(4) 注意事项**

1）用于 RNA 提取的组织量以不超过 100 mg 为宜，如从培养细胞中提取 RNA，细胞的数量应达到 $1\times10^7$ 以上。

2）测定最终所得到的 RNA 溶液的 $OD_{260}$ 值可以确定 RNA 的浓度。$OD_{260}=1$ 的 RNA 溶液每毫升约含 40 μg RNA。RNA 的纯度以 $OD_{260}/OD_{280}$ 的比值来判定，理想的 RNA 纯度应是 $OD_{260}/OD_{280}>1.8$。

3）在整个实验过程中应防止 RNA 酶的污染。外源性 RNA 酶可通过实验用品、溶液及操作人员的手等途径污染 RNA 制品。因此，对实验用的玻璃制品和手术器械应进行干烤（180℃，4 h）灭菌；用于 RNA 研究的塑料离心管、加样器枪头及溶液等均应用 0.1％ DEPC 处理。研究人员在实验过程中应戴一次性手套，并经常更换。内源性 RNA 酶主要由细胞裂解过程所释放，因此在主要操作步骤中应加入 RNA 酶抑制剂。

4）DEPC 有致癌之嫌，须小心操作。

**(5) 结果示例**（图 2-5-3）

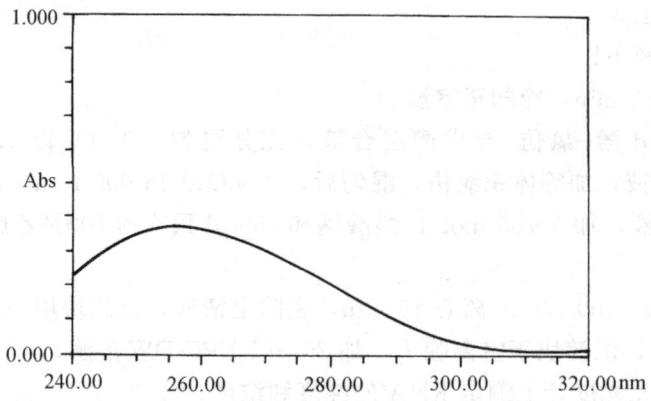

图 2-5-3 用紫外分光光度计测定总 RNA 纯度和浓度的结果

图中所示为将 RNA 样品稀释 50 倍后在波长 240～320 nm 之间测得的吸光度曲线。$OD_{260}$ 为 0.3678，$OD_{280}$ 为 0.2061。$OD_{260}/OD_{280}=1.921>1.8$，符合纯度要求。RNA 样品的浓度为 0.3679（$OD_{260}$ 的值）×40（$OD_{260}$ 为 1 时的 RNA 量）×50（稀释倍数）= 0.7078 $\mu g/\mu l$（朱敏等，2000）

## 思 考 题

1. 在 RNA 研究中，如何防止 RNA 酶污染？
2. 获得的 RNA 和 cDNA 有何用途？

（武胜昔）

## 参 考 文 献

奥斯伯 F 等（颜子颖，王海林译）. 1998. 精编分子生物学实验指南. 北京：科学出版社

朱敏，武胜昔，王文等. 2000. 5-HT 受体亚型 mRNAs 在大鼠三叉神经节和脊髓背根节的表达——PCR 法研究. 神经解剖学杂志，16（2）：107～112

Chomczynski P, Sacchi N. 1987. Single-step method of RNA isolation by acid guanidinium thiocyanate-phenol-chloroform extraction. Anal Biochem, 162 (1): 156～159

## 2.5.4　5-$HT_3$ 受体亚型 mRNA 在大鼠三叉神经节的表达

5-羟色胺（5-HT）在神经系统内具有多种生理作用，这些作用都由其相应的受体介导。目前，已发现了 5-HT 受体的 7 种类型的 14 种亚型，它们可能介导 5-HT 的不同作用。了解 5-HT 受体亚型在神经系统内的分布，有助于搞清 5-HT 的作用机制。本实验利用 PCR 方法对 5-$HT_3$ 受体 mRNA 是否在大鼠三叉神经节（TG）中表达进行了检测。

**(1) 目的**

1) 检测大鼠 TG 中是否存在 5-$HT_3$ 受体亚型；

2) 了解 PCR 方法的基本步骤、注意事项及其用途。

**(2) 溶液配制**

1) 10×PCR 缓冲液：通常附带于 PCR 试剂盒中，有含 $Mg^{2+}$ 或不含 $Mg^{2+}$ 两种。其成分主要为：500 mmol/L KCl，100 mmol/L Tris-HCl（pH 8.3~9.0，25℃），15 mmol/L $MgCl_2$，0.1% 明胶。

2) 6×加样缓冲液：甘油 5 ml，0.5 mol/L EDTA 2 ml，10% SDS 1 ml，溴酚蓝 0.1 g，二甲苯青 0.1 g，加 DDW 至 10 ml。

溶解后，分装成 1 ml 的小份，保存于 -20℃。

3) 50×TAE：Tris 121 g，0.5 mol/L EDTA（pH 8.0）50 ml，乙酸 11.4 ml，DDW 300 ml。

溶解后，将 pH 调节至 7.4，加 DDW 定容至 500 ml。室温保存。

4) 10 mg/ml 溴化乙锭：溴化乙锭 1 g，DW 100 ml。

溶解后，装于棕色瓶内并用锡箔纸包裹，保存于 4℃。

**(3) 步骤**

1) 引物设计及合成：根据已报道的大鼠 5-$HT_3$ 受体亚型 mRNA 的序列，利用引物设计软件，设计 5-$HT_3$ 受体亚型引物。序列如下：

上游引物：5′-GAA ACT ACA AGC CCC TAC AGC-3′
下游引物：5′-TGA CAC GAT GAT GAG AAA GA-3′

上游及下游引物分别长 21 bp 和 20 bp，分别位于大鼠 5-$HT_3$ 亚型 mRNA 序列的第 453~473 号和第 872~891 号核苷酸。用此对引物所扩增的 PCR 产物长度为 439 bp。

引物设计好后，可通过公司（上海 Sangon 公司、大连 Takara 公司等）合成。

2) PCR 反应体系的建立（采用 Takara PCR 试剂盒）：将下列试剂加入 0.2 ml 的薄壁离心管中：10×PCR 缓冲液 5 μl，25 mmol/L $MgCl_2$ 3 μl，dNTP（各 2.5 mmol/L）4 μl，上游引物（20 pmol/μl）2.5 μl，下游引物（20 pmol/μl）2.5 μl，Takara *Taq* 酶（5 U/μl）0.5 μl，cDNA 模板 <1 μg，灭菌双蒸水（DDW）加至 50 μl。

3) 热循环条件：

a. 开启 PCR 仪，将上述含反应成分的离心管置于 PCR 仪中。

b. 按下列条件设定并开始热循环：① 预变性：93℃ 1 min；② 循环条件：93℃ 30 s，56℃ 30 s，72℃ 1 min，共循环 30 次；③ 最后延伸：72℃ 8 min。

4) 凝胶电泳检测：

a. 用 1×Tris-乙酸-EDTA（TAE）缓冲液配置 3% 琼脂糖凝胶。

b. 将凝固好的凝胶放置于水平电泳装置上。

c. 取 10 μl PCR 产物与 6×加样缓冲液混合，加入到凝胶加样孔，并在相邻的加样孔中加入 5 μl 标准分子质量 Marker。

d. 接通电源，在 1~5 V/cm 凝胶的电压下电泳。

e. 电泳结束后，关闭电源，取出凝胶，放入 0.1% 的溴化乙锭（EB）液中染色 10 min。

f. 用 DW 漂洗后，在紫外灯下观察并照相。

**(4) 注意事项**

1) 由于 PCR 能将一个或几个 DNA 模板分子大量扩增，因此应防止反应体系被痕量 DNA 模板污染和交叉污染，这是造成假阳性的最大可能。尤其是在待扩增靶序列浓度很低的情况下，更有必要采取防备措施：① 应设立 PCR 专用场所及用品，如有可能，最好在装有紫外灯的层流超净工作台内 PCR 操作；② 用于 PCR 的加样器吸头、离心管等，用前必须经高压灭菌；③ PCR 的成套试剂，如缓冲液、引物、dNTP 等应小量分装，并在冰箱中的专门位置保存；④ 在操作过程中应戴手套并勤于更换；⑤ 在打开装有 PCR 试剂的离心管前先瞬时（10 s）离心，使液体沉于管底，以减少污染手套或加样器的机会；⑥ 应设立不含模板但含有 PCR 反应体系其他成分的阴性对照反应。

2) PCR 反应体系中各组分的最佳浓度的选择以及适合的循环条件的确定，可参考本书 1.9.4 节的有关内容。

3) 溴化乙锭是强诱变剂，并有中度毒性，须戴手套小心操作。用后的溴化乙锭溶液须弃于专用容器中，并用专门方法进行净化处理。

**(5) 结果示例**（图 2-5-4）

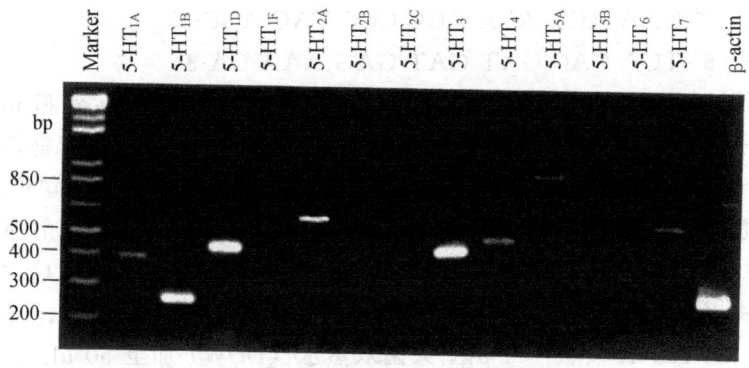

图 2-5-4　5-HT$_3$ 受体亚型 mRNA 在大鼠 TG 中的表达

在紫外灯下对染色后的凝胶进行观察，在 439 bp 的位置见到一条阳性条带（第 9 条泳道），与根据 5-HT$_3$ 亚型引物序列所推导出的扩增产物的大小一致，表明 5-HT$_3$ 受体亚型存在于大鼠 TG 中。其余条带为 5-HT 受体的其他亚型在 TG 中的表达状况（朱敏等，2000）

## 思 考 题

1. PCR 的基本原理是什么？
2. 构成 PCR 反应体系的组分有哪些？有何要求？
3. 在 PCR 操作过程中应注意哪些问题？如何避免假阳性的产生？

4. PCR 方法有哪些用途？

（王　文）

### 参考文献

奥斯伯 F 等（颜子颖，王海林译）．1998．精编分子生物学实验指南．北京：科学出版社
朱敏，武胜昔，王文等．2000．5-HT 受体亚型 mRNAs 在大鼠三叉神经节和脊髓背根节的表达——PCR 法研究．神经解剖学杂志，16（2）：107～112
Mullis KB，Faloona FA．1987．Specific synthesis of DNA *in vitro* via a polymerase-catalyzed chain reaction．Methods Enzymol，155：335～350
Saiki RK，Gelfand DH，Stoffel S，et al．1988．Primer-directed enzymatic amplification of DNA with a thermostable DNA polymerase．Science，239（4839）：487～491

## 2.5.5　乙酰胆碱转移酶在大鼠纹状体的表达及其 DNA 片段的回收

利用 PCR 方法可以将目的基因片段扩增出来，再通过琼脂糖或聚丙烯酰胺凝胶电泳，可以对扩增的 DNA 片段进行分离、鉴定和纯化。进一步利用特定的技术将经凝胶电泳分离的 DNA 片段从凝胶上回收，以用于各种操作。

**(1) 目的**

1) 通过实验了解从凝胶上回收 DNA 片段的方法。
2) 通过实验获得乙酰胆碱转移酶（choline acetyltransferase，ChAT）的 DNA 片段。

**(2) 步骤**

1) 引物设计：
上游引物：5′-GCC TCA TCT CTG GTG TGC TTA GCT A -3′
下游引物：5′-AAG CTT ACT CAC TGA GTC AGC CCT GAC -3′
上游引物位于大鼠 ChAT cDNA 的 588～612 核苷酸，下游引物位于 1282～1302 核苷酸，扩增产物长度为 715 bp。在下游引物的 5′端插入了一个限制性酶 Hind Ⅲ 的酶切位点（画线部分），其目的是为进一步的亚克隆所用。

2) ChAT 片段的扩增：
a. 按前述方法提取大鼠纹状体 RNA，并反转录制备 cDNA 第一条链。
b. 按前述 PCR 方法，以大鼠纹状体 cDNA 为模板，用合成的引物扩增出 ChAT DNA 片段。
c. 通过 3% 琼脂糖凝胶电泳进行检测。

3) ChAT DNA 片段的回收：
a. 在紫外灯下观察相应位置的阳性条带，用刀片小心将该条带连同凝胶切下，置

于 1.5 ml 离心管中并称重。

　　b. 加入 3 倍体积（相对于凝胶重量）的 6 mol/L NaI。

　　c. 于 55℃ 加热 5 min，每隔 2 min 振荡 1 次。

　　d. 加入 3 μl 的玻璃乳悬浮液（Bio 101 公司），充分混匀，置冰上 5 min。

　　e. 于 4℃ 以 6000 r/min 离心 30 s，去除上清。

　　f. 用 300 μl NEW Wash 液（Bio 101 公司）洗涤沉淀块，以 6000 r/min 离心 30 s，去除上清液。

　　g. 重复上一步。

　　h. 沉淀块在室温晾干 5 min。

　　i. 加入 50 μl DDW，55℃ 加热 5 min，每隔 2 min 振荡 1 次。15 000 r/min 离心 30 s。

　　j. 将上清液移至一新的离心管。

　　k. 取 10 μl 产物进行凝胶电泳检测。

**(3) 注意事项**

　　1) 从凝胶上回收 DNA 片段的方法很多，除上述的从低熔点琼脂糖凝胶回收方法外，还有 DEAE-纤维素膜电泳回收法、透析袋电洗脱法等，这些方法各有优缺点。从低熔点琼脂糖凝胶回收 DNA 的试剂盒也有多种。各实验室可根据自己的爱好和经验选择使用，使回收效率达到最佳。

　　2) 玻璃乳液是 DNA 回收过程中的重要试剂，其主要成分是硅胶树脂，它可以结合 DNA，按照 Bio 101 公司的产品说明，1 μl 玻璃乳可结合 1~2 μg DNA，因此可根据拟回收的 DNA 的量确定所加玻璃乳的量，通常在操作中可加入稍过量的玻璃乳。在使用玻璃乳前，一定要将玻璃乳悬液充分混匀。

　　3) 在操作过程中，应最大限度地避免 DNA 的损失。加热溶解要充分，要进行振荡。吸取上清液时要充分。

　　4) 如要确定回收 DNA 的浓度，可进一步用分光光度计进行测量。

**(4) 结果示例**（图 2-5-5）

## 思　考　题

1. 从凝胶上回收 DNA 的目的是什么？
2. 在 DNA 回收操作过程中应注意哪些问题？

（武胜昔）

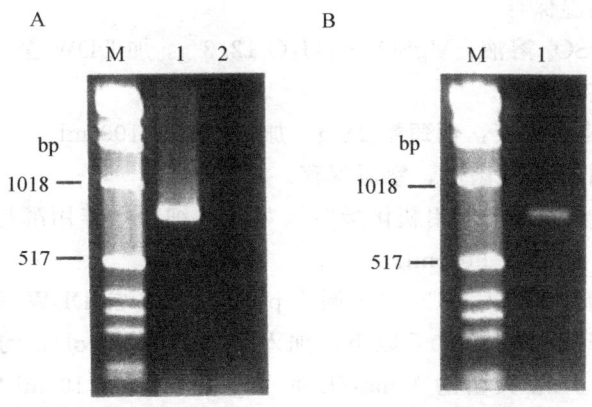

图 2-5-5 ChAT 扩增产物及回收片段的电泳检测结果

经 PCR 扩增后，凝胶电泳显示在 715 bp 的位置有一阳性条带存在，与从设计的 ChAT 引物所推导的产物大小一致（A 图，泳道 1）。不加模板的 PCR 产物未出现阳性条带（A 图，泳道 2）。经回收后，对回收产物进行凝胶电泳，在 715 bp 的位置观察到了一阳性条带，即回收的 ChAT DNA 片段（B 图，泳道 1）。M：为分子质量标准（Wu et al.，1999）

## 参 考 文 献

奥斯伯 F 等（颜子颖，王海林译）.1998. 精编分子生物学实验指南. 北京：科学出版社
萨姆布鲁克 J 等（金冬雁，黎孟枫等译）.1996. 分子克隆实验指南. 第 2 版. 北京：科学出版社
Wu SX, Li YQ, Ikuo T, et al. 1999. Production of a monolonal antibody against recombinant rat central type of choline acetyltransferase. Chinese J of Neuroanat, 15（4）：319~324

## 2.5.6 乙酰胆碱转移酶 DNA 片段的亚克隆

所谓亚克隆就是对已获得的目的 DNA 片段进行重新克隆，其目的在于对目的 DNA 进行进一步分析，或者进行重组改造等。亚克隆的基本过程包括：① 目的 DNA 片段和载体的制备；② 目的 DNA 片段和载体的连接；③ 连接产物的转化；④ 重组子的筛选。

**(1) 目的**

1）将从凝胶上回收的 ChAT DNA 片段插入到 pGEM-T 载体中，构建重组质粒，以期进一步对其序列进行分析。

2）通过实验了解 DNA 克隆的一般策略和方法。

**(2) 溶液配制**

1）10× 连接缓冲液：0.5 mol/L Tris-HCl（pH 7.6），0.1 mol/L $MgCl_2$，0.1 mol/L DTT，0.5 mg/ml BSA。

2）1 mol/L $MgCl_2$ 溶液：$MgCl_2 \cdot 6H_2O$ 10.2 g，加 DDW 至 50 ml。

高压灭菌后，室温保存。

3）1 mol/L MgSO₄ 溶液：MgSO₄·7H₂O 12.3 g，加 DDW 至 50 ml。

高压灭菌后，室温保存。

4）1 mol/L 葡萄糖溶液：葡萄糖 18 g，加 DDW 至 100 ml。

用 0.22 μm 微孔滤膜除菌后，室温保存。

5）SOC 培养基：细菌培养用胰化蛋白胨 20 g，细菌培养用酵母提取物 5 g，NaCl 0.5 g，KCl 0.186 g，DDW 900 ml。

完全溶解后，用 5 mol/L 的 NaOH 调节 pH 至 7.0，加 DDW 至总体积为 1 L。高压灭菌后，将溶液降至 60℃ 或 60℃ 以下，加入 20 ml 的 1 mol/L 的葡萄糖溶液。该溶液在使用前分别加 10 ml 灭菌的 1 mol/L 的 MgCl₂ 溶液和 10 ml 的 1 mol/L MgSO₄ 溶液。

6）50 mg/ml 氨苄西林溶液：氨苄西林钠 500 mg，DDW 10 ml。

溶解后，用 0.22 μm 微孔滤膜除菌，分装成 1 ml 的小份，保存于 $-20℃$。

7）LB 培养基：细菌培养用胰化蛋白胨 10 g，细菌培养用酵母提取物 5 g，NaCl 10 g，加 DDW 至 1 L。

高压灭菌后，室温保存。

8）LB 培养平板：细菌培养用胰化蛋白胨 5 g，细菌培养用酵母提取物 2.5 g，NaCl 5 g，细菌培养用琼脂 7.5 g，加 DDW 至 500 ml。

高压灭菌后，将溶液冷却至 60℃ 或 60℃ 以下，加入 0.5 ml 的 50 mg/ml 氨苄西林溶液。从烧瓶中倾出培养基铺制平板。90 mm 直径的培养皿约需 25～30 ml 培养基。培养基完全凝结后，应倒置平板并于 4℃ 保存备用。

9）IPTG 溶液：IPTG（MW238.3）0.2 g，加 DDW 至 10 ml。

溶解后，用 0.22 μm 微孔滤膜除菌，分装成 1 ml 的小份，保存于 $-20℃$。

10）40 mg/ml X-Gal 溶液：X-Gal 200 mg，二甲基甲酰胺 5 ml。

溶解后，分装成 1 ml 的小份，装入用锡箔纸包裹的玻璃或聚丙烯管中，保存于 $-20℃$。

**(3) 步骤**

1）建立以下连接反应：10× 连接缓冲液 1 μl，pGEM-T 质粒（50 ng/μl）1 μl，回收 DNA 片段 $X$ μl（可按注意事项"2"中的公式计算）；T4 DNA 连接酶（3 U/μl）1 μl，加 DDW 至 10 μl。

混匀后，在 14℃ 孵育过夜。

2）转化感受态大肠杆菌：

a. 将 50 μl JM109 感受态细菌（Promega）加入 10 ml 的无菌聚丙烯管中（Falcon 2059，17×100 mm），再加入 2 μl 的 0.5 mol/L β-巯基乙醇，用加样枪头轻柔吹吸混匀。

b. 加入 2 μl 连接反应产物，轻柔混匀后置冰上 30 min。

c. 将管放入 42℃ 水浴，恰好放置 90 s 进行热激，不要摇动试管。

d. 快速将管移至冰上，冷却 2 min。

e. 加入 450 μl SOC 培养基，于 37℃振荡（200 r/min）培养 1 h。

f. 在一事先制备好的含氨苄西林的 LB 平板上加 30 μl 5-溴-4-氯-3-吲哚-β-D-半乳糖苷（X-Gal）贮存液（40 mg/ml）和 30 μl 的 0.1 mol/L 的异丙基硫代-β-D-半乳糖苷（IPTG）溶液。

g. 用无菌涂布器将几个稀释度菌液涂布于整个平板表面，将平板置于室温直至接种物被吸收，倒置平板于 37℃培养过夜。

h. 于 4℃将平板放置数小时，使菌落的蓝色或白色充分显现。

i. 挑选一些白色菌落，分别放入 10 ml 含 50 μg/ml 氨苄西林的 LB 培养基中振荡培养过夜。

j. 小量制备质粒 DNA 进行限制性酶酶切分析及 DNA 序列分析。

k. 为了快速了解挑选的白色菌落中是否含有重组质粒，可在菌落培养 2 h 后，取出 2 μl 培养液，于 94℃加热 2 min，然后以此为模板，用 ChAT 引物进行 PCR 扩增。通过凝胶电泳观察是否有相应大小的条带出现。

**(4) 注意事项**

1）本实验所用的为 Promega 公司的 "TA" 克隆试剂盒。pGEM-T 载体为一线性化的载体，在其两个 3′端各加上了一个胸腺嘧啶（T）。而 *Taq* 酶则具有非模板依赖性的活性，可以在 PCR 产物的 3′端各加上一个脱氧腺苷（A）。这样，pGEM-T 载体和 PCR 产物就可以直接进行连接，而不需要再经过酶切。

2）在连接反应中，插入 DNA 和载体的使用量是一个重要的问题。一般来讲，DNA 和载体的摩尔数比在 3∶1 到 1∶3 的范围均可获得较理想的连接效果。为确定连接反应中所需的 DNA 片段的量，可用下列公式进行计算：

DNA 片段的量（ng）= 载体的量（ng）×DNA 片段的长度（kb）×所用的 DNA 与载体的摩尔数比/载体的长度（kb）。

3）加入 DNA 后，在 42℃短暂加热感受态细胞，是一关键步骤，务必以正确的加热速度使细胞加温到正确的温度。上述数据是使用 Falcon 2059 管所得到的，在使用其他类型的管时，应做适当调整。

4）在进行连接反应时，最好同时设立用已知量的标准 DNA 片段进行连接的阳性对照和不加 DNA 的阴性对照。

5）在实验过程中注意无菌操作。

**(5) 结果示例**（图 2-5-6）

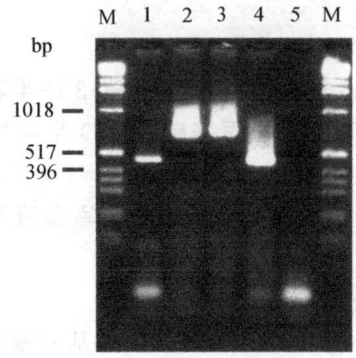

图 2-5-6　白色菌落的 PCR 检测结果
含 ChAT DNA 片段重组质粒的菌落培养物的扩增产物，在 715 bp 的位置出现阳性条带（泳道 2，3）；泳道 1 和 4 的条带不在 715 bp 的位置，其对应的重组质粒不含有 ChAT 片段，可能含有其他插入片段；泳道 5 为在 PCR 反应中未加模板的空白对照（Wu et al., 1999）

## 思 考 题

1. DNA 克隆的目的有哪些？
2. 如何建立理想的连接反应体系？
3. 在连接、转化和筛选过程中应注意什么问题？

（武胜昔）

### 参 考 文 献

奥斯伯 F 等（颜子颖，王海林译）.1998. 精编分子生物学实验指南. 北京：科学出版社
萨姆布鲁克 J 等（金冬雁，黎孟枫等译）.1996. 分子克隆实验指南. 第 2 版. 北京：科学出版社
Wu SX, Li YQ, Ikuo T, et al. 1999. Production of a monolonal antibody against recombinant rat central type of choline acetyltransferase. Chinese J of Neuroanat, 15 (4): 319~324

## 2.5.7　ChAT-pGEM 重组质粒 DNA 的制备及限制性酶酶切分析

质粒 DNA 的制备是对目的基因进行分析的重要步骤，许多方法都可用于从细菌中提纯质粒 DNA，这些方法一般都有以下三个步骤：① 细菌培养物的生长；② 细菌的收获和裂解；③ 质粒 DNA 的纯化。它们都可以用于少量、大量和中等量的培养物中分离质粒 DNA。由于目前使用的质粒大多数复制量大，小量制备质粒 DNA 的量常常足够用于克隆方案的后续步骤，如限制性酶酶切分析、DNA 序列测定等，而不需要陷入大量制备质粒的繁琐和高昂的代价中。下面所介绍的是最广泛用于质粒 DNA 的碱裂解法。

**(1) 目的**

1) 了解碱裂解法制备质粒 DNA 的一般步骤。
2) 了解限制性酶酶切分析的一般方法。
3) 从上一实验获得的培养物中提纯 ChAT-pGEM 重组质粒 DNA 并对其进行酶切分析。

**(2) 溶液配制**

1) 溶液 I：50 mmol/L 葡萄糖，25 mmol/L Tris-HCl (pH 8.0)，10 mmol/L EDTA (pH 8.0)：1 mol/L Tris-HCl (pH 8.0) 2.5 ml，0.5 mol/L EDTA (pH 8.0) 2 ml，葡萄糖 0.9 g，加 DDW 至 100 ml。

高压灭菌后，4℃保存。

2) 溶液 II：0.2 mol/L NaOH，1% SDS：2 mol/L NaOH 1 ml，10% SDS 1 ml，加 DDW 至 10 ml。现用现配。

3) 溶液 III：5 mol/L 乙酸钾缓冲液，其中含 3 mol/L 的钾离子和 5 mol/L 的乙酸根：5 mol/L 乙酸钾 30 ml，冰醋酸 5.75 ml，加 DDW 至 50 ml。

4℃保存。

4) 1×TE (pH 8.0)：10 mmol/L Tris-HCl，1 mmol/L EDTA：1 mol/L Tris-HCl (pH 8.0) 1 ml，0.5 mol/L EDTA (pH 8.0) 0.2 ml，加 DDW 至 100 ml。高压灭菌后，4℃保存。

5) 酚：氯仿：异戊醇：按 25：24：1 的比例混合。

6) RNase (DNase-free)：无 DNase 的 RNase 20 μg，1×TE (pH 8.0) 1 ml。

−20℃保存。

**(3) 步骤**

1) ChAT-pGEM 重组质粒 DNA 的制备：

a. 将 10 ml 已培养过夜的培养物，在 4℃以 3000 r/min 离心 30 min。

b. 弃去培养液，将离心管倒置于滤纸上约 1 min，使沉淀尽可能干燥。

c. 加 200 μl 预冷的溶液 I 重悬细菌沉淀，将悬液移到 1.5 ml 离心管中。

d. 加 400 μl 新鲜配制的溶液 II，缓慢颠倒数次以充分混匀内容物，将离心管置于冰上 30 min。

e. 加 300 μl 预冷的溶液 III，摇动离心管数次以混匀内容物，置冰上 10 min。

f. 在 4℃以 15 000 r/min 离心 5 min。

g. 将上清移到另一离心管中，加入 400 μl 酚/氯仿/异戊醇，振荡混匀，4℃以 15 000 r/min 离心 5 min。

h. 将上清移于一新的离心管中，加入等体积的异丙醇后，混匀，室温放置 10 min，于 4℃以 15 000 r/min 离心 10 min。

i. 用 0.5 ml 70%乙醇洗涤沉淀 1 或 2 次，15 000 r/min 离心 5 min。弃去上清，将沉淀于室温晾干。

j. 用 20 μl 含无 DNA 酶的 RNA 酶 (20 μg/ml) 的 TE 溶解沉淀，−20℃保存。

k. 用紫外分光光度计对制备的质粒 DNA 的浓度进行测量。

2) 限制性酶酶切分析：

a. 限制性内切核酸酶 EcoR I 和 Hind III 用于对 ChAT-pGEM 重组质粒 DNA 的酶切消化。

b. 首先用 Hind Ⅲ 进行酶切。建立以下反应体系：质粒 DNA 4 μg，10×mol/L 反应缓冲液 10 μl，Hind Ⅲ (15 U/μl) 4 μl，加 DDW 至 100 μl。

轻弹管外壁以混匀之，于 37℃ 孵育 2 h。

c. 加入 1/25 体积 0.5 mol/L 的 EDTA，混匀。

d. 加入等体积的酚/氯仿/异戊醇，振荡混匀，4℃ 以 15 000 r/min 离心 5 min。

e. 将上清移至另一离心管，加入等体积的氯仿，混匀后，于 4℃ 以 15 000 r/min 离心 5 min。

f. 将上清移至另一离心管，加 1/10 体积的 3 mol/L 乙酸钠和 2 倍体积的无水乙醇，混匀后，于 −20℃ 放置 10 min，4℃ 以 15 000 r/min 离心 5 min。

g. 吸去上清，用 0.5 ml 70% 乙醇洗涤沉淀块，5000 r/min 离心 5 min。去上清，将沉淀于室温晾干。

h. 用 20 μl DDW 溶解沉淀块。−20℃ 保存。

i. 继续用 EcoR Ⅰ 进行酶切。建立以下反应体系：经 Hind Ⅲ 消化之质粒 DNA 10 μl（约 2 μg），10×H 反应缓冲液 5 μl，EcoR Ⅰ (15 U/μl) 2 μl，加 DDW 至 50 μl。

轻弹管外壁以混匀之，于 37℃ 孵育 2 h。

j. 重复步骤 c～h。

k. 取 5 μl 各酶切产物，进行凝胶电泳检测。

(4) 注意事项

1) 用上述方法制备的质粒 DNA 的量，一般为每毫升细菌培养物 3～5 μg。

2) 如果小量制备的 DNA 不能被限制性酶切开，很可能是在从细菌沉淀或核酸沉淀中去除所有上清液时不够充分。这种情况下，可用酚：氯仿抽提 DNA 终产物，再用乙醇重新沉淀 DNA。

3) 做酶切分析时，限制性酶的选择应根据所用载体的酶切图谱及自己的研究需要而定。本实验所用的 ChAT-pGEM 重组质粒中，ChAT 片段的上游即为位于 pGEM-T 载体上的 EcoR Ⅰ 位点，在该片段的下游，我们插入了一个 Hind Ⅲ 位点，因此，我们选用 EcoR Ⅰ 和 Hind Ⅲ 对质粒 DNA 进行酶切，就可以将克隆到 pGEM-T 载体中的 ChAT 片段切下，而不会带有其他多余的片段。

4) 不同的限制性酶需要不同的反应条件，大多数厂家在提供酶的同时，也提供相应的反应缓冲液，这些缓冲液的效率曾用每批纯化的酶试剂加以检验，应尽可能配套使用。不同限制性酶的缓冲液主要差别在于其中所含的 NaCl 的浓度，当要用两种或两种以上的限制性酶切割 DNA 时，如果这些酶可以在同种缓冲液中作用良好，则两种酶可同时切割。如果这些酶所要求的缓冲液有所不同，则需分别进行切割。

5) 限制性酶在 50% 甘油中保存于 −20℃ 时是稳定的。进行酶切消化时，应将除酶以外的所有反应成分加完后，再从冰箱中取出酶并置于冰上操作，操作应尽可能快，用完后立即放回冰箱。

6) 尽量减少反应中的加水量以使反应体积减到最小。但要确保酶体积不超过反应总体积的 1/10。否则，限制性酶的活性将受到甘油的抑制。

**(5) 结果示例**（图 2-5-7）

图 2-5-7 酶切产物的凝胶电泳检测

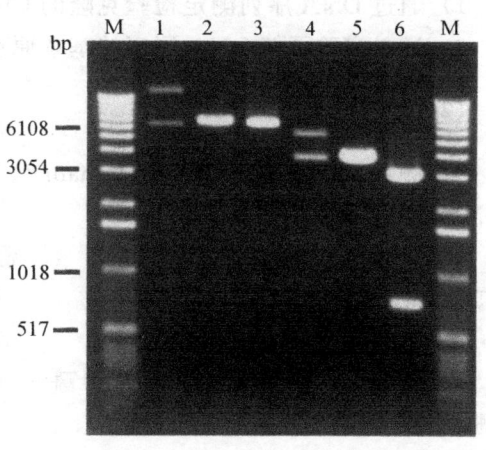

对限制性酶酶切前、经 *Hind* Ⅲ 消化和再经 *Eco*R Ⅰ 消化后的质粒 DNA 分别进行凝胶电泳检测。ChAT-pGEM 重组质粒的大小为 3.7 kb，因其未经酶切的 DNA 为环状，并由于聚合体的形成，故在 3.7 kb 的附近有 2 或 3 个条带出现（泳道 4）；经 *Hind* Ⅲ 消化后，环状质粒 DNA 被打开，成线状，因此在 3.7 kb 位置处可观察到一个条带（泳道 5）；再经 *Eco*R Ⅰ 消化后，ChAT 片段从 pGEM 质粒上切割下来，在凝胶上显示 2 个条带。3.0 kb 大小的为线性化的 pGEM 质粒 DNA，715 bp 大小的条带为切割下的 ChAT DNA 片段（泳道 6）。泳道 1～3 为 pMAL-C2 表达载体在限制性酶酶切前，经 *Hind* Ⅲ 消化和再经 *Eco*R Ⅰ 消化后的检测结果。将酶切后的 ChAT DNA 片段和 pMAL-C2 载体连接可构建重组表达载体，用于后续的 ChAT 融合蛋白的表达（Wu et al.，1999）

## 思 考 题

1. 质粒 DNA 的提纯通常包括哪些步骤？
2. 在进行限制性酶酶切时应注意哪些问题？
3. 在用两种或两种以上的限制性酶进行消化时，可采用哪些方法？

（武胜昔）

### 参 考 文 献

奥斯伯 F 等（颜子颖，王海林译）.1998. 精编分子生物学实验指南. 北京：科学出版社

萨姆布鲁克 J 等（金冬雁，黎孟枫等译）.1996. 分子克隆实验指南. 第 2 版. 北京：科学出版社

Wu SX, Li YQ, Ikuo T, et al. 1999. Production of a monolonal antibody against recombinant rat central type of choline acetyltransferase. Chinese J of Neuroanat，15（4）：319～324

## 2.5.8 ChAT-pGEM 重组质粒 DNA 序列的测定

通过前述实验获得的 ChAT 片段正确与否，最终还需通过序列测定来证实。随着科技的进步，DNA 测序技术已有了很大的发展。从放射性标记测定到非放射性测定，从手工测定到自动测序，从凝胶电泳测序到毛细管电泳测序等，从而使测序工作变得更为简便快捷。本实验介绍采用特殊的荧光标记寡核苷酸引物进行双脱氧法测序的主要步骤。

**(1) 目的**

1) 通过 DNA 序列测定检验克隆的 ChAT DNA 片段序列的正确性。
2) 通过实验了解 DNA 测序的基本原理和步骤。

**(2) 溶液配制**

1) 测序试剂盒：采用 Amersham 公司荧光染料标记的测序试剂盒（目录编号 RPN2438）。
2) 10×TBE 缓冲液：Tris 54 g，硼酸 27.5 g，EDTA·2Na 4.6 g，加 DDW 至 500 ml。

高压灭菌，保存于室温。

3) 终止/加样染料液：去离子甲酰胺 10 ml，0.5 mol/L EDTA（pH 8.0）0.2 ml，溴酚蓝 10 mg，二甲苯青 10 mg。

于-20℃可长期保存。

4) 40%丙烯酰胺凝胶：丙烯酰胺（DNA 测序级）380 g，亚甲双丙烯酰胺 20 g，DDW 600 ml。

加热至 37℃溶解，加 DDW 将体积调至 1 L。用 0.45 μm 的硝酸纤维素滤膜过滤，于 4℃保存于棕色瓶中。

5) 10%过硫酸铵：过硫酸铵 100 mg，DDW 1 ml。

保存于 4℃。宜隔周新鲜配制。

**(3) 步骤**

1) 双脱氧测序反应（Amersham RPN2438 测序试剂盒）：

a. 将待测 DNA 与荧光标记引物混合：质粒 DNA 5 μg，荧光标记的引物（2 pmol/μl）1 μl，加 DDW 至 18 μl。

置于冰上。

b. 标记好 A、C、G、T 四个 0.2 ml 薄壁离心管。

c. 分别加入 1.5 μl A、C、G、T 测序反应混合物至相应的 A、C、G、T 管的底部。

d. 向 A、C、G、T 管内各加入 4.5 μl 待测 DNA 混合物。

e. 将各管置于 PCR 热循环仪，按下列循环条件进行反应：第 1 个循环：95℃ 5 min，第 2~36 循环：95℃ 30 s，55℃ 1 min，72℃ 1 min 20 s。最后延伸：72℃ 10 min。

f. 加入 6 μl 终止/加样染料液，于 95℃水浴 2 min，然后置于冰上（如不立即进行测序，可将样品放于 4℃保存）。

g. 测序时每样品各取 3 μl 加样于测序胶进行凝胶电泳。

2) 变性聚丙烯酰胺凝胶电泳（使用 Shimadu DSQ1000 测序仪或同类产品）：

a. 依次用 0.1 mol/L 的 NaOH、肥皂水、自来水仔细清洗两块测序用玻璃平板，用去离子水冲洗后晾干，再用 100%乙醇湿润平板，用 Kimwipe 纸或其他无绒纸巾将平板擦干。

b. 按厂商指南用均厚的垫片和夹子组装凝胶胶模夹层，注意垫片于平板的边、底压紧对齐。

c. 按下列配方制备4%凝胶溶液：10×TBE缓冲液5 ml，尿素21 g，40%丙烯酰胺凝胶溶液5 ml，加DDW至50 ml。过滤并抽气30 min。

d. 加入200 μl 10%过硫酸铵和20 μl $N,N,N',N'$-四甲基乙二胺（TEMED），轻轻混匀。

e. 让凝胶平板夹层与桌面成45°角，沿着平板的一边缓慢将凝胶溶液倒入平板之间。当溶液到达平板顶部时，放平平板夹层，将样品梳的平整侧插入凝胶液约0.5 cm处。在平板上放置适量重物，室温放置3 h使凝胶充分聚合。

f. 除去胶模夹层的垫片、样品梳及夹子，用水清洗平板表面溢出的凝胶溶液，仔细擦干平板表面，将其置于测序仪上。

g. 在下层贮液槽中加入1×TBE缓冲液，将样品梳重新插入凝胶夹层，使其齿部仅可触及凝胶，用巴斯德吸管以1×TBE缓冲液冲洗加样孔。

h. 加样前，在45 V/cm凝胶的电压下预电泳10 min。

i. 每样品各取3 μl按T、C、G、A的顺序加于各加样孔，预电泳3 min。

j. 拔去梳子，往上层贮液槽中加入1×TBE缓冲液，在45～70 W恒定功率下电泳。

k. 通过与测序仪连接的计算机对测序过程进行监测并对结果进行读取和分析。

(4) 注意事项

1) 商品化供应的DNA测序试剂盒提供了测序所需的大部分试剂。虽然它们在解决可能碰到的问题时灵活性有限，而且比从各个组分组装起来要昂贵，但它可节省大量的初始建立方法的时间。不同试剂盒中采用的测序酶可能不同，由于每种酶都有其不同的反应缓冲体系和最适$Mg^{2+}$浓度，以及对ddNTP的辨别能力均有不同程度的差异，所以在建立测序反应体系时，应对各组分有相应的调整。

2) DNA序列测定的准确性很大程度取决于测序产物在变性聚丙烯酰胺凝胶上的分离度。一般来说，用于DNA测序的凝胶需要40 cm长，厚度均匀，含有4%～8%丙烯酰胺和7 mol/L尿素。对上述基本条件进行适当修改，可以从单片凝胶中获得更长的可读序列信息。

3) 聚丙烯酰胺凝胶的质量是测定核苷酸序列的数量和质量的关键，因此须小心配制和处理凝胶，才能重复得到高分辨率的结果。在凝胶配制过程中，主要是要防止气泡的产生。采取的措施主要有：① 彻底清洁玻璃平板，不能有任何污渍和灰尘；② 对凝胶溶液进行脱气；③ 采用适当的操作手法向平板夹层中灌入凝胶溶液。制胶完成后要仔细检查，如在靠近凝胶的底部发现气泡，可能就要重新制胶。

4) 丙烯酰胺凝胶溶液具有神经毒性，在操作时要谨慎，应戴手套。在操作TEMED时也须小心。

**(5) 结果示例**（图 2-5-8）

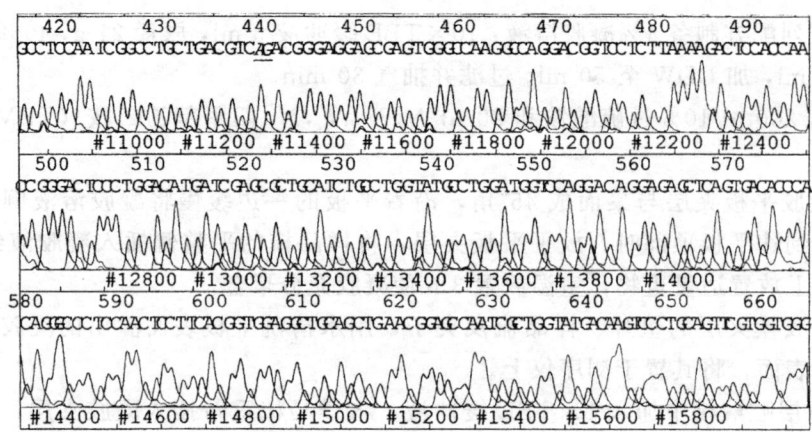

图 2-5-8 ChAT DNA 片段的测序结果

图示为用正向引物对 ChAT DNA 片段进行序列测定所得的部分结果。图中自 416 号至 665 号的核苷酸序列与已报道的大鼠 ChAT cDNA 序列的 919 号至 1168 号核苷酸完全一致，表明所获得的 ChAT DNA 片段的序列正确（Wu et al.，1999）

## 思 考 题

1. DNA 序列测定的原理是什么？有哪几种方法？
2. 在采用凝胶电泳进行测序时应注意哪些问题？

（武胜昔）

## 参 考 文 献

奥斯伯 F 等（颜子颖，王海林译）.1998.精编分子生物学实验指南.北京：科学出版社

萨姆布鲁克 J 等（金冬雁，黎孟枫等译）.1996.分子克隆实验指南.第 2 版.北京：科学出版社

Maxam AM, Gilbert W. 1977. A new method for sequencing DNA. Proc Natl Acad Sci USA, 74（2）：560～564

Sanger F, Coulson AR. 1975. A rapid method for determining sequences in DNA by primed synthesis with DNA polymerase. J Mol Biol, 94（3）：441～448

Wu SX, Li YQ, Ikuo T, et al. 1999. Production of a monolonal antibody against recombinant rat central type of choline acetyltransferase. Chinese J of Neuroanat, 15（4）：319～324

## 2.5.9 乙酰胆碱转移酶表达蛋白的 SDS 聚丙烯酰胺凝胶电泳分析

将测序正确的 ChAT DNA 片段从 pGEM-T 质粒中切割下来，再克隆至 pMAL-C2

表达载体,转入到大肠杆菌中进行融合蛋白的表达。收集细菌裂解物进行 SDS 聚丙烯酰胺凝胶电泳和凝胶染色,以检测有无融合蛋白的表达并确定其分子质量大小。其他途径获得的蛋白质均可用同样的方法进行分析。

**(1) 目的**

1) 了解蛋白质的 SDS 聚丙烯酰胺凝胶电泳的原理和一般步骤。
2) 了解聚丙烯酰胺凝胶的考马斯亮蓝染色方法的操作步骤。

**(2) 溶液配制**

1) 30%丙烯酰胺溶液:丙烯酰胺 29.2 g,双丙烯酰胺 0.8 g,加 DW 至 100 ml。保存于 4℃。

2) 分离胶溶液:

| 凝胶浓度 | 5% | 7.5% | 10% | 12.5% | 15% |
| --- | --- | --- | --- | --- | --- |
| 分离范围 | 60~212 kDa | 30~120 kDa | 18~75 kDa | 15~60 kDa | 15~45 kDa |
| 分离胶缓冲液 | 3 ml | 3 ml | 3 ml | 3 ml | 3 ml |
| 30%丙烯酰胺溶液 | 2 ml | 3 ml | 4 ml | 5 ml | 6 ml |
| DW | 7 ml | 6 ml | 5 ml | 4 ml | 3 ml |
| 10% APS | 50 μl | 50 μl | 50 μl | 50 μl | 50 μl |
| TEMED | 5 μl | 5 μl | 5 μl | 5 μl | 5 μl |

3) 分离胶缓冲液:Tris 18.1 g,EDTA·2Na 0.298 g,SDS 0.4 g,DW 50 ml。

完全溶解后,用 1 mol/L HCl (约 35 ml) 调节 pH 至 8.8,加 DW 至 100 ml,4℃保存。

4) 积层胶溶液:积层胶缓冲液 1.25 ml,30%丙烯酰胺溶液 0.75 ml,加 DW 至 3 ml,10% APS 20 μl,TEMED 5 μl。

5) 积层胶缓冲液:Tris 6.04 g,EDTA·2Na 0.298 g,SDS 0.4 g,DW 40 ml。

完全溶解后,用 1 mol/L HCl (约 45 ml) 调节 pH 至 6.8,加 DW 至 100 ml,4℃保存。

6) Tris-甘油缓冲液:Tris 0.8 g,甘油 10 ml,DW 70 ml。

完全溶解后,用 1 mol/L HCl (约 6 ml) 调节 pH 至 6.8,加 DW 至 100 ml,室温保存。

7) 5×SDS 加样缓冲液:Tris-甘油缓冲液 0.95 ml,SDS 25 mg,β-巯基乙醇 50 μl,溴酚蓝 10 mg。

完全溶解后,室温保存。

8) 10×Tris-甘氨酸缓冲液:Tris 15 g,甘氨酸 72 g,加 DW 至 500 ml。

完全溶解后,室温保存。

9) 10×电泳缓冲液:10×Tris-甘氨酸缓冲液 50 ml,10% SDS 5 ml,DW 445 ml。

室温保存。

10) 考马斯亮蓝染色液：考马斯亮蓝 R250 1.25 g，甲醇 225 ml，冰乙酸 50 ml，加 DW 至 500 ml。

先将考马斯亮蓝 R250 溶于甲醇，再加乙酸和水。室温下可保存 6 个月。

11) 脱色液：甲醇 45 ml，冰乙酸 5 ml，DW 45 ml。

**(3) 步骤**

1) 蛋白质的 SDS 聚丙烯酰胺凝胶电泳：

a. 按厂商的使用指南用两块干净的玻璃平板和垫片组装电泳装置中的玻璃平板夹层，并固定在灌胶支架上。

b. 配制 12.5% 的分离胶溶液并脱气，加入 50 $\mu$l 10% 过硫酸铵（APS）和 5 $\mu$l TEMED，轻轻搅拌混匀。

c. 用吸管将分离胶液沿夹层中一条垫片的边缘加入到玻璃平板夹层中，留出灌注积层胶所需的空间（梳子的齿长再加 1 cm）。小心地在凝胶溶液上覆盖一层水饱和异丁醇。让凝胶在室温聚合至少 30 min。

d. 倾去顶层的异丁醇，并用 DW 冲洗凝胶顶部表面。

e. 配制积层胶溶液，在已聚合的分离胶上直接灌注积层胶，立即在积层胶溶液中插入干净的 Teflon 梳子。再补加积层胶溶液以充满梳子间的空隙，放置室温聚合 30 min。

f. 用 2×SDS 加样缓冲液按 1∶1（V/V）稀释待测蛋白样品，于 100℃ 加热 3 min，使蛋白质变性。

g. 积层胶完全聚合后，小心取出梳子，用 DW 冲洗加样孔。

h. 将凝胶板固定到电泳装置上，上、下槽内各加入电泳缓冲液，上槽内的缓冲液应加至淹没凝胶加样孔。

i. 按预定顺序加样。用 Hamilton 微量注射器或专用加样枪头将 15 $\mu$l 的每个样品加到样品孔底部。如有空置的加样孔，须加等体积的空白 1×SDS 加样缓冲液，以防止相邻泳道样品的扩散。

j. 连接电源，先在 10 mA 恒流下电泳，当溴酚蓝染料进入分离胶后，将电流调至 15 mA，继续电泳直至溴酚蓝到达分离胶底部。

k. 关闭电源，取下凝胶板，用刮勺小心撬开玻璃板，在凝胶的一角切去一小块以标注凝胶的方位。

l. 取出的凝胶可进行考马斯亮蓝染色或用于 Western 印迹反应。

2) 聚丙烯酰胺凝胶的考马斯亮蓝染色：

a. 将凝胶放于塑料容器中，并以 3~5 倍体积的固定液覆盖，在旋转摇床中缓慢摇动 2 h。

b. 倾去固定液，以考马斯亮蓝染色液覆盖凝胶，缓慢摇动 4 h。

c. 倾去染色液，将凝胶放于脱色液中，平缓摇动 4~8 h。其间更换脱色液 1~2 次，直至获得蓝色条带和干净的背底。凝胶可放置在含有 20% 甘油的水中保存。

d. 如需保留永久记录，可给凝胶拍照。

e. 如需长期保留凝胶，可将染色的凝胶在干胶仪上干燥制成胶片保存，或用专门的干胶溶液将凝胶制成胶片保存。

**(4) 注意事项**

1) 聚丙烯酰胺凝胶是通过由 $N',N'$-亚甲双丙烯酰胺一类双功能试剂进行交联的丙烯酰胺聚合链组成，大多按双丙烯酰胺：丙烯酰胺为 1：29 配制，它可以分离大小相差只有 3% 的多肽。SDS 聚丙烯酰胺凝胶的有效分离范围取决于用于灌胶的聚丙烯酰胺的浓度和交联度，因此在实验时，应根据待检蛋白质的大小，选择相应浓度的凝胶。

2) 过硫酸铵的作用是提供驱动丙烯酰胺和双丙烯酰胺聚合所必需的自由基，而 TEMED 则催化过硫酸铵形成自由基，从而加速聚合。TEMED 只能以游离碱的形式发挥作用，因此 pH 较低时聚合反应会受到抑制。过硫酸铵会缓慢分解，故需隔周新鲜配制。凝胶的聚合失败问题往往在于过硫酸铵和（或）TEMED，或两者都有。

3) 使用不同的电泳装置、采用不同大小的凝胶时，所需的电泳条件会有不同。在具体的实验过程中，应根据具体情况对电泳条件进行调整。

4) 考马斯亮蓝染色使蛋白质显迹的基础是蛋白质与染料分子的非专一性结合，其检出极限是 0.3～1 μg/蛋白条带。本文所介绍的是传统的考马斯亮蓝染色方法，现已有考马斯亮蓝快速染色试剂盒（Nacalai 公司，日本）出售，整个过程可在 1 h 内完成，染色效果很好。

**(5) 结果示例**（图 2-5-9）

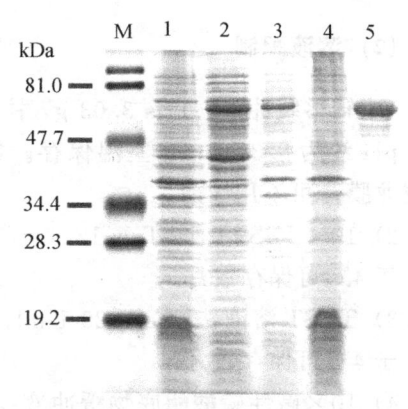

图 2-5-9 ChAT 融合蛋白的 SDS-PAGE 检测
分别将蛋白表达诱导前（泳道 1）和诱导后（泳道 2）的细菌裂解物、可溶性（泳道 3）和不可溶（泳道 4）的细菌裂解物、经亲和层析纯化后的细菌裂解物（泳道 5）进行聚丙烯酰胺凝胶电泳和染色。结果显示在诱导后的细菌裂解物中有一分子质量大小约为 69 kDa 的新条带，与从 ChAT 片段和 pMAL-C2 表达载体的氨基酸序列推导的融合蛋白的大小一致。而且，表达的融合蛋白主要存在于细菌裂解物的可溶部分。经亲和层析纯化后，细菌裂解物中的杂蛋白大部分被去除，而融合蛋白得以保留（Wu et al., 1999）

## 思 考 题

1. 蛋白质的聚丙烯酰胺凝胶电泳分析的原理是什么？
2. 聚丙烯酰胺凝胶的浓度与蛋白质的线性分离范围有何对应关系？
3. 考马斯亮蓝染色后的凝胶如何保存？

（武胜昔）

## 参 考 文 献

奥斯伯 F 等（颜子颖，王海林译）. 1998. 精编分子生物学实验指南. 北京：科学出版社
萨姆布鲁克 J 等（金冬雁，黎孟枫等译）. 1996. 分子克隆实验指南. 第 2 版. 北京：科学出版社
Studier FW. 1973. Analysis of bacteriophage T7 early RNAs and proteins on slab gels. J Mol Biol, 79 (2)：237~248
Wu SX, Li YQ, Ikuo T, et al. 1999. Production of a monolonal antibody against recombinant rat central type of choline acetyltransferase. Chinese J of Neuroanat, 15 (4)：319~324

## 2.5.10　乙酰胆碱转移酶在大鼠纹状体分布的 Western 印迹检测

免疫组织化学和 Western 印迹法都是检测组织或细胞中蛋白质的方法，前者主要用于定位观察，后者则以定量为主。利用 Western 印迹法，一方面可以检测组织或细胞中某种蛋白的存在及相对定量，另一方面还可以对抗体的特异性进行检测。本实验介绍的是 Western 印迹法的后一种应用。利用融合蛋白表达技术制备了针对大鼠的 ChAT 单克隆抗体，如该抗体具有特异性，则能够识别脑内的 ChAT 抗原，经 Western 印迹检测后，在对应于大鼠 ChAT 分子质量大小的位置应有一条阳性条带出现。

**(1) 目的**

1) 了解 Western 印迹法的基本原理和操作步骤。
2) 对 ChAT 单克隆抗体的特异性进行检测。

**(2) 溶液配制**

1) 转移缓冲液：Tris 3.03 g，甘氨酸 14.4 g，甲醇 200 ml，加 DW 至 1 L。pH 约为 8.3~8.4，室温保存。如转移膜为 PVDF 膜，甲醇浓度应降至 15%；若为尼龙膜，可不用甲醇。

2) 10×TBS 溶液：Tris 12.1 g，NaCl 90 g，用 HCl 调 pH 至 7.4，加 DW 至 1 L。于 4℃可保存数月。

3) TBST 溶液：Tween-20 1 ml，1×TBS 溶液 1 L。于 4℃可保存数月。

4) 10×碱性磷酸酶底物缓冲液：Tris 60.5 g，NaCl 29.2 g，DW 400 ml。溶解后，用 1 mol/L HCl 调 pH 至 9.5，加 DW 至 500 ml。室温保存。

5) BCIP：50 mg/ml 溶于 100% 二甲基甲酰胺。4℃可保存 1 年。

6) NBT：75 mg/ml 溶于 70% 二甲基甲酰胺。4℃可保存 1 年。

7) BCIP/NBT 显色液：10×碱性磷酸酶底物缓冲液 1 ml，0.1 mol/L $MgCl_2$ 0.5 ml，BCIP 30 μl，NBT 40 μl，DW 加至 10 ml。

**(3) 步骤**

1) 蛋白质的提取：

a. 配制裂解缓冲液：

缓冲液 A：50 mmol/L Tris-HCl（pH 7.4）10 ml，10 mg/ml Leupeptin 0.5 μl，10 mg/ml PMSF 100 μl，2 mg/ml Pepstatin 3.5 μl，10 mg/ml Aprotinin 1 μl。

缓冲液 B：缓冲液 A 3 ml，0.5 mol/L EDTA 6 μl，0.1 mol/L EGTA 6 μl，30% Triton X-100 0.1 ml。

b. SD 大鼠，体重 200～250 g，戊巴比妥钠麻醉下，经心灌流灭菌处理的 0.01 mol/L PBS（pH 7.4）冲净血液。快速取脑并将纹状体分离出来，放入 1.5 ml 离心管中，称重（100 mg 以下为宜）。

c. 向管中加入 5 倍体积（如组织重量为 100 mg 时，加 0.5 ml）的缓冲液 B。

d. 用 Polytron 匀浆器匀浆 2 min。为防止过多泡沫产生，可采用间断匀浆的方法，如分 4 次匀浆，每次 30 s，每 2 次间有 10～20 s 的间隔。

e. 于 4℃ 以 15 000 r/min 离心 20 min。

f. 将上清移于另一管中，弃去沉淀物。保存于 −70℃。

g. 用 Bradford 比色法测定蛋白的含量。

2）蛋白质的 SDS 聚丙烯酰胺凝胶电泳（参照 2.6.9 节的方法进行）。

3）用半干转移系统转印蛋白质：

a. 电泳即将结束时，用 DW 湿润半干转移装置的石墨板。

b. 切与凝胶大小一致的 6 张 Whatman 3 MM 滤纸和 1 张硝酸纤维素滤膜，浸泡于转移缓冲液中。

c. 电泳完成后，拆卸凝胶夹层，去除积层胶。将分离胶至转移缓冲液中平衡 15～30 min。

d. 按如下方法组装转印夹层：转移装置的石墨板（阳极）；3 张用转移缓冲液浸泡过的 Whatman 滤纸；硝酸纤维素滤膜；凝胶；3 张用转移缓冲液浸泡过的 Whatman 滤纸；每一组分往上堆叠时，需排除气泡。

e. 在转移夹层的顶部放置顶电极（阴极）。

f. 连接电源，在恒流下转移蛋白。通常只需转移 1 h 以内。

g. 转移后，关闭电源，拆卸转移装置。取出膜，用铅笔在膜上标记好凝胶方向。

h. 转移后的凝胶可进行考马斯亮蓝染色，以观察转移效率。

4）转移膜的免疫检测：

a. 将膜放入含 2% 脱脂奶粉的 TBS 溶液中，在旋转摇床中摇动 1 h。

b. 用含 0.5% 脱脂奶粉的 TBS 溶液稀释第一抗体。

c. 将膜放入可加热密封的塑料袋中，袋的大小以略大于膜为宜。向袋中加入稀释好的第一抗体，密封塑料袋。室温下持续摇动 1～4 h。

d. 取出膜，用 TBST 溶液洗涤，每次 10 min，3 次。

e. 用含 0.5% 脱脂奶粉的 TBS 溶液稀释碱性磷酸酶结合的第二抗体。

f. 将膜放进一新的可加热密封的塑料袋中，加入稀释好的第二抗体，密封塑料袋。室温下持续摇动 1 h。

g. 取出膜，用 TBST 溶液洗涤 3 次，每次 10 min。

h. 用 5-溴-4-氯-3-吲哚磷酸（BCIP）和氮蓝四唑（NBT）显色液成色。

i. 仔细观察反应过程，当蛋白带的深度达到要求时（10～30 min），用 DDW 洗膜，终止反应。

j. 晾干后拍照，留做永久记录。

**(4) 注意事项**

1）在整个实验中均需使用重蒸去离子水。在进行接触滤纸、凝胶和膜的操作时，应戴手套，因为手上的油脂会阻断转印。

2）用于蛋白转印的膜有多种，如硝酸纤维素膜、PVDF 膜、中性尼龙膜、带正电的尼龙膜等，常用的主要为前两种。由于膜的特性各有不同，可根据实验的需要及条件选择使用。

3）在免疫检测时抗体的稀释度取决于抗体和检测系统的敏感性。当初次使用某种一抗时，最好能用系列稀释的抗体检测小膜条，以确定最合适的第一抗体工作浓度。正确的工作浓度将得到低背底和高特异性。

4）显色方法的选择主要根据结合于第二抗体上的偶联物的种类。如为碱性磷酸酶，则选择 NBT/BCIP 显色系统；如为辣根过氧化物酶，则选用二氨基联苯胺/过氧化氢显色系统。

**(5) 结果示例**（图 2-5-10）

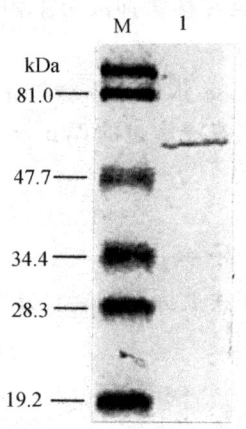

图 2-5-10　ChAT 单克隆抗体的 Western 印迹检测

经免疫检测后，制备的 ChAT 单克隆抗体在大鼠纹状体蛋白提取物中染出一阳性条带，其分子质量大小约为 62 kDa（泳道 1），与报道的大鼠 ChAT 分子质量一致，表明制备的 ChAT 单克隆抗体能识别大鼠脑内的 ChAT，该抗体具有特异性。M 为蛋白分子质量标准（Wu et al., 1999）

## 思 考 题

1. Western 印迹的原理是什么？与免疫组织化学技术比较有何异同点？
2. Western 印迹的主要操作步骤有哪些？应注意什么问题？

（武胜昔）

## 参 考 文 献

奥斯伯 F 等（颜子颖，王海林译）.1998. 精编分子生物学实验指南. 北京：科学出版社
萨姆布鲁克 J 等（金冬雁，黎孟枫等译）.1996. 分子克隆实验指南. 第 2 版. 北京：科学出版社
Burnette WN. 1981. "Western blotting"; electrophoretic transfer of proteins from sodium dodecyl sulfate——polyacrylamide gels to unmodified nitrocellulose and radiographic detection with antibody and radioiodinated protein A. Anal Biochem，112（2）：195～203
Towbin H, Staehelin T, Gordon J. 1979. Electrophoretic transfer of proteins from polyacrylamide gels to nitrocellulose sheets; procedure and some applications. Proc Natl Acad Sci USA，76（9）：4350～4354
Wu SX, Li YQ, Ikuo T, et al. 1999. Production of a monolonal antibody against recombinant rat central type of choline acetyltransferase. Chinese J of Neuroanat，15（4）：319～324

## 2.5.11 性激素对周围伤害性刺激诱导脊髓 PPD mRNA 表达上调的影响

　　Northern 印迹法的原理是提取细胞总 RNA 或 mRNA，经变性、电泳分离，再转移到纤维膜上与探针杂交。其主要用途为观测各种基因转录产物的大小、转录量及其变化。周围伤害性刺激可以诱导脊髓 PPD mRNA 表达上调及动物的伤害性行为反应；性激素参与脊髓 PPD mRNA 表达上调。本实验用 Northern 印迹法检测在动物发情周期的各个阶段中，周围伤害性刺激诱导脊髓 PPD mRNA 表达及动物的伤害性行为反应的变化，进而探讨性激素对周围伤害性刺激诱导脊髓 PPD mRNA 表达及动物的伤害性行为反应的调节作用。

**(1) 目的**

了解 Northern 印迹的原理和基本步骤。

**(2) 溶液配制**

1) 实验准备参阅 2.6.4 节。

2) 负载缓冲液：甲酰胺 0.72 ml，10×MOPS 缓冲液 0.16 ml，甲醛（37%）0.26 ml，$H_2O_2$ 0.18 ml，80%甘油 0.1ml，溴酚蓝（饱和溶液）0.08 ml。

每 1～2 周新配 1 ml，变色即弃去；或配制 10 ml，每 0.5 ml 分装一管，−20℃ 保存。

3) 5×SSC 甲醛凝胶电泳缓冲液：MOPS（3-N-吗啉-丙烷基磺酸）20.6 g，0.05 mol/L 乙酸钠 800 ml，0.5 mol/L EDTA 10 ml，加水至 1L。

过滤后避光保存于室温。

**(3) 步骤**

1) 实验准备：用水和 1‰SDS 或洗涤剂彻底洗净凝胶容器、所有挡板、电泳槽及电泳梳子。所有用品都去除 RNA 酶是极其重要的。实验同时还再用 RNA 酶时，必须

标明另一套装置专用于本实验。整个过程均戴手套。

2) 探针的制备：PPD mRNA 探针按照文献人工合成后，用缺口平移法，以 [α-$^{32}$P] dCTP 标记。

3) 制备凝胶：

a. 称取 3 g 琼脂糖（1％的凝胶）加 30 ml 10×MOPS 缓冲液和 255 ml DDW；置微波炉中加热 5 min，以溶解琼脂糖凝胶混合物并使之灭菌。冷却至 50℃。

b. 在通风橱中加 16.2 ml 的 37％甲醛摇匀。加 20 μl 溴化乙锭，摇匀。放好梳子，将琼脂糖溶液倒在电泳槽板上以形成凝胶。

4) 凝胶电泳：

a. 取 10～15 μl 总 RNA 或 1～2 μl polyA RNA，真空离心抽干。

b. 每份干燥样品中加 20 μl 样品缓冲液。加热到 95℃ 2 min 使 RNA 变性。

c. 将凝胶放入内含 1×MOPS 电泳缓冲液的电泳槽内。每个点样孔加 20 μl 的 RNA。分子质量标记在旁边的点样孔内。200 V 电压下电泳 2～3 h，当溴酚蓝染料移到凝胶长度的 3/4 时停止电泳。

d. 印迹转移以前在紫外光透射屏上放一根尺拍照，记下分子质量标记的信号位置。真核细胞总 RNA 富含 2 种 RNA，即 28S rRNA（约 5 kb）和 18 S rRNA（约 2 kb），可用作分子质量标记。

5) 转印：

a. 用 500 ml 的 10×SSC 漂洗胶 2 次，每次 20 min，以洗去凝胶中的甲醛。

b. 在一盘中加 500 ml 的 10×SSC。取 23 cm×50 cm 的 Whatman 3 MM 滤纸 1 张在 10×SSC 缓冲液中浸润。

c. 将 1 块 20 cm×30 cm 的玻璃板横搁在盘上。将浸润的滤纸铺在玻璃板上，并使两边悬下浸入缓冲液。将凝胶点样孔朝下放在滤纸上面，然后将预先在水中浸湿的硝酸纤维素膜平整地铺在凝胶上。取 2 张 Whatman 3 MM 滤纸在水中浸湿，一张一张地铺于膜上，再于膜上加四叠吸水纸并于纸上放一玻璃板，上压一重物。转印 12 h 后取出膜夹于两张滤纸中，再用玻璃板夹住。置 80℃ 真空干燥 2 h。

6) 杂交：

a. 将干燥后的膜用 6×SSC 浸湿 2 min，置于内含预杂交液的杂交袋，封口后于 42℃ 或 68℃ 保温 1～2 h。

b. 取出杂交袋，剪去一角，加入变性探针后重新封口继续保温过夜。

c. 杂交完毕按以下程序洗膜：0.1×SSC 37℃洗 2 次，每次 15 min；0.1×SSC 50℃洗 2 次，每次 15 min；0.1×SSC 65～68℃洗 2 次，每次 15 min；0.1×SSC 室温洗 1 次，1 min。

7) 放射自显影：洗涤后的膜包上一层塑料薄膜后与 X 射线胶片一起置带有增感屏的暗盒中，于 -20℃ 或 -70℃ 曝光过夜（必要时可调整曝光时间）。显影后即得到 Northem 印迹结果。

**(4) 注意事项**

1) RNA 电泳时每一泳道最多可加入 10 μg 细胞总 RNA，通常用 10～20 μg 总 RNA 进行 Northern 印迹检测，可以检测高丰度 mRNA（占 mRNA 总量的 1% 以上）；用于 RNA 电泳的电泳槽须洗干净，先经水冲洗，用乙醇干燥，然后灌满 3% $H_2O_2$，于室温放 10 min 后，再用经 DEPC 处理的水彻底冲洗电泳槽；在含有甲醛的琼脂糖凝胶上，DNA 与 RNA 的电泳迁移速率各不相同，RNA 比等长的 DNA 迁移得快，所以不要用 DNA 作分子质量标准参照物对未知 RNA 分子的大小进行精确测量。

2) 不同批号的硝酸纤维素滤膜，其浸润速率相差悬殊，如滤膜浮在水面上几分钟后仍未湿透，应另换一张新滤膜，因为未均匀浸湿的滤膜进行 RNA 转移是不可靠的。为估计 RNA 的转移效率，可将凝胶置于溴化乙锭溶液中染色 45min，于紫外灯下观察。滤膜烘烤时，时间过长将导致滤膜变脆或发黄；若欲将凝胶中的 RNA 转移至尼龙膜，切勿用溴化乙锭染色。

3) 在预杂交液中加入变性的放射性探针，所需探针的量至少为 0.1 μg，其放射性比活度应大于 $2 \times 10^8$ 计数/μg/min。将浸润滤膜放入可加热封接的袋中，尽可能将袋中空气挤出来；从水浴中取出滤膜要迅速；在漂洗的任何环节都不能使滤膜干涸。

**(5) 结果示例**（图 2-5-11）

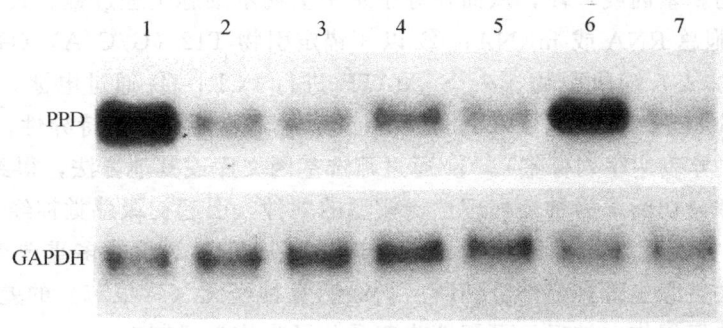

图 2-5-11  PPD mRNA 在炎性大鼠发情周期的各个阶段中 Northern 印迹检测
炎性大鼠分为雄性与雌性两大组，雄性炎性大鼠的 RNA 分为炎性刺激侧（1 和 6）和非刺激侧（2 和 7），雌性炎性大鼠的 RNA 分为动情期（3）、发情前期（4）和发情期（5）。Northern 印迹检测发现：刺激侧雄性炎性大鼠的 PPD mRNA 表达上调，而非刺激侧未见明显表达；雌性炎性大鼠发情周期的各个阶段 PPD mRNA 表达有所不同，其中，发情前期表达最高，动情期次之，发情期最低。GAPDH（甘油醛磷酸脱氢酶）为阳性内对照（Bradshaw et al., 2000）

## 思 考 题

1. 什么是 Northern 印迹法？主要用途是什么？
2. Northern 印迹法的基本步骤有哪些？各个步骤应注意什么问题？

3. Northern 印迹法与 Southern 印迹法的相同和不同之处有哪些？与 Western 印迹法又有何异同？

(王亚云)

**参 考 文 献**

萨姆布鲁克 J 等（金冬雁，黎孟枫等译）.1996. 分子克隆实验指南. 第 2 版. 北京：科学出版社
熊缨，王迎，刘小龙等.1999. 用 DD-PCR 法克隆 $AVP_{4\sim8}$ 诱导的鼠脑差异表达基因. 生物化学与生物物理学报，31 (5)：509~512
Bradshaw H, Miller J, Ling Q, et al. 2000. Sex differences and phases of the estrous cycle alter the response-of spinal cord dynorphin neurons to peripheral inflammation and hyperalgesia. Pain, 85 (1-2): 93~99
Liang P, Pardee AB. 1992. Differential display of eukaryotic messenger RNA by means of the polymerase chain reaction. Science, 257: 967~970

## 2.5.12 坐骨神经部分切断后初级感觉神经元（背根节）的差异表达基因克隆

mRNA 差异显示技术（differential display PCR，DD-PCR）是最近发展起来的一种分离基因的新技术。它通过检测两群不同类型细胞基因表达，实现在 mRNA 水平上获得差异表达的新基因或片段，从而在分子水平上揭示细胞生理过程。其基本实验步骤为：① 提取细胞总 RNA 或 mRNA；② 以 3′锚定引物 T12 (G/C/A) (G/C/A/T) 引导反转录；③ 加入 5′随机引物 [$\alpha$-$^{35}$S] dATP 进行 PCR；④ 通过电泳，放射自显影，找出差异表达的 cDNA，并进行第二次扩增；⑤ 克隆杂交鉴定其特异性；⑥ 测序，得到 DD-EST（差异表达序列标签）；⑦ 通过筛选基因文库或其他方法，得到全 cDNA。

坐骨神经部分切断术为神经病理性痛模型的一种，引起初级感觉神经元（背根节神经元，即 DRG 神经元）的神经化学、电生理学和神经解剖学的多重改变。本实验用 DD-PCR 的方法克隆坐骨神经部分切断后初级感觉神经元（背根节）的差异表达基因，借以探讨外周神经损伤后神经元可塑性改变及分子生物学机制。

正常和病理性模型上的基因改变有所不同，所以选择正常和病理性两种动物模型。ZDF (Zucker diabetic fatty) 品系为链佐星（链脲霉素）诱导所致的非胰岛素依赖糖尿病（NIDDM）模型大鼠，可提供高血糖的病理背景。另一模型为雄性同窝所生无病的瘦鼠 (lean mail, LN)。选择同侧和对侧 $L_{4/5}$ DRG 神经元作为观察对象。

**(1) 目的**

1) 了解 DD-PCR 技术的基本过程。
2) 通过实验理解 DD-PCR 技术的先进性和不足之处。

**(2) 步骤**

1) 27 只 ZDF 大鼠和 27 只 LN 大鼠，各组的其中 3 只作为阴性对照，24 只行左侧

坐骨神经部分切断术。14 d 后取左侧和右侧 $L_4$ 和 $L_5$ 节段的 DRG。

2) 总 RNA 的制备。总 RNA 的抽提采用 TRIzol 试剂及其步骤（参阅 2.6.4 节）。

3) 反转录 PCR：

a. 取 0.2 μg 总 RNA，在 20 μl 反应体系里进行反转录，各反应物终浓度为：dNTP 25 μmol/L，DTT 10 mmol/L，1×first strand buffer，3′引物（$T_{11}$N）0.2 μmol/L，RNaseOUT 1 U/μl，SuperScript Ⅱ RNase H reverse transcriptase 2U/μl。

反应条件为：25℃，10 min；42℃，50 min；70℃，15 min；得到 cDNA 第一链。

b. 在 20 μl 反应体系里合成 cDNA 第二链，各反应物终浓度为：cDNA 第一链 0.1 μl，1×PCR 反应液，$MgCl_2$ 1.25 mmol/L，DNTP 20 μmol/L。

4) 差示 PCR：

a. 取 0.1 μl 反转录产物，在 20 μl 反应体系里进行差示 PCR，各反应物终浓度为：3′锚定引物（$T_{11}$N）0.2 μmol/L，5′随机引物 0.2 μmol/L，dNTP 20 μmol/L，$MgCl_2$ 1.5 mmol/L，1×PCR 反应液，[$\alpha$-$^{33}$P] dATP 92.5 kBq（2.5μCi），Taq DNA 聚合酶 1 U。

b. 引物序列为：3′锚定引物（$T_{11}$N），5′随机引物，Genomyx Hieroglyph 试剂盒（Beckman 公司），共 104 个。

c. 反应程序如下：第 1 个循环：95℃变性，2 min。第 2～5 循环：92℃变性，15 s；46℃退火，30 s；72℃延伸，2 min。第 6～31 循环：92℃变性，15 s；60℃退火，30 s；72℃延伸，2 min。终止：72℃，7 min。

d. PCR 结束后，95℃，2 min，变性；然后用含 95％甲酰氨，20 mmol/L EDTA，0.05％溴酚蓝，0.05％二甲基苯青的 4.5％变性聚丙烯酰胺凝胶进行电泳，抽干后放射自显影。

e. 结果：显示用锚定引物 T7（$dT_{12}$）AA 和随机引物（ACAATTTCACAC-GAGAAGTTYATGGC）得到的差示结果，见图 2-6-12。

5) 差别条带的回收和扩增：

a. 用放射自显影的 X 射线胶片作指示，从凝胶上小心割下有差别的条带，置于 1.5 ml 的离心管中，加入 6 μl 灭菌水。

b. 在 40 μl PCR 反应体系里，包含 6 μl 回收片段溶液（作为模板），其他各反应物终浓度与引物均与上一步相同。

c. 反应程序如下：第 1 个循环：95℃变性，2 min。第 2～31 循环：92℃变性，15 s；60℃退火，30 s；72℃延伸 2 min。终止：72℃，10 min。

d. 10 μl 反应产物加于 1％琼脂糖凝胶上，为 1 个单一条带。

e. 用 Wizard PCR DNA purification system 提纯产物。

6) 克隆及测序：将回收的单一条带用 pCR-TOPO 载体克隆，挑选阳性克隆，制备单链，测序。

7) 原位杂交法鉴定：将测定的基因片段以末端脱氧核苷酸转移酶法在 3′端标记 [$\alpha$-$^{33}$P] dATP 为探针，取 ZDF 大鼠和 LN 大鼠 $L_5$ 节段的 DRG，进行原位杂交。具体步骤略。

8) 测定序列的同源性比较。读取的序列可上 Internet 网，利用 Genebank 数据可进行查新和同源性比较。

9) 结果：抽提两组大鼠两侧共 4 种 RNA，定量后取相同量做反转录，用 104 个随机引物和 $T_{11}N$ 为引物进行 DD-PCR。通过 104 种不同的引物组合，找到有明显差异的片段 19 个，其中 18 个为 ZDF 大鼠和 LN 大鼠 $L_5$ 节段手术侧的 DRG 上调表达的基因，1 个为 ZDF 大鼠和 LN 大鼠 $L_5$ 节段手术侧的 DRG 下调表达的基因。如表 2-5-1 所示。

表 2-5-1　坐骨神经部分切断后初级感觉神经元（背根节）的差异显示可再现的差示片段

| 序号 | 阳性克隆 | 大小/bp | 手术侧变化情况 | 同源性比较情况 |
|---|---|---|---|---|
| 1 | 7 | 1.120 | ↑ | VIP |
| 2 | 3/2/2/1 | 0.830 | ↑ | MLP |
| 3 | 8/2/1 | 0.600 | ↑ | N |
| 4 | 7/2/1/1/1 | 0.390 | ↑ | N |
| 5/8 | 4 | 1.150 | ↑ | N |
| 6 | 6/1 | 0.620 | ↑ | N |
| 7 | 4/3/3/1/1 | 0.770 | ↑ | N |
| 9 | 10/1/1 | 1.830 | ↑ | N |
| 10 | 3/1/1/1 | 0.630 | ↑ | N |
| 11 | 8 | 0.810 | ↑ | N |
| 12 | 8/1 | 1.260 | ↑ | N |
| 13 | 7 | 0.910 | ↑ | N |
| 14 | 6/1 | 0.730 | ↑ | N |
| 15 | 7 | 1.200 | ↑ | AEG |
| 16 | 3/2/1/1/1 | 0.430 | ↑ | N |
| 17 | 5 | 1.600 | ↑ | N |
| 18 | 6 | 0.580 | ↑ | N |
| 19 | 6/1/1 | 0.550 | ↓ | N |

注：第 1 列表示共有 19 个最可疑条带得到的克隆，但几乎全部条带都包含一个以上的 cDNA 序列。第 2 列表示，虽然克隆并非单一，但总有一个序列占优势。如第 12 号，有 8 个克隆一致，只有 1 个不同；但是第 7 号克隆，不能肯定哪一个克隆为真实的，差示基因可能在其中之一。第 3 列表示克隆的大小。第 4 列表示有 18 个基因为上调表达，1 个为下调表达。第 5 列表示经筛选得到的同源序列基因名称（Newton et al., 2000）。

**(3) 注意事项**

1) 差异显示的关键是引物的设计。3′端锚定引物将 RNA 分为不同亚群，5′端为短的随机引物，通过 3′和 5′端引物的不同组合，理论上所有的 mRNA 分子至少扩增一次。5′端短的随机引物通常由 10 个任意碱基组成。

2) 提取总 RNA 要尽量获得无 DNA 污染的完整的 RNA，所提取的总 RNA 的 $A_{260}/A_{280} \geqslant 1.80$ 时，结果较为理想。在试验中可设一对照来检验 RNA 的纯度，省略反转录过程，直接进行 PCR 反应。

3) 反转录多用 20 μl 反应体系。PCR 的关键是退火温度的选择，选择随机引物时，40～42℃的退火温度多能获得数量和产量以及特异性都令人满意的扩增产物。过高则扩增产物数量急剧减少，过低则特异性显著降低。PCR 中 2 μmol/L dNTP 在保证产物产量和特异性的前提下，能最大限度地提高放射性核素的掺入率。放射性核素选择 [α-$^{35}$S] dNTP 或 [α-$^{32}$P] dNTP 较好，$^{35}$S 掺入率不如 $^{32}$P。但 $^{35}$S 的半衰期长，防护要求低；$^{32}$P 因其射线强度大，防护要求高，易损伤 DNA，应尽量少用。

4）通过电泳后凝胶放射自显影，条带被显示于 X 射线光片上，可直接进行比较。两种或多种同一类型的组织，使用同一对引物扩增，在相邻泳道显示的条带数目和带型应有 95% 以上完全相同，5% 出现差别。这种差别有两种情况：一种是有与无的差别，另一种是条带密度明显增强或明显降低的差别。表现为有或无的条带，继续研究的意义较大。

5）确认为差异的条带，从凝胶中回收，用同一套引物进行扩增，如第二次扩增产物不止一条，表明回收时有并不相关的 cDNA 污染。

6）差异显示的基因通常只有一个片段，并非全长，有必要从 cDNA 文库或 DNA 文库中筛选出完整基因，再进行克隆、测序。

**(4) 结果示例**（图 2-5-12）

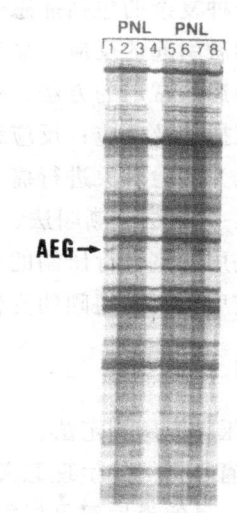

图 2-5-12　坐骨神经部分切断后初级感觉神经元
　　　　　（背根节）的差异显示结果

图中 1～8 代表：1 和 3，LN 大鼠刺激侧 $L_{4/5}$ DRG 的 RNA；2 和 4，LN 大鼠对侧 $L_{4/5}$ DRG 的 RNA；5 和 7，ZDF 大鼠刺激侧 $L_{4/5}$ DRG 的 RNA；6 和 8，ZDF 大鼠对侧 $L_{4/5}$ DRG 的 RNA。PNL：partial ligation，即坐骨神经部分切断术。AEG：第 15 号克隆证实符合附睾酸化蛋白（acidic epididymal glycoprotein, AEG）的片段（Newton and Bingham，2000）

## 思 考 题

1. DD-PCR 适用于何种研究？
2. DD-PCR 的引物设计应注意什么问题？
3. DD-PCR 过程中容易影响结果的步骤有哪些？应该如何注意？
4. DD-PCR 的结果如何分析？

（王亚云）

## 参 考 文 献

熊缨,王迎,刘小龙等.1999.用 DD-PCR 法克隆 AVP$_{4\sim8}$诱导的鼠脑差异表达基因.生物化学与生物物理学报,31(5):509~512

朱峰,赵永同.1998.mRNA差异技术的缺陷与对策.生命科学,10(1):37~38

Liang P, Pardee AB. 1992. Differential display of eukaryotic messenger RNA by means of the polymerase chain reaction. Science, 257:967~970

Newton RA, Bingham S. 2000. Identification of differentially expressed genes in dorsal root ganglia following partial sciatic nerve injury. Neuroscience, 95:1111~1120

Schweitzer B, Taylor V. 1998. Neural membrane protein 35 (NMP35): a novel member of a gene family which is highly expressed in the adult nervous system. Mol Cell Neurosci, 11:260~273

# 2.6 神经行为学实验

## 2.6.1 一足致炎大鼠双足痛感受性的变化

疼痛是一种复杂的包括痛感受和痛反应两个侧面的心理生理反应。动物实验中,大多以伤害性刺激引起的反应(痛反应)作为实验观察的目标。痛阈测定是痛觉生理研究及镇痛药物筛选中常用的方法。一个好的测痛方法要求刺激强度能够精确定量;反复刺激不引起组织损伤及适应;反应终点便于识别;刺激与反应之间对应关系稳定。

在以大鼠为实验对象进行痛与镇痛的研究中,已报道的测痛方法有辐射热-甩尾法、热板法、电尾-甩尾法、嘶叫法、热水-举尾法、电腹-嘶叫法和压脚法。

本实验是用本室自行研制的自动数字式压痛仪测定大鼠双足的基础痛阈,并观察一足鹿角菜致炎后,双足痛阈的变化。

**(1) 目的**

1) 掌握压脚痛阈测定法。
2) 了解痛阈指标的生理意义。
3) 观察一足致炎后双足痛阈的变化。
4) 痛阈的记录与描述。

**(2) 步骤**

1) 取 Wistar 品系大鼠,雌性,200~280 g。按随机原则将动物分为空白对照、盐水对照和鹿角菜致炎三组。

2) 三组动物分别置于特制塑料桶中,双后足暴露于筒外,适应 10~15 min。

3) 基础痛阈的测定:将自动数字式压痛仪施压器的金属尖对准后肢足垫中心略凹处,分别测定各组各鼠双足的痛阈3次,以出现缩肢反应的压力值(mmHg)作为痛反应(痛阈)的指标。两足之间的测定间隔为5~10 min,同一足每次测痛间隔亦为5~10 min,取3次痛阈的均值作为鼠各足"0 min"时的基础痛阈。

4) 以随机方法,从随机选定的盐水和致炎剂注射动物双足中,选定一足分别向该足垫中心略凹处,注射等体积(0.1 ml)的生理盐水和0.1%的鹿角菜溶液。

5) 于注射后 30 min、60 min、90 min 和 120 min,分别测定包括空白对照在内的各鼠双足的痛阈 2 次,中间间隔 5～10 min,取其均值作为各鼠各足各该时刻的痛阈值。

6) 绘制曲线,以横坐标表示时间,纵坐标表示痛阈,绘制各组各鼠各足痛阈变化的曲线。

**(3) 结果示例**(图 2-6-1)

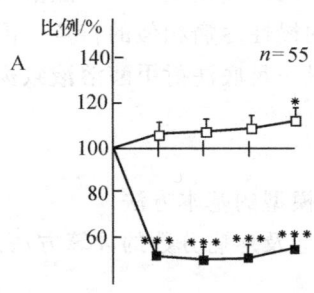

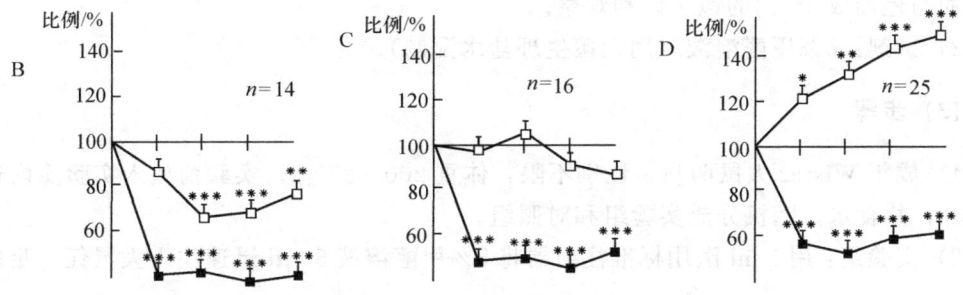

图 2-6-1 实验组致炎足与非致炎足痛阈的相对变化
A:全组综合效应;B、C、D:不同致炎水平的分别效应(吕国蔚和罗蕾,1991)

## 思 考 题

1. 选择测痛方法时应注意哪些问题?
2. 常用的测痛方法有哪些?
3. 根据本实验观察一足致炎后双足痛阈(尤其对侧)变化趋势如何?

(罗 蕾 董苍转)

### 参 考 文 献

吕国蔚，罗蕾. 1991. 一足致炎大鼠双足伤害感受性的变化. 生理学报，43（1）：78～83
唐昉，吕国蔚，罗蕾. 1989. 自动数字化压痛仪的研制与使用. 首都医学院学报，10（3）：229～231
徐淑云，卞如濂，陈修. 1982. 药理实验方法学. 北京：人民卫生出版社，506～523

## 2.6.2 甲醛溶液致炎大鼠疼痛行为的观察

疼痛是一种不愉快的主观感受，也是临床常见的病理生理现象。疼痛机制的研究需以动物模型为研究对象。在众多的疼痛模型中，甲醛溶液致炎模型，因其具有高度的有效性和可靠性，且与临床常见的慢性疼痛相似的特点，因而被广泛应用于疼痛机制和镇痛效果的研究。本实验通过大鼠一足底注射甲醛溶液致炎，观察大鼠的疼痛行为反应。

**（1）目的**

1）了解制作甲醛溶液疼痛模型的基本方法。
2）掌握疼痛行为的观察指标及疼痛分数的计算方法。

**（2）仪器与试剂**

1）仪器：特制实验笼，用透明有机玻璃制成，体积 30 cm×30 cm×30 cm，其下装一面与地面成 45°角的镜子以利观察。
2）试剂：5%甲醛溶液（用无菌生理盐水配制）。

**（3）步骤**

1）成年 Wistar 大鼠两只，性别不限，体重 200～250 g。实验前放入实验笼内适应 30 min，禁食水。随机分成实验组和对照组。

2）实验组：用 1 ml 医用标准注射器将 5%甲醛溶液 50 $\mu$l 迅速注入大鼠任一足底皮下。

3）对照组：任一足底皮下注射 0.9%生理盐水 50 $\mu$l。

4）注射后，立即将大鼠放回实验笼内，观察并记录各种行为反应持续时间。每 5 min 为一个时间段，共记 50 min，10 个时间段。所用行为指标：A. 双足着地，体重均匀分配；B. 注射足轻着地；C. 抬起注射足；D. 舔咬注射足。

5）计算各时间段的疼痛分数（$S$）。

6）$S=B+2C+3D/N$。

7）根据疼痛程度依次将 A、B、C、D 四种行为表现，分别评为 0、1、2、3 分。B、C、D 分别表示 5 min 记录到的各行为反应的持续时间（s），$N$ 表示时间段。

8）以疼痛分数为纵坐标，时间为横坐标，做疼痛分数曲线图（图 2-6-2）。

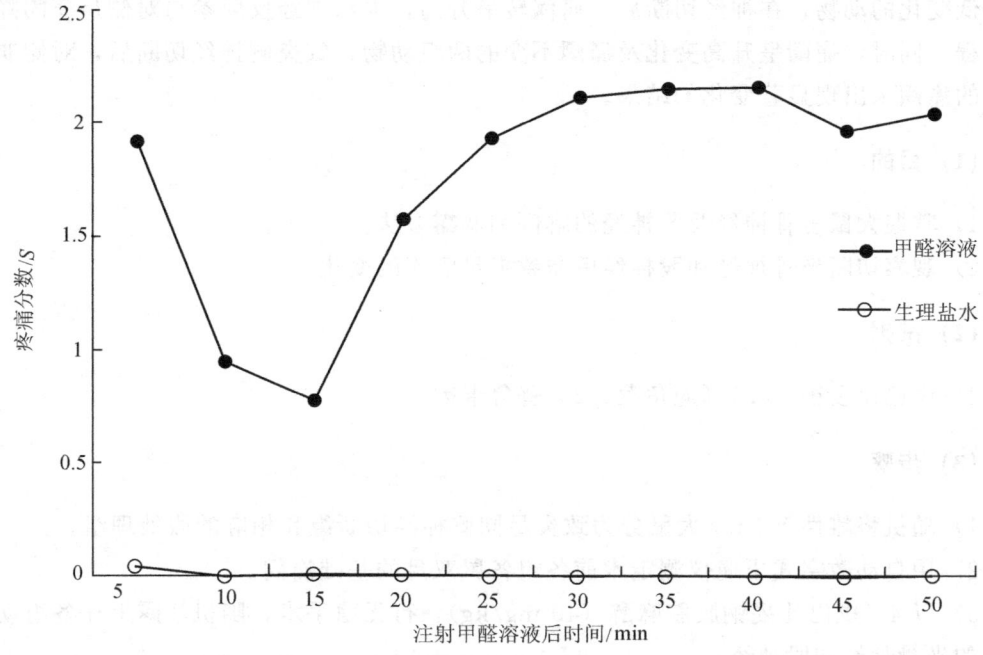

图 2-6-2　甲醛溶液致炎后疼痛分数的测定
（利梅等，2000）

## 思 考 题

1. 与对照组比，甲醛溶液注射组疼痛分数如何变化？
2. 实验组的疼痛分数曲线有何特点？

（利　梅　李菁锦）

### 参 考 文 献

利梅,李菁锦,吕国蔚. 2000. PKC 抑制剂抑制大鼠一足福尔马林致炎痛的迟反应. 中国疼痛医学杂志, 6 (4)：206～209

Alreja M, Mutalik P, Nayar U, et al. 1984. The formalin test: a tonic pain model in the primate. Pain, 20 (1)：97～105

Dubuisson D, Dennis SG. 1977. The formalin test: a quantitative study of the analgesic effects of morphine, meperidine, and brain stem stimulation in rats and cats. Pain, 4：161～174

## 2.6.3　神经反射在一足致炎大鼠非致炎足痛阈变化中的作用

有关损伤或发炎组织对侧和远隔部位的痛阈变化，前人已经做了许多工作，并已证明神经因素可以引起非致炎足的痛敏及促进肿胀的发生。在本工作中，致炎后对侧痛阈呈降低变化的动物，在神经切断后，痛阈转呈升高，提示神经反射参与对侧足痛阈降低的过程；同时，痛阈呈升高变化及痛阈不变的两组动物，致炎侧神经切断后，对侧非致炎足的痛阈未出现显著变化的结果。

**(1) 目的**

1）掌握大鼠坐骨神经及股神经的解剖和暴露方法。

2）观察切断坐骨神经和股神经后非致炎足痛阈的变化。

**(2) 试剂**

4％戊巴比妥钠；0.1％鹿角菜；2％普鲁卡因。

**(3) 步骤**

1）随机将雌性 Wistar 大鼠分为致炎足同侧神经切断组和相应的假处理组。

2）用自动数字式压痛仪测定术前各组各鼠双足的基础痛阈。

3）以 4％戊巴比妥钠腹腔麻醉（40 mg/kg），行无菌手术，随机暴露上述各组动物一侧的坐骨神经和股神经。

4）术后 3 d，再测各组各鼠双足术后基础痛阈后，向神经暴露侧足部注射 0.1％的鹿角菜溶液 0.1 ml。

5）测定各组各鼠注射后 30 min 及 60 min 时双足的痛阈。

6）向实验组动物坐骨神经干内注射 2％普鲁卡因 0.01 ml，并以浸有该局部麻药的细棉芯缠绕于股神经上。

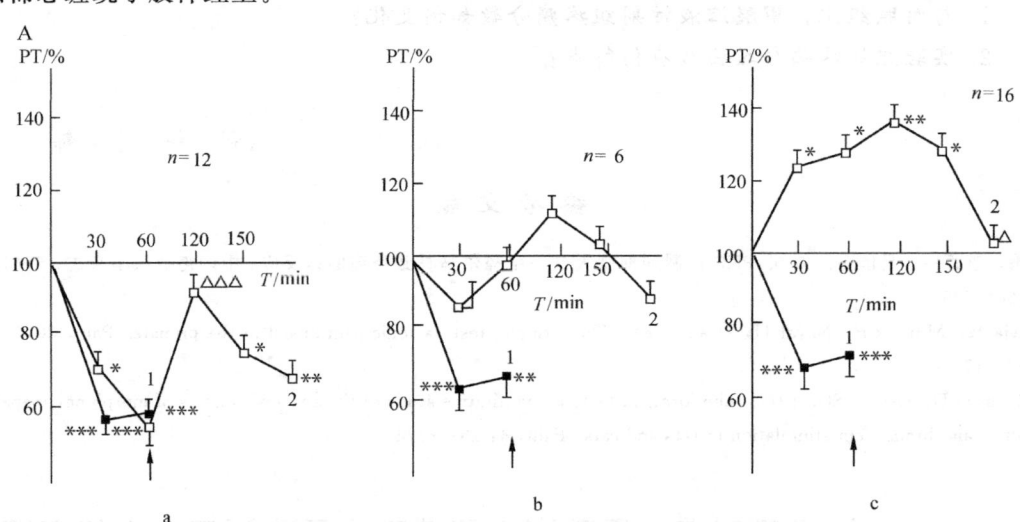

图 2-6-3A 致炎剂注射侧神经切断组双足痛阈的变化

a、b、c 分别表示致炎后对侧非致炎足痛阈发生降低、不变和升高的动物双足痛阈的变化。纵坐标：以 0 min 时的痛阈为 100％ 的痛阈变化的百分比；横坐标：致炎后（0 min）30、60、120、150 和 180 min 时的测痛时间。1. 致炎足；2. 非致炎足。* $P<0.05$，** $P<0.01$，*** $P<0.001$。↑指神经切断的时间。$n$ 代表样品含量

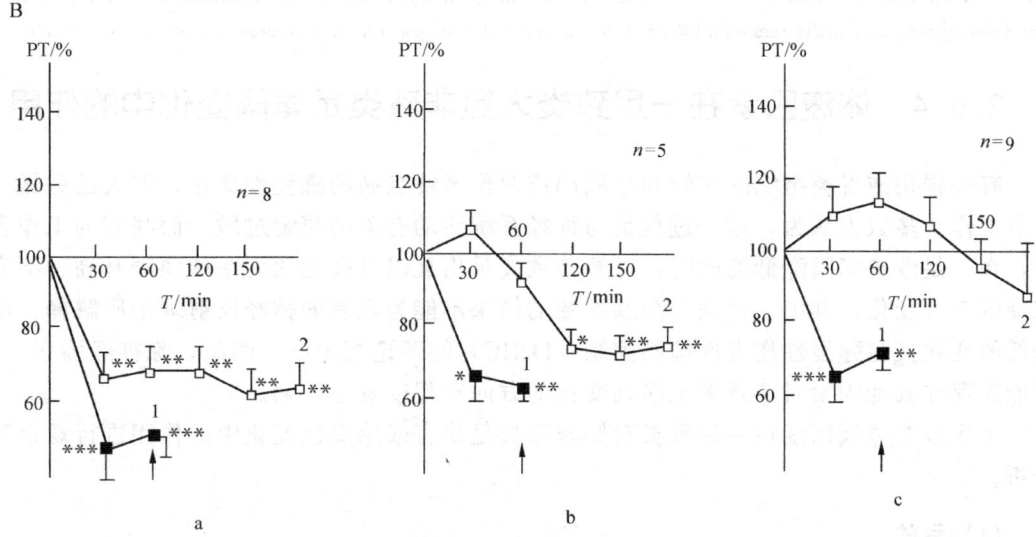

图 2-6-3B 致炎剂注射侧假处理组双足痛阈的变化

a、b、c 分别表示致炎后对侧非致炎足痛阈发生降低、不变和升高的动物双足痛阈的变化。纵坐标：以 0 min 时的痛阈为 100%的痛阈变化的百分比；横坐标：致炎后（0 min）30、60、120、150 和 180 min 时的测痛时间。1. 致炎足；2. 非致炎足。* $P<0.05$，** $P<0.01$，*** $P<0.001$。↑指神经切断的时间（罗蕾和吕国蔚，1992）

7）向假处理组相应的神经施加等量的生理盐水。

8）1 min 后，切断实验组的坐骨神经和股神经。

9）继续测定鹿角菜注射后 120 min、150 min 和 180 min 时各组各鼠非致炎足的痛阈。

10）绘制曲线，以横坐标表示时间，纵坐标表示痛阈，绘制各组各鼠双足痛阈变化的曲线。

**(4) 结果示例**（图 2-6-3A、B）

## 思 考 题

1. 神经切断后，对侧非致炎足的痛阈在原有变化的基础上又有何变化？
2. 试解释这一结果的可能机制。

（罗 蕾 韩 松）

### 参 考 文 献

吕国蔚，罗蕾. 1991. 一足致炎大鼠双足伤害感受性的变化. 生理学报，43：78～83
罗蕾，吕国蔚. 1992. 体液因素在一足致炎大鼠对侧非致炎足伤害感受性变化中的作用. 动物学报，38：401～405
孙志强，吕国蔚. 1988. 压脚痛阈测定法的改进和应用. 生理学报，40：608～613
唐涉，吕国蔚，罗蕾. 1989. 首都医学院学报，10（3）：229～231

Levine JD, Dardick SJ, Basbaum AI, et al. 1985. Reflex neurogenic inflammation. I. Contribution of the peripheral nervous system to spatially remote inflammatory responses that follow injury. J Neurosci, 5 (5): 1380~1386

## 2.6.4 体液因素在一足致炎大鼠非致炎足痛阈变化中的作用

有关损伤或发炎组织的对侧和远隔部位对伤害性刺激的感受性变化，前人已经做了许多工作。多数人认为，这一过程是与神经系统活动有关的痛觉过敏，而我们的工作表明，在一足致炎痛阈降低的同时，对侧非致炎足出现以升高变化为主的痛阈升高、不变和降低三种变化，其中，痛阈升高及不变的结果不能为现有的神经反射理论所解释，而降低的变化又与弥漫性伤害性抑制控制（DNIC）的理论相矛盾。因此，除神经因素外，可能还存在其他因素对非致炎足痛阈变化的方向和程度发生影响。

本实验对体液因素在一足致炎对侧非致炎足伤害或感受性变化中的作用进行观察和分析。

**(1) 目的**

1）掌握大鼠大隐静脉的解剖及暴露方法。
2）观察结扎大隐静脉后对侧非致炎足痛阈的变化。

**(2) 步骤**

1）随机将动物分为致炎足同侧血管结扎组，致炎足对侧血管结扎组及相应的假处理组。
2）按先前方法以自动数字式压痛仪测定术前各组各鼠双足的基础痛阈。
3）4%戊巴比妥钠腹腔麻醉（40 mg/kg），随机分别暴露有关动物一侧的大隐静脉，并留引线。
4）术后 3 d，再测各足术后基础痛阈后，向已暴露的部分血管侧（同侧血管结扎组）及部分非血管暴露侧（对侧血管结扎组）足垫注射 0.1% 的鹿角菜溶液 0.1 ml。
5）测定各组各鼠注射后 30 min 及 60 min 时双足的痛阈。
6）结扎有关侧大隐静脉，假处理组用引线轻提血管。
7）测定注射后 120 min、150 min 和 180 min 时各组各鼠双足的痛阈。
8）以横坐标为时间，纵坐标表示痛阈，绘制各组各鼠痛阈变化的曲线。

**(3) 结果示例**（图 2-6-4）

## 思 考 题

1. 结扎血管后，对侧非致炎足的痛阈在原有变化的基础上又有何变化？
2. 试解释上述结果的可能机制。

（罗　蕾　董苍转）

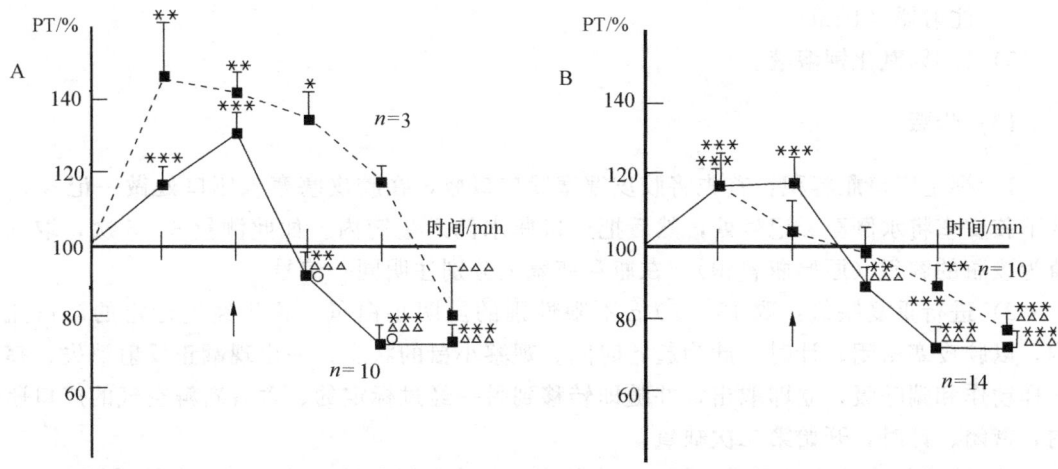

图 2-6-4　致炎剂注射侧同侧血管结扎组（A）及相应假处理组（B）对侧非致炎足痛阈的变化
(罗蕾和吕国蔚，1992)

### 参 考 文 献

吕国蔚，罗蕾. 1991. 一足致炎大鼠双足伤害感受性的变化. 生理学报，43（1）：78~83

罗蕾，吕国蔚. 1992. 体液因素在一足致炎大鼠非致炎足伤害感受性变化中的作用. 动物学报，38（4）：401~406

Le Bars D, Villanueva L, Bouhassira D, et al. 1979. Diffuse noxious inhibitory controls (DNIC). I. Effects on dorsal horn convergent neurons in the cat. Pain, 6 (3)：283~304

Levine JD, Dardick SJ, Basbaum AI, et al. 1985. Reflex neurogenic inflammation of the peripheral nervous system to spatially remote inflamatory responses that following injury. J Neurosci, 5 (5), 1380~1386

## 2.6.5　急性缺氧预适应对小鼠缺氧耐受性的影响

急性缺氧适应，是机体对急性缺氧的急性适应过程，为了了解机体在此过程中产生的缺氧耐受性，本实验应用小鼠反复连续地处于有限气量容器内的方法，通过自身耗氧和生成二氧化碳，反复地接受低氧和高二氧化碳，特别是低氧作用，以发展机体对缺氧的急性适应过程；同时，在急性缺氧适应实验的基础上，进一步用低压氧舱和氰化钾中毒实验对急性重复缺氧小鼠的缺氧耐受性进行检验，并对其机制做初步探讨。

**(1) 目的**

1) 了解广口瓶容积的测定方法。
2) 观察小鼠急性缺氧适应过程。

**(2) 仪器和试剂**

1) 广口瓶、胶皮塞若干。
2) 秒表。
3) 真空干燥器，抽气泵。

4) 注射器 (1 ml)。
5) 0.5%氰化钾溶液。

**(3) 步骤**

1) 标定广口瓶容积：首先将胶皮塞塞紧广口瓶，在胶皮塞塞入瓶口处做一记号 a，取下胶皮塞将水倒至 a 记号处，然后把广口瓶水倒入量筒内。如此测量 3～5 次，取均值为该瓶的容积（原始瓶容积），在瓶和瓶塞上分别注明同一编号。

2) 进行重复缺氧：取 18～20 g 不限性别的昆明小白鼠，置于经过标定的广口瓶内，以胶皮塞密闭、计时，此为起始时间。观察小鼠的状态，一出现翻正反射消失、痉挛样动作和喘呼吸，立即取出，并随即转移到另一经过标定的、含有新鲜空气的广口瓶内，密闭、计时，开始第二次缺氧。

3) 计算并比较缺氧耐受时间：各次换瓶中，从密闭开始到喘呼吸出现的时间为"原始耐受时间"。按下述公式换算成 100 ml 有效空气中的"标准耐受时间"，并据以比较各次的缺氧耐受水平。

$$T = \frac{T_0}{V_e} \times 100$$
$$= \frac{t_1 - t_0}{V_0 - V_a} \times 100$$
$$= \frac{t_1 - t_0}{V_0 - \dfrac{W_a}{D_a}} \times 100$$
$$= \frac{t_1 - t_0}{V_0 - \dfrac{W_a}{0.94}} \times 100$$

式中，$T$ 为标准耐受时间（min）；$T_0$ 为原始耐受时间（min）；$t_0$ 为密闭开始时间；$t_1$ 为喘呼吸出现时间；$V_0$ 为原始瓶容积；$V_e$ 为有效瓶容积；$V_a$ 为动物体积；$W_a$ 为动物体重；$d_a^*$ 为动物比重。

4) 低压氧舱实验：取 18～20 g 不拘性别的成年昆明小鼠 6 只，随机分成 2 组，每组 3 只。一组按 2) 的方式进行急性重复缺氧 4 次，此组为实验组；一组不经缺氧处理，此组为对照组。待缺氧 4 次结束后，立即同时放入人工模拟低压舱内，$PO_2$ 为 2.7 kPa（20 mmHg），记录比较两组实验动物的存活时间。

5) 氰化钾中毒实验：取 18～20 g 不限性别的成年昆明小鼠 6 只，随机分成 2 组，每组 3 只。一组按 2) 中的方式进行急性重复缺氧 4 次，此为实验组；一组不经缺氧处理，此为对照组。待缺氧 4 次结束后，立即同时腹腔注射致死量氰化钾（50 mg/kg）（20 g 小鼠注射 0.5% KCN 0.2 ml），记录两组动物的存活时间。

---

\* 小鼠用乙醚麻醉后测体重（$W_a$），再用排水法测小鼠 $V_a$，算出 $d_a$（比重）= $W_a/V_a$，共做 15 只，体重 17.4～22.9 g 的小鼠，实测结果平均 $d_a = 0.94$（0.92～1.00）。

### (4) 注意事项

1) 给小鼠换瓶时动作应迅速、准确,以保证实验条件一致。
2) 腹腔注射时应在小鼠左下腹的位置,避免伤及肝脏引起出血。

### (5) 结果示例(图 2-6-5A、B)

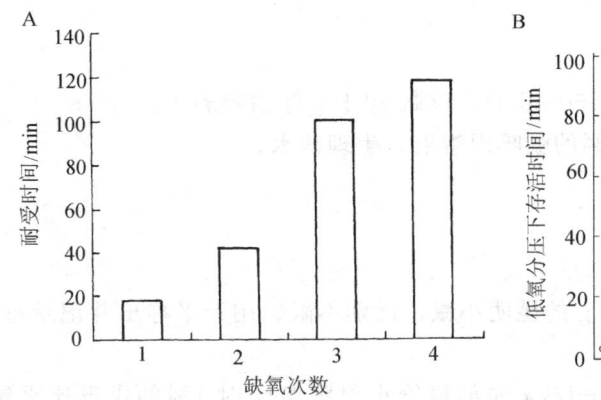

图 2-6-5A　正常小鼠 1~4 次急性重复的标准耐受时间
(李凌等,1995)

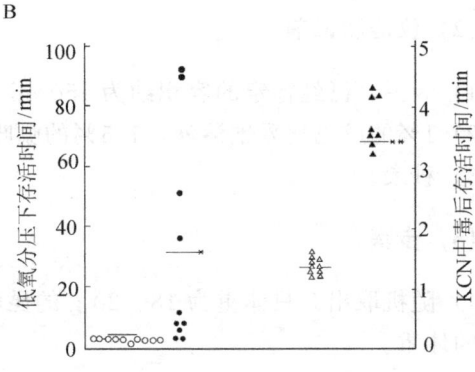

图 2-6-5B　正常小鼠与缺氧 4 次鼠在低压舱下及氰化钾中毒后的存活时间
(李凌等,1995)

## 思 考 题

1. 为什么经 4 次缺氧的小鼠缺氧耐受时间会依次递增?
2. 为什么要换算成标准耐受时间?

(安仰原　崔秀玉)

### 参 考 文 献

李凌,吕国蔚,安仰原. 1995. 急性重复缺氧对 BALA/C 小鼠缺氧耐受性的影响. 首都医学院学报,(1694): 249~252
吕国蔚,史美棠. 1992. 急性重复缺氧对小鼠缺氧耐受性的影响及其机制的初步探讨. 中国病理生理杂志,8(4): 425~428

## 2.6.6　麻醉与兴奋小鼠缺氧耐受性的变化

实验 2.6.5 表明,小鼠在急性重复密闭缺氧条件下,对每次重复缺氧的耐受时间逐次递增。已知麻醉、镇静药物如地西泮(安定)、利多卡因及戊巴比妥钠等可保护神经细胞免遭缺氧的损害,延长小鼠在缺氧状态下的生存时间。咖啡因等兴奋药物引起动物兴奋，增加代谢率，使动物缺氧耐受性降低，存活时间缩短。本实验将观察麻醉和兴奋对小鼠重复缺氧耐受性递增的影响。

**(1) 目的**

1) 观察正常小鼠在急性重复缺氧中的表现及其缺氧耐受时间的变化。
2) 比较麻醉、兴奋鼠及正常鼠，在急性重复缺氧中表现的异同。

**(2) 仪器和试剂**

1) 天平、已经标定的容积约为 150 ml 的广口瓶 10 只，注射器若干。
2) 1% 的戊巴比妥钠溶液，1.5% 的咖啡因溶液，生理盐水。
3) 秒表。

**(3) 步骤**

1) 随机取出 3 只体重为 18~20 g 的昆明小鼠，性别不限。用天平称出并记录每个小鼠的体重。

2) 随机选取 1 只小鼠，按 5.5 ml/kg 的剂量给小鼠腹腔注射 1% 的戊巴比妥钠。3 min 后将已麻醉的小鼠迅速平放入一含有新鲜空气的广口瓶内，用胶皮塞马上密闭并立即计时。待麻醉鼠出现喘呼吸时迅速将其取出放入另一广口瓶内并立即计时。同时，记下每次缺氧时的广口瓶容积 $V_0$。从入瓶至出现喘呼吸的时间为每次缺氧的原始耐受时间。依次重复 4 次。

3) 按 5.5 ml/kg 的剂量给另一随机选取的小鼠腹腔注射生理盐水，3 min 后放入广口瓶内，密闭、记录入瓶时间。操作同 2)，亦重复 4 次。

4) 按 8 ml/kg 的剂量给随机选取的小鼠腹腔注射 1.5% 的咖啡因，3 min 后入瓶，其余操作步骤同 2)，同样重复 4 次。

5) 按公式将原始耐受时间标准化，并比较各组标准耐受时间的异同。

**(4) 注意事项**

1) 麻醉小鼠缺氧耐受时间长，喘呼吸的出现不易观察。
2) 兴奋小鼠一出现喘呼吸应立即换瓶，动作稍慢会导致小鼠死亡。

**(5) 结果示例** (图 2-6-6)

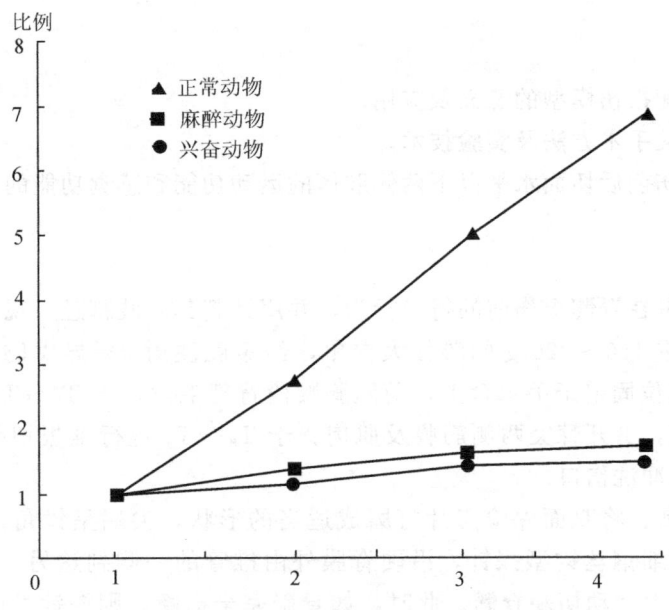

图 2-6-6 麻醉和兴奋小鼠的重复缺氧耐受递增幅度
（崔秀玉和吕国蔚，1994）

## 思 考 题

1. 麻醉剂和兴奋剂是否影响小鼠对急性缺氧的耐受时间？
2. 麻醉剂和兴奋剂如何影响小鼠对急性重复缺氧耐受时间的递增幅度？

（崔秀玉）

### 参 考 文 献

崔秀玉，吕国蔚. 1994. 麻醉和兴奋小鼠缺氧耐受性的变化. 首都医学院学报，14（3）：394～397
李美伦. 1989. 安定提高小鼠抗缺氧能力. 石河子医学院学报，11（4）：213～214
吕国蔚，史美棠. 1992. 急性重复缺氧对小鼠缺氧耐受性的影响及其机制的初步探讨. 中国病理生理杂志，8（4）：425～428

## 2.6.7 大鼠脊髓横断及半横断模型的复制

动物脊髓损伤模型既可用来研究脊髓损伤的病理生理学机制，又可用来筛选有助于脊髓损伤恢复的治疗措施。损伤模型包括以下几类：① 机械损伤；② 电损伤；③ 激光损伤；④ 缺血性脊髓损伤以及化学损伤。复制机械性脊髓损伤模型的关键点，是如何使脊髓损伤客观化、定量化，并具有较高的可重复性。

脊髓横断或半横断模型最常见，方法较为简便。

**(1) 目的**

1) 了解脊髓损伤模型的意义及应用。
2) 掌握有关手术方法及实验技术。
3) 比较损伤前后切面水平以下两侧肢体的运动功能和感觉功能的不同。

**(2) 步骤**

1) 观察大鼠在脊髓损伤前的行走行为，并用针刺其后肢脚趾，观察反应情况。

2) 选择体重180～220 g的雌性大白鼠，经腹腔注射2%异戊巴比妥钠（40 mg/kg）麻醉后，腹位固定于手术台上，剪除胸腰段背部毛发，于$T_5$～$T_{13}$中线切开皮肤，钝性分离浅筋膜，剪开棘突两侧筋膜及肌肉，于$T_8$～$T_9$进行椎板切除术。暴露脊髓，用温热生理盐水冲洗伤口。

3) 脊髓横断：将双面保险刀片打磨成适当的形状，尖端呈锐角，便于切断脊髓。将一尖端圆钝的细钢丝钩型探针，沿硬脊膜外由椎管的一侧到达另一侧，轻轻提起脊髓，运用刀片往返运动切断脊髓。此时，如脊髓完全横断，则探针可由脊髓断端取出。用冰冻生理盐水反复冲洗伤口止血。

4) 脊髓半横断：将打磨好的尖端锐利的保险刀片沿脊髓中线（尽量避开脊髓中央动脉）垂直插入至椎管底，并向椎管一侧划开脊髓，重复一次，保证一侧脊髓完全横断。用冰冻生理盐水反复冲洗。

5) 手术效果观察：在手术显微镜下观察伤口出血情况和脊髓断端损伤程度。断端回缩，测量断端间隙，检查脊髓横断或半横断是否完全。

脊髓损伤手术完成后，用细丝线缝合深层肌肉，逐层缝合伤口。术后1周，观察大鼠后肢爬行运动，并比较脊髓横断与半横断后的差别及对针刺两侧后肢的反应。

**(3) 结果示例**（图2-6-7）

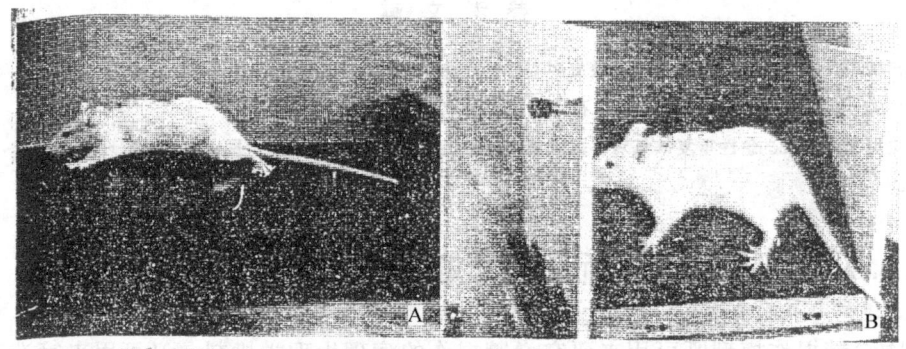

图2-6-7 大鼠脊髓半断后行为学表现
A. 大鼠脊髓半横断后7 d，瘫痪后肢（左侧）可支撑身体向前爬行；B. 脊髓半横断的大鼠可借助瘫痪后肢而停留在斜板上，斜板的倾斜度为50°（张子印和吕国蔚，1991b）

## 思 考 题

1. 脊髓横断及半横断应注意哪些事项？
2. 讨论脊髓横断或半横断模型的优缺点。

（张子印　李菁锦）

### 参 考 文 献

张子印，吕国蔚. 1991a. 脊髓损伤模型与再生的实验研究. 中华神经外科杂志，7（2）：149～150；7（3）：234～236
张子印，吕国蔚. 1991b. 大鼠脊髓横断后感觉、运动与电生理变化. 中国应用生理杂志，7：13～17
De la Torre JG. 1984. Spinal cord injury models. Prog Neurobiol，22：289

## 2.6.8　慢性束缚应激对大鼠空间学习记忆能力的影响

人类和动物在日常生活中经常处于应激源的作用下，大部分应激虽不会造成躯体的实质性损伤，但却影响个体的高级脑功能，其中的指标之一就是个体的学习记忆能力。神经科学领域中常常利用应激模型动物来观察应激的后果以及可能的干预措施的作用，束缚大鼠即是常用的物理应激模型。为了评估束缚应激对高级脑功能的影响，本实验利用 Morris 水迷宫实验评估大鼠的空间学习记忆能力。

只有大鼠的空间记忆能力完整，大鼠才能顺利完成水迷宫任务，空间记忆能力与海马密切相关，同时海马是最易被应激反应累及的中枢结构之一。因此，应激刺激可以通过影响海马，进而改变大鼠的空间学习记忆能力，其外在的表现就是大鼠完成水迷宫任务的能力发生改变。

水迷宫与八臂迷宫相比具有明显的优点：水迷宫实验不需要提前对大鼠进行食物或者饮水剥夺，大鼠在水迷宫实验中完成实验的动力强劲——不顾一切逃离水池。另外，每次训练结果都是有效的，大鼠会努力完成每次水迷宫任务，因此不会因放弃任务而最终出现无效训练。

在大鼠水迷宫实验中，每个实验组通常应包括 8～10 只动物，才能获得足够的进行统计学分析（例如，变异性分析，ANOVA）的实验数据。在我们的实验中，每组包括 12 只大鼠。

**(1) 目的**

1）掌握大鼠空间学习记忆能力检测的基本方法及步骤。
2）观察慢性束缚应激对大鼠空间学习记忆能力的影响。
3）理解水迷宫实验的基本参数。

**(2) 材料**

1）大鼠：在设计实验前，需要注意某些种属的大鼠或小鼠由于本身的遗传背景，往往不能完成水迷宫实验，应该注意种属选择，本实验选用成年雄性 SD 大鼠。

2）束缚器：采用自制束缚器，保证大鼠不能在束缚器内回旋但能自由呼吸。

3）水迷宫：上海移数信息科技有限公司生产的商业水迷宫。

4）视频捕捉系统：上海移数信息科技有限公司开发的鼠博士动物行为分析系统。

**(3) 硬件设备**

搭建迷宫：水迷宫的硬件可以自行制作，但必须满足以下要求：

1）外在参照物（external cue）：水迷宫周围要有不同的外参，供大鼠参考并建立寻台策略。例如，实验室的门、天花板上的灯，以及悬挂在四壁的设计简单的图案，需要注意的是实验室内所有大鼠能够看到的外参在实验过程中都要保证位置固定。

2）水池和站台：原则是水池不能太小，站台也不能太大，水池太小或站台太大都会增加大鼠随机上台的几率，出现假阳性结果。目前大鼠水迷宫的直径大多为 1.6 或 1.8 m，本实验采用上海移数信息科技有限公司生产的大鼠水迷宫，直径 1.6 m，水迷宫内壁为黑色，水迷宫高 55 cm。深色圆形站台直径 10 cm，表面粗糙（方便大鼠上台时抓持），站台高度可调。在水迷宫参照学习实验中，站台露出水面 1.5～2 cm；在定位航行实验中站台表面隐藏于水面下 1.5～2 cm；空间探索实验时撤除站台。

3）水深和水温：用墨汁染黑池水，水深 23 cm。水温对潜伏期影响很大：如果温度过高，大鼠游几次后渐渐适应迷宫环境，就把迷宫当成"浴盆"，在泳池中漂浮不动；如果水温过低，大鼠体温下降很快，体力也会耗散太多，游泳能力不能坚持很久，就会出现游几次潜伏期突然增大的现象。本实验利用恒温装置保持水迷宫水温在 25℃ 上下。

4）光源：要保证水迷宫水面上没有光影，主要是避免光线在水面的反射，以免留在水面的光照影子被软件的采集系统混淆为大鼠的影子，影响最终自动分析大鼠中心点。在我们的装置中，采用地面反射的间接弱光系统，保证了动物光影和周围环境图像信号的高信噪比，从而实现精确的图像分析。

5）实验者：在开始实验前，实验者应与受试动物建立良好的感情，让动物熟悉实验者的身体信息，如气味、相貌等。捕捉动物的动作要温柔，忌讳手抓鼠尾，以免过分刺激动物。鼠的嗅觉很敏感，在实验过程中应当避免使用较强气味的化妆品或香水。另外，如果大鼠能够看到实验者，水迷宫实验过程中，实验者或者躲藏或者保持固定位置，以避免造成大鼠能够看到人体移动。

**(4) 实验日程安排**（图 2-6-8）

1）实验前适应期：实验前使大鼠适应实验者和实验环境一周：—6～1 d。

2）慢性束缚应激：设定①束缚应激组（CRS）：每天上午 8:30 开始束缚大鼠 6 h，连续 14 d，$n=12$；②对照组：每天上午 8:30 开始剥夺大鼠进食饮水，保留在饲养笼内 6 h，连续 14 d，$n=12$。

3）水迷宫实验：第 15 d 首先将站台升出水面 2 cm，进行参照学习实验。随后将站台降入水面下 2 cm，开始定位航行实验，定位航行实验持续 5 d（15～19 d）。最后一次训练后 24 h 撤除站台，进行空间探索实验。

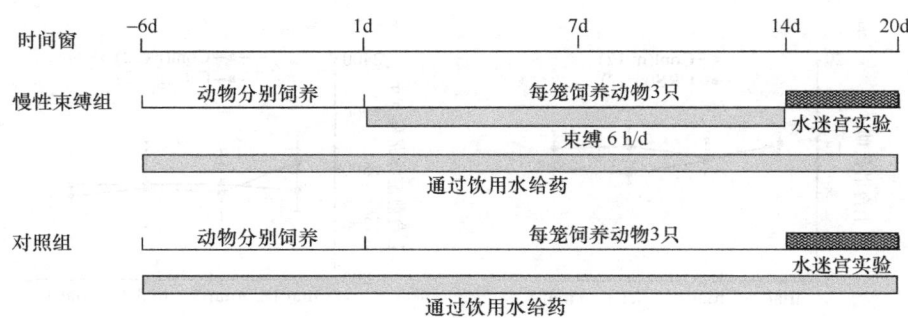

图 2-6-8　慢性应激对大鼠空间学习记忆能力影响的实验安排

实验大鼠适应实验环境 7 天。慢性束缚（CRS）组每天上午 8:30 起接受 6 h 束缚，持续 14 d。对照组大鼠每天相同时间在鼠笼内禁食水。第 15 d 起按照水迷宫实验具体操作依次进行参照学习、定位航行和空间探索实验

### （5）水迷宫实验具体操作

1）水迷宫参照学习实验（cued learning test）：大鼠在水迷宫训练中能否顺利找到站台除受到空间学习记忆能力的影响外，还受到自身的游泳能力、视觉状态的影响。因为我们实验的目的是检测大鼠空间学习记忆能力的可能改变，所以要排除游泳能力、视觉状态的影响。为实现这个目标，在水迷宫定位航行实验前，需要进行参照学习实验。

a. 将站台升至水面上 2 cm。

b. 随机选择除目标象限之外的其余 3 个象限之一，将大鼠面向池壁轻柔放入水中。

c. 每次实验大鼠游泳 60 s 来寻找站台：如果成功地找到站台，大鼠可以在站台上休息 10~30 s；如果未能成功的找到站台，就由实验人员将鼠轻柔引导到站台上，同样休息 10~30 s。确保每只大鼠有同样的时间来观察和获取空间信息。

d. 将大鼠取出放置于干燥箱内休息 5 min，再次重复 b 和 c 步骤，每只大鼠每天训练 4 次。

e. 通过动物行为分析系统记录大鼠游泳视频并用于离线分析，大鼠在 4 次训练中的上台潜伏期平均值用于比较游泳能力和视觉功能的差异，游泳能力和视觉功能没有明显差异的大鼠被用于后续的定位航行和空间探索实验。

2）定位航行实验（navigation test）：本实验每天进行 4 次，持续 5 d，使大鼠通过不断重复的空间学习过程，最终缩短其上台潜伏期。

a. 将站台降至水面下 2 cm。

b. 随机选择除目标象限之外的其余 3 个象限之一，将大鼠面向池壁轻柔放入水中。

c. 每次实验大鼠游泳 60 s 来寻找站台：如果成功地找到站台，大鼠可以在站台上休息 10~30 s；如果未能成功地找到站台，就由实验人员将鼠轻柔引导到站台上，同样休息 10~30 s。确保每只大鼠有相等的时间来观察和获取空间信息。

d. 将大鼠取出放置于干燥箱内休息 5 min，再次重复 b 和 c 步骤，每只大鼠每天训练 4 次。

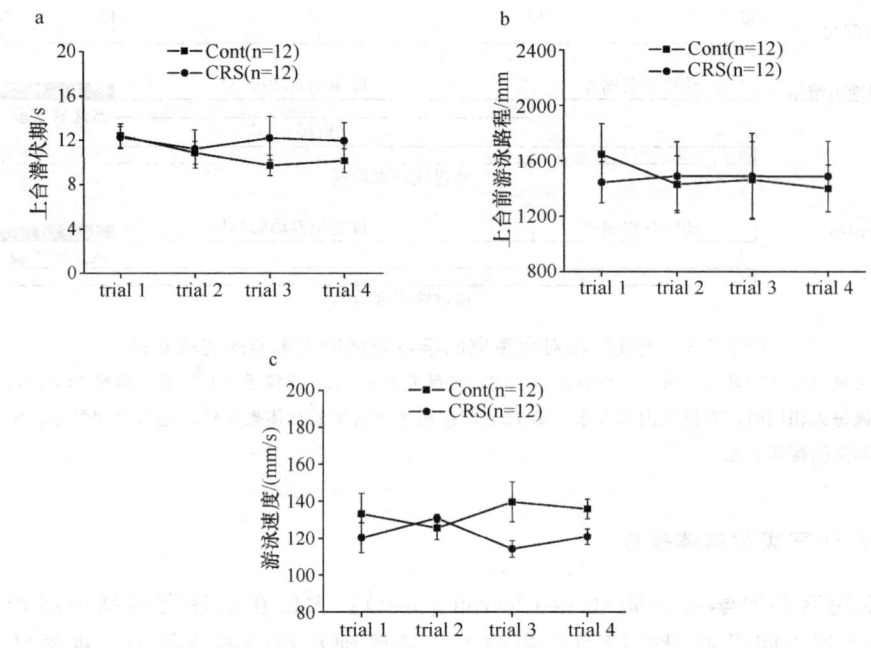

图 2-6-9　慢性束缚应激后大鼠的游泳能力、视觉功能没有发生改变

慢性束缚应激大鼠（CRS）和对照大鼠（Cont）在参照学习实验中上台潜伏期（a）、上台前游泳路程（b）和游泳速度（c）不存在统计学差异

e. 通过动物行为分析系统记录大鼠游泳视频并用于离线分析，测量指标包括上台潜伏期、上台前路程、游泳速度、寻台策略等。

3）空间探索试验（probe test）：定位航行实验结束后 24 h，撤除站台，让大鼠在水迷宫中游泳 30 s，测定其空间记忆能力。

a. 撤除站台。

b. 随机选择除目标象限之外的其余 3 个象限之一，将大鼠面向池壁轻柔放入水中。

c. 让大鼠游泳 30 s。

d. 取出大鼠，空间探索实验的次数不宜过多，一般 1 或 2 次，我们的实验中只进行一次空间探索实验。

e. 通过动物行为分析系统记录大鼠游泳视频并用于离线分析，测量指标包括靶象限活动时间百分比、穿越站台区域次数、游泳速度等。

**（6）水迷宫关键参数**

1）单次定位航行训练时间：根据水迷宫大小，训练时间一般为 60 s 或 90 s，也有用 120 s 的。大鼠在 60～120 s 能够找到隐藏站台的次数差异大约只占其成功次数的 5%，这在统计学上是"小概率事件"。也就是说，如果大鼠在 60 s 内找不到隐藏站台的话，再延长到 120 s 也很难找到。而且 60 s 还可以减小各组的标准差，可以节约实验时间。但问题并非如此简单，定位航行实验上台潜伏期应采用重复测量，在统计时，很多研究将最大潜伏期直接纳入统计，显然，最大潜伏期的不同将不可避免地影响统计结果。所以从统计学上了解不同的最大潜伏期究竟对 Morris 水迷宫实验结果有多大的影响,如何避免因此带来的系统误差等问题尚有待进一步研究。根据经验,如果水迷宫直径超过 2 m,可以设置单次训练时间为 120 s,直径小于 2 m,选择训练时间为 60 s。

2) 实验次数:在定位航行实验中,每天训练 4 次,随机选择入水象限,尽量避免将大鼠连续地放入同一个象限,因为大鼠可能会凭借位置或其他非记忆信息(如向右转弯)来定位站台。在空间探索实验中,将大鼠置于水池中追踪的时间从 30 s 到 120 s,测量次数一般为 1 或 2 次。有时候需要重复空间探索实验,因为在有些情况下,首次实验会观察到一些非正常变量,可能一些动物在改变了实验条件后迷失了方向。连续进行两次实验计算平均值可以减少偏差,可以提供一个较高的精度和对先前学习记忆的较好控制。但是如果实验次数多于两次,将会导致在目的象限活动时间减少,得到不准确的空间探索结果。

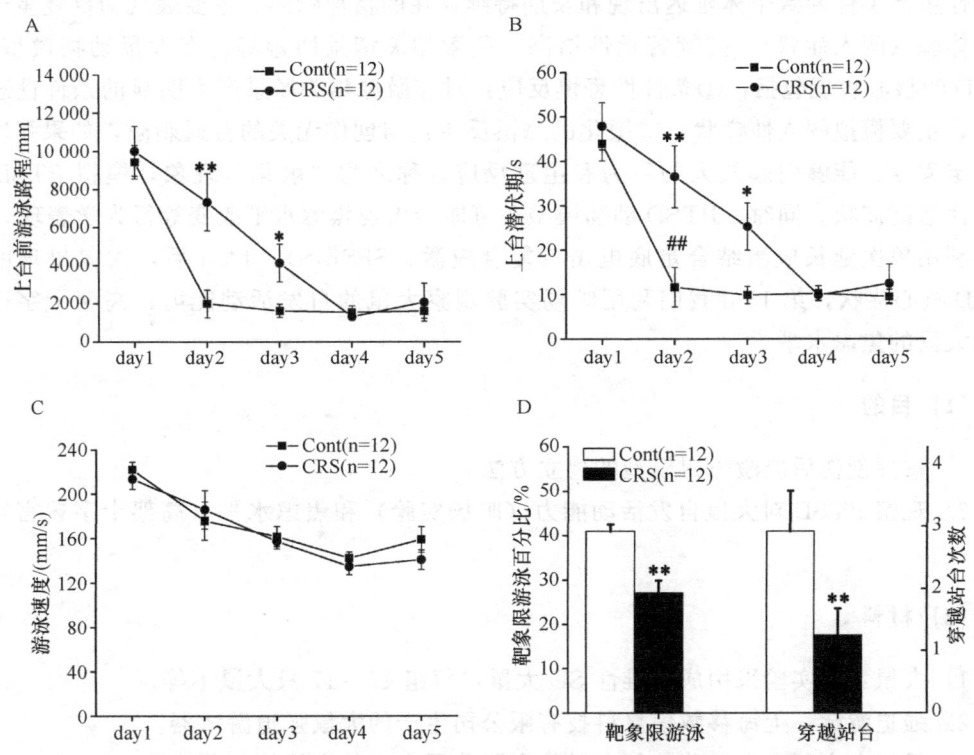

图 2-6-10 慢性束缚应激显著损害大鼠的空间学习和记忆能力

在定位航行实验中,慢性束缚应激大鼠(CRS)的上台前游泳路程(a)、上台潜伏期(b)显著长于对照大鼠(Cont),游泳速度(c)不存在统计差异。在空间探索实验中,慢性束缚应激大鼠(CRS)在靶象限游泳时间百分比显著低于对照组,穿越站台次数也显著少于对照组。** $P<0.01$,* $P<0.05$,vs Cont

# 思 考 题

1. 水迷宫实验时应注意哪些问题?

2. 与对照组相比，慢性束缚应激后大鼠空间学习记忆能力有何改变？

(王　文　董玉琳)

## 参 考 文 献

Wang YT, Tan QR, Sun LL, et al. 2009. Possible therapeutic effect of a traditional chinese medicine, Sinisan, on chronic restrain stress related disorders. Neurosci Lett, 449: 215~219

## 2.6.9　创伤后应激障碍模型大鼠的自发活动和焦虑水平检测

创伤后应激障碍（post traumatic stress disorder，PTSD）是指突发性、威胁性或灾难性生活事件导致个体延迟出现和长期持续存在的精神障碍。主要表现为反复重现创伤性体验（闯入症状）、持续警觉性增高、刺激相关情景回避等。在大鼠动物模型中，PTSD 的核心表现包括：①条件性恐惧反应：对应激源相关场景产生明显的条件性恐惧反应，主要模拟闯入性症状；②敏化的恐惧反应：与创伤无关的普通刺激，如果强度达到一定程度，能够引起放大的行为和生理反应，称之为"敏化"现象，模拟 PTSD 的警觉性增高症状。同时，PTSD 动物模型还可能会出现焦虑水平改变等行为学表现。

利用单次延长应激结合足底电击（复合应激，SPS&S），14 d 后，大鼠出现明显 PTSD 核心症状，第 15 d 我们利用旷场实验观察大鼠的自发活动能力；高架十字迷宫观察大鼠的焦虑水平。

**(1) 目的**

1) 掌握创伤后应激障碍模型的建立方法。

2) 观察 PTSD 对大鼠自发活动能力（旷场实验）和焦虑水平（高架十字迷宫）的影响。

**(2) 材料**

1) 大鼠：本实验采用成年雄性 SD 大鼠，每组 12~17 只大鼠不等。

2) 强迫游泳：上海移数信息科技有限公司生产的大鼠强迫游泳器。

3) 足底电击器：上海移数信息科技有限公司生产的穿梭箱部分改造。

4) 乙醚。

5) 旷场：上海移数信息科技有限公司生产的 4 大鼠旷场实验设备。

6) 高架十字迷宫：上海移数信息科技有限公司生产的 1 大鼠高架十字迷宫。

7) 视频分析软件：上海移数信息科技有限公司开发的鼠博士动物行为分析系统。

**(3) 实验日程安排**

1) 适应期：实验前使大鼠适应实验室一周。

2) PTSD 建模：大鼠适应实验室环境后，顺次给予复合应激，束缚 2 h→强迫游泳

20 min→乙醚麻醉至意识丧失→恢复后给予不可逃避足底电击。这些处理的动物属于复合应激组（SPS&S），假处理组（Sham）大鼠分别暴露于处理场所而不接受上述应激处理。

3）药物处理期：SPS&S 组以及 Sham 组接受药物干预（PRX），通过饮水给予抗应激药物帕罗西汀（20 mg/kg/d），除此之外不打扰动物；空白处理（Veh）的大鼠接受饮用水。药物及空白处理共持续 14 d。

4）行为学观察：第 15 d 首先进行旷场实验（OF）随后进行高架十字迷宫（EPM）检测（图 2-6-11）。

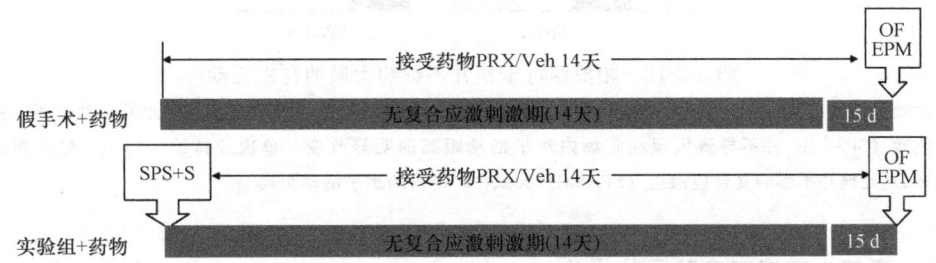

图 2-6-11　PTSD 模型大鼠自发活动及焦虑水平检测的实验安排

实验大鼠适应实验环境 7 d。实验组（SPS&S）组大鼠接受复合应激处理（参见下文）；假处理组（Sham）只暴露于实验场所而不接受复合应激。之后两组大鼠分别通过饮用水接受药物帕罗西汀（PRX）或空白对照（Veh）共计 14 d。第 15 d 进行旷场 OF 和 EPM 检测

**（4）SPS&S 复合应激建模具体操作**

1）束缚处理：实验日上午 8:30 开始用自制束缚器束缚大鼠 2 h。

2）强迫游泳：束缚结束后，立即进行强迫游泳，大鼠强迫游泳桶为透明塑料，桶高 50 cm，内装 2/3 高度的纯水，水温 24℃，将大鼠置入桶内强迫游泳 20 min，随后取出烘干恢复 15 min。

3）乙醚麻醉：随即以乙醚麻醉大鼠直至意识丧失，取出大鼠放于电击箱内恢复 30 min。

4）足底不可逃避电击：电击箱内，在 196 s 的适应期后，给予大鼠单次持续时间为 4 s，电流强度为 1mA 的不可逃避足底电击。

**（5）旷场实验具体操作**

1）旷场：旷场大小为 47 cm(W)×47 cm(D)×47 cm(H)，置于弱光照明隔音实验室内，上方安置红外线摄像头，通过与之相连的电脑记录实验录像。

2）放置大鼠：将大鼠轻柔置入旷场中央，随后启动记录系统，记录大鼠在 15 min 内的活动资料。

3）清洁实验区域：一只大鼠实验结束，更换下一只大鼠前，用 70% 酒精仔细清除实验区域内大鼠粪便、尿液，彻底去除遗留气味，随后开始下一轮实验。

4）数据分析：利用鼠博士动物行为分析系统，采集大鼠在旷场内的水平活动距离、垂直活动距离、中心区域活动时间等指标。

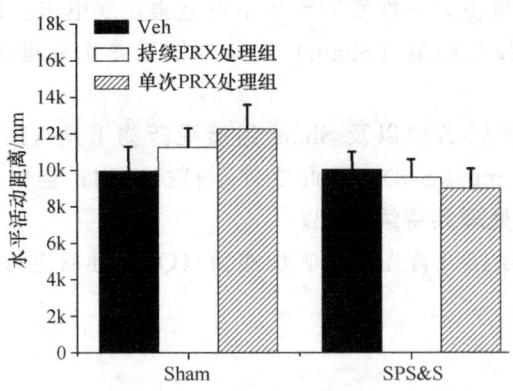

图 2-6-12　帕罗西汀干预并不影响大鼠的自发活动

单次或持续（14 d）帕罗西汀（PRX）处理并不影响假处理（Sham）大鼠在旷场内的水平活动距离。复合应激（SPS&S）并不导致大鼠在旷场内水平活动距离的明显改变，单次或持续（14 d）帕罗西汀（PRX）处理并不影响复合应激组（SPS&S）大鼠在旷场内的水平活动距离

### (6) 高架十字迷宫实验具体操作

1) 高架十字迷宫：大鼠高架十字迷宫离地 50 cm，开放臂和闭合臂尺寸为 50 cm（D）×10 cm（W）。两个闭合臂分别围以 40 cm 高的挡板，中央区大小为 10 cm（W）×10 cm（D）。设备置于弱光照明隔音实验室内，上方安置红外线摄像头，通过与之相连的电脑记录实验录像。

2) 放置大鼠：将大鼠面向一侧开放臂，轻柔置入高架十字迷宫中央区域，随后启动记录系统，记录大鼠在 5 min 内的活动资料。

3) 清洁实验区域：一只大鼠实验结束，更换下一只大鼠前，用 70% 乙醇仔细清除实验区域内大鼠粪便、尿液，彻底去除遗留气味，随后开始下一轮实验。

4) 数据分析：利用鼠博士动物行为分析系统，采集大鼠在高架十字迷宫开放、闭

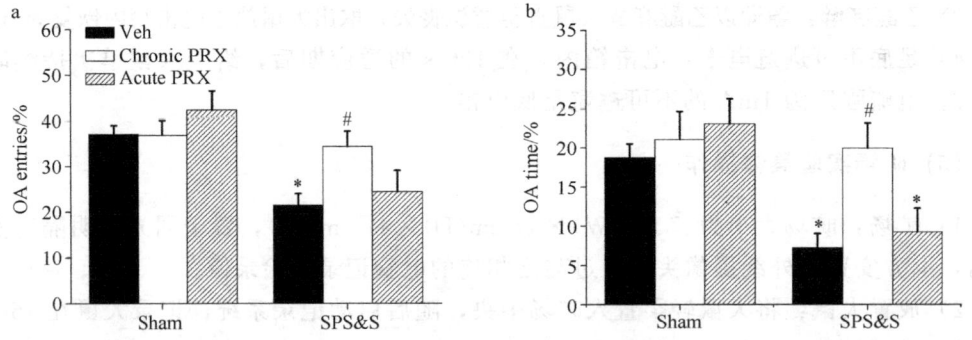

图 2-6-13　持续帕罗西汀干预降低复合应激组大鼠的焦虑水平

复合应激组大鼠开臂进入次数百分比（a）和开臂停留时间百分比（b）显著低于假处理组（$P<0.05$，vs Sham）。给予单次帕罗西汀处理反转 SPS&S 组大鼠降低的开臂进入次数百分比（a），但并不改变开臂停留时间百分比（b）。持续帕罗西汀干预则反转 SPS&S 大鼠降低的开臂进入次数百分比（a）和开臂停留时间百分比（b）。* $P<0.05$，vs Sham；# $P<0.05$ vs SPS&S+Veh

合臂内的活动距离、活动时间、进入次数等指标，从而计算开臂停留时间百分比、开臂运动距离百分比、开臂进入次数百分比等指标。

（王　文　董玉琳）

## 思 考 题

1. 旷场实验中有哪些注意事项？
2. 高架十字迷宫实验有哪些注意事项？
3. PTSD对大鼠自发活动能力和焦虑水平有何影响？

### 参 考 文 献

Wang YT, Tan QR, Sun LL, et al. 2009. Possible therapeutic effect of a Traditional Chinese Medicine, Sinisan, on chronic restraint stress related disorders. Neurosci Lett, 449: 215~219

Wang W, Liu Y, Zheng H, et al. 2008. A modified single-prolonged stress model for post-traumatic stress disorder. Neurosci Lett, 441 (2): 237~241

# 3 神经生物学资料

## 3.1 神经生物学常见概念

### 3.1.1 生物电学常见概念

#### 3.1.1.1 电压

电压（$V$ 或 $E$）指电位差。电源两极间的电压在数值上等于驱动电流流动的电动势（EMF）。在确定电位的标准以后，往往用电位表示电位差，这时电位为电压的同义词。可兴奋组织产生的电压通常称为电位。

两点之间的电压或电位是将单位正电荷从一点移到另一点电场力所做的功，亦即电压或电位是单位正电荷的势能。神经和肌细胞的膜电位以 mV 为单位，神经元群和肌细胞群的集团电位多以 $\mu V$ 为单位（表 3-1-1）。

表 3-1-1 组织电学特性

| | 电压 | 频率/Hz | 阻抗 |
|---|---|---|---|
| 脑电 | 数 $\mu V \sim 300\mu V$ | 0.5~60 | 10~50kΩ |
| 心电 | 1mV | 0.1~200 | 1~数十 kΩ |
| 肌电 | $10\mu V \sim 15mV$ | 10~2000 | 1~100kΩ |
| 皮肤电反射 | 数百 $\mu V \sim$ 数 mV | 0.03~10 | 1~数十 kΩ |
| 视网膜电位 | $50\mu V \sim 1mV$ | DC~20 | 数十 kΩ |
| 细胞内动作电位 | 数十 mV | DC~10 000 | 60~100MΩ |

#### 3.1.1.2 电流

电流强度（$I$）为回路中单位时间流过的电荷量。电荷可由电子携带，如在金属导体中；电荷也可由离子携带，如在生物液体和盐溶液中。

电流虽是由电荷移动形成，但电流速度与个别电荷本身的移动速度不同。电流的传导是由于电荷的相对运动。电流速度极高，但任一电子运动的速度每秒至多不过几个厘米。只有在真空中运动时，电子移动的速率才会接近于电流速度。

电流方向指正电荷的运动方向，在金属导体中它和电子运动方向相反。从电源阳极流出的电流称为阳极电流或正电流；从电源阴极流出的电流称为阴极电流或负电流。直流为单方向的恒定电流；交流为方向迅速变化的电流。严格地讲，周期地改变其方向的任何波形的电流均为交流，均可视为一系列相关的正弦谐波所组成（Fourier 学说）。

### 3.1.1.3 电阻

电阻($R$)指导体内原子或分子对电荷运动的阻力。每一物质均有其固有的电阻率。一物体的电阻与物体的电阻率($\rho$)、长度($L$)成正比，与该物体的横截面积($A$)成反比，即

$$R = \rho \times L/A$$

电导 ($g$) 是电阻的倒数，指电流在物体中流动的容易程度。生物组织的电导决定于其含水量的相对密度。细胞内、外液含水多，电导高；细胞膜的脂质和神经髓鞘磷脂含水少，电导低。

### 3.1.1.4 欧姆定律

欧姆定律表达电压($V$)、电流($I$)和电阻($R$)之间的关系。为使电流流过导体，导体两端必须有电压，为维持恒定的电流，电阻越大，电压亦必须相应地增大；反之，当电流流过一导体时，导体两端的电压与导体的电阻成正比，故

$$V = IR \text{ 或 } I = V/R$$

此即欧姆定律。并非所有物质的电压与电流之间均呈这种线性关系，但所有的普通导体和大多数电解质（在一定限度内）均是如此。

两个电阻($R_1$、$R_2$)串联时，流过每一电阻的电流相同，故其总电阻($R$)为各个电阻之和。即

$$R = R_1 + R_2$$

电阻并联时，并联两电阻($R_1$、$R_2$) 两端的电压($V$) 将推动 $V/R_1$ 电流通过 $R_1$, $V/R_2$ 电流通过 $R_2$，所以两端之间的总电流 $V/R$ 为 $V/R_1 + V/R_2$，因此

$$V/R = V/R_1 + V/R_2 \text{ 或 } 1/R = 1/R_1 + 1/R_2$$

处理复杂的电阻电路时，最好记住：任何一点流出的电流总量的代数和等于零，而电流本身在不同电路上的分配，将与不同电路的相对电阻成反比，而与电路两端的电压成正比。

### 3.1.1.5 电容

当通过一电路的电流稳定不变时，依欧姆定律，该电流的大小只决定于该电路中的

电阻和电压。如电流是变化着的（信号的存在通常即意味着电流的变化），必须考虑电容与电感。

电容是电容器的一个特性。平行板电容器由一绝缘体隔开的两片平行的导体组成。电容器的基本特性是具有贮存或分隔相反符号电荷的能力。电容器任一片导体所贮存的电荷量($Q$)与其电位差($V$)之间呈线性关系。即

$$Q = CV$$

式中，$C$ 即电容，为常数。$C$ 的大小与两导体片的面积($A$)成正比，与其间的距离($D$)成反比

$$C \propto A/D$$

如将一个大电阻和电容器串联接到电源上，电容器将通过电阻缓慢地充电；充过电的电容器在截断电源而直接和电阻两端相接时，会通过电阻放电。放电时电容器两端的电压随时间呈指数衰减

$$E = E_0 e^{-\frac{t}{RC}}$$

式中，$E$ 为放电 $t$ 时间后的电压，$E_0$ 为开始时电容器两端的电压。这种衰减过程的快慢与开始时的电压无关，亦不决定于式中 $R$ 与 $C$ 的个别值，而是只决定于 $R$ 与 $C$ 的乘积。因而一个小电容量的电容器通过一个大电阻的放电与一个大电容器通过一个小电阻的放电的时间过程是相似的。因此，$RC$ 为该系统的时间常数。

时间常数作为衰减过程的指标，代表电压下降至 $1/e$ 或开始值约 37% 所需的时间。在相当于 $4RC$ 的时间内放电大约完成 99%，在理论上，衰减到零的时间是无限大的。

电容器通过电阻充电的原理同上，其关系为

$$E = E_0(1 - e^{-\frac{t}{RC}})$$

式中，$E_0$ 代表最终值。此时间常数指电容器充电至其整个电荷量的 63% 所需要的时间。充电和放电情况下，经过电阻的电流（以及电阻两端的电压）在开始时均很大，随后均呈指数下降，但方向相反，其充、放电的关系分别为

$$I = I_0 e^{-\frac{t}{RC}} ; \quad I = -I_0 e^{-\frac{t}{RC}}$$

电容小或时间常数短的电容器充电快，很快形成相反的电位，从而阻断直流；只有变化的电流才能通过电容器，电容器在达到完全充电之前，电流方向即发生反转，电流流向相反方向，使电容器上的电荷符号反转，交流电得以这种方式通过电容器。

生物用前置放大器中电容可起滤波作用。与电源信号串联时，电容器起高通滤波器作用，限制低频信号通过；并联时，则起低通滤波器作用，高频信号不能使电容器完全充电，从而经地短路掉。实验中滤波程度的选择应根据生物信号的速度。

电容和时间常数具有基本的生物学意义。可兴奋膜本身，电生理学实验中的电极-液体界面和输入电缆均系电容源，能限制高频反应的记录。生物放大器输入回路中包括电容，称 $RC$-耦合放大器或 $AC$-耦合放大器，只能放在 $AC$ 电流或电压。大多数 $AC$-耦合放大器衰减 3 Hz 以下信号，对测量突触电位、感受器电位等慢电位作用不大。放大器直流电流的放大口没有输入电容，称为 $DC$ 放大器，即可通过直流也可通过交流信号。观察快现象时，时间常数要小；慢现象则要大，通常须根据 $2\pi fRC > 1$（$f$ 为信号

的最低频率）选用 $RC$。

### 3.1.1.6 电抗

电流通过导体时产生一个强度与该电流大小成比例的磁场，感应出一个与该电流方向相反的电压（电感）。电感在电路中引入一种电的惰性。电感内电流的增长与衰减与电容器类似。电感能反抗电流改变，其作用与电流的频率成正比，称为感抗（$X_L$），与直流电路中的电阻相似

$$X_L = 2\pi fL$$

式中，$f$ 为每秒周数；$L$ 为电感单位亨利。

交流电"通过"电容器，实际只是电荷单纯地流进和流出电容器，并没有真正通过介质。电容器上的电荷增加，对抗充电流的电容器两端的电压也增高，因此电流流入时间越长，它所遇到的反抗（容抗，$X_C$）亦越大，但方向经常逆转的电流引起的反抗较小，因而容抗随频率的增加而降低

$$X_C = 1/2\pi fC$$

### 3.1.1.7 阻抗

感抗、容抗及电阻的单位均为欧姆，但是由于电压与电流之间有相位的差别，它们不能直接相加。在容抗中电流比电压超前 90°，而在感抗中电流则落后 90°。当电容和电感上面均加有同电压时，它们的电流有 180° 的相位差，即在任何瞬间，它们的方向都是相反的，所以它们的电抗是相减，而不是相加，电抗与电阻之间，由于电流的相位有 90° 的差别，二者须"按直角"相加，或以向量形式相加，其合向量代表电阻及电抗对电压的联合反抗，称为阻抗（$Z$）。由于从生物学观点看来，感抗意义不大，阻抗与电阻和容抗的关系为

$$Z = \sqrt{R^2 + X^2_C}$$

为避免 $RC$ 电路中容抗与电阻之间的相位差所致的信号失真，时间常数应超过所处理的最低频率成分周期的两倍。如果信号通过几个这样的电路，必须相应地增加每一个 $RC$ 的数值，以降低相移的总值。

阻抗和电阻一样，也以欧姆表示，因它们都限制电流流动。在忽略感抗的条件下，可将欧姆定律用于阻抗

$$I = \frac{V}{Z}$$

根据欧姆定律，串联电阻链中每个电阻两端的电压与其总电压的比恰等于每个电阻阻值与总电阻值之比，因此电阻链构成一种分压器，于是 $R_1$ 和 $R_2$ 两串联电阻各自的电压分别相当于

$$V_{R1} = V \frac{R_1}{R_1 + R_2}; \quad V_{R2} = V \frac{R_2}{R_1 + R_2}$$

活组织作为发电的电源时,其内部阻抗(内阻)特别高(见表 3-1-1)。因此,为测到活组织的电动势,记录仪器的输入阻抗应远高于组织电源的内阻,以免组织的大部分电动势在组织内部降掉。

高阻抗输入的应用对微电极记录,特别是细胞内记录时尤为重要。微电极尖端的阻抗常高达数十兆欧,构成组织电源内阻的主要部分,必须使用输入阻抗远高于此值的阴极跟随器才能记录到膜的静息电位和动作电位。

### 3.1.1.8 频率响应

频率响应包括放大器的幅频特性和相频特性两个方面。电生理学工作主要涉及幅频特性,从放大器的放大倍数对频率的直角坐标图可以看出,特定放大器在适当的频带上放大倍数大,而在该频带的低频和高频段,放大倍数均呈下降趋势,其间的中频段为通频带或频率响应范围。

直接耦合放大器的频率响应可低至零,但电容耦合放大器的低频段受耦合的时间常数限制,其高频段受潜布电容限制。屏极与阴极之间、栅极与阴极之间以及耦合电容的极片与大地之间的电容虽都很小,但都趋于使信号旁路到地。频率愈高,这些电容的阻抗即愈小,最后使大部分信号被短路掉,因而降低放大率。幸而这个影响在低于 10 000 Hz 时常不显著。

生物信号源的频率在 0~10 000 Hz。神经元的放电频率虽从未达到 10 000 Hz,但 Fourier 分析证明,单个动作电位波形可具有 10 000 Hz 的频率成分(表 3-1-1)。典型的 AC 前置放大器通常衰减低于 3 Hz 和高于 5000 Hz 的信号。

### 3.1.1.9 噪声

噪声是放大系统自发性波动引起的基线不规律运动,其大小可用等强的信号来予以测量。噪声直接影响放大器的性能,噪声越大,生物信号即相对地越小,甚至被噪声淹没。希望记录的信号通常必须超过噪声水平数倍(信号噪声比,信噪比,S/N)。信噪比几乎全由初级放大决定,因此必须尽量将外来干扰降到最小。为此目的,相继的每级放大器都要用平衡的差动放大器。

噪声主要有两类。信号源噪声由信号源物体的电子热骚动引起,是信号源电阻和绝对温度的函数,是不可避免的。在 290°K(17℃)时,$e=126\sqrt{RB}$,式中 $R$ 为信号源电阻的欧姆数,$B$ 为频带宽度(Hz),$e$ 为皮伏均(pV)方根电压。37℃时噪声比室温时大约 7%。信号源阻抗包括放大器输入端的总电阻,包括电极的电阻,特别是微电极的电阻,因此,降低噪声主要靠限制频带宽度。

放大器噪声绝大部分是由电子管本身造成的,主要来源于"散粒效应"(电子不规则地撞击屏极引起)和"闪变效应"(阴极不均匀地放射电子引起),通常是信号源噪声的好几倍。其他的噪声来源主要是包括电极相对位移所致的机械性"颤噪效应"以及电阻噪声等。

减小噪声应从多方面入手，但主要是限制或缩小频率响应范围，以既减小噪声又不致使信号失真为原则。噪声太大可能是由于电阻脱落，电阻接线的接触不好，触点不干净，"干接头"，电子管失灵，还可能由于稳压电源的电压改变所引起。

### 3.1.1.10 干扰

干扰在理论上或在很大程度上是不可避免的，除生物制备内部电源（心电、脑电、肌电等）变化引起外，主要通过静电感应和电磁感应进入记录系统，最常见的干扰是音频的交流声，特别是50周的市电干扰。

交流声是某一频率的交流电压直接以电磁场形式，自仪器外部或内部进入记录装置，或以机械形式进入记录系统后再转变成电变化。狭义的交流声是电源的基本频率（50周）以及它的二次或更高次谐振。低频交流声常来自马达，以电磁形式或机械形式传插。高频交流声，特别是不连续的交流声常来自接触脱开或马达的电刷火花。交流声通常通过两种方法来减小：限制电源交流声的扩布和保护记录系统不受交流声影响。

下列措施有助于减小干扰，特别是50周交流电的干扰。① 辨差放大器（通过共模抑制，摒除同相电压、放大异相电压）；② 屏蔽线；③ 短导线；④ 一点接地；⑤ 屏蔽装置（如屏蔽生物标本）；⑥ 拔掉或移走任何不必要的交流电源；⑦ 防止实验台振动；⑧ 附近不得有其他用电装置开动等。

### 3.1.1.11 刺激伪迹

刺激电压通常比生物电反应大得多。刺激脉冲因而可被记录电极拾取，进入记录仪器而产生刺激伪迹。刺激伪迹来自数条路径，不同路径来的成分所占的比例变化时，即使在同一实验中，刺激伪迹的振幅和形状可以有相当大的变化。

**(1) 电阻成分**

施加脉冲时，在刺激电极间经过组织流动的电源穿过一个由组织本身形成的容积导体。由此产生的电场，只有当两个记录电极放在同一等电位面上时，才不会得到电位差。除通过组织联系外，电极之间还由外电阻，特别是各个电极对底板（地）之间不同的电阻所连接。部分平衡电流流过这些电阻并产生电压降。记录电极电阻两端的电压降也被作为伪迹记录出来。刺激电压经过外电阻到达记录电极，因而也能使记录电极部位的组织产生兴奋或至少是阈下的变化。这一点也适用于所有其他电极，特别是接地电极。因此除同一对刺激电极外，所有电极相互之间的电阻是无穷大，才能防止这一情况的发生；亦即接到组织的几个电极中，至少有 $n-1$ 个电极对底板（地）的电阻应为无穷大。因此除一个电极外，其他电极不再直接接地；否则，刺激能在任一接地电极甚至所有接地电极上发生。

**(2) 电容成分**

电容成分与电阻成分类似，电极间的电容连接也在记录电极产生电压降，其时程与在电阻上产生的不同。由于电极间的电容很小，经电容输送来的电压往往只相当于微分过的刺激脉冲的电压。伪迹的缓慢消失有人用电极对地的公共电容的充、放电来解释。刺激接通时，刺激器到地的电容器充电。充电电流经过地、刺激电极、记录电极流到电容器的另一极，从而在记录电极的漏电电阻上形成电压降。刺激结束后，电容经同一路径放电，产生相反的电压。神经的纵向电阻可高达 $10^7\Omega$，对地电容最大达 1000 pF，时间常数为 $10^7 \times 10^{-9} = 10^{-2}$ s，与被测量的电压的时间变化属同一数量级。

**(3) 极化成分**

从一个不接地的刺激电极来的电流，大部分流到另一刺激电极，小部分经其他电极和地之间的漏电电阻流到那些电极去。这些电流（直流脉冲）按电流的大小和极性，在所有电极均引起极化作用。由于能够代替极化电池的等效电容非常之大，放电电阻也相当大，记录电极上的极化电压因而能够保持一段时间。如所有其他条件相同，接地电极的极化成分即最大。

实验中常需判定刺激伪迹，以使其同生物反应区别开来。刺激伪迹和刺激强度成正比；其波形随刺激极性的改变而变化；其振幅在接地的刺激电极靠近（或离开）记录电极时增大（或减小）；人为地减少刺激和记录电极之间神经的电阻（如滴任氏液）可能使伪迹振幅增大；标本的正常功能受到损伤（如用离子、药物和冷冻等引起神经阻滞或使神经发生机械损伤）时，刺激伪迹不发生改变。

整个伪迹，包括缓慢电容成分所致的伪迹的尾部，可以通过将一个刺激电极直接接地或将标本接地来大大减小；将刺激电极完全和地隔绝几乎可完全消除伪迹。但通常并不完全消除伪迹，而是用它的残迹作为时间轴上的零点，用以标记刺激的开始和计算反应潜伏期。

## 3.1.2 生物化学常见词汇

### 3.1.2.1 高效液相色谱

高效液相色谱又称高速或高压液相色谱。该方法吸收了普通液相层析和气相色谱的优点，既有普通液相层析的功能（可在常温下分离制备水溶性的物质），又有气相色谱的特点（即高压、高速、高分辨和高灵敏度）；不仅适用于很多不易挥发，难热分解物质，如金属离子、蛋白质、肽类、氨基酸及其衍生物、核苷、核苷酸、核酸、单糖、寡糖和激素等的定性和定量分析，而且也适用于上述物质的制备和分离。

高效液相色谱仪主要包括进样系统、输液系统、分离系统、检测系统和数据处理系统（图 3-1-1）。高效液相色谱主要用于样品的定性和定量分析、酶活力的测定、蛋白质的分子质量的测定、蛋白质结构的分析，以及蛋白质和核酸物质的分离纯化等。

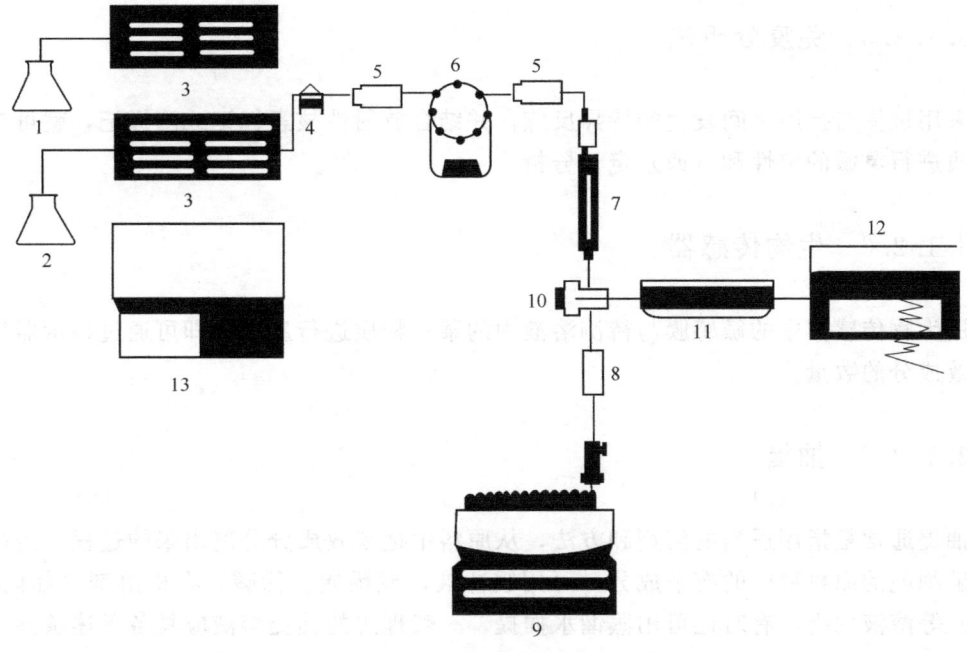

图 3-1-1 高效液相色谱装置示意图

1. 缓冲液 A；2. 缓冲液 B；3. 泵 R500；4. 混合器；5. 预过滤器；6. 注射阀 V-7；7. 层析柱；8. 流速控制器；9. 部分收集器；10. UV-M 光源；11. UV-M 控制器；12. 记录仪；13. 梯度调节仪

### 3.1.2.2 光谱法

光谱法是测定有效成分的方法之一，包括吸收光谱法、荧光法和浊度法。此方法所用的测定样品量较少，但常常能产生比较高的消光值，且操作简单，反应迅速、灵敏，结果也较准确。因此，广泛应用于蛋白质的含量测定。

### 3.1.2.3 电化学法

有些反应过程会放出质子氢（$H^+$），可用灵敏的 pH 计或 NaOH 溶液滴定等方法追踪其变化，从而计算出欲测物的含量或活力。

### 3.1.2.4 生物活性检测法

大多数生命物质，尤其是一些激素类物质，当把它们注射入动物的特定器官时，所属机体将发生相应的变化，并且二者间有一定的相关性。根据这一性质设计的方法，即可对生命活性物质进行检测。例如，人绒毛膜促性腺激素（HCG）能使小鼠子宫加速增殖，所以通过检测小鼠子宫的变化，就可推测出 HCG 的生物活性。

### 3.1.2.5 免疫分析法

采用抗体与抗原之间发生的特异反应,并结合放射性核素标记或酶标记,就可对有关物质进行灵敏的定性和(或)定量分析。

### 3.1.2.6 生物传感器

用生物传感器中的敏感膜与待测溶液中的某一物质进行反应,即可通过显示器反映出有效成分的数量。

### 3.1.2.7 抽提

抽提通常是指用适当的溶剂和方法,从原料中把有效成分分离出来的过程。经过处理和破细胞的原材料中的有效成分,可用缓冲液,或稀酸、稀碱、有机溶剂(如丙酮、乙醇)等溶液抽提,有时还可用蒸馏水抽提,一般理想的抽提溶液应具备下述条件:对有效成分溶解度大,破坏作用小;对杂质不溶解或溶解度很小;来源广泛、价格低廉、操作安全等。

### 3.1.2.8 吸附柱层析

吸附柱层析是以固体吸附剂为固定相,以有机溶剂或缓冲液为流动相构成柱状的一种层析方法。这种层析方法可用来纯化生命物质、分离蛋白质的亚基、浓缩溶液,是常规使用的一种分离工具。

### 3.1.2.9 薄层层析

薄层层析是以涂布于玻板或涤纶片等载体上的基质为固定相,以液体为流动相的一种层析方法。其基本原理和柱层析、纸层析比较相近。这种层析方法是把吸附剂等物质涂布于载体上形成薄层,然后按纸层析操作进行展层。所以薄层层析可根据固定相的种类分为吸附薄层层析(吸附剂为固定相)、分配薄层层析(固定在支持剂上的水溶液或有机溶剂为固定相)和离子交换薄层层析(离子交换剂为固定相)等,其层析原理分别与吸附柱层析、分配层析、反相层析和离子交换层析相似。薄层分析主要用于对小分子物质的鉴定和少量的制备,也可用于对某些大分子物质的纯度鉴定。

### 3.1.2.10 离子交换层析

离子交换层析是常用的层析方法之一。它是在以离子交换剂为固定相,液体为流动相的系统中进行的。此法广泛应用于很多生化物质（例如，氨基酸、多肽、蛋白质、糖类、核苷和有机酸等）的分析、制备、纯化，以及溶液的中和、脱色等方面。离子交换层析主要用于制备、纯化生命物质和测定蛋白质的等电点。

#### 3.1.2.11 凝胶过滤

凝胶过滤是一种分离纯化方法，亦称分子筛层析。当一混合溶液通过凝胶过滤层析柱时，溶液中物质就按不同分子质量筛分开了。凝胶过滤常用于分离纯化蛋白质（包括酶类）、核酸、多糖、激素、氨基酸和抗生素等物质，还可用于测定蛋白质的分子质量，样品的浓缩和脱盐等方面。

#### 3.1.2.12 聚焦层析

聚焦层析也是一种柱层析。因此，它和另外的层析一样，照例具有流动相和固定相，其流动相多为缓冲剂，固定相多为缓冲交换剂。聚焦层析法一般用于实验室小型的分离制备蛋白质样品。

#### 3.1.2.13 聚丙烯酰胺凝胶电泳

聚丙烯酰胺凝胶电泳（PAGE）是以聚丙烯酰胺凝胶作为支持物的一种电泳方法。这种电泳方法能对蛋白质、多肽和核酸等大分子物质进行分离和分析（包括定性和定量分析）；能用于对毫克水平材料的制备；还能用于对蛋白质和核酸分子质量的测定等方面，尤其是对于蛋白质分子质量的测定。此法有取代超离心沉降法之趋势。

### 3.1.3 细胞培养常见词汇

#### 3.1.3.1 贴壁（锚着、附着）依赖性细胞或培养物

由它们繁衍出来的细胞或培养物只有贴附于不起化学作用的物体（如玻璃或塑料等无活性物体）的表面时才能生长、生存或维持功能。该术语并不表明它们是否属于正常抑或属恶性转化。

#### 3.1.3.2 无菌

无菌，即无真菌、细菌、支原体或其他微生物存在。

### 3.1.3.3 细胞一代时间

细胞一代时间是指单个细胞连续两次分裂的间隔时间。目前,这一时间可借助于显微电影照相术来精确测定。该术语与群体倍增时间(popmation doubling time)并不同义。

### 3.1.3.4 细胞系

原代培养物经首次传代成功后即成细胞系。由原先存在于原代培养物中的细胞世系所组成。如果不能继续传代或传代数有限,称为有限细胞系(finite cell line);如果可以连续传代,则称为连续细胞系(continuous cell line),即"已建成的细胞系"(established cell line)。

"已建成的细胞系"一词现已不主张采用。发表论文描述任何新的细胞系时,均需详尽说明该细胞系的特征及培养经过。论文中涉及的培养物,若已发表过,则需注明最初发表的文献。从其他实验室取得的细胞系,必须维持该细胞系的原名。在培养过程中,如发现培养物的特性与原培养物的有差异,则应在适当刊物上予以报道。

### 3.1.3.5 细胞株

通过选择法或克隆形成法从原代培养物或细胞系中获得的具有特殊性质或标志的培养物称为细胞株。细胞株的特殊性质或标志必须在整个培养期始终存在。描述一个细胞株时必须说明它的特殊性质或标志。如果不能继续传代或传代数有限,可称为有限细胞株(finite cell strain);如果可以继续传代,则可称为连续细胞株(continuous cell strain)。发表论文描述任何新的细胞株时,均需详尽说明该细胞株的特征及培养经过。论文中涉及的细胞株,若已发表过,则需注明最初发表的文献。从其他实验室取得的细胞株,必须维持该细胞株的原名。在培养过程中,如发现培养物的特性与原培养物的有差异,则应在适当刊物上予以报道。

### 3.1.3.6 合成培养基

合成培养基是一种各种成分的化学结构均明确地用于培养细胞的营养液。因即使最纯的化合物也可能有些杂质,所以,应当采用具备分析数据的高质量的化学药品来配制。如果有可能,还应当附有对杂质的分析数据。

### 3.1.3.7 克隆

克隆是指在动物细胞培养中由单个细胞通过有丝分裂形成的细胞群体。一个克隆不一定是均质的。因此,"克隆"或"克隆的"(cloned)不能用来说明细胞群体的均质性(包括遗传性上的均质性)。

### 3.1.3.8　运动的接触抑制

运动的接触抑制是某些细胞所特有的现象,即当两个细胞相遇时,其运动性能减弱,一个细胞在另一个细胞表面上的向前性运动被终止。

### 3.1.3.9　生长密度依赖性抑制

生长密度依赖性抑制,即和细胞密度增加有关的有丝分裂的抑制。

### 3.1.3.10　分化的

分化的,是指在培养中,细胞保留了体内所特有的全部或大部分结构和功能。

### 3.1.3.11　生长曲线

以正在生长繁殖的培养物中细胞的数目或生物量为时间的函数所绘制的曲线,叫生长曲线。

### 3.1.3.12　有丝分裂

有丝分裂专指与细胞质分裂不同的核分裂。经过核分裂,真核细胞染色体中所含的遗传信息就被分配到子核中去,在遗体上子核与母核是相同的。

### 3.1.3.13　有丝分裂周期

有丝分裂周期,是指在真核细胞将遗传物质等量地分配到子细胞前的一系列步骤的顺序。

### 3.1.3.14　器官培养

器官培养,是指用某种可以允许其结构和(或)功能得以保存并维持分化的方法,使器官原基或器官的全部或部分在体外生长或维持。

### 3.1.3.15 传代、传代培养

不论是否稀释，将细胞从一个培养器皿移植或转移到另一个培养器皿，即称为传代或传代培养。可以理解：在任何时候，细胞从一个器皿接种到另一个器皿时总会丢失一部分细胞，因此在客观上细胞必定有所稀释。该词与传代再培养（subculture）同义。

### 3.1.3.16 传代数或代数

传代数或代数，是指细胞在培养中传代的次数。描述该过程时，应说明细胞的比例或稀释度，以此查明相对培养年龄（relative culture age）。

### 3.1.3.17 接种率（集落形成率）

接种率（集落形成率），是指细胞接种到培养器皿内所形成的集落（colony）百分率。接种细胞的总数、培养瓶的种类以及环境条件（培养基、温度、密闭系统还是开放系统等）均须说明。该术语用以表明细胞形成纯系的百分率。如果能肯定每个集落均起源于单个细胞，则可使用另一专业术语——克隆形成率（cloning efficiency）。此词经常不恰当地当作贴壁率（seeding efficiency）。

### 3.1.3.18 原代培养

原代培养，是指从直接取自生物体细胞、组织或器官开始的培养。首次成功的传代培养之前的培养可以认为是原代培养。传代培养之后便可以成为一个细胞系。

### 3.1.3.19 纯系培养

纯系培养，是指单一株细胞或从同一种属来的微生物的培养。

### 3.1.3.20 受体

受体，是指分子水平上的靶部位。通过特定的相互作用，能在这个部位结合上一种物质。这个部位可以在细胞壁、细胞膜或者在细胞中的酶上，被连上去的物质可能是病毒、抗原、激素或药物。

### 3.1.3.21 贴壁率

贴壁率，是指在一定时间内接种细胞贴附于培养器皿表面的百分率。应当说明在测

定贴壁率时的培养条件。该术语与 attachment efficiency 是同义词。其含义不能与集落形成率（plating efficiency）混淆。

#### 3.1.3.22　悬浮培养

悬浮培养，是细胞或细胞聚集体悬浮于液体培养基中增殖的一种培养方式。

#### 3.1.3.23　转染

转染，是指将另一细胞的某个基因（群）转移到培养细胞的核内。

#### 3.1.3.24　活力

活力，是指在细胞培养中，细胞具有生长和代谢的能力。经常以活细胞数占总细胞数的百分比来表示。

### 3.1.4　分子生物学常见词汇

#### 3.1.4.1　原核生物

原核生物，为不具有细胞核结构的单核细胞生物，基因组是双链环状 DNA 分子，游离在细胞质内。其 DNA 可与蛋白质及 RNA 在一起形成一个相对致密的类核区域，但无核膜与细胞质分开。

#### 3.1.4.2　真核生物

真核生物，为具有细胞核结构的单细胞或多细胞生物。基因组分成许多条染色体，由核膜将染色体（DNA 和组蛋白等）包围在内，与细胞质分开。胞质内含有多种细胞器。细胞分裂有有丝分裂和减数分裂两种主要形式，具有这些特征的生物称为真核生物。其细胞称为真核细胞。

#### 3.1.4.3　正链和负链 RNA

病毒的 RNA 有正、负链之分。正链 RNA 的极性与 mRNA 相同，故可直接翻译成多肽，又可作为模板合成负链 RNA，有传染性。负链 RNA 与 mRNA 的极性相反，因此不能直接翻译，但可作为模板，合成正链 RNA。反义 RNA（antisense RNA），即与 mRNA 互补的 RNA。

### 3.1.4.4 DNA 复杂度

DNA 分子中不重复碱基对的总量称为 DNA 的复杂度，单位为碱基对。当不存在重复顺序时，复杂度与分子质量相等；存在重复顺序时，复杂度小于分子质量。

### 3.1.4.5 SD 顺序

SD 顺序，为 Shine-Dalgarno（澳大利亚学者）顺序的简称，是 mRNA 起始部位的一段碱基顺序，为 mRNA 与核糖体的结合位点。与 16S RNA 相互识别和结合。在 DNA 上相应的位点也称为 SD 顺序，位于启动子和起始密码 ATG 之间，一般在 ATG 上游 5~10 个碱基处。

### 3.1.4.6 S1 核酸酶

它是一种从 *Aspergillus oryzae* 分离到的核酸内切酶，为单链特异性核酸内切酶，仅作用于单链 RNA 或 DNA，或双链核酸中的单链区。它与其他单链特异的核酸内切酶区别在于可作用于很小的单链区（小至 1 对碱基的变性区）。因此可以切断超螺旋 DNA 中的单链区。在突变体与野生型 DNA 杂交时，突变碱基不能配对，在该处形成小的变性区，可用 S1 核酸酶切割，切点处即为点突变部位。

### 3.1.4.7 增强子

增强子，为真核基因组（包括真核病毒基因组）中的一种具有增强邻近基因转录过程的调控顺序。其作用与增强子所在的位置或方向无关，即在所调控基因的上游或下游及远距离均可发挥作用。

### 3.1.4.8 终止密码子

在 mRNA 分子中作为翻译的终止信号的三联密码子，叫终止密码子。有时用宝石的名称命名，如 UAC（琥珀，amber）、UAA（赭石，ochre）、UGA（欧珀，opal）。

### 3.1.4.9 终止子

在基因或操纵子的终末处往往具有一个特殊顺序，此顺序可提供信号，使转录终止并使 RNA 聚合酶与 DNA 模板分离，这段 DNA 顺序即称为终止子。终止子有强弱之分，强终止子含有反向重复顺序，可通过茎环结构使转录终止，亦称不需 ρ 因子的终止子。弱的终止子，则必须由终止蛋白质 ρ 因子予以加强。

### 3.1.4.10 转录单位

转录单位，是指 RNA 聚合酶作用的起始点与终止点之间的 DNA 顺序，真核生物与原核生物均有转录单位。

### 3.1.4.11 转录子

转录子，是指由 2 个以上紧密连锁并共同转录在同一个 mRNA 中的结构基因组成的复合单位，转录成为多顺反子 mRNA，相当于操纵子中的结构基因区，这种结构只存在于原核生物的操纵子结构中。

### 3.1.4.12 姐妹染色单体

间期真核细胞中每个染色单体含有一个 DNA 分子，经过 S 期以后，每个 DNA 分子复制成为两个，所在的染色单体也随之复制为 2 份，这两个染色单体互称姐妹染色体。在双倍体细胞中，每个染色体含有两个同源染色单体，这两个染色单体为非姐妹染色体。

### 3.1.4.13 结构基因

结构基因，是指能转录成为 mRNA、rRNA 或 tRNA 的 DNA 顺序。

### 3.1.4.14 可读框

可读框，指一长段不受终止密码子中断的三联密码子。在基因克隆分析中，这段 DNA 顺序很可能就是编码蛋白质的结构基因，尤其是当前面存在起始密码子 ATG 时，则可能性更大。

### 3.1.4.15 表达载体

表达载体，指来源于质粒或噬菌体的 DNA 分子，可插入基因或 DNA 片段，具有转录和翻译所必需的 DNA 顺序的称表达载体。为了有效转录，必须有较强的、能够被大肠杆菌 RNA 聚合酶识别的启动子；为了实现翻译，克隆的基因必须带有合适的 SD 顺序和核糖体结合位点。

### 3.1.4.16 突变

突变，指可传递给子代细胞的 DNA 结构的变化。

### 3.1.4.17 移码突变

移码突变，指由于碱基的插入或缺失引起基因阅读框错格，造成基因产物的氨基酸顺序发生广泛的变化，因而也往往失去功能。

### 3.1.4.18 限制性酶切片段长度多态性

它是 DNA 多态性的一种特别有用的形式。当 DNA 分子由于中性突变，使某种限制性酶酶切位点数增加、减少或移位，导致限制性酶酶切片段长度发生改变，即称为限制性酶切片段长度多态性。

### 3.1.4.19 载体蛋白

能与被传送的分子发生特异结合，使其越过质膜，这类蛋白质称载体蛋白。

### 3.1.4.20 基因

基因代表一个遗传单位，在化学上指一段 DNA 顺序，该顺序可产生或影响某种表型，可由于突变而生成等位基因变异体。

### 3.1.4.21 基因组

一个配子（精子或卵子）、一个单倍体细胞或一个病毒所包含的全套基因，称为基因组。

### 3.1.4.22 基因组文库

把某一生物的全套遗传物质（即基因组），用限制性酶消化（或机械力剪切），将所有的 DNA 片段克隆到噬菌体或质粒中，导入受体细胞，由此制备出的基因包含该生物全部基因组基因的 90%～95% 以上，即为该生物的基因组文库。需用时，可用相应的基因探针索取利用。如果所克隆的只是一个染色体的全套基因，则称为染色体基因文库。

### 3.1.4.23　cDNA 文库

以 mRNA 为原料，经反转录酶作用反转录生成 cDNA，将一个细胞的所有 cDNA 与载体 DNA 重组，引进到受体细胞中去，由此制成的基因文库称为 cDNA 文库。与基因组文库比较起来，cDNA 文库只包含表达蛋白质或多肽的基因，而不包括内含子和其他不表达的 DNA 顺序。如对某种特定的细胞某时期提取 mRNA，则更可富集某种 cDNA（如从网织红细胞中提取珠蛋白 mRNA）。

### 3.1.4.24　拷贝数

拷贝数，指细胞所含的按每一基因组计算的、某种质粒或基因的数目。

### 3.1.4.25　DNA 多聚酶 I

它是有 3 种酶活性的大肠杆菌多聚酶 I，能修复细胞 DNA 的损伤：① $5'$-$3'$ 多聚酶；② $5'$-$3'$ 核酸外切酶；③ $3'$-$5'$ 核酸外切酶。其中①和③可用于切口平移（移位）技术在体外标记 DNA。

### 3.1.4.26　Φ×174

它是一种噬菌体，其宿主是大肠杆菌。病毒颗粒中的核酸是单链 DNA 环状分子，有 5375 个碱基。复制型是双链环状分子，是第一个做全序列测定的 DNA 分子，其序列分析揭示出存在重叠基因。

（吕国蔚　赵兰峰）

#### 参 考 文 献

郭葆玉.1998.细胞分子生物学实验操作指南.上海：第二军医大学出版社
吕国蔚.1986.神经电刺激的方法学问题.生理科学，6：78
吕国蔚.1986.神经电刺激的方法学问题（续）.生理科学，6（3）：116～172
司徒镇强，吴军正.1996.细胞培养.西安：世界图书出版公司
远山正弥.1997.神经科学研究尖端技术手册——分子组织化学.北京：科学出版社
赵永芳.1994.生物化学技术原理及其应用.第 2 版.武汉：武汉大学出版社
Kandall ER，Schwartz JH. 1978. Principles of Neural Science. Amsterdam：Elsevier-North Hoiiand
Oakley B，Schafer R. 1978. Experimental Neurobiology. Ann Arbor：University of Michigan Press

## 3.2 常用的实验方法

### 3.2.1 电生理学仪器方法

神经电生理学是研究脑和神经电活动及外加电流对神经组织作用的科学，其主要内容是对神经电信号进行测量和解释。为了测量神经电信号，需要对有关电生理学仪器的基本原理和使用要领有所了解。

#### 3.2.1.1 实验布置

由神经制备上引导出来的电信号，经过放大后，输入显示和记录装置，神经电信号又往往由电刺激诱发（图 3-2-1）。特殊条件下，前级放大器的信号还要经高频调制传送到远隔的接收装置，进行放大并重现。近年来，常将放大了的神经信号直接或经磁带记录后，再输给电子计算机进行数据处理。

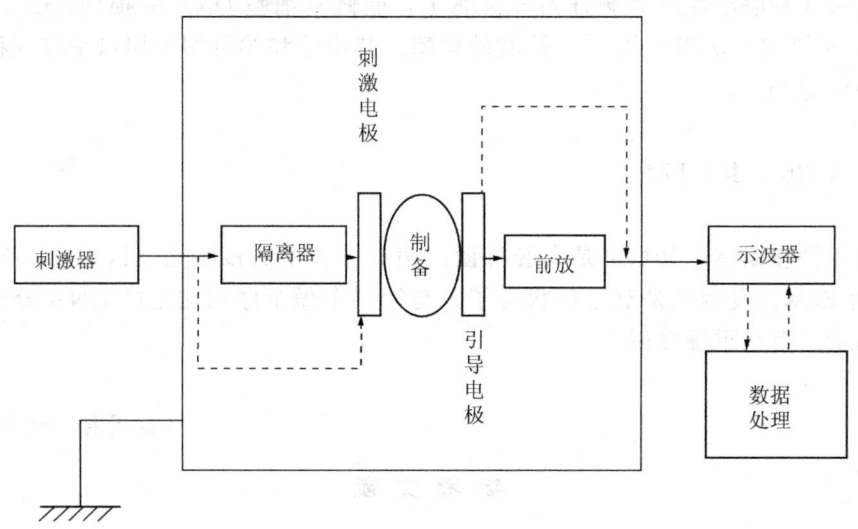

图 3-2-1　电生理基本实验布置

#### 3.2.1.2 实验部件

**(1) 制备**

实验生物学常用的制备一词指研究的生物对象，它可以是整个机体或机体的某一部分组织。神经制备可以是离体的单个神经标本，也可以是整个机体。借助于相应的电极从这些制备引导出相应的神经电信号。

### (2) 电极

电极可以通过金属导线、充液玻管或湿棉芯将生物制备同前级放大器和（或）刺激器联系起来。电极尖端可以是不同形状的粗电极，也可以是直径1至数微米的微电极。

### (3) 刺激器

由于电刺激脉冲的振幅、宽度和频率等可以精确控制，常用电子刺激器诱发神经系统的电活动。电子刺激器可直接作用于制备，但通常宜通过隔离器作用于制备。

### (4) 前级放大器

神经电信号很小，常小于一个毫伏，在其被输至显示和记录系统前，须予以放大。前级放大器除放大信号外，还起一种高阻抗联结器的作用，同时具有其他附加的线路，如滤波和校准等。

### (5) 示波器

阴极射线示波器是电生理学的主要读取装置，它接受生物信号并将该信号作为时间的函数显示出来。实际上，示波器不过是一种带有时间标尺的伏特计，示波器由于电子束的惰性无限小，可记录到频率高达50 000Hz的信号。

### (6) 数据处理装置

以往人们通常通过测量示波器照相胶片或其他直接记录装置记到的资料，对实验数据进行处理。近年来，常将放大后的信号直接或经磁带贮存输入计算机，信号复现后，再根据不同的需要进行不同的处理。

### (7) 其他附属设备

某些其他设备可以扩大上述基本设备的用途。记录神经动作电位时，在记录系统中加入一个小型扩音器，可以通过听觉分辨和监视该电位的有无和变化。

另一有用设备是磁带记录器，它可以将信号贮存下来，并以较低速度复现，从而可用描笔式记录器予以记录。

示波器屏幕上显示的图像，可以用示波器照相机单拍或连续照相，作为永久性记录。

#### 3.2.1.3 示波器

示波器是一种可从荧光屏上显示信号在时间和空间的变化过程，并可从面板直接读出信号的水平扫描速度和垂直放大倍数的精密测量仪器。

**(1) 基本结构**

1) 显示部分：包括阴极射线管的荧光屏及其控制钮。屏幕上刻有方格，长宽皆 1 cm，用于测量。控制钮包括辉度（调节光点亮度）、聚集（调节光点粗细）和刻度照明。

2) 输入和垂直放大部分：

输入端：一般有单端和双端输入两种。单端为一端输入，另一端以地电位为参考电平。双端分"A"和"B"两个输入端。两个输入端的信号互为参考电平。

增益控制（灵敏度）：调节信号电压的垂直放大一般分 200、500 $\mu$V/cm，1、2、5、10、20、50、100 mV/cm，0.2、0.5、1、2、5、10、20 V/cm 各档，指示荧屏显示信号幅度，每厘米的电压值。

垂直位移：调节扫描线的垂直位置。

直流平衡：配合垂直位移调整直流电位平衡。一经调定，测试中不宜再动。

3) 扫描和水平放大部分：

扫描速度：用于调节光点自左至右的扫描速度。一般分 1、2、5、10、20、50 $\mu$s/cm，0.1、0.2、0.5、1、2、5、10、20、50 ms/cm，0.1、0.2、0.5、1、2、5 s/cm 各档。

水平位移：调节光点在水平（$x$）轴上的位置。

扫描扩展：即水平放大，可使扫描线沿水平（$x$）轴展开。扩展倍数一般分 $\times$2、$\times$5、$\times$10、$\times$20 各档。外接则分 2、1、0.5、0.2、0.1 V/cm 各档。

扫描方式：① 连续：光点按扫描速度往复扫描；② 触发：由触发信号触发光点自左至右扫描。无触发信号时，光点停在屏幕一侧。

触发电源选择：① 外触发：由示波器外输入触发信号；② 内触发：由示波器内供给触发信号；③ 触发电平控制：调节触发电压幅度，以引起触发扫描。

触发电压极性选择：分"+"和"－"两档，用以调节正相或负相的触发信号。

自动：在此挡无触发输入时，光点可自动扫描；有触发信号时，可与触发信号稳定同步。

4) 信号校正部分：一般示波器内常设有标准电压发生器，提供一定频率和幅度的标准电压，用于校正仪器的放大率，一般可提供 1、10、100 mV 和 1、10、100 V 各档标准电压（P-P 值）。

**(2) 使用注意事项**

1) 开机前检查电源是否符合 220 V 额定电压，并将各旋钮置于下列位置：

电源开关——关。

亮度旋钮——中间。

触发选择——自动。

$x$ 轴选择——正常或$\times$1。

$y$ 轴、$x$ 轴——扫描线居中。

2) 接通电源。

3) 按需调节标尺亮度，$Y_1$ 和 $Y_2$ 扫描线距离，光点亮度和聚焦。

4) 按需选择触发方式，调节触发电平、扫描速度和 $x$ 轴扩展。

5) 按需选择 $y$ 轴增益控制，以调节信号的垂直放大。

#### 3.2.1.4　前置放大器

生物电信号一般都较微弱，大多数在输入示波器（后置放大）之前，都需经前置放大器将电压放大到满足输入后置放大所需的电压。

电生理学实验需要从直流到几千周的高增益放大器。不论直接耦合或阻容耦合，一般都采用平衡放大。

**(1) 基本结构**

放大器只能对一定频率范围内的信号进行均衡放大。超过这个频率范围的信号，增益降低。其下限频率主要取决于放大器的时间常数 $\tau$，上限频率则主要决定于高频滤波。必须选择合适的时间常数和高频滤波，信号放大后才不致失真。

1) 输入选择：时间常数由电容器大小决定，用于交流信号。时间常数与频率成反比：0.001 s，适于高频电位；0.01 s，适于动作电位；0.1 s，适于脑电；1 s，适于慢电位。

直流：输入端不接电容器，适于直流信号输入。

平衡：放大器输入端直接接地。

校正：放大器内的校正信号已输到放大器输入端，经放大器放大，其输出端则输出放大后的校正信号，接入示波器或记录器后，即可推算出放大器的放大倍数。

辨校：调节放大器的辨差率。

高频滤波：① 100 kHz：指放大器在 100 kHz 时放大率减小到 70%；② 10 kHz：指 10 kHz 时放大率减小到 70%；③ 1 kHz：指在 1 kHz 时放大率减小到 70%；④ 100 Hz：指在 100 Hz 时，放大率减小到 70%。

2) 增益控制：指放大倍数，分×20、×100、×200、×1000 四档。

3) 平衡调节：将输入选择置于平衡挡时，经此调节，并结合电表指示，调节输入两端平衡。

**(2) 注意事项**

1) 输入放大器的信号（交直流）电压不得超过 ±4 V，以免击穿放大器的场效应管。

2) 开机前检查电源电压是否符合 220 V 额定电压。

3) 开机后（指示灯亮）将电表开关拨至 −6 V、+12 V 档，如数符合所指示数值，则电源部分工作正常。

4) 将电表开关分别拨至 $A_1$、$A_2$、$B_1$、$B_2$ 以检查其输出端的电压是否等于 6V，如不相等，应调节"平衡调节"，使达到平衡止，放大器才能正常工作。

5）选择好合适的时间常数，高频滤波和增益，将电表和校正信号置于关位，即可进行实验。

### 3.2.1.5 电子刺激器

在神经电生理学实验中常用电刺激，目前最常用的是方形波电子脉冲刺激器，其特点是各个参数，包括幅度、波宽、频率等均可单独调节，方波脉冲的电刺激量易于控制，只要熟悉和掌握适当，一般不易造成组织损坏，是进行实验的有力工具。

**(1) 基本结构**

电子脉冲刺激器由刺激器和隔离器两部分组成。

1）刺激器：脉冲参数的控制电刺激强度（幅度），包括电压和电流。电极电阻不变时，可用输出脉冲的电压表示刺激强度，实际上，电极电阻会受各种因素的影响而变化，因此也用输出电流表示刺激强度。一般刺激器只有电压控制钮，其最大输出电压为±10 V；而其隔离器则有电流和电压控制钮，有恒流恒压装置，最大输出电压200 V；最大输出电流50 mA。

刺激频率（串）：决定单个脉冲或串脉冲的个数。由转盘旋钮上的数码决定。

刺激时间（波宽）：决定每个脉冲的持续时间，由转盘旋钮读数和时间单位决定。

延迟：控制刺激脉冲后于触发脉冲的时间，决定示波器触发扫描开始和信号在示波器上出现的时间。延迟的选择决定信号在示波器荧屏上出现的位置。可根据信号观察、测量和照相的需要选择合适的延迟时间，由转盘旋钮上的读数和时间单位决定。

间隔：决定单个脉冲和串（对）脉冲的间隔时间，由转盘旋钮上的读数和时间单位决定。

使用时应注意下列关系：① 频率与间隔时间的关系：脉冲频率各波的持续时间总和（串长）应小于间隔时间；② 频率与波宽的关系：波宽应小于间隔时间；③ 频率与延迟的关系：延迟+波宽应小于间隔时间。

脉冲输出方式和极性选择：本机可输出单脉冲、串（双）脉冲，以及与同型的另一刺激器配合使用尚可组合成双相脉冲和较复杂的组合脉冲。刺激点除可自身产生脉冲外，还可控制或受控于另一刺激器产生脉冲。脉冲输出可"正"或"负"，也可输出直流电。

内启动（INT）：按压INT-⊓键，本机即产生单脉冲；按压INT-⊓⊓键，本机即产生双脉冲。

外启动（EXT）：按压EXT-⊓键，由外部输入组合或控制产生单脉冲；按压EXT-⊓⊓键，由外部输入组合或控制产生双脉冲。

组合和调制输入（MI×& MODU INPUT）：由此输入组合调制信号，最大输入电压不得大于10 V。

组合和调制：按压组合（MIX）键时，本机即由外部输入信号进行控制。脉冲参数即由外部调节。

直流（DC）：按压直流（DC）键时，本机即输出直流电流。

极性：按压⎍键，输出"正"脉冲；按压⎌键，输出"负"脉冲。

脉冲触发方式：分内触发和外触发两种。

内触发：按压单触发（SET-Single）键时，触发信号由手控（MANU）产生。此时，按压启动（START）键，脉冲输出；按压停止（STOP）键时，则停止脉冲输出。按压自动（AUTO）键，触发信号自动连续产生。此时脉冲连续输出。

外触发：刺激器由外部触发信号启动和控制产生输出脉冲。外部触发信号由面板左侧的输入（INPUT）接线柱输入。最大输入电压 10 V，外部触发信号电平由外部启动输入水平调节（EXT START INPUT LEVEL ADJ）旋钮控制。如需两个刺激器同步时，将旋钮沿顺时针方向调制同步（SYNC）位。

刺激脉冲输出：可由本机直接输出或通过隔离器输出。

由本机输出：通过本机输出（OUT PUT）接线柱输出。最大输出电压为 10 V。注意：① 输出端一端为地（E）。② 接至隔离器（to ISO）输出。

同步触发脉冲输出（SYNC OUTPUT）：一般刺激器均设有同步触发脉冲输出，以触发其他仪器与刺激器同步工作。本机触发脉冲幅度约 30 V，脉冲宽度 20 $\mu s$。有三种触发方式供选择（设在本机背面接线柱）：① 间隔（INTERVAL）：输出间隔时间的脉冲，同输出的刺激脉冲，由面板（INTERVAL）旋钮调节。② 延迟（Delay）：输出延迟时间的脉冲，同输出的刺激脉冲由面板（Delay）旋钮调节。③ 分脉冲频率和脉冲末端：输出串脉冲的触发脉冲。在内启动（INT）工作方式时，由串脉冲最后一对脉冲起始前沿触发。在外启动（EXT）工作方式时，则由最后一对脉冲后沿触发。

2）隔离器：在神经生理实验中，对动物进行刺激同时记录生物电时，刺激器输出与放大器输入具有公共接地线，使一部分刺激电流流入放大器输入端，而刺激电压往往高于生物电位，使记录器记录到较大的刺激电流产生的波形，这不是本记录的生物电，因此称刺激伪迹。为了减小刺激伪迹，除了设法采取使生物体适当地接地外，就需使刺激器输出的刺激电流与地隔离，通常应用刺激隔离器。

将刺激器的"至隔离器"（to ISO）输出端与隔离器背面输入（INPUT）端相连，刺激脉冲经隔离器输出。刺激器的输出电压应调到 10 V 并固定，此后输出脉冲的幅度（电压或电流）直接由隔离器的刻度读出。脉冲输出有两种方式供选择：

电压（VOLTAGE）（V）：此档为恒压输出，分 10、50、200 V 三档。每档还有细（FINE）调。使用时，应从最小逐渐调大，电表指示每档从 0 至最大电压的数值。

电流（CURRENT）（mA）：此档为恒流输出，分 1、10、50 mA 三档。同样，每档也有细调，使用时也应从最小逐渐调大。电表指示每档从 0 至最大电流的数值。

无论是恒压或是恒流方式，均须根据刺激需要选择适宜强度的正⎍或⎌负脉冲，由隔离器输出（OUT PUT）端给刺激。

**(2) 使用注意事项**

1）开机前检查电源电压是否符合 220 V 额定电压。

2）接好地线。

3）将隔离器开关置于关位，输出调至最小一档。

4）如由两个刺激器连接触发或组成复合脉冲，尚需检查外输入电压是否符合限定电压（不得大于 10 V）。

#### 3.2.1.6 脑立体定位仪

脑立体定位技术在神经科学的研究中起重要作用。定位仪的基本原理是利用动物颅骨表面的某些解剖标志，例如矢状缝、外耳道中心轴、眶下缘、前囟中心等部位与脑内某些结构的相对恒定，将微电极或其他器械不在直视且很少损伤的情况下，插入脑内某一结构，对它进行刺激、引导放电、损毁等，达到不同的研究目的。

**(1) 基本结构**

目前在动物实验中常用的定位仪大多数是直线平行三面式，即为由三个互相垂直的平面组成的空间立体直角坐标式。以日本成茂公司生产的 SM-2 型立体定位仪为例，它的主要部件为定位仪的主框、电极移动架和头部固定装置。

主框呈"U"字形，起固定作用，其两侧横框上有刻度（范围为 27 cm）。电极移动架分为手动三维滑尺和电动微操纵器两部分。手动滑尺前后可移动范围与主框横框长度相等，为 27 cm，左右移动范围为 7 cm，上下移动距离为 8 cm。以上各刻度均精确到毫米。电动微操纵器的前后移动范围为 2 cm，左右移动范围也是 2 cm，它们可以精确到 1/10 mm。上下移动范围为 1 cm。可精确到 1 $\mu$m。

头部固定装置包括上颌固定器和耳棒固定柱。

**(2) 使用注意事项**

1）使用时应检验电极移动架上各个滑尺是否保持互相垂直。

2）检查各衔接部位的螺丝有无松动。

3）检查头部固定装置两侧是否对称。

**(3) 兔头的立体定位**

1）固定兔头：

a. 固定颧骨：用一对有齿槽的固定器分别放在兔头两侧颧骨弓上，向内旋紧螺丝，使固定器紧抵在颧骨上。注意不可用力过猛，以免损伤兔头。

b. 固定上颌：将家兔上门齿塞进上颌固定器槽内，使门齿根部紧靠固定槽缘。然后将眼眶固定挂钩固定在眼眶下缘前方。

2）定位：在电极移动架上装一金属电极，先左右方向移动滑尺，使电极尖端位于前囟中心，然后前后移动滑尺，一直到后囟，观察兔头的矢状缝是否在正中线上，兔头左右两侧是否对称。将电极尖端接触前囟，记住此时纵坐标上的刻度，再将电极移到后囟，比较前囟与后囟在纵坐标上的读数，使后囟比前囟中心点低 1.5 mm。

**(4) 鼠头的立体定位**

1) 标准水平面（HO）的确定：使上门齿根部比耳杆尖高 5 mm，这时通过门齿根部所做的与定向器主框平行的平面即为 O 水平面（HO）。HO 平面向下为"H－"，向上为"H＋"。

2) 矢状平面（LO）的确定：与 HO 平面垂直并通过前囟中心与后囟中心点的平面称为矢状平面（LO）。在此平面以左 1 mm 为 $L_1$，以右 1 mm 为 $R_1$。

3) 冠状平面（APO）的确定：通过两外耳道连线与上述两平面垂直的平面为冠状标准平面（APO）。在此平面以前 1 mm 为"A＋1"，以后 1 mm 为"A－1"。

在三个方面的零点测定后，便可以按照脑定位图谱找出任何一个脑内结构的坐标。

### 3.2.2 动物实验的实施

#### 3.2.2.1 实验动物的选择

实验动物是接受处理因素的对象，对假说的检验主要根据实验动物对处理因素的反应。因此，实验动物的选择十分重要。选择实验对象总的方针是：对拟施加的处理因素敏感，能充分反应，经济、易于获得。

**(1) 种属**

可以根据实验的目的、要求，参考不同种属动物的解剖、生理特点，选择应用。种属的选择有时将影响实验的成败。例如，在研究醋酸棉酚对雄性动物生殖功能的影响时，不同动物的反应很不一样，小鼠对醋酸棉酚很不敏感，选择小鼠作为受试对象，显然不如用地鼠或大鼠。此外，如以家兔作为研究排卵生理的实验动物时，则应知道家兔是"反射性排卵者"，即一般情况下只有交配才引起排卵。这一特点可以用来方便地试验各种处理因素的抗排卵作用。

此外，一些低等动物由于某些特殊情况，也常被用于某些医学实验中。例如，果蝇由于繁殖传代迅速，有明显的遗传表现特征（如眼的颜色、翅的长短等），染色体巨大，有明显的区带，便于观察。摩尔根正是利用了这些特点，通过染色体变化与身体物征变化的对比观察，奠定了遗传基因学说的基础。枪乌贼有一条非常巨大的神经纤维，便于将电极插入神经纤维内测量电位，在神经生理的研究中做出过重要贡献。

**(2) 品系**

由于遗传变异和自然及人工的选择作用，即使同一种属动物，也有不同品系。经过杂交，使不同个体之间在基因型上千差万别，表现型上同样参差不齐。这种离散的倾向有利于动物对外部环境变化的适应。但却不利于医学实验的进行。多年来人们通过连续 20 代以上血缘交配的办法，培育出各种纯合子型的动物，即纯系动物。这种动物同一品系的个体基因型相同，从而决定了它的解剖生理特征和反应性的一致性，这就为动物实验提供了较理想的均一的群体，可以用较小的样本，取得较好的结果。

例如，小鼠迄今已育成 300 多个纯系，有名的如 C3H、A、C57BL 等；大鼠也已育成 100 多个纯系，家兔至少已有 20 个纯系。并非一切动物都能育成纯系，如豚鼠至今纯系甚少，日本鹌鹑则培育纯系的努力迄今尚未成功。不同品系的动物，虽为同一种属，但有些方面的差异却非常有意义。

因此，在选择实验动物时还要考虑到品系问题，应该说明是使用的杂交动物还是纯系动物，是哪个纯系等。不同实验室用同一种动物进行同一类型实验，有时结果却不同，往往是由于所用动物品系不同所致。

在这里要特别提到一些具有特殊遗传异常的品系，这种异常有时对特定的研究十分有用。例如，有名的裸鼠，先天性缺乏胸腺，因而细胞免疫缺陷，不能对异种组织的移植发生排斥反应，故已被广泛用于肿瘤移植和免疫学的研究中。又如，Brattle boro 大鼠，先天性缺乏血管升压素（抗利尿激素），因此是天然的尿崩症模型。同时，由于这种鼠在应激反应中照常释出 ACTH，证明了有独立于 ADH 之外的下丘脑促肾上腺皮质激素释放因子（CRF）。

### (3) 年龄

年龄是一个重要的生物量，动物的解剖生理特征和反应性随年龄而有明显的变化。年龄的选择要根据实验的目的和不同年龄动物的特点而定。例如，研究性激素对性别分化的影响，要用新生动物；而制备 Alloxan 糖尿病模型，则用老年动物更易成功等。一般的研究多用成年动物。

选择时最好应知道其实际年龄，如实际年龄无法确知时，亦可根据其他发育指标如牙齿的状态、体重等估算动物的年龄。但只有充分了解二者间的关系时才比较可靠（例如，纯系动物）；否则，很可能造成相当大的误差，因为这些指标不仅与年龄有关，也受其他因素影响（如体重受营养状态影响等）。甚至同一品系的动物，随每胎产仔数不同，体重与年龄的关系可发生相当大变动。例如，同是 30 g 体重的小鼠，有的是青年，有的可能已成年。

### (4) 性别

一般的研究多兼用雌、雄两性动物。但不同性别动物在解剖生理特征上有差异这是人所共知的。在有些情况下，如不加考虑可能造成错误的结论。例如，AB/Jena 系小鼠，雌性的平均寿命 50% 为 100～110 周，而雄性者则仅 50 周左右，如果用这种小鼠进行超过 50 周以上的慢性毒理学实验，并以存活率作为观察指标，则将导致不正确的结论。又如，雄性大鼠血中促性腺激素波动较小，但雌性者随着动情周期，有十分显著的波动，如果观察某种处理因素对血中促性腺激素的影响时，就要事先考虑到这种性别的影响。

### (5) 健康状态

动物的健康状态对医学动物实验的效果有很大影响，除了应用疾病模型的实验外，都应选用健康状态良好的动物。"健康"的标准随实验的要求和客观条件可能有些出入，但一般而言，实验动物应该是外观正常（无畸形或异常，如外伤、皮肤感染等），营养状态正常（体重不低于该年龄应达到的标准，毛发清洁、光泽等），行为正常（反应不迟钝亦不亢进，步态无异常）等。

对于长期的实验感染、实验治疗和毒理学实验，如应用了有潜在感染的动物，各种处理因素可能使之被诱发甚至导致死亡，使结果混乱。在血清学、免疫学、微生物学和肿瘤学等研究中，对动物的感染状态要求严格，因此近年来已广泛应用无菌动物和SPF动物。

对于疾病模型的动物，则应注意维持其状态，防止受其他因素的干扰。如前述裸鼠，在无菌条件下生存 400~600 d，在隔离条件下可生存 250 d，但在普通环境中则平均寿命仅 90 d 左右。

#### 3.2.2.2 实验动物的准备

经过以上各方面选择的动物也不一定立刻能用于实验，为了保证实验的顺利进行，还必须对实验动物进行一系列的准备。

**(1) 检疫**

如果实验动物不是来自可靠的繁殖场，例如民间收购、野外捕获或来历不明，则有必要先行隔离检疫。不仅是实验本身的需要（健康、无潜在感染），同时也可预防实验室内的交叉感染，以及其他意外（如狂犬病）。

**(2) 适应**

即使不需要检疫的动物，由繁殖场来到实验饲养室，也经历了集中运输和改变生活环境等较大变动，包括原有"社会"结构被打乱，运输过程中的拥挤、颠簸、噪声，新的饲养笼、照明、温度、饲料，以及重新分组后新的"社会"结构等。无疑，这些变动构成了对动物的刺激，会引起应激反应。例如，仅仅是更换饲养笼就能使大鼠的进食和排便受抑制，最长可达 24 h 之久。这种应激反应一开始较明显，以后逐渐消退，即对新的环境发生适应。这种适应过程的时间、程度等，随动物种属、品系、年龄、性别、机能状态，以及刺激的性质、强度和持续时间而异。然而，一般说来在开始实验之前，至少适应 1 周为宜。为了减轻应激反应，加快适应过程，动物饲养室（不是繁殖场）应和实验室距离不要太远，饲养室的环境应尽可能稳定。此外，可在动物适应期间经常对动物进行模拟实验时的各种操作，如捉拿、抚弄等，使之适应。

**(3) 饲养**

在适应期和实验中，动物多需在饲养室继续饲养，这种饲养室多无繁殖场那样好的条件，饲养人员亦多非专门人员，因此容易发生各种问题，值得特别注意。

饲养室的温度、通风、光照等条件，要努力保持适当和稳定。温度对动物反应性有影响，这不仅是指饲养室的室温，更重要的还有鼠笼内的微小气候。例如，刺激产热的药物（如拟交感药）对鼠的毒性与室温呈线性相关，当室温固定在27℃时，Amphetamlne 的 $LD_{50}$ 又随每笼的鼠数增多而降低。若啮齿类长期饲养在较高温度下（26.6～37.7℃），其生育率将下降。

光照，特别是光照与黑暗的交替节律，与实验动物的许多生理活动及生化指标的昼夜波动关系十分密切。众所周知，季节性繁殖的动物就是因为其生殖系统的运动受光照时间的长短所影响。在实验条件下，持续光照可以使大鼠进入持续动情期。人工颠倒白昼与黑夜可以使一些生理活动的节律也颠倒。在一天的不同时间，机体的反应性亦不同。例如，在黑夜给小鼠接种I型肺炎链球菌时，其存活时间显著长于在白昼接种者。

声音对实验动物也有影响，因此实验室和饲养室内应尽量使噪声控制在最低水平（<85 dB）。实验表明，长时间>83 dB 的噪声使实验动物生育率降低，肾上腺肥大，血脂升高，100 dB 以上的噪声可损伤听觉器官。

对于在饲养上有特殊要求的动物，一定要在笼上用鲜明标记注明。例如，肾上腺切除的大鼠应给饮盐水，垂体摘除大鼠应饮糖水等。有时未加注意会使实验前功尽弃。

**(4) 分组与标志**

医学实验的一个重要原则是要有对照，应按要求设置对照组和随机分组。

在实验中经常需要对每一个个体进行追踪观察，因此有必要对每一个动物进行标志，以便辨认。应该指出，进行标志也是对动物的一种刺激，因此至少应在实验开始前1 d 进行，不宜在实验开始时临时进行。用染料进行标志多不持久，应经常注意，及时追加染色，以免无法辨认。

#### 3.2.2.3　疾病模型的复制

医学研究中进行动物实验的主要目的仍是要解决人类防病治病的问题，因此必须在实验动物身上复制出人类疾病的模型，才能进行发病机制、治疗、预后等方面的研究。例如，用各种病原体感染动物造成各种感染性疾患，从饲料中排除各种成分造成营养不良性疾患，由手术摘除的方法造成各种内分泌腺功能性疾患，用致癌物质诱发各种肿瘤等。通过培育纯系和选择性育种的办法，已发现了不少有遗传异常的品系，也是常用的疾病模型。

应该指出，由于种属的差异，动物的疾病模型和人类的对应病症，虽有相似之处，但并不一定完全相同。例如，用各种方法可造成动物持久的血压增高，但这和人类的原发性高血压毕竟仍有不少差别。

#### 3.2.2.4　动物实验中常用的基本技术

**(1) 实验动物的固定**

除要求在动物清醒、自由活动状态下进行实验外，对动物进行投药、采血或手术等操作时，首先要将动物固定以防止挣扎。

1) 狗：狗较易驯养，因此如能在实验开始前对狗加以训练，则在进行各种操作时，狗可以表现一定程度的合作和克制，仅由实验者徒手把持即可进行注射或采血等。否则需先把狗绑在固定台上，以免挣扎和攻击实验者。进行捆绑固定时，至少由二人进行，先要加以爱抚，逐步接近，切勿粗暴鲁莽，使之惊恐或激怒。用绳将其嘴捆住，方法是从下颌到上颌打一结再绕回下颌又打一结后，向颈后打结固定。将狗头夹的椭圆形铁圈套在狗嘴上，将横铁棒由其口中穿过固定，再将上方弯片向下拧压住鼻梁（注意不可过紧）。最后将狗四肢捆在固定台上，狗头夹固定在支棒上。

2) 猫：猫不易训练，且其爪锐利，捉拿时应戴手套和注意避免被其抓伤。一般先将猫关入密闭木箱内，投入浸以乙醚的棉团快速麻醉，取出后趁其未醒立即固定，方法与固定狗相同。

3) 兔：兔极为温驯，因此进行皮下、腹腔、肌肉注射或测肛温等时，只需实验者本人将兔抓牢或按住即可。进行手术时，则捆在固定台上，方法与固定狗、猫相似，兔鼻骨甚薄，压鼻梁不可过紧以免骨折。如只对头部进行操作（耳静脉注射、采血等），可将兔用固定器固定。

4) 大鼠：大鼠在惊恐或激怒时易将实验者手咬伤，在捉拿时要注意。无经验者宜戴防护手套，并应动作柔和，切忌粗暴或用钳子夹。固定方法随操作目的而异。

a. 实验者紧靠实验台，将大鼠（头朝实验者左方）夹在实验者左前臂和身体之间，左手捏住鼠尾稍稍举起，露出肛门及阴道，便于测肛温，做阴道涂片取材等，如大鼠头改向右侧，实验者左手捏住大鼠颈背部皮肤，可向此处做皮下注射。

b. 实验者右手抓住鼠尾将大鼠放在鼠爪能抓牢的物体表面，稍向后拉鼠尾，鼠必本能地向前挣，实验者左手掌贴在鼠背，示（食）指压住鼠头顶，拇指及中指分别由两侧腋下插入，将鼠两前肢卡住（图3-2-2），或攒紧鼠后背（包括项部）皮肤（图3-2-3），使其腹部露出，可做腹腔注射（图3-2-4），也可经口向胃内下管或注射。如用右手再捉住后肢，即可向臀部做皮下、肌肉注射，或蹠背静脉注射。

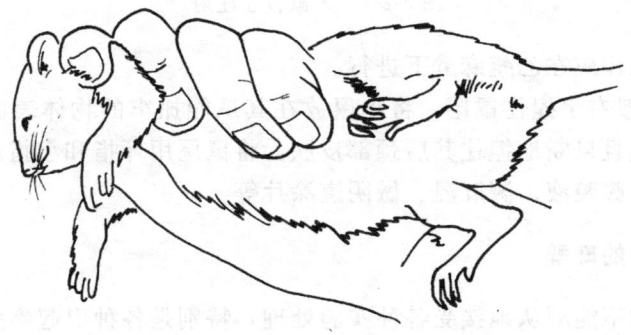

图 3-2-2　徒手固定大鼠的方法（一）

c. 除上述徒手固定法外，也可用毛巾将大鼠包裹，只露尾部；或将大鼠用筒式固定器固定，露出尾部，做尾静脉注射。

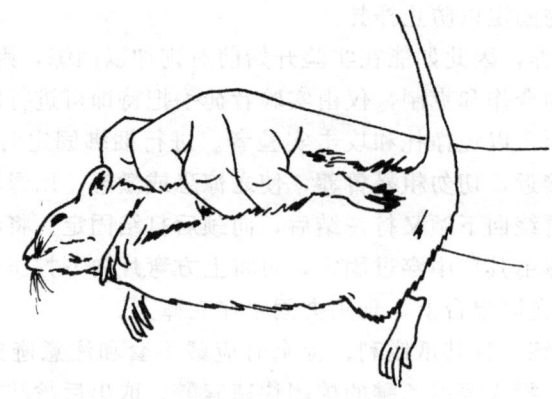

图 3-2-3　徒手固定大鼠的方法（二）

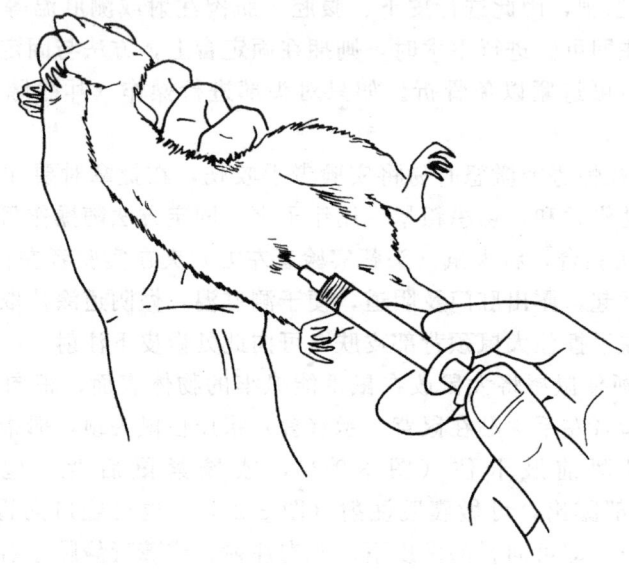

图 3-2-4　大鼠腹腔注射

其他较精细操作应在乙醚麻醉下进行。

5）小鼠：一般右手捏住鼠尾，将小鼠放在其爪能抓牢的物体表面，稍向后牵，左手拇、示二指迅速且果断地捏住其后颈部皮肤，将鼠尾用环指和小指压在手掌上，即可进行腹腔注射、采腹腔液、测肛温、做阴道涂片等。

**(2) 实验动物的麻醉**

多数实验动物不能顺从地接受各种实验处理，特别是各种引起疼痛的处理，因此往往需要进行麻醉。局部麻醉可用 0.5％普鲁卡因（Procaine）局部浸润。全身麻醉应用较多，主要有吸入麻醉或用非挥发性麻醉剂。

1）吸入麻醉：最常用的是乙醚，一般用开放麻醉，无需特殊的麻醉器械。较大动物（如狗）用麻醉口罩滴药，较小动物可先在密闭容器内投以蘸乙醚的棉块。麻醉后取出，再在鼻部放棉花或纱布，不时滴加乙醚维持之。乙醚麻醉的优点是简便易行，可随时调节麻醉深度；乙醚麻醉也比较安全，即使一时麻醉过深，动物呼吸停止，只要立即停止吸入，进行人工呼吸（大鼠只需通过胶管经鼻孔向肺内吹气即可），多数仍可恢复。缺点是易引起上呼吸道分泌物增加，不注意时可能堵塞气道，引起窒息，可先注射阿托品防止。此外如需要长时间（2 h以上）维持麻醉，则不如用非挥发性麻醉药方便。

2）非挥发性麻醉药：最常用的有巴比妥类（如戊巴比妥钠等）、氯醛糖、氨基甲酸乙酯（乌拉坦）等。其优点是一次注射后可保持相当长时间较深麻醉，较少引起气管分泌物。但缺点是较不安全，常引起血压下降，呼吸抑制，一旦过量，较难复苏。

各种麻醉药各有其优点和缺点，应根据对麻醉的要求（深度、持续时间等）和动物的耐受性而选定。一般狗的手术可用硫喷妥钠静脉点滴或戊巴比妥钠；猫则常用氯醛糖或氯醛糖与乌拉坦合用；兔常用乌拉坦；大鼠常用戊巴比妥钠。有时品系、性别对麻醉有影响，例如白色大鼠对戊巴比妥钠过量的耐受力不如有色者，雌鼠不如雄鼠。

根据对疼痛刺激的反应、肌肉紧张程度、呼吸节律和深度以及角膜反射状况可判断麻醉深度，一般应以适当满意地进行操作为度（动物安静、肌肉松弛、血压呼吸平稳、无乏氧表现）。麻醉时间较长时应注意给动物保温，使用非挥发性麻醉剂时，动物恢复较慢，要注意术后护理。

**(3) 投药**

在动物实验中，经常需要向动物投药，如麻醉、实验治疗、实验毒理等研究。常用方法（或途径）有以下几种。

1）皮下或肌肉注射：一般来说，皮下组织疏松的部位都可做皮下注射，肌肉丰厚处适合做肌肉注射（当然要注意避免伤及大血管）。

2）腹腔注射：可注入较大容量、吸收良好。

3）静脉注射：动物身体表面浅在的较明显的静脉均可用作静脉注射，具体选用何处，取决于实验者的习惯。狗及猫常选用下肢小腿外侧的小隐静脉或前股内侧的头静脉。家兔常选用耳缘静脉，一般应先由较远侧（靠耳尖侧）刺入，这样可逐步向近侧移动，进行多次静脉注入。大鼠可由尾静脉或疏背静脉注射。鼠尾有几条纵走向的静脉，一般选用两侧者。将鼠固定或麻醉后，在台灯下（良好照明并加温促进血管扩张）用细针头几乎与皮肤表面平行刺入，刺入要浅，应先从近尾尖侧刺入。如果针头刺入血管内，则推入液体后无阻力，并可看到液体沿血管流向前，否则应拔出针头，稍向前移动位置再试。蹠背静脉位于足爪背面，固定后，助手捏住踝部使蹠背静脉因血液回流受阻而扩张，将蹠背剪毛，乙醇擦拭，实验者左手捏住鼠爪，示指垫在其足掌，使足背皮肤绷紧，用细针头在趾与足蹠交界处水平刺入血管进行注射（图3-2-5）。

对新生1周以内仔鼠可经尾静脉或股静脉注射，仔鼠在注射后要用其母鼠的尿擦拭其身，掩盖实验者手的气味，否则仔鼠放回后因有异味可能被其母视为异己而吃掉。

4）经口投药：经口投药的方法，一种是粉末状药剂掺在饲料中或将可溶性药剂溶于饮水中，但食入剂量难以掌握。较可靠的方法是经胃管灌入。狗、猫、兔仰卧位固定后在口内插入张口器（图3-2-6），然后用合适直径的人用导尿管经张口器上小孔向咽部插入，事先在体外量出由口至胃的大致长度在插管上做一标志，如插管进入食道则可顺利插入，如插入困难，多系误插入气管，应拔出重插。大鼠下胃管方法基本相同，可用直径 1.6～2 mm 塑料管装在注射器上，将插管充满待灌液体，由助手将大鼠固定，并使其头部上仰插入张口器，将插管贴口腔一侧轻轻插入。插入深度亦应事先标记。在咽部及贲门处可能稍觉有阻力。熟练者单人即可操作。插入胃内的指标是，预定长度顺利插入，注入液体时鼠无强烈挣扎。如果插入深度不足，注液时鼠剧烈挣扎，同时有液体自口鼻溢出，则为管误插入气管的迹象，必须立即拔出换鼠重插。如注入肺内液体达 1 ml 以上将导致死亡。

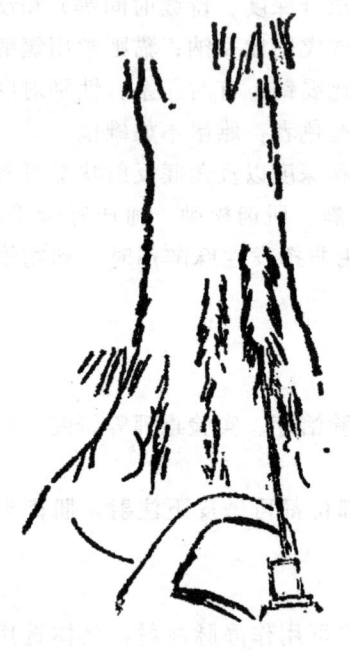
图 3-2-5　大鼠蹠背静脉注射

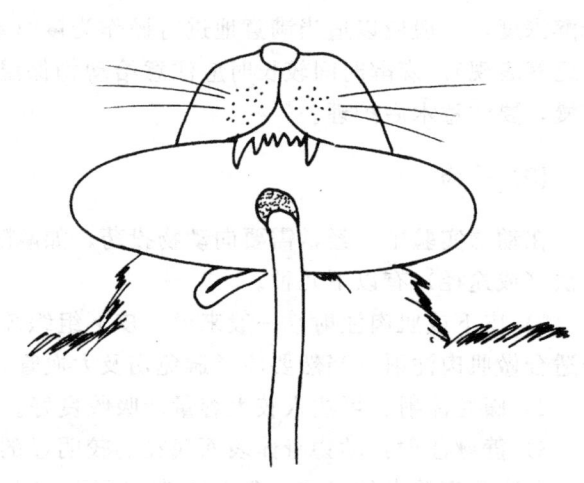
图 3-2-6　下胃管用的张口器

5) 侧脑室注射：狗、猫、兔等动物须用立体定位仪进行脑室注射，具体方法及位置参见有关专著。这里只介绍徒手对大鼠做侧脑室注射的技术。将大鼠用乙醚麻醉，俯卧位（无需固定），在头顶中央纵行切皮直达颅骨，切口长约 1.5 cm，将骨膜向两侧推开，暴露颅骨，在十字缝（囟门）外侧 1.5 mm，向后 1 mm 处，用直径 1 mm 钻头将颅骨钻孔。微量注射器针头套以塑料管，使针尖露出 4 mm，将针由颅骨钻孔垂直插入（深度 4 mm）缓慢注入，可注 30 μl 以内，注毕稍待数秒钟再拔出针头。

除上述各种注射途径外，尚可经舌下静脉、阴茎静脉、眶静脉窦、外缘静脉，向皮内、膀胱、气管、脑内、小脑延髓池等注射，可参见有关著作。

**(4) 采血**

原则上前述各种静脉注射法，同时可用于采血，下面介绍几种常用的方法。

1) 家兔：最方便的方法是由耳缘静脉采血，耳缘静脉表面区域拔毛，使耳缘静脉清晰可见，如不够扩张，可涂以二甲苯，则血管立即怒张，在近耳根处用较粗针头刺破静脉，用试管接取流出的血液即可。采血后用干棉球压迫止血，以后可从原针口或稍挪向耳尖侧处再刺，多次采血。

如需较大量血液，则可做心脏采血。由助手坐凳上，两手抓住兔双前肢（靠腋部），两腿夹住兔双下肢，使兔呈垂直位露出前胸，实验者左手在兔剑突上摸到心尖搏动最明显处，右手将针头在此处针尖稍向上刺入，同时试抽血。如无血液抽入针管，可调整刺入深度即可抽出。如仍无血液，则应将针头拔出重刺，切勿在兔心脏内乱改变针尖方向。

2）大鼠：

a. 眶静脉窦采血法：将大鼠用乙醚轻麻后，左手捏住鼠躯干，右手用直径 1 mm 毛细玻管（长 3 cm 左右）从眼球下方（球、睑结膜交界处）边捻转边刺入球后，血液即由玻管流出（图 3-2-7）。如无血液流出，可稍调整刺入深度及方向，或用左手稍紧握其躯干（提高静脉窦内压力），血液即可流出。采血后拔出玻管，用干棉球压迫眼球止血，用此法可多次采血，每次可采数毫升之多。

b. 经颈静脉采血法：将大鼠麻醉后仰卧位，暴露一侧颈静脉，注射器用细针头从胸肌刺入，穿过胸肌进入颈静脉内即可抽血，采毕血后拔出针头，压迫胸肌，此法可多次采血。需要较多血液时亦可由剑突下行心脏采血（图 3-2-8）。

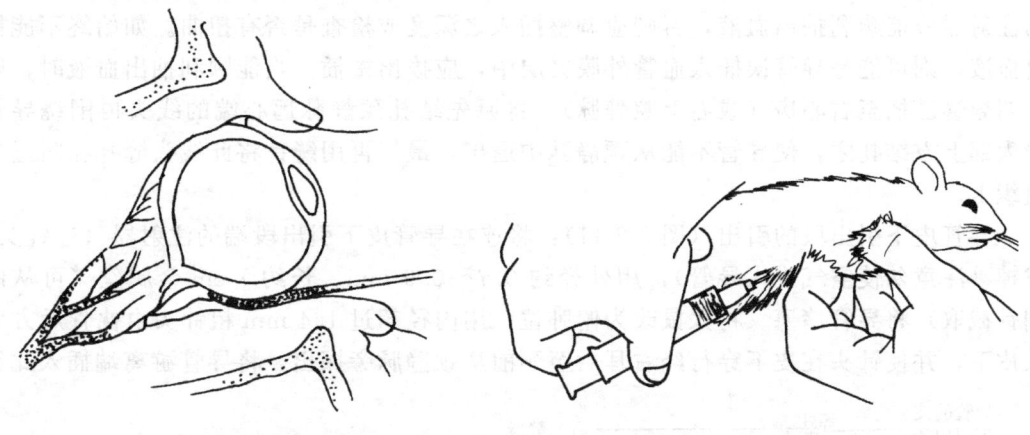

图 3-2-7　大鼠眶静脉窦采血　　　　图 3-2-8　大鼠心脏采血

以上各种采血方法有一共同的缺点，即必须先将动物固定甚至麻醉。然而固定本身即构成对动物的一种应激性刺激，将引起动物一系列应激反应。至于麻醉药对机体的影响则更为显著。因此，在这种情况下采集的血样，往往不能反映动物的基础状态，有时甚至某些实验效应亦被掩盖。特别是在需要连续多次采血做动态观察时，不仅在方法上极为不便，而且上述影响也更为严重。

c. 留置心房导管采血法：此采血法不仅可避免上述缺点，而且可以在动物清醒、自由活动条件下连续采血。

心房导管（硅橡胶导管）的制备（图 3-2-9）：用长约 10 cm、外径 1.0～1.2 mm、内径 0.6～0.8 mm 医用硅橡胶管在距一端约 4 cm 处套一段长 2 mm、内径 1.0～

1.2 mm 同型硅橡胶管，并用黏合剂粘牢（放置过夜），在 70% 乙醇或 0.4% 洗必泰中浸泡消毒备用。

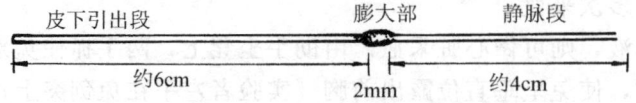

图 3-2-9 硅橡胶导管的制备

心房导管的植入（图 3-2-10）：大鼠用乙醚麻醉，暴露右颈静脉。靠近胸大肌上线处在颈静脉下穿一线并挽一活结，用小止血钳夹住线结，借止血钳本身重量下坠拉紧线结使颈静脉血流受阻。再从距此线远心侧 2~3 mm 处的颈静脉下穿另一线。挤压颈静脉远心端同时结扎之，使结扎处以下之颈静脉段被血液充盈。

将消毒后的硅橡胶管在皮下引出段端连一注射器，先用生理盐水冲洗导管，然后使之充满肝素溶液（40 IU/ml）。

根据鼠的大小，用刀片将导管的静脉段切留以下长度（从膨大部下缘量起）：体重 150~300 g 者，25~30 mm；体重 300~450 g 者，30~35 mm。切断端应呈针尖状以便插入静脉。在颈静脉结扎处稍下方剪破静脉，将导管的静脉段端插入，松开下方坠住活结的小止血钳，继续将导管静脉段全部插入，将活结结扎之。此时，用连在导管另一端的注射器应能顺利抽出血液，否则应调整插入之深度或检查是否有扭曲。如始终不能抽出血液，则可能是导管误插入血管外膜夹层中，应拔出重插。当能顺利抽出血液时，则表明导管已插至右心房（或右上腔静脉），将原先结扎颈静脉远心端的线头再围绕导管膨大部上方结扎之，使导管不能从颈静脉中退出，最好再用缝针将此线头缝扎在附近软组织上。

导管皮下引出段的引出（图 3-2-11）：将连在导管皮下引出段端的注射器（连针头）拔掉（注意勿使空气进入导管），用外径约 0.7~0.9 mm、长约 1 cm 金属丝（可从曲别针截取）将导管堵塞。将大鼠改为俯卧位，用内径超过 1.4 mm 粗针头由枕骨后方刺入皮下，并使针头在皮下穿行经右耳后至颈前从颈静脉旁探出，将导管游离端插入此针

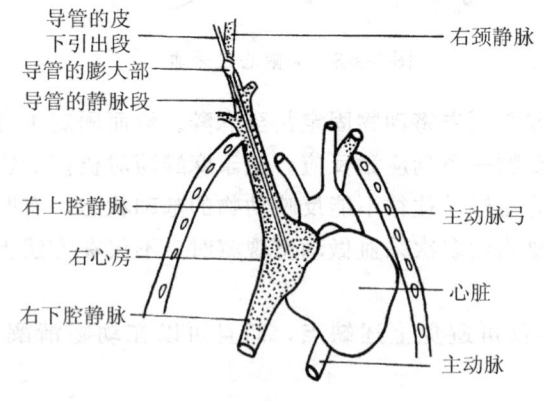

图 3-2-10 留置心房导管示意图

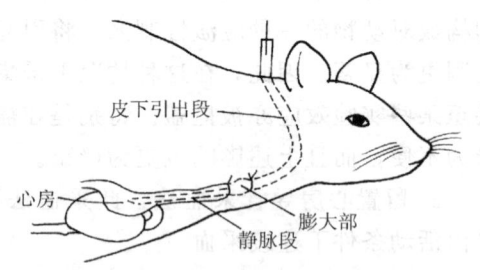

图 3-2-11 心房导管经皮下引出至体外

头内。将针头退出而使导管游离端引出枕后皮外。注意勿使导管发生扭曲或返折。露出体外的导管保留 2 cm 即可。

术后处理：术后肌肉注射青霉素 1～2 万 U。大鼠必须单只分笼饲养，以免相互将露出的导管咬断。如果要饲养较长时间，可在饮水中加土霉素 250 mg/L，并每天用肝素溶液冲洗导管 1 次。

连延长管：用长约 25 cm 同样硅橡胶管，一端连注射器，另一端连外径约 0.8 mm 不锈钢管（可从 8 号针头截取 1.5 cm），充满肝素溶液后与大鼠枕部露出导管连接之。将鼠笼盖反转使呈屋脊状，将延长管从横梁上方引出至笼外，并借注射器下坠之力量使整个导管受到轻度牵张，笼内部分垂直悬吊，以防止鼠抓坏或咬坏导管。

采血：每鼠要准备两支注射器，第 1 支装肝素溶液，先用它把整个导管中的肝素溶液抽出，使血液充满导管。然后，用第 2 支注射器采集血样。采毕血样后应回输同容积的血球悬液，最后再用第 1 支注射器重新将整个导管充满肝素溶液。也可以在将动物肝素化后将导管接至蠕动泵和部分收集器做自动的连续采血。

如果连续采血的总量不超过 1 ml，可不回输血细胞或仅回输同量生理盐水。但如采血总量较大，则将使红细胞比容降低而贫血、乏氧，因此必须在每次采血后回输同量红细胞悬液。方法如下：

事先用若干只同系大鼠乙醚麻醉后从腹主动脉采血（体重 300 g 以上大鼠每只可供血 10～12 ml），离心后取血细胞部分，用生理盐水洗 2 或 3 次后制成原比容的血细胞悬液，每次采血后等量回输之。

将每只鼠每次抽出的血液立即离心，血浆部分留作试样，血球部分加生理盐水至原容积后在下一次采血后回输原动物。

用本法可从清醒、自由活动（或睡眠中）的大鼠连续采血。在采血时大鼠无任何异常反应，其进食、饮水、哺乳、活动或睡眠等行为不受任何干扰，完全免除了固定、麻醉等影响。而且通过心房留置导管采血，可以随时进行，反复采样，极为方便，并便于做血中成分的动态监测。此外，对行为的观察，当然主要是对清醒、自由活动的动物进行观察，因此任何企图把行为和血液化学指标联系起来的尝试，只有应用本技术才能完成。

不言而喻，心房导管亦可用于静脉注射。每次注射时亦应先抽出导管中的肝素溶液，注毕应重新充满之。同样的导管亦可插至颈动脉，用于测量动脉血压或采血、注射。

### 3.2.2.5 从事动物实验人员的个人防护

从事动物实验的人员长期与各种实验动物密切接触并对之进行各种操作，一方面可能被动物咬伤或抓伤，更重要的是实验动物的某些疾病可能传染给人。下面简单介绍一下（除灵长类以外）常用实验动物可能传染给人的疾病。

### (1) 病毒传染

1) 狂犬病：主要传播者是带毒的狗及猫，在唾液中有大量病毒，通过咬伤传染，如不及时治疗，死亡率很高，因此以狗或猫做实验者必须十分注意。对于来历不明的狗或猫具有神经症状者尤应严格检疫，凡被狗或猫咬伤后，又不能肯定动物未染狂犬病者，一定要及时治疗。

2) 流行性出血热：主要通过大鼠及小鼠（尿、便）传染，1975～1981 年，在日本 16 个研究单位的接触大鼠的工作人员中发生百例以上，因此从日本引进的大、小鼠尤应检疫。

3) 淋巴性脉络膜脑膜炎：小鼠、金黄地鼠（尿、便）传染。实验动物多无症状，人类传染的临床症状类似轻度感冒。

### (2) 细菌传染

狗、猫等的结核和狗、猫、兔、地鼠等的弧菌属（*Campylobacter*）引起的肠炎，都可传染给人。

### (3) 真菌传染

主要是啮齿类、猫、狗等的皮癣，包括须发癣菌（*Trichophyton mentagrophytes*）和小孢子菌属（*Microsporum canis*）的传染。由于实验动物并无皮肤症状，因此常被忽视。实际在实验动物中感染率较高，人的感染在上肢、手较多。

### (4) 寄生虫

弓形虫病（toxoplasmosis）在啮齿类中传播较广，通过猫传染也是重要途径。孕妇感染后可传至胎儿，因此孕妇应避免接触猫及鼠的粪便。螨、蜱、蚤类一般只引起人的皮炎。

总的说，除狂犬病外，其他可传给人类的疾病一般病情不重，主要是通过动物的排泄物直接接触的传染。只要加强动物检疫，及时治疗或处理有病动物，经常保持动物室的清洁卫生，在接触动物时戴手套，实验结束后及时洗手、消毒，就可以有效地防止被传染。

（梁荣照　何国瑞　吕国蔚　赵兰峰）

## 参 考 文 献

丁道芳，谢启文，刘述舜.1988.医学科学研究基本方法.沈阳：辽宁科学技术出版社

吕国蔚，于昌，何国瑞等.1981.躯体传入冲动对丘脑腹后外侧核单位电活动的影响.生理学报，33（3）：209～216

日本生理学会.1980.生理学实习.北京：人民卫生出版社，331～354

徐叔支，卞如濂，陈修.1982.药理实验方法学.北京：人民卫生出版社，1～16

Dakley B, Schafler R. 1987. Experimental Neurobiology. Ann Arbor：The University of Michigan Press

## 3.3 实验动物常用数据

### 3.3.1 实验动物常用生理数据

实验动物常用生理数据见表 3-3-1。

表 3-3-1　实验动物常用生理数据

| 动物种类 | 平均体重/kg | 血容量占体重的比例/% | 心率/(次/min) | 血压/kPa 收缩压 | 血压/kPa 舒张压 | 呼吸 频率/(次/min) | 呼吸 潮气量/ml | 体温/℃ 直肠温度/℃ |
|---|---|---|---|---|---|---|---|---|
| 猴 | 2.68 | | 192<br>165～240 | 21.2<br>18.3～25.1 | 17.2<br>14.9～20.3 | 40<br>31～52 | 21<br>98～29.0 | |
| 狗 | 19.3 | 5.6～8.3 | 120<br>100～130 | 19.7 | 13.3 | 18<br>13～30 | 320<br>251～432 | 39<br>38.5～39.5 |
| 猫 | 3.1 | 6.2 | 116<br>110～140 | 20.7 | 13.3 | 25<br>20～30 | 12.4 | 38.7<br>38～39.5 |
| 兔 | 2.6 | 8.7<br>7～10 | 205<br>123～304 | 14.7<br>12.7～17.3 | 10.7<br>8.0～12.0 | 46<br>36～56 | 21<br>19.3～24.6 | 39<br>38.5～39.5 |
| 豚鼠 | | 6.4 | 280<br>260～400 | 16.0 | 12.0 | 90<br>69～150 | 1.8<br>1.0～3.9 | 38.6<br>37.8～39.5 |
| 大鼠 | 0.18 | 7.4 | 328<br>261～600 | 15.5 | 12.0 | 85<br>66～115 | 1.5 | 39<br>38.5～39.5 |
| 鸽 | | 10.0 | 170<br>141～244 | 18.0 | 14.0 | 25～30 | 4.5～5.2 | |
| 蛙 | | 5.0 | | 43 | 31 | | | |

摘自：周佳音，黄仲荪，胡三觉等.1987.电生理学实验.北京：人民卫生出版社.

### 3.3.2 实验动物常用麻醉剂与肌肉松弛剂

#### 3.3.2.1 常用麻醉剂

实验动物常用麻醉剂见表 3-3-2。

表 3-3-2　实验动物常用麻醉剂

| 药名 | 作用特点 | 动物 | 给药途径 | 剂量 | 配制方法 | 备注 |
| --- | --- | --- | --- | --- | --- | --- |
| 乙醚<br>(ether) | 抑制大脑、脑干网状结构,安全范围大,对呼吸、循环系统无明显影响,对肝、肾毒性小,肌肉松弛。对呼吸道局部刺激性强,分泌物增加。苏醒期较短 | 猴、狗、猫、兔及其他小动物 | 吸入 | 以维持深慢有规则呼吸,角膜反射迟钝,骨骼肌(除呼吸肌外)松弛为宜 | | 麻醉前 1 h 可皮下注射吗啡(1～2 mg/kg),以缩短诱导期,注射阿托品(0.1 mg/kg),可减少呼吸道分泌物 |
| 氟烷<br>(halotyane) | 麻醉作用较乙醚快而短,对呼吸道没有刺激作用,但对呼吸与循环系统有抑制作用,镇痛效力不强,肌肉松弛不全,麻醉诱导期短,苏醒快 | 猴、猫 | 吸入 | 注意防止对呼吸与心率的抑制 | 1%～4% | 适用于短时间麻醉,常用于观察脑干、脊髓诱发电位的实验 |
| 氧化亚氮<br>又名笑气<br>(nitrous oxide) | 麻醉作用快,毒性小,对全身器官无损害,有镇痛作用,但骨骼肌松弛不全 | 猴、狗、猫 | 吸入 | | 氧化亚氮80%,氧气20% | |
| 硫喷妥钠<br>(sodium pentothal) | 作用迅速,没有兴奋期,一次静脉注射仅维持麻醉数分钟,剂量较大时,对呼吸中枢有明显抑制作用 | 狗、猫、兔 | 静脉<br>腹腔 | 25～50 mg/kg体重 | 粉针剂:0.5 g/瓶临用前溶于生理盐水中成为 1.25%～2.5%溶液 | 适用于短时间(例如 10 余分钟)手术 |
| 氯胺酮<br>(ketamine) | 选择性阻断痛觉冲动,向丘脑和皮层传导,可兴奋大脑边缘叶,称为"分离麻醉"。作用快,维持 10 余分钟,对自主神经(植物神经)没有抑制作用 | 猫、兔 | 静脉 | 40～50 mg/kg体重 | 注射剂 10 mg/ml 或 50 mg/ml | |
| 戊巴比妥钠<br>(pentobarbital Sodium) | 对脑干网状结构上行激活系统有阻断作用,麻醉作用维持2～4 h,剂量过大可引起呼吸抑制与低血压 | 猴、狗、猫、兔<br>豚鼠、大鼠、小鼠 | 静脉<br>腹腔<br>腹腔 | 25～35 mg/kg体重<br>35～45 mg/kg体重<br>40～50 mg/kg体重 | 2%～3% | |

续表

| 药名 | 作用特点 | 动物 | 给药途径 | 剂量 | 配制方法 | 备注 |
|---|---|---|---|---|---|---|
| 氨基甲酸乙酯，又名脲酯、乌拉坦（urethane） | 对呼吸、循环系统和脊髓反射没有明显影响，但可引起表浅血管扩张。麻醉作用可维持 4～6 h | 狗、猫、豚鼠、大鼠、小鼠、兔 | 静脉 腹腔 | 1 g/kg 体重 1～1.2 g/kg 体重 | 20%（用生理盐水配制） | 致死剂量约在 2 g/kg 体重 |
| 氯醛糖（chloralosum） | 对呼吸与循环系统不产生抑制影响，动物可维持良好机体状态，麻醉作用持续 3～4 h，刺激动物易引起抽搐反应 | 猫、兔、大鼠、小鼠等 | 静脉 腹腔 | 55～80 mg/kg 体重 | 2%（用生理盐水配制，临用前水溶加温促其完全溶解） | |
| 氯醛糖与氨基甲酸乙酯混合液 | 麻醉效果稳定，可维持 3～5 h，对呼吸、循环系统抑制作用不明显，动物可维持良好机体状态 | 猫、兔、大鼠、小鼠等 | 静脉 | 4～5 ml/kg 体重 | 1 g 氯醛糖与 10 g 氨基甲酸乙酯加生理盐水至 100 ml（加热溶解） | 适用于观察神经系统诱发电位的实验 |
| | | | 腹腔 | 8～10 ml/kg 体重 | 1 g 氯醛糖加 5 g 氨基甲酸乙酯，加生理盐水至 140 ml（加热溶解） | |

### 3.3.2.2 常用肌肉松弛剂

实验动物常用肌肉松弛剂见表 3-3-3。

**表 3-3-3　实验动物常用肌肉松弛剂**

| 药名 | 作用特点 | 动物 | 给药途径 | 剂量 | 配制方法 | 备注 |
|---|---|---|---|---|---|---|
| 筒箭毒（tubocurarirne） | 阻断乙酰胆碱的去极化作用，使骨骼松弛，有神经节阻断与促进组胺释放作用，可引起短时血压下降，心跳减慢 | 狗、猫、兔、大鼠等 | 静脉、腹腔、肌肉 | 1～2 mg/kg 体重 | 15 mg/1.5ml（可根据需要稀释） | 一次注射可维持肌松 1～2 h。在全身麻醉时，肌松作用可以延长。较适用于兔与大鼠 |

| 药名 | 作用特点 | 动物 | 给药途径 | 剂量 | 配制方法 | 备注 |
|---|---|---|---|---|---|---|
| | | 蟾蜍 | 皮下、淋巴囊 | 2～3 mg/只 | | |
| 三碘季铵酚(gallaminc triethiodidc, flaxcdil) | 作用原理与筒箭毒相似,但无神经节阻断与释放组胺作用,对血压、心率影响不明显 | 狗、猫、兔、豚鼠等 | 静脉腹腔 | 10～20 mg/kg体重 | 40 mg/2 ml | 一次注射可维持骨松 1 h 左右。较适用于猫 |
| 氯化琥珀胆碱,又名司可林(succinycho lini chloridum, sccline) | 为去极化型肌松剂,先出现短时间肌束颤动,迅速转为松弛,维持肌松作用约数分钟,需静脉滴注才能维持长久作用 | 狗、兔等 | 静 脉滴注 | 首次注射10～20 mg/kg体重滴注4～5 mg/min | 100 mg/瓶50 mg/2 ml | |

摘自:周佳音等.1987.电生理学实验.北京:人民卫生出版社.

(赵兰峰)

## 3.4 常用试剂、缓冲液、贮存液与酶的配制

### 3.4.1 组织培养常用试剂

#### 3.4.1.1 1‰酚红溶液的配制

称取 1 g 酚红,置玻璃研钵中,逐渐加入 0.1 mol/L 的 NaOH 并不断研磨,直到所有颗粒完全溶解。所加 NaOH 溶液量按每 0.1 g 酚红需 2.82 ml 计算,总量为 28.2 ml,将已溶解的溶液吸入 100 ml 量瓶中,用双蒸水洗研钵数次,均集中于量瓶中,最后加双蒸水至 100 ml,摇匀后保存于4 ℃备用。一般以 0.02‰ 浓度在溶液中作为指示剂。

#### 3.4.1.2 5‰ $NaHCO_3$ 配制

称取 5 g $NaHCO_3$,加双蒸水至 100 ml,高压灭菌 103.4 kPa 15 min,分装于青霉素小瓶,4℃保存。

### 3.4.1.3 0.25%胰蛋白酶的配制

**(1) 配方**

1) 0.25%胰蛋白酶的配方：D-Hank's 1000 ml，胰蛋白酶（difco 1:250）2.5 g，用 $NaHCO_3$ 调节 pH 7.4~7.6。配好后无菌过滤、分装。

2) D-Hank's 液配方（使用液）：NaCl 8 g，$KH_2PO_4$ 0.06 g，KCl 0.4 g，葡萄糖 1.0 g，$Na_2HPO_4 \cdot 12H_2O$ 0.12 g（或 $Na_2HPO_4$ 0.09 g），1%酚红 2 ml，双蒸水 1000 ml。

若配制 1000 ml 10×母液，则按上述药量加 10 倍，最后加 4 ml 氯仿，4℃保存。

**(2) 胰酶的配制方法**

用少量 D-Hank's 液调化胰蛋白酶，然后加入剩余的液体。因为胰酶很轻，不易溶解，且浮在水面上，可用玻棒搅拌。放置冰箱内过夜，待慢慢溶解。也可置 37℃恒温水浴中溶解 1 h（具体时间应视溶化程度而定，直至透彻清亮为止）。溶解后用除菌滤器过滤，分装或使用前以 5% $NaHCO_3$ 调 pH 至 7.2~7.4，小瓶分装，低温（-20℃）保存。

### 3.4.1.4 0.02% EDTA 钠盐溶液配制

EDTA 0.20 g，$Na_2HPO_4$ 0.073 g，NaCl 8.00 g，葡萄糖 2.00 g，KCl 0.20 g，1%酚红 2.00 ml，$KH_2PO_4$ 0.02 g，加水至 1000 ml。

以 5% $NaHCO_3$ 粗调 pH 至 7.4。配制后，可分装于适宜的瓶中，经 $68.95 \times 10^3$ Pa（10 磅）15 min 高压灭菌。

### 3.4.1.5 0.4%台盼蓝（Trypan blue）溶液的配制

台盼蓝 0.4 g，磷酸二氢钾 0.06 g，NaCl 0.81 g，甲基对羟苯甲酸盐 0.05 g，蒸馏水 95 ml。

置于 250 ml 三角瓶中煮沸溶解，放凉后用 1 mol/L NaOH 调 pH 至 7.2~7.3，最后加水至 100 ml。过滤备用。

摘自：张鸿卿，连慕兰主编.1992.细胞生物学实验方法与技术.北京：北京师范大学出版社

## 3.4.2 电泳缓冲剂

常用的电泳缓冲液见表 3-4-1，凝胶加样缓冲液见表 3-4-2，分子克隆常用缓冲液见表 3-4-3。

表 3-4-1 常用的电泳缓冲液

| 缓冲液 | 使用液 | 浓贮存液 |
|---|---|---|
| Tris-乙酸（TAE） | 1×：0.04 mol/L Tris-乙酸<br>0.001 mol/L EDTA | 50×：242 g Tris 碱<br>57.1 ml 冰乙酸<br>100 ml 0.5 mol/L EDTA（pH 8.0） |
| Tris-硼酸（TBE）[a] | 0.5×：0.045 mol/L Tris-硼酸<br>0.001 mol/L EDTA | 5×：54 g Tris 碱<br>27.5 g 硼酸<br>20 ml 0.5 ml/L EDTA（pH 8.0） |
| Tris-甘氨酸[b] | 1×：25 mmol/L Tris<br>250 ml/L 甘氨酸<br>0.1% SDS | 5×：15.1 g Tris 碱<br>94 g 甘氨酸（电泳级）（pH 8.0）<br>50 ml 10% SDS（电泳级） |

a. TBE 浓溶液长时间存放后会形成沉淀物，为避免这一问题，可在室温下用玻璃瓶保存 5× 溶液，出现沉淀后则予以废弃。以往都以 1×TBE 作为使用液（即 1∶5 稀释浓贮存液）进行琼脂糖凝胶电泳。但 0.5×TBE 的使用液已具备足够的缓冲量，目前几乎所有的琼脂糖凝胶电泳都以 1∶10 稀释的贮存液作为使用液。进行聚丙烯酰胺凝胶电泳使用的 1×TBE，是琼脂糖凝胶电泳时使用液浓度的 2 倍。聚丙烯酰胺凝胶垂直槽的缓冲液槽较小，故通过缓冲液的电流量通常较大，需要使用 1×TBE 以提供足够的缓冲容量；

b. Tris-甘氨酸缓冲液用于 SDS 聚丙烯酰胺凝胶电泳。

表 3-4-2 凝胶加样缓冲液

| 缓冲液类型 | 6×缓冲液 | 贮存温度 | 缓冲液类型 | 6×缓冲液 | 贮存温度 |
|---|---|---|---|---|---|
| Ⅰ | 0.25% 溴酚蓝<br>0.25% 二甲苯青 FF<br>40%（m/V）蔗糖水溶液 | 4℃ | Ⅲ | 0.25% 溴酚蓝<br>40%（m/V）蔗糖水溶液 | 4℃ |
| Ⅱ | 0.25% 溴酚蓝<br>0.25% 二甲苯青 FF<br>30% 甘油水溶液 | 4℃ | | | |

表 3-4-3 分子克隆常用缓冲液

| TE | STE（亦称 TEN） |
|---|---|
| pH 7.4<br>  10 mmol/L Tris-Cl（pH 7.4）<br>  1 mmol/L EDTA（pH 8.0）<br>pH 7.6<br>  10 mmol/L Tris-Cl（pH 7.6）<br>  1 mmol/L EDTA（pH 8.0）<br>pH 8.0<br>  10 mmol/L Tris-Cl（pH 8.0）<br>  1 mmol/L EDTA（pH 8.0） | 0.1 mol/L NaCl<br>10 mmol/L Tris-Cl（pH 8.0）<br>1 mmol/L EDTA（pH 8.0） |

摘自：方福德，周吕，丁濂，张德昌.1996.现代医学实验技巧全书（下册）.北京：北京医科大学、中国协和医科大学联合出版社.

## 3.4.3 常用贮存液

常用贮存液的配制见表 3-4-4。

**表 3-4-4 常用贮存液的配制**

| 溶液 | 配制方法 | 说明 |
|---|---|---|
| 30%丙烯酰胺 | 将 29 g 丙烯酰胺和 1 g $N, N'$-亚甲双丙烯酰胺溶于总体积为 60 ml 的水中。加热至 37℃ 溶解之,补加水至终体积为 100 ml。用 Nalgene 滤器(0.45 μm 孔径)过滤除菌、查证该溶液的 pH 应不大于 7.0,置棕色瓶中,保存于室温 | 注意:丙烯酰胺具有很强的神经毒性并可通过皮肤吸收,其作用具累积性。称量丙烯酰胺和亚甲双丙烯酰胺时应戴手套和面具。虽然认为聚丙烯酰胺无毒,但也应谨慎操作,因为它还可能会含有少量未聚合材料。一些价格较低的丙烯酰胺和双丙烯酰胺通常含有一些金属离子,在丙烯酰胺贮存液中加入大约 0.2 体积的单床混合树脂(MB-1 mallinckrodt),搅拌过夜,然后用 Whatman 1 号滤纸过滤,以纯化之。在贮存期间,丙烯酰胺和双丙烯酰胺会缓慢转化成丙烯酰和双丙烯酸 |
| 10 mol/L 乙酸铵 | 把 770 g 乙酸铵溶解于 800 ml 水中,加水定容至 1 L 后过滤除菌 | |
| 10%过硫酸铵 | 把 1 g 过硫酸铵溶解于终量为 10 ml 的水溶液中,该溶液可在 4℃ 下保存数周 | |
| 1 mol/L $CaCl_2$ | 在 200 ml 纯水中溶解 54 g $CaCl_2 \cdot 6H_2O$,用 0.22 μm 滤器过滤除菌,分装成 10 ml 小份,贮存于 -20℃ | 制备感受态细胞时,取出一小份解冻并用纯水稀释至 100 ml,用 Nalgene 滤器(0.45μm 孔径)过滤除菌,然后骤冷到 0℃ |
| 脱氧核苷三磷酸 (d-NTP) | 把每一种 dNTP 溶解于水至浓度为 100 mmol/L 左右,用微量移液器吸取 0.05 mol/L Tris 碱,分别调节每一 dNTP 溶液的 pH 至 7.0(用 pH 试纸检测),把中和后的每种 dNTP 溶液各取一份做适当稀释,在下表中给出的波长下读取光密度,计算出每种 dNTP 的实际浓度,然后用水稀释成终浓度为 50 mmol/L 的 dNTP,分装成小份,贮存于 -70℃ | |

| 碱基 | 波长/nm | 消光系数($\varepsilon$)/[L/(mol·cm)] |
|---|---|---|
| A | 259 | $1.54 \times 10^4$ |
| G | 253 | $1.37 \times 10^4$ |
| C | 271 | $9.10 \times 10^3$ |
| T | 260 | $7.40 \times 10^3$ |

比色杯光径为 1 cm 时,吸光度=$\varepsilon M$

续表

| 溶 液 | 配制方法 | 说 明 |
| --- | --- | --- |
| 0.5 mol/L EDTA (pH 8.0) | 在 800 ml 水中加入 186.1 g 二水乙二胺四乙酸二钠（EDTA-Na·2 $H_2O$），在磁力搅拌器上剧烈搅拌，用 NaOH 调节溶液的 pH 至 8.0（约需 20 g NaOH 颗粒），然后定容至 1L，分装后高压灭菌备用 | EDTA 二钠盐需加入 NaOH 将溶液的 pH 调至接近 8.0 时，才能完全溶解 |
| 溴化乙锭（10 mg/ml） | 在 100 ml 水中加入 1 g 溴化乙锭，磁力搅拌数小时以确保其完全溶解，然后用铝箔包裹容器或转移至棕色瓶中，保存于室温 | 注意：溴化乙锭是强诱变剂并有中度毒性，使用含有这种染料的溶液时务必戴上手套，称量染料时要戴面罩 |
| IPTG | IPTG 为异丙基硫代-β-D-半乳糖苷（相对分子质量为 238.3），在 8 ml 蒸馏水中溶解 2 g IPTG 后，用蒸馏水定容至 10 ml，用 0.22 μm 滤器过滤除菌，分装成 1 ml 小份，贮存于 −20℃ | |
| β-巯基乙醇（BME） | 一般得到的是 14.4 mol/L 溶液，应装在棕色瓶中，保存于 4℃ | BME 或含有 BME 的溶液不能高压处理 |
| 酚氯仿 | 把酚和氯仿等体积混合后用 0.1 mol/L Tris·Cl（pH 7.6）抽提几次以平衡混合物，置棕色玻璃瓶中，上面覆盖等体积的 0.01 mol/L Tris·Cl（pH 7.6）液层，保存于 4℃ | 注意：酚腐蚀性很强，并可引起严重灼伤，操作时应戴手套及防护镜，穿防护服。所有操作均应在化学通风橱中进行。与酚接触过的部位应用大量的水冲洗，并用肥皂和水洗涤，忌用乙醇 |
| 磷酸盐缓冲溶液（P-BS） | 在 800 ml 蒸馏水中溶解 8 g NaCl、0.2 g KCl、1.44 g $Na_2HPO_4$ 和 0.24 g $KH_2PO_4$，用 HCl 调节溶液的 pH 至 7.4，加水定容至 1 L，在 103.4kPa（15 lbf/$in^2$）高压下蒸气灭菌 20 min。保存于室温 | |
| 3 mol/L 乙酸钠（pH 5.2 和 pH 7.0） | 在 800 ml 水中溶解 408.1 g 三水乙酸钠，用冰乙酸调节 pH 至 5.2 或用稀乙酸调节 pH 至 7.0，加水定容到 1 L，分装后高压灭菌 | |
| 5 mol/L NaCl | 在 800 ml 水中溶解 292.2 g NaCl，加水定容至 1 L，分装后高压灭菌 | |
| 10% 十二烷基硫酸钠（SDS） | 在 900 ml 水中溶解 100 g 电泳级 SDS，加热至 68 ℃助溶，加入几滴浓盐酸调节溶液的 pH 至 7.2，加水定容至 1 L，分装备用 | SDS 的微细晶粒易于扩散，因此称量时要戴面罩，称量完毕后要清除残留在称量工作区和天平上的 SDS，10% SDS 溶液无需灭菌 |

| 溶液 | 配制方法 | 说明 |
|---|---|---|
| 1 mol/L Tris | 在 800 ml 水中溶解 121.91 g Tris 碱,加入浓 HCl 调节 pH 至所需值<br>pH　　　HCl<br>7.4　　　70 ml<br>7.6　　　60 ml<br>8.0　　　42 ml<br>应使溶液冷至室温后方可最后调定 pH,加水定容至 1 L,分装后高压灭菌 | 如 1 mol/L 溶液呈现黄色,应予丢弃,并置备质量更好的 Tris<br>尽管多种类型的电极均不能准确测量 Tris 溶液的 pH,但仍可向大多数厂商购得合适的电极。Tris 溶液的 pH 因温度而异,温度每升高 1 ℃,pH 大约降低 0.03 单位。例如,0.05 mol/L 的溶液在 5 ℃、25 ℃ 和 37 ℃ 时的 pH 分别为 9.5、8.9 和 8.6 |
| Tris 缓冲盐溶液 (T-BS) (25 mmol/L Tris) | 在 800 ml 蒸馏水中溶解 8 g NaCl、0.2 g KCl 和 3 g Tris 碱,加入 0.015 g 酚红,并用 HCl 调 pH 至 7.4,用蒸馏水定容至 1L,分装后在 103.4 kPa (15 lbf/in$^2$) 高压蒸气灭菌 20 min,于室温保存 | |
| X-gal | X-gal 为 5-溴-4 氯-3-吲哚-β-D-半乳糖苷。用二甲基甲酰胺溶解 X-gal 配制成 20 mg/ml 的贮存液。保存于一玻璃管或聚丙烯管中,装有 X-gal 溶液的试管须用铝箔封裹以防因受光照而被破坏,并应贮存于 −20℃。X-gal 溶液无需过滤除菌 | |

摘自:方福德,周吕,丁濂等.1996.现代医学实验技巧全书(下册).北京:北京医科大学、中国协和医科大学联合出版社.

### 3.4.4　常用酶的配制

#### 3.4.4.1　溶菌酶

用水配制成 50 mg/ml 溶菌酶溶液,分装成小份并保存于 −20 ℃。每一小份一经使用后便予丢弃。

#### 3.4.4.2　蛋白水解酶

常用蛋白水解酶见表 3-4-5。

表 3-4-5　常用蛋白水解酶

| 酶 | 贮存液 | 贮存温度 | 反应浓度 | 反应缓冲液 | 温度/℃ | 预处理 |
|---|---|---|---|---|---|---|
| 链霉蛋白酶[a] | 20 mg/ml<br>(溶于水) | −20 ℃ | 1 mg/ml | 0.01 mol/L Tris(pH 7.8)<br>0.01 mol/L EDTA<br>0.5% SDS | 37 | 自消化[b] |

续表

| 酶 | 贮存液 | 贮存温度 | 反应浓度 | 反应缓冲液 | 温度/℃ | 预处理 |
|---|---|---|---|---|---|---|
| 蛋白酶 K[c] | 20 mg/ml | −20 ℃ (溶于水) | 50 μg/ml | 0.01 mol/L Tris(pH 7.8) 0.005 mol/L EDTA 0.5% SDS | 37~56 | 无需预处理 |

a. 链霉蛋白酶是从链球菌（*Streptomyces griseus*）中分离到的一种丝氨酸蛋白酶和酸性蛋白酶的混合物。

b. 自消化可消除 DNA 酶和 RNA 酶的污染，经自消化的链霉蛋白酶的配制方法如下：把该酶的粉末溶解于 10 mmol/L Tris-Cl (pH 7.5)，10 mmol/L NaCl 中，配成 20 mg/ml 浓度，于 37℃温育 1 h。经自消化的链霉蛋白酶分装成小份放在密封试管中，保存于 −20℃。

c. 蛋白酶 K 是一种枯草蛋白酶类的高活性蛋白酶，从林伯白色念珠菌（tritirachlum album limber）中纯化得到。该酶有两个 $Ca^{2+}$ 结合位点，它们离酶的活性中心有一定距离，与催化机制并无直接关系。然而，如果从该酶中除去 $Ca^{2+}$，由于出现远程的结构变化，催化活性将丧失 80% 左右，但其剩余活性通常已足以降解在一般情况下污染核酸制品的蛋白质。所以，蛋白酶 K 消化过程中通常加入 EDTA（以抑制依赖于 $Mg^{2+}$ 的核酸酶的作用）。但是，如果要消化对蛋白酶 K 具有较强耐受性的蛋白，如角蛋白一类，则可能需要使用含有 1 mmol/L $Ca^{2+}$ 而不含 EDTA 的缓冲液。在消化完毕后，纯化核酸前要加入 EGTA (pH 8.0) 至终浓度为 2 mmol/L，以螯合 $Ca^{2+}$。

摘自：方福德，周吕，丁濂等.1996.现代医学实验技巧全书（下册）.北京：北京医科大学、中国协和医科大学联合出版社.

（赵兰峰）

## 3.5 常用限制性酶识别序列

常用限制性酶识别点位见表 3-5-1。

**表 3-5-1 常用限制性酶识别序列**

| 限制性酶 | 异体 I 酶 | 识别点位 |
|---|---|---|
| *Aat* II | — | GACGT▼C |
| *Acc* I | — | GT▼(A/C)(G/T)AC |
| *Acc* III | *Bsp*E II | T▼CCGGA |
|  | *Mro* I |  |
| *Acc*65 I | *Asp*718 I | G▼GTACC |
|  | *Kpn* I * | GGTAC▼C |
| *Acy* I | *Aha* II |  |
|  | *Bbi* II | G(A/G)▼CG(T/C)C |
|  | *Hinl* I |  |
| *Aha* II | *Acy* I | G(A/G)▼CG(T/C)C |
| *Aha* III | *Dra* I | TTT▼AAA |
| *Alu* I | — | AG▼CT |
| *Alw*44 | *Apa*L I | G▼TGCAC |
|  | *Sno* I |  |
| *Alw*26 I [2] | *Bsm*A1 | GTCTC (1/5) |
| *Aoc* I | *Bsu*36 I | CC▼TNAGG |
| *Apa* I | — | GGGCC▼C |
| *Apa*L I | *Alw*44 I | G▼TGCAC |

续表

| 限制性酶 | 异体Ⅰ酶 | 识别点位 |
| --- | --- | --- |
| *Apy*Ⅰ | *Bst*0Ⅰ | CC▼(A/T)GG |
| *Ase*Ⅰ | *Vsp*Ⅰ | AT▼TAAT |
| *Asp*Ⅰ | *Tth*111Ⅰ | GACN▼NNGTC |
| *Asp*718Ⅰ | *Acc*651 | G▼GTACC |
|  | *Kpn*Ⅰ* | GGTAC▼C |
| *Asn*Ⅰ | *Vsp*Ⅰ | AT▼TAAT |
| *Asu*Ⅰ | *Sau*96Ⅰ | G▼GNCC |
|  | *Cfr*13Ⅰ |  |
| *Asu*Ⅱ | *Csp*45Ⅰ | TT▼CGAA |
| *Ava*Ⅰ | *Nsp*Ⅲ | G▼(T/C)CG(A/G)G |
| *Ava*Ⅱ | *Eco*47Ⅰ | G▼G(A/T)CC |
|  | *Sin*Ⅰ |  |
| *Axy*Ⅰ | *Bsu*36Ⅰ | CC▼TNAGG |
| *Bal*Ⅰ | *Msc*Ⅰ | TGG▼CCA |
| *Bam*HⅠ | — | G▼GATCC |
| *Ban*Ⅰ | — | G▼G(T/C)(A/G)CC |
| *Ban*Ⅱ | — | G(A/G)GC(T/C)▼C |
| *Ban*Ⅲ | *Cla*Ⅰ | AT▼CGAT |
| *Bbe*Ⅰ | — | GGCGC▼C |
|  | *Nar*Ⅰ* | GG▼CGCC |
| *Bbi*Ⅱ | *Acy*Ⅰ | G(A/G)▼CG(T/C)C |
| *Bbr*PⅠ | *Eco*72Ⅰ | CAC▼GTG |
| *Bbu*Ⅰ | *Sph*Ⅰ | GCATG▼C |
| *Bbv*Ⅰ² | *Bst*71Ⅰ | GCAGC(8/12) |
| *Bcl*Ⅰ | — | T▼GATCA |
| *Bg*1Ⅰ | — | GCCNNNN▼NGGC |
| *Bgl*Ⅱ | — | A▼GATCT |
| *Bmy*Ⅰ | *BSP*1286Ⅰ | G(G/A/T)GC(C/A/T)▼C |
| *Bsi*EⅠ | *Bsa*0Ⅰ | CG(A/G)(T/C)▼CG |
| *Bsa*MⅠ | *Bsm*Ⅰ | GAATGC(1/-1) |
| *Bsa*0Ⅰ | *Bsi*EⅠ | CG(A/G)(T/C)▼CG |
|  | *Mcr*Ⅰ* | C▼G(A/G)(T/C)CG |
| *Bsm*AⅠ² | *Alw*26Ⅰ | GTCTC(1/5) |
| *Bsp*1286Ⅰ | *Bmy*Ⅰ | G(G/A/T)GC(C/A/T)▼C |
| *Bsp*EⅠ | *Acc*Ⅲ | T▼CGGA |
| *Bss*HⅡ | — | G▼CGCGC |
| *Bst*BⅠ | *Csp*45Ⅰ | TT▼CGAA |
| *Bst*EⅡ | *Bst*PⅠ | G▼GTNACC |
| *Bst*NⅠ | *Bst*0Ⅰ | CC▼(A/T)GG |
| *Bst*0Ⅰ | *Apy*Ⅰ |  |
|  | *Bst*NⅠ |  |
|  | *Eco*RⅡ | CC▼(A/T)GG |
|  | *Mva*Ⅰ |  |
| *Bst*XⅠ | — | CCANNNNN▼NTGG |
| *Bst*71Ⅰ² | *Bbv*Ⅰ | GCAGC(8/12) |
| *Bst*YⅠ | *Xho*Ⅱ | (A/G)▼GATC(T/C) |

续表

| 限制性酶 | 异体Ⅰ酶 | 识别点位 |
|---|---|---|
| BstZⅠ | Eco52Ⅰ | |
| | EagⅠ | C▼GGCCG |
| | XmaⅢ | |
| | EclXⅠ | |
| Bsu36Ⅰ | AxyⅠ | |
| | SauⅠ | |
| | MstⅡ | CC▼TNAGG |
| | CvnⅠ | |
| | AocⅠ | |
| | Eco81Ⅰ | |
| CfoⅠ | HhaⅠ | GCG▼C |
| | HinP1Ⅰ* | G▼CGC |
| Cfr9Ⅰ | XmaⅠ | C▼CCGGG |
| | SmaⅠ* | CCC▼GGG |
| Cfr13Ⅰ | AsuⅠ | G▼GNCC |
| | Sau96Ⅰ | |
| ClaⅠ | BanⅢ | AT▼CGAT |
| CspⅠ | RsrⅡ | CG▼G(A/T)CCG |
| Csp45Ⅰ | AsuⅡ | |
| | BstBⅠ | |
| | LspⅠ | TT▼CGAA |
| | NspⅤ | |
| | SfuⅠ | |
| CvnⅠ | Bsu36Ⅰ | CC▼TNAGG |
| DdelⅠ | — | C▼TNAG |
| DpnⅠ³ | — | G$^{me}$A▼TC |
| DraⅠ | AhaⅢ | TTT▼AAA |
| EagⅠ | Eco52Ⅰ | |
| | BstZⅠ | C▼GGCCG |
| | EclXⅠ | |
| | XmaⅢ | |
| EclXⅠ | BslZⅠ | |
| | Ea9Ⅰ | C▼GGCCG |
| | Eco52Ⅰ | |
| | XmaⅢ | |
| Ecl136Ⅱ | EcoICRⅠ | GAG▼CTC |
| | SacⅠ* | GAGCT▼C |
| EcoICRⅠ | Ecl136Ⅱ | GAG▼CTC |
| | SacⅠ* | GAGCT▼C |
| | SstⅠ* | GAGCT▼C |
| EcoRⅠ | — | G▼AATTC |
| EcoRⅡ | Bst0Ⅰ | CC▼(A/T)GG |
| EcoRⅤ | — | GAT▼ATC |
| EcoT14Ⅰ | StyⅠ | C▼C(A/T)(A/T)GG |
| EcoT22Ⅰ | NsiⅠ | ATGCA▼T |

续表

| 限制性酶 | 异体 I 酶 | 识别点位 |
|---|---|---|
| Eco47 I | Ava II | G▼G (A/T) CC |
|  | Sin I |  |
| Eco47 III | — | AGC▼GCT |
| Eco52 I | BstZ I |  |
|  | Xma III | C▼GGCCG |
|  | Eag I |  |
|  | EclX I |  |
| Eco72 I | BbrP I |  |
|  | Pml I | CAC▼GTG |
|  | PmaC I |  |
| Eco81 I | Bsu36 I | CC▼TNAGG |
| Eco105 I | SnaB I | TAC▼CTA |
| Fok I | — | GGATG (9/13) |
| Hae II | — | (A/G) GCGC▼ (T/C) |
| Hae III | Pal I | GG▼CC |
| Hap II | Hpa II | C▼CGG |
|  | MSP I |  |
| Hha I | Cfo I | GCG▼C |
|  | HinPI I * | G▼CGC |
| Hin1 I | Acy I | G (A/G)▼CG (T/C) C |
| Hinc II | Hind II | GT (T/C)▼ (A/G) AC |
| Hind II | Hinc II | GT (T/C)▼ (A/G) AC |
| Hind III | — | A▼AGCTT |
| Hinf I | — | G▼ANTC |
| HinP1 I | — | G▼CGC |
|  | Hha I * | GCG▼C |
|  | Cfo I * | GCG▼C |
| Hpa I | — | GTT▼AAC |
| Hpa II [4] | Msp I | C▼CGG |
|  | Hap II |  |
| Kpn I | — | GGTAC▼C |
|  | Asp718 I * | G▼GTACC |
|  | Acc65 I * | G▼GTACC |
| Ksp I | Sac II | CCGC▼GG |
| Lsp I | Csp45 I | TT▼CGAA |
| Mbo I | Sau3A I | ▼GATC |
|  | Nde II |  |
| Mbo II [2] | — | GAAGA (8/7) |
| Mcr I | — | C▼G (A/G) (T/C) CG |
|  | Bsa0 I | CG (A/G) (T/C)▼CG |
| Mfl I | Xho II | (A/G)▼GATC (T/C) |
| Mlu I | — | A▼CGCGT |
| Mro I | Acc III | T▼CCGGA |
| Msc I | Bal I | TGG▼CCA |
| Mse I | Tru9 I | T▼TAA |

续表

| 限制性酶 | 异体 I 酶 | 识别点位 |
| --- | --- | --- |
| *Msp* I [4] | *Hpa* II | C▼CGG |
| | *Hap* II | |
| *Mst* II | *Bsu*36 I | CC▼TNAGG |
| *Mva* I | *Bst*0 I | CC▼(A/T)GG |
| *Nar* I | — | GG▼CGCC |
| | *Ehe* I * | GGC▼GCC |
| | *Kas* I * | G▼GCGCC |
| | *Bbe* I * | GGCGC▼C |
| *Nco* I | — | C▼CATGG |
| *Nde* II | *Mbo* I | ▼GATC |
| | *Sau*3A I | |
| *Nhe* I | — | G▼CTAGC |
| | *Sph* I | |
| *Not* I | — | GC▼GGCCGC |
| *Nru* I | *Spn* I | TCG▼CGA |
| *Nsi* I | *Ava* III | ATGCA▼T |
| | *Eco*T22 I | |
| *Nsp* III | *Ava* I | C▼(T/C)CG(A/G)G |
| *Nsp* V | *Csp*45 I | T▼TCGAA |
| *Pae*R7 I | *Xba* I | T▼CTAGA |
| *Pal* I | *Hae* III | GG▼CC |
| *Pma*C I | *Eco*72 I | CAC▼GTG |
| *Pml* I | *Eco*72 I | CAC▼GTG |
| *Pst* I | — | CTGCA▼G |
| *Pvu* I | *Xor* II | CGAT▼CG |
| *Pvu* II | — | CAG▼CTG |
| *Rsa* I | — | GT▼AC |
| *Rsr* II | *Csp* I | CG▼G(A/T)CCG |
| *Sac* I | *Sst* I | GAGCT▼C |
| | *Ecl*136 II * | GAG▼CTC |
| | *Eco*ICR I * | GAG▼CTC |
| *Sac* II | *Sst* II | CCGC▼GG |
| | *Ksp* I | |
| *Sal* I | — | G▼TCGAC |
| *Sau* I | *Bsu*36 I | C▼CTNAGG |
| *Sau*3A I | *Mbo* I | ▼GATC |
| | *Nde* II | |
| *Sau*96 I | *Asu* I | G▼GNCC |
| | *Cfr*13 I | |
| *Sca* I | — | AGT▼ACT |
| *Sfi* I | — | GGCCNNNN▼NGGCC |
| *Sfu* I | *Csp*45 I | TT▼CGAA |
| *Sin* I | *Ava* II | G▼G(A/T)CC |
| | *Eco*47 I | |
| *Sma* I | — | CCC▼GGG |
| | *Xma* I * | C▼CCGGG |

续表

| 限制性酶 | 异体 I 酶 | 识别点位 |
|---|---|---|
| | Cfr9 I * | C▼CCGGG |
| SnaB I | Eco105 I | TAC▼GTA |
| Sno I | Alw44 I | G▼TGCAC |
| Spe I | — | A▼CTAGT |
| Sph I | Bbu I | GCATG▼C |
| Spo I | Nru I | TCG▼CGA |
| Ssp I | — | AAT▼ATT |
| Sst I | Sac I | GAGCT▼C |
| | EcolCR I | GAG▼CTC |
| Sst II | Sac II | CCGC▼GG |
| Stu I | Aat I | AGG▼CCT |
| Sty I | EcoT14 I | C▼C(A/T)(A/T)GG |
| Taq I | TthHB8 I | T▼CGA |
| Tru9 I | Mse I | T▼TAA |
| Tth111 I [2] | Asp I | GACN▼NNGTC |
| TthHB8 I | Taq I | T▼CGA |
| Vsp I | Ase I | |
| | Asn I | AT▼TAAT |
| Xba I | — | T▼CTAGA |
| Xho I | PaeR7 I | C▼TCGAG |
| Xho II | BstY I | |
| | Mfl I | (A/G)▼GATC(T/C) |
| Xma I | Cfr9 I * | C▼CCGGG |
| | Sma I * | CCC▼GGG |
| Xma III | Eco52 I * | |
| | BstZ I | |
| | Eag I | C▼GGCCG |
| | EclX I | |
| Xor II | Pvu I | CGAT▼CG |

摘自：郭葆玉.1998.细胞分子生物学实验操作指南.上海：第二军医大学出版社，179.

(赵兰峰)

## 3.6 常用细胞系、细胞培养基、抗生素

### 3.6.1 细胞系

常用细胞系见表 3-6-1。

表 3-6-1 常用细胞系

| 细胞系名称 | 来源 | 应用文献 |
|---|---|---|
| BT-325 | 脑多形胶质母细胞瘤 | 中华外科肿瘤杂志，1985.7(2)：81 |
| CA-2E | human neuroblastoma | Suardet L, Gross N, Gaide AC, et al. Int J Cancer, 1989. Oct 15, 44(4)：661~668 |

续表

| 细胞系名称 | 来源 | 应用文献 |
| --- | --- | --- |
| GOTO | human neuroblastoma | Sekiguchi M, Oota T, Sakakibara K, et al. Jpn J Exp Med, 1979. Feb, 49 (1): 67～83 |
| HNB | human neuroblastoma | McGrath PC, Neifeld JP. Surgery. 1985. Aug, 98 (2): 135～142 |
| IMR-32 | Human neuroblastoma | Presper KA, Basu M, Basu S. Proc Natl Acad Sci U S A, 1978. Jan, 75 (1): 289～293 |
| LA-N-1 | human neuroblastoma | Sidell N, Altman A, Haussler MR, Seeger RC. Exp Cell Res, 1983. Oct, 148 (1): 21～30 |
| NB-1 | human neuroblastoma | Yanaihara N, Kobayashi S, Sato H, et al. Endocrinol Jpn, 1980. Dec, 27suppl 1: 37～42 |
| NCG | human neuroblastoma | Shimizu Y, Todo S, Imashuku S. Prostaglandins, 1987. Dec, 34 (6): 769～781 |
| NMB | human neuroblastoma | Brodeur et al. Cancer, 1977. 40: 2256 |
| SJ-N-CG | human neuroblastoma | Sugimoto T, Sawada T, Negoro S. Cancer Res, 1985. Jan, 45 (1): 358～364v |
| SK-N-BS | human neuroblastoma | Barnes EN, Biedler JL, Spengler BA, et al. In Vitro, 1981. Jul, 17 (7): 619～631 |
| SK-N-LO | Human neuroblastoma | Buck J, Bruchelt G, Girgert R. Cancer Res, 1985. Dec, 45 (12 Pt 1): 6366～6370v |
| SMS-MSN | human neuroblastoma cell line | Sheikh SP, Hakanson R, Schwartz TW. FEBS Lett, 1989. Mar 13, 245 (1-2): 209～214 |
| SK-N-SH-SY5Y (SY5Y) | human neuroblastoma | Tiffany-Castiglioni E, Perez-Polo JR. In Vitro. 1980. Jul, 16 (7): 591～599 |
| SK-N-SH | Human neuroblastoma | Buck J, Bruchelt G, Girgert R. Cancer Res, 1985. Dec, 45 (12 Pt 1): 6366～6370 |
| SK-N-MC | neuroblastoma-neuroepithelioma | Chin T, Toy C, Vandeven C, et al. Pediatr Res. 1989. Feb, 25 (2): 156～160 |
| KNS-42 | human glioblastoma | Takeshita I, Takaki T, Kuramitsu M, et al. Neurol Med Chir Tokyo, 1987. Jul, 27 (7): 581～587 |
| U-251 MG | human glioma | Lundblad D, Lundgren E. Int J Cancer, 1981. Jun 15, 27 (6): 749～754 |
| U 251 | human glioma | Li ZX, Iwamori M, Nagai Y, et al. No To Shinkei, 1989. Apr, 41 (4): 347～352 |
| U-343 MGa Cl2:6 | human malignant glioma | Nister M, Heldin C H, Wasteson A, et al. Proc Natl Acad Sci USA, 1984. 81, 926～930 |
| U-343 MGa 3l L | A clonal human glioma cell line | Hammacher A, Nister M, Heldin CH. Biochem J, 1989. Nov 15, 264 (1): 15～20 |
| U-343 MGa Cl2 | A human clonal glioma cell line | Nister M, Heldin CH, Wasteson A, et al. Proc Natl Acad Sci U S A, 1984. Fed, 81 (3): 926～930 |

续表

| 细胞系名称 | 来源 | 应用文献 |
|---|---|---|
| U-373 MG | Human glioblastoma cell line | Tamargo RJ, Epstein JI, Brem H. J Neurosurg, 1988. Dec, 69 (6): 928~933 |
| U-87 MG | Human glioblastoma cell line | Tamargo RJ, Epstein JI, Brem H. J Neurosurg, 1988. Dec, 69 (6): 928~933 |
| U-118 MG | Human glioma | Nylen T, Acker H, Bolling B, Holterman G, et al. Radiat Res, 1989. Nov, 120 (2): 213~226 |
| U-118 MG | Human glioma | Nylen T, Acker H, Bolling B, Holterman G, et al. Radiat Res, 1989. Nov, 120 (2): 213~226 |
| U-138 MG | Human glioma | Nylen T, Acker H, Bolling B, Holterman G, et al. Radiat Res, 1989. Nov, 120 (2): 213~226 |
| C 6 | Rat glial tumoral | Kumar S, Sachar K, Huber J, et al. J Biol Chem, 1985. Nov, 25: 260 (27): 14743~14747 |
| NG108-15 | Rat brain and neuroblastoma-glioma hybrid cell line | Akiyama K, Gee KW, Mosberg HI, et al. Proc Natl Acad Sci U S A, 1985. Apr, 82 (8): 2543~2547 |
| PC 12 | rat pheochromocytoma | Goodman R, Herschman HR. J Neurosci Res, 1982. 7 (4): 453~459 |
| PC-G2 | rat clonal pheochromocytoma cell line | Goodman R, Herschman HR. Proc Natl Acad Sci U S A, 1978. Sep, 75 (9): 4587~4590 |
| Neuro-2a | mouse neuroblastoma cell line | Toh Bh, Mackay IR. Clin Exp Immunol, 1981. Jun, 44 (3): 555~559 |

(张海燕)

## 3.6.2 常用培养液成分及配方

常用培养液成分与配方见表 3-6-2。

**表 3-6-2 常用培养液成分及配方 (mg/L)**

| 成分名称 | MEM | DMEM | HAM F-10 | HAM F-12 | McCoy's 5A | RPMI 1640 | 199 | L-15 | Fischer's | Waymouth MB752/L |
|---|---|---|---|---|---|---|---|---|---|---|
| 丙氨酸 | 8.9 | | 9.00 | 9.00 | 13.36 | | 50.00 | 225.00 | | |
| 精氨酸 | 126.00 | 84.00 | 211.00 | 211.00 | 42.14 | 200.00 | 70.00 | | 15.00 | 75.00 |
| 天冬氨酸 | 13.30 | | 13.30 | 13.30 | 19.97 | 20.00 | 60.00 | | | 60.00 |
| 天冬酰胺 | 15.00 | | 15.01 | 15.01 | 45.03 | 50.00 | | 260.00 | | 61.00 |
| 胱氨酸 | 31.3 | 62.60 | | | | | 26.00 | | | 15.00 |
| 半胱氨酰 | | | 35.00 | 35.00 | 24.24 | | 0.11 | 120.00 | | 61.00 |
| 谷氨酸 | 14.70 | | 14.70 | 14.70 | 22.07 | 20.00 | 133.60 | | | 150.00 |
| 谷氨酰胺 | 292.00 | | 146.00 | 146.00 | 219.15 | 300.00 | 100.00 | 300.00 | 200.00 | 350.00 |
| 甘氨酸 | 7.50 | 30.00 | 7.51 | 7.51 | 7.51 | 10.00 | 50.00 | 200.0 | | 50.00 |
| 组氨酸 | 42.00 | 42.00 | 21.00 | 20.96 | 20.96 | 15.00 | 21.88 | 250.00 | | 128.00 |
| 羟脯氨酸 | | | | | 19.67 | 20.00 | 10.00 | | | |
| 异亮氨酸 | 52.00 | 105.00 | 2.60 | 3.94 | 39.36 | 50.00 | 40.00 | 125.00 | 75.00 | 25.00 |

续表

| 成分名称 | MEM | DMEM | HAM F-10 | HAM F-12 | McCoy's 5A | RPMI 1640 | 199 | L-15 | Fischer's | Waymouth MB752/L |
|---|---|---|---|---|---|---|---|---|---|---|
| 亮氨酸 | 52.00 | 105.00 | 13.10 | 13.10 | 39.36 | 50.00 | 120.00 | 125.00 | 30.00 | 50.00 |
| 赖氨酸 | 72.50 | 146.00 | 29.30 | 36.50 | 36.54 | 40.00 | 70.00 | 93.00 | 50.00 | 240.00 |
| 蛋氨酸 | 15.00 | 30.00 | 4.48 | 4.48 | 14.92 | 15.00 | 30.00 | 75.00 | 100.00 | 50.00 |
| 苯丙氨酸 | 32.00 | 66.00 | 4.96 | 4.96 | 16.52 | 15.00 | 50.00 | 125.00 | 67.00 | 50.00 |
| 脯氨酸 | 11.50 | | 11.50 | 34.50 | 17.27 | 20.00 | 40.00 | | | |
| 丝氨酸 | 10.50 | 42.00 | 10.50 | 10.50 | 26.28 | 30.00 | 50.00 | 200.00 | 15.00 | 75.00 |
| 苏氨酸 | 48.00 | 95.00 | 3.57 | 11.90 | 17.87 | 20.00 | 60.00 | 300.00 | 40.00 | 40.00 |
| 色氨酸 | 10.00 | 16.00 | 0.60 | 2.04 | 3.06 | 5.00 | 20.00 | 20.00 | 10.00 | 40.00 |
| 酪氨酸二钠 | 51.90 | | 2.61 | 7.78 | 26.10 | 28.83 | 57.66 | 373.00 | 74.60 | |
| 缬氨酸 | 46.00 | 94.00 | 3.50 | 11.70 | 17.57 | 20.00 | 50.00 | 100.00 | 70.00 | 65.00 |
| 氯化钙 | 185.00 | 265.00 | 44.10 | 44.10 | 132.43 | | 265.00 | 186.00 | 91.00 | 120.00 |
| 硫酸镁 | 97.67 | 97.67 | 74.67 | | 97.68 | 48.84 | 97.67 | 400.00 | 121.00 | 200.00 |
| 氯化钾 | 400.00 | 400.00 | 285.00 | 224.00 | 400.00 | 400.00 | 400.00 | 400.00 | 400.00 | 150.00 |
| 磷酸二氢钾 | 60.00 | | 83.00 | | | | | 60.00 | | 80.00 |
| 磷酸氢二钠 | 47.88 | | 153.70 | 142.04 | | 800.00 | | | | 566.00 |
| 磷酸二氢钠 | | 109.00 | | | 504.00 | | 122.00 | | 78.00 | |
| 氯化钠 | 8000 | 4400 | 6800 | 7100 | 6460.00 | 6000 | 6800 | 8000 | 8000 | 6000 |
| 生物素 | | | 0.024 | 0.0073 | 0.20 | 0.20 | 0.01 | | 0.01 | 0.02 |
| 氯化胆碱 | 1.00 | | 0.69 | 13.96 | 5.00 | 3.00 | 0.50 | 1.00 | 1.50 | 250.00 |
| 肌醇 | 2.00 | 7.20 | 0.54 | 18.00 | 36.00 | 35.00 | 0.05 | 2.00 | 1.50 | 1.00 |
| 烟酰胺 | 1.00 | 4.00 | 0.62 | 0.04 | 0.50 | 1.00 | 0.03 | 1.00 | 0.50 | 1.00 |
| D-泛酸（半钙） | 1.00 | 4.00 | 0.72 | 0.48 | 0.20 | 0.25 | 0.01 | | | |
| 吡哆醛 | 1.00 | 4.00 | 0.21 | 0.06 | 0.50 | 1.00 | 0.03 | | 0.50 | |
| 吡哆醇 | | | | | 0.50 | | 0.03 | | | 1.00 |
| 维生素 $B_1$ | 1.00 | 4.00 | 1.00 | 0.34 | 0.20 | 1.00 | 0.01 | 1.00 | 1.00 | 10.00 |
| 维生素 $B_2$ | 0.10 | 0.40 | 0.38 | 0.04 | 0.02 | 0.20 | 0.01 | | 0.05 | 1.00 |
| 维生素 C | | | | | 0.56 | | 0.05 | | | 17.50 |
| 维生素 $B_{12}$ | | | 1.36 | 1.36 | 2.00 | | | | | 0.20 |
| 对氨基苯甲酸 | | | | | 1.00 | 1.00 | 0.05 | | | |
| 叶酸 | 1.00 | 4.00 | 1.32 | 1.32 | 10.00 | 1.00 | 0.01 | 1.00 | 100.00 | 0.40 |
| 偏多酸钙 | | | | | | | | 1.00 | 0.50 | 1.00 |
| D-葡萄糖 | 1000 | 1000 | 1100 | 1802 | 3000 | 2000 | 1000 | | 1 000 | 5 000 |
| 酚红 | 11.00 | 9.30 | 1.30 | 1.30 | 11.00 | 5.30 | 21.3 | 10.00 | 5.00 | 10.00 |
| 丙酮酸钠 | | 110.00 | 110.00 | 110.00 | | | | 550.00 | | |
| 次黄嘌呤 | | | 4.08 | 4.08 | | | 0.30 | | | 25.00 |
| 胸苷 | | | 0.73 | 0.73 | | | 0.03 | | | |
| 谷胱甘肽（还原型） | | | | | 0.50 | 1.00 | 0.05 | | | 150.00 |
| 碳酸氢钠 | 350 | 3700 | 1200 | 1176 | 2200 | 2000 | 2200 | | | |
| 谷氨酰胺 | | 72.00 | | | | | | | | |

### 3.6.3 抗生素

#### 3.6.3.1 氨苄西林

母液：取按氨苄西林钠盐溶于 $H_2O$ 中，配成 25 mg/ml 溶液。过滤灭菌，分装贮存在 $-20$ ℃。

使用浓度：30～50 $\mu g$/ml。

#### 3.6.3.2 链霉素

母液：20 mg/ml 溶于 $H_2O$ 中，过滤灭菌，分装贮存在 $-20$ ℃。

使用浓度：25 $\mu g$/ml。

摘自：司徒镇强，吴军正.1996.细胞培养.世界图书出版社

(赵兰峰)

## 3.7 核酸、蛋白质常用数据及相对分子质量标准参照物

### 3.7.1 常用核酸的长度与相对分子质量

常用核酸的长度与相对分子质量见表 3-7-1。

**表 3-7-1 常用核酸的长度与相对分子质量**

| 核酸 | 核苷酸数 | 相对分子质量 |
|---|---|---|
| λDNA | 48 052（双链环状） | $3.0 \times 10^7$ |
| pBR322 | 4363（双链） | $2.8 \times 10^6$ |
| 28SrRNA | 4800 | $1.6 \times 10^6$ |
| 23SrRNA | 3700 | $1.2 \times 10^6$ |
| 18SrRNA | 1900 | $6.1 \times 10^5$ |
| 19SrRNA | 1700 | $5.5 \times 10^5$ |
| 5SrRNA | 120 | $3.6 \times 10^4$ |
| tRNA（大肠杆菌） | 75 | $2.5 \times 10^4$ |

### 3.7.2 常用蛋白质分子质量标准参照物

#### 3.7.2.1 高分子质量标准参照物

常见蛋白质高分子质量标准参照物见表 3-7-2。

**表 3-7-2　高分子质量标准参照物**

| 蛋白质 | 相对分子质量 | 蛋白质 | 相对分子质量 |
| --- | --- | --- | --- |
| 肌球蛋白 | 212 000 | 牛血清白蛋白 | 66 200 |
| β-半乳糖苷酶 | 116 000 | 过氧化氢酶 | 57 000 |
| 磷酸化酶 B | 97 400 | 醛缩酶 | 40 000 |

#### 3.7.2.2　中分子质量标准参照物

常用蛋白质中分子质量标准参照物见表 3-7-3。

**表 3-7-3　中分子质量标准参照物**

| 蛋白质 | 相对分子质量 | 蛋白质 | 相对分子质量 |
| --- | --- | --- | --- |
| 磷酸化酶 B | 97 400 | 醛缩酶 | 40 000 |
| 牛血清白蛋白 | 66 200 | 碳酸酐酶 | 31 000 |
| 谷氨酸脱氢酶 | 55 000 | 大豆胰蛋白酶抑制剂 | 21 500 |
| 卵白蛋白 | 42 700 | 溶菌酶 | 14 400 |

#### 3.7.2.3　低分子质量标准参照物

常用蛋白质低分子质量标准参照物见表 3-7-4。

**表 3-7-4　低分子质量标准参照物**

| 蛋白质 | 相对分子质量 | 蛋白质 | 相对分子质量 |
| --- | --- | --- | --- |
| 碳酸酐酶 | 31 000 | 肌球蛋白（$F_1$） | 8100 |
| 大豆胰蛋白酶抑制剂 | 21 500 | 肌球蛋白（$F_2$） | 6200 |
| 马心肌球蛋白 | 16 900 | 肌球蛋白（$F_3$） | 2500 |
| 溶菌酶 | 14 400 | | |

摘自：方福德，周吕，丁濂等.1996.现代医学实验技巧全书（下册）.北京：北京医科大学、中国协和医科大学联合出版社.

（赵兰峰）

# 3.8　赫尔辛基宣言 II

医生以人为对象进行生物医学研究时的指导原则，于 1964 年在芬兰赫尔辛基召开的世界医学大会通过，1975 年在日本东京召开的世界医学大会修改。

## 前　言

医生的使命是保护人民的健康，他的知识和良知应贡献于完成这一使命。

世界医学会的日内瓦宣言宣告，医生"首先考虑的应是其患者的健康"。医学国际公约规定,"任何削弱一个人的身体的或精神的抵抗力的行动或劝说,只有在对该人有利的情况下才能采取"。涉及人的生物医学研究之目的必须是改善诊断、治疗和预防措施及了解疾病的病因和发病机理。

在当今的医疗实践中,大多数诊断、治疗或预防措施都包含有伤害,生物医学研究也如此。

医学的进步要靠研究,而这种研究最终至少部分地要靠以人为对象的实验。

应该认识到生物医学研究中有两类完全不同的医学研究,一种研究其目的基本上是对患者的诊断或治疗,另一种研究,其主要目的是纯科学性的,对被研究的对象没有直接的诊断或治疗价值。

对于可能影响环境的研究,在进行时要特别注意。对实验动物的福利也应该尊重。

把实验成果应用于人类以促进科学知识和拯救人类是至关重要的,因此世界医学会制订了医生在从事以人为对象的生物医学研究时应遵循的指导原则,今后还要随时加以审核。必须指出,草拟的标准只是对全世界医生的一种指导方针而已,并不能以此免除医生们根据其本国法律所应承担的刑事、民事及伦理责任。

## 一、基 本 原 则

1. 涉及人的生物医学研究必须符合普遍接受的科学原则,应有充分的实验室及动物实验依据和对科学文献的全面知识。

2. 涉及人的每一实验步骤之设计与执行方案必须详细写出,送交独立的专门机构审查。

3. 涉及人的生物医学研究只能由合格的科学人员在一位合格的临床医务人员监督下进行,必须由合格的医务人员对受试者负责,而决不能由受试者本人负责,即使他本人同意也不行。

4. 涉及人的生物医学研究,除非其目的之重要性与其固有的危险性相比是值得的,否则不应进行。

5. 在进行任一项涉及人的生物研究之前,必须先对可预见的危险和受试者或他人的利益仔细权衡,必须把受试者的利益放在科学和社会的利益之上。

6. 受试者捍卫其自身整体性的权利必须受到尊重。要尽全力尊重受试者的个人意愿,减少对受试者身体及精神整体性和个性的影响。

7. 医生除非确认伤害是可以预先判断的,否则不应参与涉及人的研究项目。任何研究,一旦伤害超过了潜在的利益,医生必须中止其进行。

8. 在发表研究结果时,医生必须保持其结果的准确性。实验报告如果不符合本宣言的原则,不应被同意发表。

9. 在任何人的研究中,应向每一个可能的受试者说明研究的目的、方法、预期的利益、潜在的伤害及可能引起的不适。必须向受试者讲明他们有决定是否参与的自由,并且在任何时候均可退出实验,医生必须得到受试者自愿表示的同意,最好是书面的。

10. 在获取参与研究的同意时,医生要特别注意受试者和医生是否处于一种从属关系或是否被迫同意。如果有这种情况,则应由不参与这一研究因而与这种关系无关的医生来取得同意。

11. 如受试者尚未符合法律的规定，则应按照国家立法由合法的保护人处取得同意。如果由于受试者身体或精神的原因无法取得其同意时，则应按照国家立法，由负责的亲属处取得同意。

12. 研究计划中必须包括有关伦理问题的说明，并且要与本宣言的原则一致。

## 二、同时有医疗护理的医学研究（临床研究）

1. 在治疗患者时，医生应能自由应用新的诊断及治疗措施，如果他认为这些措施有挽救生命、恢复健康或减轻病情之希望的话。

2. 新方法的潜在利益、危害和不适，必须与现有最好的诊断、治疗方法比较及权衡之。

3. 在任何医学研究中，包括对照组（如果有的话）在内的每个患者，都应保证能得到已知的最好的诊断与治疗。

4. 患者拒绝参与研究绝不应影响医患关系。

5. 如果医生认为不取得患者同意是至关重要的，则应在送审研究计划中特别说明其理由。

6. 只有在医学研究的潜在的诊断或治疗价值证明是值得进行的，医生才可以结合医疗护理进行医学研究，其目的是获得新的医学知识。

## 三、涉及人的非治疗性生物医学研究（非临床生物医学研究）

1. 对人进行纯科学的医学研究时，保护受试者的生命与健康是医生的责任。
2. 不论受试者为健康人或患者（实验设计与其疾病无关），受试者必须是自愿的。
3. 如果研究者判定继续实验将损害受试者时，必须中止实验。
4. 在人身进行研究时，绝不能把科学及社会的利益凌驾于受试者的利益之上。

摘自：丁道芳，谢启文，刘述舜．1988．医学科学研究基本方法．沈阳：辽宁科学技术出版社

（赵兰峰）